完全实例自学
·系列丛书·

完全实例自学

Dreamweaver +Flash+Fireworks CS5 网页制作

唯美科技工作室 / 编著

机械工业出版社
CHINA MACHINE PRESS

本书以大量的实例对使用 Dreamweaver、Flash 和 Fireworks3 款软件进行网页制作作了系统、全面的介绍。全书共分为 10 章，第 1～9 章主要介绍了 3 种软件的基本功能及应用，包括 Fireworks 基础图像制作与处理、Fireworks 文字与按钮特效、Fireworks 图像动画特效、Flash 基本绘图与基础动画制作、Flash 文字特效制作、Flash 动作脚本与音效、Dreamweaver 网页制作基础实例、Dreamweaver 网页制作进阶实例、HTML 语言与行为的应用；第 10 章为网页制作综合实战演练，是 3 种软件功能的综合应用。

本书附赠一张超大容量的多媒体教学光盘，其中不仅包括书中所有实例的素材、效果文件和操作演示，还附有 Dreamweaver+Flash+Fireworks CS5 软件的视频教学，力求做到直观、通俗易懂。

本书可作为大、中专院校相关专业及社会培训班的教材，同时也是广大初、中级网页设计人员很好的自学参考书。

图书在版编目（CIP）数据

完全实例自学 Dreamweaver+Flash+Fireworks CS5 网页制作/唯美科技工作室编著. —北京：机械工业出版社，2012.6
（完全实例自学系列丛书）
ISBN 978-7-111-38780-0

Ⅰ. ①完… Ⅱ. ①唯… Ⅲ. ①网页制作工具 Ⅳ. ①TP393.092

中国版本图书馆 CIP 数据核字（2012）第 125454 号

机械工业出版社（北京市百万庄大街 22 号 邮政编码 100037）
策划编辑：张晓娟　　　责任编辑：张晓娟
版式设计：墨格文慧

三河市宏达印刷有限公司印刷

2012 年 8 月第 1 版第 1 次印刷
184mm×260mm・27.5 印张・680 千字
0 001－4 000 册
标准书号：ISBN 978-7-111-38780-0
　　　　　ISBN 978-7-89433-533-3（光盘）
定价：57.00 元（含 1DVD）

凡购本书，如有缺页、倒页、脱页，由本社发行部调换

电话服务　　　　　　　　　　网络服务
社服务中心：（010）88361066　　门户网：http://www.cmpbook.com
销售一部：（010）68326294　　教材网：http://www.cmpedu.com
销售二部：（010）88379649
读者购书热线：（010）88379203　　封面无防伪标均为盗版

前　　言

Dreamweaver、Flash、Fireworks 3 个软件合在一起，俗称“网页制作三剑客”。顾名思义，这是一套强大的网页编辑工具。目前其最新版本是 CS5。这 3 个软件中，Dreamweaver 的主要分工是网页制作，Flash 负责动画制作，Fireworks 擅长矢量图形制作和图像处理。它们能相互支持，无缝合作。

通常在制作网页时，由 Fireworks 导出切片、图像等，并由 Flash 制作出精美小巧的动画，然后在 Dreamweaver 中进行组合处理，制作出理想的页面效果。

本书以典型实例制作为主，全面而详细地介绍了 Dreamweaver、Flash、Fireworks 3 款的基础知识和操作方法。通过本书的学习，读者可以快速、全面地掌握这 3 种软件，并且达到融会贯通、灵活运用的目的。

全书共分为两大部分，第一部分为基础篇（第 1~9 章），包括 Fireworks 基础图像制作与处理、Fireworks 文字与按钮特效、Fireworks 图像动画特效、Flash 基本绘图与基础动画制作、Flash 文字特效制作、Flash 动作脚本与音效、Dreamweaver 网页制作基础实例、Dreamweaver 网页制作进阶实例、HTML 语言与行为的应用；第二部分为综合应用篇（第 10 章），是网页制作综合实战演练。希望通过各种典型的实例，能使读者触类旁通、举一反三，更快、更轻松地掌握软件的功能。

本书的最大特点是采用了新颖的双栏排版，主栏部分为实例的操作步骤讲解，小栏部分介绍了实例中应用到的软件功能、相关知识以及操作技巧等，使读者能够以理论结合实例的方式进行系统的学习。

另外，本书配有超大容量的多媒体教学光盘，其中包括教学和实例演示两部分，教学部分是对 Dreamweaver、Flash、Fireworks 3 种软件的各项功能进行系统的多媒体教学；实例演示部分包括了书中所有实例的操作演示过程。“书+光盘”式的配套学习，即使没有任何基础的读者，也可以轻松、快速地掌握操作技术。

本书由唯美科技工作室组织编写，参与编写的人员有钱江、钱力军、叶卫东、田新、王锦、褚杰、李卫、袁江、刘伟、高玉雷、李亚玲、李斌、刘健、王瑞云、孙永涛、王兰娣、金水仙、朱秀君、王银兰等。由于时间仓促，加之水平有限，书中不足之处在所难免，敬请广大读者批评指正。

通过本书的学习，读者能够快速掌握 Dreamweaver、Flash、Fireworks 三种软件各种功能的运用和技巧，再加上读者的灵感和创新，一定可以制作出更加完美的作品。

编　者

目　录

01

第1章 Fireworks基础图像制作与处理

Fireworks是Adobe公司推出的一款专门针对网络图形设计的图形编辑软件，它简化了网络图形设计的工作难度，可以轻松地制作出适宜在网络上发布的图像和动画文件。本章将以实例的方式详细介绍Fireworks CS5图像制作与处理的基础知识与操作方法。本章讲解的实例和主要功能如下。

实　例	主要功能	实　例	主要功能	实　例	主要功能
 伞的记忆	打开文件 导入文件 移动图像	 星空灿烂	形状工具 复制图形 粘贴图形	 水中炫舞	选取图形 魔术棒工具 羽化
 渐隐小熊	魔术棒工具 渐隐功能	 荷韵	椭圆选取框工具 部分选定工具 调整亮度/对比度	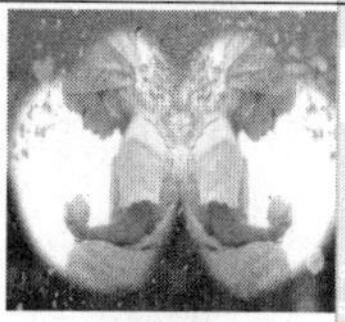 双胞胎	套索工具 水平翻转 复制 粘贴
 情趣咖啡	魔术棒工具 "色相/饱和度"命令 斜角和浮雕滤镜	 星形兔宝宝	形状工具 蒙版功能 旋转图形	 石刻画	"色相/饱和度"命令 查找边缘滤镜 图层混合模式
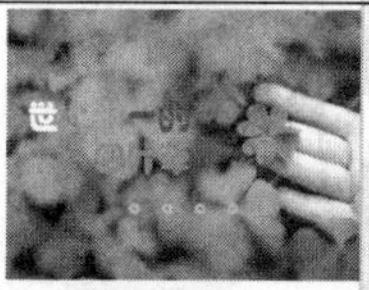 四叶草	模糊工具 加深工具 文本工具 设置颜色	 古老文明	橡皮擦工具 模糊工具 文本工具	 彩球世界	标尺工具 椭圆工具 渐变工具 "图层"面板

本章在讲解实例操作的过程中，将全面、系统地介绍 Fireworks 基础图像制作与处理的相关知识和操作方法。其中包含的内容如下：

实例 1-1　伞的记忆

在 Fireworks CS5 中，可以将绘制的图形、文本以及图像文件等导入到另一幅图像中。本实例将介绍如何导入对象，最终效果如图 1-1 所示。

图 1-1　实例最终效果

操作步骤

1 在 Fireworks CS5 中，选择“文件”→“打开”命令，或按 Ctrl+O 组合键，打开“打开”对话框。在其中选择一幅素材图像（光盘\素材与效果\01\素材\1-1.jpg），如图 1-2（左）所示。单击“打开”按钮，将该图像打开，如图 1-2（右）所示。

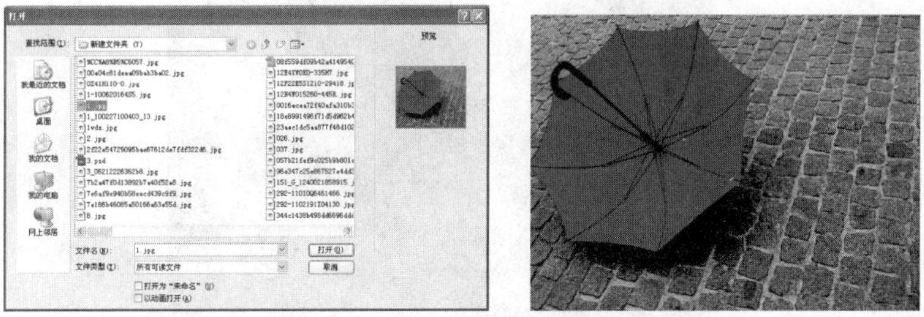

图 1-2　打开图像文件

2 选择“文件”→“导入”命令，在弹出的“导入”对话框中选择需要导入的图像文件（光盘\素材与效果\01\素材\1-2.jpg），单击“打开”按钮，将其打开，如图 1-3 所示。

图 1-3　“导入”对话框

实例 1-1 说明

知识点：

- 打开文件
- 导入文件
- 移动图像

视频教程：

光盘\教学\第 1 章　Fireworks 基础图像制作与处理

效果文件：

光盘\素材与效果\01\效果\1-1.png

实例演示：

光盘\实例\第 1 章\伞的记忆

相关知识　Fireworks CS5 的强大功能

Fireworks 是一个功能强大的网页图形设计工具，目前其最新版本是 Fireworks CS5。

使用 Fireworks 可以创建和编辑位图、矢量图，还可以非常轻松地做出各种网页设计中常见的效果，如翻转图像、下拉菜单等。完成设计后，还可以将其输出为 HTML 文件，以便直接在网页中使用。

另外，Fireworks 还能将文件输出为可以在 Photoshop、Illustrator 和 Flash 等软件中编辑的格式。

Fireworks 和 Dreamweaver、Flash 合称为“网页制作三剑客”，能实现网页的无缝链接，无论是图像处理、网页设计，还是动画制作，都有强大的优势。

3 此时的光标变为一个直角形状，如图 1-4 所示。在导入起始位置单击并拖动鼠标，会出现一个矩形虚线框。拖至合适的大小后，释放鼠标，即可将选定图像导入，如图 1-5 所示。

图 1-4　光标变为一个直角形状

图 1-5　将选定图像导入

4 将光标置于导入图像上，单击并拖动鼠标，可将其移至需要的位置。然后在导入图像以外的位置单击鼠标，取消选中状态，得到最终效果。

实例 1-2 星空灿烂

使用 Fireworks CS5 中的形状工具组可以绘制出各种规则的形状图形，如矩形、椭圆、星形、饼形等。本实例将利用这些工具绘制大海星空，最终效果如图 1-6 所示。

图 1-6　实例最终效果

操作步骤

1 在 Fireworks CS5 中，选择“文件”→“打开”命令，或按 Ctrl+O 组合键，在弹出的“打开”对话框中选择一幅素材图像（光盘\素材与效果\01\素材\1–3.jpg），单击“打开”按钮，将其打开，如图 1–7 所示。

2 在工具箱中选择椭圆工具，在其“属性”面板中设置填充方式为“放射状”，然后单击“油漆桶工具”按钮右侧的图标，在弹出的面板中将左侧游标设置为“黄色”，右侧游标设置为“白色”，如图 1–8 所示。

操作技巧　新建文件

启动 Fireworks 后，选择“文件”→“新建”命令，或者按 Ctrl+N 组合键，打开“新建文档”对话框，如下所示。

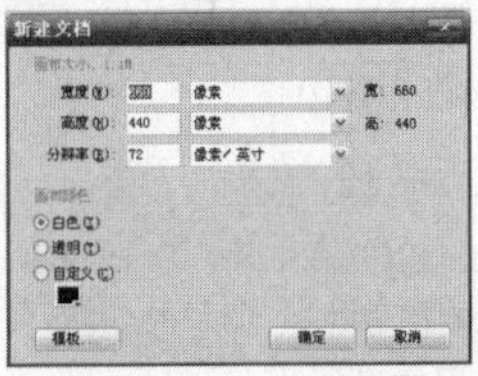

其中各项含义介绍如下。

- 宽度/高度：用于设置画布的宽度和高度值，默认单位为像素。
- 分辨率：用于设置图像的分辨率，默认单位为像素/英寸。
- 画布颜色：设置画布的颜色，其中包括 3 种。
  * 白色：将画布设置为白色。
  * 透明：将画布设置为透明，即图像不会遮挡其下面网页的背景。
  * 自定义：可以从弹出的颜色窗口中选择需要的颜色。

实例 1-2 说明

知识点：
- 形状工具
- 复制图形
- 粘贴图形

视频教程：

光盘\教学\第 1 章　Fireworks 基础图像制作与处理

效果文件：

光盘\素材与效果\01\效果\1-2.png

实例演示：

光盘\实例\第 1 章\星空灿烂

图 1-7　打开一幅素材图像

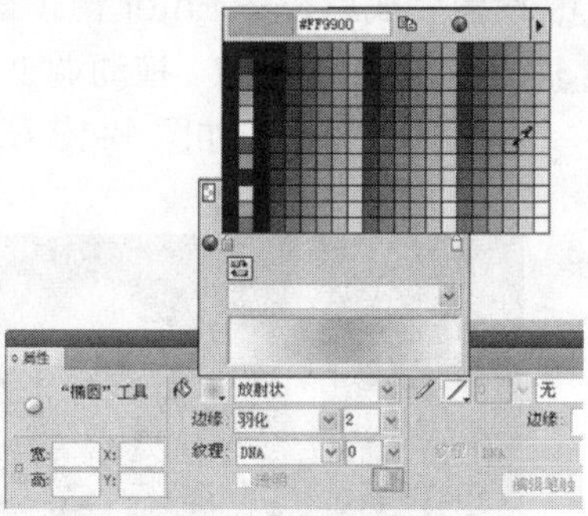

图 1-8　设置游标

3 将笔触方式设置为“无”；在“边缘”下拉列表框中选择“羽化”选项，设置其值为 12。按住 Shift 键不放，在图像的右上角处拖出一个适当大小的正圆形，得到圆月效果，如图 1-9 所示。

4 在工具箱中选择星形工具，在其“属性”面板中设置填充方式为“实心/黄色”，笔触方式设置为“无”，“边缘”设置为“羽化”，其值为 4，然后在图像中合适的位置通过拖动绘制出星星图形，如图 1-10 所示。

图 1-9　绘制出的圆月

图 1-10　绘制出的星星

5 选择“窗口”→“自动形状属性”命令，打开“自动形状属性”面板，在其中将“点”设置为 4，将星星外围的“半径”和“圆度”值均设置为 70，内围的“半径”和“圆度”值均设置为 20，如图 1-11 所示。

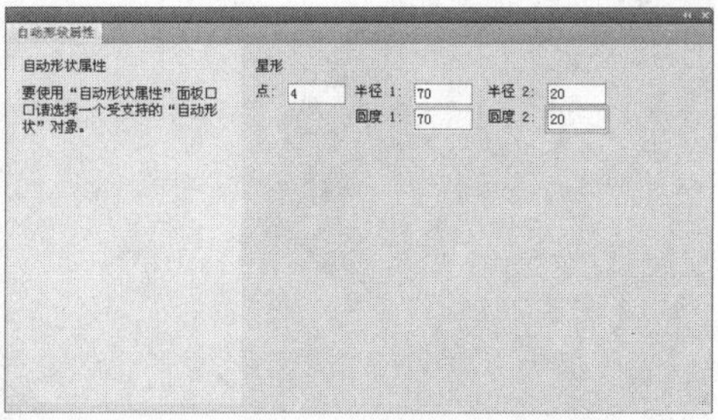

图 1-11　“自动形状属性”面板

操作技巧　打开文件

在 Fireworks CS5 中，打开文件的方法如下。

（1）选择“文件”→“打开”命令，或者按 Ctrl+O 组合键，或者单击工具栏中的“打开”按钮，打开“打开”对话框。

（2）在“打开”对话框的“查找范围”下拉列表框中选择要打开的文件。

（3）单击“打开”按钮。

操作技巧　保存文件

在 Fireworks CS5 中，保存文件的方法有以下几种。

- 选择“文件”→“保存”命令。
- 按 Ctrl+S 组合键。
- 单击工具栏中的“保存”按钮。
- 选择“文件”→“另存为”命令，或者按 Shift+Ctrl+S 组合键，在弹出的“另存为”对话框中进行相应的设置后，可以将当前文件以指定的文件名保存到指定的位置。
- 选择“文件”→“另存为模板”命令，可以将当前文件保存为模板。

操作技巧　关闭文件

在 Fireworks CS5 中，关闭文件的方法有以下几种。

- 选择“文件”→“关闭”命令。
- 按 Ctrl+W 组合键。
- 选择“文件”→“退出”命令，或者单击标题栏中的“关闭”按钮，将关闭当前文档，退出 Fireworks CS5。

实例 1-3 说明

知识点：
- 选取图形
- 魔术棒工具
- 羽化

视频教程：

光盘\教学\第 1 章　Fireworks 基础图像制作与处理

效果文件：

光盘\素材与效果\01\效果\1-3.png

实例演示：

光盘\实例\第 1 章\水中炫舞

操作技巧　导出文件

选择“文件”→“导出”命令，打开“导出”对话框，如下所示。

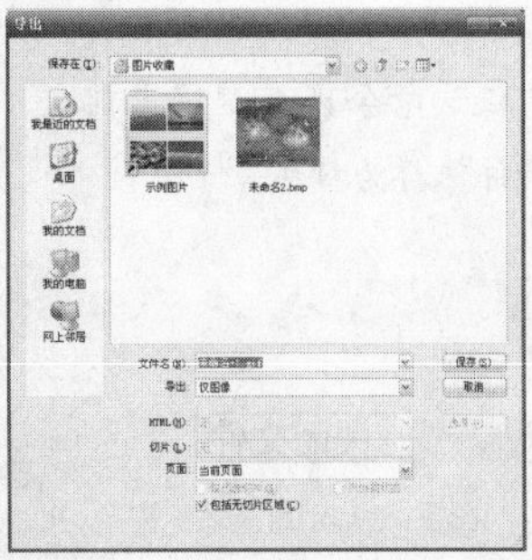

6 设置完成后，按 Enter 键，得到如图 1-12 所示的效果。

7 按住 Shift 键不放，拖动调整控制点，将星星图形按比例调整为合适的大小，如图 1-13 所示。

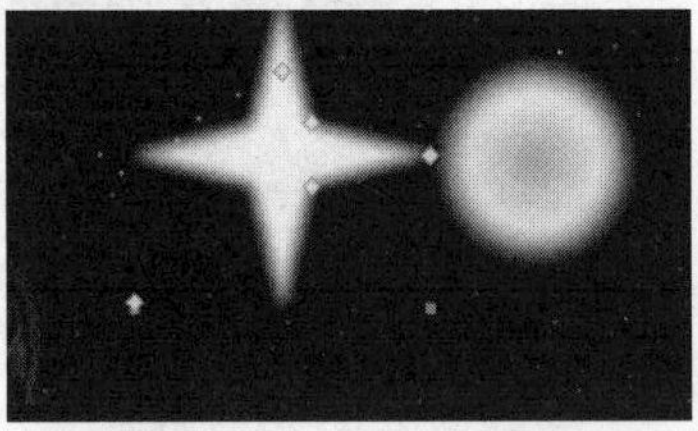

图 1-12　得到的效果

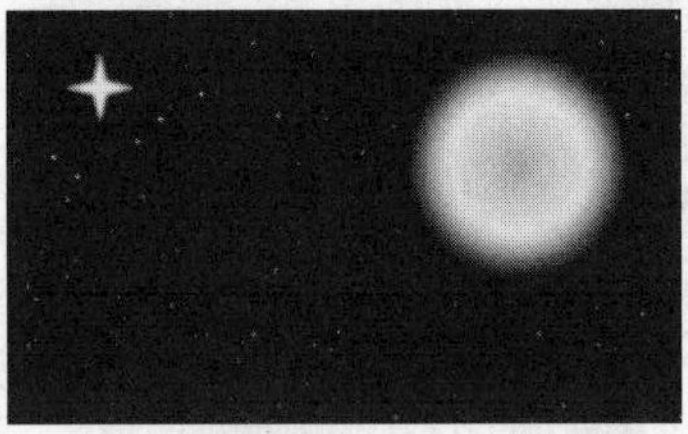

图 1-13　调整为合适的大小

8 将星星图形选中，按 Ctrl+C 组合键将其复制，然后按 Ctrl+V 组合键将其粘贴。多次复制、粘贴后，取消选中状态。将光标置于粘贴的图形上，当出现红色调整控制框时单击并拖动，即可将其置于合适的位置，然后将其调整为合适的大小，如图 1-14 所示。

图 1-14　复制并调整星星图形

9 多次复制并调整后，即可得到最终效果。

实例 1-3　水中炫舞

本实例将使用魔术棒工具将图像中的人物选取，然后复制到其他图像中，得到一种特殊的效果，如图 1-15 所示。

图 1-15　实例最终效果

操作步骤

1 在 Fireworks CS5 中，选择“文件”→“打开”命令，或按 Ctrl+O 组合键，在弹出的“打开”对话框中选择一幅素材图像（光盘\素材与效果\01\素材\1-4.jpg），单击“打开”按钮将其打开，如图 1-16 所示。

图 1-16　打开一幅素材图像

2 在工具箱中选择魔术棒工具，在其“属性”面板中将“容差”设置为 63，在“边缘”下拉列表框中选择“实边”选项，如图 1-17 所示。

图 1-17　在“属性”面板进行设置

3 按住 Shift 键，在图像的背景部位连续单击，将背景选取，如图 1-18 所示。选择“选择”→“反选”命令，将图像中的人物选取，如图 1-19 所示。

图 1-18　选取背景

图 1-19　选取人物

4 选择“选择”→“羽化”命令，打开“羽化所选”对话框，将“半径”设置为 12 像素，如图 1-20（左）所示。单击“确定”按钮，选区得到羽化效果，如图 1-20（右）所示。

在“导出”下拉列表框中，可以选择将文件导出的形式，如下所示。

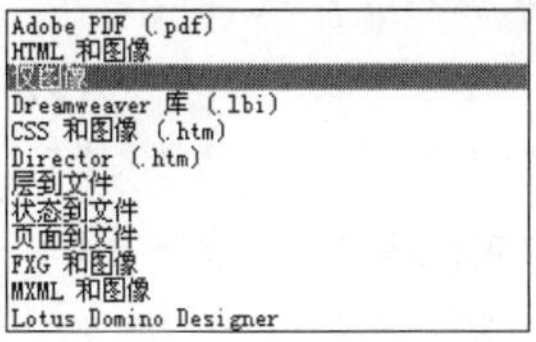

默认情况下，导出的形式为“仅图像”。

在“页面”下拉表表框中还可以选择导出的内容是“当前页面”、“所有页面”，还是“所选页面”，如下所示。

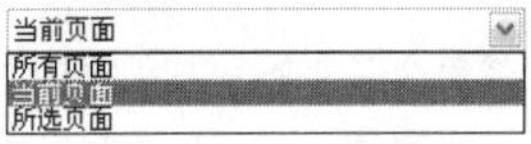

操作技巧　调整画布大小

画布是指用于编辑图像的工作区域。选择“修改”→“画面”→“画布大小”命令，打开“画布大小”对话框，如下所示。

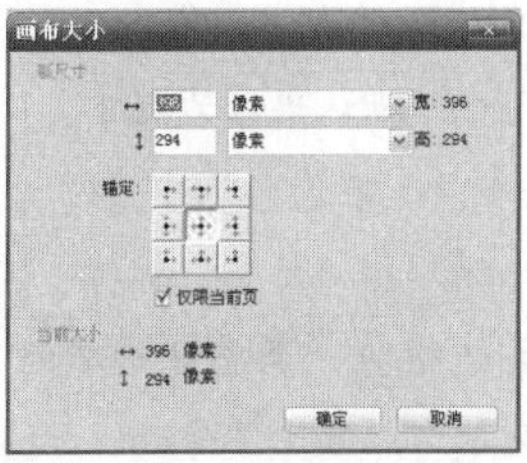

其中各项含义介绍如下。

- 新尺寸：在“宽”、“高”文本框中可以输入新画布的尺寸；在“单位”下拉列表框中可以选择“英寸”“像素”或“厘米”作为数值单位，默认为“像素”。
- 锚定：从中选择某一项（通过鼠标单击），可以指定当前图像在新画布中的位置。
- 当前大小：显示当前文档画面的宽度和高度值。

操作技巧 调整图像大小

图像大小指图像的尺寸。如果调整图像的大小，其分辨率也会随之改变。

选择“修改”→“画面”→“图像大小”命令，打开“图像大小”对话框，如下所示。

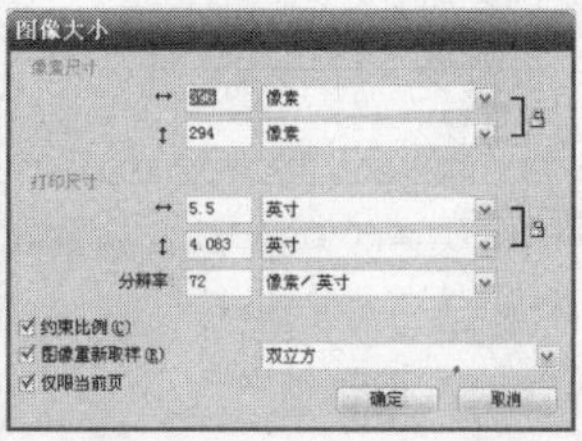

其中主要选项的含义介绍如下。

- 像素尺寸：调整宽度和高度值，可以改变图像在屏幕中的尺寸。默认单位为像素。
- 打印尺寸：调整宽度和高度值，可以改变图像的实际尺寸。默认单位为英寸。
- 分辨率：在同时选中“约束比例”和“图像重新取样”复选框时，调整分辨率的大小可以改变图像的

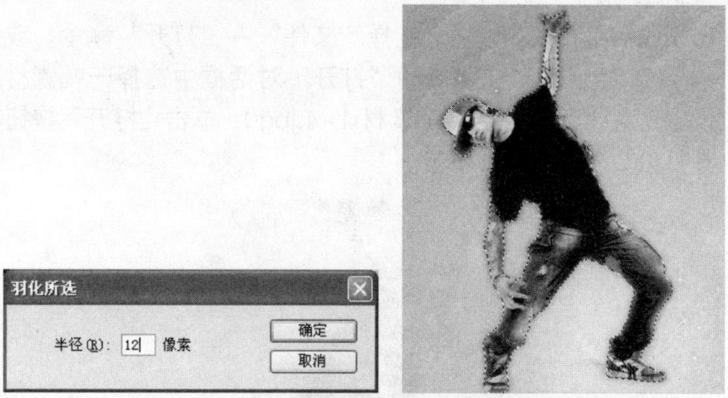

图 1-20　选区得到羽化效果

5 按 Ctrl+C 组合键，复制选区。打开一幅素材图像（光盘\素材与效果\01\素材\1-5.jpg），如图 1-21（左）所示。按 Ctrl+V 组合键，将选区粘贴到新图像中，如图 1-21（右）所示。

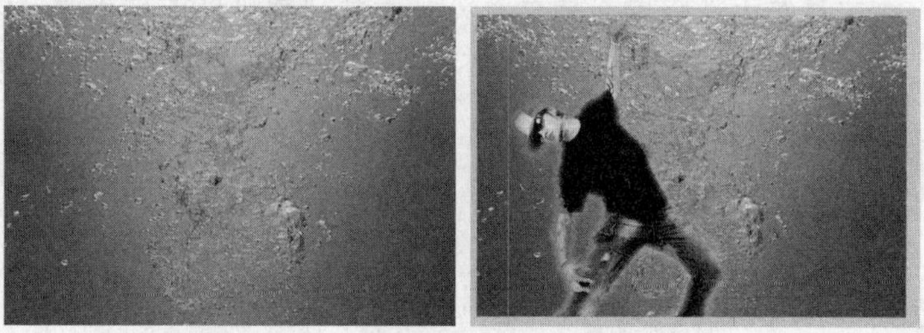

图 1-21　将选区粘贴到新图像中

6 按 Ctrl+T 组合键，出现调整控制框。按住 Shift 键不放，拖动控制点，调整为合适的大小，然后置于图像的中间部位，如图 1-22 所示。按 Enter 键取消调整控制框，然后按 Ctrl+D 组合键取消选中状态，得到最终效果。

图 1-22　调整为合适的大小和位置

实例 1-4　渐隐小熊

本实例将利用魔术棒工具以及渐隐功能制作天空渐隐小熊效果，使图像更具童趣。最终效果如图 1-23 所示。

图 1-23　实例最终效果

操作步骤

1. 在 Fireworks CS5 中，选择“文件”→“打开”命令，或按 Ctrl+O 组合键，在弹出的“打开”对话框中选择一幅素材图像（光盘\素材与效果\01\素材\1-6.jpg），单击“打开”按钮将其打开，如图 1-24 所示。
2. 使用魔术棒工具选取图像背景中的黑色，然后按 Delete 键将其清除，得到如图 1-25 所示的效果。

图 1-24　打开一幅图像素材

图 1-25　得到效果

3. 按 Ctrl+A 组合键全选图像，然后按 Ctrl+C 组合键将其复制。
4. 打开一幅素材图像（光盘\素材与效果\01\素材\1-7.jpg），如图 1-26 所示。按 Ctrl+V 组合键，将前面复制的图像粘贴到此图像中，并将其调整为合适的大小和位置，如图 1-27 所示。

像素大小。分辨率越大，则像素值越大。

- 约束比例：选中此复选框后，在“像素尺寸”和“打印尺寸”右侧将出现锁定标志。当改变其中一项的值时，另一项也按相同的比例随之改变。只有选中“图像重新取样”复选框时，“约束比例”复选框才会被激活。
- 图像重新取样：取消选中此复选框，“像素尺寸”将变成灰色的锁定状态。这时调整“打印尺寸”的大小，可使分辨率同时发生变化。

实例 1-4 说明

知识点：

- 魔术棒工具
- 渐隐功能

视频教程：

光盘\教学\第 1 章　Fireworks 基础图像制作与处理

效果文件：

光盘\素材与效果\01\效果\1-4.png

实例演示：

光盘\实例\第 1 章\渐隐小熊

操作技巧　调整画布颜色

选择“修改”→“画面”→“画布颜色”命令，打开“画布颜色”对话框，如下所示。

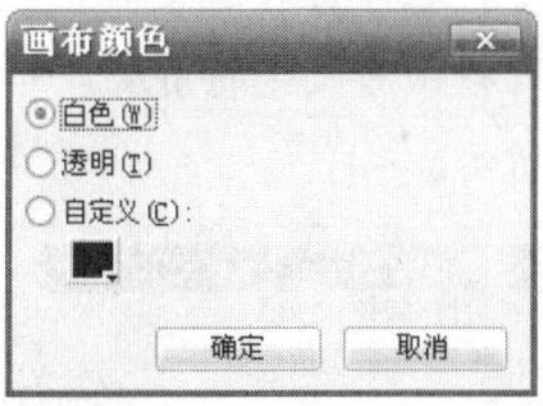

在该对话框中可以选择画布的颜色是“白色”或“透明”；也可以选中“自定义”单选按钮，然后单击颜色块，在弹出的颜色窗口中选择需要的颜色，如下所示。

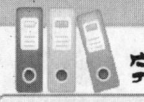

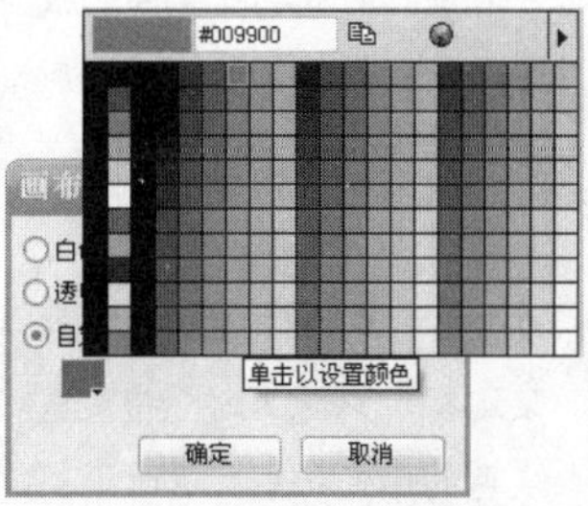

图 1-26　打开一幅素材图像

图 1-27　粘贴图像并调整

5 将粘贴后的图像选中，选择“命令”→“创意”→“螺旋式渐隐”命令，打开“螺旋式渐隐”对话框，在其中按照图 1-28 所示进行设置，然后单击“确定”按钮，即可得到最终效果。

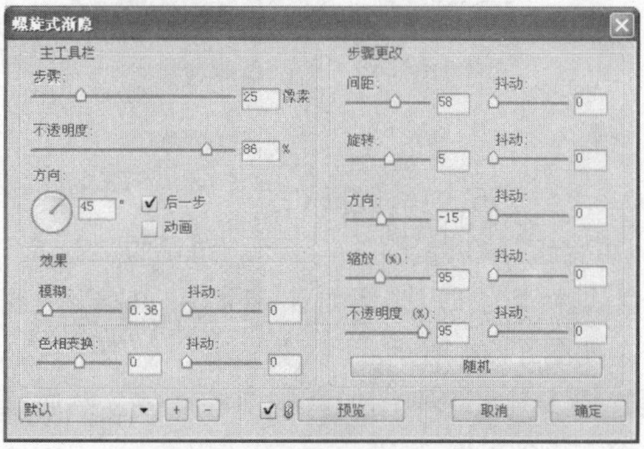

图 1-28　“螺旋式渐隐”对话框

实例 1-5　荷韵

实例 1-5 说明

- **知识点：**
  - 椭圆选取框工具
  - 部分选定工具
  - 调整亮度/对比度
- **视频教程：**
  光盘\教学\第 1 章　Fireworks 基础图像制作与处理
- **效果文件：**
  光盘\素材与效果\01\效果\1-5.png
- **实例演示：**
  光盘\实例\第 1 章\荷韵

本实例将使用椭圆选取框工具和部分选定工具制作典雅的荷韵图像，最终效果如图 1-29 所示。

图 1-29　实例最终效果

操作技巧　旋转画布

选择“修改”→“画面”命令，在弹出的子菜单中可以选择画布旋转的角度，如下所示。

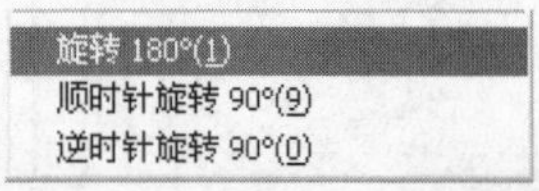

操作步骤

1 在 Fireworks CS5 中，选择“文件”→“打开”命令，或按 Ctrl+O 组合键，在弹出的“打开”对话框中选择一幅素材图像（光盘\素材与效果\01\素材\1-8.jpg），单击“打开”按钮将其打开。

2 在工具箱中选择椭圆选取框工具，在其“属性”面板中将“边缘”设置为“羽化”，将其值设置为 14，如图 1-30 所示。

图 1-30　“属性”面板

3 在图像上单击并拖动鼠标，将左侧的莲花选取，然后按住 Shift 键不放，再将右侧的莲花选取，如图 1-31 所示。

图 1-31　选取莲花

4 选择“选择”→“反选”命令，将选区反选，如图 1-32 所示。按 Delete 键，将选区中的内容删除，如图 1-33 所示。

图 1-32　将选区反选

图 1-33　将选区中的内容删除

5 打开一幅素材图像（光盘\素材与效果\01\素材\1-9.jpg），如图 1-34（左）所示。在工具箱中选择部分选定工具，将莲花效果拖至此图像中，并置于合适的位置，如图 1-34（右）所示。

例如：

原始图片

旋转 180° 后的效果

操作技巧　指针工具的使用

Fireworks CS5 的工具箱如下所示。

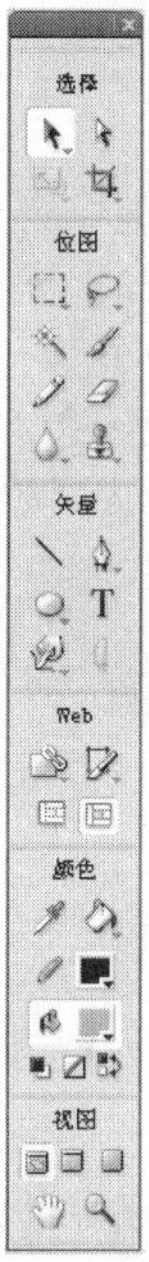

其中选择工具包括 4 种，如下所示。

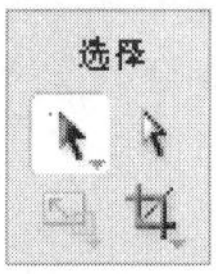

使用指针工具可以选

择对象，方法有 3 种。

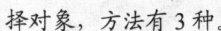

- 单击文档中的任意一个对象，即可将其选中。
- 选择对象时按住 Shift 键，可以同时选择多个对象。
- 按下鼠标左键不放并拖动，可以框选范围内多个连续的对象。

实例 1-6 说明

知识点：

- 套索工具
- 水平翻转
- 复制
- 粘贴

视频教程：

光盘\教学\第 1 章　Fireworks 基础图像制作与处理

效果文件：

光盘\素材与效果\01\效果\1-6.png

实例演示：

光盘\实例\第 1 章\双胞胎

操作技巧 选择后方对象工具的使用

在创建图像时，先创建的图像总是位于下方。当下方的图像与上面的图像重叠时，使用选择后方对象工具可以方便地选择被遮盖的图像。

图 1-34　将荷花效果拖入素材图像并调整

6 选择“滤镜”→“调整颜色”→“亮度/对比度”命令，打开“亮度/对比度”对话框，在其中将“亮度”和“对比度”均提高一定的数值，如图 1-35 所示。单击“确定”按钮，即可得到更加艳丽的莲花效果，即得到最终效果。

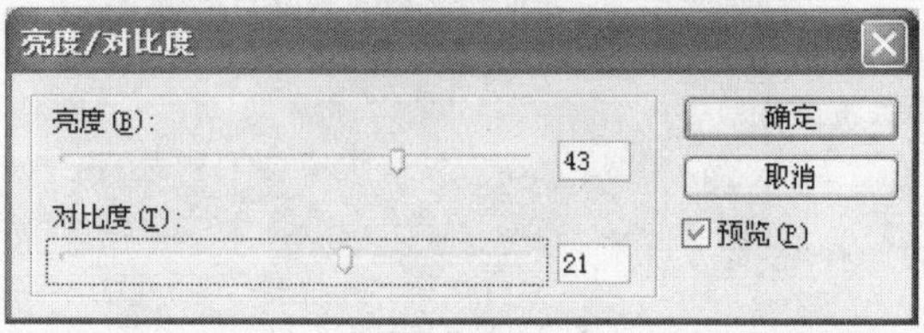

图 1-35　“亮度/对比度”对话框

实例 1-6　双胞胎

本实例将使用套索工具、复制与粘贴功能以及“水平翻转”命令等制作可爱的双胞胎图像，最终效果如图 1-36 所示。

图 1-36　实例最终效果

操作步骤

1 选择“文件”→“打开”命令，在弹出的“打开”对话框中选择一幅素材图像（光盘\素材与效果\01\素材\1-10.jpg），单击“打开”按钮将其打开。在工具箱中选择套索工具，在其“属性”面板中将“羽化”设置为 14，然后沿图像中人物部位绘制一个心形选区，如图 1-37 所示。

2 反选选区，然后按 Delete 键，将选区中的内容清除，得到如图 1-38 所示的效果。

图 1-37　绘制一个心形选区

图 1-38　将选区中的内容清除

3 将效果选中，按 Ctrl+C 组合键将其复制，然后按 Ctrl+V 组合键将其粘贴，再将复制出的图像拖至合适的位置，如图 1-39 所示。

4 选择“修改”→“变形”→“水平翻转”命令，即可将复制出的图像进行水平翻转，得到如图 1-40 所示的效果。

图 1-39　复制图像

图 1-40　水平翻转图像

操作技巧　部分选定工具的使用

矢量图中有些图素是由多个对象组合的，即形成对象组。使用指针工具只能选取整个对象组，如果要选取对象组中的单个对象，就需要使用部分选定工具。

矢量图由锚点和路径组成，使用部分选定工具还可以选择、修改或移动其中的锚点，从而改变图形的形状。

使用部分选定工具的方法有以下 3 种。

- 单击某一对象，即可将其选中。
- 选择对象时按住 Shift 键，可以同时选择多个对象。
- 单击并拖动鼠标，可以框选范围内多个连续的对象。

操作技巧　裁剪工具的使用

使用裁剪工具可以直观地调整画面的大小，其操作方法如下。

(1)打开需要调整画布大小的文档，在工具箱中选择裁剪工具。

(2)在画布上单击并拖动鼠标，框选出一个裁剪框，如下所示。

（3）用鼠标拖动裁剪框，可以移动裁剪框的位置。

（4）拖动裁剪框上各个方向的控制点，可以改变裁剪框的大小。

（5）调整好裁剪框的大小和位置后，双击鼠标即可删除掉裁剪框以外的区域，如下所示。

裁剪工具 通常用于减少画布的大小，但是如果裁剪框的尺寸大于原来画布的尺寸，则将增加画布的面积，如下所示。

实例 1-7 说明

- 知识点：
  - 魔术棒工具
  - “色相/饱和度”命令
  - 斜角和浮雕滤镜
- 视频教程：
  光盘\教学\第 1 章 Fireworks 基础图像制作与处理
- 效果文件：
  光盘\素材与效果\01\效果\1-7.png
- 实例演示：
  光盘\实例\第 1 章\情趣咖啡

5 打开一幅背景素材图像（光盘\素材与效果\01\素材\1-11.jpg），如图 1-41（左）所示。将第一幅图像中的两个效果分别拖至此图像中，得到如图 1-41（右）所示的效果。

图 1-41　打开图像并将效果拖入

6 分别调整两个效果的位置，并旋转一定的角度，得到双胞胎最终效果。

实例 1-7　情趣咖啡

本实例将使用魔术棒工具、“色相/饱和度”命令以及斜角和浮雕滤镜等功能制作充满情趣的咖啡图像，最终效果如图 1-42 所示。

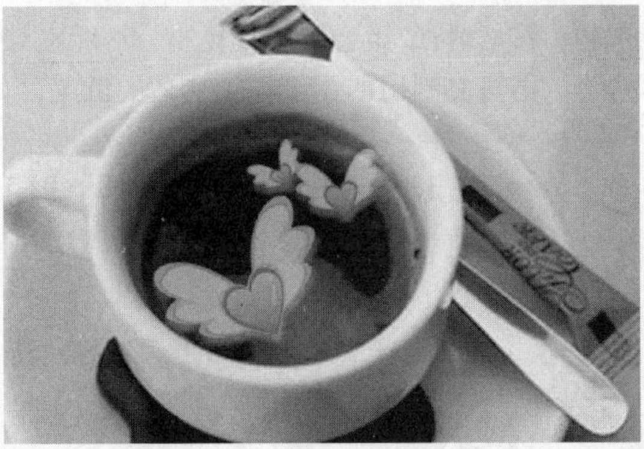

图 1-42　实例最终效果

操作步骤

1 选择“文件”→“打开”命令，在弹出的“打开”对话框中选择一幅心形素材图像（光盘\素材与效果\01\素材\1-12.jpg），单击“打开”按钮将其打开。在工具箱中选择魔术棒工具 ，在图像的背景白色处单击，选取背景，如图 1-43 所示。

2 按 Delete 键将选区中的内容删除，得到如图 1-44 所示的效果。

图 1-43　选取背景

图 1-44　将选区中的内容删除

3 打开一幅咖啡杯素材图像(光盘\素材与效果\01\素材\1-13.jpg)，如图 1-45 所示。将其拖入第一幅心形图像效果中，然后在“图层”面板中将咖啡杯位图拖至心形位图的下方，如图 1-46 所示。

图 1-45　打开一幅咖啡杯素材图像

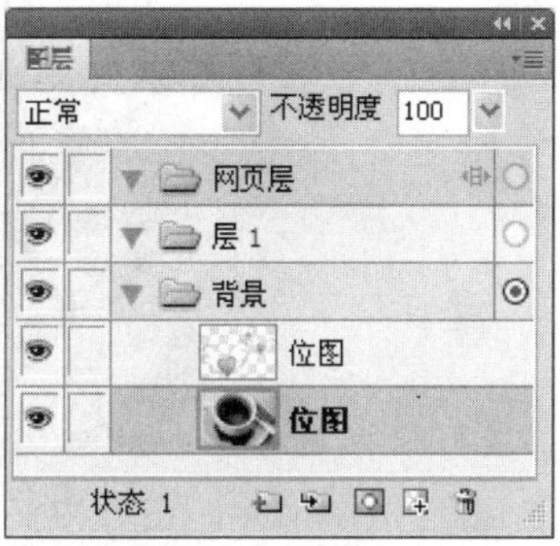

图 1-46　“图层”面板

4 此时的图像效果如图 1-47 所示。选中心形位图图层，按 Ctrl+T 组合键，出现调整控制框，将此图像调整为合适的大小和位置，并旋转一定的角度，使其置于咖啡杯的杯口内，如图 1-48 所示。

图 1-47　得到的效果

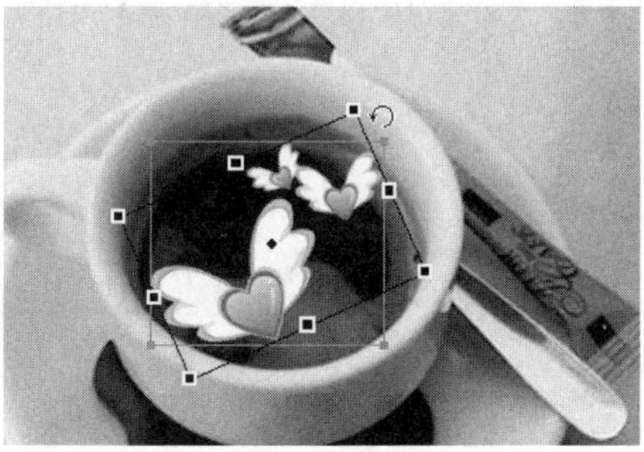

图 1-48　将心形图像置于咖啡杯杯口内

5 按 Enter 键取消调整控制框，心形图像依旧处于选中状态。选择“滤镜”→“调整颜色”→“色相/饱和度”命令，打开“色相/饱和度”对话框，在其中按照图 1-49 所示进行设置。

操作技巧 **选取框工具和椭圆选取框工具的使用**

在工具箱中选择选取框工具或按 M 快捷键，可以在图像中创建矩形选区。通过不同的方式，可以创建不同的选区。

1. 创建多个选区

使用选取框工具创建了一个选区之后，按住 Shift 键，可以继续创建多个选区，如下所示。

2. 从原选区中减去新选区

创建了一个选区之后，按住 Alt 键，可以从原选区中减去新的选区，如下所示。

↓

3. 选取两个选区的交集部分

创建了一个选区之后，同时按住 Shift 和 Alt 键，可以选取两个选区之间的交集部分，如下所示。

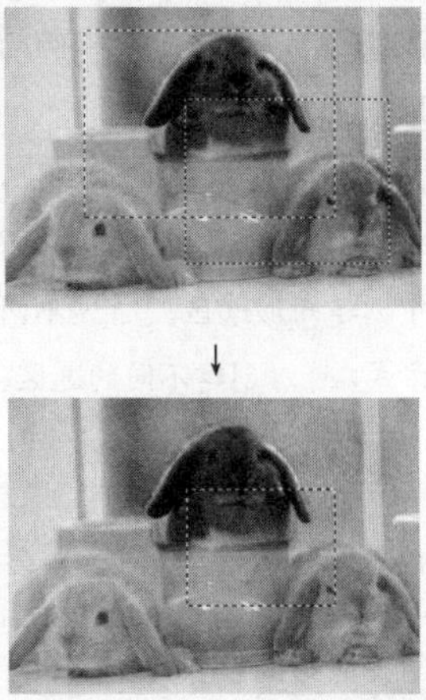

上面介绍了选取框工具的使用方法，下面再来看看椭圆选取框工具，如下所示。

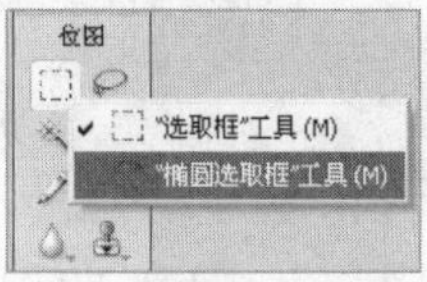

椭圆选取框工具 的使用方法和选取框工具基本相同，只不过椭圆选取框工具选取的区域为椭圆形状。

操作技巧 创建正方形或圆形选区

当图像上还没有选区时，在工具箱中选择选取框工具 或椭圆选取框工具 ，执行以下操作。

- 按住 Shift 键，可以创建正方形或圆形选区。
- 按住 Alt 键，可以以鼠标按下点为中心创建矩形或椭圆形选区。

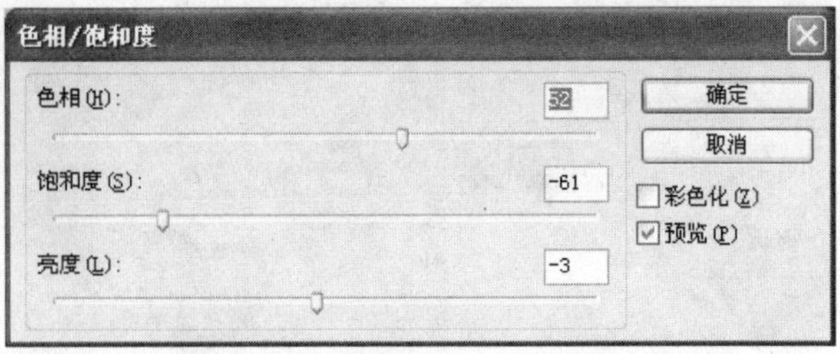

图 1-49 “色相/饱和度”对话框

6 单击“确定”按钮，即可得到与咖啡色相似的心形图像效果。此外，还可在其“属性”面板中调整“不透明度”，如这里设置为 63，得到的效果如图 1-50 所示。

图 1-50 得到的效果

7 如果想得到更为真实的效果，可继续将心形位图图层选中，在其“属性”面板中单击“滤镜”按钮 ，在弹出的菜单中选择“斜角和浮雕”→“凸起浮雕”命令，如图 1-51 所示。

8 在弹出的参数面板中，可以设置“宽度”、“对比度”、“柔化”以及“角度”等参数，这里按照图 1-52 所示进行设置。最后取消选中状态，得到最终效果。

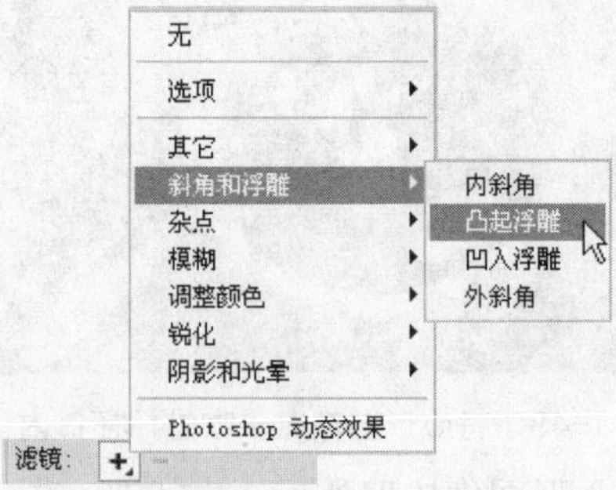

图 1-51 选择“斜面和浮雕”→“凸起浮雕”命令

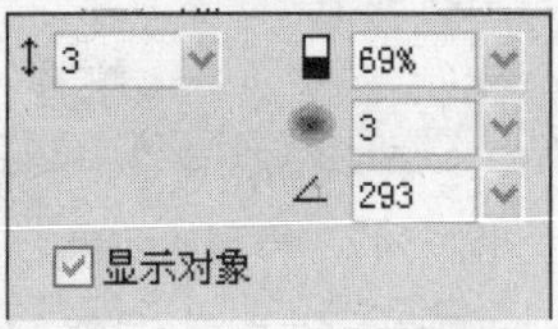

图 1-52 设置参数

实例 1-8　黄昏放牛

本实例将使用魔术棒工具、多边形套索工具以及“色阶”命令等将网页图像的背景更换为另一幅背景，使其从白天的图像效果转换为黄昏时的效果。实例前后对比效果如图 1-53 所示。

图 1-53　实例前后对比效果

操作步骤

1. 选择“文件”→“打开”命令，在弹出的“打开”对话框中选择两幅素材图像（光盘\素材与效果\01\素材\1-14.jpg、1-15.jpg），单击“打开”按钮将其打开，如图 1-54 所示。

图 1-54　打开两幅素材图像

2. 在工具箱中选择指针工具，将第二幅图像拖至第一幅图像中，如图 1-55（左）所示。按 Ctrl+T 组合键，然后按住 Shift 键不放，将第二幅图像调整为和第一幅图像一样的大小，如图 1-55（右）所示。

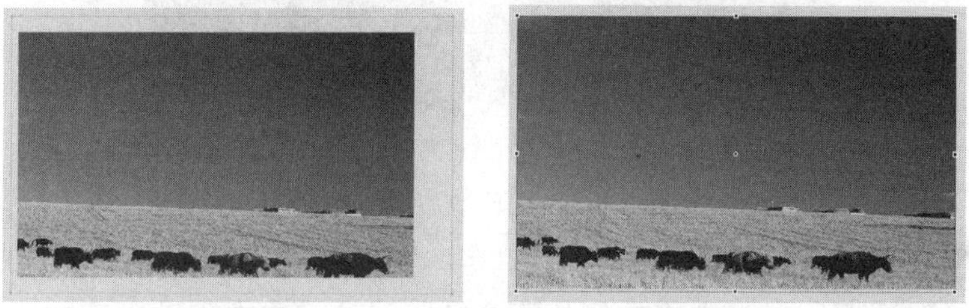

图 1-55　拖入第二幅图像并调整为一样的大小

- 按住 Shift+Alt 键，可以以鼠标按下点为中心创建正方形或圆形选区。

实例 1-8 说明

知识点：
- 多边形套索工具
- “色阶”命令
- 滴管工具
- 油漆桶工具

视频教程：
光盘\教学\第 1 章　Fireworks 基础图像制作与处理

效果文件：
光盘\素材与效果\01\效果\1-8.png

实例演示：
光盘\实例\第 1 章\黄昏放牛

操作技巧　套索工具的使用

套索工具主要用于选取形状不规则的区域，其操作方法如下。

（1）在工具箱中选择套索工具。

（2）沿着需要选取的图像的边缘，拖动鼠标进行选择。

（3）选择完之后松开鼠标，在起点和终点之间就会形成一个闭合的区域，如下所示。

操作技巧 **多边形套索工具的使用**

使用多边形套索工具可以方便地选取一个多边形选区，其操作方法如下。

(1)在工具箱中选择多边形套索工具。

(2)单击需要选取的图像边缘的起点，然后移动鼠标到多边形边缘的另一个端点，两点之间即形成一条直线。

(3)再移动鼠标到下一个端点，直到连接到鼠标单击的起点处，形成一个闭合的区域，如下所示。

操作技巧 **魔术棒工具的使用**

使用魔术棒工具可以选取图像中颜色相同或相近的区域，其操作方法如下。

(1)在工具箱中选择魔术棒工具。

(2)在“属性”面板中设置魔术棒工具的容差值。容差值反映了利用魔术棒工具选取图像时相似颜色的色差值，取值范围为 0～255，默认值为 32。容差值越小，选取越精确，选取的范围也越小。当容差值为 255 时，则选取整个图像。

3 在工具箱中选择魔术棒工具，在其“属性”面板中将“容差”设置为 48，“边缘”设置为“羽化”，其值设置为 10，如图 1-56 所示。

图 1-56 “属性”面板

4 完成设置后，在图像中的蓝天部位单击，即可选取蓝天的一部分。按住 Shift 键不放，继续在蓝天的其他部位单击，即可将蓝天背景全部选取，如图 1-57（左）所示。按 Delete 键，删除选区中的内容。按 Ctrl+D 组合键，取消选区，得到如图 1-57（右）所示的效果。

图 1-57 将蓝天背景全部选取并删除

5 在工具箱中选择多边形套索工具，沿着下方的草地边缘创建一个选区，如图 1-58 所示。

图 1-58 在草地边缘创建选区

6 选择“滤镜”→“调整颜色”→“色阶”命令，打开“色阶”对话框，在其中将左侧的两个色阶滑块均向右移动一定的距离，如图 1-59 所示。

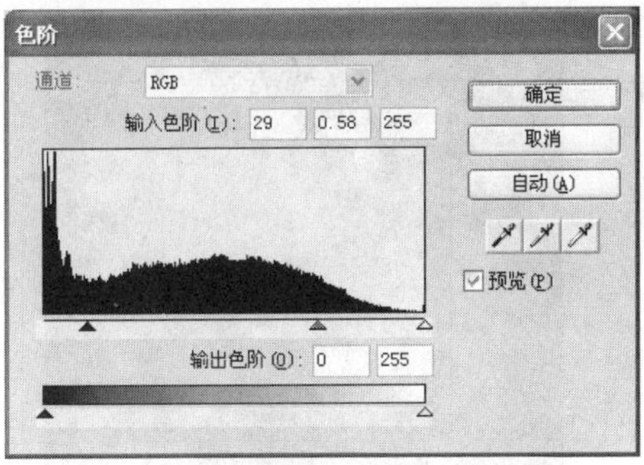

图 1-59　“色阶”对话框

7 单击“确定”按钮，得到如图 1-60 所示的效果。从中可以看到草地部位与背景的搭配更为和谐，即整体效果均为黄昏效果。

图 1-60　得到效果

8 仔细观察后发现，连接部位的右侧有一些不太搭配的颜色，需要适当调整。在工具箱中选择滴管工具，在需要设定为填充颜色的部位单击，选取颜色，如图 1-61 所示。在工具箱中选择油漆桶工具，在需要填充选定颜色的部位多次单击，直至填充完整（如图 1-62 所示），得到黄昏放牛最终效果。

图 1-61　选取颜色

图 1-62　使用选定颜色填充完整

实例 1-9　星形兔宝宝

本实例将使用矢量蒙版功能制作一种特殊的效果，即通过矢量蒙版显示图像的某部分，得到活泼而有趣的星形兔宝宝效果，如图 1-63 所示。

（3）在图像的相应位置上单击鼠标，即可选取颜色相同或相似的区域，如下所示。

（4）选择“选择”→“选择相似”命令，可以选取图像中符合容差值设置的所有颜色相似区域，如下所示。

相关知识　什么是羽化

在 Fireworks 中，羽化就是通过建立选区和选区周围之间的边界，来达到模糊选区边缘的效果。羽化的操作方法如下。

（1）用选取工具选择要羽化的图像。

（2）选择“选择”→“羽化”命令，打开“羽化所选”对话框，如下所示。

（3）在“半径”文本框中输入羽化的半径值，半径值越大，则选取的边缘越模糊。

（4）单击“确定”按钮，完成所选区域的羽化。

实例 1-9 说明

知识点：

- 形状工具
- 蒙版功能
- 旋转图形

视频教程：

光盘\教学\第 1 章 Fireworks 基础图像制作与处理

效果文件：

光盘\素材与效果\01\效果\1-9.png

实例演示：

光盘\实例\第 1 章\星形兔宝宝

操作技巧 缩放、倾斜和扭曲

选取对象后，利用缩放、倾斜、扭曲工具可以对其进行相应的操作。

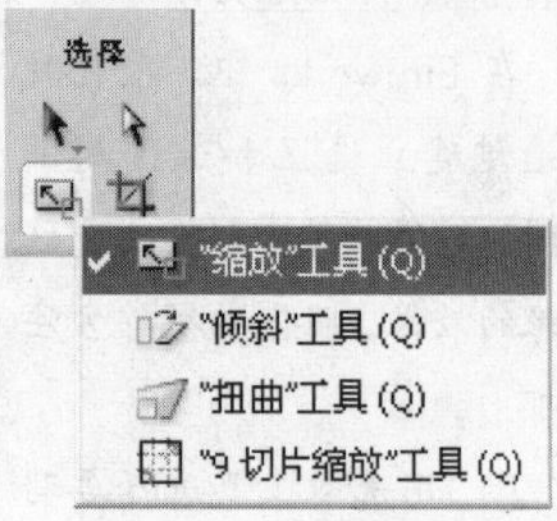

例如，选取以下图像。

使用缩放工具缩小后的效果如下所示。

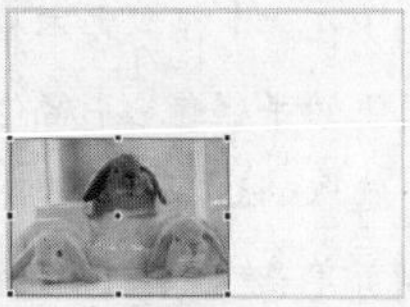

图 1-63　实例最终效果

操作步骤

1 选择“文件”→“新建”命令，打开“新建”对话框，在其中将“宽度”设置为“24 厘米”，“高度”设置为“17 厘米”，其他为默认值，单击“确定”按钮，得到一个白色空白文档，如图 1-64 所示。

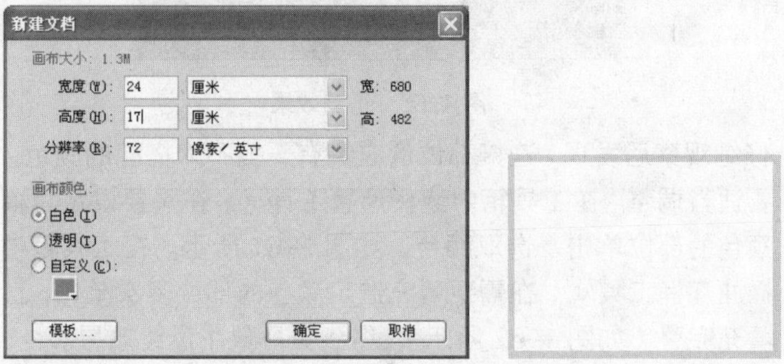

图 1-64　新建一个白色空白文档

2 在工具箱中选择星形工具，在其“属性”面板中将笔触颜色设置为“深紫色”，大小为 14，填充为“蜡笔/倾斜”，油漆桶填充设置为“无”，其他为默认值，如图 1-65 所示。

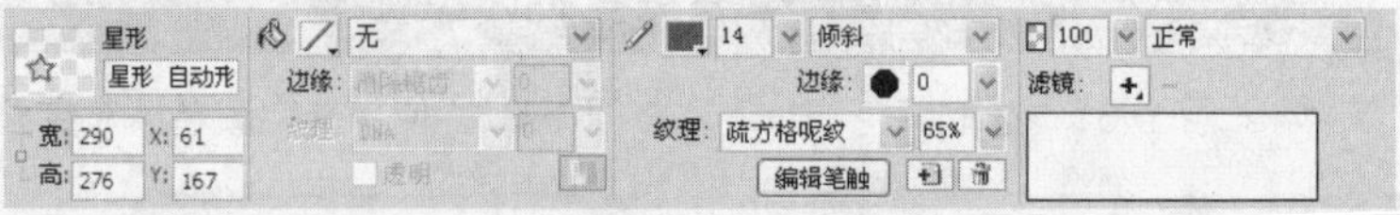

图 1-65　“属性”面板

3 完成设置后，在文档中拖出一个星形图形，如图 1-66 所示。

4 设置不同的笔触颜色，再分别绘制两个星形图形，然后将它们分别调整为合适的大小和角度，如图 1-67 所示。

图 1-66 拖出一个星形图形

图 1-67 再拖出两个星形图形

5 选中一个星形图形，然后按住 Shift 键，将其余两个图形均选中，此时的效果如图 1-68 所示。按 Ctrl+X 组合键，将选中图形剪切。

图 1-68 将图形全部选中

6 打开一幅可爱的兔宝宝素材图像（光盘\素材与效果\01\素材\1-16.jpg），如图 1-69（左）所示。将其选中，然后选择“编辑”→“粘贴为蒙版”命令，得到蒙版效果。在其“属性”面板中选中“显示填充和笔触”复选框，其余为默认值，得到如图 1-69（右）所示的效果。

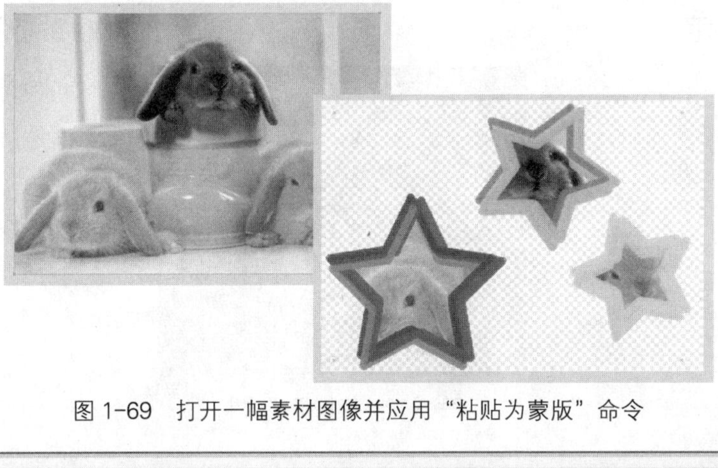

图 1-69 打开一幅素材图像并应用“粘贴为蒙版”命令

使用倾斜工具后的效果如下所示。

使用扭曲工具后的效果如下所示。

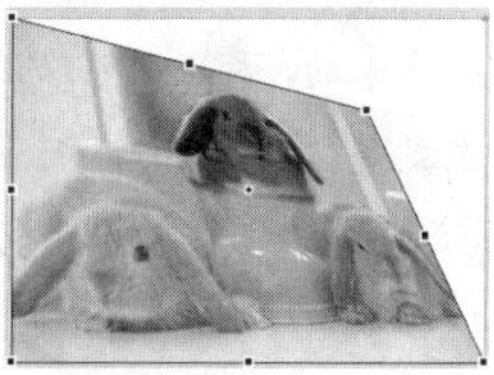

使用以上工具时，还可以对图像进行旋转。例如，扭曲之后再旋转后的效果如下所示。

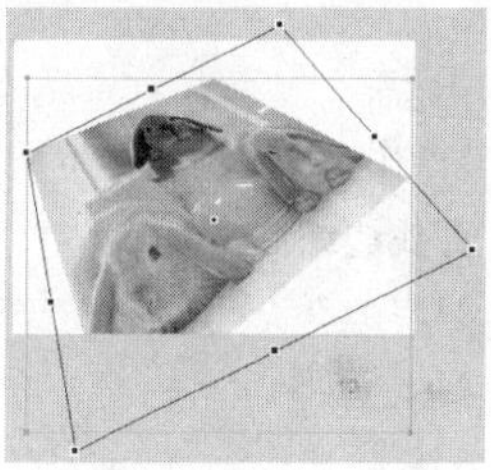

相关知识 什么是矢量图和位图

矢量图是由一系列以线连接的点组成的。矢量图中的每个图形元素均称为对象，每个对象都是一个自成一体的实体，具有颜色、形状、轮廓、大小和位置等属性。

位图也称为点阵图，是由单独的多个像素点组成的。这些点可以进行不同的排列和染色，从而构成图样。

由于矢量图可通过公式计算获得，所以其文件一般比较

7 按住 Alt 键，在“图层”面板中单击位图图层左侧的缩览图，将可爱兔宝宝图像载入选区，然后拖动此选区，将其调整为合适的位置，即显示出更为合适的图像位置，如图 1-70 所示。

图 1-70 显示出更为合适的图像位置

8 打开一幅背景素材图像(光盘\素材与效果\01\素材\1-17.jpg)，将效果拖入其中，然后调整为合适的位置并旋转一定的角度，如图 1-71 所示。取消调整控制框和选中状态，得到星形兔宝宝的最终效果。

图 1-71 拖入一幅背景素材图像中并调整

实例 1-10 石刻画

本实例将使用“色相/饱和度”命令、查找边缘滤镜以及图层混合模式等功能将一幅风景画制作为石刻画效果，如图 1-72 所示。

图 1-72 实例最终效果

小。矢量图的最大优点是无论放大、缩小或旋转等均不会失真，而最大的缺点是难以表现色彩层次丰富的图像效果。

矢量图与位图的最大区别就是，矢量图无论怎么放大都不会模糊，而位图放大到一定倍数时就会变得不清楚。

位图文件的扩展名为.bmp。大部分位图都是由矢量图导出来的，因此也可以说矢量图就是位图的源码。矢量图能够通过修改路径来进行编辑。

实例 1-10 说明

知识点：

- “色相/饱和度”命令
- 查找边缘滤镜
- 图层混合模式

视频教程：

光盘\教学\第 1 章 Fireworks 基础图像制作与处理

效果文件：

光盘\素材与效果\01\效果\1-10.png

实例演示：

光盘\实例\第 1 章\石刻画

相关知识 什么是路径

绘制图形时产生的线条称为路径。路径由一个或多个直线段或曲线段组成。线段的起始点和结束点由锚点标记，通过编辑路径的锚点，可以改变路径的形状。

操作步骤

1 选择“文件”→“打开”命令，在弹出的“打开”对话框中选择一幅风景素材图像（光盘\素材与效果\01\素材\1-18.jpg），单击“打开”按钮将其打开，如图 1-73 所示。

图 1-73　打开一幅风景素材图像

2 选择“滤镜”→“调整颜色”→“色相/饱和度”命令，打开“色相/饱和度”对话框，在其中将“饱和度”设置为-100，如图 1-74（左）所示。单击“确定”按钮，即可得到黑白图像效果，如图 1-74（右）所示。

图 1-74　得到黑白图像效果

3 在“属性”面板中单击“滤镜”按钮，在弹出的菜单中选择“其他”→“查找边缘”命令，得到查找边缘图像效果，如图 1-75 所示。

图 1-75　制作查找边缘图像效果

路径可以分为开放路径和闭合路径。对于开放路径，可以看到起点和终点，如下所示。

闭合路径则没有起点和终点。

操作技巧　形状工具的使用

Fireworks CS5 提供了多种形状工具，如直线工具、矩形工具、椭圆工具等，如下所示。

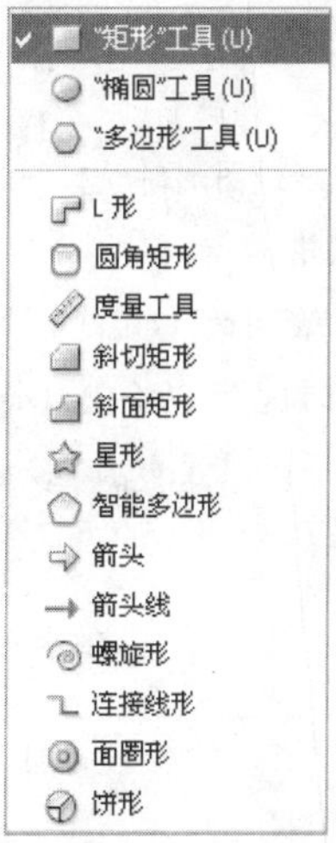

使用形状工具的方法如下。

（1）在工具箱中选择所需的形状工具，如星形。

（2）在“属性”面板中设置填充的颜色、笔触样式、纹理效果、不透明度、合成模式等，如下所示。

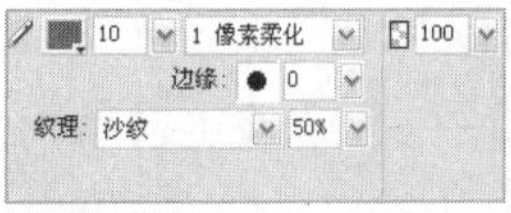

（3）在画布中单击并拖动鼠标，绘制出需要的图形。例如：

星形

螺旋形

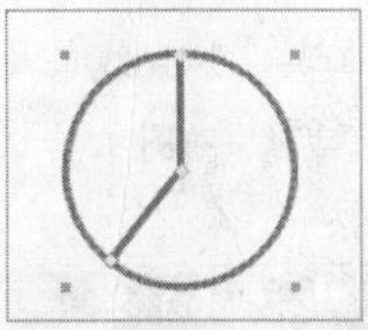

饼形

在绘制图形时，有一些技巧可供借鉴。

- 如果绘制的是直线，按住 Shift 键，可以绘制出水平、45° 角或垂直的直线，如下所示。

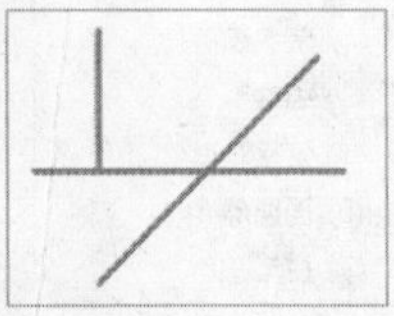

- 如果绘制的是矩形、椭圆、多边形、圆角矩形等形状，按住 Shift 键，则可以绘制出正方形、圆形、正多边形或圆角正方形等形状，如下所示。

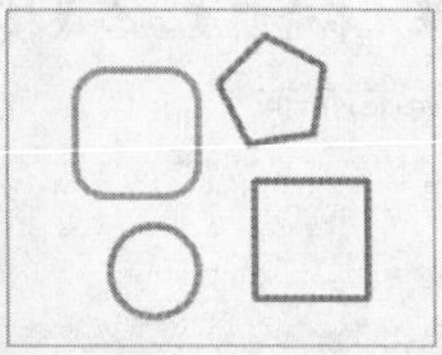

4 按 Ctrl+C 组合键将其复制，然后打开一幅石质背景素材图像（光盘\素材与效果\01\素材\1-19.jpg），如图 1-76 所示。

图 1-76　打开一幅石质背景素材图像

5 按 Ctrl+V 组合键，将刚才复制的图像粘贴到此图像中，如图 1-77 所示。按 Ctrl+T 组合键，出现调整控制框，将其调整为和下方石质背景图像一样的大小，如图 1-78 所示。

图 1-77　粘贴图像

图 1-78　调整为一样的大小

6 按 Enter 键，取消调整控制框。在“图层”面板中选中粘贴图像位图图层，将其混合模式设置为“平均”（如图 1-79 所示），得到石质画最终效果。

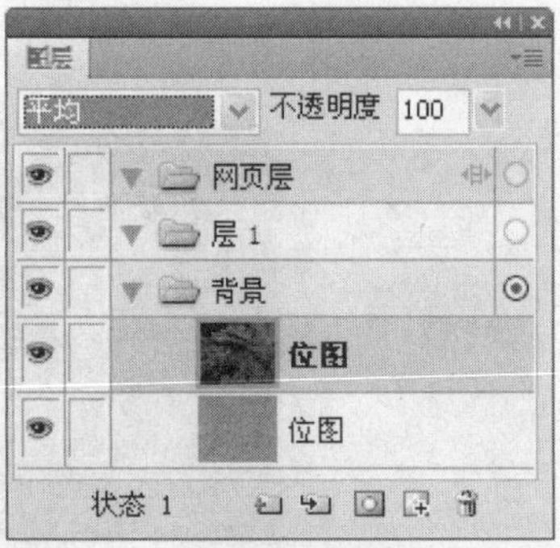

图 1-79　将混合模式设置为“平均”

实例 1-11 四叶草

本实例将使用模糊工具、加深工具以及文本工具等处理四叶草图像，使其中一片四叶草得到突显，并配以美观、可爱的文字，得到一种唯美效果，如图 1-80 所示。

图 1-80 实例最终效果

操作步骤

1. 选择“文件”→“打开”命令，在弹出的“打开”对话框中选择一幅素材图像（光盘\素材与效果\01\素材\1-20.jpg），单击“打开”按钮将其打开，如图 1-81 所示。

图 1-81 打开一幅素材图像

2. 在工具箱中选择模糊工具，在其“属性”面板中将“大小”设置为 93，“边缘”设置为 100，“形状”设置为“圆形刷子尖端”，“强度”设置为 82，如图 1-82 所示。

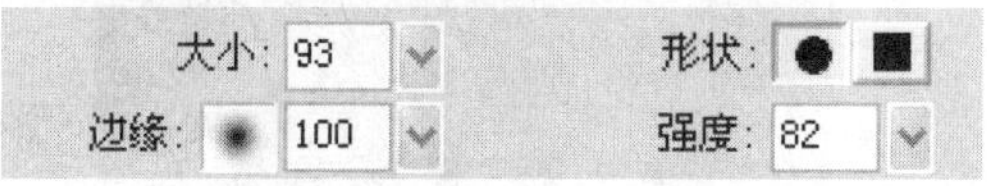

图 1-82 “属性”面板

3. 设置完成后，在图像中四叶草和手以外的部位进行涂抹，使其变得模糊，从而达到突出四叶草和手的目的，效果如图 1-83 所示。

实例 1-11 说明

- 知识点：
  - 模糊工具
  - 加深工具
  - 文本工具
  - 设置颜色
- 视频教程：
  光盘\教学\第 1 章 Fireworks 基础图像制作与处理
- 效果文件：
  光盘\素材与效果\01\效果\1-11.png
- 实例演示：
  光盘\实例\第 1 章\四叶草

操作技巧 铅笔工具和刷子工具的使用

Fireworks 中的铅笔工具和刷子工具都用于绘制自由的线条。

1. 铅笔工具

铅笔工具用于绘制一个像素宽的任意形状线条，操作时释放鼠标即可完成绘制。

2. 刷子工具

刷子工具用于绘制指定宽度和笔触的线条，可以在其“属性”面板中进行相应属性的设置。与铅笔工具一样，操作时释放鼠标即可完成绘制。

使用铅笔工具和刷子工具时，如果按住 Shift 键，则可以绘制出水平、垂直、45°角的直线，或者当前点与上一个终点的连接直线。

操作技巧 钢笔工具的使用

钢笔工具用于绘制任意形状的直线或曲线路径。在其“属性”面板中，可以设置线条的宽度和笔触的样式等属性。

1. 绘制直线

如果要绘制直线，则在画布上单击起点后，将鼠标移到下一点处单击，然后在其余每个节点处依次单击，最后在终点处双击鼠标，即可完成操作，如下所示。

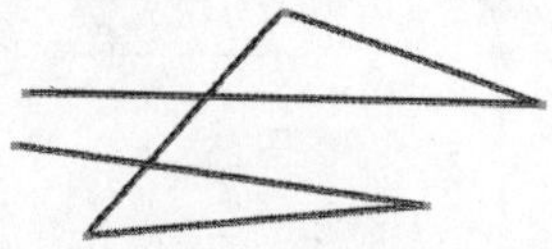

2. 绘制曲线

在工具箱中选择钢笔工具，然后单击曲线的第一个节点，再在第二个节点处单击鼠标左键并拖动。此处的节点为平滑点，其两端各出现一个控制手柄，并且在两个节点之间形成一条曲线，按住鼠标左键拖动可以调整曲线的弯曲度。

重复此操作，最后在终点处双击鼠标，即可完成操作，如下所示。

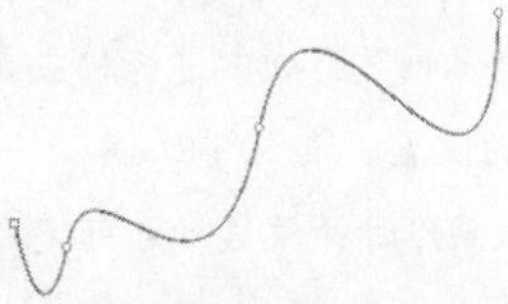

3. 取消某个节点

在工具箱中选择钢笔工具，单击已有路径上的某个节点，可以将该节点删除，该节点前后的两个节点之间将被连成线段，如下所示。

图 1-83 四叶草和手部位得到突出显示

4 在工具箱中选择加深工具，在其“属性”面板中按照图 1-84（左）所示进行设置，然后在四叶草和手部位进行涂抹，加深其色调，得到更为突出的效果，如图 1-84（右）所示。

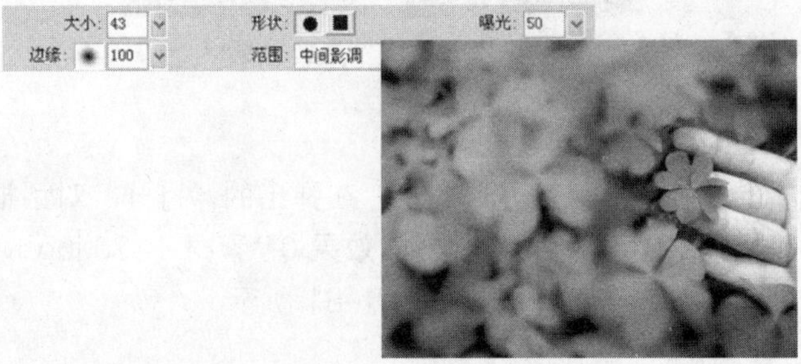

图 1-84 使用加深工具涂抹

5 为了丰富图像效果，在工具箱中选择文本工具 T，在其“属性”面板中按照图 1-85 所示进行设置。

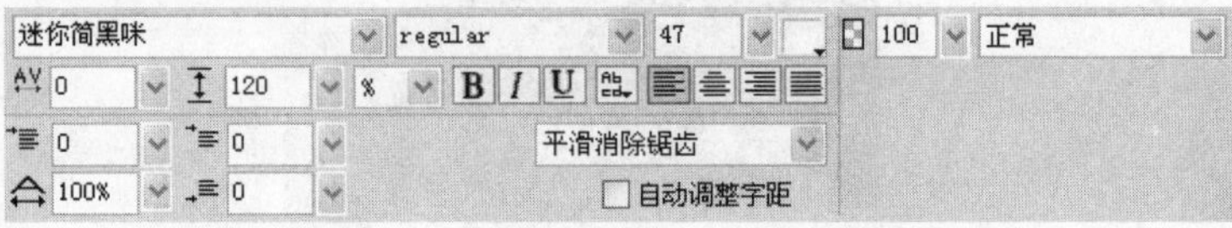

图 1-85 “属性”面板

6 完成设置后，在图像中输入文字“世上唯一的四叶草”，如图 1-86 所示。

图 1-86 输入文字“世上唯一的四叶草”

7 分别选中各个文字，然后在其“属性”面板中分别设置为不同的颜色，得到如图 1-87 所示的可爱效果。取消文字的选中状态，得到最终效果。

图 1-87 得到可爱的文字效果

实例 1-12 古老文明

本实例将使用橡皮擦工具、模糊工具以及文本工具等制作简单合成效果，即将一幅图像与另一幅图像合成为特殊效果，如图 1-88 所示。

图 1-88 实例最终效果

操作步骤

1 选择“文件”→“打开”命令，在弹出的“打开”对话框中选择两幅素材图像（光盘\素材与效果\01\素材\1-21.jpg、1-22.jpg），单击“打开”按钮将它们打开，如图 1-89 所示。

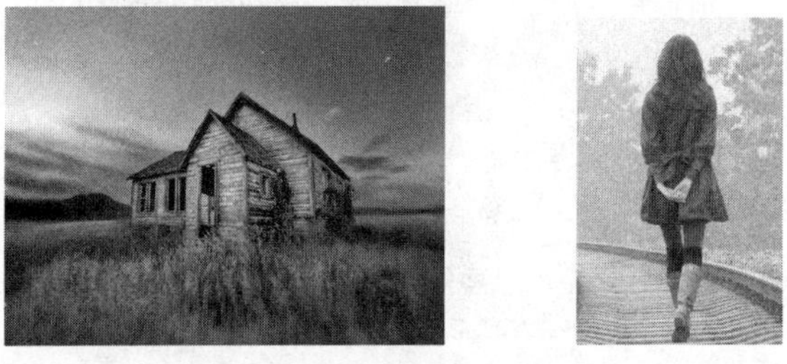

图 1-89 打开两幅素材图像

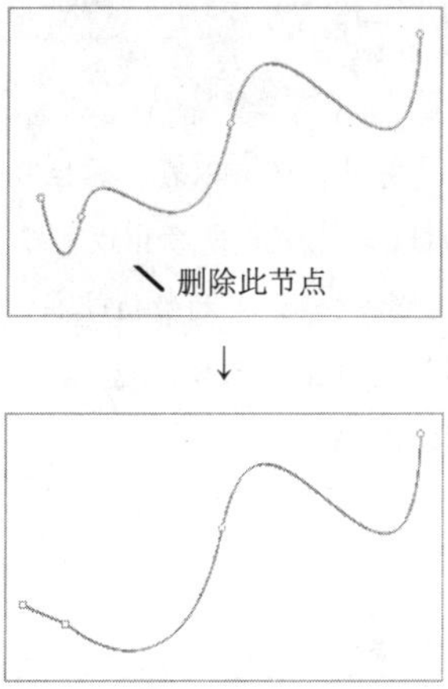

实例 1-12 说明

- 知识点：
  - 橡皮擦工具
  - 模糊工具
  - 文本工具
- 视频教程：
  光盘\教学\第 1 章 Fireworks 基础图像制作与处理
- 效果文件：
  光盘\素材与效果\01\效果\1-12.png
- 实例演示：
  光盘\实例\第 1 章\古老文明

操作技巧 矢量路径工具的使用

使用矢量路径工具可以绘制出任意形状的矢量图形。在工具箱中选择矢量路径工具后，在其“属性”面板中可以设置图形的笔触大小、颜色、透明度、滤镜效果等属性，如下所示。

2 将第二幅图像拖至第一幅图像中，如图 1-90 所示。按 Ctrl+T 组合键，将其调整为合适的大小和位置，如图 1-91 所示。

图 1-90　拖入图像

图 1-91　调整为合适的大小和位置

3 按 Enter 键，取消调整控制框。在工具箱中选择橡皮擦工具，在其“属性”面板中将“大小”设置为 43，“边缘”设置为 64，“形状”设置为“圆形橡皮擦”，不透明度设置为 100，如图 1-92 所示。

图 1-92　“属性”面板

4 在拖入图像的背景部位进行涂抹，将其删除，如图 1-93 所示。

图 1-93　在背景部位进行涂抹

5 经过细致涂抹后，得到如图 1-94 所示的效果。

图 1-94　细致涂抹后的效果

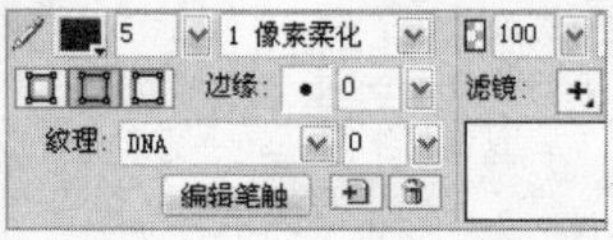

另外，还可以在“属性”面板的“精度”选项中设置路径的精度，设置的数值越高，所绘路径上的点数就越多，图形就越精确。

操作技巧　重绘路径工具的使用

使用重绘路径工具可以重新绘制或扩展所选的路径。操作方法如下。

（1）在工具箱中选择重绘路径工具。

（2）在其“属性”面板中设置重绘路径工具的精度。

（3）将鼠标移到要调整的路径上，单击并拖动鼠标重绘或扩展路径。

（4）释放鼠标左键，完成操作。

相关知识　切割和简化路径

使用刀子工具可以切割路径，将一条路径切成两条或多条路径。

操作时，先选定要切割的路径，然后在工具箱中选择刀子工具，在路径上单击并拖动鼠标，指定要切割的位置，最后释放鼠标完成操作，如下所示。

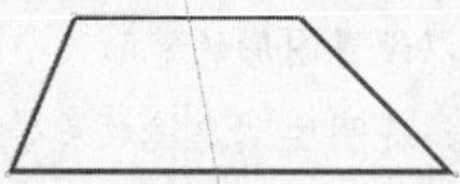

切割前

6 在橡皮擦工具的“属性”面板中将“大小”设置为 9，继续在需要擦除的部位进行更为细致的涂抹，得到如图 1-95 所示的效果。

图 1-95　涂抹最终效果

7 在工具箱中选择模糊工具，在其“属性”面板中按照图 1-96 所示进行设置。

图 1-96　“属性”面板

8 完成设置后，沿人物边缘进行涂抹，使其边缘变得模糊，得到一种更加融合的图像效果，如图 1-97 所示。

图 1-97　得到更加融合的图像效果

9 在工具箱中选择文本工具 T，在其“属性”面板中设置合适的字体、大小，然后单击“设置文本方向”按钮，在弹出的下拉菜单中选择“垂直方向从右向左”命令，如图 1-98 所示。

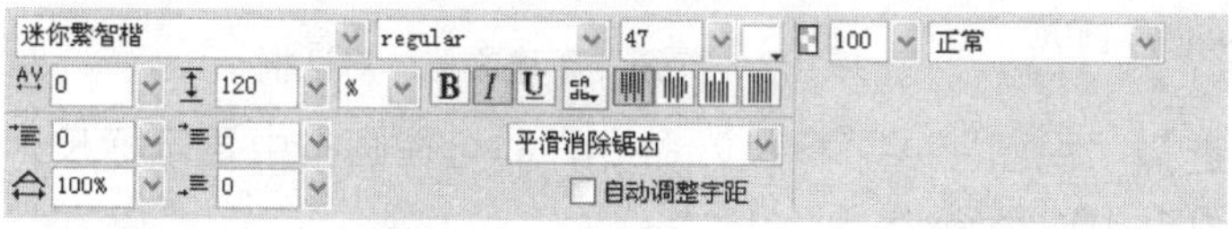

图 1-98　“属性”面板

10 完成设置后，在图像中输入文字“探索古老文明”，得到最终效果。

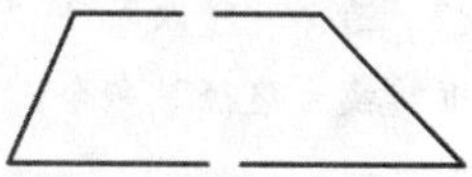

切割后

使用“简化”命令可以简化路径上多余的节点，但保持路径的基本形状不变。

操作时，先选定要简化的路径，然后选择“修改”→“改变路径”→“简化”命令，打开“简化”对话框，如下所示。

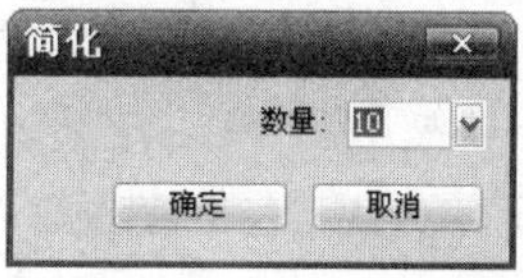

在“数量”文本框中输入简化的数量，然后单击“确定”按钮。

例如:

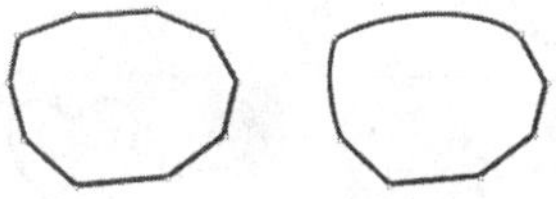

原始路径　简化掉 5 个节点后的效果

操作技巧　选取框和路径的转换

在绘图过程中，如果要对位图进行矢量编辑，可以将位图的选区转换为路径；反之，如果要用位图编辑工具对矢量图形进行编辑，就需要将路径转换为选取框。

将选取框转换为路径的操作方法如下。

（1）选取一个图形对象。

（2）选择“修改”→“将选取框转换为路径”命令，效果如下所示。

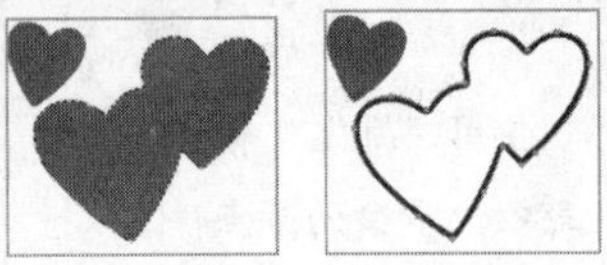

将路径转换为选取框的操作方法如下。

（1）选取要转换的路径。

（2）选择“修改”→“将路径转换为选取框”命令，打开“将路径转换为选取框”对话框，如下所示。

（3）在“边缘”下拉列表框中选择“消除锯齿”选项，单击“确定”按钮，效果如下所示。

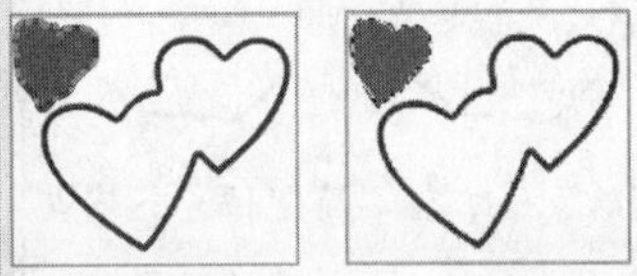

实例 1-13 说明

- **知识点：**
  - 标尺工具
  - 椭圆工具
  - 渐变工具
  - “图层”面板
- **视频教程：**

  光盘\教学\第 1 章 Fireworks 基础图像制作与处理
- **效果文件：**

  光盘\素材与效果\01\效果\1-13（2）.png
- **实例演示：**

  光盘\实例\第 1 章\彩球世界

实例 1-13 彩球世界

本实例将使用标尺、椭圆工具、渐变工具以及“图层”面板等制作五彩缤纷的彩球效果，然后将此效果应用于图像中。实例最终效果如图 1-99 所示。

图 1-99 实例最终效果

操作步骤

1 在 Fireworks CS5 的起始页中单击“Fireworks 文档（PNG）”按钮，打开“新建文档”对话框，在其中将“宽度”和“高度”均设置为“600 像素”，其他为默认值，如图 1-100 所示。

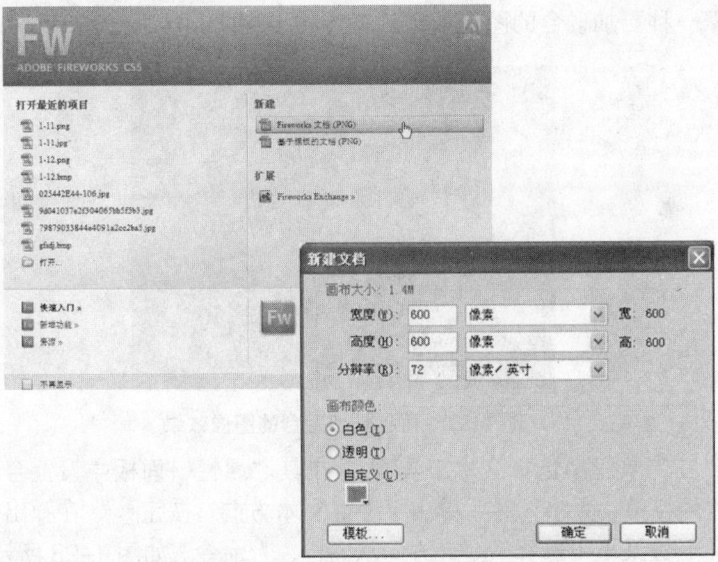

图 1-100 打开“新建文档”对话框

2 选择“视图”→“标尺”命令，即可在画布中显示标尺，如图 1-101 所示。

3 在水平和垂直方向的“300”位置处分别拖出一条直线，即得到文档的中心点，如图 1-102 所示。

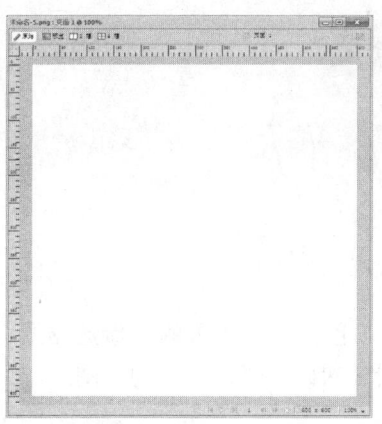

图 1-101　在画布中显示标尺

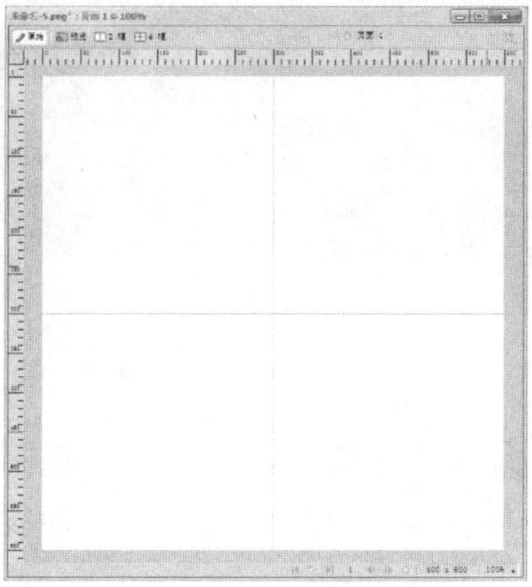

图 1-102　得到文档的中心点

4 在工具箱中选择椭圆工具，然后按住 Alt+Shift 组合键不放，以中心点为起点绘制一个直径为 200 的正圆形，如图 1-103 所示。

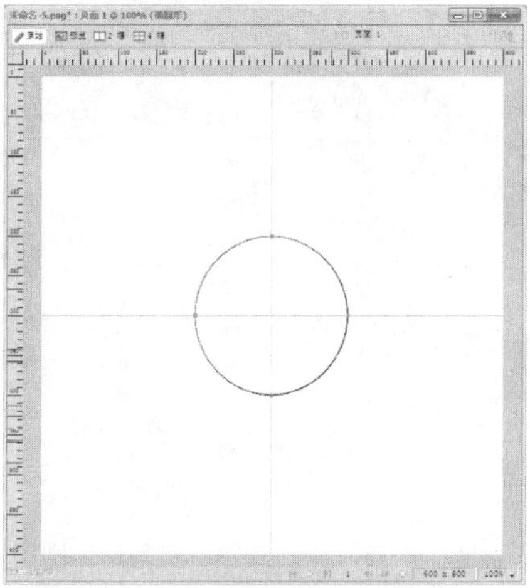

图 1-103　绘制一个正圆形

5 在工具箱中选择渐变工具，在其“属性”面板将渐变类型设置为“彩色蜡笔”，渐变方式设置为“线性”，纹理设置为“点-大”，如图 1-104 所示。

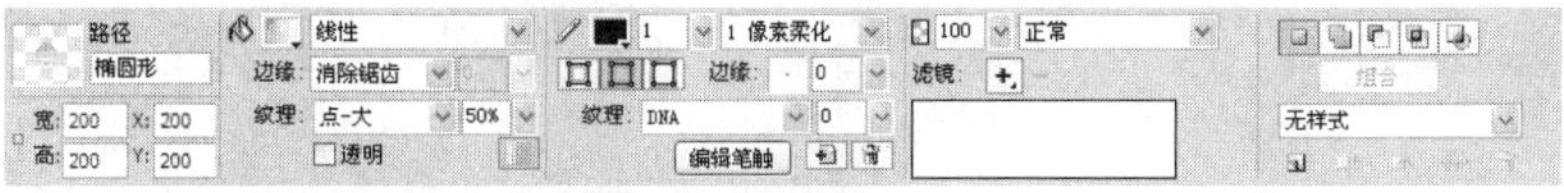

图 1-104　“属性”面板

6 此时即可将设置的效果填充至正圆形内，如图 1-105 所示。

操作技巧　橡皮擦工具的使用

橡皮擦工具用于擦除位图中的部分区域。操作方法如下。

（1）打开要进行修改的位图图像。

（2）在工具箱中选择橡皮擦工具。

（3）在其“属性”面板中设置相应的属性，如橡皮擦的大小、边缘的大小及形状等，如下所示。

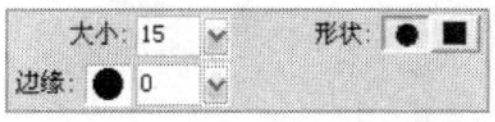

（4）单击鼠标并拖动，按需要擦除图像中的内容，如下所示。

操作技巧　模糊工具和锐化工具的使用

模糊工具和锐化工具是一对起相反作用的绘图工具。模糊工具用于降低相邻像素的对比度，产生模糊的效果；锐化工具与之刚好相反，用于增加对比度，使图像变得更清晰。

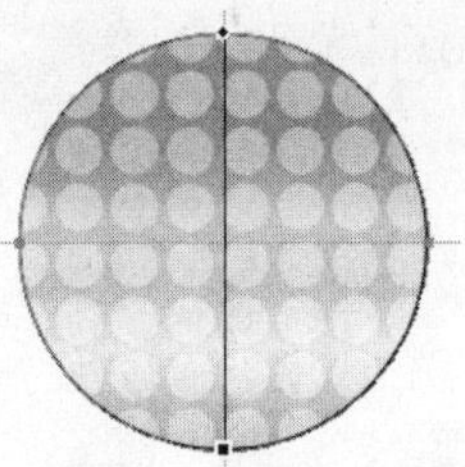

图 1-105　渐变填充效果

7 在“图层”面板中将“椭圆形”图层拖至下方的“新建位图图像”按钮上 8 次，即复制 8 次此图层，此时的“图层”面板如图 1-106 所示。

8 在“图层”面板中依次选中各个复制出的图层，使用指针工具依次将它们移至合适的位置。在移动的过程中，可依据出现的红色辅助线，使其按一致的距离和角度进行放置，得到如图 1-107 所示的效果。

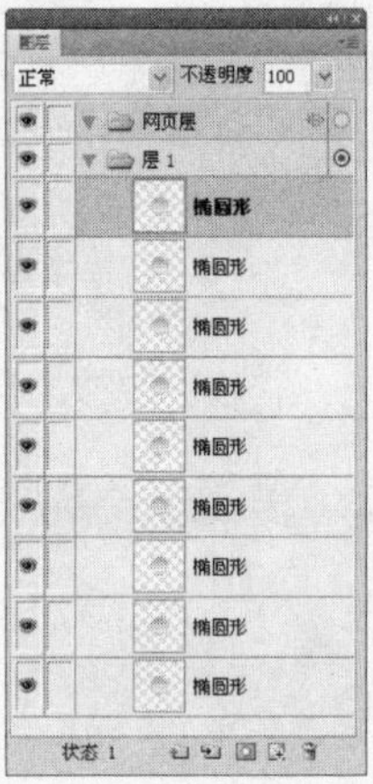

图 1-106　复制 6 次“椭圆形”图层

图 1-107　分别置于对应的位置

在工具箱中选择模糊工具或锐化工具后，可以在其相应的“属性”面板中设置效果的大小、边缘的数值，以及形状、强度等。

例如：

原始位图

模糊处理后的效果

锐化处理后的效果

操作技巧　减淡工具和加深工具的使用

减淡工具和加深工具是一对起相反作用的绘图工具。减淡工具用于对位图的局部区域提高亮度；

9 依次选中复制出的图层，然后在“属性”面板依次更改它们的填充类型，得到五彩效果，如图 1-108 所示。

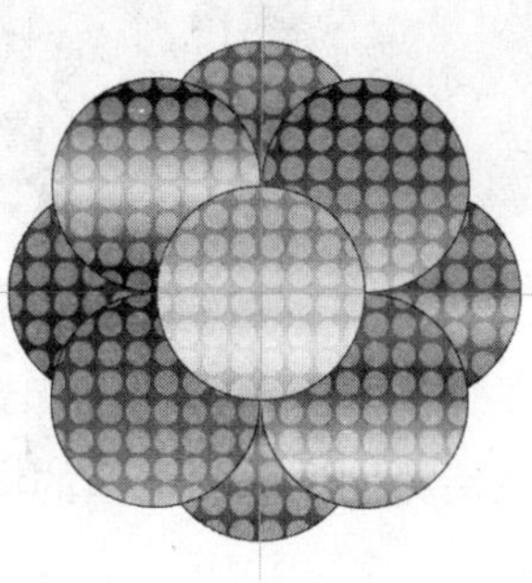

图 1-108 得到五彩效果

10 选中其中一个复制图层，选择“修改”→“变形”→“扭曲”命令，将图像进行扭曲变形，如图 1-109（左）所示。以同样的方法，将其余图层依次进行扭曲变形，得到如图 1-109（右）所示的风车效果。

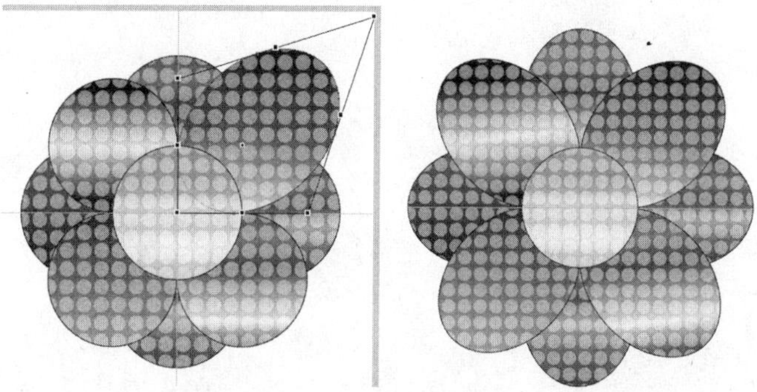

图 1-109 通过对复制出的图像进行扭曲变形得到风车效果

11 将构成风车的图层全部选中，将其缩小为合适的大小，如图 1-110 所示。按 Ctrl+C 组合键将其复制，然后打开一幅背景素材图像（光盘\素材与效果\01\素材\1-23.jpg），按 Ctrl+V 组合键将其粘贴到其中，如图 1-111 所示。

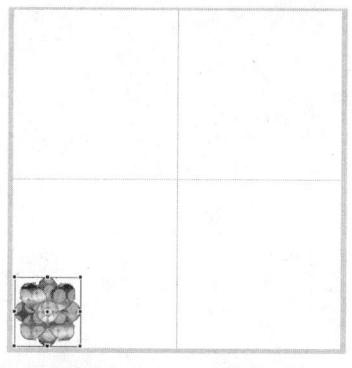

图 1-110 缩小为合适的大小

加深工具的作用则是加深局部区域的暗度。

在工具箱中选择减淡工具或加深工具后，可以在其相应的“属性”面板中设置效果的大小、边缘的数值，以及形状、曝光值等。

例如：

原始位图

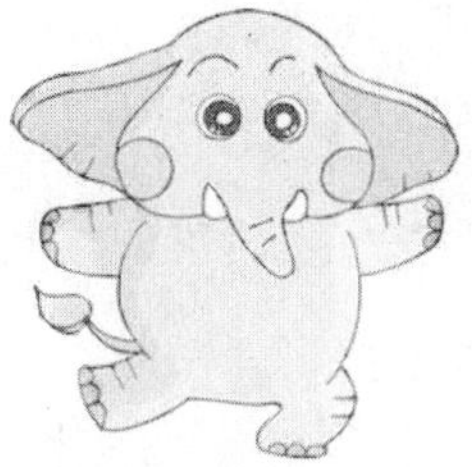

减淡处理后的效果

加深处理后的效果

操作技巧 **涂抹工具的使用**

涂抹工具用于在位图上产生涂抹的效果。在工具箱中选择涂抹工具后，可以在其“属性”面板中设置涂抹的颜色、压力、形状以及边缘大小等属性。

例如：

原始位图

涂抹后的效果

图 1-111 将风车粘贴到背景素材中

12 经过多次粘贴，然后分别调整为合适的位置和大小，得到五彩风车最终效果。

02

第2章 Fireworks 文字与按钮特效

文字是网页设计和图像处理中的重要组成元素。在 Fireworks CS5 中，可以输入文字，也可以从外部导入文本。在制作网页时，绘制精美、快捷的导航按钮也是设计人员必须掌握的重要技能。本章将以实例的形式介绍 Fireworks 中文字与按钮的相关知识和操作方法。

本章讲解的实例和主要功能如下：

实　例	主要功能	实　例	主要功能	实　例	主要功能
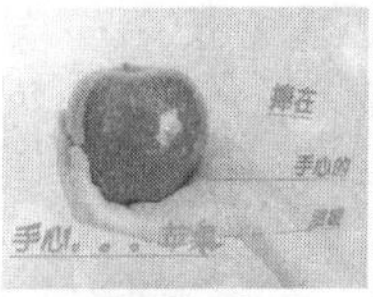 变形文字	扭曲变形 文本转换为路径 文本取消组合	 路径文字	钢笔工具 指针工具 文本附加到路径	 可爱空心字	文本转换为路径 文本取消组合 内斜角滤镜 阴影滤镜
 炫感透视字	填充颜色 数值变形 “历史记录”面板	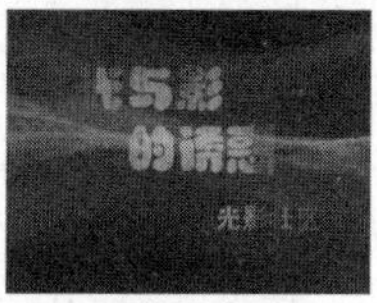 背景字	导入图像 文本转换为路径 组合为蒙版	 卡通描边字	描边 光晕滤镜
 酷感造型字			扭曲工具 部分选定工具 “路径”面板 外斜角滤镜	 印花文字	文本转换为路径 魔术棒工具 “色阶”命令 “样式”面板
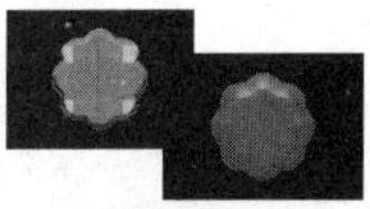 花形按钮	椭圆工具 “数值变形”命令 “接合”命令 “组合为蒙版”命令	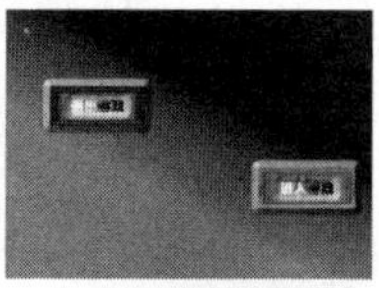 游戏按钮	矩形工具 渐变工具 “伸缩路径”命令 浮雕滤镜	 眼睛按钮	椭圆工具 “数值变形”命令 内斜角滤镜

本章在讲解实例操作的过程中，将全面、系统地介绍利用 Fireworks 制作文字与按钮特效的相关知识和操作方法。其中包含的内容如下：

实例 2-1　变形文字

本实例将使用“扭曲变形”、“转换为路径”以及“取消组合”等命令将输入图像中的文字进行变形，最终效果如图 2-1 所示。

图 2-1　实例最终效果

操作步骤

1. 打开一幅素材图像（光盘\素材与效果\02\素材\2-1.jpg），如图 2-2 所示。

图 2-2　打开一幅素材图像

2. 在工具箱中选择文本工具 T，在其“属性”面板中按照图 2-3 所示进行设置。

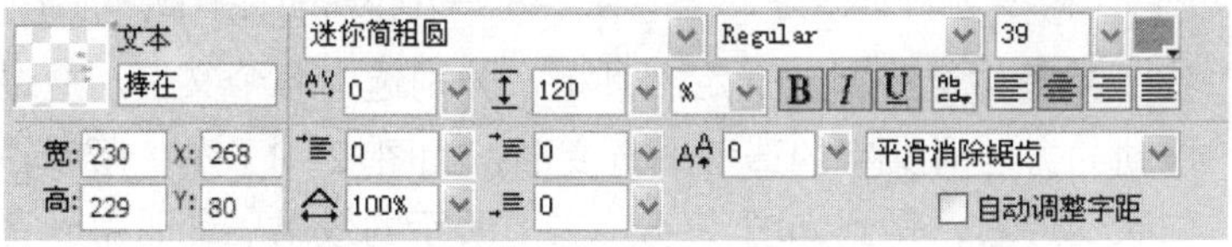

图 2-3　“属性”面板

3. 在图像中输入文字“捧在手心的温暖”，如图 2-4 所示。选择“修改”→“变形”→“倾斜”命令，出现调整控制框，将其进行如图 2-5 所示的变形。

实例 2-1 说明

知识点：

- 扭曲变形
- 文本转换为路径
- 文本取消组合

视频教程：

光盘\教学\第 2 章　Fireworks 文字与按钮特效

效果文件：

光盘\素材与效果\02\效果\2-1.png

实例演示：

光盘\实例\第 2 章\变形文字

操作技巧　文本工具的使用

Fireworks 中的文本工具 T 主要用于输入文本。其使用方法如下。

（1）在工具箱中选择文本工具 T，然后在文档中单击鼠标，出现文字光标。

（2）在“属性”面板中设置文本的相关属性，包括字体、字号大小、颜色、对齐方式等。

（3）在文档中的光标处输入文字；如果文字要另起一段，则按 Enter 键。

输入完成后，在工具箱中选择指针工具，可以对文本进行移动操作。

文本输入之后，在“图层”面板中将自动创建一个新的文本对象，对象的名称为输入的文本内容，如下所示。

如果要给文本对象重新命名，则双击文本对象名，在编辑框中重新输入新的名称即可，如下所示。

对于已经输入的文本，如果要对其进行编辑，只要单击“文本工具”按钮T，文本即处于可编辑状态。

操作技巧 导入文本

在 Fireworks 中，选择“文件”→“导入”命令，在弹出的“导入”对话框中选择要导入的外部文本，单击“打开”按钮，即可将其导入。

在 Fireworks 中可以导入多种形式的文本，可以是 ASCII 纯文本文件，也可以是包含文本的 Photoshop 文件，或者是 RTF 文件。

如果导入 ASCII 文本，则文本将被设置为当前默认的字体和填充色。

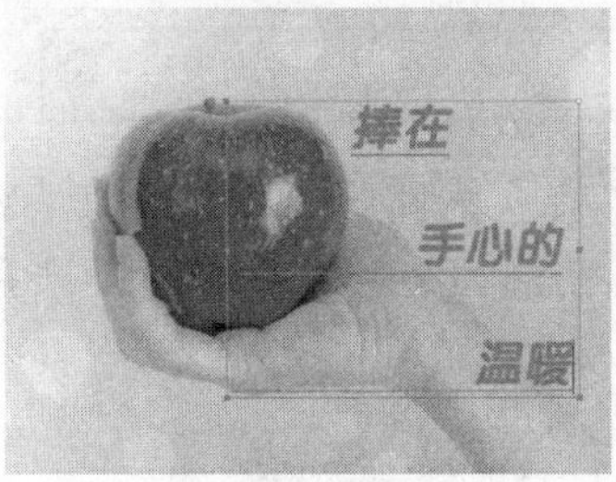

图 2-4 输入文字

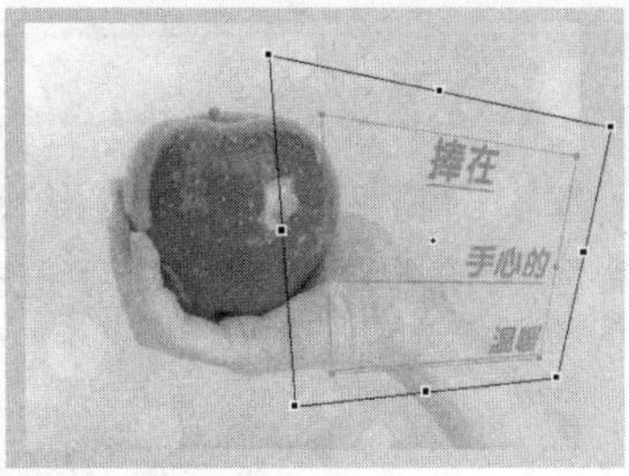

图 2-5 倾斜变形

4 取消调整控制框和选中状态后，得到如图 2-6 所示的文字效果。

图 2-6 得到的文字效果

5 将文字颜色设置为“橙色”，在图像左下角输入文字“手心。。。苹果”，如图 2-7 所示。选择“文本”→“转换为路径”命令，将输入的文字转换为路径。选择“修改”→“取消组合”命令，将其打散，此时的文字效果如图 2-8 所示。

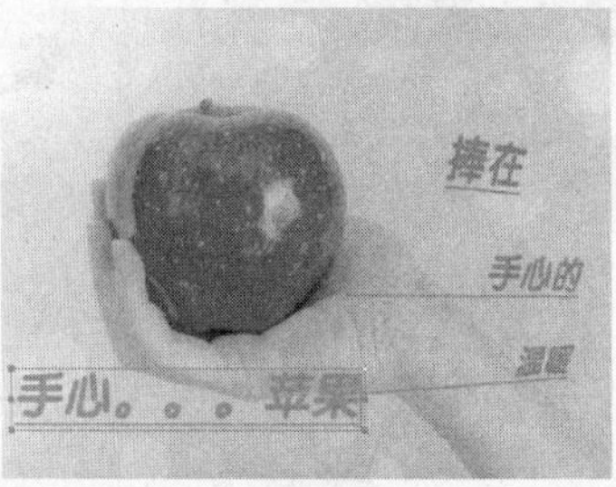

图 2-7 输入文字

图 2-8 转换为路径并打散后的效果

6 在工具箱中选择部分选定工具，分别选中各个文字，通过拖动的方法对文字的造型进行变形，如图 2-9（左）所示。依次变形后，得到如图 2-9（右）所示的效果。此时得到变形文字最终效果。

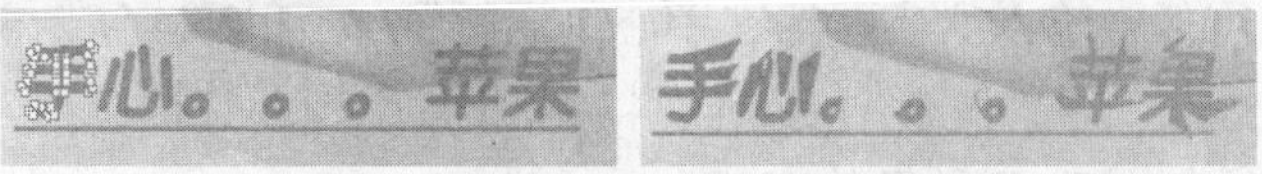

图 2-9 对文字的造型进行变形

实例 2-2 路径文字

使用钢笔工具、指针工具以及“附加到路径”命令等可以制作沿路径排列的文字效果。本实例将介绍如何运用这些功能制作路径文字，最终效果如图 2-10 所示。

图 2-10 实例最终效果

操作步骤

1 打开一幅素材图像（光盘\素材与效果\02\素材\2-2.jpg），如图 2-11（左）所示。在工具箱中选择钢笔工具，沿着图像中月亮的外缘绘制一条曲线路径，如图 2-11（右）所示。

图 2-11 打开一幅素材图像并绘制曲线路径

2 在工具箱中选择文本工具 T，在其“属性”面板中根据实际需要进行设置，然后在图像上输入竖排文字，如图 2-12 所示。

3 在工具箱中选择指针工具，将曲线路径选中，然后按住 Shift 键不放，将文字也选中，如图 2-13 所示。

如果导入 RTF 文件，则保留原文本的字体、字号、对齐方式等属性。

另外，通过复制和粘贴操作，还可以将剪贴板中的文本粘贴到 Fireworks 当前文档中，并生成新的文本对象。

一种更快捷的方式是，将文本从 Word 或 Photoshop 等软件中直接拖放到 Fireworks 中，即可生成新的文本。

实例 2-2 说明

- 知识点：
  - 钢笔工具
  - 指针工具
  - 文本附加到路径
- 视频教程：
  光盘\教学\第 2 章 Fireworks 文字与按钮特效
- 效果文件：
  光盘\素材与效果\02\效果\2-2.png
- 实例演示：
  光盘\实例\第 2 章\路径文字

操作技巧 文本的选择

如果要选择一部分文本，先在工具箱中选择文本工具 T，再在“图层”面板中单击文本对象，文本即处于可编辑状态。然后在文字上单击，从光标处拖动鼠标选取文本，如下所示。

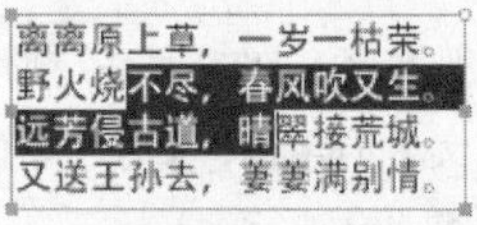
离离原上草，一岁一枯荣。
野火烧不尽，春风吹又生。
远芳侵古道，晴翠接荒城。
又送王孙去，萋萋满别情。

如果要选择全部文本，则可以按 Ctrl+A 组合键，如下所示。

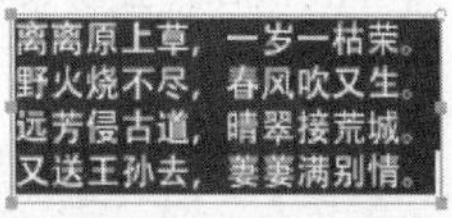
离离原上草，一岁一枯荣。
野火烧不尽，春风吹又生。
远芳侵古道，晴翠接荒城。
又送王孙去，萋萋满别情。

在“图层”面板中选择了某个文本对象之后，即使没有选择文本内容，对文本对象所进行的设置操作，也将对其所有的文本内容起作用。

如果选择了文本内容，则只对选定的文本内容进行操作。例如，将选定的文本改变字号和字体，如下所示。

离离原上草，一岁一枯荣。
野火烧不尽，春风吹又生。
远芳侵古道，晴翠接荒城。
又送王孙去，萋萋满别情。

实例 2-3 说明

- 知识点：
  - 文本转换为路径
  - 文本取消组合
  - 内斜角滤镜
  - 阴影滤镜
- 视频教程：
  光盘\教学\第 2 章 Fireworks 文字与按钮特效
- 效果文件：
  光盘\素材与效果\02\效果\2-3.png
- 实例演示：
  光盘\实例\第 2 章\可爱空心字

图 2-12 输入竖排文字

图 2-13 将路径和文字同时选中

4 选择“文本”→“附加到路径”命令，即可得到沿路径排列的文字效果，如图 2-14 所示。将此路径文字拖至更为合适的位置，得到最终效果。

图 2-14 得到沿路径排列的文字效果

实例 2-3 可爱空心字

本实例将使用“转换为路径”、“取消组合”命令以及滤镜功能制作空心字，然后配以适当的图像，得到一种可爱的文字效果，如图 2-15 所示。

图 2-15 实例最终效果

操作步骤

1 选择“文件”→“新建”命令，打开“新建”对话框，在其中将“宽度”设置为“600 像素”，“高度”设置为“400 像素”，“画布颜色”设置为“黑色”，其他为默认值，单击“确定”按钮，得到一个黑色空文档，如图 2–16 所示。

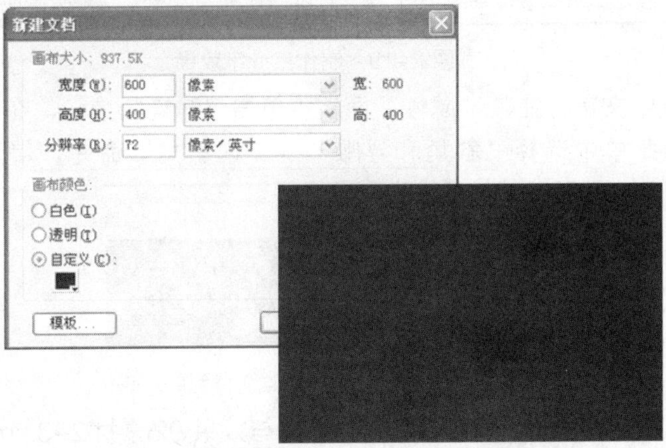

图 2–16　新建一个黑色空白文档

2 在工具箱中选择文本工具 T，在其“属性”面板中进行适当的设置，然后在文档中输入文字“美好心灵”，如图 2–17 所示。

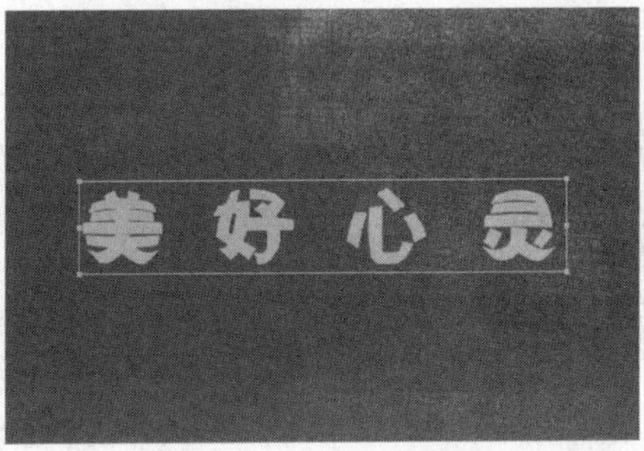

图 2–17　输入文字

3 选择“文本”→“转换为路径”命令，将输入的文字转换为路径。选择“修改”→“取消组合”命令，将其打散，此时的文字效果如图 2–18 所示。

图 2–18　打散后的文字效果

4 选择“修改”→“改变路径”→“扩展笔触”命令，打开“扩展笔触”对话框，在其中将“宽度”设置为 4，单击“确定”按钮，即可得到空心字效果，如图 2–19 所示。

操作技巧　插入特殊字符

选择“窗口”→“其他”→“特殊字符”命令，打开“特殊字符”面板，如下所示。

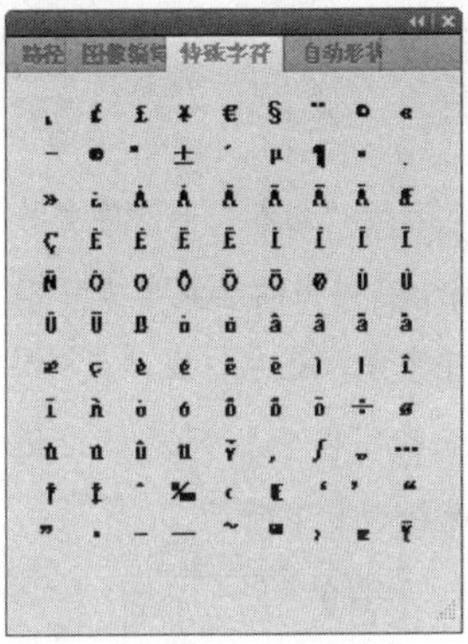

在“特殊字符”面板中，单击某个字符，可以在当前文本光标处插入该字符。

操作技巧　文本的变形

选定要变形的文本，在工具箱中选择变形工具，如下所示。

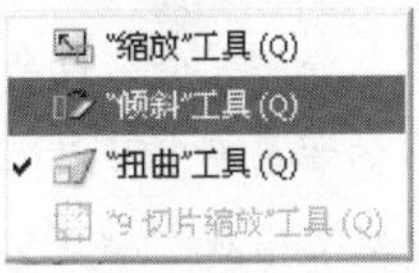

例如，选择倾斜工具，对文本进行操作，如下所示。

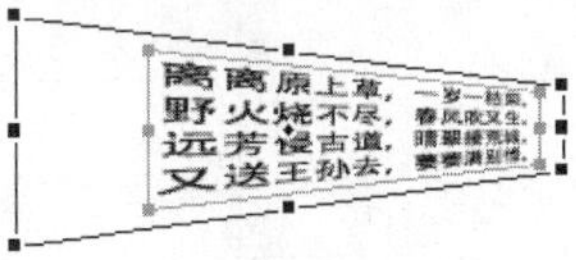

扭曲效果如下所示。

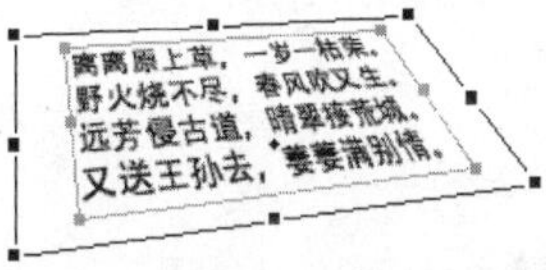

01
02
03
04
05
06
07
08
09
10

操作技巧 设置文本属性（1）

选中文本对象后，就可以在其“属性”面板中设置文本的属性。下面介绍几种常用的文本格式设置。

1. 字体

选择“文本”→“字体”命令，在弹出的子菜单中可以设置字体，也可以在“属性”面板的字体下拉列表框中进行选择，如下所示。

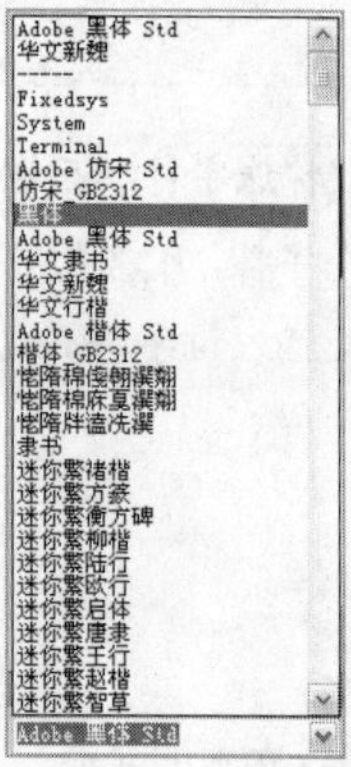

2. 字号

字号即文字大小。选择“文本”→“大小”命令，在弹出的子菜单中可以选择字号；也可以在“属性”面板的字号框中输入或拖动滑块进行设置，如下所示。

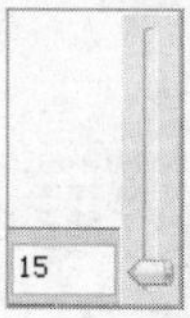

图 2-19　制作空心字效果

5 选中文字，在其“属性”面板中单击“滤镜”按钮，在弹出的菜单中选择“斜角和浮雕”→“内斜角”命令，得到如图 2-20 所示的效果。

图 2-20　应用内斜角滤镜得到的效果

6 打开一幅心形素材图像（光盘\素材与效果\02\素材\2-3.bmp），使用魔术棒工具选取其中的心形，如图 2-21 所示。按 Ctrl+C 组合键将其复制，选中空心字文档，按 Ctrl+V 组合键将其粘贴，然后调整为合适的大小和位置，如图 2-22 所示。

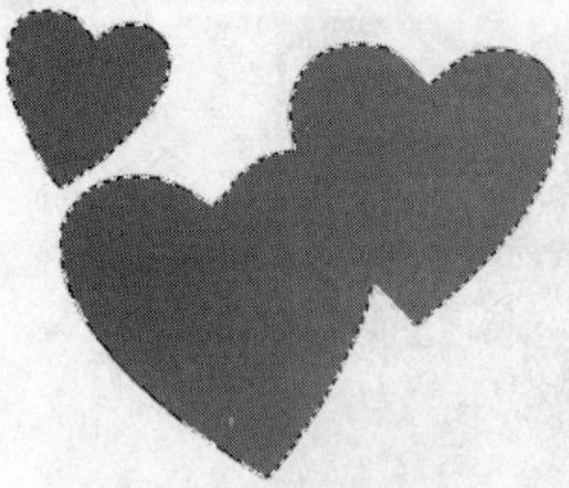

图 2-21　选取心形

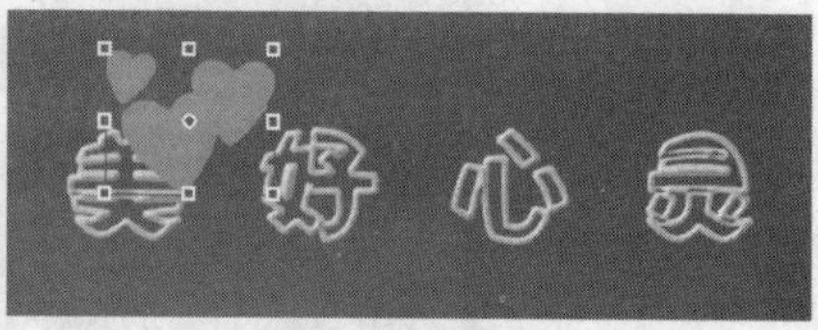

图 2-22　复制图像后调整

7 在“属性”面板中单击“滤镜”按钮，在弹出的菜单中选择“斜角和浮雕”→“凸起浮雕”命令，然后选择“阴影和光晕”→“纯色阴影”命令，打开“纯色阴影”对话框，在其中设置合适的“角度”和“距离”，单击“确定”按钮，得到如图 2-23 所示效果。

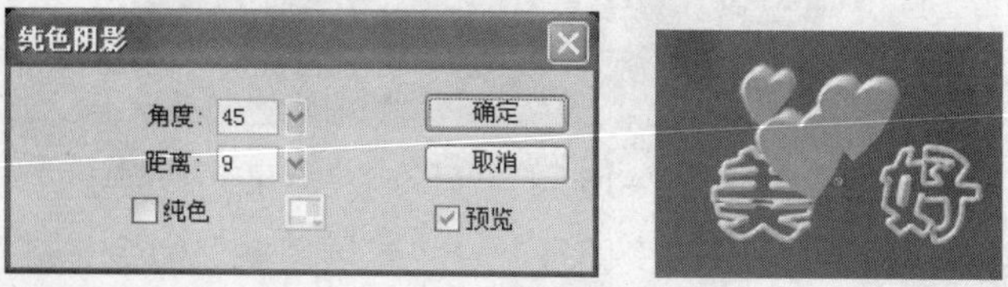

图 2-23　得到滤镜效果

8 在“图层”面板中将心形位图图层拖至最底层，如图 2-24

（左）所示。此时的图像位于文字的下方，效果如图 2-24（右）所示。

图 2-24　移动图层位置后的效果

9 复制心形位图图层，然后将此图像移至“灵”字的右下角处，调整为合适的大小并旋转一定的角度，得到最终效果。

实例 2-4　炫感透视字

本实例将通过“边框颜色”、“填充颜色”按钮，以及“数值变形”对话框和“历史”面板等制作透视字效果，为图像添加炫感。实例最终效果如图 2-25 所示。

图 2-25　实例最终效果

操作步骤

1 打开一幅素材图像（光盘\素材与效果\02\素材\2-4.jpg），在工具箱中选择文本工具 T，在其“属性”面板中按照图 2-26 所示进行设置。

图 2-26　“属性”面板

3. 文字颜色

在“属性”面板中单击颜色块，在弹出的颜色窗口中可以选择文字的颜色，如下所示。

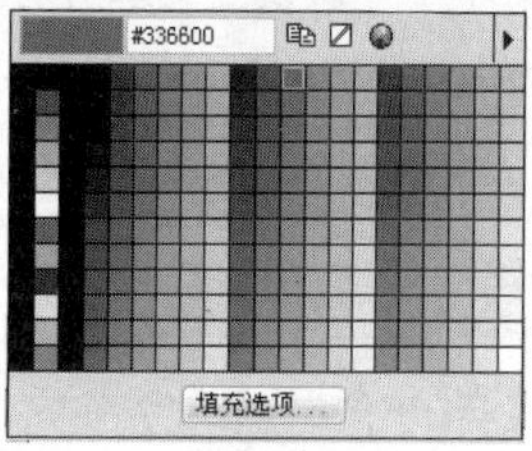

4. 对齐方式

选择“文本”→“对齐”命令，在弹出的子菜单中可以选择文字的对齐方式，如下所示。

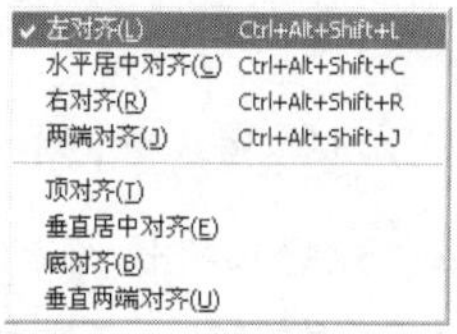

此外，也可以在“属性”面板中选择对齐方式，如下所示。

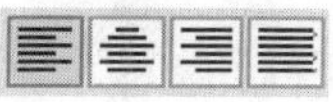

实例 2-4 说明

- 知识点：
  - 填充颜色
  - 数值变形
  - “历史记录”面板
- 视频教程：
  光盘\教学\第 2 章　Fireworks 文字与按钮特效
- 效果文件：
  光盘/素材与效果\02\效果\2-4.png
- 实例演示：
  光盘\实例\第 2 章\炫感透视字

2 完成设置后，在图像的中心位置输入文字“深紫幽蓝”，如图 2–27 所示。

图 2–27　输入文字“深紫幽蓝”

3 在工具箱中单击“边框颜色”按钮右侧的颜色框，打开颜色面板，在其中选择“淡紫色（#6666FF）”，如图 2–28 所示。在工具箱中单击“填充颜色”按钮右侧的颜色框，在打开的颜色面板中单击“透明”按钮，得到空心文字效果，如图 2–29 所示。

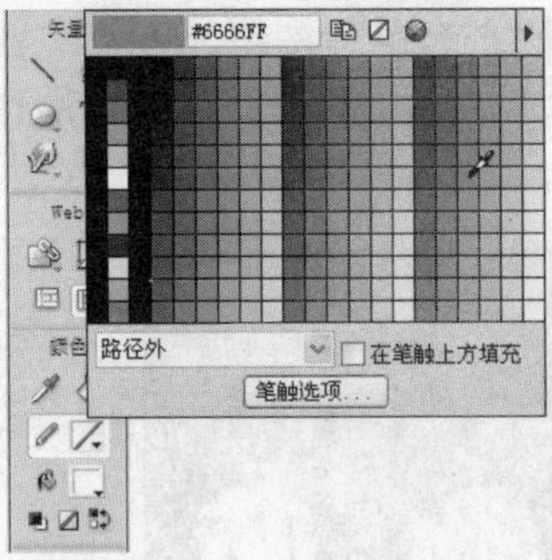

图 2–28　设置边框颜色

图 2–29　得到空心文字效果

4 按 Ctrl+C 组合键复制文字，再按 Ctrl+V 组合键粘贴文字。选择“修改”→“变形”→“数值变形”命令，打开“数值变形”对话框，取消选中“约束比例”复选框，将变形方式设置为“缩放”，宽度比例设置为 112%，高度比例设置为 114%，如图 2–30 所示。

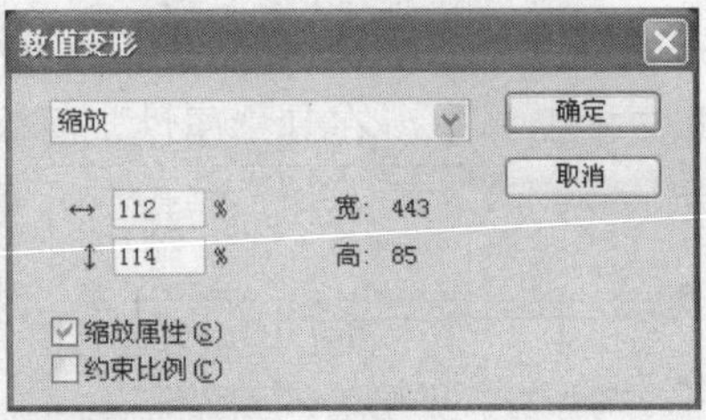

图 2–30　“数值变形”对话框

操作技巧　设置文本属性（2）

1．排列方向

在“属性”面板中单击“设置文本方向”按钮，在弹出的菜单中可以设置文本的排列方向，如下所示。

水平方向从左向右
垂直方向从右向左

例如，选择“垂直方向从右向左”命令，效果如下所示。

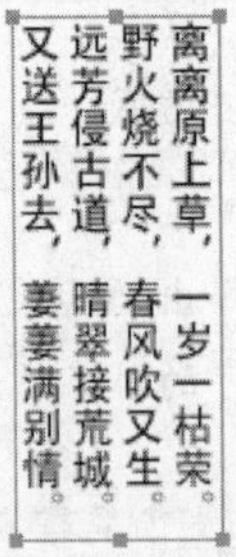
离离原上草，一岁一枯荣。
野火烧不尽，春风吹又生。
远芳侵古道，晴翠接荒城。
又送王孙去，萋萋满别情。

2．加粗、倾斜和下划线

在“属性”面板中，还有几个比较常用的按钮，如下所示。

B I U

它们的作用分别是“加粗”、“倾斜”和“下划线”，效果如下所示。

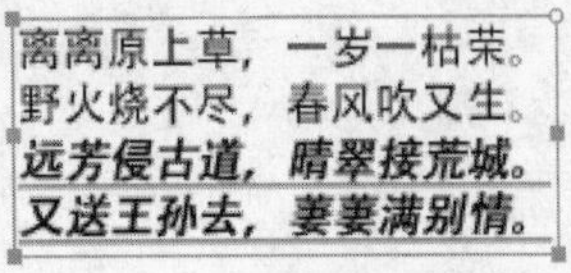
离离原上草，一岁一枯荣。
野火烧不尽，春风吹又生。
远芳侵古道，晴翠接荒城。
又送王孙去，萋萋满别情。

3．设置宽度和高度

在“属性”面板中还可以通过和按钮设置文本对象的宽度和高度，如下所示。

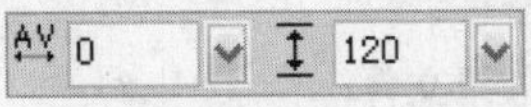
0
120

例如，将文本对象的宽度

5 单击“确定”按钮，粘贴的文字产生放大比例的效果，如图 2-31 所示。

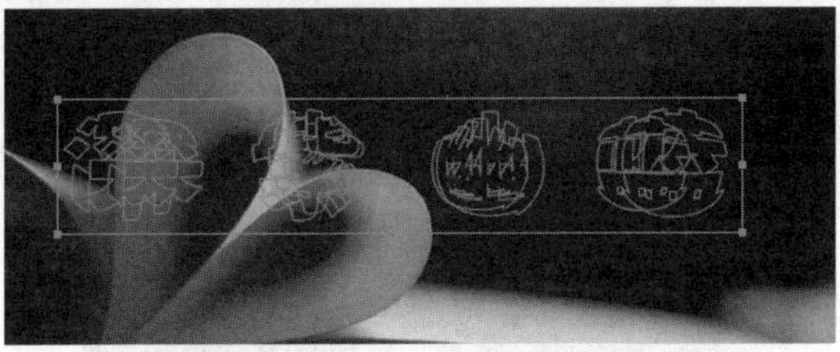

图 2-31 放大比例后的效果

6 选择“窗口”→“历史记录”命令，打开“历史记录”面板，在其中按住 Ctrl 键将“复制”、“粘贴”以及“变形”3 个步骤全部选中，如图 2-32 所示。

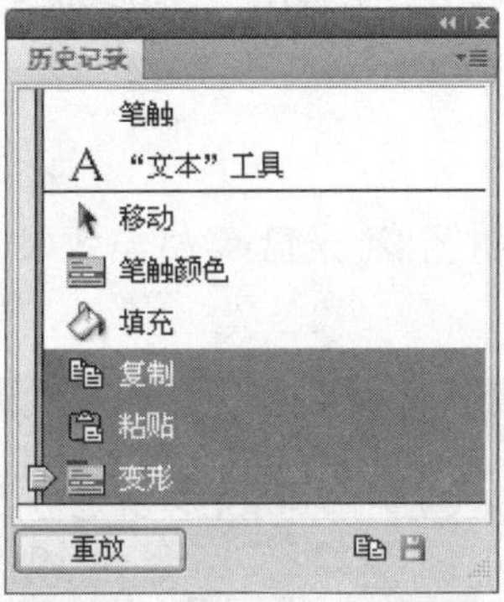

图 2-32 选中 3 个步骤

7 单击“历史记录”面板左下角的“重放”按钮 3 次，即可重复 3 次选中的步骤，得到具有透视感的文字效果，如图 2-33 所示。

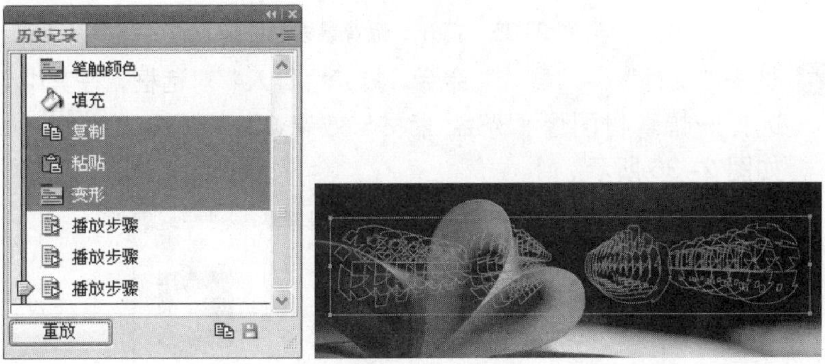

图 2-33 复制 3 次选中步骤后得到的效果

8 此时最上方的文字处于被选中状态，在工具箱中单击“填充颜色”按钮右侧的颜色框，在打开的颜色面板中选择“白色”，即可得到炫感透视字最终效果。

和高度分别设置为 200 和 200，效果如下所示。

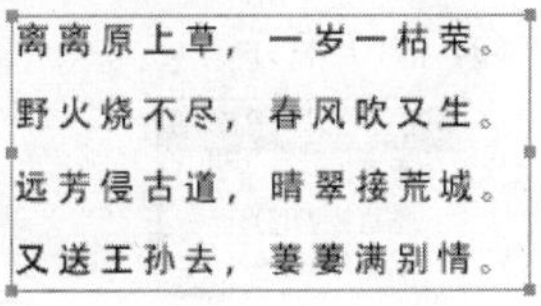
离离原上草，一岁一枯荣。
野火烧不尽，春风吹又生。
远芳侵古道，晴翠接荒城。
又送王孙去，萋萋满别情。

操作技巧 文本附加到路径

在 Fireworks CS5 中，可以将文本沿着路径的方向排列，产生流畅、优美的效果。操作方法如下。

（1）使用钢笔工具绘制一条路径，或者选择已有的路径。

（2）输入文本或选择已有的文本对象。

（3）同时选中路径和文本对象，如下所示。

（4）选择“文本”→“附加到路径”命令，效果如下所示。

（5）在“属性”面板的 文本偏移: 20 文本框中输入数值调整文本和路径的位置，例如输入 20，效果如下所示。

（6）选择“文本”→“方

向”命令，在弹出的子菜单中可以设置文本在路径上的显示方向，如下所示。

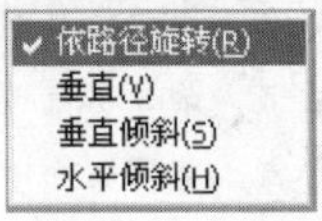

例如，选择“垂直”后的效果如下所示。

选择“垂直倾斜”后的效果如下所示。

选择“水平倾斜”后的效果如下所示。

（7）选择文本，在“属性”面板的 AA 20 文本框中输入数值调整文本和路径之间的距离，例如输入 20，效果如下所示。

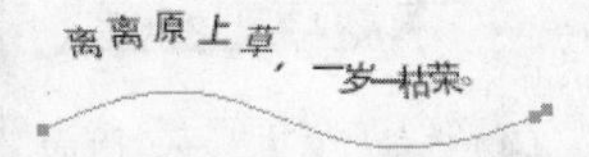

实例 2-5 说明

- **知识点：**
  - 导入图像
  - 文本转换为路径
  - 组合为蒙版
- **视频教程：**
  光盘\教学\第 2 章 Fireworks 文字与按钮特效
- **效果文件：**
  光盘\素材与效果\02\效果\2-5.png
- **实例演示：**
  光盘\实例\第 2 章\背景字

实例 2-5 背景字

本实例将使用“导入”、“转换为路径”以及“组合为蒙版”等命令为背景图像填充文字，使其显得更为生动，最终效果如图 2-34 所示。

图 2-34 实例最终效果

操作步骤

1 打开一幅背景素材图像（光盘\素材与效果\02\素材\2-5.jpg），如图 2-35 所示。

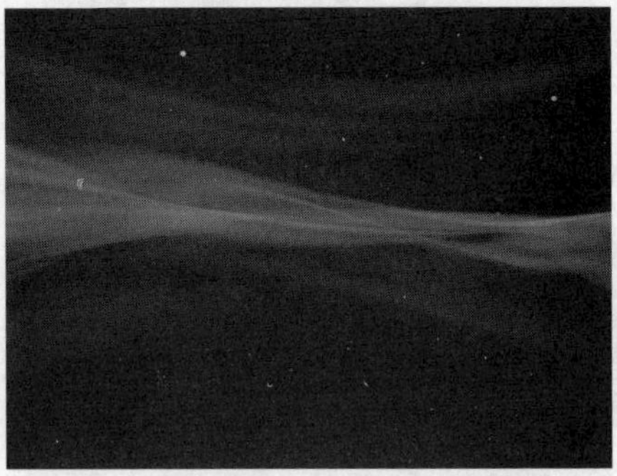

图 2-35 打开一幅背景素材图像

2 选择“文件”→“导入”命令，打开“导入”对话框，在其中选择一幅素材图像（光盘\素材与效果\02\素材\2-6.jpg），如图 2-36 所示。

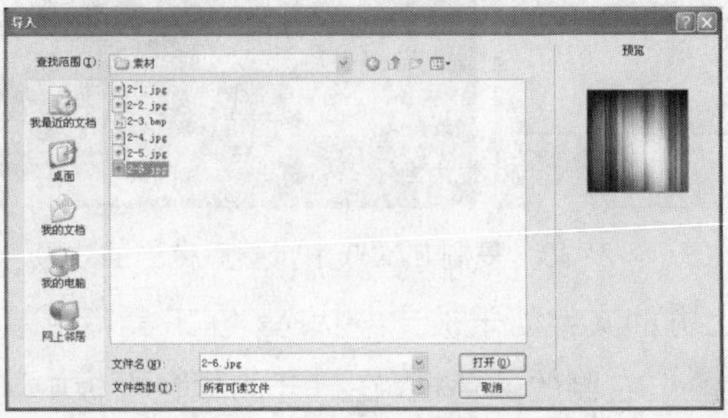

图 2-36 “导入”对话框

3 单击“打开”按钮，即可将选定图像导入，然后将其调整为和背景图像一样的大小，如图 2-37 所示。

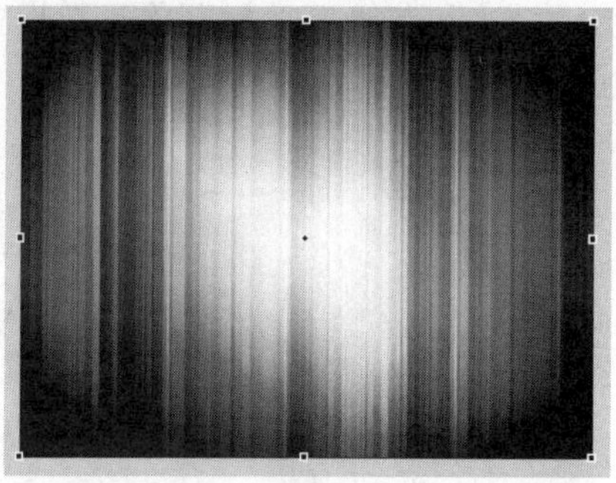

图 2-37　导入图像并调整为一样的大小

4 在工具箱中选择文本工具 T，在其“属性”面板中进行适当的设置，然后在导入图像上输入文字，并置于合适的位置，如图 2-38 所示。

图 2-38　输入文字并置于合适的位置

5 在工具箱中选择指针工具，将文字选中，然后选择“文本”→“转换为路径”命令，将其转换为路径。按住 Shift 键不放，将导入图像也同时选中，此时的效果如图 2-39 所示。

图 2-39　将文字与导入图像同时选中

6 选择“修改”→“蒙版”→“组合为蒙版”命令，即可得到背景字最终效果。

操作技巧　**文本与路径分离**

文本附加到路径后，选择“文本”→“从路径分离”命令，即可将文本从路径中分离出来，如下所示。

分离后，路径和文本可以各自移动到其他地方，如下所示。

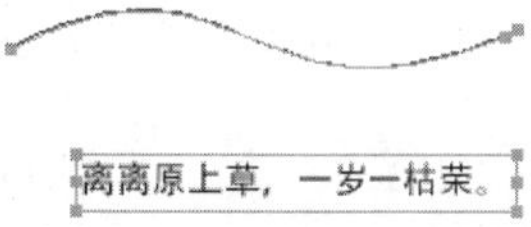

相关知识　**文本的拼写检查**

利用文本的拼写检查功能，可以快速地查知文本中有无错误的字符。操作方法如下。

（1）选定一个文本对象，如果没有选定对象，则表示对整个文档中的文本进行检查。

（2）选择“文本”→“检查拼写”命令，弹出提示对话框，提示用户选择一个拼写检查语言字典，如下所示。

（3）单击“确定”按钮，弹出“拼写设置”对话框，如下所示。

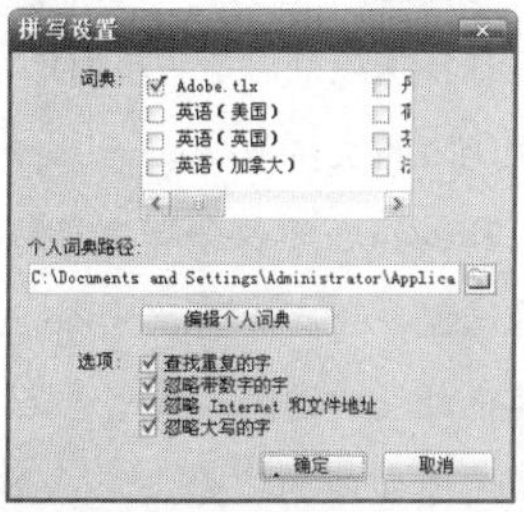

(4)选择一个词典，例如“英语(美国)”，然后设置其余选项。

(5)完成设置后，单击“确定”按钮。如果文本中有错误的拼写字符，则弹出对话框进行提示，文本中的错误字符高亮显示，如下所示。

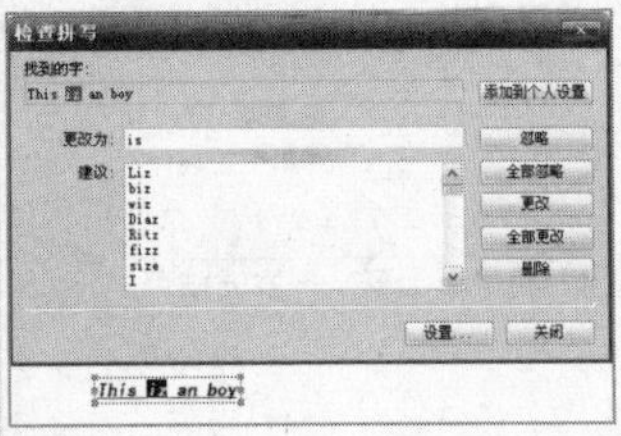

实例 2-6 卡通描边字

本实例将使用描边和滤镜等功能制作具有卡通效果的描边字，最终效果如图 2-40 所示。

图 2-40　实例最终效果

操作步骤

1 打开一幅背景素材图像(光盘\素材与效果\02\素材\2-7.jpg)，如图 2-41 所示。

图 2-41　打开一幅背景素材图像

2 在工具箱中选择文本工具 T，在其“属性”面板中按照图 2-42 所示进行设置。

图 2-42　“属性”面板

3 在图像中输入文字“我们只有一个地球”，然后使用指针工具将文字置于图像的中间部位，如图 2-43 所示。

实例 2-6 说明

- 知识点：
  - 描边
  - 光晕滤镜
- 视频教程：
  光盘\教学\第 2 章　Fireworks 文字与按钮特效
- 效果文件：
  光盘\素材与效果\02\效果\2-6.png
- 实例演示：
  光盘\实例\第 2 章\卡通描边字

相关知识　什么是滤镜

滤镜主要是用来实现图像的各种特殊效果，是扩展图像处理能力的主要手段之一。

Fireworks 不仅含有丰富的内置滤镜，还支持 Photoshop 和其他外挂的滤镜，极大地提高了图像处理的能力。

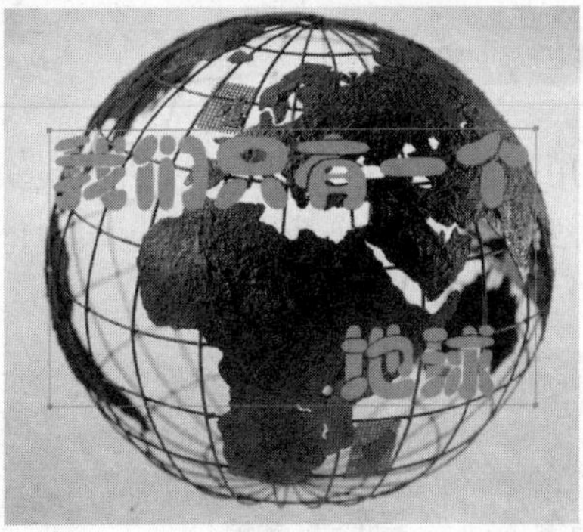

图 2-43 输入文字并置于中间部位

4 此时文字处于选中状态，在其"属性"面板中单击"边框颜色"按钮右侧的颜色框，在弹出的颜色面板中单击笔触选项...按钮，打开"笔触选项"面板。在该面板中打开"描边类型"下拉列表框，从中选择"非自然"选项，如图 2-44（左）所示。弹出"非自然"参数面板，在其中按照图 2-44（右）所示进行设置。

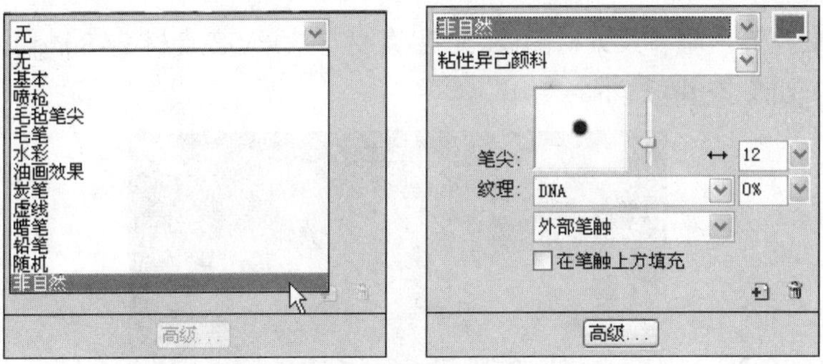

图 2-44 设置笔触

5 此时得到如图 2-45 所示的文字效果。选中文字，在其"属性"面板中单击"滤镜"，在弹出的菜单中选择"阴影和光晕"→"光晕"命令，在弹出的参数面板中按照图 2-46 所示进行设置，即可得到卡通描边字最终效果。

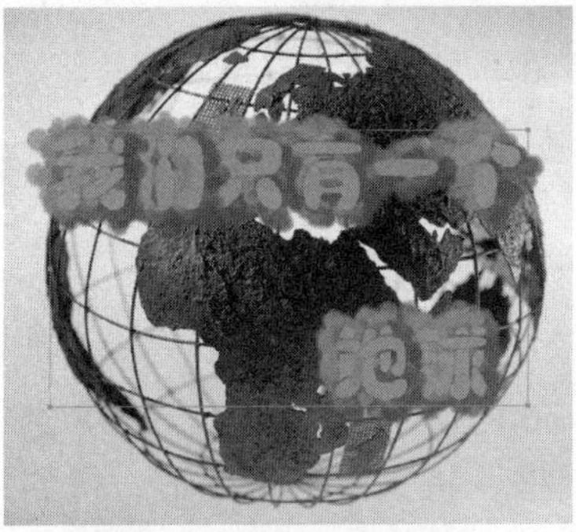

图 2-45 得到的文字效果

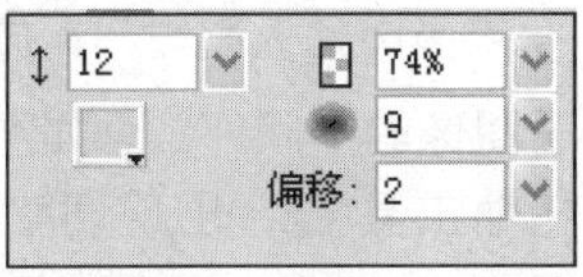

图 2-46 设置"光晕"滤镜参数

在 Fireworks 中选取图形对象后，在其"属性"面板中单击滤镜: + 按钮右下角的下拉按钮，从弹出的下拉菜单中可以选择 Fireworks 内置的各种滤镜效果，如下所示。

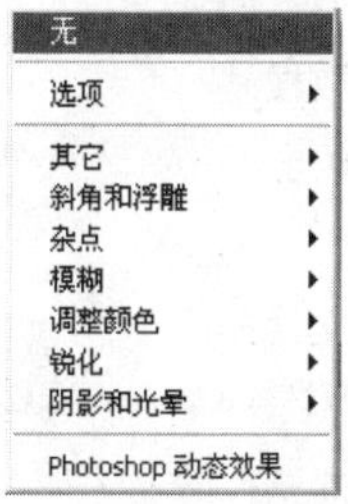

相关知识 **杂点滤镜**

杂点滤镜可以向图像中添加杂点，有点类似于电视上的雪花点效果。操作方法如下。

（1）打开要操作的图像文件，选取要设置效果的区域，或者使用指针工具选取整个图像。

（2）选择"滤镜"→"杂点"→"新增杂点"命令，打开"新增杂点"对话框，如下所示。

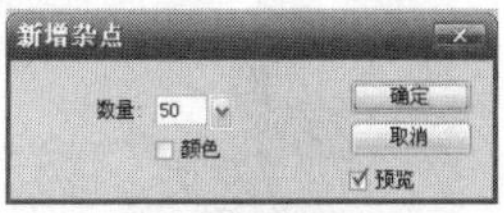

（3）在"数量"文本框中输入或选择杂点的数量。

（4）单击"确定"按钮，得到的效果如下（右）所示。

实例 2-7 酷感造型字

本实例将使用扭曲工具、文本工具、部分选定工具以及“路径”面板、填充渐变等功能制作造型独特、酷感十足的文字效果，如图 2-47 所示。

图 2-47　实例最终效果

操作步骤

1 打开一幅背景素材图像(光盘\素材与效果\02\素材\2-8.jpg)，如图 2-48 所示。

图 2-48　打开一幅背景素材图像

2 在工具箱中选择文本工具 T ，在其“属性”面板中按照图 2-49 所示进行设置。

图 2-49　“属性”面板

3 在图像中输入文字“乘风破浪”，然后使用指针工具将其置于图像的中间部位，如图 2-50（左）所示。在工具箱中选择扭曲工具，出现调整控制框，将文字进行变形，得到如图 2-50（右）所示的效果。

实例 2-7 说明

- 知识点：
  - 扭曲工具
  - 部分选定工具
  - “路径”面板
  - 外斜角滤镜
- 视频教程：
  光盘\教学\第 2 章　Fireworks 文字与按钮特效
- 效果文件：
  光盘\素材与效果\02\效果\2-7.png
- 实例演示：
  光盘\实例\第 2 章\酷造型字

操作技巧　模糊滤镜

模糊滤镜的作用是让图像被选取的部分模糊化，产生朦胧的效果。操作方法如下。

（1）打开要操作的图像文件，选取要设置模糊效果的部分，（或者使用指针工具选取整个图像），如下所示。

（2）选择“滤镜”→“模糊”命令，弹出如下所示子菜单。

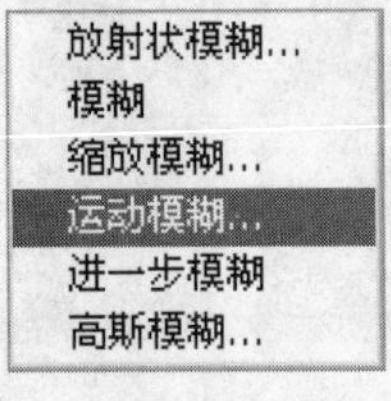

图 2-50　输入文字并进行扭曲变形

4 使用指针工具将文字全部选中，然后选择“文本”→“转换为路径”命令，将其转换为路径。在工具箱中选择部分选定工具，按住 Shift 键不放，将文字全部选中。此时可以看到，文字边缘出现路径和节点，如图 2-51 所示。

图 2-51　文字边缘出现路径和节点

5 选择“窗口”→“其他”→“路径”命令，打开“路径”面板，在其中单击“添加点”按钮，如图 2-52（左）所示。在弹出的对话框中将“间距”设置为 24，如图 2-52（右）所示。

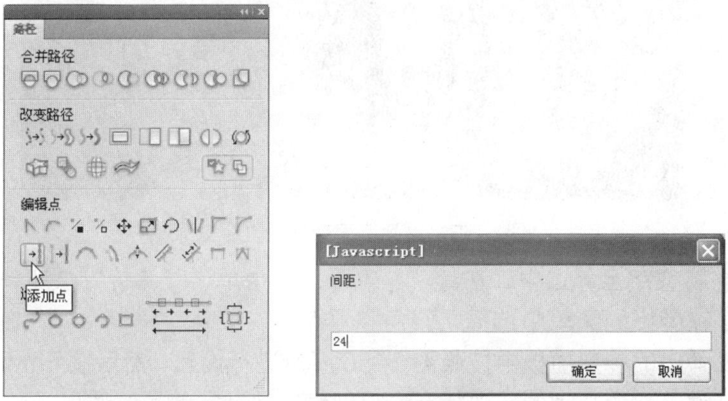

图 2-52　设置添加点

（3）从中选择一种效果，例如选择“运动模糊”，弹出“运动模糊”对话框，如下所示。

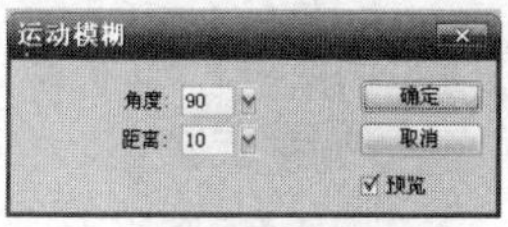

（4）设置好“角度”和“距离”后，单击“确定”按钮，效果如下所示。

如果设置为“放射性模糊”，效果如下所示。

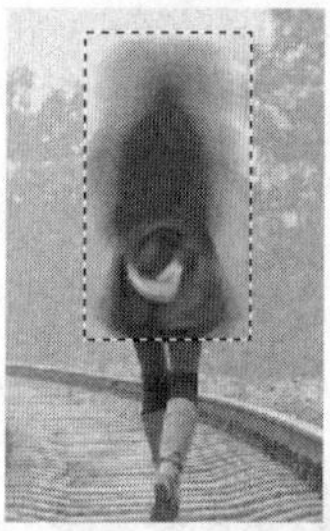

缩放模糊的效果如下所示。

如果选择“高斯模糊”命令，将弹出“高斯模糊”对话框，如下所示。

6 单击“确定”按钮，文字边缘的节点得到增加，如图 2-53 所示。

图 2-53 文字边缘的节点得到增加

7 拖动文字边缘的节点，进行各种变形（在需要的地方可以使用钢笔工具添加节点，然后进行变形），得到酷感十足的文字效果，如图 2-54 所示。

图 2-54 得到酷感十足的文字效果

8 分别选中各个文字，然后在“属性”面板中设置不同的文字颜色，得到如图 2-55 所示的文字效果。

图 2-55 得到不同颜色的文字效果

9 将文字全部选中，在其“属性”面板中单击“滤镜”按钮，在弹出的菜单中选择“斜角和浮雕”→“外斜角”命令，在弹出的参数面板中按照图 2-56 所示进行设置，然后按 Enter 键，取消文字的选中状态，得到酷感造型字的最终效果。

设置好模糊范围，例如设置为 9.0，效果如下所示。

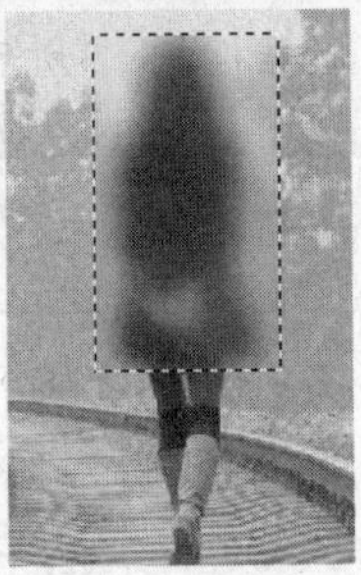

操作技巧 设置亮度/对比度

通过亮度/对比度滤镜，可以调整图像被选取区域中像素的亮度和对比度。

操作方法如下。

（1）打开图像文件，选取要调整的区域，或者使用指针工具选取整个图像。

（2）选择“滤镜”→“调整颜色”→“亮度/对比度”命令，打开“亮度/对比度”对话框，如下所示。

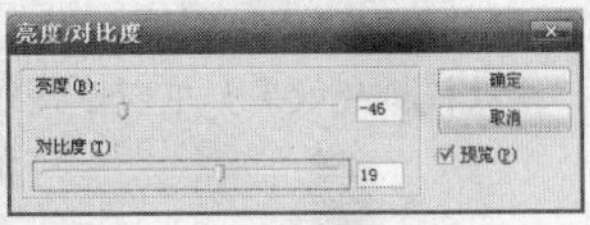

（3）将亮度和对比度进行调整，例如设置为上图所示的值，效果如下所示。

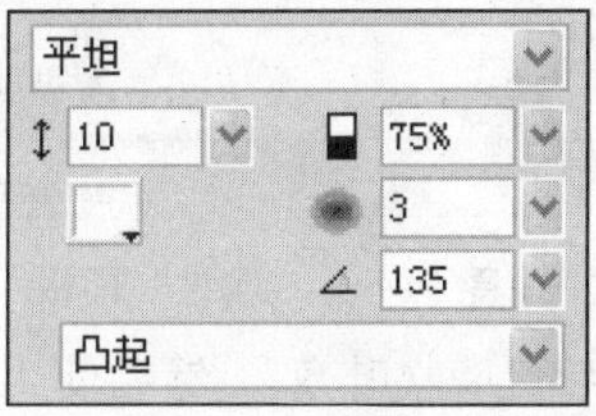

图 2-56　设置“外斜角”滤镜

实例 2-8　印花文字

本实例将使用“转换为路径”命令、“路径”面板以及魔术棒工具、“色阶”命令、“样式”面板等制作印花文字，最终效果如图 2-57 所示。

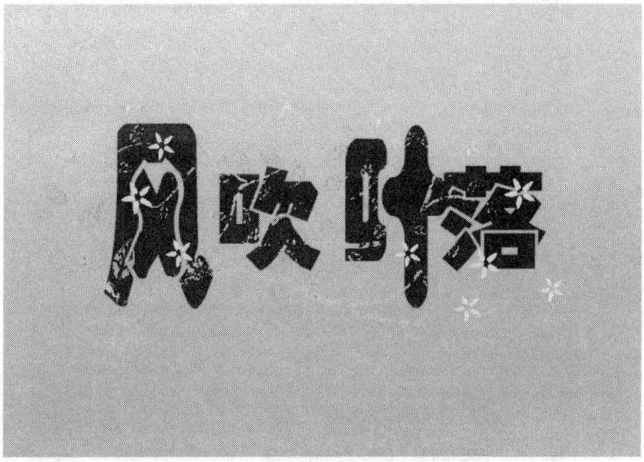

图 2-57　实例最终效果

操作步骤

1. 打开一幅素材图像（光盘\素材与效果\02\素材\2-9.jpg），如图 2-58 所示。

图 2-58　打开一幅素材图像

2. 在工具箱中选择文本工具 T，在其“属性”面板中按照图 2-59 所示进行设置。

实例 2-8 说明

- **知识点：**
  - 文本转换为路径
  - 魔术棒工具
  - “色阶”命令
  - “样式”面板
- **视频教程：**
  光盘\教学\第 2 章　Fireworks 文字与按钮特效
- **效果文件：**
  光盘\素材与效果\02\效果\2-8.png
- **实例演示：**
  光盘\实例\第 2 章\印花文字

操作技巧　反转滤镜的使用

反转滤镜用于对图像进行反色处理，也就是将图像转换为相反的颜色。

操作方法如下。

（1）打开图像文件，选取要调整的区域，或者使用指针工具选取整个图像。

（2）选择“滤镜”→“调整颜色”→“反转”命令，效果如下所示。

操作技巧　曲线滤镜的使用

通过曲线滤镜，可以设置不同颜色通道中的色彩、明暗度、对比度等，从而调整图像的整体效果。

操作方法如下。

（1）打开图像文件，选取要调整的区域，或者使用指针工具选取整个图像。

（2）选择“滤镜”→“调整颜色”→“曲线”命令，打开“曲线”对话框，如下所示。

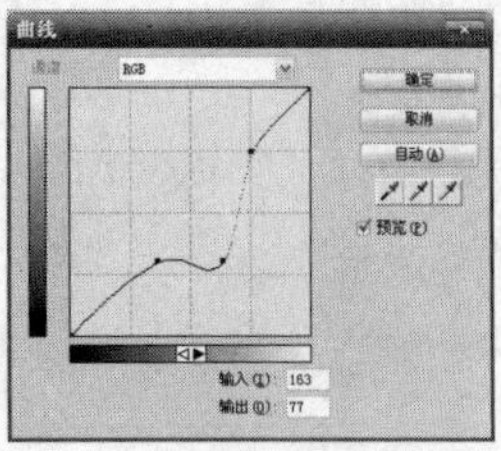

（3）在该对话框中拖动曲线上的点，以调整曲线的形状。例如，按上图所示进行设置，效果如下所示。

操作技巧 自动色阶滤镜

自动色阶滤镜可以自动调整图像的色阶，达到完善图像效果的目的。操作方法如下。

（1）打开图像文件，选取要调整的区域，或者使用指针工具选取整个图像。

（2）选择“滤镜”→“调整颜色”→“自动色阶”命令，效果如下所示。

图 2-59 “属性”面板

3 在图像中输入文字“风吹叶落”，然后使用指针工具将其置于图像的中间部位，如图 2-60 所示。

图 2-60 输入文字并置于中间部位

4 在工具箱中选择缩放工具，出现调整控制框，将文字按照比例适当放大，效果如图 2-61 所示。

图 2-61 将文字按照比例适当放大

5 选择“文本”→“转换为路径”命令，将文本转换为路径。在工具箱中选择部分选定工具，按住 Shift 键不放，将文字“风”和“叶”同时选中，如图 2-62 所示。

图 2-62 同时选取文字“风”和“叶”

6 选择“窗口”→“其他”→“路径”命令，打开“路径”面板，在其中单击“圆角点”按钮，如图 2-63（左）所示。

在弹出的对话框中将“圆角半径”设置为 12，如图 2-63（右）所示。

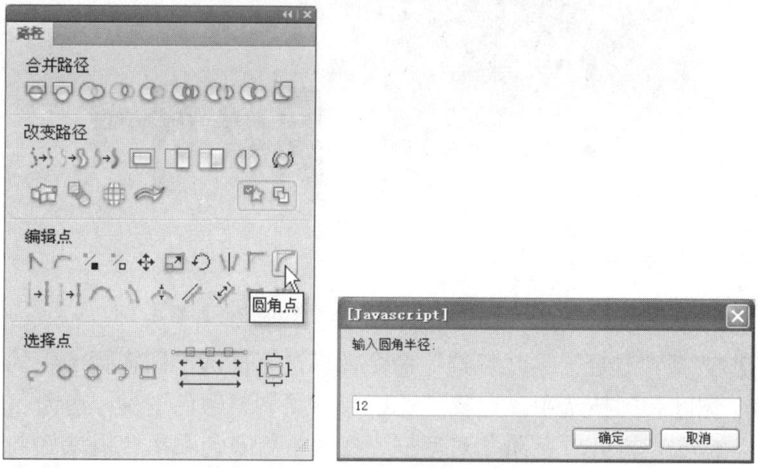

图 2-63　设置“圆角半径”

7 单击“确定”按钮，“风”和“叶”两个文字产生圆角效果，如图 2-64 所示。

图 2-64　“风”和“叶”两个文字产生圆角效果

8 再次将这两个文字选中，将它们调整为更大的尺寸，使文字整体产生一种层次感，如图 2-65 所示。

图 2-65　将这两个文字调整为更大的尺寸

9 在工具箱中选择魔术棒工具，在其“属性”面板中设置合适的“容差”值，然后在图像中树叶以外的部位单击，将树叶以外区域选中，如图 2-66（左）所示。按 Delete 键，将选区中的内容删除，得到如图 2-66（右）所示的效果。

操作技巧　**调整色相/饱和度**

使用色相/饱和度滤镜，可以同时调整图像的色相、饱和度和亮度。操作方法如下。

（1）打开图像文件，选取要调整的区域，或者使用指针工具选取整个图像。

（2）选择“滤镜”→“调整颜色”→“色相/饱和度”命令，打开“色相/饱和度”对话框，如下所示。

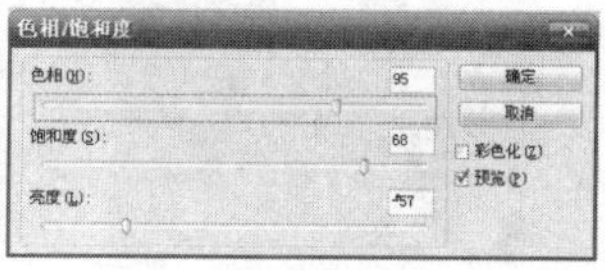

（3）分别调整色相、饱和度和亮度，例如按上图所示进行设置，效果如下所示。

操作技巧 色阶滤镜

色阶滤镜用于手动调整图像的色阶。操作方法如下。

（1）打开图像文件，选取要调整的区域，或者使用指针工具选取整个图像。

（2）选择“滤镜”→“调整颜色”→“色阶”命令，打开“色阶”对话框，如下所示。

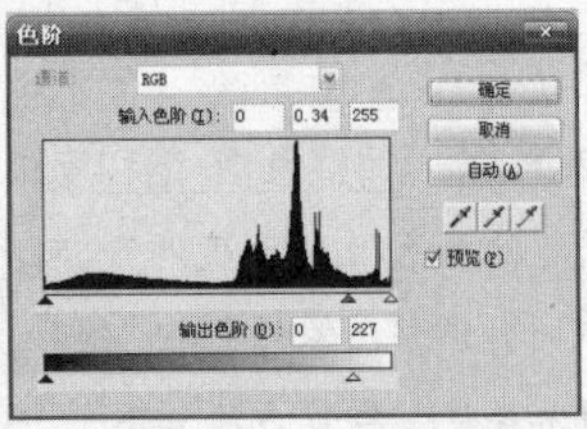

（3）在该对话框中分别设置输入色阶和输出色阶，例如按上图所示进行设置，效果如下所示。

操作技巧 图像锐化的设置

使用锐化滤镜可以调整图像或图像局部的清晰度。操作方法如下。

（1）打开图像文件，选取要调整的区域，或者使用指针工具选取整个图像。

（2）选择“滤镜”→“调整颜色”→“锐化”命令，弹出如下所示子菜单。

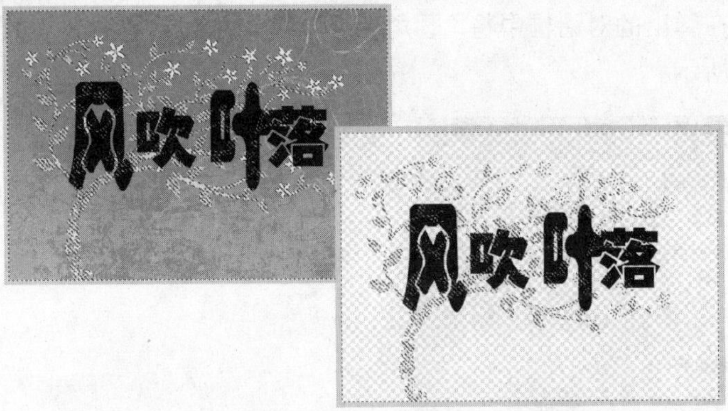

图 2-66　选取树叶以外的部位并将其删除

10 选择“选择”→“反选”命令，将选区反选，即将图像中的树叶和树枝选中。选择“滤镜”→“调整颜色”→“色阶”命令，打开“色阶”对话框，在其中将灰色和黑色滑块均向右拖动一定的距离，如图 2-67（左）所示。单击“确定”按钮，得到色调加深的树叶和树枝效果，如图 2-67（右）所示。

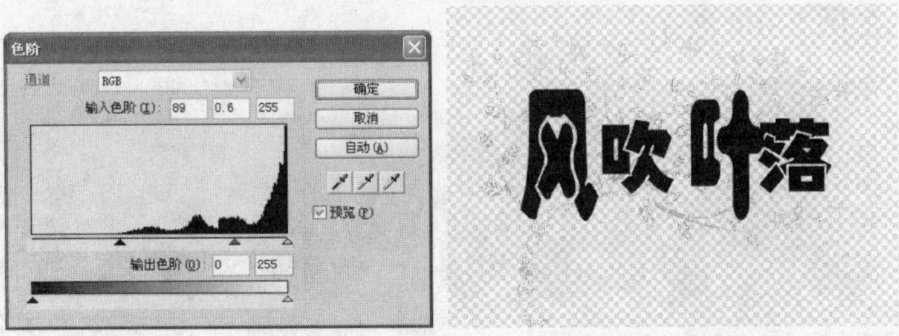

图 2-67　调整色阶后得到色调加深的树叶和树枝效果

11 在“图层”面板中将位图图层拖至文字图层的上方，得到印花文字初步效果，如图 2-68 所示。

图 2-68　通过调整图层位置得到印花文字初步效果

12 在工具箱中选择橡皮擦工具，在其“属性”面板中设置适当的“大小”值，然后在初步效果中对不需要的树叶和树枝部位进行擦除，得到如图 2-69 所示的效果。

图 2-69 将不需要的树叶和树枝部位擦除

13 在“图层”面板中单击右下角的“新建位图图像”按钮，新建一个位图图层，然后将此图层置于最下方，再在工具箱中选择油漆桶工具，将此图层填充为“橙色”，如图 2-70 所示。

图 2-70 新建图层并填充

14 如果想得到更为融合、质感的效果，可选择“窗口”→“样式”命令，打开“样式”面板。在上方的下拉列表框中选择“旧纸样式”选项，在中间的列表框中选择第一种样式（如图 2-71 所示），得到印花文字最终效果。

图 2-71 “样式”面板

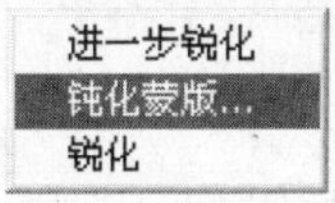

（3）选择“钝化蒙版”命令，打开“钝化蒙版”对话框，如下所示。

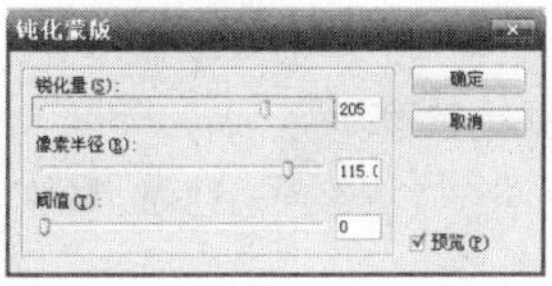

（4）在该对话框中分别设置锐化量、像素半径和阈值，例如按上图所示进行设置，效果如下所示。

也可以多次使用“锐化”或“进一步锐化”命令，使锐化的效果不断加深。

相关知识 斜角和浮雕滤镜(1)

斜角和浮雕滤镜包括4种效果，如下所示。

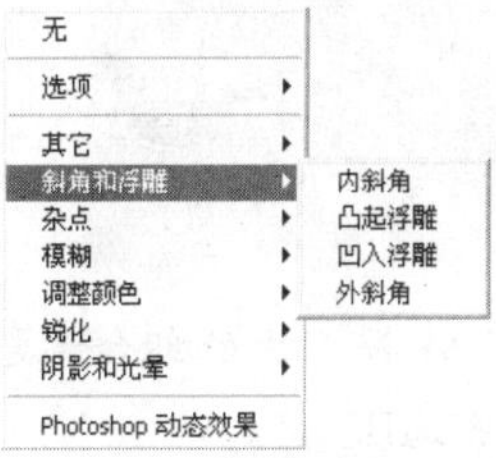

斜角和浮雕滤镜主要是通过创建阴影和高光，来使图像产生立体和浮雕的效果。

实例 2-9 说明

知识点：

- 椭圆工具
- “数值变形”命令
- “接合”命令
- “组合为蒙版”命令

视频教程：

光盘\教学\第 2 章 Fireworks 文字与按钮特效

效果文件：

光盘\素材与效果\02\效果\2-9.png

实例演示：

光盘\实例\第 2 章\花形按钮

实例 2-9 花形按钮

本实例将使用椭圆工具、“数值变形”命令、“接合”命令、“组合为蒙版”命令以及“样式”面板等制作花形按钮，最终效果如图 2-72 所示。

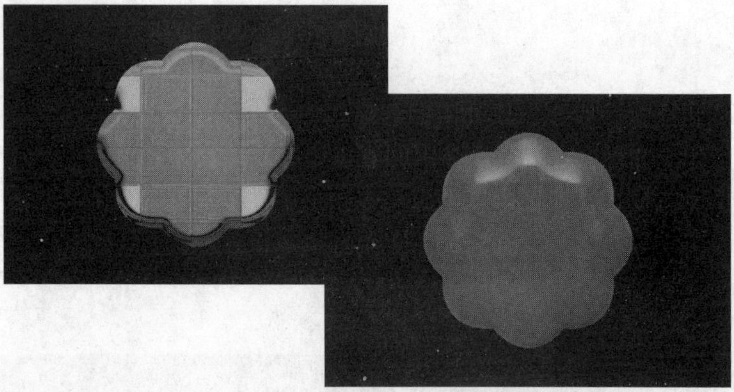

图 2-72 实例最终效果

操作步骤

1 在 Fireworks CS5 的起始页中单击“Fireworks 文档（PNG）”按钮，打开“新建文档”对话框，在其中将“宽度”设置为“24 厘米”，“高度”设置为“17 厘米”，“画布颜色”设置为“黑色”，其他为默认值，如图 2-73 所示。

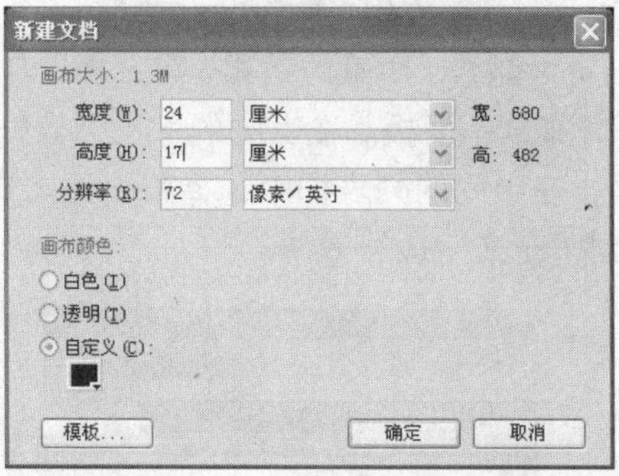

图 2-73 “新建文档”对话框

2 单击“确定”按钮，得到一个黑色空白文档。在工具箱中选择椭圆工具，在其“属性”面板中将填充色设置为“淡黄色”，边框颜色设置为“无”，然后在文档中绘制一个椭圆形，如图 2-74 所示。在“图层”面板中将椭圆形图层拖至下方的“新建位图图像”按钮上 3 次，即复制 3 次此图层，如图 2-75 所示。

操作技巧 斜角和浮雕滤镜(2)

下面介绍斜角和浮雕滤镜的各种效果。

内斜角滤镜效果的操作方法如下。

（1）打开图像文件，使用选取框工具选取要调整的区域（或者使用指针工具选取整个图像），如下所示。

（2）按 Ctrl+C 组合键复制当前选区。

（3）在“图层”面板中单击“新建位图图像”按钮，新建一个空白图像，如下所示。

图 2–74　绘制一个椭圆形

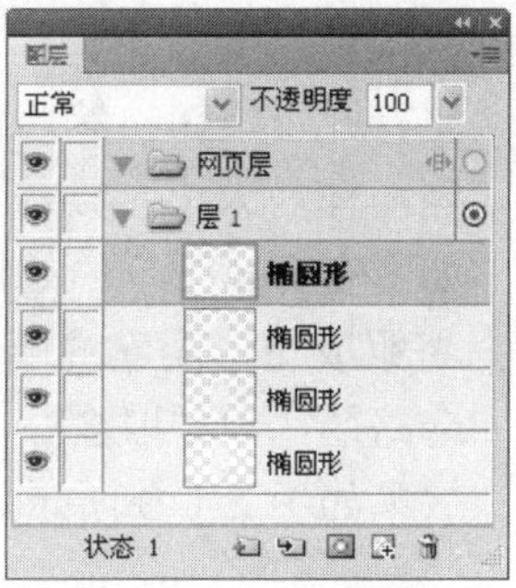

图 2–75　“图层”面板

3 在“图层”面板中选中第一个复制出的椭圆形图层，选择“修改”→“变形”→“数值变形”命令，打开“数值变形”对话框。在变形类型下拉列表框中选择“旋转”，将角度设置为 45°，如图 2–76（左）所示。单击“确定”按钮，即可得到旋转变形效果，如图 2–76（右）所示。

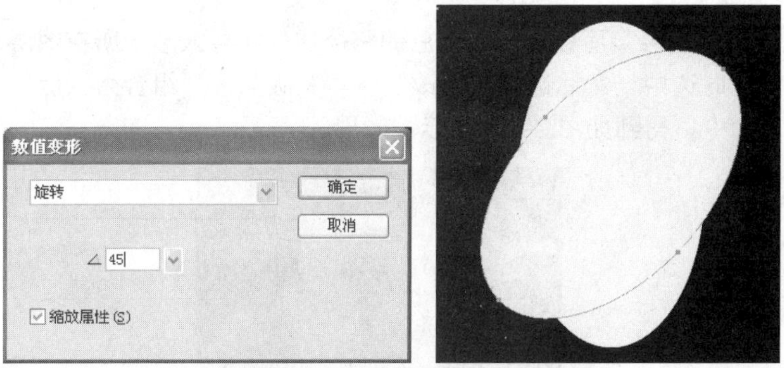

图 2–76　设置旋转变形后得到的效果

4 分别选中第二个和第三个复制出的椭圆形图层，然后分别应用“数值变形”命令，对其进行旋转，只是在“数值变形”对话框中分别将角度设置为 90° 和 135°。完成设置后，取消选中状态，得到如图 2–77 所示的花形图案效果。

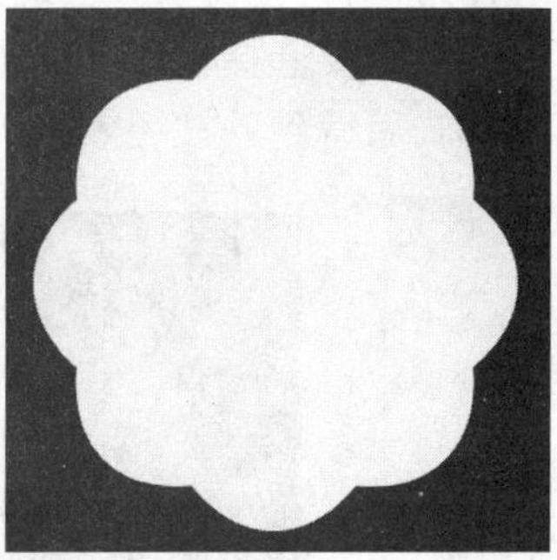

图 2–77　得到花形图案效果

5 选择“文件”→“导入”命令，在弹出“导入”对话框中选择

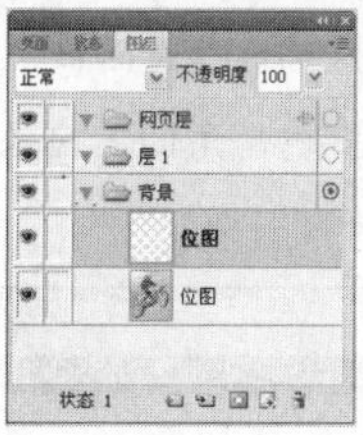

（4）按 Ctrl+V 组合键，将复制的图像粘贴到新建的图像中。

（5）在工具箱中选择指针工具，移动新建图像的位置，如下所示。

（6）单击“属性”面板中的“滤镜”按钮，在弹出的下拉菜单中选择“斜角和浮雕”→“内斜角”命令，如下所示。

（7）在弹出的参数面板中设置内斜角效果的相关参数，如下所示。

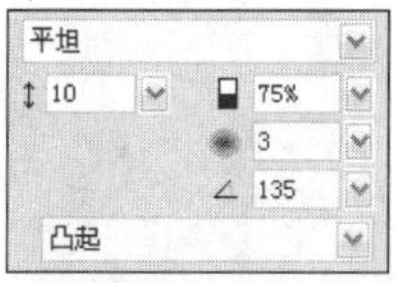

（8）设置好的内斜角效果如下所示。

在内斜角参数面板中，还可以设置内斜角的其他效果，如下所示。

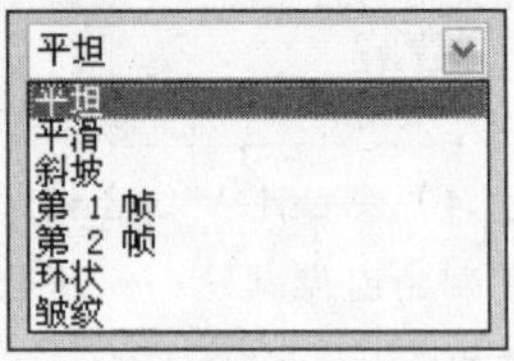

设置效果分别如下所示。

平滑

斜坡

第 1 帧

第 2 帧

环状

一幅素材图像（光盘\素材与效果\02\素材\2-10.jpg），单击“打开”按钮；然后在文档中拖动将其导入，并调整为和文档一样的大小；接着将导入图像所在图层拖至最下方，得到如图 2-78 所示的效果。

6 将组成花形图案的图层全部选中，然后选择“修改”→“组合路径”→“联合”命令，将 4 个椭圆形接合为一条路径，效果如图 2-79 所示。

图 2-78　导入图像并置于最底层

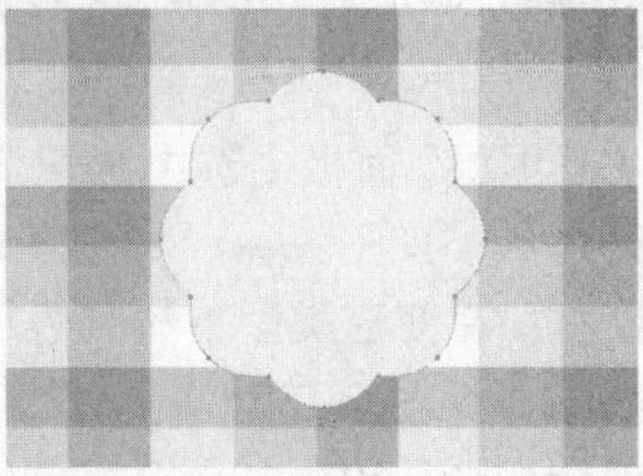

图 2-79　接合为一条路径

7 在“图层”面板中将接合后的路径图层和导入图像所在图层同时选中，然后选择“修改”→“蒙版”→“组合为蒙版”命令，得到如图 2-80 所示的效果。

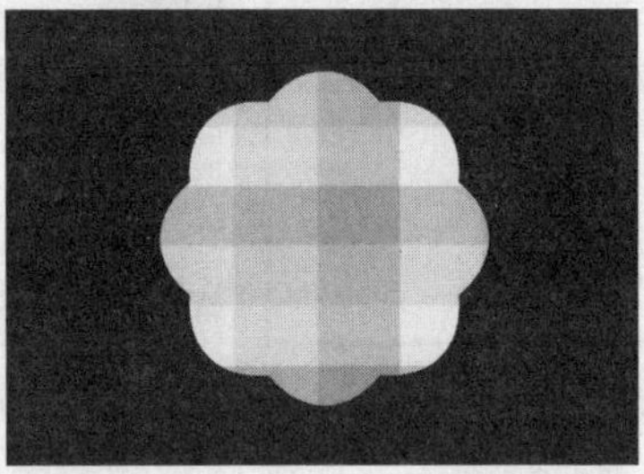

图 2-80　应用“组合为蒙版”命令得到的效果

8 选中整个文档，选择“窗口”→“样式”命令，打开“样式”面板。在样式类型下拉列表框中选择“镶边样式”选项，在中间的列表框中选择第二种样式，得到如图 2-81 所示的按钮效果。用户可以按照需要选择相应的样式，如图 2-82 所示即为选择另一种样式后得到的按钮效果。

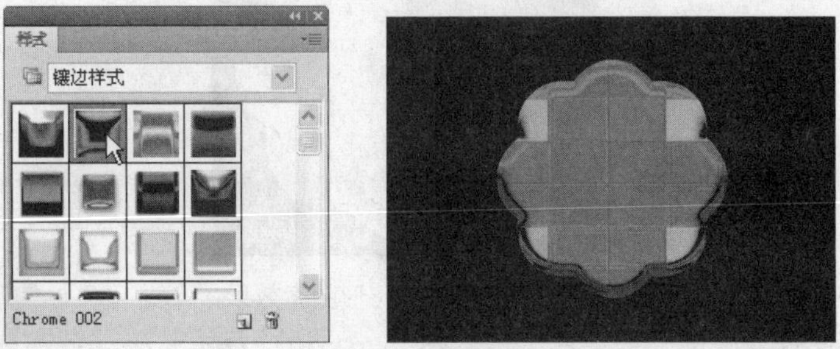

图 2-81　得到的按钮效果

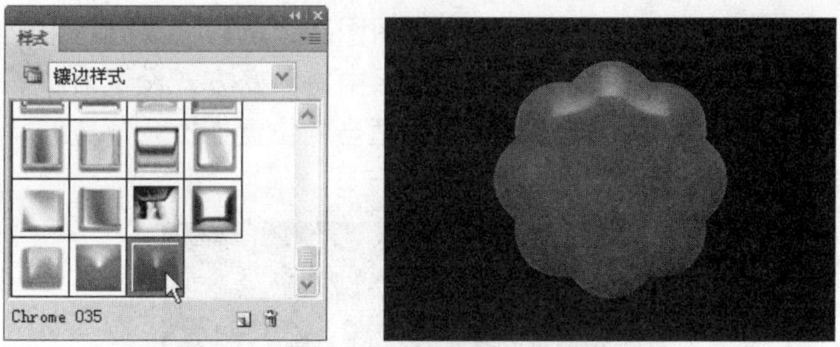

图 2-82　应用另一种样式得到的按钮效果

实例 2-10　游戏按钮

本实例将使用矩形工具、渐变工具、“伸缩路径”命令以及滤镜等功能制作炫酷十足的游戏按钮，为游戏界面添加趣味性。实例最终效果如图 2-83 所示。

图 2-83　实例最终效果

操作步骤

1 在 Fireworks CS5 的起始页中单击“Fireworks 文档（PNG）”按钮，打开“新建文档”对话框，在其中将“宽度”设置为“24 厘米”，“高度”设置为“17 厘米”，“画布颜色”设置为“黑色”，其他为默认值，单击“确定”按钮，得到如图 2-84 所示的黑色空白文档。

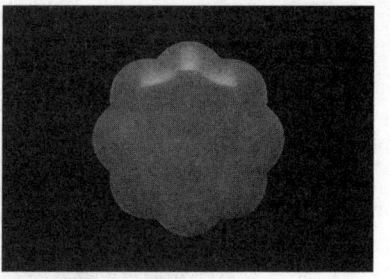

图 2-84　新建一个黑色空白文档

皱纹

实例 2-10 说明

- **知识点：**
  - 矩形工具
  - 渐变工具
  - “伸缩路径”命令
  - 浮雕滤镜
- **视频教程：**
  光盘\教学\第 2 章　Fireworks 文字与按钮特效
- **效果文件：**
  光盘\素材与效果\02\效果\2-10.png
- **实例演示：**
  光盘\实例\第 2 章\游戏按钮

操作技巧　斜角和浮雕滤镜（3）

斜角和浮雕滤镜的其他效果的介绍如下。

在“属性”面板中单击“滤镜”按钮右侧的“-”按钮，可以将列表内选中的滤镜效果删除，如下所示。

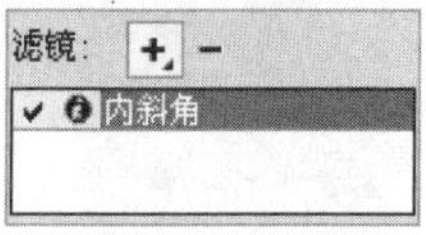

斜角和浮雕滤镜的其他效果和内斜角的操作相同，其他几种效果分别如下。

凸起浮雕的设置及效果如下所示。

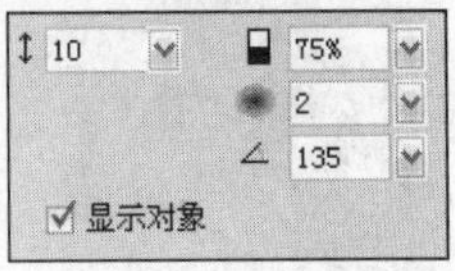

凹入浮雕的设置及效果如下所示。

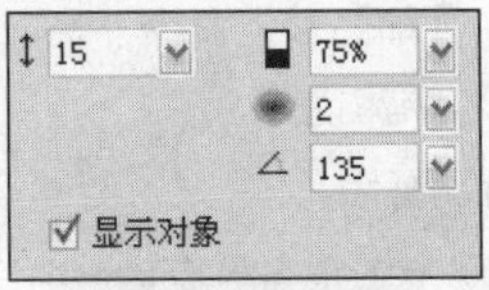

外斜角的设置及效果如下所示。

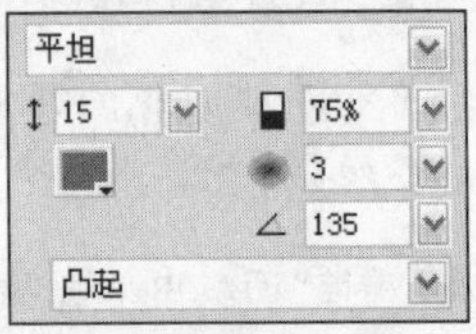

操作技巧 阴影和光晕滤镜

Fireworks 中的阴影和光晕滤镜主要是通过给图像增加阴影和

2 在“图层”面板中新建一个位图图层；然后在工具箱中选择渐变工具，在其“属性”面板中将渐变方式设置为“黑，白/线性”渐变；接着在文档中适当的位置拖出一条直线，得到渐变填充效果，如图 2-85 所示。

图 2-85　得到渐变填充效果

3 在工具箱中选择矩形工具，在其“属性”面板中设置边框颜色为“无”，填充颜色为“暗黄色”然后在文档的右下角部位绘制一个矩形，如图 2-86 所示。

4 在工具箱中选择渐变工具，在其“属性”面板中将渐变类型设置为“鲜绿色”，渐变方式设置为“线性”。然后从矩形的上方至下方拖出一条直线，得到渐变填充效果，如图 2-87 所示。

图2-86　绘制一个矩形

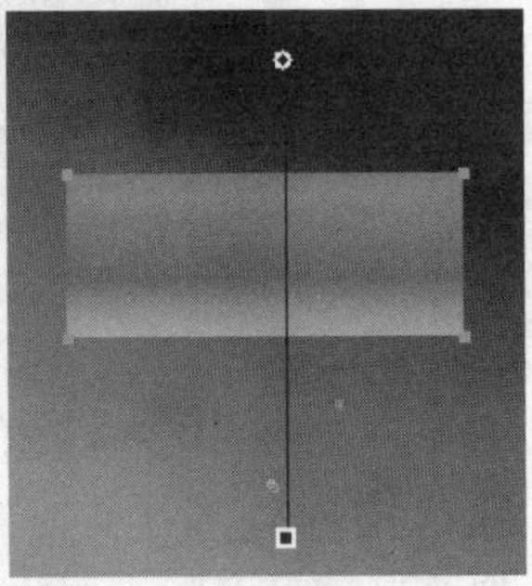

图2-87　得到渐变填充效果

5 在“图层”面板中将“矩形”图层拖至下方的“新建位图图像”按钮上，复制此图层，如图 2-88 所示。

图 2-88　复制“矩形”图层

6 选中复制出的图层，选择“修改”→“改变路径”→“伸缩路径”命令，打开“伸缩路径”对话框，在其中将方向设置为“内部”，宽度设置为 7，其他为默认值，如图 2–89（左）所示。单击“确定”按钮，得到一个缩小的矩形效果，如图 2–89（右）所示。

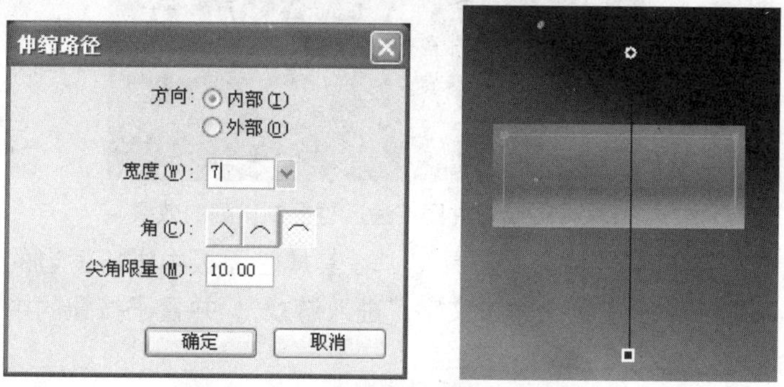

图 2–89　得到缩小的矩形效果

7 在渐变工具的“属性”面板中将渐变方式设置为“矩形”，得到如图 2–90 所示的效果。

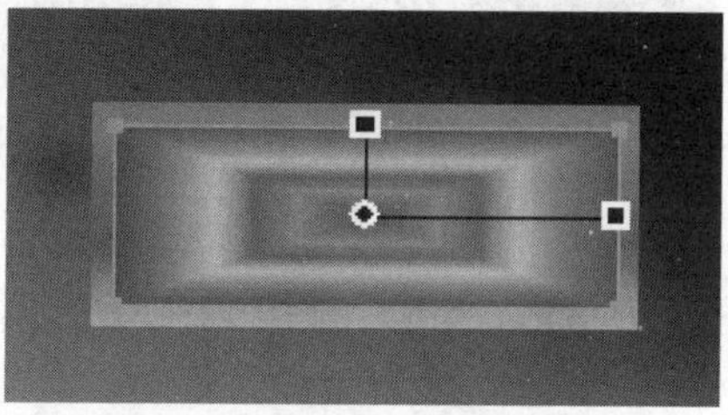

图 2–90　得到矩形渐变填充效果

8 在“图层”面板中选中第一个矩形图层，在其“属性”面板单击“滤镜”按钮，在弹出的菜单中选择“斜角和浮雕”→“凸起浮雕”命令，在弹出的参数面板中将宽度设置为 12，其他为默认值，如图 2–91（左）所示。按 Enter 键，取消选中状态，得到凸起浮雕效果，如图 2–91（右）所示。

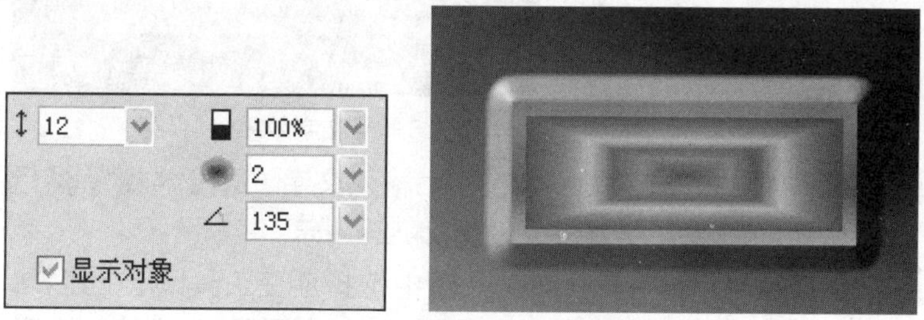

图 2–91　得到凸起浮雕效果

9 将两个矩形图层同时选中，按 Ctrl+G 组合键将它们合并为一个图层，得到“组合：2 对象”图层。复制此图层，并将复制出的图层中的内容移至文档中合适的位置，如图 2–92 所示。

光晕的效果，使图像产生立体感，并增加明暗对比效果，增加图像的真实感。

1. 光晕效果

操作方法如下。

（1）打开图像文件，使用魔术棒工具选取要调整的区域（或者使用指针工具选取整个图像），如下所示。

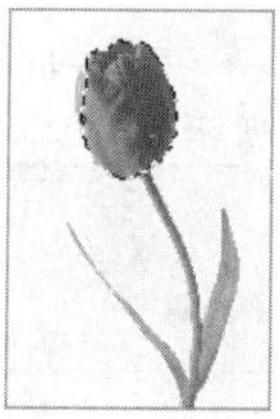

（2）按 Ctrl+C 组合键复制当前选区。

（3）在“图层”面板中单击“新建位图图像”按钮，新建一个图像，如下所示。

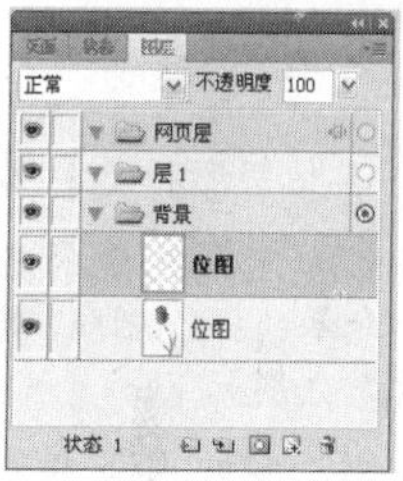

（4）按 Ctrl+V 组合键，将复制的图像粘贴到新建的图像中。

（5）按 Ctrl+D 组合键，取消选区。在工具箱中选择指针工具，选定新建的图层，如下所示。

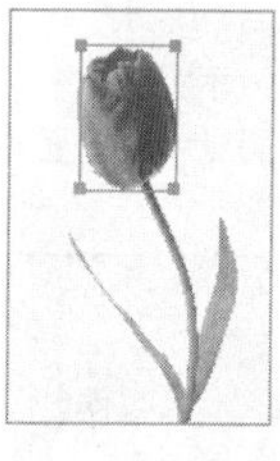

（6）单击“属性”面板中

的“滤镜”按钮，在弹出的菜单中选择“阴影和光晕”→“光晕”命令，如下所示。

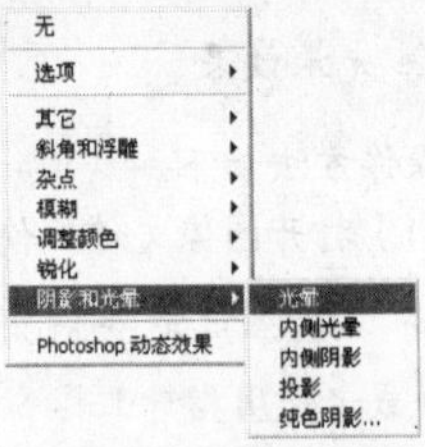

（7）在弹出的参数面板中设置光晕效果的相关参数，如下所示。

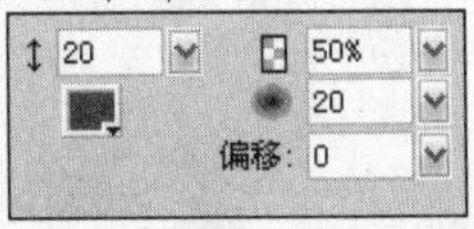

（8）设置好的光晕滤镜效果如下所示。

2. 其他阴影和光晕效果

阴影和光晕滤镜的其他效果和光晕的操作相同，其他几种效果分别如下。

内侧光晕的设置和效果如下所示。

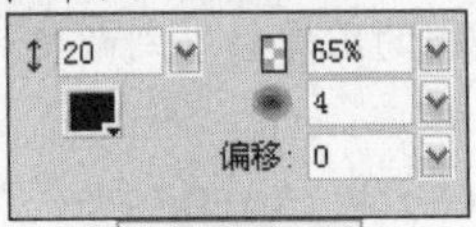

内侧阴影的设置和效果如下所示。

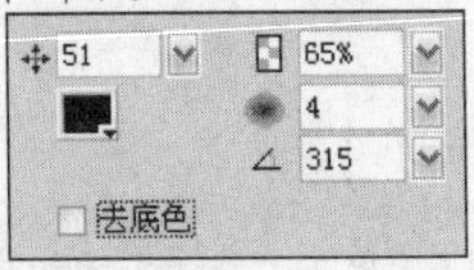

图 2-92　合并图层后通过复制得到的效果

10 在工具箱中选择文本工具 T，在其属性面板中进行适当的设置，然后在按钮上输入文字“进入游戏”，并置于按钮的中间部位，如图 2-93 所示。

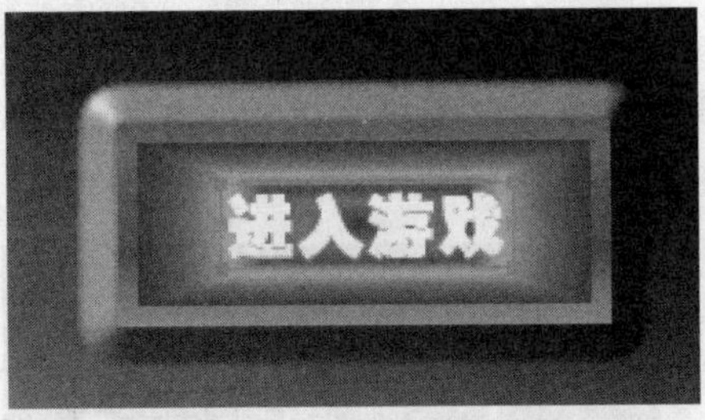

图 2-93　输入文字并置于按钮的中间部位

11 在“属性”面板中单击“滤镜”按钮，在弹出的菜单中选择“斜角和浮雕”→“凸起浮雕”命令，在弹出的参数面板中按照图 2-94（左）所示进行设置，得到如图 2-94（右）所示的效果。

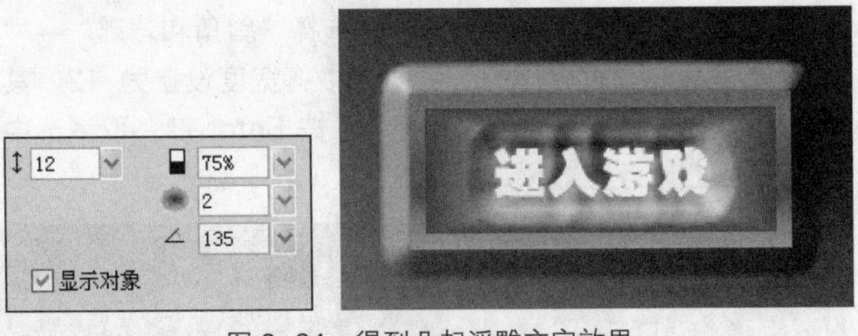

图 2-94　得到凸起浮雕文字效果

12 按照同样的方法在另一个按钮上输入文字“退出游戏”，然后设置为同样的文字效果，如图 2-95 所示。

13 将文字全部选中；然后在工具箱中选择渐变工具，在其“属性”面板中将渐变方式设置为“黑，白/圆锥形”渐变；在弹出的参数面板中添加一个色标，将其颜色设置为“#CC9900”，如图 2-96 所示。此时得到更为炫酷的文字效果，即得到最终效果。

图 2-95　输入文字并设置为同样的效果

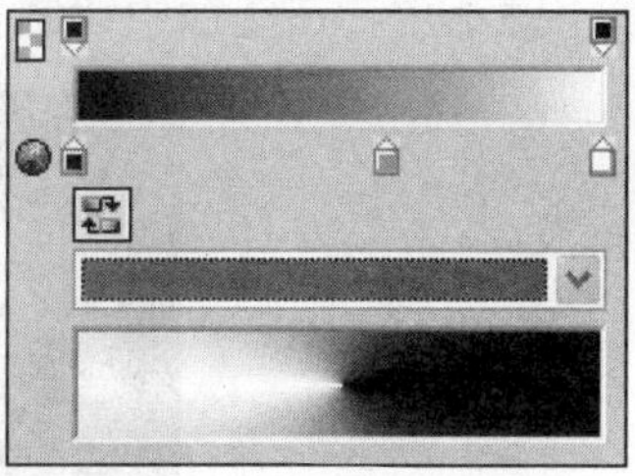
图 2-96　添加色标

实例 2-11　眼睛按钮

本实例将使用椭圆工具、内斜角滤镜、“数值变形”命令以及“样式”面板等制作个性化、质感十足的眼睛按钮，并配以相关文字，得到完美的整体效果，如图 2-97 所示。

图 2-97　实例最终效果

操作步骤

1 打开一幅素材图像（光盘\素材与效果\02\素材\2-11.jpg），如图 2-98 所示。

图 2-98　打开一幅素材图像

投影的设置和效果如下所示。

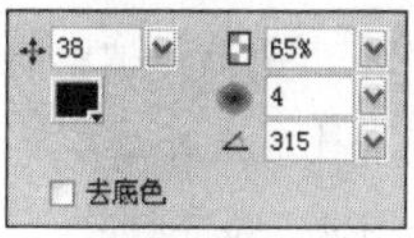

纯色阴影的设置和效果如下所示。

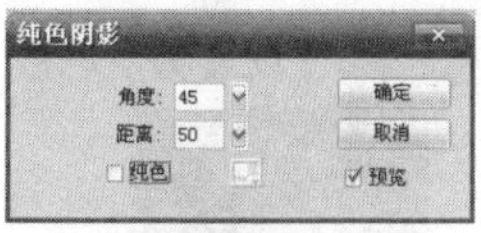

实例 2-11 说明

- 知识点：
  - 椭圆工具
  - “数值变形”命令
  - 内斜角滤镜
- 视频教程：
  光盘\教学\第 2 章　Fireworks 文字与按钮特效
- 效果文件：
  光盘\素材与效果\02\效果\2-11.png
- 实例演示：
  光盘\实例\第 2 章\眼睛按钮

操作技巧 查找边缘滤镜

利用查找边缘滤镜可以将图像中颜色较深的部分转换为线条，从而使图像呈现出线条画的效果。

操作方法如下。

（1）打开图像文件，使用选取工具选取要调整的区域，或者使用指针工具选取整个图像，如下所示。

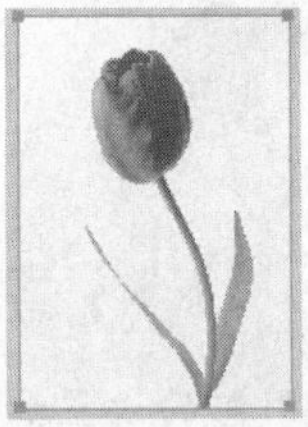

（2）选择“滤镜”→“查找边缘”命令，效果如下所示。

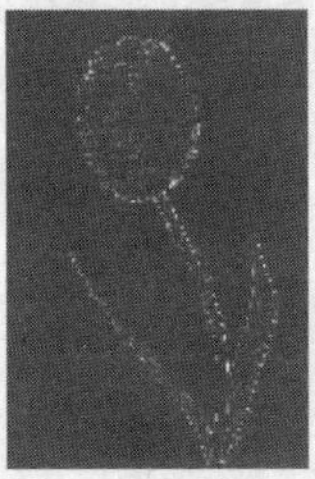

操作技巧 转换为 Alpha

通过“转换为 Alpha”命令后，可以将图像转换为黑白色，并处于半透明状态。

操作方法如下。

（1）打开图像文件，使用选取框工具选取要调整的区域，或者使用指针工具选取整个图像。

（2）选择“滤镜”→“转换为 Alpha”命令，效果如下所示。

2 在工具箱中选择椭圆工具，在其“属性”面板中将填充颜色设置为“深蓝色”，边框颜色设置为“无”，然后按住 Shift 键不放，在图像中绘制一个椭圆形，如图 2-99 所示。

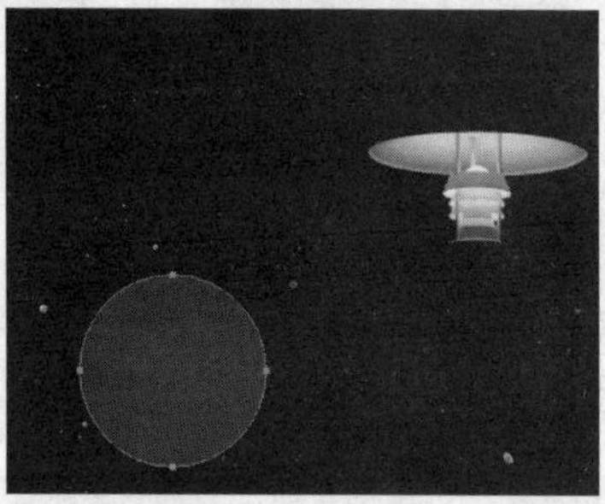

图 2-99　在图像中绘制一个椭圆形

3 选中椭圆形，在其“属性”面板中单击“滤镜”按钮，在弹出的菜单中选择“斜角和浮雕”→“内斜角”命令，在弹出的参数面板中按照图 2-100（左）所示进行设置，得到如图 2-100（右）所示效果。

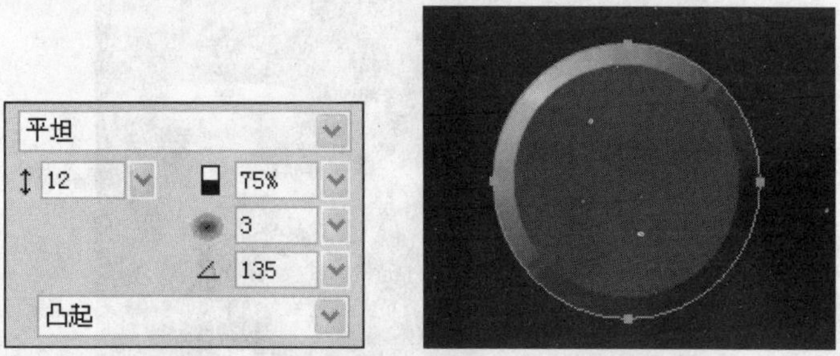

图 2-100　应用“内斜角”滤镜得到的效果

4 在“图层”面板中将椭圆形图层拖至下方的“新建位图图像”按钮上，复制此图层。选择“修改”→“变形”→“数值变形”命令，打开“数值变形”对话框。在变形类型下拉列表框中选择“缩放”选项，将“宽”和“高”的缩放比例均设置为 74%，如图 2-101（左）所示。单击“确定”按钮，效果如图 2-101（右）所示。

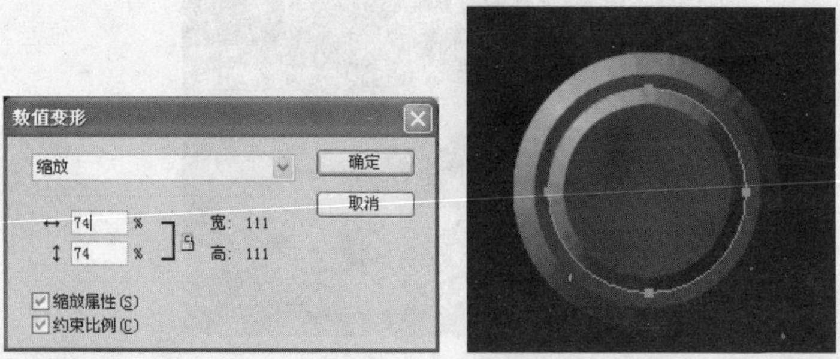

图 2-101　进行缩放变形后的效果

5 选择“窗口”→“样式”命令，打开“样式”面板。在上方的样式下拉列表框中选择“文本创意样式”选项，在其下列表框中选择一种样式，如图 2-102（左）所示。此时的效果如图 2-102（右）所示。

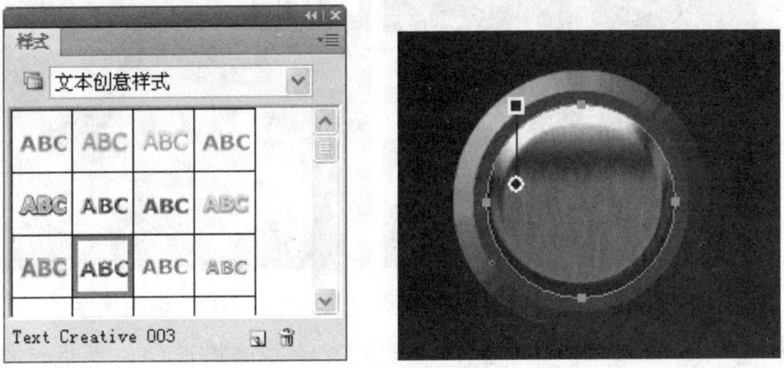

图 2-102　选择一种样式后的效果

6 打开一幅眼睛素材图像（光盘\素材与效果\02\素材\2-12.jpg），如图 2-103 所示。使用魔术棒工具选取眼睛，将其复制后粘贴到按钮文档中，调整为合适的大小并置于按钮上，如图 2-104 所示。

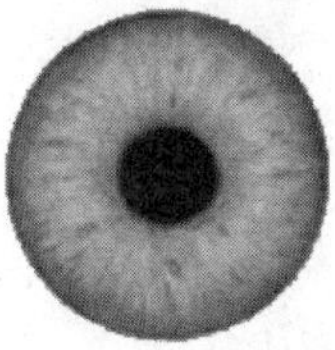

图 2-103　打开一幅眼睛素材图像

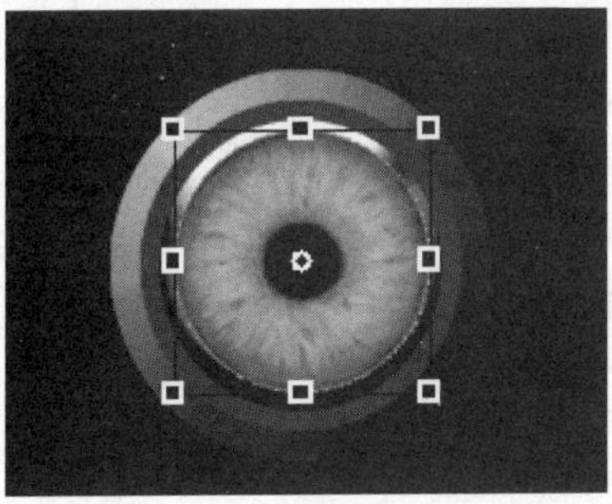

图 2-104　复制/粘贴图像并调整

7 按 Enter 键，取消调整控制框。在“属性”面板中设置“进一步锐化”和“内侧光晕”滤镜，如图 2-105（左）所示。此时的眼睛图像效果如图 2-105（右）所示，变得更有质感和光芒。

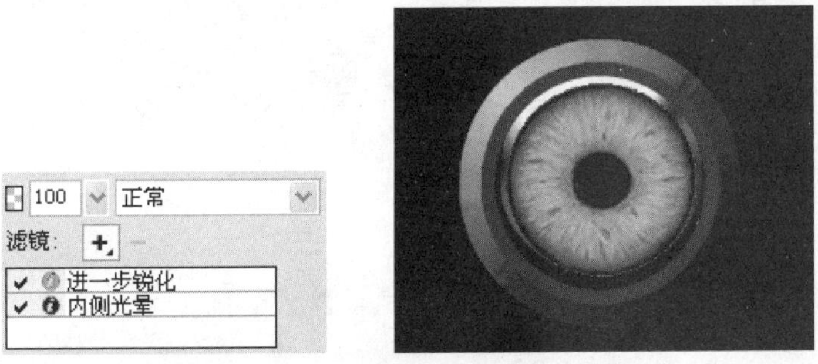

图 2-105　为眼睛图像应用滤镜后的效果

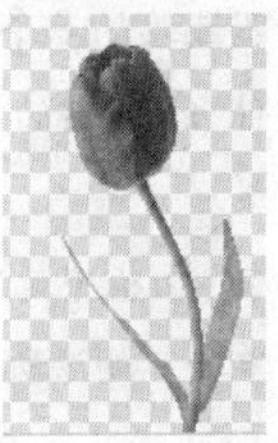

相关知识　“图层”面板

图层就像一透明的画布，图像的不同部分可以放在不同的图层中分别进行编辑。图层按照一定的模式叠放在一起，就构成了完整的图像。

“窗口”→“层”命令，即可打开“图层”面板，如下所示。

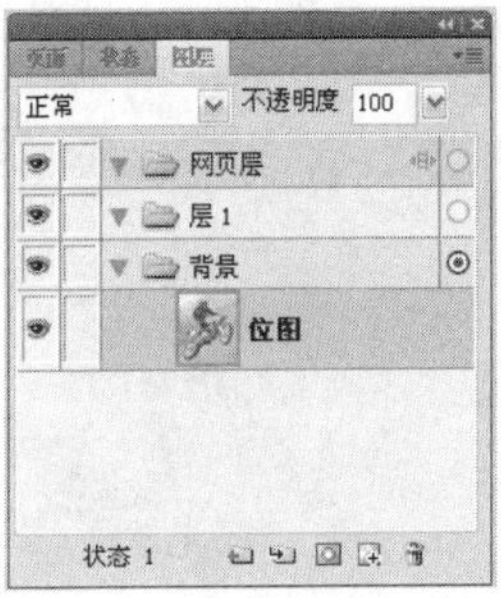

“图层”

下面介绍“图层”面板的常用功能。

- 单击“图层”面板中的“新建位图图像”按钮，可以新建一个图层。
- 在文档窗口中选择了一个图像，就选定了“图层”面板中对应的图层。反之，在面板中选中某个图层，也就选定了相应的图像。
- 如果要选择多个连续的图层，可以在按住 Shift 键的同时单击图层进行选择。如果要选择不连续的多个图层，可以在按住 Ctrl 键的同时单击所需图层。

- 在“图层”面板中选定一个图层，单击“删除所选”按钮，即可将其删除。
- 单击某个图层前面的眼睛图标，可将该图层隐藏；再次单击该图标，则可以将该图层重新显示出来。
- 如果要在某个图层下建立子图层，则选定该图层后，单击“新建子层”按钮。

8 在工具箱中选择钢笔工具，在文档中绘制一条路径，如图 2-106 所示。使用文本工具T在文档中输入文字“打开心灵之灯”，如图 2-107 所示。

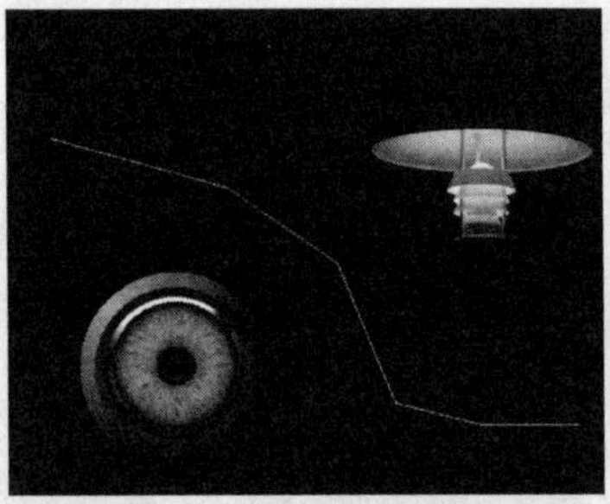

图 2-106 在文档中绘制一条路径

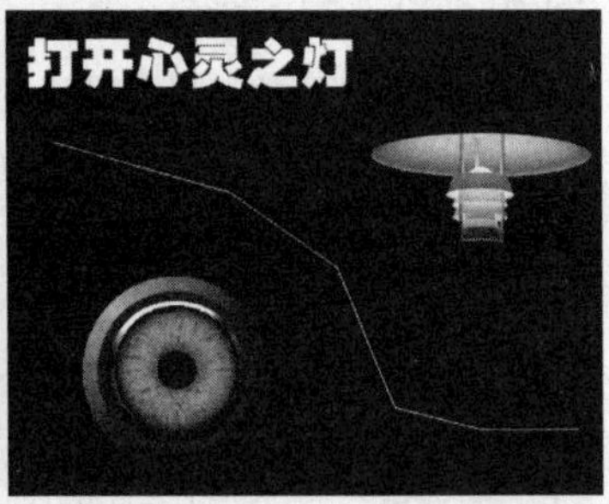

图 2-107 输入文字

9 在“图层”面板中将路径图层和文字图层均选中，然后选择“文本”→“附加到路径”命令，即可将文字沿路径排列。按空格键调整每个文字间的距离，得到最终效果。

03

第 3 章

Fireworks 图像动画特效

通过动画，可以使网页内容更加生动、形象、有趣。本章将以实例的方式详细介绍 Fireworks CS5 图像动画特效的基础知识和操作方法。

本章讲解的实例和主要功能如下：

实　例	主要功能	实　例	主要功能	实　例	主要功能
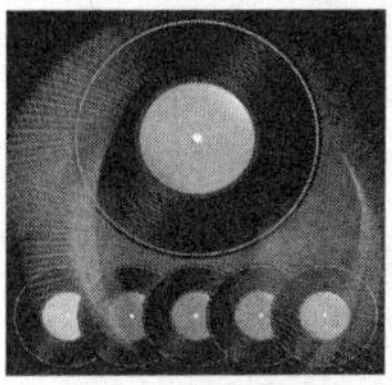 炫光线条	"转换为元件"命令 "补间实例"命令 浮雕滤镜 光晕滤镜	 图片欣赏	以动画打开文件 "状态"面板	 爱的背影	"导入"命令 文本工具 "状态"面板
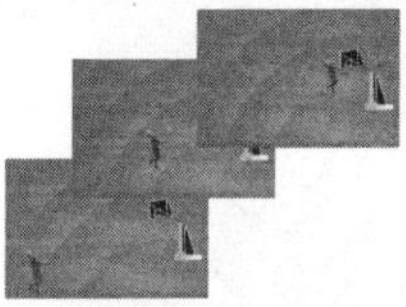 扣篮动漫	"选择动画"命令 "状态"面板 "状态延迟"面板	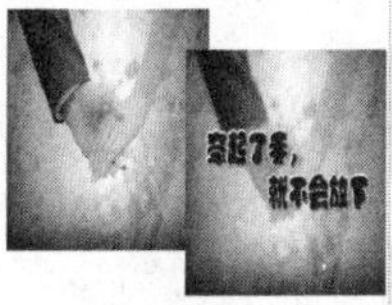 超链接图片	切片工具 "行为"面板 高斯模糊滤镜	 雨夜	矩形工具 新增杂点滤镜 运动模糊滤镜
 五彩动画文字	"转换为元件"命令 "组合为蒙版"命令 "补间实例"命令	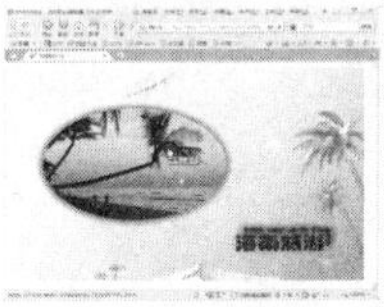 旅游网页	滤镜的应用 热点工具	 景深效果	套索工具 高斯模糊滤镜 钢笔工具 附加到路径
 黑白邮票	矩形工具 缩放工具 喷枪描边 组合为蒙版	 合成特效	渐变工具 模糊工具 混合模式	 动感广告牌	复制图层 多边形套索工具 光晕滤镜 钢笔工具 "曲线"命令

本章在讲解实例操作的过程中，将全面、系统地介绍 Fireworks 图像动画特效的相关知识和操作方法。其中包含的内容如下：

实例 3-1　炫光线条

本实例将使用“转换为元件”命令、“补间实例”命令以及各种滤镜为图像添加炫光线条效果，达到渲染图像的目的。最终效果如图 3-1 所示。

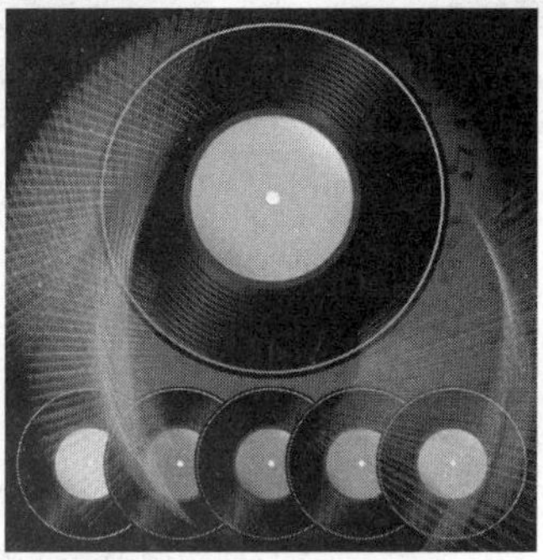

图 3-1　实例最终效果

操作步骤

1. 打开一幅素材图像（光盘\素材与效果\03\素材\3-1.jpg），然后在工具箱中选择直线工具，在其“属性”面板中将边框颜色设置为“白色”，大小设置为 1，在图像中绘制 5 条直线，如图 3-2 所示。
2. 在工具箱中选择部分选定工具，按住 Shift 键，将 5 条直线全部选中。选择“修改”→“元件”→“转换为元件”命令，打开“转换为元件”对话框，在其中将名称设置为“线条”，如图 3-3 所示。

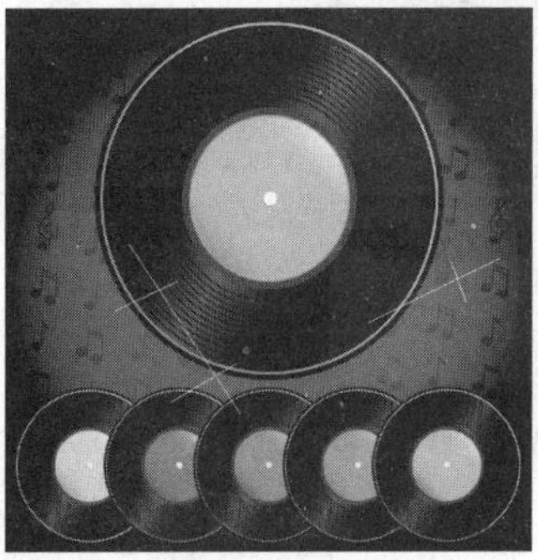

图 3-2　在图像中绘制 5 条直线

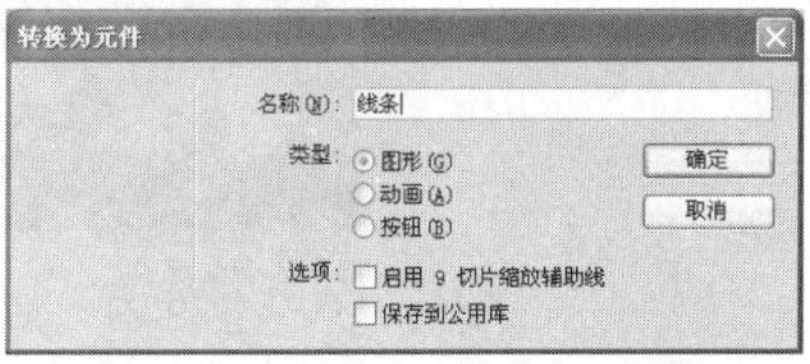

图 3-3　“转换为元件”对话框

3. 单击“确定”按钮，将直线图形转换为元件，如图 3-4 所示。
4. 按 Ctrl+C 组合键将其复制，再按 Ctrl+V 组合键将其粘贴。按 Ctrl+T 组合键，出现调整控制框，将粘贴得到的元件旋转一定的角度，如图 3-5 所示。

实例 3-1 说明

知识点：

- “转换为元件”命令
- “补间实例”命令
- 浮雕滤镜
- 光晕滤镜

视频教程：

光盘\教学\第 3 章　Fireworks 图像动画特效

效果文件：

光盘\素材与效果\03\效果\3-1.png

实例演示：

光盘\实例\第 3 章\炫光线条

操作技巧　动画制作步骤

利用 Fireworks CS5 不仅可以制作美观的网页图像，还能实现一些简单的动画效果。

使用 Fireworks 制作动画的步骤如下。

（1）制作动画元件。

（2）随着时间的变化，改变元件的属性。

相关知识　动画元件的导出格式

制作完的动画元件在输出时，可以生成为 GIF 文件和 SWF 文件。

1. GIF 文件

GIF 是一种压缩多个位图的图像格式，GIF 文件分为静态的和动态的两种，扩展名为.gif。

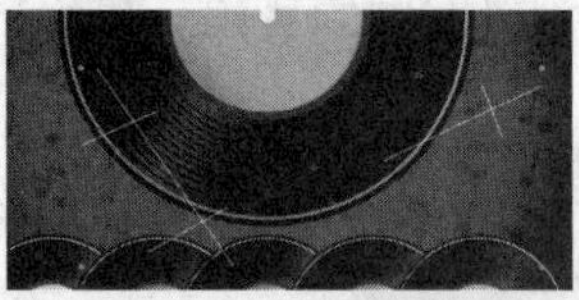

图 3-4　将直线图形转换为元件

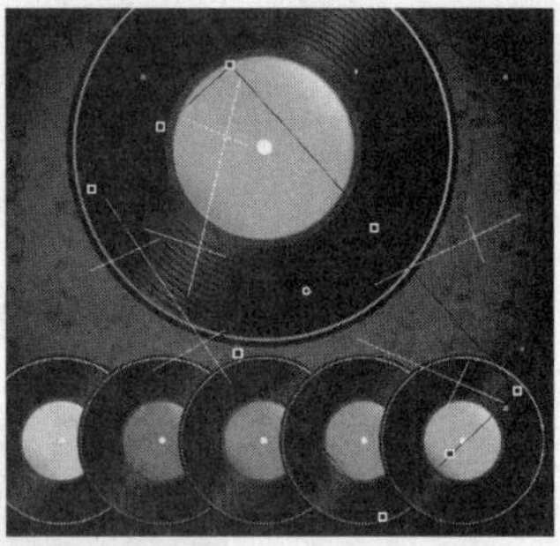

图 3-5　旋转粘贴后的元件

5 在“图层”面板中将两个线条图层全部选中，选择“修改”→“元件”→“补间实例”命令，打开“补间实例”对话框，在其中将“步骤”设置为 10，如图 3-6 所示。单击“确定”按钮，得到如图 3-7 所示的效果。

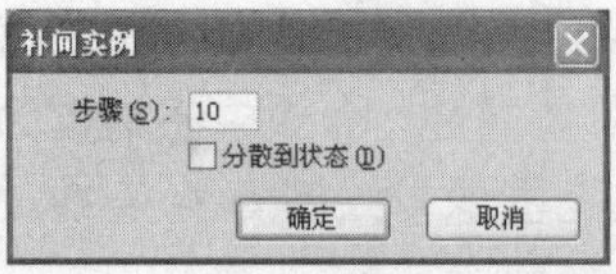

图 3-6　“补间实例”对话框

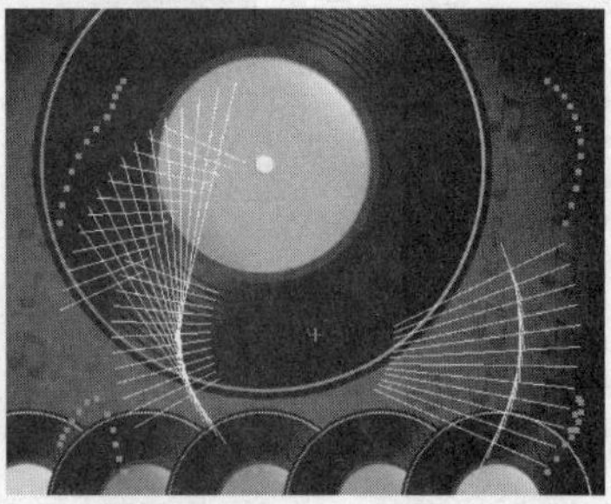

图 3-7　得到的效果

6 按 Ctrl+T 组合键，出现调整控制框，将其放大，如图 3-8 所示。

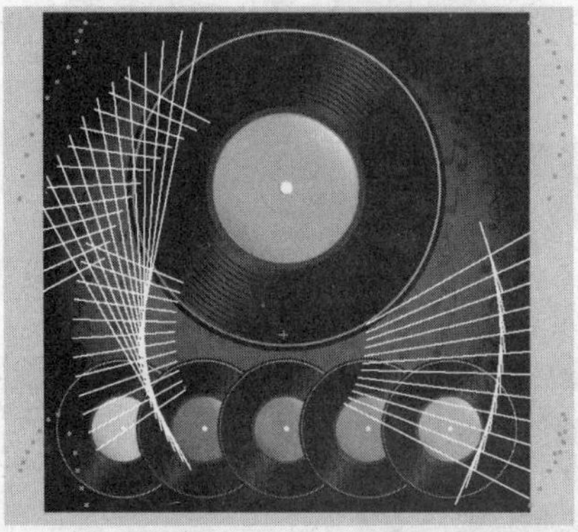

图 3-8　放大后的效果

7 在“属性”面板中单击“滤镜”按钮，在弹出的菜单中选择“斜角和浮雕”→“凹入浮雕”命令，在打开的参数面板中按照图 3-9 所示进行设置。在“属性”面板中单击“滤镜”按钮，在弹出的菜单中选择“阴影和光晕”→“内侧光晕”命令，在打开的参数面板中按照图 3-10 所示进行设置（这里将颜色设置为“橙色”）。

由于其兼容性大，占用空间小，所以网上多数小动画采用的都是 GIF 格式。

2. SWF 文件

SWF 是 Flash 文件运行所生成的专用格式，是一种矢量和点阵图形的动画文件格式。一般浏览器在运行时都会自动安装 Adobe Flash Player 插件，所以 SWF 格式文件能被广泛应用。

相关知识　动画的组成

在动画元件中，每个动作都作为一帧存在，按照一定顺序排列并播放，即可产生动画的效果。

相关知识　添加帧和删除帧（1）

在文档窗口右边的“状态”面板中，可以查看动画文件每一帧的具体变化。

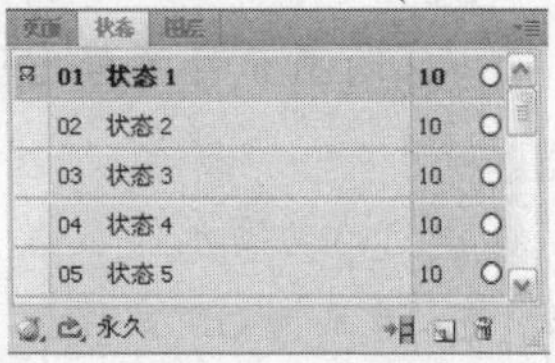

添加帧的方法是：

（1）将鼠标移动到需要添加帧的前一帧或者后一帧上，单击鼠标右键，弹出如下所示快捷菜单。

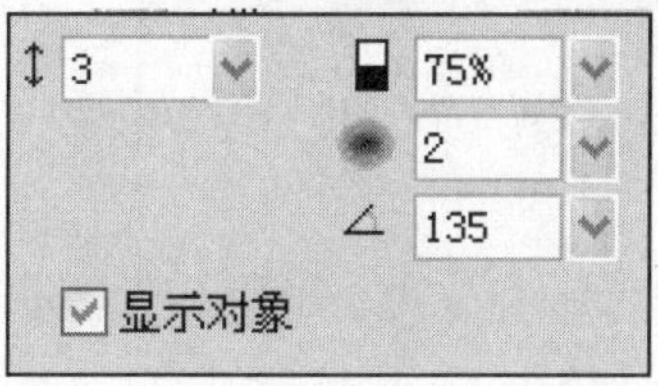

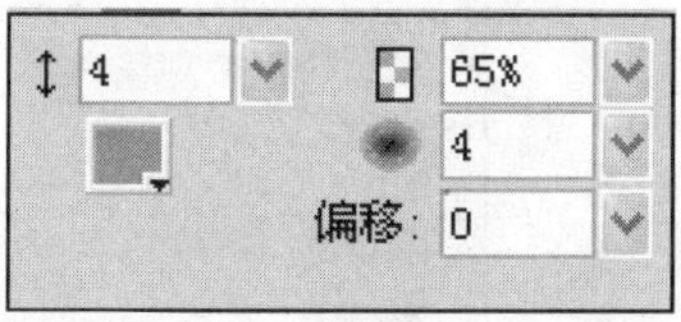

图 3-9　设置“凹入浮雕”滤镜参数　图 3-10　设置“内侧光晕”滤镜参数

8 在“属性”面板中单击“滤镜”按钮，在弹出的菜单中选择“模糊”→“放射状模糊”命令，打开“放射状模糊”对话框，按照图 3-11 所示进行设置，然后单击“确定”按钮，得到炫光线条最终效果。

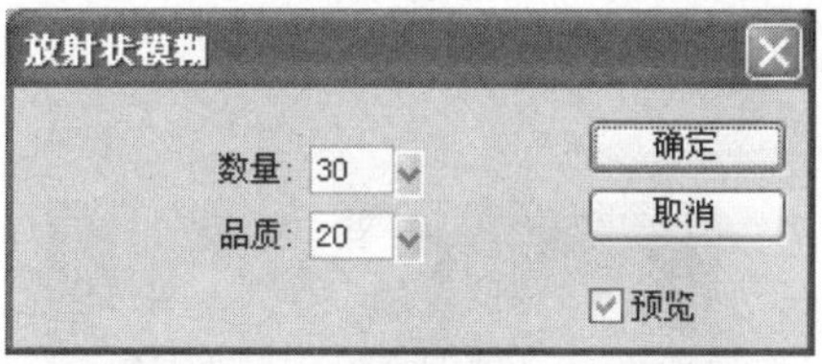

图 3-11　“放射状模糊”对话框

实例 3-2　图片欣赏

本实例将利用“状态”面板打开的多个图像文件制作成图片欣赏动画，最终效果如图 3-12 所示。

图 3-12　实例最终效果

操作步骤

1 选择“文件”→“打开”命令，在弹出的“打开”对话框中选中 4 幅花朵素材图像（光盘\素材与效果\03\素材\3-2.jpg～3-5.jpg），并选中下方的“以动画打开”复选框，如图 3-13 所示。

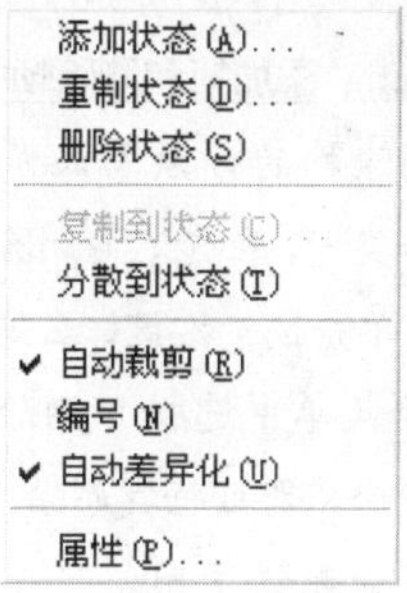

（2）选择“添加状态”命令，打开“添加状态”对话框。

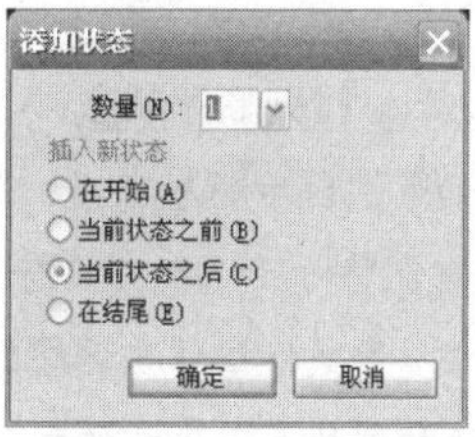

（3）根据实际需要设置添加的帧数以及插入帧的位置。

- 在开始：在第一帧之前插入帧。
- 当前状态之前：在选定帧之前插入帧。
- 当前状态之后：在选定帧之后插入帧。
- 在结尾：在最后一帧之后插入帧。

实例 3-2 说明

知识点：
- 以动画打开文件
- “状态”面板

视频教程：

光盘\教学\第 3 章　Fireworks 图像动画特效

效果文件：

光盘\素材与效果\03\效果\3-2.png

实例演示：

光盘\实例\第 3 章\图片欣赏

相关知识　添加帧和删除帧（2）

删除帧的方法与添加帧的操作类同，在选定要删除的帧后，单击鼠标右键，在弹出的快捷菜单中选择“删除状态”命令，即可将其删除。

假如删错了帧，可以按 Ctrl+Z 组合键退回上一步操作。

相关知识　排列顺序状态

如果帧前后顺序有错，需要重新调整，可以在“状态”面板中，用鼠标按住要调整的帧，拖动到列表中合适的位置即可。

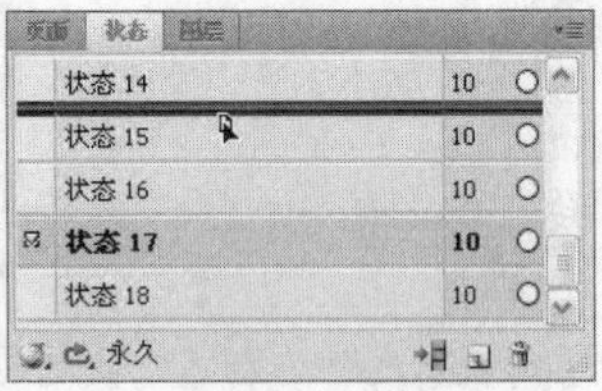

相关知识　洋葱皮功能

洋葱皮是动画制作中的术语之一，是指在半透明的图纸上绘制动画帧，通过半透明的纸重叠透光得到的效果。此功能也常用于各个帧之间的编辑与比较。

在状态栏列表下的按钮中，第一个按钮就是“洋葱皮”按钮。单击该按钮，打开其设置菜单。

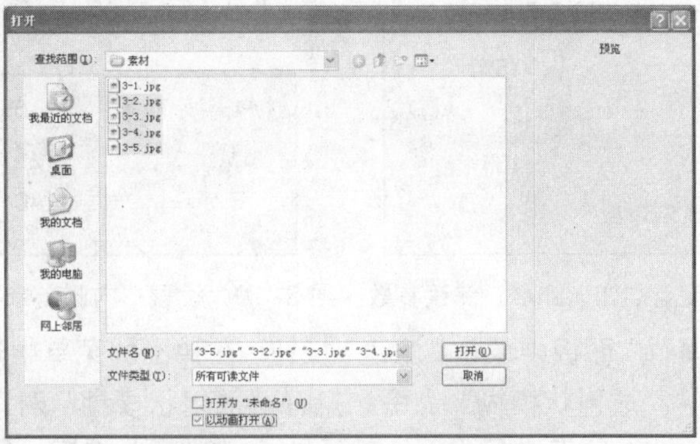

图 3–13　“打开”对话框

2 单击“打开”按钮，选中的文件即可在同一个文档中打开。此时的文档效果如图 3–14 所示。

图 3–14　此时的文档效果

3 选择“窗口”→“状态”命令，打开“状态”面板。按住 Shift 键不放，将其中的 4 个状态全部选中，如图 3–15 所示。单击面板右上角的▾≡按钮，在弹出的下拉菜单中选择“属性”命令，如图 3–16 所示。

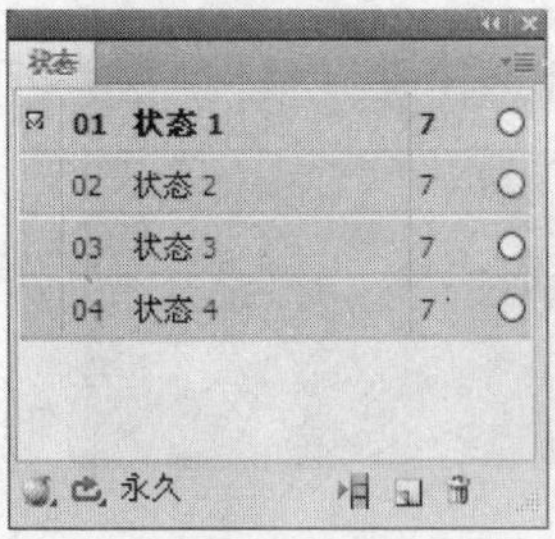

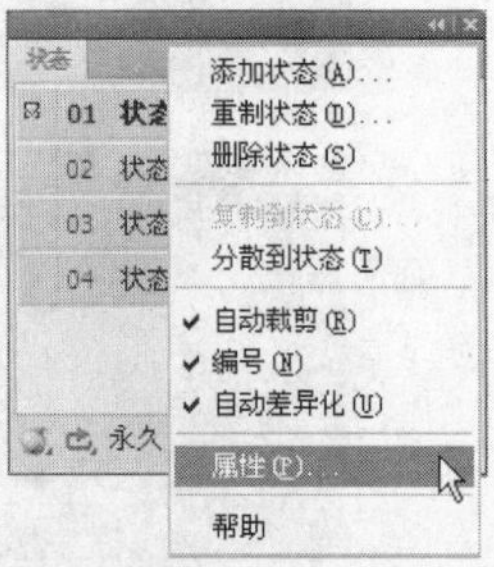

图 3–15　将 4 个状态全部选中　　图 3–16　选择“属性”命令

4 打开“状态延迟”面板，从中将“状态延迟”的值设置为“240/100 秒”，如图 3–17 所示。按 Enter 键，关闭“状态延迟”面板。此时单击文档窗口右下角的“播放/停止”按钮 ▷，即可以动画的方式浏览打开的图片。此时的“状态”面板如图 3–18 所示。

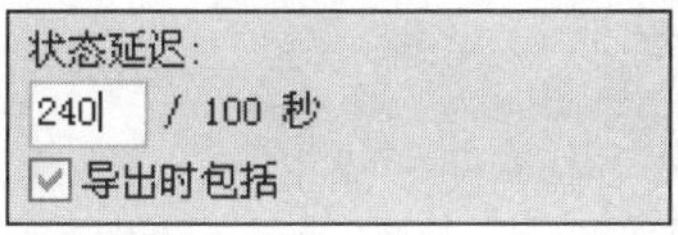

图 3-17　设置“状态延迟”　　图 3-18　此时的“状态”面板

实例 3-3　爱的背影

本实例将使用“导入”命令、文本工具、“状态”面板以及“排列”命令等制作图片观赏短片，即每一帧置入不同的内容，依次以动画方式显示。最终效果如图 3-19 所示。

图 3-19　实例最终效果

操作步骤

1 在 Fireworks CS5 的起始页中单击“Fireworks 文档（PNG）”按钮，打开“新建文档”对话框，在其中将“宽度”设置为“24 厘米”，“高度”设置为“17 厘米”，“画布颜色”设置为“黑色”，其他为默认值，单击“确定”按钮，得到一个黑色空白文档，如图 3-20 所示。

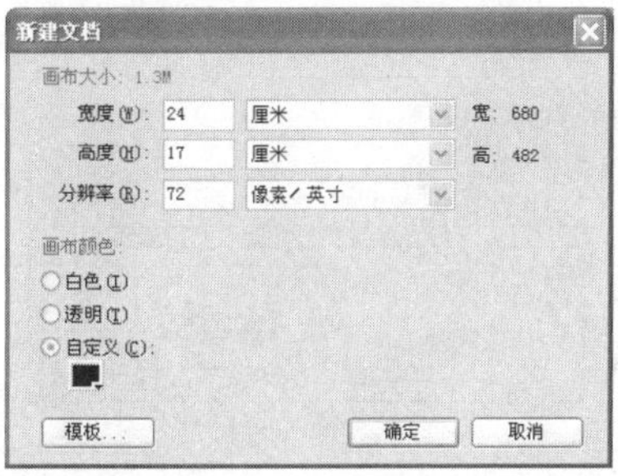

图 3-20　新建一个黑色空白文档

2 选择“文件”→“导入”命令，在弹出的“导入”对话框

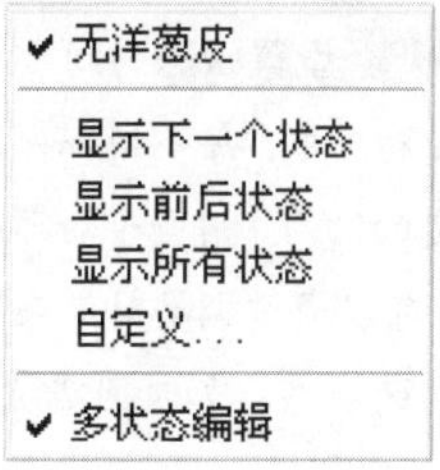

其中各命令的功能介绍如下。

- 无洋葱皮：不使用洋葱皮功能。
- 显示下一个状态：对当前帧的后一帧应用洋葱皮功能。
- 显示前后状态：对当前帧的前、后帧均应用洋葱皮功能。
- 显示所有状态：对所有帧应用洋葱皮功能。
- 自定义：选择该命令，打开“洋葱皮”对话框，从中可以设置洋葱皮参数。

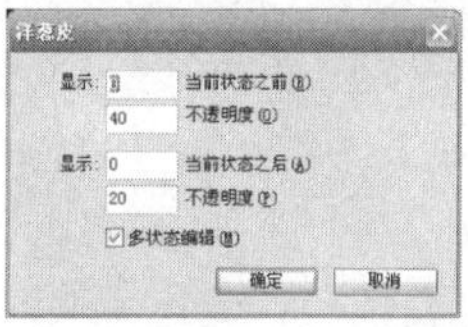

- 多状态编辑：通过动画路径上的点选择状态并编辑。

实例 3-3 说明

知识点：

- “导入”命令
- 文本工具
- “状态”面板

视频教程：

光盘\教学\第 3 章　Fireworks 图像动画特效

效果文件：

光盘\素材与效果\03\效果\3-3.png

实例演示：

光盘\实例\第 3 章\爱的背影

相关知识 **设置状态时间**

在动画中，每一帧都代表了一定的时间，相当于动画的节奏。可以通过调整时间来调整动画的状态，如时间减缓、时间加速等。

选择需要调整的帧（可以选择一帧或多帧），单击鼠标右键，在弹出的快捷菜单中选择“属性”命令，即可在状态列表中显示“状态延迟”提示框。这里默认时间是 10，如果将其设置为小于 10，代表时间加速；如果将其设置为大于 10，则代表时间减缓。

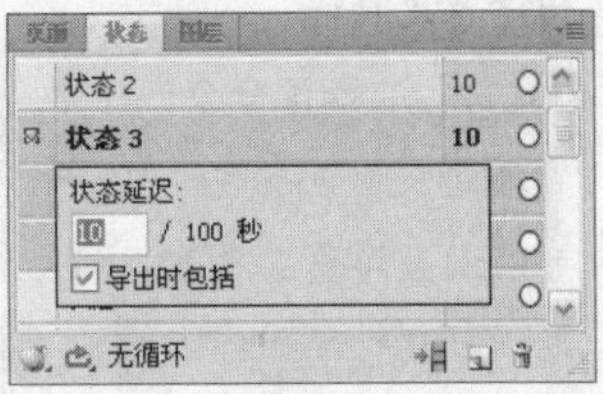

相关知识 **设置循环播放**

对一些重复播放的动画，可以通过设置循环次数来达到预期的效果。

单击状态列表下的“GIF 动画循环”按钮，在弹出的菜单中选择循环的次数，如下所示。

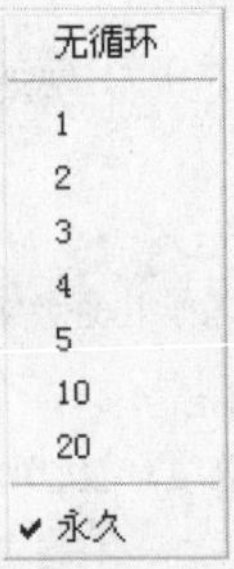

中选择一幅素材图像（光盘\素材与效果\03\素材\3-6.jpg），然后在文档上单击，将其导入，并使其与文档重叠，效果如图 3-21 所示。

图 3-21　导入图像

3 打开一幅心形素材图像（光盘\素材与效果\03\素材\3-7.bmp），使用魔术棒工具将其白色背景选中，如图 3-22（左）所示。按 Delete 键，将选区中内容删除。选择“选择”→“反选”命令，将图案选中，效果如图 3-22（右）所示。

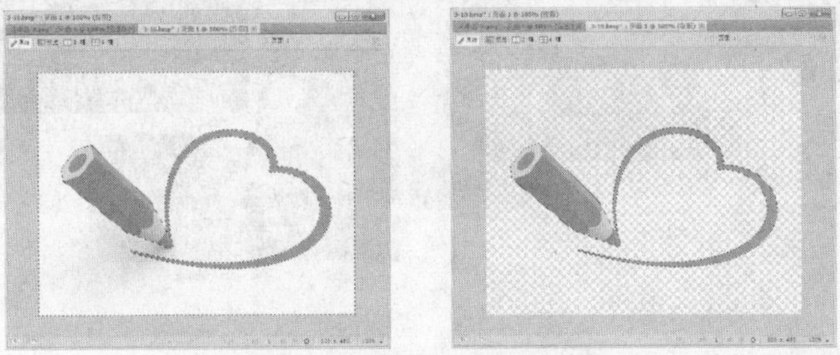

图 3-22　将图案选中

4 按 Ctrl+C 组合键将图案复制，然后选中导入的第一幅图像，按 Ctrl+V 组合键将图案粘贴至其中，并调整为合适的大小和位置，如图 3-23 所示。在工具箱中选择文本工具T，在其“属性”面板中根据需要进行设置，然后在文档中输入文字“在乡间”，再将其置于心形图像内并旋转一定的角度，得到如图 3-24 所示的效果。

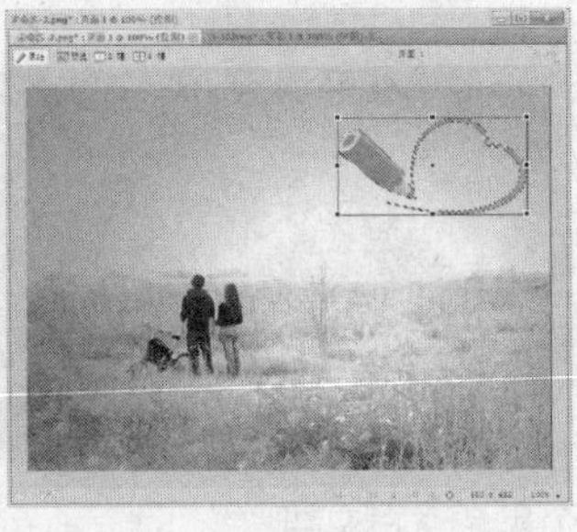

图 3-23　粘贴图案并调整

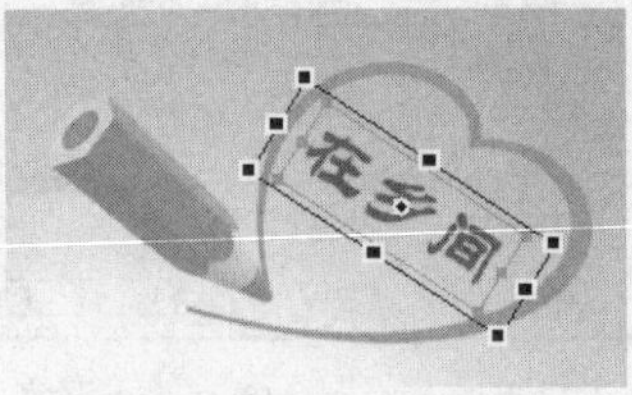

图 3-24　输入文字并调整

5 选择“窗口”→“状态”命令，打开“状态”面板。其中将“状态 1”拖至下方的“新建/重制状态”按钮上 4 次，即复制 4 次此状态，如图 3–25 所示。

6 选中“状态 2”，使用指针工具将此状态中的图像选中，然后按 Delete 键删除，效果如图 3–26 所示。

图 3–25 复制 4 次“状态 1”

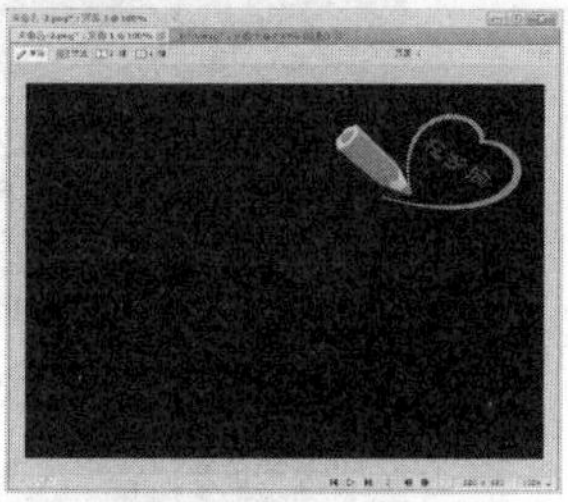

图 3–26 将图像删除

7 选择“文件”→“导入”命令，打开“导入”对话框，在其中选择一幅素材图像（光盘\素材与效果\03\素材\3–8.jpg），然后在文档上单击，将其导入，并使其与文档重叠，如图 3–27 所示。

8 选中心形图案，将其调整为另一种大小、角度和位置，然后将文字“在乡间”删除，输入文字“在城市”，并将其设置为“黑色”，效果如图 3–28 所示。

图 3–27 导入一幅图像并调整

图 3–28 将心形图案和文字进行调整

9 按照同样的方法，将“状态 3”和“状态 4”中的背景图像、心形图案以及文字（光盘\素材与效果\03\素材\3–9.jpg、3–10.jpg）进行适当的更改，效果分别如图 3–29 和图 3–30 所示。

图 3–29 “状态 3”更改后的效果

图 3–30 “状态 4”更改后的效果

相关知识 插帧动画

插帧也是动画制作中的术语之一，是指先绘制出动画的关键帧，然后再绘制出关键帧之间的其他帧，最终制作成连续的帧动画。

相关知识 优化动画

通过优化动画，可以大大缩减文件的大小，提高动画的功效。有时，还可以为动画增加一些特殊的设置，如设置颜色透明度。

优化的类型大致可以分为以下几种。

- 优化 GIF 图像文件。
- 优化 GIF 动画。
- 优化文档。

相关知识 什么是热点

热点就是在图像或文本上设置的一个或多个带有超链接的区域，主要用于首页导航中的弹出菜单、URL 链接、状态栏效果以及文本等。

在 Fireworks 工具箱的 Web 栏中，可以看到热点工具有 3 种，如下所示。

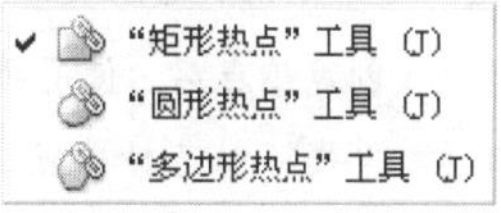

使用这 3 种热点工具，分别可以创建矩形热点、圆形热点和多边形热点。

10 选中“状态 5”，将背景图像删除，然后将心形图案和文字设置为如图 3–31 所示的效果（此状态作为结束画面）。

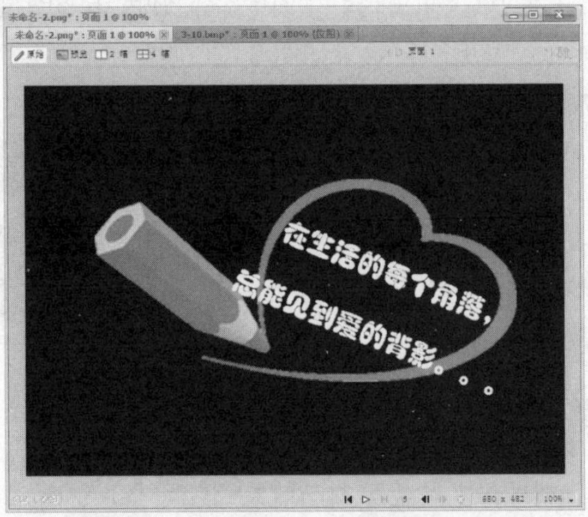

图 3–31 “状态 5”更改后的效果

11 在“状态”面板中选中“状态 1”～“状态 4”，然后单击右上角的按钮，在弹出的下拉菜单中选择“属性”命令，打开“状态延迟”面板，在其中将“状态延迟”的值设置为“200/100 秒”，如图 3–32 所示。选中“状态 5”，在“状态延迟”面板中将“状态延迟”的值设置为“600/100 秒”，如图 3–33 所示。

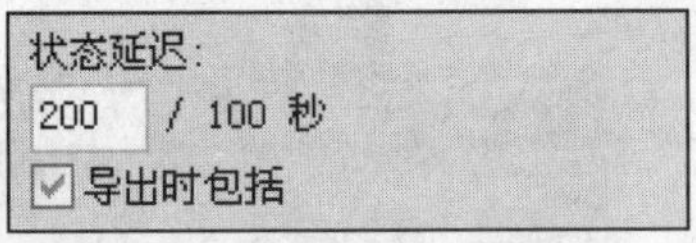

图 3–32 设置“状态延迟”

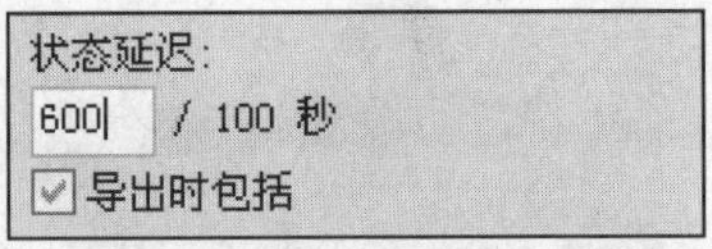

图 3–33 设置“状态延迟”

12 按 Enter 键，关闭“状态延迟”面板。此时的“状态”面板如图 3–34 所示。在文档窗口中单击右下角的“播放/停止”按钮，即可按设置的效果播放图片观赏短片。

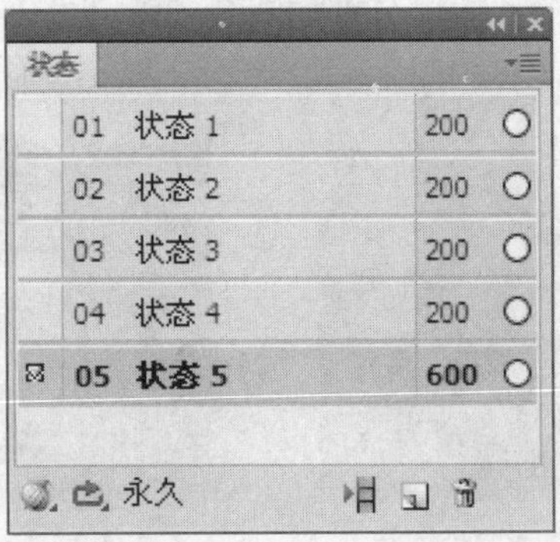

图 3–34 此时的“状态”面板

操作技巧 创建热点（1）

创建热点时，可以利用工具箱中的工具来完成，也可以通过菜单命令来实现。

使用热点工具的操作方法如下。

（1）打开图像文件。

（2）在工具箱中选择热点工具，如矩形热点工具。

（3）在图像中单击并拖动鼠标，绘制一个矩形热点，如下所示。

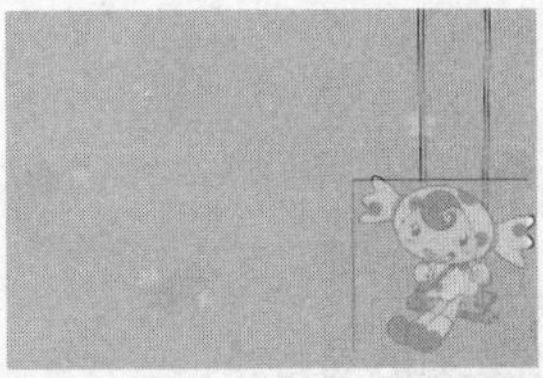

（4）再用同样的方法在图像中创建圆形热点。

（5）如果要创建多边形热点，可在工具箱中选择多边形热点工具，然后依次在图像中单击鼠标确定多边形的第一点、第二点……效果如下所示。

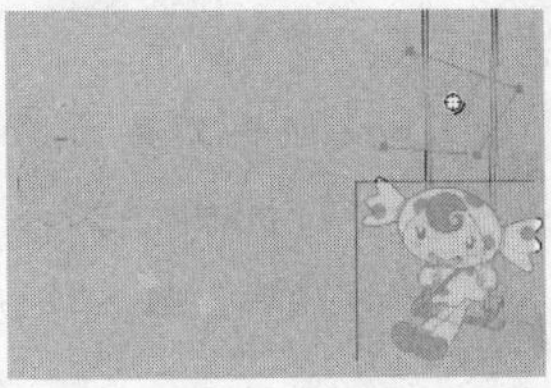

（6）创建热点后，使用指针工具单击可以选择热点，并移动热点的位置。

实例 3-4 扣篮动漫

本实例将使用“选择动画”命令、“状态”面板以及“状态延迟”面板等制作扣篮动漫，最终效果如图 3-35 所示。

图 3-35 实例最终效果

操作步骤

1 选择“文件”→“打开”命令，在弹出的“打开”对话框中选择一幅背景素材图像（光盘\素材与效果\03\素材\3-11.jpg），单击“打开”按钮将其打开，如图 3-36 所示。

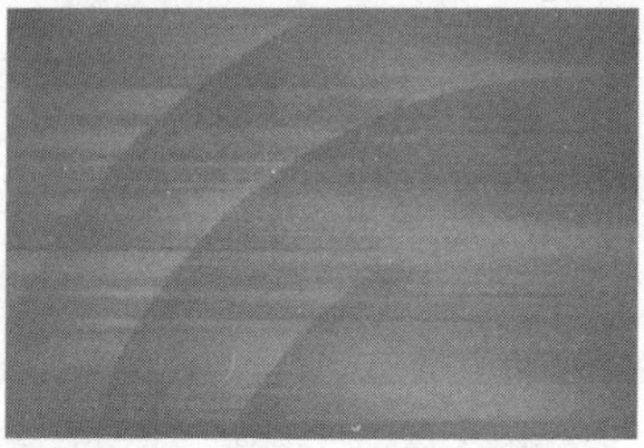

图 3-36 打开一幅背景素材图像

2 选择“文件”→“导入”命令，在弹出的“导入”对话框中选择一幅素材图像（光盘\素材与效果\03\素材\3-12.jpg），将其导入背景图像中，如图 3-37 所示。使用魔术棒工具选取导入图像的背景，然后按 Delete 键将其删除，得到如图 3-38 所示的效果。

图 3-37 导入一幅素材图像

图 3-38 删除背景后的效果

实例 3-4 说明

知识点：

- “选择动画”命令
- “状态”面板
- “状态延迟”面板

视频教程：

光盘\教学\第 3 章 Fireworks 图像动画特效

效果文件：

光盘\素材与效果\03\效果\3-4.png

实例演示：

光盘\实例\第 3 章\扣篮动漫

操作技巧 创建热点（2）

通过菜单命令的操作方法如下。

选择“编辑”→“插入”→“热点”命令（如下所示），也可以在当前图像文件中创建热点。

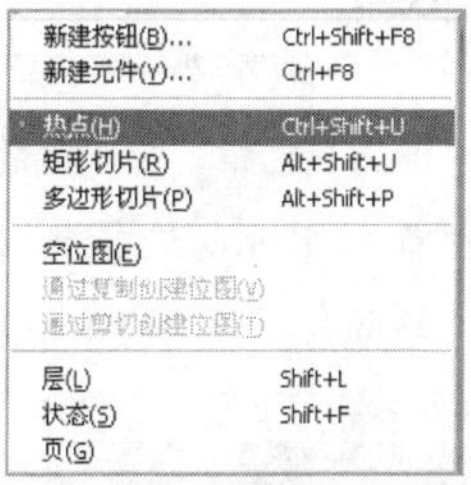

创建热点后，在“图层”面板中可以查看当前已创建的热点，如下所示。

在“属性”面板中可以设置热点的属性，如下所示。

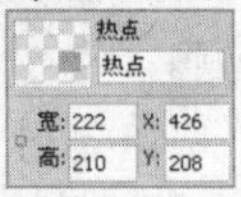

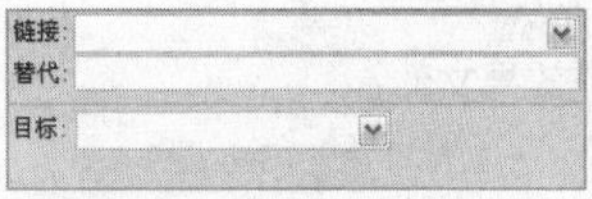

其中各项含义介绍如下。

- 宽、高：分别设置热点的宽度和高度值。
- X、Y：分别设置热点在文档中距离左边缘和上边缘的位置。
- 形状：单击右侧的下拉按钮，在弹出的下拉列表框中可以选择热点的形状，如下所示。

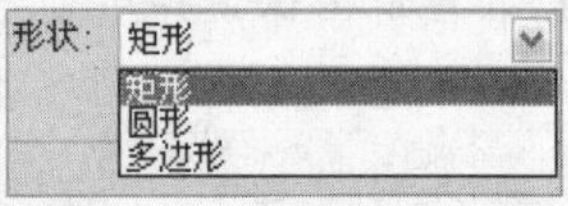

- ▣：单击颜色框，在弹出的颜色面板中可以选择热点显示的颜色，如下所示。

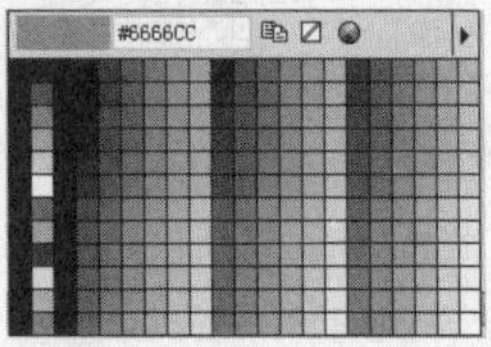

- 链接：在文本框中输入或从下拉列表框中选择热点要链接到的地址。
- 替代：输入热点的替代文字。当图片无法完成下载时，将会在图片的位置上显示替代文字。

3 按照同样的方法，再导入一幅篮球架素材图像（光盘\素材与效果\03\素材\3-13.jpg），如图 3-39 所示。同样，选取其背景，然后按 Delete 键将其删除，得到如图 3-40 所示的效果。

图 3-39　导入一幅篮球架素材图像

图 3-40　删除背景后的效果

4 选中导入的第一幅图像，选择“修改”→“动画”→“选择动画”命令，打开“动画”对话框，在其中按照图 3-41 所示进行设置。

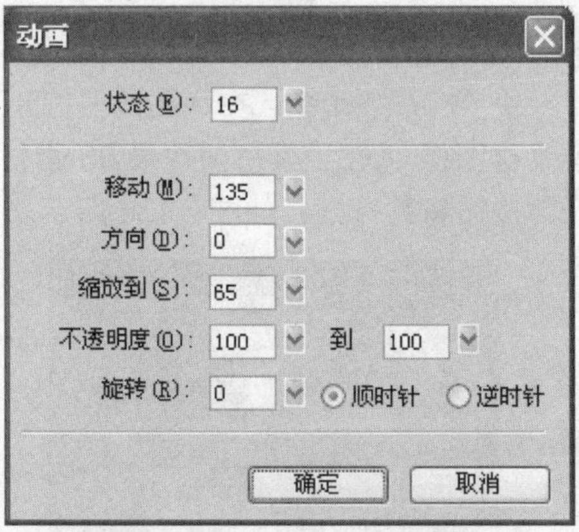

图 3-41　“动画”对话框

5 单击“确定”按钮，在弹出的如图 3-42 所示提示对话框中单击“确定”按钮，即可为动画添加设置的 16 个状态。此时图像上将显示出元件的运动路径，如图 3-43 所示。

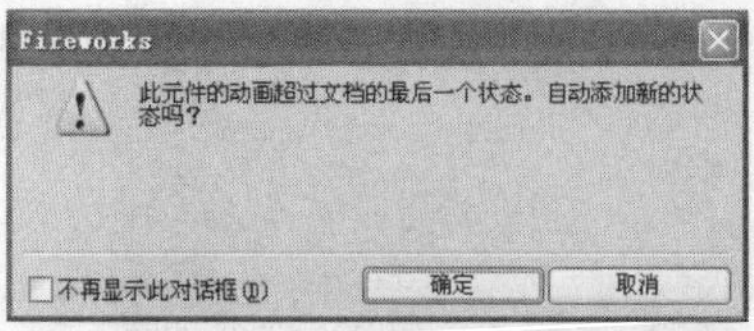

图 3-42　提示对话框

图 3-43　显示出元件的运动路径

6 拖动路径上的绿色圆点设置其起始点，拖动红色圆点设置其终止点，如图 3-44 所示。

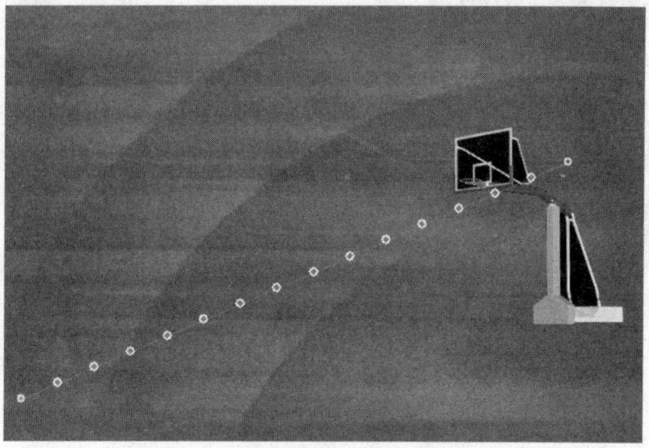

图 3-44　设置起始点和终止点

7 在“状态”面板中选中“状态 1”，然后在工具箱中选择指针工具，按住 Shift 键不放，将文档中的背景图像和篮球架图像同时选中，如图 3-45 所示。在“状态”面板中单击右上角的按钮，在弹出的下拉菜单中选择“复制到状态”命令，打开“复制到状态”对话框，在其中选中“所有状态”单选按钮，如图 3-46 所示。

图 3-45　选取背景图像和篮球架图像

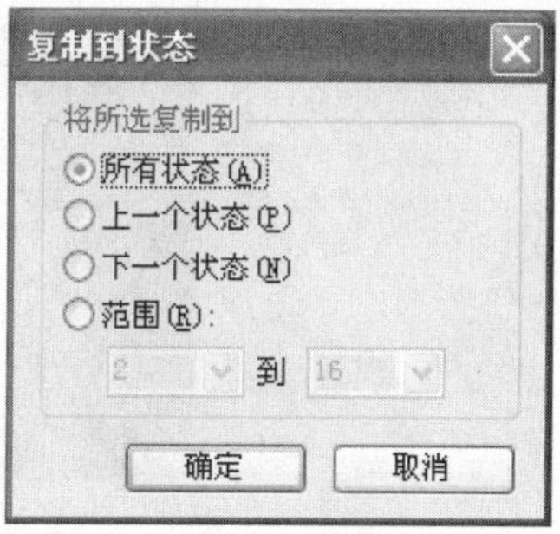

图 3-46　“复制到状态”对话框

8 单击“确定”按钮，即可将选取的图像复制到所有的状态中。按住 Shift 键不放，将“状态”面板中所有的状态全部选中，然后单击右上角的按钮，在弹出的下拉菜单中选择“属性”命令，在打开的“状态延迟”面板中设置其值为“17/100 秒”，如图 3-47 所示。

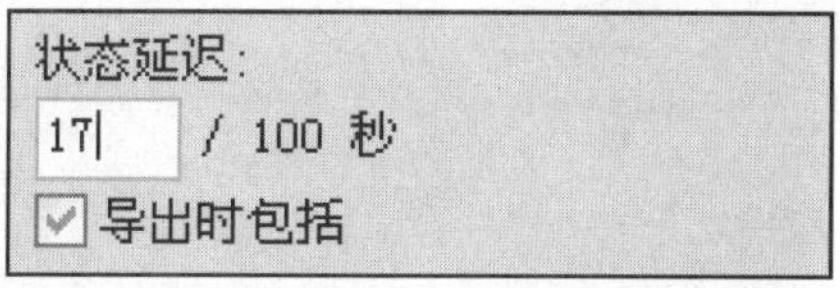

图 3-47　设置“状态延迟”

9 按 Enter 键，关闭“状态延迟”面板。在文档窗口中单击右下角的“播放/停止”按钮，即可播放扣篮动漫。

- 目标：用来设置打开链接文件时，打开的目标窗口。

操作技巧　**设置热点的链接**

在创建热点后，可以在“属性”面板中设置热点的链接地址，也可以在 URL 面板中进行设置，如下所示。

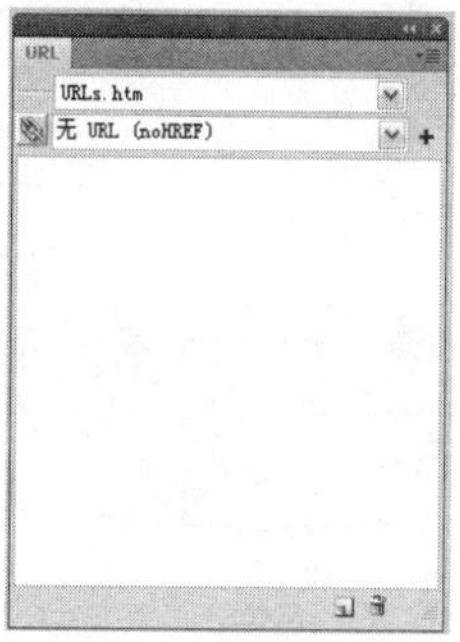

在 URL 面板中单击“将新 URL 添加到库”按钮，弹出“新建 URL”对话框，如下所示。

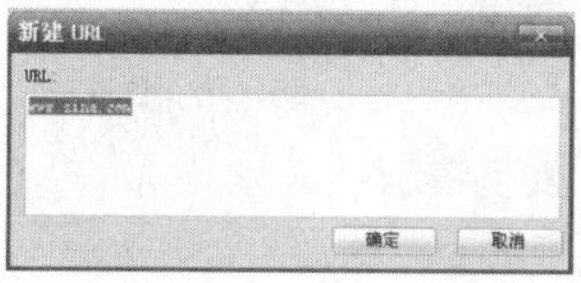

在 URL 文本框中输入 URL 地址，单击“确定”按钮即可。

添加链接地址后，可以在“属性”面板的“链接”下拉列表框中进行选择，如下所示。

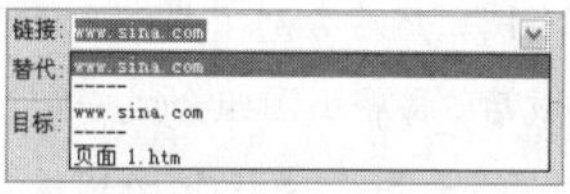

接下来，可以在“目标”下拉列表框中选择打开的目标窗口。

- _blank：表示在新建的窗口中打开。

- _self：表示在当前框架中打开链接。
- _parent：表示父窗口，也就是上一级窗口。
- _top：表示在当前窗口中打开链接。
- 无：无设置，表示使用浏览器的默认值。

实例 3-5 超链接图片

本实例将使用切片工具、“行为”面板、“状态”面板以及高斯模糊滤镜等制作超链接图片，即当鼠标指针置于图片上时，图片变得模糊并出现相应文字。最终效果如图 3-48 所示。

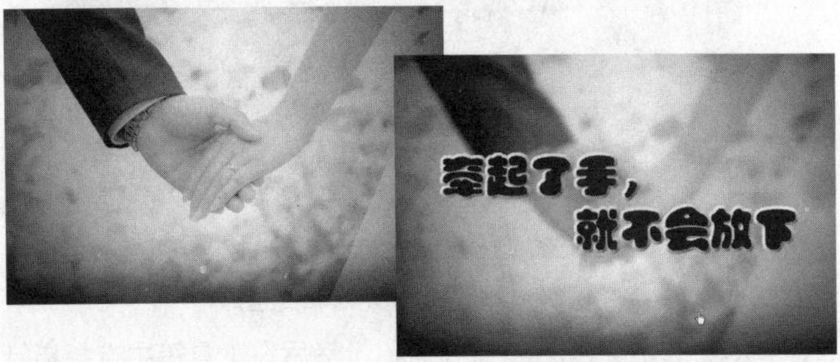

图 3-48 实例最终效果

操作步骤

1 选择“文件”→“打开”命令，在弹出的“打开”对话框中选中一幅素材图像（光盘\素材与效果\03\素材\3-14.jpg），单击“打开”按钮将其打开，如图 3-49 所示。

图 3-49 打开一幅图像

2 在工具箱中选择切片工具，沿图像边缘拖出一个矩形，使其正好将图像覆盖，即可为图像添加一个淡绿色的透明切片，效果如图 3-50 所示。

图 3-50 为图像添加一个淡绿色的透明切片

实例 3-5 说明

知识点：

- 切片工具
- “行为”面板
- 高斯模糊滤镜

视频教程：

光盘\教学\第 3 章 Fireworks 图像动画特效

效果文件：

光盘\素材与效果\03\效果\3-5.png

实例演示：

光盘\实例\第 3 章\超链接图片

相关知识 什么是切片

在 Internet 网页中，可以将一张较大的图片切割成若干小图，然后分别下载；下载完成后，再将小图组合成一张完整的大图，这就是切片技术。利用这一技术，可以有效地缓解下载速度过慢的问题。

在 Fireworks 中，可以将设置好的图像进行切割，导出为单独的文件，在制作网页时将切片文件分别加载，从而提

3 选择“窗口”→“行为”命令，打开“行为”面板。在其中单击 按钮，在弹出的下拉菜单中选择“简单变换图像”命令，此时的“行为”面板如图3-51所示。在“行为”面板中双击添加的行为，打开如图3-52所示的“简单变换图像”提示对话框，在其中介绍了应用此行为的方法。

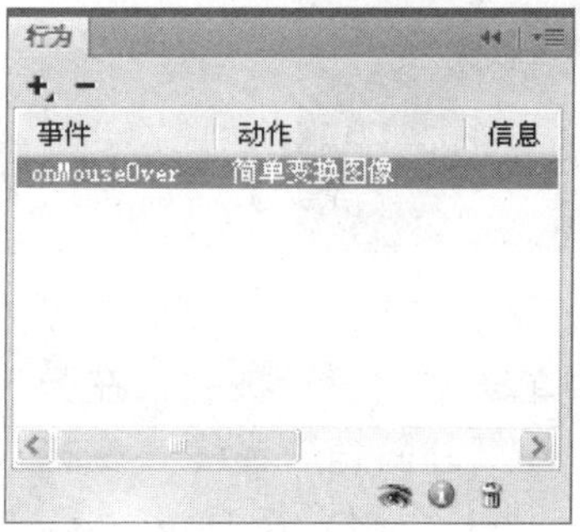

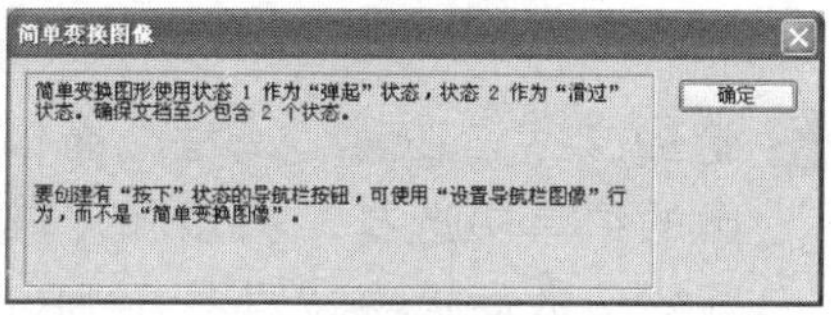

图3-51 此时的“行为”面板　图3-52 “简单变换图像”提示对话框

4 单击“确定”按钮，将其关闭。选择“窗口”→“状态”命令，打开“状态”面板。单击右上角的 按钮，在弹出的下拉菜单中选择“重制状态”命令，打开“重制状态”对话框，如图3-53所示。保持默认设置，单击“确定”按钮，即可在“状态”面板中添加一个“状态2”，如图3-54所示。

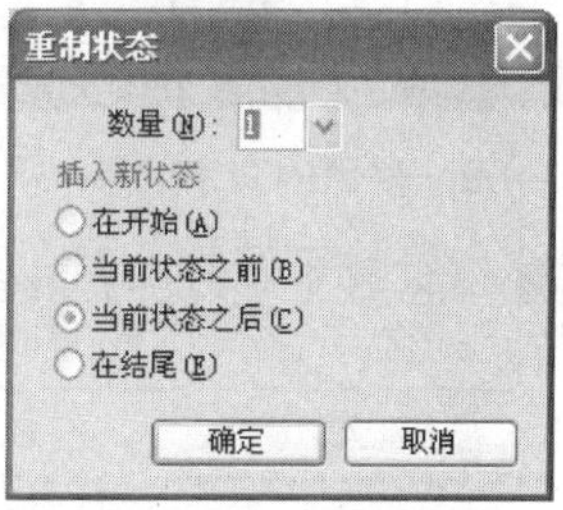

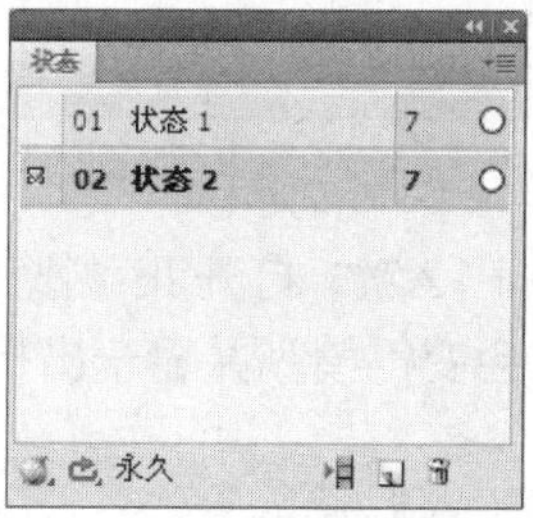

图3-53 “重制状态”对话框　图3-54 添加一个“状态2”

5 选中“状态2”，选中此状态中的图像，然后选择“滤镜”→“模糊”→“高斯模糊”命令，打开“高斯模糊”对话框，在其中将“模糊范围”设置为4.6，如图3-55所示。单击“确定”按钮，图像产生高斯模糊效果，如图3-56所示。

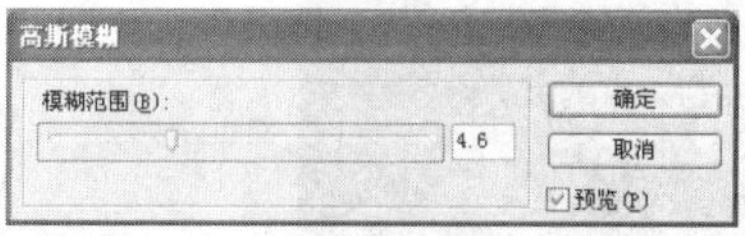

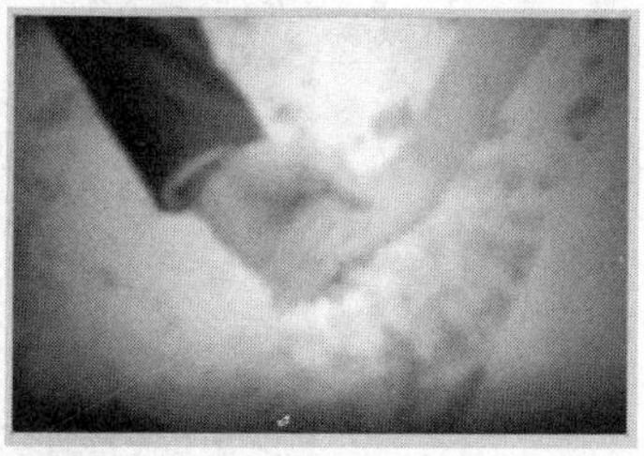

图3-55 “高斯模糊”对话框　图3-56 得到高斯模糊效果

高网页的打开速度。

操作技巧 创建切片

可以使用工具箱中的切片工具创建切片，也可以通过菜单命令来创建。

1. 使用切片工具创建切片

Fireworks CS5 工具箱中的切片工具有两种，如下所示。

操作方法如下。

（1）打开图像文件。

（2）在工具箱中选择切片工具 。

（3）在图像中单击并拖动鼠标，创建一个矩形的切片，如下所示。

（4）如果要创建多边形切片，则在工具箱中选择多边形切片工具 ，然后在图像中依次单击鼠标，创建多边形的第一点、第二点……如下所示。

6 在工具箱中选择文本工具 T，在其属性面板中设置字体、字号大小以及颜色，然后在图像中输入文字，如图 3-57 所示。

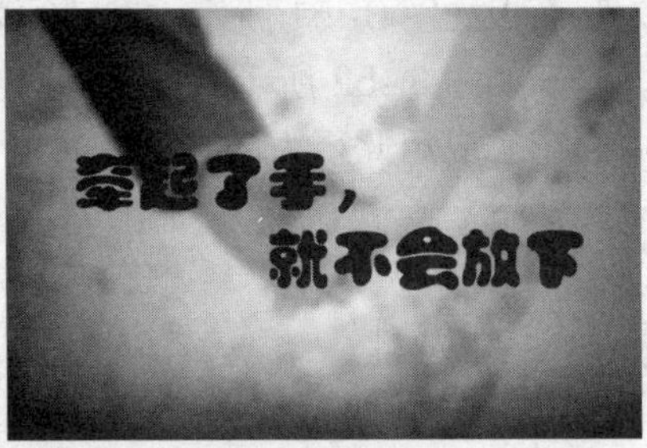

图 3-57 在图像中输入文字

7 选中文字，在其“属性”面板中单击“滤镜”按钮，在弹出的菜单中选择“斜角和浮雕”→“外斜角”命令，在打开的参数面板中按照图 3-58 所示进行设置。按 Enter 键，关闭此面板，得到如图 3-59 所示的文字效果。

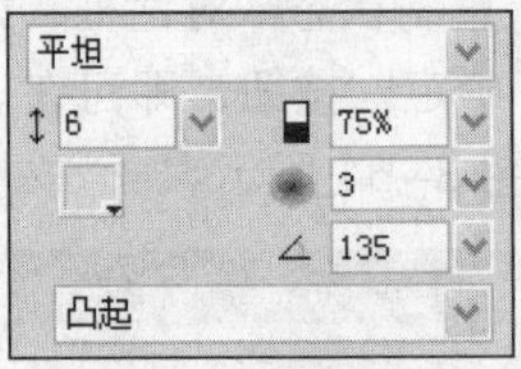

图 3-58 设置“外斜角”

图 3-59 得到的文字效果

8 按 F12 键，打开 IE 浏览器。将鼠标指针置于图片上时，图片就会变得模糊并显示出相应的文字。

实例 3-6 雨夜

本实例将使用矩形工具、新增杂点滤镜、运动模糊滤镜以及“状态”面板等制作夜晚雨景动画，最终效果如图 3-60 所示。

图 3-60 实例最终效果

2. 通过菜单命令创建切片

通过菜单命令也可以插入矩形切片和多边形切片，其方法是：选择“编辑”→“插入”→“切片”命令，弹出如下所示子菜单。

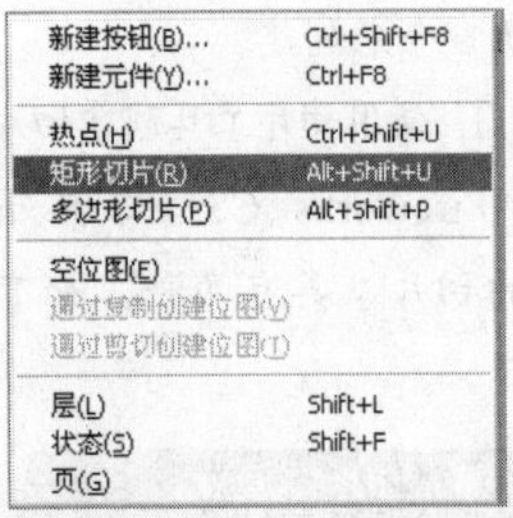

选择“矩形切片”命令或“多边形切片”命令，即可创建相应的切片。

实例 3-6 说明

- 知识点：
  - 矩形工具
  - 新增杂点滤镜
  - 运动模糊滤镜
- 视频教程：
  光盘\教学\第 3 章 Fireworks 图像动画特效
- 效果文件：
  光盘\素材与效果\03\效果\3-6.png
- 实例演示：
  光盘\实例\第 3 章\雨夜

操作技巧 切片的查看

创建切片后，可以在“图层”面板中查看，如下所示。

操作步骤

1 选择“文件”→“打开”命令，在弹出的“打开”对话框中选择一副素材图像（光盘\素材与效果\03\素材\3-15.jpg），单击“打开”按钮将其打开，如图 3-61 所示。在“图层”面板中单击下方的“新建/重制层”按钮，新建一个“层 2”，如图 3-62 所示。

图 3-61　打开一幅素材图像

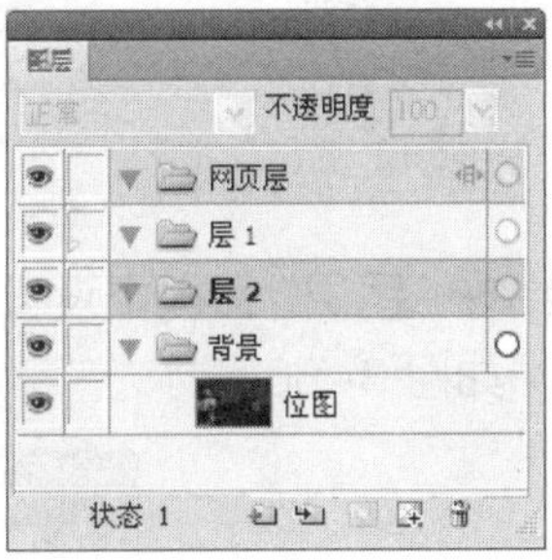

图 3-62　新建一个“层 2”

2 选中“层 2”，然后在工具箱中选择矩形工具，在其“属性”面板中设置边框颜色为“无”，填充颜色为“黑色”，绘制一个大出图像很多的矩形，效果如图 3-63 所示。

图 3-63　绘制一个大出图像很多的矩形

3 选中矩形，选择“滤镜”→“杂点”→“新增杂点”命令，打开“新增杂点”对话框，在其中设置“数量”为 300，其他为默认值，单击“确定”按钮，得到新增杂点滤镜效果，如图 3-64 所示。

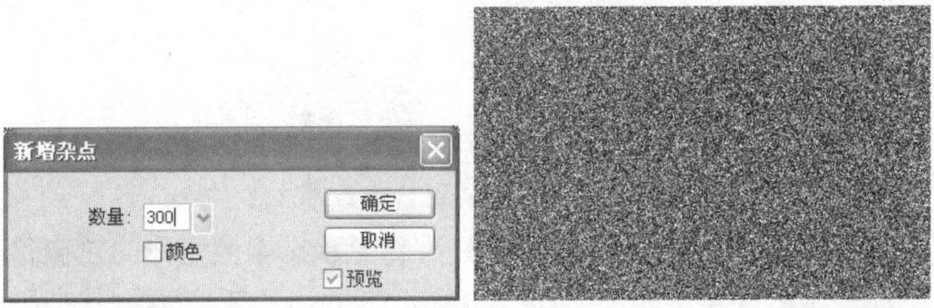

图 3-64　新增杂点滤镜效果

4 选择“滤镜”→“模糊”→“运动模糊”命令，打开“运动模

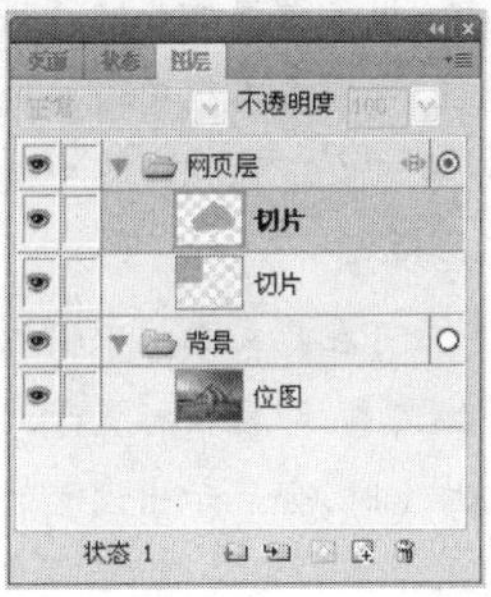

在该面板中，单击“网页层”左侧的图标，可以将切片收缩隐藏起来，如下所示。

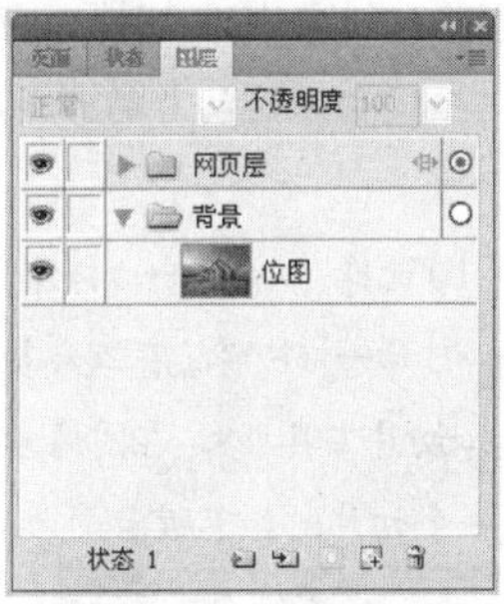

再次单击该图标，可以将切片展开显现出来。

操作技巧　切片的设置

选中切片，在其“属性”面板中可以根据实际需要进行相应的设置，如下所示。

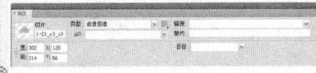

其中主要选项的含义介绍如下。

- “宽”和“高”：用来指定切片的大小。
- 类型：用来设置切片的类型，包括“前景图像”、“背景图像”以及 HTML 3 个选项。
- 颜色框：单击此颜色框，在打开的颜色面板中可以选择切片的颜色。

- 链接：用来设置切片的链接地址。可在文本框中输入地址，也可在下拉列表框中选择地址。
- 替代：可在此文本框中输入替换文本。即当鼠标置于此切片上时，会显示出设置的文本。
- 目标：在此下拉列表框中可以选择打开链接时的位置。

操作技巧 创建 HTML 切片

创建 HTML 切片的步骤如下。

（1）选择“文件”→“打开”命令，打开一幅图像。在工具箱中选择切片工具，在图像中创建一个切片，如下所示。

（2）选中此切片，在其“属性”面板的“类型”下拉列表框中选择 HTML 选项，如下所示。

（3）此时即可将选中切片转换为 HTML 切片，效果如下所示。

（4）在“属性”面板中单击“编辑”按钮，打开“编辑

糊”对话框，在其中设置“角度”为 253°，“距离”为 24，单击“确定”按钮，得到运动模糊滤镜效果，如图 3-65 所示。

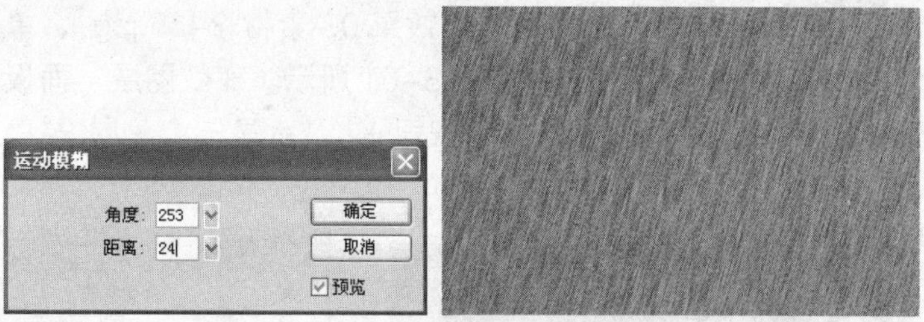

图 3-65　运动模糊滤镜效果

5 在“图层”面板中设置“层 2”中矩形的“不透明度”为 43%，如图 3-66 所示。

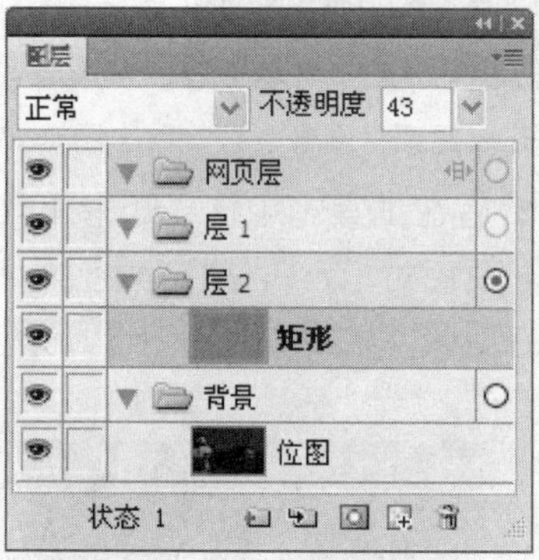

图 3-66　设置“不透明度”

6 选择“窗口”→“状态”命令，打开“状态”面板。将“状态 1”拖至下方的“新建/重制状态”按钮上，复制此状态，得到“状态 2”，如图 3-67 所示。

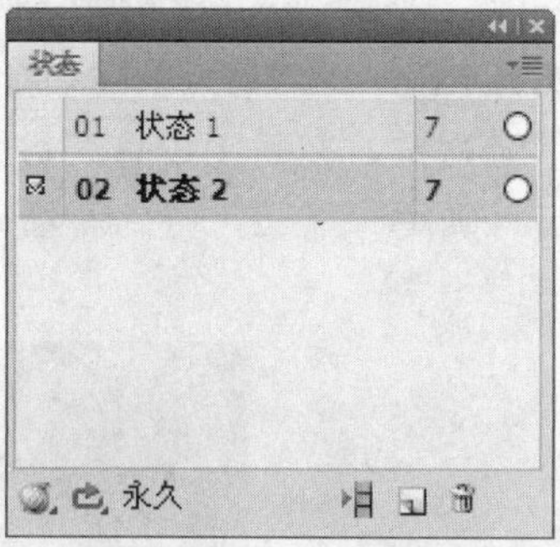

图 3-67　得到“状态 2”

7 选中“状态 2”，使用指针工具将此状态中的矩形向左侧移动一定的距离。将“状态 2”拖至下方的“新建/重制状态”按钮上，得到“状态 3”。将此状态中的矩形也向左侧移动一定的距离。

8 在“图层”面板中选中“位图”图层，单击右上角的 按钮，在弹出的下拉菜单中选择“在状态中共享层”命令，弹出如图 3-68 所示的提示对话框，单击“确定”按钮。

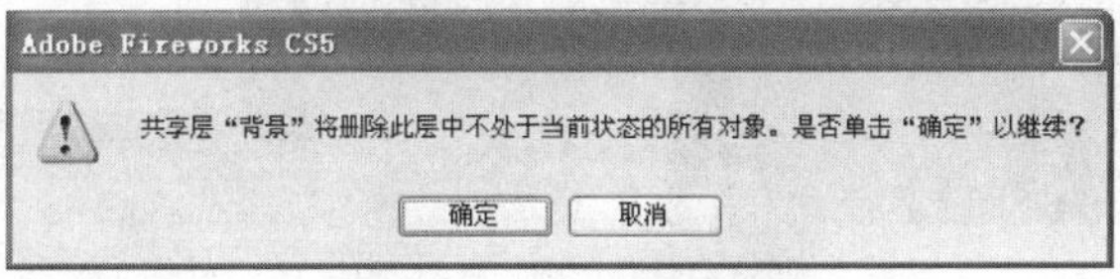

图 3-68　提示对话框

9 此时“背景”图层的右侧出现一个在状态中共享层符号 ，如图 3-69 所示。在文档窗口中单击右下角的“播放/停止”按钮 ，即可看到夜晚雨景效果，如图 3-70 所示。

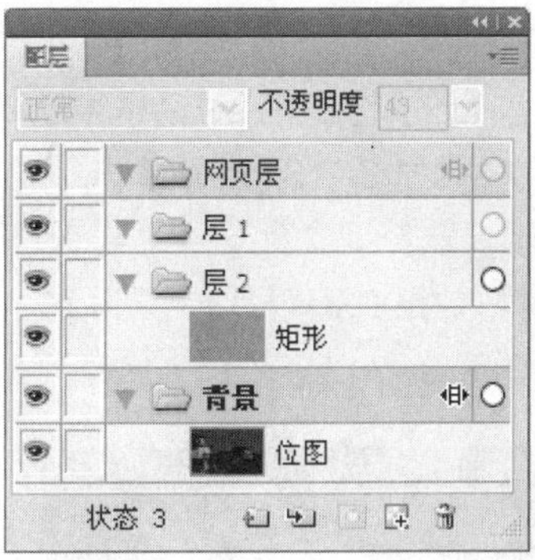

图 3-69　出现在状态中共享层符号

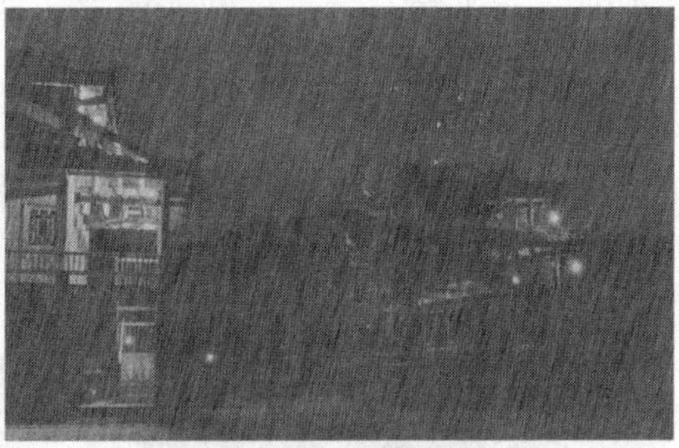

图 3-70　夜晚雨景动画

10 如果想改变雨景效果，可在“状态”面板中选中“状态 1”，然后在“图层”面板中选中“矩形”图层，将其“不透明度”设置为 24%，如图 3-71 所示。选中“状态 2”和“状态 3”，进行同样的设置，即可得到需要的雨景效果，即得到最终效果。

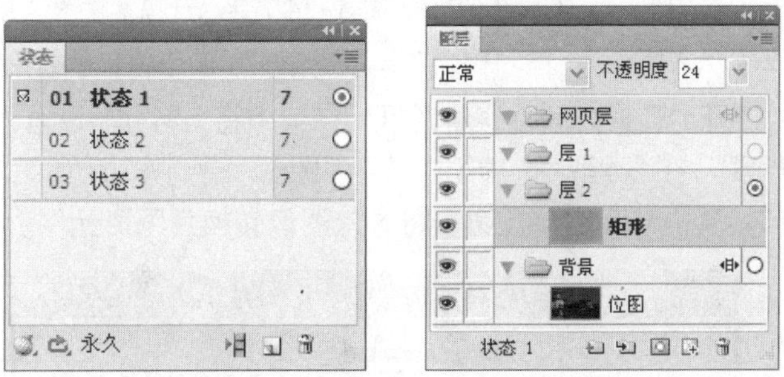

图 3-71 选中“状态 1”并设置其“不透明度”

实例 3-7 五彩动画文字

本实例将使用“转换为元件”命令、“组合为蒙版”命令以及“补间实例”命令等制作五彩动画文字，使其从左至右依次显示，效果如图 3-72 所示。

HTML 切片”对话框，在其中输入在此切片区域显示的 HTML 代码，如下所示。

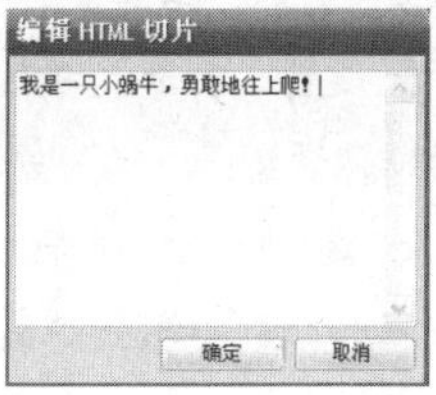

（5）完成设置后，单击“确定”按钮，即可看到设置的文本和 HTML 标记均以原始代码的形式显示在 HTML 切片上，如下所示。

操作技巧　设置切片链接

设置切片链接的方法如下。

（1）选中需要设置链接的切片，在其“属性”面板的“链接”文本框中输入链接地址，如输入“http://www.rdsz.com”，如下所示。

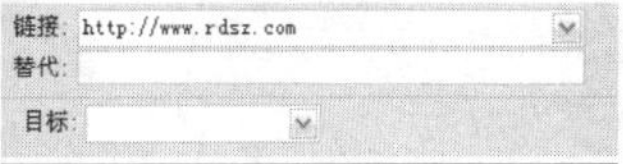

（2）在“替代”文本框中输入替换文本，如“欣赏图片”。

（3）在“目标”下拉列表框中选择链接文件打开时的位置，其中包括“无”、-blank、-self、-parent 以及 top 5 个选项，如下所示。

```
无
_blank
_self
_parent
_top
```

其含义分别介绍如下。

- 无：无设置，表示使用浏览器的默认设置。
- _blank：选中此项，可将链接文件在一个新的浏览器窗口中打开。
- _self：选中此项，可将链接文件加载至当前窗口中。
- _parent：选中此项，可将链接文件加载至父窗口中。
- _top：选中此项，可将链接文件加载至整个浏览器窗口中。

实例 3-7 说明

知识点：

- “转换为元件”命令
- “组合为蒙版”命令
- “补间实例命”令

视频教程：

光盘\教学\第 3 章　Fireworks 图像动画特效

效果文件：

光盘\素材与效果\03\效果\3-7.png

实例演示：

光盘\实例\第 3 章\五彩动画文字

操作技巧　切片的编辑（1）

创建切片后，可以使用多种方法对其进行编辑操作。

可以使用工具箱中的各种工具对切片进行编辑、修改，如

图 3-72　实例最终效果

操作步骤

1 选择“文件”→“打开”命令，在弹出的“打开”对话框中选中一幅素材图像(光盘\素材与效果\03\素材\3-16.jpg)，单击“打开”按钮将其打开，如图 3-73 所示。选择“文件”→“导入”命令，导入一幅素材图像(光盘\素材与效果\03\素材\3-17.jpg)，并调整为和下方图像一样的大小，如图 3-74 所示。

图 3-73　打开一幅素材图像

图 3-74　导入一幅素材图像并调整

2 选中导入图像，选择“修改”→“元件”→“转换为元件”命令，打开“转换为元件”对话框，在其中将“名称”设置为“文字背景”，在“类型”选项组中选中“图形”单选按钮，如图 3-75 所示。单击“确定”按钮，将导入图像转换为图形元件。

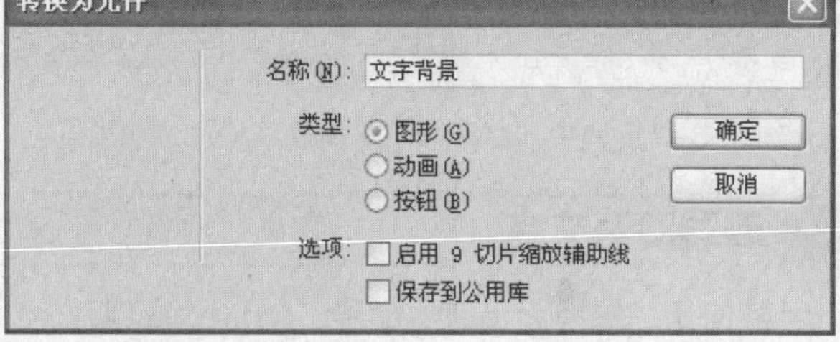

图 3-75　“转换为元件”对话框

3 在工具箱中选择文本工具 T，在其“属性”面板中进行适当

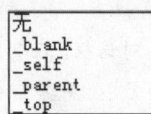

的设置，然后在文档中输入文字，并置于文档的中间部位，如图 3–76 所示。

图 3–76 输入文字并置于文档的中间部位

4 打开“图层”面板，按住 Ctrl 键不放，将图形元件图层和文字图层均选中。选择“修改”→“蒙版”→“组合为蒙版”命令，得到蒙版效果，如图 3–77 所示。

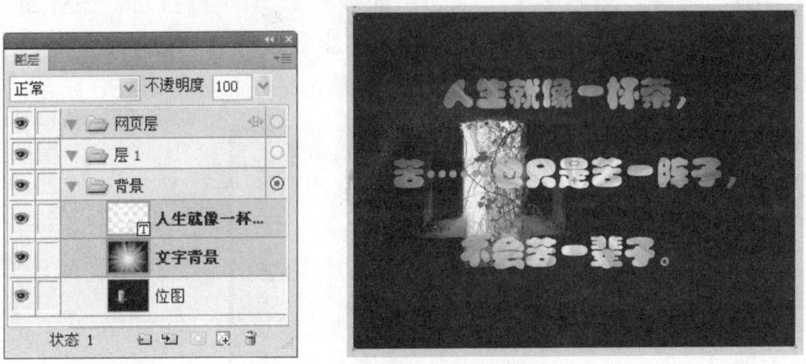

图 3–77 选中图层的蒙版效果

5 在“图层”面板中单击蒙版图层中间的链接图标，解除链接，如图 3–78 所示。

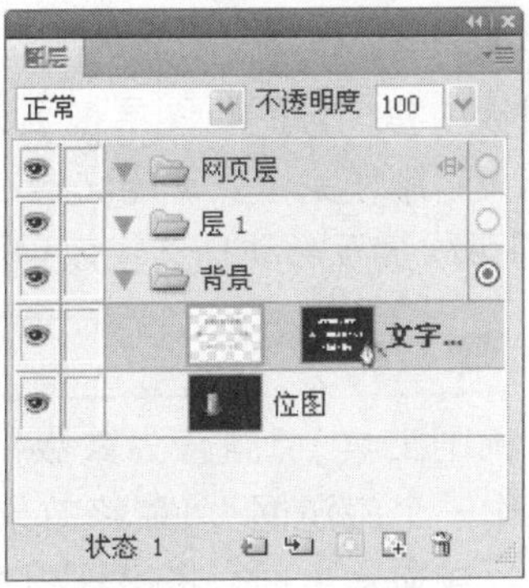

图 3–78 解除链接

指针工具、变形工具等。

具体操作方法如下。

（1）选择“文件”→“打开”命令，打开一幅图像。

（2）使用切片工具或多边形切片工具在图像中创建切片，如下所示。

（3）如果此时切片未选中，可使用指针工具将其选中。然后拖动切片四周的调整控制点以及调整线，即可调整切片的大小，如下所示。

（4）如果是使用多边形切片工具创建的切片，如下所示。

可以使用工具箱中的部分选定工具拖动切片四周的调整控制点，从而调整多边形切片的大小，如下所示。

（5）使用工具箱中的变形工具，如缩放工具、倾斜工具、扭曲工具以及 9 切片缩放工具，可对切片进行各种变形操作，如下所示。

缩放变形

倾斜变形

扭曲变形

9 切片缩放变形

6 选中图形元件，将其向左侧拖动，直至没有文字显示为止。按 Ctrl+C 组合键复制图形元件，然后按 Ctrl+V 组合键将其粘贴。将粘贴后的图形元件向右侧拖动，直至没有文字显示为止。

7 在“图层”面板中将两个图形元件均选中，然后选择“修改”→“元件”→“补间实例”命令，打开“补间实例”对话框，在其中将“步骤”设置为 14，选中“分散到状态”复选框，如图 3-79 所示。

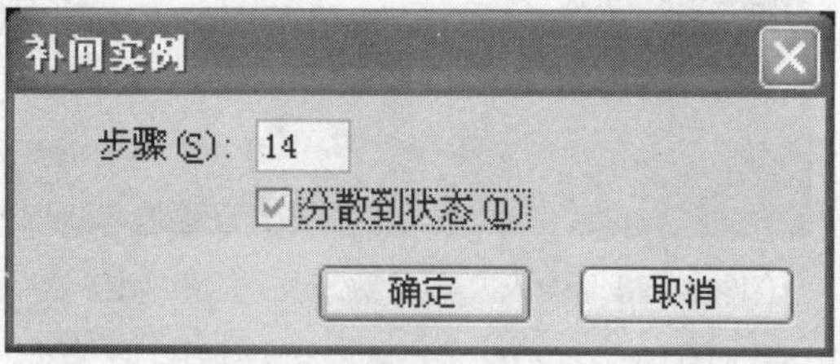

图 3-79 “补间实例”对话框

8 在“状态”面板中选中“状态 1”，在“图层”面板中选中“位图”图层，然后单击“状态”面板右上角的按钮，在弹出的下拉菜单中选择“复制到状态”命令，打开“复制到状态”对话框，在其中选中“所有状态”单选按钮，如图 3-80 所示。

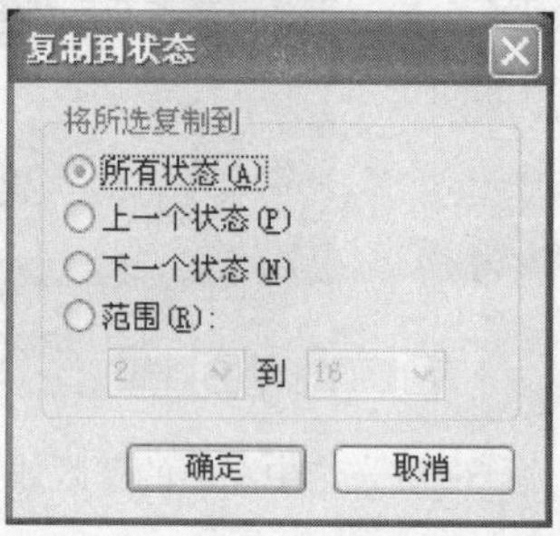

图 3-80 “复制到状态”对话框

9 单击“确定”按钮，即可将“状态 1”中的背景图像复制到所有状态中。依次选中“状态 2”～“状态 16”，然后在其相应的“图层”面板中将“位图”图层拖至文字图层的下方。至此，五彩动画文字制作完毕。单击文档右下角的“播放/停止”按钮，即可欣赏五彩动画文字效果。

实例 3-8 旅游网页

本实例将使用椭圆工具、“组合为蒙版”命令、各种滤镜以及热点工具等制作一个旅游网页，最终效果如图 3-81 所示。将鼠标指针置于图片或文字上时，将出现相关文字，单击可打开链接网页。

图 3-81 实例最终效果

操 作 步 骤

1 选择“文件”→“打开”命令，在弹出的“打开”对话框中选择一幅素材图像（光盘\素材与效果\03\素材\3-18.jpg），单击“打开”按钮将其打开，如图 3-82 所示。选择“文件”→“导入”命令，导入一幅素材图像（光盘\素材与效果\03\素材\3-19.jpg），将其调整为合适的大小和位置，如图 3-83 所示。

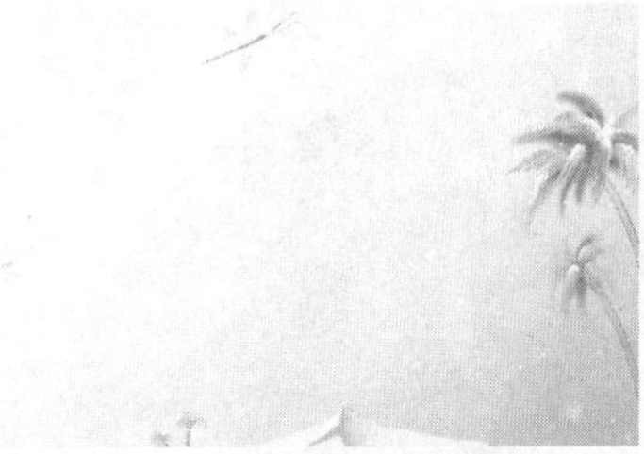

图 3-82 打开一幅素材图像

图 3-83 导入一幅素材图像并调整

2 在工具箱中选择椭圆工具，在其“属性”面板中将边框颜色设置为“无”，填充颜色设置为“白色”，然后在导入图像的上方绘制一个椭圆形，如图 3-84 所示。

3 在工具箱中选择指针工具，按住 Shift 键不放，将导入图像和椭圆形同时选中。选择“修改”→“蒙版”→“组合为蒙版”命令，得到蒙版效果，如图 3-85 所示。

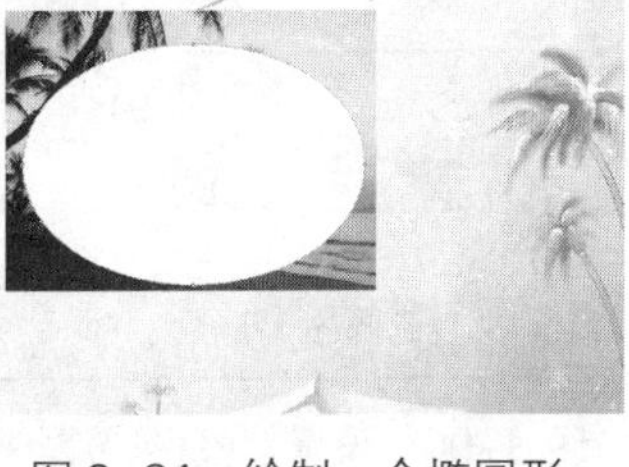

图 3-84 绘制一个椭圆形

图 3-85 得到蒙版效果

实例 3-8 说明

知识点：

- 滤镜的应用
- 热点工具

视频教程：

光盘\教学\第 3 章 Fireworks 图像动画特效

效果文件：

光盘\素材与效果\03\效果\3-8.png

实例演示：

光盘\实例\第 3 章\旅游网页

操作技巧 切片的编辑（2）

通过“属性”面板编辑切片：选中切片后，在其“属性”面板中可以根据实际需要进行各种设置。

使用辅助线编辑切片：

选择“视图”→“切片辅助线”命令，即可在文档中显示出红色的切片辅助线，如下所示。

使用辅助线编辑切片的方法如下。

- 在工具箱中选择指针工具或部分选定工具，然后在文档中拖动辅助线，即可调整与之相邻的切片大小，如下所示。

如果要移动相邻的辅助线，可以按住 Shift 键不放，

4 选中此蒙版层，在“属性”面板中单击“滤镜”按钮，在弹出的菜单中选择“阴影和光晕”→“光晕”命令，在打开的参数面板中按照如图 3-86 所示进行设置（在此将颜色设置为“深蓝色”）。按 Enter 键，关闭此面板，得到如图 3-87 所示的效果。

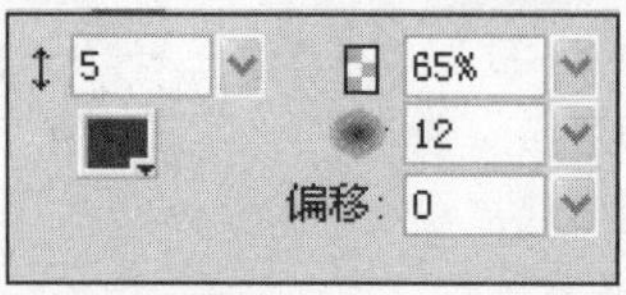

图 3-86 设置“光晕”滤镜参数

图 3-87 得到光晕滤镜效果

5 在工具箱中选择文本工具T，在其“属性”面板中设置字体、大小和颜色，然后在文档的右下角输入文字“海南旅游”，如图 3-88 所示。

图 3-88 输入文字

6 选中文字，在其“属性”面板中单击“滤镜”按钮，在弹出的菜单中选择“阴影和光晕”→“光晕”命令，在打开的参数面板中按照图 3-89 所示进行设置（在此将颜色设置为“橙色”）。再次单击“滤镜”按钮，在弹出的菜单中选择“阴影和光晕”→“投影”命令，在打开的参数面板中按照图 3-90 所示进行设置（在此将颜色设置为“黑色”）。

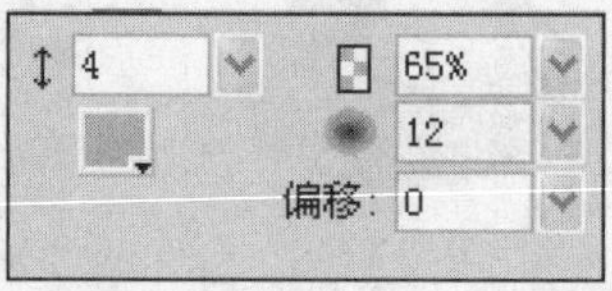

图 3-89 设置“光晕”滤镜参数

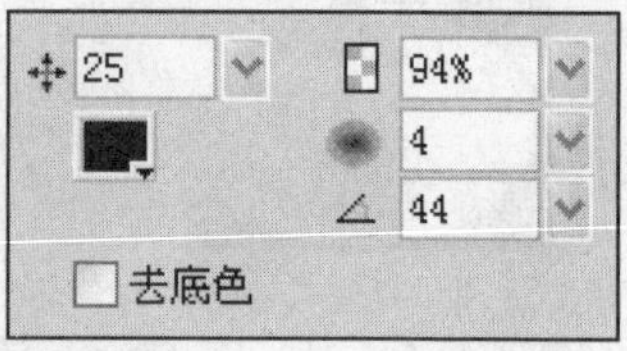

图 3-90 设置“投影”滤镜参数

7 按 Enter 键，关闭参数面板，得到如图 3-91 所示的文字效果。

然后拖动其中一条辅助线，此辅助线经过的其他辅助线也会移动到一样的位置，如下所示。

重点提示 **切片编辑注意事项**

如果是多边形切片，则不能使用切片辅助线对其进行编辑操作，因为辅助线对它不起任何作用。

操作技巧 **导出切片**

在 Fireworks 中，可以将创建好的切片导出为文档。操作方法如下。

（1）打开要导出切片的图像文件。

（2）每个切片都有一个系统默认的名称。在“属性”面板的切片名称文本框的输入切片新的名称，如下所示。

（3）在“属性”面板的切片导出设置下拉列表框中选择优化设置，如下所示。

图 3-91 得到文字效果

8 在工具箱中选择圆形热点工具，在蒙版效果图像上拖出一个圆形热点，然后按 Ctrl+T 组合键，出现调整控制框，将其调整为和下方图像一致的形状，如图 3-92 所示。

图 3-92 创建一个椭圆热点

9 选中此热点，在其“属性”面板中设置链接地址、替代文本以及目标，如图 3-93 所示。

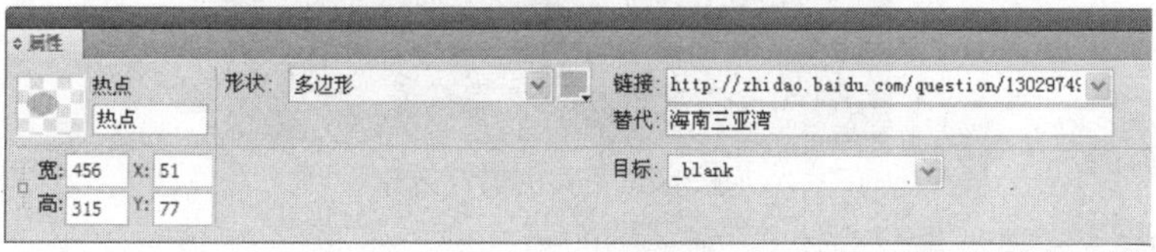

图 3-93 设置椭圆热点

10 在工具箱中选择矩形热点工具，在文字上拖出一个矩形热点，如图 3-94 所示。

图 3-94 创建矩形热点

11 选中矩形热点，在其属性面板中设置链接地址、替代文本以及目标，如图 3-95 所示。

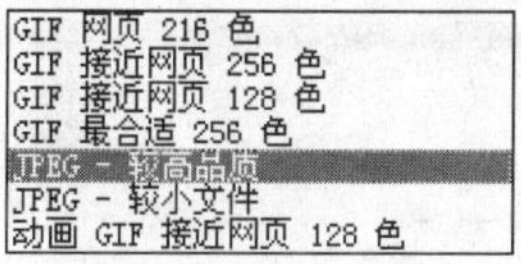

（4）选择“文件”→“导出”命令，弹出“导出”对话框，如下所示。

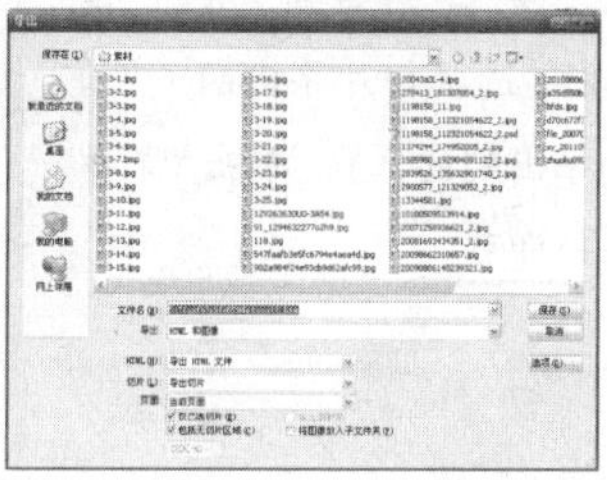

（5）在该对话框中设置切片导出的方式，如下所示。

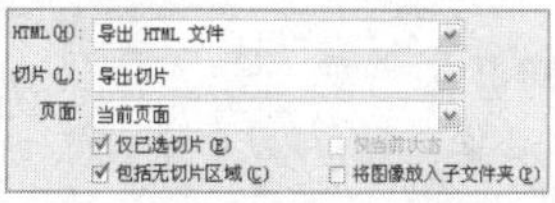

（6）单击“选项”按钮，打开“HTML 设置”对话框，在其中设置 HTML 样式和文件的扩展名。

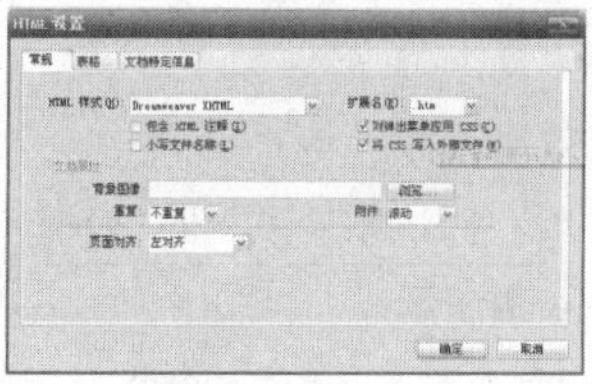

（7）选择“表格”选项卡，在其中设置导出 HTML 表格的方式，如下所示。

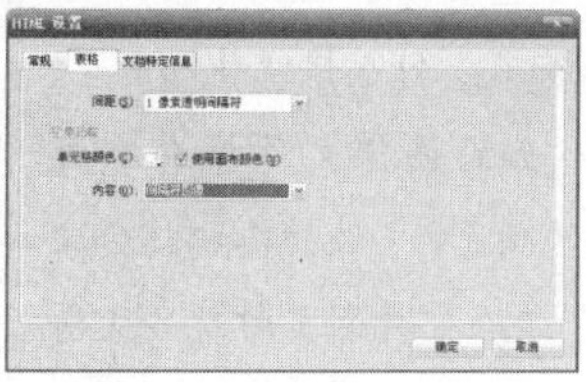

（8）选择“文档特定信息”选项卡，在其中设置命名惯例，如下所示。

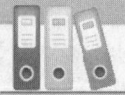

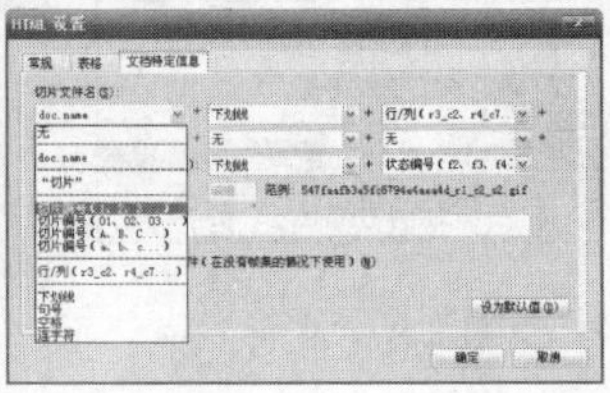

(9)完成设置后，单击“保存”按钮，返回到“导出”对话框。选择切片导出的文件名和导出到的位置，单击“保存”按钮即可。

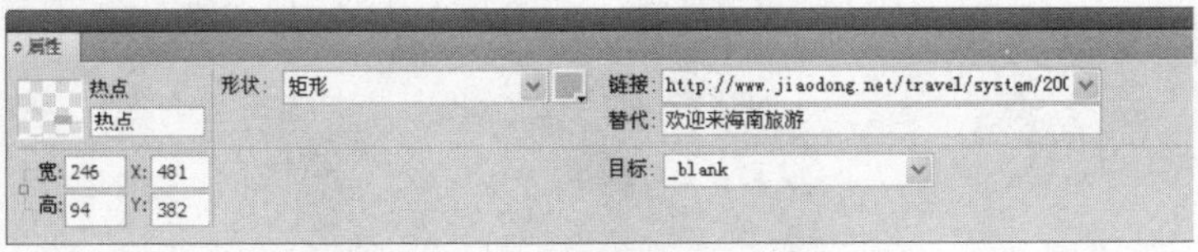

图 3-95　设置矩形热点

12 按 F12 键，打开浏览器。将鼠标置于图像或文字上时，将显示出相应的替代文本。单击它们，可打开相应的链接网站。选择“文件”→“导出”命令，在打开的“导出”对话框中设置文件名和保存路径，然后单击“保存”按钮，即可导出为网页文件。

实例 3-9　景深效果

本实例将使用套索工具、“高斯模糊”命令、钢笔工具以及“附加到路径”命令等制作景深效果，即突出主体，淡化背景。最终效果如图 3-96 所示。

图 3-96　实例最终效果

操作步骤

1 选择“文件”→“打开”命令，在弹出的“打开”对话框中选择一幅素材图像（光盘\素材与效果\03\素材\3-20.jpg），单击“打开”按钮将其打开，如图 3-97 所示。在工具箱中选择套索工具，在其“属性”面板中将“边缘”设置为“羽化”，其值设置为“10”，然后沿图像中蜗牛的边缘创建一个选区，如图 3-98 所示。

图 3-97　打开一幅素材图像

图 3-98　沿蜗牛的边缘创建一个选区

实例 3-9 说明

- 知识点：
  - 套索工具
  - 高斯模糊滤镜
  - 钢笔工具
  - 附加到路径
- 视频教程：

  光盘\教学\第 3 章　Fireworks 图像动画特效
- 效果文件：

  光盘\素材与效果\03\效果\3-9.png
- 实例演示：

  光盘\实例\第 3 章\景深效果

相关知识　什么是优化图像

如果图像文件中含有大量的颜色，文件的体积就会比较大，在打开网页时就会变得比较慢，降低下载速度。利用 Fireworks 提供的图像优化功能，可以减小文件的体积，以提高网页的浏览和下载速度。

2 按 Ctrl+C 组合键，复制选区。在“图层”面板中单击下方的“新建位图图像”按钮，新建一个“位图”图层。按 Ctrl+V 组合键，将复制的选区粘贴到此图层中。如图 3–99 所示。

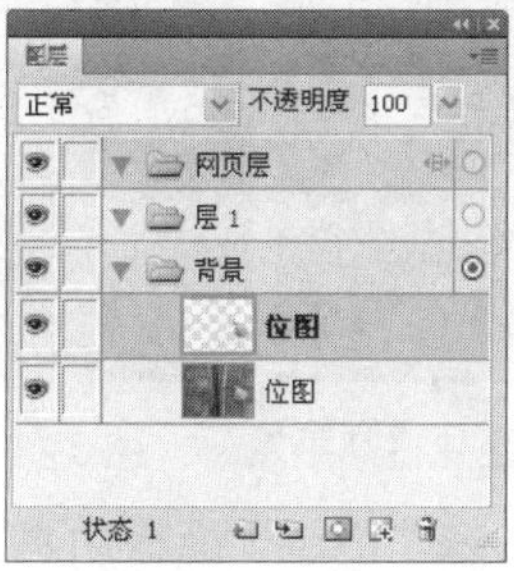

图 3–99　新建“位图”图层并粘贴选区

3 选中最下方的“位图”图层，选择“滤镜”→“模糊”→“高斯模糊”命令，打开“高斯模糊”对话框，在其中将“模糊范围”设置为 4.2，如图 3–100 所示。单击“确定”按钮，下方位图得到高斯模糊效果，如图 3–101 所示。

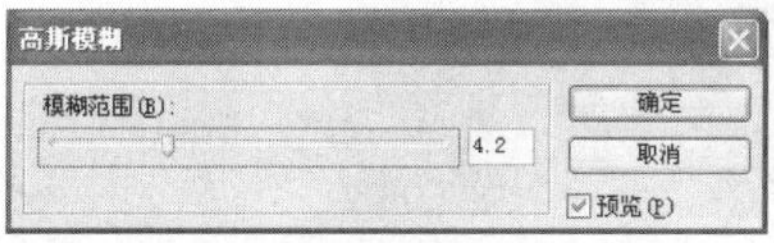

图 3–100　“高斯模糊”对话框

图 3–101　下方位图得到高斯模糊效果

4 选中蜗牛图像，选择“命令”→“创意”→“转换为乌金色调”命令，蜗牛得到乌金色调效果，如图 3–102 所示。

5 在工具箱中选择文本工具 T，在其“属性”面板中根据实际需要设置字体、大小以及颜色，然后在文档中输入文字“蜗牛的天空”，并置于合适的位置，如图 3–103 所示。

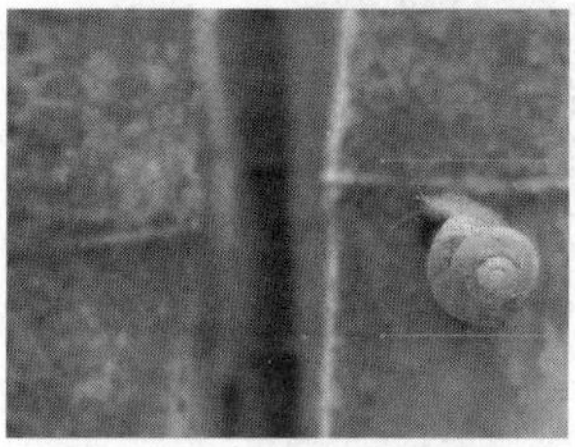

图 3–102　蜗牛得到乌金色调效果

图 3–103　输入文字

6 在工具箱中选择钢笔工具，在文档中绘制一条路径，并将此路径调整为平滑路径，如图 3–104 所示。在工具箱中选

操作技巧　通过“导出向导”优化文件

可以使用“导出向导”优化图像文件，操作方法如下。

（1）打开要优化的文件。

（2）选择“文件”→“导出向导”命令，打开“导出向导”对话框，如下所示。

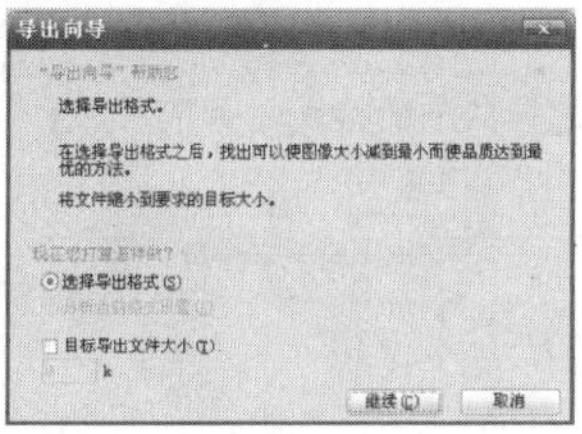

如果选中“目标导出文件大小”复选框，并输入数值（例如输入 1000k），可以指定文件优化到的最大允许值。

（3）选中“选择导出格式”单选按钮，单击“继续”按钮，在弹出的对话框中选择图形文件将使用在什么地方，在此选中“网站”单选按钮，如下所示。

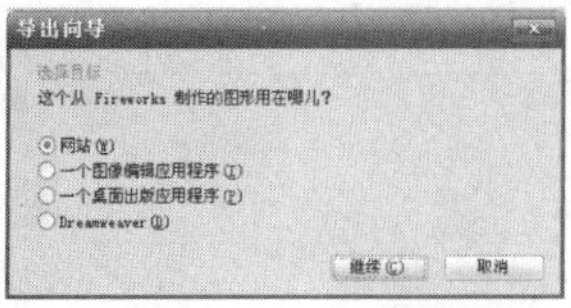

（4）单击“继续”按钮，弹出“分析结果”窗口，如下所示。

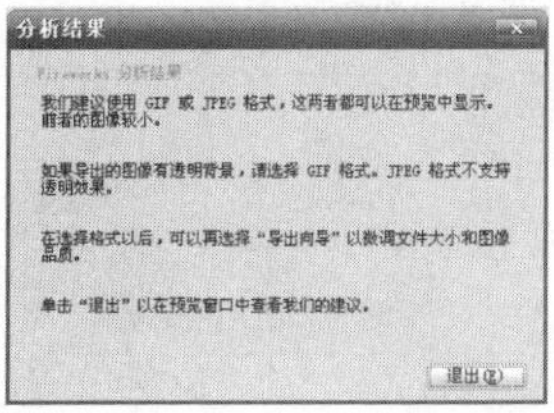

在该窗口中，显示了 Fireworks 建议采用的文件格式。单击“退出”按钮，在打开的“图像预览”窗口中查看图像预览效果，以及当前设置

下的文件大小和下载所需要的时间，如下所示。

（5）在“格式”下拉列表框中选择文件的格式，如下所示。

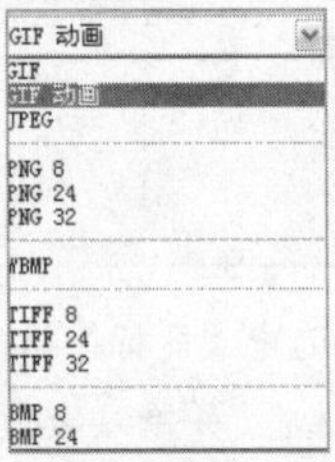

例如，选择“GIF 动画”，对话框中将显示动画文件的相关选项，并且激活“动画”选项卡，可以进行进一步的设置。

（6）完成设置后，单击“导出”按钮，打开“导出”对话框，导出图像文件。

实例 3-10 说明

- **知识点：**
  - 矩形工具
  - 缩放工具
  - 喷枪描边
  - 组合为蒙版
- **视频教程：**
  光盘\教学\第 3 章　Fireworks 图像动画特效
- **效果文件：**
  光盘\素材与效果\03\效果\3-10.png
- **实例演示：**
  光盘\实例\第 3 章\黑白邮票

择指针工具，取消钢笔工具，效果如图 3-105 所示。

图 3-104　绘制一条路径并将其平滑

图 3-105　取消钢笔工具

7 按住 Shift 键不放，在“图层”面板中将文字图层和路径图层均选中，然后选择“文本”→“附加到路径”命令，即可将文字沿路径排列。在工具箱中选择文本工具T，将光标置于各文字之间，按空格键调整文字之间的距离，如图 3-106 所示。取消路径和文本工具，得到景深图像最终效果。

图 3-106　附加到路径并调整字距

实例 3-10　黑白邮票

本实例将使用矩形工具、缩放工具、“组合为蒙版”命令以及喷枪描边等功能将一幅图像处理成黑白邮票，最终效果如图 3-107 所示。

图 3-107　实例最终效果

操作步骤

1 选择“文件”→“打开”命令，在弹出的“打开”对话框中选择一幅素材图像（光盘\素材与效果\03\素材\3-21.jpg），单击“打开”按钮将其打开，如图 3-108 所示。

图 3-108　打开一幅素材图像

2 在工具箱中选择矩形工具，在其“属性”面板中将边框颜色设置为“无”，填充颜色设置为“白色”，然后绘制一个和图像一样大小的矩形，将图像覆盖，如图 3-109 所示。

图 3-109　绘制一个矩形

3 选中此矩形，按 Ctrl+C 组合键将其复制，然后按 Ctrl+V 组合键将其粘贴。此时“图层”面板中将增加一个矩形图层，将此图层重命名为“矩形副本”，如图 3-110 所示。

4 选中“矩形”图层，在工具箱中选择缩放工具，按住 Alt 键，拖动调整控制点，将此矩形缩小一定的尺寸，如图 3-111 所示。

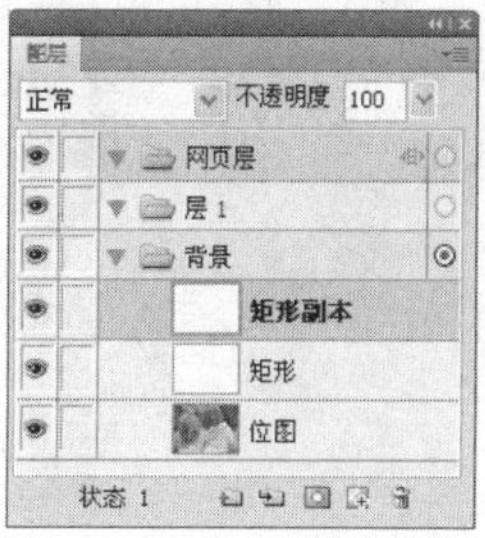

图 3-110　得到“矩形副本”图层

图 3-111　缩小一定的尺寸

5 选中“矩形副本”图层，单击工具箱中的边框颜色框，在弹出的颜色面板中单击 笔触选项... 按钮，打开“笔触选项”面板。

操作技巧 通过“导出”面板优化文件

在 Fireworks CS5 中，打开了图像文件后，选择“窗口”→“优化”命令，即可打开“优化”面板，如下所示。

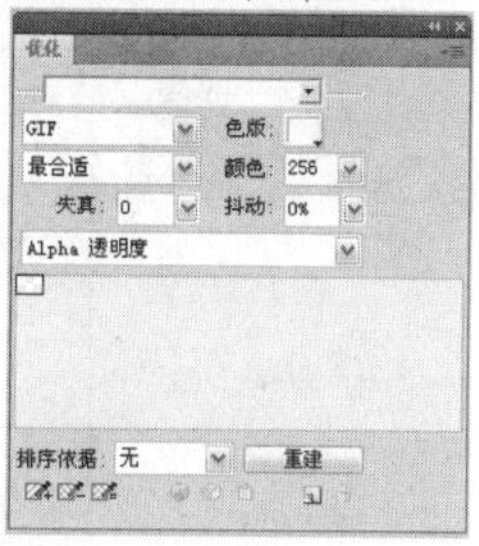

在该面板中进行相应的设置后，即可优化图像。

其中主要项的含义介绍如下。

- 优化模式下拉列表框：单击左侧的下拉按钮，从弹出的下拉列表框中可以选择图像文件优化后的模式，如下所示。

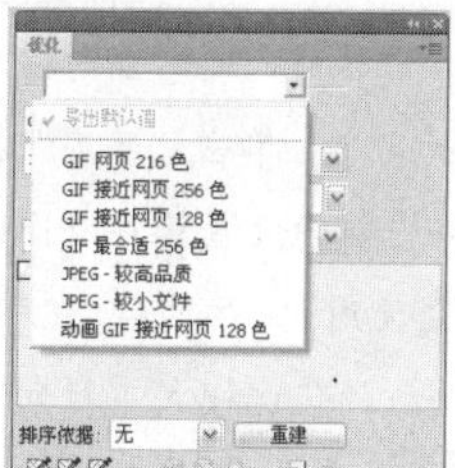

- 文件格式下拉列表框：单击右侧的下拉按钮，从弹出的下拉列表框中可以选择优化后文件的格式，如下所示。

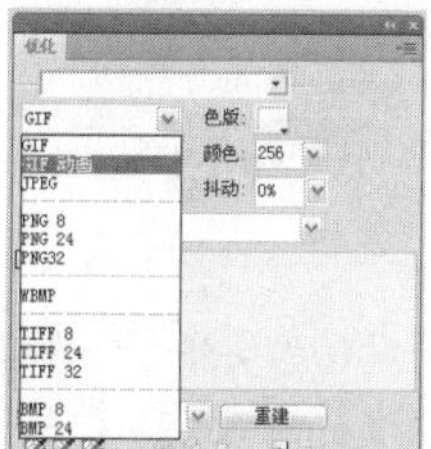

在其中将描边类型设置为“喷枪”，笔触名称设置为“基本”，颜色设置为“橙色”，笔尖边缘柔化值设置为最小，尖端大小设置为 18，“纹理”设置为“木纹”，纹理总量设置为 0%，如图 3–112 所示。

6 单击下方的“高级”按钮，打开“编辑笔触”对话框，在其中将“间距”设置为 100%，其他为默认值，如图 3–113 所示。

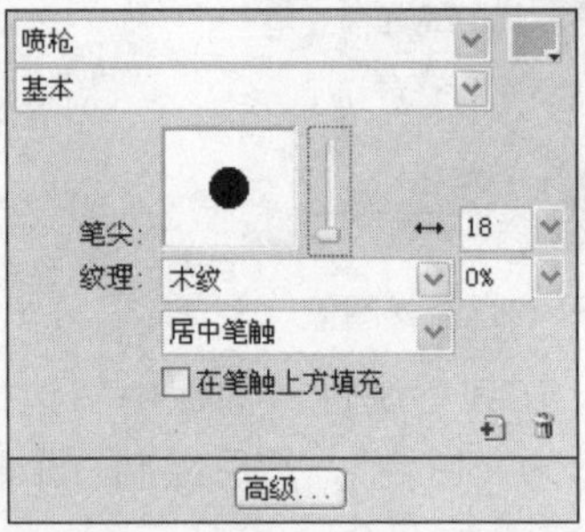

图 3–112 “笔触选项”面板

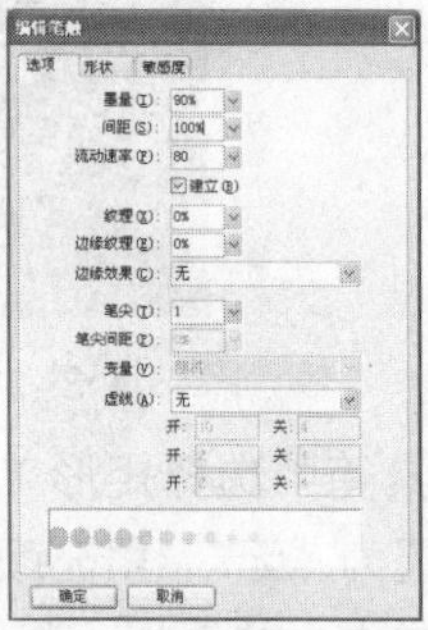

图 3–113 “编辑笔触”对话框

7 单击“确定”按钮，得到如图 3–114 所示的效果。

图 3–114 得到的效果

8 在“图层”面板中将“矩形副本”图层拖至最底层，然后按住 Shift 键不放，将“矩形”图层和“位图”图层均选中，如图 3–115 所示。选择“修改”→“蒙版”→“组合为蒙版”命令，得到如图 3–116 所示的效果。

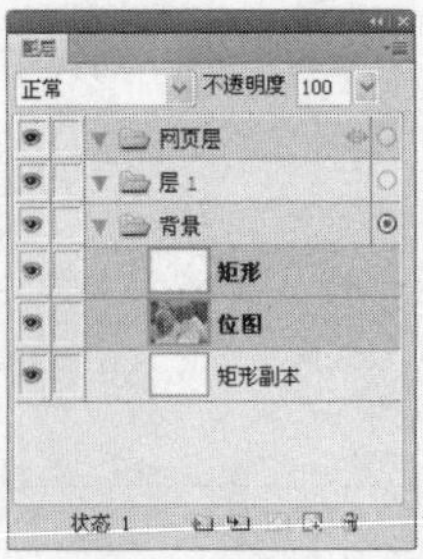

图 3–115 “图层”面板

图 3–116 得到蒙版效果

9 选中蒙版图层，选择“命令”→“创意”→“转换为灰度图像”命令，将彩色图像转换为黑白图像，如图 3–117 所示。

另外，还可以在该面板中设置色版、颜色、抖动、失真度等参数。

完成设置后，单击面板右上角的按钮，弹出如下所示菜单。

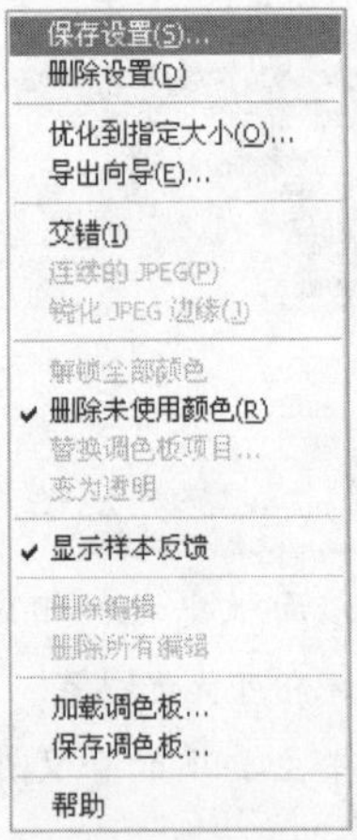

从中选择“保存设置”命令，打开“预设名称”对话框，如下所示。

在“名称”文本框内输入保存的名称，单击“确定”按钮，将当前的设置保存以便以后重复使用。保存之后，在“优化”面板的优化模式下拉列表框中就会显示所保存的模式名称，如下所示。

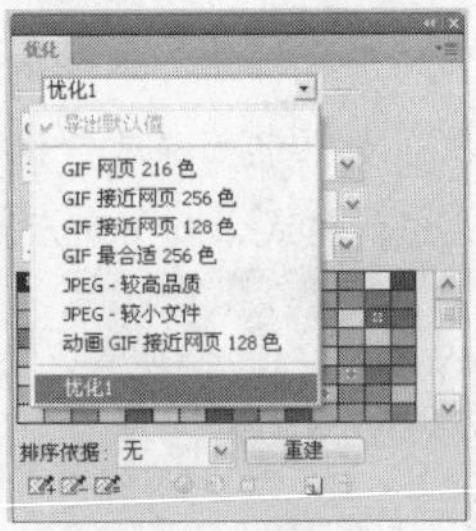

单击模式名称，可以直接使用设置好的格式。

图 3-117　将彩色图像转换为黑白图像

10 在工具箱中选择文本工具T，在其“属性”面板中设置适当的字体、大小以及颜色，然后按照邮票的书写方式输入文字，并将其置于相应的位置，得到最终效果。

实例 3-11 合成特效

本实例将使用渐变工具、模糊工具以及混合模式等功能为图像添加彩虹效果，然后与另一幅图像合成，得到梦幻合成特效如图 3-118 所示。

图 3-118　实例最终效果

操作步骤

1 选择“文件”→“打开”命令，在弹出的“打开”对话框中选择一幅素材图像（光盘\素材与效果\03\素材\3-22.jpg），单击“打开”按钮将其打开，如图 3-119 所示。

图 3-119　打开一幅素材图像

实例 3-11 说明

- **知识点：**
  - 渐变工具
  - 模糊工具
  - 混合模式
- **视频教程：**
  光盘\教学\第 3 章　Fireworks 图像动画特效
- **效果文件：**
  光盘\素材与效果\03\效果\3-11.png
- **实例演示：**
  光盘\实例\第 3 章\合成特效

操作技巧　渐变工具的使用

渐变工具位于工具箱的“颜色”栏中，主要用于在两种或多种颜色之间填充过渡颜色。

渐变工具的使用方法如下。

（1）打开要进行渐变操作的图像。

（2）在工具箱中选择渐变工具。

（3）在其“属性”面板中根据需要进行相应的设置，如下所示。

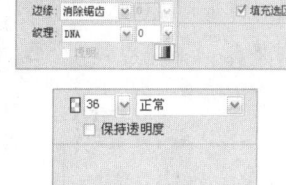

（4）在左上方的下拉列表框中选择渐变方式，如下所示。

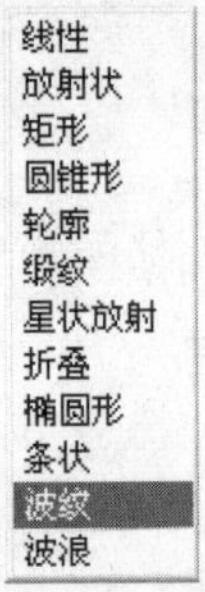

（5）单击颜色框，在弹出的面板中设置颜色和颜色过渡参数值，如下所示。

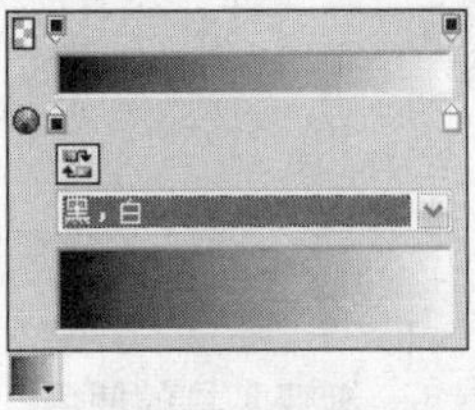

（6）单击色标按钮，在弹出的颜色面板中选择填充的起始颜色，如下所示。

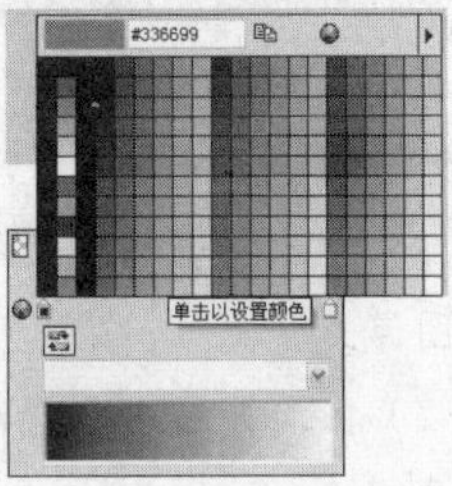

（7）单击面板右下方的色标按钮，用同样的方法设置渐变填充过渡后的颜色。

（8）用鼠标指向滑动条的下部，当鼠标指针变为形状时单击，可以再添加一个色标，如下所示。

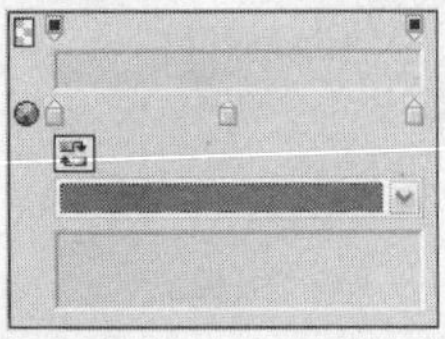

2 在“图层”面板中单击下方的“新建位图图像”按钮，新建一个“位图”图层，如图 3-120 所示。

3 在工具箱中选择渐变工具，在其“属性”面板中将渐变方式设置为“放射状”；然后单击填充颜色框，在打开的颜色面板中将第一个色标设置为“黑色”；再依次添加 7 个色标，将其颜色分别设置为“红、橙、黄、绿、青、蓝、紫”；最后将所有的色标均放置于游标的右侧，如图 3-121 所示。

图 3-120 新建一个“位图”图层

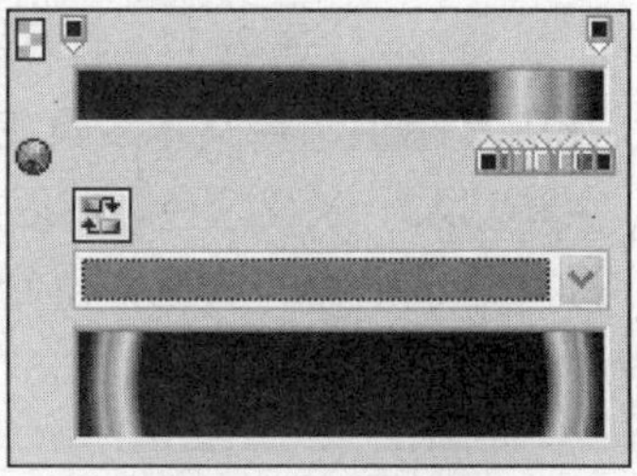

图 3-121 添加的色标

4 从图像的下方至接近顶部的位置拖出一条直线，如图 3-122（左）所示。松开鼠标，得到如图 3-122（右）所示的渐变填充效果。

图 3-122 拖出一条直线后得到渐变填充效果

5 在工具箱中选择模糊工具，在其“属性”面板中设置合适的大小、强度等参数，然后在彩虹图像上涂抹，使其变得更加朦胧、真实，如图 3-123 所示。

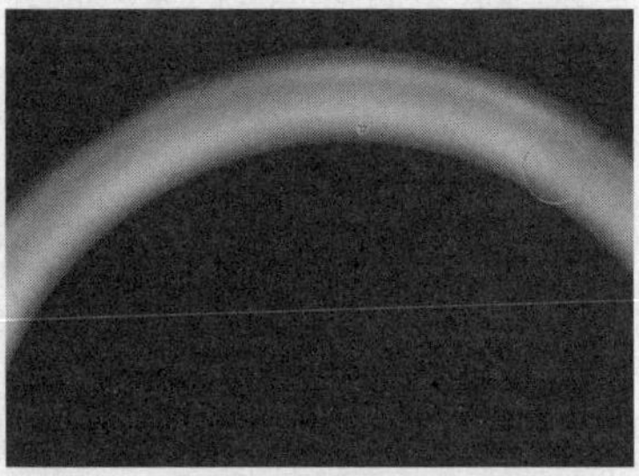

图 3-123 使用模糊工具在彩虹图像上涂抹

6 在“图层”面板中选中彩虹所在的图层，然后将其混合模式设置为“屏幕”，得到如图 3–124 所示的效果。

图 3–124　将混合模式设置为“屏幕”后的效果

7 打开一幅素材图像（光盘\素材与效果\03\素材\3–23.jpg），将其选中；接着按 Ctrl+C 组合键，将其复制；然后选中第一幅图像，按 Ctrl+V 组合键将其粘贴；再按 Ctrl+T 组合键，出现调整控制框，按住 Alt 键不放，拖动其中一个控制点，将其放大一定的尺寸，如图 3–125 所示。

图 3–125　粘贴图像后将其放大

8 选中此图像，选择“命令”→“创意”→“自动矢量蒙版”命令，打开“自动矢量蒙版”对话框，在其中选中线性矢量蒙版的第一个，如图 3–126 所示。单击“应用”按钮，得到最终效果。

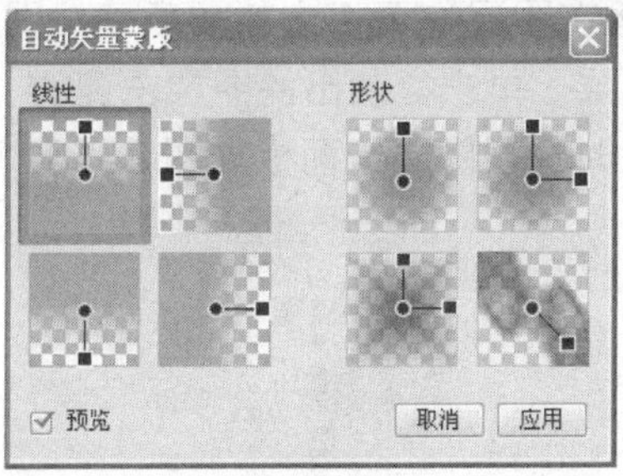

图 3–126　“自动矢量蒙版”对话框

单击该色标按钮，可以设置中间过渡的颜色。

（9）在“不透明度”框内设置填充的不透明度。

（10）完成设置后，在图像中单击并拖动鼠标，建立渐变起始点以及渐变区域的方向和长度。松开鼠标，即可完成颜色的渐变填充。

例如：

原始图像

渐变填充效果

在设置过渡颜色时，可以设置多种过渡颜色，只要在颜色设置面板中添加色标即可，如下所示。

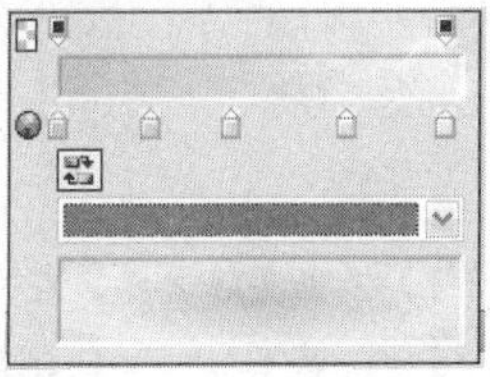

如果要删除某一过渡颜色，只要将该颜色对应的色标按钮拖移出面板即可。

实例 3-12 动感广告牌

本实例将使用复制图层功能、多边形套索工具、内侧光晕滤镜以及钢笔工具、“曲线”命令等将一幅普通的广告牌图像处理成跃跃欲出的动感效果，达到更吸引人眼球的目的。最终效果如图 3-127 所示。

图 3-127　实例最终效果

操作步骤

1 打开一幅素材图像（光盘\素材与效果\03\素材\3-24.jpg），如图 3-128 所示。选择“文件”→“导入”命令，在弹出的“导入”对话框中选择一幅素材图像（光盘\素材与效果\02\素材\3-25.jpg），单击“打开”按钮将其导入。调整导入图像的位置，使其下方超出原广告牌下方一定的尺寸，作为超出屏幕的部位；然后将其不透明度调整为“75%”，达到能看到下方屏幕轮廓的目的，如图 3-129 所示。

图 3-128　打开一幅素材图像

图 3-129　导入图像并调整

2 将导入图像所在图层拖至下方的“新建位图图像”按钮上，复制此图层。单击复制出的图层左侧的“眼睛”图标，将其隐藏。此时的“图层”面板如图 3-130 所示。

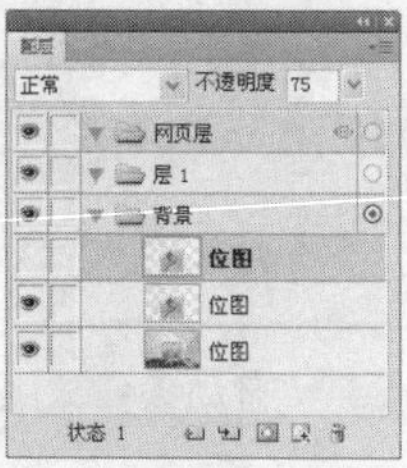

图 3-130　此时的“图层”面板

实例 3-12 说明

- 知识点：
  - 复制图层
  - 多边形套索工具
  - 光晕滤镜
  - 钢笔工具
  - “曲线”命令
- 视频教程：
  光盘\教学\第 3 章　Fireworks 图像动画特效
- 效果文件：
  光盘\素材与效果\03\效果\3-12.png
- 实例演示：
  光盘\实例\第 3 章\动感广告牌

操作技巧　油漆桶工具的使用

在工具箱中，油漆桶工具与渐变工具位于同一个工具组内。油漆桶工具的作用是对图像进行填充，填充的内容可以是实心的颜色，也可以是图案或渐变效果。

油漆桶工具的使用方法如下。

（1）打开要操作的图像。

（2）在工具箱中选择油漆桶工具，在其“属性”面板中进行相应的设置，如下所示。

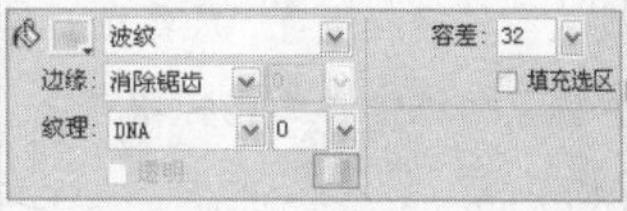

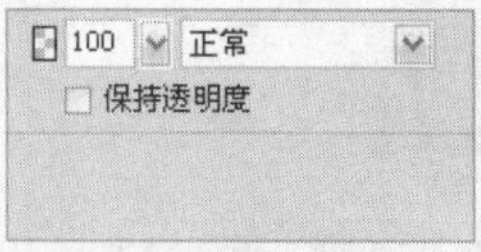

（3）根据实际需要，在左上方的“填充类别”下拉列表框中选择填充的类型。如果选择“渐变”或“图案”，还可以

3 在工具箱中选择多边形套索工具，沿下方的屏幕边缘创建一个选区，如图 3–131 所示。

4 选择“选择”→“反选”命令，反选选区，然后按 Delete 键，删除选区内容，得到如图 3–132 所示的效果。

图 3–131 创建选区

图 3–132 反选后删除选区

5 选中大屏幕中的图像，在其“属性”面板中单击“滤镜”按钮，在弹出的菜单中选择“阴影和光晕”→“内侧光晕”命令，在打开的参数面板中按照图 3–133 所示进行设置。按 Enter 键，关闭此面板，得到更为真实的屏幕效果，如图 3–134 所示。

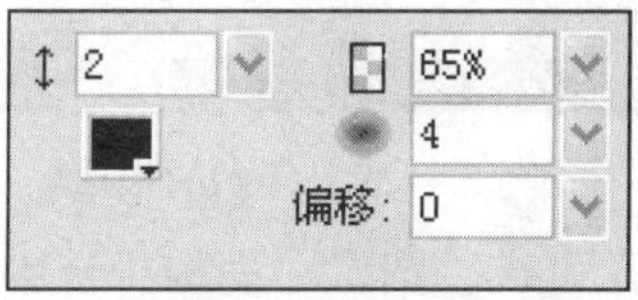

图 3–133 设置“内侧光晕”滤镜参数

图 3–134 得到更为真实的屏幕效果

6 在“图层”面板中单击复制出的图层左侧的“眼睛”图标，将其显示出来。在工具箱中选择钢笔工具，沿着多出屏幕以外的部位绘制路径（注意，绘制的路径上方应在屏幕边缘以内一定的距离，这样才能得到融合的效果），如图 3–135 所示。

图 3–135 绘制路径

进一步选择详细的类别，如下所示。

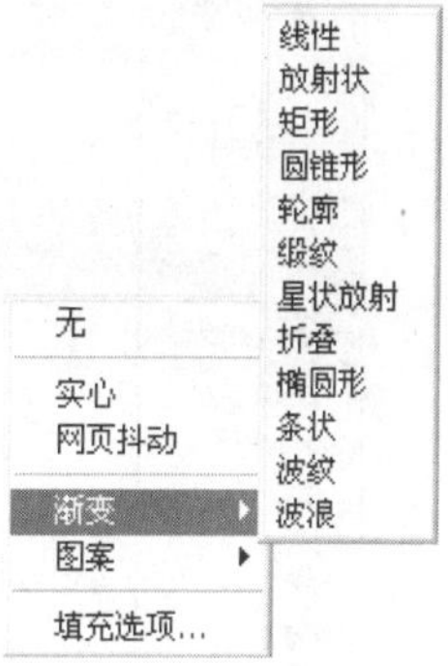

（4）单击面板中的颜色框，在弹出的面板中设置要填充的颜色（或者要填充的渐变效果），如下所示。

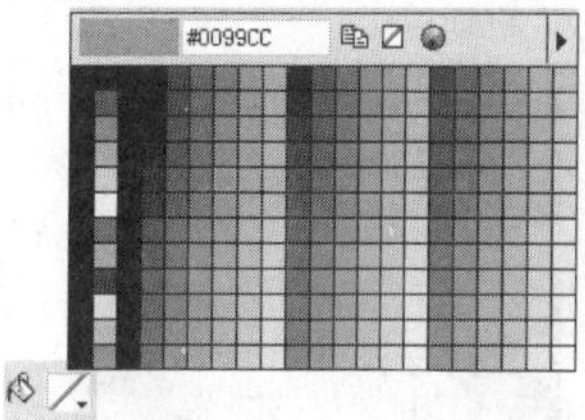

（5）在“容差”框内设置容差值。容差是指以鼠标单击点为基础而设置的颜色相近的程度。容差越大，颜色的范围就越大。

（6）如果选中“填充选区”复选框，表示对整个选区进行填充；如果取消选中此复选框，则只填充同一颜色的区域。

（7）在“不透明度”框内设置填充的不透明度。如果选中“保持透明度”复选框，则在图像中遇到透明区域时，保持图像的透明效果，不进行填充；如果取消选中此复选框，则对透明区域也进行填充。

（8）在混合模式下拉列表框中选择填充的混合效果，如下所示。

7 选择“修改”→“将路径转换为选取框”命令，打开如图 3-136 所示的“将路径转换为选取框”对话框，单击“确定”按钮，将路径转换为选区，如图 3-137 所示。

图 3-136 “将路径转换为选取框”对话框　图 3-137 将路径转换为选区

8 反选选区，如图 3-138 所示。按 Delete 键，删除选区中的内容，得到如图 3-139 所示的效果。

图 3-138 反选选区　图 3-139 得到的效果

9 如果想得到夜晚时的广告牌效果，可在“图层”面板中选中最下方的“位图”图层，选择“滤镜”→“调整颜色”→“曲线”命令，在弹出的“曲线”对话框中按照图 3-140 所示进行设置，然后单击“确定”按钮即可。

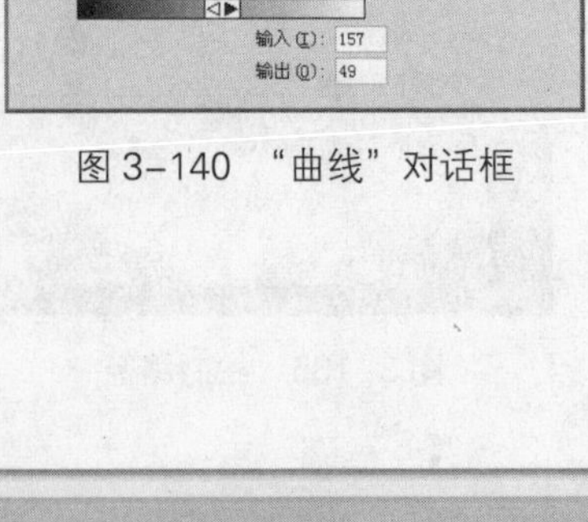

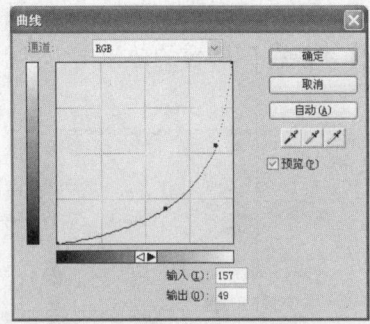

图 3-140 “曲线”对话框

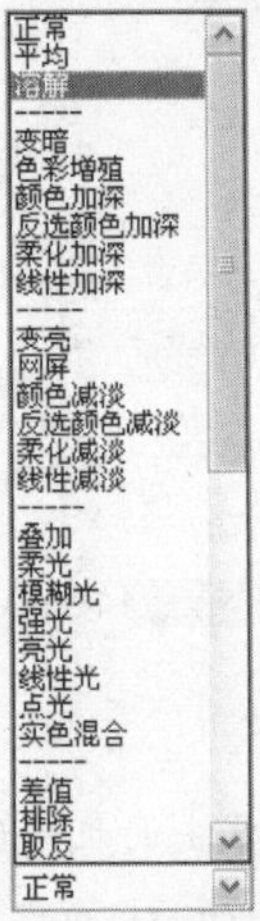

（9）完成设置后，用鼠标单击要填充的区域即可。

例如：

原始图像

对心形区域填充了“叶片”图案后的效果

填充了波浪形渐变的效果

04

第 4 章

Flash 基本绘图与基础动画制作

Flash CS5 是 Adobe 公司推出的一款专门用于矢量动画和多媒体设计的软件，可用来制作游戏、电子贺卡、网站广告、MTV、多媒体课件等。

本章讲解的主要实例和功能如下：

实　例	主要功能	实　例	主要功能	实　例	主要功能
 变形的脸	任意变形工具	 快乐小猪	将线条转换为填充	 绘制项链	将线条转换为填充
 制作池塘场景	从库中拖动元件到舞台上	 毛毛虫	骨骼动画	 树叶飘零	传统补间
 渐行渐远	补间动画	 星形变花朵	形状补间动画	 放飞气球	引导层动画
 美丽风景遮罩	遮罩	 变换的按钮	按钮元件	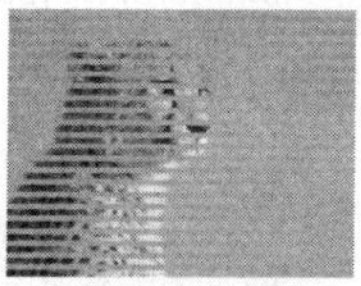 百叶窗效果	图层 形状渐变动画 添加形状提示

本章在讲解实例操作的过程中，将全面、系统地介绍 Flash 基本绘图及基础动画制作的相关知识和操作方法。其中包含的内容如下：

实例 4-1　设置卡通背景

在制作 Flash 动画之前，首先需要设置舞台的环境，包括设置舞台的大小、背景等。本实例将设置一个卡通背景，最终效果如图 4-1 所示。

图 4-1　实例最终效果

操作步骤

1 在 Windows 系统中安装好 Flash CS5 后，选择“开始”→“程序”→Adobe Flash Professional CS5 命令，打开欢迎界面，如图 4-2 所示。

图 4-2　Flash 欢迎界面

2 在“新建”栏中选择 ActionScript 3.0 选项，新建一个空白的 Flash 文档。

3 选择“修改”→“文档”命令，打开“文档设置”对话框，如图 4-3 所示。

实例 4-1 说明

- **知识点：**
  - 启动 Flash CS5
  - 设置文档的背景
- **视频教程：**
  光盘\教学\第 4 章　Flash 基本绘图与基础动画制作
- **效果文件：**
  光盘\素材与效果\04\效果\4-2.fla
- **实例演示：**
  光盘\实例\第 4 章\设置卡通背景

相关知识　启动 Flash CS5

制作动画时，要先打开 Flash。方法如下：

选择“开始”→“程序”→Adobe Flash CS5 命令，即可打开 Flash CS5。首先显示的是起始页（或称欢迎界面），从中可以创建基于模板的文档，也可以新建空白的文档，还可以了解到关于 Flash 的介绍及功能。

如果在打开 Flash 时不需要显示起始页，则选中起始页左下角的“不再显示”复选框即可。

相关知识　文档的基本操作

文档的基本操作主要有新建、打开、保存及关闭 Flash 文件等。

操作技巧　新建文档

新建文档的方法有：

- 选择“文件”→“新建”命令。
- 按 Ctrl+N 组合键。

对话框知识 “新建文档”对话框

“新建文档”对话框中的选项介绍如下。

- “常规”选项卡：用于创建常规的空白文档。
- “模板”选项卡：基于 Flash 自带的模板创建文档。

相关知识 文档属性

设置文档属性是创作动画的第一步。在 Flash 中可以使用“属性”面板或菜单命令来设置文档属性，其中包括舞台大小、背景色以及每秒帧数（fps）等。

操作技巧 设置文档属性

设置文档属性的方法如下。

（1）通过以下方法之一打开“文档设置”对话框。

- 选择“修改”→“文档”命令。
- 按 Ctrl+N 组合键。
- 单击“属性”面板中的“编辑”按钮。

（2）在“文档设置”对话框中，可以设置舞台的尺寸、标尺单位、背景颜色及帧频等。

相关知识 导入图像

在 Flash 中可以导入位图和矢量图。

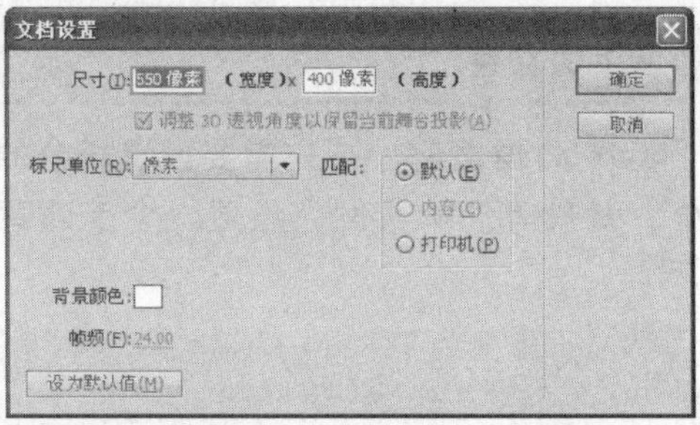

图 4-3 “文档设置”对话框

4 在“尺寸”右侧的数值框中可以设置舞台的宽度和高度；在“标尺单位”下拉列表框中可以选择标尺的单位，包括“像素”、“厘米”、“毫米”等；单击“背景颜色”右侧的颜色块，在弹出的颜色列表中可以选择舞台的背景色。

5 选择“文件”→“导入”→“导入到舞台”命令，在弹出的“导入”对话框中选择一幅素材图像（光盘\素材与效果\04\素材\4-1.jpg）作为舞台的背景，如图 4-4 所示。

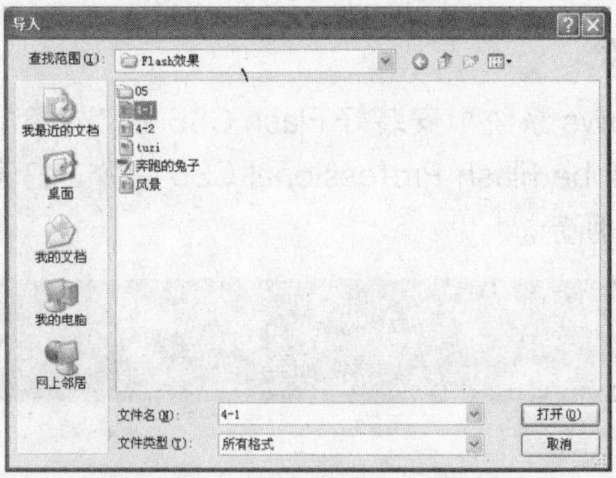

图 4-4 选择素材图像

6 单击“打开”按钮，即可将选择的图像导入到文档中，如图 4-5 所示。

7 此时导入的图像不一定适合舞台的大小，如需调整，可以选择“窗口”→“属性”命令，在打开的“属性”面板中设置图像的大小，如图 4-6 所示。

图 4-5 导入图像

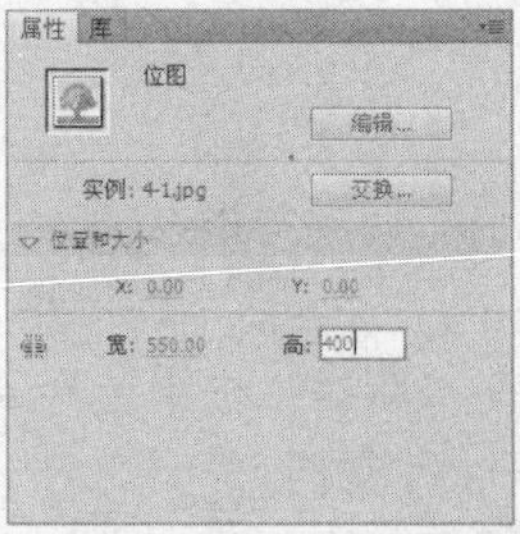

图 4-6 “属性”面板

实例 4-2　绘制扇子

本实例将使用线条工具绘制扇子轮廓，然后使用选择工具调整扇子的形状，最终效果如图 4-7 所示。

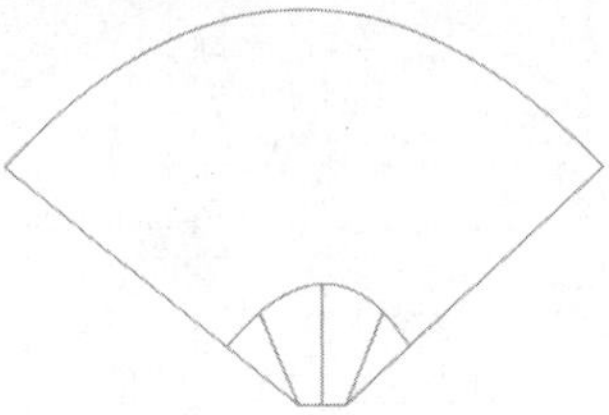

图 4-7　实例最终效果

操作步骤

1. 启动 Flash CS5，在起始页的“新建”栏中选择 ActionScript 3.0 选项，新建一个空白的 Flash 文档。
2. 选择“视图”→“标尺”命令，在场景中显示出标尺；选择“视图”→“网格”→“显示网格”命令，显示出网格；在场景的右上角，将显示比例调整为 200%，如图 4-8 所示。

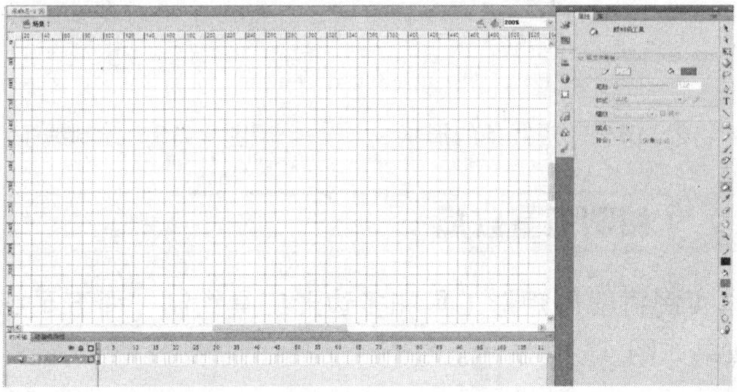

图 4-8　调整绘图窗口

3. 在工具箱中选择线条工具，在其“属性”面板中将笔触颜色设置为“#CC6666”，如图 4-9 所示。
4. 在舞台中单击鼠标左键并拖动，绘制出线条，如图 4-10 所示。

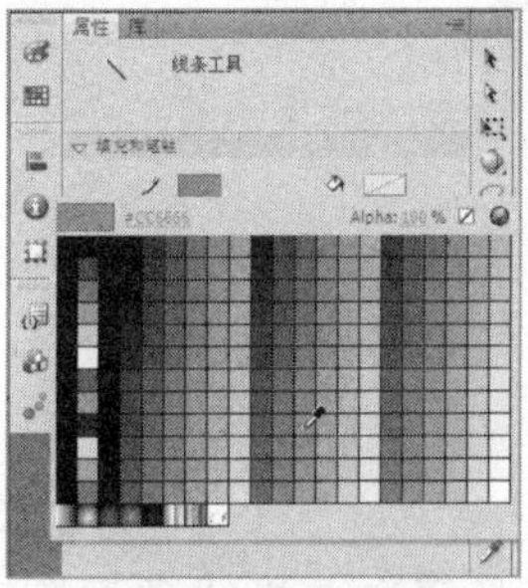

图 4-9 “属性”面板

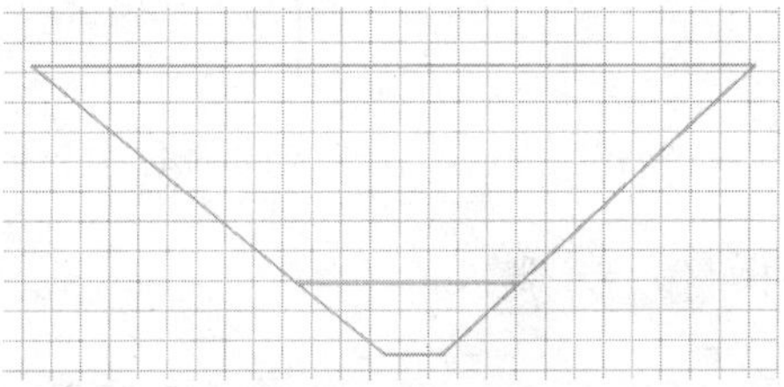

图 4-10　绘制线条

操作技巧　导入图像的操作

在 Flash 中导入图像的方法如下。

- 选择“文件”→“导入”→“导入到舞台”命令。
- 按 Ctrl+R 组合键。

实例 4-2 说明

- 知识点：
  - 线条工具
  - 选择工具
- 视频教程：
  光盘\教学\第 4 章　Flash 基本绘图与基础动画制作
- 效果文件：
  光盘\素材与效果\04\效果\4-3.fla
- 实例演示：
  光盘\实例\第 4 章\绘制扇子

相关知识　线条工具的作用

线条工具主要用于绘制线段。

操作技巧　使用线条工具绘图

使用线条工具绘制图形的方法是：在工具箱中选择线条工具，在绘图区单击鼠标左键并拖动，即可绘制线段。按住 Shift 键的同时单击鼠标左键并拖动，则可以绘制垂直或水平的线段。

选择线条工具后，其“属性”面板如下所示。

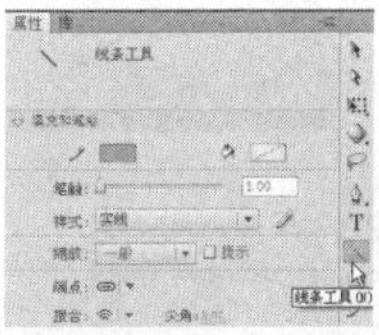

- 笔触颜色：单击“笔触颜色”按钮 右侧的颜色块，在弹出的颜色面板中可以设置线条的颜色，如下所示。

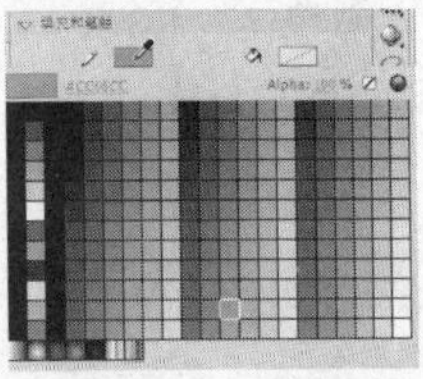

- 笔触：用于设置线条的粗细。
- 样式：用于设置线条的样式，其中包括“极细线”、“实线”、“虚线”、“点状线”、“锯齿线”、“点刻线”和“斑马线”，如图所示。

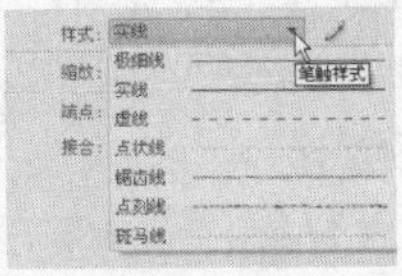

单击“样式”下拉列表框右侧的 按钮，弹出“笔触样式”对话框，从中可以设置笔触样式的属性，如下所示。

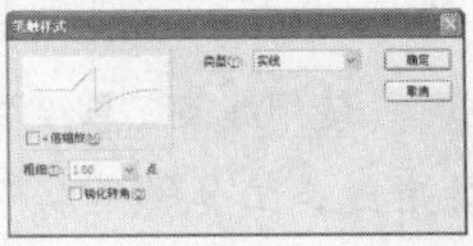

- 端点：端点: 右侧的下拉按钮，弹出如下所示的下拉列表框。

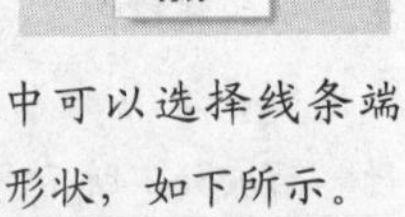

从中可以选择线条端点的笔触形状，如下所示。

5 在工具箱中选择选择工具 ，当鼠标指针变成 形状时，在线条上单击并向上拖动鼠标，得到弧形效果，如图 4-11 所示。

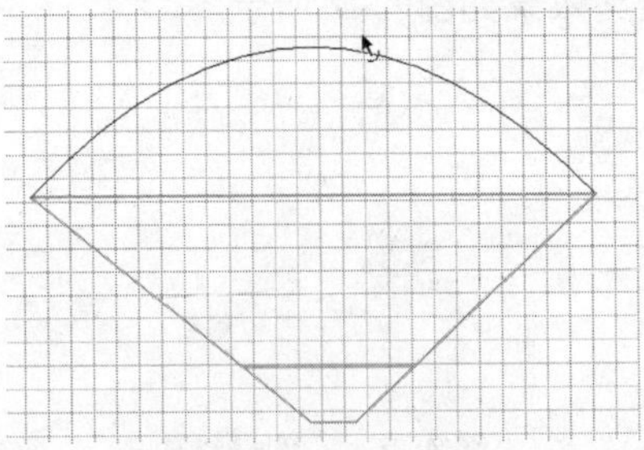

图 4-11　调整线条形状

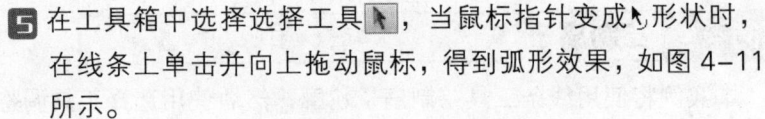

6 使用相同的方法，调整较短的线条，如图 4-12 所示。

7 再次选择线条工具 ，绘制把手处的线条，如图 4-13 所示。

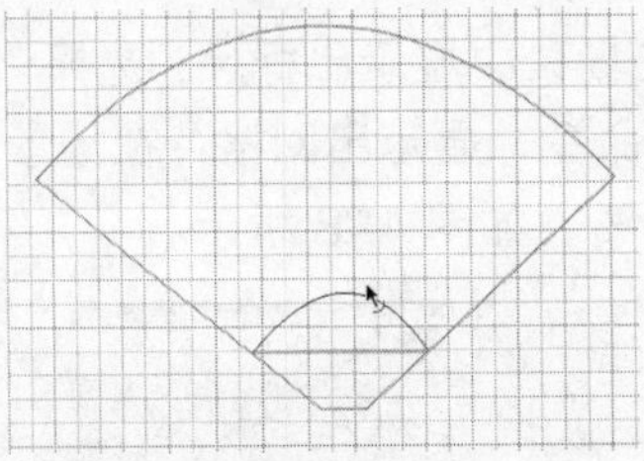

图 4-12　调整较短线条的形状

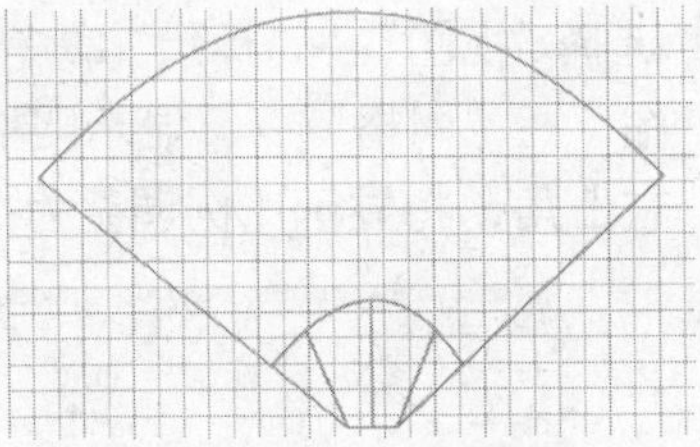

图 4-13　绘制线条

实例 4-3　绘制五星红旗

本实例将使用矩形工具和多边形工具绘制一面五星红旗，最终效果如图 4-14 所示。

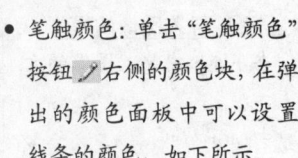

图 4-14　实例最终效果

操作步骤

1 打开 Flash，新建一个空白文档。在工具箱中选择线条工具 ，在其“属性”面板中将笔触颜色设置为黑色，笔触设置为 3，绘制一条垂直的直线，如图 4-15 所示。

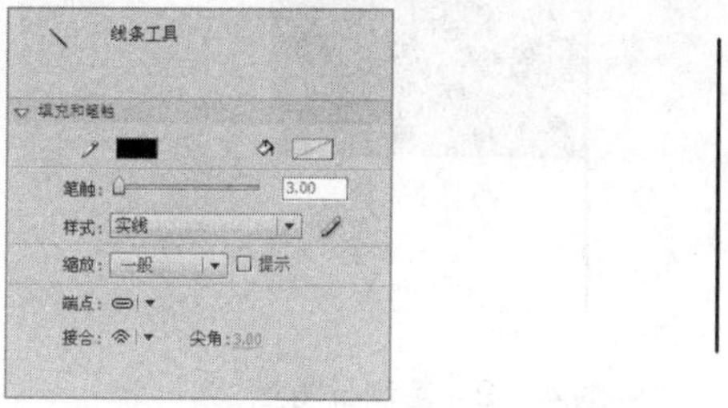

图 4-15 设置笔触并绘制直线

2 在工具箱中选择矩形工具，在其“属性”面板中将笔触颜色设置为无，填充颜色设置为红色，绘制一个矩形，如图 4-16 所示。

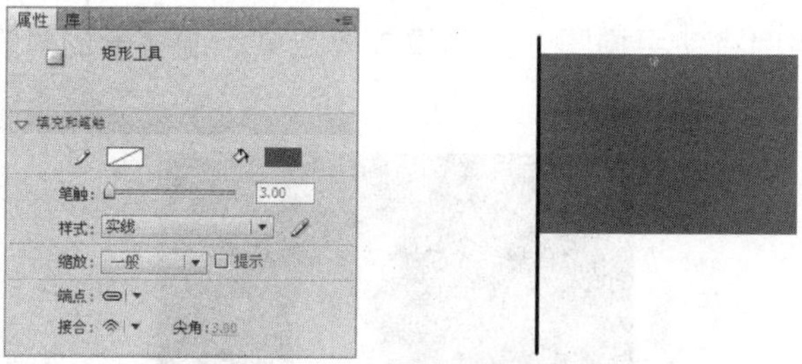

图 4-16 利用矩形工具绘制矩形

3 在工具箱中按下“矩形工具”按钮不放，从弹出的列表中选择多角星形工具，在其“属性”面板中将笔触颜色设置为无，填充颜色设置为黄色。

4 单击“选项”按钮，弹出“工具设置”对话框，在“样式”下拉列表框中选择“星形”，在“边数”文本框中输入“5”，如图 4-17 所示。

5 单击“确定”按钮，在矩形上绘制两个五角星，如图 4-18 所示。

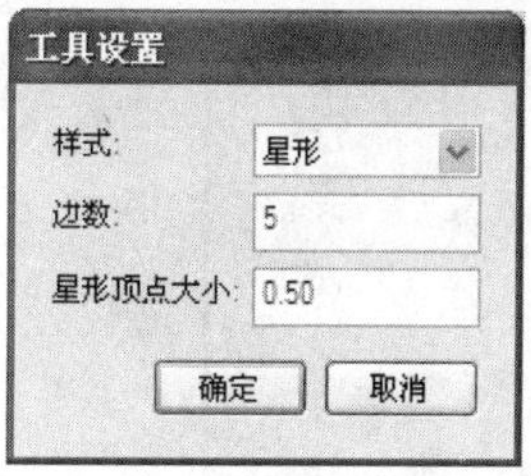

图 4-17 “工具选项”对话框

图 4-18 绘制五角星

6 选中绘制的小五角星，按 Ctrl+C 组合键将其复制，然后按 Ctrl+V 组合键粘贴，并将其移动到合适的位置，如图 4-19 所示。

- 接合：单击右侧的下拉按钮，在弹出的下拉列表框中可以选择线条接合的笔触形状，如下所示。

实例 4-3 说明

知识点：

- 矩形工具
- 多角星形工具

视频教程：

光盘\教学\第 4 章 Flash 基本绘图与基础动画制作

效果文件：

光盘\素材与效果\04\效果\4-4.fla

实例演示：

光盘\实例\第 4 章\绘制五星红旗

相关知识 矩形工具

矩形工具用于绘制长方形和正方形。

操作技巧 使用矩形工具和多角星形工具绘图

1. 矩形工具

使用矩形工具绘制图形的方法是：

(1)在工具箱中选择矩形工具，如下所示。

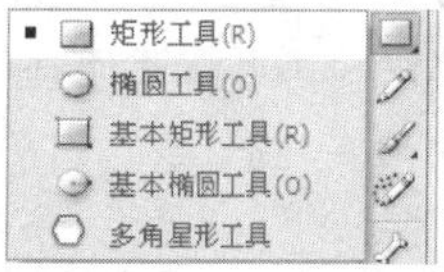

（2）打开其“属性”面板，通过“笔触颜色”选项设置矩形边框的颜色，再利用“填充颜色”选项设置矩形的填充颜色。

（3）在“属性”面板的“矩形选项”下面的数值框中可以设置矩形的圆角半径。

2. 多角星形工具

选择多角星形工具后，默认情况下绘制出来的图形是正五边形。

若要绘制其他形状的多边形，则在工具箱中选择多角星形工具，然后在其“属性”面板中单击“选项”按钮，在弹出的“工具设置”对话框中设置相应的参数，最后在舞台中通过拖动来绘制。

实例 4-4 说明

- 知识点：
  - 椭圆工具
  - 橡皮擦工具
- 视频教程：
  光盘\教学\第4章 Flash基本绘图与基础动画制作
- 效果文件：
  光盘\素材与效果\04\效果\4-5.fla
- 实例演示：
  光盘\实例\第4章\绘制弯弯的月亮

相关知识 橡皮擦工具的作用

橡皮擦工具用于擦除图形中的某部分。

图 4-19　复制五角星

7 使用相同的方法，再复制两个小五角星，并将其移动到合适的位置，得到最终效果。

实例 4-4　弯弯的月亮

本实例将使用椭圆工具和橡皮擦工具绘制弯弯的月亮，最终效果如图 4-20 所示。

图 4-20　实例最终效果

操作步骤

1 新建一个 Flash 文档，然后选择“修改”→“文档”命令，打开“文档设置”对话框，将“背景颜色”设置为黑色，其他选项保持默认设置，单击“确定”按钮，如图 4-21 所示。

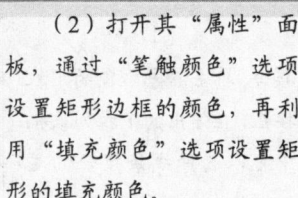

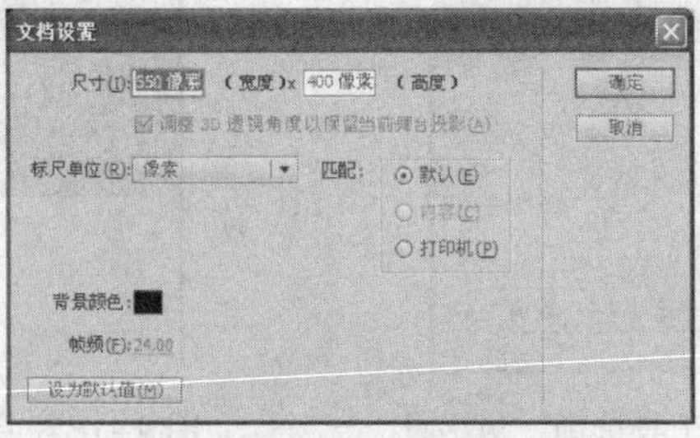

图 4-21　设置文档属性

2 在工具箱中按下“矩形工具”按钮不放，从弹出的列表中选择椭圆工具，在其选项区中将笔触颜色设置为无，填充颜色设置为“黄色”，按住 Shift 键，在舞台中绘制一个正圆，如图 4–22 所示。

3 将“填充颜色”设置为其他颜色，在正圆上绘制一个不规则的椭圆，使其盖住圆的一侧，如图 4–23 所示。

图 4–22　绘制正圆

图 4–23　绘制椭圆

4 在工具箱中选择橡皮擦工具，在其选项区中单击“水龙头”按钮，在椭圆上单击，即可得到月亮效果。

5 选中月亮，单击“修改”→“形状”→“柔化填充边缘”命令，打开“柔化填充边缘”对话框，将“距离”设置为 10 像素，“步长数”设置为 4，“方向”设置为“扩展”，如图 4–24 所示。

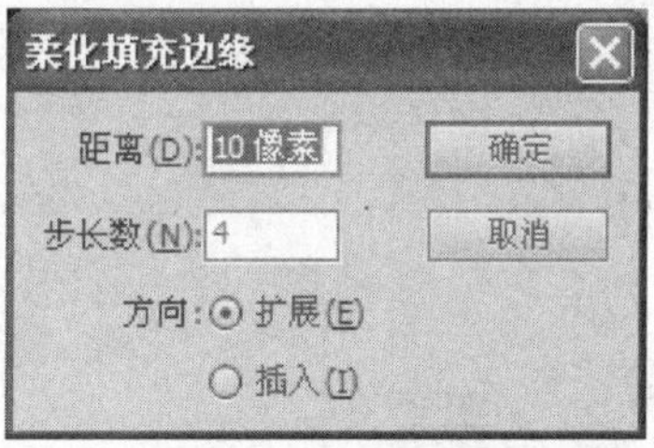

图 4–24　“柔化填充边缘”对话框

6 单击“确定”按钮，保存文档，得到最终效果。

实例 4-5　绘制简单风景画

使用铅笔工具可以很随意地绘制出不规则的线条和形状。本实例将使用铅笔工具绘制一幅简单的风景画，最终效果如图 4–25 所示。

图 4–25　实例最终效果

操作技巧　**橡皮擦工具的使用**

在工具箱中选择橡皮擦工具，在其选项区（位于工具箱的下部）中单击“橡皮擦模式”按钮，在弹出的下拉列表中选择所需的擦除模式，如下所示。

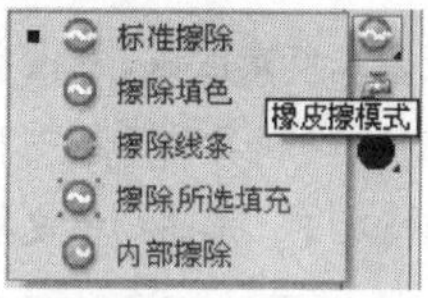

其中各项含义介绍如下。

- 标准擦除：用于擦除同一图层上的线条和填充，文字不受影响。
- 擦除填色：只能擦除填充部分，不能擦除线条和文字，也就是对线条和文字没有影响。

标准擦除

擦除填色

- 擦除线条：只擦除线条，不能擦除填充部分和文字。
- 擦除所选填充：只能擦除被选取的填充区域，而线条和文字无论是否被选取，都不会被擦除。这里要注意的是，在使用此模式时，必须先选择需要擦除的填充区域。

擦除线条

擦除所选填充

- 内部擦除：只能擦除最先选中的填充区域，线条和文字均不会受到影响。

内部擦除

在橡皮擦工具的选项区中还有一个“水龙头”按钮，单击此按钮，可以一次性删除线条或填充区域。在没有选中此按钮（使其处于按下状态）的情况下，单击“橡皮擦形状”按钮右下角的下拉按钮，可在弹出的下拉列表中选择橡皮擦的大小和形状。

实例 4-5 说明

知识点：

铅笔工具

视频教程：

光盘\教学\第 4 章　Flash 基本绘图与基础动画制作

效果文件：

光盘\素材与效果\04\效果\4-6.fla

实例演示：

光盘\实例\第 4 章绘制简单风景画

相关知识　铅笔工具的功能

铅笔工具用于绘制不规则的线条和形状。

操作技巧　使用铅笔工具绘图

使用铅笔工具绘图的方法是：

操作步骤

1. 新建 Flash 文档，然后在工具箱中选择铅笔工具，将笔触颜色设置为“#66CC33”，如图 4-26 所示。
2. 在铅笔工具的选项区中单击“铅笔模式”按钮，从弹出的下拉列表中选择“平滑”选项，如图 4-27 所示。

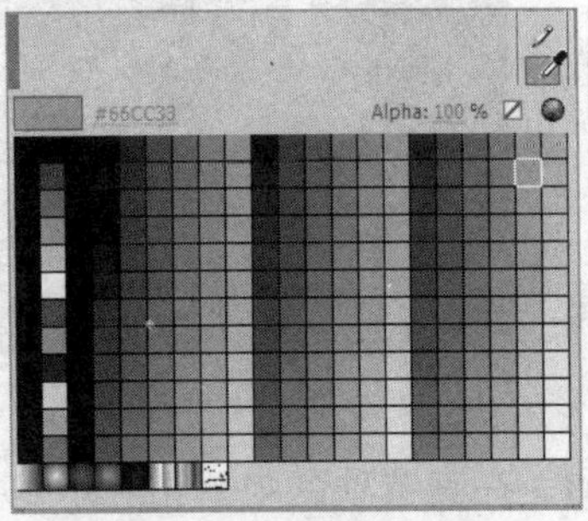

图 4-26　设置笔触颜色

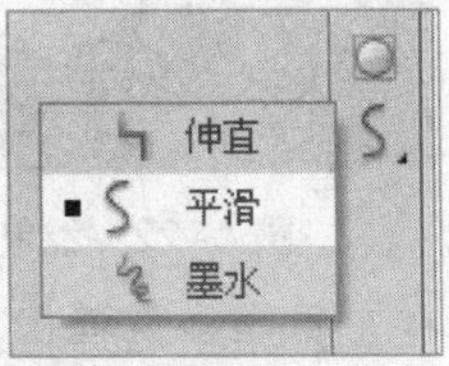

图 4-27　设置铅笔模式

3. 在“属性”面板中将笔触高度设置为 3，如图 4-28 所示。
4. 在舞台中随意地绘制水波和树的形状，如图 4-29 所示。

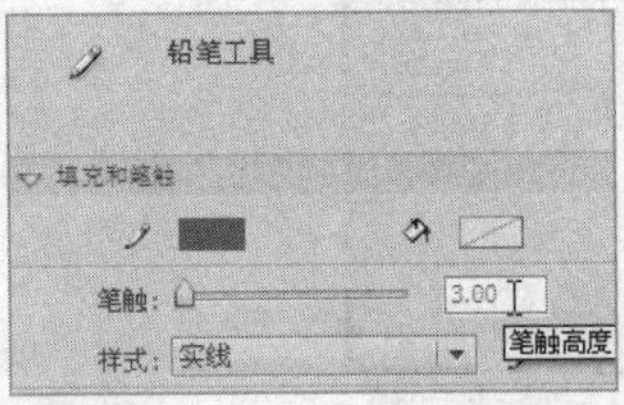

图 4-28　设置笔触高度

图 4-29　绘制水波和树

5. 将笔触颜色设置为“#FF0000”，绘制太阳，如图 4-30 所示。

图 4-30　绘制太阳

6 设置笔触颜色为“#3333FF”，绘制云朵，得到最终效果。

实例 4-6　绘制心形

本实例将使用钢笔工具绘制心形，最终效果如图 4-31 所示。

图 4-31　实例最终效果

操作步骤

1 新建 Flash 文档，然后选择“视图”→“标尺”命令，在场景中显示出标尺。

2 在水平标尺上单击鼠标左键并向下拖动，拖出辅助线，如图 4-32 所示。

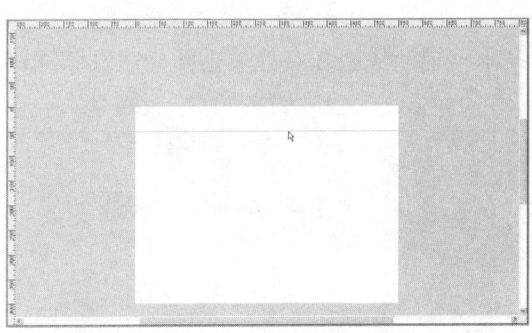

图 4-32　拖出水平辅助线

3 使用相同的方法拖出多条辅助线，如图 4-33 所示。

图 4-33　拖出多条辅助线

4 在工具箱中选择钢笔工具，在第 2 条水平辅助线的 300 处单击，指定第 1 点，如图 4-34 所示。

（1）在工具箱中选择铅笔工具，在其选项区（位于工具箱下方）中单击“铅笔模式”按钮，在弹出的下拉列表中选择绘图模式，如下所示。

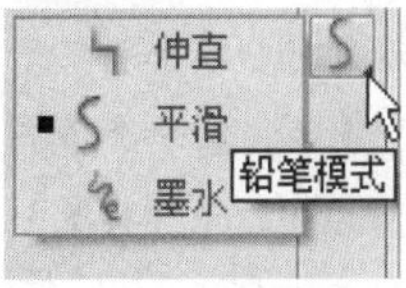

- 伸直：用于绘制直线，并将接近三角形、椭圆、圆形、矩形和正方形的形状转换为这些常见的几何形状。
- 平滑：用于绘制平滑的曲线。
- 墨水：绘制的图形不作任何的变化，保持原来的形状。

（2）选好绘图模式后，在绘图区中按下鼠标左键并拖动，即可绘制出图形。

实例 4-6 说明

知识点：
钢笔工具

视频教程：
光盘\教学\第 4 章　Flash 基本绘图与基础动画制作

效果文件：
光盘\素材与效果\04\效果\4-7.fla

实例演示：
光盘\实例\第 4 章\绘制心形

相关知识　钢笔工具的作用

钢笔工具用于绘制直线或者平滑、流畅的曲线。

操作技巧 **使用钢笔工具绘图**

1. 绘制直线

选择钢笔工具，在舞台中单击鼠标，作为直线的起始点；移动鼠标，单击确定下一个节点；最后在第一个节点处单击鼠标左键，即可将整个区域封闭，如下所示。

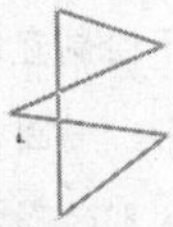

2. 绘制曲线

（1）在工具箱中选择选择钢笔工具，在舞台中曲线的起点处按下鼠标左键不放，确定曲线的第一个锚点。这时光标变成▶形状，如下所示。

（2）沿着需要曲线延伸的方向拖动鼠标。在拖动时，将出现曲线的调节柄，如下所示。

按下 Shift 键，则调节柄的方向将为 45° 的倍数角方向。

（3）在适当时释放鼠标左键，调节柄的斜率定义了曲线段的长度，以后可以随时移动调节柄来调节曲线。

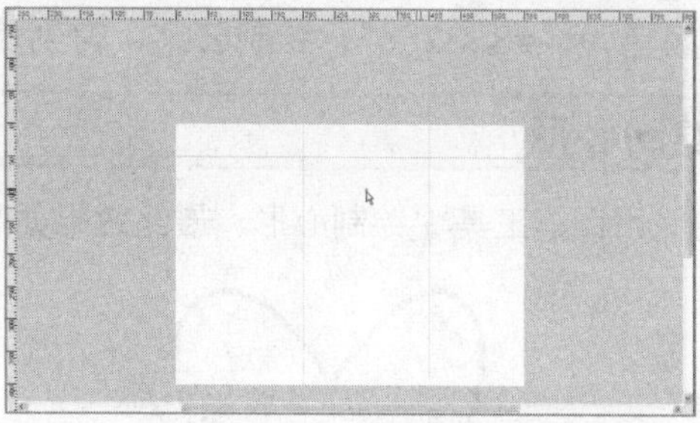

图 4-34　指定第 1 点

5 在第 1 条水平辅助线和第 1 条垂直辅助线的相交处单击并拖动鼠标，指定第 2 点，如图 4-35 所示。

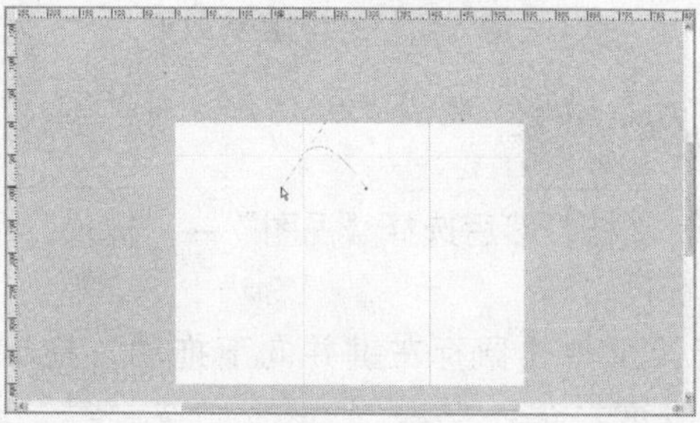

图 4-35　指定第 2 点

6 在第 3 条水平辅助线的 300 处单击并拖动鼠标，指定第 3 点，如图 4-36 所示。

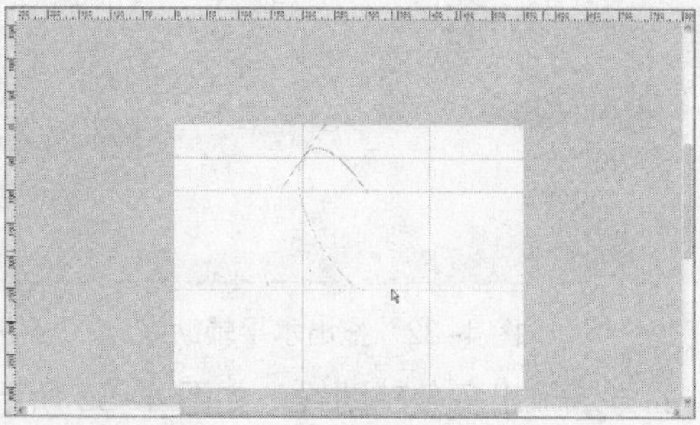

图 4-36　指定第 3 点

7 在第 1 条水平辅助线和第 2 条垂直辅助线的相交处单击并拖动鼠标，指定第 4 点，如图 4-37 所示。

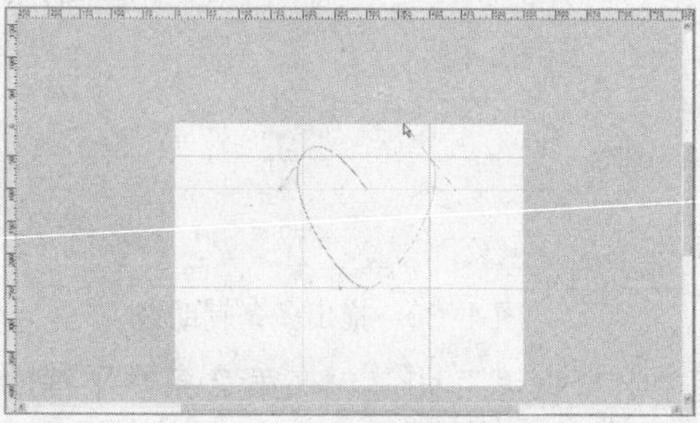

图 4-37　指定第 4 点

8 在起始点处单击，闭合心形，得到最终效果。

实例 4-7　绘制奔跑的孩子

本实例将使用刷子工具绘制奔跑的孩子，最终效果如图 4-38 所示。

图 4-38　实例最终效果

操作步骤

1 打开 Flash，新建一个空白文档。

2 在工具中选择刷子工具，然后随意设置填充颜色。

3 在舞台中单击鼠标左键并拖动，绘制出身体的形状，如图 4-39 所示。

图 4-39　绘制身体形状

4 使用相同的方法，继续绘制胳膊和头，得到最终效果。

实例 4-8　绘制紫荆树

本实例将使用 Deco 工具绘制紫荆树，最终效果如图 4-40 所示。

图 4-40　实例最终效果

实例 4-7 说明

- 知识点：
  刷子工具
- 视频教程：
  光盘\教学\第 4 章　Flash 基本绘图与基础动画制作
- 效果文件：
  光盘\素材与效果\04\效果\4-8.fla
- 实例演示：
  光盘\实例\第 4 章\绘制奔跑的孩子

相关知识　刷子工具

使用刷子工具，可以绘制出刷子涂抹般的特殊效果，如书法效果。

操作技巧　使用刷子工具绘图

启用刷子工具有两种方法。

- 在工具箱中选择刷子工具。
- 按 B 键。

在场景中单击鼠标左键并拖动，即可绘制出图形。

在刷子工具选项区（位于工具箱下方）单击“刷子模式”按钮，在弹出的下拉列表中可以设置刷子模式，如下所示。

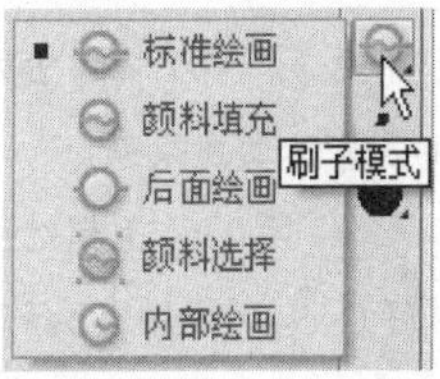

此外，在其选项区中还可以设置刷子的大小和形状，如下所示。

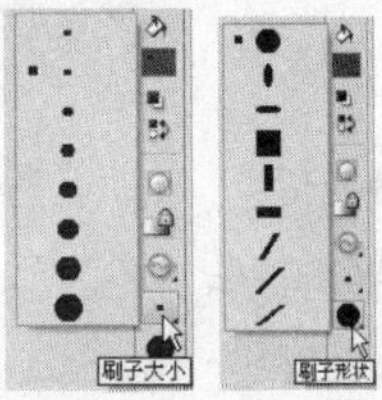

操作步骤

1 在工具箱中选择 Deco 工具，如图 4-41 所示。

2 在其“属性”面板中打开“绘图效果”下的第一个下拉列表框，从中选择“树刷子”选项，如图 4-42 所示。

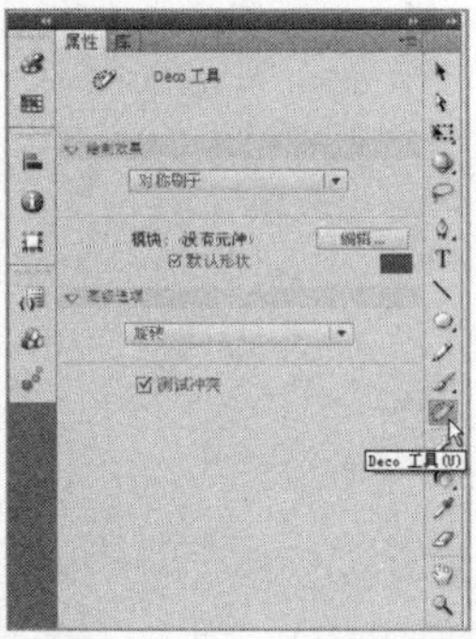

图 4-41　选择 Deco 工具

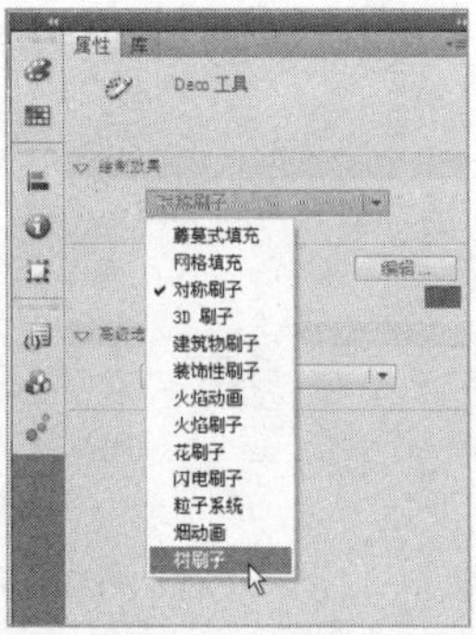

图 4-42　选择“树刷子”选项

3 在“高级选项”栏下，打开第 1 个下拉列表框，从中选择“紫荆树”选项，如图 4-43 所示。

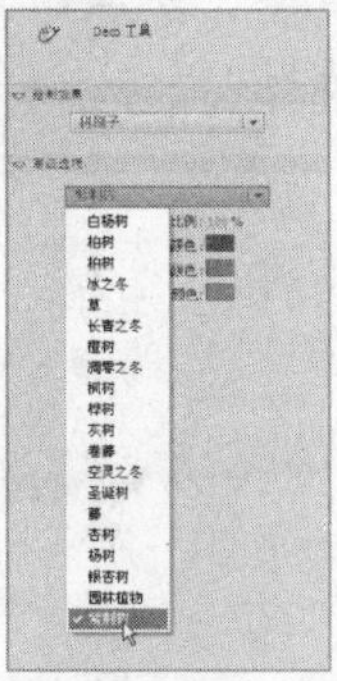

图 4-43　选择“紫荆树”选项

4 在舞台中单击鼠标左键并向上拖动，即可绘制出紫荆树。

实例 4-8 说明

- **知识点：**
  Deco 工具
- **视频教程：**
  光盘\教学\第 4 章　Flash 基本绘图与基础动画制作
- **效果文件：**
  光盘\素材与效果\04\效果\4-9.fla
- **实例演示：**
  光盘\实例\第 4 章\绘制紫荆树

相关知识　Deco 工具

使用 Deco 工具可以绘制出多种 Flash 提供的成形的图形，其中包括藤蔓式填充、网格填充、对称刷子、3D 刷子、建筑物刷子、装饰性刷子、火焰动画、火焰刷子、花刷子、闪电刷子、粒子系统、烟动画和树刷子。

将其与图形元件和影片剪辑元件配合，可以制作出效果更加丰富的动画效果。

操作技巧　使用 Deco 工具绘图

启用 Deco 的方法有两种：

实例 4-9　填充橘子

本实例将使用颜料桶工具和墨水瓶工具为橘子添加颜色，最终效果如图 4-44 所示。

图 4-44　实例最终效果

操作步骤

1 打开素材文件（光盘\素材与效果\04\素材\4-10.fla），如图 4-45 所示。

2 在工具箱中选择颜料桶工具，单击“填充颜色”按钮，从弹出的颜色列表中选择“#FF9900”。

3 在橘子图形的内部空白处单击，即可填充颜色，如图 4-46 所示。

图 4-45　打开素材文件

图 4-46　填充颜色

4 使用相同的方法为叶子填充绿色，如图 4-47 所示。

5 按下“颜料桶工具”按钮不放，从弹出列表中选择墨水瓶工具，如图 4-48 所示。

图 4-47　填充叶子颜色

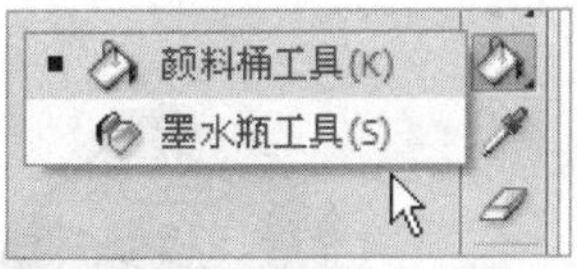

图 4-48　选择墨水瓶工具

6 在橘子的边缘线条上单击，即可为线条设置笔触颜色。

实例 4-10　变形的脸

本实例将使用任意变形工具将脸变形，效果如图 4-49 所示。

图 4-49　实例最终效果

- 在工具箱中选择 Deco 工具。
- 按 U 键。

在其“属性”面板中，打开“绘图效果”栏下第一个下拉列表框，从中可以选择图形效果。此外，还可以设置效果的各种属性。

实例 4-9 说明

- 知识点：
  - 颜料桶工具
  - 墨水瓶工具
- 视频教程：
  光盘\教学\第 4 章　Flash 基本绘图与基础动画制作
- 效果文件：
  光盘\素材与效果\04\效果\4-11.fla
- 实例演示：
  光盘\实例\第 4 章\填充橘子

相关知识　颜料桶工具

颜料桶工具用于为图形填充颜色。

操作技巧　颜料桶工具的使用

启用颜料桶工具的方法有两种：

- 在工具箱中选择颜料桶工具。
- 按 K 键。

相关知识　墨水瓶工具

墨水瓶工具用于为图形的边框填充颜色。

操作技巧　墨水瓶工具的使用

启用墨水瓶工具的方法有两种：

- 在工具箱中选择墨水瓶工具。
- 按S键。

实例 4-10 说明

知识点：
任意变形工具

视频教程：
光盘\教学\第 4 章 Flash 基本绘图与基础动画制作

效果文件：
光盘\素材与效果\04\效果\4-13.fla

实例演示：
光盘\实例\第 4 章\变形的脸

相关知识 任意变形工具的作用

任意变形工具可以对选中的对象进行多种变形，如缩放、旋转、倾斜、扭曲和封套等，如下所示。

操作技巧 任意变形工具的使用

1. 旋转对象

旋转对象的方法如下。

(1)在工具箱中选择任意变形工具，然后选择要旋转的图形。

(2)此时选中的图形周围将出现黑色边框和 8 个控制点，中央有一个小圆点。将鼠标移到 4 个角的控制点上，光标自动变成旋转光标。

操作步骤

1 打开素材文件(光盘\素材与效果\04\素材\4-12.fla)，如图 4-50 所示。

2 使用框选的方式选择图像，然后在工具箱中选择任意变形工具，此时图像四周显示出黑色边框，边框上出现 8 个控制点，如图 4-51 所示。

图 4-50 打开素材文件

图 4-51 图像四周显示出控制点

此时，工具箱的下部出现 4 个按钮："旋转与倾斜"按钮、"缩放"按钮、"扭曲"按钮和"封套"按钮，每个按钮都可以将图像改变成不同的形状。

3 首先单击"旋转与倾斜"按钮，将鼠标放到 4 个角的控制点上，当鼠标指针变成形状时单击鼠标左键并拖动，旋转到所需角度时松开鼠标，即可得到旋转效果，如图 4-52 所示。

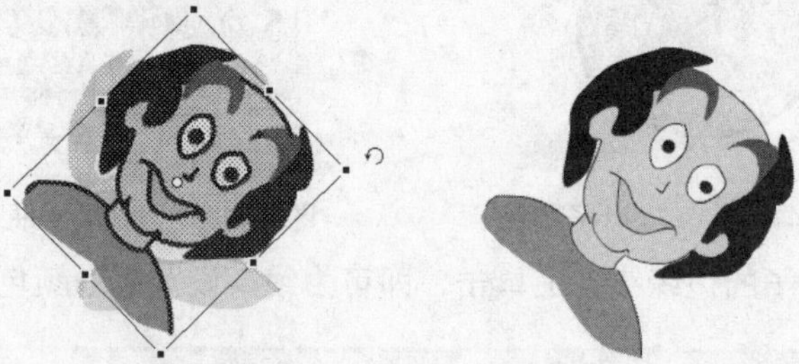

图 4-52 旋转图像

按 Ctrl+Z 组合键，还原到未变形的状态。将鼠标放到图像四周中间的控制点上，当鼠标指针变成形状时单击鼠标左键并拖动，即可得到倾斜效果，如图 4-53 所示。

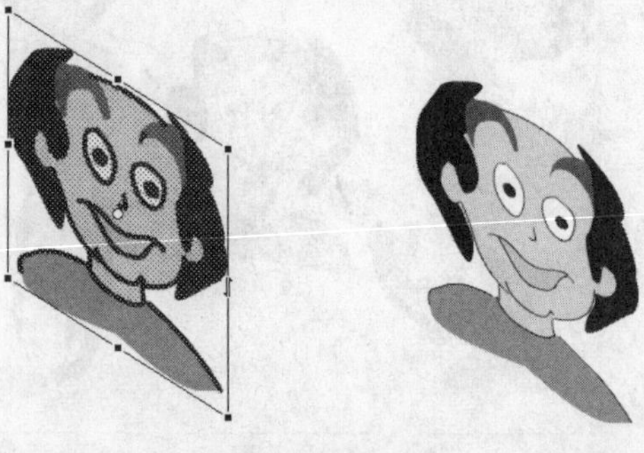

图 4-53 倾斜图像

4 按 Ctrl+Z 组合键，还原图像。框选图像，然后在工具箱中单击“缩放”按钮，将鼠标放到 4 个角的控制点上，鼠标指针变成形状时单击鼠标左键并拖动，可以同时调整图像的高度和宽度；将鼠标放到图像上下调整框中间的控制点上，当鼠标指针变成形状时单击鼠标左键并拖动，可调整图像的高度；将鼠标放到左右调整框中间的控制点上，当指针变成形状时单击鼠标左键并拖动，可以调整图像的宽度，如图 4–54 所示。

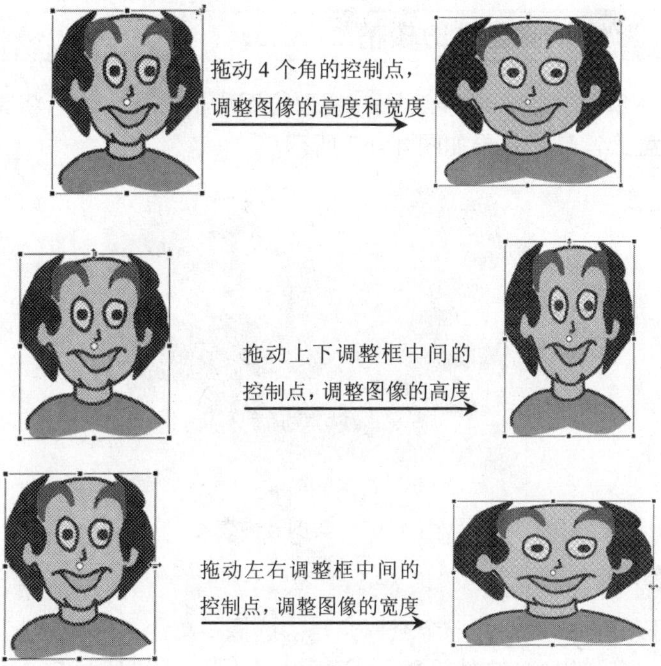
拖动 4 个角的控制点，
调整图像的高度和宽度
拖动上下调整框中间的
控制点，调整图像的高度
拖动左右调整框中间的
控制点，调整图像的宽度

图 4–54　缩放图片

5 按 Ctrl+Z 组合键，还原图像。框选图像，然后在工具箱中单击“扭曲”按钮，将鼠标放到 4 个角的控制点上，当鼠标指针变成形状时单击鼠标左键并拖动，即可扭曲图像，如图 4–55 所示。

图 4–55　扭曲图像

6 按 Ctrl+Z 组合键，还原图像。框选图像，然后在工具箱中单击“封套”按钮，图像四周出现圆形的节点，按下任意节点，即可改变图像的外形，如图 4–56 所示。

（3）在控制点上单击鼠标左键并拖动旋转光标，即可旋转图形，如下所示。

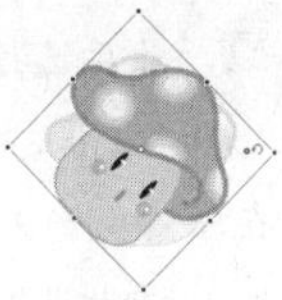

2. 倾斜对象

倾斜对象的方法如下。

（1）在工具箱中选择任意变形工具，然后选择要进行倾斜的图形。

（2）将鼠标移动到任意边线上，此时光标自动变成倾斜光标（或）。

（3）按照倾斜光标提示向水平或垂直方向拖动鼠标，即可倾斜图形，如下所示。

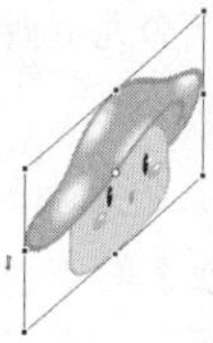

3. 缩放对象

缩放对象的方法如下。

（1）在工具箱中选择任意变形工具，然后选择要调整大小的图形。

（2）将鼠标移动到任意控制点上，此时光标自动变成缩放光标，如下所示。

（3）用缩放光标拖动控制点，即可放大或缩小对象。

4. 扭曲对象

扭曲对象的方法如下。

（1）在工具箱中选择任意变形工具，然后选择要扭曲的对象。

（2）在任意变形工具的选项区中单击“扭曲”按钮，如下所示。

此时对象上只剩下黑色的边框和 8 个控制点。将鼠标移到任一控制点上，光标将自动变成扭曲光标。按住鼠标左键并拖动，即可任意拉伸对象。

5. 封套对象

封套对象的方法如下。

（1）在工具箱中选择任意变形工具，然后选中要进行封套变形的对象。

（2）在任意变形工具的选项区（位于工具箱下部）中单击“封套”按钮，此时所选对象上除了黑色的边框和 8 个控制点外，还出现了 16 个圆形的黑点。

（3）将鼠标移到任一控制点上，鼠标指针变成了▷形状，这时拖动控制点改变其位置，即可获得不同的效果。

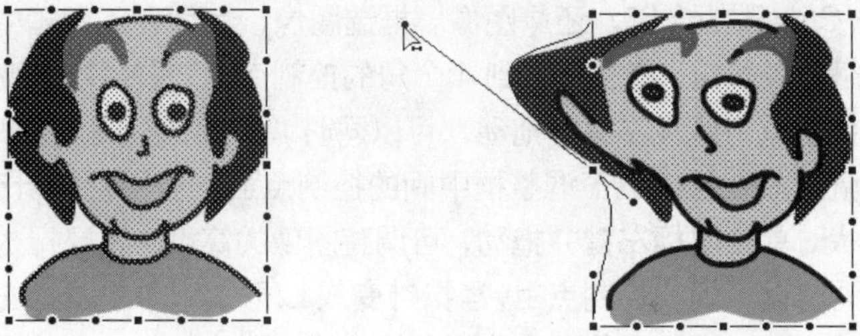

图 4-56 封套图像

实例 4-11 水果盘上的樱桃

本实例将使用套索工具提取位图中的樱桃，然后将其放到果盘上，最终效果如图 4-57 所示。

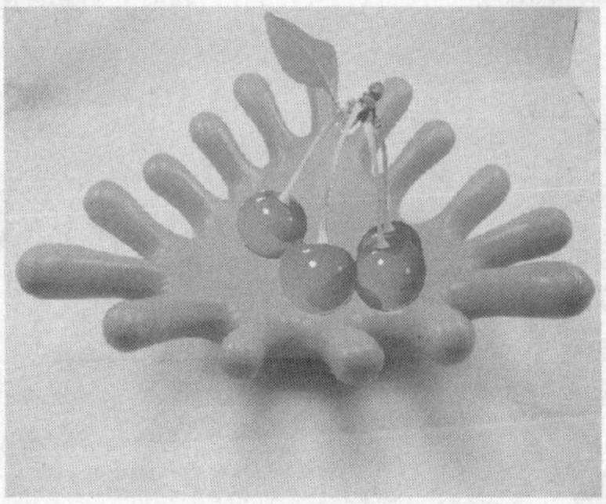

图 4-57 实例最终效果

操作步骤

1 打开 Flash，新建一个空白文档。选择“文件”→“文档”命令，在弹出的“文档设置”对话框中将“尺寸”设置为 500×400 像素，其他选项保持默认设置，如图 4-58 所示。

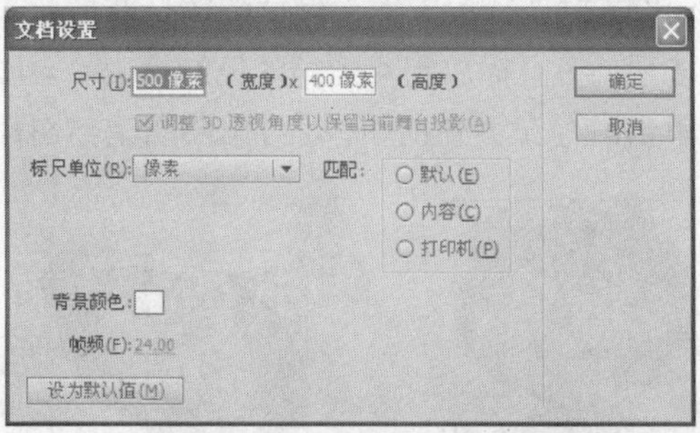

图 4-58 “文档设置”对话框

2 单击“确定”按钮，应用设置。选择“文件”→“导入”→“导入到舞台”命令，在弹出的“导入”对话框中选择要导入的图像（光盘\素材与效果\04\素材\4-13.jpg、4-14.jpg），如图 4-59 所示。

图 4-59　选择要导入的图像

3 单击“打开”按钮，将图像导入到舞台中。选中“果盘”图像，在“属性”面板中将其大小设置为 500×400 像素，然后将其与舞台对齐。在工具箱中选择任意变形工具，按住 Shift 键，在“樱桃”图像左上角的控制点上单击鼠标左键并拖动，调整其大小，如图 4-60 所示。

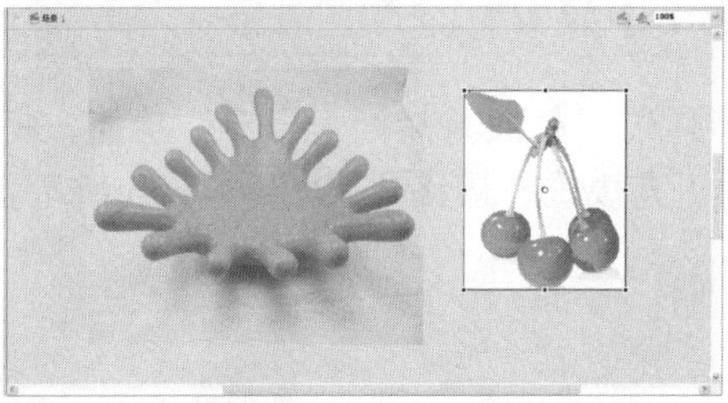

图 4-60　将图像导入到舞台中并进行调整

4 选中“樱桃”图像，按 Ctrl+B 组合键将其打散，如图 4-61 所示。

5 取消图像的选中状态，在工具箱中选择套索工具，在其选项区中单击“魔术棒设置”按钮，在弹出的“魔术棒设置”对话框中将“阈值”设置为 40，单击“确定”按钮，如图 4-62 所示。

图 4-61　打散“樱桃”图像

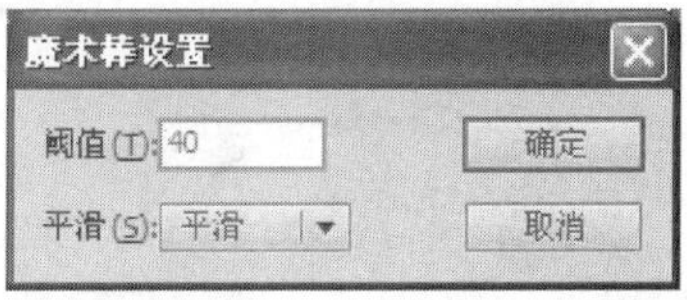

图 4-62　“魔术棒设置”对话框

6 此时鼠标指针变成形状，在樱桃的空白处单击，将空白区域全部选中，如图 4-63 所示。

实例 4-11 说明

- **知识点：**
  索套工具
- **视频教程：**
  光盘\教学\第 4 章　Flash 基本绘图与基础动画制作
- **效果文件：**
  光盘\素材与效果\04\效果\4-15.fla
- **实例演示：**
  光盘\实例\第 4 章\水果盘上的樱桃

相关知识　套索工具的作用

套索工具用来选择图形中不规则的区域。

操作技巧　套索工具的使用

（1）

1. 圈选图形

圈选图形的方法如下。

（1）导入一幅图像，将其打散。

（2）在工具箱中选择套索工具，此时光标变为套索形状。

（3）在图像中按住鼠标左键并拖动，选择需要选取的部位，如下所示。

（4）松开鼠标后，选取的区域会以点阵效果显示，如下所示。

实例 4-12 说明

知识点：
将线条转换为填充

视频教程：
光盘\教学\第 4 章　Flash 基本绘图与基础动画制作

效果文件：
光盘\素材与效果\04\效果\4-17.fla

实例演示：
光盘\实例\第 4 章\快乐小猪

操作技巧　套索工具的使用（2）

2. 魔术棒

在套索工具的选项区中有一个“魔术棒”按钮，单击该按钮可以选取图形上颜色相近的色块。操作步骤如下。

（1）导入一幅图像，选择“修改”→“分离”命令将其分离。

（2）在工具箱中选择套索工具，然后在其选项区中单击“魔术棒”按钮，如下所示。

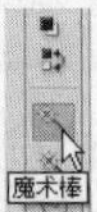

（3）单击位图上任一点，即可选取与单击处颜色相符的区域，如下所示。

（4）按 Delete 键将选定的部分删除，即可看到效果，如下所示。

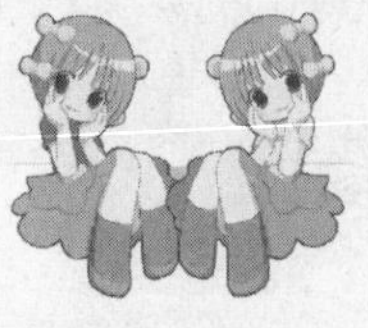

7 按 Delete 键，删除空白区域，如图 4-64 所示。

图 4-63　选定樱桃的空白区域

图 4-64　删除空白区域

8 在工具箱中选择选择工具，选中樱桃，按 Ctrl+G 组合键将其组合。然后在该图像中单击鼠标左键，将其拖动到“水果盘”图像上，再使用任意变形工具旋转樱桃，得到最佳效果。

9 最后保存文件。

实例 4-12　快乐小猪

本实例将通过“将线条转换为填充”功能，将用线条绘制的小猪转换为填充模式，最终效果如图 4-65 所示。

图 4-65　实例最终效果

操作步骤

1 打开素材文件（光盘\素材与效果\04\素材\4-16.fla），用框选的方法选定绘制的小猪，如图 4-66 所示。

2 选择“修改”→“形状”→“将线条转换为填充”命令，即可将线条转换为填充模式。此时若使用选择工具拖动线条，即可发现线条变成了矢量色块，如图 4-67 所示。

图 4-66　框选小猪

图 4-67　线条变为填充

实例 4-13　绘制项链

本实例将通过“将线条转换为填充”功能、“颜色”面板等绘制项链，最终效果如图 4-68 所示。

图 4-68　实例最终效果

操作步骤

1. 打开 Flash，新建一个空白文档。选择“修改”→“文档”命令，弹出“文档设置”对话框，将“背景颜色”设置为黑色。
2. 在工具箱中选择钢笔工具，绘制如图 4-69 所示的图形。

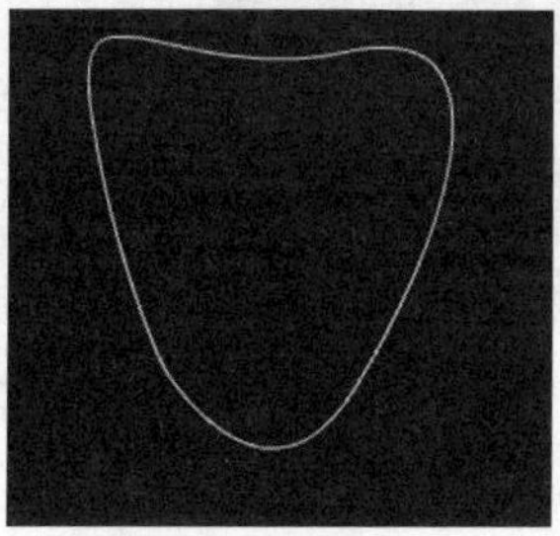

图 4-69　绘制图形

3. 将图层 1 重命名为“珠”，然后新建一个图层 2，并重命名为“链”；选中“珠”图层中的图形，然后选择“链”图层，按 Ctrl+Shift+V 组合键，将其粘贴到相同位置；接着锁定“链”图层，如图 4-70 所示。

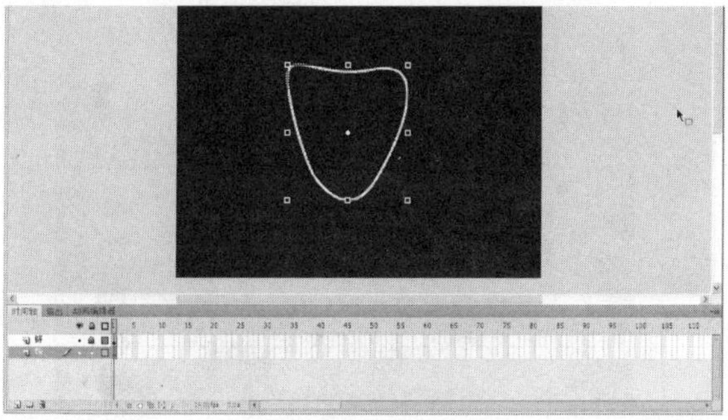

图 4-70　图层

注意：对于导入的位图，需要选择“修改”→“分离”命令将其分离后，才能通过“魔术棒”按钮选择色彩部分。

实例 4-13 说明

- **知识点：**
  将线条转换为填充
- **视频教程：**
  光盘\教学\第 4 章　Flash 基本绘图与基础动画制作
- **效果文件：**
  光盘\素材与效果\04\效果\4-18.fla
- **实例演示：**
  光盘\实例\第 4 章\绘制项链

操作技巧　套索工具的使用（3）

3. 设置魔术棒

在套索工具选项区中单击“魔术棒设置”按钮，在弹出的“魔术棒设置”对话框中可以设置选取范围内邻近像素颜色的相近程度和选取边缘的平滑程度，如下所示。

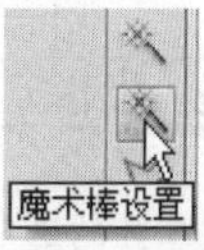

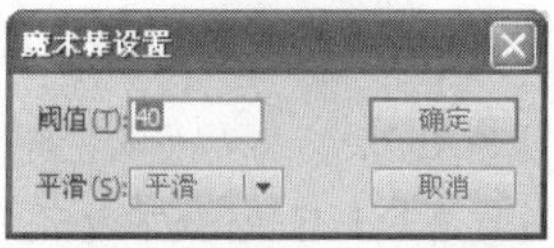

其中各项含义介绍如下。

- 阈值：用于定义选取范围内的颜色与单击处像素颜色的相近程度。其值越大，选取范围就越大，如下所示；如果将其设置为 0，则选取范围是与单击处颜色完全相同的区域。

4 选定“珠”图层中的图形，打开“属性”面板，将“笔触”设置为 10，“样式”设置为“点状线”，如图 4-71 所示。

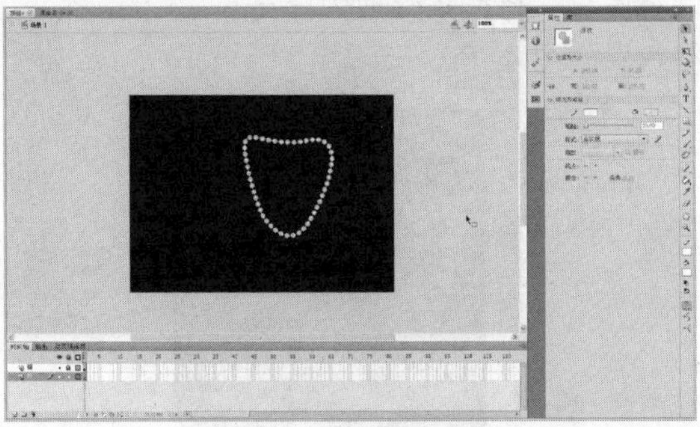

图 4-71　修改图形

5 选定图形，选择“修改”→“形状”→“将线条转换为填充”命令，将线条转换为填充。此时“属性”面板中的“填充颜色”项变为可编辑。

6 通过“颜色”面板调整项链的颜色，如图 4-72 所示。

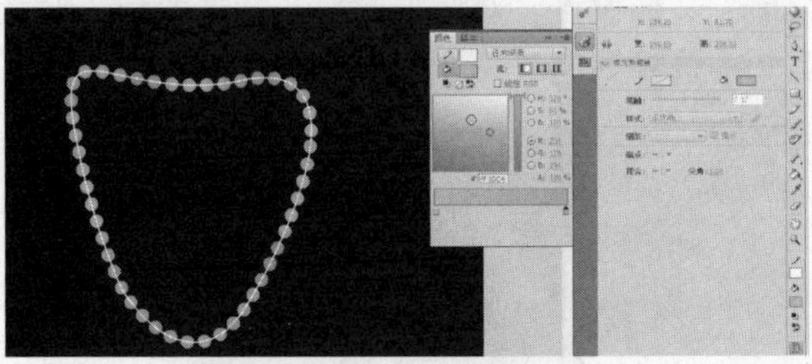

图 4-72　调整项链的颜色

7 解除图层的锁定，将“链”图层调整到“珠”图层的下面。最后保存文档，得到最终效果。

实例 4-14 制作池塘场景

本实例将从库中将建立的元件拖到舞台上，形成一幅场景，最终效果如图 4-73 所示。

图 4-73　实例最终效果

值=5

阈值=20

- 平滑：用来设置选取边缘的平滑程度。

4. 多边形模式

如果需要选取的图形是由直线组成的，则可以使用此模式，如下所示。

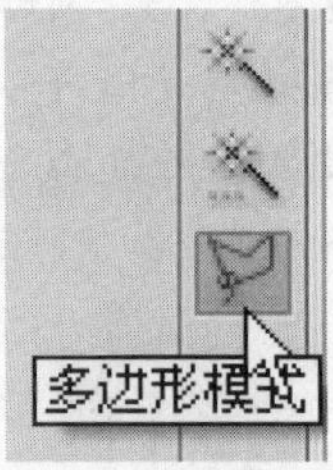

在套索工具的选项区中单击此按钮后，在任意处单击，即可确定一点；继续单击，即可选定多边形区域，如下所示。

操作步骤

1 打开素材文件（光盘\素材与效果\04\素材\4-19.fla），如图 4-74 所示。

图 4-74　打开素材文件

2 按 F11 键，打开“库”面板，如图 4-75 所示。

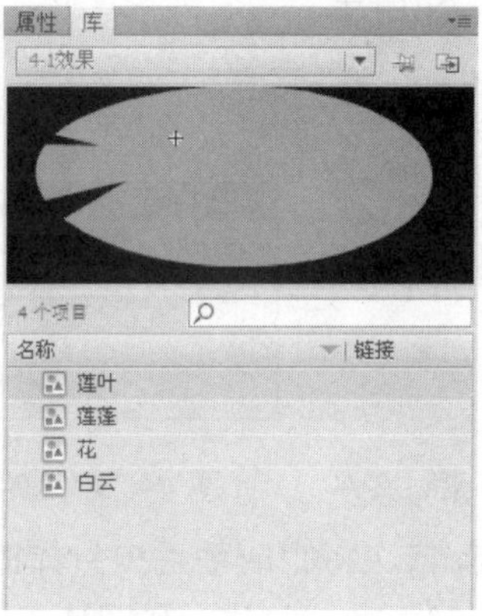

图 4-75　“库”面板

3 在“白云”元件上单击鼠标左键，将其拖到舞台中，然后调整其大小，并放到合适的位置。重复上述操作多次，将库中的白云拖到舞台中，如图 4-76 所示。

图 4-76　将白云拖到舞台中

4 使用相同的方法将库中的其他元件拖至舞台中，并进行布局。最后保存文件，得到最终效果。

相关知识　将线条转换为填充的作用

将图形中的线条转换成可填充的图形块，不但可以更精确地编辑线条的色彩，还可避免在视图显示比例被缩小时线条出现锯齿和相对变粗的现象。

操作技巧　将线条转换为填充的方法

操作方法是：选取需要转换成填充的线条，选择“修改”→“形状”→“将线条转换成填充”命令。

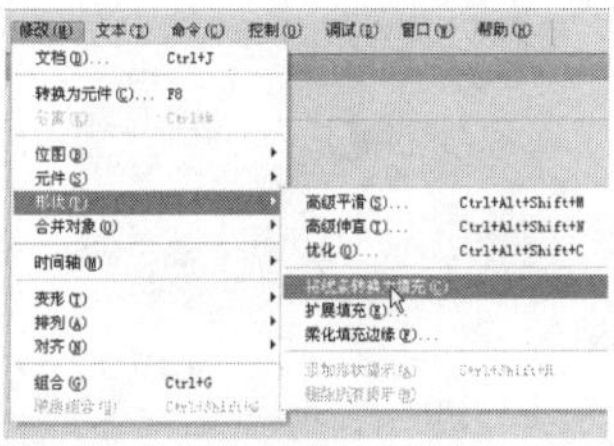

实例 4-14 说明

- **知识点：**
  从库中拖动元件到舞台上
- **视频教程：**
  光盘\教学\第 4 章　Flash 基本绘图与基础动画制作
- **效果文件：**
  光盘\素材与效果\04\效果\4-20.fla
- **实例演示：**
  光盘\实例\第 4 章\制作池塘场景

相关知识 库的作用

“库”面板存储了在 Flash 中创建的所有元件以及导入的文件，从中可以实现创建、编辑、修改元件等操作，并且可以通过“库”面板显示动画。

操作技巧 库的应用

打开“库”面板的方法如下。

- 选择“窗口”→“库”命令。
- 按 F11 键。

“库”面板如下所示。

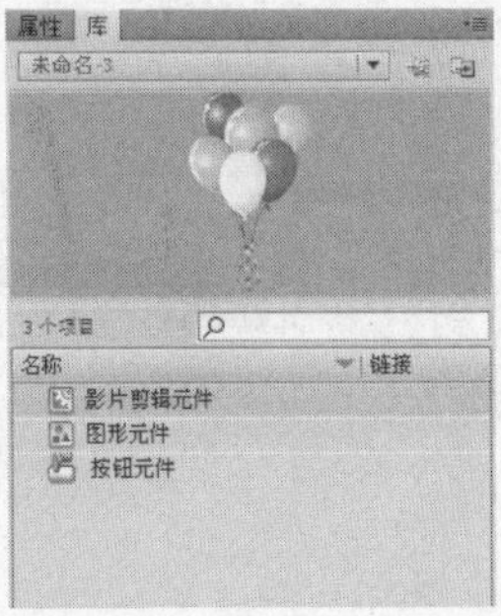

1. 将素材导入到库

将素材导入到库的方法如下。

（1）选择“文件”→“导入”→“导入到库”命令，弹出“导入到库”对话框，如下所示。

实例 4-15 毛毛虫

本实例将使用骨骼动画功能制作蠕动的毛毛虫，最终效果如图 4-77 所示。

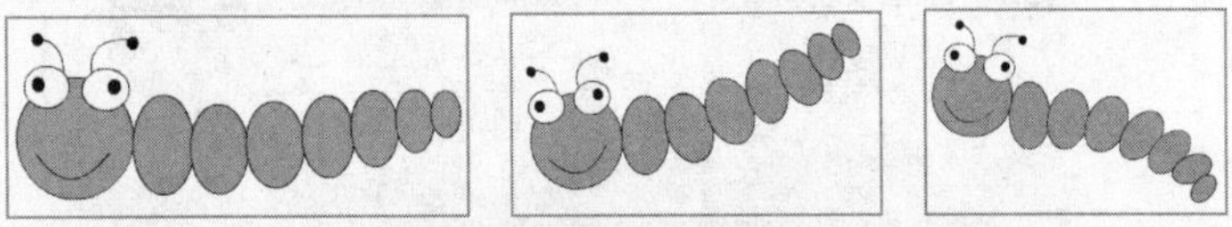

图 4-77 实例最终效果

操作步骤

1. 打开素材文件（光盘\素材与效果\04\素材\4-21.fla），如图 4-78 所示。
2. 选中毛毛虫的头，按 F8 键，弹出“转换为元件”对话框，在“名称”文本框中输入“头”，将“类型”设置为“影片剪辑”，如图 4-79 所示。

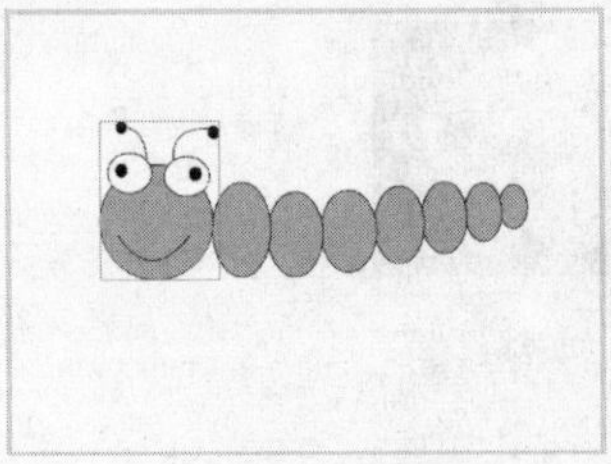

图 4-78 打开素材文件

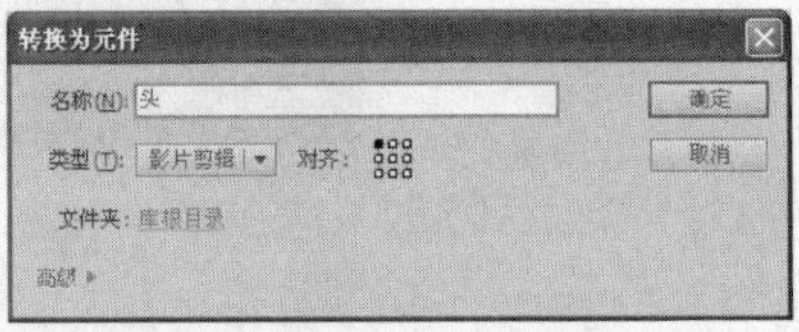

图 4-79 “转换为元件”对话框

3. 使用相同的方法，依次将组成毛毛虫身体的椭圆转换为元件，分别命名为“身 1”～“身 7”，如图 4-80 所示。

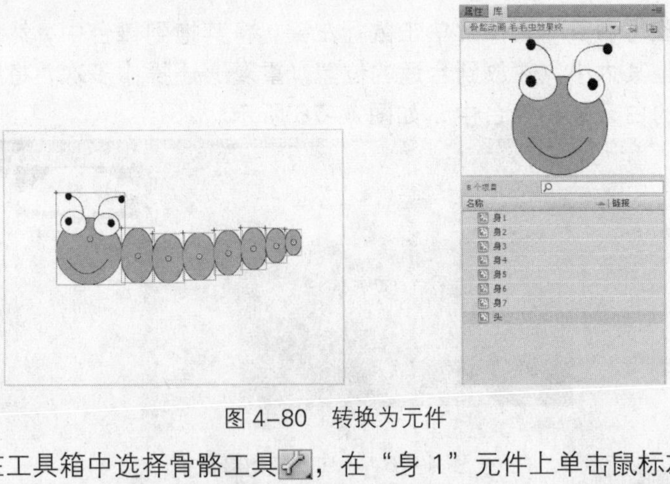

图 4-80 转换为元件

4. 在工具箱中选择骨骼工具，在“身 1”元件上单击鼠标左键并向头部拖动，绘制出第一段骨骼，同时“时间轴”面板中显示出骨架层，如图 4-81 所示。

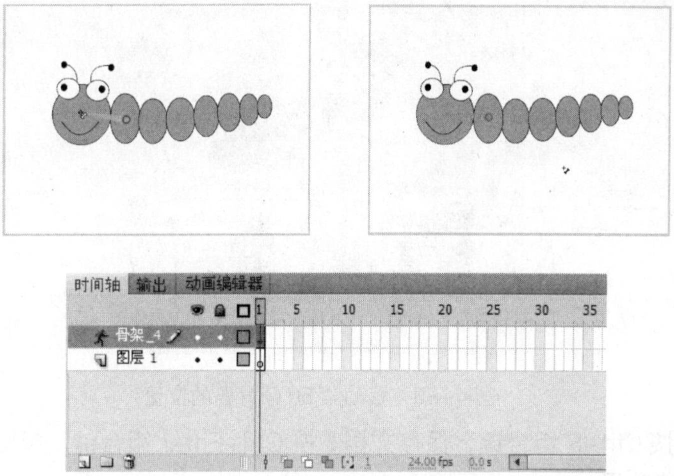

图 4-81 绘制第一段骨骼

5 在“身 2”元件上单击鼠标左键并向头部拖动，绘制出第二段骨骼，如图 4-82 所示。

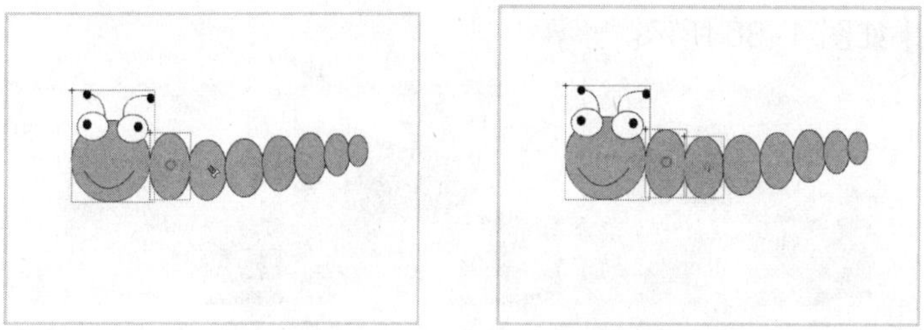

图 4-82 绘制第二段骨骼

6 使用相同的方法依次绘制其他的骨骼，如图 4-83 所示。

7 在骨架层的第 25 帧处单击鼠标右键，从弹出的快捷菜单中选择“插入姿势”命令。在工具箱中选择选择工具，选定毛毛虫，然后移动骨骼的位置，如图 4-84 所示。

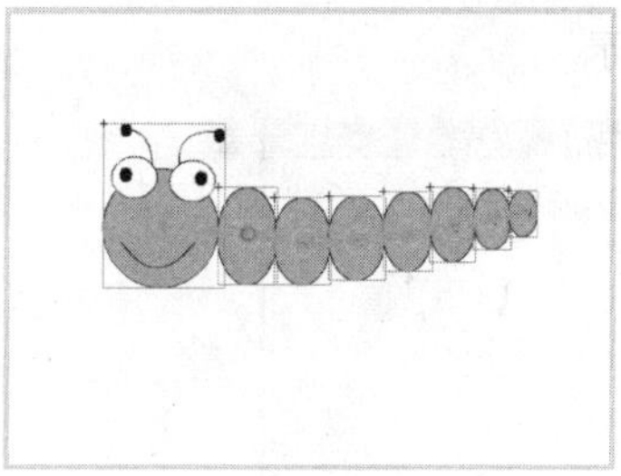

图 4-83 绘制出骨架

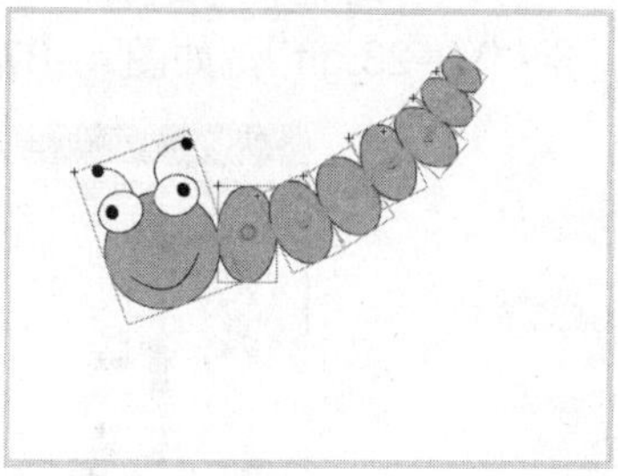

图 4-84 移动第 25 帧骨骼的位置

8 在骨架层的第 50 帧处单击鼠标右键，从弹出的快捷菜单中选择“插入姿势”命令。在工具箱中选择选择工具，选定毛毛虫，然后移动骨骼的位置，如图 4-85 所示。

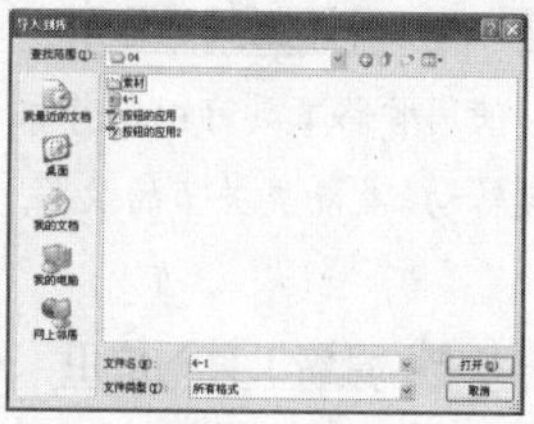

（2）选择要导入的图像，单击“打开”按钮，即可将其导入到库中。

2. 应用库中的元件

如果动画中要多次用到同一个元件，则可以将其导入到库中，然后从库中拖到舞台上，多次应用。具体方法如下：

选择库中的元件，按下鼠标左键不放，将其拖到舞台上，如下所示。

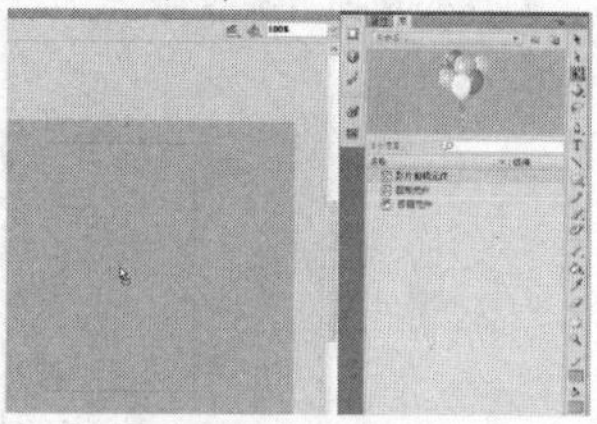

松开鼠标，即可将元件拖到舞台中。

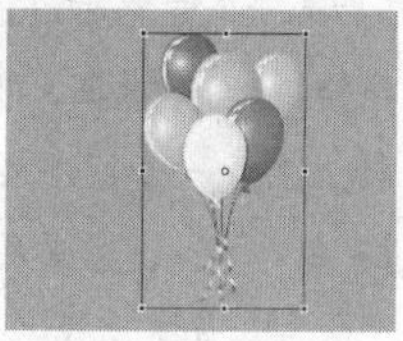

实例 4-15 说明

- 知识点：
  骨骼动画
- 视频教程：
  光盘\教学\第 4 章 Flash 基本绘图与基础动画制作
- 效果文件：
  光盘\素材与效果\04\效果\4-22.fla
- 实例演示：
  光盘\实例\第 4 章\毛毛虫

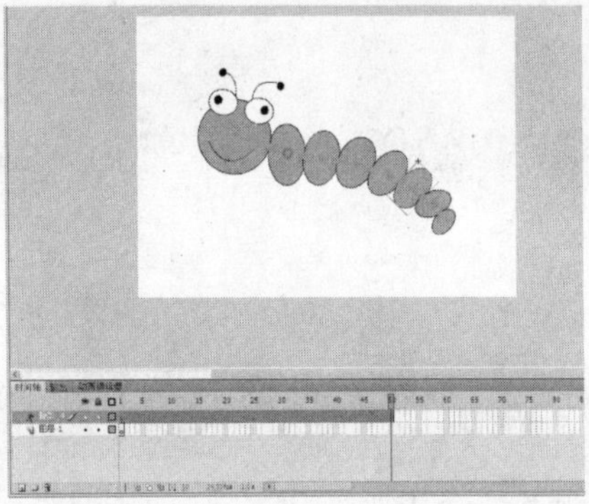

图 4-85 移动第 50 帧骨骼的位置

9 按 Ctrl+S 组合键，保存文档。按 Ctrl+Enter 组合键，预览最终效果。

实例 4-16 奔跑的兔子

本实例将使用逐帧动画功能，制作奔跑的兔子，最终效果如图 4-86 所示。

图 4-86 实例最终效果

操作步骤

1 选择“文件”→“新建”命令，在弹出的“新建文档”对话框中单击“确定”按钮，新建一个空白文档。

2 选择“文件”→“导入”→“导入到舞台”命令，在弹出的“导入”对话框中选择一幅素材图像（光盘\素材与效果\04\素材\4-23.gif），如图 4-87 所示。

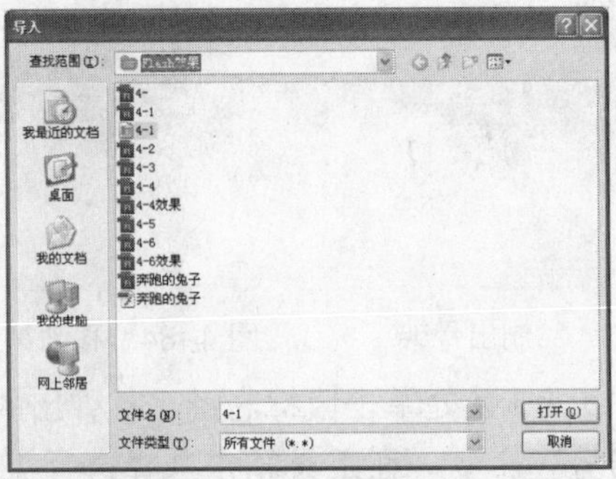

图 4-87 选择要导入的图像

相关知识 骨骼工具的作用

使用骨骼工具可以制作机械类转动、生物类关节的效果。

操作技巧 骨骼工具的应用

选择骨骼工具的方法有两种：

- 单击工具箱中的“骨骼工具”按钮。
- 按 M 键。

选择骨骼工具后，在形状内单击并拖动到目标位置（拖动时会显示骨骼），松开鼠标后，在单击的起始点和松开鼠标时的结束点之间将显示一个实心骨骼。每个骨骼都有头部、圆端和尾部，如下所示。

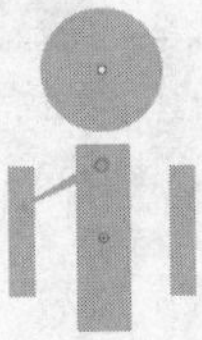

骨架中的第一个骨骼为根骨骼。添加第一个骨骼时，Flash 会将形状转换为 IK 对象，同时在时间轴上生成一个新图层，即姿势图层。每个姿势图层只包含一个骨架，如下所示。

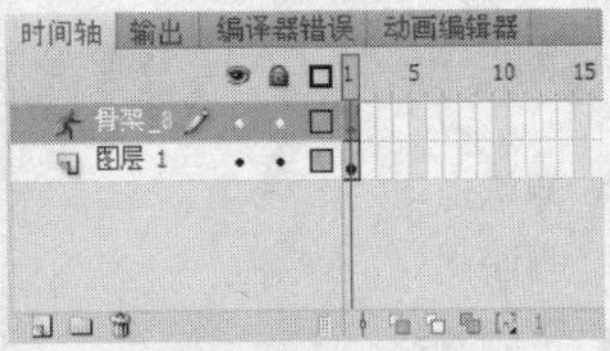

若要添加其他骨骼，则从第一个骨骼的尾部拖动到形状内的其他位置即可。

如果要创建分支骨架，则单击现有骨架的头部，然后拖动到其他位置，如下所示。

3 单击“打开”按钮，将图像导入到舞台中，然后使用任意变形工具调整其大小，如图片 4-88 所示。

图 4-88　调整图像的大小

4 在“时间轴”面板的第 31 帧上单击鼠标右键，在弹出的快捷菜单中选择“插入帧”命令，插入一个普通帧（如图 4-89 所示），这样插入的图像就延续到该帧。

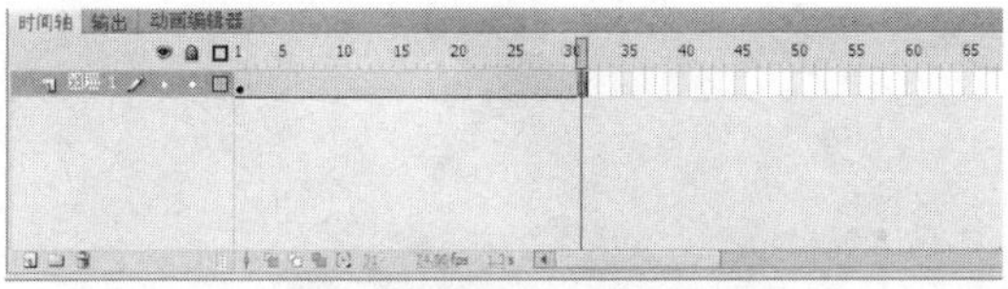

图 4-89　插入普通帧

5 单击“时间轴”面板左下角的“新建图层”按钮，新建一个新图层。在其名称上单击鼠标右键，使其变为可编辑状态，然后输入新名称“兔子”，如图 4-90 所示。

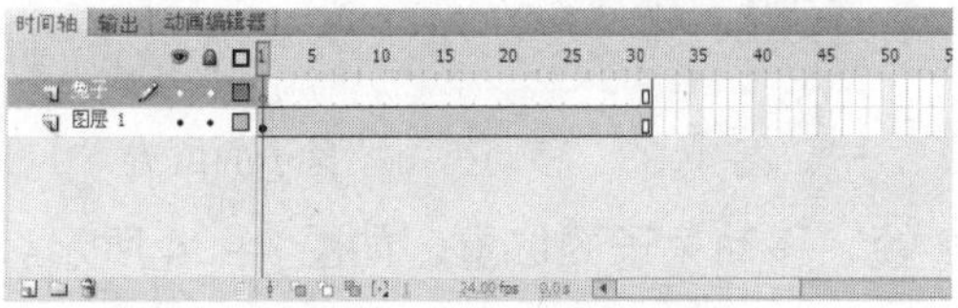

图 4-90　插入一个新图层并重命名

6 选定“兔子”图层中的第 1 帧，选择“文件”→“导入”→“导入到舞台”命令，在弹出的“导入”对话框中选择要导入的素材图像（光盘\素材与效果\04\素材\4-24.jpg），如图 4-91 所示。

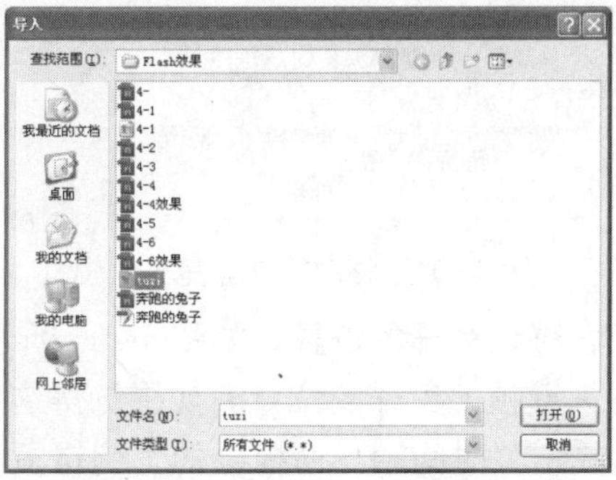

图 4-91　选择要导入的素材图像

若要移动骨架，则在工具箱中选择选择工具，然后单击鼠标选择骨骼并拖动其到需要的位置，如下所示。

在 Flash 中使用骨骼工具时需要注意以下几点。

- 只能为元件及 Flash 绘制的图形添加骨骼，不能对组及组中的元件或图形添加骨骼。
- 骨骼链只能在元件之间或者所选图形内进行绘制。
- 将物体进行骨骼连接后，相应的物体将会转移至“骨架层”中，且其变形轴心将成为骨骼的关节点。
- 骨架层中不能进行图形绘制及粘贴。
- 绑定工具只对图形中的骨骼链起作用。

实例 4-16 说明

知识点：
帧动画

视频教程：
光盘\教学\第 4 章　Flash 基本绘图与基础动画制作

效果文件：
光盘\素材与效果\04\效果\4-25.fla

实例演示：
光盘\实例\第 4 章\奔跑的兔子

相关知识 **什么是帧**

帧是组成动画的基本元素，Flash 动画就是由帧构成的，播放动画就是依次显示每一帧中的内容。

Flash 中的帧可以分为普通帧、关键帧、空白帧和空白关键帧。

1. 空白帧

不存有信息的帧，如下所示。

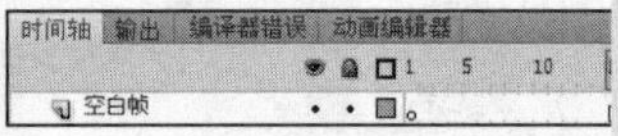

2. 普通帧

普通帧是不起关键作用的帧，但它有过滤和延长动画内容显示的作用。在“时间轴”面板上，普通帧是以空心矩形或单元格来表示，如下所示。

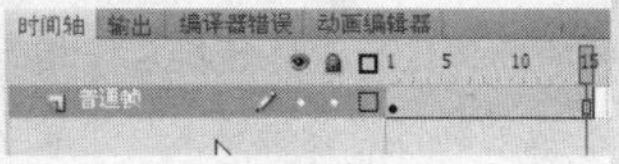

3. 关键帧

关键帧主要用来定义动画的变化部分，即在动画播放过程中，呈现关键性动作或变化环节的帧。可以在关键帧之间或关键帧之后添加普通帧，从而增加动画的播放时间，如下所示。

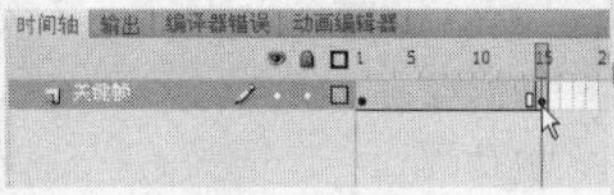

4. 空白关键帧

如果关键帧中有内容，则关键帧显示为一个黑色的实心圆圈；如果关键帧中没有内容，则显示为一个空心小圆圈，即空白关键帧。如果在空白关键帧上创建了内容，空白关键帧

7 单击“打开”按钮，Flash 会自动把 GIF 中的图像序列按序以逐帧形式导入舞台的“0，0”坐标处，如图 4-92 所示。

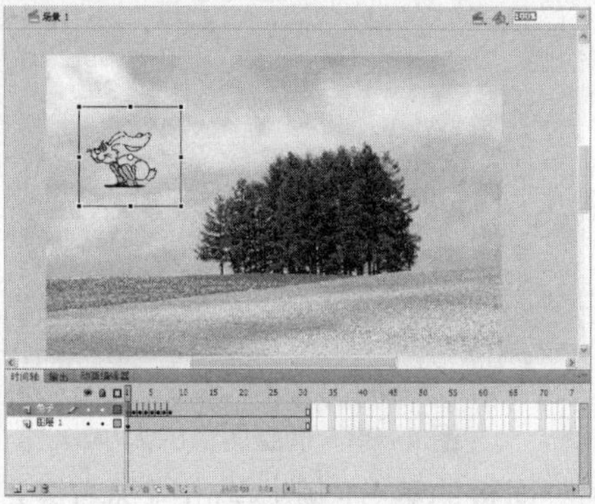

图 4-92 导入 GIF 图像

8 选中“兔子”图层中的第 1 帧，移动兔子的位置，如图 4-93 所示。

图 4-93 移动第 1 帧兔子的位置

9 选中第 2 帧，移动兔子的位置，如图 4-94 所示。

图 4-94 移动第 2 帧兔子的位置

10 选中第 3 帧，移动兔子的位置，如图 4-95 所示。

11 依次排序各关键帧上兔子的位置。如果觉得这样排序不容易排整齐，则单击“时间轴”面板中的“编辑多个帧”按钮，如图 4-96 所示。

图 4-95　移动第 3 帧兔子的位置

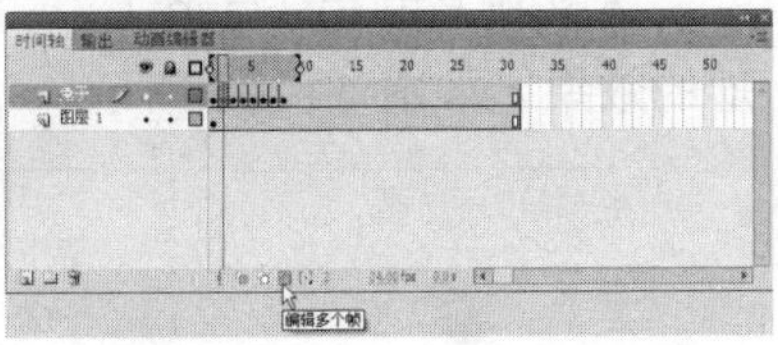

图 4-96　单击“编辑多个帧”按钮

12 这时所有的图像即会显示出来，如图 4-97 所示。这时就可以相对比较整齐地调整各图像的位置。

图 4-97　显示出所有的图像

13 单击选中第 2 帧，按住 Shift 键的同时再单击第 8 帧，同时选中第 4～8 帧，然后在第 2 帧上单击鼠标左键，并水平向右拖动到第 5 帧，如图 4-98 所示。

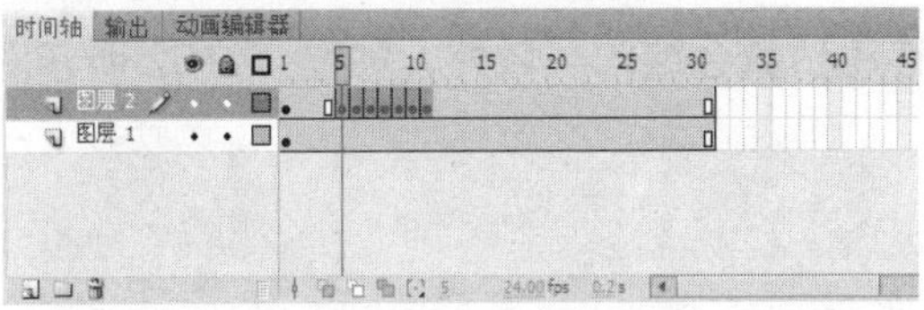

图 4-98　移动第 2 关键帧

14 使用相同的方法依次将各关键帧向右移动 2 帧，如图 4-99 所示。

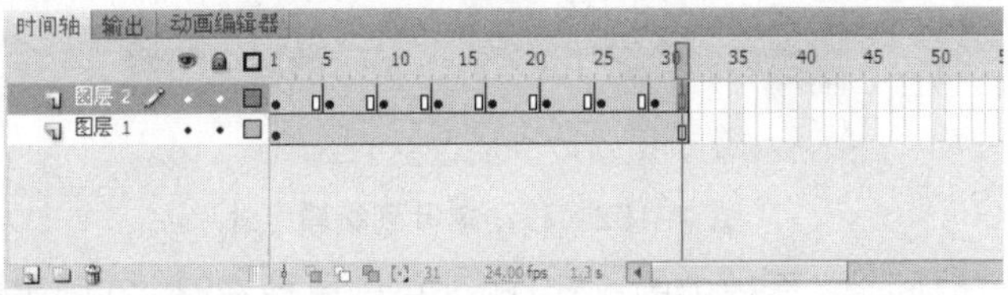

图 4-99　移动关键帧

15 保存文档，得到最终效果。

就变成了关键帧，如下所示。

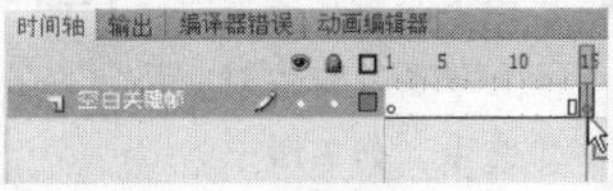

操作技巧　**创建帧**

1. 创建普通帧

创建普通帧的方法如下。

（1）选择“插入”→“时间轴”→“帧”命令。

（2）在时间轴上需要创建帧的位置单击鼠标右键，在弹出的快捷菜单中选择“插入帧”命令。

（3）按 F5 键。

2. 创建关键帧

创建关键帧的方法如下。

（1）选择“插入”→“时间轴”→“关键帧”命令。

（2）在时间轴上需要创建关键帧的位置处单击鼠标右键，在弹出的快捷菜单中选择“插入关键帧”命令。

（3）按 F6 键。

3. 创建空白关键帧

创建空白关键帧的方法如下。

（1）选择“插入”→“时间轴”→“空白关键帧”命令。

（2）在时间轴上需要创建空白关键帧的位置单击鼠标右键，在弹出的快捷菜单中选择“插入空白关键帧”命令。

（3）按 F7 键。

操作技巧　**编辑帧（1）**

编辑帧包括选择帧、复制与粘贴帧、移动帧和删除帧等。

1. 选择帧

选择帧有多种方式，下面分别介绍。

实例 4-17 树叶飘零

本实例将利用 Flash CS5 提供的传统补间功能制作树叶飘落的效果，如图 4-100 所示。

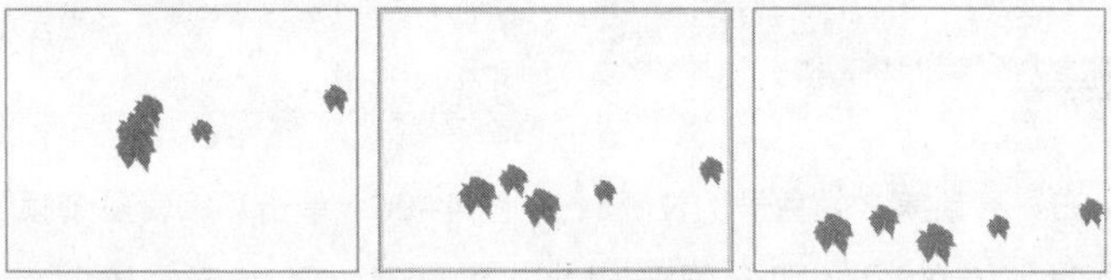

图 4-100　实例最终效果

操作步骤

1 打开素材文件（光盘\素材与效果\04\素材\4-26.fla），如图 4-101 所示。

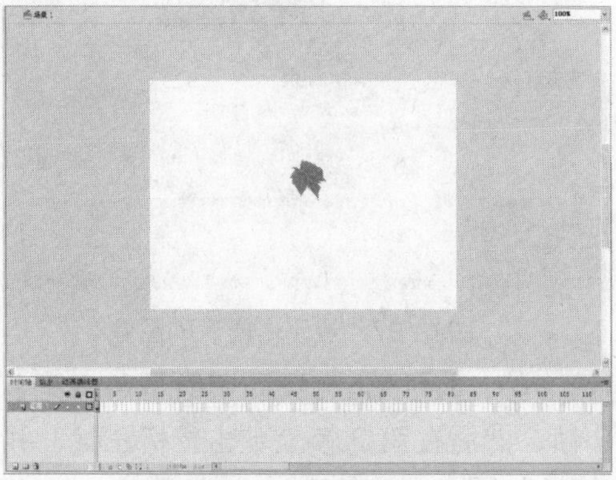

图 4-101　打开素材文件

2 将树叶移动到舞台编辑区域外，如图 4-102 所示。

图 4-102　移动树叶到编辑区外

3 在“时间轴”面板中的第 50 帧处单击鼠标右键，在弹出的快捷菜单中选择“插入关键帧”命令，然后将此帧的图像移动到舞台编辑区的下方，如图 4-103 所示。

- 选择单个帧：在需要选择的帧上单击鼠标左键，即可将其选中，如下所示。

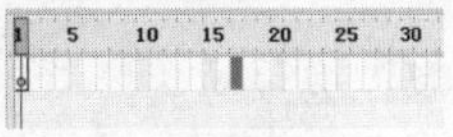

- 选择多个连续的帧：按住 Shift 键，单击需要选择的起始帧，然后单击需要选择的终点帧，即可将它们之间的所有帧全部选中，如下所示。

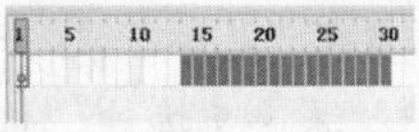

- 选择多个不相邻的帧：按住 Ctrl 键，单击要选择的帧，如下所示。

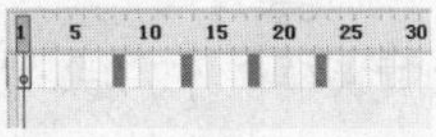

- 选择所有帧：选择“编辑”→“时间轴”→“选择所有帧”命令；或在任意一帧上单击鼠标右键，在弹出的快捷菜单中选择“选择所有帧”命令，如下所示。

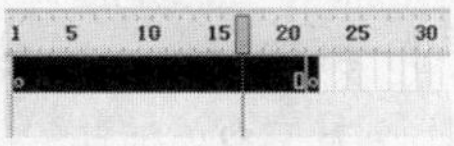

实例 4-17 说明

知识点：
传统补间

视频教程：
光盘\教学\第 4 章　Flash 基本绘图与基础动画制作

效果文件：
光盘\素材与效果\04\效果\4-27.fla

实例演示：
光盘\实例\第 4 章\树叶飘零

操作技巧　编辑帧（2）

2. 复制与粘贴帧

方法如下。

- 将需要复制的帧选中，选择

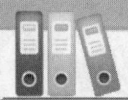

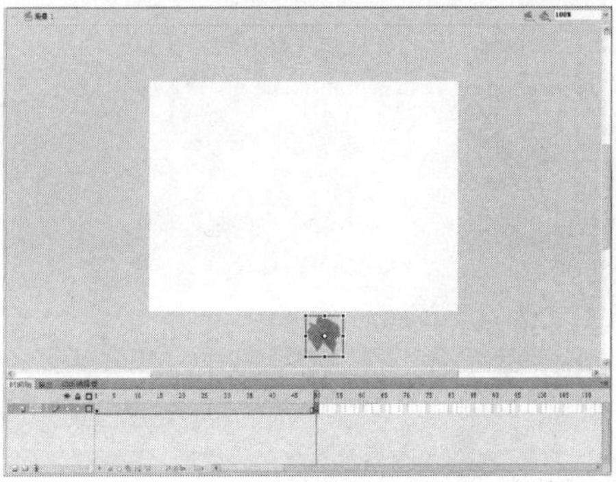

图 4-103　移动树叶位置

4 在第 4～50 帧之间的任意帧上单击鼠标右键，在弹出的快捷菜单中选择“创建传统补间”命令，创建传统补间，如图 4-104 所示。

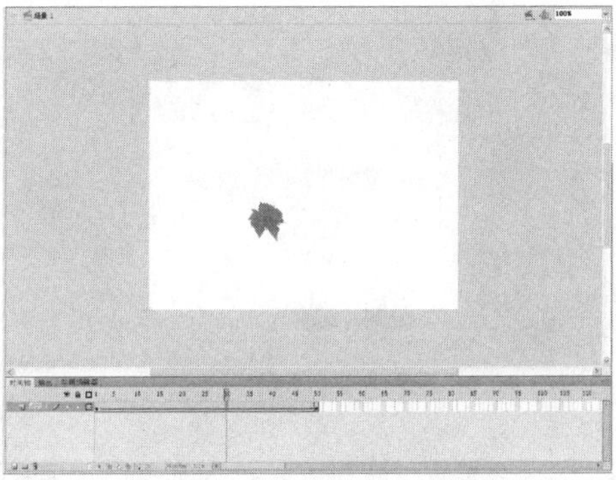

图 4-104　创建传统补间

5 单击“时间轴”面板左下角的“新建图层”按钮，新建一个“图层 2”。复制“图层 1”中的树叶，将其粘贴到“图层 2”，并调整其位置，如图 4-105 所示。

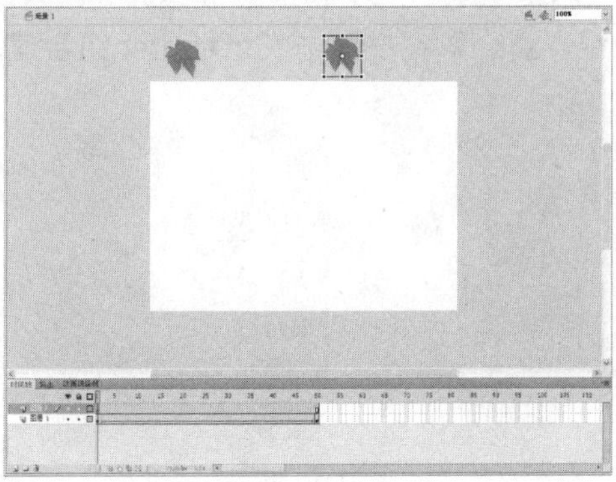

图 4-105　复制树叶

6 在第 50 帧上插入关键帧，并调整该帧图像的位置，如图 4-106 所示。

“编辑”→“时间轴”→“复制帧”命令，然后选中要粘贴帧的位置，选择“编辑”→“时间轴”→“粘贴帧”命令。

- 在要复制的帧上单击鼠标右键，在弹出的快捷菜单中选择“复制帧”命令。然后在要粘贴帧的位置单击鼠标右键，在弹出的快捷菜单中选择“粘贴帧”命令。

3. 移动帧

方法如下。

- 选中需要移动的帧，然后将选定的帧直接拖到需要的位置，如下所示。

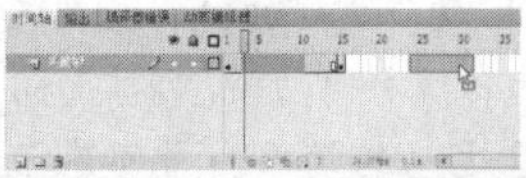

- 选中需要移动的帧，选择“编辑”→“时间轴”→“剪切帧”命令，然后选中要粘贴帧的位置，选择“编辑”→“时间轴”→“粘贴帧”命令。
- 在选定帧上单击鼠标右键，在弹出的快捷菜单中选择“剪切帧”命令。然后在需要移动到的位置单击鼠标右键，在弹出的快捷菜单中选择“粘贴帧”命令。

4. 删除帧

删除帧的方法如下。

（1）将需要删除的帧选中，在其上单击鼠标右键。

（2）在弹出的快捷菜单中选择“删除帧”命令。

操作技巧　**制作逐帧动画**

逐帧动画是最基本的动画形式。在逐帧动画中，每一帧都是关键帧，并且每一帧中的内容都不相同，通过连续播放形成动画。

逐帧动画比较适用于一些细微而复杂的动作，如行走、挥动手臂、摇摆等。但逐帧动画也有缺点，因为其每一帧上的内容都不相同，这些单独的图画会使文件体积很大，从而占用大量的空间。

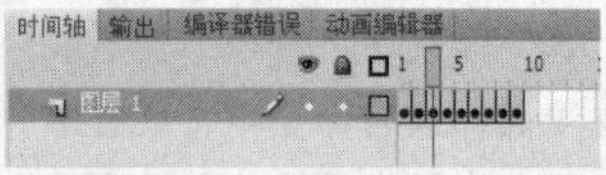

相关知识 什么是传统补间动画

Flash 支持两种不同类型的补间以创建动画，即传统补间和补间动画。

Flash CS5 将之前各版本 Flash 软件创建的补间动画统称为传统补间动画，即非面向对象运动的动画。补间基于帧，意思是两个关键帧为两个元件实例，它们之间相互独立，更改其中某个关键帧不会影响其他关键帧，如下所示。

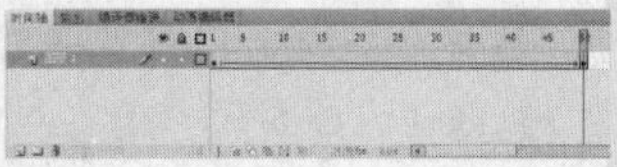

操作技巧 制作传统补间动画

制作传统补间的方法如下。

（1）创建一个关键帧作为开始帧，在此帧处创建图形并将图形转换成元件或组合，也可以直接从“库”面板中拖出元件，如下所示。

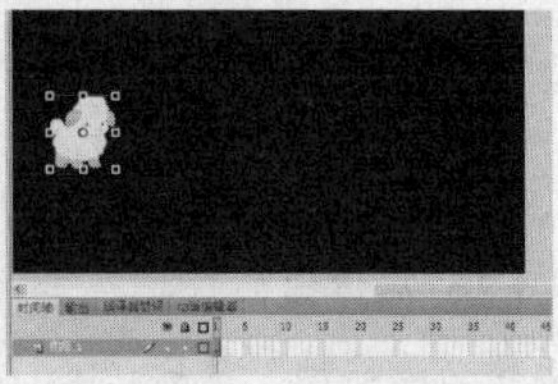

（2）在同一层的其他帧上再创建一个关键帧，作为结束帧，然后设置此帧中对象的状态，如改变位置或调整大小等，如下所示。

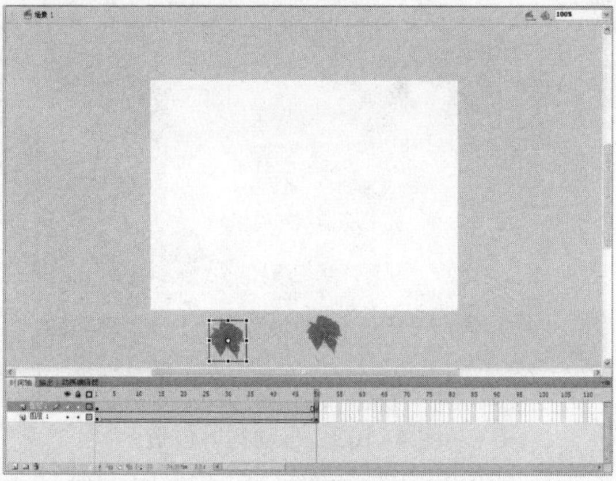

图 4–106 “图层 2”中第 50 帧的树叶

7 在“图层 2”的第 4～50 帧之间创建传统补间，如图 4–107 所示。

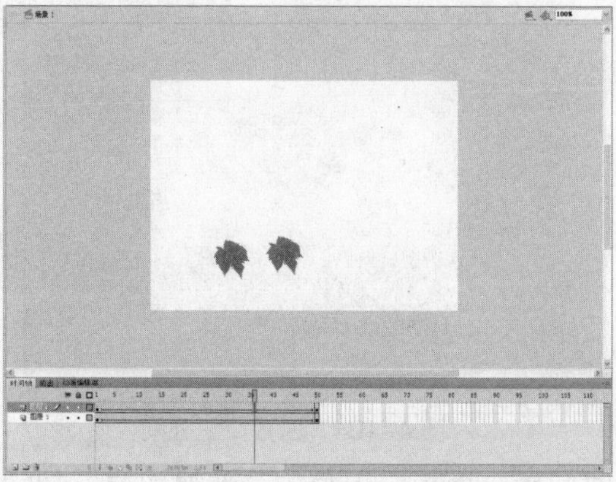

图 4–107 创建“图层 2”的传统补间

8 用相同的方法再新建 3 个图层，并依次创建传统补间（创建时可以随意调整图像的大小和位置），如图 4–108 所示。

9 按 Ctrl+S 组合键，保存文档。按 Ctrl+Enter 组合键，预览动画。

图 4–108 创建多个图层的传统补间

实例 4-18　渐行渐远

本实例将使用补间动画功能，创作帆船慢慢飘远的效果，如图 4-109 所示。

图 4-109　实例最终效果

操作步骤

1 打开素材文件（光盘\素材与效果\04\素材\4-28.fla），如图 4-110 所示。

图 4-110　打开素材文件

2 选中绘制的帆船，按 F8 键，弹出“转换为元件”对话框。在“名称”文本框中输入“帆船”，在“类型”下拉列表框中选择“图形”，如图 4-111 所示。单击“确定”按钮，将帆船转换为元件。

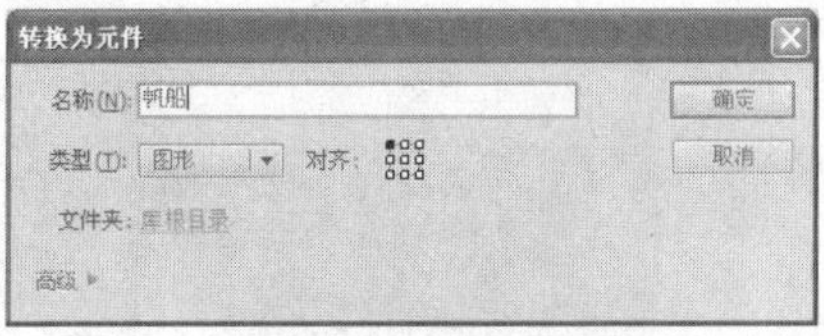

图 4-111　“转换为元件”对话框

3 选中“背景”图层和“帆船”图层的第 100 帧，按 F5 键，插入普通帧，如图 4-112 所示。

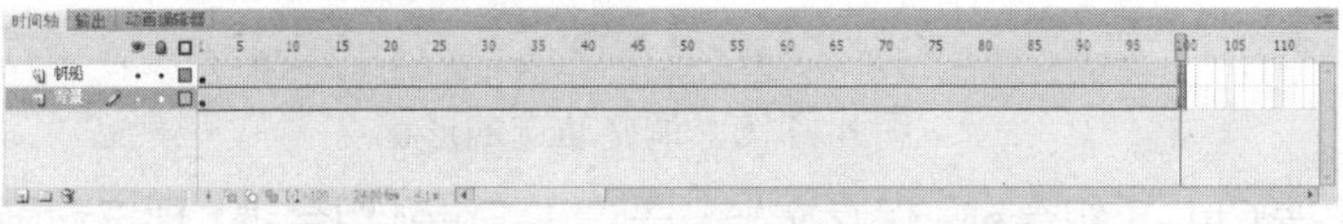

图 4-112　在第 100 帧处插入普通帧

（3）在开始帧和结束帧之间单击鼠标右键，在弹出的快捷菜单中选择“创建传统补间”命令，即可在两帧之间创建传统补间动画，如下所示。

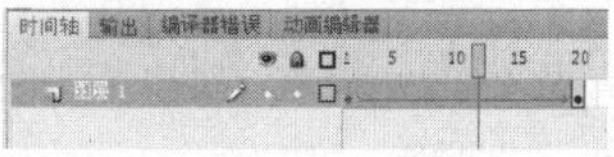

操作技巧　设置传统补间动画的属性

创建好传统补间动画后，可以通过“属性”面板更改其属性，如下所示。

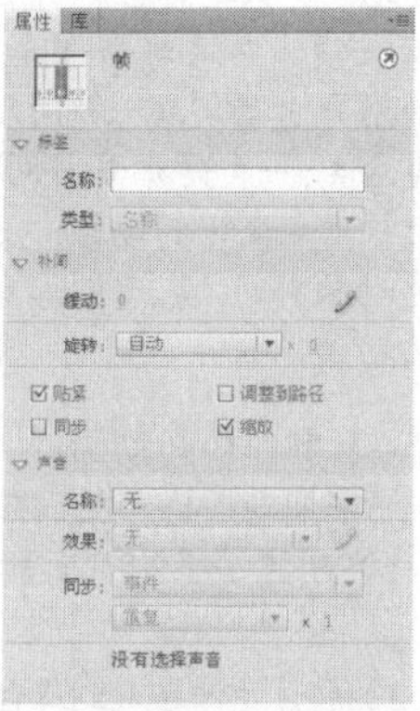

其中各项功能介绍如下。

- 缓动：用来设置动画在开始或结束处减速。
- 旋转：用来设置对象的旋转方向，其中包括“无”、“自动”、“顺时针”和“逆时针”4 个选项。
- 贴紧：选中此复选框，可以使对象沿路径运动时自动与路径对齐，即自动捕捉路径。
- 调整到路径：选中此复选框后，可以使对象沿着指定的路径运动，并且随着路径的变化会相应地调整角度。
- 同步：选中此复选框，可以使动画在主场景中正确地循环，即可以首尾连续地循环播放。
- 缩放：选中该复选框，对象在运动时可按比例缩放。

实例 4-18 说明

知识点：

补间动画

视频教程：

光盘\教学\第 4 章　Flash 基本绘图与基础动画制作

效果文件：

光盘\素材与效果\04\效果\4-29.fla

实例演示：

光盘\实例\第 4 章\渐行渐远

相关知识　什么是补间动画

补间动画是建立在两个关键帧（开始帧和结束帧）之间的渐变动画，只要建立好开始帧和结束帧，中间部分 Flash 会帮助用户自动实现。补间动画分为两类：一类是形状补间，用于形状发生变化的动画；另一类是动画补间，基于图形及元件的动画。

操作技巧　制作补间动画

制作补间动画的方法如下。

（1）新建一个影片剪辑元件。

（2）将该元件导入到舞台中，新建一个普通帧，在第一帧和最后一帧之间的任意帧上单击鼠标右键，在弹出的快捷菜单中选择“创建补间动画”命令，此时时间轴以蓝底显示。

（3）选中最后一帧，调整影片剪辑的位置，此时舞台上会显示一条绿色的运动轨迹。

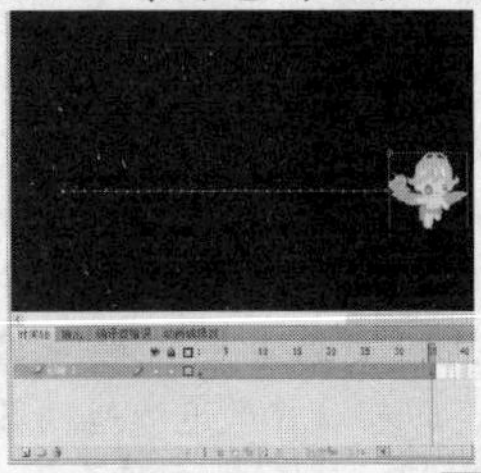

（4）使用选择工具调整轨迹的形状，如下所示。

4 在“帆船”图层的任意帧上单击鼠标右键，在弹出的快捷菜单中选择“创建补间动画”命令，此时第 4～100 帧之间的区域显示为淡蓝色，同时图层的标志也改变了，如图 4-113 所示。

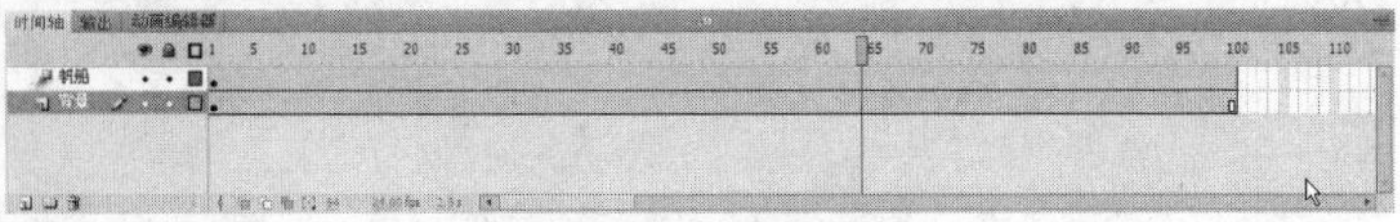

图 4-113　创建补间动画

5 单击“帆船”图层的第 100 帧，将帆船移动到目标位置，然后在工具箱中选择任意变形工具，调整帆船的大小，如图 4-114 所示。

图 4-114　调整帆船的大小和位置

6 此时在两个帧之间会产生一条运动轨迹。在工具箱中选择选择工具，将鼠标移动到轨迹的附近，当鼠标指针变成形状时单击鼠标左键并拖动，可以调整轨迹的形状，如图 4-115 所示。

图 4-115　调整轨迹的形状

7 按 Ctrl+S 组合键，保存文档。按 Ctrl+Enter 组合键，预览动画。

实例 4-19　星形变花朵

本实例将利用形状补间动画功能制作五角星变成花的效果，如图 4-116 所示。

图 4-116　实例最终效果

操作步骤

1 选择“文件”→“新建”命令，新建一个空白文档。在“时间轴”面板中的第 50 帧上单击鼠标右键，在弹出的快捷菜单中选择“插入关键帧”命令，插入一个关键帧，如图片 4-117 所示。

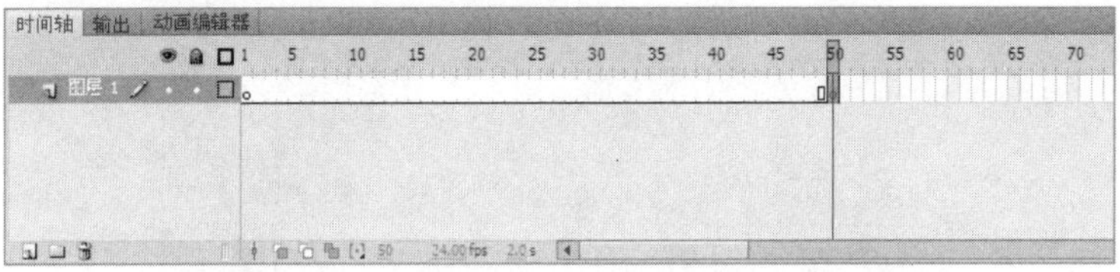

图 4-117　插入关键帧

2 将光标定位到第 1 帧，绘制星形，如图 4-118 所示。

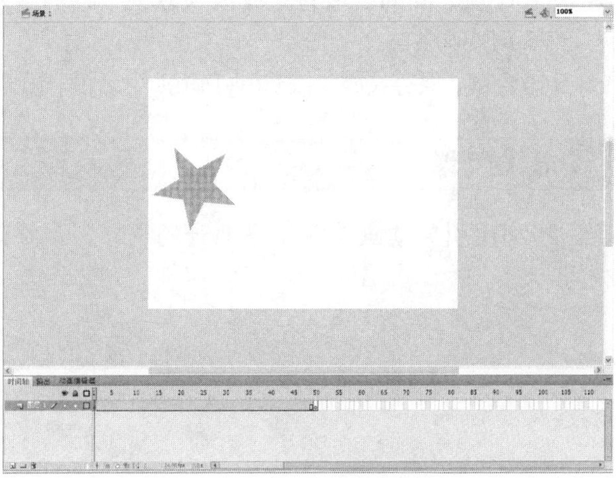

图 4-118　在第 1 帧上绘制星形

3 将光标定位到第 50 帧，绘制或从其他文件中复制花朵图案(光盘\素材与效果\04\素材\4-30.fla)，如图 4-119 所示。

（5）按 Ctrl+Enter 组合键，测试效果。

相关知识　**传统补间和补间动画的区别**

- 传统补间使用关键帧；补间动画使用属性关键帧而不是关键帧。
- 补间动画在整个补间范围内由一个对象组成。
- 补间动画和传统补间都只允许对特定类型的对象进行补间。补间动画在创建补间时会将一切对象转换为影片剪辑，而传统补间会将这些对象转换为图形元件。
- 补间动画不会将文本对象转换为影片剪辑，传统补间则可将文本对象转换为图形元件。
- 补间动画在补间范围内不允许帧脚本，传统补间允许帧脚本。
- 对传统补间而言，缓动应用于补间内关键帧之间的帧组；对补间动画而言，缓动应用于补间动画范围的整个长度。
- 利用传统补间，能够在两种不同的色彩效果（如色调和 Alpha 透明度）之间创建动画，补间动画能够对每个补间应用一种色彩效果。
- 对于补间动画，无法交换元件或设置属性关键帧中显现的图形元件的帧数。
- 只有补间动画才能保存为动画预设。

实例 4-19 说明

知识点：
形状补间动画

视频教程：
光盘\教学\第 4 章　Flash 基本绘图与基础动画制作

效果文件：
光盘\素材与效果\04\效果\4-31.fla

实例演示：
光盘\实例\第 4 章\星形变花朵

相关知识 什么是形状补间动画

顾名思义，形状补间动画就是形状逐渐发生变化的动画。同运动补间动画一样，它也可以是颜色、大小以及位置的变化。只需要创建关键帧上不同形状的对象，就可以给这些对象定义形变动画。

形状补间动画中关键帧上的对象不能是元件、组合对象或位图对象，在关键帧上创建的对象应该是在舞台中绘制的图形或分离后的元件。

操作技巧 制作形状补间动画

制作形状补间的方法如下。

（1）新建一个 Flash 文档，选中动画的开始帧，并在此按 F6 键插入一个关键帧。

（2）在舞台上绘制图形或创建文本。

（3）选择对象，按两次 Ctrl+B 组合键将其打散。

（4）选中终点帧，按 F6 键在其上插入一个关键帧，然后在此帧中创建一个与开始帧处不同的对象。

（5）选中开始帧，然后在其“属性”面板的“补间”下拉列表框中选择“形状”选项，此时两关键帧之间出现浅绿色背景的箭头，表示两帧之间创建了形状补间动画。

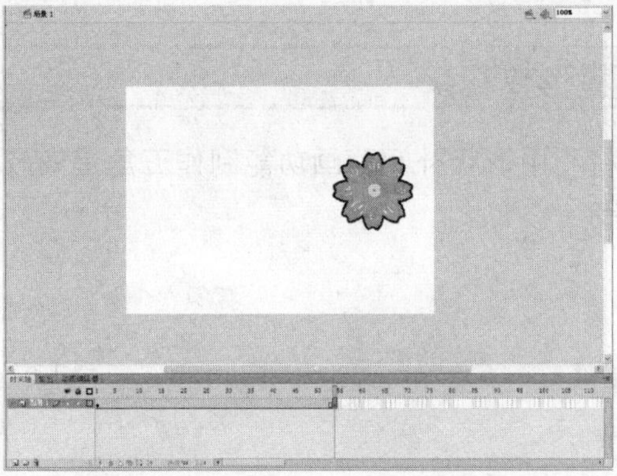

图 4-119 在第 50 帧上绘制花朵

4 在任意空白帧上单击鼠标右键，在弹出的快捷菜单中选择“创建补间形状”命令，如图 4-120 所示。

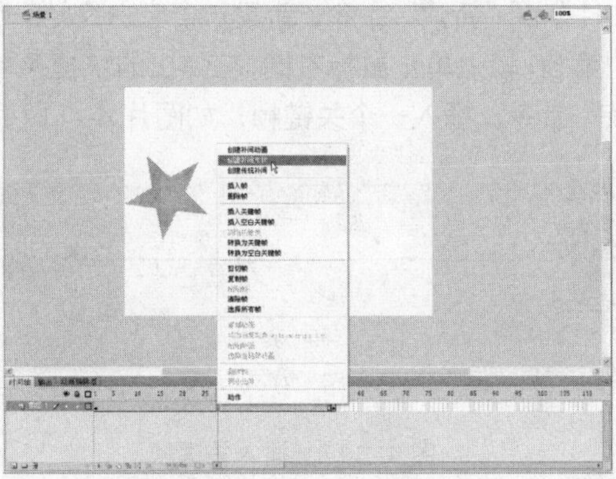

图 4-120 在第 50 帧上绘制花朵

这时第 4～50 帧之间的区域背景变成淡绿色，同时显示出箭头标志，表示制作成功。

5 按 Ctrl+S 组合键，保存文档。按 Ctrl+Enter 组合键，预览动画。

实例 4-20 放飞气球

本实例将利用引导动画功能制作上升的气球，最终效果如图 4-121 所示。

图 4-121 实例最终效果

操作步骤

1 打开素材文件（光盘\素材与效果\04\素材\4-32.fla），如图 4-122 所示。

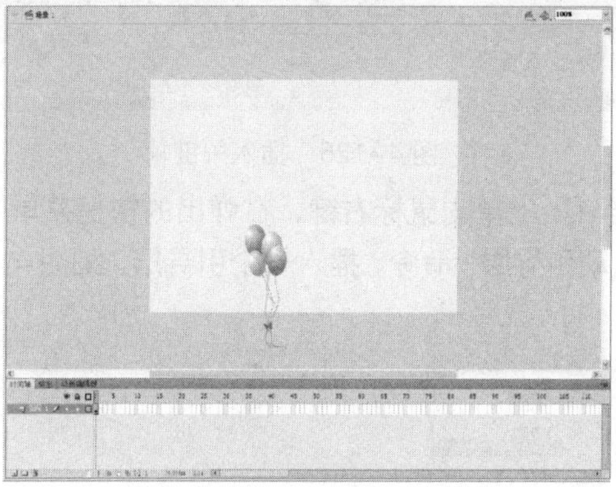

图 4-122　打开素材文件

2 在图形上单击鼠标右键，在弹出的快捷菜单中选择“转换为元件”命令，如图 4-123 所示。

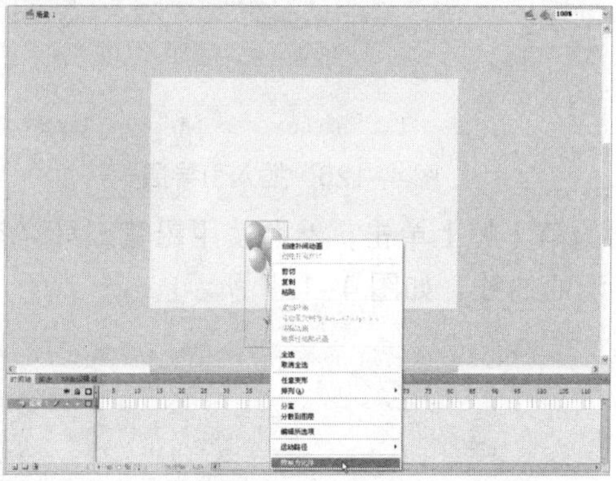

图 4-123　选择“转换为元件”命令

弹出“转换为元件”对话框，使用默认的名称“元件 1”，在“类型”下拉列表框中选择“图形”，如图 4-124 所示。单击“确定”按钮，将图形转换成元件。

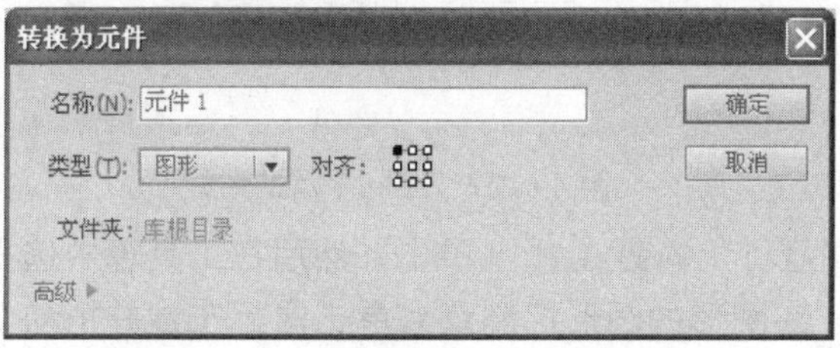

图 4-124　“转换为元件”对话框

3 在第 60 帧上单击鼠标右键，在弹出的快捷菜单中选择“插入关键帧”命令，插入一个关键帧，如图 4-125 所示。

实例 4-20 说明

- **知识点：**
  引导层动画
- **视频教程：**
  光盘\教学\第 4 章　Flash 基本绘图与基础动画制作
- **效果文件：**
  光盘\素材与效果\04\效果\4-33.fla
- **实例演示：**
  光盘\实例\第 4 章\放飞气球

相关知识　什么是引导动画

引导动画就是通过创建引导层，使引导层中的对象沿着路径进行运动的动画。它由引导层和被引导层组成，引导层是对象运动的路径，被引导层是运动的对象。通过这种动画，可以实现“飞翔”、“树叶飘飞”等效果。

操作技巧 制作引导动画

引导层分为普通引导层和运动引导层。

1. 普通引导层

普通引导层是在普通图层的基础上创建的，用户可以随时将一个普通图层转换为普通引导层。具体操作步骤如下。

(1)选中需要创建普通引导层的图层。

(2) 在选中的图层上单击鼠标右键，在弹出的快捷菜单中选择“引导层”命令，即可将普通图层转换为普通引导层。

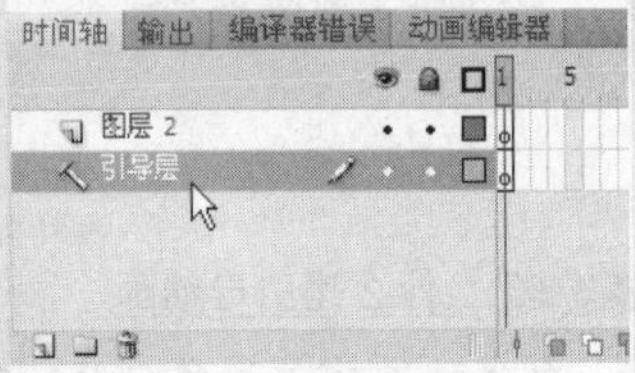

2. 运动引导层

运动引导层用于创建曲线运动路径。运动引导层是一个新层，此层中通常只有对象运动的路径。通过运动引导层可以使图层中的对象沿一定的路径运动。

创建运动引导层的步骤如下。

(1)选中要为其建立运动引导层的图层。

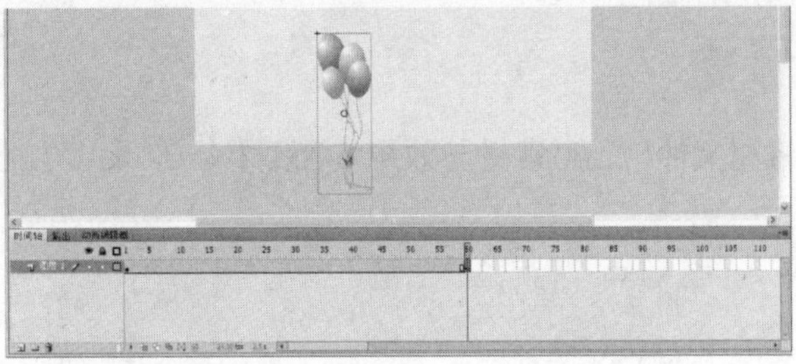

图 4-125　插入关键帧

4 在“图层 1”上单击鼠标右键，在弹出的快捷菜单中选择“添加传统运动引导层”命令，插入一个引导层，如图 4-126 所示。

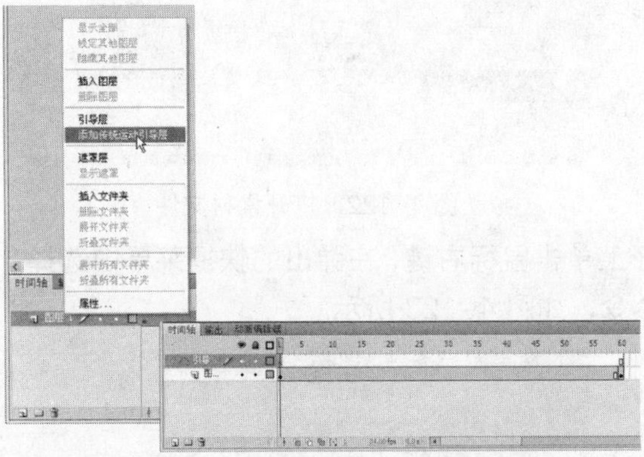

图 4-126　插入引导层

5 在引导层的第 1 帧上单击，然后使用铅笔工具在舞台中绘制一条平滑的曲线，如图 4-127 所示。

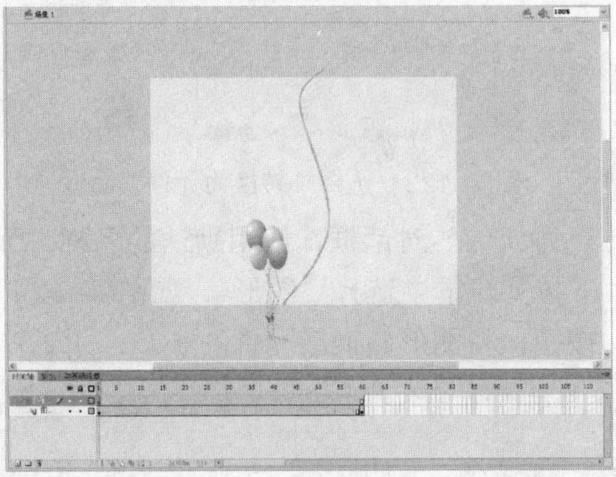

图 4-127　绘制平滑的曲线

6 在“图层 1”的第 1 帧上单击，然后在工具箱中选择选择工具，在图形的圆形控制点上单击鼠标左键并拖动，将其移至曲线的最下端，与端点重合，如图 4-128 所示。注意在移动时，元件的中央会出现一个空心小圆，一定要将小圆与曲线的端点重合，使其附着在曲线上。

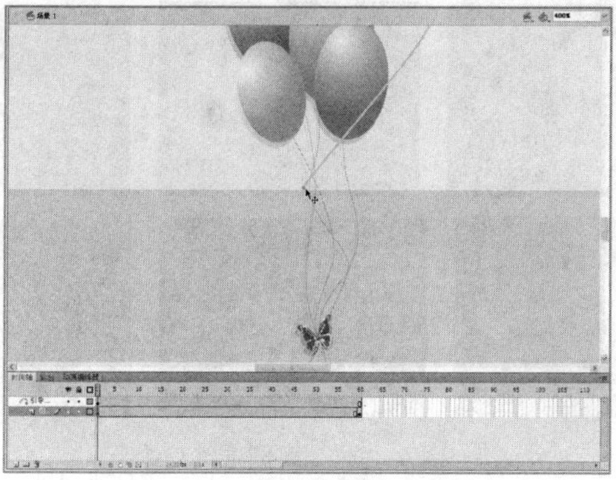

图 4-128　将图形移到曲线的最下端点处

7 在“图层 1”的第 60 帧上单击，在图形的圆形控制点处单击鼠标左键并拖动，将其移动到曲线的最上端，与端点重合，如图 4-129 所示。

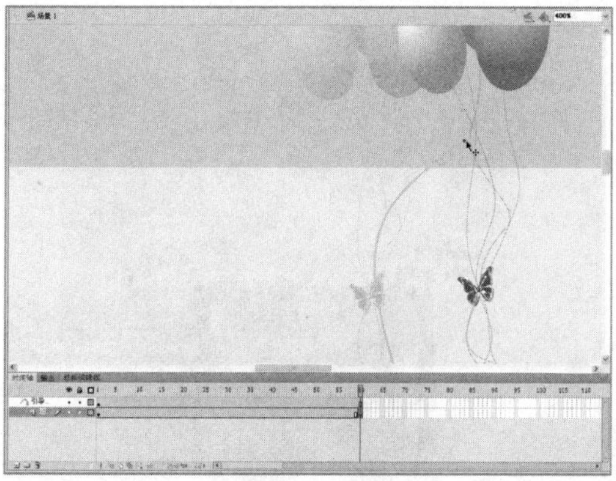

图 4-129　将图形移到曲线的最上端点处

8 在“图层 1”的第 4～60 帧间的任意帧上单击鼠标右键，在弹出的快捷菜单中选择“创建传统补间”命令，创建补间动画，如图 4-130 所示。

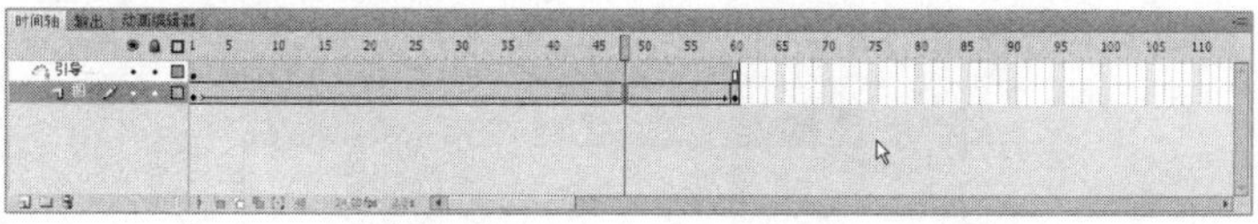

图 4-130　创建补间

9 按 Ctrl+S 组合键，保存文档。按 Ctrl+Enter 组合键，预览动画。

实例 4-21　美丽风景遮罩

本实例将利用遮罩功能制作美丽风景的遮罩动画，最终效果如图 4-131 所示。

（2）单击鼠标右键，在弹出的快捷菜单中选择“添加传统运动引导层”命令，即可在选中图层的上方创建一个运动引导层，并且建立了两者之间的连接。

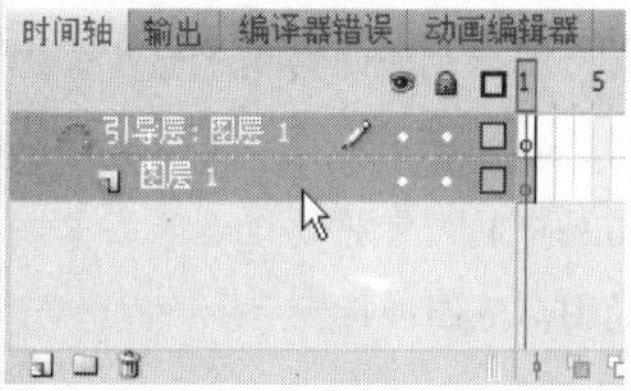

实例 4-21 说明

- **知识点：**
  遮罩
- **视频教程：**
  光盘\教学\第 4 章　Flash 基本绘图与基础动画制作
- **效果文件：**
  光盘\素材与效果\04\效果\4-35.fla
- **实例演示：**
  光盘\实例\第 4 章\美丽风景遮罩

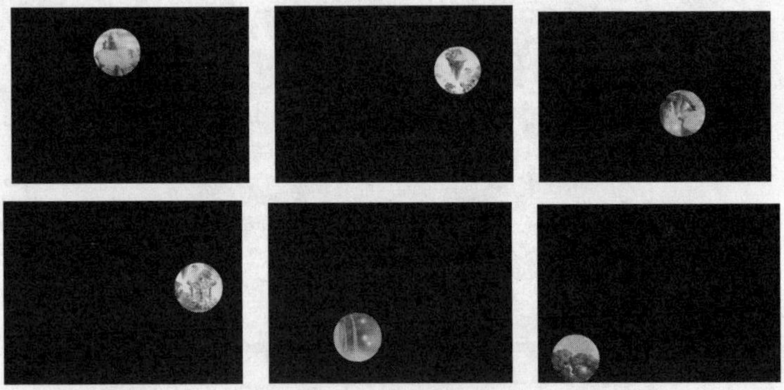

图 4-131　实例最终效果

操作步骤

1 启动 Flash，新建一个空白文档。

2 选择“修改”→“文档”命令，打开“文档设置”对话框，单击“背景颜色”右侧的颜色框，在弹出的颜色面板中选择“黑色”，如图 4-132 所示。

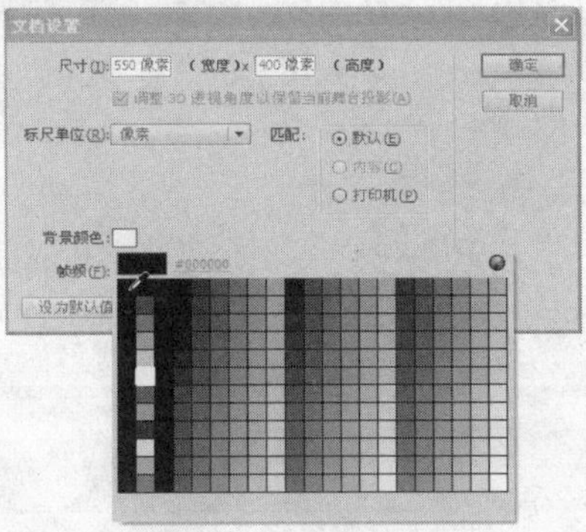

图 4-132　设置背景颜色

3 单击“确定”按钮，文档的背景颜色变为黑色。

4 选择“文件”→“导入”→“导入到舞台”命令，在弹出的“导入”对话框中选择一幅要导入的素材图像（光盘\素材与效果\04\素材\4-34.jpg），如图 4-133 所示。

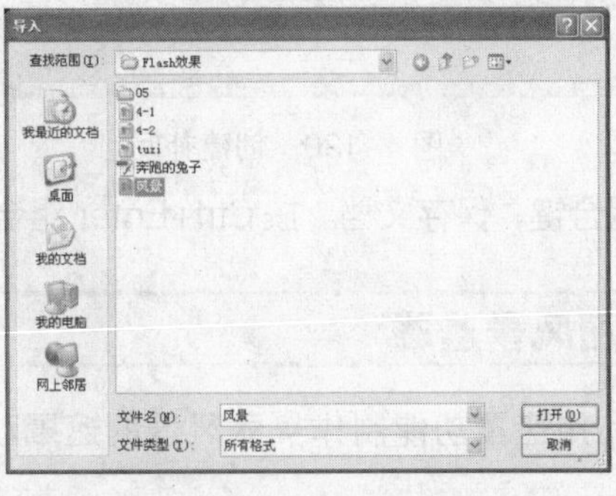

图 4-133　选择要导入的素材图像

相关知识　什么是遮罩动画

使用遮罩层可以制作聚光灯和探照灯的效果。遮罩层中的对象可以是填充的形状、文字对象、图形元件的实例或影片剪辑。当一个图层被遮罩后，此图层中的内容将通过遮罩层中的图形范围进行显示。

操作技巧　制作遮罩动画

创建遮罩动画的操作步骤如下。

（1）在图层 1 中创建内容，如下所示。

（2）单击“时间轴”面板左下角的“插入图层”按钮，得到图层 2。

5 单击“打开”按钮，将选中的素材图像导入到舞台中。在“属性”面板中将“宽”设置为 550，“高”设置为 400，然后将其与舞台对齐，如图 4-134 所示。

图 4-134 设置图像的宽度和高度

6 在第 100 帧上单击鼠标右键，在弹出的快捷菜单中选择“插入关键帧”命令，插入关键帧，如图 4-135 所示。

图 4-135 在第 100 帧上插入关键帧

7 单击“时间轴”面板中的“新建图层”按钮，新建“图层 2”。单击“图层 2”的第 1 帧，在工具箱中选择椭圆工具，将“笔触颜色”设置为“无”，填充颜色随意设置，然后按住 Shift 键，绘制一个正圆，如图 4-136 所示。

图 4-136 绘制正圆

(3)在图层 2 中绘制实心对象，如圆、正方形等，如下所示。

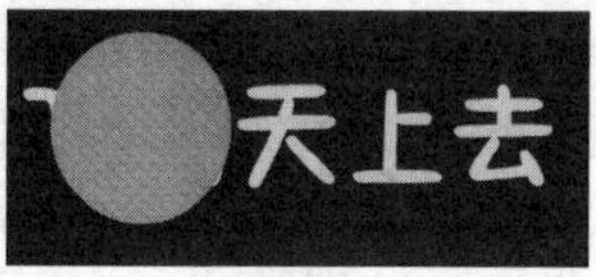

(4)在图层 2 上单击鼠标右键，在弹出的快捷菜单中选择“遮罩层”命令，此时图层 2 变成遮罩层，图层 1 变成被遮罩层，如下所示。

实例 4-22 说明

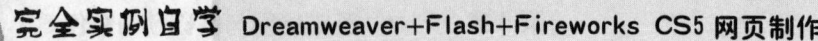

- **知识点：**
  按钮元件
- **视频教程：**
  光盘\教学\第 4 章　Flash 基本绘图与基础动画制作
- **效果文件：**
  光盘\素材与效果\04\效果\4-36.fla
- **实例演示：**
  光盘\实例\第 4 章\变换的按钮

相关知识　什么是元件

元件是指在 Flash 中可以重复使用的图形、影片剪辑和按钮。在制作 Flash 动画的过程中，如果需要重复使用某些素材，就可以利用元件来完成。元件包括图形元件、按钮元件以及影片剪辑元件 3 种类型。

- 图形元件：适用于静态图像的重复使用，不能在脚本中应用，不支持交互图像，也不能添加声音，如下所示。

图形元件

- 按钮元件：4 帧的交互影片剪辑，它只对鼠标动作作出反应，用于建立交互按钮，如下所示。

按钮元件

- 影片剪辑元件：主要用来创建单独的动画。它是影片的一个片断，若干个片段就可以组成一部完整的影片。这些片段中可以包含动作、其他元件和声音，如下所示。

影片剪辑元件

8 选中正圆，选择“修改”→“转换为元件”命令，在弹出的“转换为元件”对话框中单击“确定”按钮，将正圆转换为元件，如图 4-137 所示。

图 4-137　将正圆转换为元件

9 在“图层 2”的第 50 帧处插入关键帧，然后移动正圆的位置，如图 4-138 所示。

图 4-138　移动第 50 帧上正圆的位置

10 在“图层 2”的第 100 帧处插入关键帧，然后移动正圆的位置，如图 4-139 所示。

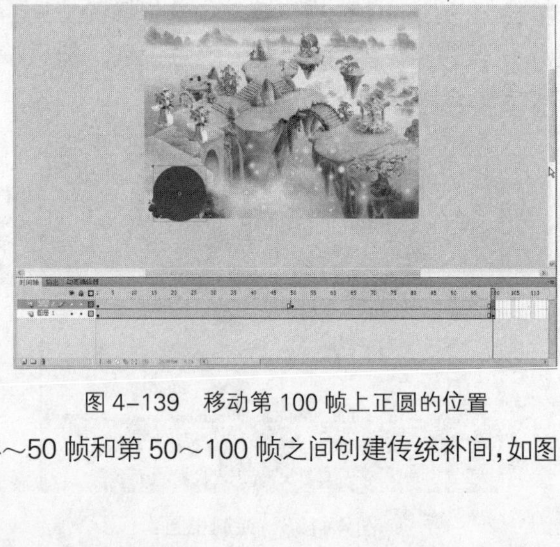

图 4-139　移动第 100 帧上正圆的位置

11 在第 4～50 帧和第 50～100 帧之间创建传统补间，如图 4-140 所示。

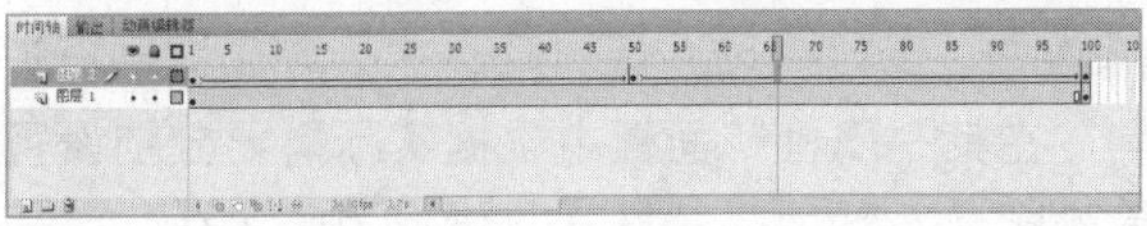

图 4-140 创建传统补间

12 在“图层 2”上单击鼠标右键，在弹出的快捷菜单中选择“遮罩层”命令，如图 4-141 所示。

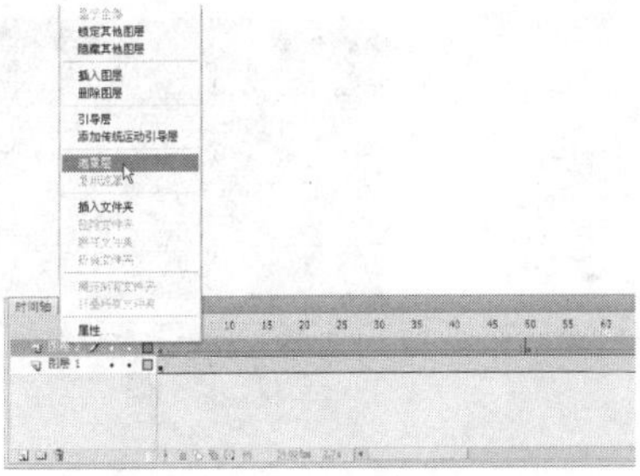

图 4-141 创建遮罩层

13 按 Ctrl+S 组合键，保存文档。按 Ctrl+Enter 组合键，预览动画。

实例 4-22 变换的按钮

本实例将利用按钮元件制作一个随着鼠标发生颜色和位置变化的按钮，最终效果如图 4-142 所示。

图 4-142 实例最终效果

操作步骤

1 启动 Flash，新建一个空白文档。选择“修改”→“文档”命令，打开“文档设置”对话框，将“背景颜色”设置为黑色，单击“确定”按钮。

2 选择“插入”→“新建元件”命令，打开“创建新元件”对话框，将“名称”设置为 b，“类型”设置为“按钮”，如图 4-143 所示。

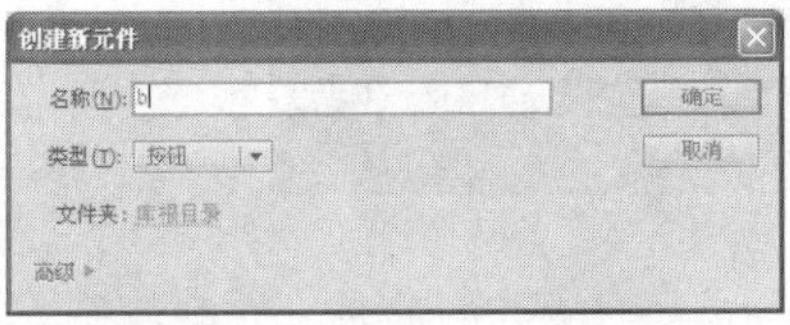

图 4-143 “创建新元件”对话框

操作技巧 创建元件

创建新元件的方法如下。

（1）执行下列操作之一：

- 选择“插入”→“新建元件”命令。
- 按 Ctrl+F8 组合键。

打开“创建新元件”对话框，如下所示。

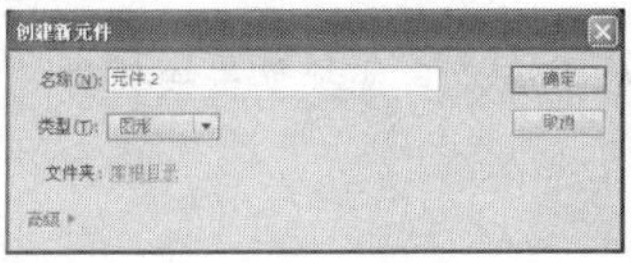

（2）在“名称”文本框中输入元件的名称，在“类型”下拉列表框中选择元件的类型，如下所示。

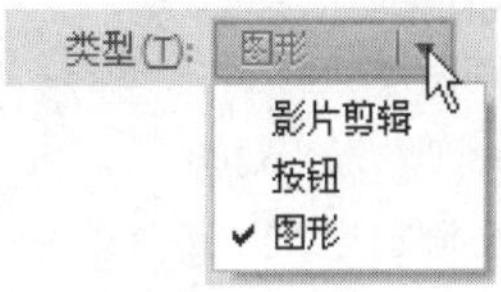

（3）完成设置后，单击“确定”按钮。

相关知识 什么是按钮元件

按钮元件是一种用于对鼠标事件或键盘事件作出反应的元件，它利用 ActionScript 来实现影片的播放与静止。

操作技巧 按钮元件的构成

（1）按 Ctrl+B 组合键，打开“创建新元件”对话框，在“类型”选项组中选中“按钮”单选按钮，单击“确定”按钮，进入按钮编辑状态。

（2）此时可发现时间轴上出现“弹起”、“指针经过”、“按下”和“点击”4 个关键帧，如下所示。

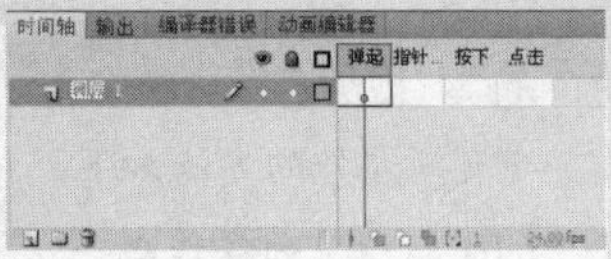

- 弹起：按钮在无任何动作时的状态。
- 指针经过：当鼠标经过按钮时显示的状态。
- 按下：当鼠标按下按钮时显示的状态。
- 点击：当鼠标单击按钮时的状态。

实例 4-23 说明

知识点：

- 图层
- 形状渐变动画
- 添加形状提示

视频教程：

光盘\教学\第 4 章　Flash 基本绘图与基础动画制作

效果文件：

光盘\素材与效果\04\效果\4-38.fla

实例演示：

光盘\实例\第 4 章\百叶窗效果

相关知识　**什么是图层**

图层是时间轴的一个重要组成部分，可以把它理解为一些特定对象的组合。图层是按照顺序一层一层地相互叠加在一起的。每一个场景中可以包含多个图层，每一个图层上又可以包含多个对象，许多的对象一层一层地叠加就形成了丰富多彩的动画，如下所示。

3 单击“确定”按钮，进入按钮编辑状态。在工具箱中选择矩形工具，在其“属性”面板中根据实际需要分别设置填充颜色和笔触颜色，然后将“样式”设置为“实线”，“矩形圆角半径”设置为 40，如图 4-144 所示。

4 在编辑区单击鼠标左键并拖动，绘制一个圆角矩形，如图 4-145 所示。

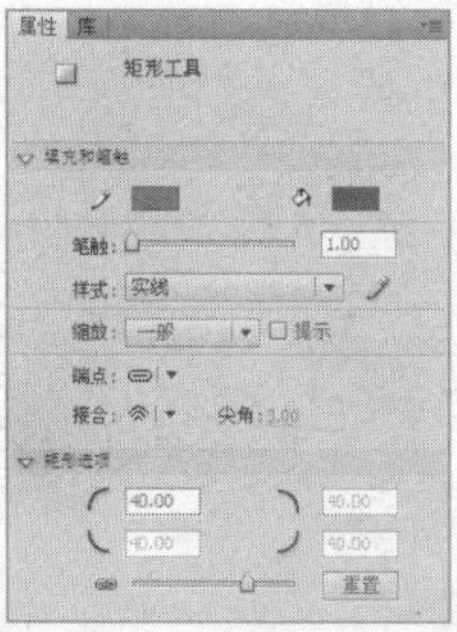

图 4-144　设置矩形属性

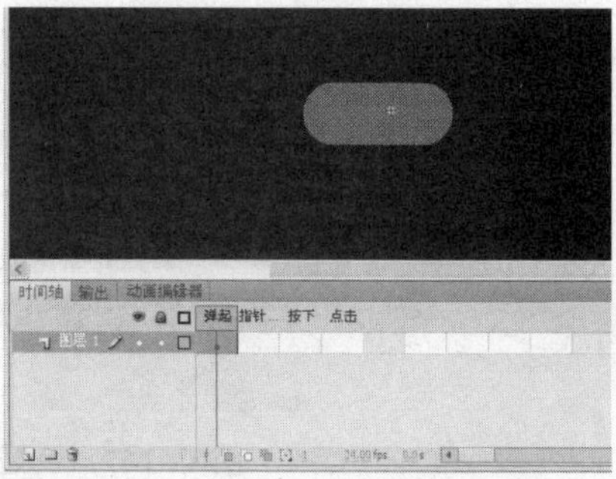

图 4-145　绘制一个圆角矩形

5 选中矩形，选择“窗口”→“对齐”命令，打开“对齐”面板，分别单击“水平对齐”和“垂直对齐”按钮，使矩形相对于中心点水平和垂直对齐，如图 4-146 所示。

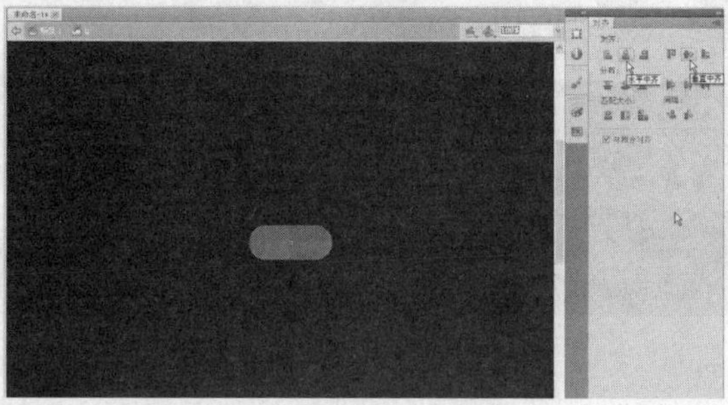

图 4-146　对齐矩形

6 将矩形所在的图层命名为“边框”，然后新建一个图层，并命名为“文本”，再在其中输入“NEXT”，设置其字体和大小，如图 4-147 所示。

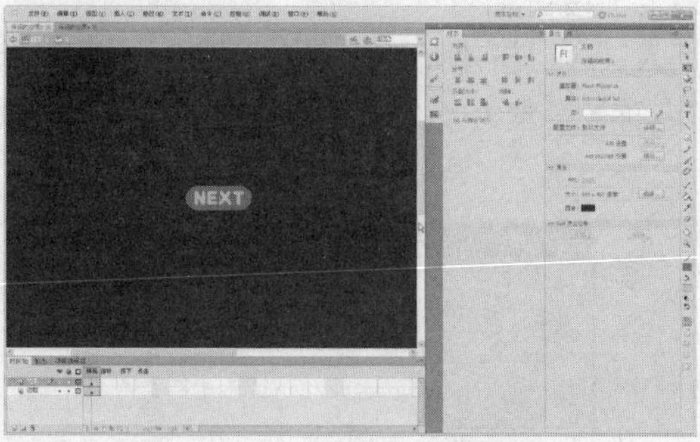

图 4-147　新建图层并输入文字

7 在“边框”图层和“文本”图层的“指针经过”帧上各插入一个关键帧。在“时间轴”面板中单击“绘图纸外观”按钮，然后使用键盘上的方向键将边框和文字向斜下方稍微移动点距离，此时可以看到原位置和新位置的区别，如图 4-148 所示。

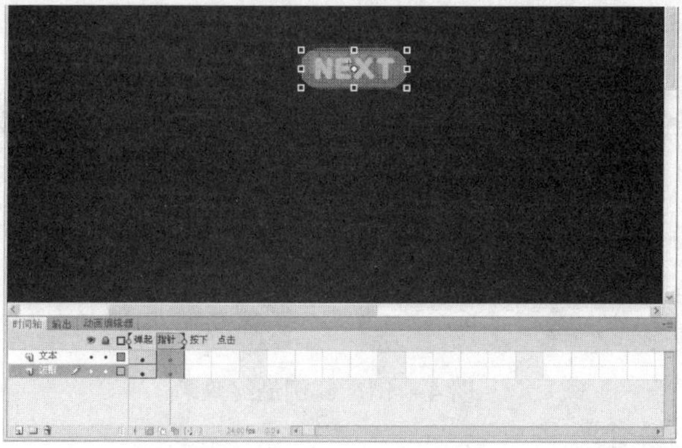

图 4-148　移动按钮和文字

8 更改“边框”图层中“指针经过”帧上边框的颜色，如图 4-149 所示。

图 4-149　更改边框的颜色

9 选中“按下”帧上的两个图层，插入关键帧，然后改变文本和边框的颜色。

10 单击“场景 1”按钮，返回到舞台，然后将“库”面板中的 b 元件拖动到舞台中，如图 4-150 所示。

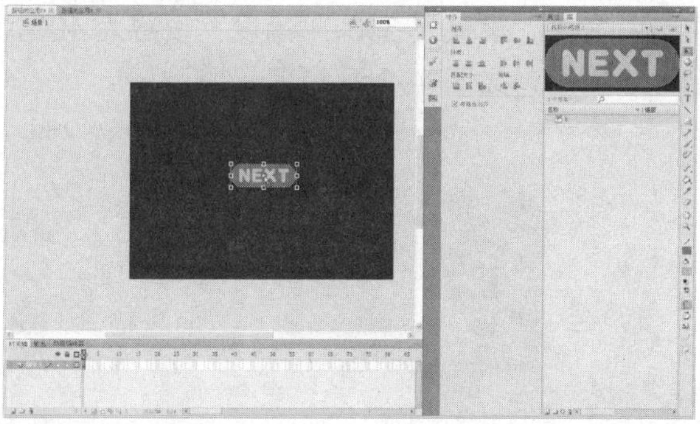

图 4-150　将元件拖到舞台中

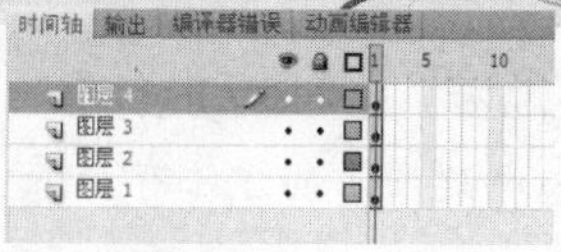

与图层相关的各个按钮的作用介绍如下。

- ：“显示/隐藏所有图层”按钮。单击此按钮，可以显示或隐藏所有图层中的内容，如下所示。

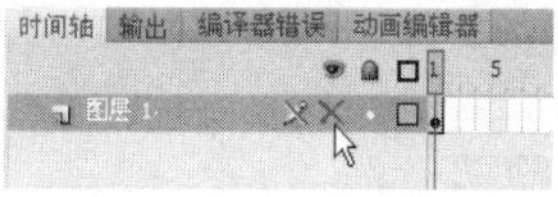

- ：“锁定/解除锁定所有图层”按钮。单击此按钮，可以锁定或解除锁定图层中的内容。内容被锁定后，就只能看到内容，而无法修改它，如下所示。

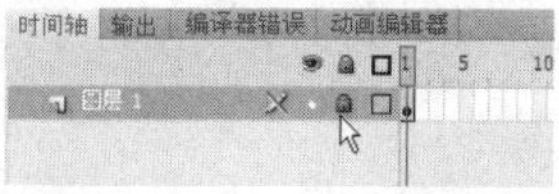

- ：“显示所有图层的轮廓”按钮。单击此按钮，可显示所有图层中内容的轮廓，再次单击则可以取消显示，如下所示。

- ：“插入图层”按钮。单击此按钮，可创建一个新的图层。
- ：“新建文件夹”按钮。单击此按钮，可以创建一个图层文件夹。这样就可以将图层分门别类地放置在其中，方便图层的管理。
- ：“删除图层”按钮。单击此按钮，可删除选中的图层。

11 按 Ctrl+Enter 组合键，测试效果。保存文档，得到最终效果。

实例 4-23 百叶窗效果

本实例将通过图层、形状渐变动画、添加形状提示等功能制作百叶窗效果，如图 4-151 所示。

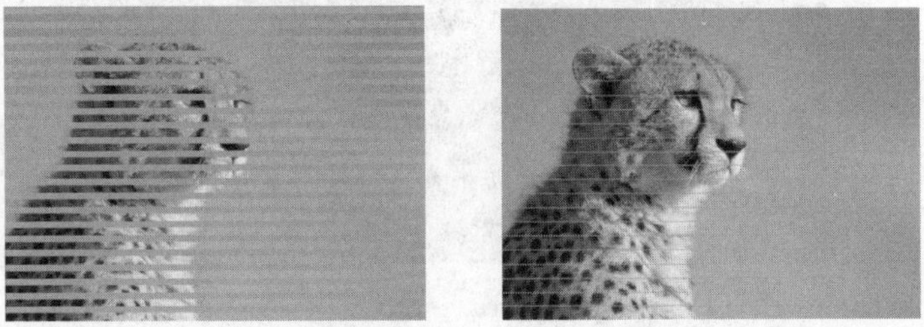

图 4-151　实例最终效果

操作步骤

1 打开 Flash，新建一个空白文档。

2 选择“文件”→“导入”→“导入到舞台”命令，在弹出的“导入”对话框中选择一幅素材图像（光盘\素材与效果\04\素材\4-37.jpg），如图 4-152 所示。

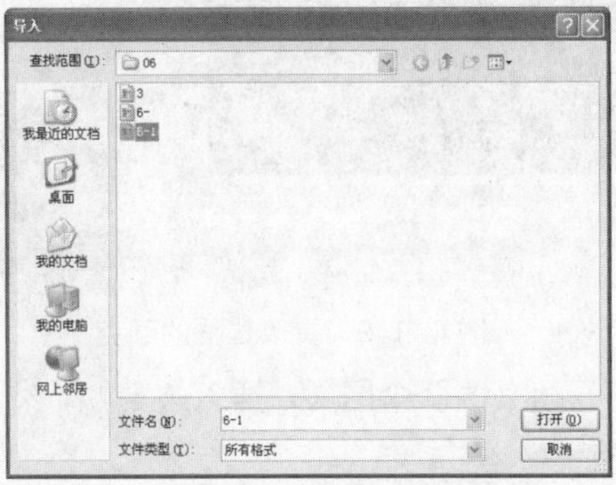

图 4-152　选择要导入的素材图像

3 单击“打开”按钮，将所选图像导入到舞台中。在“属性”面板中将“宽度”设置为 550，“高度”设置为 400，使图像与舞台大小相同，如图 4-153 所示。

图 4-153　调整图像的大小

操作技巧　新建图层的方法

新建图层的方法有如下 3 种。

- 单击“时间轴”面板左下方的“新建图层”按钮，就可以在当前选中的图层上方新建一个图层。

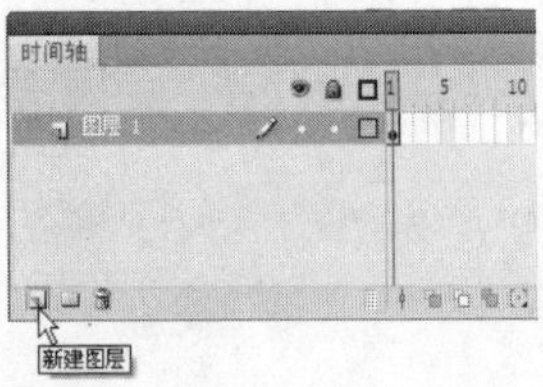

- 选择“插入”→“时间轴”→“图层”命令，即可在当前图层上方新建一个图层，并且新图层的名称将按照顺序编号。
- 在当前选定的图层上单击鼠标右键，在弹出的快捷菜单中选择“插入图层”命令。

操作技巧　为图层重命名

为图层改名的方法如下。

（1）在需要重命名的图层名称上双击鼠标左键，即可使其变为可编辑状态，如下所示。

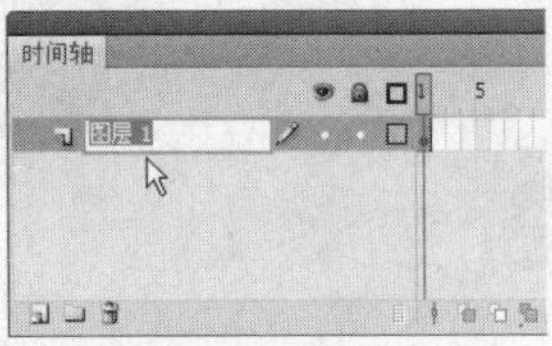

（2）直接输入新名称，然后在其他位置单击鼠标左键，即可完成重命名操作。

操作技巧　选择图层

1. 选择单个图层

- 在“时间轴”面板上单击需要选中的图层的名称。
- 在时间轴上单击某一帧，即可选取相应的图层。

4 按 F8 键，打开“转换为元件”对话框，将“名称”设置为“矩形”，“类型”设置为“图形”，如图 4-154 所示。

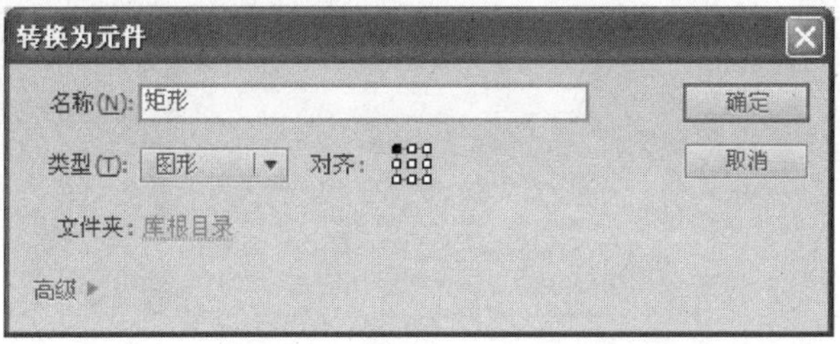

图 4-154　“转换为元件”对话框

5 单击“确定”按钮，进入图形元件编辑模式中。在工具箱中选择矩形工具，将线条颜色设置为“无”，填充色设置为“淡蓝色”，在舞台中绘制一长条的矩形，并将其“宽度”设置为 550，“高度”设置为 20，如图 4-155 所示。

图 4-155　绘制矩形

6 按 Ctrl+F8 组合键，打开“创建新元件”对话框，将“名称”设置为“矩形 2”，“类型”设置为“影片剪辑”，如图 4-156 所示。

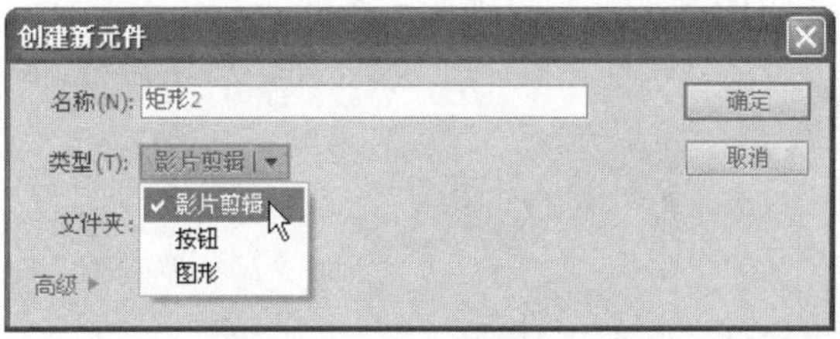

图 4-156　“创建新元件”对话框

7 单击“确定”按钮，进入影片剪辑元件编辑模式。打开“库”面板，将“矩形”元件拖入到舞台中。然后在第 40 帧处按 F6 键，插入一个关键帧。选中第 40 帧上的矩形，在“属性”面板中将其高度设置为 1。此时的时间轴、舞台以及“属性”面板如图 4-157 所示。

- 在场景中选择某一对象时，也可以激活此对象所在的图层。

2. 选择多个不连续的图层

如果要选择多个不连续的图层，可在按住 Ctrl 键的同时，单击“时间轴”面板上的图层，如下所示。

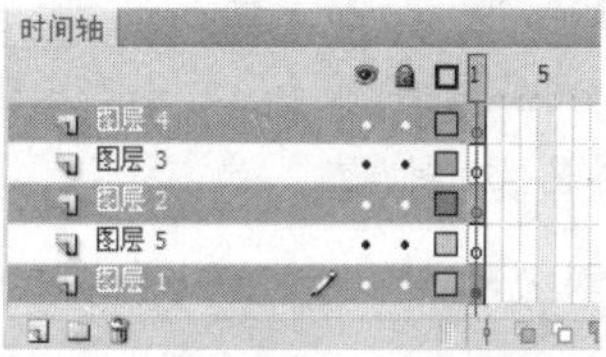

3. 选择多个连续的图层

如果要选择多个连续的图层，可在按住 Shift 键的同时，单击“时间轴”面板上的图层，如下所示。

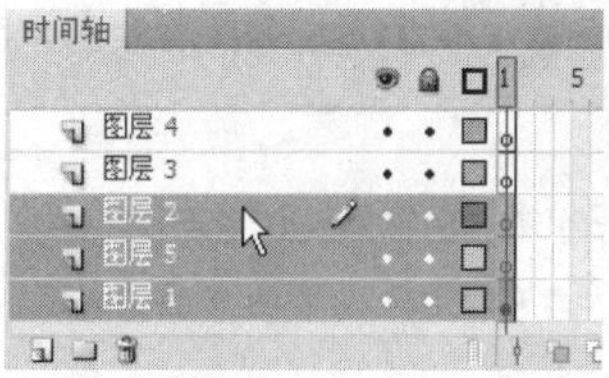

操作技巧　删除图层

删除图层的方法有以下几种。

- 选定要删除的图层，单击“时间轴”面板左下方的“删除图层”按钮，如下所示。

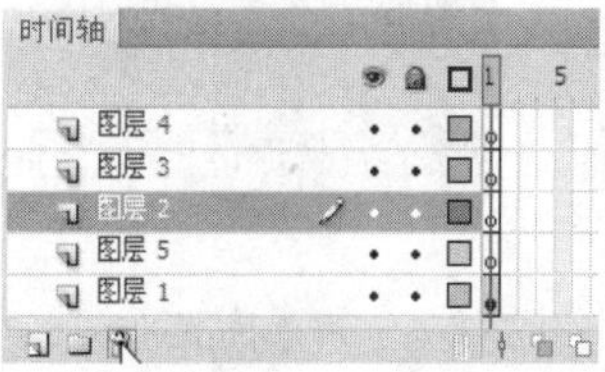

- 选定要删除的图层，将其拖到“时间轴”面板左下方的“删除图层”按钮上。

- 在要删除的图层上单击鼠标右键，在弹出的快捷菜单中选择“删除图层”命令。

操作技巧 设置图层的属性

设置图层的属性的方法如下。

（1）选定要设置的图层，选择“修改”→“时间轴”→“图层属性”命令，打开“图层属性”对话框，如下所示。

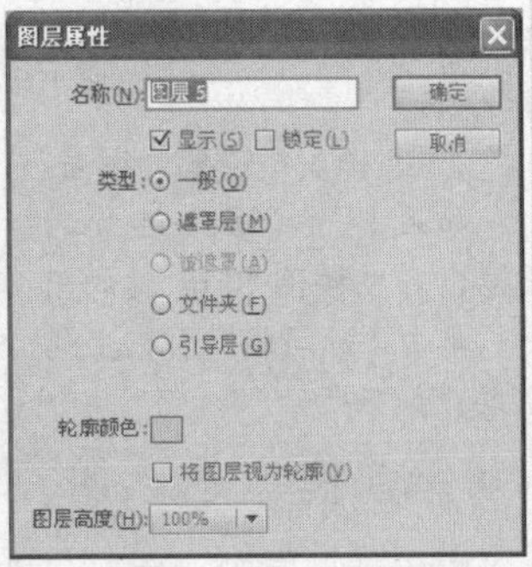

其中各项的功能介绍如下。

- 名称：用于设置图层的名称。
- 类型：用于设置图层的类型。
- 轮廓颜色：单击其右侧的颜色块，在打开的颜色列表中可以选择图层以轮廓显示时轮廓线的颜色，如下所示。

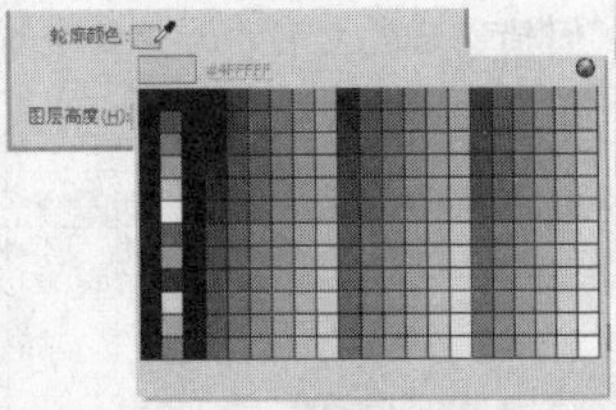

- 图层高度：用于设置“时间轴”面板中图层的高度。

（2）完成设置后，单击“确定”按钮即可。

图 4-157　第 40 帧的状态

8 在第 1 帧上单击鼠标右键，在弹出的快捷菜单中选择“创建传统补间”命令。在第 50 帧处按 F5 键，插入一个普通帧，如图 4-158 所示。

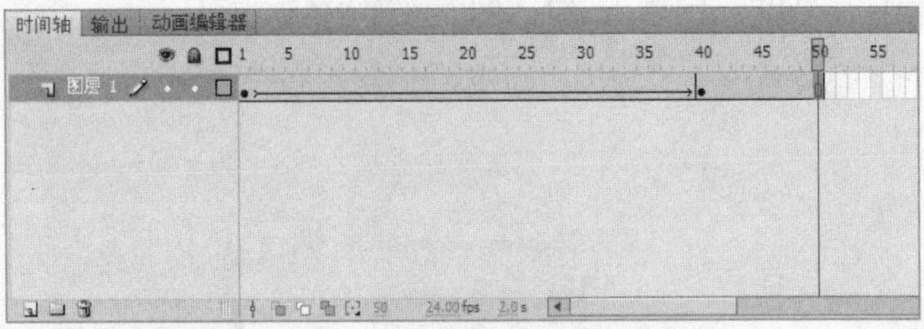

图 4-158　在第 50 帧处插入普通帧

9 单击 场景 1 按钮，回到“场景 1”窗口。单击“时间轴”面板中的“新建图层”按钮，新建一个图层。

10 选中图层 2 的第 1 帧，将“库”面板中的影片剪辑元件“矩形 2”拖入到舞台中，然后按 Ctrl+C 组合键复制此元件，再多次按 Ctrl+V 组合键粘贴。调整粘贴得到的元件的位置，使它们对齐，并将图层 1 中的图像完全覆盖住，如图 4-159 所示。

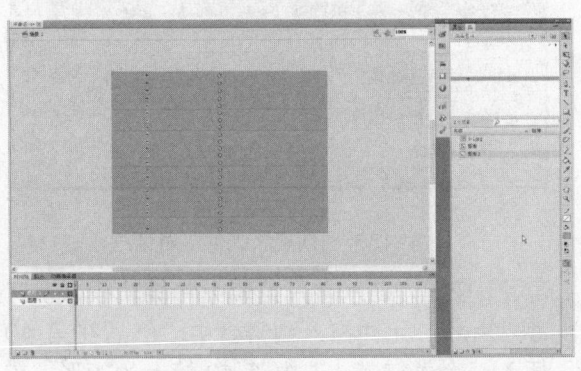

图 4-159　创建图层 2 的第 1 帧

11 按 Ctrl+Enter 组合键，测试动画。保存文档，得到最终效果。

05

第5章 Flash 文字特效制作

在制作 Flash 动画的过程中，经常要用到文字。利用 Flash 提供的文本工具T可以创建静态文本、动态文本等效果，还可以对文本进行分离、变形、复制和粘贴等操作。本章将详细介绍编辑文本对象的相关知识以及制作特效文字的技巧，帮助读者制作出更加生动、丰富的 Flash 作品。

本章讲解的主要实例和功能如下：

实　　例	主要功能	实　　例	主要功能	实　　例	主要功能
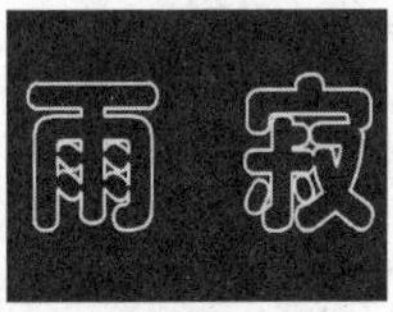 空心文字	分离文字 墨水瓶工具	 多彩文字	渐变填充功能	 浮雕字	Flash 滤镜
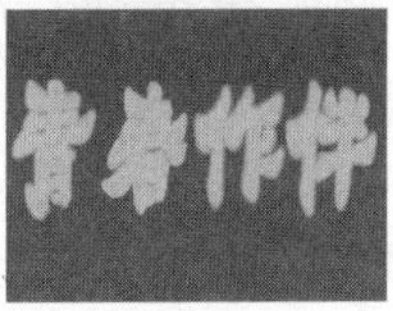 柔化字	柔化填充边缘	 描边立体文字	设置透明度 橡皮擦工具	 阴影字	直接复制
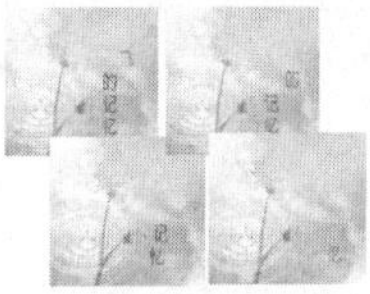 飘飞的记忆	转换为元件 翻转 变形 创建动作	 渐显文字	设置文字 传统补间	 旋转文字	文字旋转变形
 变换背景文字	将文字打空	 流动的文字	编辑文字 设置文字的坐标 补间动画	 变色的文字	编辑文字 文字对齐 设置文字色调 补间动画

本章在讲解实例操作的过程中，将全面、系统地介绍利用 Flash 制作文字特效的相关知识和操作方法。其中包含的内容如下：

实例 5-1　创意文字

本实例将制作一种富有创意的文字效果，其中主要用到输入文字以及设置文字字体等功能。最终效果如图 5-1 所示。

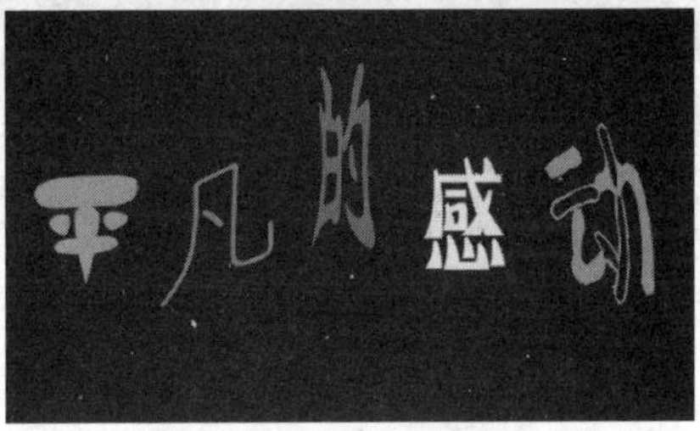

图 5-1　实例最终效果

操作步骤

1. 打开 Flash，新建一个空白文档。选择“修改”→“文档”命令，打开“文档设置”对话框，将“背景颜色”设置为“黑色”。
2. 在工具箱中选择文本工具T，在其“属性”面板中将“大小”设置为 60，“文本引擎”设置为“传统文本”，“文本类型”设置为“静态文本”，随意设置一种字体，然后输入“平凡的感动”，如图 5-2 所示。

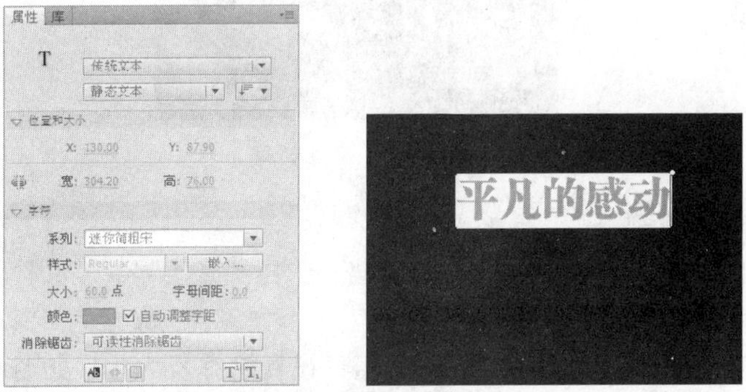

图 5-2　设置文字属性并输入文字

3. 在工具箱中选择选择工具，选择文字；然后选择“修改”→“分离”命令，将文字分离，如图 5-3 所示。

图 5-3　分离文字

实例 5-1 说明

- 知识点：
  - 输入文字
  - 设置文字字体
- 视频教程：
  光盘\教学\5 章　Flash 文字特效制作
- 效果文件：
  光盘\素材与效果\05\效果\5-1.fla
- 实例演示：
  光盘\实例\第 5 章\创意文字

相关知识　Flash 中的文字

文字是制作 Flash 动画的基本元素。在 Flash 中，可以制作 3 种格式的文本，即静态文本、动态文本和输入文本。

- 静态文本：一般用于标题、注释及正文等普通文本。

- 动态文本：动态文本主要用于交互式操作，可以让浏览者填写一些信息。例如，常见的“会员注册表”等。动态文本框内的文本是可以变化的，它既可以在影片制作过程中输入，也可以在影片播放过程中动态变化，用 ActionScript 语言控制动态文本框中的文本。
- 输入文本：使用输入文本可以让用户在影片播放过程中输入文本，如留言簿等。

4 在工具箱中再次选择文本工具T，依次选择各个文字，然后在其“属性”面板中设置字体及颜色，效果如图 5-4 所示。

图 5-4　修改字体及颜色后的文字效果

5 在工具箱中选择任意变形工具，随意调整文字的大小及形状，得到最终效果。

实例 5-2　空心文字

本实例将制作空心文字的效果，其中主要用到分离文字功能及墨水瓶工具。最终效果如图 5-5 所示。

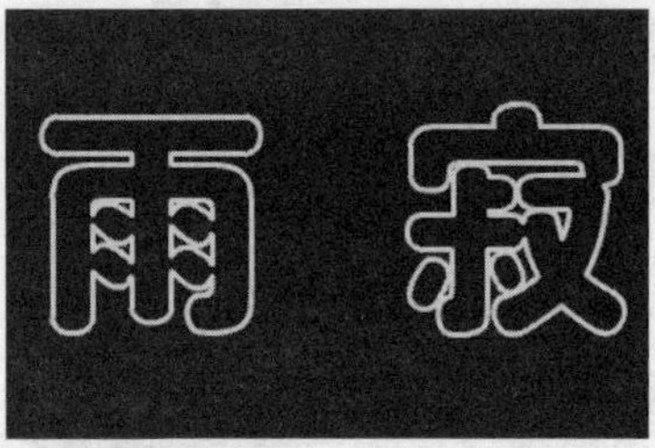

图 5-5　最终效果

操作步骤

1 打开 Flash，新建一个空白文档。选择“修改”→“文档”命令，打开“文档设置”对话框，将“背景颜色”设置为“黑色”。

2 在舞台中输入文字“雨寂”，随意设置字体及大小，如图 5-6 所示（为了使空心字的效果更明显，建议选择较粗的字体）。

3 选中文字，执行两次“修改”→“分离”命令，将文字打散，如图 5-7 所示。

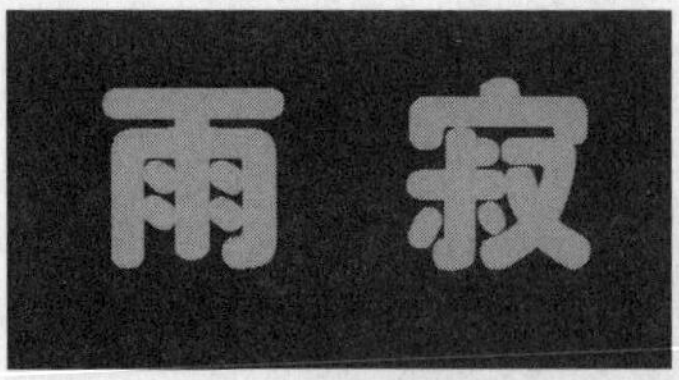

图 5-6　输入文字

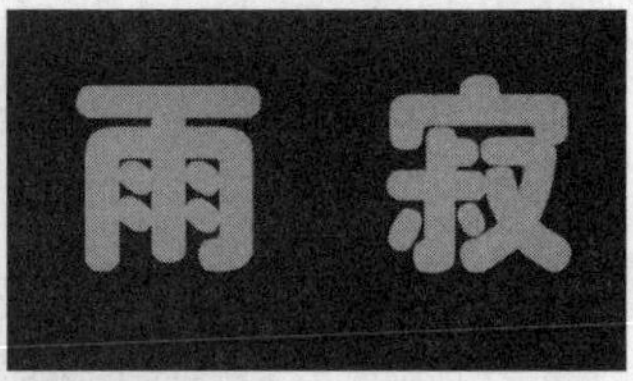

图 5-7　将文字打散

4 在工具箱中选择墨水瓶工具，在其“属性”面板中设置笔触的颜色和大小，如图 5-8 所示。

操作技巧　输入文字

输入文字的方法如下。

(1)在工具箱中选择文本工具T，此时光标变成十形状。

(2)在舞台中单击，即可出现文本块，同时带有一闪一闪的光标。

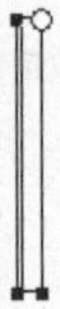

(3)直接利用键盘打字，即可输入文字。

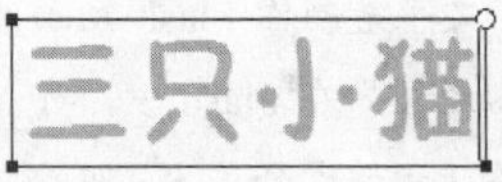

实例 5-2 说明

- 知识点：
  - 分离文字
  - 墨水瓶工具
- 视频教程：
  光盘\教学\5 章　Flash 文字特效制作
- 效果文件：
  光盘\素材与效果\05\效果\5-2.fla
- 实例演示：
  光盘\实例\第 5 章\空心文字

相关知识　为什么要分离文字

在 Flash 中，分离文字是为了使文字变成矢量图，以方便修改文字的形状。

5 在文字的边缘处单击，为文字描边，如图 5-9 所示。

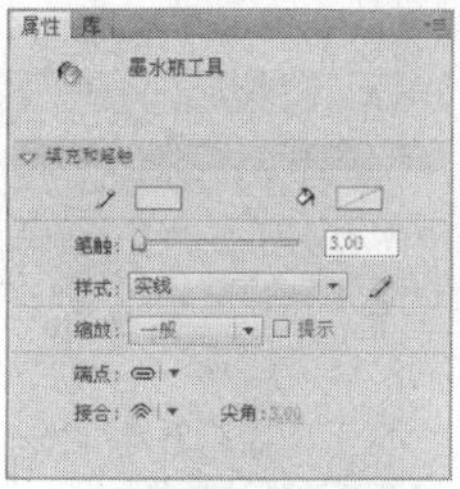

图 5-8　设置笔触颜色和大小

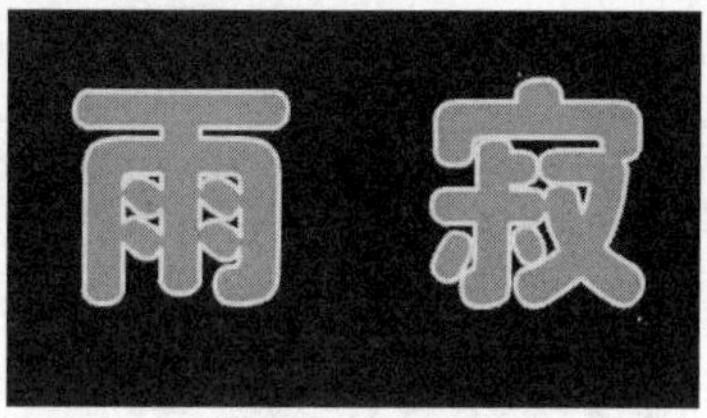

图 5-9　为文字描边

6 在工具箱中选择工具，选中文字的填充部分，按 Delete 键，即可得到空心字效果。

实例 5-3　多彩文字

本实例将使用渐变填充功能制作多彩的文字，最终效果如图 5-10 所示。

图 5-10　实例最终效果

操作步骤

1 启动 Flash，新建一个空白文档。选择“文件”→“导入”→“导入到舞台”命令，导入一幅背景图像，然后将其大小设置为 550×400，并将其与舞台重合，如图 5-11 所示。

2 新建一个“图层 2”，然后在工具箱中选择文本工具T，在舞台中输入文字，并随意设置字体和大小，如图 5-12 所示。

图 5-11　导入背景图像

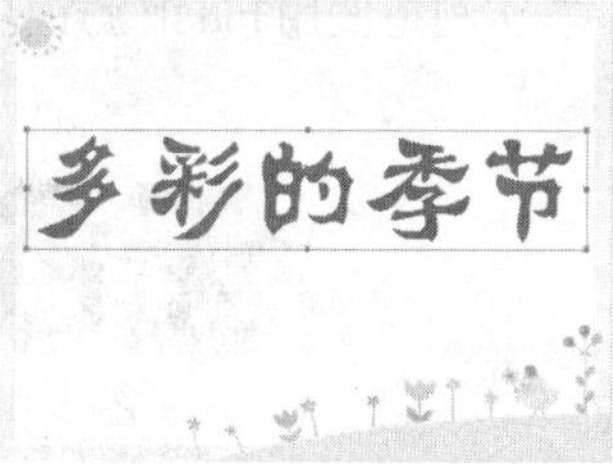

图 5-12　输入文字

3 在工具箱中选择选择工具，选定文字；按两次 Ctrl+B 组合键，将文字分离，如图 5-13 所示。

操作技巧　分离文字的方法

分离文字的方法如下。

（1）选定要分离的文字。

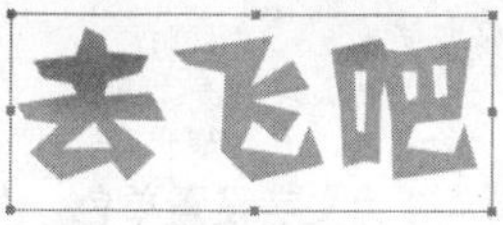

采用下列方法之一，第一次打散文字。

- 选择“修改”→“分离”命令。
- 按 Ctrl+B 组合键。

（2）再次执行“分离”命令，第二次打散文字。

（3）此时使用部分选取工具，即可任意调整文字形状。

实例 5-3 说明

- **知识点：**
  渐变填充功能
- **视频教程：**
  光盘\教学\5 章　Flash 文字特效制作
- **效果文件：**
  光盘\素材与效果\05\效果\5-3.fla
- **实例演示：**
  光盘\实例\第 5 章\多彩文字

相关知识 文字的颜色

为文字填充颜色，可以使其看上去更美观。在 Flash 中，可以为文字填充单色，也可以填充渐变色。

操作技巧 为文字设置单色

设置文字颜色的方法如下。

（1）选择要设置颜色的文字。

（2）在其“属性”面板中单击“颜色”右侧的颜色框，打开颜色面板。

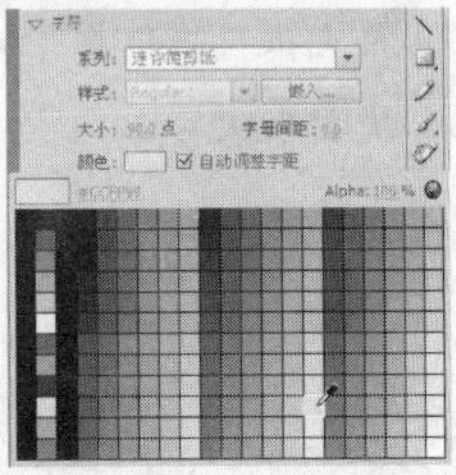

（3）从中选择一种颜色，即可改变文字颜色。

实例 5-4 说明

- 知识点：
  Flash 滤镜
- 视频教程：
  光盘\教学\5 章　Flash 文字特效制作
- 效果文件：
  光盘\素材与效果\05\效果\5-4.fla
- 实例演示：
  光盘\实例\第 5 章\浮雕字

4 选择“窗口”→“颜色”命令，打开“颜色”面板，如图 5-14 所示。

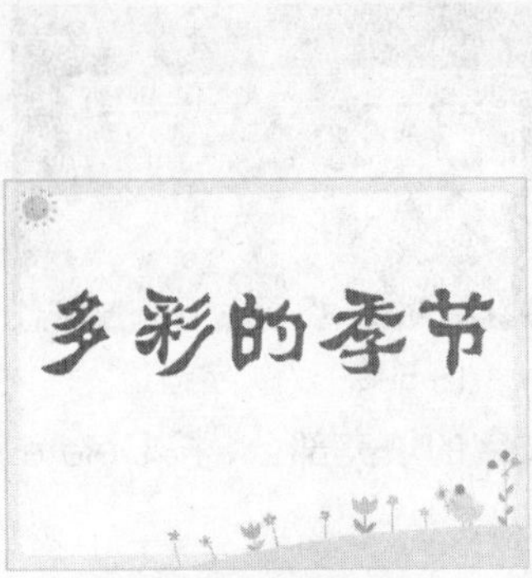

图 5-13　分离文字

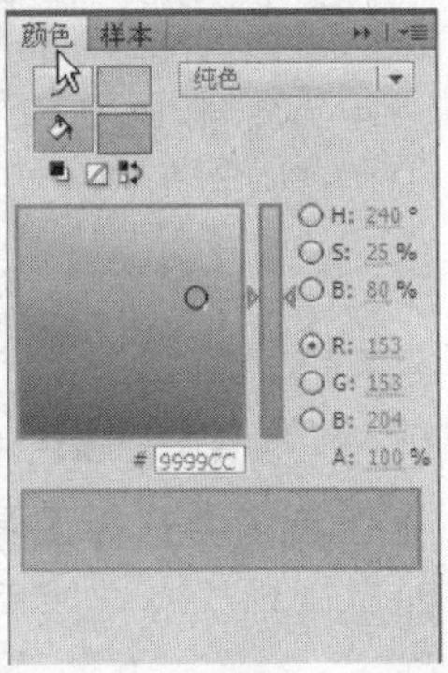

图 5-14　“颜色”面板

5 在“纯色”下拉列表框中选择“线性渐变”，在下面的颜色条上单击即可添加颜色块，在颜色块上单击可调整颜色，如图 5-15 所示。

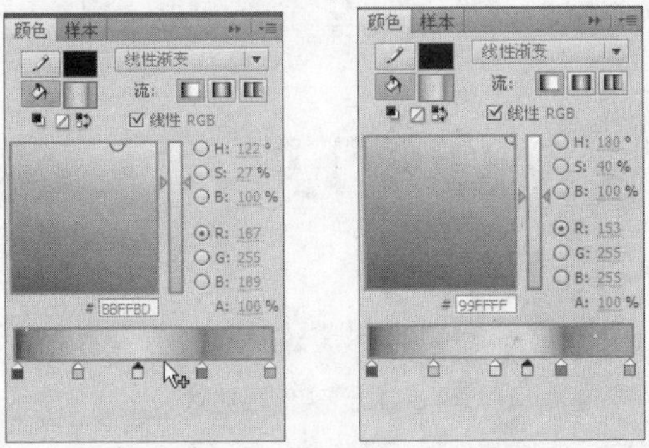

图 5-15　设置“颜色”面板

6 根据需要任意添加颜色块，并调整相应的颜色。最后保存文件，得到最终效果。

实例 5-4　浮雕字

本实例将使用 Flash 滤镜功能制作浮雕字，最终效果如图 5-16 所示。

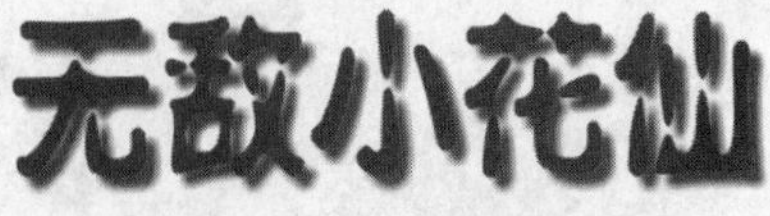

图 5-16　实例最终效果

操作步骤

1 启动 Flash，新建一个空白文档。使用文本工具 T 在舞台中输入文字，并设置其字体和颜色，如图 5-17 所示。

图 5-17　输入文字

2 在工具箱中选择选择工具，选定文本，在“属性”面板中展开“滤镜”栏，如图 5-18 所示。

3 在“滤镜”栏中单击“添加滤镜”按钮，在弹出的菜单中选择“投影”命令，如图 5-19 所示。

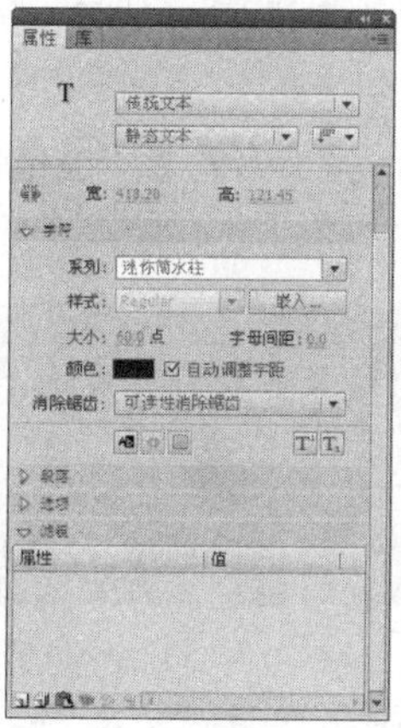

图 5-18　展开“滤镜”栏

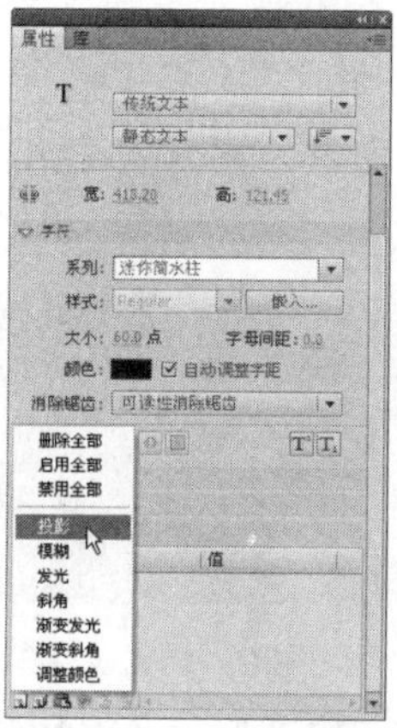

图 5-19　选择“投影”命令

4 单击“颜色”左侧的颜色块，在弹出的颜色列表中选择一种阴影颜色，如图 5-20 所示。至此，完成最终效果。

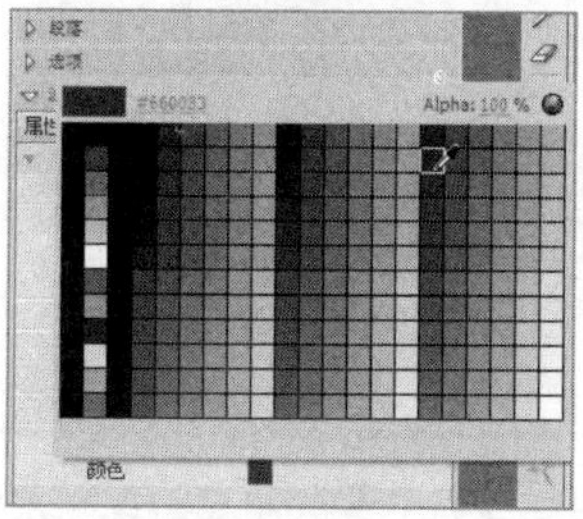

图 5-20　设置阴影颜色

实例 5-5　柔化字

本实例将制作边缘具有柔化效果的文字，从中学习在 Flash 中柔化填充边缘的方法。最终效果如图 5-21 所示。

操作技巧　为文字设置渐变色

为文字设置渐变色的方法如下。

（1）选定要设置渐变色的文字，按两次 Ctrl+B 组合键，将文字分离。

（2）选择“窗口”→“颜色”命令，打开“颜色”面板。

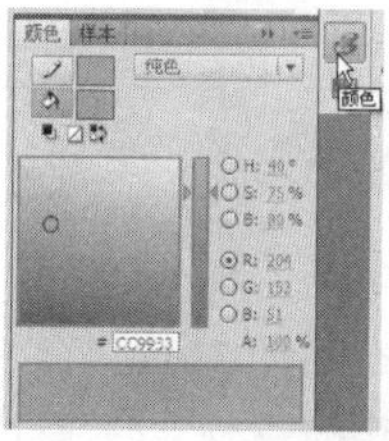

（3）单击“颜色类型”下拉列表框右侧的下拉按钮，从弹出的下拉列表中选择所需的颜色类型。

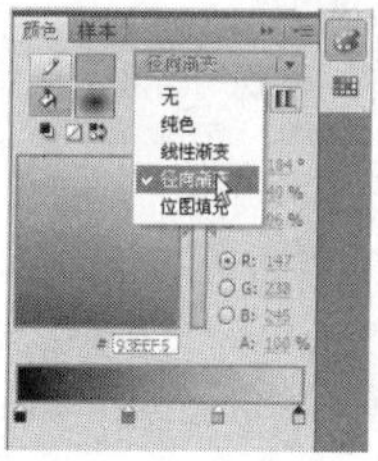

（4）在最下面的颜色条上单击，可以添加颜色块。

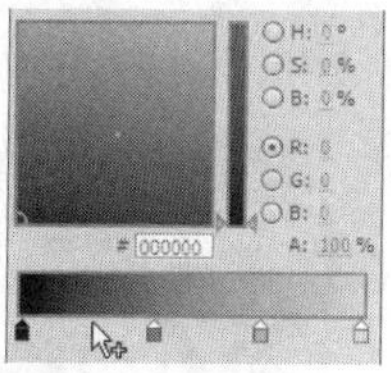

（5）在颜色区域上单击，可以设置选定颜色块的颜色。

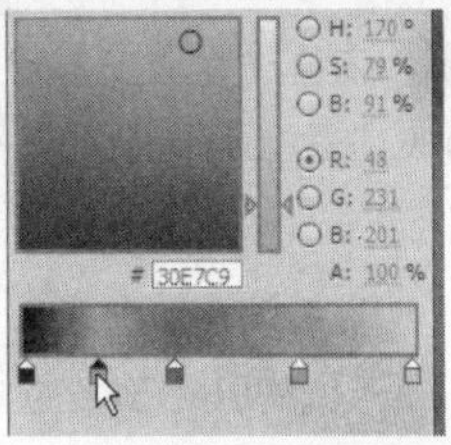

（6）若要删除颜色条上的颜色块，则选定颜色块，将其拖到颜色条之外即可。

实例 5-5 说明

- **知识点：**
  柔化填充边缘
- **视频教程：**
  光盘\教学\5 章　Flash 文字特效制作
- **效果文件：**
  光盘\素材与效果\05\效果\5-5.fla
- **实例演示：**
  光盘\实例\第 5 章\柔化字

相关知识　**什么是柔化填充边缘**

在 Flash 中，通过“柔化填充边缘”命令，可以对填充色的边缘进行柔化，轻松地制作出霓虹、雪花、爆炸等效果。例如：

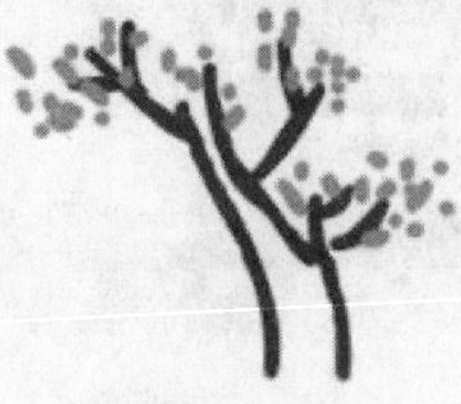

柔化填充边缘前效果

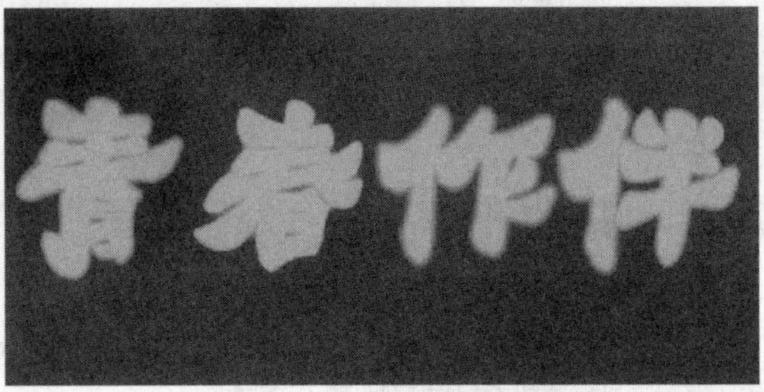

图 5-21　实例最终效果

操作步骤

1. 打开 Flash，新建一个空白文档。选择“修改”→“文档”命令，打开“文档设置”对话框，将“背景颜色”设置为“黑色”。
2. 在舞台中输入文字“青春作伴”，随意设置字体及大小，如图 5-22 所示。
3. 选中文字，按两次 Ctrl+B 组合键，将文字打散，如图 5-23 所示。

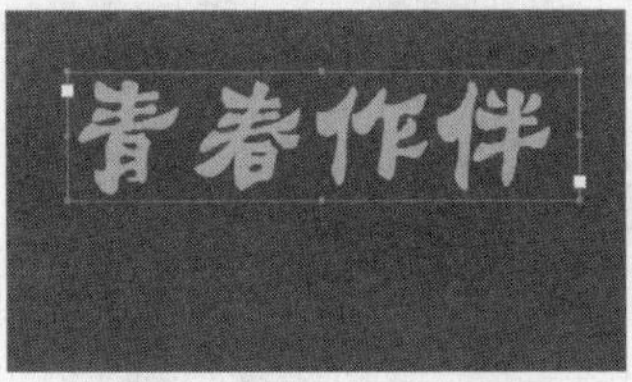

图 5-22　输入文字

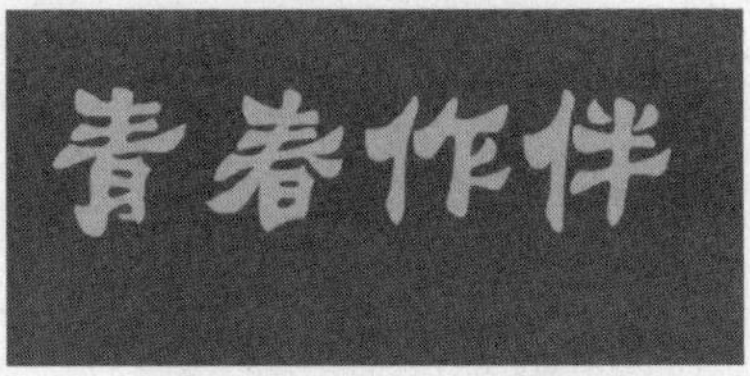

图 5-23　将文字打散

4. 选择“修改”→“形状”→“柔化填充边缘”命令，弹出“柔化填充边缘”对话框，将“距离”设置为 10 像素，“步长数”设置为 4，“方向”设置为“扩展”，如图 5-24 所示。

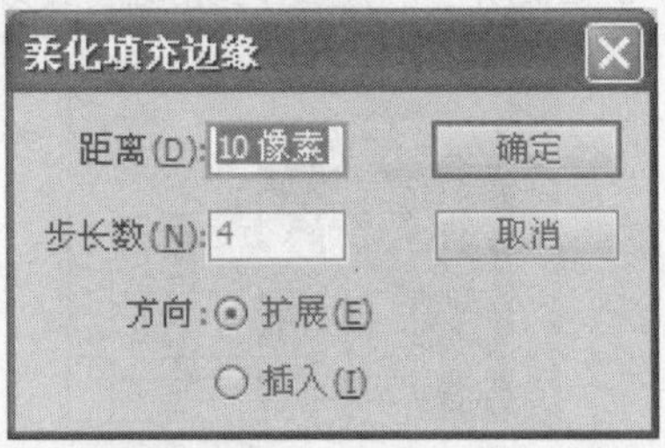

图 5-24　“柔化填充边缘”对话框

5. 单击“确定”按钮，得到最终效果。

实例 5-6　描边立体文字

本实例将制作描边立体文字，从中学习在 Flash 中如何设置透明度以及橡皮擦工具的应用方法。最终效果如图 5-25 所示。

图 5-25 实例最终效果

操作步骤

1. 打开 Flash，新建一个空白文档。选择“修改”→“文档”命令，弹出“文档设置”对话框，将“背景颜色”设置为“黑色”。
2. 在工具箱中选择文本工具 T，将填充颜色设置为“白色”，在舞台中输入“Happy”，并将“字体”设置为 Arial Black，然后使用任意变形工具调整文字大小，如图 5-26 所示。
3. 选定文字，然后按两次 Ctrl+B 组合键，将其打散，如图 5-27 所示。

图 5-26 设置文字大小

图 5-27 打散文字

4. 单击“时间轴”面板左下角的“新建图层”按钮，新建 3 个图层。选中“图层 1”中的文本，按 Ctrl+C 组合键，复制文本。分别单击“图层 2”～“图层 4”的第 1 帧，按 Ctrl+Shift+V 组合键，将其粘贴到相同位置，如图 5-28 所示。

图 5-28 新建图层

5. 锁定并隐藏“图层 1”～“图层 3”，选定“图层 4”。在工具箱中选择墨水瓶工具，在其“属性”面板中将“笔触颜色”设置为“0000CC”，“笔触大小”设置为 2，如图 5-29 所示。

柔化填充边缘后效果

实例 5-6 说明

- **知识点：**
  - 设置透明度
  - 橡皮擦工具
- **视频教程：**
  光盘\教学\5 章 Flash 文字特效制作
- **效果文件：**
  光盘\素材与效果\05\效果\5-6.fla
- **实例演示：**
  光盘\实例\第 5 章\描边立体文字

操作技巧 设置柔化填充边缘效果

设置柔化填充边缘的方法如下。

（1）选择要设置柔化填充边缘效果的图形。

（2）选择“修改”→“形状”→“柔化填充边缘”命令，弹出“柔化填充边缘”对话框，如下所示。

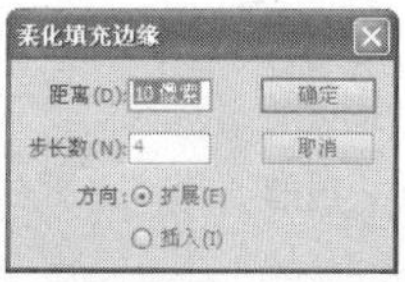

其中各项含义介绍如下。

- 距离：用来设置变化后的图形之间的距离，可以输入 0.05～144.00 之间的数值单位为像素。
- 步长数：可以理解为对图形的柔化层数，在此可以输入 1～50 之间的整数。
- 方向：用于设定柔化填充是“扩展”（向外）还是“插入”（向内）。

（3）完成设置后，单击“确定”按钮，即可得到效果。

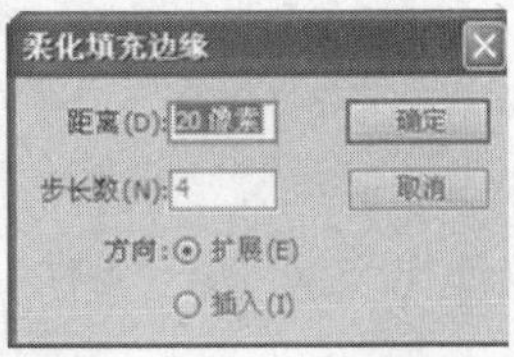

相关知识 Flash 中的透明度

在 Flash 中，设置透明度是为了增加对象的立体感。Flash 中的所有元件对象（影片剪辑、图形、按钮）、补间动画中的关键帧、文字对象、图形（包括线条、填充的颜色块），都可以设置透明度。

操作技巧 设置文字的透明度

设置文字透明度的方法如下。

（1）选择文字。

6 在文字上单击，为文字设置边框颜色，如图 5-30 所示。

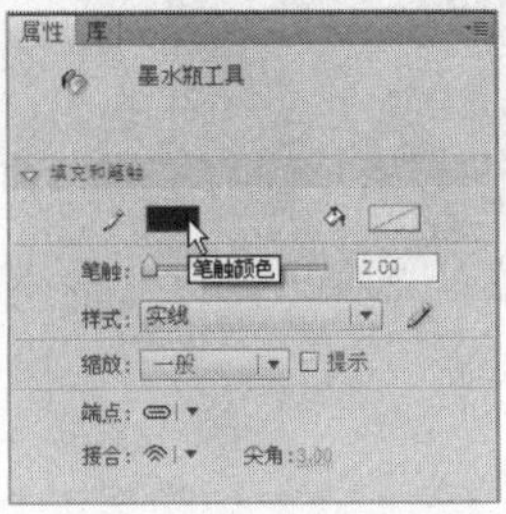

图 5-29 设置边框颜色

图 5-30 设置边框颜色后的文字效果

7 在工具箱中选择橡皮擦工具，在其选项区中将“橡皮擦模式”设置为“擦除填色”，然后在文字上单击鼠标左键并拖动，擦除文字的填充颜色，如图 5-31 所示。

图 5-31 “图层 4”的笔触颜色

8 锁定并隐藏“图层 4”，将“图层 3”解除锁定和隐藏。在工具箱中选择墨水瓶工具，在其“属性”面板中将“笔触颜色”设置为“0000CC”，“透明度”设置为 30%，“笔触高度”设置为 5，然后单击文字，填充笔触颜色。接着使用橡皮擦工具擦除填充颜色，如图 5-32 所示。

图 5-32 “图层 3”的笔触颜色

9 锁定并隐藏“图层 3”，将“图层 2”解除锁定和隐藏。在工具箱中选择墨水瓶工具，在其“属性”面板中将“笔触颜色”设置为“993333”，“透明度”设置为 60%，“笔触高度”设置为 10，然后单击文字，填充笔触颜色。接着使用橡皮擦工具擦除填充颜色，如图 5-33 所示。

图 5-33 “图层 2”的笔触颜色

10 显示所有图层，然后锁定“图层 1”～“图层 3”。选定“图层 4”的第 1 帧，按键盘上的“↑”键，将“图层 4”中的文字上移一些。

11 解除所有图层的锁定与隐藏，保存文件，得到最终效果。

实例 5-7 阴影字

本实例将制作阴影字，其中主要用到直接复制功能。最终效果如图 5-34 所示。

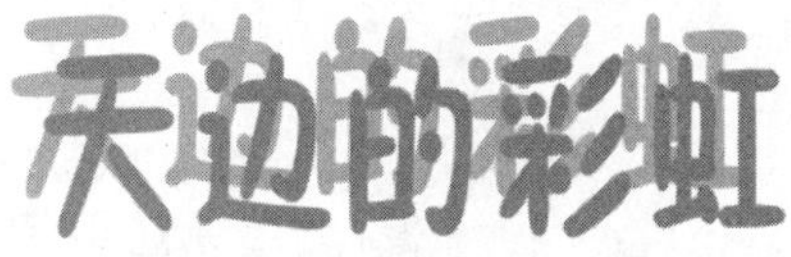

图 5-34 实例最终效果

操作步骤

1 打开 Flash，新建一个空白文档。在工具箱中选择文本工具T，在其“属性”面板中设置文字的字体和大小，在舞台中输入文字，如图 5-35 所示。

图 5-35 输入文字

2 在工具箱中选择选择工具，选择文字，然后按 Ctrl+D 组合键，直接复制文字，如图 5-36 所示。

图 5-36 复制文字

（2）按两次 Ctrl+B 组合键，将文字打散。

（3）单击工具箱下部的“填充颜色”按钮，从弹出的颜色面板中设置 Alpha 值，值越小，透明度越高。

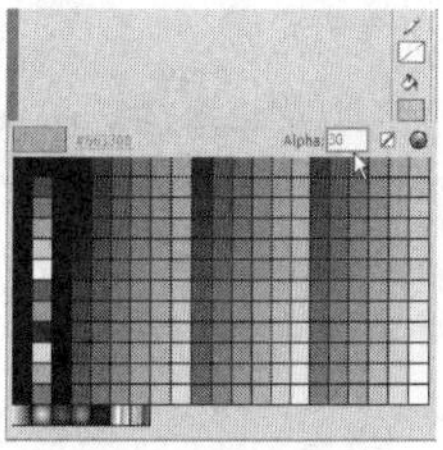

实例 5-7 说明

- 知识点：
  直接复制
- 视频教程：
  光盘\教学\5 章 Flash 文字特效制作
- 效果文件：
  光盘\素材与效果\05\效果\5-7.fla
- 实例演示：
  光盘\实例\第 5 章\阴影字

相关知识 Flash 中的复制文字功能

在制作动画的过程中，难免会重复使用相同的文字。此时无须重新输入，利用复制功能可以轻松实现。

实例 5-8 说明

- **知识点：**
  - 转换为元件
  - 翻转
  - 变形
  - 创建动作
- **视频教程：**
  光盘\教学\5 章　Flash 文字特效制作
- **效果文件：**
  光盘\素材与效果\05\效果\5-9.fla
- **实例演示：**
  光盘\实例\第 5 章\飘飞的记忆

操作技巧　选择文字

如果要对文本进行编辑，首先应将其选中。可以使用工具箱中的文本工具T以不同的方法进行选择。

- 在需要选择的文本上单击并拖动鼠标。

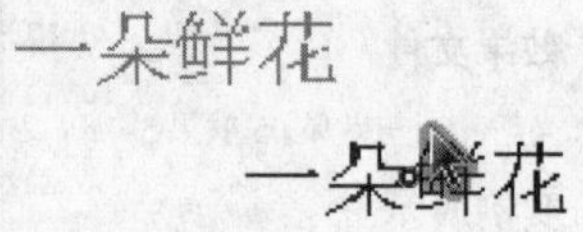

- 在需要选择的文本起始位置单击，然后按住 Shift 键不放，单击需要选择的文本结束位置，即可将它们之间的所有文本选中。例如：

文件的起始位置

3 选中处于底层的文本，将颜色设置为灰色，并调整文字的位置，得到最终效果。

实例 5-8　飘飞的记忆

在实例中，首先输入文字并将其打散；然后利用“转换为元件”命令将文字转换成图形元件，然后分配到各图层；再分别对各层中的文字进行翻转和变形，并设置最后一帧的 Alpha 值；最后在关键帧之间创建动作，实现好像有风吹一样的文字逐渐飘逸淡化的效果，如图 5-37 所示。

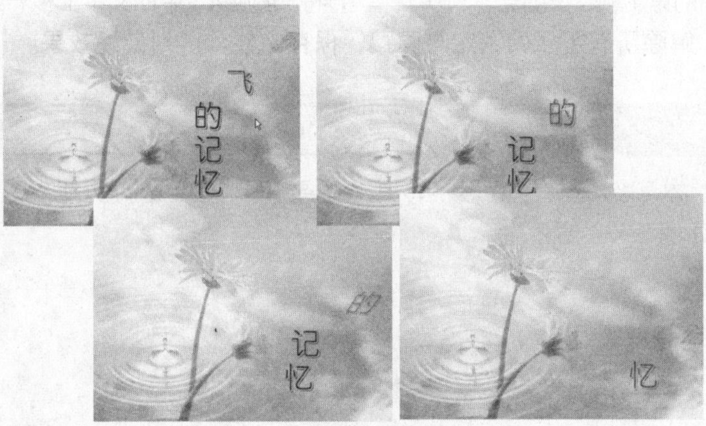

图 5-37　实例最终效果

操作步骤

1 打开 Flash，新建一个空白文档。选择“文件”→“导入”→“导入到舞台”命令，在弹出的“导入”对话框中选择一幅素材图像（光盘\素材与效果\05\素材\5-8.jpg），单击“打开”按钮，将其导入到舞台上，如图 5-38 所示。

图 5-38　导入图像

2 在“属性”面板中将图像大小设置为 550×400，然后将其与舞台对齐，如图 5-39 所示。

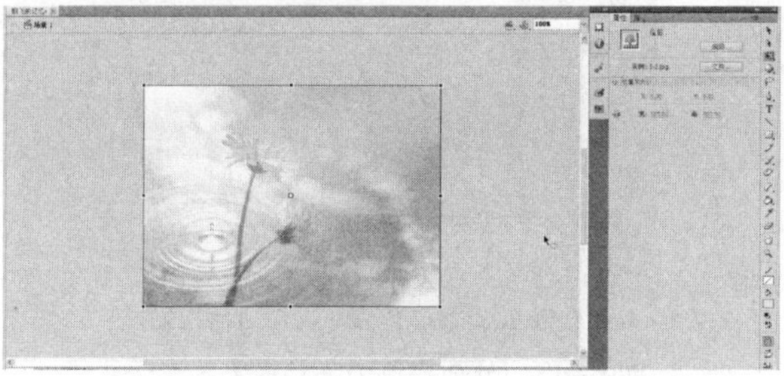

图 5-39　调整图像大小并与舞台对齐

3 在“时间轴”面板中将“图层 1”锁定，如图 5-40 所示。

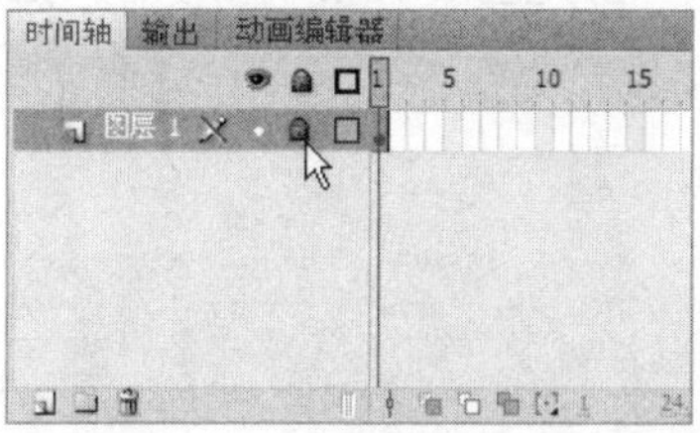

图 5-40　锁定“图层 1”

4 新建“图层 2”，输入文字“飘飞的记忆”，如图 5-41 所示。

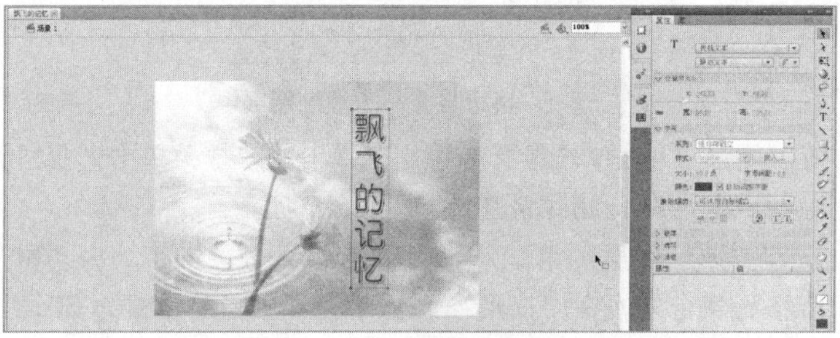

图 5-41　在“图层 2”上输入文字

5 选中文字，按 Ctrl+B 组合键将其分散，如图 5-42 所示。

图 5-42　打散文字

6 分别选中分散后的每个字，按 F8 键，依次将其转换成图形元件“飘”、“飞”、“的”、“记”、“忆”，如图 5-43 所示。

按住 Shift 键，选择第三个文字，即可选中起始处到第三个文字的所有文字；

- 按 Ctrl+A 组合键，可以将文本块中的所有文本选中。

- 在工具箱中选择选择工具，然后在文本上单击，即可选中此文本块。

- 如果需要选择多个文本块，按下 Shift 键依次单击即可。

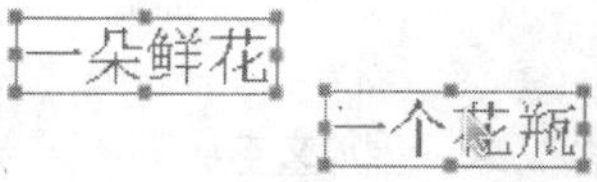

- 如果输入的是英文，双击文本可以选择一个单词。

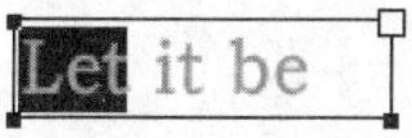

操作技巧　复制文字

复制文字的方法如下。

（1）在工具箱中选择选择工具，并按住 Ctrl 键。

（2）单击鼠标左键并拖动鼠标，此时可以看到鼠标指针变为了形状。

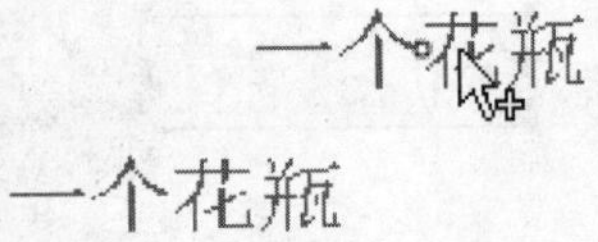

（3）松开鼠标左键，即可得到复制的文字。

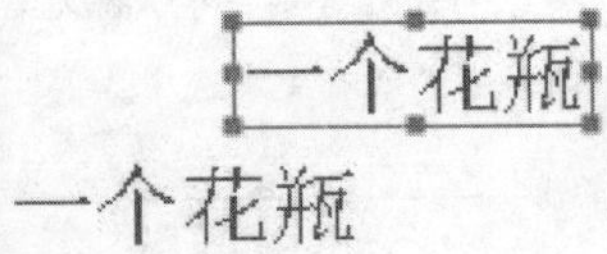

相关知识　文本变形

对于创建的文本，用户可以对其进行缩放、旋转以及倾斜等变形操作，从而得到更加有趣的文本效果。

相关知识　缩放文本块

通过缩放文本块，可以缩小、放大文字效果。

操作技巧　缩放文字

缩放文字的方法如下。

（1）在工具箱中选择选择工具，将文本选中。

（2）选择“修改”→“变形”→“缩放”命令，或在文本块上单击鼠标右键，在弹出的快捷菜单中选择“缩放”命令，此时的文本块周围将出现 8 个调整控制点。

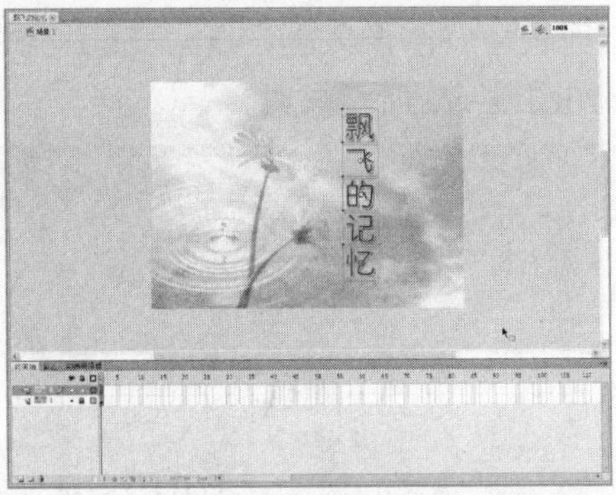

图 5-43　分别将每个字转换为图形元件

7 选中文字，选择“修改”→“时间轴”→“分散到图层”命令，将打散的字符分配到对应的图层中，如图 5-44 所示。

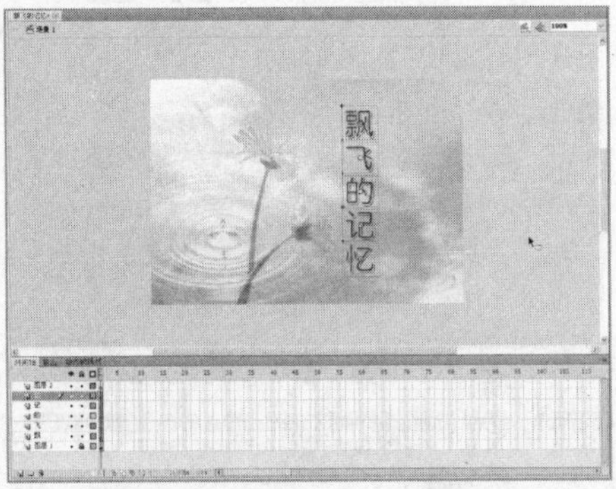

图 5-44　将文字分散到图层中

8 在“图层 2”上单击鼠标右键，在弹出的快捷菜单中选择“删除图层”命令，删除该图层。

9 选定“飘”图层的第 20 帧，按 F6 键插入关键帧。将“飘”字移到舞台外，在“变形”面板中将“倾斜”设置为 60，如图 5-45 所示。

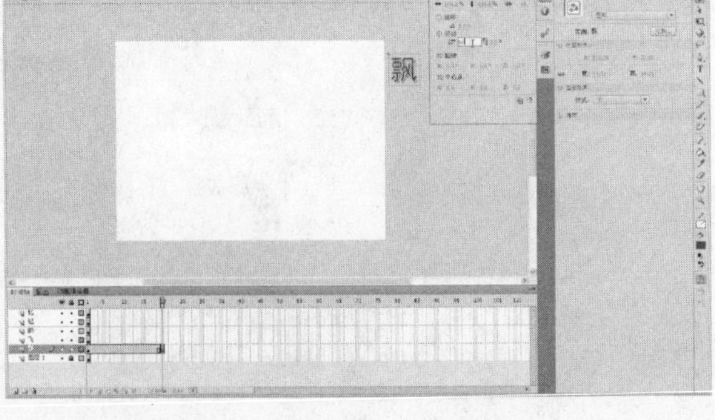

图 5-45　调整“飘”的位置及倾斜度

10 在“属性”面板中打开“样式”下拉列表框，从中选择 Alpha，然后将“透明度”设置为 0，如图 5-46 所示。

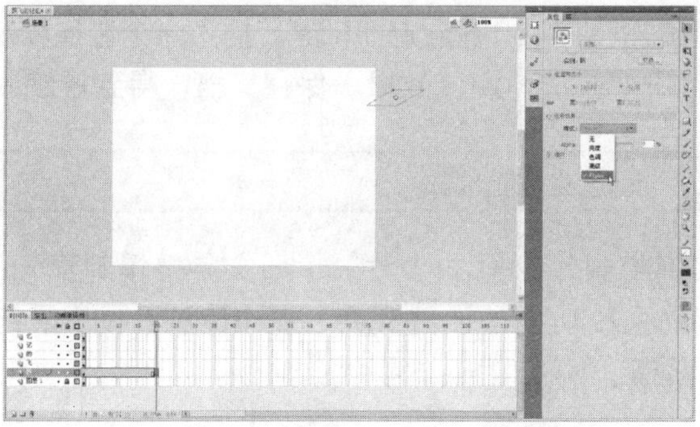

图 5-46　设置文字的样式及透明度

11 在“飘”层的第 1～20 帧之间的任一帧上单击鼠标右键，在弹出的快捷菜单中选择“创建传统补间”命令，创建传统补间，如图 5-47 所示。

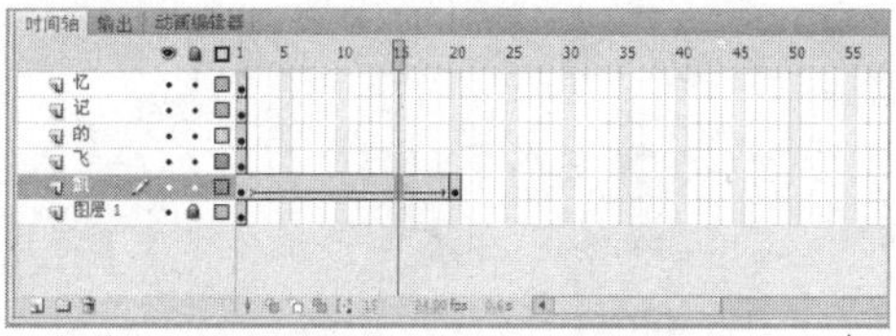

图 5-47　创建“飘”的传统补间

12 分别在“飞”层的第 10 帧和 30 帧、“的”层的第 20 帧和第 40 帧、“记”层的第 30 帧和 50 帧、“忆”层的第 40 帧和 60 帧，各插入一个关键帧，如图 5-48 所示。

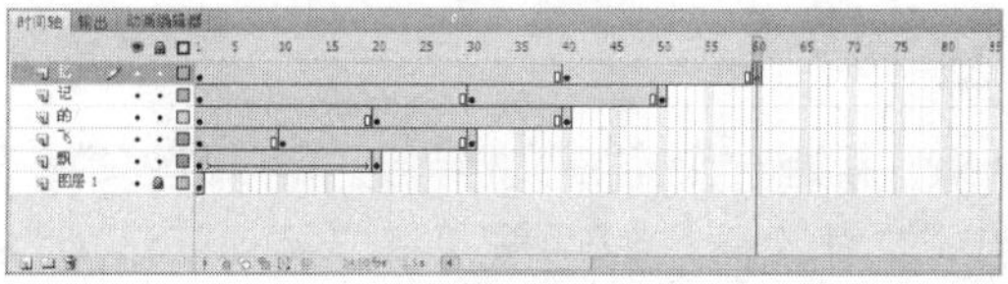

图 5-48　在各层中插入关键帧

13 按照设置“飘”的方法，分别设置各层最后一个关键帧的倾斜度和透明度，然后创建成传统补间，如图 5-49 所示。

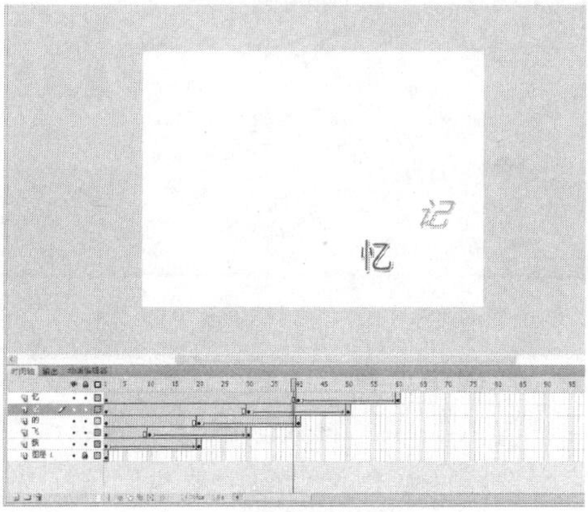

图 5-49　设置各层的传统补间

(3)将鼠标移到 4 个角的控制点上，单击鼠标左键并拖动，即可同时调整文本块的高度和宽度。

例如，通过右上方的控制点调节文本块的大小。

放大后的效果如下所示。

(4)将鼠标移到上边框或下边框中间的控制点上，单击鼠标左键并拖动，可以调整文本块的高度。

例如，通过正上方的控制点调节文本块的高度。

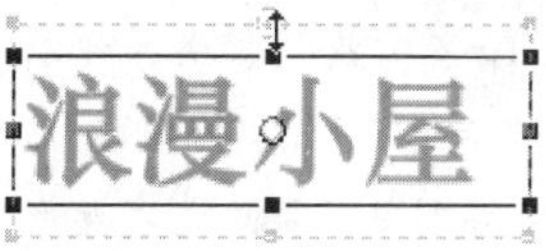

调整高度后的效果如下所示。

(5)将鼠标移到左边框或右边框中间的控制点上，单击鼠标左键并拖动，可以调整文本块的宽度。

14 选中图层 1 的第 60 帧，按 F5 键，插入一个普通帧。

15 按 Ctrl+Enter 键，测试效果。保存文档，得到最终效果。

实例 5-9 渐显文字

本实例将制作渐显文字效果（即文字慢慢地显示出来），其中用到的主要功能是设置文字、制作传统补间。最终效果如图 5-50 所示。

图 5-50 实例最终效果

操作步骤

1 打开 Flash，新建一个空白文档。选择“修改”→“文档”命令，弹出“文档设置”对话框，将“尺寸”设置为 600 像素 ×400 像素，单击“确定”按钮，如图 5-51 所示。

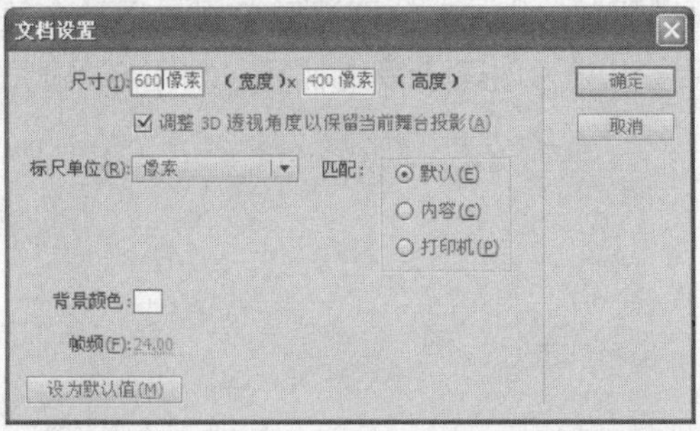

图 5-51 “文档设置”对话框

2 在“时间轴”面板中，将“图层 1”重命名为“背景”。选择“文件”→“导入”→“导入到舞台”命令，在弹出的“导入”对话框中选择一幅作为背景的素材图像（光盘\素材与效果\05\素材\5-10.jpg），如图 5-52 所示。

例如，通过右边框中间的控制点调节文本块的宽度。

调整宽度后的效果如下所示。

实例 5-9 说明

- 知识点：
  - 设置文字
  - 传统补间
- 视频教程：
  光盘\教学\5 章 Flash 文字特效制作
- 效果文件：
  光盘\素材与效果\05\效果\5-11.fla
- 实例演示：
  光盘\实例\第 5 章\渐显文字

相关知识 旋转、倾斜文本块

除了缩放文本块操作以外，还可以通过旋转和倾斜文本块得到更多变的文字变形效果。

操作技巧 旋转文字

旋转文字的方法如下。

（1）在工具箱中选择选择工具，将文本选中。

（2）选择“修改”→“变形”→“旋转与倾斜”命令或在文本块上单击鼠标右键，

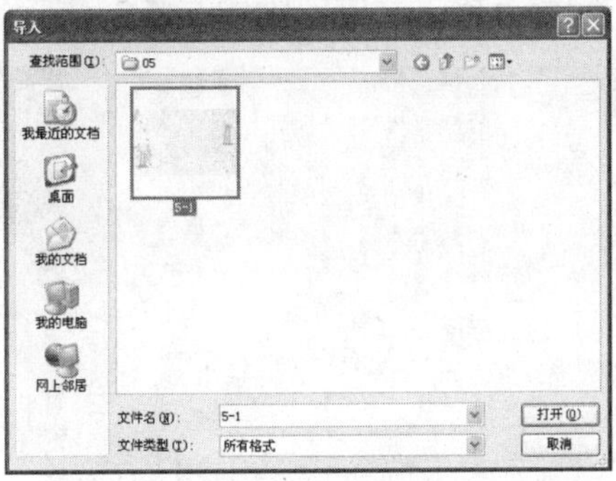

图 5-52 选择作为背景的素材图像

3 单击“打开”按钮，将图像导入到舞台中。使用任意变形工具，将图像调整为与文档大小相同，如图 5-53 所示。

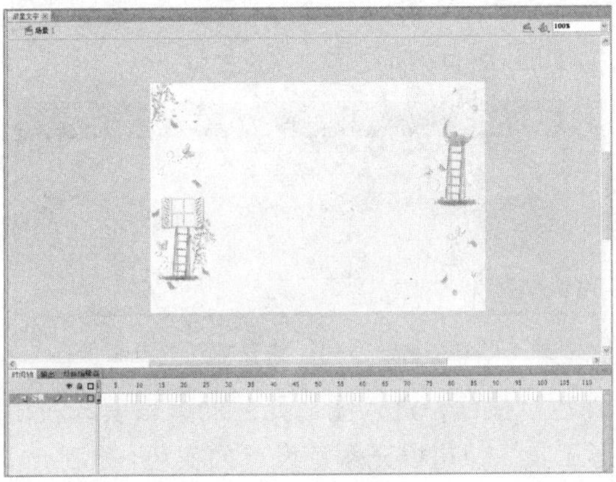

图 5-53 调整图像大小

4 单击“时间轴”面板左下角的“新建图层”按钮，新建一个图层，并重命名为“文字”，然后锁定“背景”图层，如图 5-54 所示。

5 在工具箱中选择文本工具，在其“属性”面板中将文本方向设置为“垂直，从左向右”，如图 5-55 所示。

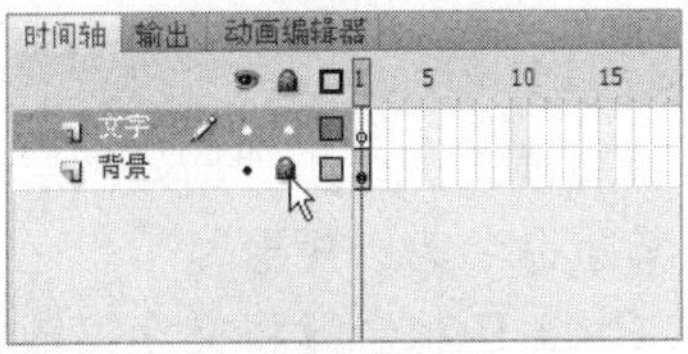

图 5-54 新建“文字”图层并锁定“背景”图层

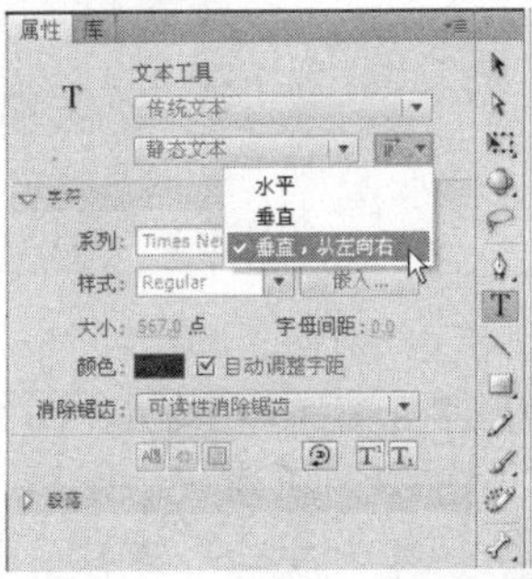

图 5-55 设置文本方向

在弹出的快捷菜单中选择“旋转与倾斜”命令，此时的文本块周围也出现了 8 个调整控制点。

(3)将鼠标移到 4 个角的控制点上，待其指针变为形状时单击鼠标左键并拖动，即可将文本块旋转一定的角度。旋转时，绿色虚线框代表旋转后的放置位置。

例如，通过 4 个角上的控制点调节旋转角度。

旋转后的效果如下所示。

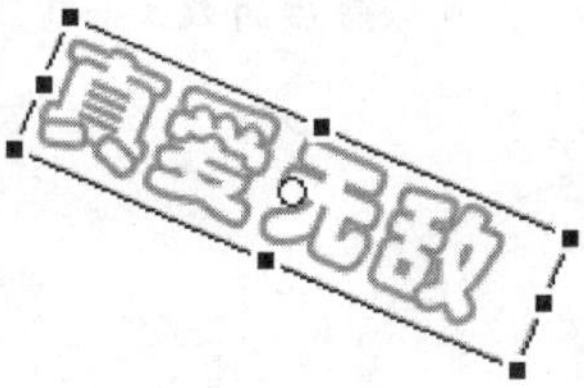

操作技巧 倾斜文字

倾斜文字的方法如下。

(1)在工具箱中选择选择工具，将文本选中。

(2)将鼠标移到上边框或下边框中间的控制点上，待其指针变为形状时单击鼠标左键并拖动，即可得到水平倾斜的文本块效果。

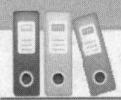

水平倾斜前的效果如下所示。

水平倾斜后的效果如下所示。

（3）将鼠标移到左边框或右边框中间的控制点上，待其指针变为⇅形状时单击鼠标左键并拖动，即可得到垂直倾斜的文本块效果。

垂直倾斜前的效果如下所示。

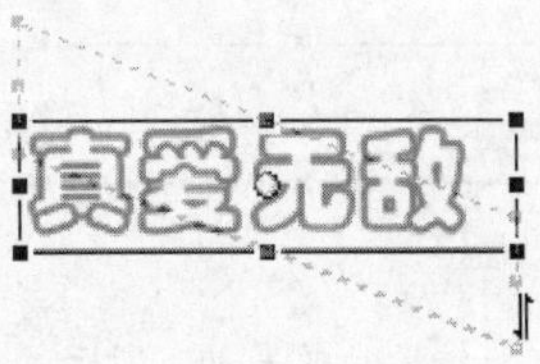

垂直倾斜后的效果如下所示。

相关知识 导入声音与视频

一段精彩的 Flash 动画中，声音和视频是不可缺少的元素。Flash CS5 大大提高了对声音与视频文件的支持，可以导入多种格式的声音与视频文件，并且可以对其进行编辑，使创作出的 Flash 动画不仅有视觉上的动态感受，还有听觉上的惬意享受。

6 在“文字”图层上输入文字，如图 5-56 所示。

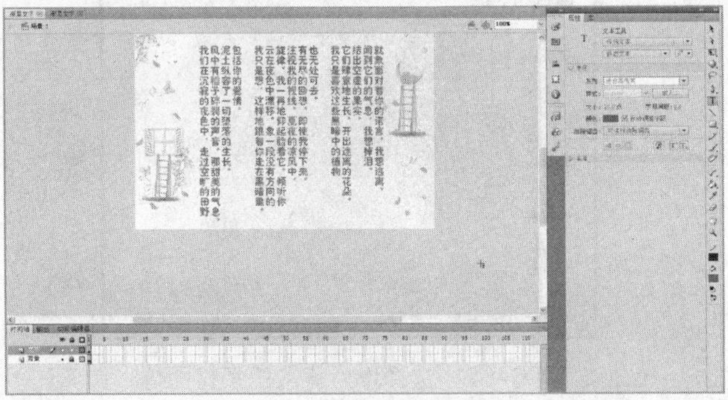

图 5-56 输入文字

7 选择“插入”→“新建元件”命令，打开“创建新元件”对话框，在“名称”文本框中输入“矩形”，将“类型”设置为“图形”，如图 5-57 所示。

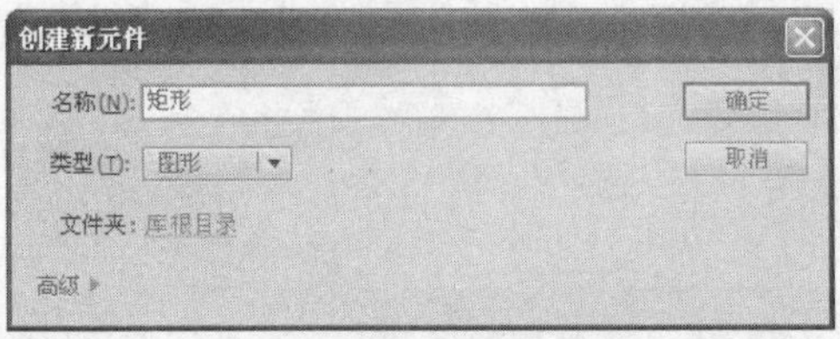

图 5-57 “创建新元件”对话框

8 单击“确定”按钮，进入图形元件的编辑模式。在工具箱中选择矩形工具，将填充颜色设置为灰色，绘制一个矩形（其大小要比文字区域稍大些），如图 5-58 所示。

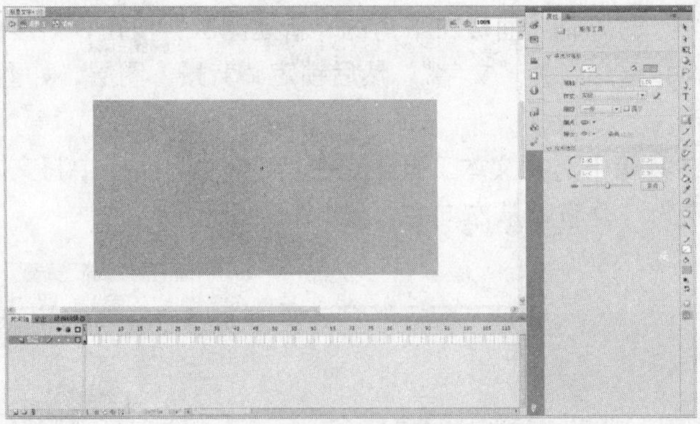

图 5-58 绘制矩形

9 单击 场景 1 按钮，回到场景编辑模式。单击“新建图层”按钮，新建一个图层，并将其重命名为“矩形”。

10 选中“文字”图层，按两次 Ctrl+ B 组合键将文字打散，如图 5-59 所示。

图 5-59　打散文字

11 选中“矩形”图层的第 1 帧，将“矩形”图形元件从“库”面板中拖到舞台中，并将其放置在文字的左侧，如图 5-60 所示。

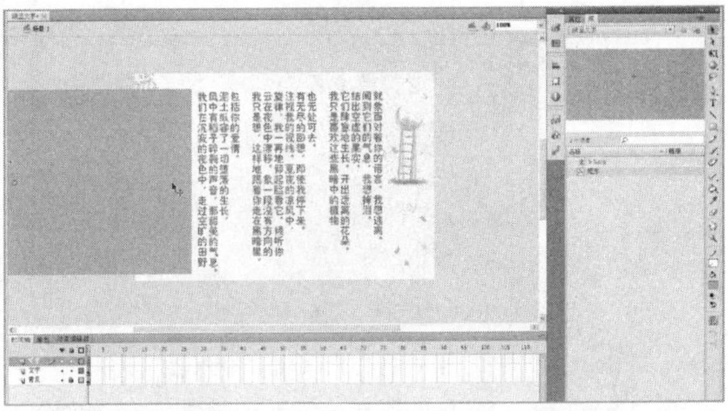

图 5-60　将“矩形”元件拖到舞台中

12 选中“矩形”图层的第 100 帧，按 F6 键插入一个关键帧。将矩形拖到文字上，将文字覆盖，如图 5-61 所示。接下来，在其他两个图层的第 100 帧处按 F5 键插入普通帧。

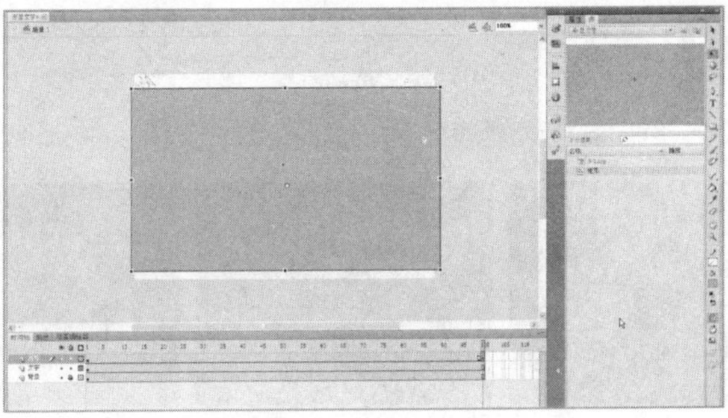

图 5-61　矩形盖住文字

13 将“文字”图层拖到“矩形”图层的上方。在“矩形”图层的第 1 帧上单击鼠标右键，在弹出的快捷菜单中选择“创建传统补间”命令，即可创建一个传统补间（动作渐变动画），如图 5-62 所示。

14 在“文字”图层上单击鼠标右键，在弹出的快捷菜单中选择“遮罩层”命令，即可创建遮罩层与被遮罩层，并且这两个图层被锁定，如图 5-63 所示。

相关知识　导入音频

声音是 Flash 动画中非常重要的组成部分。Flash CS5 支持多种格式的声音文件，用户可以在特定的情况下播放特定的声音，也可以使声音独立于时间轴连续播放。此外，还可以给按钮添加声音，使按钮能够更好地响应，增加动画的吸引力。

相关知识　音频的类型

在 Flash 中，音频可以分为两类，即事件声音和流式声音。这两种音频文件是通过不同的方式导入到 Flash 动画中的。

1. 事件声音

事件声音必须在整个声音文件全部下载完毕后才可以播放。它可以连续地播放，直到遇到停止指令才会停止播放。可以把事件声音用作单击按钮的声音，也可以把它作为循环播放的背景音乐。

事件声音具有以下几个特点。

- 事件声音在播放前必须完整下载，声音文件过大时，会使下载时间很长。
- 声音文件下载到内存后，如果需要重复播放，不必再次下载。
- 不论动画发生什么变化，事件声音都会独立地播放完毕。也就是说，它与动画的运行没有任何关系，不论动画是否放慢速度、其他事件声音是否正在播放以及跳转到另一个场景等，它都会继续播放。因此，它不能实现与动画同步播放。

- 事件声音无论长短都只能插入到一个帧上。

2. 流式声音

流式声音随着动画的播放而播放，随着动画的停止而停止。由此可以看出，流式声音是与 Flash 动画紧密相关的一种声音类型，用户可以认为它就是 Flash 的背景音乐。

流式声音具有以下几个特点。

- 流式声音不需要等到整个声音文件完全下载完毕才开始播放，而是只要下载的数据足够一帧时就能开始播放，所以避免了因声音文件过大而出现的下载时间过长的现象。
- 流式声音可以与动画中的可视元素同步播放。
- 流式声音只能在它所在的帧中播放。

实例 5-10 说明

知识点：

文字旋转变形

视频教程：

光盘\教学\5 章　Flash 文字特效制作

效果文件：

光盘\素材与效果\05\效果\5-12.fla

实例演示：

光盘\实例\第 5 章\旋转文字

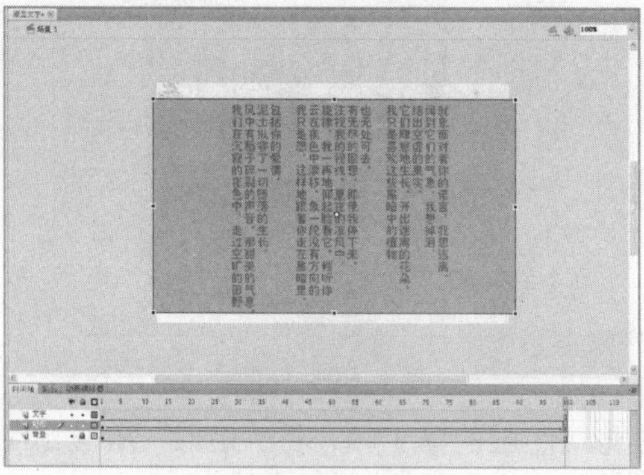

图 5-62　创建传统补间

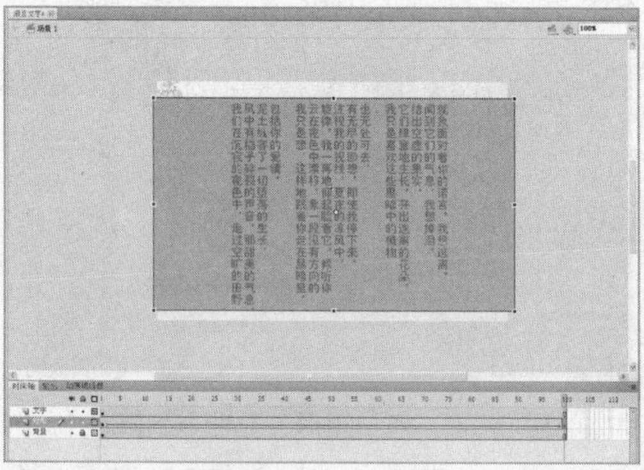

图 5-63　创建遮罩层

15 按 Ctrl+Enter 组合键，测试动画。保存文档，得到最终效果。

实例 5-10　旋转文字

本实例将制作具有旋转效果的文字，最终效果如图 5-64 所示。

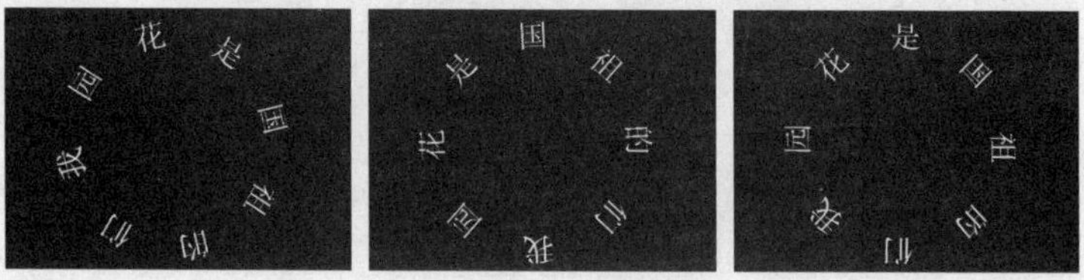

图 5-64　实例最终效果

操作步骤

1 打开 Flash，新建一个空白文档。选择“修改”→“文档”命令，弹出“文档设置”对话框，将“背景颜色”设置为“黑色”。

2 在工具箱中选择文本工具 T，将文字颜色设置为“白色”，输入“我”，如图 5-65 所示。

图 5-65 输入文字“我”

3 在工具箱中选择任意变形工具，选定文字，然后选择“窗口”→“工具栏”→“主工具栏”命令，打开“主工具栏”工具栏，如图 5-66 所示。

图 5-66 打开主工具栏

4 单击“主工具栏”工具栏中的“贴紧至对象”按钮，在文字中间的控制点上单击鼠标左键并向下拖动，将控制点移到文字下方，如图 5-67 所示。

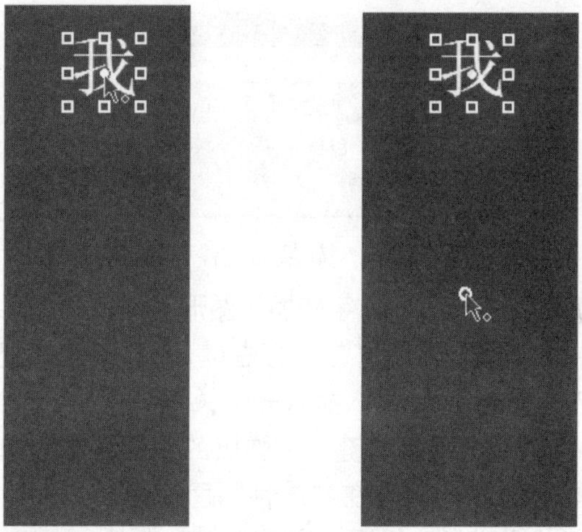

图 5-67 移动控制点

相关知识 设置声音效果

设置声音效果是在选定帧的“属性”面板中进行的。在“声音”图层中选中一帧，即可打开其“属性”面板。在“效果”下拉列表框中，可以根据实际需要选择声音效果。

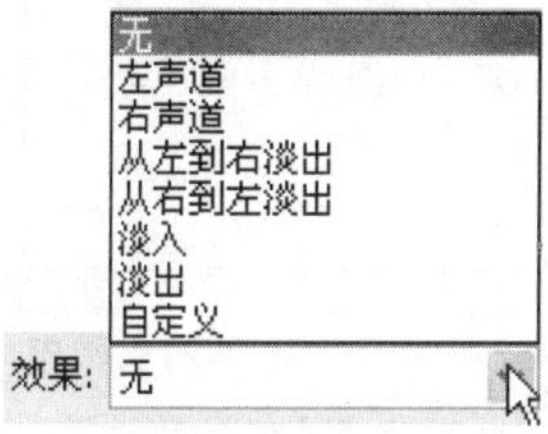

其中各项含义介绍如下。

- 无：没有效果。
- 左声道：只有左声道有声音。
- 右声道：只有右声道有声音。
- 从左到右淡出：开始时只有左声道有声音，随后左声道的声音逐渐减弱，直到消失；同时右声道的声音逐渐增强，最后只有右声道有声音。
- 从右到左淡出：与从左到右淡出效果相反。
- 淡入：声音由没有到逐渐增强。
- 淡出：声音从正常逐渐减弱到无声。
- 自定义：选择此选项，在弹出的“编辑封套”对话框（单击“属性”面板中的“编辑”按钮，也可打开此对话框）中可以对声音效果进行自定义。

相关知识 声音的封套编辑

在“声音”图层中选中一帧，在弹出的“属性”面板中打开“效果”下拉列表框，从中选择“自定义”选项，或单击其右侧的“编辑”按钮，均可弹出“编辑封套”对话框。如下所示。

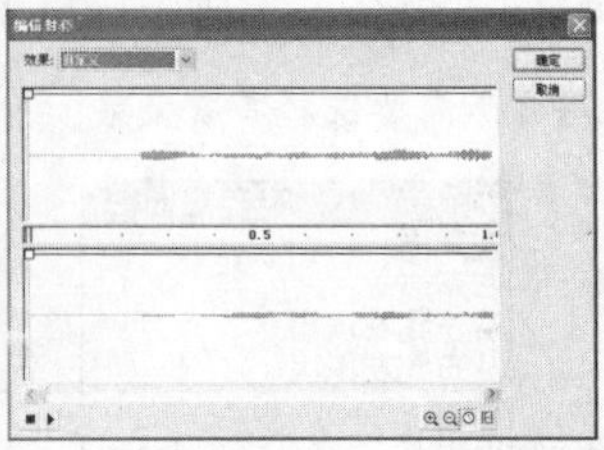

在“效果”下拉列表框中可以为声音选择需要的效果。

在“效果”下拉列表框的下方，分为 3 个区域。其中，上部显示的是左声道的声音效果，下部显示的是右声道的声音效果，中间显示的是时间轴。

可以按住并拖动时间轴中的声音起点游标和终点游标，来改变音频的起点和终点。

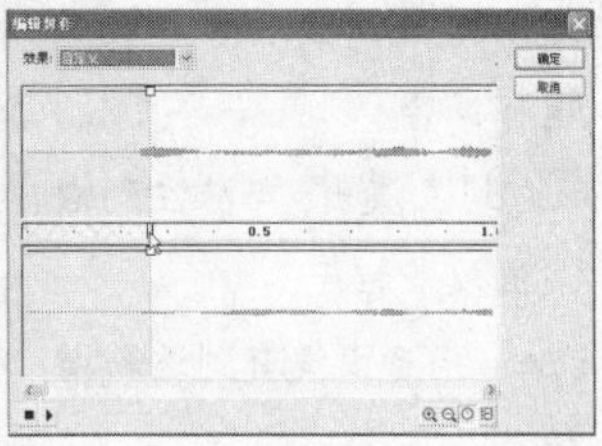

带小方块的折线称为音量包络线，线上各点的高度代表播放该点所处位置声音的音量。改变包络线可以做出各种声音效果。

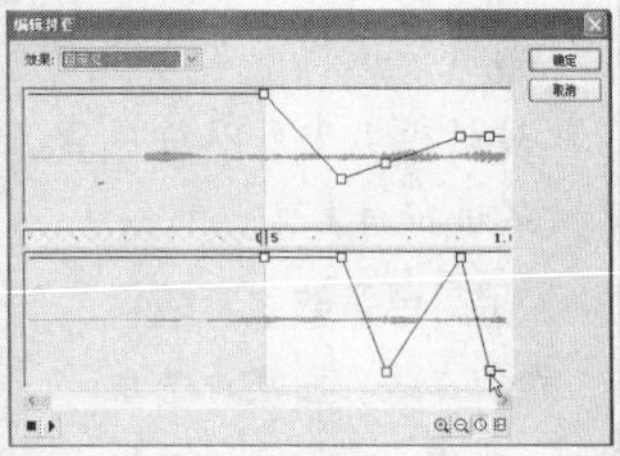

5 关闭“主工具栏”工具栏。单击“属性”面板中的“变形”按钮，弹出“变形”子面板，如图 5-68 所示。

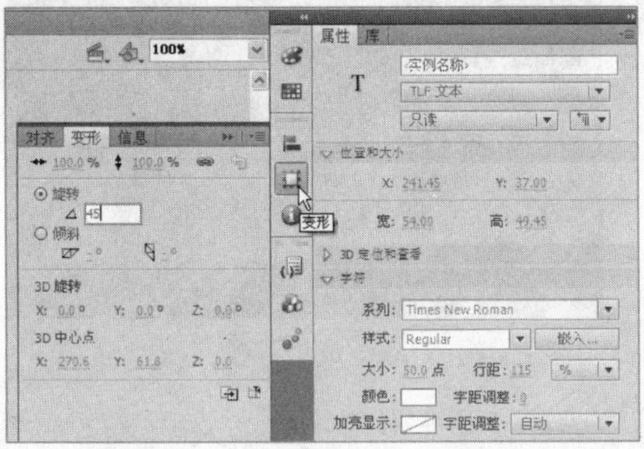

图 5-68 打开“变形”子面板

6 单击“约束”按钮，使其变成；在“数值”文本框中输入 36；再连续 9 次单击“重置选区和变形”按钮，得到文字旋转效果，如图 5-69 所示。

7 依次修改文字，如图 5-70 所示。

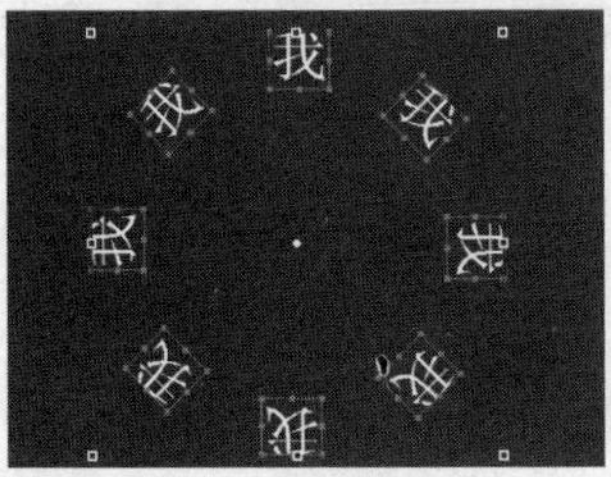

图 5-69 旋转文字

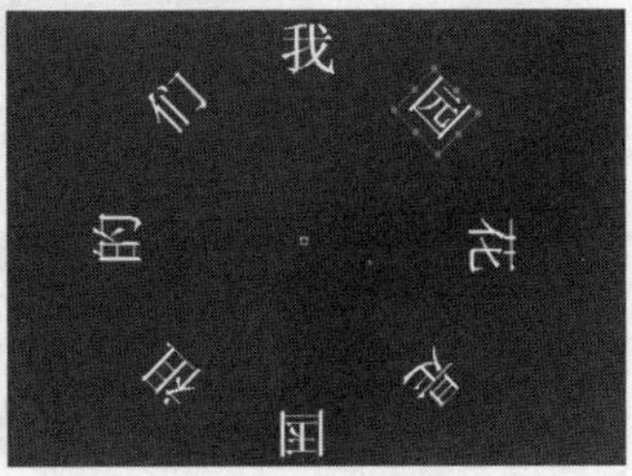

图 5-70 修改文字

8 按 Ctrl+A 组合键，选定所有文字。按 F8 键，弹出“转换为元件”对话框，在“类型”下拉列表框中选择“图形”选项，如图 5-71 所示。

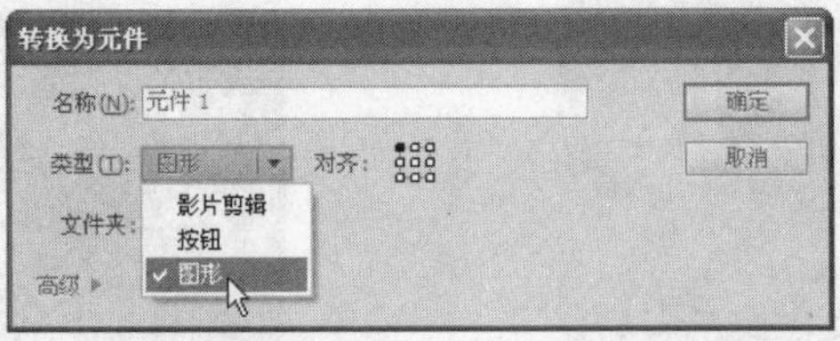

图 5-71 “转换为元件”对话框

9 单击“确定”按钮，将文字转换为图形元件，如图 5-72 所示。

10 在时间轴的第 61 帧处单击鼠标右键，在弹出的快捷菜单中选择“插入关键帧”命令，插入一个关键帧。

11 在第 1 帧上单击鼠标右键，在弹出的快捷菜单中选择“创建补间动画”命令，然后在“属性”面板的“方向”下拉列表框中选择“顺时针”选项，如图 5-73 所示。

12 在第 61 帧上单击鼠标右键，在弹出的快捷菜单中选择“删除帧”命令，将此帧删除，得到最终效果。

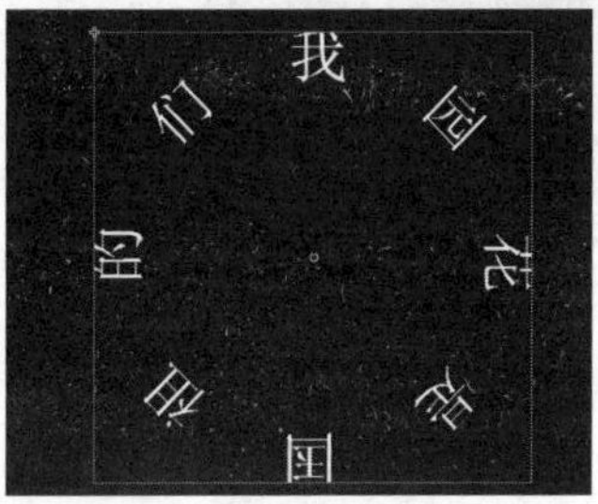

图 5–72　文字转换为图形元件

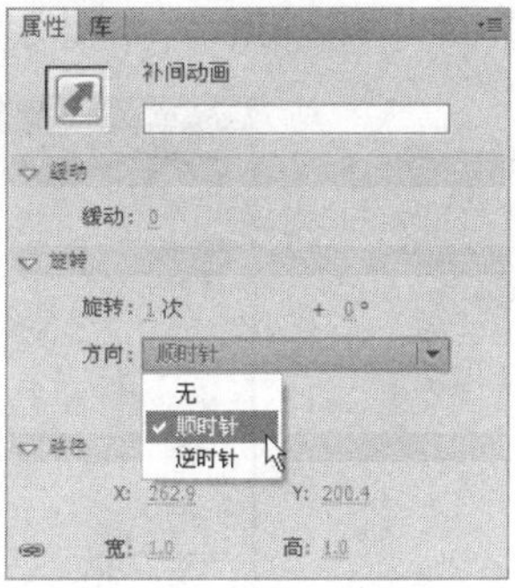

图 5–73　设置“方向”

实例 5-11　变换背景文字

在本实例中，首先导入一幅背景图像，然后将其上的文字打空，透过文字可以看到不断变幻的背景效果。最终效果如图 5–74 所示。

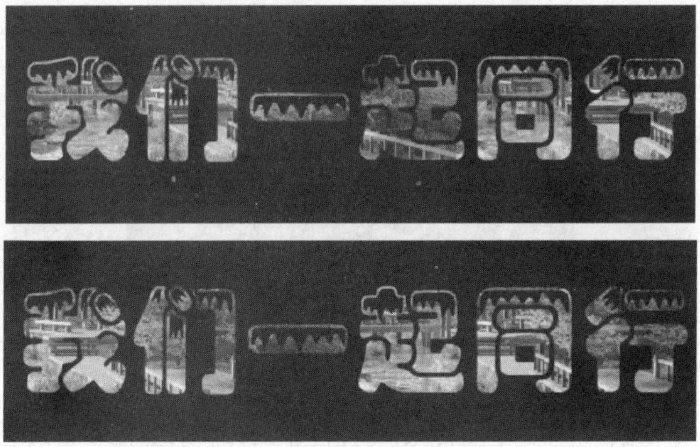

图 5–74　实例最终效果

操作步骤

1 打开 Flash，新建一个空白文档。选择“修改”→“文档”命令，打开“文档属性”对话框，将“背景颜色”设置为“黑色”，单击“确定”按钮，如图 5–75 所示。

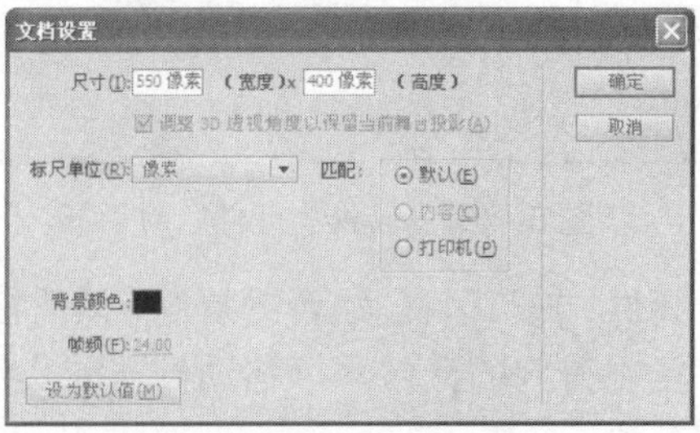

图 5–75　“文档”设置对话框

实例 5-11 说明

- 知识点：
  将文字打空
- 视频教程：
  光盘\教学\5 章　Flash 文字特效制作
- 效果文件：
  光盘\素材与效果\05\效果\5-14.fla
- 实例演示：
  光盘\实例\第 5 章\变换背景文字

相关知识　声音的同步

在“声音”图层中选中一帧，在弹出的“属性”面板中打开“同步”下拉列表框，从中可以选择同步效果。

其中包括“事件”、“开始”、“停止”和“数据流” 4 个选项，其含义分别介绍如下。

- 事件：使声音的播放和事件的发生同步。事件声音将在其开始的关键帧显示时播放，并且可以独立于时间轴完整播放，而不论电影是否停止。在播放已发布的电影时，事件声音是混合的。
- 开始：与事件声音很相似，但是如果声音已经并正在播放，则不会开始播放新声音。
- 停止：停止播放指定的声音。
- 数据流：在 Web 站点上播放动画时，Flash 将调整动画

2 选择“文件”→“导入”→“导入到舞台”命令，在弹出的“导入”对话框中选择一幅素材图像（光盘\素材与效果\05\素材\5-13.jpg），如图 5-76 所示。

图 5-76　选择要导入的素材图像

3 单击“打开”按钮，将其导入到舞台中。在“属性”面板中将图像的尺寸设置为 500×400，也就是和画布一样的大小，如图 5-77 所示。

图 5-77　调整图像大小

4 选中位图，按 F8 键，弹出“转换为元件”对话框，如图 5-78 所示。将“名称”设置为“背景”，在“类型”下拉列表框中选择“图形”选项，单击“确定”按钮，将位图转换为图形元件。

图 5-78　“转换为元件”对话框

5 选中此图形元件，按 Ctrl+C 组合键复制，然后按 Ctrl+V 组合键粘贴。将复制得到的元件水平移动到当前实例的左侧，如图 5-79 所示。

速度使之和流式声音同步。如果声音过短而动画过长，Flash 无法调整足够快的动画帧，则有些帧将被忽略。

相关知识 声音的循环

在“声音”图层中选择一帧，在弹出的“属性”面板中打开“重复”下拉列表框，从中可以选择声音是重复播放还是循环播放。

其中包括“重复”和“循环”两个选项，其含义分别介绍如下。

- 重复：选择此项后，在其右侧的文本框中可以设置此关键帧上的声音重复播放几次。
- 循环：选择此项后，此关键帧上的声音将会循环播放。

相关知识 音频的输出

如果要得到良好的声音效果，可对声音文件进行多次编辑。音频的采样率和压缩率对声音质量和文件大小有着直接的影响。输出声音时，压缩率越大，则采样率越低、文件体积越小，但声音质量也会下降。

操作技巧 输出音频的操作

用户可以根据需要设置声音的输出属性，以得到更好的

6 按住 Shift 键的同时单击图像，将两幅图像同时选中。按 F8 键，弹出“转换为元件”对话框，将“名称”设置为“背景 2”，在“类型”下拉列表框中选择“影片剪辑”选项，如图 5-80 所示。

图 5-79　复制背景图像

图 5-80　“转换为元件”对话框

7 单击“确定”按钮，即可将它们转换为影片剪辑元件。按 F11 键，打开“库”面板，双击“背景 2”，进入影片剪辑元件的编辑模式，如图 5-81 所示。

图 5-81　进入影片剪辑元件的编辑模式

8 选中“图层 1”的第 1 帧，拖动此帧上的影片剪辑，使右侧的对象位于画布的正中，如图 5-82（上）所示。选中第 50 帧，按 F6 键，插入一个关键帧，然后拖动此帧上的影片剪辑，使左侧的对象位于画布的正中，如图 5-82（下）所示。

效果。操作步骤如下。

（1）按 F11 键，打开“库”面板，在其中选中需要输出的声音文件 PORSCHE.wav。

（2）在该声音文件上单击鼠标右键，在弹出的快捷菜单中选择“属性”命令，打开“声音属性”对话框。

（3）完成设置后，单击“测试”按钮，即可测试声音效果。单击“停止”按钮，可停止测试。

（4）“压缩”下拉列表框中选择 MP3 选项，在“比特率”下拉列表框中设置声音的传输速率为 64kbps，在“品质”下拉列表框中选择“最佳”选项。

（5）得到满意的声音效果后，单击“确定”按钮，即可完成输出设置。

相关知识　导入视频

在 Flash 中，可以导入视频文件。根据导入的视频格式和导入方法的不同，可以将具有视频的影片发布为 Flash 影片（SWF 格式）或者 QuickTime 影片（MOV 格式）。下面将介绍如何在 Flash 动画中应用视频文件。

用户可以直接将视频片断文件嵌入到 Flash 中，这样视频文件就像其他导入的图像一样，成为电影的一部分。

操作技巧 导入视频操作（1）

导入视频文件的操作步骤如下。

（1）选择“文件”→“导入”→“导入到舞台”命令，在弹出的“导入”对话框中选择一个视频文件，这里选择的是.AVI 格式的视频文件。

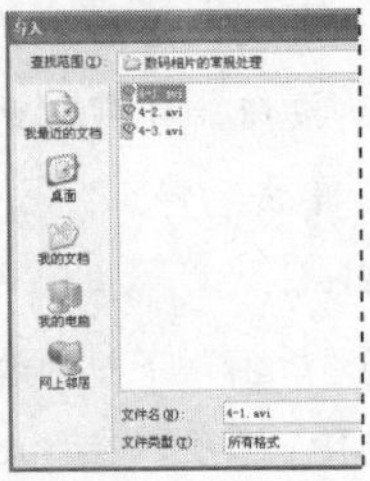

（2）单击“打开”按钮，弹出“导入视频”对话框。在其中可以看到，此视频文件的路径已被输入到“文件路径”文本框中。

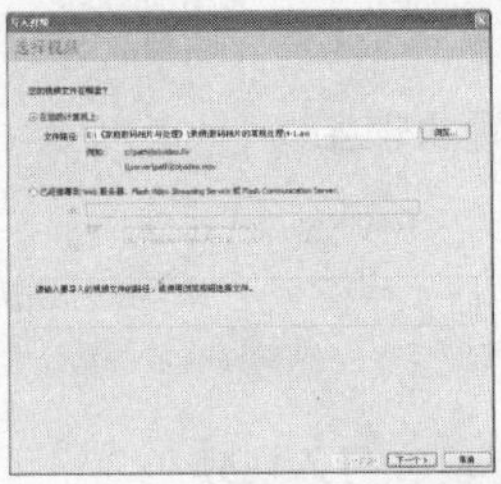

（3）单击 下一个 > 按钮，弹出“导入视频/部署”对话框。在此对话框中可以设置导入视频的方式，默认设置为“从 Web 服务器渐进式下载”（右边的文本框显示了相应选项的具体介绍）。

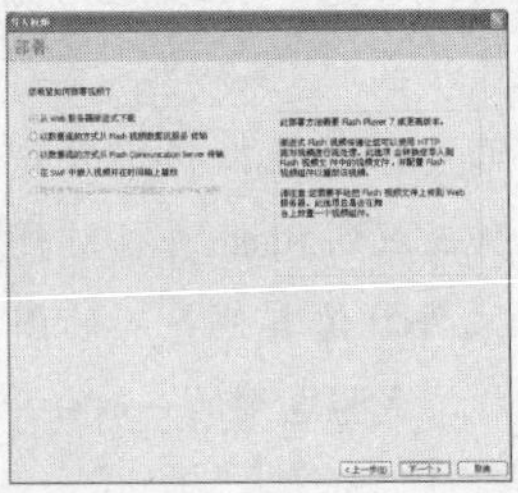

第 1 帧的状态

第 50 帧的状态

图 5-82 设置关键帧的状态

9 选中第 1 帧，按 Ctrl+G 组合键将此帧中的两幅图像组合；同样，将第 50 帧的两幅图像组合。选中第 1 帧，在其上单击鼠标右键，在弹出的快捷菜单中选择“创建传统补间”命令，在这两帧之间创建传统补间，如图 5-83 所示。

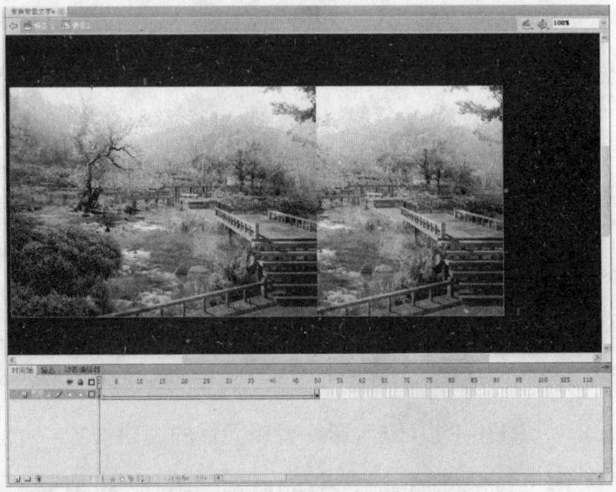

图 5-83 创建传统补间

10 单击 场景 1，回到“场景 1”编辑窗口。双击“图层 1”，将其重命名为“背景 2”，然后将影片剪辑元件“背景 2”中的右侧对象与舞台边缘对齐，如图 5-84 所示。

图 5-84 将影片剪辑元件的右侧对象与舞台对齐

11 单击“时间轴”面板左下角的“新建图层”按钮，新建一个图层，并将其重命名为“文字”。在工具箱中选择文本工具T，输入文字“我们一起同行”，并自定义文字的字体、大小和颜色，如图 5-85 所示。

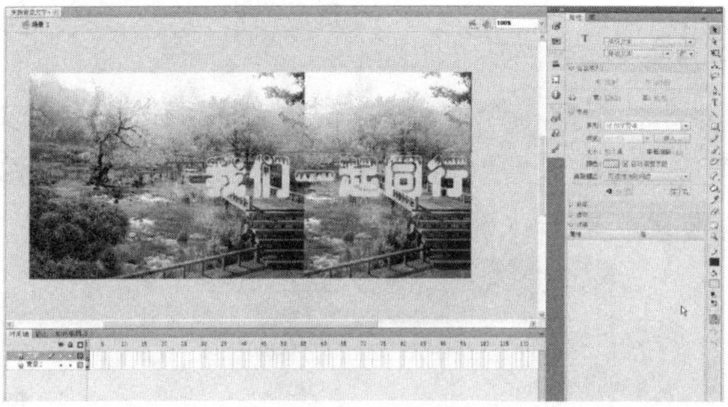

图 5-85 在“文字”图层上输入文字

12 在“文字”图层上单击鼠标右键，在弹出的快捷菜单中选择“遮罩层”命令。此时文字被打空，透过文字可以看到下面的背景，如图 5-86 所示。

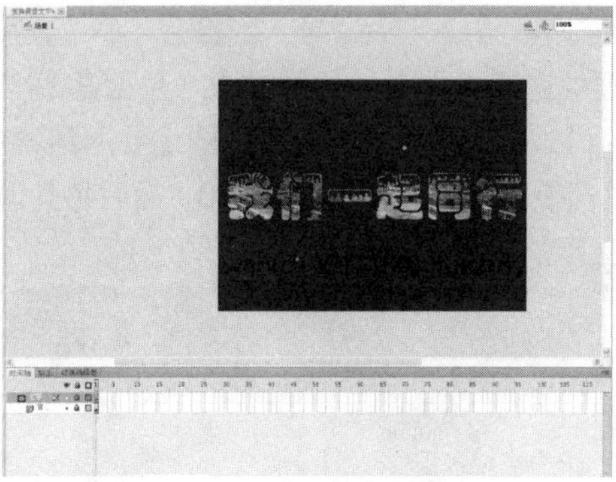

图 5-86 创建遮罩层后的效果

13 按 Ctrl+S 组合键，保存文档。按 Ctrl+Enter 组合键，测试效果。

（4）设置完导入视频方式后，单击 下一个 > 按钮，打开“导入视频/编码”对话框，在其中可以对导入的视频进行设置。

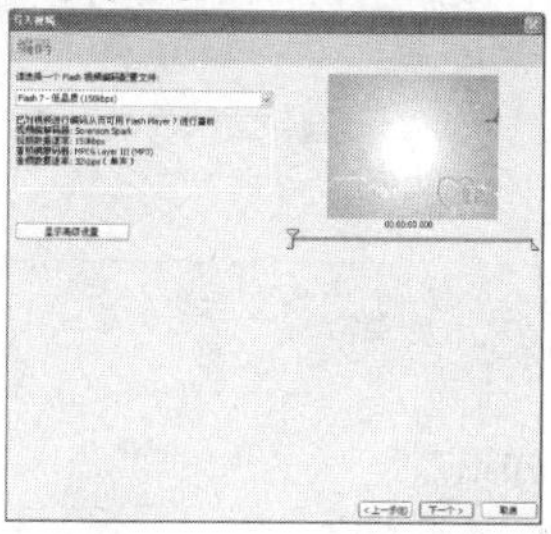

- 设置视频的品质：在“请选择一个 Flash 视频编码配置文件”下拉列表框中可以选择配置文件。在其下面的文本框中，详细说明了所选编码产生的配置。
- 视频的预览：在右侧预览窗口中可以查看导入视频的所有内容。另外，还可通过其下方的滑动条来控制当前预览窗口的画面以及设置。
  - * ：拖动此滑块可以控制当前预览窗口中的播放画面。
  - * ：此按钮为导入视频的起始按钮，可以通过该按钮剪切一部分多余的片头视频。剪切时，按钮也会跟着一起移动。剪切视频后，被剪切的视频将变为白色滑动条，播放时将跳过此段。
  - * ：此按钮为导入视频的结束按钮，通过该按钮可以剪切掉多余的片尾视频。剪切视频后，剪切的视频将变为白色滑动条，播放时将跳过此段。按钮播放到处时，画面将返回起点按钮处，并停止播放。

实例 5-12 说明

- **知识点：**
  - 编辑文字
  - 设置文字的坐标
  - 补间动画
- **视频教程：**
  光盘\教学\5 章 Flash 文字特效制作
- **效果文件：**
  光盘\素材与效果\05\效果\5-16.fla
- **实例演示：**
  光盘\实例\第 5 章\流动的文字

操作技巧　导入视频操作（2）

- 显示高级设置：单击该按钮，在其下方将显示相应的高级设置选项。其中包括“编码”、“提示点”和“裁切和修剪”3 个选项卡，其功能分别介绍如下。
- 编码：分为“对视频编码”和“对音频编码”两个选项组。
- 提示点：用于设定提示点，使视频回放触发演示文稿中的其他动作，从而使视频与动画、文本、图形以及其他交互内容同步。

实例 5-12　流动的文字

本实例将制作文字从上到下流动的效果，其中用到的主要功能有编辑文字、设置文字的坐标、制作补间动画等。最终效果如图 5-87 所示。

图 5-87　实例最终效果

操作步骤

1 打开 Flash，新建一个空白文档。选择“修改”→“文档”命令，打开“文档设置”对话框，将“尺寸”设置为 400 像素×500 像素，单击“确定”按钮，如图 5-88 所示。

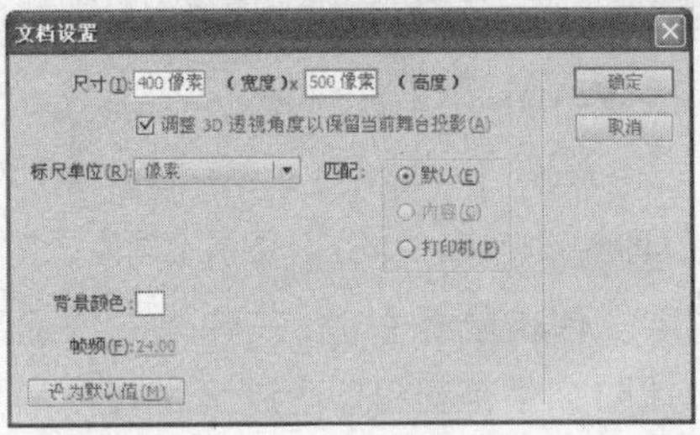

图 5-88　设置文档属性

2 选择“文件”→“导入”→“导入到舞台”命令，在弹出的“导入”对话框中选择要导入的素材图像（光盘\素材与效果\05\素材\5-15.jpg），单击“打开”按钮，将图像导入到舞台中。在“属性”面板上将其尺寸设置为 400×500，然后将其调整到正好盖住舞台的位置，如图 5-89 所示。

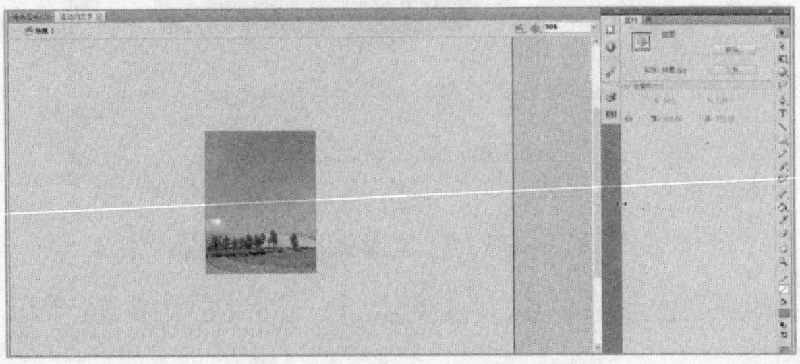

图 5-89　导入图像

3 选择“插入”→“新建元件”命令，打开“创建新元件”对话框，将“名称”设置为“字”，“类型”设置为“图形”，单击“确定”按钮，如图 5-90 所示。

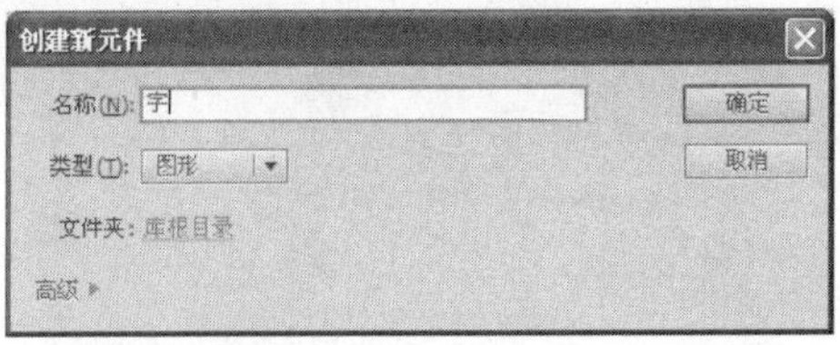

图 5-90 “创建新元件”对话框

4 在工具箱中选择文本工具，在其“属性”面板中设置文字的字体、大小和颜色，然后在舞台中输入文字，如图 5-91 所示。

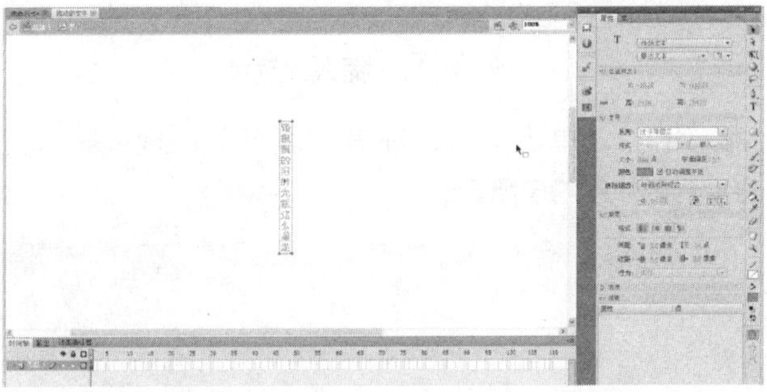

图 5-91 输入文字

5 选择“插入”→“新建元件”命令，打开“创建新元件”对话框，将“名称”设置为“字动”，“类型”设置为“影片剪辑”，单击“确定”按钮，如图 5-92 所示。

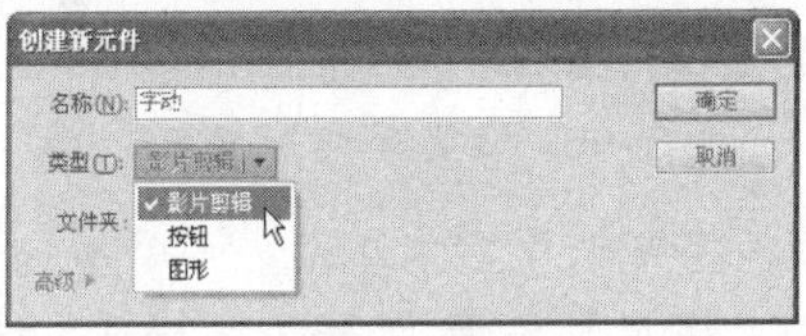

图 5-92 “创建新元件”对话框

6 打开“库”面板，将“字”元件拖动到舞台中。选定文字，在其“属性”面板中单击左侧的“变形”按钮，在“变形”子面板中将“缩放宽度”和“缩放高度”均设置为 50%，如图 5-93 所示。

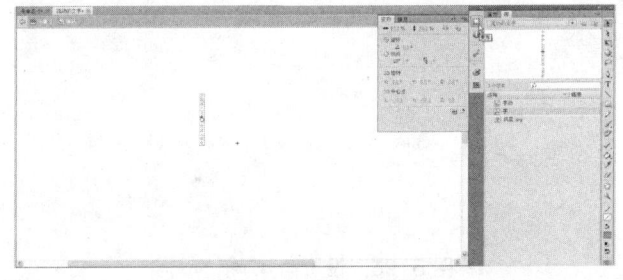

图 5-93 将文字变形

- 裁切和修剪：用于在导入视频前先裁切和修剪视频。

（5）完成设置后，单击 下一个 > 按钮，打开“导入视频/外观”对话框，如下所示。

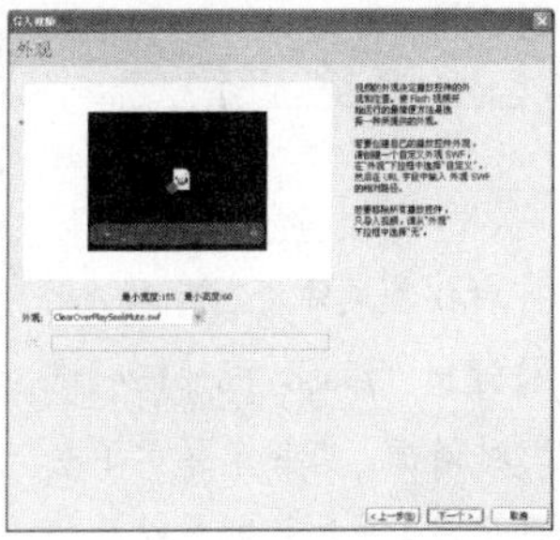

（6）根据需要进行设置后，单击 下一个 > 按钮，打开“导入视频/完成视频导入”对话框，如下所示。

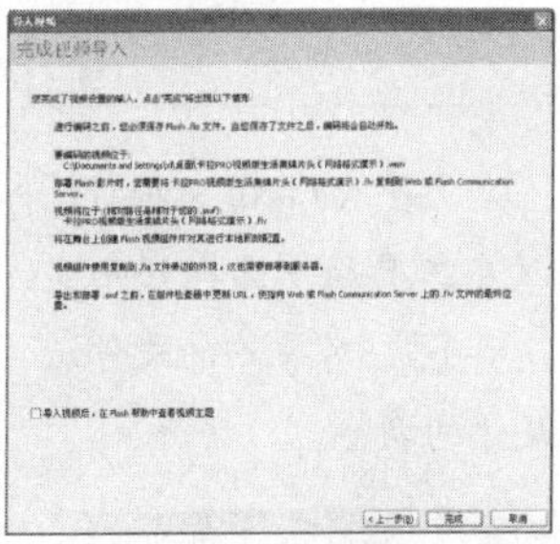

（7）单击 完成 按钮，弹出“另存为”对话框。在“文件名”文本框中输入文件名称，在“保存类型”下拉列表框中选择一种保存类型，然后在“保存在”下拉列表框中输入文件存储的路径。

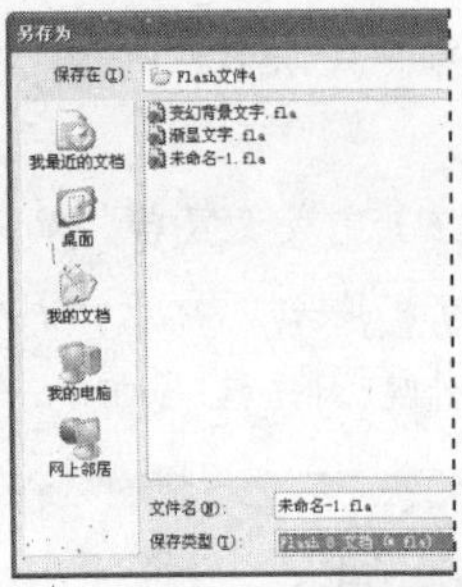

（8）单击 保存(S) 按钮，即可对视频文件进行导入。此时将弹出“Flash 视频编码进度”对话框，在其中显示了导入的速度、导入的配置以及导入的路径等。

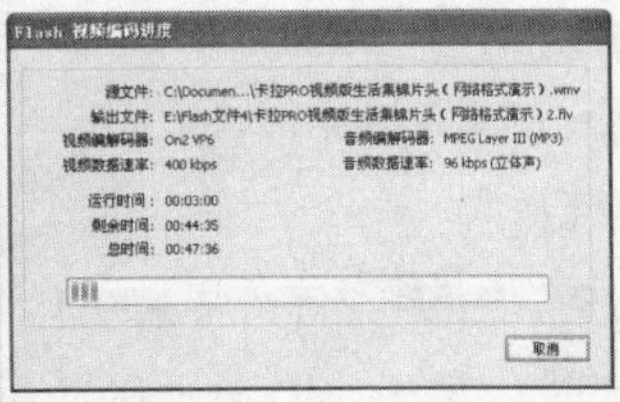

（9）导入 Flash 文档后，可以在工具箱中选择任意变形工具，对导入的文件进行尺寸的调整。

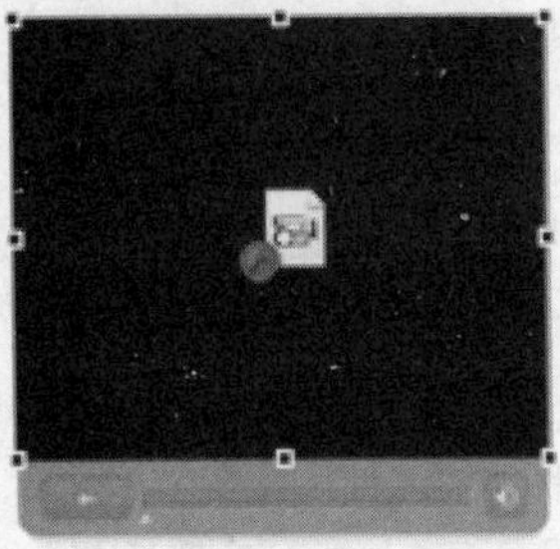

（10）按 Ctrl+L 组合键打开“库”面板，从中可以对其进行编辑或者添加其他元件。在“库”面板中，视频的图标为，名称为 FLVPlayback，类型为“编译剪辑”。

7 在“图层 1”的第 15 帧、第 35 帧和第 42 帧处按 F6 键，各插入一个关键帧，如图 5-94 所示。

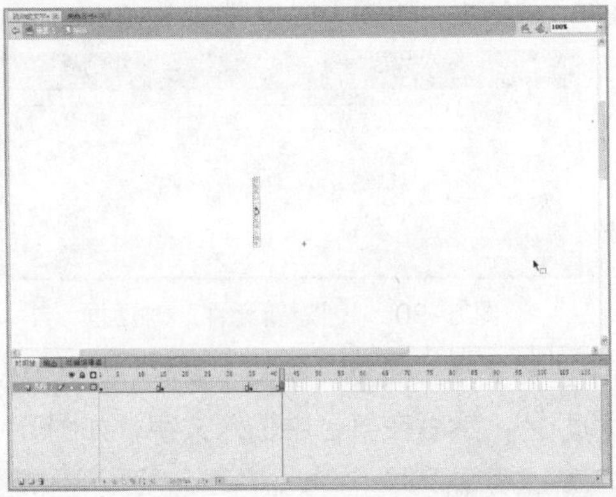

图 5-94　插入关键帧

8 选定第 15 帧，单击文字，在其“属性”面板中将 Y 值设置为 150，如图 5-95 所示。

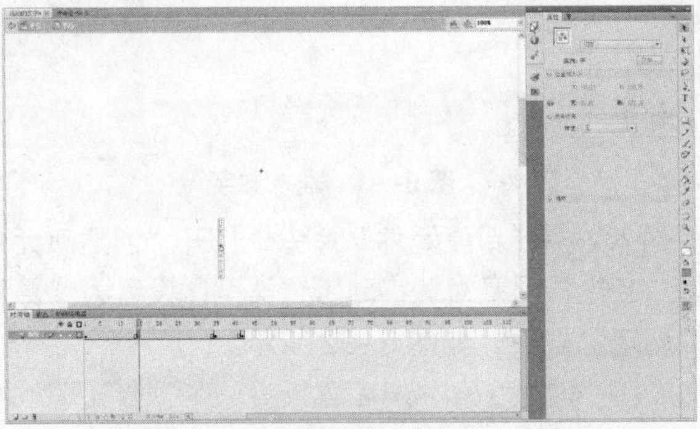

图 5-95　设置第 15 帧文字的位置

9 选定第 35 帧，将 Y 值设置为 150。

10 选定第 42 帧，将 Y 值设置为 350，“样式”设置为 Alpha，值设置为 0%，如图 5-96 所示。

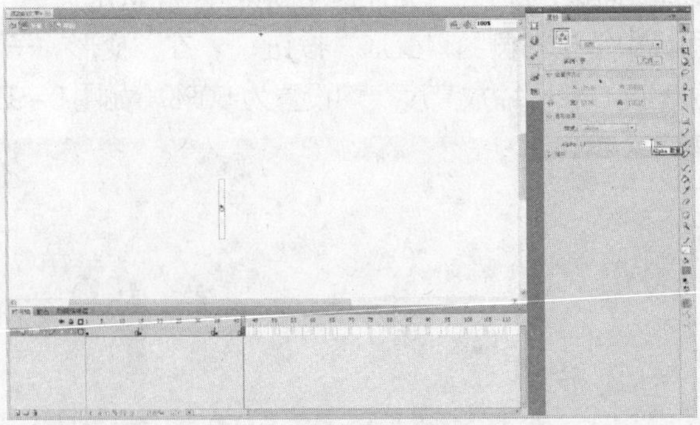

图 5-96　设置第 42 帧的文字

11 在第 1～15 帧之间的任一帧上单击鼠标右键，在弹出的快捷菜单中选择“创建传统补间”命令，创建传统补间；同样，在第 35～42 帧之间创建传统补间。

12 新建“图层 2”；选定第 1 帧，将“字”元件拖动到该图层中；选定文字，在其“属性”面板中单击左侧的“变形”按钮，将“缩放宽度”和“缩放高度”设置为 30%，如图 5-97 所示。

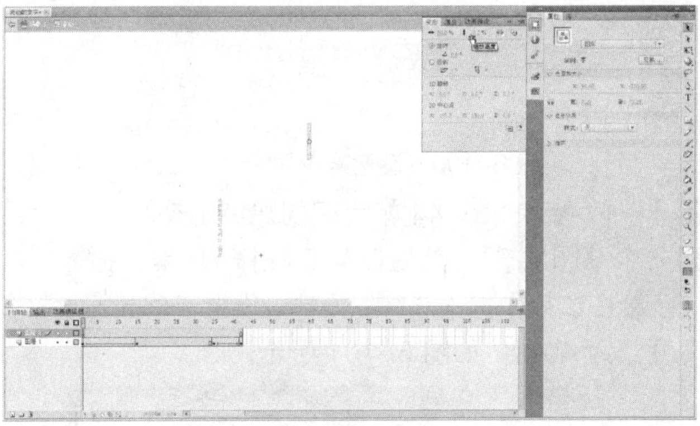

图 5-97　调整文字的大小

13 在第 17 帧、第 37 帧和第 44 帧按 F6 键，各插入一个关键帧，如图 5-98 所示。

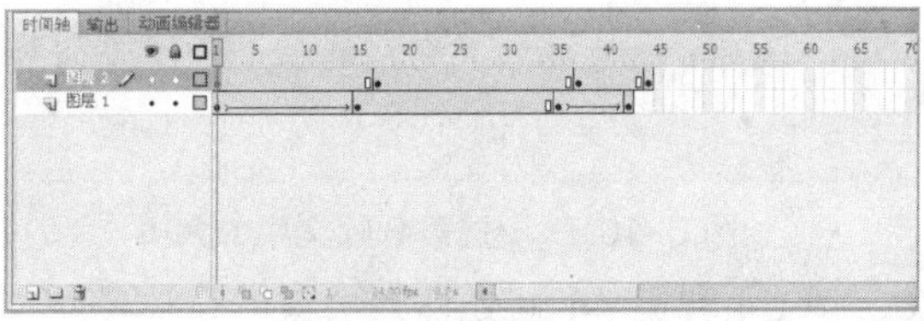

图 5-98　插入关键帧

14 选定第 17 帧，单击文字，在其“属性”面板中将 Y 值设置为 200，如图 5-99 所示。

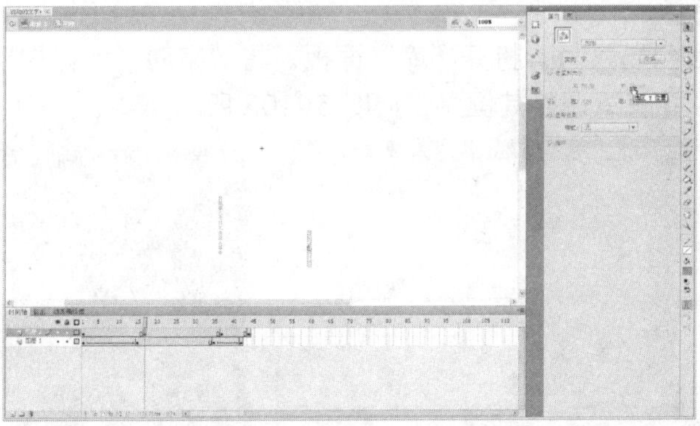

图 5-99　设置第 17 帧的文字

15 选定第 37 帧，单击文字，在其“属性”面板中将 Y 值设置为 200。

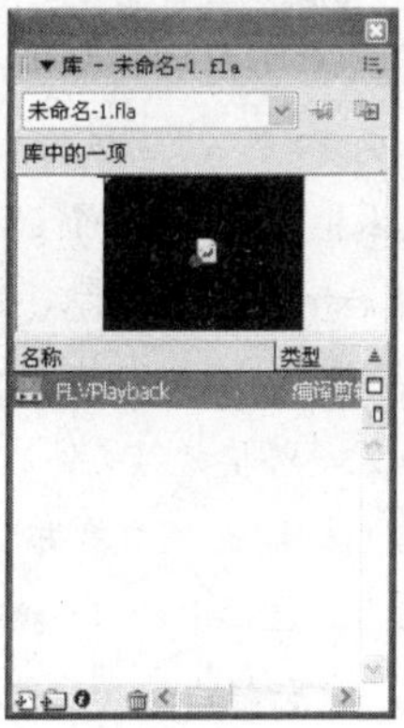

（11）编辑完成后，按 Ctrl+Enter 组合键即可进行播放测试。

相关知识　对导入的视频文件进行处理

选中舞台上嵌入或链接的视频片断后，在其“属性”面板中可以查看视频符号的名称、在舞台上的像素尺寸以及位置等。

通过“属性”面板可以为视频片断重命名，也可以使用当前电影中的其他视频片断切换所选视频片断的实例。

1. 查看视频属性检查器

查看视频属性检查器的方法是：将场景中嵌入或链接的视频文件选中，然后选择“窗口”→“属性”命令即可。

2. 为视频文件重命名

如果要为视频文件重命名，在视频“属性”面板的“名称”文本框中输入一个新的名称，然后按 Enter 键即可。

3. 视频文件的替换

如果要替换视频文件，可在视频“属性”面板中单击“交换”按钮，在弹出的“交换嵌入视频”对话框中选择要替换当前视频实例的视频。

相关知识 “组件”面板

Flash 中的组件都可以在“组件”面板中找到，可以利用此面板创建各种组件。

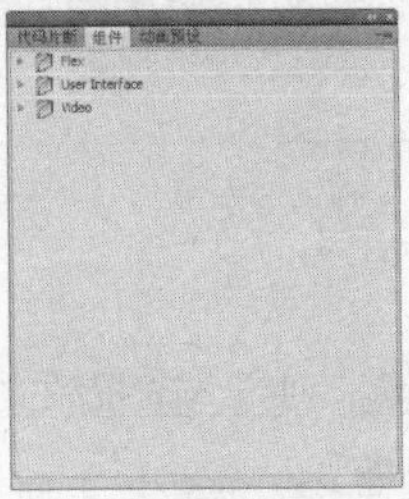

相关知识 打开“组件”面板的方法

可以通过以下两种方法打开“组件”面板。

- 选择“窗口”→“组件”命令。
- 按 Ctrl+F7 组合键。

相关知识 添加组件

将“组件”面板中的组件拖动到舞台上，或者双击

16 选中第 44 帧，单击文字，在“属性”面板中将 Y 的值设置为 350，“样式”设置为 Alpha，值设置为 0%，如图 5-100 所示。

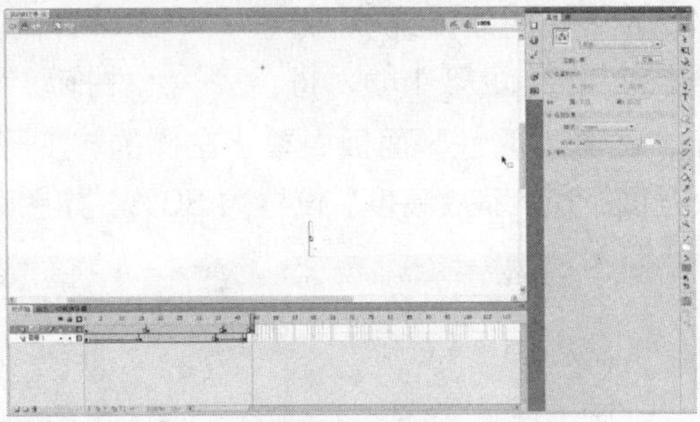

图 5-100 设置第 44 帧的文字属性

17 在第 1～17 帧和 35～44 帧之间创建传统补间。

18 新建一个“图层 3”；然后在第 8 帧按 F6 键，插入一个关键帧；接着在该帧中拖入“字”元件，设置“缩放宽度”和“缩放高度”为 40%，如图 5-101 所示。

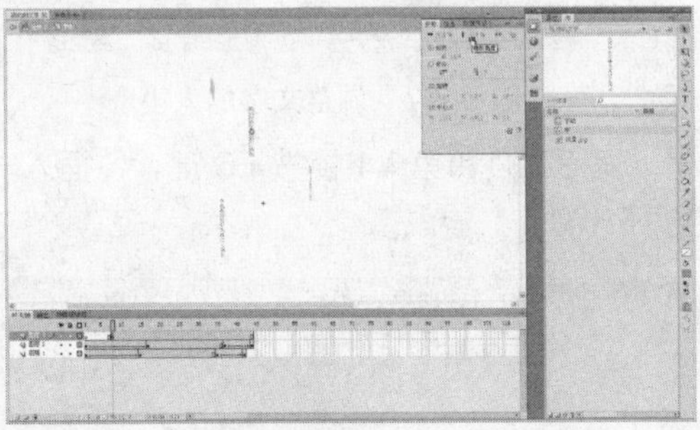

图 5-101 设置第 8 帧文字的大小

19 在第 20、第 34 和第 44 帧处插入关键帧，调整第 20 帧的 Y 值为 180，第 34 帧的 Y 值为 260，第 44 帧的 Y 值为 350，“样式”为 Alpha，值为 0%。

20 在第 5～20 帧、第 34～44 帧之间创建传统补间，如图 5-102 所示。

21 返回到场景 1，打开“库”面板，将“字动”元件拖到舞台中，并随意调整其位置，如图 5-103 所示。

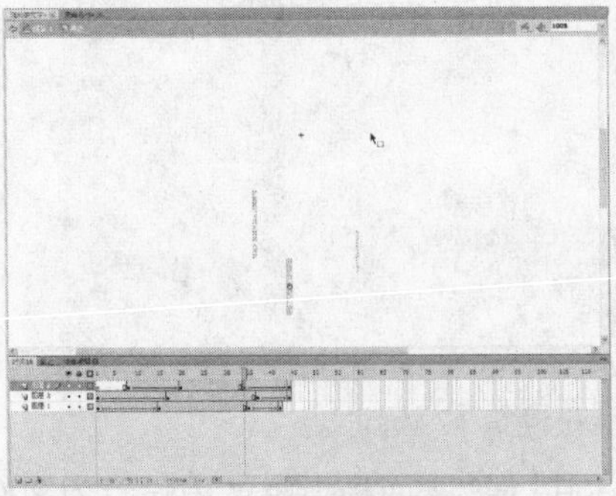

图 5-102 创建传统补间

图 5-103 将元件拖到舞台中

22 按 Ctrl+Enter 组合键，测试效果。保存文档，得到最终效果。

实例 5-13　变色的文字

本实例将制作变色的文字，其中用到的主要功能有编辑文字、文字对齐，设置文字色调，制作补间动画等。最终效果如图 5-104 所示。

图 5-104　实例最终效果

操作步骤

1 打开 Flash，新建一个空白文档。选择“修改”→“文档”命令，弹出“文档设置”对话框，将“背景颜色”设置为黑色。

2 选择“插入”→“新建元件”命令，打开“创建新元件”对话框，将“名称”设置为 F，“类型”设置为“图形”，单击“确定”按钮，进入元件编辑模式。

3 在工具箱中选择文本工具 T，随意设置文字的字体、大小和颜色，然后输入“F”，如图 5-105 所示。

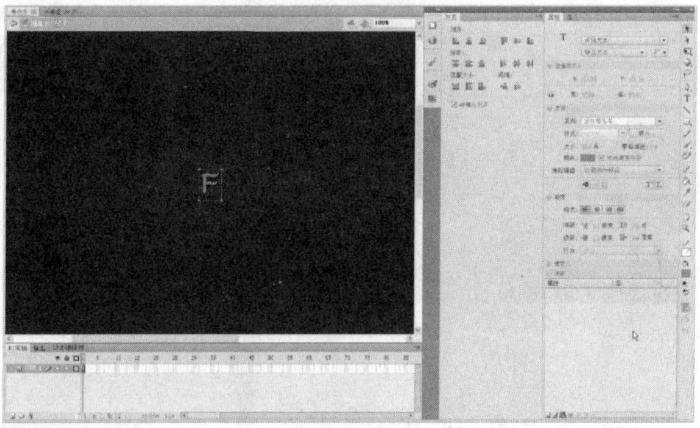

图 5-105　输入文字“F”

4 使用相同的方法，分别创建新元件 A、S、H、I、O 和 N，如图 5-106 所示。

“组件”面板中的组件，即可将组件添加到当前舞台或者库中。

实例 5-13 说明

- 知识点：
  - 编辑文字
  - 文字对齐
  - 设置文字色调
  - 制作补间动画
- 视频教程：
  光盘\教学\5 章　Flash 文字特效制作
- 效果文件：
  光盘\素材与效果\05\效果\5-17.fla
- 实例演示：
  光盘\实例\第 5 章\变色的文字

相关知识　Flash CS5 中的常用组件

下面介绍几种常用的组件。

1. RadioButton（单选按钮）

RadioButton 组件是一个单选按钮，可以通过它在 Flash 电影剪辑中添加单选按钮，允许用户在对立的选项之间进行唯一性选择。

创建单选按钮后，在打开的“属性”面板中选择“参数”选项卡，在打开的“参数”面板中即可对创建的单选按钮进行设置。

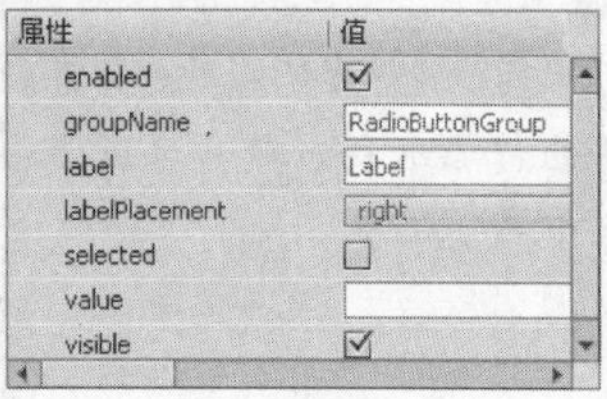

2. CheckBox（复选框）

复选框组件（CheckBox）是一个可以选中或取消选中的方框。当它被选中后，框中会出现一个复选标记。可以为复选框添加一个文本标签，然后放在其左侧、右侧、顶部或底部。可以在应用程序中启用或禁用复选框。如果复选框已启用，用户单击它或其标签，复选框会接收输入焦点并显示为按下状态。

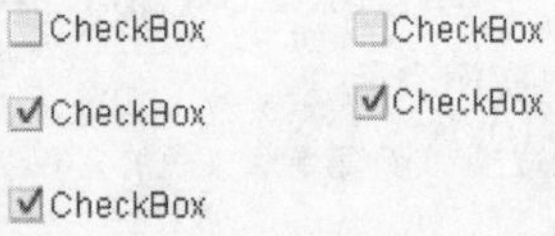

3. ComboBox（下拉列表框）

使用下拉列表框组件，可以创建两种类型的下拉列表框，即静态下拉列表框和可编辑下拉列表框。静态下拉列表框是可以滚动的下拉列表框，用户可以在其中进行选择；可编辑下拉列表框与之有所区别，不仅可以在下拉列表框中进行选择，还可以直接在输入框中输入文字，下拉列表框会自动滚动到与输入文字相符的选项位置。

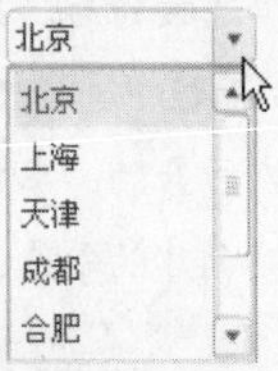

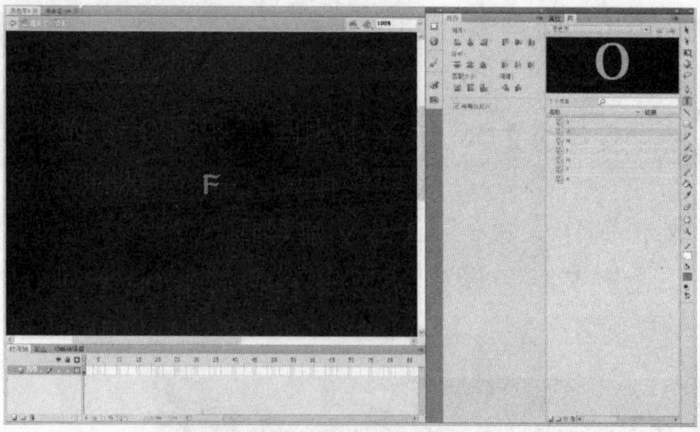

图 5-106　创建新元件

5 选择“插入”→“新建元件”命令，打开“创建新元件”对话框，将“名称”设置为“变色的文字”，“类型”设置为“影片剪辑”，单击“确定”按钮。

6 将“图层 1”重命名为 F。打开“库”面板，将 F 元件拖到舞台中，如图 5-107 所示。

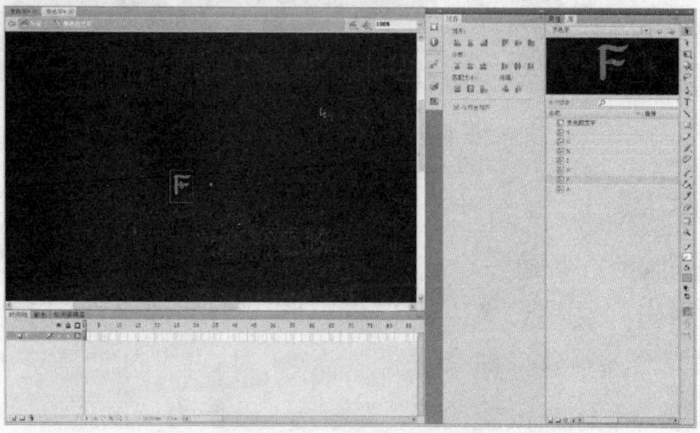

图 5-107　将 F 元件拖到舞台中

7 在“时间轴”面板中单击“新建图层”按钮，新建一个图层 A，然后将 A 元件拖到舞台中，如图 5-108 所示。

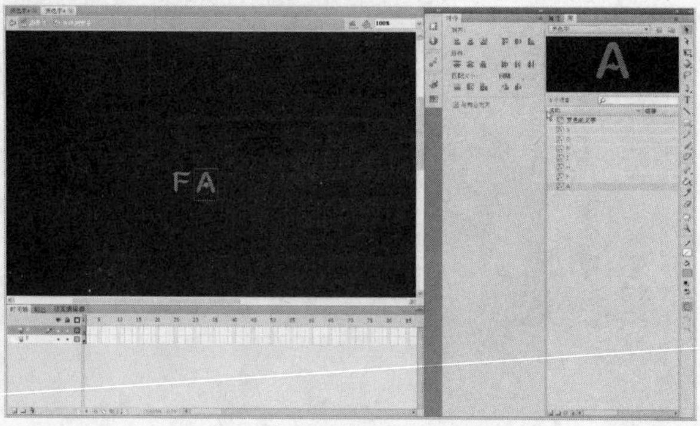

图 5-108　将 A 元件拖到舞台中

8 使用相同的方法新建 S、H、I、O、N 图层，并分别将相应的元件拖到舞台中，如图 5-109 所示。

图 5-109　将元件拖到舞台中

9 选中所有的文字，选择“窗口”→“对齐”命令，打开“对齐”面板。在“对齐”选项组中单击“顶对齐” ；在“分布”选项组中单击“水平居中分布”按钮 ，效果如图 5-110 所示。

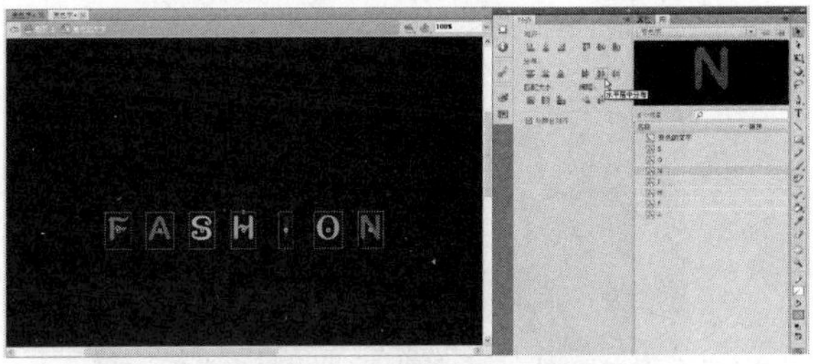

图 5-110　对齐文字

10 在 F 层的第 5 帧、第 10 帧、第 15 帧、第 20 帧、第 25 帧、第 30 帧处分别按 F6 键，各插入一个关键帧。选定第 5 帧，单击舞台上的 F，打开其“属性”面板。在“色彩效果”栏中打开“样式”下拉列表框，从中选择“色调”选项；然后单击颜色块，在弹出的颜色列表中随意选择一种颜色，如图 5-111 所示。

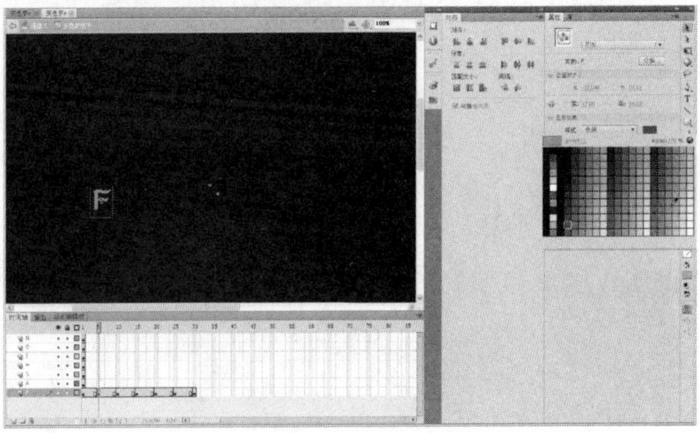

图 5-111　设置文字颜色

11 使用相同的方法，设置 F 层第 10 帧、第 15 帧、第 20 帧、第 25 帧和第 30 帧的文字颜色；然后在各关键帧之间单击鼠标右键，在弹出的快捷菜单中选择“创建传统补间”命令，效果如图 5-112 所示。

4. Button（按钮）

按钮组件（Button）是一个可以调整大小的矩形，可以通过它在 Flash 影片剪辑中添加按钮，用来捕捉鼠标的点击动作。此外，还可以为按钮添加一个自定义图标。

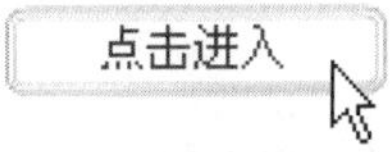

5. ScrollPane（滚动窗）

滚动窗组件（ScrollPane）允许在 Flash 电影片段中添加具有水平和垂直滚动条的窗口，以便于显示较大的影片剪辑（因为它不会占据更多的舞台空间）。

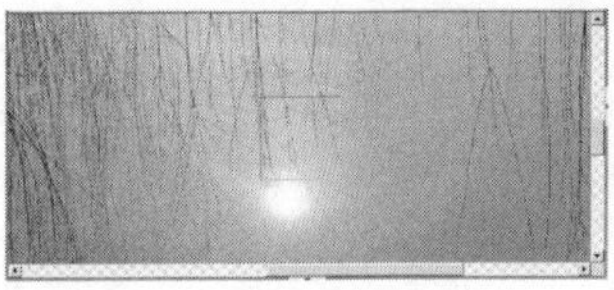

6. List（列表框）

列表框组件（List）是一个可以滚动的单选或多选列表框，可以通过它在 Flash 影片剪辑中添加列表框。

7. MediaPlayback（播放器）

MediaPlayback 组件不仅可以用来播放媒体文件，还可以对其播放进行控制。

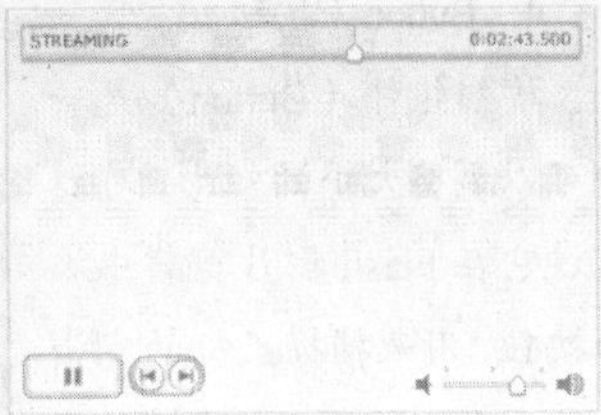

重点提示 按钮的变形

如果使用任意变形工具和 setSize 两种方法改变按钮的大小，运行时将遵循 setSize 方法的大小设置。

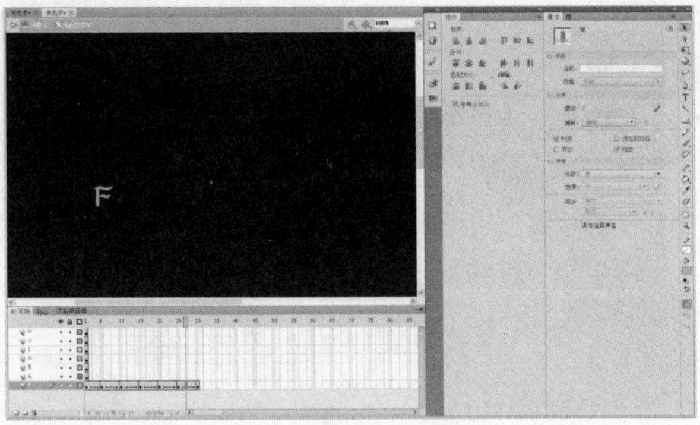

图 5-112 创建传统补间

12 使用相同的方法，设置其他各层的文字颜色及补间动画，如图 5-113 所示。

图 5-113 设置各层的文字颜色及补间动画

13 返回到场景 1，打开“库”面板，将“变色的文字”拖到场景中。按 Ctrl+Enter 组合键，测试效果。保存文档，得到最终效果。

06

第 6 章

Flash 动作脚本与音效

动作脚本是一种面向对象和事件的编程语言。在 Flash 动画中应用动作脚本，用户可以动态地控制动画，大大提高了 Flash 动画的交互性。此外，它还可以对动画进行高级的逻辑控制，使用户能够按照自己的创意更加准确地创建电影，得到精彩的动画效果。

声音则是一个精彩的 Flash 作品中不可或缺的一部分。在 Flash 中，可以导入包括.wav、.mp3 等多种格式的音频文件。

本章讲解的实例和主要功能如下：

实　　例	主要功能	实　　例	主要功能
 春	滤镜效果	 圆随鼠标移动	startDrag 动作
 滚动汽车海报	Counter 动作	 四季	Flash 动作语句 各种元件功能
 播放儿歌	为按钮添加声音 声音设置	 幻灯片效果	动作脚本

本章在讲解实例操作的过程中，将全面、系统地介绍 Flash 动作脚本与音效的相关知识和操作方法。其中包含的内容如下：

实例 6-1 春

本实例将制作一种图像由模糊到清晰、自远到近推出的效果，其中用到的主要功能是设置图像的滤镜效果。最终效果 6-1 所示。

图 6-1 实例最终效果

操作步骤

1. 打开 Flash，新建一个空白文档。
2. 选择“插入”→“新建元件”命令，弹出“创建新元件”对话框，将“名称”设置为“春”，类型设置为“影片剪辑”，如图 6-2 所示。

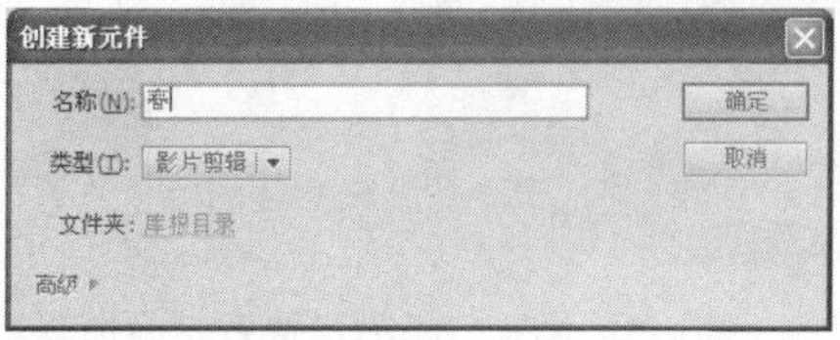

图 6-2 “创建新元件”对话框

3. 单击“确定”按钮，进入影片剪辑元件编辑模式。选择“文件”→“导入”→“导入到舞台”命令，在弹出的“导入”对话框中选择一幅素材图像（光盘\素材与效果\06\素材\6-1.jpg），单击“打开”按钮，将其导入舞台中。
4. 切换到场景 1，将“库”面板中的“春”元件拖动到舞台上，并将其大小调整为与舞台大小相同，如图 6-3 所示。

图 6-3 将“春”元件拖动到舞台

实例 6-1 说明

- 知识点：
  滤镜效果
- 视频教程：
  光盘\教学\第 6 章 Flash 动作脚本与音效
- 效果文件：
  光盘\素材与效果\06\效果\6-2.fla
- 实例演示：
  光盘\实例\第 6 章\春

相关知识 “动作”面板

动作脚本是一种面向对象和事件的编程语言，它有自己的执行规则、完整的操作符、多种数据类型、内置函数和自定义函数等。

如果需要使用动作脚本语言编写程序，则必须首先打开“动作”面板。通过该面板，可以方便地进行动作脚本程序代码的编写和修改操作。

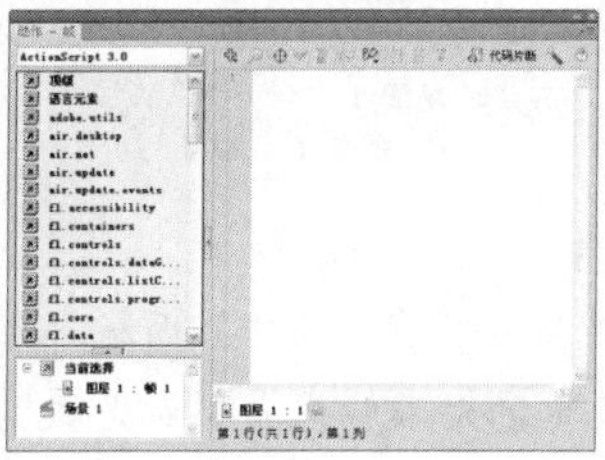

操作技巧 打开“动作”面板

打开“动作”面板的方法如下：

- 单击“窗口”→“动作”命令。
- 按 F9 键。

相关知识 **“动作”面板的组成（1）**

“动作”面板是由多个部分组成的，下面分别介绍。

1. 动作工具箱

动作工具箱位于“动作”面板的左侧，以树状列表的形式列出了所有的动作命令和相关的语法。其中各个图标的含义介绍如下。

- ：此图标表示命令夹，单击它可以打开命令夹。
- ：此图标表示一个可以使用的命令、语法或其他的相关工具，双击它可以在编辑区中进行引用，也可直接用鼠标将其拖至编辑区。

2. 程序添加对象

在动作工具箱的下方显示的是当前动作脚本程序代码添加的对象。如果下方显示：

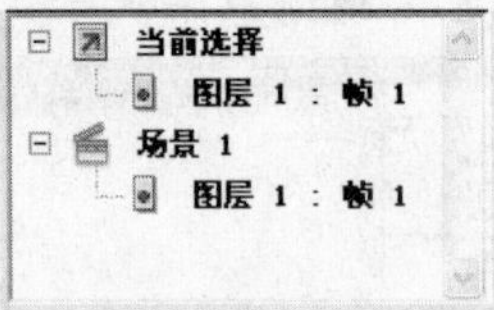

则表示当前“动作”面板中设定的动作脚本命令都是添加到场景 1 中图层 1 的第 1 帧上。

3. 工具栏

在“动作”面板的右上方有一个编辑工具栏，其中的按钮对应的都是在进行动作命令编辑时经常会用到的命令。

其中各个图标的含义介绍如下。

5 选中图像，在其“属性”面板中展开“滤镜”栏，如图 6-4 所示。

6 单击左下角的“添加滤镜”按钮，在弹出的菜单中选择“模糊”命令，如图 6-5 所示。

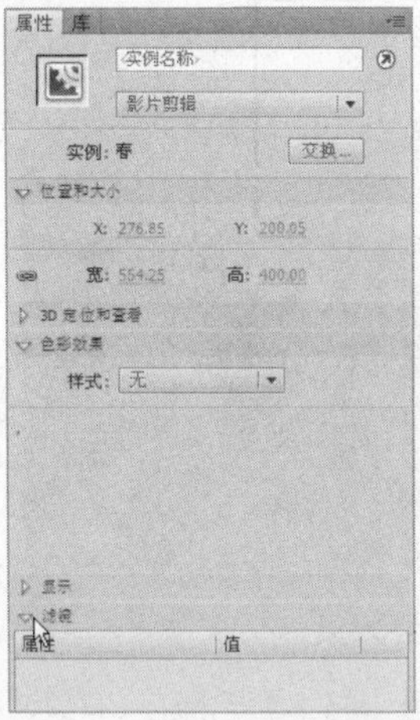

图 6-4 展开“滤镜”栏

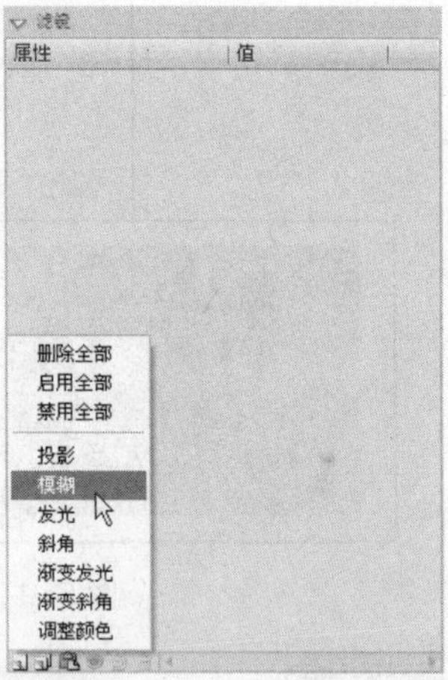

图 6-5 选择“模糊”命令

7 将“模糊”值设置为 10，“品质”设置为“中”，如图 6-6 所示。

图 6-6 设置“模糊”值及“品质”

8 再次单击“添加滤镜”按钮，在弹出的菜单中选择“调整颜色”命令，然后设置各参数，如图 6-7 所示。

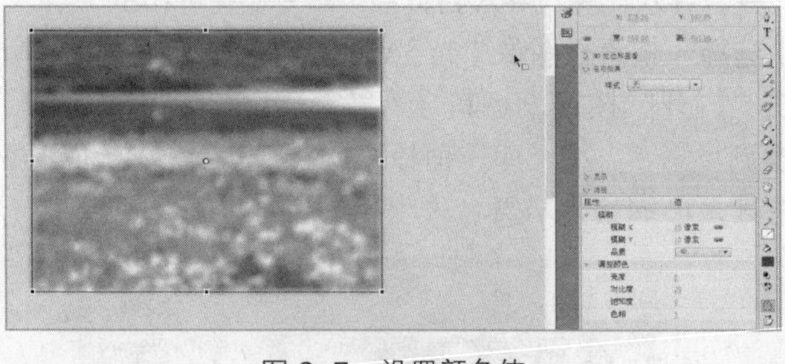

图 6-7 设置颜色值

9 在第 80 帧处插入关键帧。选中第 1 帧，按住 Shift 键，在 4 个角的任意一角上按下鼠标左键并拖动，调整图像大小，如图 6-8 所示。

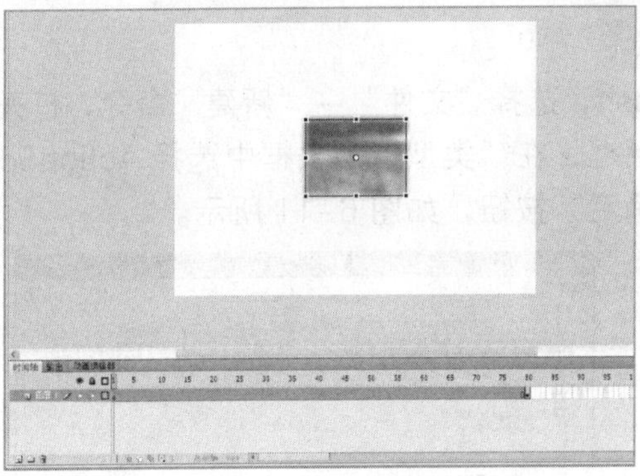

图 6-8　将图像调小

10 选中第 80 帧中的影片剪辑，调整“模糊”参数为 0，“调整颜色”参数为 0，如图 6-9 所示。

图 6-9　调整第 80 帧的滤镜参数

11 在第 1～80 帧之间的任意帧上单击鼠标右键，在弹出的快捷菜单中选择“创建传统补间”命令。

12 按 Ctrl+Enter 组合键，测试动画。保存文档，得到最终效果。

实例 6-2　圆随鼠标移动

本实例将制作一个圆随鼠标移动的效果，其中用到的主要功能是 startDrag 动作。最终效果如图 6-10 所示。

图 6-10　实例最终效果

- ✚：“将新项目添加到脚本中”按钮，用于添加新动作。
- 🔍：“查找”按钮。单击该按钮，弹出“查找和替换”对话框，在“查找内容”文本框中输入要查找的内容，然后单击“查找下一个”按钮，即可轻松查找。

- ⊕：“插入目标路径”按钮。单击该按钮弹出“插入目标路径”对话框。用户只有将动作的名称和地址指定以后，才能使用它来控制一个电影片段或下载一个动画，这个名称和地址就被称为目标路径。用户可以在“插入目标路径”对话框上方的文本框中输入插入对象的目标路径，也可以在下方的列表框进行选择，然后单击“确定”按钮即可。

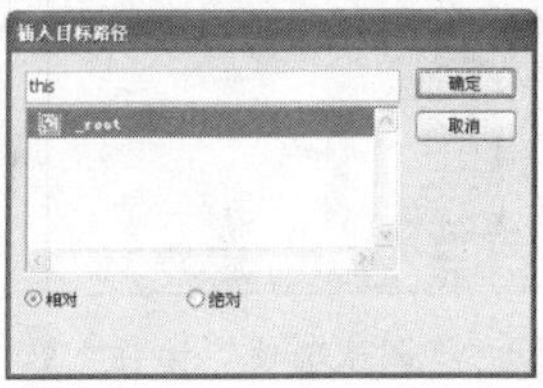

实例 6-2 说明

- **知识点：**
  startDrag 动作
- **视频教程：**
  光盘\教学\第 6 章　Flash 动作脚本与音效
- **效果文件：**
  光盘\素材与效果\06\效果\6-4.fla
- **实例演示：**
  光盘\实例\第 6 章\圆随鼠标移动

相关知识 “动作”面板的组成（2）

- ：“语法检查”按钮。首先选中要检查的语句，然后单击此按钮，系统会自动检查选中语句的语法是否有错误。如果选中语句中存在语法错误，则会弹出一个出错提示框，将错误在“输出”面板中全部列出，如下所示。

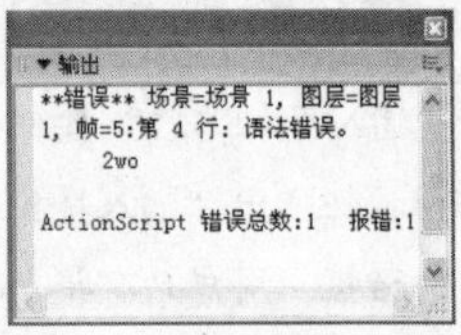

- ：“自动套用格式”按钮。单击此按钮后，Flash CS5 将自动编排写好的语句。
- ：“显示代码提示”按钮。单击此按钮后，系统会在事先已经定位好的某一个动作脚本语句后面显示代码提示信息。

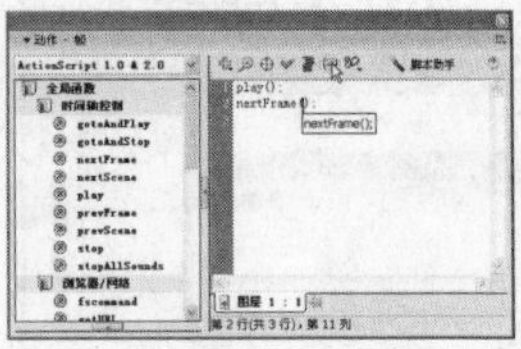

- ：“调试选项”按钮。单击其右下角的下拉按钮，在弹出的下拉列表中选择“设置断点”选项，可以检查动作脚本的语法错误。
- 脚本助手：单击此按钮，可以在“动作”面板中显示出当前脚本命令的使用说明。

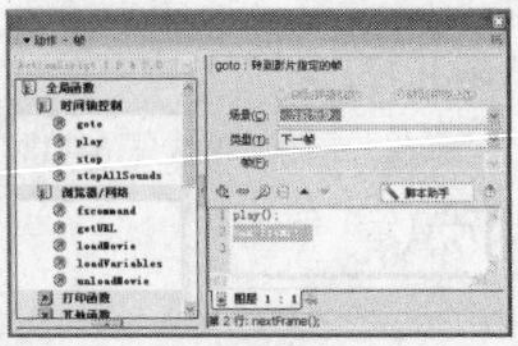

操作步骤

1 打开 Flash，选择“文件”→“新建”命令，打开“新建文档”对话框，在“类型”列表框中选择 ActionScript 2.0，单击“确定”按钮，如图 6-11 所示。

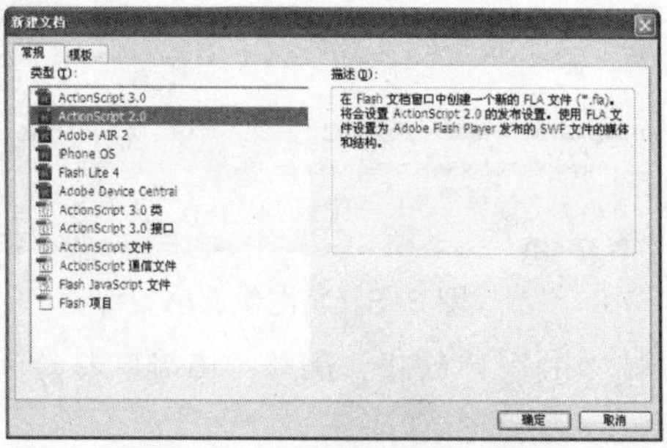

图 6-11 “新建文档”对话框

2 选择“修改”→“文档”命令，打开“文档设置”对话框，将“尺寸”设置为 760 像素×300 像素，“背景颜色”设置为“黑色”，单击“确定”按钮。

3 选择“文件”→“导入”→“导入到舞台”命令，在弹出的“导入”对话框中选择一幅要导入的素材图像（光盘\素材与效果\06\6-3.jpg），如图 6-12 所示。

图 6-12 选择要导入的素材图像

4 单击“打开”按钮，将图像导入到舞台中，然后调整其大小及位置，使其正好覆盖住整个舞台，如图 6-13 所示。

图 6-13 导入图像

5 选择“插入”→“新建元件”命令，打开“创建新元件”对话框，将“名称”设置为 a，“类型”设置为“影片剪辑”，单击“确定”按钮，进入影片剪辑元件编辑模式。随便设置一种填充颜色，将笔触颜色设置为“无”，然后在工具箱中选择椭圆工具，按住 Shift 键，绘制一个正圆，如图 6-14 所示。

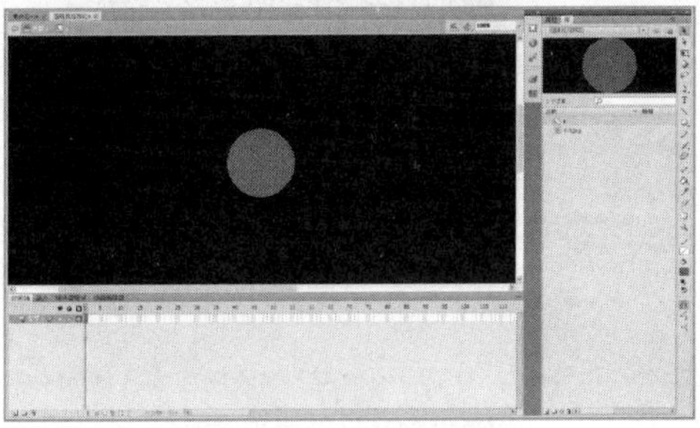

图 6-14　绘制正圆

6 返回到场景 1，新建一个“图层 2”。打开“库”面板，将 a 拖动到该图层中。选中圆，在其“属性”面板中将“实例名称”设置为 a，如图 6-15 所示。

图 6-15　设置实例名称

7 选中“图层 2”的第 1 帧，按 F9 键，在弹出的“动作”面板中输入下列语句，如图 6-16 所示。

```
startDrag("a",true);
```

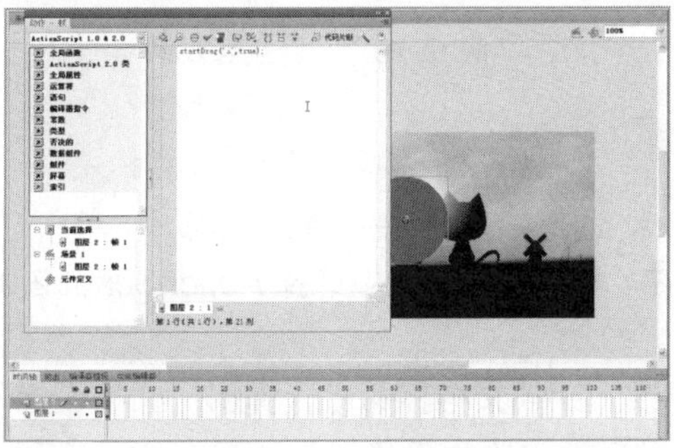

图 6-16　输入语句

4. 动作语句编辑区

动作语句编辑区位于“动作”面板的右侧，是进行脚本程序编辑的主要区域。当前对象的所有脚本语句都会在此区域显示出来，并且编写程序与修改程序也要在此区域进行。

相关知识 **动作脚本的基本术语（1）**

下面介绍一些动作脚本的基本术语。

1. 动作

动作是指导 Flash 电影在播放时执行某些操作的语句，如“gotoAndStop”语句表示将播放磁头转移到指定的帧或标签上。

2. 参数

参数也称为参量，是指允许将值传递给函数的占位符。

3. 类

类是一种数据类型，用于定义新的对象。可以通过定义一个构造函数来定义类。

4. 常量

常量是指不变的元素，对于值的比较非常有用。

5. 函数

函数是可以重复使用和传递参数的代码块，可以返回一个值。

8 在“图层 2”上单击鼠标右键，在弹出的快捷菜单中选择“遮罩层”命令，此时的时间轴及舞台效果如图 6-17 所示。

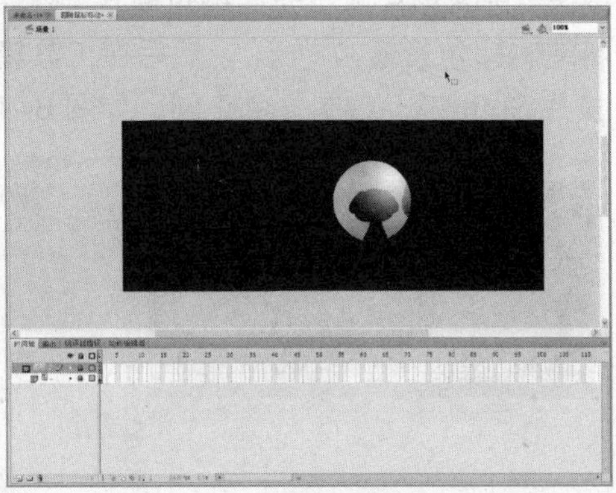

图 6-17 设置遮罩层

9 按 Ctrl+Enter 键，测试动画。保存文档，得到最终效果。

实例 6-3 滚动汽车海报

本实例将制作一个滚动显示的汽车宣传海报（运行后，宣传海报将循环滚动，十分动感），最终效果如图 6-18 所示。

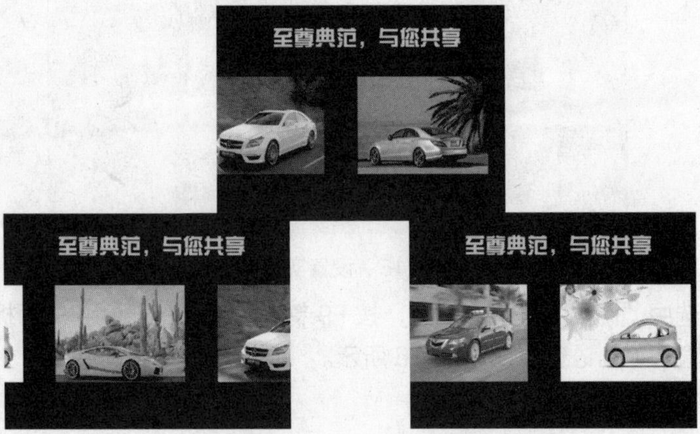

图 6-18 实例最终效果

操作步骤

1 打开 Flash，选择“文件”→“新建”命令，打开“新建文档”对话框，在“类型”列表框中选择 ActionScript 2.0，单击“确定”按钮。

2 选择“修改”→“文档”命令，弹出“文档设置”对话框，将“背景颜色”设置为黑色。

6. 构造函数

构造函数是指用来定义“类”的属性和方法的函数。

7. 表达式

表达式是指可以产生值的语句，它由运算符和操作数组成。

8. 句柄

句柄是指可以管理事件的特殊动作。

9. 事件

事件是指在电影播放过程中发生的动作。例如，影片载入时、播放头进入帧时、使用键盘输入时以及单击按钮或电影剪辑时，都会产生不同的事件。

10. 属性

属性是指对象的某种性质。

11. 变量

变量是指存储了任意数据类型值的标识符。变量可以进行创建、修改和更新。变量中存储的值可以在脚本中检索使用。

实例 6-3 说明

- **知识点：**
  Counter 动作
- **视频教程：**
  光盘\教学\第 6 章 Flash 动作脚本与音效
- **效果文件：**
  光盘\素材与效果\06\效果\6-12.fla
- **实例演示：**
  光盘\实例\第 6 章\滚动汽车海报

3 选择“文件”→“导入”→“导入到舞台”命令，在弹出的“导入”对话框中选择多张图片（光盘\素材与效果\06\素材 6-5.jpg、6-6jpg、6-7.jpg、6-8.jpg、6-9.jpg、6-10.jpg、6-11.jpg），单击“打开”按钮，将它们导入到舞台中，如图 6-19 所示。

图 6-19　导入图片

4 分别单击各个图片，按 F8 键，将它们依次转换为影片剪辑元件，并分别命名为“元件 1”～“元件 7”，然后将舞台中的图片全部删除，此时的“库”面板如图 6-20 所示。

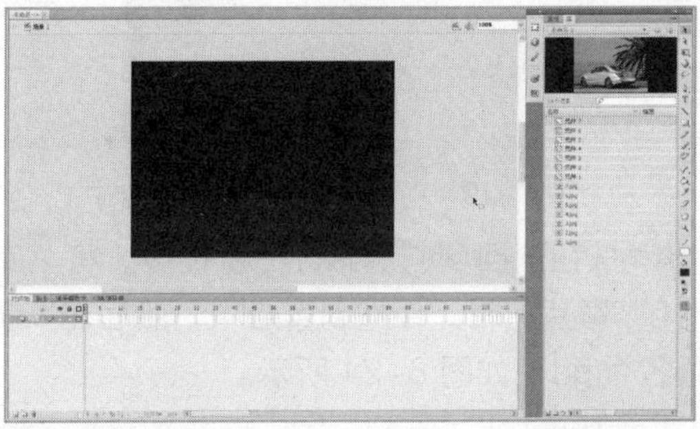

图 6-20　将图片转换成影片剪辑元件

5 按 Ctrl+F8 组合键，弹出“创建新元件”对话框，在其中将“名称”设置为“图片 a”，“类型”设置为“图形”，如图 6-21 所示。

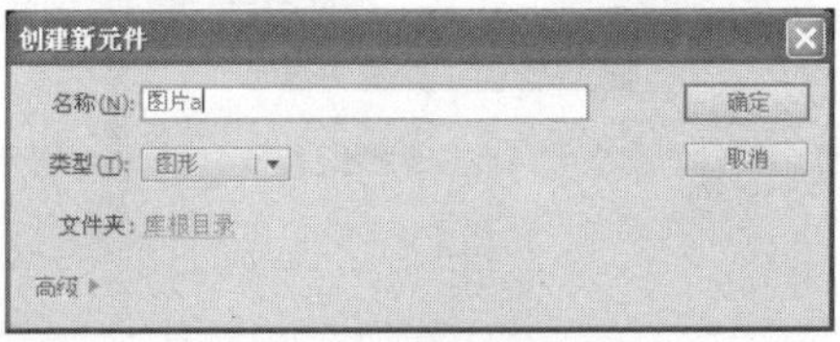

图 6-21　“创建新元件”对话框

相关知识　动作脚本的基本术语（2）

12. 数据类型

数据类型指的是值和可以对这些值执行的动作的集合。动作脚本的数据类型包括字符串、数值、逻辑值、对象和影片剪辑等。

13. 标识符

用于表明变量、属性、对象、函数或方法的名称，称为标识符。标识符的第一个字符必须是字母、下划线（_）或美元符号（$），后续字符可以是字母、数字、下划线或美元符号。

14. 运算符

运算符用于从一个或多个值中通过计算获得新的值，如将两个数值相加就可以得到一个新值。

15. 方法

为对象指定函数后，该函数就可以被称做是该对象的方法。

16. 实例

实例是指属于某些类的对象。每个类的实例都包含该类的所有属性和方法。

17. 实例名称

实例名称是一个唯一的名称，可以在脚本中作为目标被指定。

18. 对象

对象是属性和方法的集合。每个对象都有自己的名称和值，允许用户访问某些类型的信息。

19. 关键字

关键字是指具有特殊含义的系统保留单词，可供动作脚本随意调用。

20. 目标路径

所谓目标路径，就是Flash电影中电影剪辑名称、变量和对象的垂直分层结构地址。在电影剪辑“属性”面板中可以命名电影剪辑的实例（主时间轴的名称始终是_root）。此外，通过目标路径还可以引导影片剪辑中的动作。

相关知识 动作脚本的基本语法（1）

动作脚本是具有语法和标点规则的，这些规则规定了哪些字符和单词可以用来创建和编写脚本。下面就来介绍动作脚本中的基本语法。

1. 点语法

在动作脚本中，点运算符（.）主要用于指定与对象或者影片剪辑相关联的属性或方法。此外，它还可以用于标识影片剪辑、变量、函数或者对象的目标路径。

6 单击“确定”按钮，进入图形元件编辑模式。选中“图层 1”的第 1 帧，按 F11 键，打开“库”面板，将“元件 1”～“元件 7”依次拖到舞台中，然后将图片缩小（此处设置为 250×180），并通过“对齐”面板将它们水平分布对齐，如图 6-22 所示。

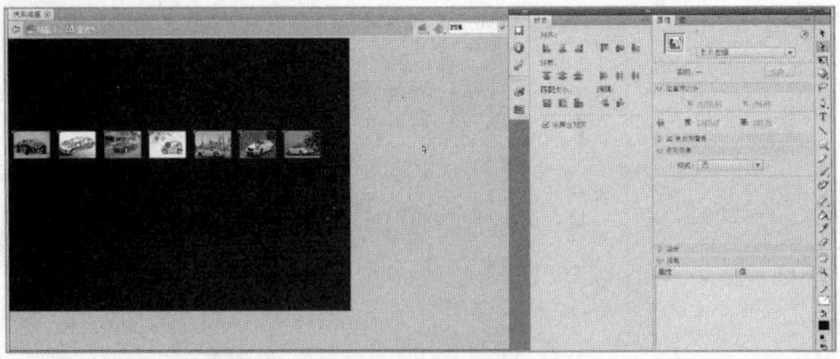

图 6-22 将元件排成一行

为了看到文档中的全部图片，可以将显示比例设置为 25%。

7 按 Ctrl+F8 组合键，打开“创建新元件”对话框，将“名称”设置为“图片 b”，“类型”设置为“影片剪辑”，单击“确定”按钮，进入影片剪辑元件编辑模式。将“库”面板中的“图片 a”拖到舞台中，如图 6-23 所示。

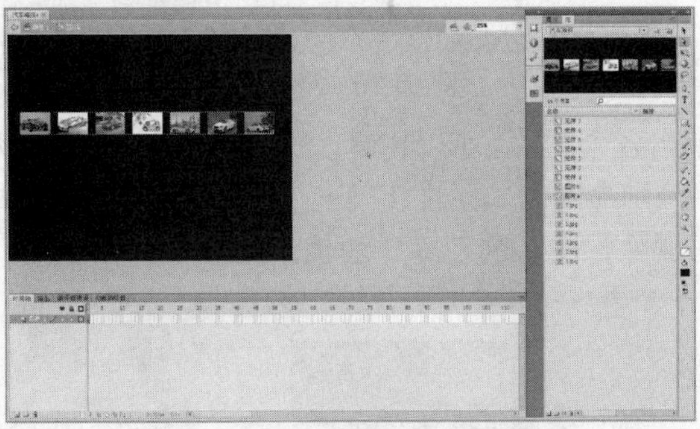

图 6-23 将“图片 a”拖入舞台中

8 单击 场景 1 按钮，回到“场景 1”窗口中。将“库”面板中的“图片 b”影片剪辑元件拖到舞台中，然后在“属性”面板中将其命名为 gd，如图 6-24 所示。

图 6-24 为实例命名

9 按 Ctrl+F8 组合键，弹出“创建新元件”对话框，将“名称”设置为 Counter，“类型”设置为“影片剪辑”，单击“确定”按钮，进入影片剪辑元件编辑模式。

10 选中“图层 1”的第 1 帧，按 F9 键，在打开的“动作”面板中输入以下动作语句，如图 6-25 所示。

```
long_half=1266.1;
speed=5;
if(_parent.gd._x>=439){
trace("a")
trace(_parent.gd._x)
_parent.gd._x-=long_half
}
_parent.gd._x+=speed;
```

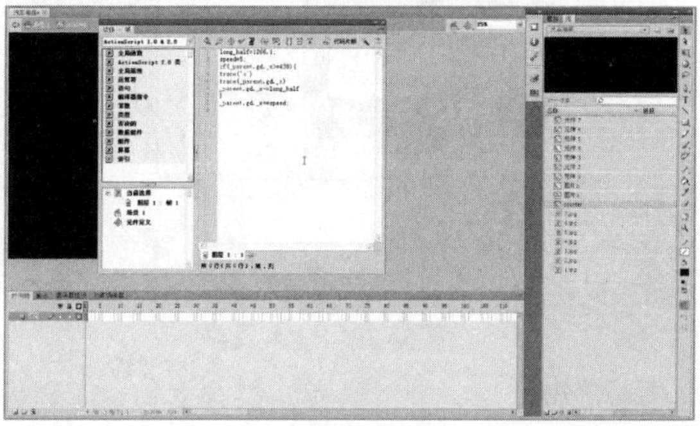

图 6-25　输入代码

11 选中“图层 1”的第 2 帧，按 F6 键，插入一个关键帧。按 F9 键，在打开的“动作”面板中输入以下动作语句，如图 6-26 所示。

```
gotoAndPlay(1);
```

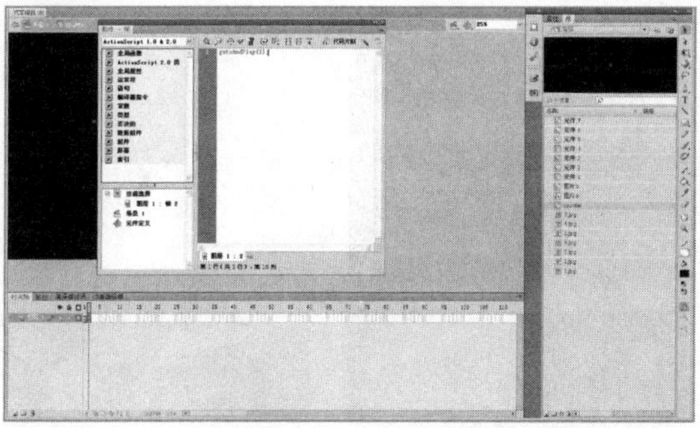

图 6-26　输入代码

12 单击 场景 1 按钮，回到“场景 1”窗口中。将“库”面板中的影片剪辑元件 Counter 拖到舞台中，如图 6-27 所示。

例如，当实例 ball 移到第 30 帧时停止在那里，使用点语法来编写程序，代码如下。

```
ball. gotoAndStop(30);
```

2. 括号

在动作脚本中，括号可以分为小括号()和大括号{}两种。

- 小括号()：用于放置使用动作时的参数。例如，定义一个函数以及调用函数时，要将传递给此函数的所有参数都包含在小括号()中。例如：

```
myFunction("xiayang",30,true)
;
```

注意：使用小括号()还可以改变动作脚本操作符的优先顺序、对一个表达式求值以及提高脚本程序的可读性。

- 大括号{}

动作脚本的程序语句被大括号{}结合在一起，形成一个语句块。大括号{}可以将代码分成不同的块。例如：

```
on(press){
    gotoAndPlay(1);
}
```

3. 分号

在动作脚本中，分号；用于脚本语句的结束处，用来表示此语句的结束。例如：

```
column = 5;
row = 0;
```

脚本语句都是以分号作为结束符号的；不过，如果省略了分号，Flash CS5 同样可以成功地编译该语句。例如：

```
Html=False;
```

4. 关键字

具有特殊含义且供动作脚本随意调用的单词，称为关键字。它们是动作脚本保留的用于特定用途的单词，因此不能将它们用做变量、函数或标签名称，以免发生脚本的混乱。

下面列出了动作脚本中所有的关键字。

Break	Continue
Delete	Else
For	Function
If	In
New	Return
This	Tupeof
Var	Void
While	With

实例 6-4 说明

- 知识点：
  - Flash 动作语句
  - 各种元件功能
- 视频教程：
  光盘\教学\第 6 章　Flash 动作脚本与音效
- 效果文件：
  光盘\素材与效果\06\效果\6-17.fla
- 实例演示：
  光盘\实例\第 6 章\四季

相关知识　动作脚本的基本语法（2）

5. 大写和小写字母

在动作脚本中，只有关键字是区分大小写的，其他内容

图 6-27　将 Counter 元件拖到舞台中

13 新建一个“图层 2”，并重命名为“文字”，然后在其中输入文字，再调整图像与文字的位置，如图 6-28 所示。

图 6-28　输入文字

14 按 Ctrl+Enter 组合键，测试效果。保存文档，得到最终效果。

实例 6-4　四季

本实例将利用 Flash 的动作语句以及各种元件功能，制作一个欣赏精美图片的动画。单击其中的一幅小图像，就可以呈现出其放大后的效果；在大图像上单击，又可恢复到原来的小图像。最终效果如图 6-29 所示。

图 6-29　实例最终效果

操作步骤

1. 打开 Flash，选择“文件”→“新建”命令，打开“新建文档”对话框，在“类型”列表框中选择 ActionScript 2.0，单击“确定”按钮。
2. 选择“修改”→“文档”命令，打开“文档设置”对话框，将“背景颜色”设置为“黑色”，单击“确定”按钮。
3. 选中“图层 1”的第 2 帧，按 F6 键插入一个关键帧。选择“文件”→“导入”→“导入到舞台”命令，在弹出的“导入”对话框中选择素材图像（光盘\素材与效果\06\素材\6-13.jpg、6-14.jpg、6-15.jpg、6-16.j[g），单击“打开”按钮，将其导入到舞台中，然后将其大小调整成与舞台大小相同，如图 6-30 所示。

图 6-30　导入图像

4. 按 F7 键，分别在第 3、4、5 帧上插入空白关键帧，导入不同的图像，大小设置成与舞台大小相同，如图 6-31 所示。

图 6-31　在各关键帧上导入图像

5. 按 Ctrl+F8 组合键，弹出“创建新元件”对话框，将“名称”设置为 1，“类型”设置为“按钮”，如图 6-32 所示。

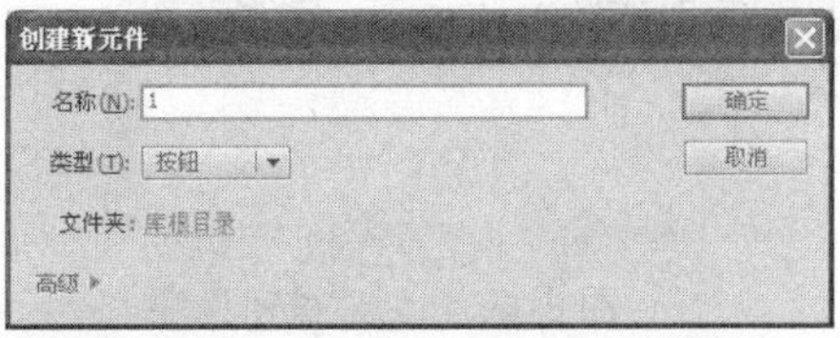

图 6-32　“创建新元件”对话框

则不用区分大小写。例如，下面的两句代码在编译时是等效的。

```
html=true;
Html=true;
```

6. 注释

在动作脚本的编辑过程中，有时为了方便脚本的理解和阅读，可以使用 Comment 语句对程序添加注释信息。直接在脚本中输入“//”，例如：即可插入注释。

```
//建立新的日期对象
myDate = new Date();
```

动作脚本中的注释内容是以灰色显示的，如下所示。

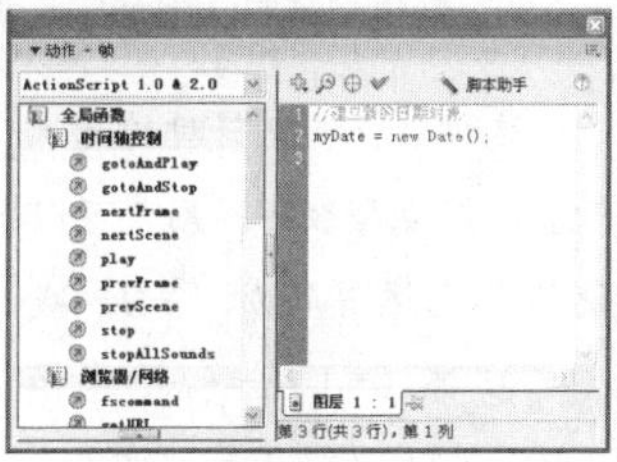

相关知识　动作脚本的数据类型

数据类型用于描述一个变量或动作脚本元素可以存储的信息种类。数据类型大体上分为两种，分别介绍如下。

- 基本数据类型：此数据类型都有一个固定的值，因此可以包含它们所代表的元素的实例值，如字符串、数值、布尔值等。
- 引用数据类型：此数据类型的值是可以改变的，所以它们所包含的是对元素实际数值的引用，如影片剪辑和对象。

相关知识 **数据类型的分类**

下面对数据类型进行简单的分类。

1. 字符串型（String）

字符串是由字母、数字、标点符号等组成的字符序列。在动作脚本语句中输入字符串时，应使用单引号或双引号将它们括起来。例如，下面语句中的“XiaYuTian”就是一个字符串。

```
Myname="XiaYuTian";
```

2. 数值型（Number）

这种数据类型针对的是双精度的浮点型数字。用户可以使用算术运算符加（+）、减（-）、乘（*）、除（/）、求模（%）、递增（++）和递减（--）来对数字进行运算，也可以使用预定义的数学对象来操作字符。例如，使用平方根（sqrt）返回数字 200 的平方根，代码如下。

```
Math.sqrt(100);
```

3. 逻辑型（Boolean）

这种数据类型只有 true 和 false 两种取值（有时动作脚本也会根据需要将值 true 和 false 转换为 1 和 0）。布尔值最经常的用法是和逻辑操作符一起使用，用于进行比较和控制一个程序脚本的流向。例如，在如下脚本中，如果变量

6 单击“确定”按钮，进入按钮元件编辑模式。选中“弹起”帧，按 F11 键，打开“库”面板，将“春”拖到舞台中心。选择“变形”选项卡，单击“约束”按钮，将“缩放宽度”和“缩放高度”设置为 15%，如图 6–33 所示。

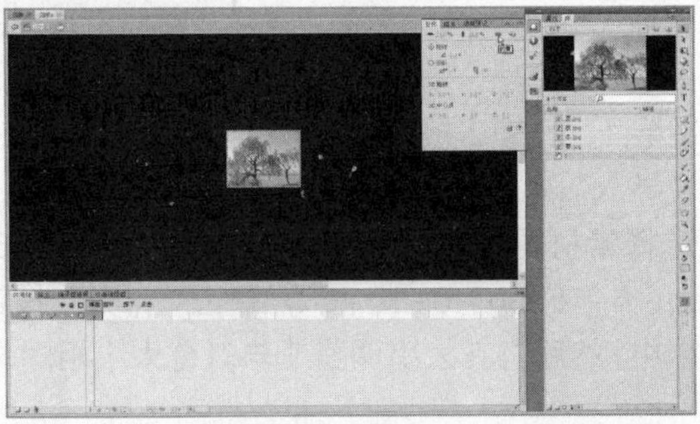

图 6–33 调整图像大小

7 在“指针经过”、“按下”以及“点击”帧处均按 F6 键，插入关键帧。选中“指针经过”帧中的图像，在“变形”面板中将其缩放比例设置为 20%，即放大一定尺寸，如图 6–34 所示。

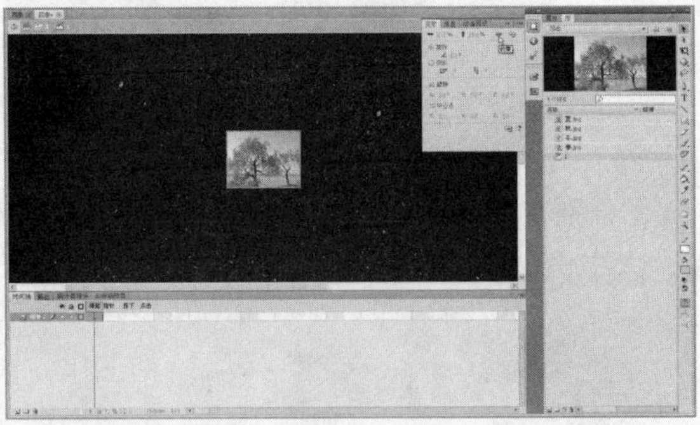

图 6–34 将“指针经过”帧中的图像调大

8 使用相同的方法创建按钮元件 2、3、4。创建完成后，舞台和“库”面板如图 6–35 所示。

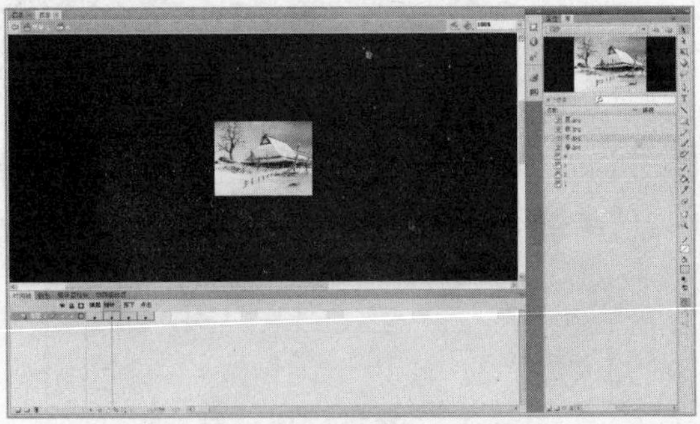

图 6–35 创建按钮元件

9 返回到场景 1，单击“时间轴”面板左下角的“新建图层”按钮，新建一个“图层 2”，并将其放置到“图层 1”的下方，如图 6–36 所示。

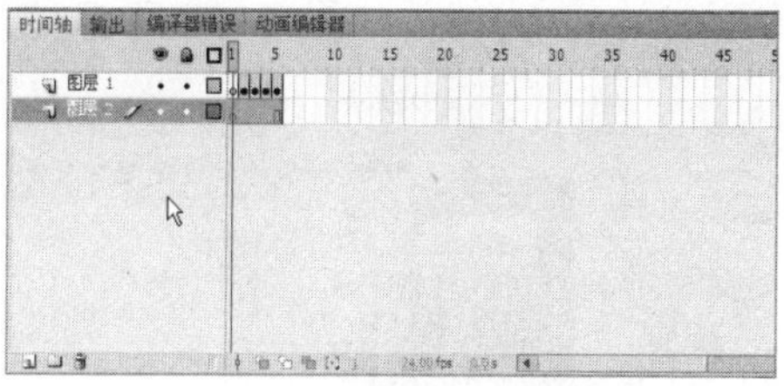

图 6–36 新建图层并调整其位置

10 选中“图层 2”的第 1 帧，将“库”面板中的按钮元件 1、2、3、4 依次拖到舞台中合适的位置，如图 6–37 所示。

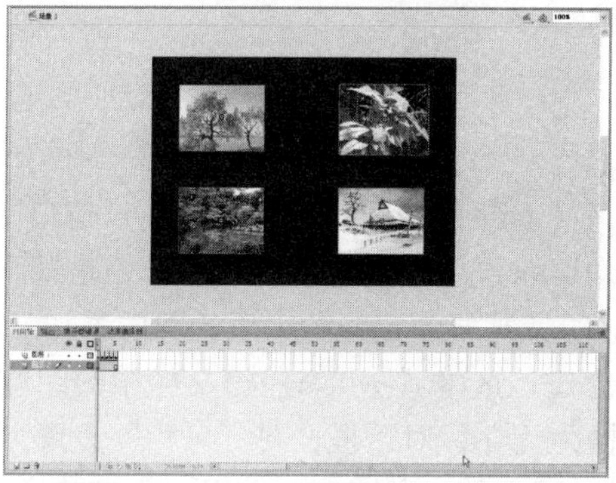

图 6–37 将按钮元件拖动到图层中

11 选中舞台中的按钮元件 1，按 F9 键，打开“动作”面板，在其编辑区中输入以下动作语句，如图 6–38 所示。在 gotoAndStop() 中输入“2”，表示单击鼠标后跳转到第 2 帧并停止播放。

```
on (release) {
    gotoAndStop(2);

}
```

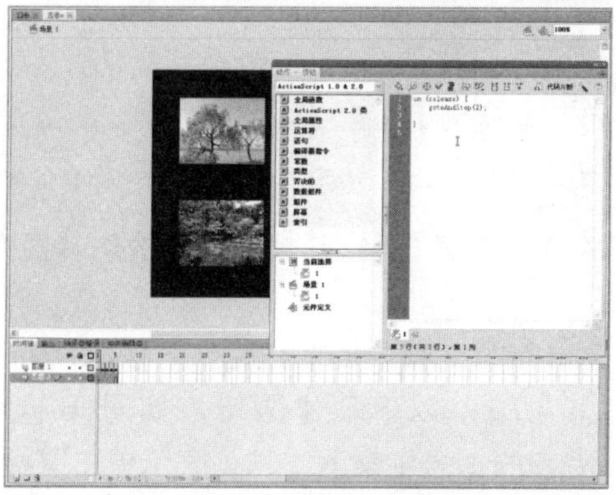

图 6–38 输入动作语句

user 和 password 都为 true，则会播放影片。

```
onClipEvent(enterFrame) {
    if (userName = = true &&
password = = true){
        play();
    }
}
```

4. 影片剪辑型（Movieclip）

影片剪辑是 Flash 影片中可以播放动画的元件，它是唯一一种可以引用图形元素的数据类型。可以使用电影片段的实例对象的方法和属性来控制电影片段的动画播放效果，可以使用点运算符（.）调用方法，如下所示。

```
myClip. startDrag(true);
```

5. 对象型（Object）

对象是创作 Flash 动画的基本元素之一。对象是属性的集合，每一个属性都有属于自己的名称和值。用户可以将一个对象放到另一个对象的内部，以实现对象的嵌套。

- 可以使用点（.）运算符指定对象的特性。

```
Boy.shoes.size
```

其中，size 是 shoes 的属性，shoes 又是 boy 的属性。

- 用户还可以使用内置动作脚本对象访问和处理特定种类的信息。例如下面的语句使用 Math 对象的 sqrt 方法对数字 350 进行求平方根运算，并将运算的结果赋给变量 SquareRoot。

```
SquareRoot=Math.sqrt(350)。
```

- 动作脚本影片剪辑对象具有一些方法，用户可以使用这些方法控制舞台上的影片剪辑元件实例。例如，使用 play 和 nextFrame 方法来控制。

```
mcInstanceName. play();
mc2InstanceName. nextFrame();
```

相关知识 **什么是变量**

在动作脚本中，变量是一个非常重要的概念。变量是用来保存信息的容器，容器本身是不变的，但是内容可以改变。通过在影片播放时更改变量的值，可以记录和保存用户操作的信息，记录影片播放时更改的值或判断某个条件为 true 或 false。

变量可以存储任何类型的数据，包括字符串型（String）、数值型（Number）、逻辑型（Boolean）、对象型（Object）以及电影剪辑型（Movieclip）。在脚本中为变量赋值时，变量所存储的数据类型会决定变量的类型。

当首次定义变量时，最好为其赋初值。初始化变量常常放在动画的第一帧，它有助于用户在播放影片时跟踪和比较变量值。

12 使用同样的方法，为按钮元件 2、3、4 添加一样的动作语句，只不过将 gotoAndStop(2)中的数字依次改为 3、4、5。

13 选中“图层 2”的第 1 帧，按 F9 键打开“动作”面板，在其中输入动作语句“stop();”，如图 6-39 所示。

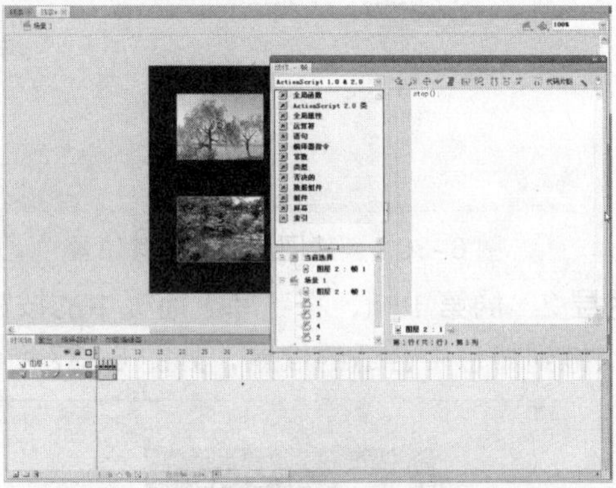

图 6-39 在“图层 2”的第 1 帧输入动作语句

14 此时按 Ctrl+Enter 组合键，在弹出的测试窗口中单击任意一幅图像，均可以显示为覆盖整个屏幕，但是却无法恢复原来的大小。这时就需要为每幅放大后的图像添加一个按钮才行。

15 关闭测试窗口，选中“图层 1”第 2 帧中的图像，按 F8 键，弹出“转换为元件”对话框，将“名称”设置为 a，“类型”设置为“按钮”，单击“确定”按钮，将其转换为按钮元件，如图 6-40 所示。

图 6-40 将图像转换成按钮元件

16 使用相同的方法将第 3、4、5 帧中的图像均转换为按钮元件，并分别命名为 b、c、d。

17 选中“图层 1”第 2 帧中的按钮元件，按 F9 键打开“动作”面板，在其中输入以下动作语句，如图 6-41 所示。在 gotoAndStop()的括号中输入“1”，表示单击鼠标后动跳转到第 1 帧并停止。

```
on (release) {
    gotoAndStop(1);

}
```

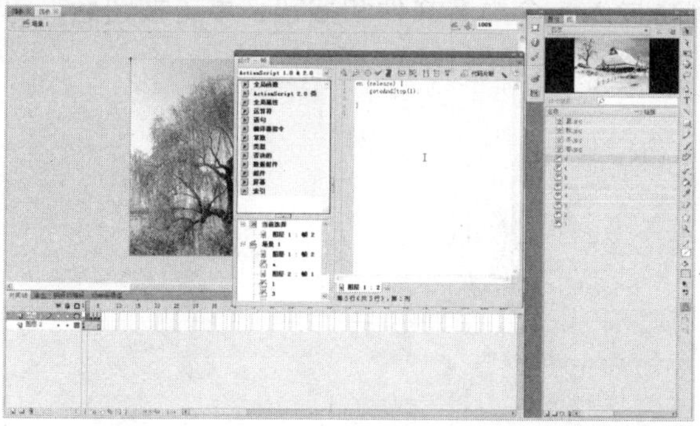

图 6-41　在“图层 1”的第 2 帧输入动作语句

18 依次选中“图层 1”中的第 3、4、5 帧中的按钮元件，在“动作”面板中复制为第 2 帧中的按钮元件添加的动作语句，然后分别粘贴到其编辑区中即可，如图 6-42 所示。

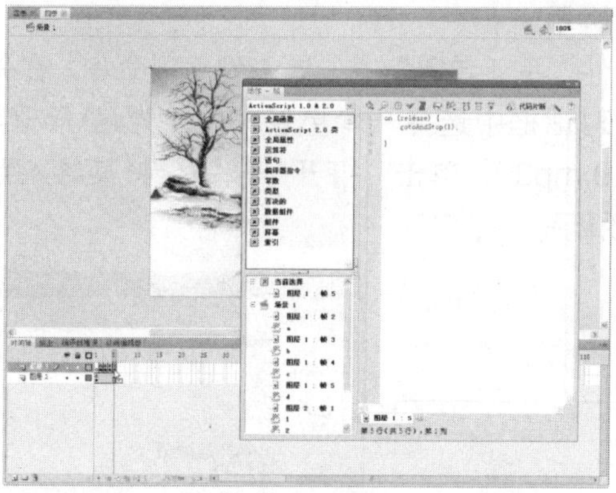

图 6-42　为按钮元件输入动作语句

19 新建一个“图层 3”，输入文字，随意设置文字的属性，如图 6-43 所示。

图 6-43　新建“图层 3”

相关知识　变量的命名

在变量命名时，必须遵守以下规则。

- 变量名不能是关键字或动作脚本文本，如 True、False、null 和 undefined 等。
- 变量名中不能有空格和特殊符号，但数字可以使用。
- 变量名通常是以小写字母或下划线开始，但出现新单词时，第一个字母应为大写，如 fileName。
- 变量名在其范围内必须是唯一的。

相关知识　变量的类型

只有清楚地知道变量或表达式是哪种数据类型，才能更好地进行脚本的编辑。使用 Typeof 命令可以定义变量或表达式的数据类型。

- 数值型变量：用于存储一些特定的数值，如日期、年龄等。

```
age="45"
```

- 字符串变量：用于保存特定的文本信息，如姓名等。

```
name="夏月"
```

- 逻辑型变量：用于判断指定的条件是否成立，包括 True 和 False 两种值。True 表示条件成立，False 表示条件不成立。

21 将图层 3 放到最底层，然后按 Ctrl+Enter 组合键测试动画，最后保存文档，得到最终效果。

实例 6-5 播放儿歌

本实例将导入一个声音文件和按钮，单击按钮后，可以播放声音文件。最终效果如图 6-44 所示。

图 6-44 实例最终效果

操作步骤

1 打开素材文件（光盘\素材与效果\06\素材\6-20.fla），如图 6-45 所示。

2 选择“文件”→“导入”→“导入到库”命令，在弹出的“导入到库”对话框中选择一个声音文件（光盘\素材与效果\06\素材\6-19.mp3），单击“打开”按钮，将其导入到库中，如图 6-46 所示。

图 6-45 素材文件

图 6-46 “导入到库”对话框

3 按 Ctrl+F8 组合键，打开“创建新元件”对话框，将“名称”设置为“按钮”，“类型”设置为“按钮”，单击“确定”按钮，进入按钮元件编辑模式。

4 选中“弹起”帧，选择“文件”→“导入”→“导入到舞台”命令，在弹出的对话框中选择一幅按钮素材图像（光盘\素材与效果\06\素材\6-18.png），单击“打开”按钮，将其导入到舞台中，如图 6-47 所示。

郊游=true

- 对象型变量：用于存储对象型的数据。

myDate=new Date()

- 电影剪辑型变量：用于存储电影片段型数据。

myClip=FishMovieclip

实例 6-5 说明

- 知识点：
  - 为按钮添加声音
  - 声音设置
- 视频教程：
  光盘\教学\第 6 章 Flash 动作脚本与音效
- 效果文件：
  光盘\素材与效果\06\效果\6-21.fla
- 实例演示：
  光盘\实例\第 6 章\播放儿歌

相关知识 运算符与表达式

运算符与表达式是进行动作脚本编程过程中常用的元素。运算符是指对数值、字符串、逻辑值等进行各种运算的符号，用于指定表达式中的操作数如何被联合、比较或改变；表达式是由常量、变量、函数和运算符按照运算法则连接在一起的式子。在动作脚本语句中，表达式的结果将会作为参数值来使用。

1. 运算符的优先顺序

在同一语句中使用两个或多个运算符时，一些运算符

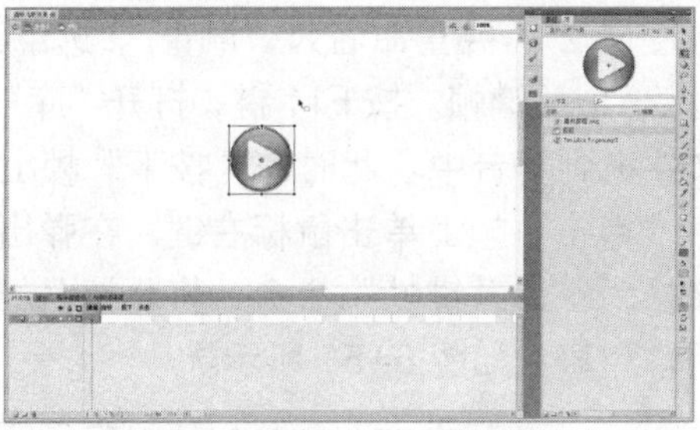

图 6-47　导入按钮图像

5 分别选中“指针经过”、“按下”和“点击”帧，按 F6 键，各插入一个关键帧，如图 6-48 所示。

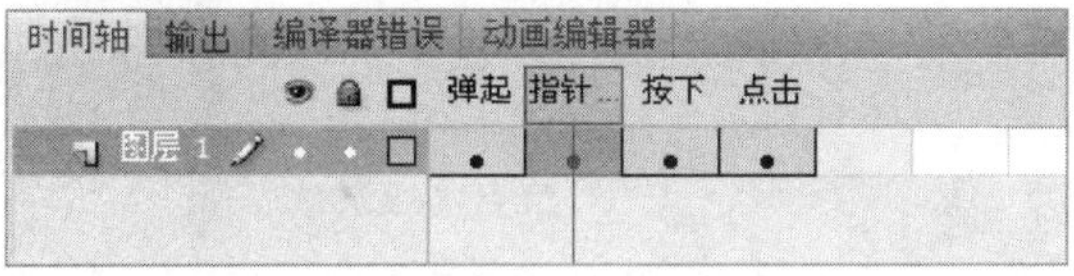

图 6-48　插入关键帧

6 选中“指针经过”帧中的按钮，按 F8 键，将其转换为图形元件，并命名为“半透明按钮”，然后在“属性”面板中将其 Alpha 值设置为 50%，如图 6-49 所示。

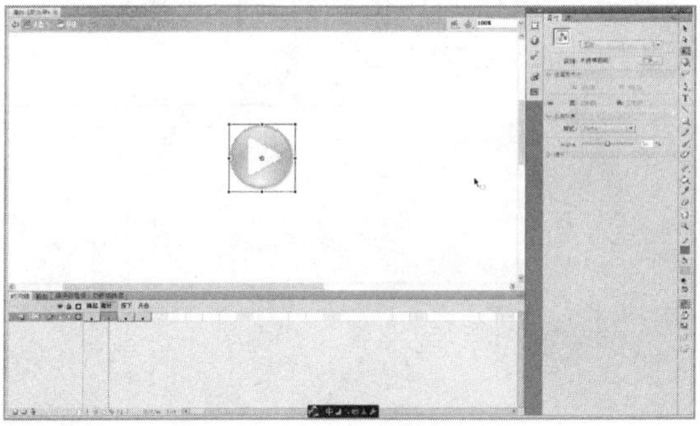

图 6-49　设置按钮的透明度

7 选中“按下”帧中的按钮，在工具箱中选择任意变形工具，按住 Shift 键，将按钮缩小一定的尺寸，如图 6-50 所示。

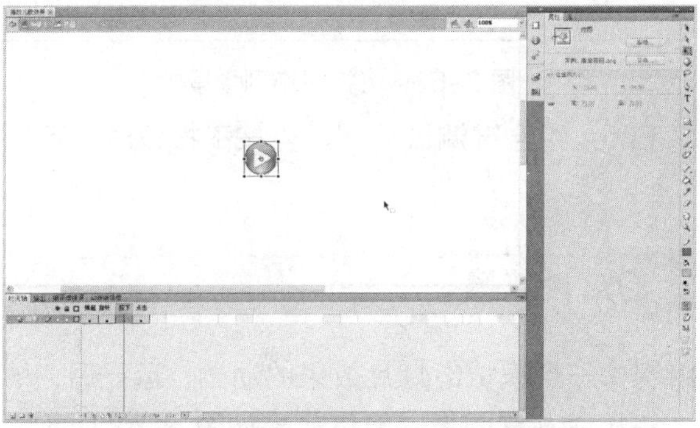

图 6-50　缩小“按下”帧的图像大小

会比其他的运算符优先执行。动作脚本按照一定的优先原则来确定首先执行哪个运算符。例如，加、减的优先顺序最低，乘、除的优先顺序较高，括号中的项目具有最高的优先顺序。

2. 运算符结合规则

当两个或多个运算符优先级相同时，它们的结合规则会确定它们的执行顺序。结合规则可以是从左到右或从右到左。

相关知识　**运算符的分类**

在动作脚本中，运算符主要分为数值运算符、比较运算符、字符串运算符、逻辑运算符、位运算符、等于运算符和赋值运算符等。

1. 数值运算符

数值运算符可以执行加法、减法、乘法、除法运算，也可以执行其他算术运算。

2. 比较运算符

比较运算符用于比较两个表达式的值，然后返回一个布尔值（true 或 false）。这些运算符常常用于循环语句和条件语句中，以判断循环是否结束或者判断条件是否成立。

3. 字符串运算符

运算符“+”在处理字符运算时有着特殊的含义，使用它可以连接两个字符串。

4. 逻辑运算符

逻辑运算符用于对两个布尔值（true 或者 false）进行比较，然后返回第三个布尔值。

5. 位运算符

位运算符可以在内部处理浮点数值，并将它们转换为 32 位整型，然后分别对每一个操作数按位进行运算，运算之后再将二进制的结果按照 Flash 的数值类型返回正确的结果。

6. 等于运算符

使用等于（= =）运算符可以确定两个操作数的值或标识是否相等，比较后返回一个布尔值（true 或者 false）。如果操作数是字符串、数字或者布尔值，它们将通过值来比较；如果操作数是对象或者数组，它们将通过引用来比较。

7. 赋值运算符

可以使用赋值（=）运算符给变量指定值。

实例 6-6 说明

- **知识点：**
  动作脚本
- **视频教程：**
  光盘\教学\第 6 章 Flash 动作脚本与音效
- **效果文件：**
  光盘\素材与效果\06\效果\6-26.fla
- **实例演示：**
  光盘\实例\第 6 章\幻灯片效果

8 新建一个“图层 2”，并重命名为“声音”。选中“按下”帧，按 F6 键插入一个关键帧。按 F11 键，打开“库”面板，将其中的声音文件拖到舞台中。此时的“按下”帧上将出现声音的波形。在“点击”帧上单击鼠标右键，在弹出的快捷菜单中选择“转换为空白关键帧”命令，将此帧上的声音删除。此时的时间轴和舞台如图 6-51 所示。

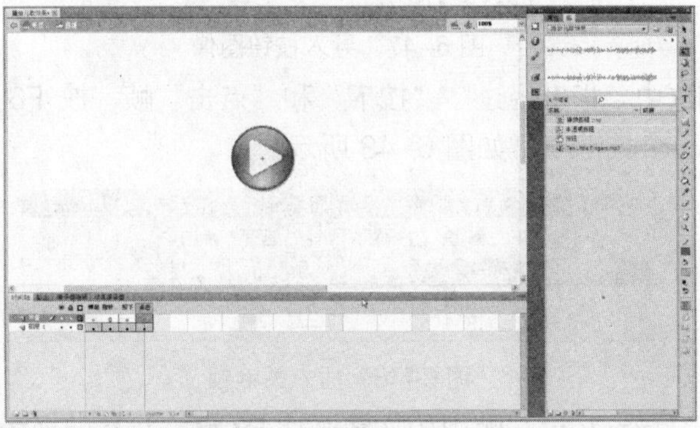

图 6-51　导入声音文件

9 单击 场景 1 按钮，回到“场景 1”窗口中。将“库”面板中的“按钮”按钮元件拖到舞台中，然后调整其大小，如图 6-52 所示。

图 6-52　将按钮拖到场景中

10 按 Ctrl+Enter 组合键测试动画，当按下按钮时，可以发出添加的声音。

实例 6-6 幻灯片效果

本例将制作一个模拟幻灯片效果的动画，运行后，单击图像上的按钮，将按序观赏图像。最终效果如图 6-53 所示。

图 6-53　实例最终效果

操作步骤

1 在 Flash 中选择“文件”→“新建”命令，打开“新建文档”对话框，在“类型”列表框中选择 ActionScript 2.0，单击“确定”按钮。

2 选择“修改”→“文档”命令，打开“文档设置”对话框，将“尺寸”设置为 650 像素 X 433 像素，“背景颜色”设置为“黑色”，单击“确定”按钮，如图 6-54 所示。

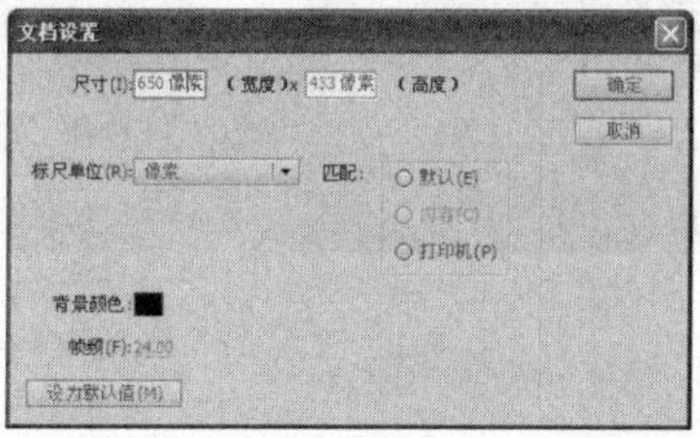

图 6-54　“文档设置”对话框

3 选择“插入”→“创建元件”，弹出“创建新元件”对话框，在“名称”文本框中输入“元件 1”，在“类型”下拉列表框中选择“按钮”，单击“确定”按钮，进入按钮元件编辑模式。

4 选中“弹起”帧，在工具箱中选择椭圆工具，在其“属性”面板中将线条颜色设置为“无”，填充色设置为任意色，然后按住 Shift 键，在舞台中绘制一个正圆。

5 在工具箱中选择多边星形工具，在其“属性”面板中单击“选项”按钮，打开“工具设置”对话框，将“边数”设置为 3，如图 6-55 所示。

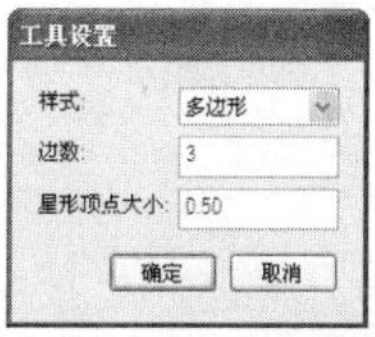

图 6-55　“工具设置”对话框

相关知识　动作脚本的常用语句

在了解了动作脚本的基础知识后，下面将介绍动作脚本中的常用语句的使用方法。

1. 播放语句 Play

当动画停止后，需要使用 Play 动作才能继续播放。Play 语句的格式如下：

```
Play();
```

2. 停止语句 Stop

默认情况下，Flash 动画是从第 1 帧开始播放，一直到动画的最后一帧才停止。如果需要动画停止在某一特定的帧上，可以在此帧上添加停止语句。Stop 语句的格式如下：

```
Stop();
```

3. 跳转语句 goto

- 跳转播放语句 gotoAndPlay：跳转到场景中指定的帧并从此帧开始播放动画；如果没有指定场景，则会跳转到当前场景中的指定帧。该语句的格式如下：

```
gotoAndPlay([scene,]frame);
```

- 跳转停止语句 gotoAndStop：是跳转到场景中指定的帧并停止播放；如果未指定场景，则跳转到当前场景中的指定帧。该语句的格式如下：

```
gotoAndStop([scene,]frame);
```

6 在多边星形工具的“属性”面板中将线条颜色设置为“无”，填充颜色设置为任意色，然后在舞台中绘制一个三角形，再将三角形拖到正圆的上方，得到一个按钮形状的图形，如图 6-56 所示。

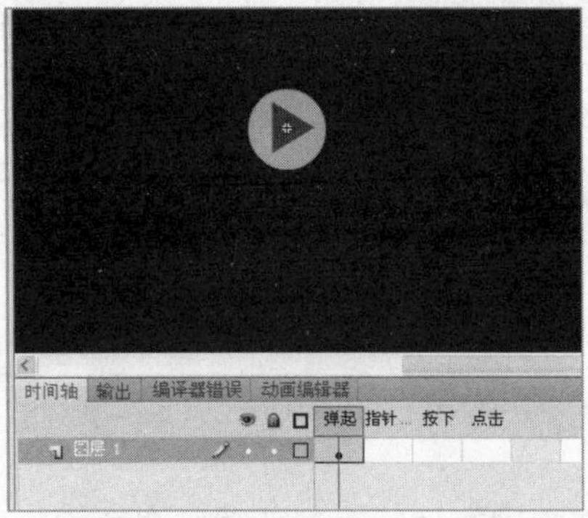

图 6-56　绘制“弹起”按钮

7 选中“指针经过”帧，按 F6 键创建关键帧。在工具箱中选择颜料桶工具，将正圆和三角形填充成另一种颜色，如图 6-57 所示。

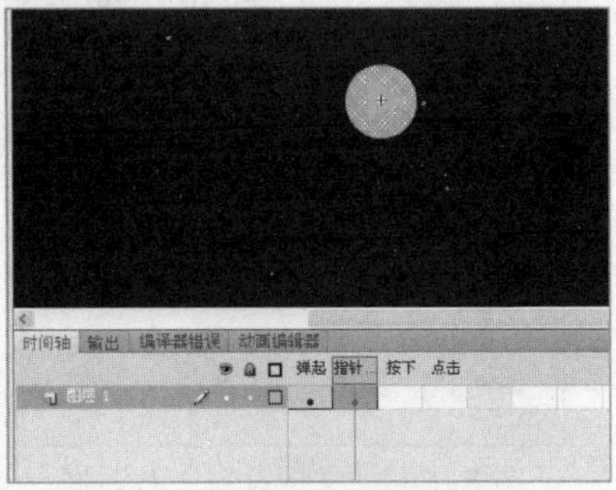

图 6-57　将正圆和三角形的填充成另一种颜色

8 选择“文件”→“导入”→“导入到库”命令，在弹出的“导入”对话框，如图 6-58 所示。按住 Shift 键选择素材图像（光盘\素材与效果\06\素材\6-22.jpg、6-23.jpg、6-24.jpg、6-25.jpg），然后单击“确定”按钮，将它们导入到“库”面板中。

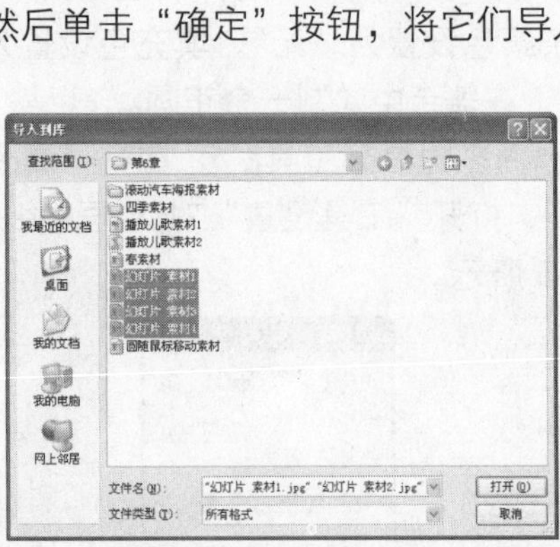

图 6-58　导入到“库”对话框

4. 条件语句

使用条件语句可以建立一个执行条件，只有当 if 中设置的条件成立时，才可以继续执行下面的动作。else 语句一般情况下要与 if 语句一起使用，因为 else 语句脱离了 if 语句就没有任何意义了。

5. 循环语句

在动作脚本中，可以为一个动作指定重复的次数，或者是在特定的条件成立时重复执行某个动作。在使用动作脚本编程时，可以使用 while、do...while、for 以及 for...in 语句来创建一个循环。

相关知识 什么是函数

函数是执行特定任务并可以在程序中重用的代码块。它可以在脚本中被事件或其他语句调用，用于完成一定的功能。

相关知识 函数的分类

函数有两类，即内置函数和自定义函数。

1. 内置函数

动作脚本语言自带了许多内置函数，可以使用这些内置函数访问某些信息和执行某些任务。

每一个函数都有各自的特点，功能上存在很大的差异。如果需要调用函数，可在

9 单击场景 1按钮，回到场景编辑模式。单击“图层 1”中的第 1 帧，在“库”面板中选择需要第一个显示的图像，将其拖到舞台上，如图 6-59 所示。

图 6-59　将图像拖到舞台上

10 将“库”面板中的按钮元件“元件 1”拖到舞台上，使用任意变形工具将其调整为适当的大小，然后放置在合适的位置，如图 6-60 所示。

图 6-60　将按钮拖到舞台中

11 选中“图层 1”中的第 1 帧，按 F9 键，打开关于此帧的“动作”面板，在编辑区中输入如下动作语句。

```
//在当前帧停止
stop();
```

12 选中舞台上的按钮元件实例，按 F9 键，打开关于此按钮的“动作”面板，在编辑区中输入以下动作语句，如图 6-61 所示。

```
//当按下按钮，播放下一帧
on (press) {
    this.nextFrame();
}
```

“动作”面板中选择“函数”类别，然后双击一个函数名称，即可将其添加到脚本中。

2. 自定义函数

在动作脚本中，用户可以根据需要自己定义一些函数，向其中添加一些特殊功能，对传递的值执行一系列的语句，然后返回函数值。

函数就像变量一样，一旦定义了一个函数，则可以从任意一个时间轴中调用它，包括加载的影片的时间轴，但必须使用目标路径才能对它们进行调用。当一个函数被重新定义时，新的定义将取代旧的定义。

相关知识　动作脚本的添加方式

在 Flash 中添加脚本的方式大致可以分为以下 3 类。

1. 在关键帧上添加动作

将动作脚本添加到关键帧上，当动画播放到添加动作脚本的那一帧时，相应的动作脚本程序就会被执行。最典型的应用就是控制动画的播放和结束时间，根据需要使动作在相应的时间进行。根据播放的内容和要达到的控制效果，在相应的帧中添加所需的程序，可以很好地控制动画播放的时间和内容。

2. 在按钮中添加动作

在欣赏 Flash 动画时，一般都要先单击播放按钮，才能播放动画。这个过程就是通过在按钮上添加动作脚本程序来实现的。在按钮上添加的动作一般都是在特定按钮发生某些事件时才会执行，如按钮的按下、松开以及鼠标经过时。

3. 在电影片段中添加动作

使用这种方式所添加的动作或程序，只有在此电影片段被载入或是取得某些信息时才能执行。任何一个元件对应于舞台上的所有实例都可以有自己不同的动作脚本程序和不同的动作，并且在执行过程中互不影响。这种方式应用得比较少，一旦使用可以简化很多制作工作。

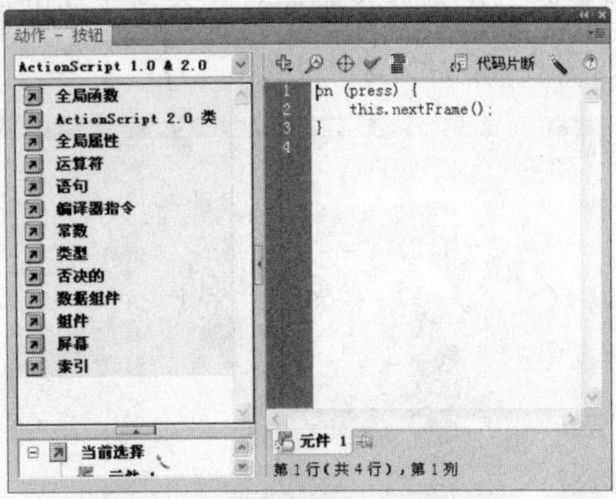

图 6-61　输入按钮的动作脚本

13 单击“时间轴”面板左下角的“新建图层”按钮，新建“图层 2”。选中“图层 2”中的第 2 帧，按 F6 键，插入一个关键帧。重复步骤 10～13，依次将其他 3 幅图像放置在不同层的不同帧上，并在“图层 2”、“图层 3”的帧和按钮的“动作”面板中输入如上所示的动作语句。此时的“时间轴”面板如图 6-62 所示。

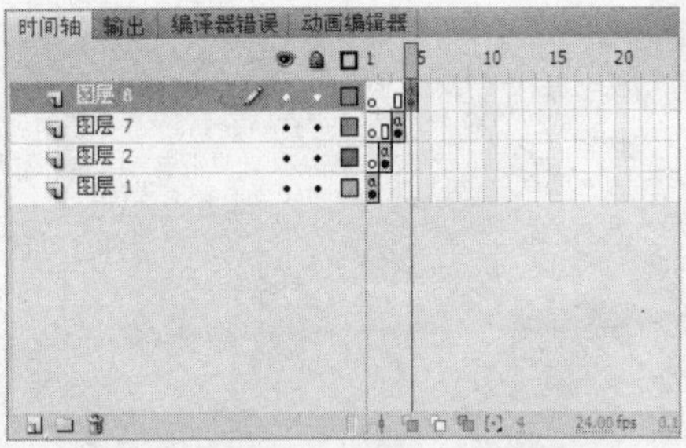

图 6-62　输入按钮的动作脚本

14 对于“图层 4”，在其“动作-帧面板”中输入如上的动作语句；但对于此图层中的按钮，则需输入以下动作语句。

```
//当释放按钮时，动画跳转到第 1 帧并停止
on(press){
gotoAndStop(1);
}
```

15 按 Ctrl+Enter 组合键测试效果，然后保存文档，得到最终效果。

07

第 7 章

Dreamweaver 网页制作基础实例

Dreamweaver 能快速、高效地制作出内容丰富且样式精美的网页。Dreamweaver CS5 是目前的最新版本，它以更加强大的网页制作功能和简单易用的操作特点，赢得了广大用户的喜爱。本章通过介绍 Dreamweaver CS5 网页制作基础方面的知识，使用户对 Dreamweaver CS5 有一个初步的了解。

本章讲解的实例和主要功能如下。

实　例	主要功能	实　例	主要功能	实　例	主要功能
 个性背景	新建文档 设置页面属性	 进站页面	插入图片 新建CSS规则 插入日期	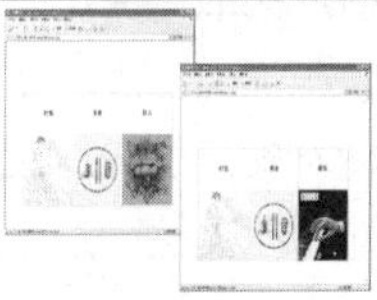 交互图像	“表格”命令 “鼠标经过图像”命令
 应用样式文字	创建CSS样式 设置及应用CSS样式	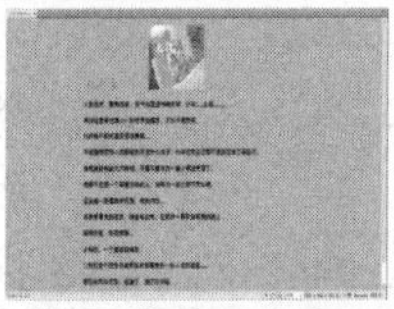 提示信息的设置	输入文字 设置页面属性 插入图像	 创建外部链接和内部链接	外部链接 内部链接
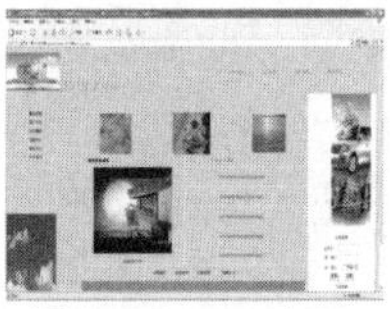 插入 Flash 动画	插入Flash动画	 插入表格并添加内容	插入表格 在表格中添加内容	 表格的设置与调整	设置表格属性 调整表格
 表格的合并与拆分	表格的合并 表格的拆分	 利用框架制作网页	创建框架 在框架中添加内容	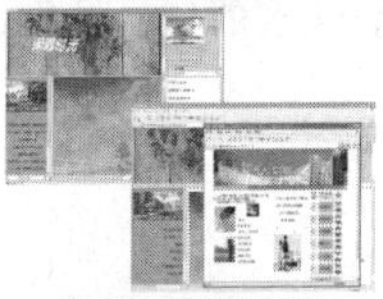 在框架中打开网页	分割框架 在框架中打开网页 在框架中使用链接

本章在讲解实例操作的过程中，将全面、系统地介绍 Dreamweaver 网页制作的相关知识和操作方法。其中包含的内容如下：

实例 7-1 个性背景

创建网页时，可根据需要设置网页的背景、文字等内容，得到个性化的网页背景效果。最终效果如图 7-1 所示。

图 7-1 实例最终效果

操作步骤

1 选择“文件”→“新建”命令，打开如图 7-2 所示的“新建文档”对话框。

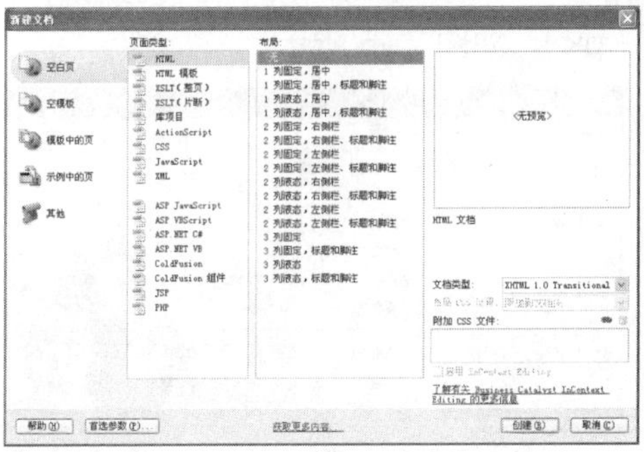

图 7-2 “新建文档”对话框

2 在最左侧的列表框中选择“空白页”选项，在“页面类型”列表框中选择“HTML”选项，在“布局”列表框中选择“无”选项，单击“创建”按钮，创建一个新文档，默认名称为 Untitled-1，如图 7-3 所示。

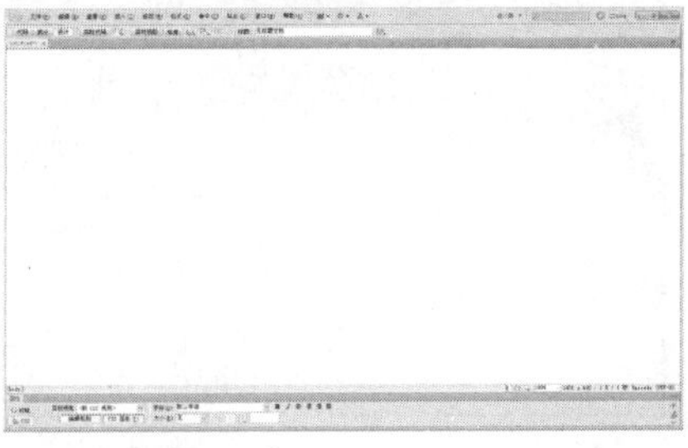

图 7-3 创建一个新文档

实例 7-1 说明

- 知识点：
  - 新建文档
  - 设置页面属性
- 视频教程：

  光盘\教学\第 7 章 Dreamweaver 网页制作基础实例
- 效果文件：

  光盘\素材与效果\myweb\html\07\7-1.html
- 实例演示：

  光盘\实例\第 7 章\个性背景

相关知识 Dreamweaver CS5 起始页

启动 Dreamweaver CS5 后，首先将进入起始页。在起始页中，列出了一些最近使用过的文档以及新建文档等功能，用户可以很方便地打开最近使用过的文档或创建新文档。此外，还可以通过起始页了解更多 Dreamweaver CS5 的相关信息。

相关知识 起始页的取消与显示

如果想取消显示此起始页，可在起始页左下方选中“不再显示”复选框；如要重新显示，可在 Dreamweaver 工作界面中选择“编辑”→“首选参数”命令，在弹出的“首选参数”对话框中选择“常规”选项卡，然后选中右侧的“显示欢迎屏幕”复选框，单击“确定”按钮，如下所示。

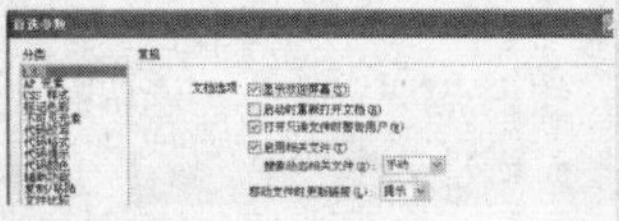

相关知识 **Dreamweaver CS5 的工作界面**

Dreamweaver CS5 的工作界面由以下几部分组成。

1. 菜单栏

菜单栏中包含了 Dreamweaver 中的所有命令，包括“文件”、“编辑”、“查看”、“插入”、“修改”、“文本”、“命令”、“站点”、“窗口”、“帮助”10 个菜单命令。

2. 工具栏

工具栏位于菜单栏的下方，Dreamweaver CS5 默认打开的是“插入”工具栏（也可以面板的形式显示在工作界面的右侧）。如果没有显示，选择“窗口”→“插入”命令，即可打开“插入”工具栏。其中包括“常用”、“布局”、“表单”、“数据”、Spry、InContext Editing、“文本”以及“收藏夹”几个选项卡，选择需要的选项卡即可打开相应的工具栏（也可以在“插入”面板中进行类似的操作，展开相应的设置面板）。

3. “文档”窗口

“文档”窗口即网页制作的设计区。在此窗口中可以显示当前文档的所有操作效果，是 Dreamweaver CS5 进行可视化网页制作的主要区域。

4. 状态栏

状态栏位于文档窗口的下方，用于显示当前文档相关信息。

3 选择“修改”→“页面属性”命令，打开“页面属性”对话框。

4 在左侧的“分类”列表框中选择“外观（CSS）”选项，单击右侧“背景图像”后的“浏览”按钮，在弹出的“选择图像源文件”对话框中选择背景图像（光盘\素材与效果\myweb\image\07\1.jpg），如图 7-4 所示。

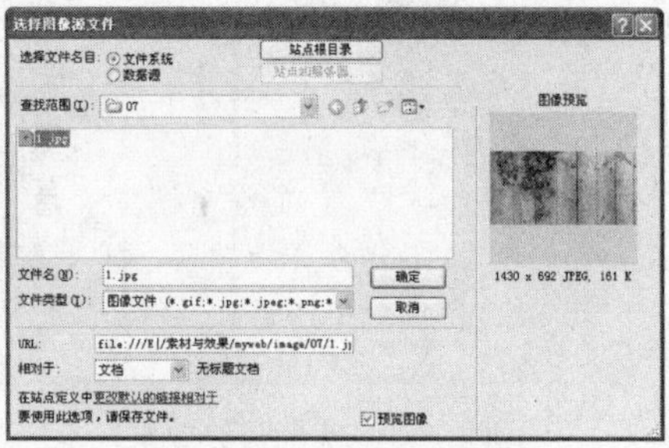

图 7-4　选择背景图像

5 单击“确定”按钮，返回到“页面属性”对话框。在“重复”下拉列表框中选择“no-repeat”选项，在“左边距”、“右边距”、“上边距”和“下边距”文本框中均输入 140，单位设置为像素（px），如图 7-5 所示。

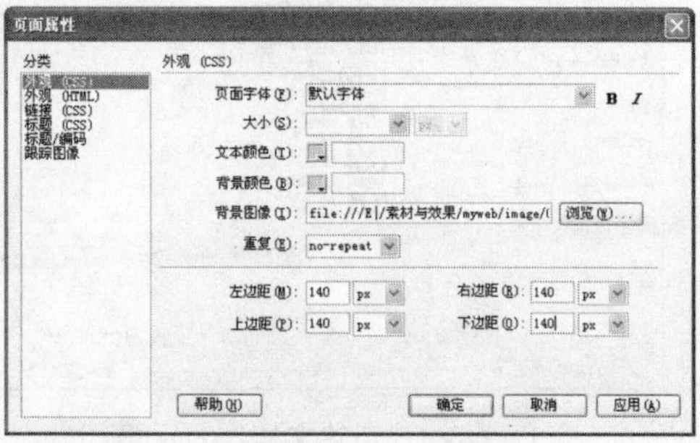

图 7-5　设置页面属性

6 在左侧“分类”列表框中选择“标题/编码”选项，在右侧的“标题”文本框中输入“闲暇时光”，其他设置为默认设置即可，如图 7-6 所示。

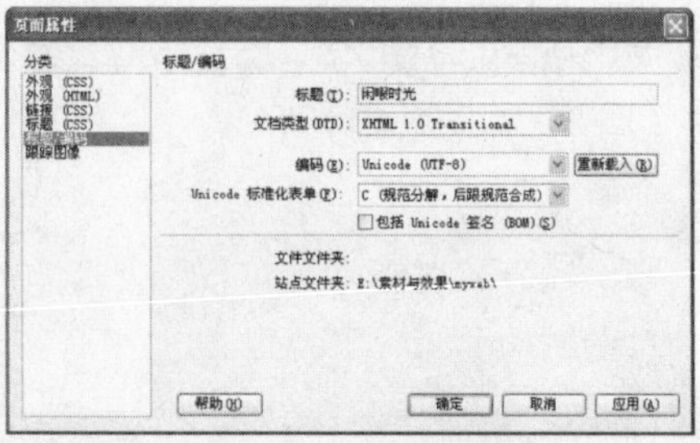

图 7-6　设置标题

7 单击“确定”按钮，得到如图 7-7 所示的页面效果。

图 7-7　得到的页面效果

8 将光标定位于页面中，输入文字“闲暇时光”，并将其选中，在其“属性”面板中单击“页面属性”按钮，在弹出的“页面属性”对话框中设置文字的属性，如图 7-8 所示。单击“确定”按钮，得到最终效果。

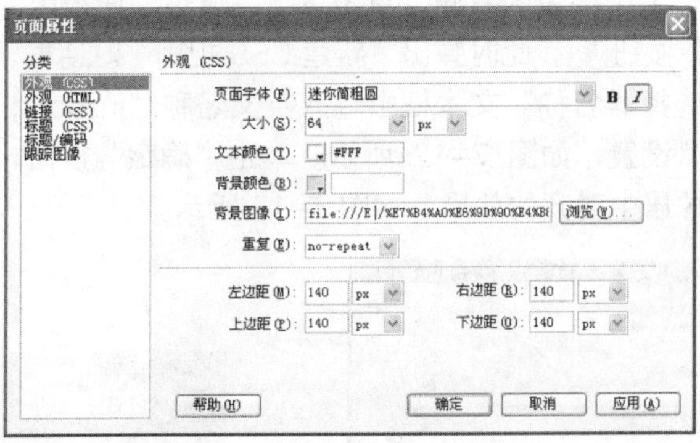

图 7-8　设置文字的属性

实例 7-2　进站页面

本实例使用“插入图片”命令、“新建 CSS 规则”命令以及“插入日期”命令等制作简明的进站页面，从而达到掌握基本操作的目的。最终效果如图 7-9 所示。

图 7-9　实例最终效果

5. “属性”面板

“属性”面板用于设置网页元素的属性，如设置文本、图像、表格等对象的属性。对象不同，“属性”面板上显示的属性也不同。

6. 面板组

面板组就是组合在同一个标题下面的相关面板的集合，其可使操作界面更加简洁，获得更大的操作空间。

在各个面板名称上单击，可以折叠或展开面板。

实例 7-2 说明

- 知识点：
  - 插入图片
  - 新建 CSS 规则
  - 插入日期
- 视频教程：
  光盘\教学\第 7 章　Dreamweaver 网页制作基础实例
- 效果文件：
  光盘\素材与效果\myweb\html\07\7-2.html
- 实例演示：
  光盘\实例\第 7 章\进站页面

相关知识　创建网页的几种方法

在 Dreamweaver CS5 中，创建一个新网页的方法主要有以下几种。

1. 启动时在起始页创建

启动 Dreamweaver CS5 后，在出现的起始页中单击“新建”选项下的 HTML 项，即可创建一个新网页，如下所示。

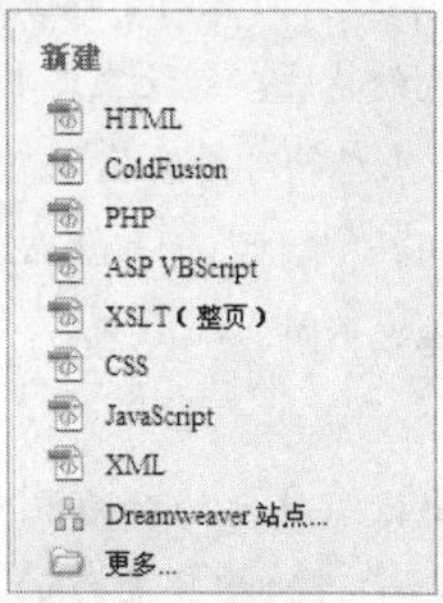

2. 通过“新建”命令创建网页

（1）选择“文件”→“新建”命令或按 Ctrl+N 组合键，打开“新建文档”对话框。

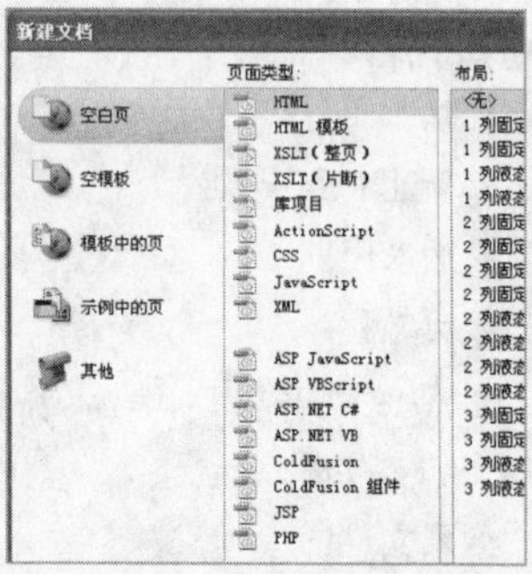

（2）在最左侧的列表框中选择“空白页”选项，在“页面类型”列表框中选择“HTML”选项，在“布局”列表框中选择“无”选项，单击“创建”按钮，即可创建一个新文档，默认名称为 Untitled-1。

3. 通过工具栏创建网页

（1）打开或新建一个文件，选择“查看”→“工具栏”→“标准”命令，打开如下所示的标准工具栏。

操作步骤

1 选择“文件”→“新建”命令，新建一个文档。选择“插入”→“图像”命令，打开“选择图像源文件”对话框，在其中选择一幅图像（光盘\素材与效果\myweb\image\07\2.jpg），如图 7–10 所示。单击“确定”按钮，将选定图像插入到文档中，如图 7–11 所示。

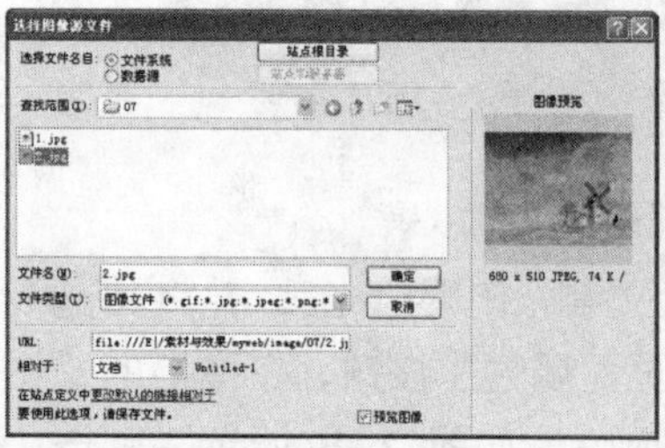

图 7–10 “选择图像源文件”对话框

图 7–11 插入图像

2 将光标置于图像的右侧，单击下方“属性”面板中的“居中对齐”按钮，此时弹出“新建 CSS 规则”对话框，在其中的“选择器名称”文本框中输入英文名称“juzhong”，其他为默认设置，如图 7–12 所示。单击“确定”按钮，即可得到图像居中对齐的效果，如图 7–13 所示。

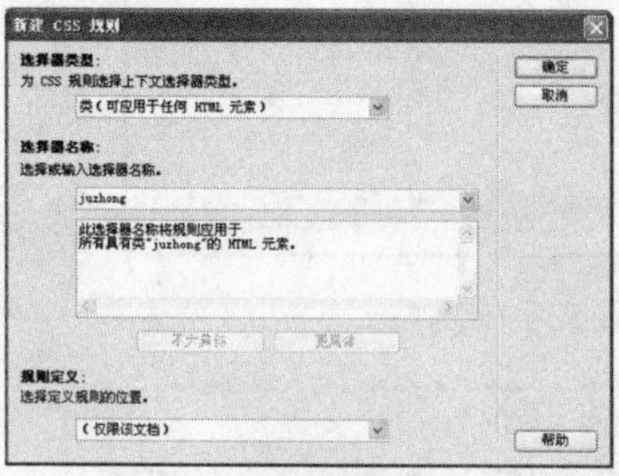

图 7–12 “新建 CSS 规则”对话框

图 7–13 得到图像居中对齐效果

3 将光标置于图像的下方，选择“插入”→“HTML”→“水平线”命令，即可在指定位置插入一条水平线，如图 7–14 所示。

图 7–14 插入一条水平线

4 选中此水平线，在其“属性”面板中将“高”设置为 6，然后单击面板右侧的“快速标签编辑器”按钮，打开“编辑标签”面板，在其中输入颜色代码和色标值（<hr size="6" color="#FF9900" />），如图 7–15 所示。

图 7–15　编辑标签

5 关闭面板，即可得到彩色水平线效果。将光标置于图像的下方，选择“插入”→“日期”命令，打开“插入日期”对话框，在其中选择一种日期格式，如图 7–16 所示。

6 单击“确定”按钮，即可在指定位置插入日期，如图 7–17 所示。

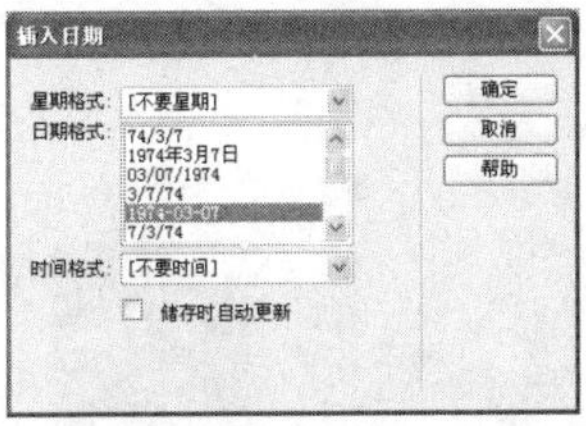

图 7–16　“插入日期”对话框

图 7–17　在指定位置插入日期

7 选中插入的日期，在“属性”面板中选择一种字体，此时弹出“新建 CSS 规则”对话框，在其中的“选择器名称”文本框中输入英文名称“ziti”，如图 7–18 所示。单击“确定”按钮，得到设置的字体效果，然后再设置文字的其他属性，得到如图 7–19 所示的效果。

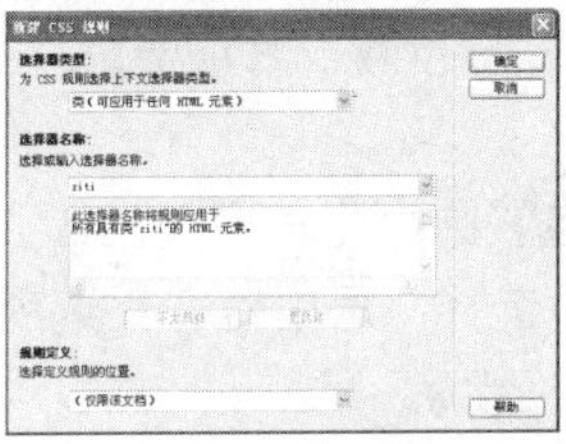

图 7–18　“新建 CSS 规则”对话框

图 7–19　得到设置的字体效果

8 在图像的右侧输入文字“心情驿站”，如图 7–20（左）所示。选中文字，在其“属性”面板的“目标规则”下拉列表框中选择“ziti”选项，即可将此样式应用于文字，如图 7–20（右）所示。

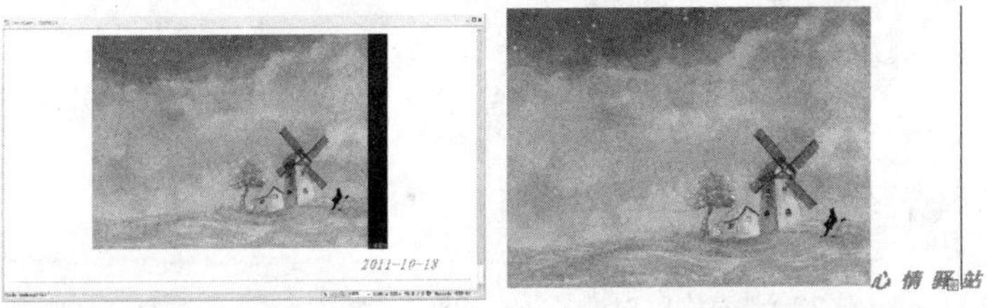

图 7–20　输入文字并应用样式

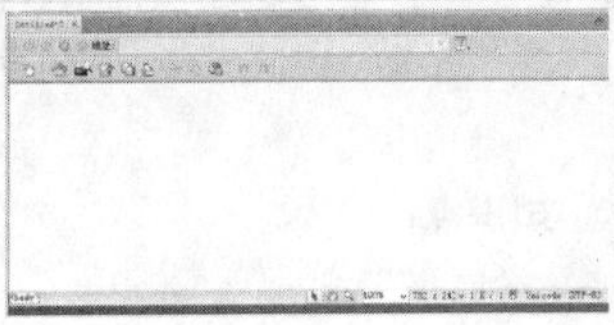

（2）单击标准工具栏中的“新建”按钮，可打开“新建文档”对话框，在其中进行相应的设置，即可创建出一个新文档。

重点提示　**如何选择创建其他类型的文档**

在“新建文档”对话框中的“页面类型”列表框中，还可以选择创建其他类型的文档，如创建 ActionScript、CSS、JSP 以及 PHP 等类型文档。

相关知识　**如何打开网页文档**

对于已有的 Dreamweaver 文件，可以直接将它打开进行编辑。

（1）启动 Dreamweaver 后，选择“文件”→“打开”命令，或按 Ctrl+O 组合键，或单击“标准”工具栏上的“打开”按钮，均可弹出如下所示的“打开”对话框。

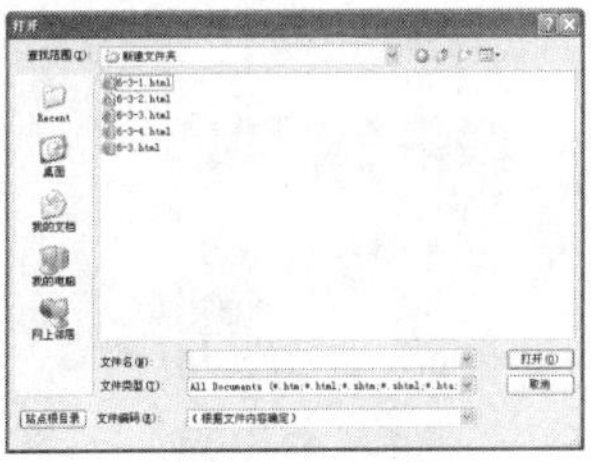

（2）在其中选择要打开的文件，单击“打开”按钮，即可将此文件打开。

9 按 F12 键，打开浏览器，即可预览页面效果，即得到最终效果。

实例 7-3 交互图像

本实例将使用“表格”命令和“鼠标经过图像”命令制作交互图像网页，即鼠标未经过时是一幅图像，鼠标经过时显示为另一张图像。当鼠标置于下方第 3 张图像上时，显示另一张图像。最终效果如图 7-21 所示。

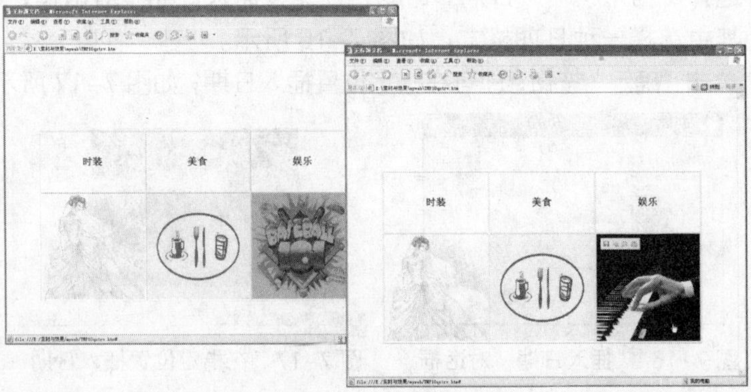

图 7-21　实例最终效果

操作步骤

1 选择“文件”→“新建”命令，新建一个文档。选择“插入”→“表格”命令，打开“表格”对话框，在其中将“行数”设置为 2，“列”设置为 3，“表格宽度”设置为 50%，其他为默认值，如图 7-22 所示。

2 单击“确定”按钮，插入一个表格。选中此表格，在其“属性”面板的“对齐”下拉列表框中选择“居中对齐”选项，即可将表格居中对齐，如图 7-23 所示。

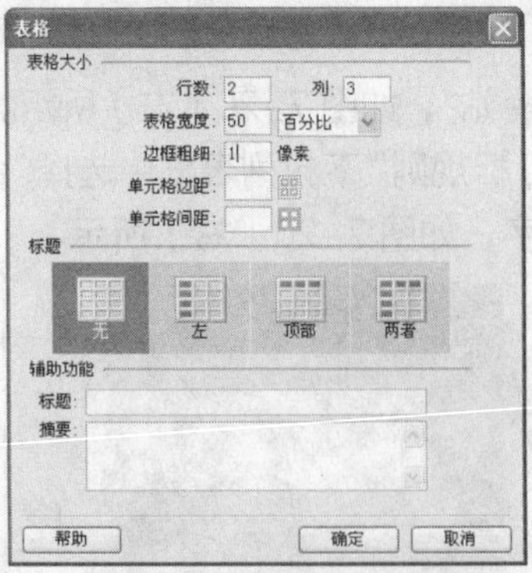

图 7-22　“表格”对话框

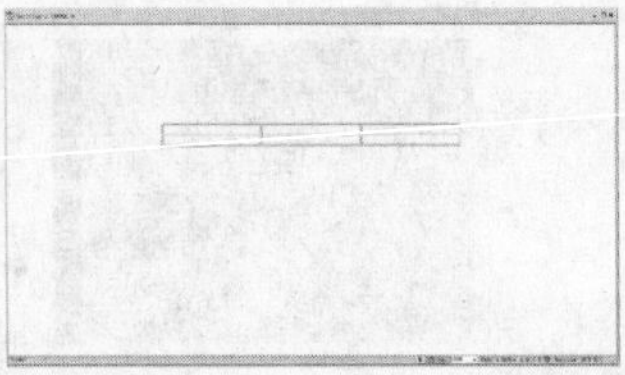

图 7-23　插入一个表格并居中对齐

实例 7-3 说明

- 知识点：
  - “表格”命令
  - “鼠标经过图像”命令
- 视频教程：
  光盘\教学\第 7 章　Dreamweaver 网页制作基础实例
- 效果文件：
  光盘\素材与效果\myweb\html\07\7-3.html
- 实例演示：
  光盘\实例\第 7 章\交互图像

相关知识　什么是交互图像

所谓交互图像，是指当鼠标经过图像时，原始图像变为另一张图像。

插入交互图像时，要插入的两幅图像大小必须相同。如果图像大小不相同，则在插入第 2 幅图像时，会自动调整其大小，使之与第 1 幅图像大小相匹配。

相关知识　使用“图像”按钮

在“插入”面板中，单击“常用”栏中的“图像”按钮，从其下拉菜单中选择“鼠标经过图像”命令，也可以打开“鼠标经过图像”对话框。

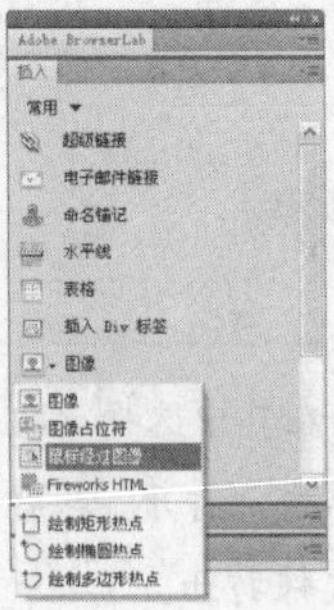

3 选中此表格，将其调整为合适的大小，然后在表格的第 1 行各列中分别输入文字，将文字居中对齐，并设置文字的字体和大小，得到如图 7–24 所示的效果。

4 将光标置于第 2 行第 1 列中，选择“插入”→“图像对象”→“鼠标经过图像”命令，打开“插入鼠标经过图像”对话框，如图 7–25 所示。

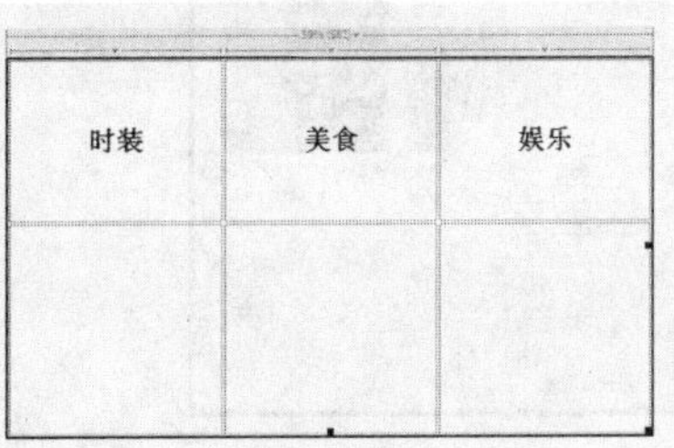

图 7–24　输入文字并调整

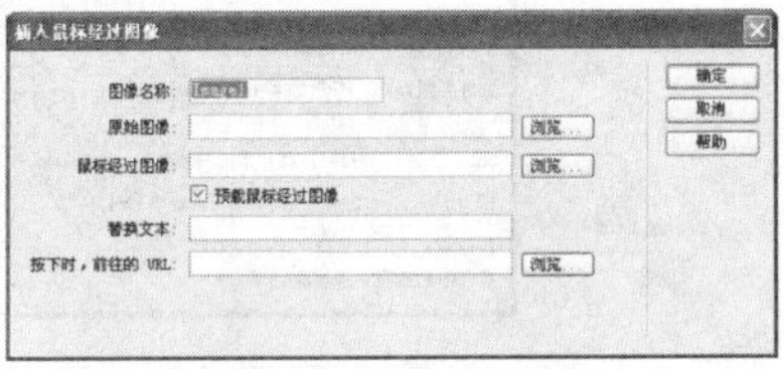

图 7–25　“插入鼠标经过图像”对话框

5 单击“原始图像”右侧的“浏览”按钮，打开“原始图像”对话框，从中选择一幅图像（光盘\素材与效果\myweb\image\07\3.jpg），如图 7–26 所示。

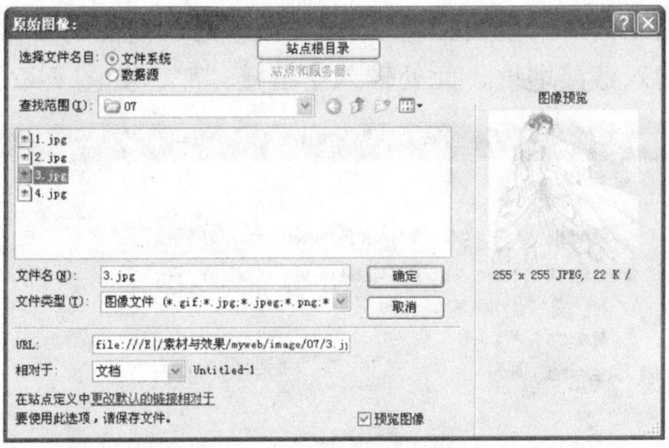

图 7–26　“原始图像”对话框

6 单击“确认”按钮，返回到“插入鼠标经过图像”对话框。此时“原始图像”文本框中显示出选定的原始图像的名称，如图 7–27 所示。

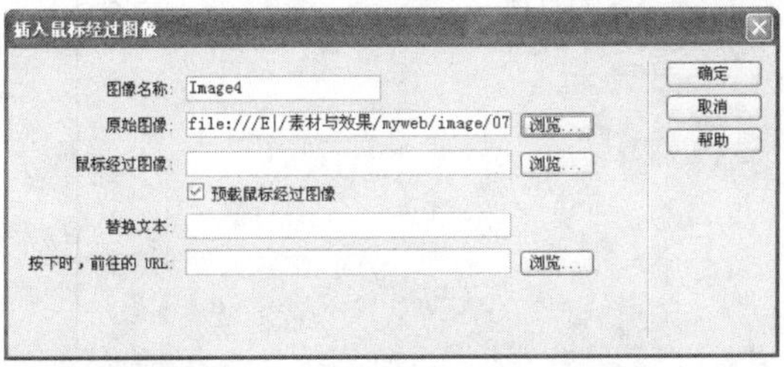

图 7–27　显示出选定的原始图像的名称

相关知识　什么是站点

在制作网站前，应先创建站点。站点用于存放和管理网站中的所有文件。一般情况下，应先创建一个本地站点，以便于控制站点结构、全面系统地管理站点中的每个文件。

相关知识　如何创建本地站点

在创建本地站点前，应先创建一个文件夹作为本地根文件夹，用于存放相关文档。本书中将在 E 盘根目录下创建一个名称为“素材与效果”的文件夹，在其下再创建一个名称为“myweb”的子文件夹，并将书中所有相关文件都保存在此子文件夹下。

创建好文件夹后，即可创建本地站点，具体操作步骤如下。

（1）启动 Dreamweaver CS5，选择“站点”→“新建站点”命令，弹出“站点设置对象”对话框。在此对话框中将“站点名称”设置为“myweb”，将“本地站点文件夹”设置为“E:\素材与效果\myweb\”，如下所示。

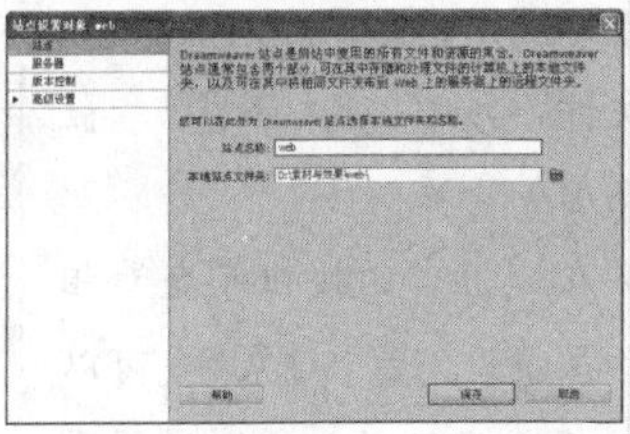

（2）单击“保存”按钮，新建的站点即可出现在“文件”面板上。

相关知识 **"文件"面板**

在 Dreamweaver 中，选择"窗口"→"文件"命令，即可打开"文件"面板。

在"文件"面板中可以查看站点、文件或文件夹；更改查看区域的大小以及展开或折叠面板；打开文件、重命名文件名，添加、移动或删除文件等。

相关知识 **管理站点**

创建本地站点后，即可在此站点中编辑网页文档，如在文档中加入文本、图像、插件以及脚本等。如此繁多的内容要对其进行系统管理和规划无疑是件麻烦的事情。利用 Dreamweaver CS5 中的"资源"面板可以使用户非常方便地管理整个站点中的所有资源。

选择"窗口"→"资源"命令，即可打开"资源"面板。

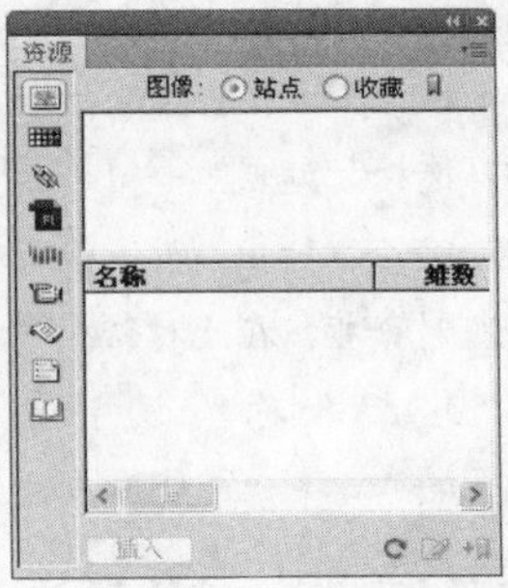

通过"资源"面板可以查看站点中的图片、颜色、Flash 文件、影片、脚本语言、模板及库等资源。

- 左边框中的按钮可查看相关资源。选中对象后，可以将其直接插入所编辑网页的当前位置或应用于当前文本。

7 单击"鼠标经过图像"文本框右边的"浏览"按钮，打开"鼠标经过图像"对话框，从中选择一幅图片（光盘\素材与效果\myweb\image\07\4.jpg），如图 7-28 所示。

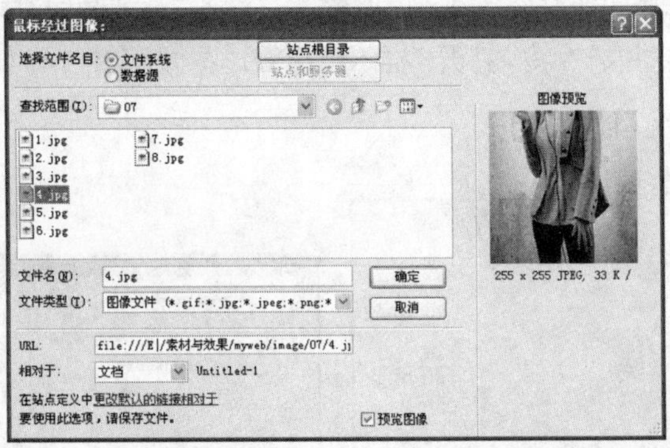

图 7-28 "鼠标经过图像"对话框

8 单击"确定"按钮，返回"插入鼠标经过图像"对话框。此时"鼠标经过图像"文本框中显示选定的替换图像的名称。

9 选中"预载鼠标经过图像"复选框，Dreamweaver 可将图像预载入浏览器缓冲区中。在"替换文本"文本框中输入交互文本，此处输入"单击查看"；在"按下时，前往的 URL"文本框中输入链接地址，此处输入空链接"#"，如图 7-29 所示。

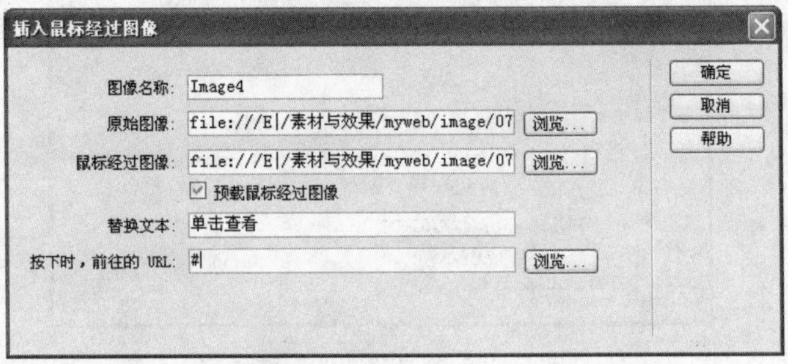

图 7-29 设置"插入鼠标经过图像"对话框

10 单击"确定"按钮，即可插入图片，如图 7-30 所示。

图 7-30 插入图片

11 按照同样的方法，在表格第 2 行第 2 列和第 3 列空缺处均插入原始图片和鼠标经过图片（光盘\素材与效果\myweb\image\07\5.jpg～8.jpg），得到如图 7-31 所示的效果。

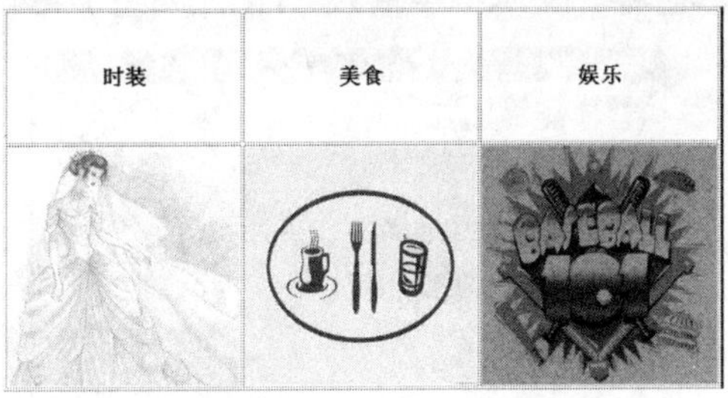

图 7-31 得到的效果

12 按 F12 键，打开浏览器，将鼠标放在任意一张图像上，均会显示出鼠标经过图像，即得到最终效果。

实例 7-4 应用样式文字

本实例将介绍创建、设置以及应用 CSS 样式的方法。最终效果如图 7-32 所示。

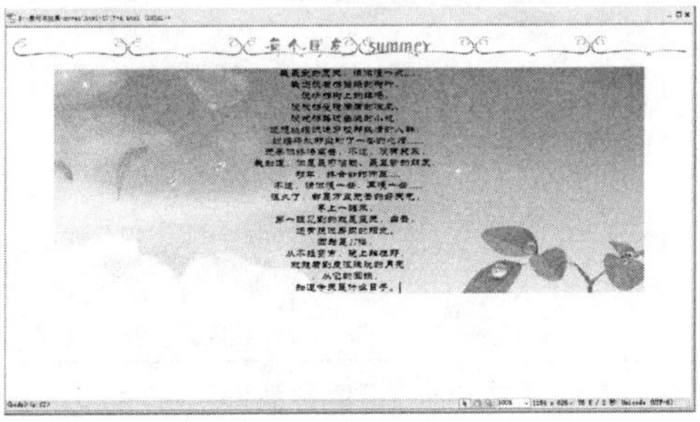

图 7-32 实例最终效果

操作步骤

1 打开如图 7-33 所示的文档（光盘\素材与效果\myweb\html\07\7-4.html），本实例将在此文档基础上创建 CSS 样式，然后将样式应用于文档中。

图 7-33 打开一个文档

- 面板右下角的 3 个按钮可进行刷新、编辑或将其加入收藏夹中等操作。

相关知识 删除站点

在“管理站点”对话框中，选择要删除的站点，然后单击“删除”按钮，即可删除选中的站点。

实例 7-4 说明

- **知识点：**
  - 创建 CSS 样式
  - 设置及应用 CSS 样式
- **视频教程：**
  光盘\教学\第 7 章 Dreamweaver 网页制作基础实例
- **效果文件：**
  光盘\素材与效果\myweb\html\07\7-5.html
- **实例演示：**
  光盘\实例\第 7 章\应用样式文字

相关知识 什么是 CSS 样式

CSS（Cascading Style Sheets，层叠样式表）是指一系列格式规则，用于控制一篇或多篇文档的文本格式和外观。

相关知识 CSS 样式的分类

CSS 样式主要有以下 3 种类型。

1. 类样式

类样式会在相应的标签中出现 Class 属性，该属性的值即为类样式的名称。类样式适用于文档中的任何区域或文本。

例如：

```
.wb   {bgcolor="#FFFFFF"}
<body class="wb">
```

2. 标签样式

标签样式就是针对某一个标签来定义样式。定义了标签样式后，所有包含在此标签中的内容将遵循定义的层叠样式表。

例如：

```
table
{clolor:#000000;font-size:16px}
```

3. 高级样式

高级样式就是为特殊的组合标签定义层叠样式表。

其实，高级样式主要就是定义链接时的样式，比较常用于统一页面的样式，一般在创建比较大的网站时会用到。

相关知识 CSS 样式的功能及组成

使用 CSS 样式可以定义页面中的文字、列表项目符号等，能够灵活精确地控制页面布局和整体外观。除此之外，使用 CSS 样式还可以控制网页中块级别元素的格式和定位，如页边距、边框等。

一般情况下，CSS 样式规则由选择器和声明两部分组成。选

2 选择“窗口”→“CSS 样式”命令，打开“CSS 样式”面板。单击其底部的“新建 CSS 规则”按钮，在弹出的“新建 CSS 规则”对话框的“选择器类型”下拉列表框中选择“类”选项，在“选择器名称”文本框中输入“f1”，如图 7-34 所示。

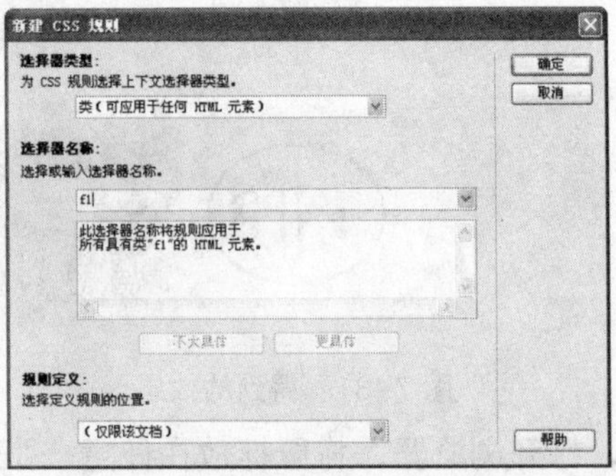

图 7-34 “新建 CSS 规则”对话框

3 单击“确定”按钮，弹出“CSS 规则定义”对话框。在左侧“分类”列表框中选择“类型”选项，在右侧设置字体为“迷你简柏青”、大小为 36、颜色为“#690”，并在“修饰”中选择“闪烁”复选框，如图 7-35 所示。

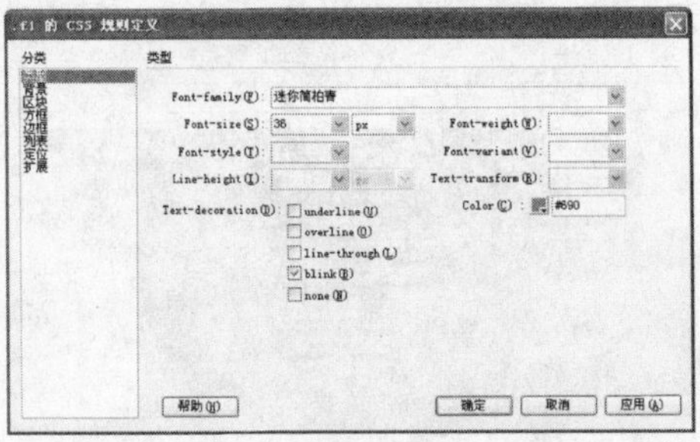

图 7-35 设置“类型”选项

4 在左侧的“分类”列表框中选择“背景”选项，单击右侧“背景图像”后的“浏览”按钮，在弹出的“选择图像源文件”对话框中选择一张图像（光盘\素材与效果\myweb\image\07\9.jpg），如图 7-36 所示，单击“确定”按钮即可。

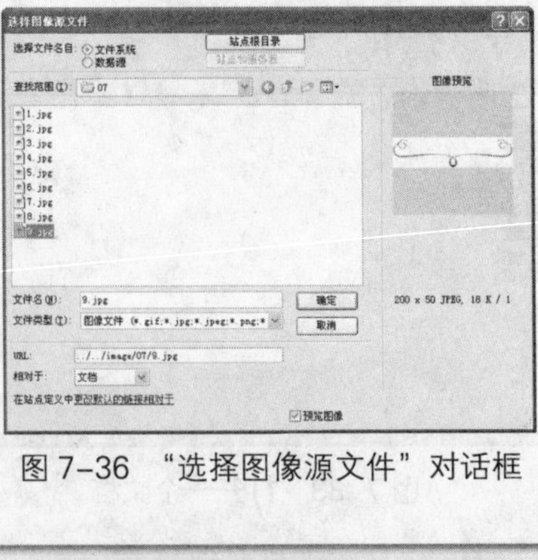

图 7-36 “选择图像源文件”对话框

5 在左侧的“分类”列表框中选择“区块”选项，在左侧“文本对齐”下拉列表框中选择“居中”选项，如图 7–37 所示。

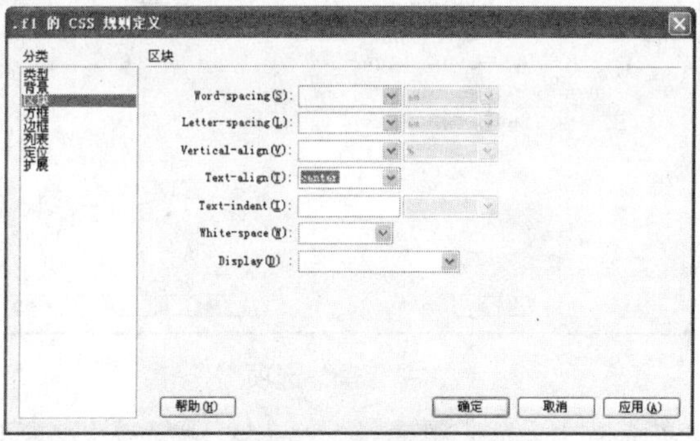

图 7–37　设置“区块”选项

6 单击“确定”按钮，此样式将出现在“CSS 样式”面板中，如图 7–38 所示。至此，第一个样式设置完成。

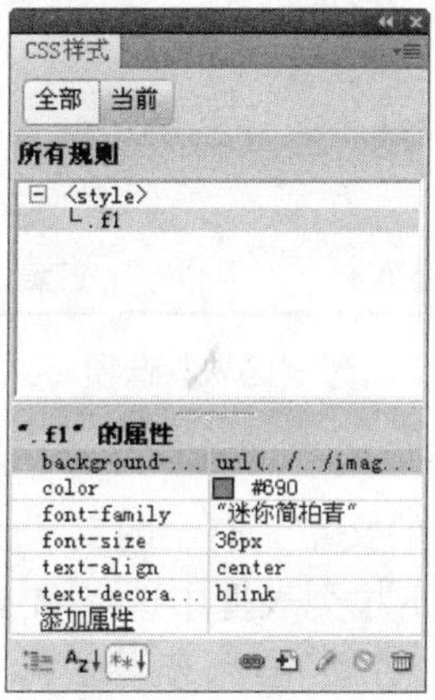

图 7–38　第一个样式设置完成

7 用相同的方法设置一个名为 f2 的样式，其设置对话框如图 7–39 所示。

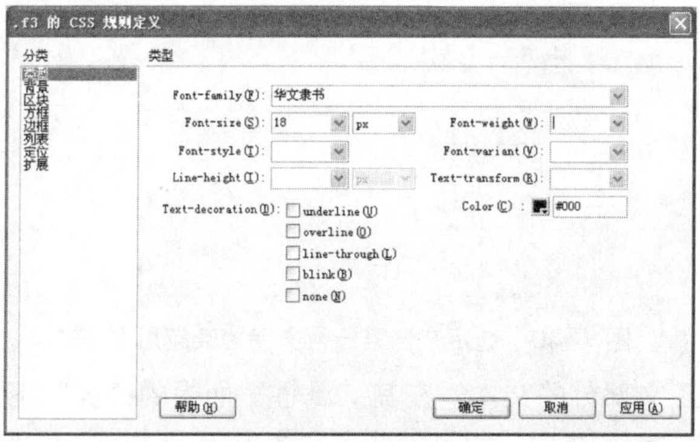

“类型”选项

图 7–39　设置 f2 样式

择器指的是样式的名称，声明用来定义样式中的元素。声明由属性和值两部分组成。例如，可以在一个网页中应用多个样式，如设置文本大小的样式、设置颜色的样式等。这些样式结合起来可以创建一个完美的页面格式。

在页面程序代码中，CSS 样式的定义代码写在 HTML 文档的头部。因此更新起来非常方便、快捷。当更新一个 CSS 样式时，所有应用此样式的文档格式也会自动更新为更改后的样式。

相关知识　“CSS 样式”面板

在 Dreamweaver 中，当用户定义页面中某个元素的属性时，也就定义了一个元素的 CSS 样式。这样做的工作量往往比较大，要想减少工作量，可以使用“CSS 样式”面板来定义完整简洁的 CSS 样式表。

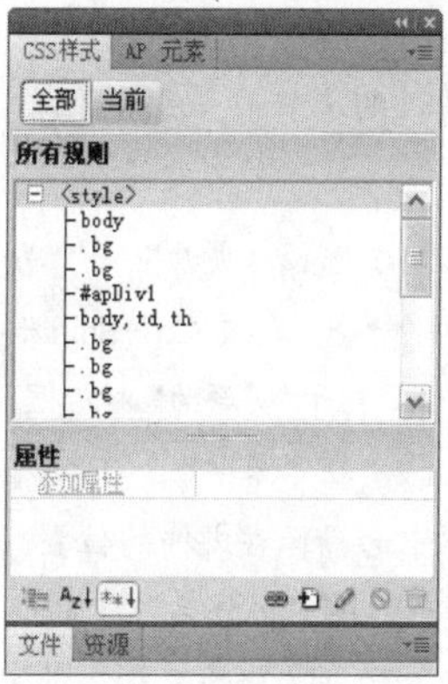

选择“窗口”→“CSS 样式”命令或按 Shift+F11 组合键，即可打开“CSS 样式”面板。

相关知识 保存网页的方法

创建网页后，可以将其保存起来，以便于以后使用。可分为保存文件、另存为文件两种情况。

1. 保存文件

（1）选择“文件”→“保存”命令，或按 Ctrl+S 组合键，打开“另存为”对话框，如下所示。

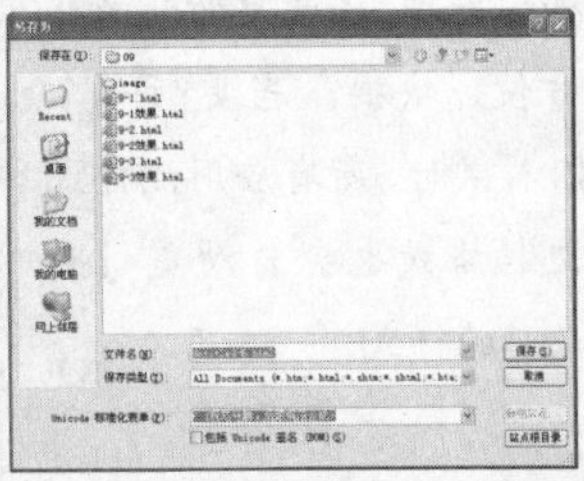

（2）在“保存在”下拉列表框中选择保存文件的位置。

（3）在“文件名”文本框中输入保存文件的名称。

（4）单击“保存”按钮即可。

2. 另存为文件

另存为文件就是将已经保存过的文件存放到其他位置，或以另一个名称保存。

（1）选择“文件”→“另存为”命令，或按 Ctrl+Shift+S 组合键，打开“另存为”对话框。

（2）在“保存在”下拉列表框中选择保存文件的位置。

（3）在“文件名”文本框中输入保存文件的名称。

（4）单击“保存”按钮即可。

相关知识 打开“页面属性”对话框

网页属性是指网页中的背景图像、文本颜色、页面标题、

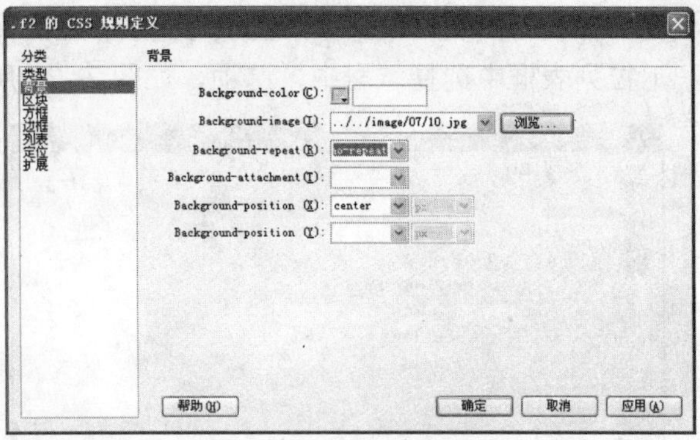

“背景”选项

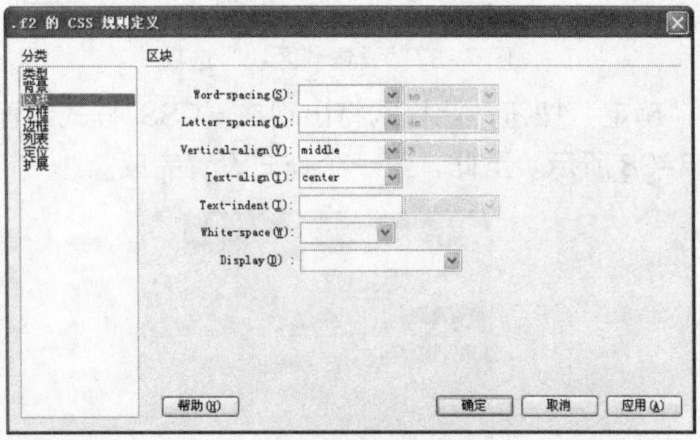

“区块”选项

图 7-39　设置 f2 样式（续）

8 选定文档中第一行的文字“有个朋友，summer”，在其“属性”面板的“类”下拉列表框中选择 f1 选项，即可为选定文本应用 f1 样式，如图 7-40 所示。

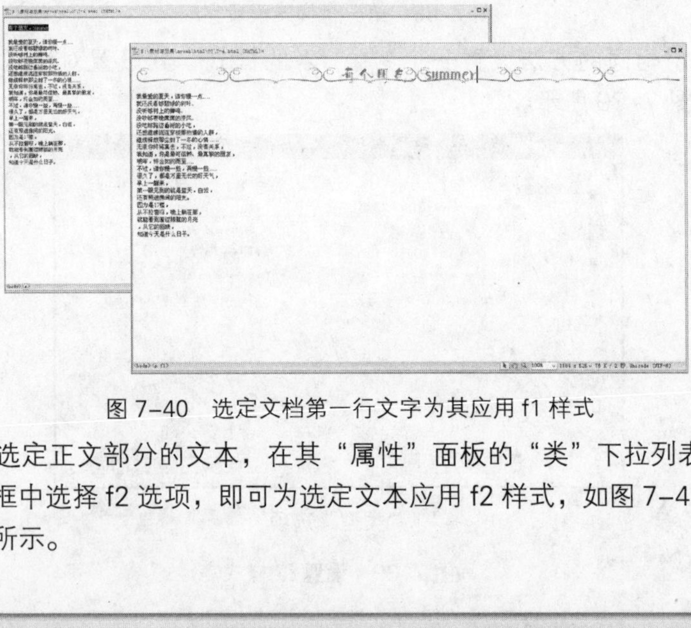

图 7-40　选定文档第一行文字为其应用 f1 样式

9 选定正文部分的文本，在其“属性”面板的“类”下拉列表框中选择 f2 选项，即可为选定文本应用 f2 样式，如图 7-41 所示。

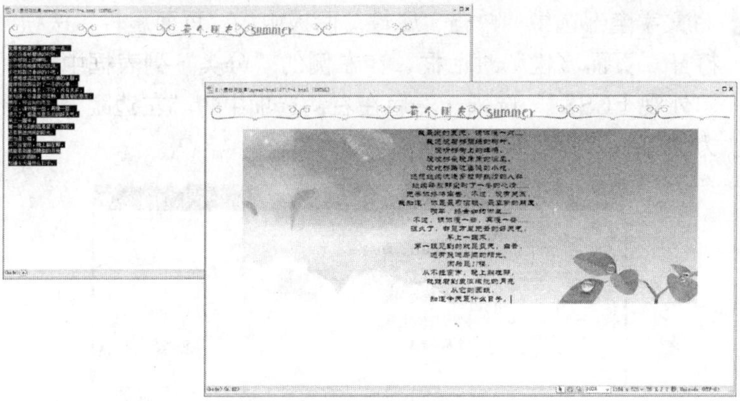

图 7-41　选定正文部分的文本为其应用 f2 样式

10 保存网页，按 F12 键浏览网页效果。

实例 7-5　提示信息的设置

本实例将创建一个含有文本和图片的网页，并设置文本和图片的格式，然后为图片添加提示信息（当鼠标指向此图片时，显示提示信息）并更改背景颜色。最终效果如图 7-42 所示。

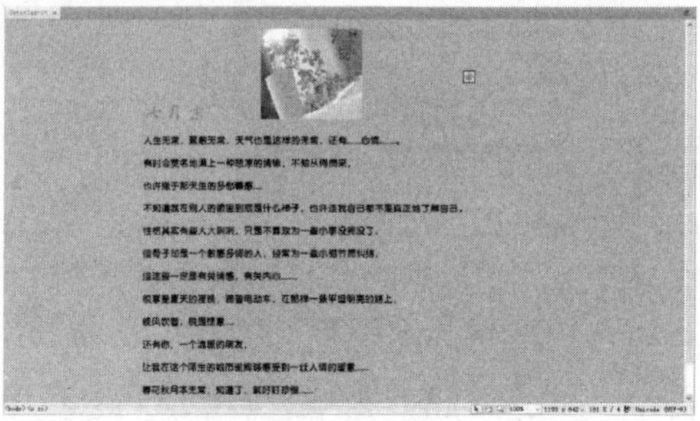

图 7-42　实例最终效果

操作步骤

1 新建一个文档，可以看到位于文档窗口的首行首列的光标，在光标处直接输入如图 7-43 所示的文字。当输入完一行需要换行时，可以按 Enter 键。

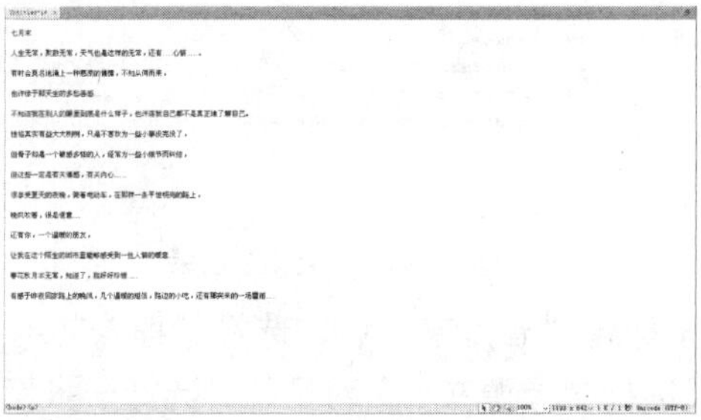

图 7-43　输入文字

边距等基本属性。可以通过“页面属性”对话框设置网页的基本属性，如下所示。

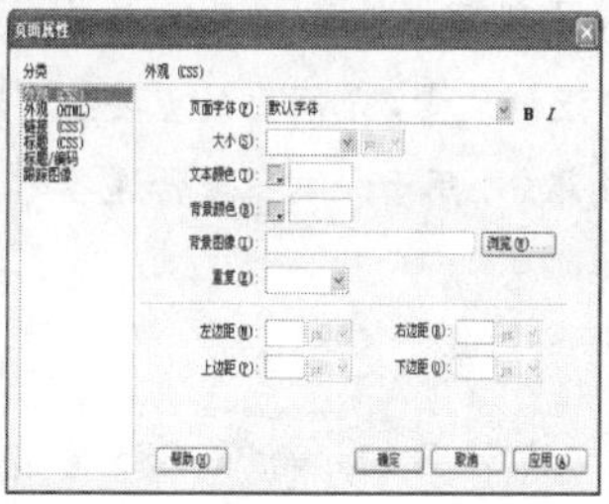

打开一个网页，执行以下任一方法，均可以打开“页面属性”对话框。

- 选择“修改”→“页面属性”命令。
- 按 Ctrl+J 组合键。
- 在网页的空白处单击鼠标右键，在弹出的快捷菜单中选择“页面属性”命令。
- 在“属性”面板中单击“页面属性”按钮。

实例 7-5 说明

- 知识点：
  - 输入文字
  - 设置页面属性
  - 插入图像
- 视频教程：

  光盘\教学\第 7 章　Dreamweaver 网页制作基础实例
- 效果文件：

  光盘\素材与效果\myweb\html\07\7-7.html
- 实例演示：

  光盘\实例\第 7 章\提示信息的设置

相关知识 **插入和编辑文字**

文字、图片和符号是构成网页最基本的元素。其中，文本是网页中最常见且运用最广泛的元素，是网页的重要组成部分，用于向浏览者传递各种信息。

1. 输入文字

打开 Dreamweave CS5 窗口，就可以看到位于文档窗口的首行首列的光标，用户可以在光标处直接输入文字。当文字输入满一行时，会自动转换到下一行；如果需要分段，按 Enter 键即可强行换行。

2. 缩小间距

在输入文本时，行与行之间是有一定的间距的，且行间距是可以进行调整的。

操作方法为：按 Shift+Enter 组合键，可以将行间距变为分段行间距的一半。例如，在另起一段时按 Shift+Enter 组合键，则新段落与上一段落之间将没有间距。

3. 设置字体

输入文本后，可以设置文本的字体，操作方法如下。

（1）选定要设置字体的文本。

（2）在其“属性”面板的“字体”下拉列表框中选择需要的字体。

（3）如果“字体”下拉列表框中没有需要的字体，可单击最下方的“编辑字体列表”选项，打开“编辑字体列表”对话框。

2 将文字全部选中，单击“属性”面板中的“页面属性”按钮，打开“页面属性”对话框，在左侧的“分类”列表框中选择“外观（CSS）”选项，然后在右侧选项中将“左边距”设置为 240px，如图 7-44 所示。

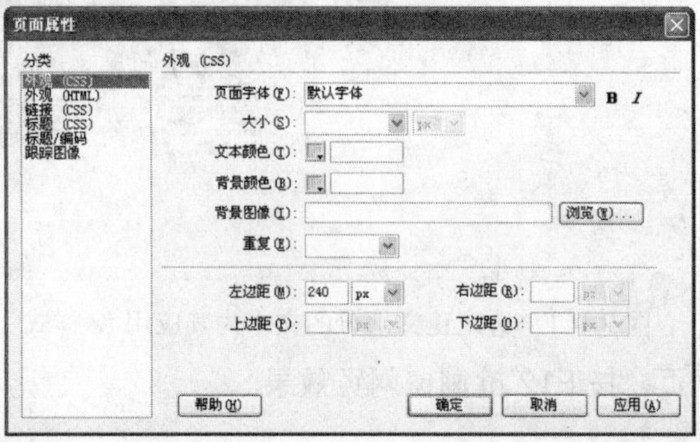

图 7-44 “页面属性”对话框

3 单击“确定”按钮，得到如图 7-45 所示的效果。

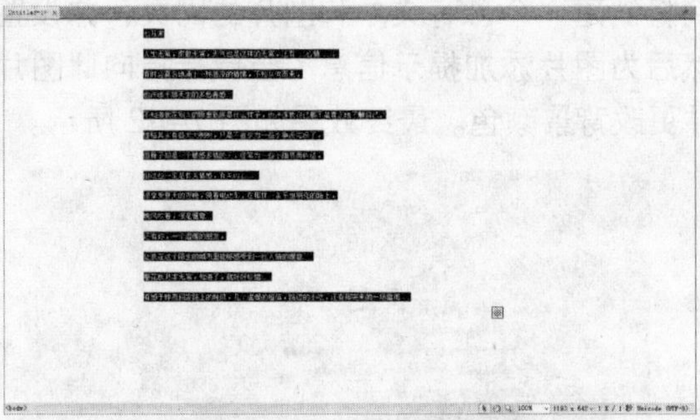

图 7-45 得到的效果

4 分别选中标题和正文主体，设置它们的字体、大小以及颜色，得到如图 7-46 所示的效果。

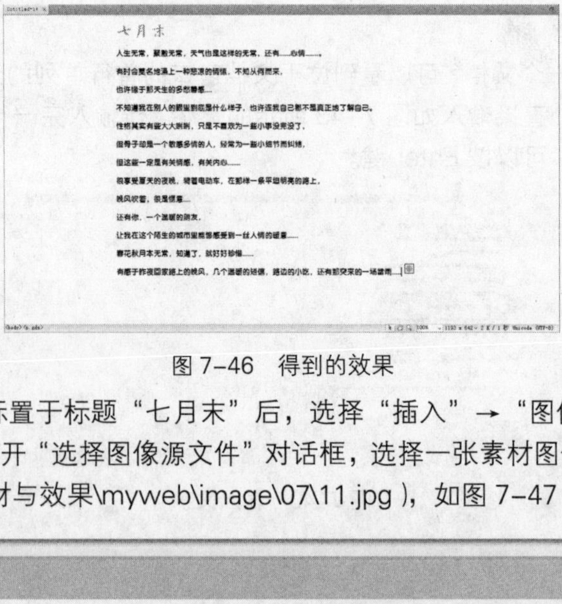

图 7-46 得到的效果

5 将光标置于标题“七月末”后，选择“插入”→“图像”命令，打开“选择图像源文件”对话框，选择一张素材图像（光盘\素材与效果\myweb\image\07\11.jpg），如图 7-47 所示。

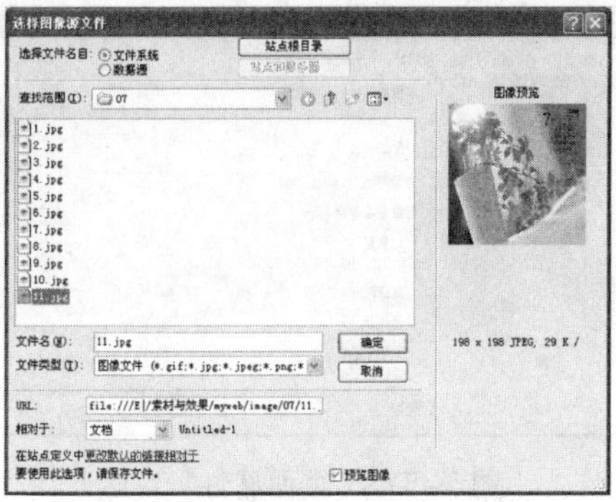

图 7-47 “选择图像源文件”对话框

6 单击“确定”按钮，即可将其插入。在中文全角输入状态（如图 7-48 所示）下，将光标置于标题与图像之间，按空格键调整它们之间的距离，得到如图 7-49 所示的效果。

① 半角状态　　② 全角状态

图 7-48 设置中文输入法的全角状态

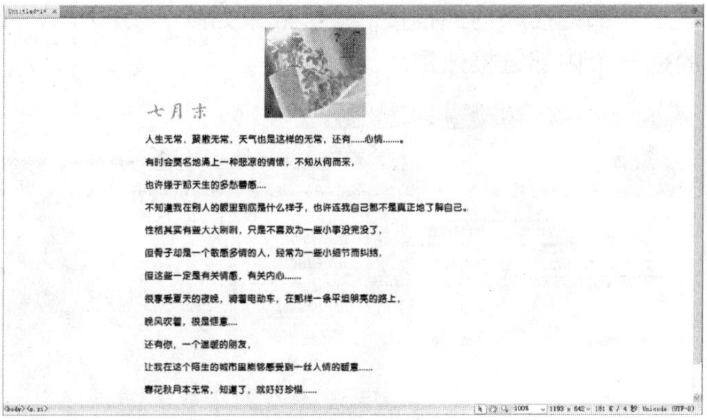

图 7-49 得到的效果

7 选中图像，在其“属性”面板的“替换”文本框中输入文字“七月末 心情”，如图 7-50 所示。

图 7-50 输入文字“七月末 心情”

8 将光标置于文档的背景中，在“属性”面板中单击“页面属性”按钮，打开“页面属性”对话框，在其中将背景颜色设置为“#6CF”，如图 7-51 所示。

（4）在“可用字体”列表框中选中需要的字体，如选择“方正姚体”，单击按钮，即可将“方正姚体”字体添加到“选择的字体”列表框中，如下所示。

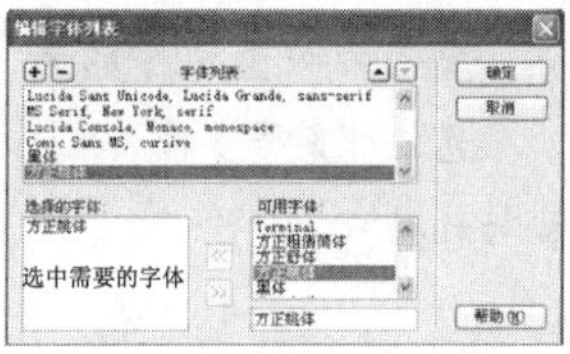

（5）单击“确定”按钮，即可将此字体添加到“属性”面板的字体列表框中。

（6）选择“方正姚体”字体，弹出“新建 CSS 规则”对话框。在“选择或输入选择器名称”文本框中输入新建的 CSS 规则样式名称，这里输入“ziti”，如下所示。

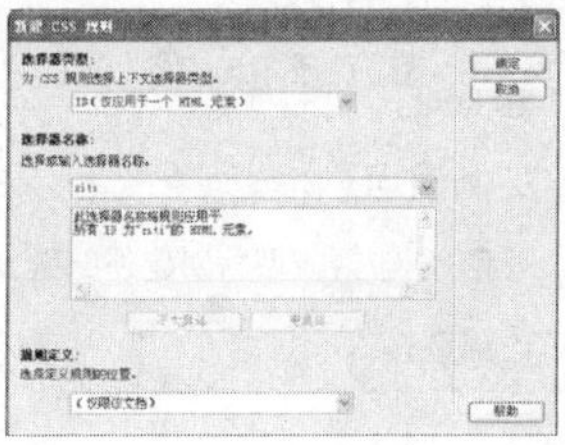

（7）单击“确定”按钮，即可创建 CSS 规则样式。此时，可发现选中文本的字体已成为方正姚体字体。

（8）此时的选中文本已经启用了 ziti CSS 规则样式，可在其“属性”面板的“字体”下拉列表框中选择其他字体进行设置。

4. 设置文本的样式

选中需要设置样式的文本，

在其“属性”面板中单击“粗体”按钮**B**，可设置文字为粗体；单击“斜体”按钮*I*，可设置文字为斜体。

5. 设置文字其他属性

在“属性”面板中，不仅可以设置文字的字体、加粗和斜体，还可以设置文字的大小、颜色、对齐等多种属性，方法与此类似。

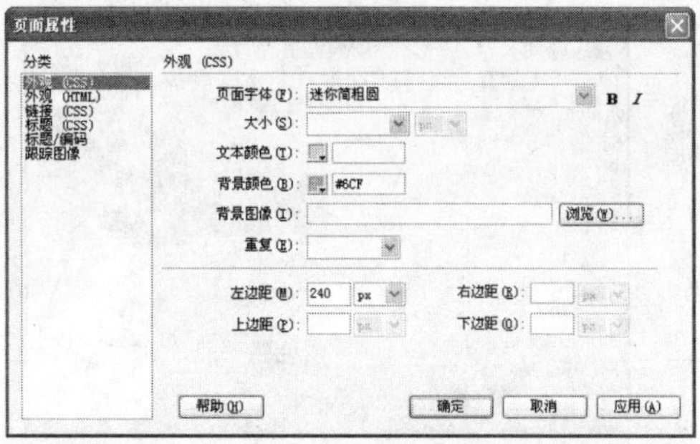

图 7-51 “页面属性”对话框

9 单击“确定”按钮，即可将背景更改为设置的颜色，此时得到最终效果。按 F12 键，打开浏览器，将鼠标指针置于图像上时，会显示出设定的提示信息。

实例 7-6 创建外部链接和内部链接

外部链接是指链接本地站点以外的链接，即其他网站上的网页。内部链接指的是链接当前站点内部的文件。本实例将介绍如何建立外部链接和内部链接。最终效果如图 7-52 所示，这里显示的是一个内部链接效果。

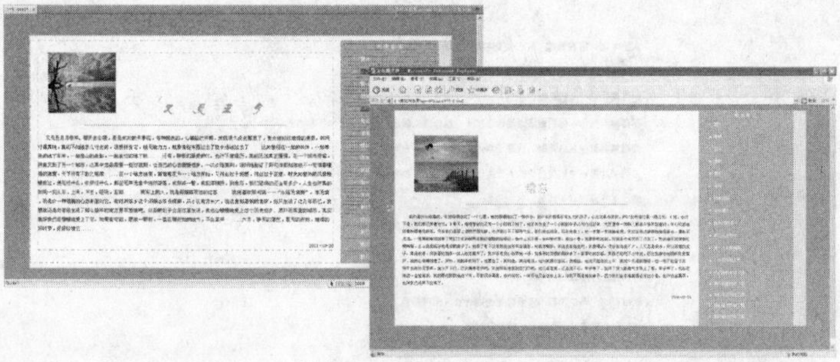

图 7-52 实例最终效果（单击链接文字打开相应的内部链接）

操作步骤

1 打开一个页面（光盘\素材与效果\myweb\html\07\7-8.html），选择页面右侧的文字“围城”，如图 7-53 所示。

图 7-53 选择页面右侧的文字“围城”

实例 7-6 说明

- 知识点：
  - 外部链接
  - 内部链接
- 视频教程：

  光盘\教学\第 7 章 Dreamweaver 网页制作基础实例
- 效果文件：

  光盘\素材与效果\myweb\html\07\7-10.html
- 实例演示：

  光盘\实例\第 7 章\创建外部链接和内部链接

相关知识 什么是超链接

在一个网站中，超链接是最重要的组成部分，使用它可以将整个网站很好地联系起来。一般情况下，超链接可以是文字、图像等。通过单击超链接，可以从一个位置跳转到另一个位置。

2 在“属性”面板的“链接”文本框中输入 http://wenku.baidu.com/view/a150e650ad02de80d4d8401f.html，此时“目标”选项变为可用状态。在其下拉列表框中包括 5 个选项，这里选择“_blank”选项，如图 7-54 所示。

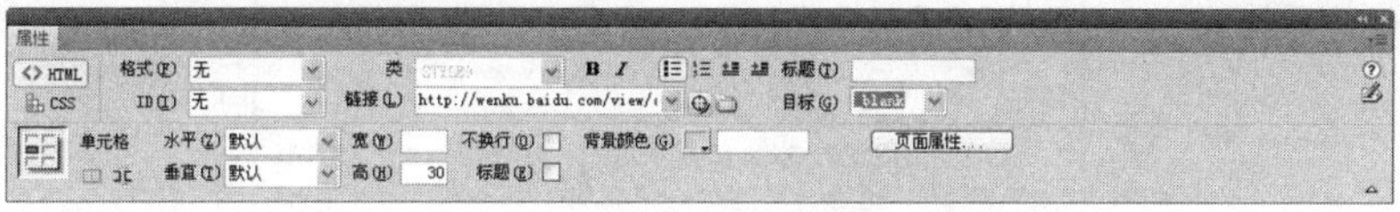

图 7-54　设置属性面板

3 设置完成后，按 F12 键预览网页，单击文字“围城”即可打开与其链接的网页（打开外部链接），如图 7-55 所示。

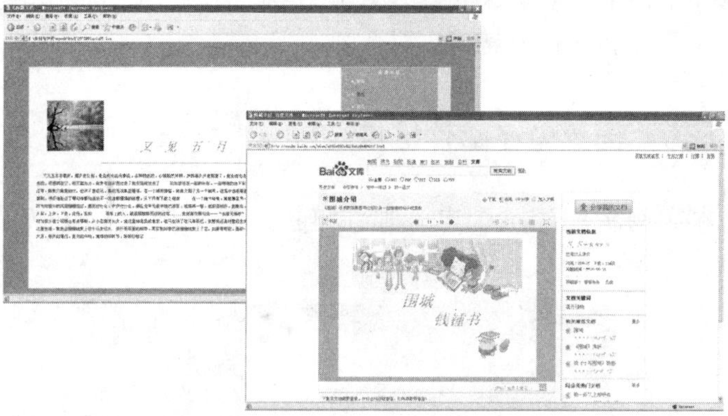

图 7-55　打开外部链接

4 返回到网页文档，选中其中的文字“遗忘”，如图 7-56 所示。

图 7-56　选中其中的文字“遗忘”

5 打开“属性”面板，在“链接”文本框中输入已建立好的目标网页名称，或单击其右侧的按钮，在弹出的“选择文件”对话框中选择一个链接对象，这里选择“7-9.html（光盘\素材与效果\myweb\html\07\7-9.html）”，如图 7-57 所示。

相关知识 什么是 URL

URL（Universal Resource Location）的中文全称为“统一资源定位器”，用于完成超链接的定位。

通常情况下，一个 URL 分为 3 个部分，即协议代码、所需文件的计算机地址、含有信息的文件地址和文件名。

第 1 部分协议说明用于获得信息的方法，通常用以下几种形式表示。

- http：超文本传输协议。
- ftp：文件传输协议。
- mailto：电子邮件协议。
- telnet：远程登录协议。

上网时，第 3 部分通常可以省略。

相关知识 什么是路径

在创建超链接前，首先要了解链接者与被链接者的路径。通常情况下，网站中的路径有两种表示方式，即绝对路径和相对路径。其中，相对路径又分为根目录相对路径和文档目录相对路径。

相关知识 什么是绝对路径

绝对路径通常是一个精确地址，是包括服务器规范在内的完全路径。通常情况下，只要输入网站的绝对路径，如 http://www.macromedia.com/support/dreamweaver/ well.html，不管当前网站在什么位置，都可以实现正常链接。当从一个网站的网页链接到其他网站的网页上，即创建的是外部链接时，必须使用绝对路径。

相关知识 什么是根目录相对路径和文档目录相对路径

根目录相对路径是指从站点根文件夹到被链接文档经过的路径。站点上所有公开的文件都存放在站点的根目录下。

文档目录相对路径是指以当前文档所在位置为起点到被链接文档经由的路径，这种方式适合于创建本地链接。使用文档相对路径可省去当前文档和被链接文档的绝对URL中的相同部分，保留不同部分。

实例 7-7 说明

- 知识点：
  电子邮件链接
- 视频教程：
  光盘\教学\第 7 章 Dreamweaver 网页制作基础实例
- 效果文件：
  光盘\素材与效果\myweb\html\07\7-11.html
- 实例演示：
  光盘\实例\第 7 章\创建电子邮件链接

相关知识 什么是外部链接和内部链接

外部链接是指链接本地

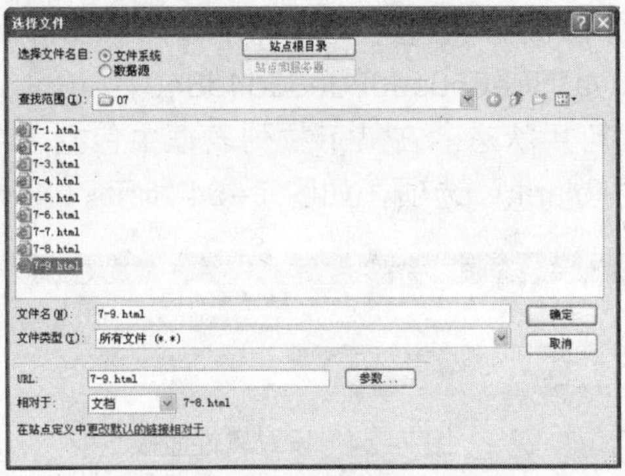

图 7-57 “选择文件”对话框

6 单击“确定”按钮，即可将选中的文字制作成超链接状态。按下 F12 键，打开浏览器，单击文字“遗忘”，即可打开相应的网页（打开内部链接）。

实例 7-7 创建电子邮件链接

本实例将创建一个电子邮件链接，最终效果如图 7-58 所示。

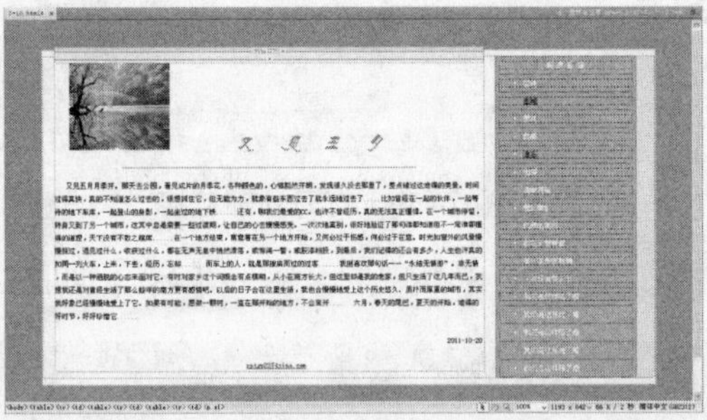

图 7-58 实例最终效果

操作步骤

1 打开一个网页文档（光盘\素材与效果\myweb\html\07\7-10.html），将光标置于需要创建邮件链接的位置，如图 7-59 所示。

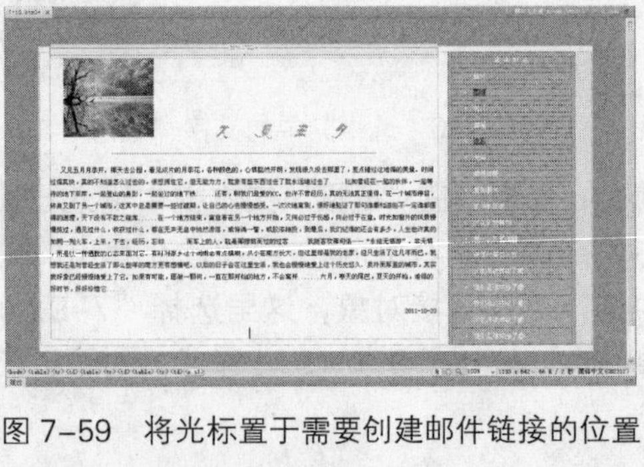

图 7-59 将光标置于需要创建邮件链接的位置

2 选择“插入”→“电子邮件链接”命令，或在“插入”面板的“常用”栏中上单击“电子邮件链接”按钮，打开“电子邮件链接”对话框。在“文本”文本框中输入邮件链接要显示在页面上的文本，在“电子邮件”文本框中输入要链接的邮箱地址，如图 7-60 所示。

图 7-60　“电子邮件链接”对话框

3 单击“确定”按钮，即可将电子邮件链接创建到指定位置，如图 7-61 所示。

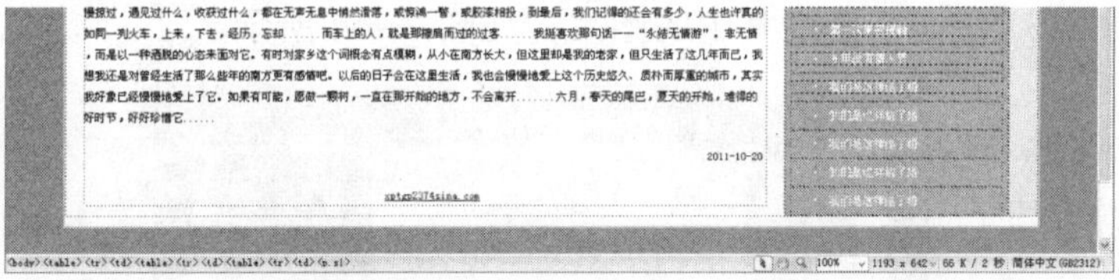

图 7-61　创建的电子邮件链接

4 按 F12 键预览网页，单击电子邮件链接，即可打开发送邮件窗口，在其中用户可以编辑邮件并发送，如图 7-62 所示。

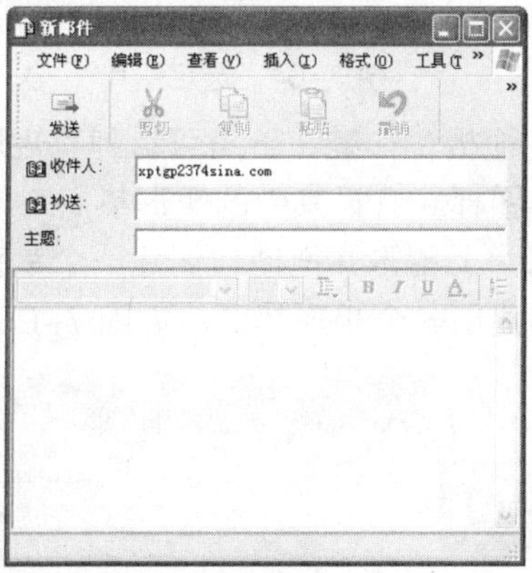

图 7-62　发送邮件窗口

实例 7-8　创建图像热区

在单个图像内，可以划分多个区域，每一个区域称为一个热区，每个热区可以设置不同的链接。可以制作圆形、矩形、不规则多边形的热区，单击热区即可链接到相应的地址。本实例将介绍如何创建图像热区。最终效果如图 7-63 所示，单击其中的热区，打开链接的网页。

站点以外的链接，即其他网站上的网页。这时就要使用绝对路径。外部链接常用于网站间的友情链接。

内部链接指的是链接当前站点内部的文件，这时只要在设置链接时输入相对路径即可。

相关知识　什么是电子邮件链接

创建电子邮件链接后，浏览网页时单击此链接，系统会自动打开浏览器默认的邮件处理程序，并且收件人地址会更新为链接邮件地址。

重点提示　创建电子邮件链接的技巧

创建电子邮件链接后，可以在“属性”面板的“链接”文本框中看到输入的 mailto: 邮件地址。所以，用户也可以直接在“属性”面板的“链接”文本框中输入地址来创建电子邮件链接。

相关知识　打开“电子邮件链接”对话框的快捷方式

在“插入”工具栏中选择“常用”选项卡，单击“电子邮件链接”按钮，即可快速打开“电子邮件链接”对话框。

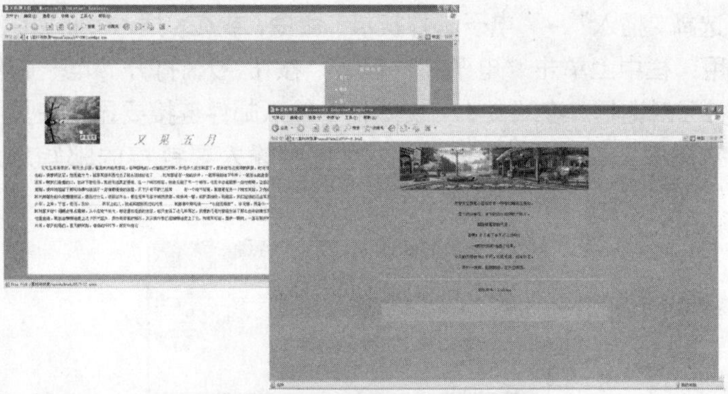

图 7-63　实例最终效果

操作步骤

1 打开网页 7-8.html（光盘\素材与效果\myweb\html\07\7-8.html），选中其中的图片，如图 7-64 所示。

图 7-64　选定图片

2 打开“属性”面板，在其左下角可看到有矩形、圆形以及多边形热点工具图标。选择其中的矩形热点工具，然后将鼠标置于选定图片上单击并拖动，创建一个黑色边界线的浅蓝色区域，即创建出一个矩形热区，如图 7-65 所示。

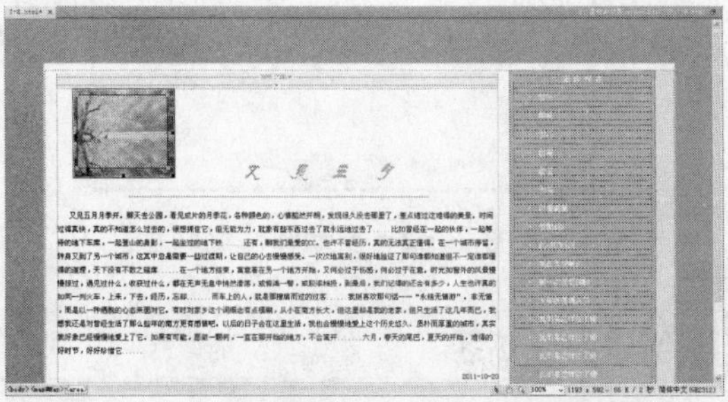

图 7-65　绘制出圆形热区

3 在“属性”面板中单击“链接”右侧的文件夹图标，在打开的“选择文件”对话框中选择链接文件（光盘\素材与效果\myweb\html\07\7-12.html），如图 7-66 所示。

实例 7-8 说明

- 知识点：
  图像热区
- 视频教程：
  光盘\教学\第 7 章　Dreamweaver 网页制作基础实例
- 效果文件：
  光盘\素材与效果\myweb\html\07\7-13.html
- 实例演示：
  光盘\实例\第 7 章\创建图像热区

重点提示　修改热区的技巧

如果要创建多个热区，依次按照同样的方法创建即可。如果对绘制出的热区不满意，可单击“属性”面板中的“指针热点工具”按钮，在热区上单击将其选定，然后将鼠标置于热区四周的控制点并拖动，即可改变其大小；在热区上单击鼠标左键并拖动，即可改变其位置。

操作技巧　如何去掉超链接的下划线

一般情况下，制作的超链接都会有下划线。如果不需要下划线，可选择“修改”→“页面属性”命令，打开“页面属性”对话框，然后在“分类”列表框中选择“链接”选项，在“下划线样式”下拉列表框中选择“始终无下划线”选项，如下所示。

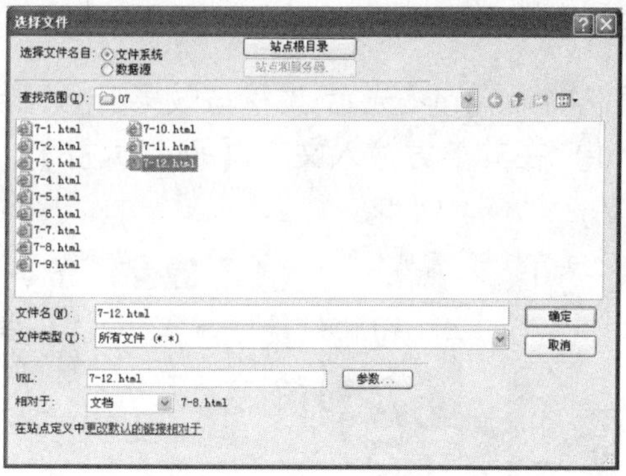

图 7-66 “选择文件”对话框

4 选择完成后，单击“确定”按钮。在“目标”下拉列表框中选择链接文件在浏览器中显示的位置，这里选择“–top”选项；在“替换”文本框中输入热区的说明，在浏览器中指向此热区时就会显示此处输入的文字，这里输入“点击观赏”，如图 7-67 所示。

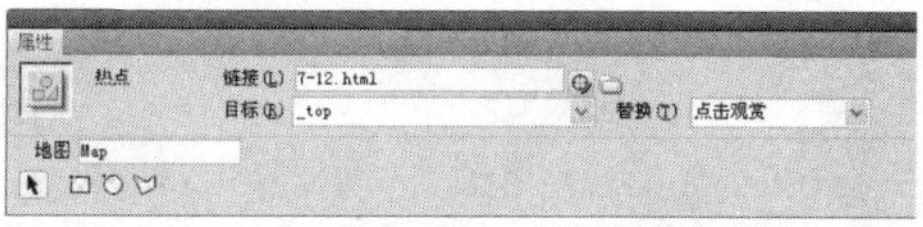

图 7-67 设置好的“属性”面板

5 按 F12 键，打开浏览器窗口，将鼠标置于热区上时显示文字“点击观赏”，单击此热区即可打开链接的网页。

实例 7-9 创建锚点和锚点链接

当一个页面中的内容较多且页面较长时，为了更方便地浏览页面，可以在页面某个分项内容的标题上设置锚点，然后再创建锚点的链接，用户通过此链接可以快速跳转到需要的位置。本实例将介绍如何创建锚点和锚点链接，最终效果如图 7-68 所示。单击“回到首页”超链接，页面将跳转到命名锚点的位置，即页面的顶部。

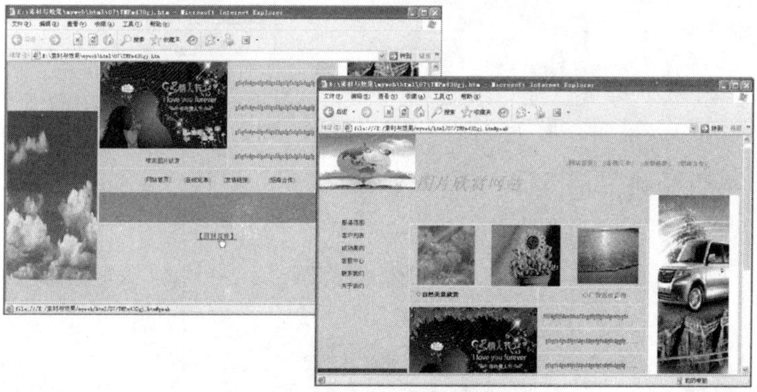

图 7-68 实例最终效果

操作技巧 **如何一次链接到两个页面**

超链接一次只能链接到一个网页，用以下方式可以实现链接到两个框架：打开一个框架网页，选中其中需要链接对象，然后在“行为”面板中选择“转到 URL”行为，在弹出的“转到 URL”对话框中显示了所有可用的框架，选择其中一个需要链接的框架并输入相应的 URL，然后再选择另一个框架并输入另一个 URL 即可。

实例 7-9 说明

- 知识点：
  创建锚点和锚点链接
- 视频教程：
  光盘\教学\第 7 章 Dreamweaver 网页制作基础实例
- 效果文件：
  光盘\素材与效果\myweb\html\07\7-15.html
- 实例演示：
  光盘\实例\第 7 章\创建锚点和锚点链接

相关知识 **创建锚点链接的过程**

概括地说，创建锚点链接的过程分为两步，首先创建命名锚记（锚点），然后创建命名锚记的链接。

相关知识 **外部链接的几种打开方式**

创建外部链接时，在“属性”

面板中输入链接地址后，“目标”选项将变为可用状态。其下拉列表框中包括 5 个选项，如下所示。

_blank
_new
_parent
_self
_top

各选项的含义如下。

- _blank：将链接文件在空白窗口中打开。
- _new：将链接文件在新的浏览器窗口中打开。
- _parent：将链接指向的内容装载到当前页父窗口中。
- _self：将链接指向的内容装载到当前页的窗口或框架中。
- _top：完全取代当前页面。

相关知识 **创建空链接**

空链接是指不跳转到任何位置的链接。在网页中，有些时候需要链接，但并不需要链接到文本、图像或其他对象上，这时则可以创建空链接。

创建方法如下。

（1）选中要创建空链接的对象，如文本、图片等。

（2）在“属性”面板的“链接”文本框中输入“#”，如下所示。

链接(L) #

在网页中，单击空链接，可以刷新当前的页面。

操作步骤

1 打开网页 7-14.html（光盘\素材与效果\myweb\html\07\7-14.html），在其下方输入文字“【回到页首】”，如图 7-69 所示。

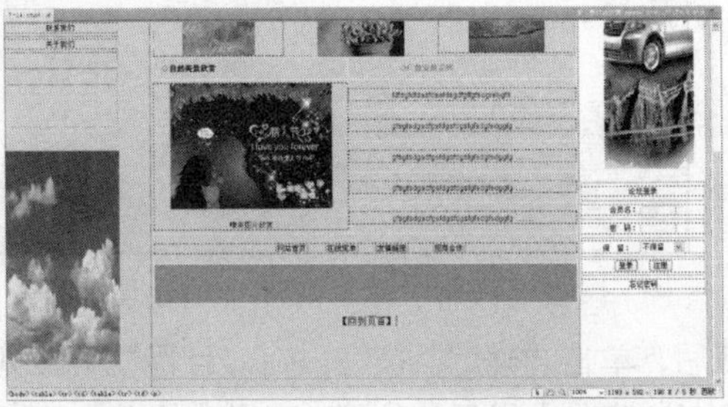

图 7-69 输入文字“【回到页首】”

2 将光标置于要插入锚点的位置，如上方的文字“图片欣赏网站”右侧，如图 7-70 所示。

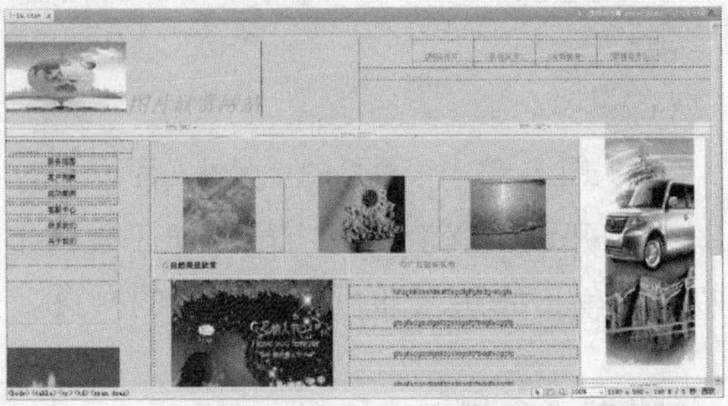

图 7-70 设置锚点位置

3 选择“插入”→“命名锚记”命令，或在“插入”面板的“常用”栏中单击“命名锚记”按钮，打开“命名锚记”对话框。在“锚记名称”文本框中输入锚点的名称（名称最好使用英文形式），这里输入“peak”，如图 7-71 所示。

图 7-71 “命名锚记”对话框

4 单击“确定”按钮，即可在光标位置创建锚点，如图 7-72 所示。

图 7-72 创建出的锚点

5 选中页面下方输入的文字“【回到页首】”，在其“属性”面板的“链接”文本框中输入“#锚记名称”格式，这里输入“#peak”，如图 7–73 所示。

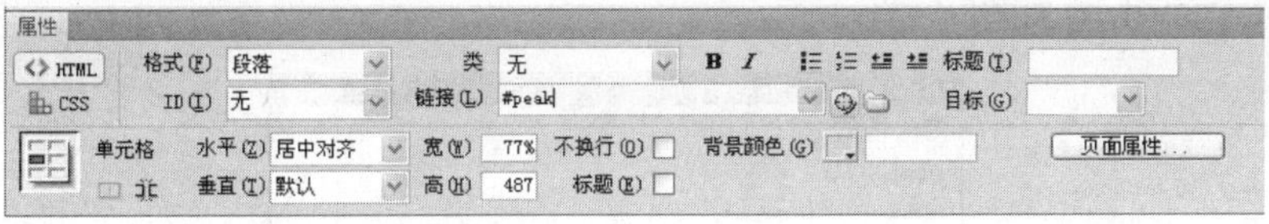

图 7–73　设置“属性”面板

6 按 F12 键，在预览窗口中单击“【回到页首】”超链接，页面返回至顶部，即得到最终效果。

实例 7-10　插入 Flash 动画

Flash 动画是网页中最流行的动画格式。可以在 Dreamweaver 中插入 Flash 动画，使页面效果更加丰富多彩，吸引人的眼球。本实例将介绍如何在页面中插入 Flash 动画。最终效果如图 7–74 所示。

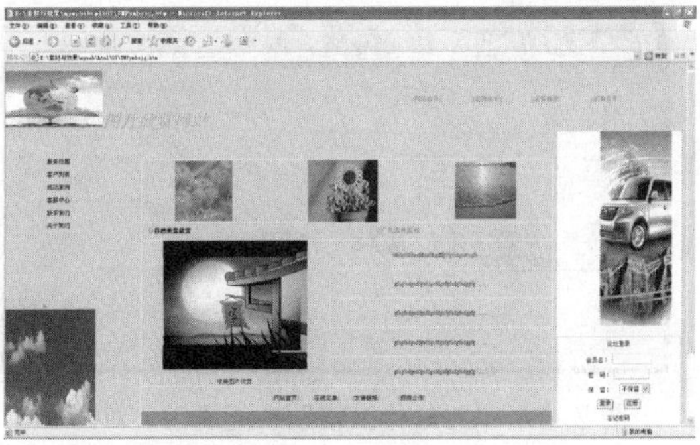

图 7–74　实例最终效果

操作步骤

1 打开网页 7–14.html（光盘\素材与效果\myweb\html\07\7–14.html），将此页面中的一幅图像删除，如图 7–75 所示。

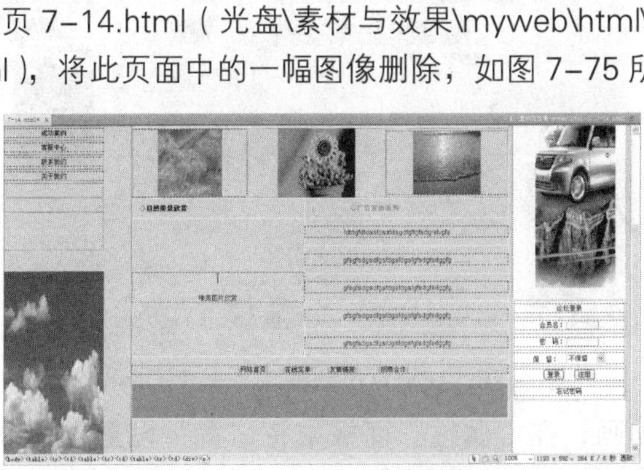

图 7–75　将页面中的一幅图像删除

相关知识　绝对路径的特点

绝对路径有一个弊端，就是不利于测试。当在站点中使用绝对路径时，要测试链接是否有效，就必须链接到 Internet 上进行。另外，绝对路径不利于站点移植。如果一个站点需要在几个地址上创建镜像，要将文档在这些站点之间移植，则必须修改站点中每个使用了绝对路径的链接。

实例 7-10 说明

- **知识点：**
  插入 Flash 动画
- **视频教程：**
  光盘\教学\第 7 章　Dreamweaver 网页制作基础实例
- **效果文件：**
  光盘\素材与效果\myweb\html\07\7-16.html
- **实例演示：**
  光盘\实例\第 7 章\插入 Flash 动画

相关知识　网页中的多媒体对象

我们看到的网页中，通常不只由文本和图像组成，还包括一些动态的多媒体对象，如 Flash 动画、Flash 文本、Flash 视频、Shockwave 动画、Active X 控件和 Java 程序等。这些多媒体对象使得网页的显示效果更加多姿多彩。

相关知识　插入动画的几种方法

将光标置于要插入 Flash

2 将光标置于删除图像后的位置，选择“插入”→“媒体”→“SWF”命令，打开“选择 SWF”对话框，在其中选择一个 SWF 格式的文件（光盘\素材与效果\myweb\image\07\22.swf），如图 7-76 所示。

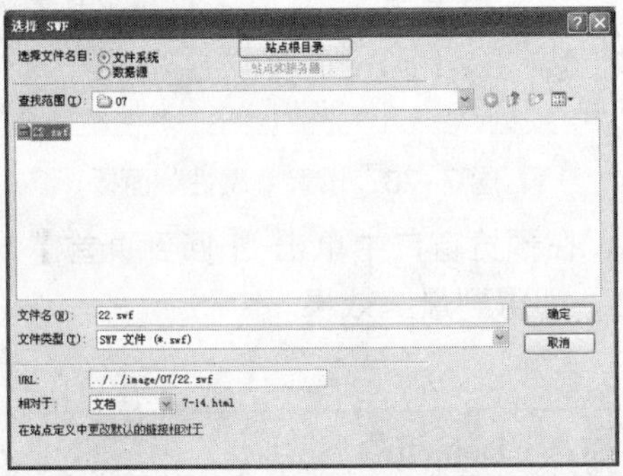

图 7-76 “选择 SWF”对话框

3 单击“确定”按钮，弹出如图 7-77 所示的“对象标签辅助功能属性”对话框，在其中可以设置媒体对象辅助功能选项。如果不想设置，单击“取消”按钮即可。

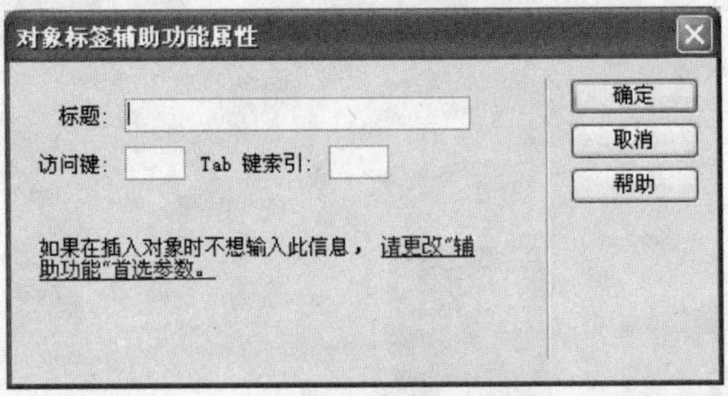

图 7-77 “对象标签辅助功能属性”对话框

4 单击“取消”按钮后，即可在指定位置插入一个 Flash 动画，如图 7-78 所示。

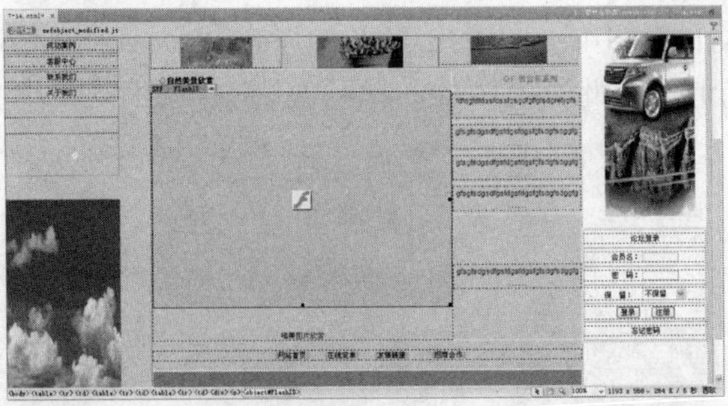

图 7-78 在指定位置插入了一个 Flash 动画

5 选中动画，在“属性”面板中将“宽”设置为 300，“高”为 260，并选中“循环”和“自动播放”复选框，如图 7-79 所示。

动画的位置，按以下几种方法之一都可以打开“选择 SWF 文件”对话框。

- 选择“插入”→“媒体”→“SWF”命令。
- 单击“插入”工具栏中“常用”子工具栏的“媒体”按钮右侧的下拉按钮，从弹出的下拉列表框中选择 SWF，如下所示。

- 按 Ctrl+Alt+F 组合键。

相关知识 “Flash 属性”面板

选定文档中的 Flash 动画图标，即可打开“Flash 属性”面板。其中各属性的含义如下。

- FlashID：在其中可输入 Flash 动画的名称。
- 宽：用来设置 Flash 动画被载入浏览器时的宽度。
- 高：用来设置 Flash 动画被载入浏览器时的高度。
- 文件：指定 Flash 动画文件的路径及名称。
- 循环：选中此复选框，会自动循环播放 Flash 动画。
- 自动播放：选中此复选框，自动播放 Flash 动画。

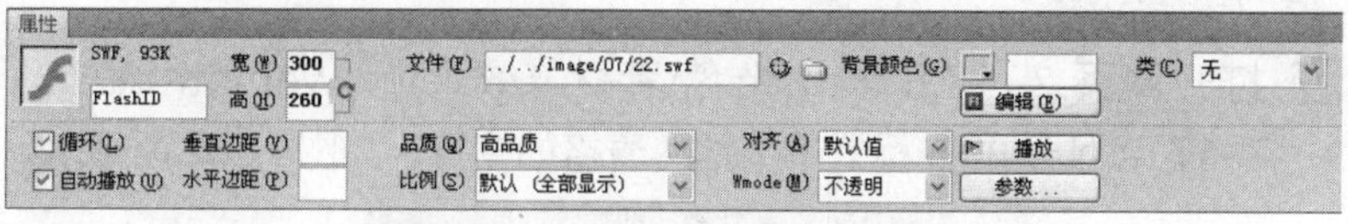

图 7-79 设置"属性"面板

6 单击 播放 按钮可以预览动画的效果，如图 7-80 所示。

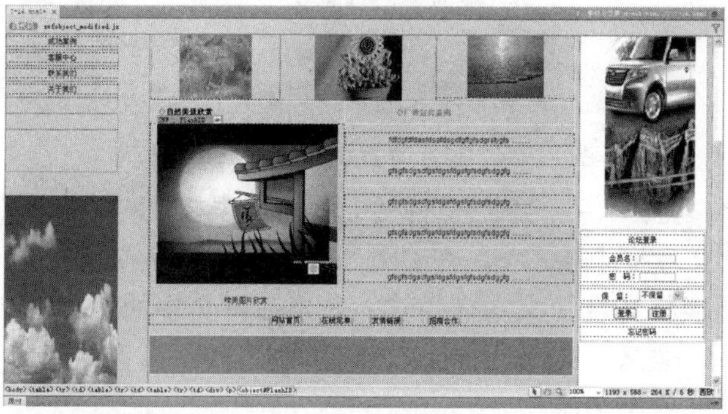

图 7-80 预览动画的效果

7 按 F12 键，打开浏览器，即可看到插入 Flash 动画后的页面效果。

实例 7-11 插入表格并添加内容

表格是网页制作中不可缺少的重要元素。表格不仅可以显示数据，还可以将文本、图像以及表单元素等内容有序地组织在一起，从而达到定位网页的目的。本实例将介绍如何在网页中插入表格，然后在其中添加图片和文字。最终效果如图 7-81 所示，网页右侧的表格即为本实例插入的表格。

图 7-81 实例最终效果

- 垂直边距：用来设置 Flash 动画在页面中上、下的空白量。
- 水平边距：用来设置 Flash 动画在页面中左、右的空白量。
- 品质：用来设置 Flash 动画播放的效果。
- 比例：用来设置 Flash 动画文件的比例。
- 对齐：用来确定 Flash 动画和页面的对齐方式。
- Wmode：为 SWF 文件设置 Wmode 参数避免与 DHTML 元素相冲突。包括不透明、透明及窗口 3 个选项。
- 背景颜色：用来指定 Flash 动画区域的背景颜色。
- 编辑...：编辑 Flash 动画的属性。
- 播放：单击此按钮，可以看到 Flash 动画播放时的效果。
- 参数...：单击此按钮，打开"参数"对话框，在此对话框中可设置 Flash 动画的参数。
- 类：用于对影片应用 CSS 类。

实例 7-11 说明

知识点：

- 插入表格
- 在表格中添加内容

视频教程：

光盘\教学\第 7 章 Dreamweaver 网页制作基础实例

效果文件：

光盘\素材与效果\myweb\html\07\7-18.html

实例演示：

光盘\实例\第 7 章\插入表格并添加内容

相关知识 创建表格的几种方法

在 Dreamweaver 网页中，要创建表格，可以使用以下几种方法之一。

- 选择“插入”→“表格”命令。
- 在“插入”面板的“常用”栏中单击“表格”按钮，如下所示。

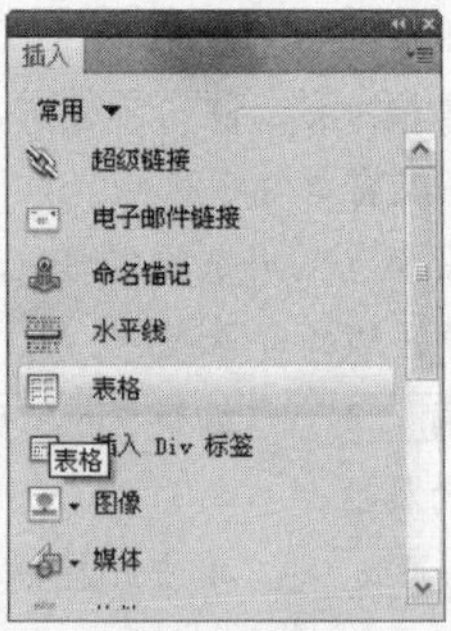

- 在“插入”面板的“布局”栏中单击“表格”按钮。
- 按 Ctrl+Alt+T 组合键。

执行以上方法之一，均可打开“表格”对话框，对插入的表格进行设置。

相关知识 如何在表格中输入文本

在表格中输入文本的具体操作步骤如下。

（1）将光标定位到要输入文本的单元格内。

（2）直接输入内容。

（3）按键盘上的方向键可在单元格间切换；按 Tab 键可切换到当前单元格的下一个单元格；按 Shift+Tab 组合键，可切换到上一个单元格。

操作步骤

1. 打开网页 7-17.html（光盘\素材与效果\myweb\html\07\7-17.html），将光标置于要插入表格的位置，如图 7-82 所示。

图 7-82　将光标置于要插入表格的位置

2. 选择“插入”→“表格”命令，打开“表格”对话框。在“行数”文本框中输入 6，在“列”文本框中输入 2。
3. 在“表格宽度”文本框中输入表格在网页中的宽度，单位可以是“像素”或“百分比”。此处使用默认设置“像素”，将其值设置为 200。
4. 在“边框粗细”文本框中设置表格边框的宽度为 1 像素。
5. 在“单元格边距”文本框中设置单元格内容与单元格边框之间的距离为 0。在“单元格间距”文本框中设置相邻单元格之间的距离也为 0。此时的“表格”对话框如图 7-83 所示。

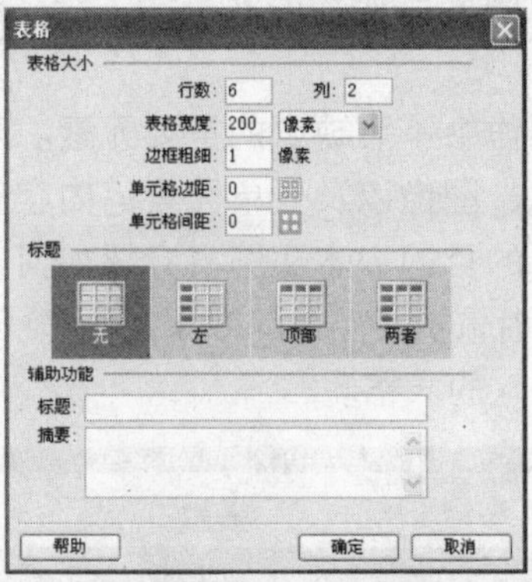

图 7-83　“表格”对话框

6. 单击“确定”按钮，即可在指定位置插入一个表格，如图 7-84 所示。

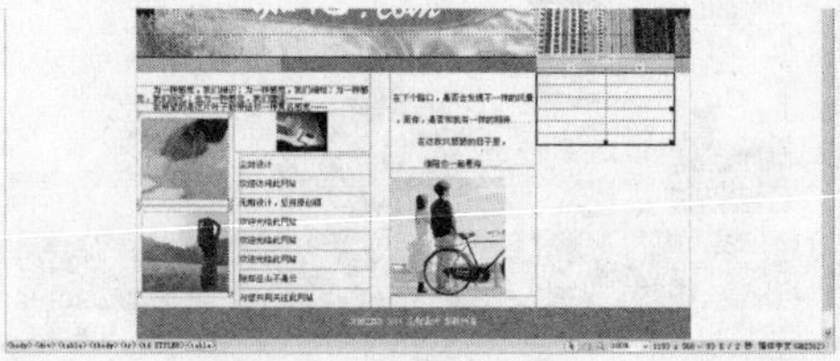

图 7-84　在指定位置插入一个表格

7 将表格中间的列边框向左拖动一定距离，得到如图 7-85 所示的效果。选中第 1 行第 1 列的单元格，单击鼠标并拖动至第 6 行第 2 列的单元格，将所有行选中，然后在“属性”面板的“高”文本框中输入“35”，按 Enter 键，即可得到行高为 35 的表格效果，如图 7-86 所示。

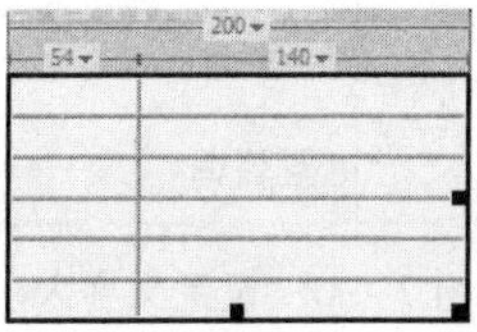

图 7-85　将列边框向左拖动一定距离

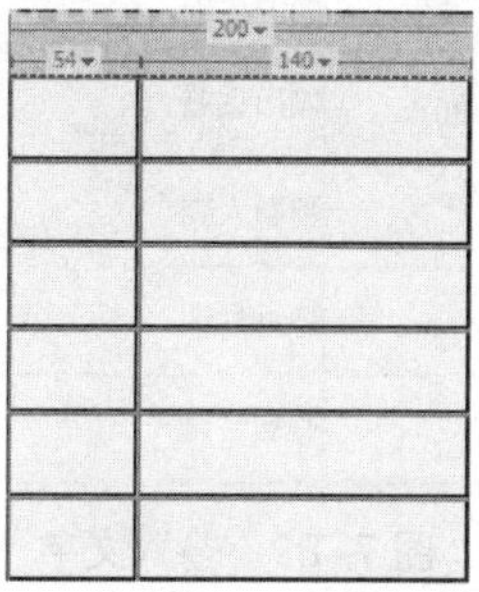

图 7-86　得到行高为 35 的表格效果

8 将光标置于第 1 行第 1 列的单元格内，选择“插入”→“图像”命令，打开“选择图像源文件”对话框，在其中选择一幅图像（光盘\素材与效果\myweb\image\07\27.gif），如图 7-87 所示。单击“确定”按钮，即在第 1 行第 1 列的单元格中插入此图片。

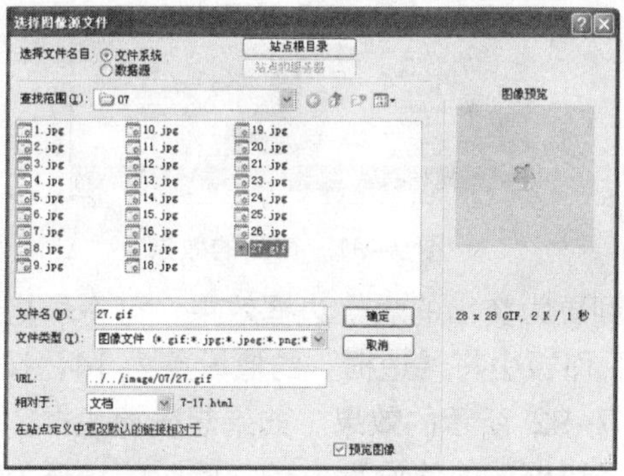

图 7-87　“选择图像源文件”对话框

9 使用同样的方法，将表格各行的第 1 列均插入此图片，得到如图 7-88 所示的效果。

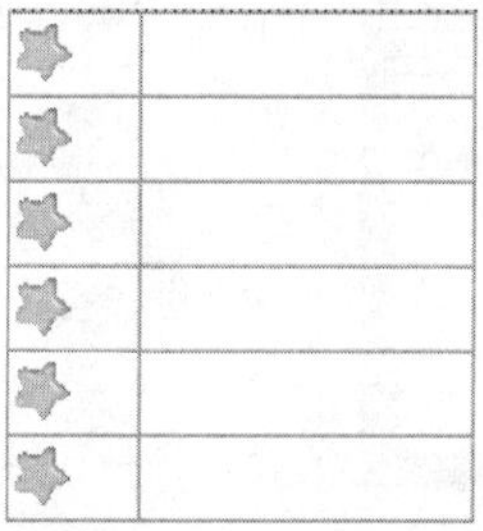

图 7-88　将各行第 1 列均插入此图片

相关知识　选取表格的多种方法

在对表格进行操作之前，首先要选取表格。在 Dreamweaver 中，表格的选取包括选定整个表格，选定整行、整列等。

1. 选取整个表格

主要有以下 3 种方法。

- 将光标置于表格内，然后单击状态栏中的 <table> 标签，即可选取整个表格，如下所示。

<body><table><tr><td>

- 将光标置于表格内，选择菜单“修改”→“表格”→“选择表格”命令，即可选取整个表格。
- 将鼠标指到表格的左上角、表格的顶边缘或底边缘的任何位置、行或列的边框上，当鼠标指针变成▦形状时，单击即可选取整个表格。

2. 选取表格的整行

有以下几种方法。

- 将光标定位在需要选取的行中，在状态栏中单击<tr>标签，即可选中光标所在的行，如下所示。

<body><table><tr><td>

- 将光标置于表格左边框上，当出现行选定箭头➡时，单击鼠标，即选取整行。
- 在要选取行的第一个单元格内单击鼠标，水平拖动到此行的最后一个单元格上，松开鼠标即可选取整行。

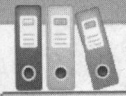

3. 选取表格的整列

有以下几种方法。

- 将光标置于表格上边框上，当出现列选定箭头⬇时，单击鼠标，即可选定整列。
- 在要选定列的最上方的单元格上单击鼠标，然后垂直拖动到最下面的单元格，松开鼠标，即可选中整列。

相关知识 选取连续的多个单元格

如果要选定多个连续的单元格，可以在一个单元格中单击并拖动鼠标横向或纵向移动到另一个单元格，松开鼠标，即可选定多个连续的单元格，如下所示。

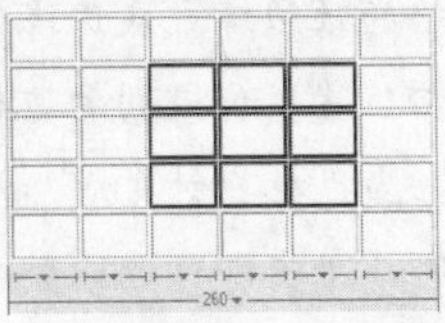

或者先选定一个单元格，按住 Shift 键的同时单击另一个单元格，这时选定区域中的所有单元格即被选定。

相关知识 选取不连续的多个单元格

如果要选定多个不连续的单元格，可以按住 Ctrl 键，单击要选定的多个单元格即可。也可以在选定多个连续的单元格之后，按住 Ctrl 键，然后单击其中不需要选定的单元格。

10 在表格各行第 2 列中依次输入文字，得到如图 7–89 所示的效果。将光标置于表格第 1 行第 2 列中，在“属性”面板中将文字大小设置为 16，得到如图 7–90 所示的效果。

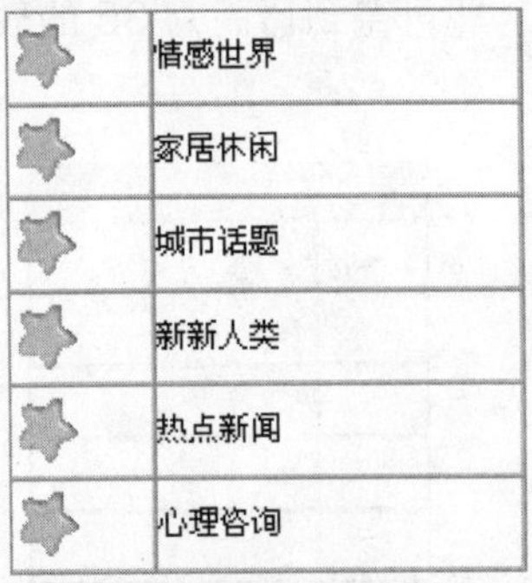

图 7–89 输入文字

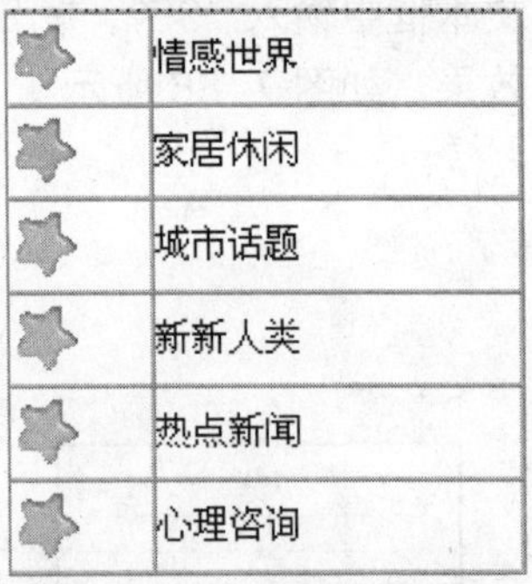

图 7–90 设置文字大小

11 使用空格键将表格向下移动一定的距离，得到如图 7–91 所示的效果。

图 7–91 得到的效果

12 如果想得到更为突出的表格边框效果，可将表格选中，然后在“属性”面板中将“边框”的值设置为 14，按 Enter 键，得到如图 7–92 所示的效果。如果想去掉边框，即不显示边框，可将“边框”的值设置为 0，此时的边框为虚线显示，如图 7–93 所示。实例最终效果即为去掉边框后的效果。

图 7–92 边框设置为 14

图 7–93 边框设置为 0

13 按 F12 键，打开浏览器，即可看到最终效果。

实例 7-12 表格的设置与调整

插入表格后，可以在“属性”面板中调整表格的各种属性，包括设置文字字体、表格背景颜色以及表格间距等，还可以删除、插入行或列等。本实例通过对实例 7-11 中创建的表格进行设置与调整，得到如图 7-94 所示的最终效果。

图 7-94 实例最终效果

操作步骤

1 打开上面制作的网页 7-18.html（光盘\素材与效果\myweb\html\07\7-18.html），将有文字的单元格全部选中，如图 7-95 所示。

图 7-95 将有文字的单元格全部选中

2 选择“格式”→“字体”命令，在弹出的子菜单中选择“迷你简彩蝶”命令，此时打开“新建 CSS 规则”对话框，在其中将“选择器名称”设置为 fd，如图 7-96 所示。

3 单击“确定”按钮，表格中的文字变为指定的字体，如图 7-97 所示。

实例 7-12 说明

- 知识点：
  - 设置表格属性
  - 调整表格
- 视频教程：
  光盘\教学\第 7 章 Dreamweaver 网页制作基础实例
- 效果文件：
  光盘\素材与效果\myweb\html\07\7-19.html
- 实例演示：
  光盘\实例\第 7 章\表格的设置与调整

相关知识 整个表格的“属性”面板

当选取了整个表格后，可以在“属性”面板中设置整个表格的相关属性。

- “表格”文本框：输入表格的 ID。
- 行：设置表格的行数。
- 列：设置表格的列数。
- 宽：设置表格的宽度，单击其右侧下拉按钮，可选择单位，即像素或百分比。
- 填充：设置单元格内容与边框的距离。
- 对齐：设置表格中文本的对齐方式，包括默认、左对齐、居中对齐和右对齐几种。
- 边框：设置表格边框的宽度，单位为像素。
- 、按钮：分别用于清除列宽和清除行高。
- 、按钮：可以将表格宽度的单位在百分数和像素之间转换。

相关知识 添加/删除行或列

在编辑表格的过程中，可以随时对表格中的行或列进行添加或删除操作。

1. 添加一行

在 Dreamweaver 中，若不指定插入行的位置，则默认插入到当前行的上面。添加行的操作方法有以下几种。

- 使用菜单命令。将光标移至单元格中，选择“修改”→“表格”→“插入行”命令。
- 使用组合键。将光标移至单元格中，按 Ctrl+M 组合键。
- 使用快捷菜单。在单元格上单击鼠标右键，在弹出的快捷菜单中选择“表格”→“插入行”命令，即可在当前行的上方插入一行。

2. 添加一列

默认情况下，系统将新列添加在当前列的前面，添加列的操作方法有下面几种。

- 使用菜单命令。将光标移至单元格中，选择“修改”→“表格”→“插入列”命令。
- 使用组合键。将光标移至单元格中，按 Ctrl+Shift+A 组合键。
- 使用快捷菜单。在单元格中单击鼠标右键，在弹出的快捷菜单中选择“表格”→“插入列”命令，即可在当前列的前面插入一列。

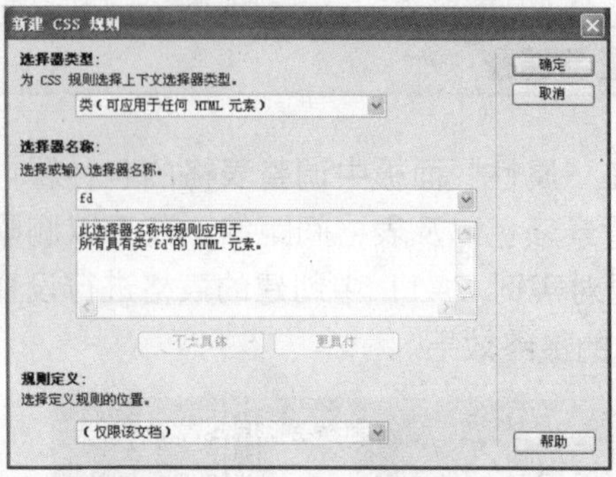

图 7-96 “新建 CSS 规则”对话框

图 7-97 得到的效果

4 选中第 2 列单元格，在“属性”面板中的“背景颜色”子面板中选择颜色“#FF9900”，如图 7-98 所示。得到如图 7-99 所示的表格效果。

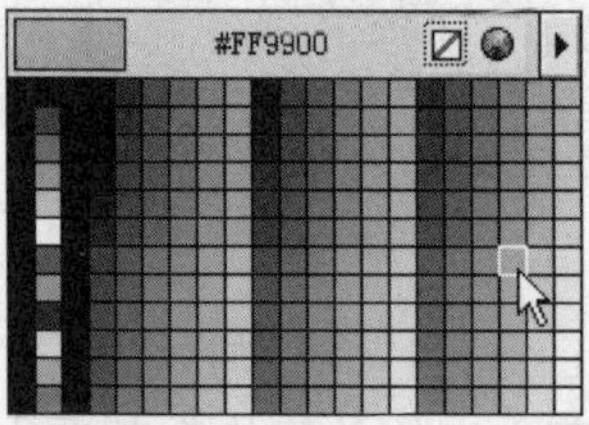

图 7-98 选择颜色“#FF9900”

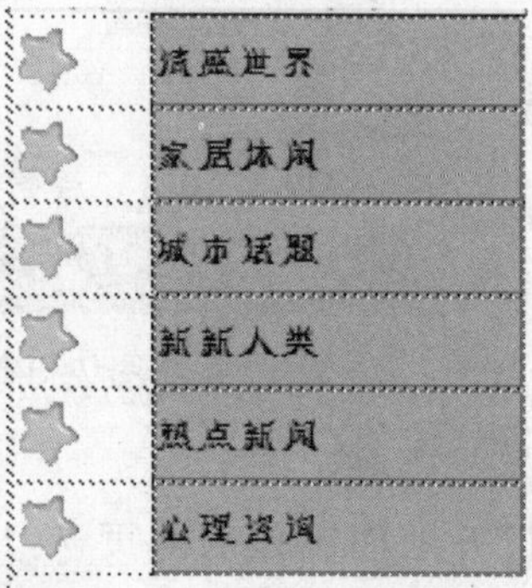

图 7-99 得到的效果

5 将光标置于表格的第 1 行中，选择“修改”→“表格”→“插入行”命令，在表格的第 1 行上方插入一行单元格，如图 7-100 所示。分别在表格第 1 行的第 1 和第 2 列中输入文字“看板”和“相关链接”，如图 7-101 所示。

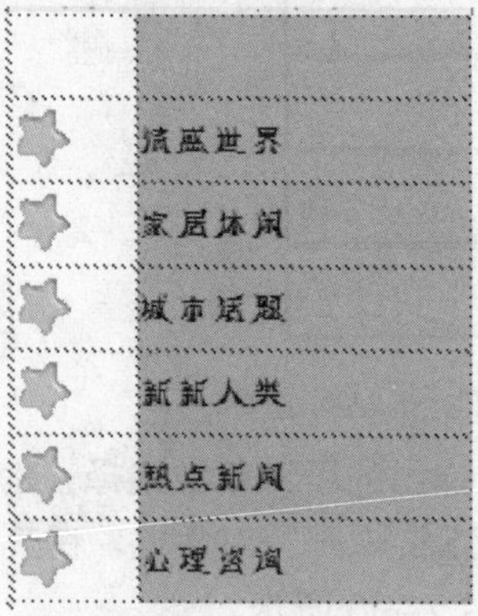

图 7-100 插入一行单元格

图 7-101 输入文字

6 选中表格的第一行，选择“格式”→“字体”命令，在弹出的子菜单中选择“迷你简综艺”命令，打开“新建 CSS 规则”对话框。在“选择器类型”下拉列表框中选择“类（可应用于任何 HTML 元素）”选项，在“选择器名称”文本框中输入“fc”，如图 7-102（左）所示。单击“确定”按钮，得到如图 7-102（右）所示的效果。

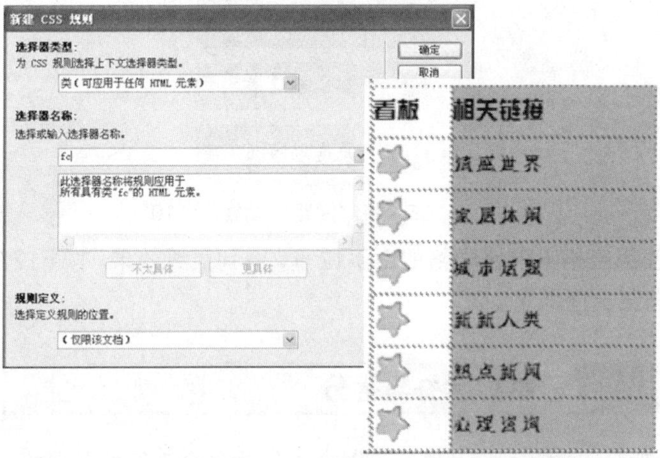

图 7-102 将字体设置为“迷你简综艺”

7 选中表格的第 1 行，在“属性”面板中的“水平”下拉列表框中选择“居中对齐”选项，并在文字中输入适当的空格，得到如图 7-103 所示的效果。

8 选中表格的第 1 行，在“属性”面板中的“背景颜色”子面板中选择“#66FFFF”。然后选中第 2 行第 1 列至第 7 行第 1 列的单元格，将背景颜色设置为“#FFCCFF”，得到如图 7-104 所示的效果。

图 7-103 调整文字效果

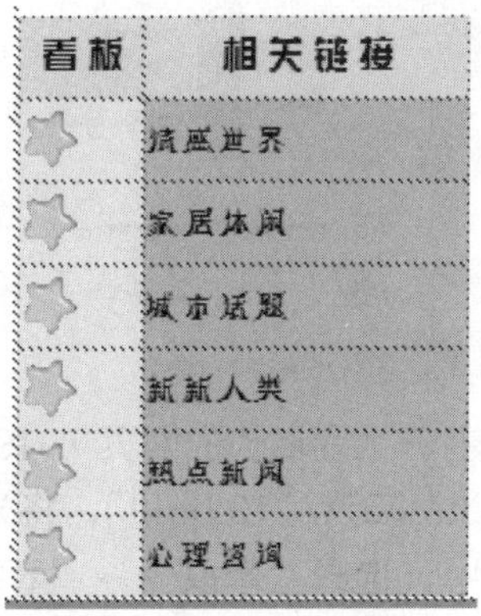

图 7-104 得到的效果

9 选中整个表格，在“属性”面板中将“间距”设置为 10，按 Enter 键，得到如图 7-105 所示的表格效果。

3. 添加多行和多列

在单元格上单击鼠标右键，在弹出的快捷菜单中选择“表格”→“插入行或列”命令，或者选择“修改”→“表格”→“插入行或列”命令，打开“插入行或列”对话框，在其中可以设置添加的行或列的个数以及位置，如下所示。

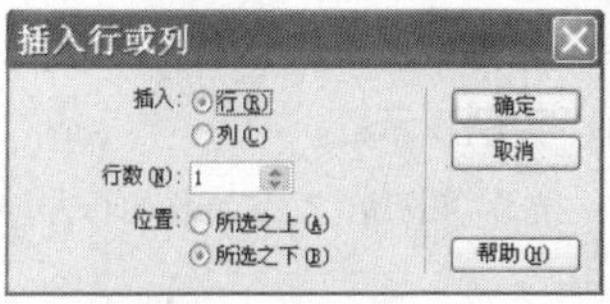

4. 删除行或列

选定要删除的行或列，直接按 Delete 键即可将其删除。

单击行或列，在弹出的右键菜单中选择“表格”→“删除行”（或“删除列”）命令，也可删除当前所在行或列。

选择“修改”→“表格”→“删除行”（或“删除列”）命令，也可以删除行或列。

重点提示 为什么有时表格旁边无法输入内容

当表格的对齐方式设置为“默认”时，输入的内容将不会显示在表格的旁边。此时将表格的对齐方式设置为“左对齐”或“右对齐”，即可解决问题。

操作技巧 插入行的技巧

如要要在表格的最底端加入一行，可将光标定位到最后一行的最后一个单元格中，然后按 Tab 键。

图 7–105 将“间距”设置为“10”

10 使用空格键调整表格的上下位置，得到最终效果。按 F12 键，浏览页面即可。

实例 7-13 表格的合并与拆分

在 Dreamweaver 中，可以合并任意多个连续的单元格，也可将一个单元格拆分成几个独立的单元格。本实例将介绍表格合并与拆分的方法。最终效果如图 7–106 所示。

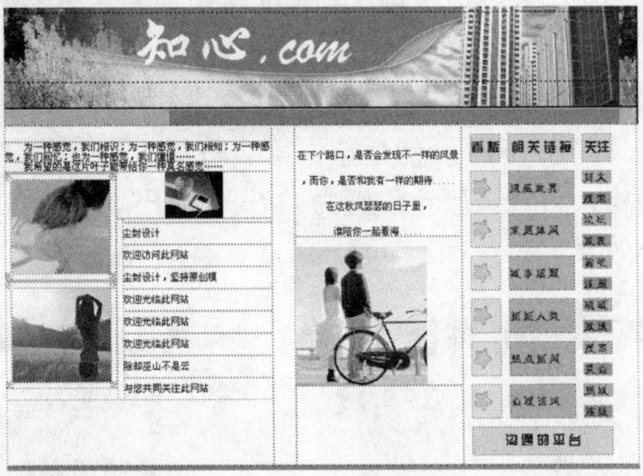

图 7–106 实例最终效果

操作步骤

1 打开上面制作的网页 7–19.html（光盘\素材与效果\myweb\html\07\7–19.html），将光标置于制作出的表格的最后一行中，选择“修改”→“表格”→“插入行或列”命令，打开“插入行或列”对话框。在“插入”选项组中选中“行”单选按钮，在“行数”文本框中输入“1”，在“位置”选项组中选中“所选之下”单选按钮，如图 7–107 所示。

实例 7-13 说明

- **知识点：**
  - 表格的合并
  - 表格的拆分
- **视频教程：**

  光盘\教学\第 7 章 Dreamweaver 网页制作基础实例
- **效果文件：**

  光盘\素材与效果\myweb\html\07\7-20.html
- **实例演示：**

  光盘\实例\第 7 章\表格的合并与拆分

相关知识 表格单元格的“属性”面板

当选取表格内的部分单元格时，在表格的“属性”面板中可以设置这些单元格的属性：

- 格式：设置单元格中文本的格式。
- 链接：设置单元格中内容的链接属性。
- 按钮：设置单元格中的文本列表方式和缩进方式。
- 按钮：用于合并和拆分单元格。
- 水平：设置表格中元素的水平对齐方式，包括左对齐、右对齐、中心对齐等，默认为左对齐。
- 垂直：用来设置表格中元素的垂直对齐方式，包括顶端、中间、底部、基线等，默认为中间对齐。
- 宽、高：设置单元格的宽度和高度，单位为像素。

2 单击“确定”按钮，即可在表格的最后一行下方插入一行，效果如图 7-108 所示。

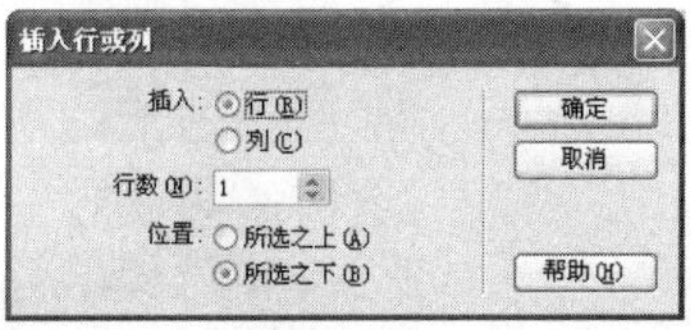

图 7-107　“插入行或列”对话框

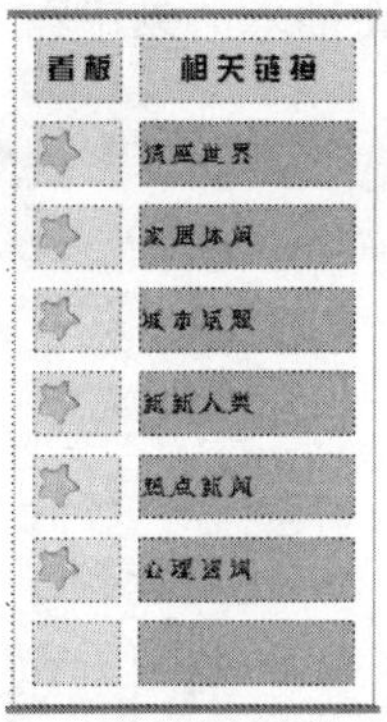

图 7-108　插入一行

3 选中插入的行，选择“修改”→“表格”→“合并单元格”命令，即可将此行中的两个单元格合并为一个单元格。将此单元格的背景颜色设置为与第 1 行单元格一样，如图 7-109 所示。然后在其中输入文字“沟通的平台”，并为文字应用 CSS 样式“fc”，然后居中对齐，使用空格键调整文字之间的距离，得到如图 7-110 所示的效果。

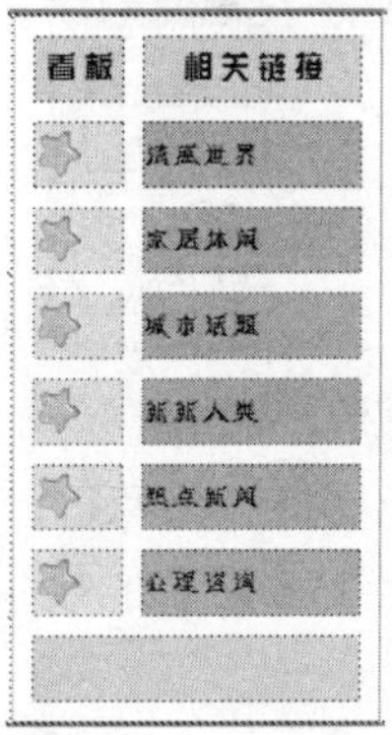

图 7-109　合并为一个单元格

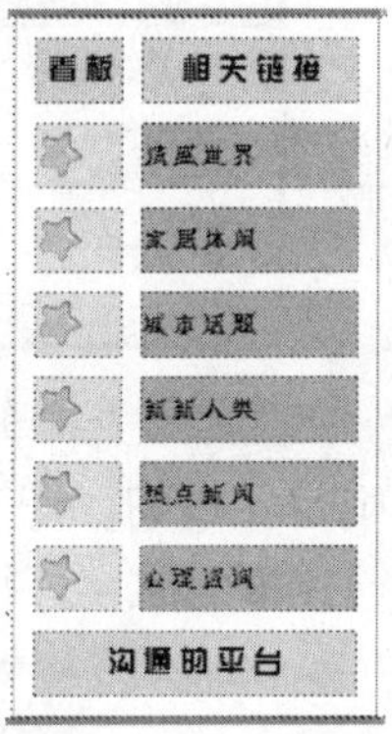

图 7-110　输入文字并调整

4 将光标置于表格的第 2 列内，选择“修改”→“表格”→“插入行或列”命令，打开“插入行或列”对话框。在“插入”选项组中选中“列”单选按钮，在“列数”文本框中输入 1，在“位置”选项组中选择“当前列之后”单选项，如图 7-111 所示。

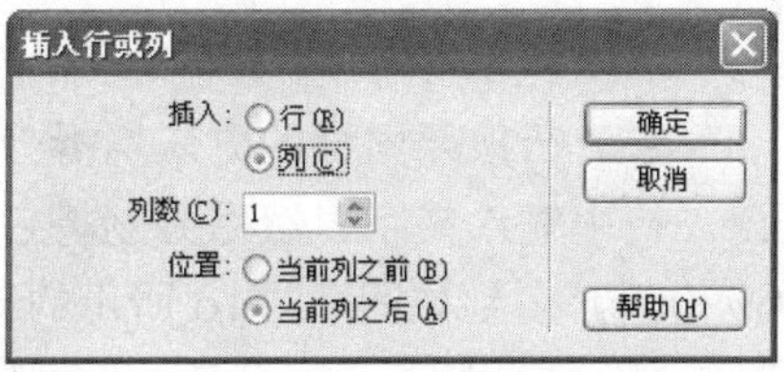

图 7-111　“插入行或列”对话框

- 不换行：如果不选此项，表格中文字、图片将环绕排版，选中此项则不绕排。
- 标题：选中此项，可将所选单元格格式设置为表格标题单元格。默认情况下表格标题为粗体并且居中。
- 背景颜色：设置单元格的背景颜色。

相关知识　合并/拆分单元格的方法

1. 合并单元格

合并单元格就是将几个单元格合并为一个单元格。先选定要合并的单元格，然后执行以下一种操作即可。

- 在单元格上单击鼠标右键，在弹出的快捷菜单中选择“表格”→“合并单元格”命令。
- 单击“属性”面板上的“合并单元格”按钮。
- 选择“修改”→“表格”→“合并单元格”命令。

如下所示将表格中的 3 个单元格合并为一个单元格。

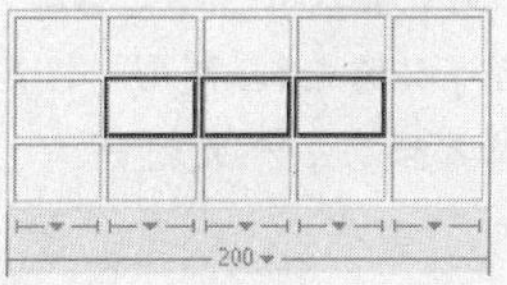

合并前

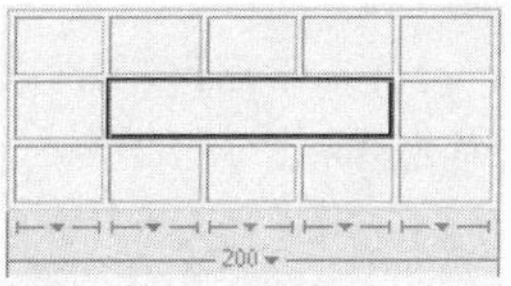

合并后

2. 拆分单元格

拆分单元格就是将一个单元格格分为几个单元格。先选定要合并的单元格，然后执行以下一种操作即可。

- 在单元格上单击鼠标右键，在弹出的快捷菜单中选择“表格”→“拆分单元格”命令。
- 单击“属性”面板上的“合并单元格”按钮。
- 选择“修改”→“表格”→“拆分单元格”命令。

如下所示将表格中的一个单元格合并为两个单元格。

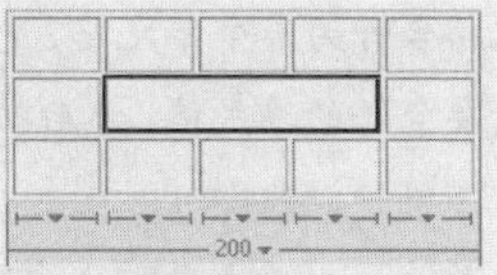

拆分前

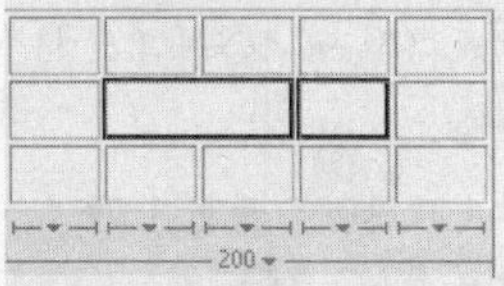

拆分后

相关知识 插入嵌套表格的方法

在 Dreamweaver 中，对于表格的嵌套没有特殊的限制，表格可以像文本、图形一样直接插入到另一个表格的单元格中。

插入嵌套表格的具体操作步骤如下。

（1）将光标置于要插放表格的单元格中。

（2）选择“插入”→“表格”命令，打开“插入表格”对话框。

5 单击“确定”按钮，即可在表格的最后一列之后插入一列，将列边框向右拖动适当距离，得到如图 7-112 所示的效果。在新插入的列中输入文字，效果如图 7-113 所示。

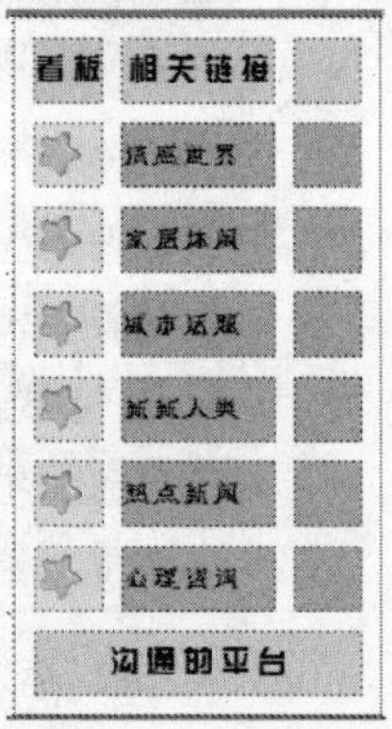

图 7-112 插入一列

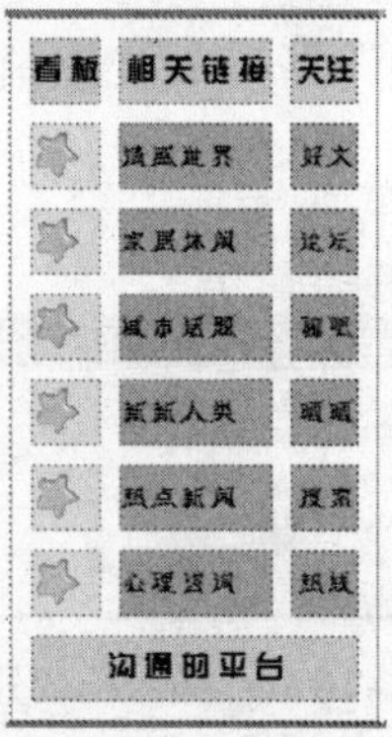

图 7-113 输入文字

6 将光标置于表格第 2 行第 3 列中，选择“修改”→“表格”→“拆分单元格”命令，打开“拆分单元格”对话框，在其中的“把单元格拆分”选项组中选中“行”单选按钮，在“行数”文本框中输入 2，如图 7-114 所示。

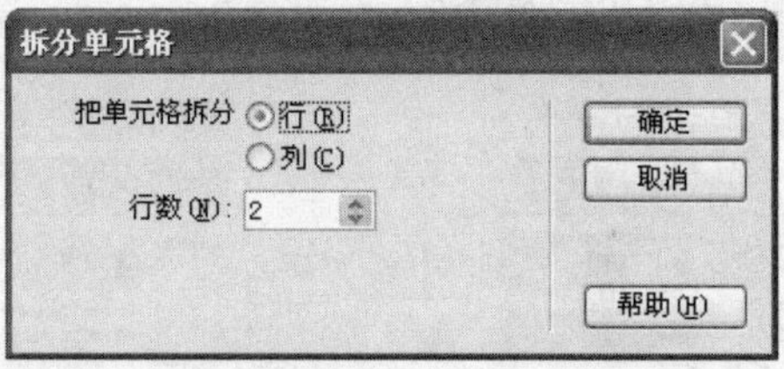

图 7-114 “拆分单元格”对话框

7 单击“确定”按钮，即可将此单元格拆分为两行，在拆分出的第 2 行中输入文字，得到如图 7-115 所示的效果。

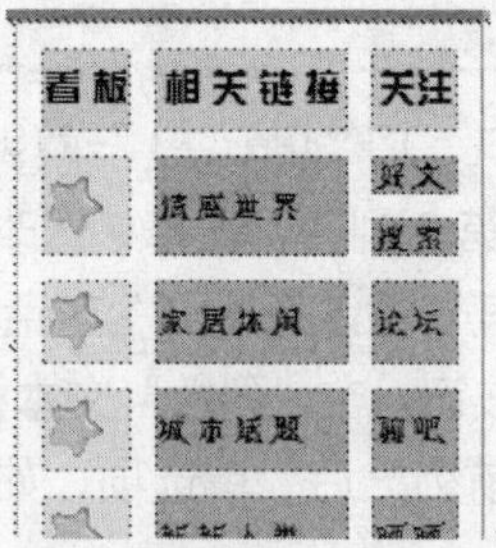

图 7-115 输入文字

8 将第 3 列第 3～第 7 行按照同样的方法均拆分为两行，分别在拆分出的第 2 行中输入文字，然后分别将它们的背景颜色设置为“#669900”，得到如图 7-116 所示的最终效果。

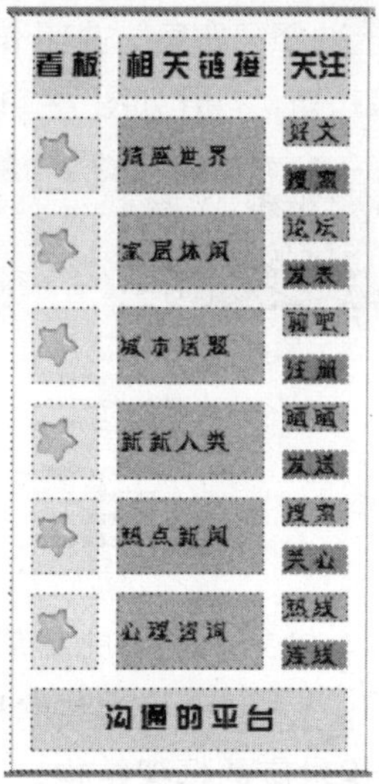

图 7–116　得到的效果

9 按 F12 键在浏览器中查看即可。

实例 7-14　利用框架制作网页

使用框架可以将浏览器窗口划分为若干个区域，每个区域可以分别显示不同的网页。本实例将介绍如何使用框架制作一个建筑赏析网页。实例最终效果如图 7–117 所示。

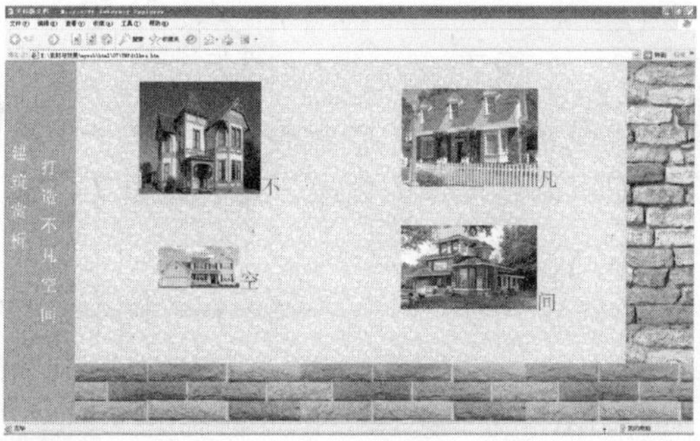

图 7–117　实例最终效果

操作步骤

1 选择“文件”→“新建”命令，新建一个空白 HTML 文件。

2 选择“窗口”→“插入”命令，打开“插入”工具栏（也可在工作界面的右侧打开“插入”面板），如图 7–118 所示。

图 7–118　“插入”工具栏

（3）在此对话框中按需要进行设置，单击“确定”按钮，即可得到一个嵌套表格。

实例 7-14 说明

- 知识点：
  - 创建框架
  - 在框架中添加内容
- 视频教程：

  光盘\教学\第 7 章　Dreamweaver 网页制作基础实例
- 效果文件：

  光盘\素材与效果\myweb\html\07\7-21.html
- 实例演示：

  光盘\实例\第 7 章\利用框架制作网页

相关知识　什么是框架和框架集

通常情况下，一个框架结构由框架和框架集两个主要部分组成。

1. 框架

框架是指网页在一个浏览器窗口下分割成几个不同区域的形式。使用框架功能，可以将不同的文档显示在同一个浏览器窗口中。通过构建这些显示在同一窗口中的文档之间的相互链接关系，可以实现文档之间的相互控制。

2. 框架集

框架集是在一个文档内定义一组框架结构的 HTML 网页，它可包含多个框架，可

以描述每个框架的大小、位置及每个框架所对应的 HTML 文件。

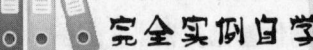

相关知识 认识“框架”面板

选择“窗口”→“框架”命令或按 Shift+F2 组合键，即可打开“框架”面板。

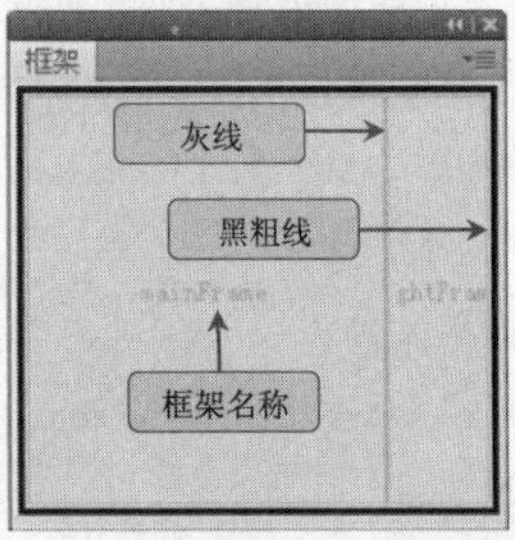

“框架”面板是框架集的一种可视化表现形式，它直观地显示出了框架集内各框架的层次结构。可以看到，在此面板中，环绕每个框架集的边框是黑粗线，而环绕每个框架的是较细的灰线，并且每个框架内都有框架的名称标识。

相关知识 创建预定义框架集

预定义框架集是 Dreamweaver 本身提供的框架结构。在“插入”面板的“布局”栏中单击“框架”按钮，打开如下所示的下拉列表。

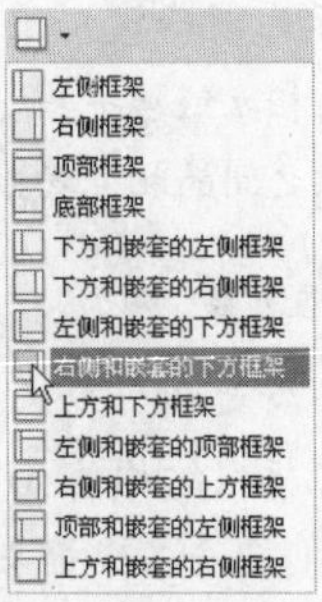

3 在“插入”工具栏上选择“布局”选项卡，然后单击“框架”按钮右侧的下拉按钮，打开如图 7-119 所示的下拉列表。

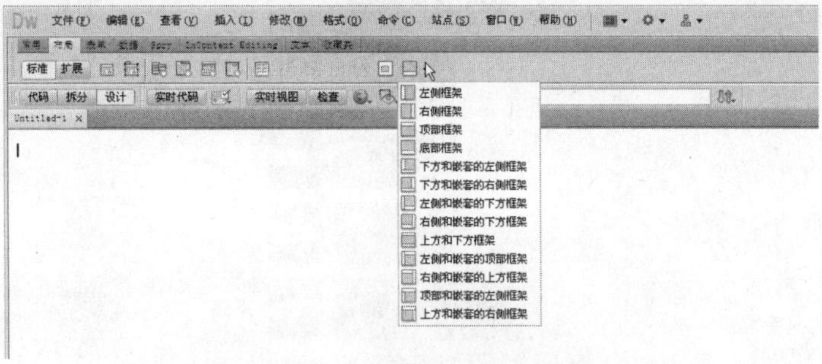

图 7-119 “框架”下拉列表框

4 在此下拉列表框中包含有多个框架集结构，选择其中的一个，即可在网页中创建相对应的框架结构。例如，选择“左侧和嵌套的下方框架”选项，得到如图 7-120 所示的框架效果。

图 7-120 得到的框架效果

5 将光标置于框架的边框上，当鼠标指针变为↔或↕形状时，拖动鼠标，即可调整框架的大小，得到如图 7-121 所示的效果。

图 7-121 调整框架的大小

6 将光标置于要插入嵌套框架的框架中。在“插入”工具栏中选择“布局”选项卡，然后单击“框架”按钮右侧的下拉按钮，在弹出的下拉列表框中选择合适的框架结构，如选择“右侧框架”选项，得到如图 7-122 所示的效果。

图 7–122 插入嵌套框架

7 选择“文件”→“保存全部”命令，打开“另存为”对话框，在其中设置保存路径及保存名称（7–21.html），如图 7–123 所示。单击“保存”按钮，即可将整个文档保存。然后还需要分别将各个框架进行单独的保存，分别保存为 7–21–1.html、7–21–2.html、7–21–3.html、7–21–4.html。

图 7–123 “另存为”对话框

8 将光标置于中间的框架中（7–21–1.html），选择“修改”→“页面属性”命令，打开“页面属性”对话框。在左侧的“分类”列表框中选择“外观 CSS”选项，在右侧的“背景图像”后单击“浏览”按钮，在打开的“选择图像源文件”对话框中选择一幅图片作为背景图片（光盘\素材与效果\myweb\image\07\28.jpg），如图 7–124 所示。

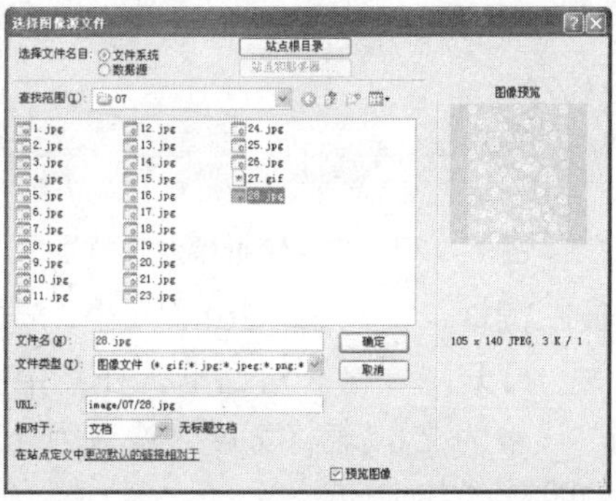

图 7–124 “选择图像源文件”对话框

下拉列表中，每个框架结构名称前面图标中的蓝色部分表示当前文件。

相关知识 **创建自定义框架集**

如果系统自带的预定义的框架不能满足要求，还可以自定义框架结构。首先选择“查看”→“可视化助理”→“框架边框”命令，使页面四周显示出框架的轮廓线。然后可以使用以下方法自创框架集。

- 将鼠标置于文档窗口的边界线上，当鼠标指针变成双向箭头时，拖动鼠标至合适的位置，如下所示。

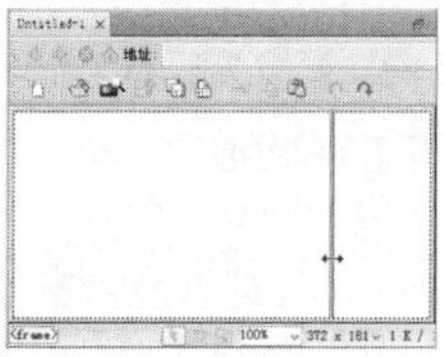

- 将光标置于边框架右上角，当鼠标指针变成十字箭头时，拖动鼠标至合适位置，拖出 4 个边框如下所示。

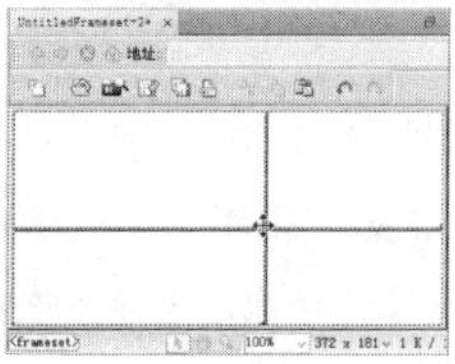

- 按住 Alt 键，拖动一个框架的边框线，可以对框架进行垂直或水平划分，如下所示。

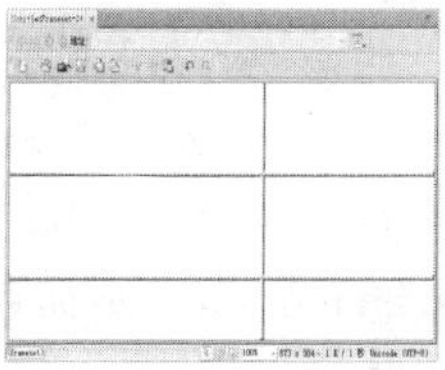

- 选择“修改”→“框架集”菜单中的子命令，可以对指定的框架进行拆分。

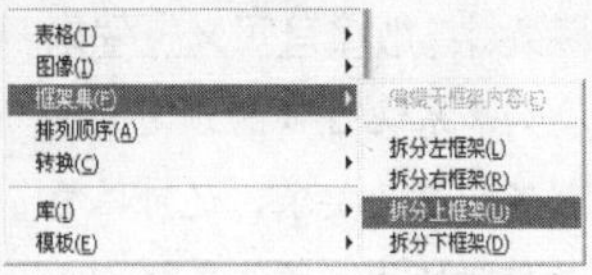

重点提示 图标的含义

在创建预定义框架集下拉列表框中，每个框架结构名称前面图标中的蓝色部分表示当前文件，即作为主框架，而白色的部分代表新生成的框架或框架集所在的位置，如下所示。

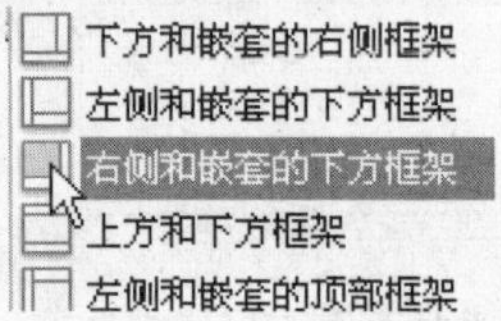

相关知识 创建无框架内容

有些浏览器浏览到有框架时就不能正常显示，不支持有框架的网页。为此，Dreamweaver中提供了创建无框架内容的功能，这样，即使浏览器不支持框架也可以正常显示。

创建无框架内容的具体操作步骤如下。

（1）选择“修改”→“框架集”→“编辑无框架内容”命令，正文区域上方将出现“无框架内容”标签，同时状态栏也会出现noframes标签，如下所示。

9 单击“确定”按钮，返回至“页面属性”对话框，在“重复”下拉列表框中选择“repeat”选项，如图7–125所示。

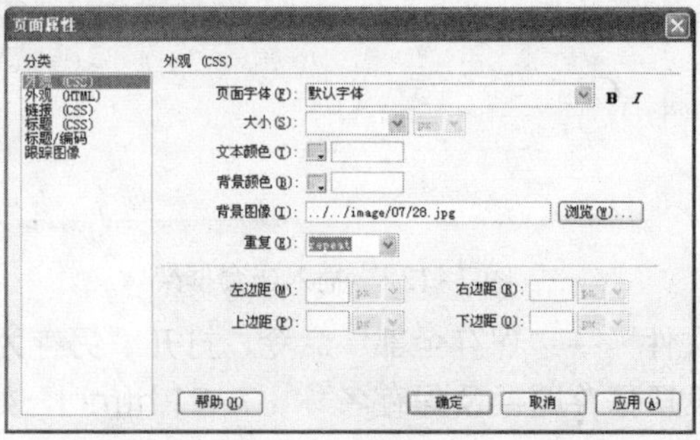

图7–125 “页面属性”对话框

10 单击“确定”按钮，即可为中间部位的框架添加背景，如图7–126所示。

图7–126 为中间部位的框架添加背景

11 用同样的方法，将左侧框架的背景颜色设置为橙色，为下侧框架和右方框架分别添加背景图像（光盘\素材与效果\myweb\image\07\29.jpg、30.jpg），得到如图7–127所示的效果。

图7–127 为各个框架添加背景

12 将光标置于最左侧框架（7–21–2html）中，选择“插入”→“表格”命令，打开“表格”对话框，在其中将“行数”设置为1，“列”设置为2，“表格宽度”设置为100%，其他为默认设置，如图7–128所示。

13 单击“确定”按钮，即可在此框架中插入一个表格，分别在各列中输入文字，如图 7–129 所示。

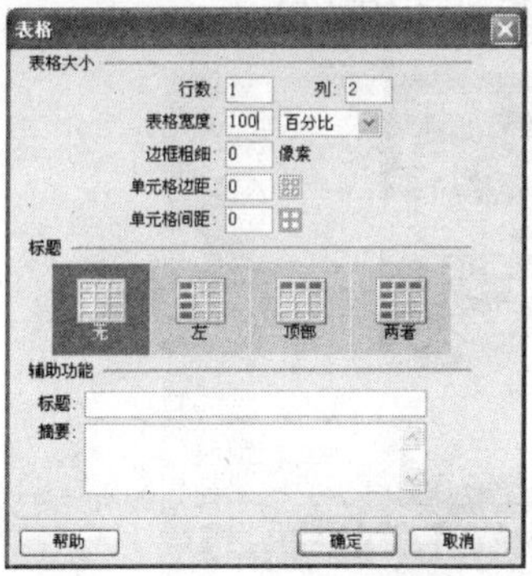

图 7–128　“表格”对话框

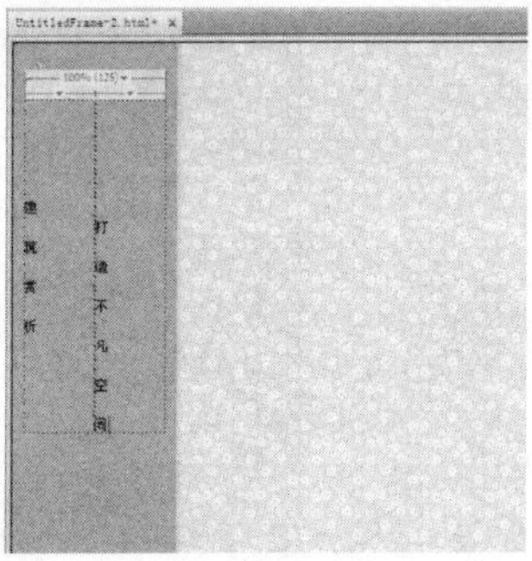

图 7–129　分别在各列中输入文字

14 将文字全选，选择“修改”→“页面属性”命令，打开“页面属性”对话框，在其中进行如图 7–130 所示的设置，单击“确定”按钮，得到文字效果，如图 7–131 所示。

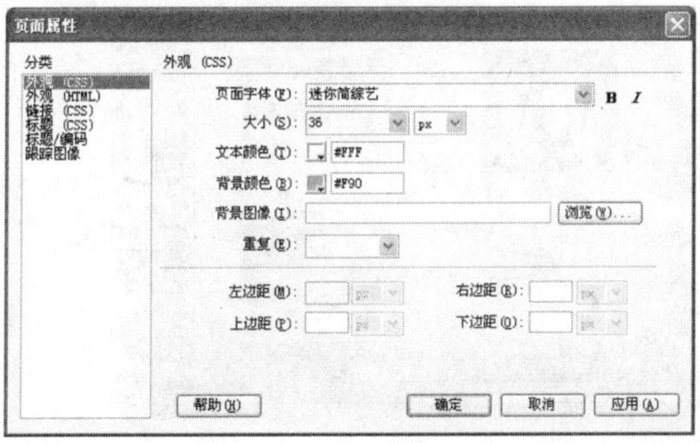

图 7–130　“页面属性”对话框

图 7–131　得到文字效果

15 将光标置于中间部位的框架中，选择“插入”→“表格”命令，打开“表格”对话框，在其中将“行数”设置为 2，“列”设置为 2，“表格宽度”设置为 100%，其他为默认设置，如图 7–132 所示。

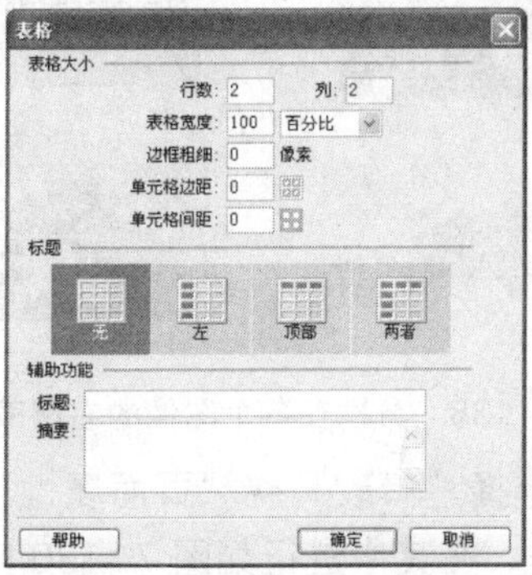

图 7–132　“表格”对话框

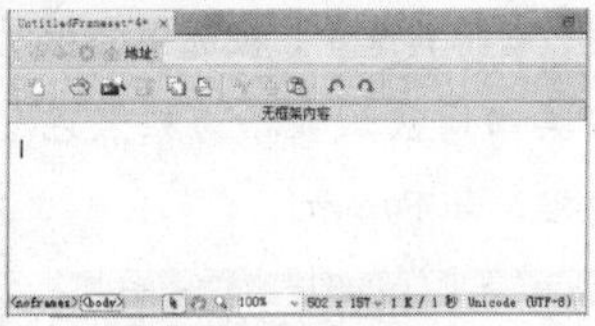

（2）直接在文档窗口中输入、编辑所需要的内容。

（3）编辑完成后，再次选择“修改”→“框架集”→“编辑无框架内容”命令，返回到框架集文档的普通视图即可。

相关知识　选定框架或框架集

要对框架和框架集进行操作之前，首先要将其选定。可以使用“框架”面板或直接从文档窗口中选定框架或框架集。

1. 使用“框架”面板选择

首先选择“窗口”→“框架”命令或按 Shift+F2 组合键，打开“框架”面板。

- 选择框架：在“框架”面板中单击某个框架，则将其选中，被选中的框架区域四周会出现细黑色边框，如下所示。

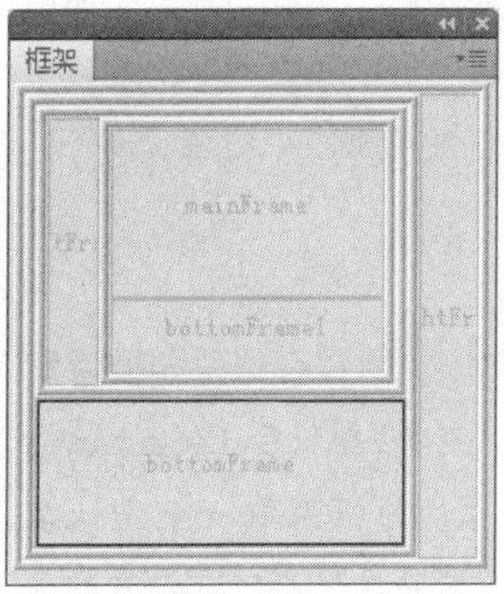

- 选择框架集：在“框架”面板中单击环绕框架集的边

16 单击“确定”按钮，即可在此框架中插入一个表格，在表格各个单元格中分别插入图像（光盘\素材与效果\myweb\image\07\31.jpg～34.jpg），得到如图 7-133 所示的效果。

图 7-133　在表格各个单元格中分别插入图像

17 将图像全选，在“属性”面板的“水平”下拉列表框中选择“居中对齐”选项，将图片居中对齐。调整表格的高度，使其与网页整体匹配，得到如图 7-134 所示的效果。

图 7-134　得到的效果

18 分别在各个图像的右侧输入文字“不”、“凡”、“空”、“间”，如图 7-135 所示。

图 7-135　分别在各个图像的右侧输入文字

19 将文字全选，选择“修改”→“页面属性”命令，打开“页面属性”对话框，在其中进行如图 7-136（左）所示的设置。单击“确定”按钮，得到如图 7-136（右）所示的文字效果。

框，则将其选中，被选中的框架集四周区域显示为粗黑色边框，如下所示。

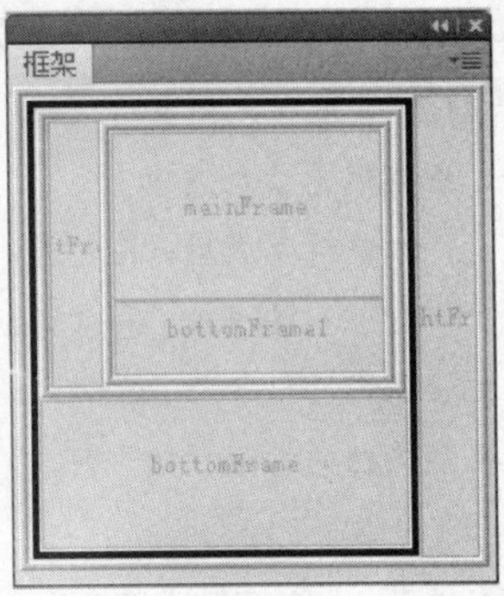

2. 在文档窗口中选择

在文档窗口中选中一个框架后，其边界会出现虚线。同样，选中框架集后，它的所有边界都会出现虚线。

- 选择框架：按住 Alt 键，在要选定的框架窗格中的任意位置单击，即可选定该框架。
- 选择框架集：在文档窗口中直接单击框架边框，即可选中框架集。

重点提示　**显示框架边框**

选择“查看”→“可视化助理”→“框架边框”命令，即可显示出框架边框。

相关知识　**保存框架和框架集**

创建了框架后，Dreamweaver 会自动为框架取一个默认名称，用户在保存时可以直接使用默认名保存，也可以重命名保存。

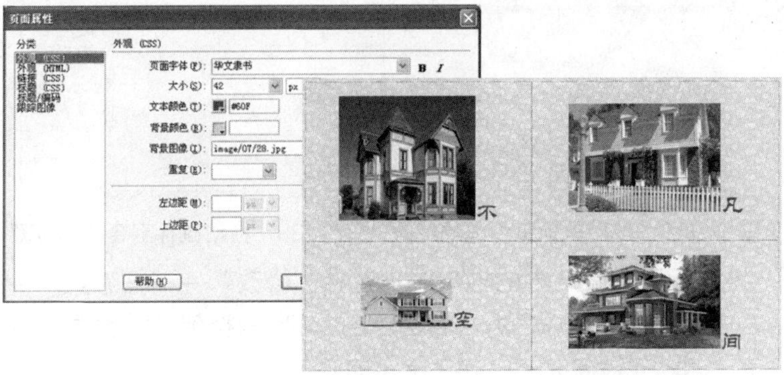

图 7-136　设置“页面属性”对话框得到文字效果

20 按 F12 键，弹出保存框架提示框，将其保存。此时即可在浏览器中预览网页。

实例 7-15　在框架中打开网页

创建一个框架集后，可以在不同框架中打开不同的网页。通过此方法，可以大大方便网页的制作过程，提高工作效率。实例最后还介绍了在框架中使用链接的方法，最终效果如图 7-137 所示。

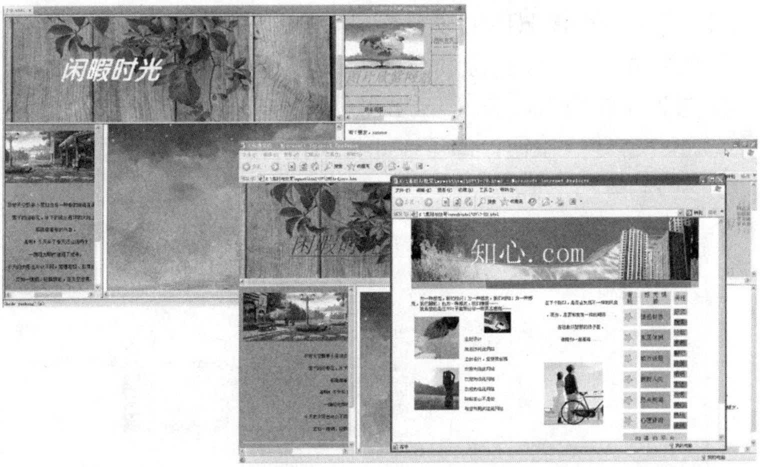

图 7-137　左侧为在框架中打开的网页，右侧为设置的链接效果

操作步骤

1 选择“文件”→“新建”命令，新建一个空白 HTML 文件。

2 选择“查看”→“可视化助理”→“框架边框”命令，页面四周显示出框架的粗轮廓线。

3 将光标置于文档窗口的上边界线上，当鼠标指针形状变成双向箭头时，拖动鼠标至合适的位置，如图 7-138 所示。将光标置于右边界线上，拖动鼠标至合适的位置，得到如图 7-139 所示的效果。

如果像保存普通网页文件一样保存框架和框架集，只会保存鼠标所定位的框架内容，而其他的框架内容则会丢失。

1. 保存框架

（1）将光标置于需要保存的框架中，选择“文件”→“保存框架”命令打开“另存为”对话框。

（2）在对话框中设置保存文件的路径、名称和类型。

（3）单击“保存”按钮，即可保存光标所在的框架。

2. 保存框架集

如果要保存框架集，可以选择“文件”→“保存全部”命令，在弹出的“另存为”对话框中设置保存路径及保存名称，单击“保存”按钮即可。使用“保存全部”命令后，系统会保存框架集中的所有文档。

实例 7-15 说明

知识点：
- 分割框架
- 在框架中打开网页
- 在框架中使用链接

视频教程：

光盘\教学\第 7 章　Dreamweaver 网页制作基础实例

效果文件：

光盘\素材与效果\myweb\html\07\7-22.html

实例演示：

光盘\实例\第 7 章\在框架中打开网页

相关知识 如何分割框架

创建出的框架是不可以合并的，但可以对其进行分割。具体操作步骤如下。

（1）将光标置于需要分割的框架中。

（2）选择“修改”→“框架集”命令，在弹出的子菜单中可以选择拆分形式，如下所示。

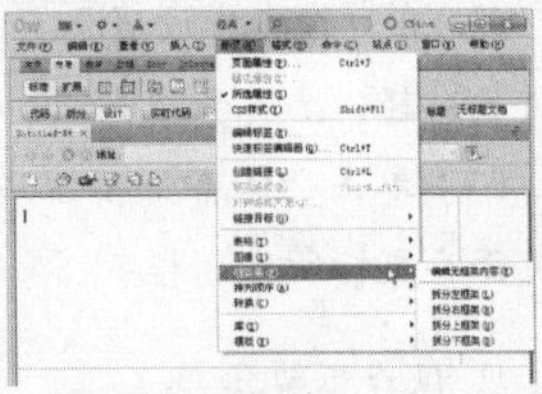

其中各菜单命令的作用如下。

- 编辑无框架内容：选择此项可以创建无框架内容。
- 拆分左框架：将光标所在框架在左右方向上分割为两个框架，此框架中的内容将会放置到左框架中。
- 拆分右框架：将光标所在框架在左右方向上分割为两个框架，此框架中的内容将会放置到右框架中。
- 拆分上框架：将光标所在框架在上下方向上分割为两个框架，此框架中的内容将会放置到上框架中。
- 拆分下框架：将光标所在框架在上下方向上分割为两个框架，此框架中的内容将会放置到下框架中。

（3）继续单击某个框架，将光标置于其中，重复上面的操作，继续分割框架，即可构建出嵌套框架。如果要分割多个框架，可先将这些框架选定，然后从边框向其相反的方向

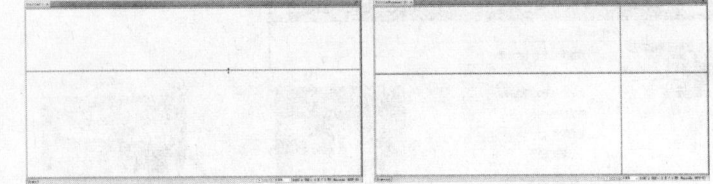

图 7-138　拖动鼠标至合适的位置

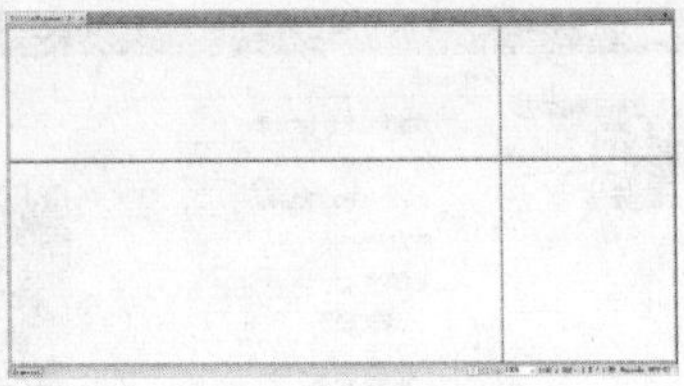

图 7-139　拖动鼠标至合适的位置

4 将光标置于左下方的框架中，选择“修改”→“框架集”→“拆分左框架”命令，得到一个拆分出的框架，调整为满意的大小，得到如图 7-140 所示的效果。

图 7-140　创建的自定义框架集

5 将光标置于左上方框架中，选择“文件”→“在框架中打开”命令，打开“选择 HTML 文件”对话框，在其中选择一个需要打开的网页文件（光盘\素材与效果\myweb\html\07\7-1.html），如图 7-141 所示。

6 单击“确定”按钮，即可在此框架中打开指定的网页文件，如图 7-142 所示。

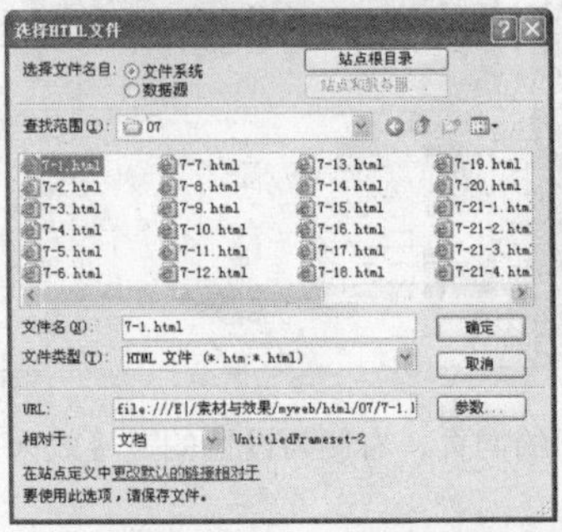

图 7-141　“选择 HTML 文件”对话框

图 7-142　在框架中打开网页文件

7 使用同样的方法，分别在其他框架中打开相应的网页文件（光盘\素材与效果\myweb\html\07\7-2.html、7-4.html、7-12.html、7-14.html），效果如图 7-143 所示。可以看到，未显示完全的网页，可以拖动水平滚动条和垂直滚动条查看。

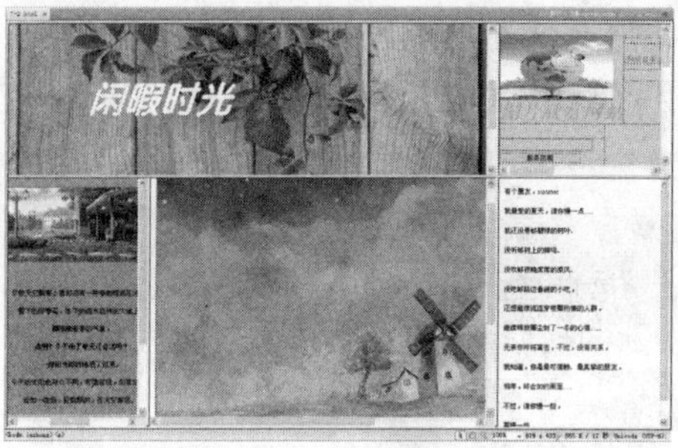

图 7-143 得到的效果

8 在框架页面中，也可以通过“属性”面板上的浏览按钮创建链接。选中左上方框架中的文字“闲暇时光”，在“属性”面板上单击“链接”右侧的“浏览文件”按钮，在弹出的“选择文件”对话框中选择一个网页文件，这里选择“7-20.html”（光盘\素材与效果\myweb\html\07\7-20.html），如图 7-144 所示。

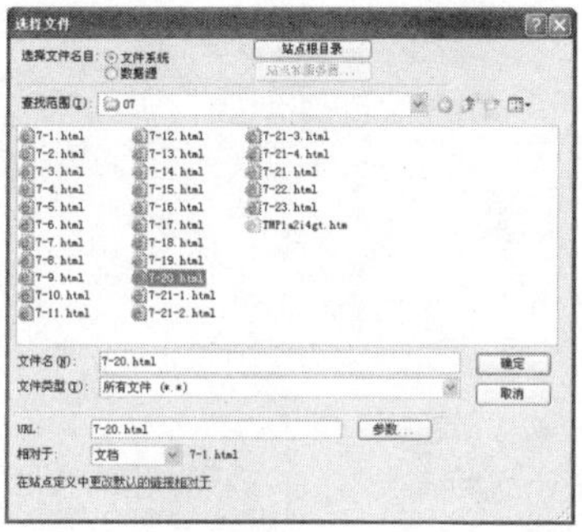

图 7-144 “选择文件”对话框

9 单击“确定”按钮，在“属性”面板的“目标”下拉列表框中选择“_new”选项，如图 7-145 所示。

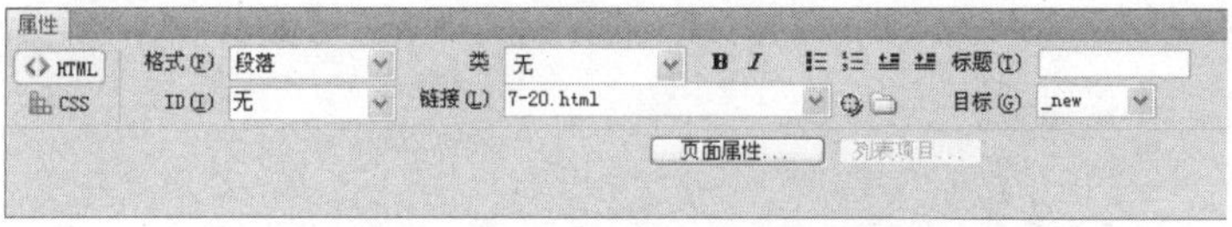

图 7-145 设置“目标”项

10 此时的文字效果如图 7-146 所示，即得到链接文字效果。

图 7-146 得到链接文字效果

11 选择“文件”→“保存全部”命令，因为这 5 个在框架中打开的网页文件并未做修改，所以不需要分别保存框架文件，将整个文档保存为 7-22.html 即可。

拖动，将拖出一条边框线，此时就把此框架分割成了多个框架。

相关知识 设置框架背景

如果网页上有多个框架，可以为每个框架设置不同的背景。背景可以是图像也可以是颜色，设置方法与普通页面设置背景的方法相似。

（1）将光标放在要设置背景的框架内。

（2）选择“修改”→“页面属性”命令，打开“页面属性”对话框。

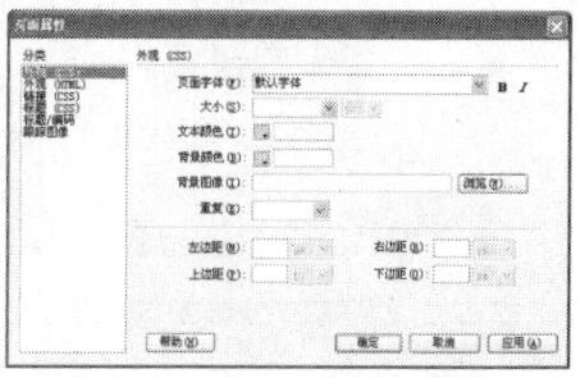

（3）单击“背景图像”文本框中右侧的“浏览”按钮，在弹出的“选择图像源文件”对话框中选择一张背景图片，即可将图片设置为框架的背景。

重点提示 如何为框架设置需要的背景颜色

如果要以颜色作为背景，则在“页面属性”对话框中单击“背景颜色”右侧的下拉按钮，在弹出的颜色面板中选择需要的颜色即可，如下所示。

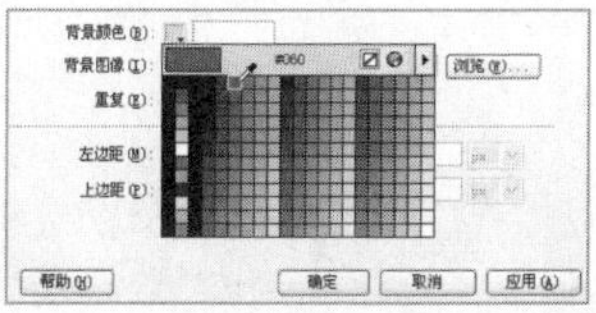

12 按 F12 键，打开浏览器，在其中单击链接文字，在一个新窗口中打开相应网页，如图 7-147 所示。

图 7-147　在一个新窗口中打开相应网页

相关知识　删除框架的方法

如果要删除框架，操作方法很简单，可以将光标置于要删除的框架边框上，当鼠标指针变为双向箭头形状时，单击鼠标左键并拖动，将其拖离页面或拖动到其他框架边框上，即可将此框架删除，如下所示。

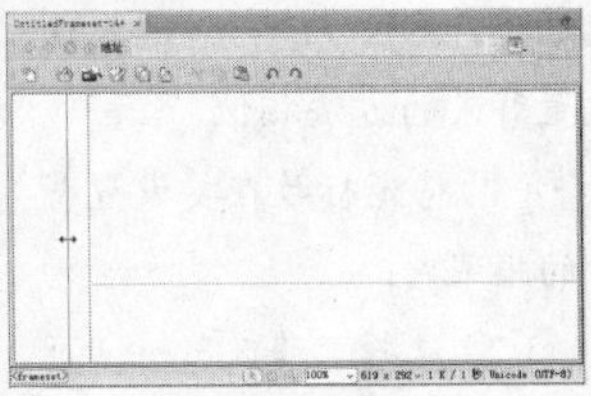

拖动边框

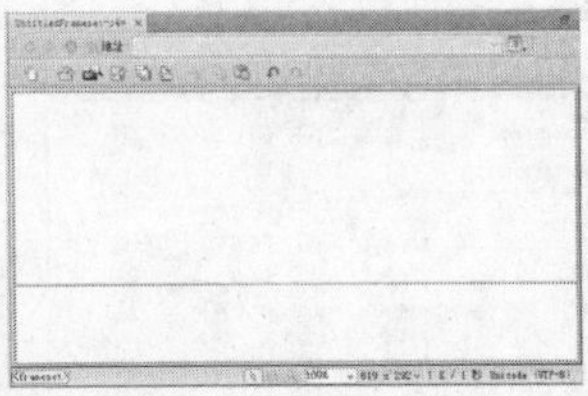

将左侧框架删除

第 8 章

Dreamweaver 网页制作进阶实例

本章将介绍 Dreamweaver CS5 中更为重要的一些操作功能，如创建表单、插入 AP Div、创建与应用模板、创建与编辑库项目以及应用 CSS 样式功能制作特殊效果等。通过本章的学习，使读者对 Dreamweaver CS5 有进一步的了解，为制作出更有创意的网页打下基础。

本章讲解的实例和主要功能如下。

实　例	主要功能	实　例	主要功能	实　例	主要功能
 **网站注册页面**	关于表单 创建表单	 **利用 AP Div 制作网页**	设置页面属性 插入 AP Div 在 AP Div 中添加内容	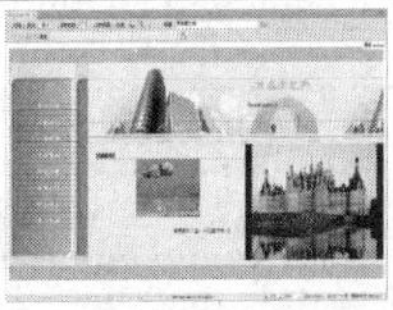 **创建与应用模板网页**	创建模板 创建可编辑区域 应用模板
 **创建与编辑库项目**	创建库项目 编辑库项目	 **应用库项目**	应用库项目	 **间距边框表格制作**	设置页面属性 插入表格 设置表格属性 插入嵌套表格 在表格中添加内容
 **图像彩色边框与阴影文字的制作**	为图片添加超链接 利用层制作阴影文字	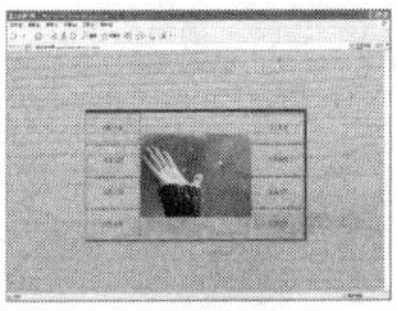 **多彩个性表格**	插入表格 应用 CSS 样式	 **制作水波效果网页图片**	插入表格与输入文字 应用 CSS 样式

本章在讲解实例操作的过程中，将全面、系统地介绍 Dreamweaver 网页制作进阶的相关知识和操作方法。其中包含的内容如下：

实例 8-1　网站注册页面（一）

在 Internet 中，表单主要用于从客户端获取相关信息，然后提交到服务器，从而实现客户端与服务器端的信息交互。本实例分两部分详细而全面地介绍了网站注册页面中表单的制作。最终效果如图 8-1 所示。

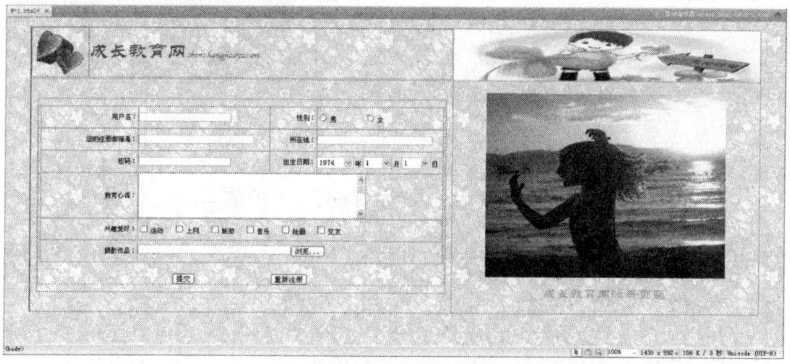

图 8-1　实例最终效果

操作步骤

1 打开一个网页（光盘\素材与效果\myweb\html\08\8-1.html），如图 8-2 所示。

图 8-2　打开一个网页

2 将光标置于左下方的单元格内，选择“插入”→“表格”命令，在此框架中插入一个 1 行 1 列、边框为 1 的表格，如图 8-3 所示。

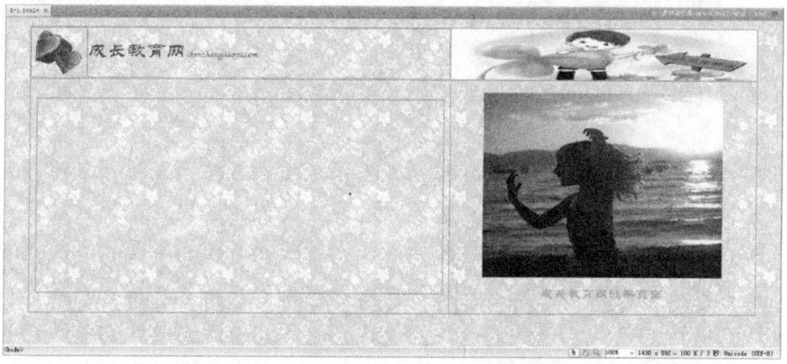

图 8-3　插入一个 1 行 1 列的表格

实例 8-1 说明

- **知识点：**
  - 关于表单
  - 创建表单
- **视频教程：**

  光盘\教学\第 8 章　Dreamweaver 网页制作进阶实例
- **效果文件：**

  光盘\素材与效果\myweb\html\08\8-2.html
- **实例演示：**

  光盘\实例\第 8 章\网站注册界面（一）

相关知识　什么是表单

在 Internet 中，表单主要用于从客户端获取相关信息，然后提交到服务器，从而实现客户端与服务器端的信息交互。表单在 Dreamweaver 中用 Form 表示。

相关知识　表单的组成

表单包括两个部分。

- 用于描述表单的HTML源代码，即表单对象。
- 用于处理用户在表单域中输入的信息的服务器端应用程序或客户脚本，如 ASP 等。它的作用是获取信息，并对信息进行分析和处理。

相关知识　创建表单域的方法

创建表单域的操作过程如下。

（1）将光标置于要插入表单域的位置。

3 将光标置于表格中，选择“插入”→“表单”→“表单”命令，在表格中插入一个表单，如图 8–4 所示。

图 8–4　在表格中插入一个表单

4 将光标置于表单中，选择“插入”→“表格”命令，在弹出的“表格”对话框中设置行为 6，列为 4，边框为 1 单击“确定”按钮，在表单中插入一个表格，如图 8–5 所示 。

图 8–5　在表单中插入一个表格

5 将光标置于第一行中，然后在“属性”面板中将“高”设置为 40。同样，设置其他行的高也为 40。

6 将表格第 4 行的第 2、3、4 列选中，单击鼠标右键，在弹出的快捷菜单中选择“表格”→“合并单元格”命令，合并单元格。用同样的方法，将表格第 5 行和第 6 行的第 2、3、4 列也分别合并，得到如图 8–6 所示的效果。

图 8–6　合并单元格

（2）执行下列操作之一，即可在光标处插入一个表单域。

- 选择“插入”→“表单”→“表单”命令。
- 在“插入”面板的“表单”栏中单击“表单”按钮。

插入的表单域如下所示。

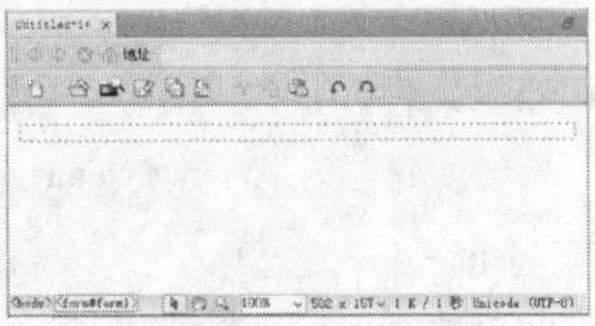

重点提示　创建表单注意事项

创建表单域之后，必须将光标定位于表单域中，这样创建的表单元素才能包含在表单中并被正常发送。否则，表单元素的内容将无法发送到网页上。

相关知识　表单域属性面板

将光标置于表单域中，其“属性”面板如下所示。

各属性的作用如下。

- 表单 ID：用于设置表单的名称。
- 动作：用于处理表单数据的程序，设置服务器端处理表单数据的文件源，一般是 CGI 或 ASP 程序的完整地址，也可以是 E-mail 地址。
- 方法：用于设置表单的提交方式，包括默认、GET 和 POST。

7 分别在表格的第 1 列和第 3 列单元格中输入文字，设置合适的文字大小并设置对齐方式为右对齐，得到如图 8-7 所示的效果。

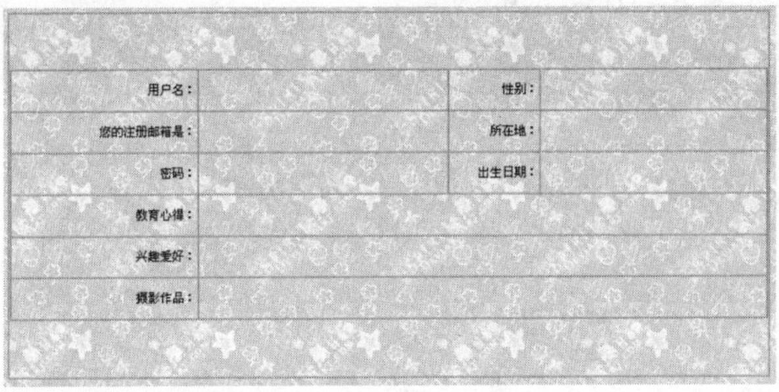

图 8-7 在第 1 列和第 3 列单元格中输入文字并设置为右对齐

8 将光标置于“用户名”后面的单元格内，选择“插入”→“表单”→“文本域”命令，打开如图 8-8 所示的“输入标签辅助功能属性”对话框。

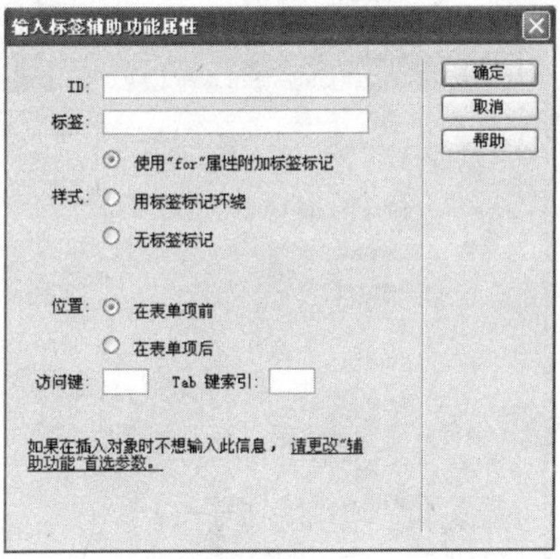

图 8-8 “输入标签辅助功能属性”对话框

9 因为在单元格中已经输入了标签，所以这里直接单击“确定”按钮即可。此时插入一个文本域，如图 8-9 所示。

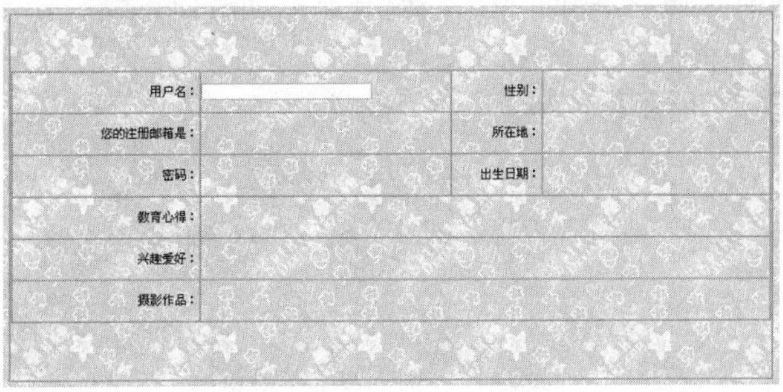

图 8-9 插入一个文本域

* GET：使用 GET 方法提交数据时，传送的速度快，但是能携带的数据量小。它是将表单中的数据附在 Action 中指定的地址末尾传送出去（地址总长度不能超过 8192 个字符），因此，所传送的数据会在浏览器的地址栏中显示出来。
* POST：使用 POST 方式提交表单时，携带的数据量大，它是将表单中的数据作为一个文件（POSTDATA.ATT）提交的。
* Default：数据提交方式由浏览器决定，通常为 GET 方式。

- 编码类型：设置服务器端处理表单数据的文件源，一般是 CGI 或 ASP 程序的完整地址，也可以用 E-mail 的方法提交表单信息。

相关知识 表单对象包括哪些

创建表单对象可以通过选择“插入”→“表单”中的命令完成。“表单”子菜单中的命令如下所示。

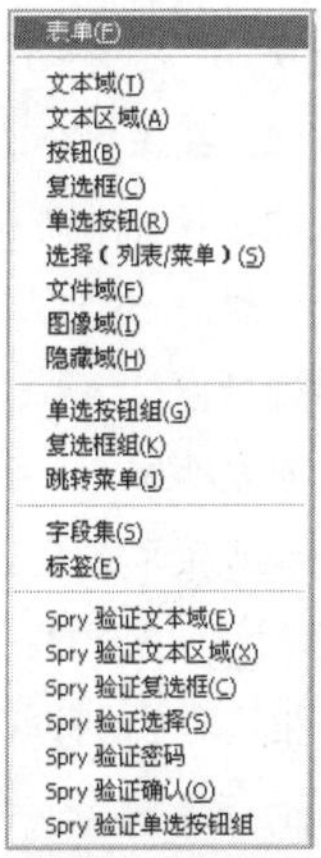

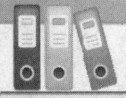

也可以通过“插入”面板中的“表单”栏来创建。“表单”栏如下所示。

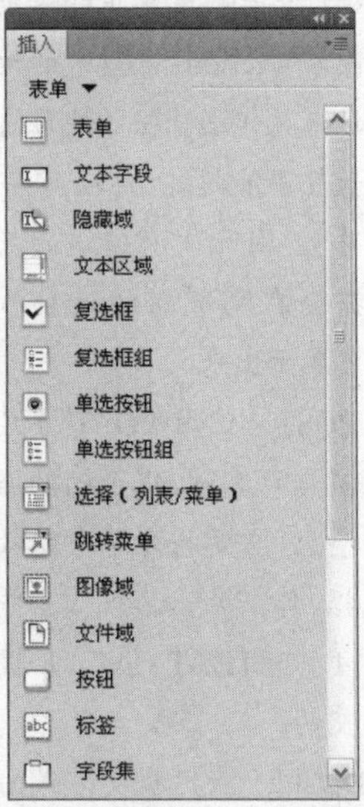

其中，比较常用的表单对象及其作用如下。

- 表单：用于创建表单。
- 文本字段：用于在表单中输入单行文字。
- 隐藏域：用于传递不可见变量的元素。
- 文本区域：在表单中输入多行文本。
- 复选框：提供多个选项，用户可以一次选择多个。
- 复选框组：一次可以选择一组复选项。
- 单选按钮：提供多个选项，一次只能选择其中的一个。
- 单选按钮组：一次可以选择一组单选项。
- 选择（列表/菜单）：用于显示列表框或菜单列表框。
- 跳转菜单：先创建一个菜单列表框，其中的每一项链

10 按照上面插入文本域的方法在“您的注册邮箱是：”和“所在地”后面的单元格中均插入一个文本域，然后分别将它们选中，在“属性”面板中将“字符宽度”均设置为 30，得到如图 8-10 所示的效果。

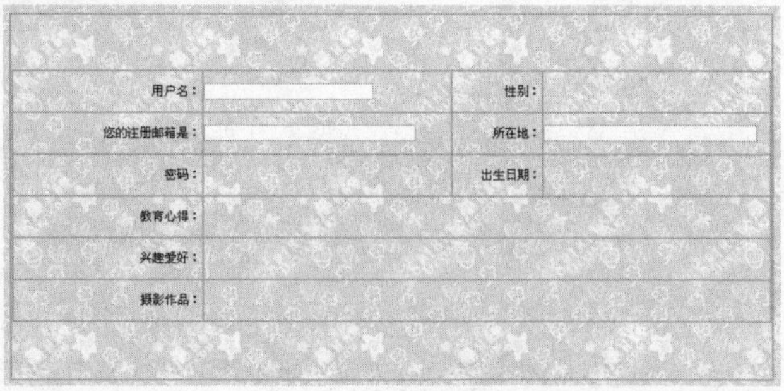

图 8-10　插入的文本域

11 将光标置于“性别”后面的单元格内，选择“插入”→“表单”→“单选按钮”命令，在弹出的“插入标签辅助功能”对话框的“标签”文本框中输入“男”，如图 8-11 所示。

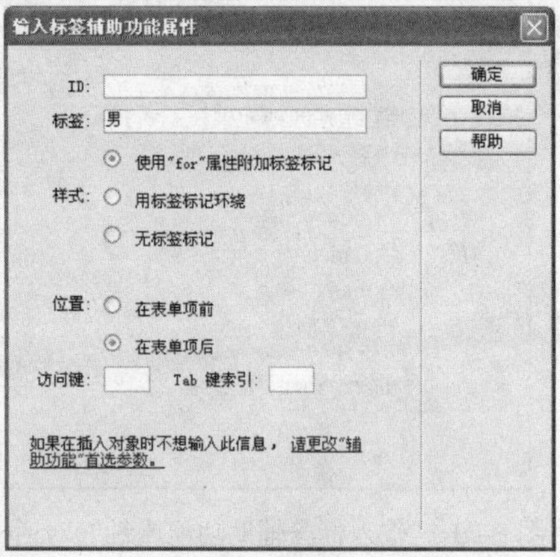

图 8-11　“插入标签辅助功能”对话框

12 单击“确定”按钮，即可在指定位置插入一个带有“男”字的单选按钮。按照同样的方法，在其右侧再插入一个带有“女”字的单选按钮，使用空格键调整它们之间的距离，得到如图 8-12 所示的效果。

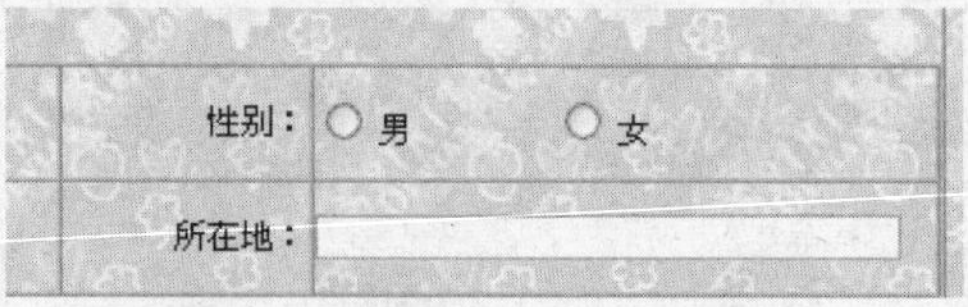

图 8-12　插入两个单选按钮

13 将光标置于“密码”后的单元格内，选择“插入”→“表单”→

"文本域"命令，在此处插入一个文本域。不同的是，在其"属性"面板的"类型"选项组中需选中"密码"单选按钮，如图 8–13 所示，将此文本域设置为密码形式。

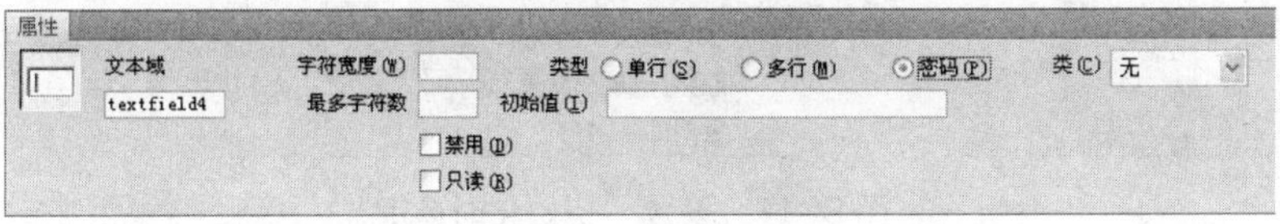

图 8–13 选中"密码"单选按钮

实例 8-2 网站注册页面（二）

本实例将继续上面的操作，将网站注册页面制作完整。

操作步骤

14 将光标置于"出生日期"后的单元格内，选择"插入"→"表单"→"列表/菜单"命令，插入一个菜单。选中插入的菜单，在"属性"面板中单击"列表值"按钮，在弹出的"列表值"对话框中输入项目标签和值，如图 8–14 所示。

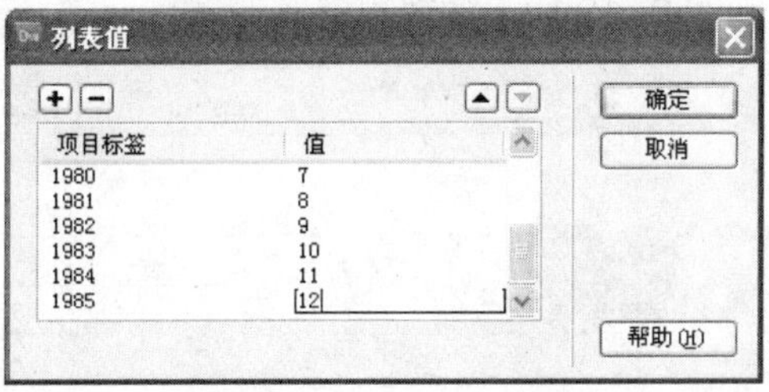

图 8–14 "列表值"对话框

15 单击"确定"按钮，得到如图 8–15 所示的菜单效果。

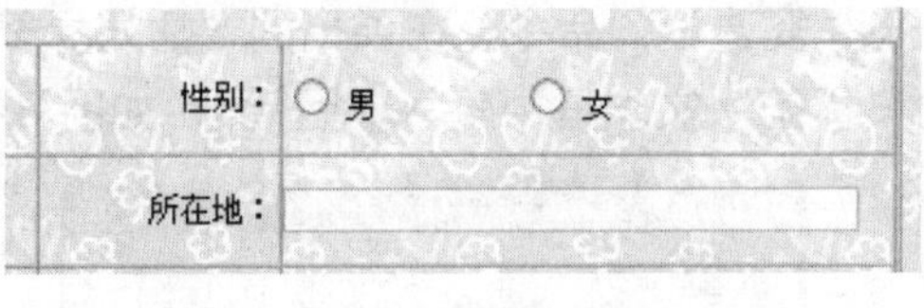

图 8–15 菜单效果

16 重复插入菜单的操作，在其后再插入两个菜单，分别设置列表值为 1～12 和 1～31。设置完成后，分别在每一个菜单后输入文本"年"、"月"、"日"，效果如图 8–16 所示。

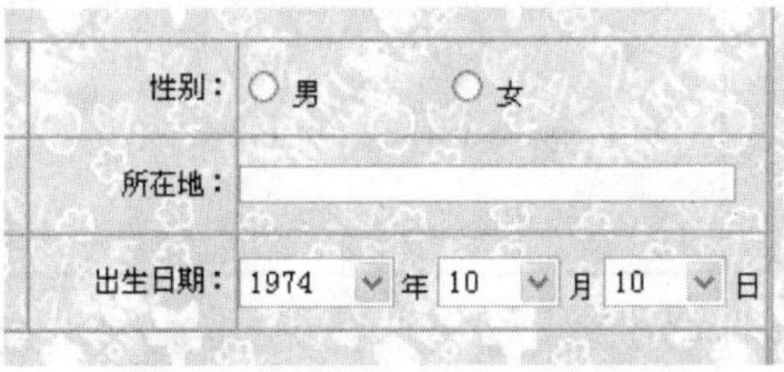

图 8–16 插入菜单的完整效果

接到指定的网页，选择某一项后，即可打开该项链接的网页。

- 图像域：用于将图片替代提交按钮。
- 文件域：用于上传文件。
- 按钮：用于提交任务。
- 标签：用于显示标签。
- 字段集：用于显示字段集。

实例 8-2 说明

知识点：

- 关于表单
- 创建表单

视频教程：

光盘\教学\第 8 章 Dreamweaver 网页制作进阶实例

效果文件： 光盘\素材与效果\myweb\html\08\8-2.html

实例演示：

光盘\实例\第 8 章\网站注册界面（二）

相关知识 创建文本字段

文本字段就是在表单中插入一个文本域，从中可以输入文本，如输入姓名、地址以及联系方式等。

创建文本字段的具体操作步骤如下。

（1）将光标置于要插入文本框的位置。

（2）执行下列操作之一。

- 选择"插入"→"表单"→"文本域"命令。
- 在"插入"面板的"表单"

栏单击“文本字段”按钮。

打开“输入标签辅助功能属性”对话框，在其中的“标签”文本框中输入需要显示的文字内容，如输入“真实姓名”。

（3）单击“确定”按钮，即可在光标处插入一个单行文本字段，如下所示。

相关知识 **设置文本字段属性**

插入文本字段后，可以在“属性”面板中为文本字段设置以下属性。

- 文本域：用于输入文本域的名称。
- 字符宽度：设置文本域中所包含的字符宽度。
- 最多字符数：当文本域为单行文本域或密码文本域时，用于设置文本域中最多可输入的字符数。
- 类型：用于指定文本域是单行、多行还是密码形式。如果选中“密码”单选项，可将文本域设置为密码形式。按 F12 键在预览窗口中输入密码，得到如下所示的效果。

- 初始值：指定当表单首次被载入时显示在文本域中的值。

17 分别选中各个菜单，然后在“属性”面板的“初始化时选定”列表框中选择初始显示的数字，如图 8–17 所示。

图 8–17　设置“初始化时选定”

18 设置完成后，得到如图 8–18 所示的效果。

图 8–18　得到的效果

19 将光标定位于“教育心得”后面的单元格中，选择“插入”→“表单”→“文本区域”命令，插入一个多行文本域。将其选中，在其“属性”面板中设置字符宽度为 57，行数为 6。按 Enter 键，得到如图 8–19 所示的效果。

图 8–19　插入多行文本域

20 将光标定于“兴趣爱好”后面的单元格中，选择“插入”→“表单”→“复选框”命令，在弹出的“插入标签辅助功能”对话框的“标签”文本框中输入“运动”，如图 8–20 所示。

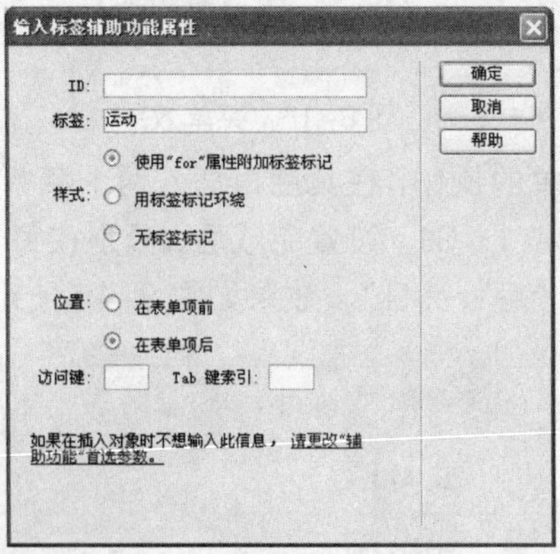

图 8–20　在“标签”文本框中输入“运动”

21 单击“确定”按钮，即可在指定位置插入一个带有“运动”字样的复选框。重复上面的操作，在其后再分别插入带有“上网”、“旅游”、“音乐”、“绘画”以及“交友”字样的复选框，使用空格键调整它们之间的距离，得到如图 8-21 所示的效果。

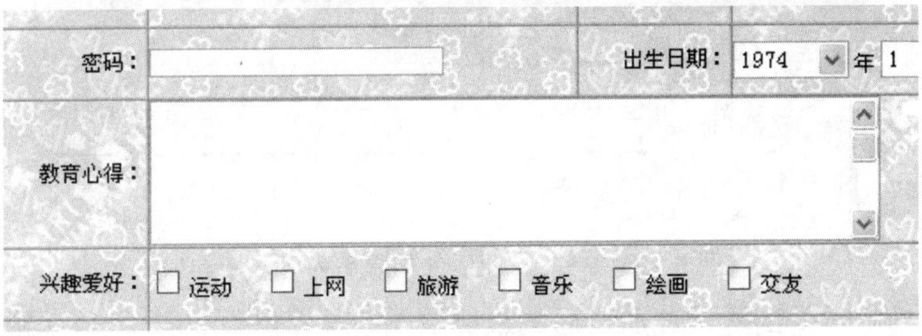

图 8-21　插入的复选框

22 将光标定位于“摄影作品”后的单元格中，选择“插入”→“表单”→“文件域”命令，插入一个文件域，如图 8-22 所示。

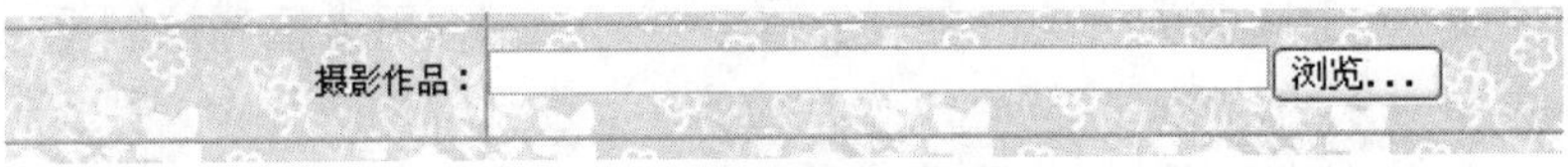

图 8-22　插入的文件域

23 将光标定位于表格的下一行，选择“插入”→“表单”→“按钮”命令，插入一个“提交”按钮。重复操作，在其后再插入一个按钮，在其“属性”面板中将“值”设为“重新注册”，“动作”设置为“重设表单”，如图 8-23 所示。此时则插入了一个“重新注册”按钮。

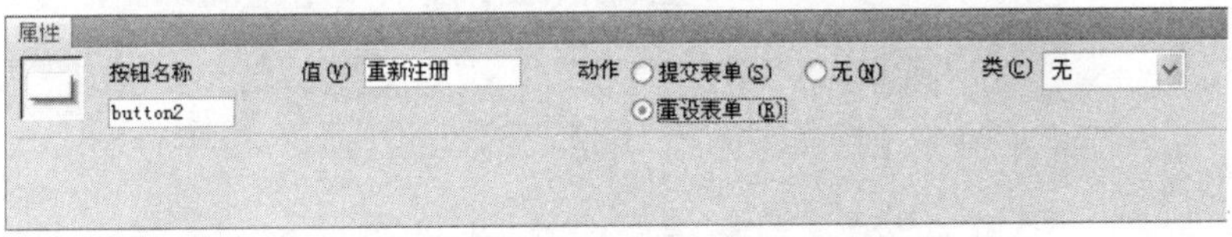

图 8-23　设置按钮“属性”面板

24 按住 Shift 键不放，将这两个按钮选中，然后在“属性”面板中将其对齐方式设置为“居中对齐”，然后使用空格键调整它们之间的距离，得到如图 8-24 所示的效果。

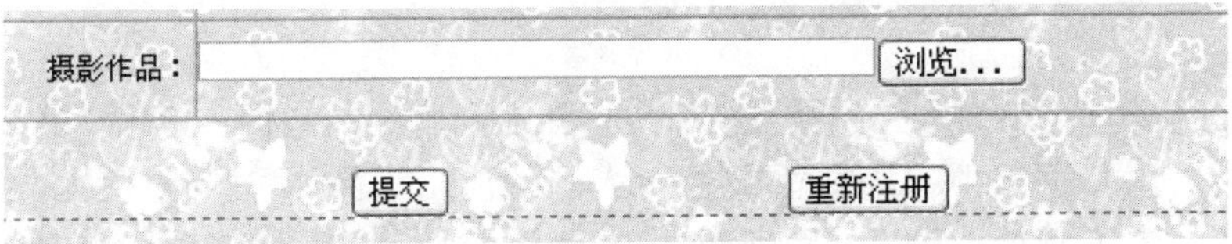

图 8-24　得到的按钮效果

25 按住 Ctrl 键不放，将除按钮以外的表单内容区域选中，如图 8-25 所示。然后在“属性”面板中将对齐方式设置为“左对齐”。

相关知识 什么是文本区域

文本区域就是一个多行的文本域，用于提供多个文字或段落。如果要在表单中输入较多的文本，可以使用文本区域。适合使用文本区域的有个人简介、客户留言、意见建议等。如下所示就是一个多行文本区域。

相关知识 文本区域属性设置

文本区域的“属性”面板与文本字段的“属性”面板基本相同，只是多了“行数”这个参数，默认情况下为两行文本框的高度。

相关知识 创建复选框

在一组选项中，如果可以同时选择一个或多个选项，就需要使用复选框。

创建复选框的具体操作步骤如下。

（1）将光标置于表单中要插入复选框的位置。

（2）执行下列操作之一。

- 选择“插入”→“表单”→“复选框”命令。
- 在“插入”面板的“表单”栏中单击“复选框”按钮 。

执行上面的操作后，即可插入复选框，复选框显示为一

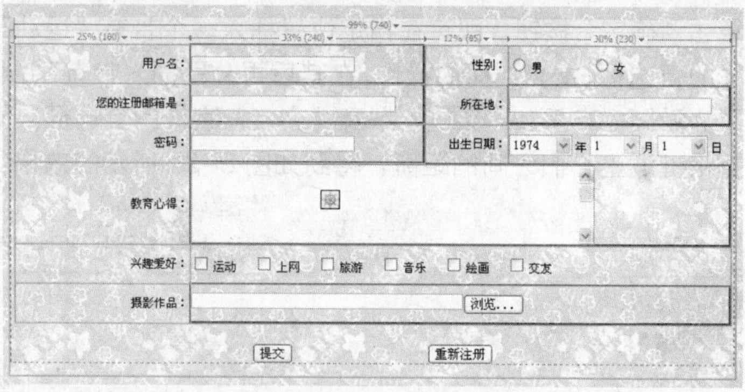

图 8-25　将除按钮以外的表单内容区域选中

26 此时得到网站注册页面的最终效果，保存网页，按 F12 键预览网页。

实例 8-3　利用 AP Div 制作网页

AP Div 又称为绝对定位元素（AP 元素），用来精确控制网页中对象的位置，它可以准确定位文本、图像等网页元素，并且还具有移动方便、可重叠或隐藏等特点。本实例将详细介绍如何利用 AP Div 制作精美网页，最终效果如图 8-26 所示。

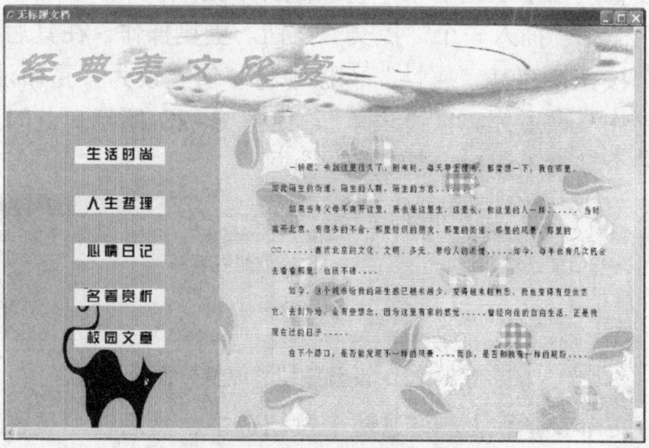

图 8-26　实例最终效果

操作步骤

1 选择“文件”→“新建”命令，新建一个网页文档。单击“属性”面板中的“页面属性”命令，打开“页面属性”对话框，在左侧的“分类”列表框中选择“外观（CSS）”选项，在左侧的“背景图像”文件域中选择一幅背景图像（光盘\素材与效果\myweb\image\08\5.jpg），设置“重复”为 repeat，并将“左边距”、“右边距”、“上边距”和“下边距”均设置为 0，如图 8-27 所示。

个小方块，在它后面可以加上说明文字，如下所示。

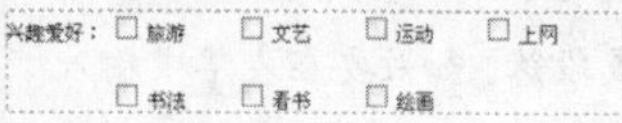

相关知识　复选框属性面板

选定插入的复选框，其“属性”面板如下所示。

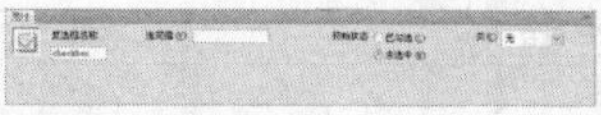

其中各属性的作用如下。

- 复选框名称：设置复选框的名称。
- 选定值：设置复选框被选定时的取值。当用户提交表单时，此值被传送给服务器端应用程序（如 CGI 脚本）。
- 初始状态：设置表单第一次载入时复选框是否选中。

实例 8-3 说明

- 知识点：
  - 设置页面属性
  - 插入 AP Div
  - 在 AP Div 中添加内容
- 视频教程：光盘\教学\第 8 章　Dreamweaver 网页制作进阶实例
- 效果文件：光盘\素材与效果\myweb\html\08\8-3.html
- 实例演示：光盘\实例\第 8 章\利用 AP Div 制作网页

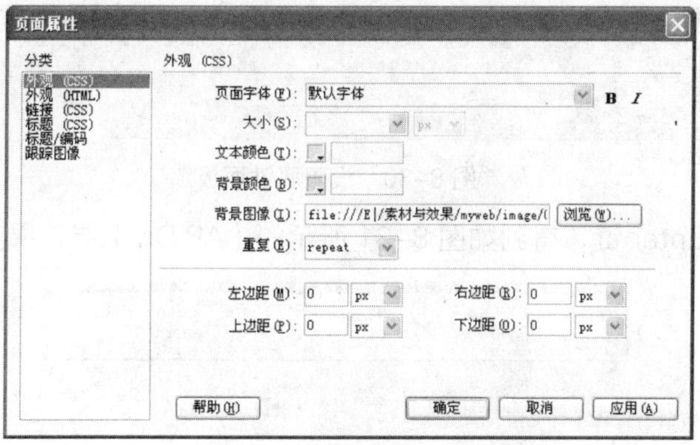

图 8-27 “页面属性”对话框

2 单击“确定”按钮，得到如图 8-28 所示的效果。

图 8-28 添加背景图像后的效果

3 将光标置于网页文档的左上角，选择“插入”→“布局对象”→“AP Div”命令，即可在左上角插入一个默认大小的层。用鼠标指向 AP Div 的边，当光标变为✥形状时单击，即可选中层，将其移至合适的位置，如图 8-29 所示。

图 8-29 插入一个 AP Div

4 选中此层，在“属性”面板中将“宽”设置为 1420px，“高”设置为 160px，如图 8-30 所示。

相关知识 **什么是 AP Div**

在 Dreamweaver CS3 以前的版本中，AP Div 被称为层，AP Div 又称为绝对定位元素（AP 元素），用来精确控制网页中对象的位置。使用层可以准确地定位文本、图像等网页元素，并且还具有移动方便、可重叠和隐藏等特点。掌握了层的应用，就可以更加方便地创建和定位网页。

相关知识 **创建层的方法**

1. 创建普通层

创建普通层的操作步骤如下。

（1）将光标置于要创建层的位置，选择“插入”→“布局对象”→“AP div”命令，即可在指定位置插入一个默认大小的层。

（2）单击选中层，可调整其大小，插入的层默认是以蓝色边框显示的。

2. 绘制层

除了使用菜单命令插入层外，还可以绘制层。单击“插入”面板“布局”栏中的“绘制 AP Div”按钮，然后在文档窗口中拖动鼠标即可绘制层，如下所示。

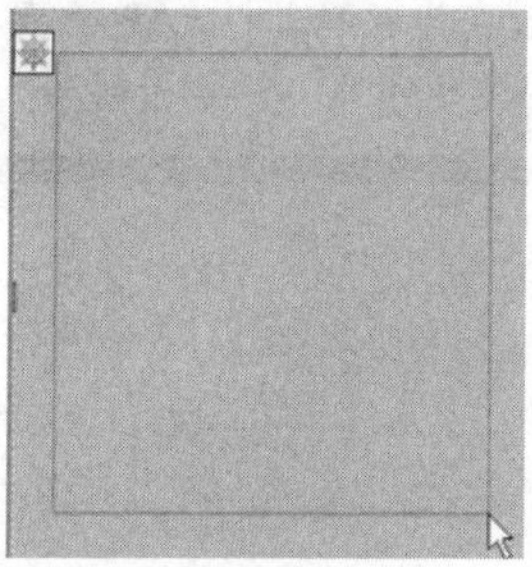

在同一个文档中，可以添加多个层，按需要进行绘制即可。

相关知识 如何调整层的大小

可通过以下两种方法调整层的大小。

- 选定层，使用“层属性”面板中的“宽”和“高”数值框，可精确地调整层的大小。
- 选定层，层的周围出现3个控制点，拖动层下边框中间的控制点，可调整层的高度；拖动层右边框中间的控制点，可调整层的宽度；拖动层右下角的控制点，可以同时调整层的高度和宽度。

重点提示 如何设置显示层标记

添加层后，会在窗口的左上角出现层标记，若文档中有多个层，则这些层标记将依次排列。如果没有显示此标记，可选择“编辑”→“首选参数”命令，弹出“首选参数”对话框，在左侧“分类”列表框中选择“不可见元素”选项，然后在其右侧选中“AP元素的锚点”复选框，如下所示。

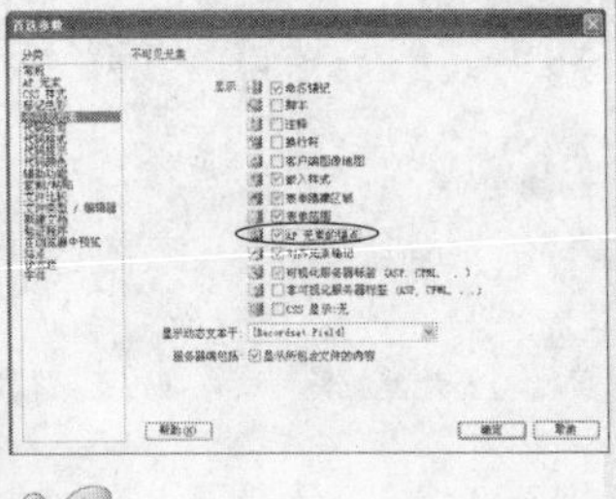

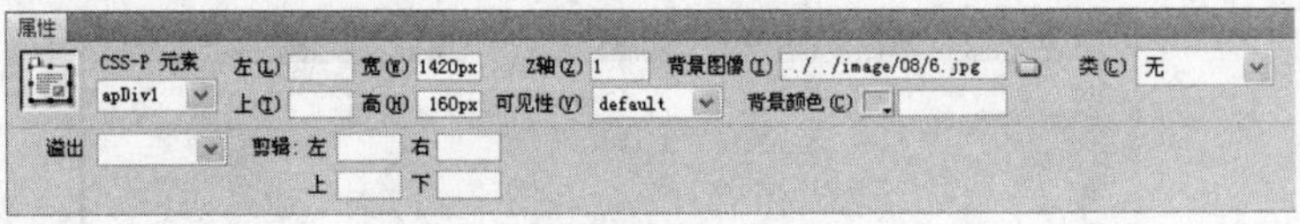

图 8-30 设置属性面板

5 按 Enter 键，得到如图 8-31 所示的（AP Div）层效果。

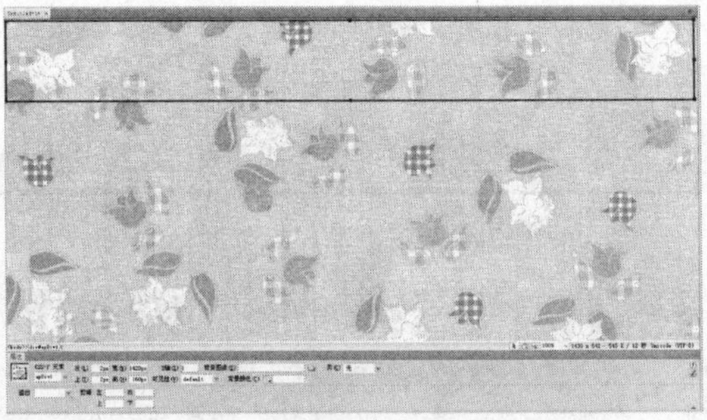

图 8-31 得到的层效果

6 在“属性”面板中，单击“背景图像”右侧的文件夹图标，弹出“选择图像源文件”对话框，在其中选择一幅图像作为此层的背景图像（光盘\素材与效果\myweb\image\08\6.jpg），如图 8-32 所示。

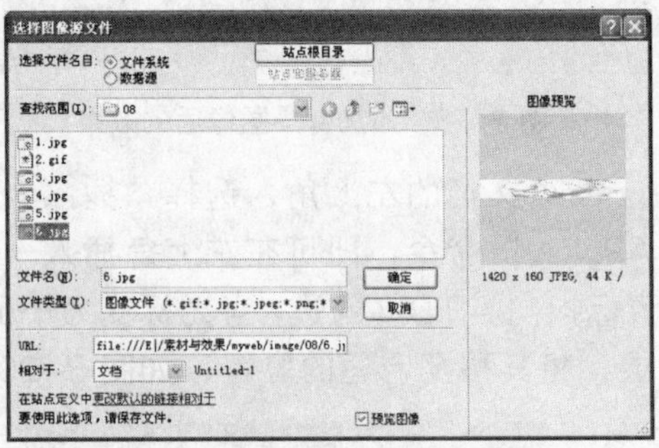

图 8-32 “选择图像源文件”对话框

7 单击“确定”按钮，即可为层添加指定的背景图像，如图 8-33 所示。

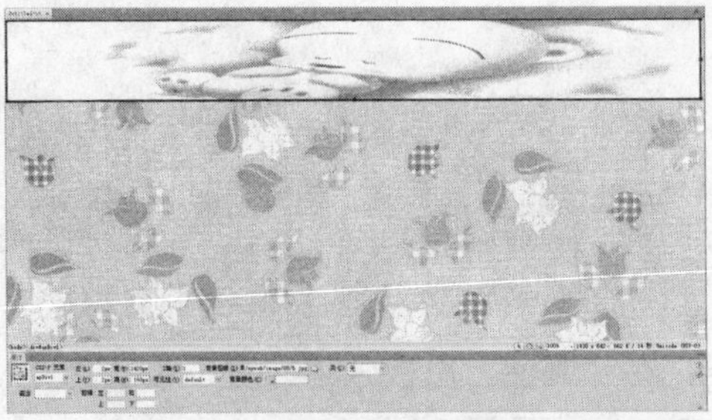

图 8-33 为层添加指定的背景图像

8 用同样的方法，再创建一个宽为 400px，高为 600px 的层。将其选中，然后移至文档的左下方处，如图 8-34 所示。

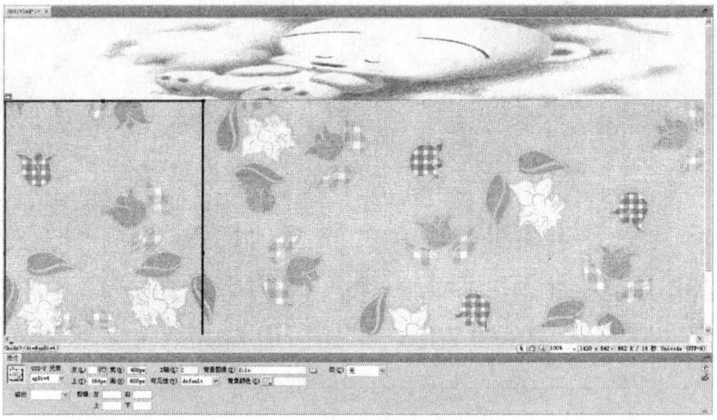

图 8-34 创建的第二个层

9 将此层选中，按照同样的方法为其添加背景图像（光盘\素材与效果\myweb\image\08\7.jpg），得到如图 8-35 所示的效果。

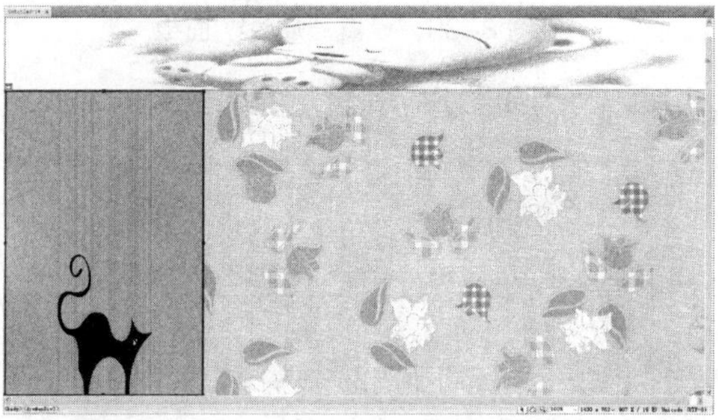

图 8-35 为第二个层添加背景图像

10 将光标置于第一个 AP Div 中，选择“插入”→“布局对象”→“AP Div”命令，再插入一个层。选择“窗口”→“AP 元素”命令，打开“AP 元素”面板，在其中取消选中“防止重叠”复选框，如图 8-36 所示，这样即可将创建的第 3 个层放置于需要的位置。然后将此层调整为合适的大小，如图 8-37 所示。

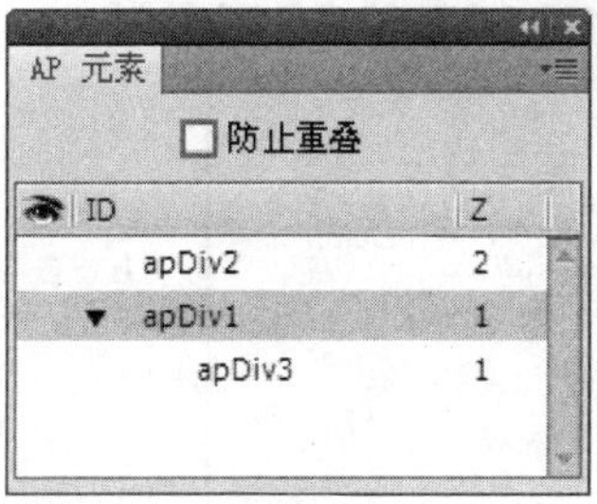

图 8-36 “AP 元素”面板

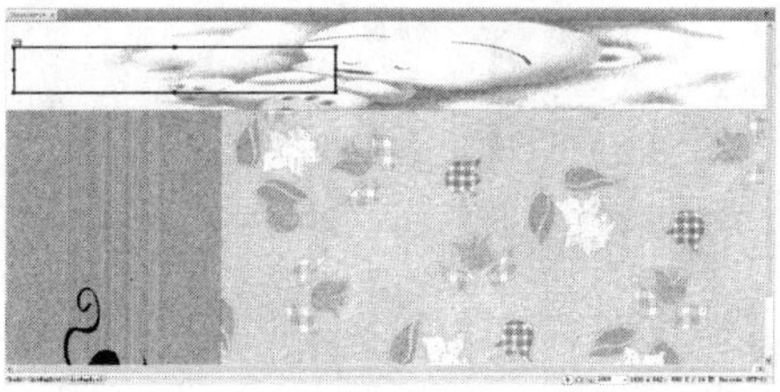

图 8-37 创建的第三个层

11 在此层中输入文字“经典美文欣赏”，然后在“属性”面板中将文字的字体设置为“华文隶书”，大小为 80px，颜色为“#F90”，得到如图 8-38 所示的效果。

相关知识 创建嵌套层

创建嵌套层是指在原有的层中再插入一个层。嵌套层具有继承性，即子层与上一级父层之间的背景色、可视性等属性一致，它继承了其父层的所有特征。

创建嵌套层的操作步骤如下。

（1）将光标置于已存在的层中。

（2）选择“插入”→“布局对象”→“AP div”命令即可插入嵌套层，如下所示。

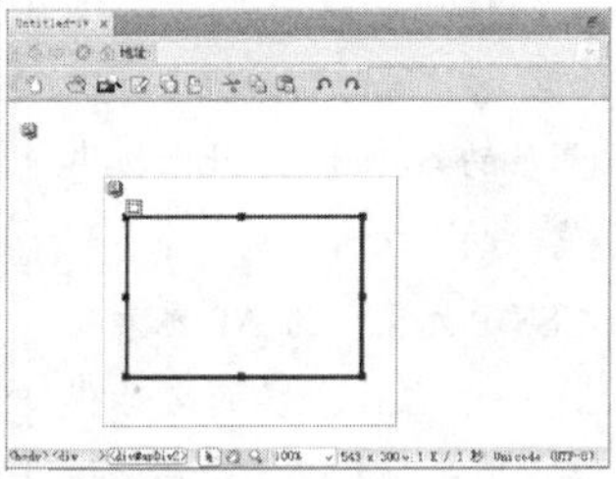

相关知识 AP Div 的预设参数设置

可以通过设置首选参数来预先设置 AP Div 的属性，这样，在需要重复创建某些层时就会节约大量的时间。

选择“编辑”→“首选参数”命令，弹出“首选参数”对话框，在左侧“分类”列表框中选择“AP 元素”之后，右侧的对话框选项如下所示。

各选项的含义如下。

- 显示：设定 AP Div 是显示还是隐藏。

- 宽：设定 AP Div 的默认宽度。
- 高：设定 AP Div 的默认高度。
- 背景颜色：设定 AP Div 的默认背景颜色。
- 背景图像：设定 AP Div 的默认背景图像。
- 嵌套：设定是否可以在一个 AP Div 中嵌套另一个 AP Div。

相关知识 AP Div 属性面板

创建了层以后，将其选中，在其“属性”面板中可以设置层的各种属性。此面板中各属性的含义如下。

- CSS-P 元素：为 AP 元素指定一个名称。层的名称代码，用于脚本语言对层的识别，默认的名称为 apDiv1、apDiv2……层的名称可以由任意字母和数字组成，但不能有空格、连字符、斜线、句号等特殊字符。
- 左：指定层的左边相对于页面（如果嵌套，则为父层）左边的位置。
- 上：指定层的顶端相对于页面（如果嵌套，则为父层）顶端的位置。
- 宽：指定层的宽度。
- 高：指定层的高度。
- Z 轴：指定层的堆栈顺序。数值大的层被放在数值小的层的上方。

此值可以为正，也可以为负。

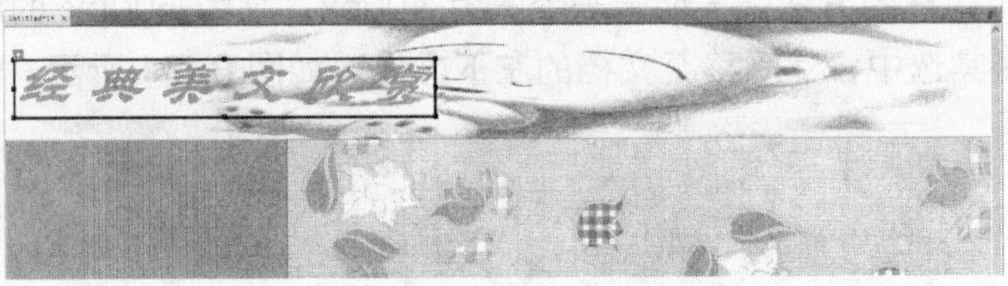

图 8-38 在层中输入文字并设置属性

12 将光标置于左下方处的层中，选择“插入”→“布局对象”→“AP div”命令，插入一个层。选中此层，在“属性”面板中将“宽”设置为 170px，“高”设置为 30px，“背景颜色”设置为“#FFFF99”，如图 8-39 所示。

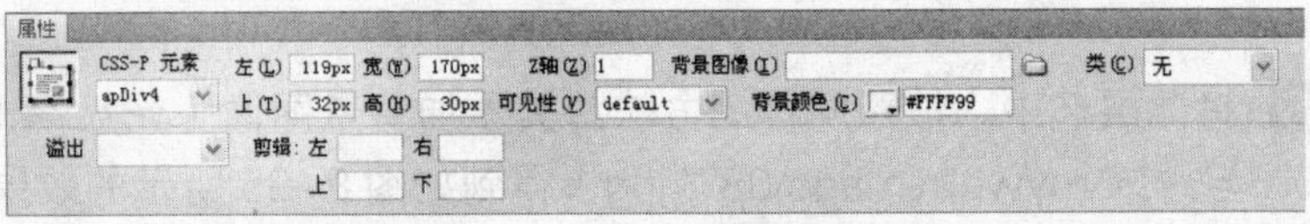

图 8-39 设置“属性”面板

13 按 Enter 键，得到如图 8-40 所示的层效果。

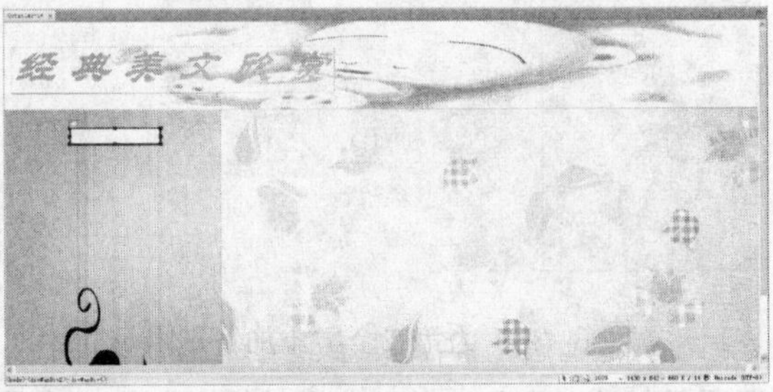

图 8-40 得到的层效果

14 在此层上输入文字“生活时尚”，然后单击“属性”面板中的 编辑规则 按钮，打开“CSS 规则定义”对话框，在其中设置字体为“迷你简综艺”，大小为“26px”，如图 8-41 所示。

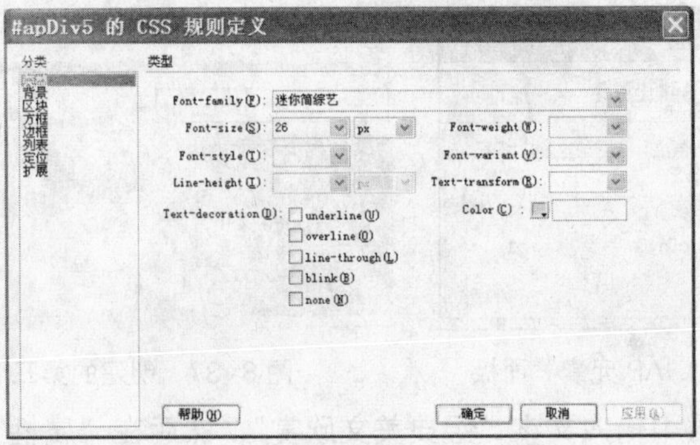

图 8-41 “CSS 规则定义”对话框

15 单击“确定”按钮，得到如图 8-42 所示的文字效果。选中此层，选择“编辑”→“拷贝”命令，然后选择“编辑”→“粘贴”命令，复制出 4 个同样的层，然后分别拖至合适的位置，如图 8-43 所示。

图 8-42　得到的文字效果图

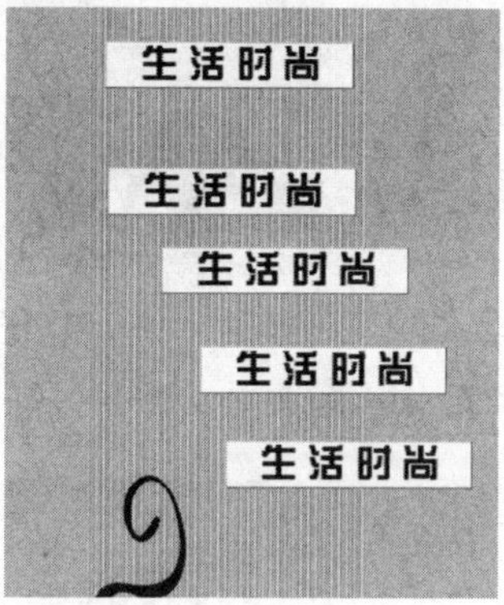

8-43　复制出 4 个同样的层

16 按 Shift 键，将这 5 个层同时选中，选择“修改”→“排列顺序”→“左对齐”命令，将层左对齐，得到如图 8-44 所示的效果。将复制出的 4 个层中的文字分别修改为相应的文字，得到如图 8-45 所示的效果。

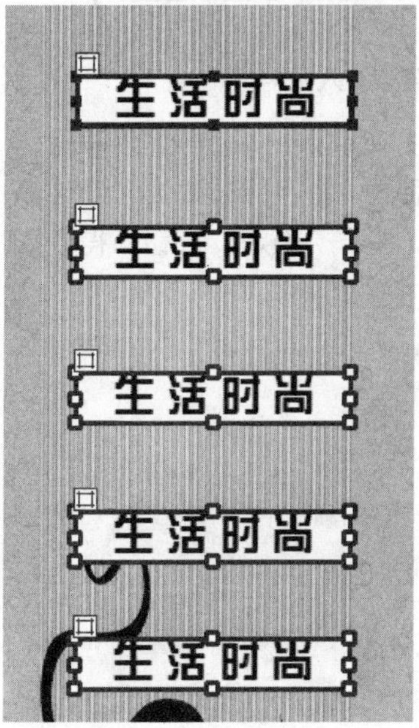

图 8-44　将层左对齐

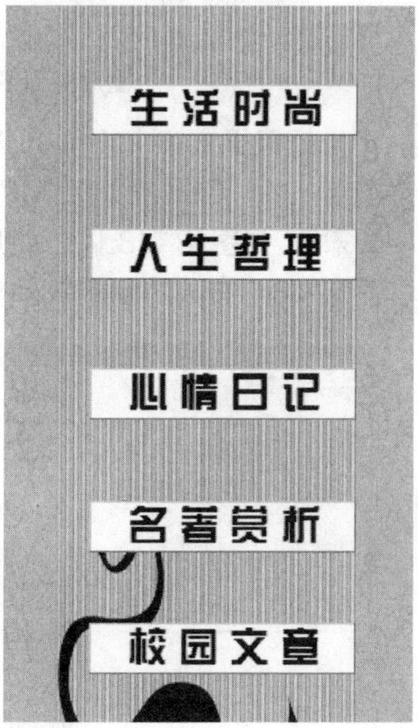

图 8-45　修改为相应的文字

17 选择“插入”→“布局对象”→“AP Div”命令，插入一个宽为 640px，高为 480px 的层，然后将其移至文档右下方处，如图 8-46 所示。

- 可见性：指定初始化层的显示情况。包括以下 4 个选项。
  - * default: 表示不指定可见性属性。
  - * inherit: 表示使用父层的可见性属性。
  - * visible: 表示显示层，忽略父层的属性值。
  - * hidden: 表示隐藏层，即层在网页上不可见，忽略父层的属性值。
- 背景图像：设置层的背景图片。单击右侧的“文件夹”按钮，在弹出的“选择图像源文件”对话框中选择一张图片，作为层背景图片。
- 背景颜色：设置层的背景颜色。
- 溢出：可以控制层范围内元素的显示区域，当层里面的内容超出层的实际尺寸时，可以定义如何显示超出部分。该项仅用于 CSS 层。包括以下 4 个选项。
  - * visible: 表示向下及向右自动扩大层的尺寸以容纳并显示层中所有内容。
  - * hidden: 表示保持层的尺寸，超出范围的层内容将被剪切。
  - * scroll: 表示无论层的内容是否超出范围，都添加滚动条。
  - * auto: 表示当层的内容超出范围时，自动添加滚动条。
- 剪辑：可以定义一个矩形区域，当层里面的内容超出层的实际大小时，将其剪切掉不显示。

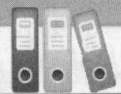

- 类（Class）：选择 CSS 样式定义层。

相关知识 选取AP Div的方法

对 AP Div 进行操作之前，首先要将它选中。选取 AP Div 的方法有以下几种。

- 在 AP Div 的边框上单击。
- 单击 AP Div 选择柄。如果选择柄不可见，则可单击 AP Div 中任意位置，将其显示出来。
- 选择“窗口”→“AP 元素”命令，打开“AP 元素”面板，在此面板中单击 AP Div 的名称即可选中，如下所示。

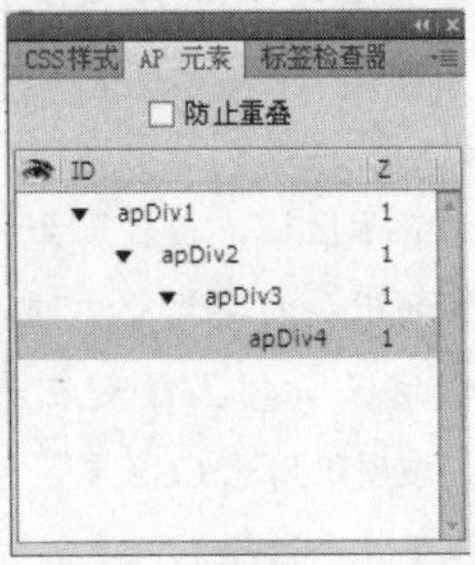

如果要选择多个 AP Div，有以下两种方法。

- 按住 Shift 键，单击每个要选择的 AP Div，即可选择多个层。
- 在“AP 元素”面板上，按住 Shift 键并单击要选择的 AP Div 的名称。

重点提示 层的计量单位

CSS 层的位置（左边距和上边距）和大小的默认单位是像素（px），也可指定其他单位，如点（pt）、英寸（in）、毫米（mm）、厘米（cm）或相对于父元素的百分比（%）等。

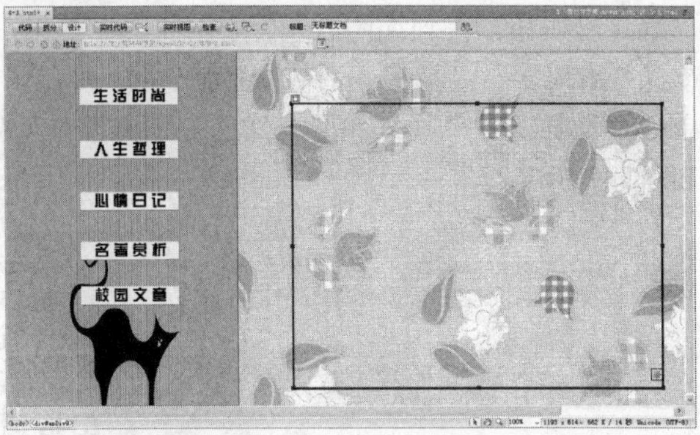

图 8-46　创建的层

18 在此层中输入文字，如图 8-47 所示。

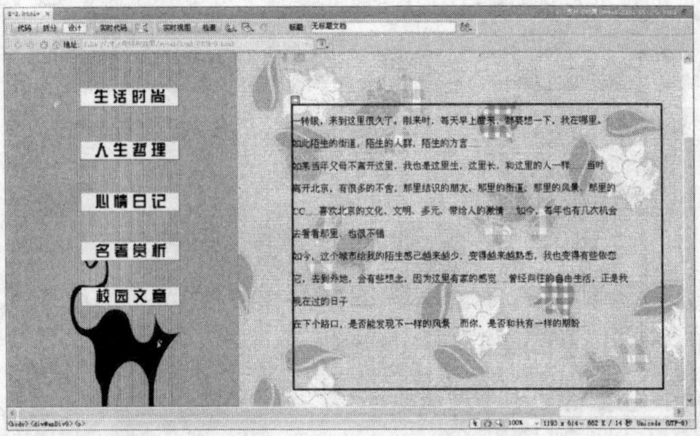

图 8-47　在此层中输入文字

19 将光标置于文字中，单击“属性”面板中的 编辑规则 按钮，在打开的“CSS 规则定义”对话框中将字体设置为“迷你简长宋”，如图 8-48（左）所示。单击“确定”按钮，得到如图 8-48（右）所示的效果。

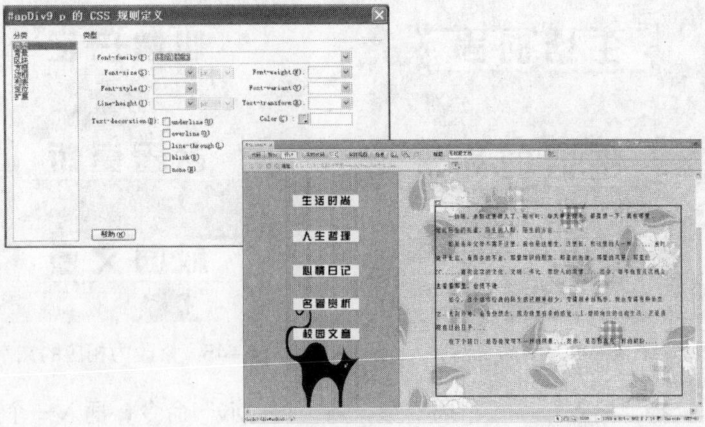

图 8-48　设置“CSS 规则定义”对话框得到文字效果

20 按 F12 键，打开浏览器，即可得到最终效果。

实例 8-4　创建与应用模板网页

Dreamweaver 中提供了模板功能，使用它可以一次更新多个页面，达到统一页面格式的目的。模板是带有固定特征和共同格式的文档，是用户批量产生文档的起点。本实例将详细介绍如何将文件保存为模板以及如何应用模板制作网页，最终效果如图 8-49 所示。

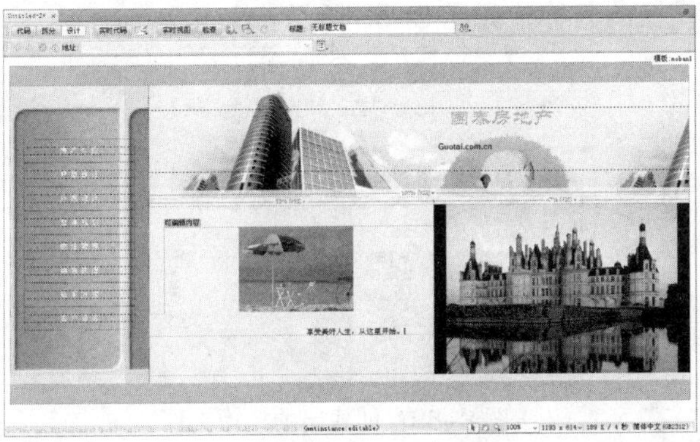

图 8-49　实例最终效果

操作步骤

1 打开要保存为模板的网页 8-4.html（光盘\素材与效果\myweb\html\08\8-4.html），如图 8-50 所示。

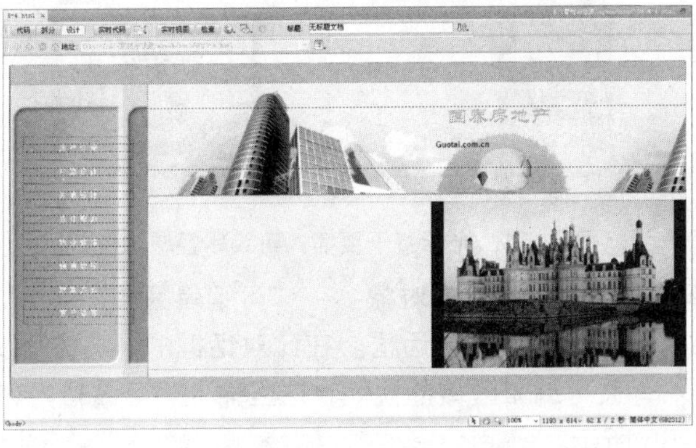

图 8-50　打开要保存为模板的网页

2 选择“文件”→“另存为模板”命令，在弹出的“另存模板”对话框的“站点”下拉列表中选择一个站点名称；在“现存的模板”列表框中显示的是当前系统中存在的模板；在“另存为”文本框中输入新建的模板名称，这里输入“moban1”，如图 8-51 所示。

3 单击“保存”按钮，弹出一个提示框，提示是否更新链接，如图 8-52 所示。

实例 8-4 说明

- 知识点：
  - 创建模板
  - 创建可编辑区域
  - 应用模板
- 视频教程：

  光盘\教学\第 8 章　Dreamweaver 网页制作进阶实例
- 效果文件：光盘\素材与效果\myweb\html\08\8-5.html
- 实例演示：

  光盘\实例\第 8 章\创建与应用模板网页

相关知识　模板的作用

创建网站时，为体现其专业性，通常要求各网页的风格必须一致。例如，在某一特定的位置显示网站主题或网站图标等。这样做可以使网页的主题更加明了，从而加深用户对网页的印象。此时，要进行大量的重复性操作。利用 Dreamweaver 中提供的模板功能，可以一次更新多个页面，快速实现统一页面格式的目的。模板是带有固定特征和共同格式的文档，是用户批量产生文档的起点。

相关知识　进一步认识模板

模板是一种比较特殊的文档，扩展名为.dwt。模板可以由专业设计人员设计生成，也可以自行定义。定义的模板中，相同部分为不可编辑状态，而不同部分为可编辑状态。

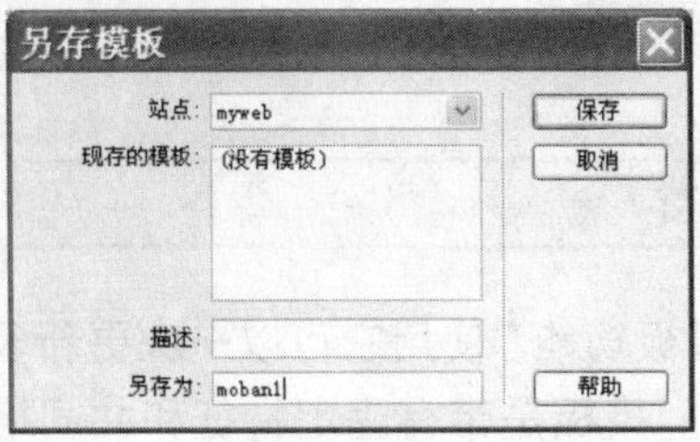

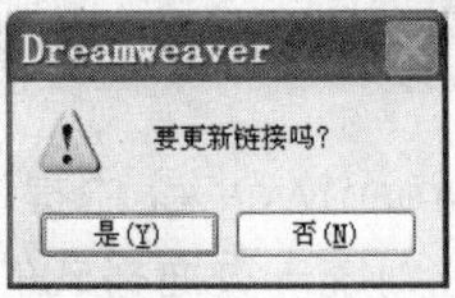

图 8-51 设置“另存模板”对话框　　图 8-52 提示是否更新链接

4 单击“是”按钮，即可创建一个模板，并在窗口的左上角显示该模板的名称，如图 8-53 所示。

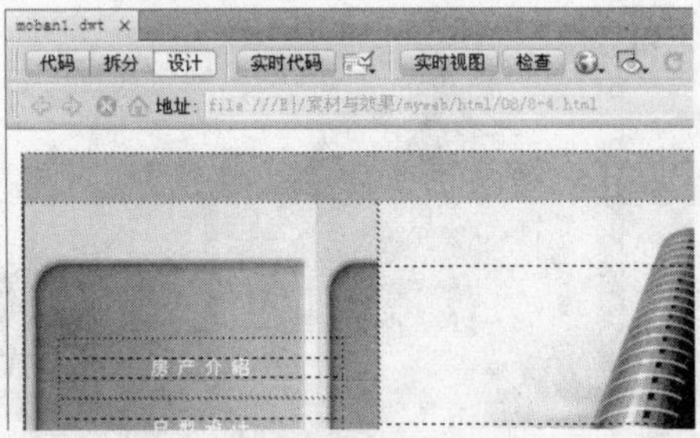

图 8-53 创建出的模板文件

5 将光标置于要插入可编辑区域的位置，如图 8-54 所示。

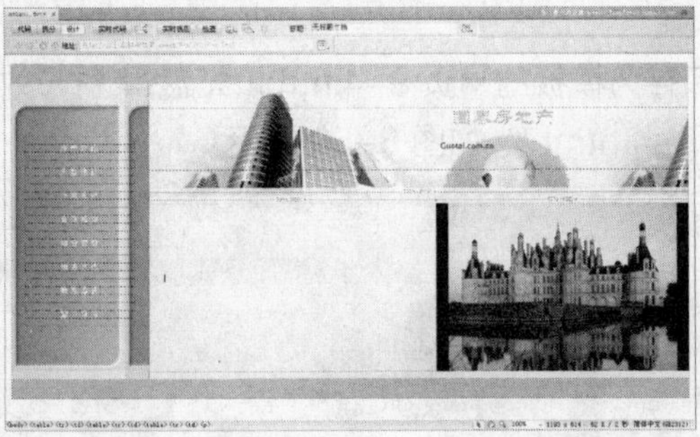

图 8-54 光标置于要插入可编辑区域的位置

6 选择“插入”→“模板对象”→“可编辑区域”命令，打开“新建可编辑区域”对话框。在此对话框的“名称”文本框中输入有关可编辑区域的说明，这里输入“可编辑内容”，如图 8-55 所示。

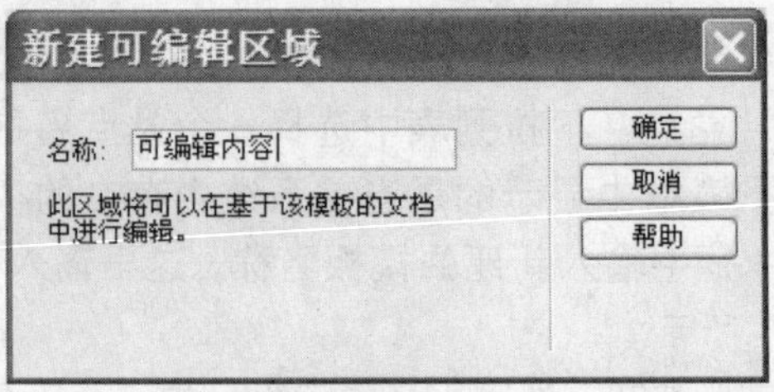

图 8-55 “新建可编辑区域”对话框

相关知识 创建模板

创建模板有两种方式，一种是直接创建空白模板，另一种是将当前网页保存为模板文件。

1. 创建空白模板

（1）选择“窗口”→“资源”命令，打开“资源”面板。单击此面板左侧的“模板”按钮，打开“模板”面板。

（2）“模板”面板的空白区域被分隔为两部分，上面的区域为模板预览区，用于预览当前所选择的模板内容；下面的区域为模板列表区，显示所有已创建的模板。

（3）单击“模板”面板上右上角的按钮，在弹出的下拉菜单中选择“新建模板”命令或单击面板右下角的“新建模板”按钮。

（4）此时，“模板”面板下方即创建了一个无标题的空白模板。

（5）在名称上单击，使其处于可编辑状态，输入新模板名称并按 Enter 键即可创建一个空白文档。

2. 将文件保存为模板

（1）打开要保存为模板的网页。

（2）选择“文件”→“另存为模板”命令，在弹出的“另存为模板”对话框的“站点”下拉列表中选择一个站点名称；“现存的模板”列表框中显示的是当前系统中存

7 设置完成后，单击“确定”按钮，即可将选择的区域设为可编辑区域，如图 8-56 所示。

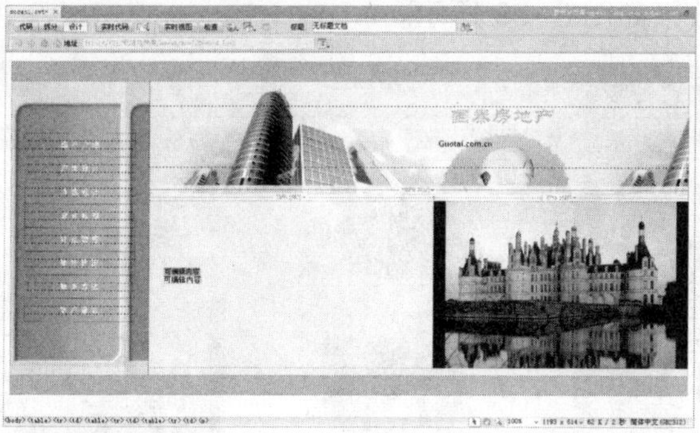

图 8-56　将选择的区域设为可编辑区域

8 将此模板文件保存。选择“文件”→“新建”命令，打开“新建文件”对话框。在左侧的列表框中选择“模板中的页”选项，在“站点”列表框中选择模板所在的站点 myweb，在“站点的模板”列表框中选择用来创建文档的模板 moban1，如图 8-57 所示。

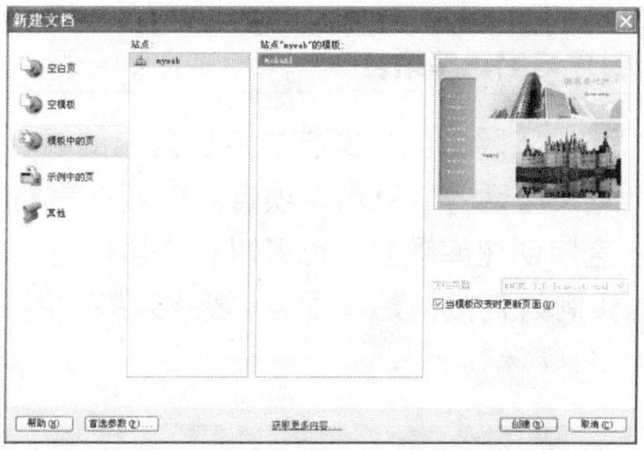

图 8-57　“新建文件”对话框

9 单击“创建”按钮，即可得到一个基于此模板创建的页面，如图 8-58 所示。

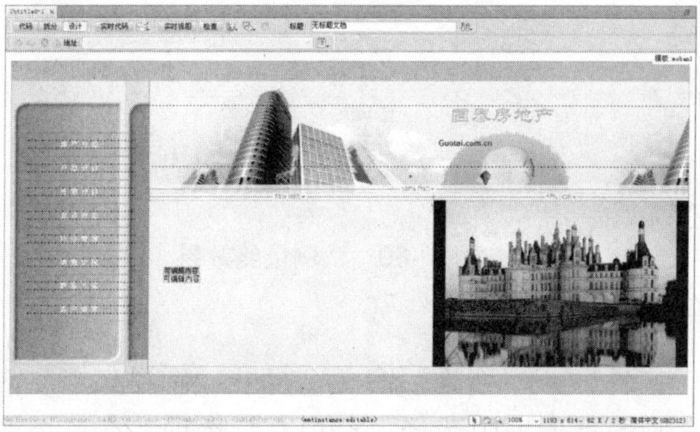

图 8-58　基于模板创建的页面

在的模板；在“另存为”文本框中输入新建的模板名称，如下所示。

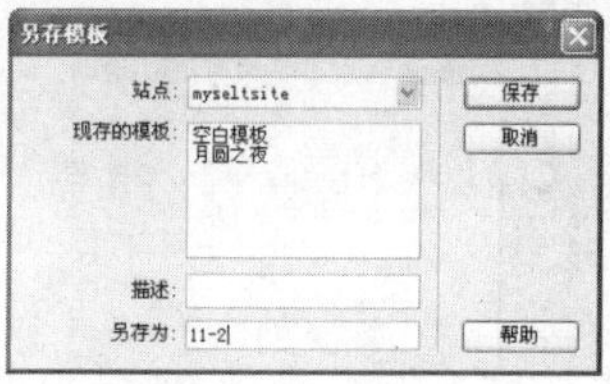

（3）单击“保存”按钮，即可创建一个模板，并且在窗口的左上角出现模板的名称。

相关知识　**创建模板的注意事项**

创建模板之后，系统会自动在本地站点文件夹中添加一个名称为 Templates 的新文件夹，并将创建的模板文件保存到此文件夹中。

注 意： 不要将模板移动到 Templates 文件夹之外，也不要把非模板文件放在 Templates 文件夹中，或者将 Templates 文件夹移到本地根文件夹之外。否则将引起模板路径错误。

相关知识　**编辑空白模板**

编辑空白模板的方法如下。

（1）打开“资源”面板，单击其中的“模板”按钮，打开“模板”面板。

（2）在“模板”面板中，选择要进行编辑的空白模板，如下所示。

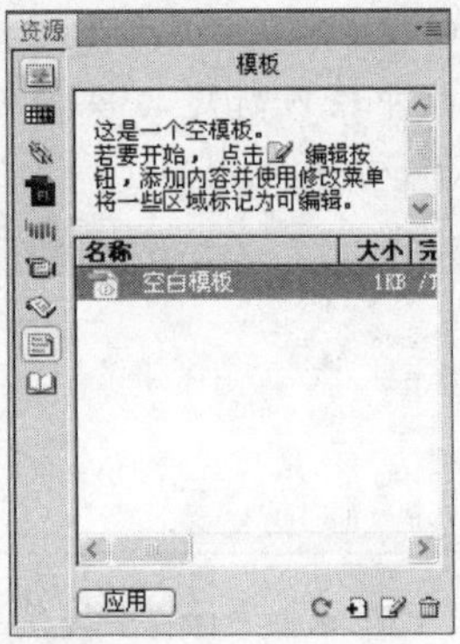

（3）单击右下角的“编辑”按钮，打开模板编辑窗口，如下所示。

（4）在窗口中用创建网页的方式设计模板，然后进行保存即可。

实例 8-5 说明

- **知识点：**
  - 创建库项目
  - 编辑库项目
- **视频教程：**

  光盘\教学\第 8 章　Dreamweaver 网页制作进阶实例
- **效果文件：** 光盘\素材与效果\myweb\html\08\8-6.html
- **实例演示：**

  光盘\实例\第 8 章\创建与编辑库项目

10 在模板中的可编辑区域插入一幅图像（光盘\素材与效果\myweb\image\08\9.jpg），并使用空格键将其调整到合适的位置，效果如图 8-59 所示。

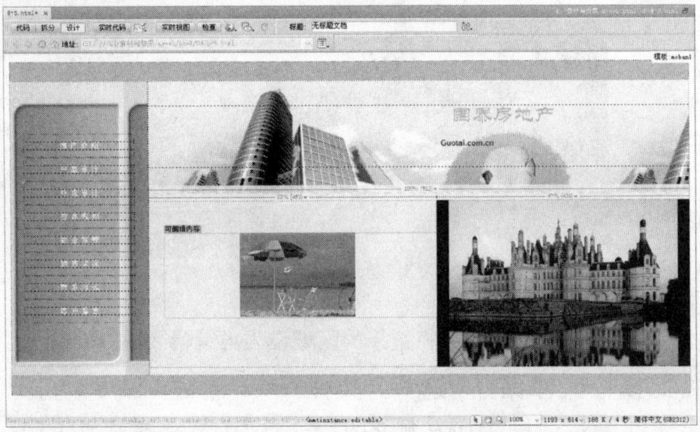

图 8-59　插入一幅图像并调整到合适的位置

11 在图像的下方输入文字“享受美好人生，从这里开始。”，然后将文字调整到合适的位置，得到最终效果，保存网页即可。

实例 8-5　创建与编辑库项目

所谓库项目，实际上就是文档中某些内容的组合，如版权的声明、邮箱地址、电话等。应用库项目可以避免重复输入网页中的内容。可以直接创建库项目，也可以将文档中的任意内容存储为库项目。本实例为直接创建库项目，最终效果如图 8-60 所示。

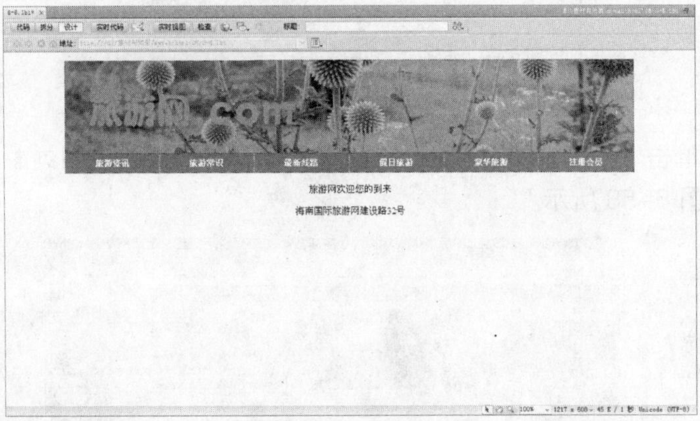

图 8-60　实例最终效果

操作步骤

1 选择“文件”→“新建”命令，打开“新建文档”对话框。在最左侧的列表框中选择“空白页”选项，在“页面类型”列表框中选择“库项目”选项，如图 8-61 所示。

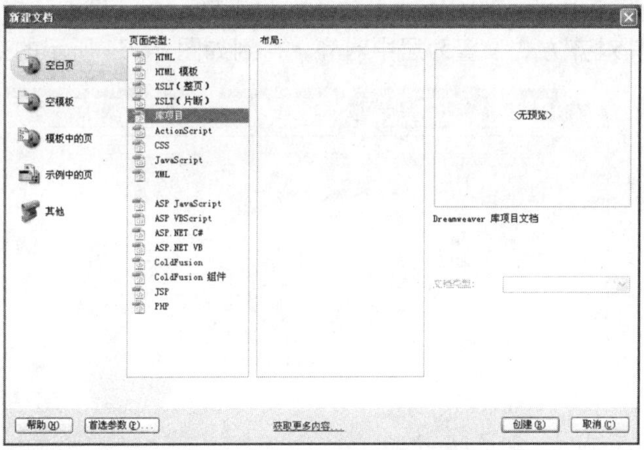

图 8-61 “新建文档”对话框

2 单击“创建”按钮，即可创建一个库项目文档，如图 8-62 所示。

图 8-62 库项目新文档

3 将光标置于文档中，选择“插入”→“表格”命令，打开“表格”对话框。在其中将行数设置为 2，列设置为 1，表格宽度设置为 1000 像素，其他各项均设置为 0，如图 8-63 所示。

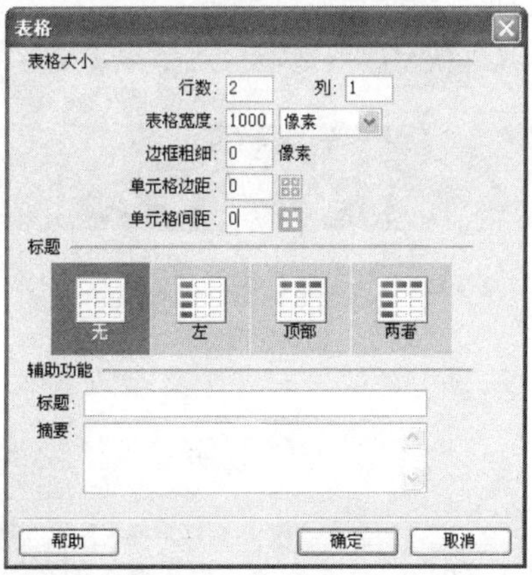

图 8-63 “表格”对话框

相关知识 模板区域的类型

模板中可定义的区域分为以下 4 种。

- 可编辑区域：指用户可以进行编辑的区域。
- 可选区域：通常是指有可能在基于模板的文档中出现的内容，如文本、图像等。
- 重复区域：通常是指可以在基于模板的页面中复制多次的部分。
- 可编辑标记属性：让用户可以在模板中解锁标记属性，从而使该属性可以在基于模板的页面中编辑。

相关知识 网页与模板脱离

使用了模板的文档多少会受到模板的限制，这样制作的网页就会有一定的局限性。页面与模板脱离后，用户就可以任意编辑修改网页中的内容了。

使网页脱离模板控制的方法如下。

（1）打开应用了模板的网页。

（2）选择“修改”→“模板”→“从模板中分离”命令即可。

相关知识 删除模板

删除模板有以下几种方法。

- 在“模板”面板中，选中要删除的模板，单击面板右下角的删除按钮。
- 单击“模板”面板右上角的下拉按钮，在弹出的下拉菜单中选择“删除”命令。

相关知识 **将模板应用到有内容的文档中**

创建并设置了模板后，即可以应用模板。应用模板有两种方式，一种是从模板新建一个网页，另一种是将模板应用到有内容的文档中。

将模板应用于已编辑了内容的文档的操作步骤如下。

（1）选择“文件”→“新建”命令，打开“新建文件”对话框，新建一个 HTML 文档并输入文本，或打开一个含有文本的文档。

（2）打开“模板”面板，在其中选择要应用的模板文件，然后单击左下角的“应用”按钮，弹出如下所示的对话框。

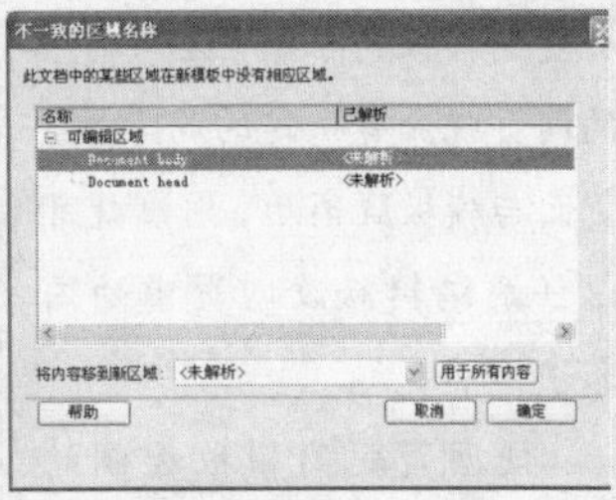

（3）在“将内容移到新区域”右侧的下拉列表中选择文档所插入的位置，单击“确定”按钮。

重点提示 **创建模板可编辑区域时的注意事项**

用户可以把任意的页面元素设成可编辑区域。但也要注意，可以把整个表格及表格的内容设置成可编辑区域，也可把某一个单元格及内容设置成一个可编辑区域，但不能把几个不同的单元格及内容设置

4 单击“确定”按钮，即可插入一个表格，在“属性”面板中将其对齐方式设置为居中对齐，得到如图 8-64 所示的效果。

图 8-64　插入的表格

5 将光标置于表格的第一行中，选择“插入”→“图像”命令，打开“选择图像源文件”对话框，在其中选择一幅图像（光盘\素材与效果\myweb\image\08\12.jpg），如图 8-65 所示。

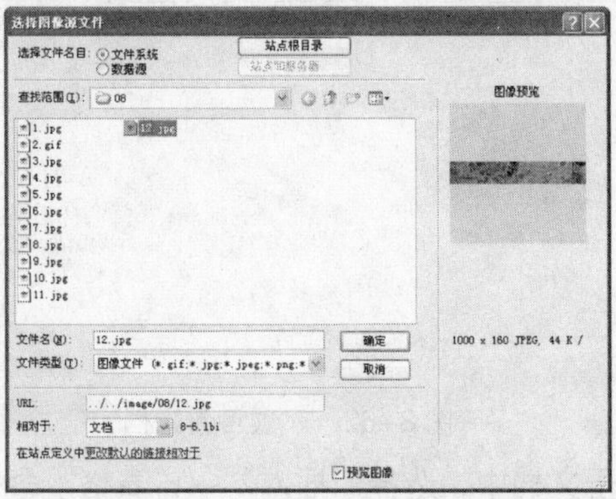

图 8-65　“选择图像源文件”对话框

6 单击“确定”按钮，即可将此图像插入第一行单元格中，得到如图 8-66 所示的效果。

图 8-66　在第一行中插入图像

7 将光标置于表格第二行，选择“插入”→“表格”命令，打开“表格”对话框。在其中将行数设置为 1，列数设置为 6，表格宽度设置为 1000 像素，其他各项均设置为 0，如图 8-67 所示。

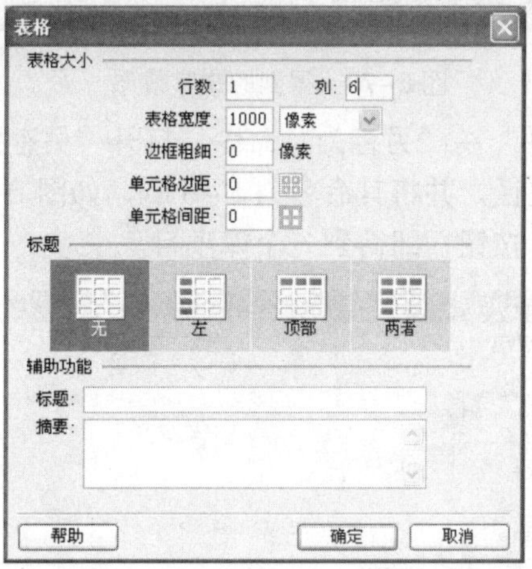

图 8-67 “表格”对话框

8 单击“确定”按钮，即可在此行中插入一个嵌套表格。将光标置于此行中，在“属性”面板中将“高”设置为 34；选中整行，在“属性”面板中将“背景颜色”设置为“#53587B”，得到如图 8-68 所示的效果。

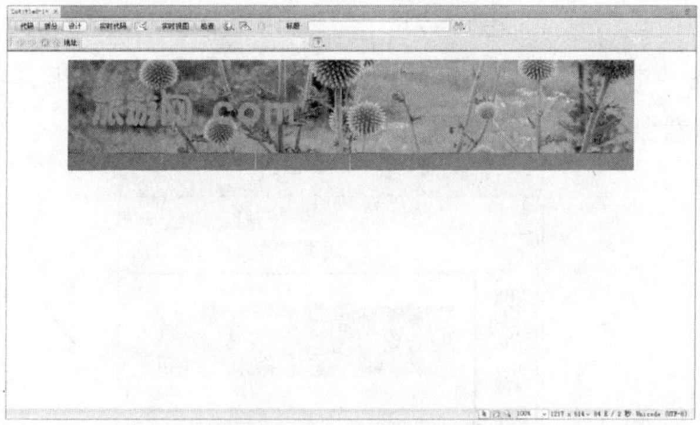

图 8-68 插入一个嵌套表格并设置属性

9 在各个单元格中分别输入相应文字，如图 8-69 所示。

图 8-69 在单元格中输入相应文字

10 将文字全部选中，然后将其大小设置为 14，颜色设置为“白色”，对齐方式设置为“居中对齐”，得到如图 8-70 所示的效果。

为同一个可编辑区域。另外，层和层里的内容是分开的，将层设为可编辑区域，则应用时层可移动；将内容设为可编辑区域，则层中的内容可被编辑。

重点提示 可编辑区域的匹配

如果应用模板的文档中曾经使用过模板，那么会进行可编辑区域的匹配。若含有相同的可编辑区域，则编辑区域中的内容不变；如果可编辑区域不匹配，则会给出提示。

相关知识 什么是库项目

如果说应用模板是为了避免重复创建网页的框架，则应用库项目是为了避免重复输入网页中的内容。所谓库项目，实际上就是文档中的某些内容的组合，如版权的声明、邮箱地址、电话等。

可以将文档中的任意内容存储为库项目。定义了库项目后，就可以在其他网页的任意位置调用它。

相关知识 创建库项目

在 Dreamweaver 中，库项目可以是文本、表格、表单等任意元素。

创建库项目的操作步骤如下。

(1)在网页中选定要创建成库项目的元素。

(2)选择“修改”→“库”→“增加对象到库”命令或在“资源”面板中单击“库”按钮，打开“库”面板，在其中单击“新建库项目”按钮，即可新建一个库项目。

(3)在“名称”栏中输入库项目的名称，按 Enter 键即可。

相关知识 **更新库项目**

更新库项目的操作步骤如下。

(1)选择“修改”→“库”→“更新页面”命令，打开“更新页面”对话框，如下所示。

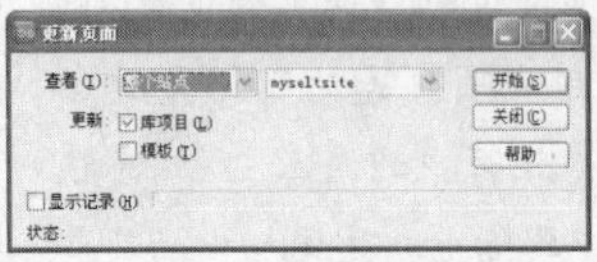

(2)在此对话框的“查看”下拉列表框中选择需要的选项。

(3)选中库项目复选框，可以更新站点中的所有库项目。

(4)选中模板复选框，可更新站点中的所有模板。

(5)设置完成后，单击“开始”按钮，即可更新库项目。

相关知识 **重命名库项目**

重命名库项目名称的操作步骤如下。

图 8-70 得到的文字效果

11 选择“文件”→“另存为”命令，打开“另存为”对话框，设置保存路径，并将其命名为 8-6.lbi，如图 8-71 所示。单击“保存”按钮，即得到一个库项目。

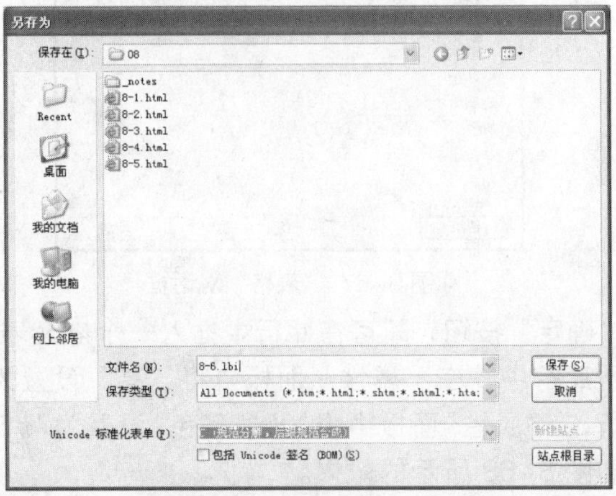

图 8-71 “另存为”对话框

12 选择“窗口”→“资源”命令，打开“资源”面板，在其中可以看到创建的库项目，如图 8-72 所示。

图 8-72 “资源”面板

13 如果想增加一个对象（如文字）到库项目中，可进行添加。将光标置于表格的下方并居中对齐，输入两行文字，如图 8-73 所示。

图 8-73 输入两行文字

14 将文字选中，选择“修改”→“库”→“增加对象到库”命令，打开“库”面板，在其中为增加的对象命名为“8-6-2”，如图 8-74 所示。

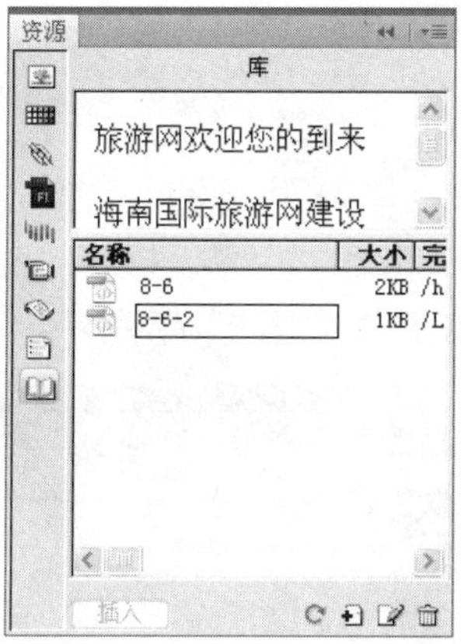

图 8-74 命名为“8-6-2”

15 按 Enter 键，得到添加的库项目，得到最终效果。

实例 8-6 应用库项目

创建库项目后，就可以在网页制作过程中应用它，本实例将介绍如何应用库项目制作网页。最终效果如图 8-75 所示。

图 8-75 实例最终效果

（1）在“库”面板上选定要重命名的库项目。

（2）执行下列操作之一。

- 单击鼠标右键，在弹出的快捷菜单中选择“重命名”命令。
- 单击“库”面板右上角的下拉按钮，从中选择“重命名”命令。
- 单击库项目，库项目可变成可编辑状态。

（3）输入新名称即可。

相关知识 删除库项目

删除库项目的操作方法如下。

（1）在“库”面板上选定要删除的库项目。

（2）单击面板右下角的“删除”按钮。

实例 8-6 说明

- **知识点：**
  应用库项目
- **视频教程：**
  光盘\教学\第 8 章 Dreamweaver 网页制作进阶实例
- **效果文件：** 光盘\素材与效果\myweb\html\08\8-8.html
- **实例演示：**
  光盘\实例\第 8 章\应用库项目

相关知识 应用库项目

创建好库项目后，就可以在网页制作过程中对其进行应用，操作方法如下。

（1）打开一个网页，在“资源”面板中选择要应用的库项目，如下所示。

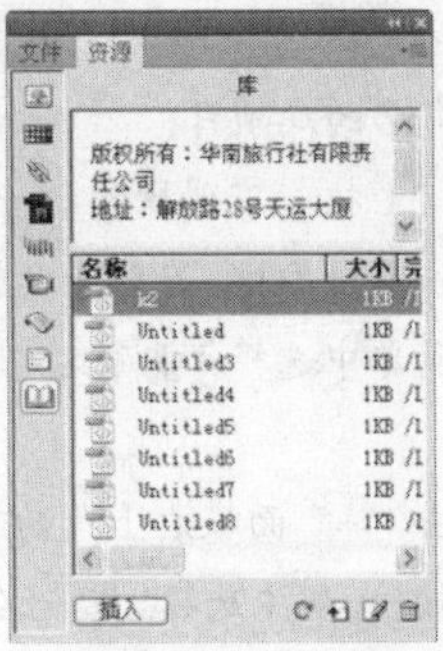

（2）单击“库”面板左下角的“插入”按钮，即可将库项目应用到网页上，这时库元素以高亮显示。

相关知识 脱离库项目

有时为了方便对库元素进行编辑，可以将文档中应用的库元素脱离库的控制。

操作方法为：选择文档中应用的库元素，在其“属性”面板中单击“从源文件中脱离”扫钮，即可将库元素与库脱离，并且可以在文档中对库元素进行修改，如下所示。

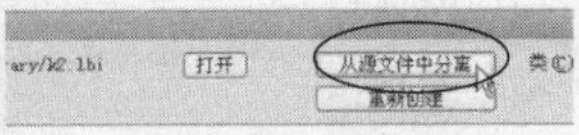

相关知识 设置图像属性

插入图像后，选定插入的图像，在窗口的下方即可弹出图像“属性”面板，在图像“属性”面板中可以对图像的大小、链接位置以及对齐方式等属性进行设置。可以看到图像“属性”面板由几下部分组成。

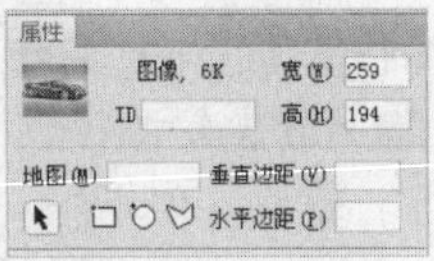

图像“属性”面板（1）

操作步骤

1 打开一个网页 8-7.html（光盘\素材与效果\myweb\html\08\8-7.html），如图 8-76 所示。

图 8-76 打开一个网页

2 选择“窗口”→“资源”命令，打开“资源”面板。在其中选择要应用的库项目，如图 8-77 所示。

图 8-77 选择要应用的库项目

3 单击“库”面板左下角的“插入”按钮，即可将该库项目应用到网页上，这时库元素以高亮显示，如图 8-78 所示。

图 8-78 将库项目应用到网页上

4 有时为了方便对库项目进行编辑，可以将文档中应用的库元素脱离库的控制。选中文档中应用的库项目，在“属性”面板中单击“从源文件中脱离”按钮，如图 8–79 所示。

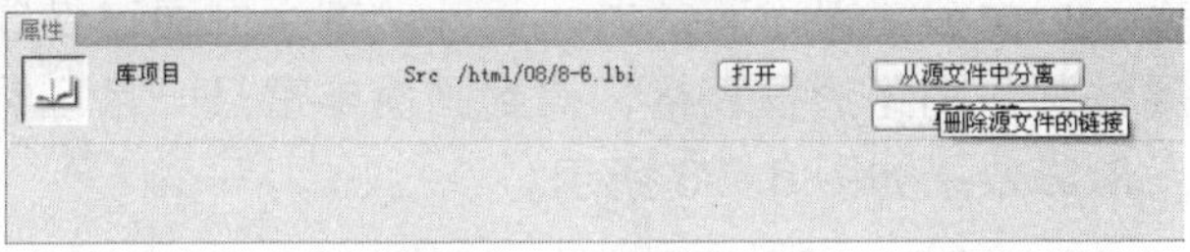

图 8–79 单击“从源文件中脱离”按钮

5 此时即可将库项目与库脱离，并且可以在文档中对库项目进行修改，如图 8–80 所示。

图 8–80 库项目与库脱离

6 将光标置于整个页面的最下方，选中文字库项目，将其拖至最下方，得到如图 8–81 所示的页面效果。

图 8–81 将文字库项目拖至文档的最下方

7 此时的文档整体效果如图 8–82 所示。保存网页，按 F12 键，得到最终效果。

图 8–82 文档整体效果

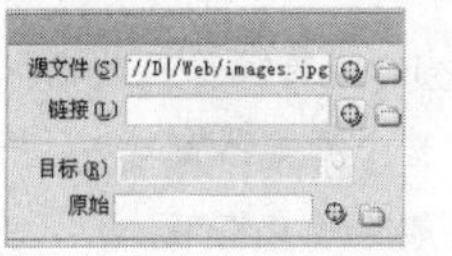

图像“属性”面板（2）

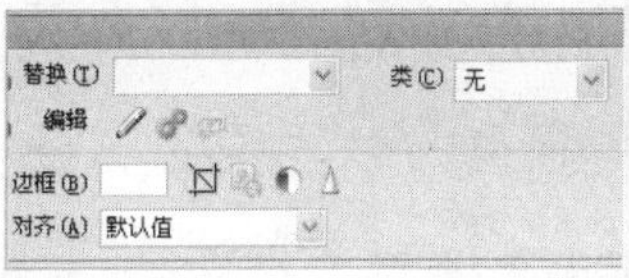

图像“属性”面板（3）

其中常用选项的含义如下。

- 宽、高：设置图像宽度及高度，默认单位为像素。
- 源文件：可以输入要插入图像的路径和名称，也可以单击右端的按钮，打开“选择图像源文件”对话框，从中选择要插入的图像。
- 链接：设置图像的链接属性。
- 替换：用于输入说明文本。在该文本框中输入的内容会在显示图像之前出现在图像显示的位置上。
- 目标：表示链接的目标文件在浏览器中的打开方式，包括以下 5 种方式。
  * _blank：将链接文件在空白窗口中打开。
  * _new：将链接文件在新浏览器窗口中打开。
  * _parent：将链接文件在上级框架集或包含该链接的窗口中打开。
  * _self：将链接的文件载入该链接所在的同一框架或窗口中。此项是默认选项。

* _top：将链接文件载入到整个浏览器窗口中，并会删除所有框架。
- 对齐：设置图像与其他对象的对齐方式。

实例 8-7 说明

- 知识点：
  - 设置页面属性
  - 插入表格
  - 设置表格属性
  - 插入嵌套表格
  - 在表格中添加内容
- 视频教程：

  光盘\教学\第 8 章 Dreamweaver 网页制作进阶实例
- 效果文件：光盘\素材与效果\myweb\html\08\8-9.html
- 实例演示：

  光盘\实例\第 8 章\间距边框表格制作

相关知识 设置页面属性

页面属性是指网页中的背景图像、文本颜色、页面标题、边距等基本属性，可以通过“页面属性”对话框进行设置。

打开一个网页，执行以下任一方法即可打开“页面属性”对话框。

- 选择“修改”→“页面属性”命令。
- 按 Ctrl+J 组合键。
- 在网页的空白处单击鼠标右键，在弹出的快捷菜单中选择“页面属性”命令。

实例 8-7 间距边框表格制作

表格是制作网页不可或缺的元素之一，但如果只是一些单调的表格，页面会显得没有活力、乏味。本实例通过设置表格的各种属性制作间距边框表格，得到画面丰富且一目了然的页面效果。最终效果如图 8-83 所示。

图 8-83　实例最终效果

操作步骤

1 选择“文件”→“新建”命令，新建一个空白文档。在“属性”面板中单击“页面属性”按钮，打开“页面属性”对话框，在其中将背景颜色设置为“#F60”，如图 8-84（左）所示。单击“确定”按钮，得到如图 8-84（右）所示的页面效果。

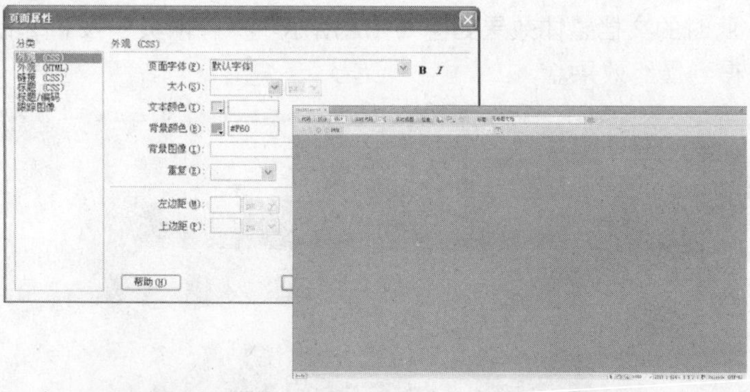

图 8-84　设置“页面属性”对话框得到页面效果

2 将光标置于文档中，选择“插入”→“表格”命令，打开“表格”对话框。在其中将行数设置为 2，列数设置为 3，表格宽度设置为 60%，边框粗细设置为 0，如图 8-85 所示。

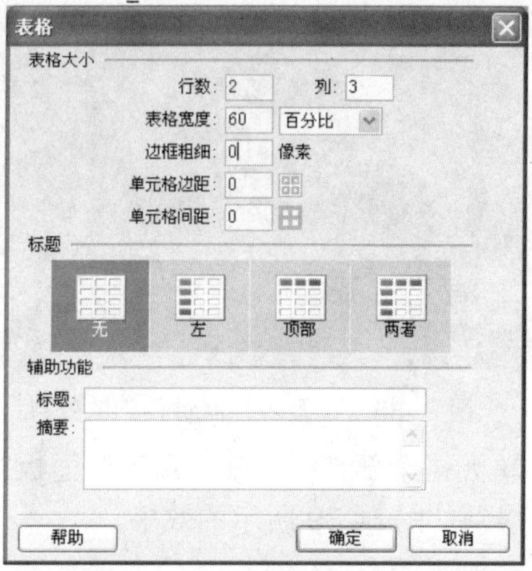

图 8-85 "表格"对话框

3 单击"确定"按钮，插入一个表格，在"属性"面板中将其对齐方式设置为居中对齐，得到如图 8-86 所示的效果。

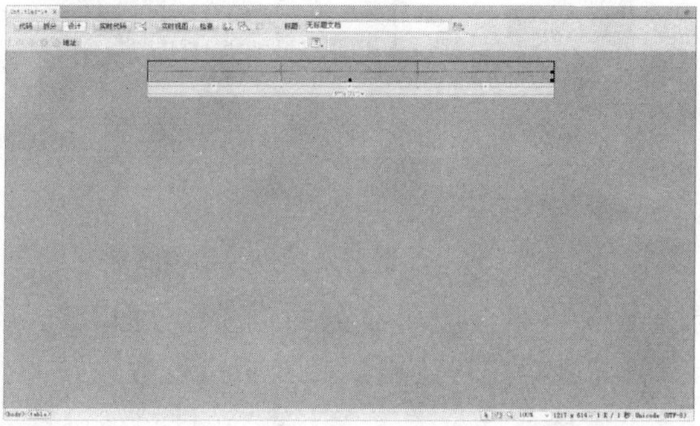

图 8-86 得到的表格效果

4 将光标分别置于各行中，在"属性"面板中将高设置为 200，得到如图 8-87 所示的表格效果。

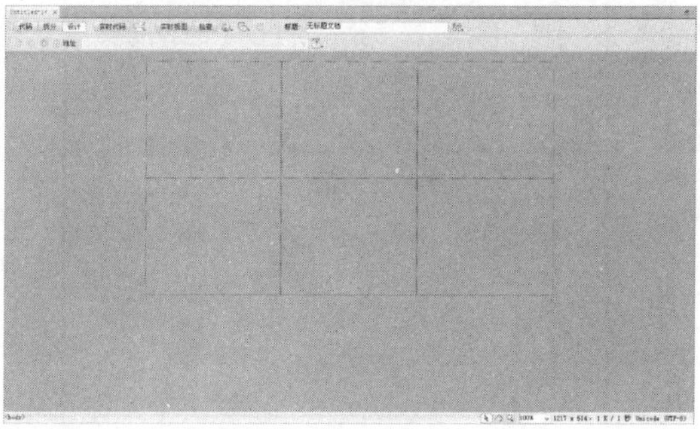

图 8-87 设置行高后的效果

5 选中表格，在"属性"面板中将填充设置为 1，间距设置为 4，按 Enter 键，得到如图 8-88 所示的表格效果。

在此对话框中，用户可以设置页面、链接、网页标题等属性。其中各选项的含义如下。

1. 外观（CSS）

在左侧"分类"列表中选择"外观（CSS）"选项，则对话框右边显示出相应的属性，设置完成后将生成 CSS 格式。

其中各选项的含义如下。

- 页面字体：设置在页面中使用的默认字体。
- 大小：设置在页面中使用的默认字体大小。
- 文本颜色：设置显示字体的默认颜色。
- 背景颜色：设置页面使用的背景颜色。
- 背景图像：设置页面的背景图像。
- 重复：设置背景图像在页面上的显示方式，包括以下 4 种方式。
  * 不重复：仅显示背景图像一次。
  * 重复：横向和纵向重复或平铺图像。
  * 横向重复：横向平铺图像。
  * 纵向重复：纵向平铺图像。
- 左边距和右边距：用于设置左、右页边距的大小。
- 上边距和下边距：用于设置上、下页边距的大小。

2. 外观（HTML）

在左侧"分类"列表框中选择"外观（HTML）"选项，则对话框右边显示出相应的属性，如下所示。

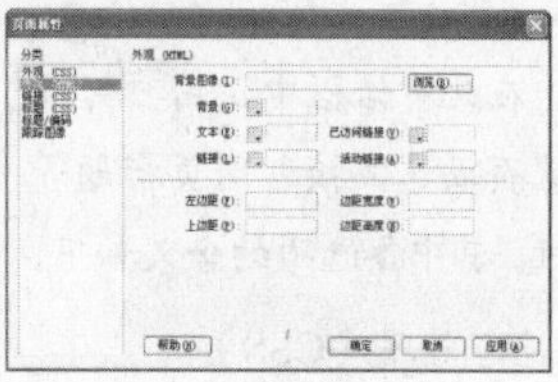

设置完成后将生成HTML格式。若其中可以设置背景图像，背景、文本以及链接的颜色，同样也可以设置左、右页边距以及上、下页边距的大小。

3. 链接（CSS）

在左侧“分类”列表框中选择“链接（CSS）”选项，对话框右侧显示出相应的属性，如下所示。

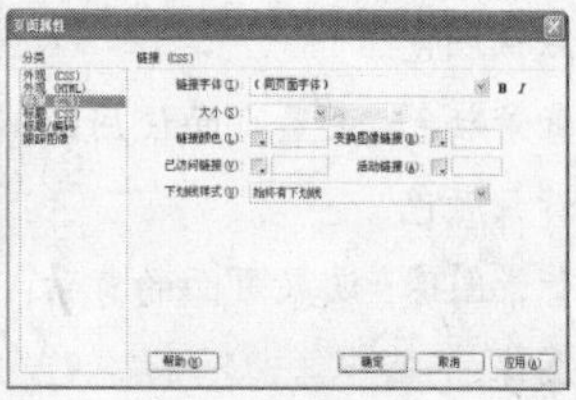

在其中可以设置网页文档的链接属性，并生成对应的CSS格式。

其中各选项的含义如下。

- 链接字体：设置链接文本使用的默认字体。
- 大小：设置链接文本使用的默认的字体大小。
- 链接颜色：设置应用于链接文本的颜色。
- 已访问链接：设置应用于访问过的链接的颜色。
- 变换图像链接：设置当鼠标位于链接上时应用的颜色。
- 活动链接：设置当鼠标在链接上单击时应用的颜色。
- 下划线样式：设置应用于链接的下划线样式。

4. 标题（CSS）

在左侧“分类”列表框中

图 8-88　设置表格属性得到的效果

6 将表格中的单元格全部选中，在“属性”面板中设置背景颜色为白色，得到如图 8-89 所示的效果。

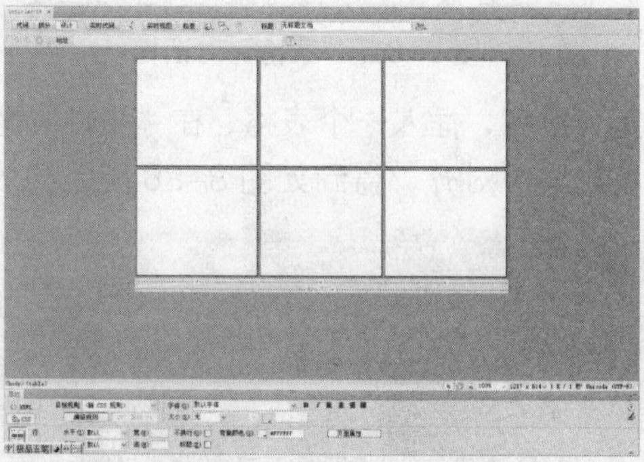

图 8-89　设置背景颜色得到的效果

7 将光标置于表格第 1 行第 1 列中，选择“插入”→“表格”命令，打开“表格”对话框。在其中将行数设置为 1，列数设置为 1，表格宽度设置为 96%，边框粗细设置为 0，如图 8-90 所示。

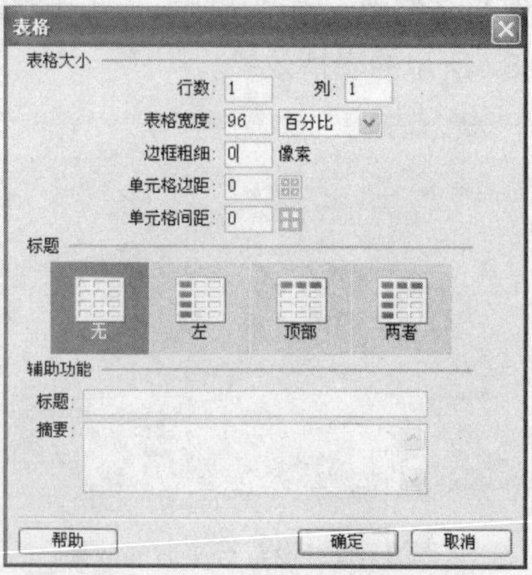

图 8-90　“表格”对话框

8 单击“确定”按钮，在此单元格中插入一个表格，在“属性”面板中将其对齐方式设置为居中对齐，得到如图 8-91（左）

所示的效果。在表格的各个单元格中均插入同样的表格，然后分别设置为居中对齐，得到如图 8-91（右）所示的效果。

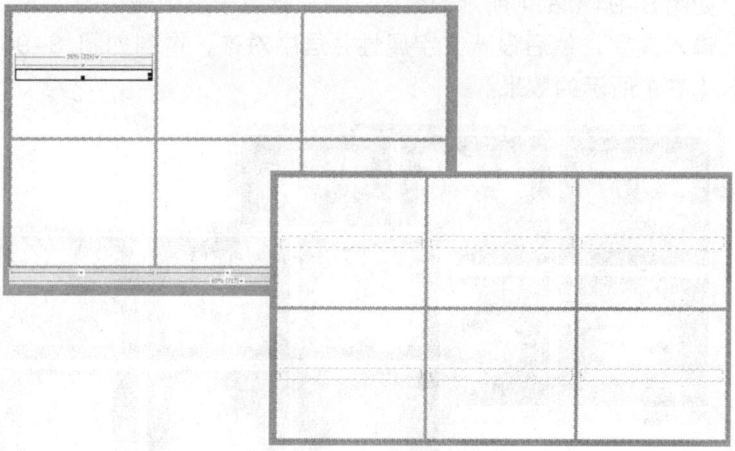

图 8-91　得到的表格效果

9 分别将光标置于单元格中的各个嵌套表格中，在“属性”面板中分别将它们的高设置为 190，得到如图 8-92 所示的效果。

图 8-92　分别设置行高得到的效果

10 分别将光标置于各个嵌套表格中，在“属性”面板中分别将它们的背景颜色设置为“黑色”，得到如图 8-93 所示的效果。

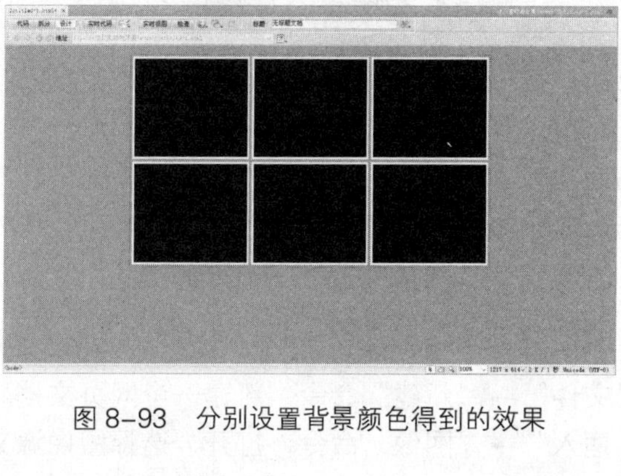

图 8-93　分别设置背景颜色得到的效果

选择“标题（CSS）”选项，则对话框右侧显示出相应的属性，如下所示。

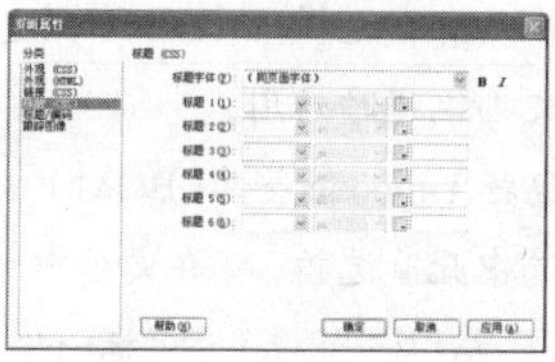

在其中可以设置网页文档的标题，并生成对应的 CSS 格式。

其中各选项的含义如下。

- 标题字体：指定在页面中使用的字体。
- 标题 1～标题 6：指定最多 6 种标题标签使用的字体大小和颜色。

5. 标题/编码

在左侧“分类”列表框中选择“标题/编码”选项，则对话框右侧显示出相应的属性，如下所示。

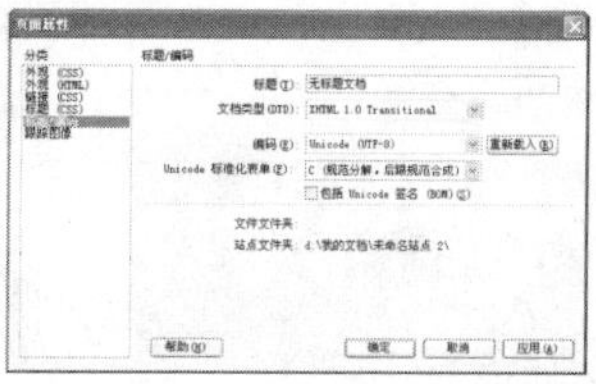

在其中可设置网页的标题及编码方式。其中各选项的含义如下。

- 标题：用来指定在“文档”窗口和大多数浏览器窗口的标题栏中出现的页面标题。
- 文档类型（DTD）：设置文档类型定义。可从下拉列表框中选择 XHTML1.0 Transitional 或 XHTML 1.0 Strict，以使 HTML 文档与 XHTML 兼容。

11 在各个嵌套表格中分别插入图像（光盘\素材与效果\myweb\image\08\18.jpg~23.jpg），然后将它们分别居中对齐，得到如图 8–94（左）所示的效果。将光标置于整个表格的下方，输入文字，然后设置文字属性并居中对齐，得到如图 8–94（右）所示的效果。

图 8–94　在各个嵌套表格中插入图像并在下方输入文字

12 保存网页，按 F12 键，预览网页，得到最终效果。

实例 8-8　图像彩色边框与阴影文字的制作

如果想为插入的图片添加彩色边框，可使用为图片添加超链接的方法来实现。为了丰富页面效果，还可以利用层制作阴影文字。最终效果如图 8–95 所示。

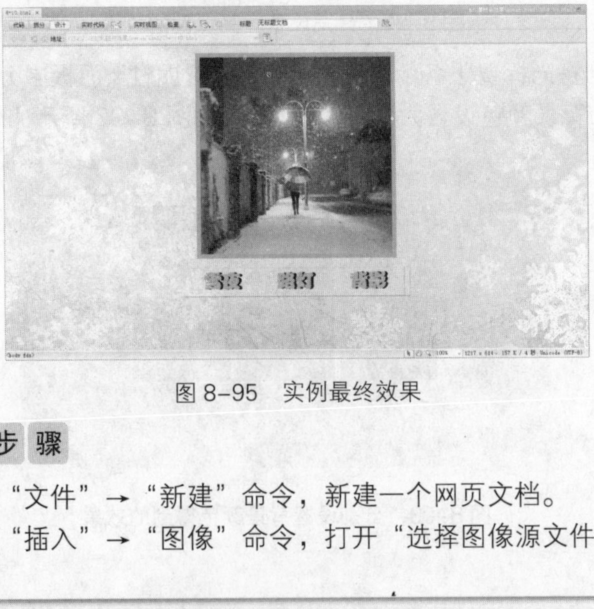

图 8–95　实例最终效果

操作步骤

1 选择“文件”→“新建”命令，新建一个网页文档。

2 选择“插入”→“图像”命令，打开“选择图像源文件”对

- 编码：指定文档中字符所用的编码。
- Unicode 标准化表单：该属性只有在选择 UTF-8 作为文档编码时启用。
- 包括 Unicode 签名（BOM）：选中此复选框，可在文档中包括字节顺序标记（BOM）。

6. 跟踪图像

在“分类”列表框中选择“跟踪图像”，对话框右侧显示出相应的属性，可用来指定一幅图像作为网页设计时的草稿图。

各选项的含义如下。

- 跟踪图像：指定在复制设计时作为参考的图像。该图像只供参考，当文档在浏览器中显示时并不出现。
- 透明度：设置跟踪图像的透明度。拖动上面的滑块进行设置即可。

实例 8-8 说明

知识点：

- 为图片添加超链接
- 利用层制作阴影文字

视频教程：

光盘\教学\第 8 章　Dreamweaver 网页制作进阶实例

效果文件： 光盘\素材与效果\myweb\html\08\8-10.html

实例演示：

光盘\实例\第 8 章\图像彩色边框与阴影文字的制作

话框，在其中选择一幅图像（光盘\素材与效果\myweb\image \08\24.jpg），如图 8–96（左）所示。单击“确定”按钮，将此图像插入到文档中，并将其居中对齐，如图（右）8–96 所示。

图 8–96 选择一幅图像并将其插入

3 选中此图像，在“属性”面板的“链接”文本框中输入“#”，将其设置为空链接；在“边框”文本框中输入“9”，如图 8–97 所示。

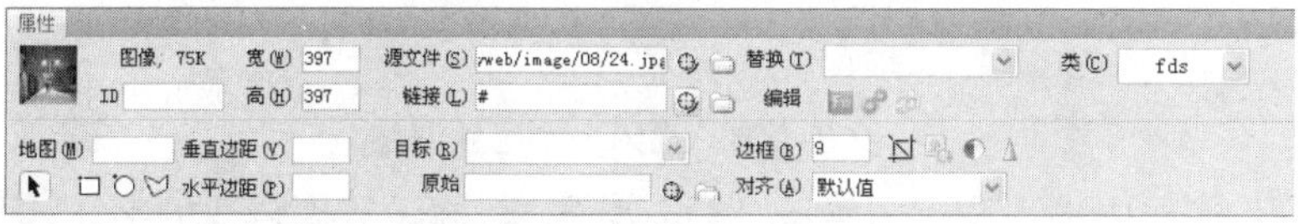

图 8–97 设置“属性”面板

4 按 Enter 键，图像得到默认颜色的边框，如图 8–98 所示。

图 8–98 图像得到默认颜色的边框

5 如果想将边框的颜色变为需要的颜色，可在“属性”面板中单击“页面属性”按钮，打开“页面属性”对话框，在左侧“分类”列表中选择“链接（CSS）”选项，然后在右侧的“链接颜色”颜色块中选择需要的颜色，这里选择“#F60”，如图 8–99 所示。

相关知识 显示和隐藏 AP Div

在 Dreamweaver 中，选择“窗口”→“AP 元素”命令或按 F2 快捷键，打开“AP 元素”面板，如下所示。

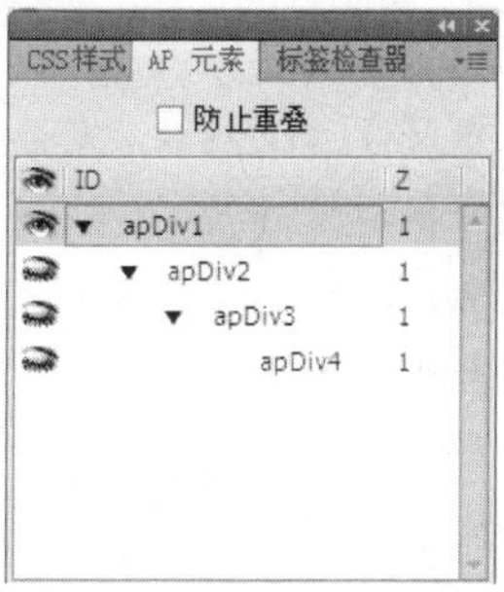

选择要改变可见性的 AP Div，单击它所对应的眼睛图标，即可设置该 AP Div 的显示和隐藏属性。

- 睁开的眼睛（ ）：表示层可见。
- 闭上的眼睛（ ）：表示层不可见。
- 如果没有眼睛图标，表示该层继承其父层的可见性。

相关知识 将表格转换为 AP Div

操作方法如下。

（1）打开要转换成层的表格。

（2）选择“修改”→“转换”→“将表格转换为 AP Div”命令，打开“将表格转换为 AP Div”对话框，如下所示。

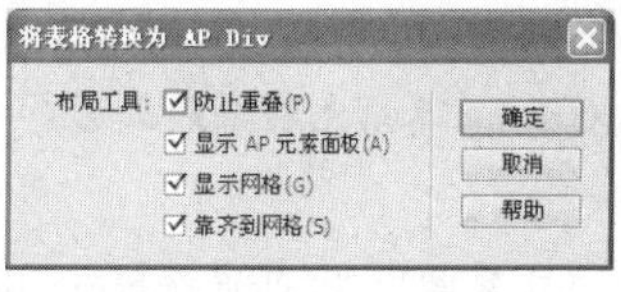

该对话框中各项的含义如下所示。

6 单击“确定”按钮，图像边框变为需要的颜色（#F60），如图 8-100 所示。

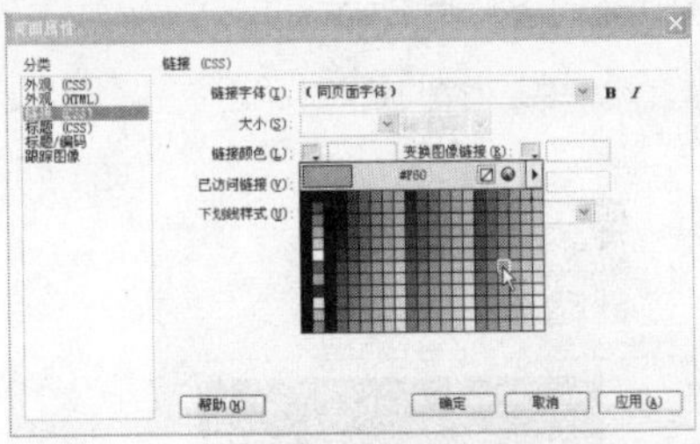

图 8-99 设置“链接（CSS）”选项对话框 图 8-100 边框变为需要的颜色

7 将光标置于文档中，选择“插入”→“布局对象”→“AP Div”命令，插入一个层，然后调整为合适的大小，并置于图像的正下方，如图 8-101 所示。

图 8-101 插入一个层并调整

8 在层中输入文字“雪夜 路灯 背影”，并设置为合适的字体、大小和颜色，这里为黑色，如图 8-102 所示。

图 8-102 在层中输入文字

9 选中此层，按 Ctrl+C 组合键将其复制，然后在文档空白位置单击鼠标，取消其选中状态，按 Ctrl+V 组合键将其粘贴。此时，这两个层为重叠状态，将粘贴得到的层中的文字颜色更改为“#F60”，效果如图 8-103 所示。

- 防止重叠：指定生成的 AP Div 在移动或改变大小时是否重叠。
- 显示 AP 元素面板：指定转换后是否显示“AP 元素”面板。
- 显示网格：指定转换后是否显示网格。
- 靠齐到网格：指定层是否向网格靠齐。

（3）单击“确定”按钮，即可将表格转换为 AP Div。

相关知识 将 AP Div 转换为表格

选择“修改”→“转换”→“将表格转换为 AP Div”命令，打开“将 AP Div 转换为表格”对话框，其中的主要选项如下所示。

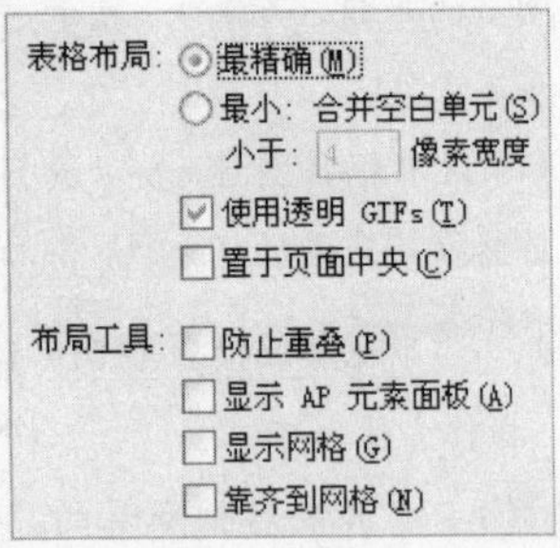

- 最精确：在每一层和层间间隔均建立单元格。
- 最小：当 AP Div 的边距相差在指定数值范围内时，相应的边缘按对齐处理，以减少一些不必要的单元格。
- 使用透明 GIFs：用透明的 GIF 图像填充表格的最后一行。
- 置于页面中央：指定转换后的表格在页面上居中对齐，默认情况为左对齐。

图 8-103　得到的效果

10 选中粘贴得到的层，按住 Ctrl 键不放，使用键盘上的方向键←向左移动一定的距离，此时两层之间产生偏移，得到阴影文字效果，如图 8-104 所示。

图 8-104　得到阴影文字效果

11 此时的文档如图 8-105 所示。

图 8-105　此时的文档

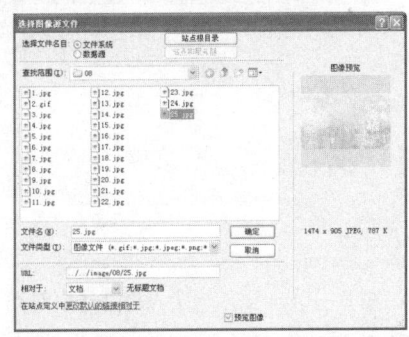

12 如果想为页面添加背景，以丰富效果，可将光标置于文档中，单击“属性”面板中的“页面属性”按钮，打开“页面属性”对话框，在其中单击“背景图像”右侧的“浏览”按钮，打开“选择图像源文件”对话框，在其中选择一幅图像作为背景图像（光盘\素材与效果\myweb\image\08\25.jpg），如图 8-106 所示。单击“确定”按钮，返回“页面属性”对话框，再次单击“确定”按钮，得到最终效果。

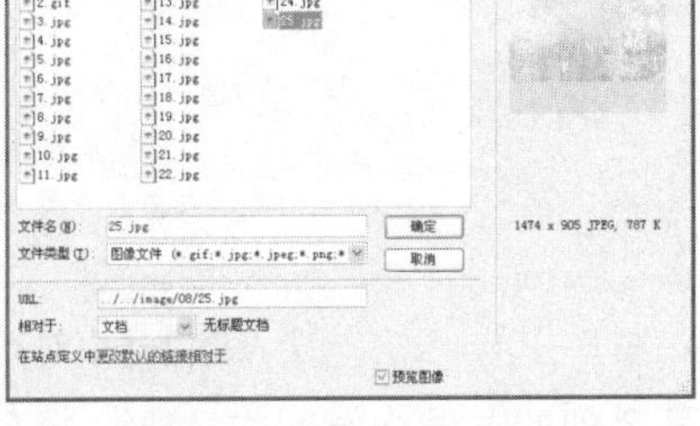

图 8-106　“选择图像源文件”对话框

- 防止重叠：当 AP Div 重叠时，转换无法进行。
- 显示 AP 元素面板：指定转换后显示“AP 元素”面板。
- 显示网格：转换后显示网格。
- 靠齐到网格：转换后向网格靠齐。

相关知识　插入图片的几种方法

在网页上插入图片的操作步骤如下。

（1）将光标置于要插入图像的位置。

（2）执行下列操作方法之一。

- 单击“常用”子面板上“图像”按钮，从其下拉列表中选择“图像”命令。
- 选择“插入”→“图像”命令。
- 按 Ctrl+Alt+I 组合键。

选择通过以上方法，打开“选择图像源文件”对话框。

（3）在对话框中选择要插入的图片，单击“确定”按钮，弹出“图像标签辅助功能属性”对话框，如下所示。

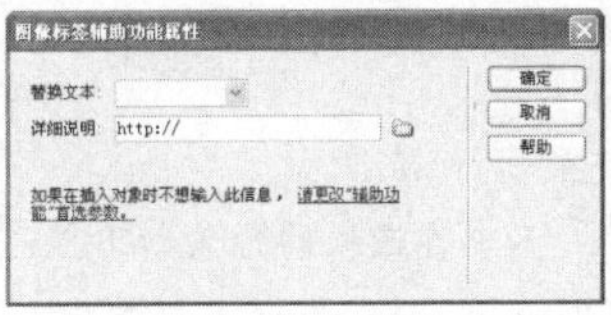

用户可以在“替代文本”和“详细说明”文本框中输入内容也可以直接按“取消”按钮。

（4）单击“确定”按钮，即可插入选定的图片。

实例 8-9 说明

知识点：
- 插入表格
- 应用 CSS 样式

视频教程：

光盘\教学\第 8 章 Dreamweaver 网页制作进阶实例

效果文件：光盘\素材与效果\myweb\html\08\8-11.html

实例演示：

光盘\实例\第 8 章\多彩个性表格

相关知识 CSS 样式的设置

在创建 CSS 样式时，将打开“CSS 规则定义”对话框，在其中可以设置 CSS 样式规则，包括“类型”、“背景”、“区块”、“方框”、“边框”、“列表”、“定位”以及“扩展”8 个属性。下面分别进行介绍。

1. 类型

在“CSS 规则定义”对话框左侧的“分类”列表框中选择“类型”选项，则在对话框的右侧可以设置字体、字号、行距、大小写等属性。

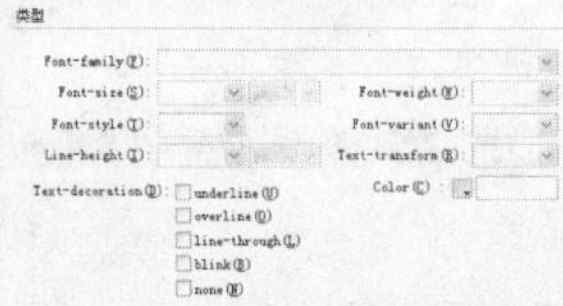

其中各选项的含义如下。

- Font-family：为样式设置字体。
- Font-size：设置文字的大小。
- Font-style：设置文字的样式，包括正常、斜体和偏斜体等。
- Line-height：设置行文本之间的距离。

实例 8-9 多彩个性表格

如果觉得默认设置的表格过于单调和枯燥，可以按照本例来制作多彩个性表格，以增加页面的活泼、个性效果。最终效果如图 8-107 所示。

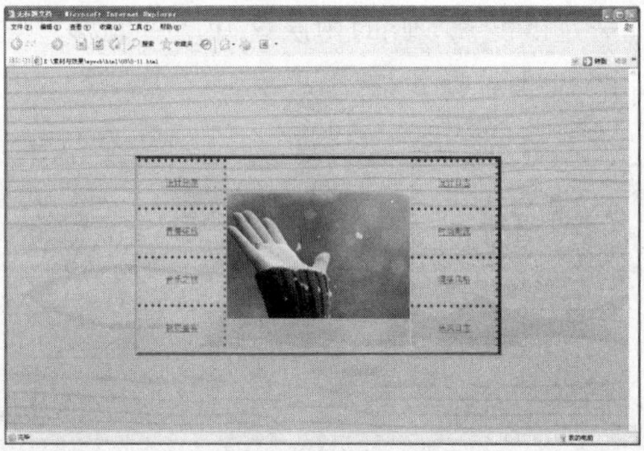

图 8-107 实例最终效果

操作步骤

1. 选择“文件”→“新建”命令，新建一个网页文档。
2. 选择“插入”→“表格”命令，打开“表格”对话框。在其中将行数设置为 4，列数设置为 3，表格宽度设置为 60%，边框粗细设置为 1，如图 8-108 所示。

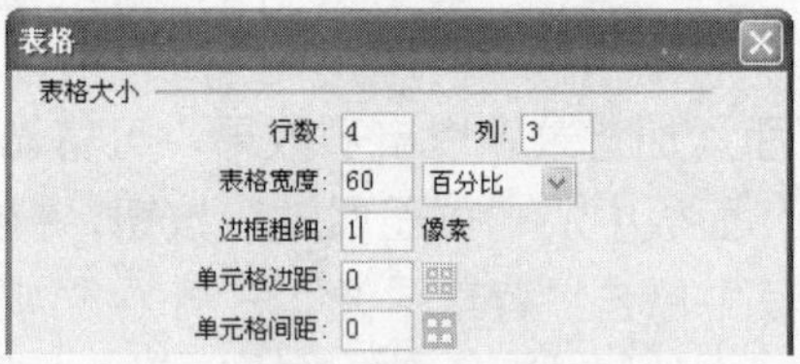

图 8-108 “表格”对话框

3. 单击“确定”按钮，插入一个表格，在“属性”面板中将其对齐方式设置为“居中对齐”，得到如图 8-109 所示的效果。

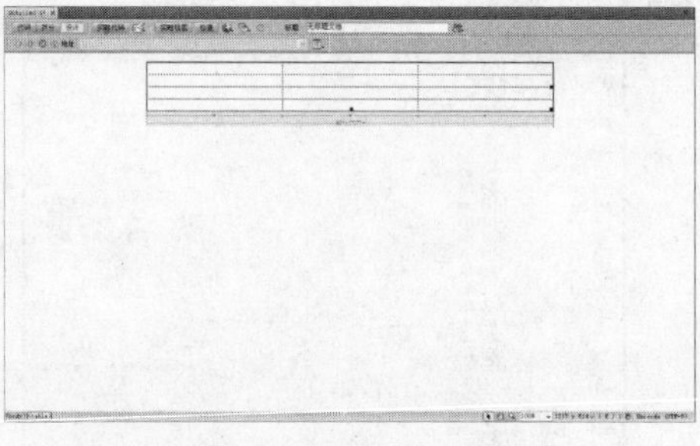

图 8-109 插入一个表格并居中对齐

4. 将第 1 列和第 3 列的宽度均设置为 24%，将各行的高均设置为 80，得到如图 8-110 效果。

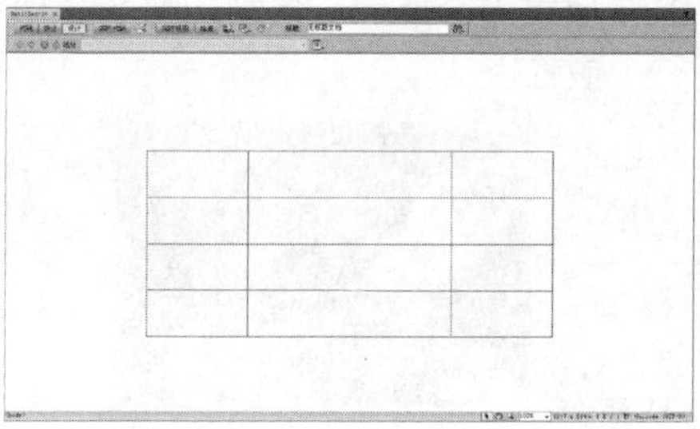

图 8–110　得到的表格效果

5 将表格第 2 列选中，在其上单击鼠标右键，在弹出的快捷菜单中选择“合并单元格”命令，得到如图 8–111 所示的效果。

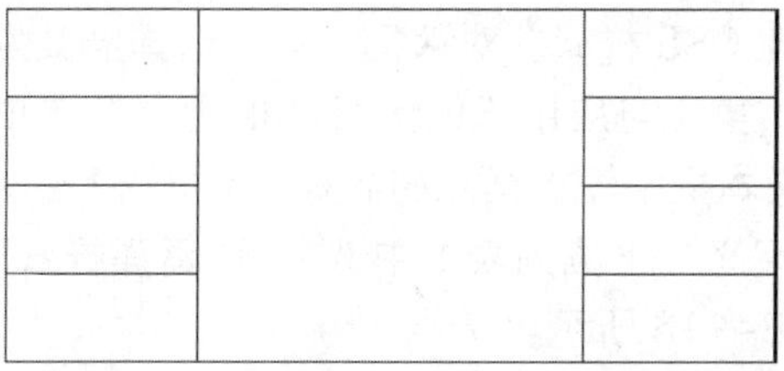

图 8–111　合并第 2 列单元格

6 将光标置于此列中，选择“插入”→“图像”命令，在打开的“选择图像源文件”对话框中选择一幅图像（光盘\素材与效果\myweb\image\08\26.jpg），将其插入到此列中，并居中对齐，效果如图 8–112 所示。

图 8–112　在第 2 列中插入一幅图像并居中对齐

7 在第 1 列和第 3 列的各个单元格中输入文字，并居中对齐，效果如图 8–113 所示。

图 8–113　输入文字并居中对齐

- Text-decoration：设置文本的修饰格式，包括下划线、上划线、删除线等属性。
- Font-weight：设置字体的粗细。选择下拉列表中的 bold 或 bolder 可以指定字体的相对粗细程度。
- Font-variant：设置字体的变量。
- Text-transform：设置字符的大小写方式。在下拉列表中可以设置每个单词的第一个字符大写、所选文本全部大写或全部小写等。
- Color：设置文本颜色。

2. 背景

在“CSS 规则定义”对话框左侧的“分类”列表框中选择“背景”选项，则在对话框的右侧可以设置 CSS 样式的背景属性。

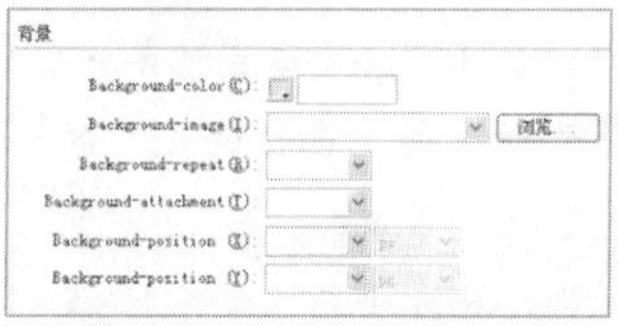

其中各选项的含义如下。

- Background-color：设置背景颜色。
- Background-image：设置页背景图像。
- Background-repeat：确定是否以及如何重复背景图像。包括 4 个选项：no-repeat（不重复）、repeat（重复）、repeat-x（横向重复）和 repeat-y（纵向重复）。
- Background-attachment：确定背景图像是固定在原始位置还是随内容一起滚动。

- Background-position（X）：指定背景图像相对于应用样式的元素的水平位置。
- Background-position（Y）：指定背景图像相对于应用样式的元素的垂直位置。

3. 区块

在“CSS 规则定义”对话框左侧的“分类”列表框中选择“区块”选项，则在对话框的右侧可以设置文字对齐方式以及字母间距等块格式。

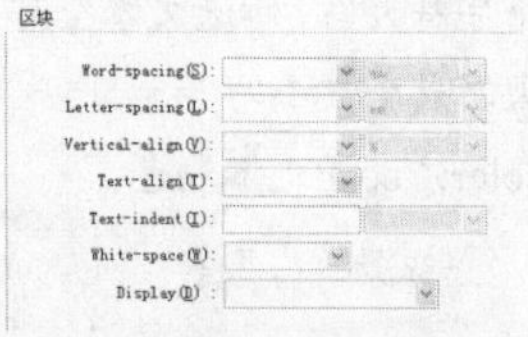

其中各选项的含义如下。

- Word-spacing（单词间距）：设置文字之间的间距。
- Letter-spacing（字母间距）：设置字符之间的间距。
- Vertical-align（垂直对齐）：设置应用此属性的元素的垂直对齐方式。
- Text-align（文本对齐）：设置文本的对齐方式。
- Text-indent（文本缩进）：设置第一行文本的缩进距离，可以输入负值。
- White-space（空格）：指定如何处理元素中的空白部分。
- Display（显示）：确定是否显示元素以及如何显示元素。

4. 方框

在“CSS 规则定义”对话框左侧的“分类”列表框中选择“方框”选项，则可以在对话框的右侧设置 CSS 样式的区域格式。

8 分别将这些文字设置为空链接，得到如图 8–114 所示的效果。

图 8–114　分别将这些文字设置为空链接

9 选择“窗口”→“CSS 样式”命令，打开“CSS 样式”面板，如图 8–115 所示。在其中单击“新建 CSS 规则”按钮，打开“新建 CSS 样式”对话框。在“选择器类型”下拉列表框中选择“类（可应用于任何 HTML 元素”选项，在“选择器名称”文本框中输入样式的名称，这里输入的是“biaoge”，在“规则定义”下拉列表框中选择“（新建样式表文件）”选项，如图 8–116 所示。

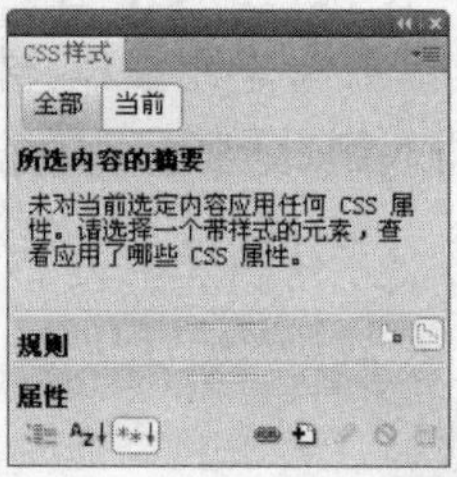

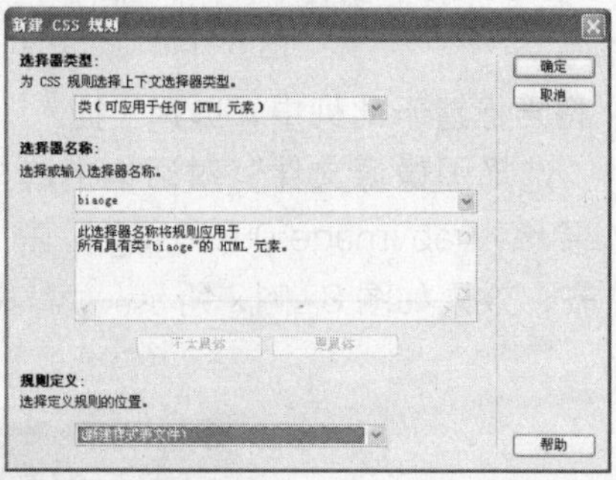

图 8–115　“CSS 样式”面板　图 8–116　“新建 CSS 规则”对话框

10 单击“确定”按钮，打开“将样式表文件另存为”对话框，在其中设置样式的保存位置以及名称，如图 8–117 所示。

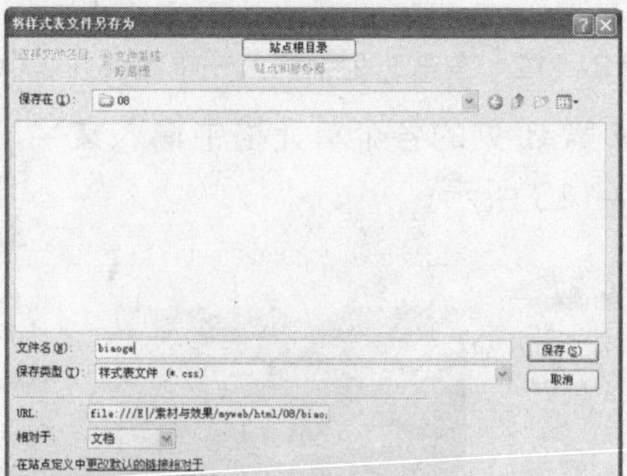

图 8–117　“将样式表文件另存为”对话框

11 设置完成后，单击“保存”按钮，打开“CSS 规则定义”对话框，在左侧的“分类”列表框中选择“边框”选项，然后进行如图 8-118 所示的设置。可以看到为表格的 4 条边框进行了不同的颜色设置。

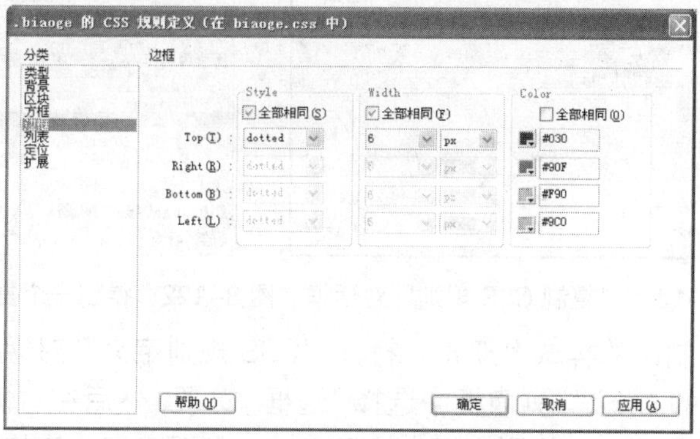

图 8-118　设置“边框”选项对话框

12 选中表格第 1 列，在“CSS 样式”面板中新建的样式“.biaoge”上单击鼠标右键，在弹出的快捷菜单中选择“套用”命令，为第 1 列套用此样式，得到如图 8-119 所示的效果。

图 8-119　为第 1 列套用“.biaoge”样式

13 使用同样的方法为第 3 列表格也应用此样式，得到如图 8-120 所示的效果。

图 8-120　为第 3 列表格应用样式

14 在“CSS 样式”面板中选中新建的“.biaoge”样式，在其上单击鼠标右键，在弹出的快捷菜单中选择“复制”命令，打开“复制 CSS 规则”对话框，如图 8-121 所示。单击“确定”按钮，得到一个复制样式，如图 8-122 所示。

主要选项的含义如下。

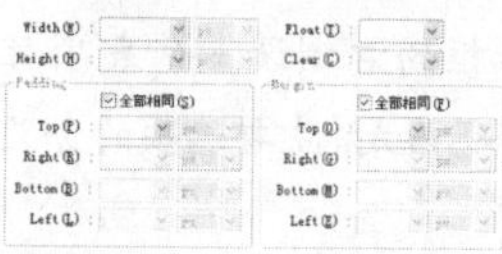

- Width（宽）、Height（高）：设置元素的宽度和高度。
- Float（浮动）：设置元素（如文本、表格、AP Div 等）的浮动位置。
- Clear（清除）：指定不允许分层出现在元素的某一侧。
- Padding（填充）：设置元素内容和边界之间的间隔。
- Margin（边距）：设置元素边界和其他元素间的间隔。

5. 边框

在“CSS 规则定义”对话框左侧的“分类”列表框中选择“边框”选项，则可以在对话框的右侧给对象元素添加边框，并设置边框的颜色、粗细等格式。

主要选项的含义如下。

- Style（类型）：设置边框的样式。如果取消选中“全部相同”复选框，则右、下、左 3 个选项将处于可选择状态。
- Width（宽）：设置边框的宽度，包括细、中、粗和自动等选项。
- Color（颜色）：设置边框颜色。

6. 列表

在“CSS 规则定义”对话框左侧的“分类”列表框中选

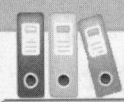

择“列表”选项，则可以在此对话框的右侧设置列表项目的外观格式。主要选项的含义如下。

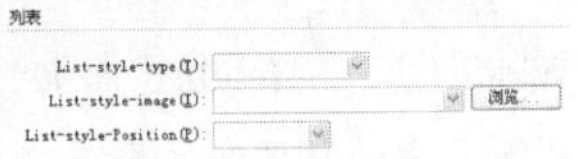

- List-style-type（列表目录类型）：为每一行设置项目符号或编号。
- List-style-image（列表样式图像）：用于自定义图像列表项目符号。
- List-style-Position（列表样式段落）：在其下拉列表中可设置列表项的换行位置。

7．定位

在“CSS 规则定义”对话框左侧的“分类”列表框中选择“定位”选项，则可以在此对话框的右侧设置 CSS 样式的定位格式。其中主要选项的含义如下。

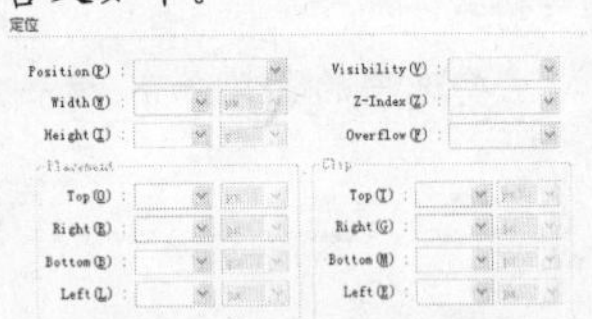

- Position（位置）：在此下拉列表中可以选择浏览器中层的定位方式。
- Visibility（可见性）：设置内容的初始显示条件。
- Z-index（Z 轴）：设置定义层重叠的顺序。
- Overflow（溢出）：设置层的内容在超出指定尺寸时的处理方式。
- Placement（位置）：设置层的位置和大小。

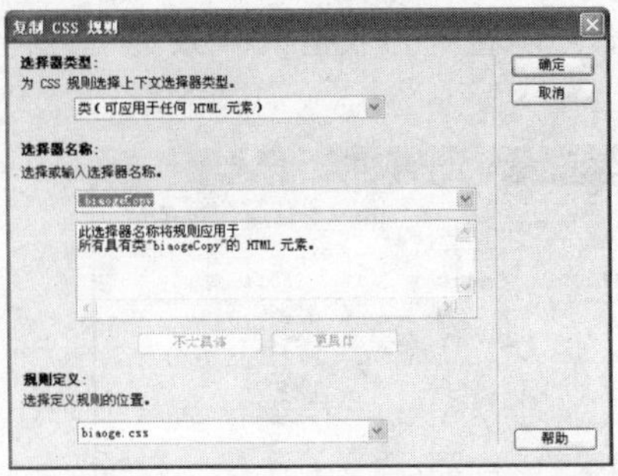

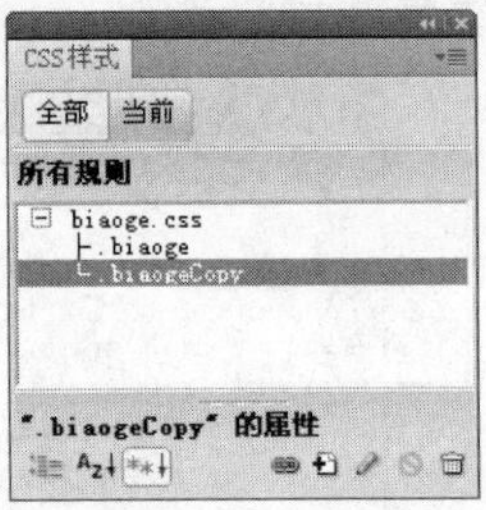

图 8-121 “复制 CSS 规则”对话框 图 8-122 得到一个复制样式

15 在复制出的样式上双击，打开“CSS 规则定义”对话框，在左侧的“分类”列表框中选择“边框”选项，然后在右侧 Style 栏中的 Top 下拉列表框中选择 outset 选项，即为表格更换一种边框样式，如图 8-123 所示。

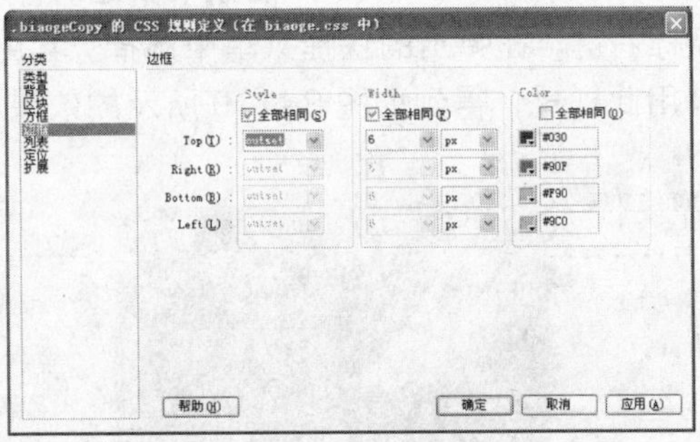

图 8-123 为表格更换一种边框样式

16 将整个表格选中，然后在“CSS 样式”面板中选中复制出的样式，在其上单击鼠标右键，在弹出的快捷菜单中选择“套用”命令，即可为整个表格边框套用此样式，得到如图 8-124 所示的效果。

图 8-124 为整个表格边框套用样式

17 为文档添加背景图像（光盘\素材与效果\myweb\image\08\27.jpg），得到如图 8-125 所示的整体效果。保存网页，按 F12 键，得到最终效果。

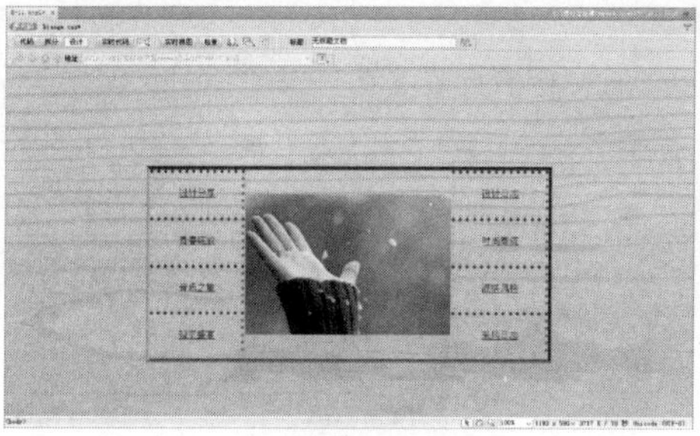

图 8–125 得到的最终效果

实例 8-10 制作水波效果网页图片

本实例将应用 CSS 样式功能制作图片的水波效果，得到更加个性化的网页图片效果。最终效果如图 8–126 所示。

图 8–126 实例最终效果

操作步骤

1 选择“文件”→“新建”命令，新建一个网页文档。选择“插入”→“表格”命令，打开“表格”对话框。在其中将行数设置为 1，列数设置为 2，表格宽度设置为 62%，边框粗细设置为 0，如图 8–127 所示。

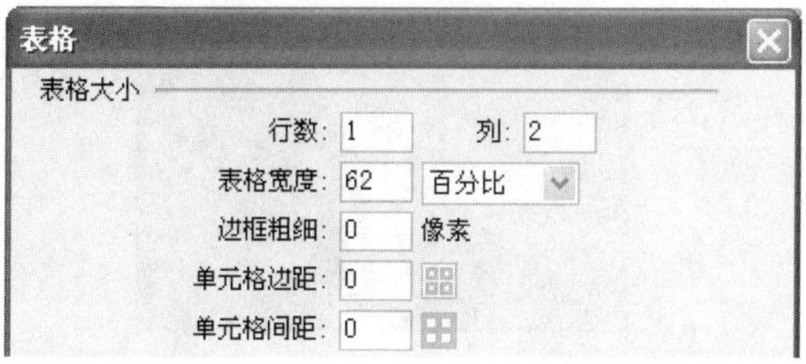

图 8–127 “表格”对话框

2 单击“确定”按钮，插入一个表格，将其居中对齐，然后调整为合适的大小，设置背景颜色为“#FFFFCC”，得到如图 8–128 所示的效果。

- Clip（剪辑）：指定层中可见部分的位置和大小。

8. 扩展

在“CSS 规则定义”对话框左侧的“分类”列表框中选择“扩展”选项，则可以在此对话框的右侧设置 CSS 样式的分页、滤镜及鼠标指针格式。其中主要选项的含义如下。

- 分页：打印网页中的内容时，在指定的位置上强行换页。它包括“Page-break-before（之前）”和“Page-break-before（之后）”两个选项，表示允许用户在某元素之前或之后进行分页。
- Cursor（光标）：当鼠标指针停留在某一对象上时，改变光标的图像。
- Filter（过滤器）：指定应用了样式的特殊效果。

实例 8-10 说明

- 知识点：
  - 插入表格与输入文字
  - 应用 CSS 样式
- 视频教程：
  光盘\教学\第 8 章 Dreamweaver 网页制作进阶实例
- 效果文件：光盘\素材与效果\myweb\html\08\8-12.html
- 实例演示：
  光盘\实例\第 8 章\制作水波效果网页图片

相关知识　给表格的内容排序

对于表格中列的内容，可以根据数字或字母的顺序进行排序，以使表格中的内容更加有序。

（1）将光标置于表格中，选择“命令”→“排序表格”命令，打开“排序表格”对话框，如下所示。

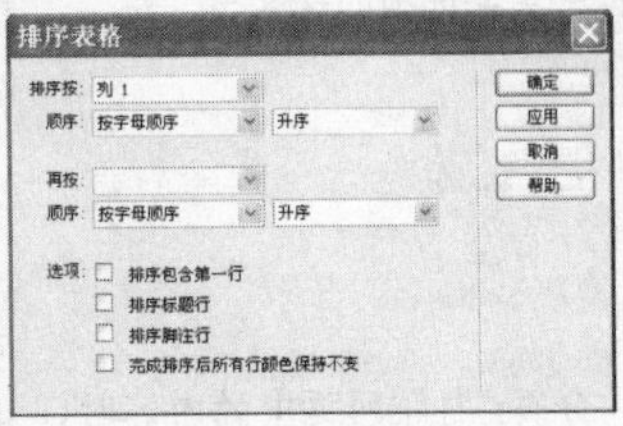

（2）在“排序按”下拉列表框中选择按哪一列进行排序。在“顺序”下拉列表框中选择“按字母排序”或“按数字排序”，然后在其右端的下拉列表框中选择按“升序”或“降序”。

（3）在“再按”下拉列表框中选择要进行第 2 级排序的列，并选择按什么排序以及升序还是降序。

（4）设置完成后单击“确定”按钮即可。

如下所示为将列 3 按数字降序排序后的结果。

姓名	语文成绩	英语成绩
陈珊	95	90
王丽	85	98
赵军	76	85
钱立	80	66
王兰	69	99

排序前

姓名	语文成绩	英语成绩
王兰	69	99
王丽	85	98
陈珊	95	90
赵军	76	85
钱立	80	66

排序后

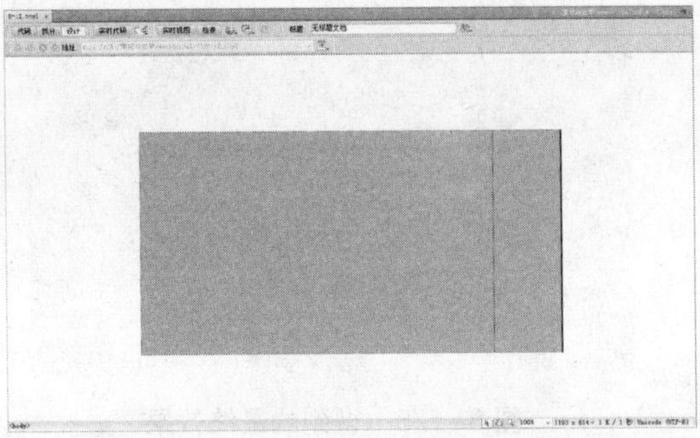

图 8-128　插入一个表格并设置属性

3 将光标置于表格第 1 行第 1 列中，选择“插入”→“图像”命令，在打开的“选择图像源文件”对话框中选择一幅图像（光盘\素材与效果\myweb\image\08\28.jpg），如图 8-129 所示。

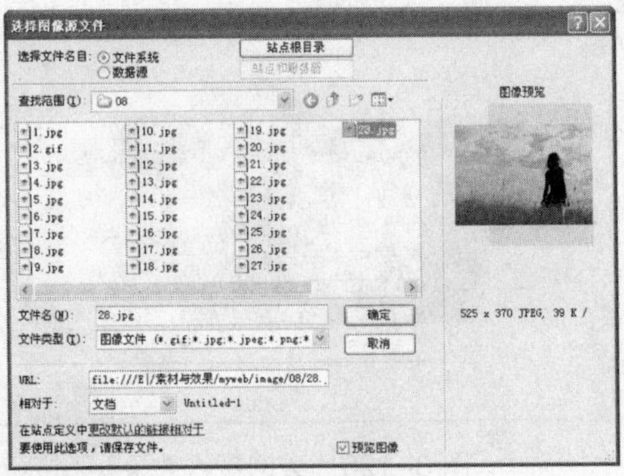

图 8-129　“选择图像源文件”对话框

4 单击“确定”按钮，将此图像插入第 1 行第 1 列中，在“属性”面板中将“对齐方式”设置为“居中对齐”，得到如图 8-130 所示的效果。

图 8-130　插入一幅图像并居中对齐

5 将光标置于表格第 1 行第 2 列中，输入竖排文字，并设置文字属性，得到如图 8-131 所示的效果。

图 8-131　输入竖排文字

6 将光标置于表格外，单击“属性”面板的“目标规则”下拉列表框中选择“《新内联样式》”选项，然后单击 编辑规则 按钮，打开“《内联样式》的 CSS 规则定义”对话框，如图 8-132 所示。

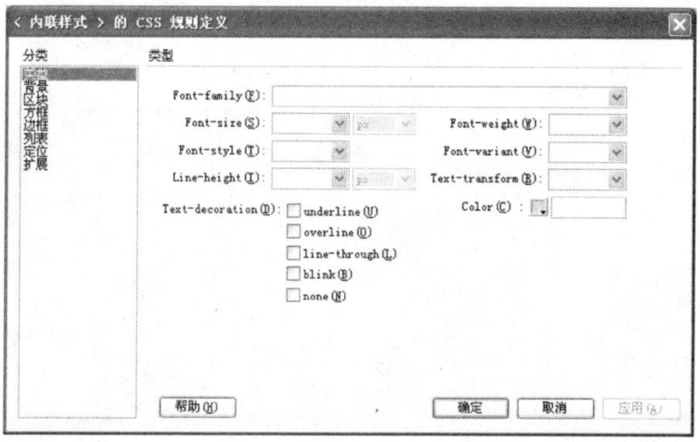

图 8-132　“《内联样式》的 CSS 规则定义”对话框

7 在该对话框中，选择“扩展”选项，在右侧的“Filter”（滤镜）下拉列表框中选择倒数第二项，然后将其中的“？”设置为如下数值：

“Wave（Add=add，Freq=2，LightStrength=53，Phase=43，Strength=12）”

如图 8-133 所示。

图 8-133　“扩展”选项设置

8 保存文档，按 F12 键浏览页面，得到水波效果的网页图片。

重点提示　“CSS 样式”面板

在 Dreamweaver 中，当用户通过“属性”面板定义页面中的元素时，也就定义了一个元素的 CSS 样式，但这并不能真正有效地提高工作效率。要想减少设计者的工作量，必须使用“CSS 样式”面板来定义完整简洁的 CSS 样式表。

重点提示　为什么在浏览器中排版效果不一样了

Dreamweaver 有时无法做到真正意义上的所见即所得，特别是在文字排版时。因为在编辑时 CSS 中的行距和浏览时的行距是有差别的，如制作页面时内容正好充满了表格，而在实际浏览时则将表格撑大了，即使是强制定义了表格的实际高度，也会出现此问题。

操作技巧　如何去掉图片与表格间的空隙

如果要去掉图片与表格间的空隙，只在表格的“属性”面板上把“边框”值设为“0”是不够的，还应在表格的“属性”面板中将单元格的“间距”和“填充”值都设置为“0”，如下所示。

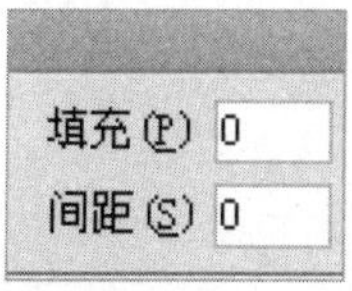

09

第 9 章

HTML 语言与行为的应用

HTML 是 Hypertext Marked Language 的缩写，即超文本标记语言，是一种用来制作超文本文档的简单标记语言。它主要通过标签来设置网页中的内容。行为是由事件和该事件触发的动作组合而成的。使用行为可以生成动态的网页效果。本章将详细介绍如何使用它们制作各种网页特效。

本章讲解的实例和主要功能如下。

实　例	主要功能	实　例	主要功能	实　例	主要功能
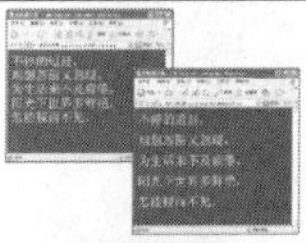 换行符与段落符的应用	HTML 语言 换行符的使用 <p> 换行符的使用	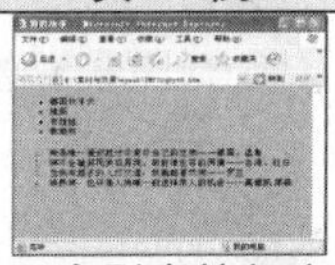 无序列表符与有序列表符的应用	<ul> 标签的使用 <ol> 标签的使用	 插入图片标签的应用	<img>标签的使用 <img>标签属性的应用
 禁止网页另存为	视图模式 HTML 代码	 禁止使用鼠标右键	视图模式 HTML 代码	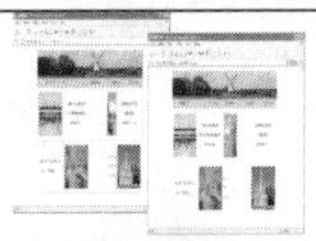 可移动的页面文字与图片	HTML 代码
 弹出网页广告	设置页面属性 “打开浏览器窗口”行为	 可移动的层	设置表格背景颜色 表格转换为 AP Div “拖动 AP 元素”行为 “显示-隐藏元素”行为	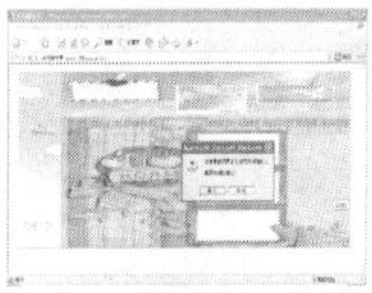 JavaScript 行为的使用	为单元格添加背景图像 添加表单元素 “调用 Java Script”行为的使用
 弹出信息	“弹出信息”行为的应用	 设置状态栏文本	“设置状态栏文本”行为的应用	 转到 URL	“转到 URL”行为的应用

本章在讲解实例操作的过程中，将全面、系统地介绍关于 HTML 语言与行为应用的相关知识和操作方法。其中包含的内容如下：

实例 9-1　换行符与段落符的应用

是换行符，可将文本换至下一行。<p>与</p>需要成对使用，<p>与</p>之间的内容即为一个段落。下面以一段网页中的文字为例，介绍换行符与段落符的使用方法。最终效果如图 9-1 所示。

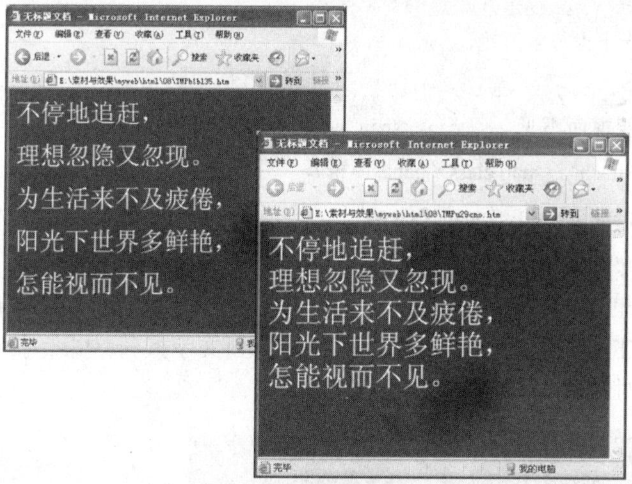

图 9-1　实例最终效果（分别为应用
和<p>标签得到的效果）

操作步骤

1 打开一个网页（光盘\素材与效果\myweb\html\09\9-1.html），在工具栏中单击“拆分”按钮，切换至拆分视图，即右边为设计视图，左边为代码视图，如图 9-2 所示。

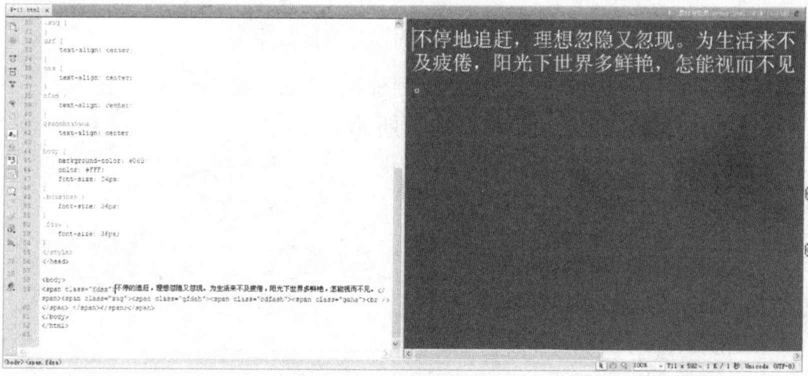

图 9-2　切换至拆分视图

2 除了最后一句，在其他各句之后添加
标签，如下所示。

```
………
<body>
<span class="fdsa">
不停地追赶,
```

实例 9-1 说明

- 知识点：
  - HTML 语言概述
  -
换行符的使用
  - <p>换行符的使用
- 视频教程：
  光盘\教学\第 9 章　HTML 语言与行为的应用
- 效果文件：
  光盘\素材与效果\myweb\html\09\9-2.html、9-3.html
- 实例演示：
  光盘\实例\第 9 章\换行符与段落符的应用

相关知识　什么是 HTML 语言

HTML 是为互联网建立超媒体文件的语言，是被网络浏览器读取的通用文件。Internet 中的网页都是通过 HTML 文件来进行通信的。

HTML 语言具有以下特点。

- HTML 文件的扩展名为.htm 或.html，文件中包含了所有显示在网页上的信息，如文本、图片等。
- HTML 文件展示的网页是静态网页，有时还会添加 GIF、Flash 等格式的动态图片，如一些动态的动画、字幕等效果。

相关知识　HTML 文件的组成

通常情况下，一个 HTML 文件的结构如下。

```
<html>
<head>
<title>网页标题</title>
</head>
<body>
……
</body>
</html>
```

HTML 文件中包含有许多标签，每个标签的作用都不相同。下面介绍 HTML 文件中最常用的几种标签。

1. <html></html>

该标签是 HTML 代码的主标签。任何一个 HTML 文件都应该以<html>标签开始，以</html>标签结尾，所有的 HTML 代码都包含在这个标签之中。

2. <head></head>

该标签代表 HTML 的文件头，写在此标签之间的内容一般不显示出来。在这两个标签之间可以定义页面标题、开发工具、引用的文件等。

3. <title></title>

此标签位于<head>和</head>标签之间，用来定义 HTML 文件的标题。标题的内容由用户制定，也可以不写。

4. <body></body>

该标签是页面的主体标签，网页的显示内容都应该放置在此标签之内。而且，此标签应该放置在<html></html>标签之内。

```
<br>
理想忽隐又忽现。
<br>
为生活来不及疲倦，
<br>
阳光下世界多鲜艳，
<br>
怎能视而不见。</span><span class="xag"><span class="gfdah"><span class="bdfash"><span class="gaha"><br />
</span> </span></span></span>
</body>
</html>
```

3 在工具栏中单击“设计”按钮，得到文字换行效果，页面前后对比效果如图 9-3 所示。

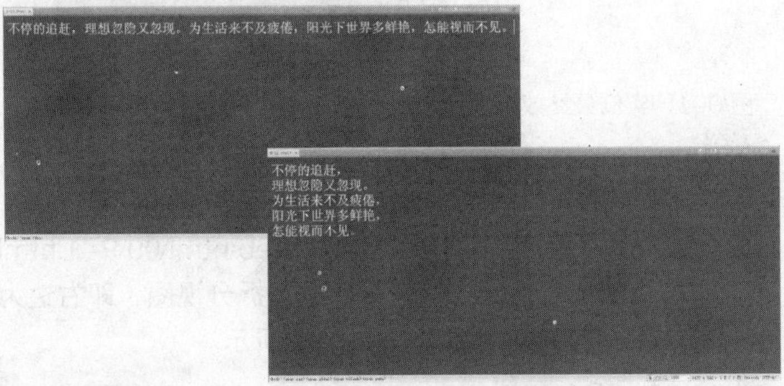

图 9-3　页面前后对比效果

4 还是同样的网页，切换至拆分视图。除了最后一句，在其他各句之后添加<p>标签，如下所示。

```
…….
<body>
<span class="fdsa">
不停地追赶，
<p>
理想忽隐又忽现。
</p>
为生活来不及疲倦，
<p>
阳光下世界多鲜艳，
</p>
```

```
怎能视而不见。</span><span class="xag"><span class="gfdah"><span
class="bdfash"><span class="gaha"><br />
</span> </span></span></span>
</body>
</html>
```

5 在工具栏中单击“设计”按钮，得到文字段落效果，如图 9-4 所示。

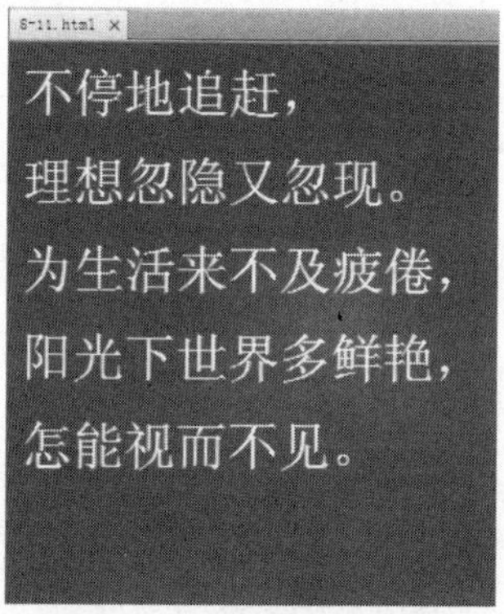

图 9-4　得到文字段落效果

6 按 F12 键，打开浏览器，即可看到最终效果。

实例 9-2　字体标签与分隔线标签的应用

<font>为字体标签，用来设置文本的字体、大小和颜色；<hr>为分隔线标签，用来在指定位置添加一条水平分隔线。本实例将介绍这两种标签的应用，最终效果如图 9-5 所示。

图 9-5　实例最终效果

操作步骤

1 新建一个文档，切换到代码视图。在<body>和</body>之间添加如下代码。

```
<font size=7>
<font face="华文隶书">
```

相关知识　建立 HTML 文件

建立 HTML 文件有两种方法。

1. 用页面编辑工具

用 Dreamweaver 这样的页面编辑软件制作 HTML 文件时，可选择“文件”→“新建”命令，在弹出的“新建文档”对话框中选择 HTML，即可建立一个 HTML 文件。

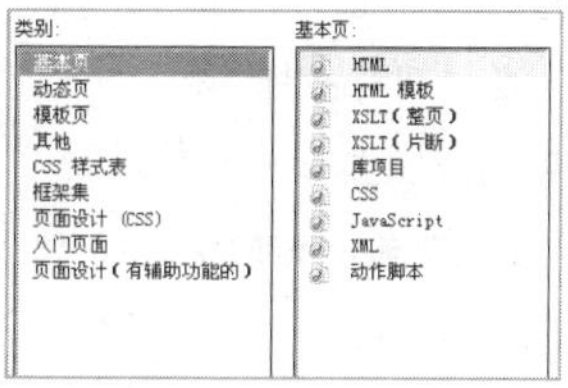

2. 用记事本

用记事本编写 HTML 代码，生成的文件保存扩展名为.html 或.htm。

实例 9-2 说明

- 知识点：
  - <font>字体标签的使用
  - <font>标签属性的应用
  - <hr>分隔线标签的使用
- 视频教程：
  光盘\教学\第 9 章　HTML 语言与行为的应用
- 效果文件：
  光盘\素材与效果\myweb\html\09\9-4.html
- 实例演示：
  光盘\实例\第 9 章\字体标签与分隔线标签的应用

```
<font color=Orange>
喜欢的歌，
</font>
</font>
</font>
```

2 切换至设计视图，文档效果如图 9-6 所示。

图 9-6 <font>标签示例

3 在原代码下方继续添加代码，如下所示。

```
………
喜欢的歌，
</font>
</font>
</font>
<p>
<font size=6><font face="方正舒体"><font color=black>
静静地听。
</font></font></font></p>
<font size=7><font face="华文隶书"><font color=green>
喜欢的人，
</font></font></font><p>
<font size=6><font face="方正舒体"><font color=black>
远远地看。
</font></font></font></p>
</body>
</html>
```

4 切换至设计视图，文档效果如图 9-7 所示。

图 9-7 文档效果

相关知识
和<p>的区别

标签用来插入一个换行符，只是简单地开始新的一行。当浏览器遇到<p>标签时，会在相邻的段落之间插入一个垂直的间距，而使用
换行是不会产生行间距的。

相关知识 <hr>分隔线的样式属性

在使用<hr>标签时，可以为分隔线设置如下属性。

- size：设置分隔线的粗细，以像素为单位。
- width：设置分隔线的宽度，以像素为单位，也可以用屏幕百分比表示。
- color：设置分隔线的颜色。
- align：指定分隔线的对齐方式。
- noshade：设置分隔线不显示3D 阴影。

例如：

```
<hr size=15>
<hr align=center width=50%>
<hr color=red>
<hr align=right>
<hr align=left    noshade>
```

相关知识 <font>标签的属性

<font>标签的属性主要有size、face 和 color。

1. size 属性

size 属性范围为 1～7，1

5 在文字“静静地听”和文字“远远地看”之后分别添加<hr>标签，如下所示。

```
……
喜欢的歌，
</font>
</font>
</font>
<p>
<font size=6><font face="方正舒体"><font color=black>
静静地听。
<hr>
</font></font></font></p>
<font size=7><font face="华文隶书"><font color=green>
喜欢的人，
</font></font></font><p>
<font size=6><font face="方正舒体"><font color=black>
远远地看。
<hr>
</font></font></font></p>
………
```

6 切换至设计视图，可以看到，指定文字的下方添加了一条水平分隔线，得到最终效果。

实例 9-3　无序列表符与有序列表符的应用

<ul>标签用于建立无序列表，所谓无序列表是指内容前含有一个圆点项目符号；<ol>标签用于建立有序列表，所谓有序列表是指内容前是从 1 开始顺序排序的数字。最终效果如图 9-8 所示。

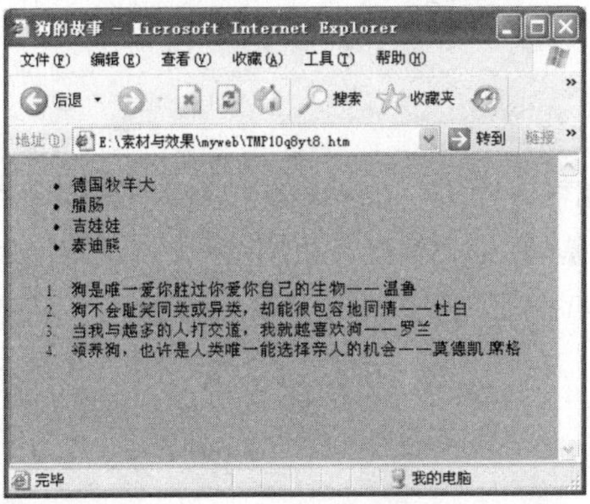

图 9-8　实例最终效果

表示最小，7 表示最大，默认值为 3（相当于 Word 中的 5 号字）。

例如：

```
<font size=6>
```

2. face 属性

face 属性用于设置字体。例如：

```
<font face="黑体">
```

3. color 属性

color 属性用于设置文字的颜色，可以用颜色的英文名称或十六进制数表示。例如：

```
<font color=blue>
<font color=#000FFF>
```

一个颜色为红色、字号为 7、字体为隶书的文字，其代码如下所示。

```
<font color=Orange size=9 face="华文隶书">寂寞的意义
```

显示效果如下

实例 9-3 说明

- 知识点：
  - <ul>标签的使用
  - <ol>标签的使用
- 视频教程：
  光盘\教学\第9章　HTML语言与行为的应用
- 效果文件：
  光盘\素材与效果\myweb\html\09\9-5.html
- 实例演示：
  光盘\实例\第9章\无序列表符与有序列表符的应用

操作步骤

1 新建一个文档，切换到代码视图模式。在<body>和</body>之间添加如下代码。

```
<ul>
<li>德国牧羊犬</li>
<li>腊肠</li>
<li>吉娃娃</li>
<li>泰迪熊</li>
</ul>
```

2 切换至设计视图，得到的无序列表效果如图 9-9 所示。

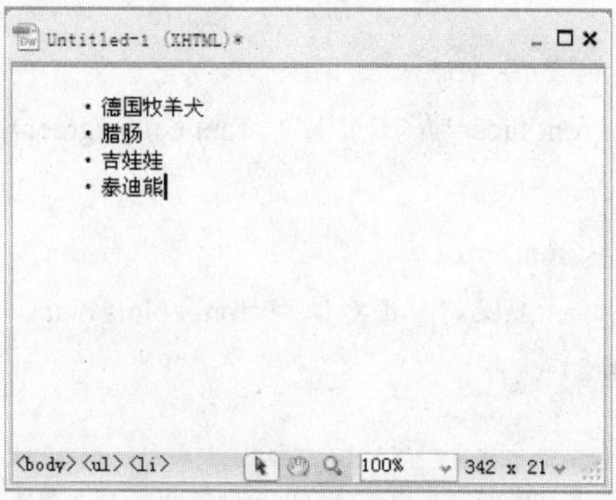

图 9-9 得到的无序列表效果

3 继续添加代码，如下所示。

```
.........
<body>
<ul>
<li>德国牧羊犬</li>
<li>腊肠</li>
<li>吉娃娃</li>
<li>泰迪熊</li>
</ul>
<ol>
<li>狗是唯一爱你胜过你爱你自己的生物—— 温鲁</li>
<li>狗不会耻笑同类或异类，却能很包容地同情—— 杜白</li>
<li>当我与越多的人打交道，我就越喜欢狗—— 罗兰</li>
<li>领养狗，也许是人类唯一能选择亲人的机会—— 莫德凯.席格</li>
</ol>
</body>
</html>
```

4 切换至设计视图，得到的有序列表效果如图 9-10 所示。

相关知识 <ul>标签的使用

<ul>标签用于定义无序列表，对于嵌套的列表，列表的第一层列表符号是实心圆“●”，第二层的符号是空心圆“○”，第三层的符号是点“•”。

例如，如下代码定义了一个嵌套的无序列表。

```
<html>
<body>
<h3>嵌套列表示例</h3>
<ul>
  <li>国内</li>
  <li>国外
    <ul>
    <li>欧洲</li>
    <li>南美洲
      <ul>
      <li>委内瑞拉</li>
      <li>阿根廷</li>
      </ul>
    </li>
    </ul>
  </li>
  <li>联合国组织</li>
</ul>
</body>
</html>
```

结果如下所示。

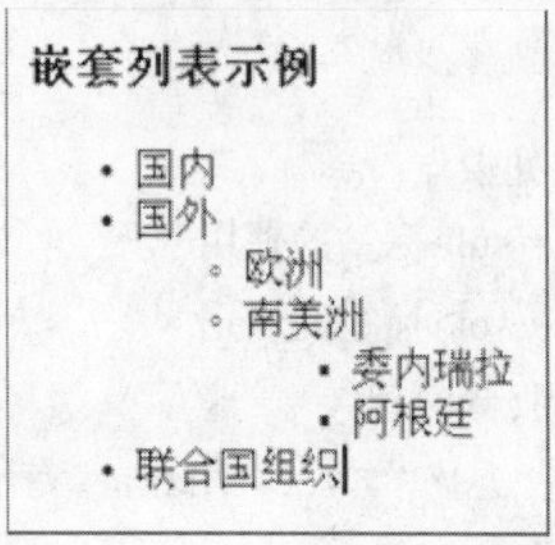

相关知识 <ol>标签的使用

<ol>标签用于定义有序列表，并可以使用 type 来指定序号的类型。

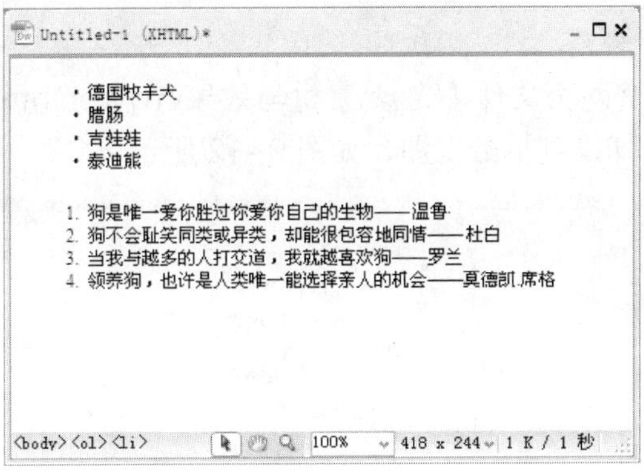

图 9-10　得到的有序列表效果

5 将网页的标题命名为“狗的故事”，然后在标题下方继续添加代码，为其设置背景颜色，如下所示。

```
………
<title>狗的故事</title>
<style type="text/css">
body {
    background-color: #F90;
}
</style>
</head>
………
```

6 切换至设计视图，可以看到，文档背景颜色变为指定的颜色，即得到最终效果。

实例 9-4　插入图片标签的应用

<img>标签用来插入图片，通过设置其属性来调整图片的高度、宽度以及边框。最终效果如图 9-11 所示。

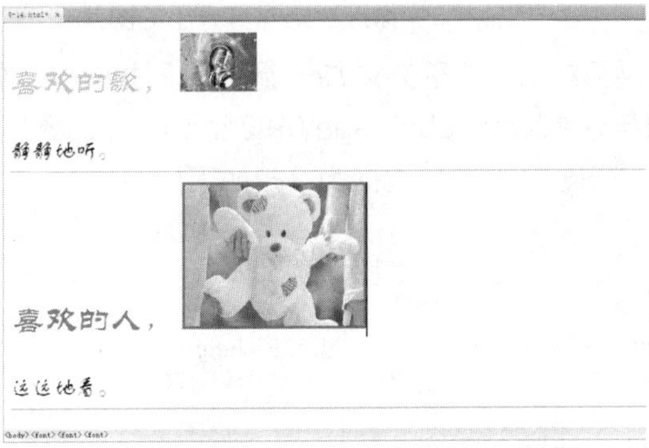

图 9-11　实例最终效果

例如：

```
<ol type="A">和
<ol type="a">
```

结果分别如下。

A. 语文 B. 数学 C. 物理 D. 化学	a. 语文 b. 数学 c. 物理 d. 化学

另外，还可以定义为“I”和“i”，分别将序号指定为罗马字母和小写罗马字母，如下所示。

I. 语文 II. 数学 III. 物理 IV. 化学	i. 语文 ii. 数学 iii. 物理 iv. 化学

重点提示　切换视图方式的其他方法

用户还可以通过“查看”菜单中的命令切换视图方式，如下所示。

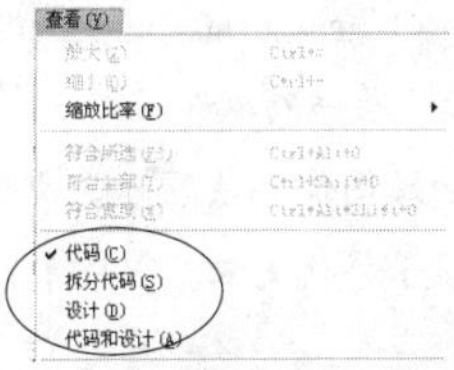

实例 9-4 说明

- 知识点：
  - <img>标签的使用
  - <img>标签属性的应用
- 视频教程：
  光盘\教学\第9章　HTML 语言与行为的应用
- 效果文件：
  光盘\素材与效果\myweb\html\09\9-6.html
- 实例演示：
  光盘\实例\第9章\插入图片标签的应用

相关知识 <img>标签的属性

<img>标签的属性主要有src、width、height、border和alt。

1. src属性

该属性用于指定所链接图片的路径和文件名。

2. width属性

该属性用于指定插入图片的宽度。

3. height属性

该属性用于指定插入图片的高度。

4. height属性

该属性用于指定插入图片外边框的大小。

5. alt属性

该属性用于指定当图像无法显示时的替代文本。

例如：

```
<img src="/01/jxiangwu.jpg" width=50 height=80 border="2" alt="奥运会吉祥物">
```

如果图像无法显示，浏览器将显示替代文本，如下所示。

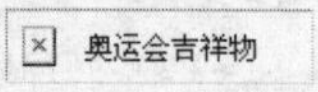

当浏览器无法载入图像时，替代文本显示了图片的相关信息，为图像添加替代文本属性是个比较好的习惯。

相关知识 什么是CSS

CSS(Cascading Style Sheet)常被译为层叠样式表或级联样式表，用于定义如何显示HTML元素，控制Web页面的外观。

CSS定义的样式存储在样式表中，通常放在<head>部分

操作步骤

1 打开一个网页文件（光盘\素材与效果\myweb\html\09\9-4.html），切换到拆分视图，如图9-12所示。

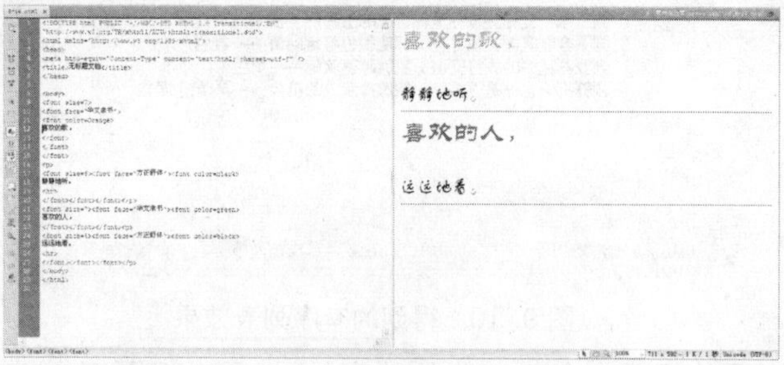

图9-12 切换到拆分视图

2 在文字“喜欢的歌，”下方添加如下代码。

```
………
喜欢的歌，
<img src="../../image/09/1.jpg">
………
```

3 表示插入image文件夹中09子文件夹下的一个图像文件（光盘\素材与效果\myweb\image\09\1.jpg），图片大小为本身的大小。切换至设计视图，得到如图9-13所示的效果。

图9-13 插入一幅本身大小的图片

4 在文字“喜欢的人，”下方添加一行代码，插入另一幅图像（光盘\素材与效果\myweb\image\09\2.jpg），并设置图像的宽度为200，高度为150，边框为3，如下所示：

```
………
喜欢的人，
<img src="../../image/09/2.jpg" width=255 height=198 border="4">
…………
```

5 切换至设计视图，即可看到插入的第二幅图像，即得到最终效果。

实例 9-5　表格标签的应用

<table>为表格标签，通过不同的代码编写，可以得到不同的表格效果。本实例将介绍如何使用<table>标签得到想要的表格效果。最终效果如图 9-14 所示。

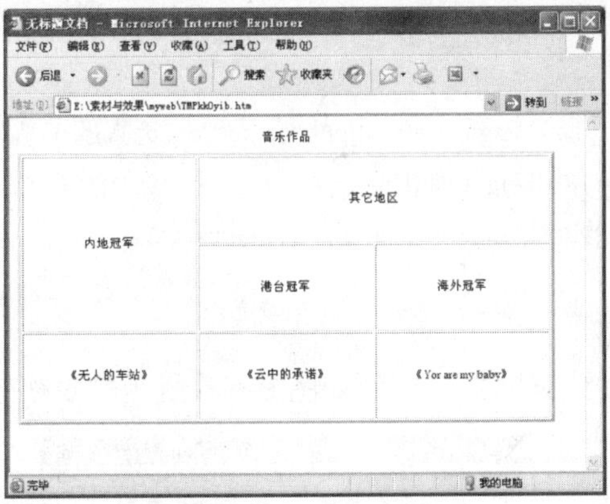

图 9-14　实例最终效果

操作步骤

1 新建一个网页文档，切换到代码视图。在<body>和</body>之间添加如下代码。

```
<table width="400" height="200" border="2">
<caption>音乐作品</caption>
<tr>
<td align="center">内地冠军</td>
<td align="center">港台冠军</td>
<td align="center">海外冠军</td>
</tr>
<tr>
<td align="center">《无人的车站》</td>
<td align="center">《云中的承诺》</td>
<td align="center">《You are my baby》</td>
</tr>
</table>
```

2 上面程序中的以下代码表示创建一个宽度为 400，高度为 200，边框为 2，名称为音乐作品的表格。

```
<table width="400" height="200" border="2">
<caption>音乐作品</caption>
```

3 按 F12 键预览网页，看到如图 9-15 所示的表格效果。

4 如果想设置不同大小的单元格，可在<body>和</body>之间添加如下代码。

```
<table width="600" height="300" border="3">
```

或存储在外部 CSS 文件中。

CSS 与 HTML 的结合有以下两种方式。

- 在 HTML 文件中用“<style></style>”标签来定义。
- 在“*.css”文件中定义好样式后，在 HTML 文件中用“<linkrel= "stylesheet" type= "text/ css" href="* .css">”标签来引用。

实例 9-5 说明

知识点：
- <table>标签的使用
- <table>标签属性的应用

视频教程：
光盘\教学\第 9 章　HTML 语言与行为的应用

效果文件：
光盘\素材与效果\myweb\html\09\9-7.html

实例演示：
光盘\实例\第 9 章\表格标签的应用

相关知识　<table>标签的使用

<table>标签用来定义 HTML 表格。最基本的表格由 table 元素以及一个或多个 caption、tr、td 或 th 等元素组成。

1. <table></table>

该标签是表格显示的主标签，也是一个表格结构的最外层。它的属性可以定义表格的整体背景、大小、对齐方式、表格边框粗细等。例如：

```
<table  bgcolor=”red”
 width=200
 height=60
 border=”1”
 align=center>
```

上述代码定义了表格的背景颜色是红色，宽度是200像素，高度是60像素，边框粗细为1，居中对齐。

2. <caption></caption>

该标签用于定义表格的标题。

例如：

```
<caption>表格示例</caption>
```

3. <tr></tr>

该标签用于定义表格的行，通过属性可以设置某一行的长宽、背景色、对齐方式等。

例如：

```
<tr height=30>
```

上述代码定义了表格行的高度为30像素。

4. <td></td>

该标签包含在<tr></tr>元素中，用于定义表格单元，可以通过属性设置当前行某一列的长宽、背景色、对齐方式等。

例如：

```
<td width=50
  algln=right>姓名
</td>
```

上述代码定义了单元格宽度为50像素，内容右对齐，并输入内容“姓名”。

5. <th></th>

该标签用来定义一个表头，和<td>不同的是，浏览器默认情况下<th>中的文本用

```
<caption>音乐作品</caption>
<tr>
<td width="140" height="40" align="center">内地冠军</td>
<td width="180" height="40" align="center">港台冠军</td>
<td width="280" height="40" align="center">海外冠军</td>
</tr>
<tr>
<td width= "140"height="80" align="center">《无人的车站》</td>
<td width="180"height="80" align="center">《云中的承诺》</td>
<td width="280"height="80" align="center">《You are my baby》</td>
</tr>
</table>
```

5 按F12键预览网页，得到如图9-16所示的表格效果。

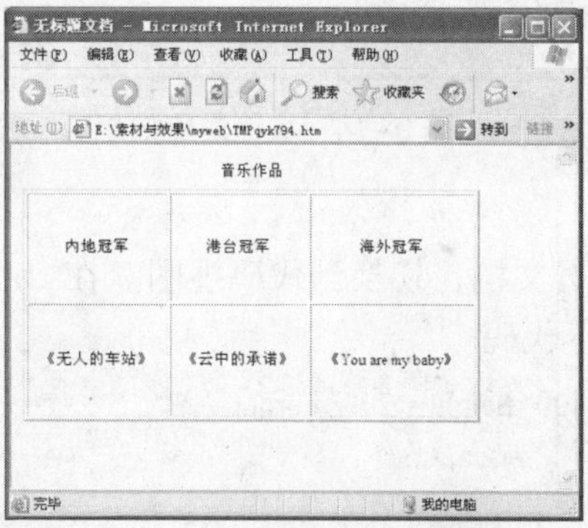

图 9-15　得到的表格效果

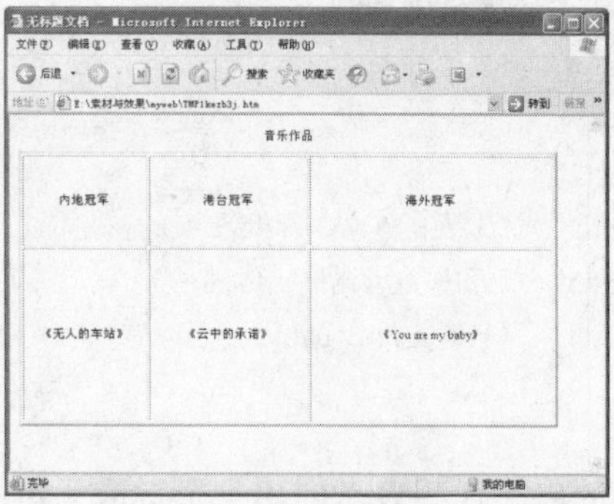

图 9-16　得到的表格效果

6 如果将以下代码：

```
<table width="600" height="300" border="3">
```

改为：

```
<table width="600" height="300" border="0">
```

可得到一个无线框表格，效果如图9-17所示。

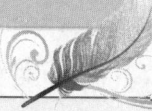

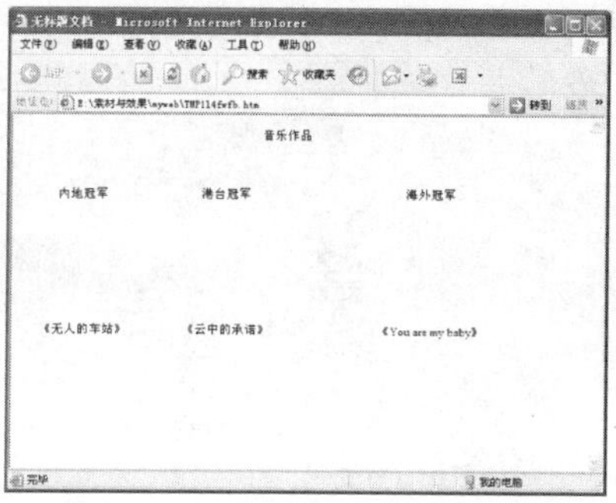

图 9–17　得到一个无线框表格

7 如果想制作一个更为复杂的表格，可在<body>和</body>之间添加如下代码。

```
<table width="600" height="270" border="3">
<caption>音乐作品</caption>
<tr>
<td width="200" height="180" rowspan="2" align="center">内地冠军</td>
<td width="400" height="90" colspan="2" align="center">其他地区</td>
</tr>
<tr>
<td width="200" height="90" align="center">港台冠军</td>
<td width="200" height="90" align="center">海外冠军</td>
</tr>
<tr>
<td width="200" height="90" align="center">《无人的车站》</td>
<td width="200" height="90" align="center">《云中的承诺》</td>
<td width="200" height="90" align="center">《Yor are my baby》</td>
</tr>
</table>
```

8 上面程序中，以下代码中的 rowspan="2"表示高度上的两行单元格合并，<center>表示文字居中显示。

```
<td width="200" height="180" rowspan="2" align="center">内地冠军</td>
```

以下代码中的 colspan="2"表示宽度上的两列单元格合并。

```
<td width="400" height="90" colspan="2" align="center">其他地区</td>
```

9 保存网页，按 F12 键，打开浏览器预览网页，得到最终效果。

实例 9-6　禁止网页另存为

有时为了保证自己辛苦制作的网页不被他人利用，可以在制作时将网页设置为禁止另存为，即当浏览者想要保存完网页时，会弹出一个提示框，提示无法保存该网页。最终效果如图 9–18 所示。

粗体表示，并且<th>的对齐属性 align 默认为 center（居中），<td>的 align 属性的默认值为 left（左对齐）。

综上所述，一个表格的层次关系如下。

```
<table>
  <caption>表格标题</caption>
  <tr>
      <th>
        表头内容
      </th>
      <td>
        单元格内容
      </td>
  </tr>
  其他行内容
</table>
```

相关知识 表格属性设置

在创建表格时，常用的属性有以下几种。

1. width 属性

该属性用于设定表格或单元格的宽度，单位是像素或百分比。

2. border 属性

该属性用于设定表格边框的宽度，单位是像素。

3. bgcolor 属性

该属性用于设定表格的背景颜色，可以用颜色名称（如“red”）或十六进制的颜色代码表示，也可以用 gb 代码表示，如 rgb(255,0,0)。

4. align 属性

该属性用于设置对齐方式，其值有 3 种：left（左对齐）、center（居中对齐）和 right（右对齐）。

5. cellpadding 属性

该属性用于设定单元格边框与内容的间距，单位是像素。

例如：

```
<table cellpadding="8">
```

表示表格内边框与表格内容之间的距离是 8 像素。

6. cellspacing 属性

该属性用于设置单元格之间的距离，单位是像素。

实例 9-6 说明

知识点：
- 视图模式
- HTML 代码

视频教程：

光盘\教学\第 9 章 HTML 语言与行为的应用

效果文件：

光盘\素材与效果\myweb\html\09\9-9.html

实例演示：

光盘\实例\第 9 章\禁止网页另存为

相关知识 **标签的种类**

实质上，HTML 语言文件是由各种元素和标签组成的。标签用来描述文件的结构，是 HTML 语言的重要语法构成部分。

标签可分为一般标签、文件结构标签、表格标签、区段格式标签等。

图 9-18 实例最终效果

操作步骤

1 打开一个网页文档（光盘\素材与效果\myweb\html\09\9-8.html），在“文档”工具栏中将其视图模式切换至拆分视图，如图 9-19 所示。

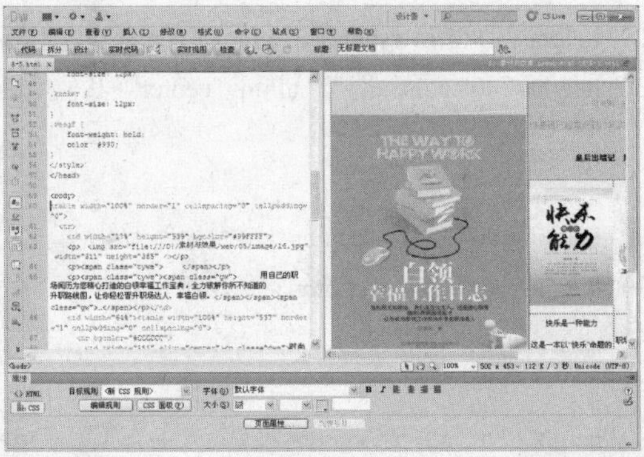

图 9-19 切换为“拆分”模式

2 在<body>和</body>之间插入以下代码，如图 9-20 所示。

```
<noscript>
<iframe src="8-5.html"
</iframe>
</noscript>
```

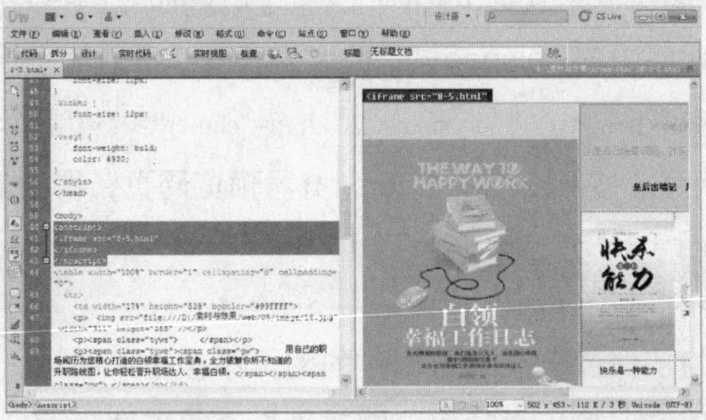

图 9-20 插入代码

3 保存网页，按下 F12 键浏览网页。可发现，当选择“文件”→“另存为”命令另存网页，在快要保存完网页时，会弹出一个提示框，提示用户无法另存该网页。

实例 9-7　禁止使用鼠标右键

有时为了防止网页被复制或剪切，可以在网页上禁止使用鼠标右键，即在网页上单击鼠标右键，会出现不能使用鼠标右键的提示。最终效果如图 9-21 所示。

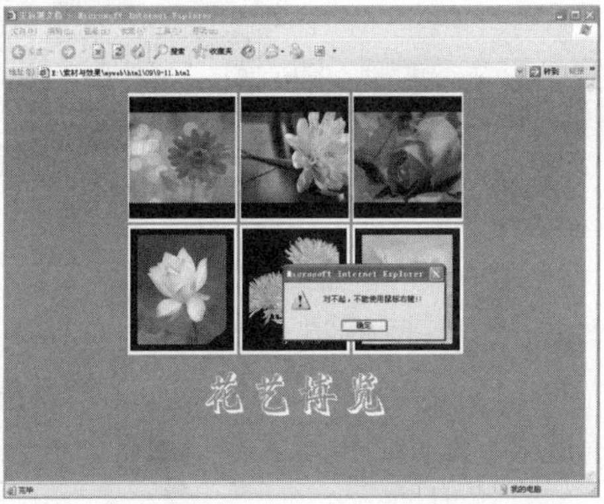

图 9-21　实例最终效果

操作步骤

1 打开一个网页（光盘\素材与效果\myweb\html\09\9-10.html），切换为拆分视图，如图 9-22 所示。

图 9-22　切换为“拆分”视图模式

2 在<body>和</body>之间，或<head>和</head>之间输入下列代码。

```
<SCRIPT language=javascript>
function click() {
if (event.button==2) {
```

实例 9-7 说明

- 知识点：
  - 视图模式
  - HTML 代码
- 视频教程：
  光盘\教学\第 9 章　HTML 语言与行为的应用
- 效果文件：
  光盘\素材与效果\myweb\html\09\9-11.html
- 实例演示：
  光盘\实例\第 9 章\禁止使用鼠标右键

相关知识　各种标签的用法

1. 一般标签

一般标签是指常用的样式标签，如字体、字号、背景颜色等。它通常由一个起始标签和一个结束标签构成。语法为：<起始标签>文字</结束标签>。

例如要设置字体为斜体，所使用的格式为：<I>斜体字标签</I>。其中，<I>表示开始使用斜体；</I>表示结束使用斜体样式；<I>和</I>之间的字体则应用斜体样式。如下所示即为此格式在网页中的效果。

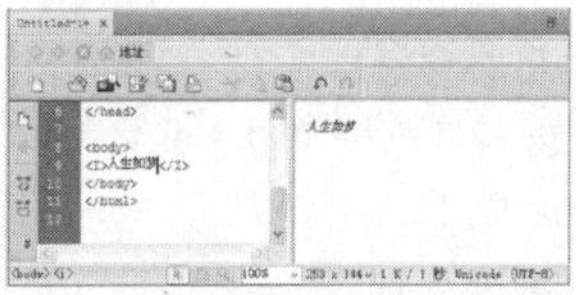

2. 文件结构标签

文件结构标签主要用来体现网页文件的结构，在一个网页文件中，主要包含以下 3 种结构标签。

- <html>...</html>：表示 html 文件的起始和终止。
- <head>...</head>：表示文件的标题区。

- <body>...</body>：表示文件的主体区。

3. 表格标签

表格标签用于制作表格。主要有如下几个。

- <table>...</table>：定义表格。
- <caption>...</caption>：定义表格标题。
- <th>...</th>：定义表头。
- <tr>...</tr>：定义表格列。
- <td>...</td>：定义表格单元格。

4. 区段格式标签

此类标签的主要用途是将HTML文件中的某个区段文字以特定格式显示，以增加文件的可视性。主要的有如下几个。

- <title>...</title>：文件题目。
- <h1>...</h6>：网页标题。
- <hr>：产生水平线。
-
：强迫换行。
- <p>...</p>：文件段落。

实例 9-8 说明

知识点：
HTML 代码

视频教程：
光盘\教学\第9章 HTML 语言与行为的应用

效果文件：
光盘\素材与效果\myweb\html\09\9-13.html

实例演示：
光盘\实例\第 9 章\可移动的页面文字与图片

```
alert('对不起，不能使用鼠标右键!!')
}
}
document.onmousedown=click
</SCRIPT>
```

此时的文档窗口如图 9-23 所示。

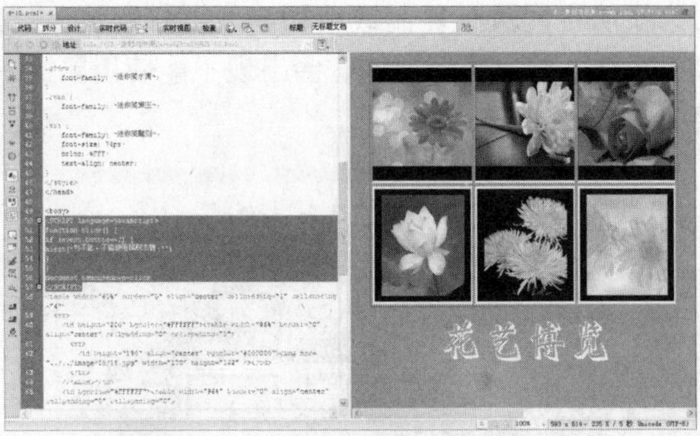

图 9-23 输入代码

3 保存网页，按 F12 键浏览网页。在网页上单击鼠标右键，弹出提示框，提示不能使用鼠标右键，即得到最终效果。

实例 9-8 可移动的页面文字与图片

为了使网页效果更加生动、活泼，更具感染力，制作时可以将网页中的文字或图片设置为可移动效果，使浏览者对网页留下深刻的印象。最终效果如图 9-24 所示，指定的文字和图片均从右向左按照设置的速度连续滚动。

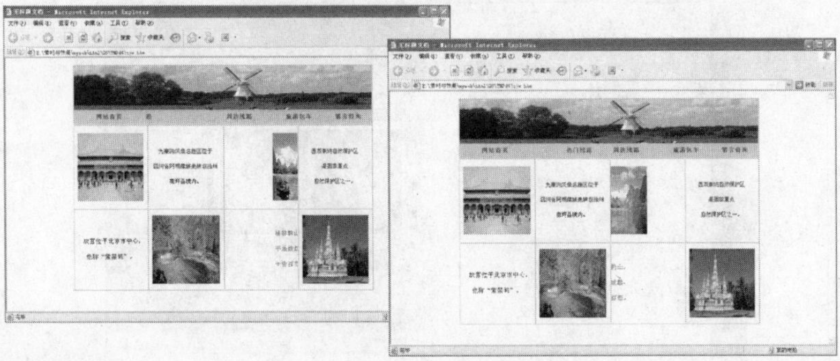

图 9-24 实例最终效果

操作步骤

1 打开一个网页（光盘\素材与效果\myweb\html\09\9-12.html），切换至拆分视图，选中其中的文字“热门线路”，如图 9-25 所示。

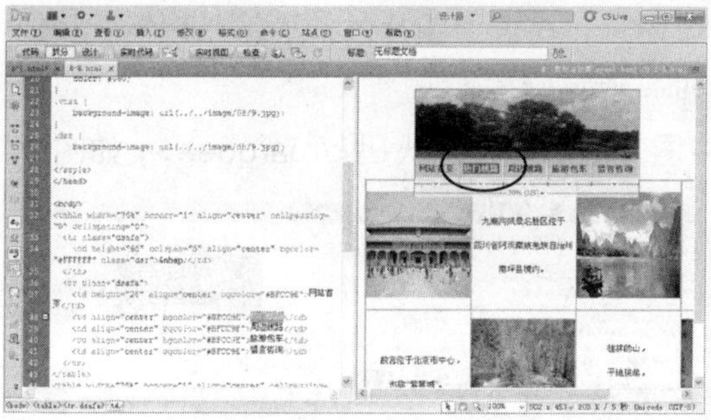

图 9-25　选中文字“热门线路”

2 在选中文字的前面输入以下代码。

```
<marquee style="color:#930"scrollamount="3">
```

在选中文字的后面输入代码</marquee>，如图 9-26 所示。

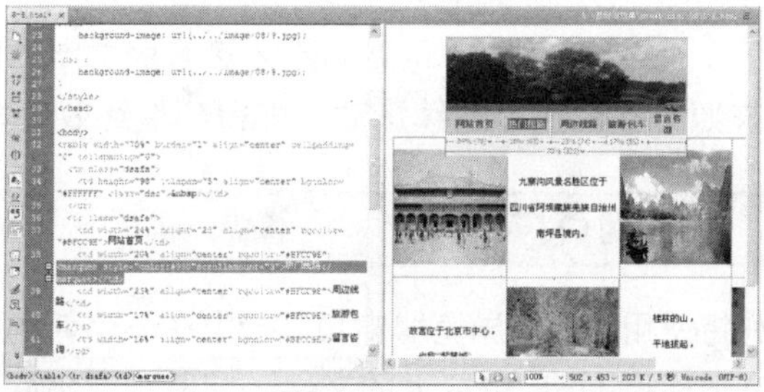

图 9-26　输入代码

3 按下 F12 键浏览网页，可看到选中的文字从右向左连续地滚动，如图 9-27 所示。

图 9-27　选中文字从右向左连续地滚动

4 选中表格最下面一行中间的文字，同样将其设置为移动文字效果，如图 9-28 所示。

图 9-28　输入代码

相关知识　**代码视图方式**

在 Dreamweaver 中，有两种代码视图方式，即代码视图和拆分视图。

单击“文档”工具栏中的“代码”按钮，则在整个窗口中显示代码视图；单击“拆分”按钮，则会将窗体分为左、右两个部分，左边显示代码，右边显示效果。

相关知识　**“代码检查器”面板**

在“代码检查器”面板中，显示了当前文档的源代码，即用户在设计视图下创建的文档其代码会显示在此面板中。可在其中对代码进行编辑。

选择“窗口”→“代码检查器”命令或按 F10 键，可以打开“代码检查器”面板，如下所示。

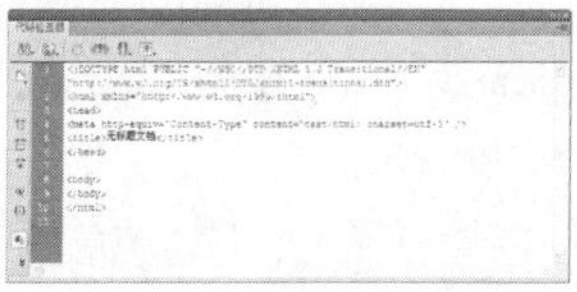

“代码检查器”面板上各按钮的作用分别如下。

- （文件管理）：单击该按钮，打开下拉列表框，其中的命令可用于管理文件。
- （在浏览器中浏览/调试）：单击该按钮，打开下拉列表框，选择相应选项可浏览当前页面。
- （刷新设计视图）：单击该按钮，可将 HTML 面板中设置代码反应在页面上。

5 选中一张图片，在选中图片的前面输入以下代码。

```
<marquee scrollamount="4">
```

在选中图片的后面输入代码</marquee>，如图 9-29 所示。

图 9-29　输入代码

6 保存网页，按下 F12 键，可看到刚才设置的文字和图片均从右向左按照设置的速度连续滚动，即得到最终效果。

实例 9-9　弹出网页广告

本实例将使用“打开浏览器窗口”行为在一个新的浏览器窗口中载入位于指定 URL 位置上的文件，即实现弹出网页广告的效果。最终效果如图 9-30 所示。

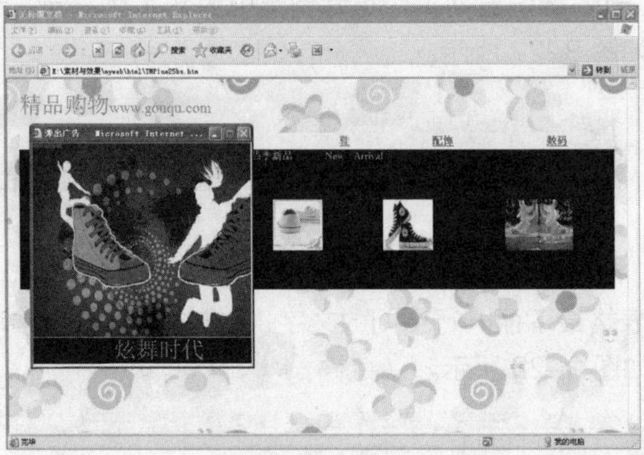

图 9-30　实例最终效果

操作步骤

1 新建一个网页文档，在“文档”工具栏的“标题”文本框中输入“弹出广告”，如图 9-31 所示。

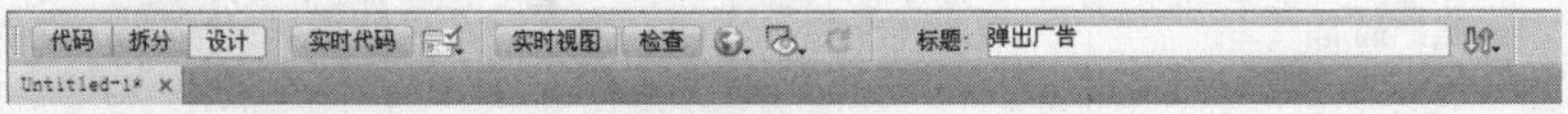

图 9-31　输入标题名称

- （参考）：单击该按钮，打开“代码”面板中的“参考”子面板。
- （代码导航）：单击该按钮，在其下拉列表中可以为 HTML 设置断点、定义断点及清除断点。
- （选项菜单）：单击该按钮，打开下拉列表框，从中可以选择 HTML 代码的显示形式。

实例 9-9 说明

知识点：

- 设置页面属性
- “打开浏览器窗口”行为

视频教程：

光盘\教学\第 9 章　HTML 语言与行为的应用

效果文件：

光盘\素材与效果\myweb\html\09\9-16.html

实例演示：

光盘\实例\第 9 章\弹出网页广告

相关知识　如何设置文字字体

输入文字后，选中文字，设置其字体，此时弹出“新建 CSS 样式”对话框。在“选择器类型”下拉列表框中选择“类”选项；在“选择器名称”文本框中输入此样式的名称；在“规则定义”下拉列表框中选择“仅限该文档”选项，单击“确定”按钮，即可得到相关字体效果，然后继续设置文字的其他属性即可。

2 将光标置于文档中，选择“插入”→“表格”命令，插入一个 2 行 1 列、表格宽度为 40%、边框粗细为 0 的表格，然后在其“属性”面板中设置其对齐方式为居中对齐，填充和间距的值均为 0，效果如图 9–32 所示。

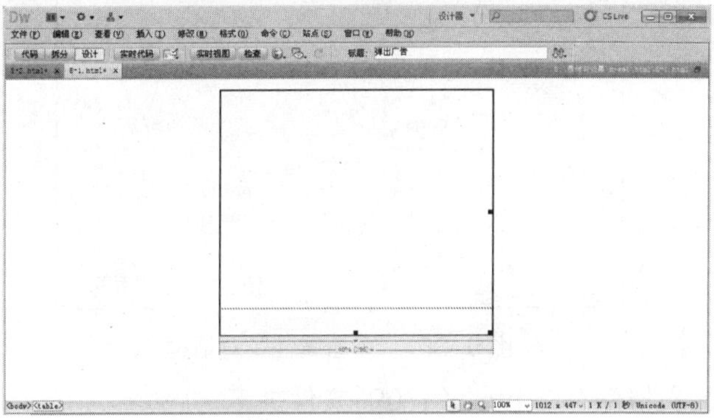

图 9–32　插入的表格

3 将光标置于表格第 1 行第 1 列中，选择“插入”→“图像”命令，插入一张图片（光盘\素材与效果\myweb\image\09\8.jpg），如图 9–33 所示。

图 9–33　插入图片

4 将表格第 2 行第 1 列单元格的背景颜色设置为黑色，输入文字，并设置文字属性。然后在“属性”面板中设置图片与文字的对齐方式均为居中对齐，得到效果如图 9–34 所示。

图 9–34　输入文字

相关知识　什么是行为

在 Dreamweaver 中，行为是由事件和动作组合而成的，浏览器响应用户的动作就会产生事件。例如，用户单击网页上的对象时，会产生 OnClick 事件。执行这个事件后，会产生相应的动作，从而实现一些特定的效果。

相关知识　什么是事件

事件就是在某一特定情况下发生某一行为动作的功能。一个事件通常是针对页面元素或标记而言的。

相关知识　常用事件有哪些

在 Dreamweaver 中，提供了很多常用事件。下面介绍一些主要的常用事件。

- OnAbort：当用户终止正在打开的网页时，触发该事件。
- OnAfterUpdate：当页面上一个捆绑数据的元素完成对数据源的更新时，触发该事件。
- OnBlur：当指定元素不再被访问者交互时，触发该事件。
- OnBounce：当选取框中的内容移动到该选取框边界时，触发该事件。
- OnChange：当网页上的元素内容发生改变时，触发该事件。
- OnClick：当访问者在指定的元素上单击时，触发该事件。
- OnDblClick：当访问者在指定的元素上双击时，触发该事件。

- OnError: 当浏览器在网页或图像载入产生错位时触发该事件。
- OnFinish: 当选取框中的内容完成一次循环时触发该事件。
- OnFocus: 当指定元素被访问者交互时触发该事件。
- OnHelp: 单击浏览器的 Help 按钮或选择菜单中的 Help 菜单项时触发该事件。
- OnKeyDown: 当按下任意键时触发该事件。
- OnKeyPress: 按下和松开任意键时触发该事件。
- OnKeyUp: 当按下的键松开时触发该事件。
- OnLoad: 当一幅图像或网页载入完成时触发该事件。
- OnMouseDown: 当鼠标左键被按下时，触发该事件。
- OnMouseMove: 当用户将鼠标在指定元素上移动时，在该页面元素上就会触发该事件。
- OnMouseOut: 当用户将鼠标在指定元素上移开时，在该页面元素上就会触发该事件。
- OnMouseOver: 当鼠标第一次移动到指定元素时，触发该事件。
- OnMouseUp: 当按下的鼠标按钮被释放时，触发该事件。
- Onmove: 当窗体或框架移动时，触发该事件。

5 在“属性”面板中单击“页面属性”按钮，在弹出的“页面属性”对话框中的“左边距”、“右边距”、“上边距”以及“下边距”文本框中均输入“0”，如图 9-35 所示。

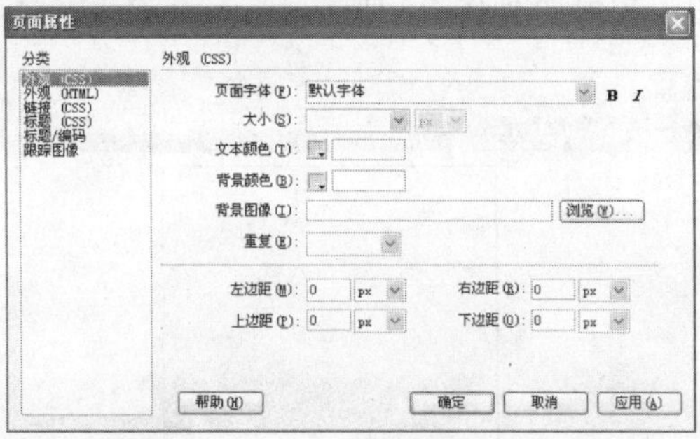

图 9-35 “页面属性”对话框

6 将此文档保存在 html 的“09”文件夹下，并命名为 9-14.html（光盘\素材与效果\myweb\html\09\9-14.html）。选择“文件”→“打开”命令，打开一个网页文档（光盘\素材与效果\myweb\html\09\9-15.html），然后单击文档窗口左下角处的 <body>标签，将文档全部选中，如图 9-36 所示。

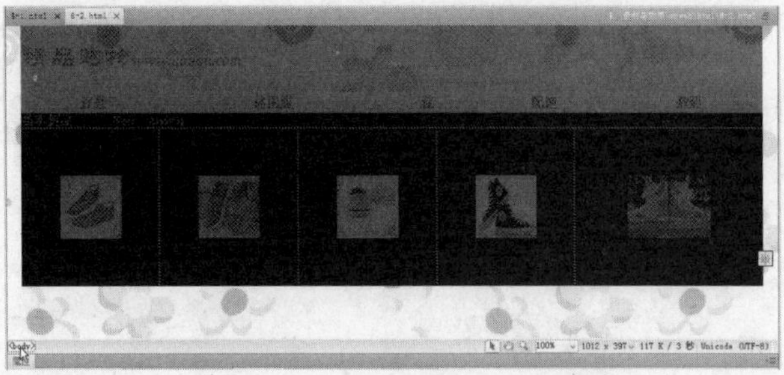

图 9-36 将文档全部选中

7 选择“窗口”→“行为”命令，在打开的“行为”面板中单击 + 按钮，在弹出的下拉菜单中选择“打开浏览器窗口”命令。

8 单击“要显示的 URL:”文本框右侧的“浏览”按钮，在弹出的“选择文件”对话框中选择文件“9-14.html”；在“窗口宽度”和“窗口高度”文本框中均输入“350”，如图 9-37 所示。

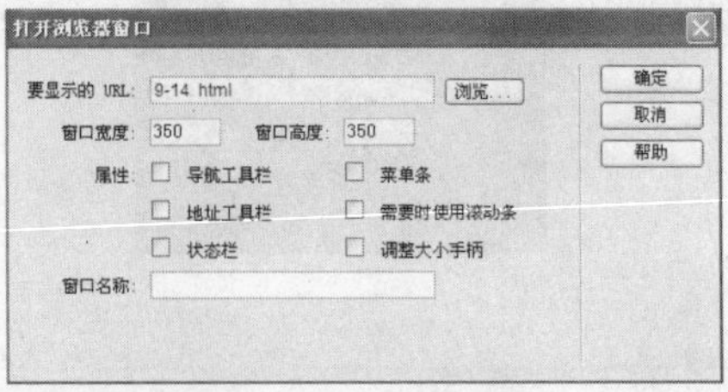

图 9-37 设置“打开浏览器窗口”对话框

9 在“行为”面板中选择 onLoad 事件，如图 9-38 所示。

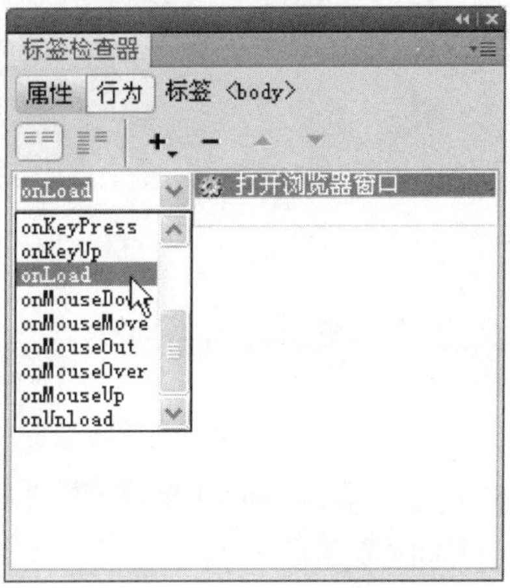

图 9-38　选择 onLoad 事件

10 将此文件保存。按 F12 键预览网页，可看到打开此网页时弹出创建的弹出广告窗口，即得到最终效果。

实例 9-10 可移动的层

为了使网页变得更生动，本实例将制作可移动的层效果，并且在层上单击可隐藏此层。最终效果如图 9-39 所示。

图 9-39　实例最终效果

操作步骤

1 创建一个新文档，插入一个 3 行 2 列、表格宽度为 30%的表格，并将其居中对齐，如图 9-40 所示。

- OnReadyStateChange：当指定元素的状态改变时，触发该事件。
- OnReset：当表单内容被重新设置为默认值时，触发该事件。
- OnResize：当访问者调整浏览器或框架大小时，触发该事件。
- OnRowEnter：在当前捆绑数据源的记录指针已经改变时，触发该事件。
- OnScroll：当访问者使用滚动条向上或向下滚动文档内容时，触发该事件。
- OnSelect：当访问者选择文本框中的文本时，触发该事件。
- OnStart：当选取框元素中的内容开始循环时，触发该事件。
- OnSubmit：当访问者提交表格时，触发该事件。
- OnUnload：当访问者离开页面或从当前页面退出时，触发该事件。

实例 9-10 说明

知识点：

- 设置表格背景颜色
- 表格转换为 AP Div
- “拖动 AP 元素”行为
- “显示 隐藏元素”行为

视频教程：

光盘\教学\第9章　HTML语言与行为的应用

效果文件：

光盘\素材与效果\myweb\html\09\9-17.html

实例演示：

光盘\实例\第 9 章\可移动的层

相关知识 **什么是动作**

动作是由预先编写的JavaScript代码组成的，这些代码用来执行一些特定的任务，如打开浏览器窗口、播放声音、控制播放Flash以及显示或隐藏层等。

相关知识 **行为的基本操作包括哪些**

行为的基本操作包括添加行为、编辑行为以及使用行为等，这些操作都可以在“行为”面板中完成。

相关知识 **“行为”面板设置**

要对行为进行操作，首先应打开“行为”面板。选择“窗口”→“行为”命令或按Shift+F3组合键，均可打开如下所示的“行为”面板。

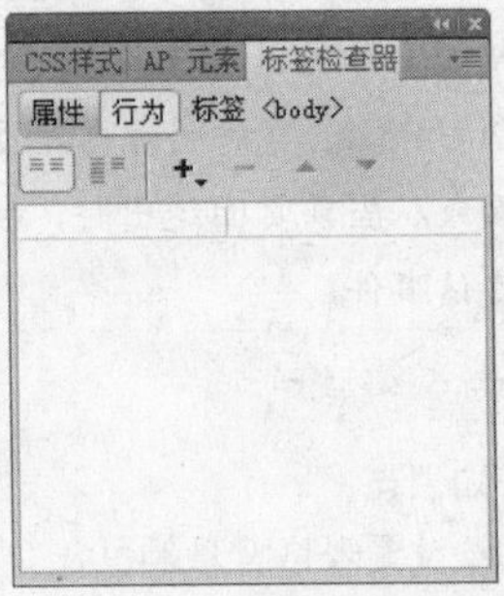

“行为”面板中各按钮的作用分别如下。

- ▭：单击可显示已经设置的事件。
- ▭：单击可显示所有可以设置的事件。
- +.：单击显示可以发生的动作列表，如下所示。选择其中一个动作可以打开此动作相应的参数对话框。

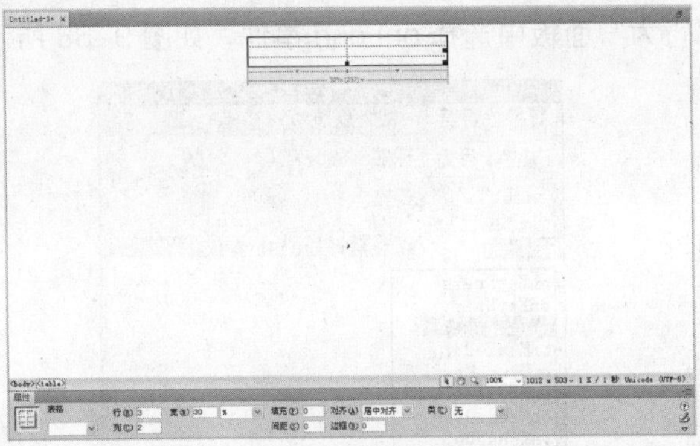

图 9-40　插入表格

2 分别在各个单元格中插入图片（光盘\素材与效果\myweb\image\09\10～13.jpg）或输入文字，得到如图 9-41 所示的效果。

图 9-41　在表格中插入图片和文字

3 选中表格中的所有内容，设置其对齐方式为居中对齐，然后设置其背景颜色为淡紫色，效果如图 9-42 所示。

图 9-42　设置表格

4 选择“修改”→“转换”→“将表格转换为 AP Div”命令，弹出如图 9-43 所示的“将表格转换为 AP Div”对话框，在其中按需要进行设置。

5 单击“确定”按钮，即可将此表格转换为层，效果如图 9-44 所示。

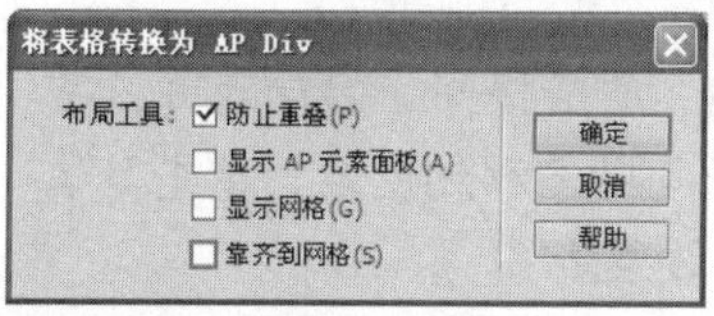

图 9-43　“将表格转换为 AP Div”对话框

图 9-44　将表格转换为层

6 打开“行为”面板，单击按钮，在弹出的下拉菜单中选择“拖动 AP 元素”命令，在弹出的“拖动 AP 元素”对话框中进行如图 9-45 所示的设置。

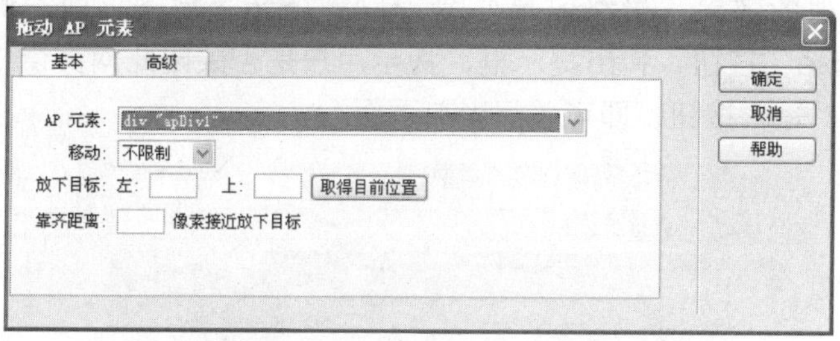

图 9-45　“拖动 AP 元素”对话框

7 设置完成后，单击“确定”按钮。然后依次为第 2 个层和第 3 个层设置此动作。选中第 4 个层中的图片，在“行为”面板中选择“显示-隐藏元素”行为，如图 9-46 所示。

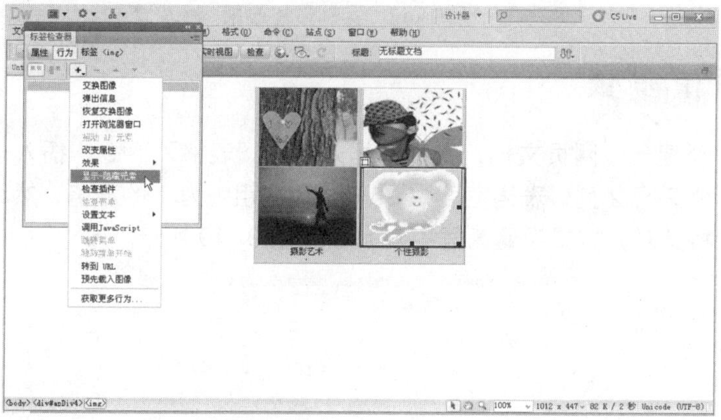

图 9-46　选择“显示-隐藏元素”行为

8 此时弹出“显示-隐藏元素”对话框，在“元素”列表框中选

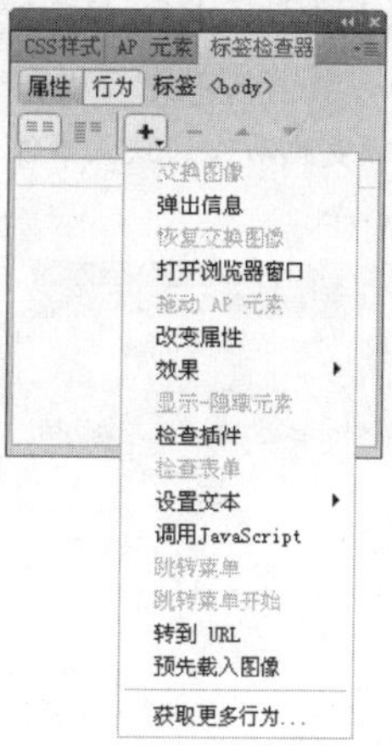

- ：从行为控制器的行为列表中删除选中的动作及与其相关的事件。
- 和：用于改变行为列表中动作的发生顺序。

相关知识　添加行为的方法

如果要给页面或页面中的某一对象添加行为，可按以下方法进行操作。

（1）选定要添加行为的对象。如果是选择一个段落，可单击文档窗口左下角的<p>标签；如果是选择整个页面，可单击<body>标签。所选择对象相应的 HTML 标签出现在行为控制器的标题栏中，如下所示。

（2）单击“行为”面板中的“添加行为”按钮，在弹出的下拉菜单中选择一个动作，如选择“弹出信息”选项，将出现此动作的对话框，在其中根据需要设置参数即可。

择第 4 个层，然后单击下方的“隐藏”按钮，如图 9-47 所示。

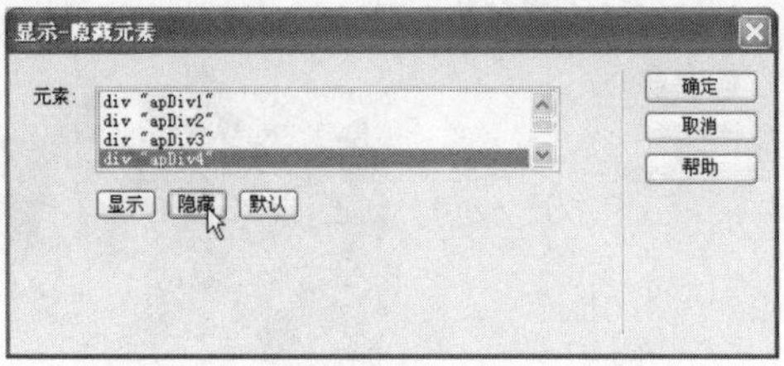

图 9-47 “显示-隐藏元素”对话框

9 设置完成后，单击“确定”按钮，完成操作。保存网页，按 F12 键浏览页面，第 1、2、3 层可随意移动位置，单击第 4 个层，此层将隐藏，即得到最终效果。

实例 9-11 JavaScript 行为的使用

动作是由预先编写的 JavaScript 代码组成的，这些代码用来执行一些特定的任务。本实例将实现单击网页中的某个按钮关闭此页面的效果。最终效果如图 9-48 所示，单击页面右侧的“close”按钮，弹出提示框，提示用户是否关闭此网页窗口，单击“是”按钮，即可关闭当前页面。

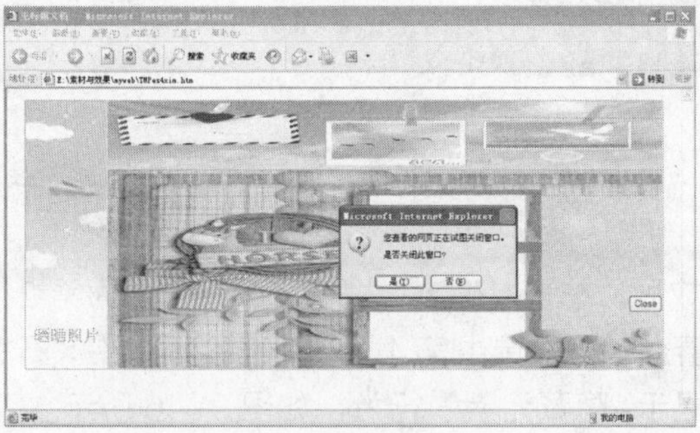

图 9-48 实例最终效果

操作步骤

1 新建一个网页文档，选择“插入”→“表格”命令，插入一个 2 行 2 列，表格宽度为 85%，边框粗细为 1 的表格，然后将其对齐方式设置为居中对齐，如图 9-49 所示。

图 9-49 插入表格

（3）设置完成后，单击“确定”按钮，即可在事件列表中出现触发此动作的默认事件，如下所示。

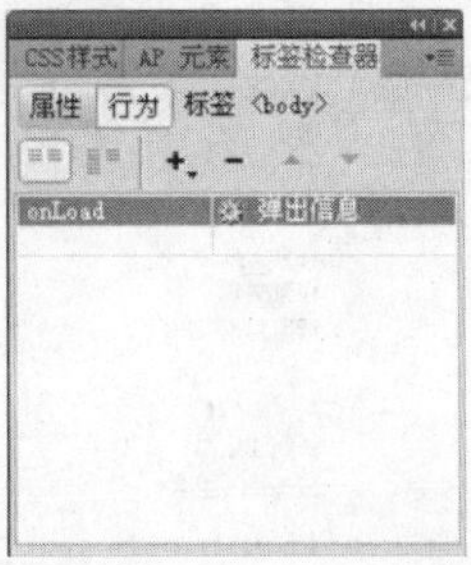

用户可以选择其他事件来改变当前默认的事件。

（4）此时添加的行为即被应用到网页中了。保存网页，按 F12 键对当前添加的效果进行预览即可。

实例 9-11 说明

知识点：
- 为单元格添加背景图像
- 添加表单元素
- “调用 JavaScript”行为的使用

视频教程：
光盘\教学\第9章 HTML语言与行为的应用

效果文件：
光盘\素材与效果\myweb\html\09\9-18.html

实例演示：
光盘\实例\第 9 章\JavaScript 行为的使用

相关知识 行为的编辑与删除

为文档添加行为后，也可以对行为进行编辑和删除操作。

1. 编辑行为

编辑行为有以下几种情况。

- 在文档中选择已添加了行为

2 选中表格的第 1 列，在其上单击鼠标右键，在弹出的快捷菜单中选择“表格”→“合并单元格”命令，将第 1 列合并，然后调整各个单元格的大小，效果如图 9-50 所示。

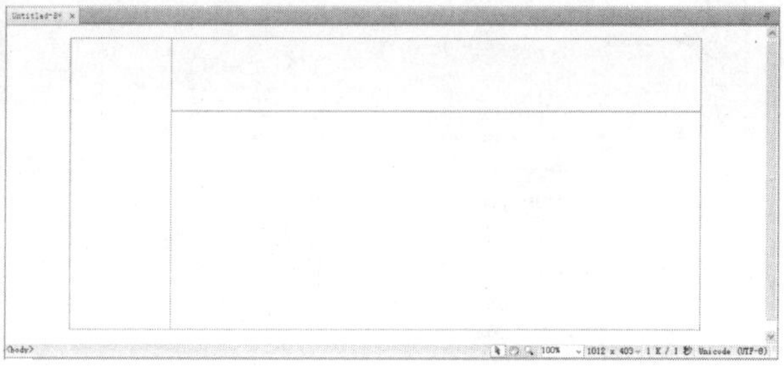

图 9-50　合并单元格并调整单元格大小

3 在表格第 1 列中插入图片（光盘\素材与效果\myweb\image\09\14.jpg）并输入文字，在表格第 1 行第 2 列中也插入一张图片（光盘\素材与效果\myweb\image\09\15.jpg），如图 9-51 所示。

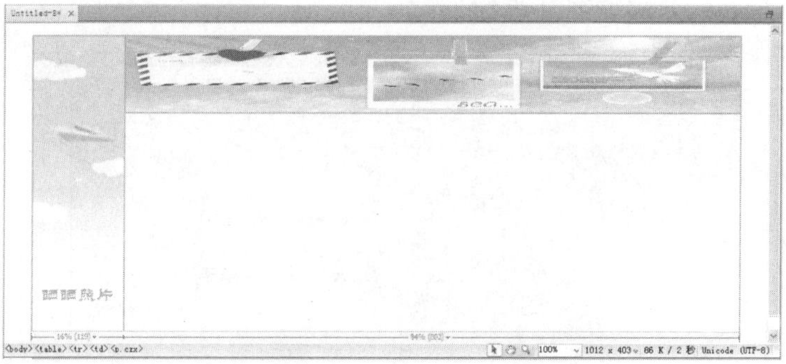

图 9-51　插入图片并输入文字

4 将光标置于表格第 2 行第 2 列中，单击“属性”面板中的“编辑规则”按钮，在弹出的“新建 CSS 规则”对话框中设置其“选择器名称”为“.z1”，如图 9-52 所示。

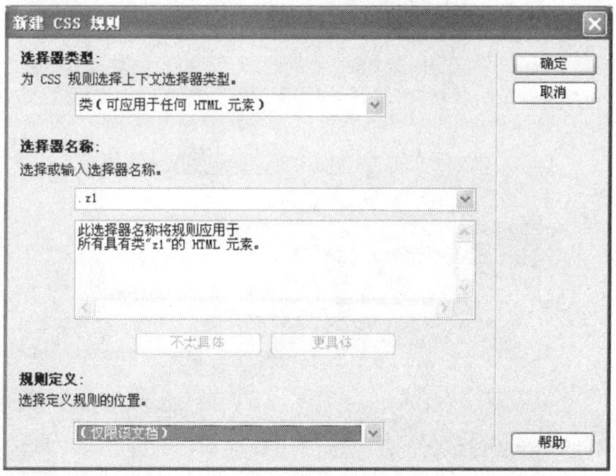

图 9-52　“新建 CSS 规则”对话框

的某个元素或对象，此时“行为”面板中会显示所有已添加的行为。

- 若要编辑该行为的事件，可在“行为”面板中单击事件栏，在其下拉菜单中选择相应的事件即可。
- 如果要编辑该行为的动作，则双击该行为，可以弹出对应的动作对话框，然后在对话框中根据需要进行修改即可。
- 如果要改变该行为在多个行为中发生的顺序，可以单击“行为”面板右上角的三角按钮▲和▼，然后根据需要改变行为的顺序即可。

2. 删除行为

如果需要删除行为，可直接将其选中，然后单击“行为”面板上的 — 按钮即可。

相关知识 Dreamweaver 自带的常用行为动作有哪些

在 Dreamweaver 中自带有多种行为动作，用户可以根据需要随时调用。主要有以下几种。

- 播放声音：完成播放声音的动作。
- 打开浏览器窗口：可以打开浏览器窗口，可以自行选择浏览器窗口中带菜单栏、地址工具栏、状态栏等属性。
- 弹出信息：弹出一个显示指定消息的 JavaScript 警告对话框。
- 调用 JavaScript：当事件发生时，执行指定的 JavaScript

5 单击“确定”按钮，弹出“.z1 的 CSS 规则定义”对话框，如图 9–53 所示。

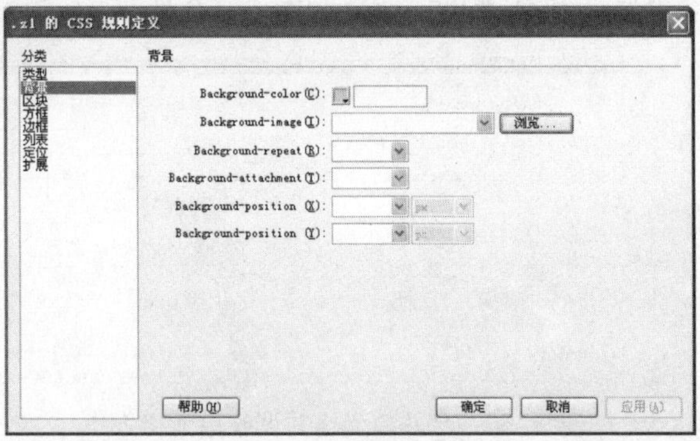

图 9–53 “.z1 的 CSS 规则定义”对话框

6 单击其中的“浏览”按钮，选择一张图片（光盘\素材与效果\myweb\image\09\16.jpg）作为此单元格的背景图片，设置完成后的效果如图 9–54 所示。

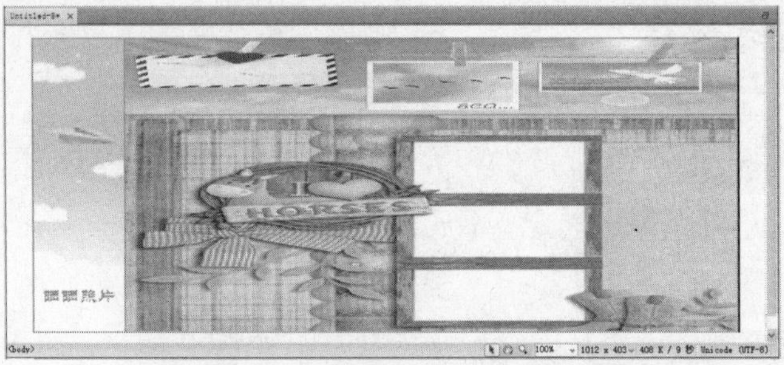

图 9–54 为单元格设置背景图片

7 将光标置于表格第 2 行第 2 列中，选择“插入”→“表单”→“按钮”命令，插入一个按钮。选中此按钮，在其“属性”面板中设置其“值”为 Close，然后将其置于合适的位置并右对齐，效果如图 9–55 所示。

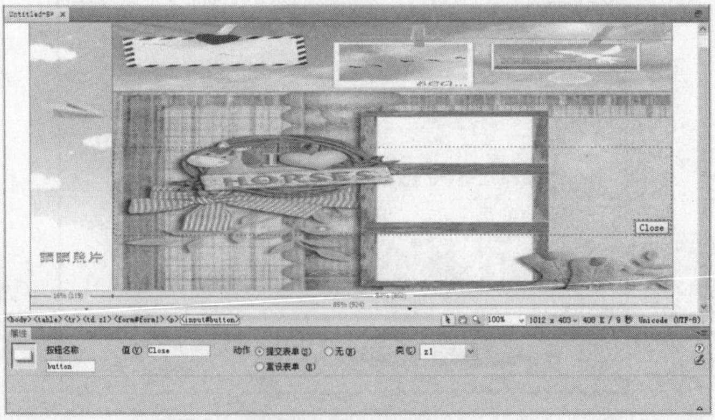

图 9–55 插入按钮

函数或自定义函数。

- 改变属性：改变对象属性。
- 恢复交换图像：完成恢复交换图像的动作。
- 检查表单：完成检查表单的动作。
- 检查插件：检查指定插件，如 Flash、Shockwave 等。
- 检查浏览器：根据浏览者使用的浏览器类型和版本，发送不同的页面。
- 交换图像：完成交换图像的动作。
- 控制 Shockwave 或 Flash：控制 Shockwave 或 Flash 电影的播放、停止等操作。
- 设置导航条图像：完成设置导航条图像的动作。
- 设置文本：完成设置框架文本的动作。
- 时间轴：完成与时间轴相关的动作，如播放时间轴、停止时间轴、转换到其他帧等。
- 跳转菜单：控制跳转菜单的显示。
- 跳转菜单开始：控制带“前往”按钮的跳转菜单的显示。
- 拖动层：控制层的位置。
- 显示/隐藏层：完成显示或隐藏层的动作。
- 显示弹出式菜单：用来创建或编辑 Dreamweaver 弹出式菜单，或者打开并修改已插入 Dreamweaver 文档的 Fireworks 弹出式菜单。

8 选择“窗口”→“行为”命令，在打开的“行为”面板中单击 +. 按钮，在弹出的下拉菜单中选择“调用 JavaScript”命令，打开“调用 JavaScript”对话框，在其中的“JavaScript”文本框中输入“window.close()”，如图 9-56 所示。

9 单击“确定”按钮。在“行为”面板中设置事件，这里选择 onClick 选项，如图 9-57 所示。

图 9-56 “调用 JavaScript”对话框

图 9-57 设置事件

10 保存网页，按 F12 键浏览网页。可发现当单击“Close”按钮时，会弹出一个提示框，提示用户是否关闭此网页窗口，单击“是”按钮，即可关闭网页。

实例 9-12 交换图像

“交换图像”行为主要用于动态改变图像对应的<img>标签的 scr 属性值，将图像变换为另外一张图像，即制作翻转图像。最终效果如图 9-58 所示。

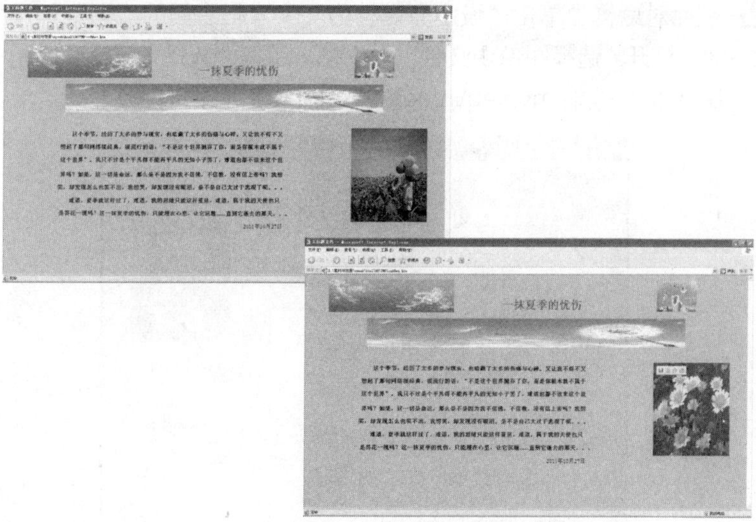

图 9-58 实例最终效果

操作步骤

1 打开一个网页（光盘\素材与效果\myweb\html\09\9-19.html），

- 隐藏弹出式菜单：用来隐藏弹出式菜单。
- 预先载入图像：完成预先载入图像的动作。
- 转到 URL：实现链接到 URL。

实例 9-12 说明

知识点：
“交换图像”行为的应用

视频教程：
光盘\教学\第 9 章 HTML 语言与行为的应用

效果文件：
光盘\素材与效果\myweb\html\09\9-20.html

实例演示：
光盘\实例\第 9 章\交换图像

重点提示 “恢复交换图像”行为的功能

当用户在网页中应用了“交换图像”行为后，浏览网页时，当鼠标置于图像上时，图像会变为另一张图像，而当鼠标移到别处时，又会恢复到原来的图像。这是因为在默认情况下，当用户使用了交换图像后，系统会自动设置“恢复交换图像”功能。

相关知识 “预先载入图像”行为的应用

“预先载入图像”行为的作用是将不会马上出现在网页上的图像存入浏览器的缓存中，以防止图像显示时由于下载导致的延迟，而且这样也便于脱机浏览。

将要交换图像的图像（右下角处的图像）选中，如图 9-59 所示。

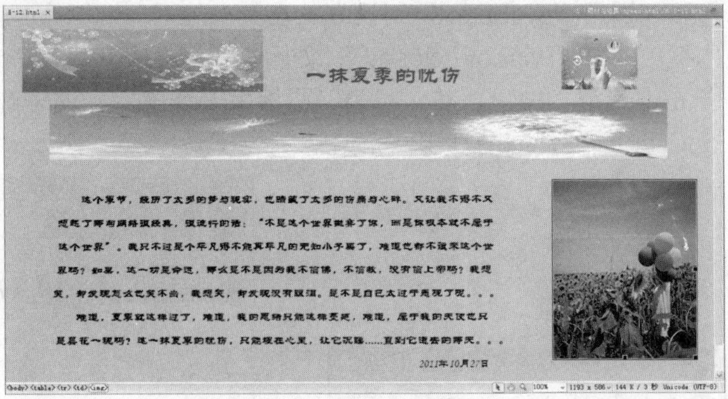

图 9-59　选中需要交换图像的图像

2 选择“窗口”→“行为”命令，打开“行为”面板。单击 [+] 按钮，在弹出的下拉菜单中选择“交换图像”命令，打开“交换图像”对话框，如图 9-60 所示。

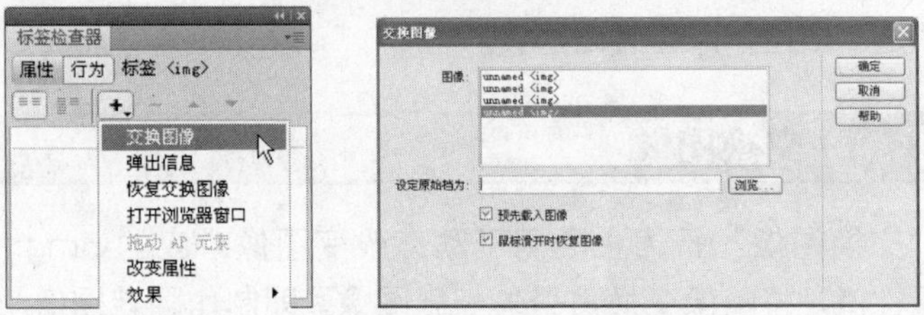

图 9-60　打开“交换图像”对话框

3 在此对话框中单击“设定原始档为”文本框右侧的“浏览”按钮，打开“选择图像源文件”对话框，在其中选择一张图片（光盘\素材与效果\myweb\image\09\21.jpg），如图 9-61 所示。

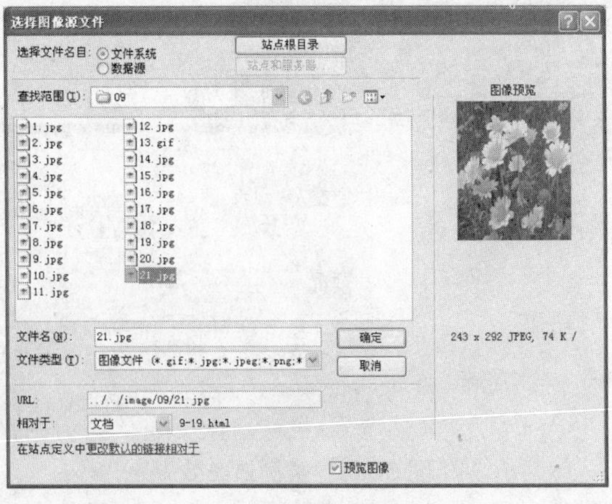

图 9-61　“选择图像源文件”对话框

4 单击“确定”按钮，返回“交换图像”对话框。再次单击

预先载入图像行为的使用方法如下。

（1）打开一个网页，单击窗口左下角标签选择器中的“body”标签。

（2）单击“行为”面板上的 [+] 按钮，从弹出的动作菜单中选择“预先载入图像”命令，弹出如下所示的“预先载入图像”对话框。

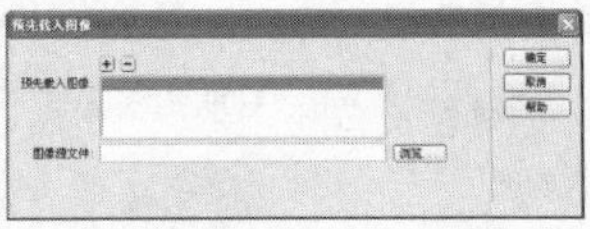

（3）在此对话框中单击“图像源文件”右端的“浏览”按钮，在弹出的“选择图像源文件”对话框中选择浏览该网页时链接到的文件，如下所示。

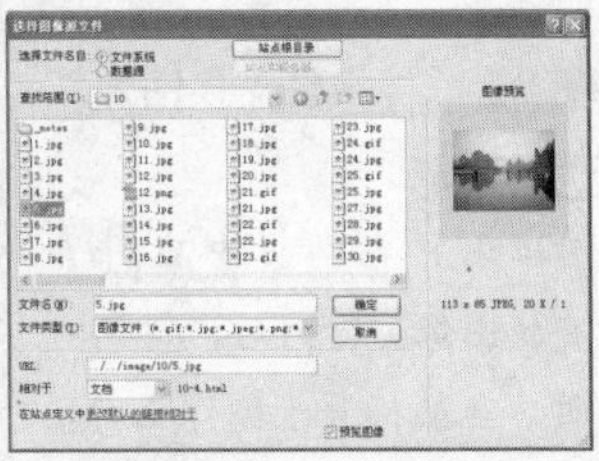

选择完成后，单击“确定”按钮。

（4）单击“行为”面板上的 [+] 按钮，可以在“预先载入图像”列表中增加一个空项，然后在“图像源文件”中输入或选择需要预先载入的图像名称。要取消对某个图像的预载设置，可以选中该图像，然后单击 [-] 按钮。

（5）设置完成后，单击“确定”按钮即可。此时，在“行为”面板中将显示出设置的内容，如下所示。

"确定"按钮，关闭对话框。此时的"行为"面板如图 9-62 所示，可看到已添加了"交换图像"动作。保存网页，按 F12 键浏览网页，当鼠标指向图像时，变为另一幅图像，即得到最终效果。

图 9-62　此时的"行为"面板

实例 9-13　弹出信息

"弹出信息"行为的功能是当用户在网页中执行某一操作时，会随之打开一个提示信息。最终效果如图 9-63 所示。

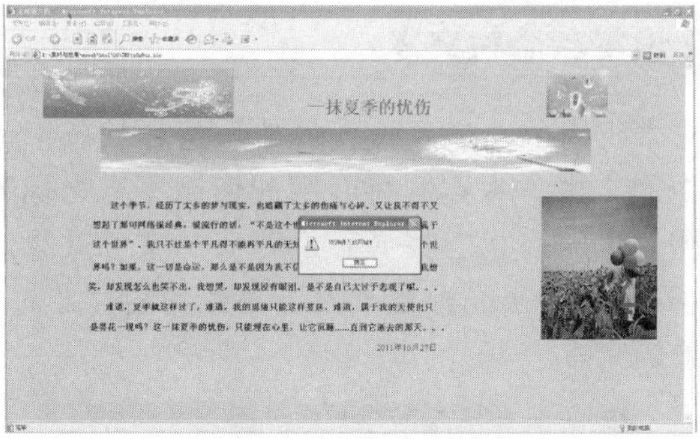

图 9-63　实例最终效果

操作步骤

1 打开一个网页（光盘\素材与效果\myweb\html\09\9-19.html），单击窗口左下角标签选择器中的"body"标签，选中整个网页，如图 9-64 所示。

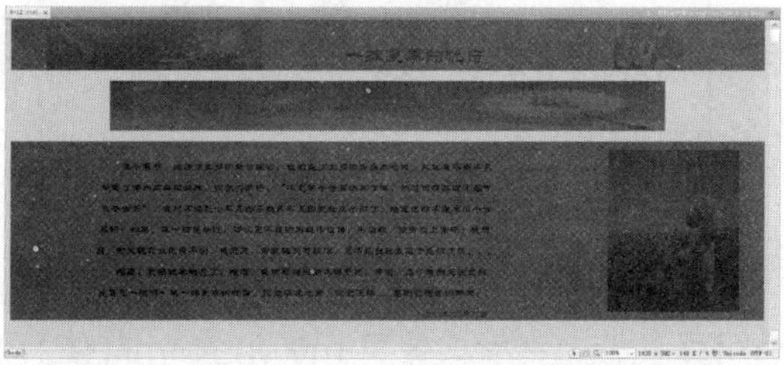

图 9-64　单击 body 标签选中整个网页

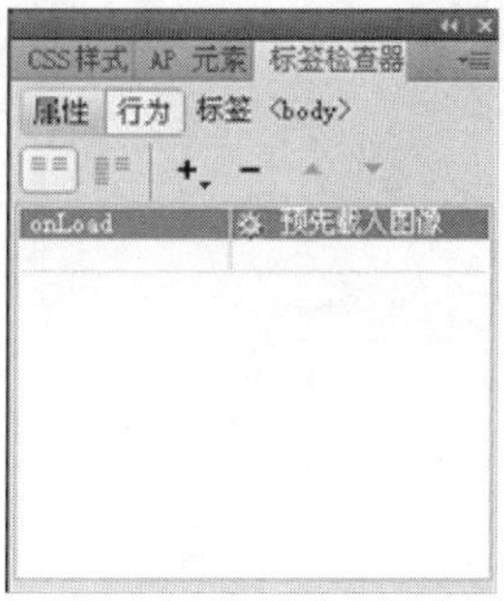

实例 9-13 说明

- **知识点：**
  "弹出信息"行为的应用
- **视频教程：**
  光盘\教学\第 9 章　HTML 语言与行为的应用
- **效果文件：**
  光盘\素材与效果\myweb\html\09\9-21.html
- **实例演示：**
  光盘\实例\第 9 章\弹出信息

相关知识　如何获得更多的行为

如果想使用 Dreamweaver 以外的行为，需要下载和安装第三方行为插件。

获得更多行为的操作方法如下。

（1）单击"行为"面板中的 + 按钮，在弹出的动作菜单中选择"获取更多行为"命令，如下所示。

2 打开“行为”面板，单击 + 按钮，从弹出的动作菜单中选择“弹出信息”命令，如图 9-65 所示。

3 此时弹出“弹出信息”对话框，在其中的“消息”文本框中输入自定义的信息，这里输入“欢迎进入此网站!”，如图 9-66 所示。

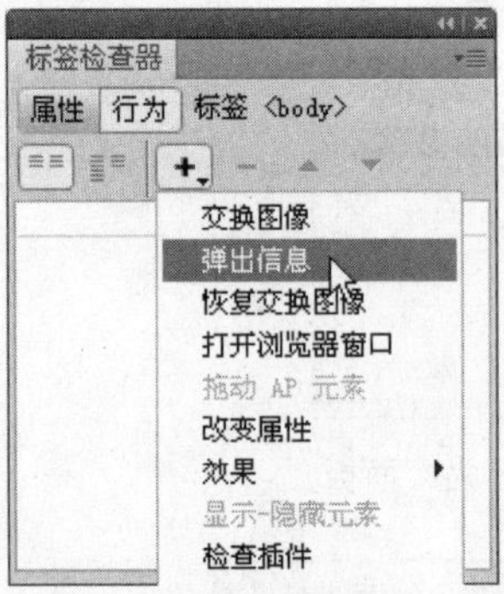

图 9-65 选择“弹出信息”命令

图 9-66 输入“欢迎进入此网站!”

4 单击“确定”按钮。保存网页，按 F12 键浏览网页，即可弹出设置的提示框，即得到最终效果。

实例 9-14 设置状态栏文本

设置文本行为的功能是设置框架、层和状态栏信息或表单文本框中的文本。本实例将介绍如何制作当光标置于网页中的某个图片上时，状态栏显示出对应的文字效果。最终效果如图 9-67 所示，当光标置于右下角处的图片上时，状态栏显示出设置的文本。

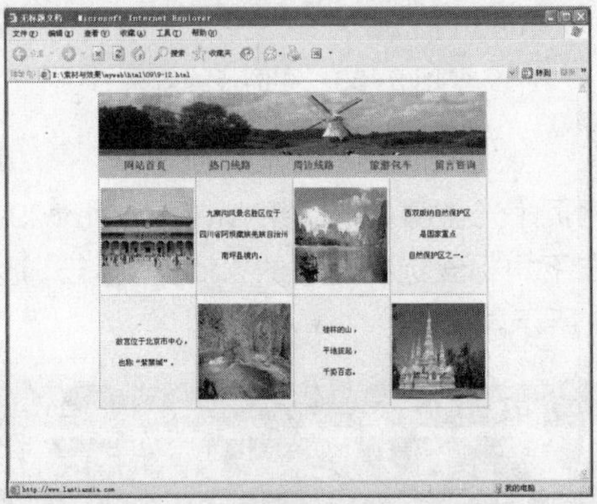

图 9-67 实例最终效果

操作步骤

1 打开一个网页（光盘\素材与效果\myweb\html\09\9-12.html），选中其中的一幅图片（右下角处的图片），如图 9-68 所示。

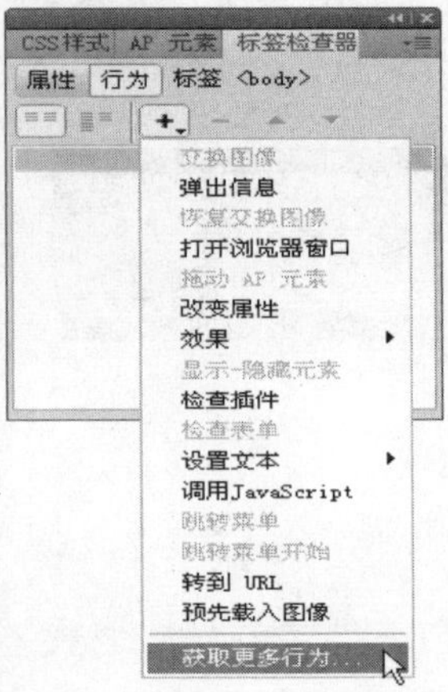

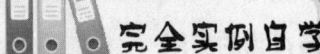

（2）此时会自动打开浏览器并连接 Internet，在打开的网站上可以找到许多行为，选择需要的行为文件，将其下载即可。

实例 9-14 说明

知识点：

• “设置状态栏文本”行为的应用

视频教程：

光盘\教学\第9章 HTML语言与行为的应用

效果文件：

光盘\素材与效果\myweb\html\09\9-22.html

实例演示：

光盘\实例\第 9 章\设置状态栏文本

重点提示 如何处理行为文件

行为文件通常为压缩文件，因此需要将下载的行为文件先解压缩，再将解压缩的文件拖到 Dreamweaver 应用程序文件夹中的 Configuration/

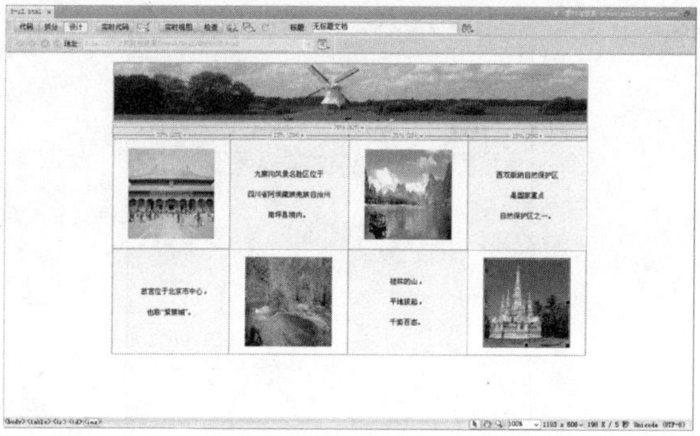

图 9-68　选中右下角处的图片

2 选择“窗口”→“行为”命令，打开“行为”面板。单击面板中的“添加行为”按钮 +，从弹出的下拉菜单中选择“设置文本”→“设置状态栏文本”命令，如图 9-69 所示。

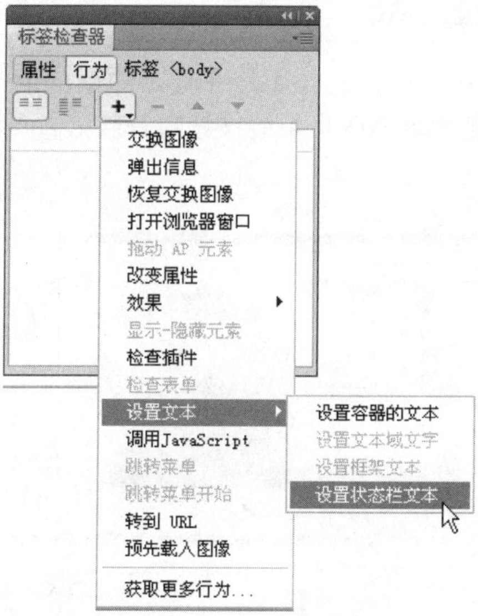

图 9-69　选择“设置文本”→“设置状态栏文本”命令

3 此时弹出“设置状态栏文本”对话框。在此对话框的“消息”文本框中输入“http://www.lantianxia.com”，如图 9-70 所示。

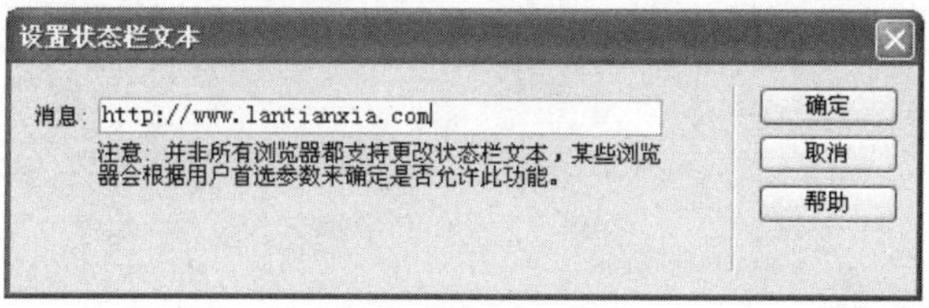

图 9-70　“设置状态栏文本”对话框

4 单击“确定”按钮，关闭对话框。此时，可发现“行为”面板中已添加了此行为，如图 9-71 所示。

Behaviors/ Actions 文件夹下，最后重新启动 Dreamweaver，就会在“行为”面板中找到新加入的行为。

相关知识　事件菜单

当用户在“行为”面板中添加了一个事件后，其名称后将出现一个下拉菜单，此菜单中包含了可触发此动作的所有事件，如下所示。

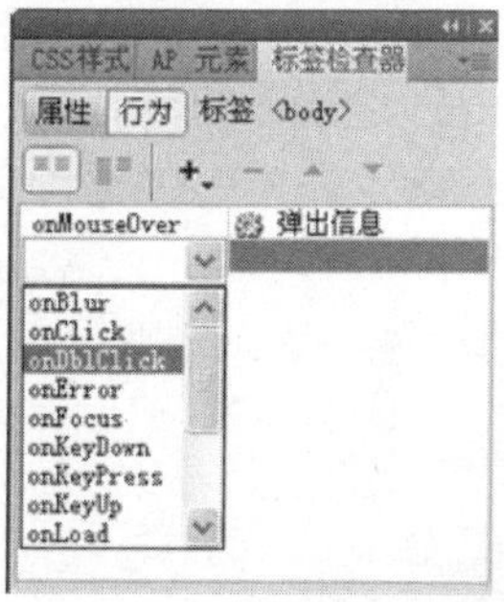

通常将这个菜单称为事件菜单。只有选择了行为列表中的某个事件时，才会显示此菜单。事件后面显示的是添加的动作。

操作技巧　如何隐藏不必要的标签

如果用户在网页中插入了不可见的元素，Dreamweaver 会自动在页面上添加一个与之相应的元素标签，以便用于选择不可见元素。但这样的标签如果太多，就会影响到人们的工作。此时，可将一些不必要的标签隐藏起来。

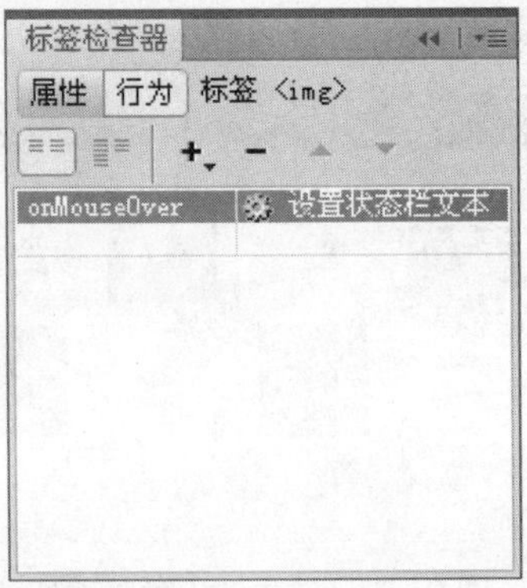

图 9-71 添加了此行为

5 保存网页，按 F12 键浏览网页，当鼠标置于选定的图片上时，状态栏上将显示设置的信息，即得到最终效果。

实例 9-15 转到 URL

“转到 URL”行为的作用是在指定的窗口中打开指定的网页。本实例将制作单击网页中的按钮打开新浪首页的效果。实例最终效果如图 9-72 所示。

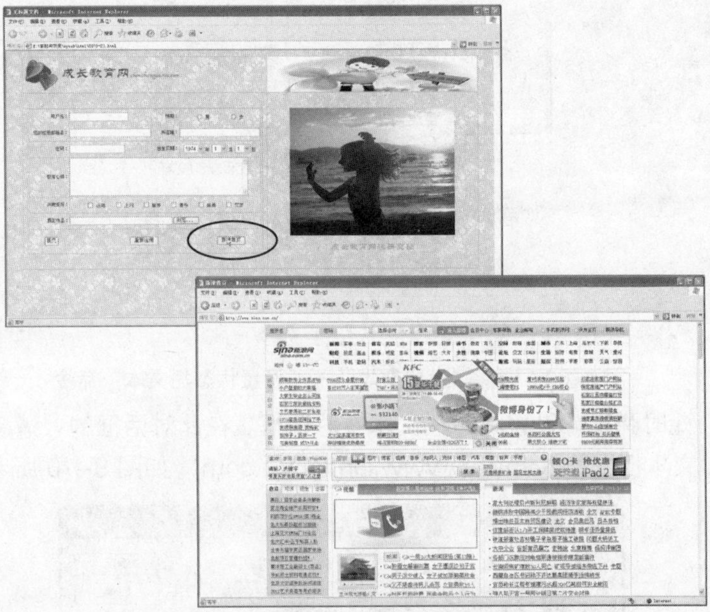

图 9-72 实例最终效果

操作步骤

1 打开一个带有表单的网页（光盘\素材与效果\myweb\html\09\9-23.html），在表单中插入一个按钮，将按钮命名为“新浪首页”，如图 9-73 所示。

（1）选择“编辑”→“首选参数”命令，在弹出的“首选参数”对话框左侧的“分类”列表框中选择“不可见元素”选项，如下所示。

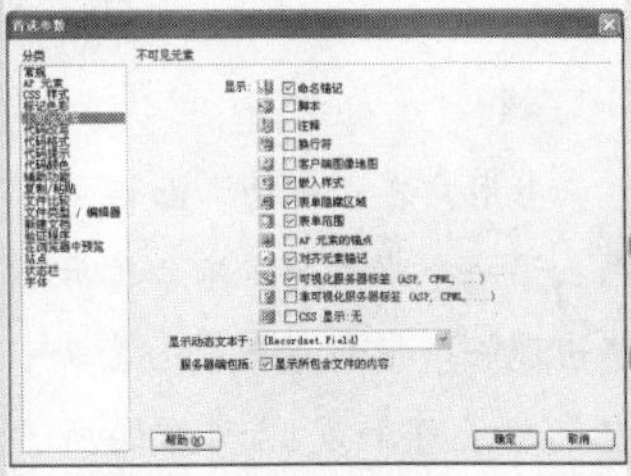

（2）在此对话框右侧显示了所有的元素标签，找到不想显示的标签，取消选中其对应的复选框，再单击“确定”按钮即可。

例 9-15 说明

- 知识点：
  - “转到 URL”行为的应用
- 视频教程：
  光盘\教学\第 9 章 HTML 语言与行为的应用
- 效果文件：
  光盘\素材与效果\myweb\html\09\9-24.htm
- 实例演示：
  光盘\实例\第 9 章\转到 URL

重点提示 如何清除编辑网页时出现的黄色标识符

这种黄色标识符通常是因为网页代码的标识符不匹配或非法标识符引起的。删除非法标识符或改正不正确的代码即可消除它。

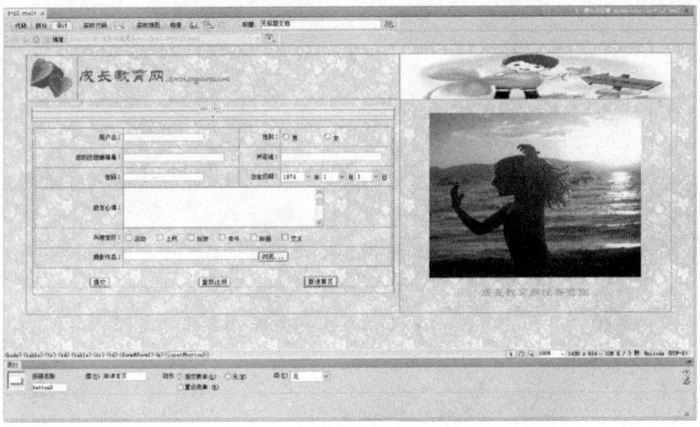

图 9-73　在表单中插入一个名为“新浪首页”的按钮

2 单击“新浪首页”按钮，将其选中。打开“行为”面板，单击面板中的“添加行为”按钮，从弹出的下拉菜单中选择“转到 URL”命令，打开“转到 URL”对话框。在“URL”文本框中输入“http://www.sina.com”，如图 9-74 所示。

图 9-74　“转到 URL”对话框

3 单击“确定”按钮，关闭此对话框。此时在“行为”面板中便可看到新增的行为，如图 9-75 所示。

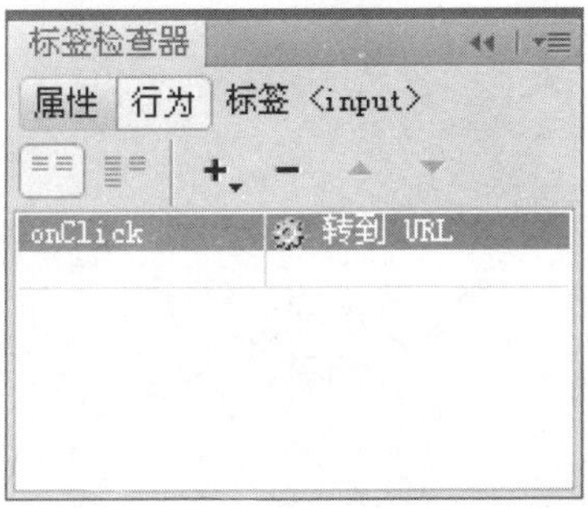

图 9-75　“行为”面板中新增的行为

4 保存网页，按 F12 键浏览网页。单击其中的“新浪首页”按钮，即可打开新浪首页，即得到最终效果。

操作技巧　“改变属性”行为的应用

“改变属性”行为可以改变对象的属性值，如改变图片的大小、改变单元格背景颜色等。操作方法如下。

（1）选中要添加此行为的网页元素，打开“行为”面板，单击按钮，在弹出的下拉菜单中选择“改变属性”命令，打开“改变属性”对话框，如下所示。

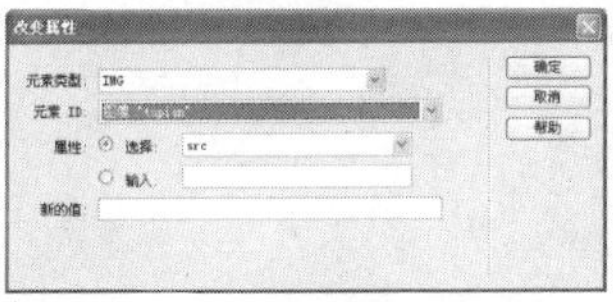

（2）在此对话框的“元素类型”下拉列表框中可以选择需要改变属性的对象类型，如需要改变图像的属性，选择 IMG 选项即可；在“元素 ID”下拉列表框中可以选择需要改变属性的元素名称；在“属性”选项组中可以选择要改变的属性的名称；在“新的值”文本框中可以输入属性被修改后的值。

重点提示　如何使网页文本在不同分辨率浏览器上的显示效果都比较美观

一般情况下，9 像素大小的字体比较美观。对于新闻类内容，通常可采用更大一号的字体；对于英文，则通常采用 7 磅字。

第10章 网页制作综合实战演练

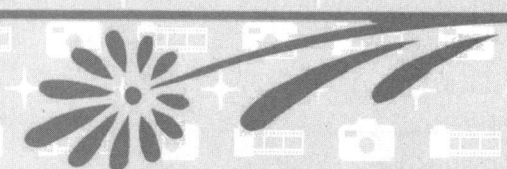

本章将综合利用 Flash CS5、Fireworks CS5 以及 Dreamweaver CS5 3 种软件制作精彩网站。选取的实例均是在实战过程中总结出的经典案例，包括城市尚网站、美食心情网站、自潮一派购物网站以及视学系摄影网站等四大网站。通过本章的学习，读者可根据自己的创意制作更加个性、美观的网站。

本章讲解的实例和主要功能如下：

实　例	主要功能	实　例	主要功能
 城市尚网站	Alpha 值 创建传统补间 插入“SWF”文件 应用 CSS 样式	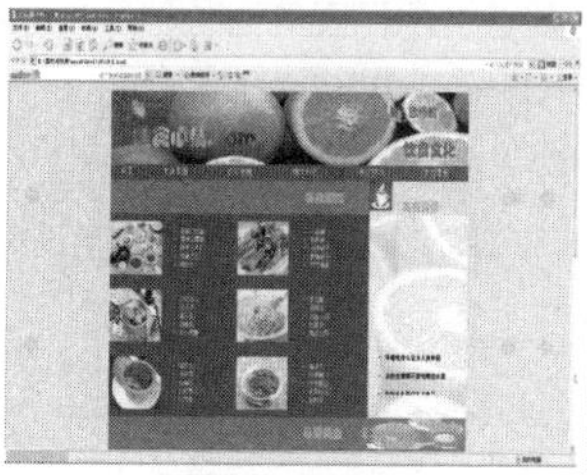 美食心情网站	新建元件 “滤镜”面板的使用 创建传统补间 嵌套表格 HTML 语言的应用
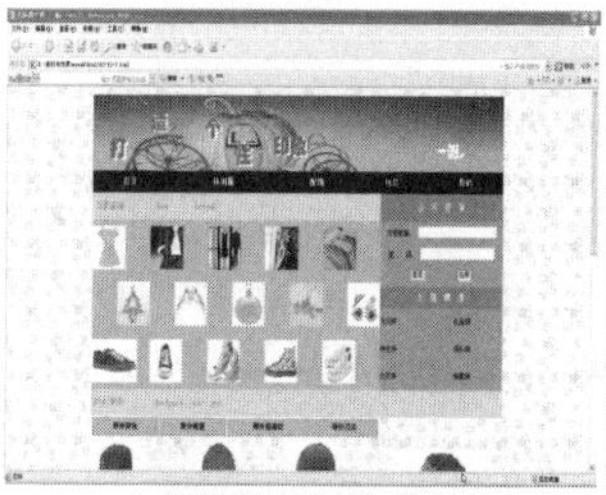 自潮一派购物网站	遮罩层 制作按钮元件 动作脚本的应用 “状态延迟”面板 插入表单元素	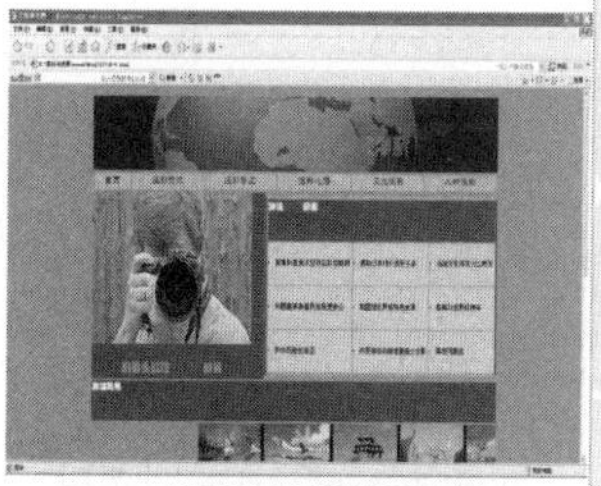 视学系摄影网站	“颜色”面板 “变形”面板 动作脚本的应用 设置“边框”的 CSS 样式 另存为模版 创建网页链接

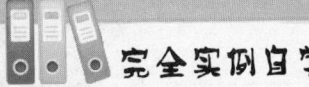

本章在讲解实例操作的过程中，将全面、系统地介绍网页制作、动画制作及图像处理的相关知识和操作方法。其中包含的内容如下：

实例 10-1 说明

知识点：
- 新建元件
- 线条工具
- Alpha 值
- 创建传统补间

视频教程：
光盘\教学\第 10 章　网页制作综合实战演练

效果文件：
光盘\素材与效果\myweb\image\10\10-1.swf

实例演示：
光盘\实例\第 10 章\城市尚网站（一）

相关知识 **为什么要测试动画**

在 Flash 动画的设计过程中，经常要测试当前编辑的动画，以便了解作品是否能够按照设计者的思路产生预期的动画效果。另外，制作完成的 Flash 动画最终要上传到网络上，供更多的人来欣赏。这就要求在保证动画效果的同时，还要使得动画文件体积更小，以利于下载。因此，对于设计者来说，要想将 Flash 动画作品应用于实际项目，就必须随时地测试当前作品的动画效果，并且进行有针对性的优化。这是一项十分重要的工作。

相关知识 **在编辑环境中测试动画**

在编辑环境中，可以进行一些简单的测试。但要注意的是，Flash 的测试项目任务繁重，编辑环境并不是用户的首选测试环境。

实例 10-1 城市尚网站（一）

为了使网页效果更生动、让浏览者赏心悦目，可以为网页制作 Flash 动画，然后将其插入到网页文档中。本实例将使用 Flash 软件制作一个网页首部动画，最终效果如图 10-1 所示。

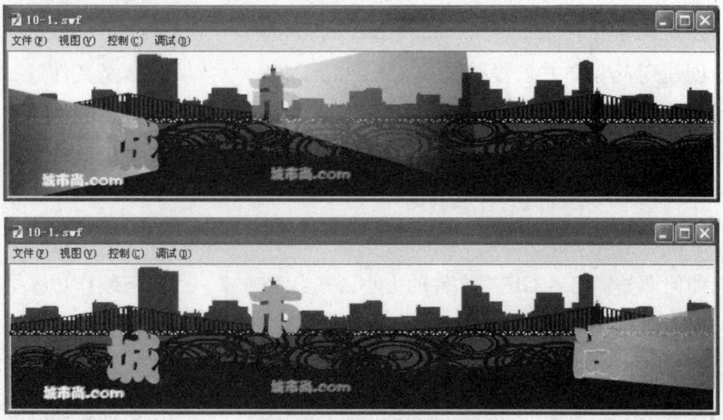

图 10-1　实例最终效果

操作步骤

1. 选择“文件”→“新建”命令，新建一个空白文档。
2. 选择“修改”→“文档”命令，或按 Ctrl+J 组合键，在弹出的“文档设置”对话框中将“尺寸”设置为 800 像素 × 160 像素，“背景颜色”设置为“黑色”，如图 10-2 所示。

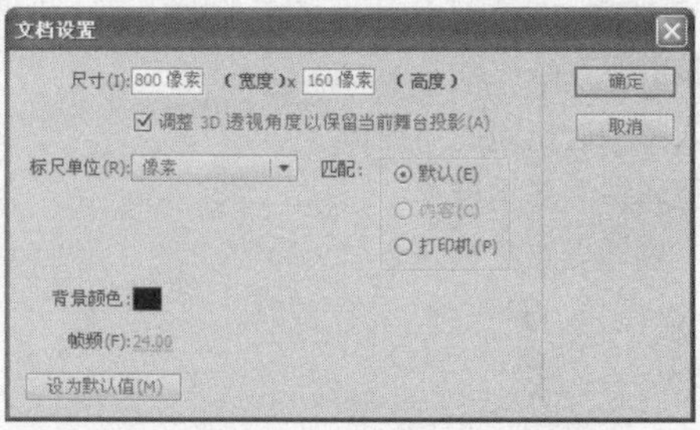

图 10-2　“文档设置”对话框

3. 单击“确定”按钮，得到如图 10-3 所示的文档。

图 10-3　得到的文档

4. 选择“文件”→“导入”→“导入到舞台”命令，将一幅素材图像（光盘\素材与效果\myweb\image\10\1.jpg）导入到舞台中，然后在“属性”面板中将其尺寸设置为与舞台一样的大小，作为背景，如图 10-4 所示。

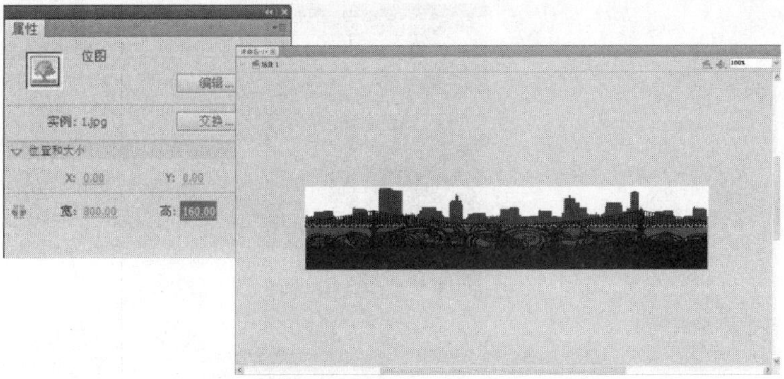

图 10-4　在“属性”面板中将背景图像调整为与舞台一样的大小

5 选择“插入”→“新建元件”命令，打开“创建新元件”对话框，在“名称”文本框中输入“城”，在“类型”下拉列表框中选择“影片剪辑”选项，如图 10-5 所示。单击“确定”按钮，即可进入影片剪辑元件的编辑模式中。

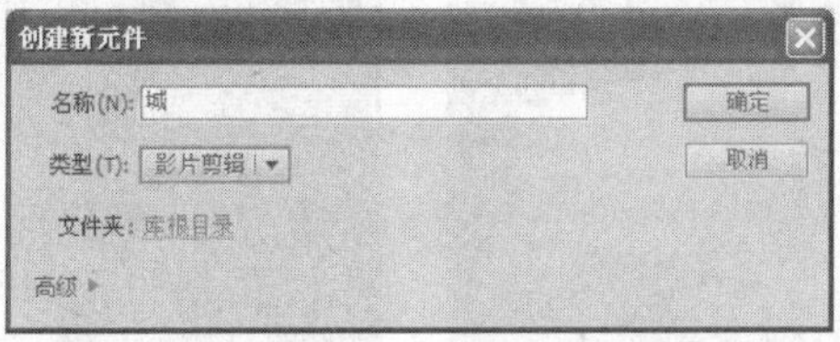

图 10-5　“创建新元件”对话框

6 在工具箱中选择文本工具，在其“属性”面板中将字体设置为“迷你简胖娃”，字号设置为 64、颜色设置为“橙色”，然后在舞台中输入文字“城”，再按 Ctrl+B 组合键将文本打散，得到如图 10-6 所示的文字效果。

7 在工具箱中选择线条工具，在其“属性”面板中将线条颜色设置为“白色”，然后在文字的左侧绘制一个多边形，作为光照范围，如图 10-7 所示。

图 10-6　输入文字并打散

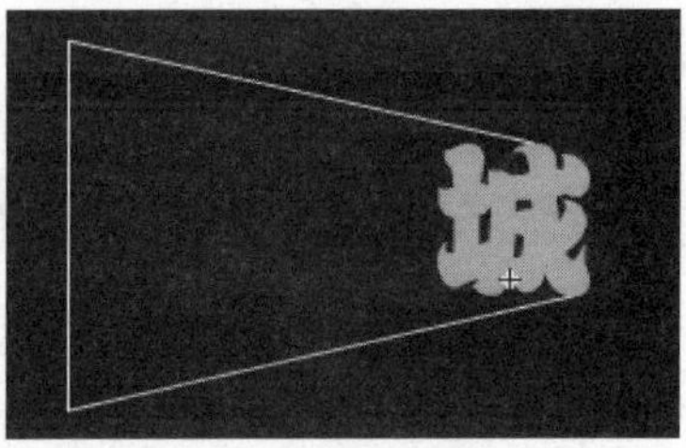

图 10-7　在文字的左侧绘制一个多边形

8 选择“窗口”→“颜色”命令，打开“颜色”面板，在其中将类型设置为“线性渐变”，渐变色设置为“黑，白渐变”，如图 10-8 所示。

1. 编辑环境中可测试的内容

在编辑环境中可以对以下内容进行测试。

- 按钮状态：可以测试按钮在弹起、指针经过、按下以及点击时的外观。
- 主时间线上的声音

放映时间线时，可以试听放置在主时间线上的声音，也包括那些与舞台动画同步的声音。

- 主时间线上的帧动作：添加在帧或按钮上的 Go To 、Play、Stop 动作都将在主时间线上起作用。
- 主时间线上的动画：主时间线上的动画（包括动画和形状渐变）都会起作用。

2. 编辑环境中不可测试的内容

在编辑环境中不可测试的内容包括以下几种。

- 动画剪辑：对动画剪辑中的声音、动画和动作将不可见或不起作用。
- 动作：只有 Go To、Stop 和 Play 是可以在编辑环境中操作的动作，其他的均不可，即用户无法测试交互作用、鼠标事件或依赖其他动作的功能。
- 动画速度：Flash 编辑环境中的重放速度比最终经优化和导出的动画慢。
- 下载性能：在编辑环境中不能测试动画在 Web 上的流动或下载性能。

3. 编辑环境中的测试方法

如果要在编辑环境中测试

按钮的可视功能，可选择“控制”→“启用简单按钮”命令，然后在舞台上单击按钮，按钮将作出与最终发布的动画中一样的响应；再次执行该命令，则可清除编辑环境下的按钮可视化测试功能。

如果要在编辑环境下测试 Go To、Stop 以及 Play 这样的帧动作，可选择“控制”→“启用简单帧动作”命令。启用帧动作后，当在编辑环境中放映时间线时，Go To、Stop 以及 Play 动作将会作出响应。

相关知识 在 Flash 的测试环境中进行测试

在编辑环境中只能进行一些简单的测试，要评估影片、动作脚本和其他重要的动画元素，必须在测试环境下进行测试。

1. 测试环境窗口的打开

可以使用“测试影片”和“测试场景”两个命令将测试环境打开，它们均在“控制”菜单中，如下所示。

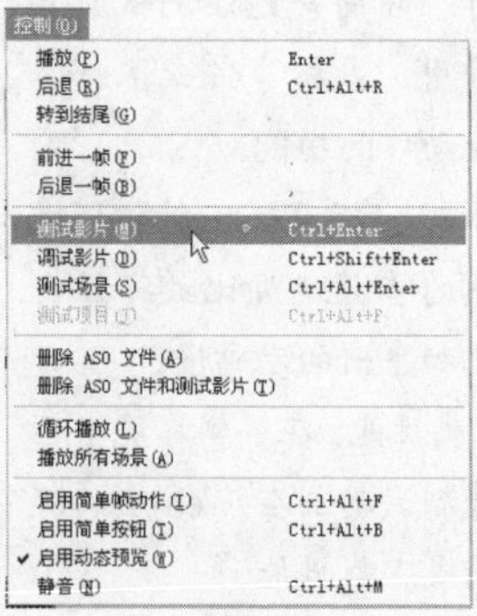

打开的测试环境窗口如下所示。

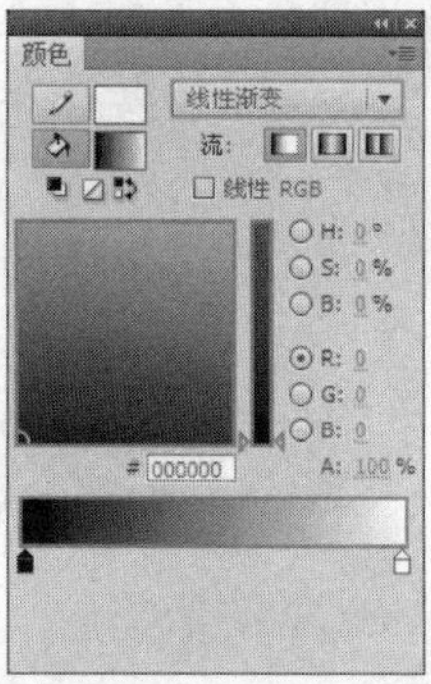

图 10-8 “颜色”面板

9 在工具箱中选择颜料桶工具，在多边形内单击，将其填充为渐变色，如图 10-9（左）所示。然后利用选择工具选中多边形的边框，按 Delete 键将边框删除，得到如图 10-9（右）所示的效果。

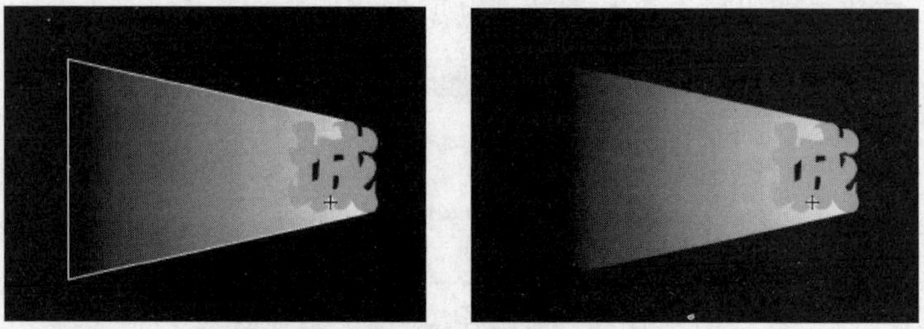

图 10-9 填充多边形后删除 4 条边

10 在文字“城”上单击鼠标右键，在弹出的快捷菜单中选择“复制”命令。

11 选择“插入”→“新建元件”命令，弹出“创建新元件”对话框，在“名称”文本框中输入“城 1”，在“类型”下拉列表框中选择“图形”选项，如图 10-10 所示。单击“确定”按钮，即可进入图形元件的编辑模式中。

12 在舞台中单击鼠标右键，在弹出的快捷菜单中选择“粘贴”命令，将复制的文字“城”粘贴到当前舞台上，如图 10-11 所示。

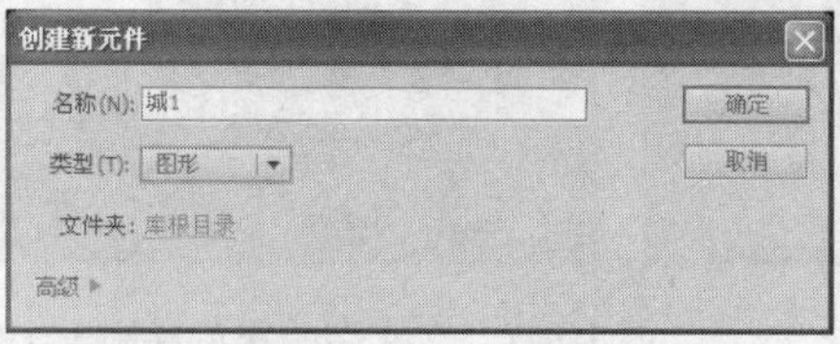

图 10-10 “创建新元件”对话框

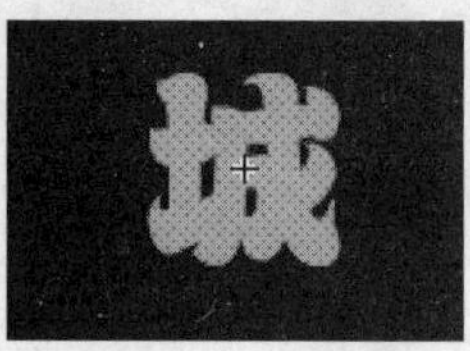

图 10-11 粘贴“城”

13 按照同样的方法，分别创建文字“市”和“尚”影片剪辑元件，如图 10-12 所示；然后创建图形元件“市 1”和“尚 1”。

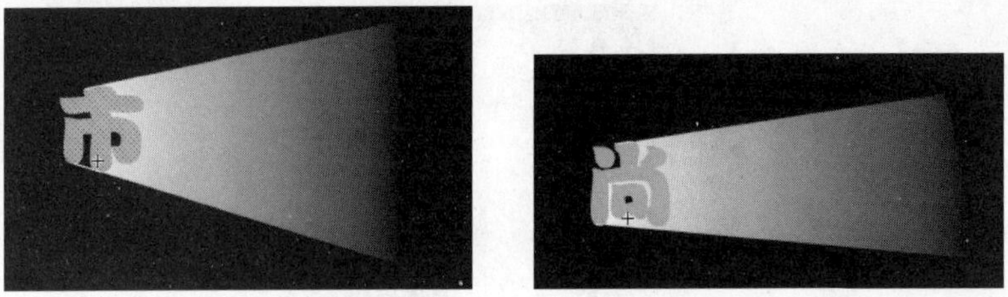

图 10-12　分别创建文字“市”和“尚”影片剪辑元件

14 单击“场景 1”按钮，返回到“场景 1”窗口中。单击 6 次“时间轴”面板左下角的“新建图层”按钮，新建 6 个图层，并将“图层 2”～“图层 7”重命名，如图 10-13 所示。

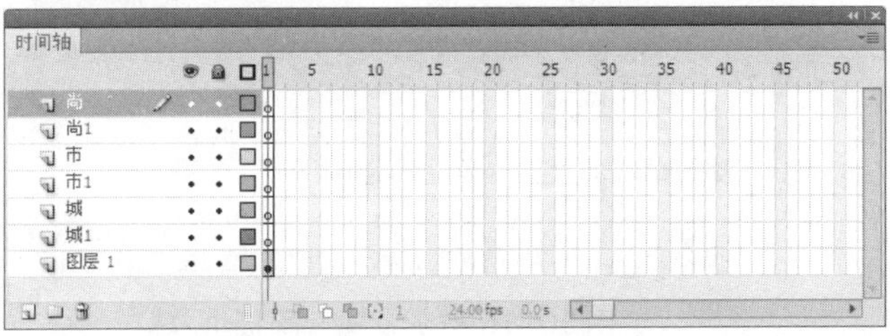

图 10-13　新建 6 个图层并重命名

15 选中“城”图层中的第 1 帧，按 F11 键，在打开的“库”面板中将影片剪辑元件“城”拖到舞台中合适的位置处。分别在“城”图层中的第 10 帧处和第 25 帧处按 F6 键插入关键帧，如图 10-14 所示。

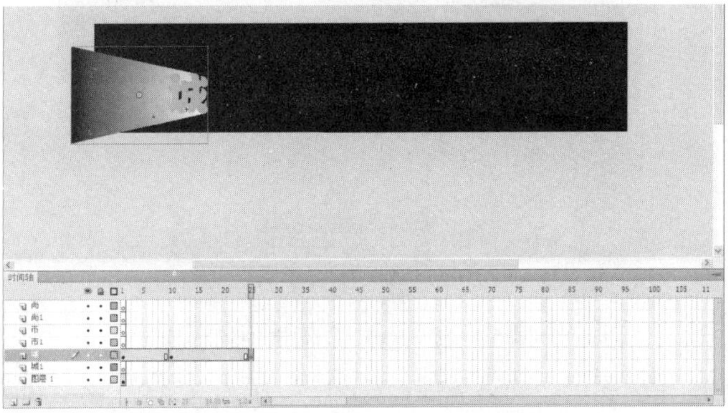

图 10-14　舞台与时间轴效果

16 分别选中“城”图层中的第 1 帧和第 25 帧，然后单击舞台中对应的影片剪辑元件，打开其“属性”面板，在其中将这两帧上的影片剪辑元件“城”的 Alpha 值均设置为 0%，如图 10-15 所示。

17 分别在“城”图层中的第 1 帧和第 10 帧上单击鼠标右键，在弹出的快捷菜单中选择“创建传统补间”命令，此时的“时间轴”面板如图 10-16 所示。

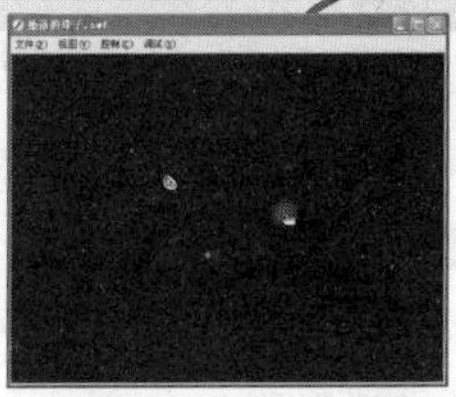

2. 测试环境中的测试方法

打开测试环境窗口后，可以自动创建当前场景或整个动画的工作版本，并在此窗口中将动画打开，从而测试交互性、动画和功能等各个方面的内容。

- “测试场景”和“测试影片”命令将生成实际的.swf 文件（如发布功能导出编辑文件），并将其放置在与编辑文件相同的目录中。如果测试文件运行正常，并且用户希望将其用做最终文件，可以将它放置在硬盘驱动器中，并加载到服务器上。
- 利用“测试影片”和“测试场景”命令完成测试后，导出设置采用的是“发布设置”对话框的 Flash 选项卡中的设置。如果要改变这些设置，可以选择“文件”→“发布设置”命令，然后在弹出的“发布设置”对话框选择 Flash 选项卡，从中进行适当的调整。
- 如果要测试当前场景，可选择“控制”→“测试场景”命令，Flash 将自动导出当前场景，然后打开一个新的窗口，以便测试。
- 如果要测试整部动画，可选择“控制”→“测试影片”命令，Flash 将自动导出当前项目中的所有场景，然后将文件在一个新窗口中打开，以便测试。

相关知识　如何测试动画作品

制作完 Flash 动画后，通

常还需要对其进行测试，以便了解其是否完全按照设计者的创意生成预期的动画效果，以及发布到网络上后能否具有同样的品质。

具体操作步骤如下。

（1）选择“文件”→“打开”命令，在弹出的“打开”对话框中选择一个 Flash 文件，单击“打开”按钮将其打开，如下所示。

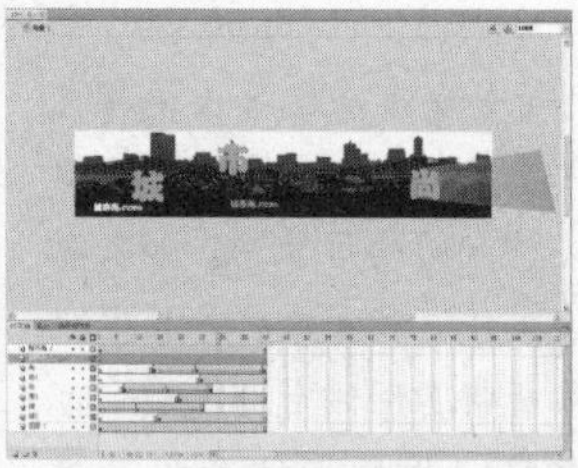

（2）选择“控制”→“测试影片”命令或按 Ctrl+Enter 组合键，即可打开此影片的测试环境窗口，在其中可对影片进行测试，如下所示。

（3）选择“视图”→“下载设置”命令，在弹出的子菜单中可以对下载的速度等进行设置，如下所示。

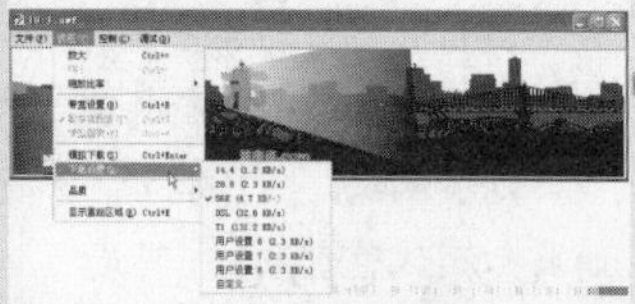

（4）如果下载速度都不符合要求，可以选择“视图”→“下载设置”→“自定义”命令，在打开的“自定义下载设置”对话框中对下载进行自定义设置，如下所示。

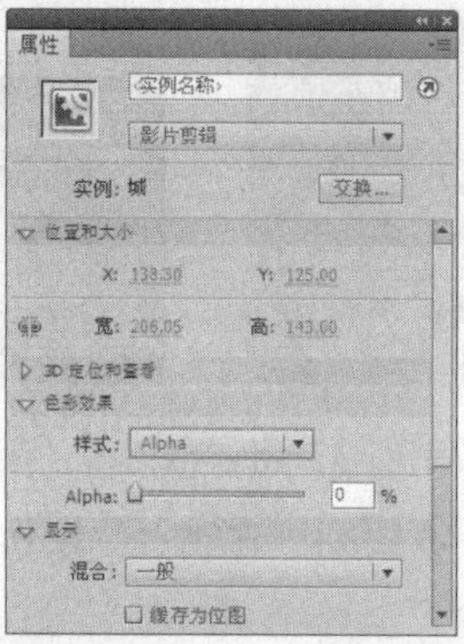

图 10-15　将 Alpha 的值设置为 0%

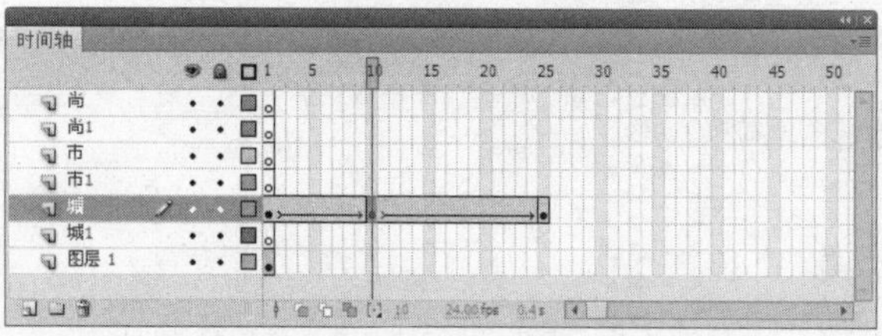

图 10-16　“时间轴”面板

18 选中“城 1”图层中的第 15 帧，按 F6 键，插入一个关键帧；将“库”面板中的图形元件“城 1”拖到舞台上，并使其与影片剪辑元件“城”完全重合；然后选中此层中的第 40 帧，按 F5 键插入一个普通帧，如图 10-17 所示。

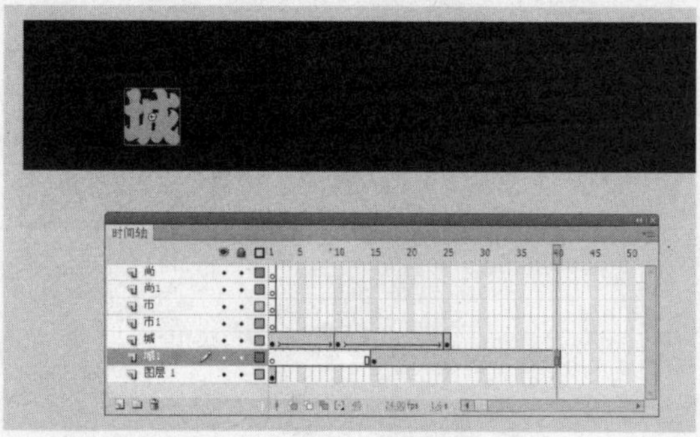

图 10-17　“城 1”图层中的状态

19 选中“市”图层中的第 7 帧，按 F6 键，插入关键帧；然后将“库”面板中的影片剪辑元件“市”拖到舞台上“城”的右上方。

20 分别在“市”图层中的第 17 帧和第 27 帧处按 F6 键，插入关键帧；然后分别选中“市”图层中的第 7 帧和第 27 帧，在其“属性”面板中将这两帧上的影片剪辑元件“市”的 Alpha 值均设置为 0%。

21 分别在“市”图层中的第 7 帧和第 17 帧上单击鼠标右键，在弹出的快捷菜单中选择“创建传统补间”命令，此时的舞台和时间轴效果如图 10-18 所示。

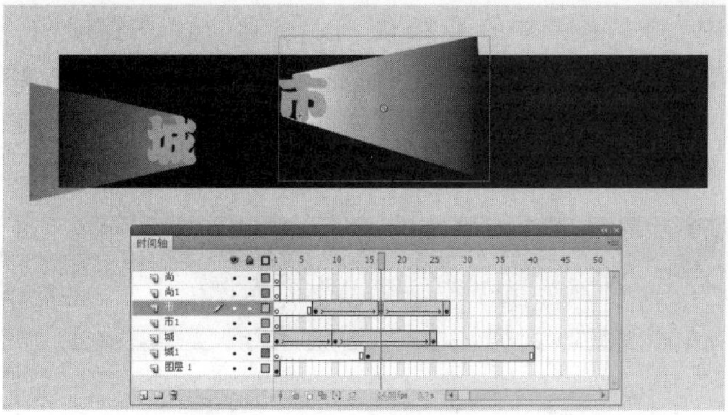

图 10-18 此时的舞台和时间轴效果

22 选中“市 1”图层中的第 20 帧，按 F6 键，插入关键帧；在“库”面板中将图形元件“市 1”拖到舞台上，并使其与影片剪辑元件“市”完全重合；然后选中此层中的第 40 帧，按 F5 键，插入一个普通帧，如图 10-19 所示。

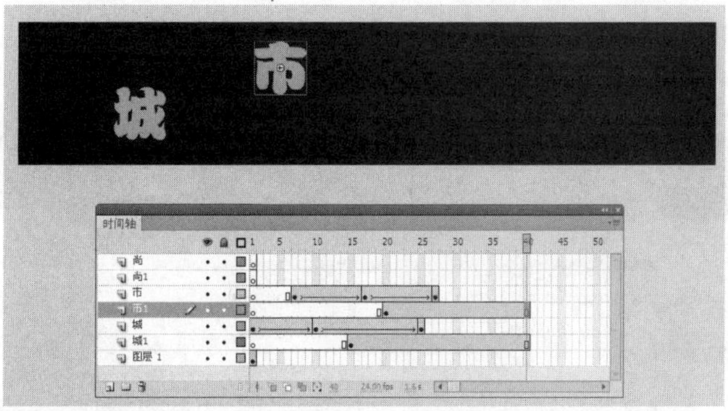

图 10-19 “市 1”图层中的状态

23 选中“尚”图层中的第 14 帧，按 F6 键，插入关键帧；然后将“库”面板中的影片剪辑元件“尚”拖到舞台的右下方。

24 分别选中“尚”图层中的第 24 帧和第 40 帧，按 F6 键，插入关键帧；然后分别选中第 14 帧和第 24 帧，在其“属性”面板中将这两帧上的影片剪辑元件“尚”的 Alpha 值均设置为 0%。

25 分别在“尚”图层中的第 14 帧和第 24 帧上单击鼠标右键，在弹出的快捷菜单中选择“创建传统补间”命令，此时的时间轴效果如图 10-20 所示。

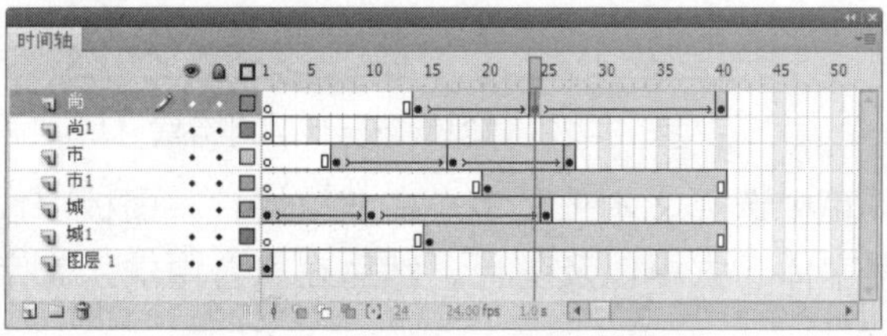

图 10-20 此时的时间轴效果

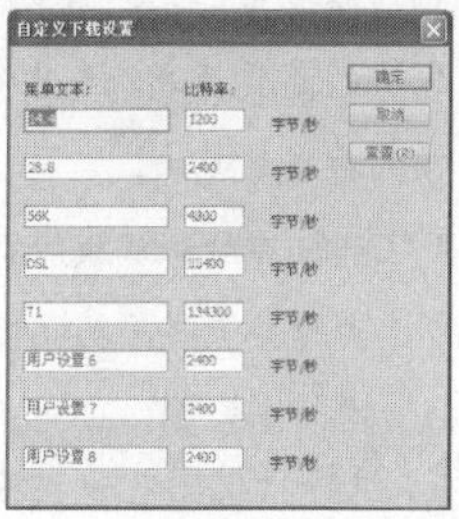

（5）在测试 Flash 动画效果时，如果选择“视图”→“带宽设置”命令，则将弹出如下所示的“带宽显示”窗口，在其中可以查看动画的下载性能。

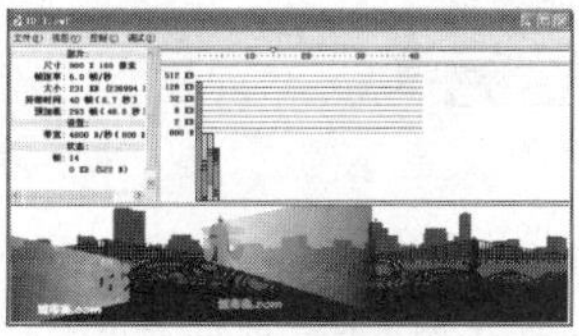

其中主要选项的含义介绍如下。

- “影片”栏：用来显示动画的总体属性，包括动画的舞台尺寸、播放帧速度、文件大小、持续时间以及准备加载的时间。
- “设置”栏：用来显示当前设置的带宽传输条件。
- “状态”栏：用来显示当前帧号、数据大小、已经载入的帧数和数据量，被选中的帧为绿色。
- 数据量：在右侧窗口中显示了帧的数据量。
  * 每个交错的浅色和深色的方块表示动画的帧。
  * 方块的大小表示此帧所含数据量的多少。
  * 如果方块的高度超过了红线，表示此帧的数据量超出了限制，播放该

26 选中“尚 1”图层中的第 25 帧，按 F6 键，插入关键帧。将“库”面板中的图形元件“尚 1”拖到舞台中，并使其与影片剪辑元件“尚”完全重合。选中此层中的第 40 帧，按 F5 键，插入一个普通帧，此时的舞台和“时间轴”面板如图 10–21 所示。

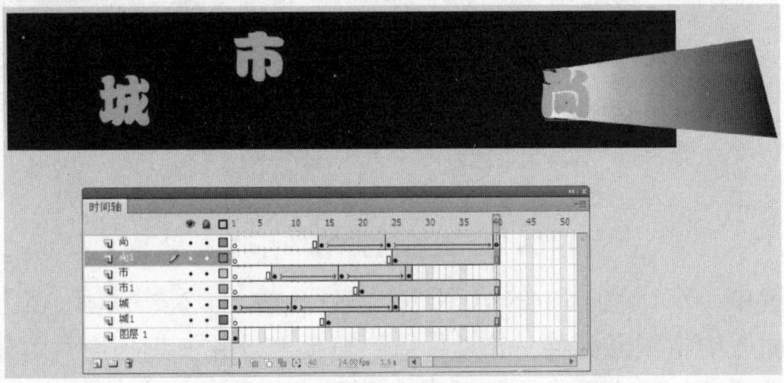

图 10–21　此时的舞台和“时间轴”面板

27 选中“图层 1”的第 40 帧，按 F5 键，插入普通帧，以延续背景，如图 10–22 所示。

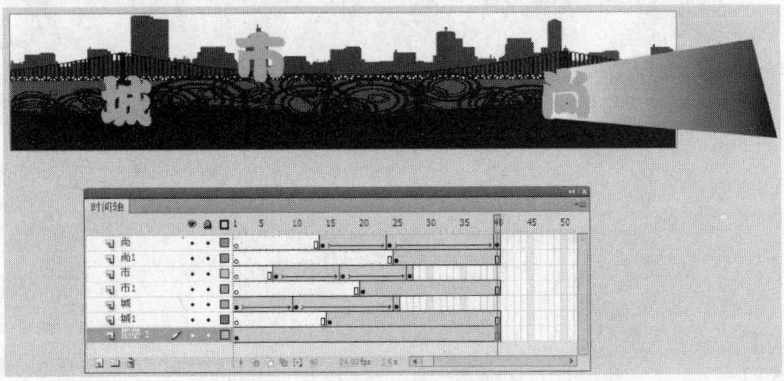

图 10–22　延续背景

28 选择“插入”→“新建元件”命令，弹出“创建新元件”对话框，在“名称”文本框中输入“城市尚.com”，在“类型”下拉列表框中选择“图形”选项，如图 10–23 所示。单击“确定”按钮，即可进入图形元件的编辑模式中。

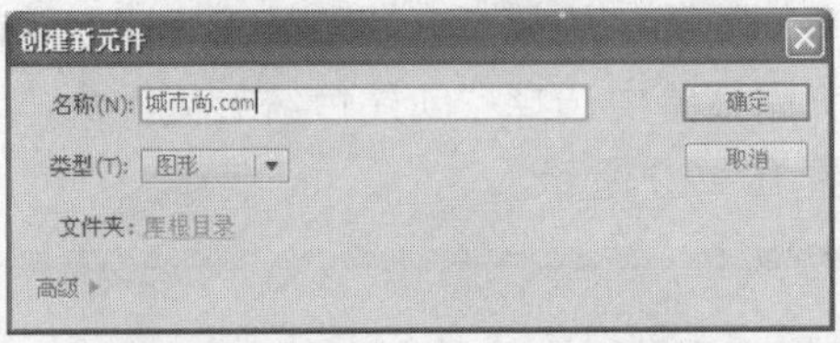

图 10–23　“创建新元件”对话框

29 在工具箱中选择文本工具 T，在其“属性”面板中设置适当的文字字体、大小以及颜色，然后在舞台中输入文字“城市尚.com”。

帧时就有可能出现停顿。方块的高度越高，说明此帧的数据量越大。

* 窗口中的 400B 红线为动画传输的警告线，其高低由传输条件控制。

（6）选择“视图”→“模拟下载”命令，可以打开隐藏在带宽显示下面的 SWF 文件。如果文件呈隐藏状态，那么文档在不模拟 Web 连接的情况下就会进行下载，如下所示。

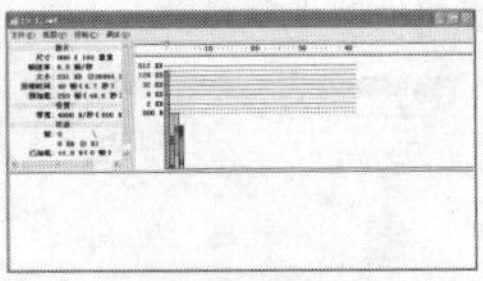

（7）单击图表上的小方块，在左侧窗口中即可显示对应帧的设置，在右上方的时间轴上也指出了相对应的帧，并可停止文档下载，如下所示。

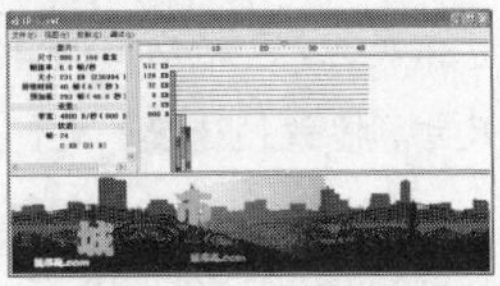

（8）选择“视图”→“数据流图表”命令，可以显示会导致暂停的帧。

（9）选择“视图”→“帧数图表”命令，可以使帧单独显示，从而查看每个帧的数据大小，如下所示。

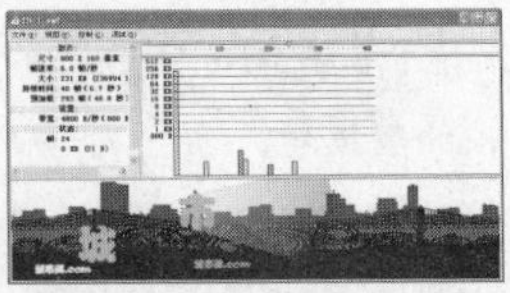

相关知识　如何通过控制器来测试影片

除了前文介绍的方法，还可以通过控制器来测试影片。具体操作步骤如下。

选择“窗口”→“工具栏”→

30 在工具箱中选择选择工具，将文字选中，然后按 Ctrl+C 组合键将文字复制，再按 Ctrl+V 组合键粘贴文字。为了便于观察，将粘贴后的文本块移到原文字之外。选中粘贴的文本块，在其“属性”面板中将填充颜色设置为“白色”，得到如图 10-24 所示的效果。

31 将白色文本块移到原文字的上方，按住 Ctrl 键不放，使用键盘上的方向键将其进行微移，使其与原文字偏离一定的距离，得到浮雕文字效果，如图 10-25 所示。

图 10-24　粘贴文字并设置为“白色”

图 10-25　得到浮雕文字效果

32 单击 场景 1 按钮，返回到“场景 1”窗口中。单击“时间轴”面板左下角的“新建图层”按钮，新建一个图层，并重命名为“城市尚.com”。选中此层中的第 1 帧，在“库”面板中将图形元件“城市尚.com”拖到舞台背景的左下角。复制此图形元件，然后粘贴，并将粘贴后的图形元件移至合适的位置，得到如图 10-26 所示的效果。

图 10-26　得到的效果

33 此时的“时间轴”面板如图 10-27 所示。

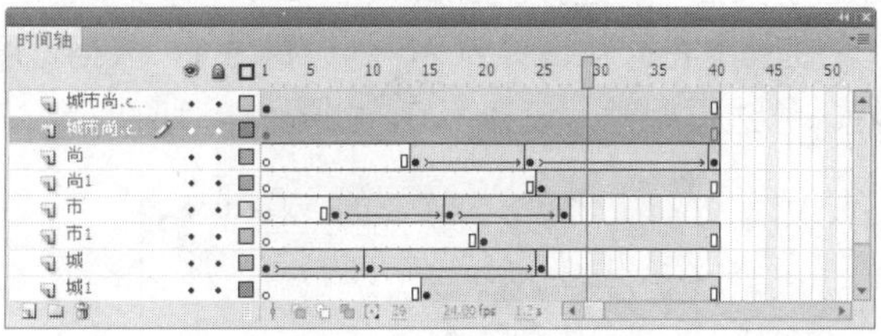

图 10-27　此时的时间轴

34 如果想让动画播放速度减慢，可将“时间轴”面板下方的“帧速率”值调小，这里设置为 6.00fps，如图 10-28 所示。

图 10-28　设置“帧速率”

35 至此，网页首部动画制作完毕。按 Ctrl+Enter 组合键进行测试，得到最终效果。

“控制器”命令，打开如下所示的“控制器”面板。

利用此面板中的按钮，可以实现动画的“停止”、“转到第一帧”、“后退一帧”、“播放”、“前进一帧”以及“转到最后一帧”等功能。

重点提示 测试影片时要注意的事项

测试影片时要注意以下一些事项。

1. 经常测试

最好不要等到项目快完成时再进行测试，而应在任何可能的时候测试，这样就可以更加容易、及时地发现错误，以作出相应的修改。

2. 全面测试

项目中极为细微的部分也应测试，因为一个极小的错误也会使动画停止放映。

3. 相互探讨

自己的作品也许会有一些想法上的限制，通过与他人进行探讨交流，可以吸收、借鉴一些好的构想与建议，以便更顺利地处理一些难题。

4. 设计大纲

在开始一个项目前，应该进行一些策划工作，最好先设计一个基本大纲，这样可以更加有序地达到自己的目标。

重点提示 如何在 Flash 软件中打开一些 Word 文档

Flash 不支持调用 Word 文件，但浏览器可以直接打开.doc 文档，那么就用 getURL 来解决即可。路径用绝对地址：http://www.../ word.doc。

实例 10-2 说明

- **知识点：**
  - 插入表格
  - 插入 SWF 文件
  - 插入图像
  - 应用 CSS 样式
- **视频教程：**
  光盘\教学\第 10 章　网页制作综合实战演练
- **效果文件：**
  光盘\素材与效果\myweb\html\10\10-1.html
- **实例演示：**
  光盘\实例\第 10 章\城市尚网站(二)

相关知识 Dreamweaver 的工作流程介绍

Dreamweaver 的主要功能是网页制作和网站管理。其工作流程概括起来，可以分为以下几个步骤。

1. 规划和设置网站

确定将在哪里发布文件，以及检查站点要求、访问者情况和网站目标等。除此之外，还要考虑用户访问以及浏览器、插件和下载限制等技术方面的要求。在确定结构并组织好信息后，即可开始创建站点。

2. 组织和管理站点文件

在 Dreamweaver CS5 的“文件”面板中，可以很方便地添加、删除以及重命名文件和文件夹，从而根据需要更改网站结构。利用“文件”面板提供的各种功能，还可以向远程服务器传输文件，以及同步本地和远程站点上的文件。

实例 10-2 城市尚网站（二）

本实例将利用 Dreamweaver CS5 中的插入表格、插入 SWF 文件、插入图像、应用 CSS 样式等功能制作城市尚网站的上半部分，最终效果如图 10-29 所示。

图 10-29　实例最终效果

操作步骤

1 选择“文件”→“新建”命令，新建一个空白文档。单击“属性”面板中的“页面属性”按钮，打开“页面属性”对话框，在其中将背景颜色设置为“#900”，单击“确定”按钮，得到如图 10-30 所示的文档。

图 10-30　得到的文档

2 将光标置于文档中，选择“插入”→“表格”命令，打开“表格”对话框，在其中将行数设置为 2，列设置为 1，表格宽度设置为 800 像素，“边框粗细”设置为 0，如图 10-31 所示。

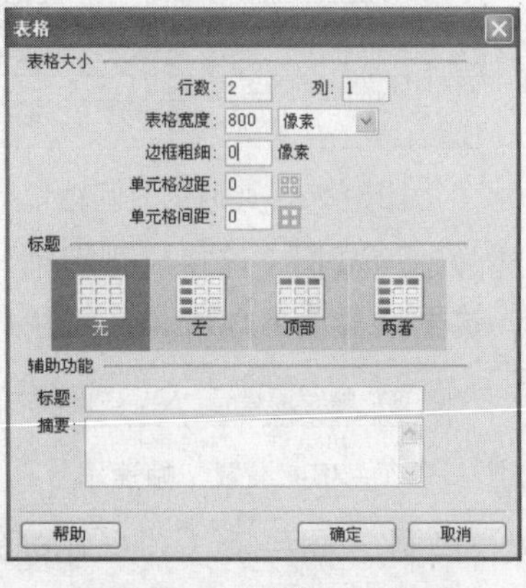

图 10-31　“表格”对话框

3 单击“确定”按钮，插入一个 2 行 1 列的表格；然后在其“属性”面板中将对齐方式设置为“居中对齐”，得到如图 10-32 所示的效果。

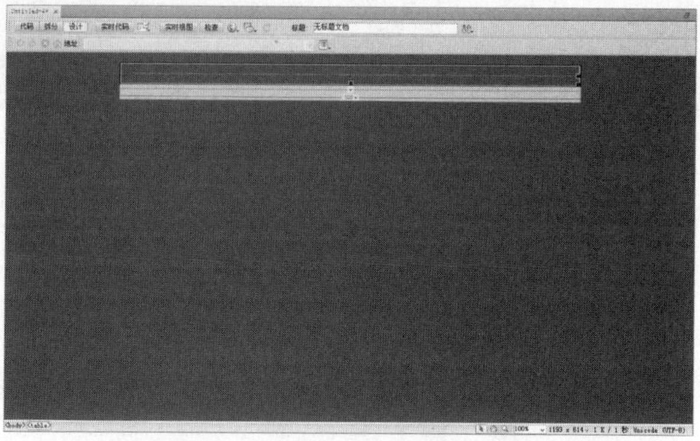

图 10-32 插入一个表格并居中对齐

4 将光标置于表格第 1 行中，选择“插入”→“媒体”→“SWF”命令，弹出提示对话框，要求保存文档，如图 10-33 所示。

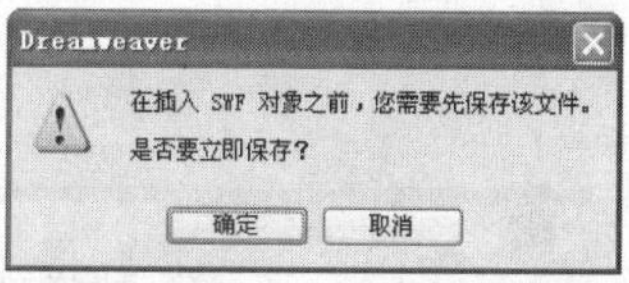

图 10-33 提示框

5 单击“确定”按钮，打开“另存为”对话框，在其中将此文档保存在html文件夹下的10子文件夹下，并命名为“10-1.html”，如图 10-34 所示。

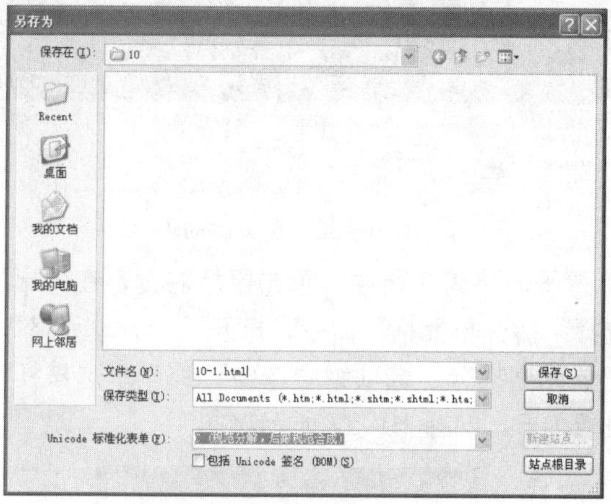

图 10-34 “另存为”对话框

6 单击“保存”按钮，打开“选择 SWF”对话框，在其中选择一个.swf 文件（光盘\素材与效果\myweb\image\10\10-1.swf），如图 10-35 所示。

利用 Dreamweaver 的“资源”面板可以方便地组织站点中的资源，并可以将大多数资源从此面板直接拖到 Dreamweaver 文档中。

3. 设计网页布局

可以使用表格工具安排页面结构；如果需要在浏览器中显示多个元素，则可以使用框架来设计网页的布局。可以使用 AP 元素、CSS 定位样式来创建布局。此外，还可以利用 Dreamweaver 模板创建新的页面，模板更改时将自动更新页面的布局。

4. 向页面中添加内容

可在页面中添加各种内容，如文本、图像、鼠标经过图像、声音、视频、颜色、链接、跳转菜单等。使用内置的页面创建功能，可在页面中直接添加或从其他文档中导入标题和背景等元素。

5. 通过手动编码创建页面

利用 Dreamweaver CS5 提供的可视化编辑工具和高级编码环境，可手动编写 Web 页面代码，从而创建和编辑页面。

6. 针对动态内容设置 Web 应用程序

在动态页面中，访问者可以查看存储在数据库中的信息。如果要创建动态页面，应先设置 Web 服务器和应用程序服务器，以及创建或修改 Dreamweaver 站点，然后连接到数据库。

7. 创建动态页面

动态页面能够显示来自动态内容源（如数据库和用户交互）的信息。可以使用基于 Ajax 的框架（称为 Spry）创建显示和处理 XML 数据的动态页面。如果要让动态页面具有更大的灵活性，则可以通过创建自定义服务器行为和交互式表单来实现。

8. 测试和发布

网站设计完成后，必须对站点进行测试，以保证页面的外观和效果。如果希望网络上的计算机能够访问到自己的网站，则必须将网站发布到 Web 服务器上。

相关知识 常规参数设置

如果想设置 Dreamweaver 界面的整体外观以及面板、站点、字体、状态栏等对象的特征，则可以通过设置 Dreamweaver 的首选参数来实现。

首先介绍“常规”参数的设置。“常规”参数主要包括“文档选项”和“编辑选项”两项内容，具体设置方法如下。

（1）选择“编辑”→“首选参数”命令或按 Ctrl+U 组合键，打开“首选参数”对话框。在“分类”列表框中选择“常规”选项，在对话框的右侧就会显示出相关参数，如下所示。

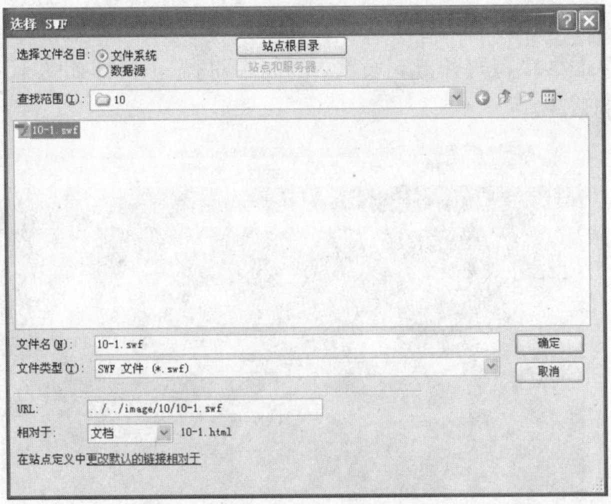

图 10-35 “选择 SWF”对话框

7 单击“确定”按钮，将其插入第 1 行中。将其选中，在“属性”面板中单击“播放”按钮，可预览此动画，效果如图 10-36 所示。

图 10-36 预览此动画

8 将光标置于表格第 2 行中，单击鼠标右键，在弹出的快捷菜单中选择“拆分单元格”命令，打开“拆分单元格”对话框，在“把单元格拆分”选项组中选中“列”单选按钮，将“列数”设置为 5，如图 10-37 所示。

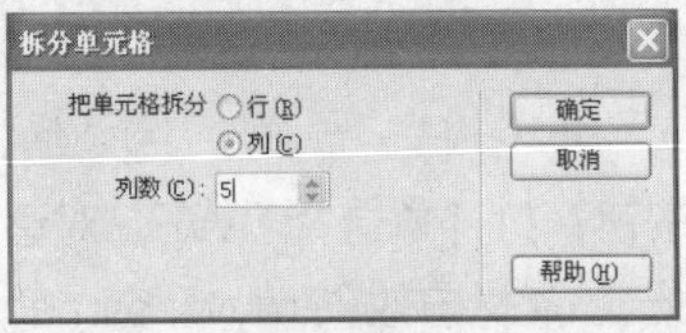

图 10-37 “拆分单元格”对话框

9 单击“确定”按钮，即可将第 2 行拆分为 5 列，效果如图 10-38 所示。

图 10-38　拆分为 5 列

10 将第 2 行全部选中，在其“属性”面板中将背景颜色设置为“#400000”，得到如图 10-39 所示的效果。

图 10-39　设置背景颜色

11 分别在第 2 行各列中输入文字，然后将文字全选，在其“属性”面板中将对齐方式设置为“居中对齐”，文字颜色设置为“白色”。此时弹出“新建 CSS 规则”对话框，在其中将“选择器名称”设置为 z1，其他选项保持默认设置，如图 10-40 所示。

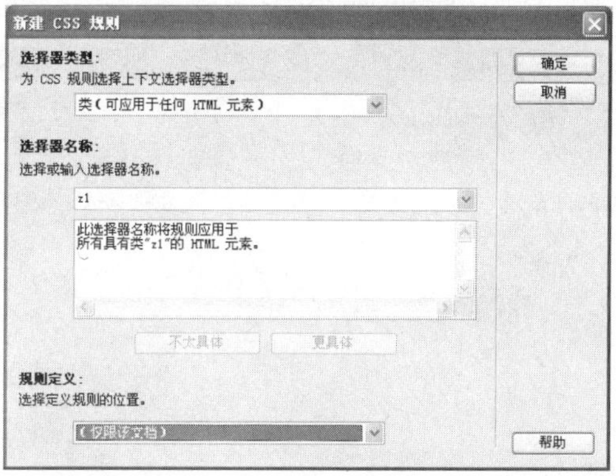

图 10-40　“新建 CSS 规则”对话框

12 单击“确定”按钮，得到白色文字。单击“属性”面板中的“粗体”按钮 **B**，将文字加粗，效果如图 10-41 所示。

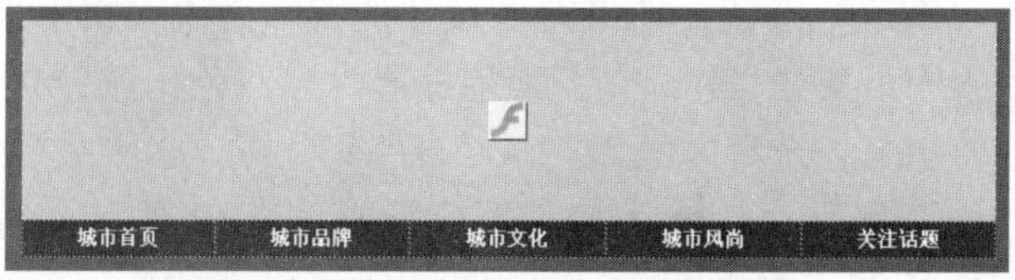

图 10-41　得到的文字效果

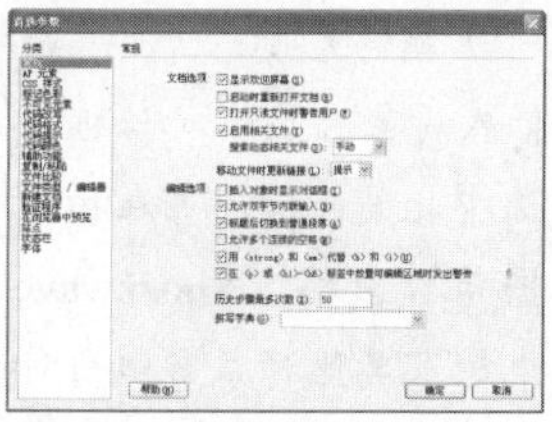

其中各项含义介绍如下。

1）文档选项

- 显示欢迎屏幕：选中此复选框，在启动 Dreamweaver CS5 后将出现启动界面，即起始页。
- 启动时重新打开文档：选中此复选框，重新启动 Dreamweaver 时，将重新打开关闭 Dreamweaver 时打开的文档。
- 打开只读文件时警告用户：选中此复选框，当打开只读文件时，将弹出如下所示的提示对话框。单击“查看”按钮，可浏览文件；单击“设置为可写”按钮，则可将文件修改为可写文件。

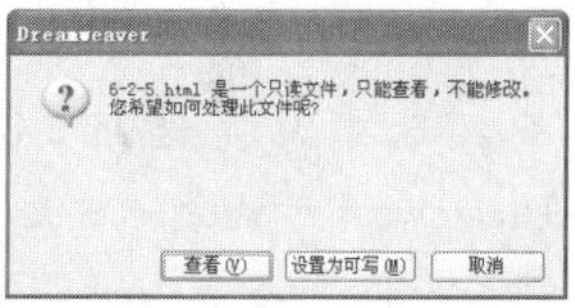

- 启用相关文件：选中此复选框后，可启用相关的文件。
- 搜索动态相关文件：用来设置用何种方法搜索动态相关文件，包括“自动”、“手动”和“已禁用”3 个选项。
- 移动文件时更新链接：用来指定移动文件时是否更新文件中的链接，包括“总是”、“从不”和“提示”3 个选项。

2）编辑选项

- 插入对象时显示对话框：选中此复选框，可在插入图像、表格、Shockwave 电影及其他对象时弹出对话框；如取消选中此复选框，则不会弹出对话框，这时只能在“属性”面板中指定图像的源文件、表格行数等。
- 允许双字节内联输入：选中此复选框，可以在文档窗口中直接输入双字节文本；如取消选中此复选框，则会出现一个文本输入窗口，用来输入和转换文本。
- 标题后切换到普通段落：选中此复选框，在标题后换行时，新段落将采用普通样式，而不采用标题样式。
- 允许多个连续的空格：选中此复选框，输入的文本中可以包含多个空格。
- 用<strong>和<em>代替<b>和<i>：用户执行操作时通常都会用到<b>和<i>标签。选定此复选框，Dreamweaver 就会分别使用<strong>标签和<em>标签取代它们。
- 在<p>或<h1>-<h6>标签中放置可编辑区域时发出警告：选中此复选框，Dreamweaver 在保存一个段落或标题标签内具有可编辑区域的 Dreamweaver 模板时将发出警告信息，通知用户将无法在此区域中创建更多段落。

13 将光标置于此表格的下方，再插入一个 3 行 2 列的表格，表格宽度与边框粗细与上方表格相同，如图 10-42 所示。

图 10-42　插入一个 3 行 2 列的表格

14 将光标置于表格 2 的第 1 行第 1 列中，插入一幅素材图像(光盘\素材与效果\myweb\image\10\2.jpg)，如图 10-43 所示。

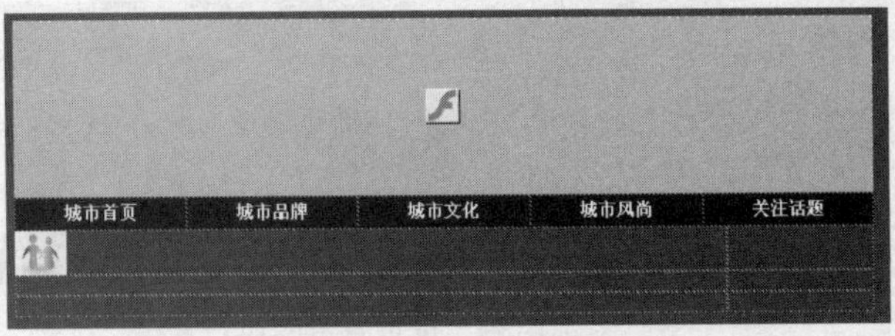

图 10-43　插入一幅素材图像

15 在图像的右侧输入文字“旅游文化”，然后将文字全选，在“属性”面板中将其字体设置为“华文隶书”。此时弹出“新建 CSS 规则”对话框，在其中将“选择器名称”设置为 z2，其选项保持默认设置，如图 10-44 所示。

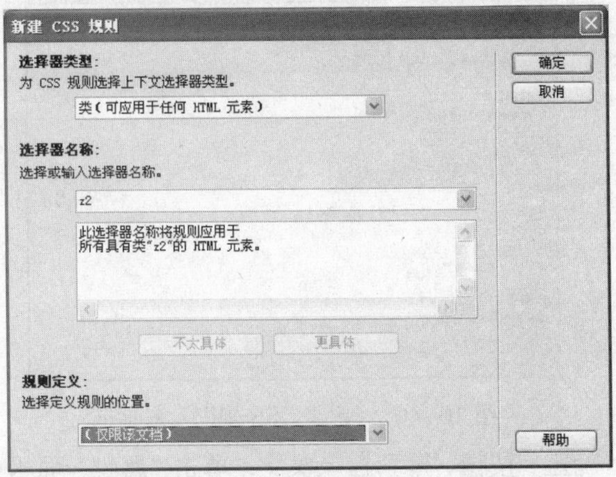

图 10-44　“新建 CSS 规则”对话框

16 单击“确定”按钮，即可得到设置的字体效果。接下来，将文字大小设置为 24，文字颜色设置为“白色”。将光标置于文字的下方，选择“插入”→“HTML”→“水平线”命令，插入一条水平线，然后将其宽度设置为 180 像素，得到如图 10-45 所示的效果。

图 10-45　输入文字并插入一条水平线

17 将光标置于表格 2 的第 2 行第 1 列中，单击鼠标右键，在弹出的快捷菜单中选择“拆分单元格”命令，打开“拆分单元格”对话框，在“把单元格拆分”选项组中选中“行”单选按钮，将“行数”设置为 2，单击“确定”按钮，如图 10-46 所示。

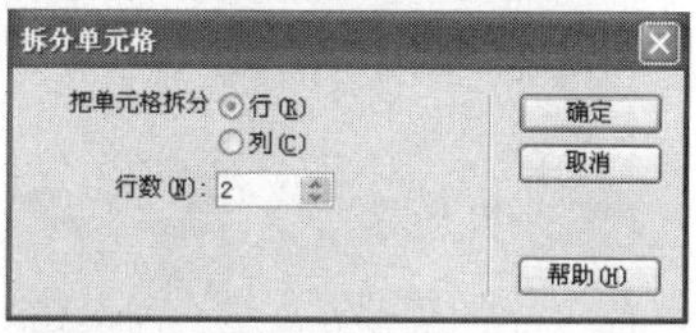

图 10-46　“拆分单元格”对话框

18 分别将光标置于拆分后的第 1 行、第 2 行，在其中单击鼠标右键，在弹出的快捷菜单中选择“拆分单元格”命令，打开“拆分单元格”对话框，在“把单元格拆分”选项组中选中“列”单选按钮，将“列数”设置为 3，如图 10-47 所示。

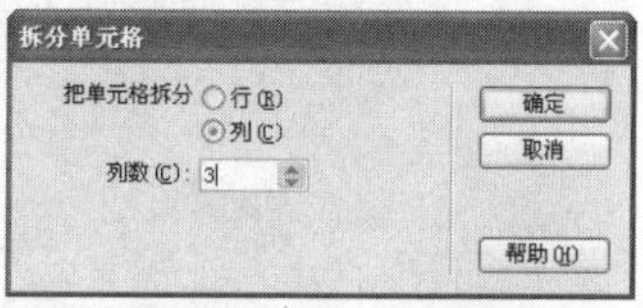

10-47　“拆分单元格”对话框

19 单击“确定”按钮，得到如图 10-48 所示的表格效果。

图 10-48　拆分单元格后的效果

20 分别在拆分后的单元格中插入风景素材图像（光盘\素材与效果\myweb\image\10\3.jpg～8.jpg），然后将它们全选，在其“属性”面板中将对齐方式设置为“居中对齐”。接下来，将这两行的行高均设置为 108，此时的效果如图 10-49 所示。

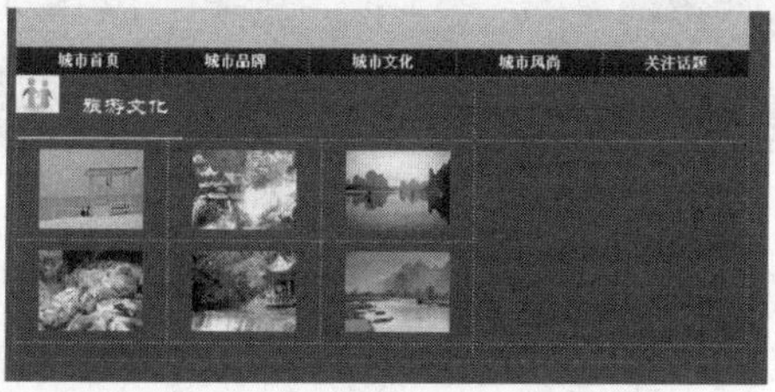

图 10-49　插入图像后的效果

- 历史步骤最多次数：用于设置“历史”面板所记录的步骤数目。如果步骤数目超过了设置的数目，则“历史”面板中前面的步骤就会被删掉。
- 拼写字典：此下拉列表框用于检查所建立文件的拼写，默认为英语（美国）。

（2）完成设置后，单击“确定”按钮即可应用设置。

相关知识 **设置字体参数**

在 Dreamweaver CS5 中，可以为新文件设置默认字体及字体编码。设置方法如下：

（1）选择“编辑”→“首选参数”或按 Ctrl+U 组合键，弹出“首选参数”对话框。在“分类”列表框中选择“字体”选项，在对话框的右侧就会显示出相关参数，如下所示。

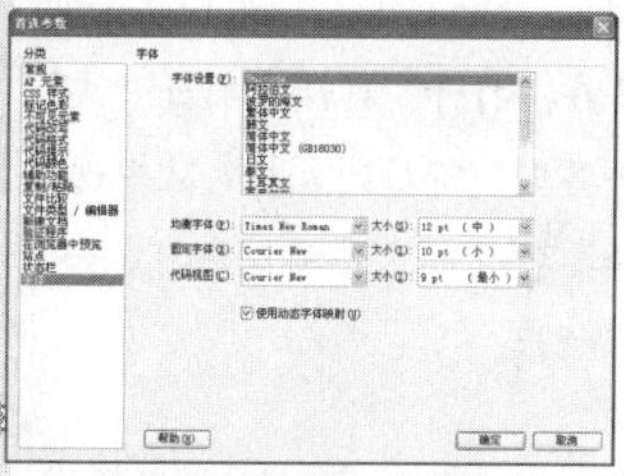

其中各项含义介绍如下。

- 字体设置：针对使用给定编码类型的文档设置所用的字体集。
- 均衡字体：用于设置在正规文本中使用的字体，例如段落、标题以及表格中的文本。默认字体为系统已经安装的字体。

21 在表格 2 的第 1 行第 2 列中插入一幅素材图像（光盘\素材与效果\myweb\image\10\9.jpg），然后在其右侧输入文字“地域风情”。将文字选中，在其“属性”面板的“目标规则”下拉列表框中选择 z2 样式，得到应用此样式后的效果。将光标置于文字的下方，选中左侧插入的水平线，将其复制，然后粘贴到此位置，得到如图 10-50 所示的效果。

图 10-50　表格 2 的第 1 行第 2 列中的效果

22 将光标置于表格 2 的第 2 行第 2 列中，选择“插入”→“表格”命令，插入一个 6 行 1 列、宽度为 80% 的表格，并将其居中对齐，效果如图 10-51 所示。

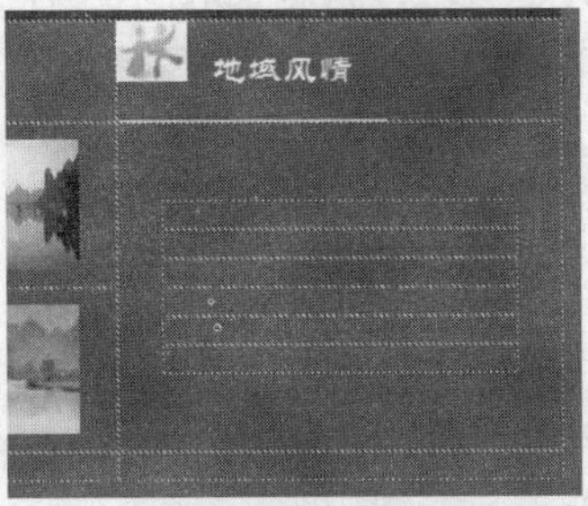

图 10-51　插入一个 6 行 1 列的表格

23 分别在各行中输入文字，然后将文字全选，在“插入”面板中单击“项目列表”按钮 ul，在各行文字左侧均插入一个项目列表符号，如图 10-52 所示。

图 10-52　输入文字并插入项目列表符号

24 将文字全选，在“属性”面板中将其大小设置为 14。此时弹出“新建 CSS 规则”对话框，在其中将“选择器名称”设置为 z3，其他选项保持默认设置，如图 10-53 所示。

- 固定字体：用于设置 Dreamweaver CS5 在 <pre>、<code>以及<tt>标记中使用的字体。
- 代码视图：用于对显示在“代码”面板中文本的字体进行设置，默认字体与固定字体相同。

（2）完成设置后，单击“确定”按钮即可应用设置。

重点提示　如何打开多种格式的文件

默认情况下，系统打开.html 格式的文件。如果需要打开多种格式的文件，如.js、.asp、.dwt、.as、.txt 等，可在“打开”对话框打开“文件类型”下拉列表框，从中选择要打开的文件类型即可，如下所示。

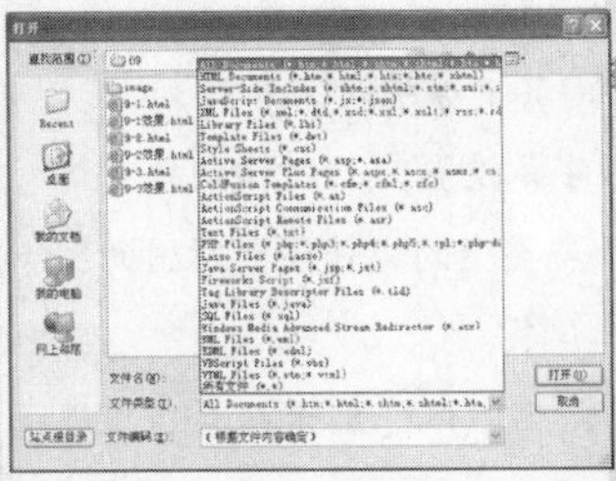

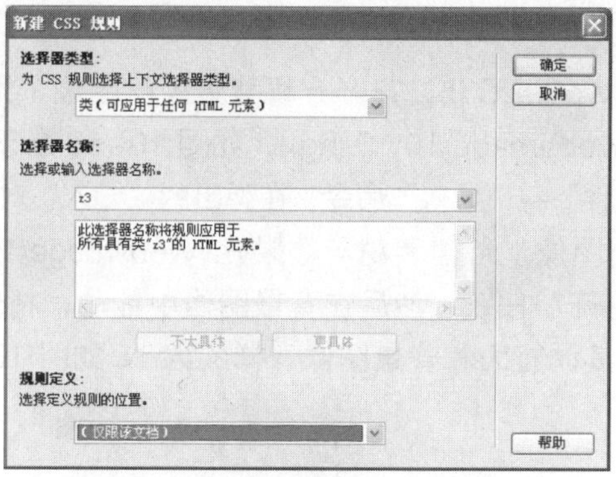

图 10-53　“新建 CSS 规则”对话框

25 单击“确定”按钮，文字大小变为 14；然后将字体颜色设置为“白色”；再分别将各行的行高设置为 40，得到如图 10-54 所示的效果。至此，城市尚网站的上半部分制作完成。

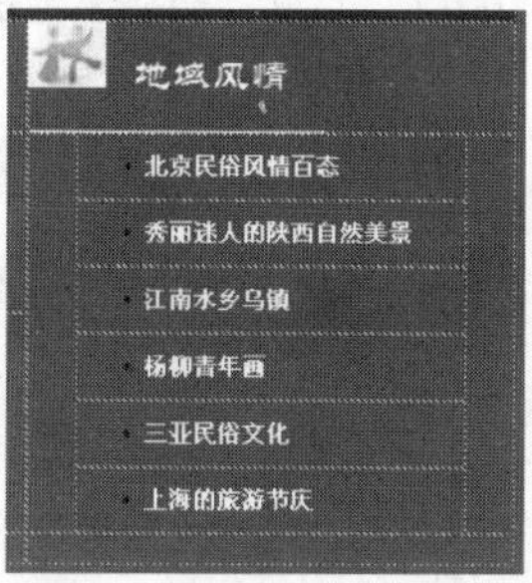

图 10-54　设置文字属性及行高

实例 10-3 城市尚网站（三）

本实例将利用 Fireworks CS5 中的“导入”命令、文本工具以及组合为蒙版等功能制作背景字效果，作为网站中的精美图像素材；然后使用 Dreamweaver CS5 中的各种功能制作城市尚网站的下半部分。本实例完整的最终效果如图 10-55 所示。

图 10-55　本实例完整的最终效果

重点提示 打开最近打开的文档

启动 Dreamweaver 后，在起始页中选择“打开最近的项目”栏下的选项，即可打开最近打开过的文件。此外，也可以选择“文件”→“打开最近的文件”命令，在弹出的子菜单中选择最近打开过的文件，如下所示。

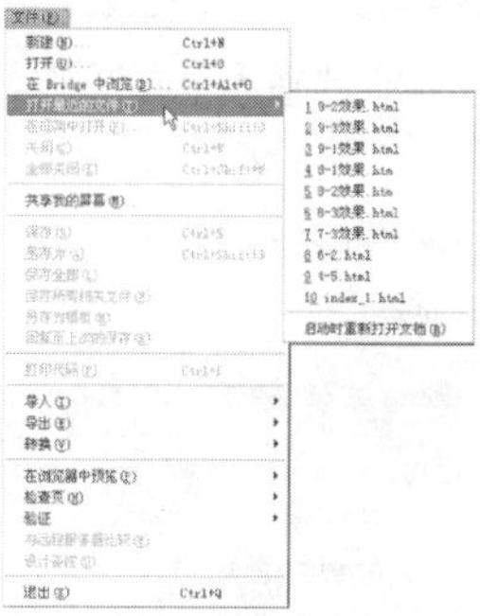

实例 10-3 说明

- 知识点：
  - “导入”命令
  - 文本工具
  - 组合为蒙版
- 视频教程：
  光盘\教学\第 10 章　网页制作综合实战演练
- 效果文件：
  光盘\素材与效果\myweb\image\10\10-1.html
- 实例演示：
  光盘\实例\第 10 章\城市尚网站（三）

操作步骤

1 启动 Fireworks CS5，打开一幅背景素材图像（光盘\素材与效果\myweb\image\10\10.jpg），如图 10-56 所示。

2 选择“文件”→“导入”命令，在弹出的“导入”对话框中选择一幅素材图像（光盘\素材与效果\myweb\image\10\11.jpg），单击“打开”按钮，然后在背景图像中拖动，将选定图像导入，并将其调整为和背景图像一样的大小，如图 10-57 所示。

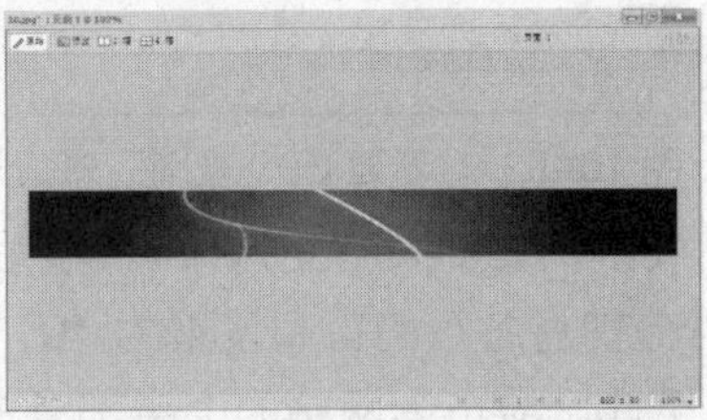

图 10-56　打开一幅背景素材图像

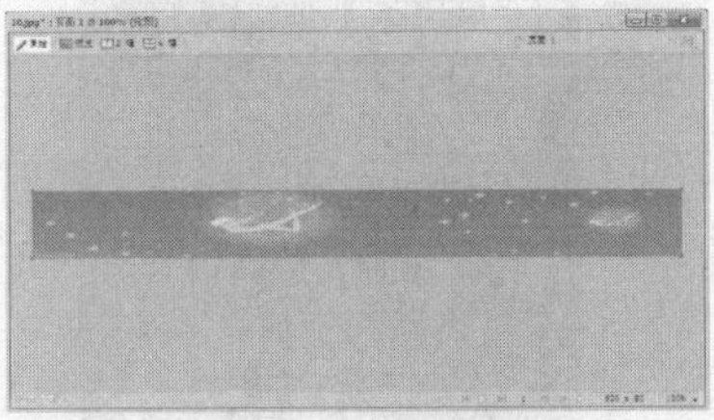

图 10-57　导入一幅素材图像

3 在工具箱选择文本工具 T，在其“属性”面板中进行适当的设置，如图 10-58 所示。

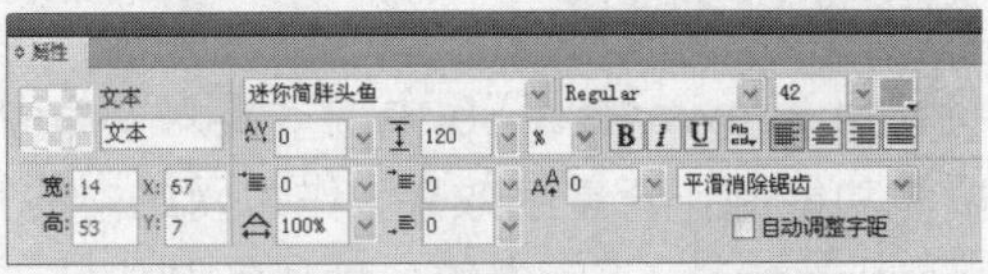

图 10-58　设置“属性”面板

4 在导入的图像上输入文字，并使用指针工具将其置于图像的中间部位，如图 10-59 所示。

图 10-59　输入文字并置于图像的中间部位

5 使用指针工具将文字选中，然后选择“文本”→“转换为路径”命令，将文本转换为路径。按住 Shift 键不放，将导入图像也同时选中，此时的效果如图 10-60 所示。

图 10-60　将文字与导入图像同时选中

相关知识　Dreamweaver CS5 中的面板

Dreamweaver CS5 中的面板都是浮动面板，可以折叠或隐藏起来，待需要时再显示出来，以节省工作空间。不仅如此，用户还可以调整面板的大小以及移动面板的位置等，以方便网页的制作。Dreamweaver CS5 提供了“插入”、“文件”、“CSS 样式”等多个面板。

相关知识　“插入”面板

选择“窗口”→“插入”命令，即可打开“插入”面板，如下所示。

在“插入”面板中，Dreamweaver 提供了用于创建和插入对象（如文字、图像、表格、按钮、链接以及程序等）的多个按钮。单击“常用”右侧的下拉按钮，在弹出的下拉列表中可以看到这些按钮按照类别又分为了“常用”、“布局”、“表单”、“数据”、Spry、InContext Editing、“文本”以及“收藏夹”等多栏（如下所示），用户可以根据需要进行选择。

6 选择“修改”→“蒙版”→“组合为蒙版”命令，即可得到背景字效果，如图 10-61 所示。

图 10-61　得到背景字效果

7 选中表格 2 的第 3 行，在其上单击鼠标右键，在弹出的快捷菜单中选择“合并单元格”命令，将此行单元格合并为一个。选择“插入”→“图像”命令，打开“选择图像源文件”对话框，在其中选择刚才制作的背景字图像（光盘\素材与效果\myweb\image\10\12.jpg），将其插入此行，得到如图 10-62 所示的效果。

图 10-62　插入背景字图像

8 将光标置于表格 2 的第 3 行中，单击鼠标右键，在弹出的快捷菜单中选择“插入行或列”命令，打开“插入行或列”对话框，在其中的“插入”选项组中选择“行”单选按钮，将“行数”设置为 2，在“位置”选项组中选中“所选之下”单选按钮，如图 10-63 所示。

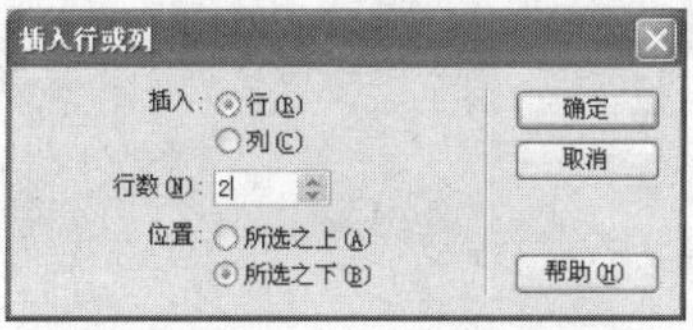

图 10-63　“插入行或列”对话框

9 单击“确定”按钮，即可在表格 2 的下方插入 2 行。在第 1 行中插入一幅素材图像（光盘\素材与效果\myweb\image\10\13.jpg），在其右侧输入文字“城市趣闻”，样式设置为“.z2”，然后在文字下方复制上方的水平线，得到如图 10-64 所示的效果。

图 10-64　得到的效果

10 将光标置于第 2 行中，单击鼠标右键，在弹出的快捷菜单中选择“拆分单元格”命令，打开“拆分单元格”对话框，在“把单元格拆分”选项组中选中“列”单选按钮，将“列数”设置为 2，如图 10-65 所示。

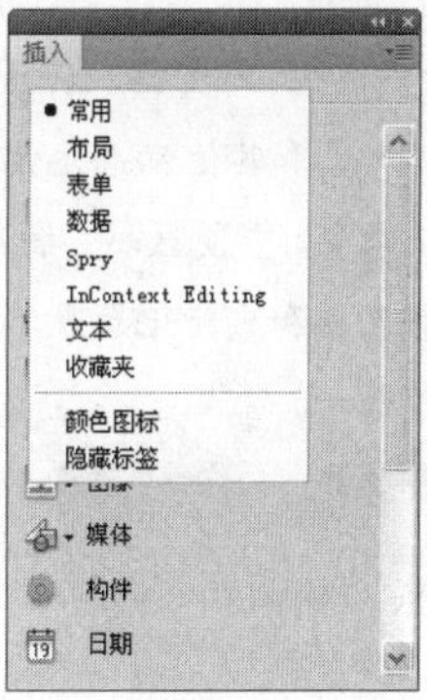

其中各栏的含义分别介绍如下。

- “常用”栏：用于创建和插入最常用的对象，如插入表格、图像、超链接和时间等。
- “布局”栏：用于插入表格、表格元素、div 标签、AP Div 等。此外，还可以将表格在标准表格和扩展表格两种模式之间进行切换，如下所示。

- “表单”栏：用于创建表单和插入表单元素（动态网页中最重要的对象之一），如下所示。

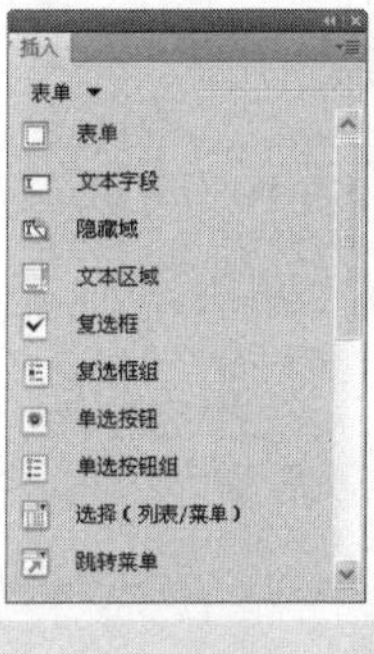

- “数据”栏：用于插入 Spry 数据对象和其他动态元素，如记录集、重复区域、插入记录表单和更新记录表单，如下所示。

- Spry 栏：用于构建 Spry 页面，如下所示。对于不熟悉编程的用户，可通过修正其中各项来制作页面。

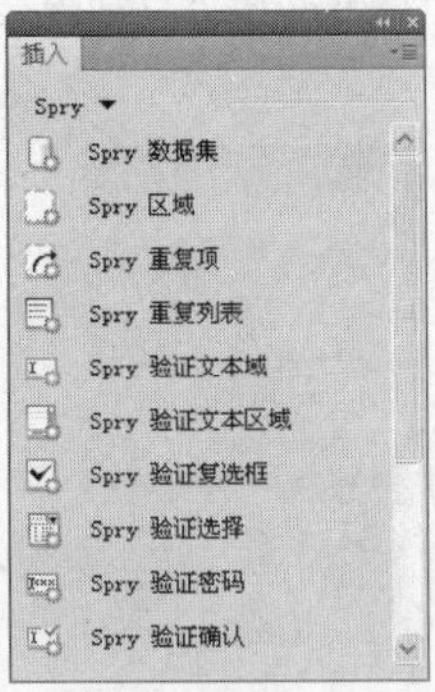

- InContext Editing 栏：用于生成 InContext 编辑页面。其中包括“创建可编辑区域”按钮和“创建重复区域”按钮，如下所示。

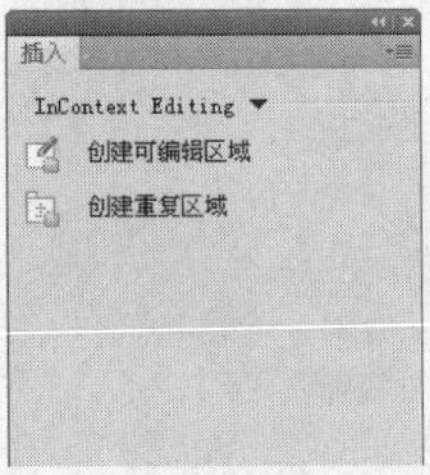

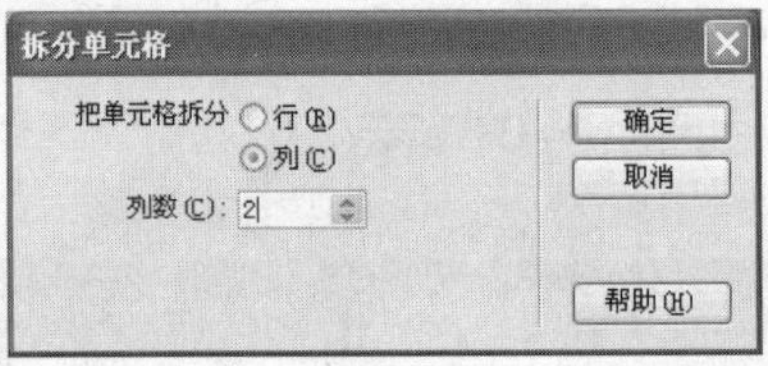

图 10-65 “拆分单元格”对话框

11 选中表格 2 右上方的文字表格，将其复制，然后粘贴到第 2 行第 1 列中，再分别将各行的文字更换为与本栏内容相符的文字，得到如图 10-66 所示的效果。

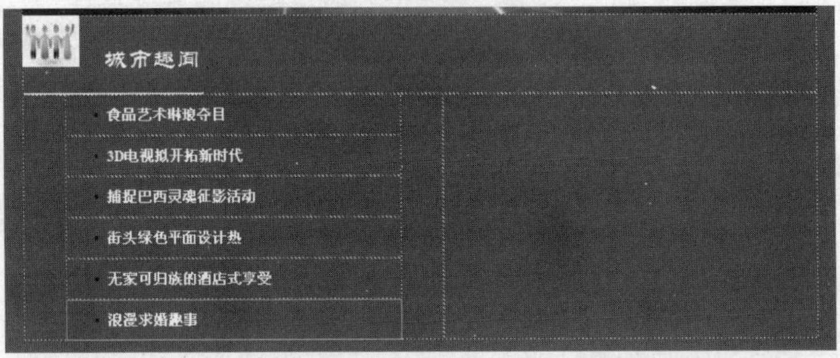

图 10-66 粘贴文字表格并更换为相符的文字

12 在第 2 行第 2 列中也进行同样的操作，并更换为相符的文字，得到如图 10-67 所示的效果。

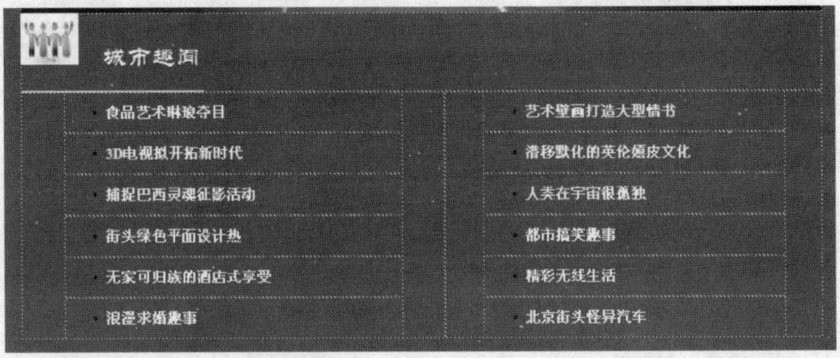

图 10-67 得到的效果

13 将光标置于表格 2 的下方，选择“插入”→“表格”命令，插入一个 1 行 5 列、同样宽度、同样边框粗细的表格（这里称之为“表格 3”）；然后在各列中分别插入一幅素材图像（光盘\素材与效果\myweb\image\10\14.jpg～18.jpg）；再将图像全选，在其“属性”面板中将对齐方式设置为“居中对齐”，得到如图 10-68 所示的效果。

14 分别选中各个图像，在“属性”面板中将其链接设置为“#”，即设置为空链接；然后在“替换”文本框中分别输入图像所代表的城市名称，如第一幅图像在“替换”文本框中输入的是“北京”，如图 10-69 所示。

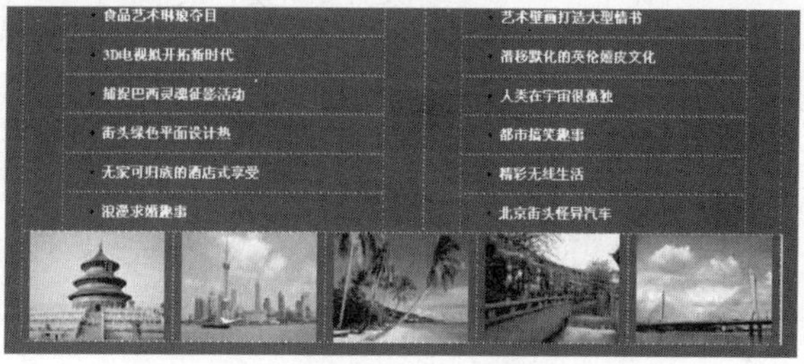

图 10-68　插入表格 3 并插入图像

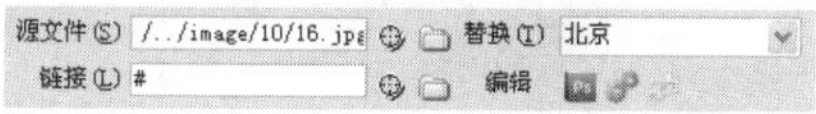

图 10-69　设置链接和替换文本

15 各个图像均设置完成后，图像效果如图 10-70 所示。各个图像均成为链接图像，预览网页时，将光标置于其上时，会显示出相应的城市名称。

图 10-70　各个图像均成为链接图像

16 分别将光标置于表格 2 和表格 3 中，在“属性”面板中将背景颜色设置为“#545083”，此时的文档效果如图 10-71 所示。

图 10-71　此时的文档效果

17 将光标置于最下方，然后输入文字，作为公司版权声明，并居中对齐，如图 10-72 所示。

图 10-72　输入公司版权声明

- “文本”栏：用于插入各种文本格式和列表格式的标签，如粗体、斜体、加强等，如下所示。

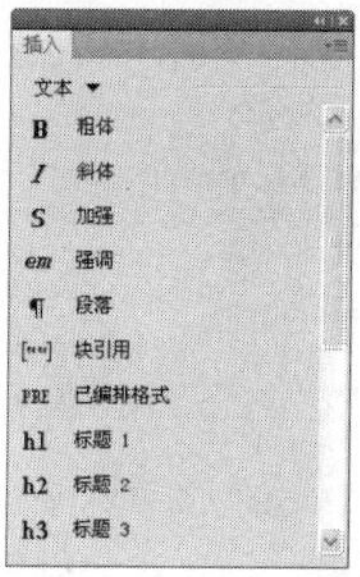

- “收藏夹”栏：用于将“插入”面板中一些常用的按钮添加到“收藏夹”中，以方便以后的使用，如下所示。

在此栏中单击鼠标右键，在弹出的快捷菜单中选择“自定义收藏夹”命令，打开如下所示的“自定义收藏夹对象”对话框，在其中可以添加或删除收藏夹对象。

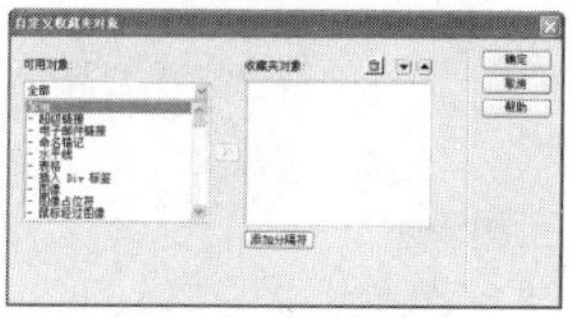

相关知识　**“文件”面板**

选择“窗口”→“文件”命令，即可打开“文件”面板，如下所示。

18 选中这些文字，选择“窗口”→“资源”命令，在弹出的“资源”面板中单击“库”按钮，打开“库”子面板，在其中单击“新建库项目”按钮，然后在右下方的列表框中将“名称”设置为 10–1，如图 10–73 所示。

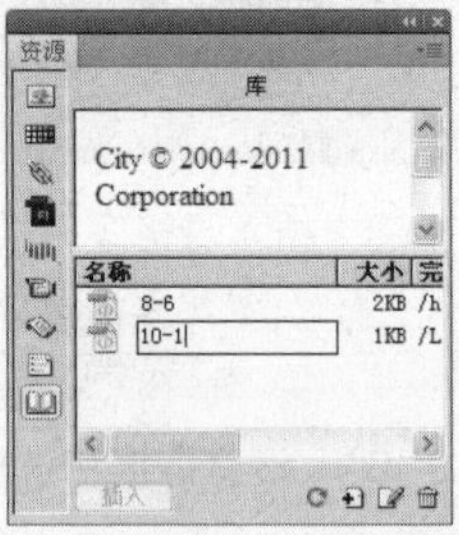

图 10–73　在“库”子面板中设置名称

19 按 Enter 键，即可将所选文字创建为库元素，在以后需要使用时调用即可。

20 为了保证预览网页时文字位置不偏离，可分别将各个文字表格中的文字全选，然后设置为“左对齐”。同样，将 3 个标题文字也设置为“左对齐”。至此，城市尚首页制作完成。按 F12 键，预览网页，得到最终效果。

实例 10-4 美食心情网站（一）

本实例将使用 Flash CS5 制作美食心情网之后的首部效果，其中主要包括变幻背景文字以及投影文字等的制作，最终效果如图 10–74 所示。

图 10–74　实例最终效果

操作步骤

1 选择“文件”→“新建”命令，新建一个空白文档。选择“修改”→“文档”命令，在弹出的“文档设置”对话框中将“尺寸”设置为 900 像素 × 140 像素，“背景颜色”设置为“黑色”，如图 10–75 所示。

2 单击“确定”按钮，即可应用设置。选择“文件”→“导入”→“导入到舞台”命令，在弹出的“导入”对话框中选择一幅图像（光盘\素材与效果\myweb\image\10\19.jpg），单击“打开”按钮，将其导入到舞台中。在“属性”面板中将其设置为和画布一样的大小，即 900 像素 × 140 像素，然后使其与画布重叠，得到如图 10–76 所示的效果。

通过此面板可以查看和管理 Dreamweaver 站点中的文件，如查看站点、文件或文件夹，更改查看区域的大小，展开或折叠面板，打开文件、重命名文件名，添加、移动或删除文件等。

实例 10-4 说明

知识点：

- 新建元件
- 复制/粘贴元件
- 组合元件
- “滤镜”面板的使用

视频教程：

光盘\教学\第 10 章　网页制作综合实战演练

效果文件：

光盘\素材与效果\myweb\image\10\10-2.swf

实例演示：

光盘\实例\第 10 章\美食心情网站（一）

相关知识　为什么要对 Flash 动画进行优化

Flash 动画可以边下载、边播放，因此就算 Flash 动画文件比较大，如果让其数据分布均匀，也

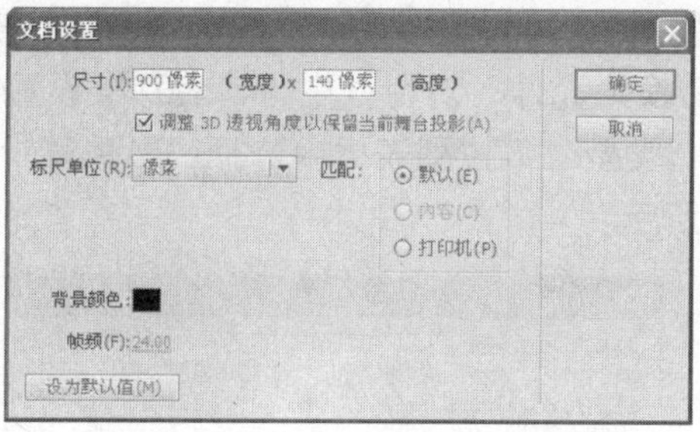

图 10-75　“文档设置”对话框

3 单击“时间轴”面板左下角的“新建图层”按钮，新建“图层 2”。在此图层中再导入一幅图像（光盘\素材与效果\myweb\image\10\20.jpg），然后调整为与画布一样的大小，并与之重叠，得到如图 10-77 所示的效果。

图 10-76　导入一幅图像

图 10-77　在“图层 2”中导入一幅图像

4 选中此位图，按 F8 键，在弹出的“转换为元件”对话框中将“名称”设置为“文字背景”，在“类型”下拉列表框中选择“图形”选项，如图 10-78 所示。单击“确定”按钮，将此位图转换为图形元件。

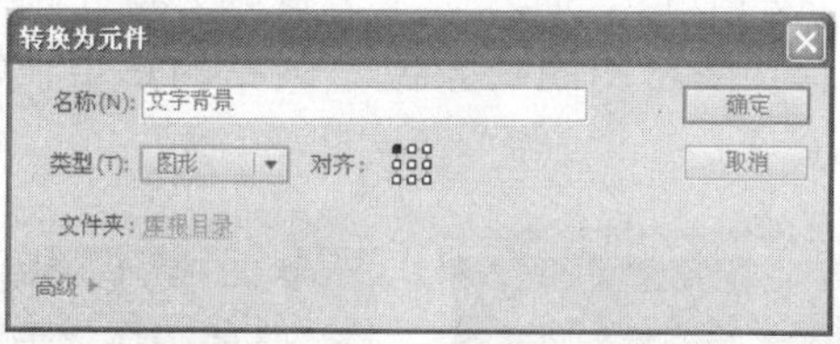

图 10-78　“转换为元件”对话框

5 将此图形元件选中，按 Ctrl+C 组合键将其复制，然后按 Ctrl+V 快捷键将其粘贴。将复制得到的元件实例放置到当前实例的左侧，如图 10-79 所示。

图 10-79　将复制的元件实例置于当前实例左侧

不会碰到下载瓶颈问题，此文件也就能够非常顺利地播放了。但是，如果数据分布过于集中，就算是比较小的文件，也可能会出现播放停顿的现象。

Flash 动画文件越大，其下载和播放所需要的时间就越长。虽然 Flash CS5 在作品发布时会自动进行一些优化，如检查是否有重复的图形等，但其效果毕竟是有限的。因此，用户应在设计、制作时从整体上对影片进行优化，以缩小文件的数据量，从而使动画能够顺畅地播放。

重点提示　**优化 Flash 动画应该遵循的原则**

优化 Flash 动画作品时应该遵循以下几个原则：

- 在可以实现同样效果的情况下，最好使用渐变动画，而少使用逐帧动画，因为关键帧越多，动画的体积也就相对更大。
- 对于制作动画时使用次数超过一次的内容，最好将其转换为元件，因为同一个元件不管在 Flash 中使用几次，在影片发布时均只保存一次，从而减少作品的数据量。
- 选择素材时应尽量避免使用位图，而应多选择矢量图，因为位图通常都比矢量图的体积大，很容易造成 Flash 动画的体积过大。

6 按 Shift 键，将这两处图形元件实例选中；然后按 F8 键，在弹出的“转换为元件”对话框中将“名称”设置为“文字背景2”，在“类型”下拉列表框中选择“影片剪辑”选项，如图 10-80 所示。

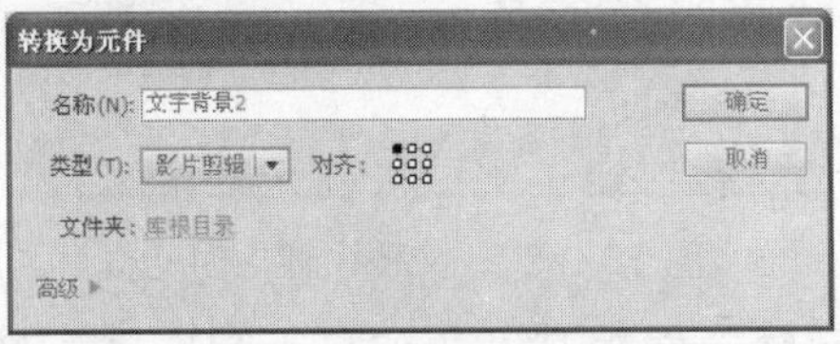

图 10-80 “转换为元件”对话框

7 单击“确定”按钮，即可将它们转换为影片剪辑元件。按 F11 键，打开“库”面板，在其中双击影片剪辑元件“文字背景2”，进入影片剪辑元件的编辑模式，如图 10-81 所示。

图 10-81 进入影片剪辑元件的编辑模式

8 选中“图层 1”的第 1 帧，将此帧中的两个对象进行拖动，使右侧的对象位于画布的正中，如图 10-82 所示；选中第 50 帧，按 F6 键，插入一个关键帧，将此帧中的两个对象进行拖动，使左侧的对象位于画布的正中，如图 10-83 所示。

图10-82 右侧的对象位于画布正中

图10-83 左侧的对象位于画布正中

9 选中“图层 1”的第 1 帧，按 Ctrl+G 组合键，将此帧中的两个对象组合；选中第 50 帧，按 Ctrl+G 组合键，将此帧中的两个对象组合。选中第 1 帧，在其上单击鼠标右键，在弹出的快捷菜单中选择“创建传统补间”命令，在这两帧之间创建传统补间，如图 10-84 所示。

- 对于动画中的音频素材，应该尽量使用 MP3 格式的文件，因为这种格式的文件压缩比最大，而且回放音质也很好。
- 在制作动画序列时，应使用影片剪辑元件，而不要使用图形元件。

重点提示 **优化文本注意事项**

优化文本要注意以下几个问题：

- 限制字体和字型的使用，特别是要限制使用嵌入式字体。如果过多地使用字体或字型，不仅会增加文件的数据量，而且有可能会导致作品风格不统一。
- 在嵌入字体时，应该选择嵌入所需的字符，而不要选择嵌入整个字体。
- 尽量少地通过选择“修改”→“分散”命令，或按下 Ctrl+B 组合键将文字打散。

重点提示 **优化脚本语句注意事项**

优化脚本语句时要注意以下几点：

- 在“发布设置”对话框中选中“省略 trace 语句”复选框，可以在发布 Flash 动画时忽略跟踪语句。
- 将经常使用的代码段定义为函数。
- 尽可能多地使用局部变量。

相关知识 **什么是导出 Flash 作品**

对影片进行优化并测试完其下载性能后，就可以利用“导出”命令将 Flash 作品导出到其他应用程序中。Flash

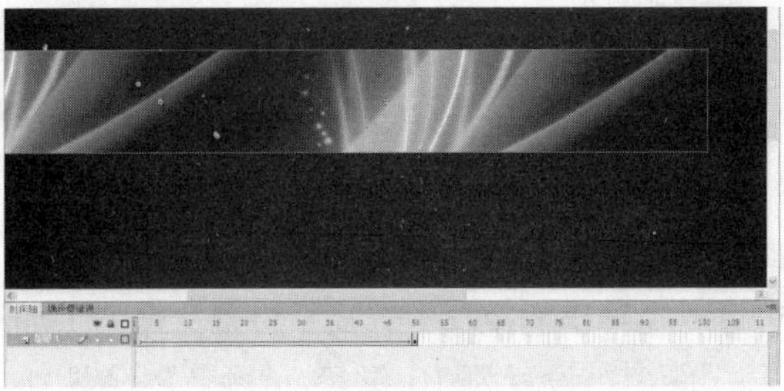

图 10-84　创建传统补间

10 单击 场景 1 按钮，回到“场景 1”窗口。将影片剪辑元件“文字背景 2”中的右侧对象与舞台右侧边缘对齐，如图 10-85 所示。

图 10-85　与舞台右侧边缘对齐

11 新建“图层 3”。在工具箱中选择文本工具 T，在其“属性”面板中将“系列”设置为“迷你简胖头鱼”，“大小”设置为“47”，“颜色”设置为“白色”，然后在舞台中输入文字“美食心情.com”，如图 10-86 所示。

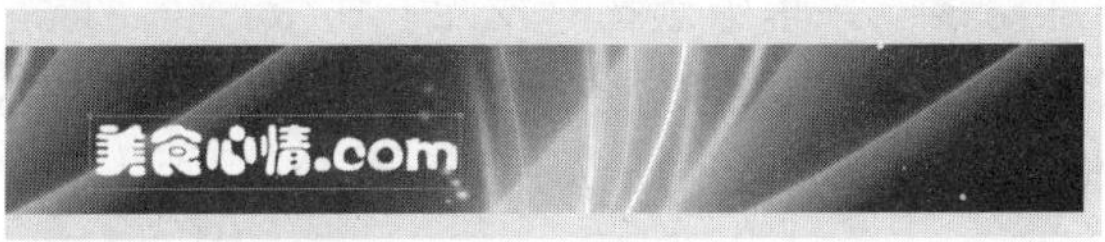

图 10-86　输入文字

12 在“图层 3”（即文字图层）上单击鼠标右键，在弹出的快捷菜单中选择“遮罩层”命令。此时文字被打空，透过文字可以看到下面的 2 个背景，如图 10-87 所示。

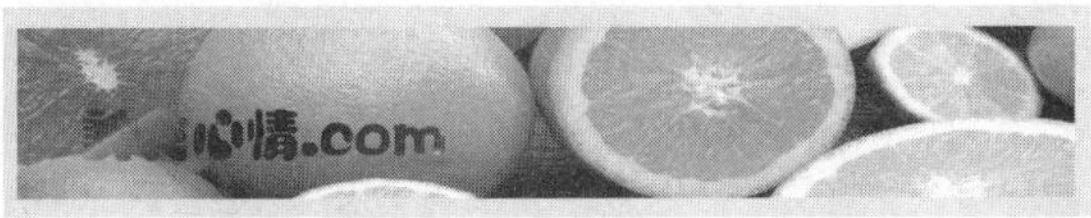

图 10-87　创建遮罩层后的效果

13 至此，变幻背景文字制作完成。为了丰富网页首部效果，可为其添加一些特殊效果的文字。新建“图层 4”，在工具箱中选择文本工具 T，在其“属性”面板中将“系列”设置为“迷你简胖娃”，“大小”设置为 34，“颜色”设置为“#4B4992”，然后在舞台右侧输入文字。在工具箱中选择选择工具，将文字选中，效果如图 10-88 所示。

每次只能将动画作品按一种格式导出到其他应用程序中，但却可以同时将多种格式的文件发布到 Internet 上。

根据动画作品的不同，可以将导出方式分为“导出影片”和“导出图像”两种。前者输出的是动画作品和不同内容的系列图片，而后者输出的是静态图像。

相关知识　**如何导出图像文件**

可以将动画中的某个图像导出并以图片的形式保存起来，以后可以作为其他动画的素材进行使用。操作方法如下。

（1）打开要导出的动画，选中要导出的帧或场景中的某个图像。

（2）选择“文件”→“导出”→“导出图像”命令，弹出如下所示的“导出图像”对话框。

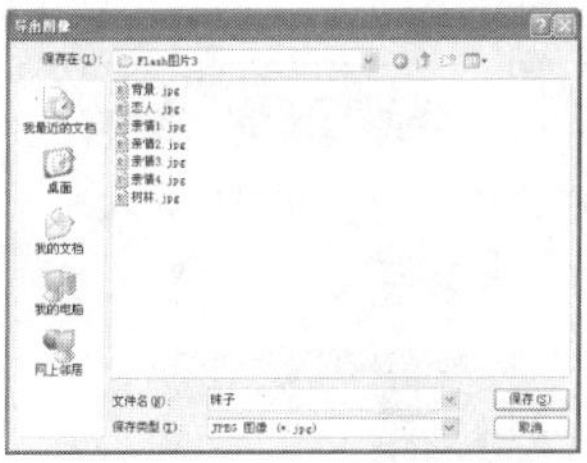

在其中选择文件的保存类型，并在“文件名”文本框中输入文件名称。

（3）如果在“保存类型”下拉列表框中选择“JPEG 图像（*.jpg）”选项，将弹出如下所示的“导出 JPEG”对话框。

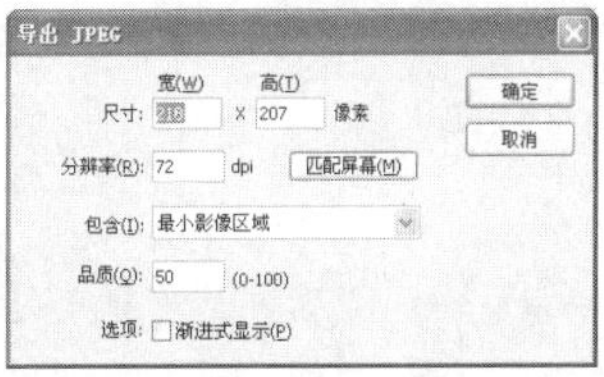

在其中可以设置图像的导出参数，最后单击“确定”按钮，即可完成图像的导出操作。被导出的图像可以作为独立的图片来使用。

操作技巧 **如何一次性导入多副素材图像**

如要将多副素材图像导入到库中，可按以下步骤进行操作。

（1）选择“文件”→“导入”→“导入到库”命令。

（2）在打开的“导入到库”对话框中，按住 Ctrl 键的同时选择要导入的多副素材图像，如下所示。

（3）单击 打开(O) 按钮，即可将所选的多副图像导入库中，如下所示。

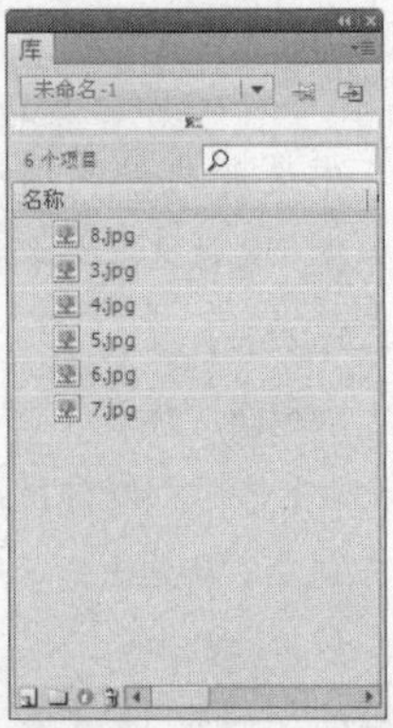

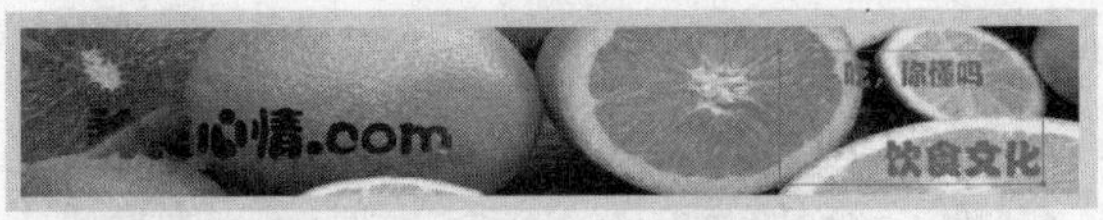

图 10-88　选中输入的文字

14 在其“属性”面板中展开“滤镜”栏，单击左下角的“添加滤镜”按钮，在弹出的菜单中选择“投影”命令（如图 10-89 所示），将“距离”设置为 10 像素，“颜色”设置为“白色”，如图 10-90 所示。

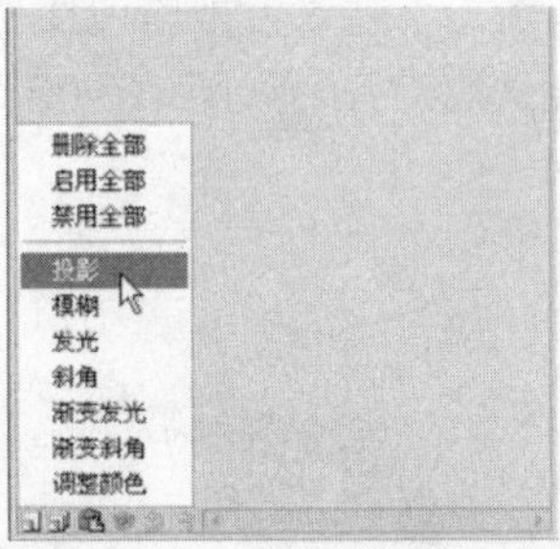

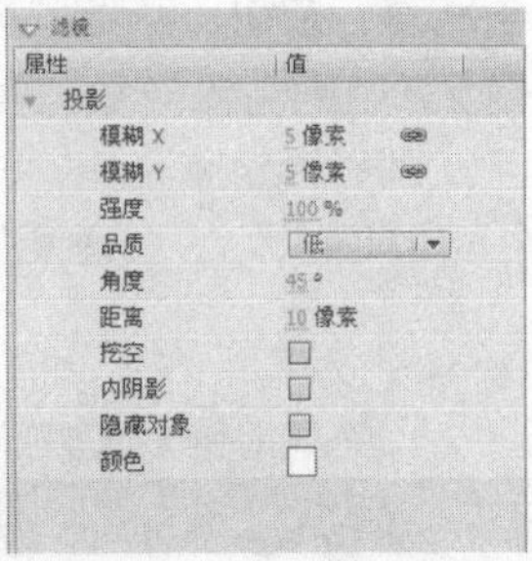

图 10-89　选择“投影”命令　　图 10-90　设置“投影”参数

15 此时的文字效果如图 10-91 所示。

图 10-91　得到的文字投影效果

16 在“添加滤镜”菜单中选择“发光”命令，将“颜色”设置为“深紫色”，选中“内发光”复选框，为文字添加内发光效果。此时的文字效果如图 10-92 所示。

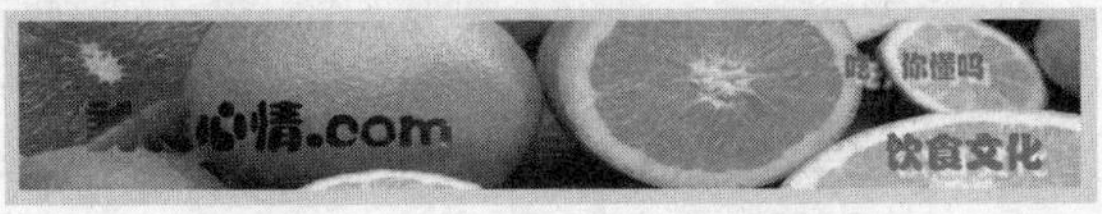

图 10-92　得到的文字效果

17 至此，美食心情网站首部内容制作完成。按 Ctrl+Enter 组合键测试动画，可根据需要设置“帧速率”的值，即可得到最终效果。

实例 10-5 美食心情网站（二）

在本实例中，首先使用 Fireworks CS5 制作特殊效果的图像素材；然后使用 Flash CS5 将这些图像制作成按钮特效，即当鼠标指针经过这些图像时图像将放大显示，单击图像时，可将其弹出显示，再次单击又可恢复为原来的状态，最后为每个图像添加鼠标经过音效，为整个动画添加动感。最终效果如图 10-93 所示。

图 10-93　实例最终效果

操作步骤

1 打开 Fireworks CS5，选择“文件”→“打开”命令，在弹出的“打开”对话框中选择一幅素材图像（光盘\素材与效果\myweb\image\10\21.jpg），单击“打开”按钮将其打开。在工具箱中选择椭圆工具，在图像中主体部位的外缘创建一条椭圆路径，如图 10-94 所示。

图 10-94　创建一条椭圆路径

2 选择“修改”→“将路径转换为选取框”命令，打开如图 10-95 所示的“将路径转换为选取框”对话框。

3 单击“确定”按钮，即可将路径转换为选区。选择“选择”→“反选”命令，反选选区，然后按 Delete 键，将选区中的内容删除，得到如图 10-96 所示的效果。

图 10-95　“将路径转换为选取框”对话框

图 10-96　将选区中的内容删除

4 选择“文件”→“图像预览”命令，打开“图像预览”对话框，在“格式”下拉列表框中选择 GIF 选项，在左下角的下拉列表框中选择“Alpha 透明度”选项，如图 10-97 所示。

实例 10-5 说明

知识点：

- 新建元件
- 线条工具
- Alpha 值
- 创建传统补间

视频教程：

光盘\教学\第 10 章　网页制作综合实战演练

效果文件：

光盘\素材与效果\myweb\image\10\10-3.swf

实例演示：

光盘\实例\第 10 章\美食心情网站（二）

相关知识　关于在 Flash 中使用声音

作为多媒体动画制作软件，Flash 提供了使用声音的多种方法。用户既可以使声音独立于时间轴连续播放，也可以使声音和动画保持同步。为按钮添加声音可以使按钮更好地响应，使声音淡入和淡出则可以创造更优美的音效。

相关知识　如何将声音导入到库中

制作好动画后，如果需要添加声音，则必须先将声音导入到库中。其方法与导入图像的方法类似，具体步骤如下。

（1）执行以下操作之一：

- 要将声音直接导入到当前电影的时间轴中，可先选择某帧，然后选择“文件”→“导入”→“导入到场景”命令。

- 要将声音导入到当前电影的库中，可选择“文件”→“导入到库中”命令。

（2）打开“打开”对话框，在“文件类型”下拉列表框中选择“所有文件”选项，在中间的列表框中选择要导入的文件，然后单击 打开(O) 按钮，如下所示。

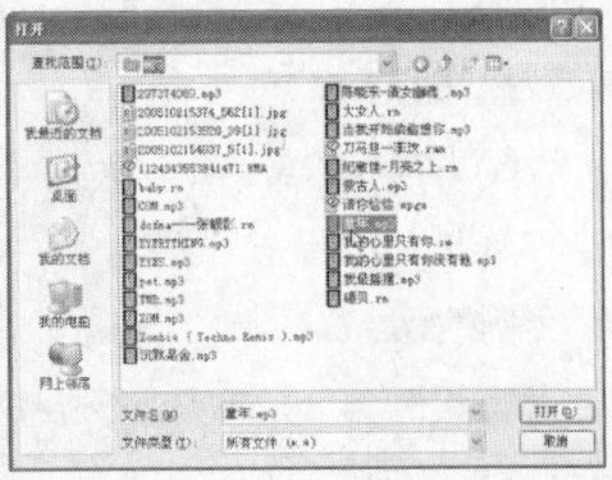

（3）按 F11 键，打开“库”面板。如果导入库中的声音文件的图标为，则说明导入成功（图标后面的文字就是音频文件名，最后的“.*”为导入文件的格式），如下所示。

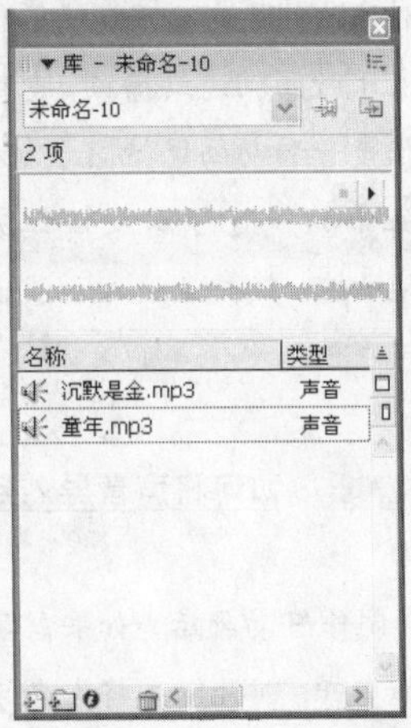

重点提示 导入声音注意事项

用户可以将声音直接导入到当前电影的时间轴中，也可以导入到“库”面板中。导入到时间轴中的声音也将添加到电影的库中。如要将声音添加到电影中，建议为其单独创建一个层，然后在层中分配声音。

图 10-97 “图像预览”对话框

5 完成设置后，单击“导出”按钮，打开“导出”对话框，在其中设置保存路径和名称，如图 10-98 所示。

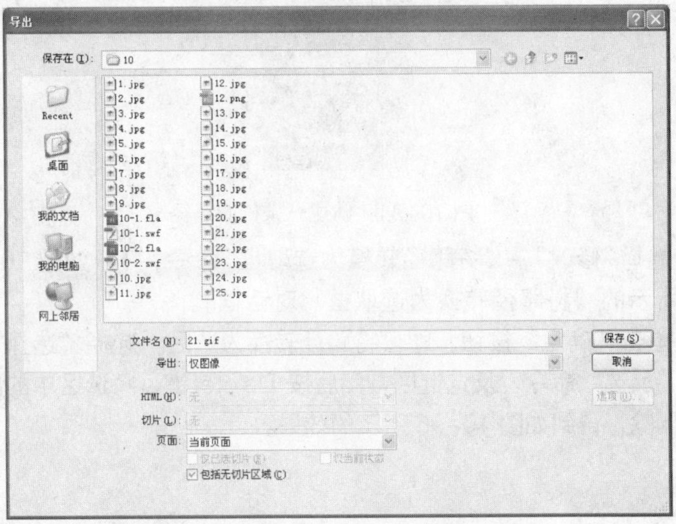

图 10-98 “导出”对话框

6 单击“保存”按钮，将图像效果保存。再依次打开 4 幅素材图像（光盘\素材与效果\myweb\image\10\22.jpg～25.jpg），分别将它们制作成此效果，以备后用。

7 选中制作出的图像，在其“属性”面板单击“滤镜”按钮，在弹出的菜单中选择“斜角和浮雕”→“内斜角”命令，打开相应设置面板，在其中按照图 10-99 所示进行设置。按 Enter 键，得到如图 10-100 所示的效果。以同样的方法，为其他 4 幅图像也添加此效果。

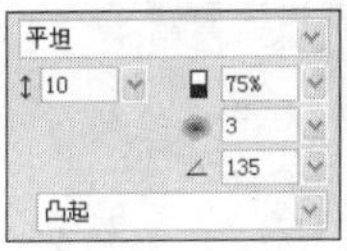

图 10-99　设置“内斜角”滤镜参数

图 10-100　得到内斜角效果

8 打开 Flash CS5，选择“文件”→“新建”命令，新建一个空白文档。选择“修改”→“文档”命令，在弹出的“文档设置”对话框中将“尺寸”设置为 900 像素 ×300 像素，“背景颜色”设置为“橙色”，如图 10-101 所示。

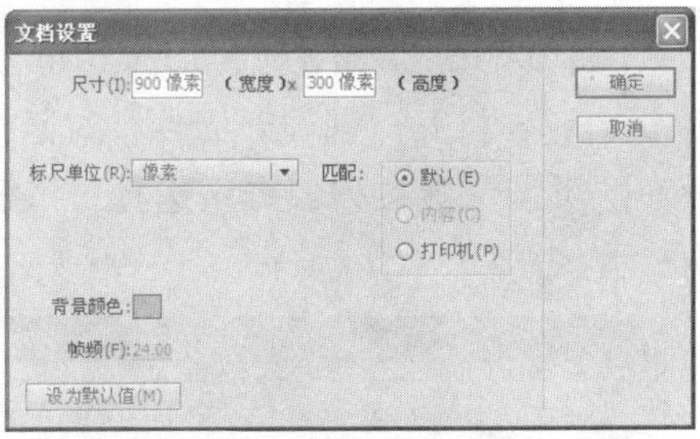

图 10-101　“文档设置”对话框

9 单击“确定”按钮，即可应用设置。选中“图层 1”的第 2 帧，按 F6 键插入一个关键帧。选择“文件”→“导入”→“导入到舞台”命令，将刚才制作的第一幅图像导入舞台中（光盘\素材与效果\myweb\image\10\21.gif）。然后使用同样的方法将其他 4 幅图像（光盘\素材与效果\myweb\image\10\22.gif～25.gif）也导入到舞台中。此时的舞台与“时间轴”面板如图 10-102 所示。

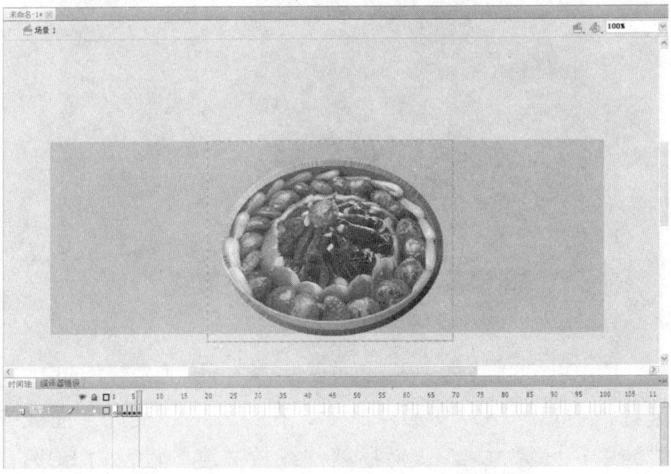

图 10-102　此时的舞台与“时间轴”面板

相关知识　可以被导入的声音文件格式有哪些

在 Flash，可以导入以下几种格式的声音文件。

- WAV：仅可用于 Windows。
- AIFF：仅可用于 Macintosh。
- MP3：Windows 和 Macintosh 均可。

相关知识　如何理解在按钮中添加声音

这种添加方式比较常用，也很容易理解。例如当我们欣赏一个 Flash 动画时，打开后首先要单击一个播放按钮，动画才可以开始播放。如果为此按钮添加声音，则会为作品增加更多的趣味性。通常这种添加方式是在被添加的按钮发生某些事件时执行相应的程序或者动作，如鼠标滑过按钮、按钮被按下或者放开等。这样，整个作品的互动性就会明显增强，这样就可完成交互式界面的制作。另外，如果多个按钮同时作为实例出现在动画中，并且都添加了动作脚本程序时，每个实例都会有自己独立的动作，相互不会有影响。

操作技巧　如何为按钮添加声音

为按钮添加声音的操作步骤如下。

（1）打开一个按钮元件，然后按 F11 键打开“库”面板，在其中双击此按钮元件，即可进入编辑模式。

（2）单击“时间轴”面板左下角的“新建图层”按钮，新建一个图层，作为添加声音的层，如下所示。

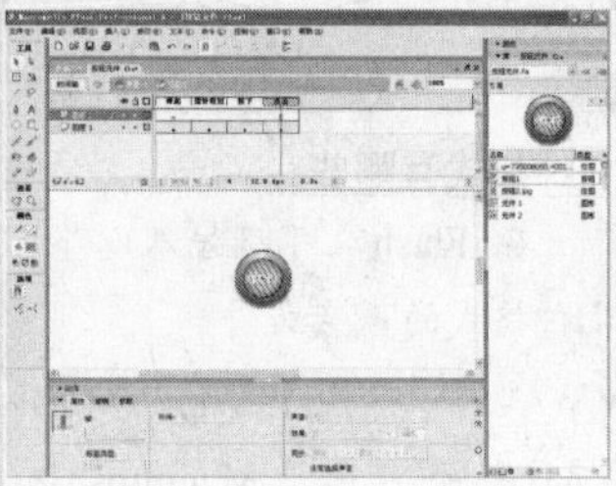

（3）在新建的“图层 2”的“鼠标经过”帧上按下 F7 键，插入一个空白关键帧。选中此帧，在“库”面板中将导入到库中的声音文件拖到舞台中。此时在按钮元件的时间轴上可以看到，“图层 2”中的“指针经过”、“按下”以及“点击”帧上均出现了声音的波形，如下所示。

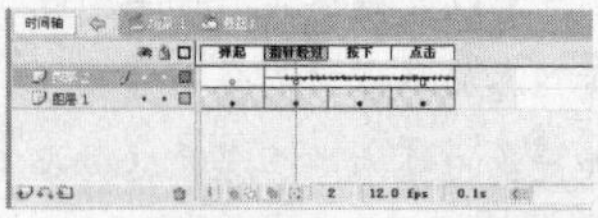

（4）在“图层 2”的“按下”帧上按下 F7 键，插入一个空白关键帧。此时仅在“指针经过”帧上有声音文件，如下所示。

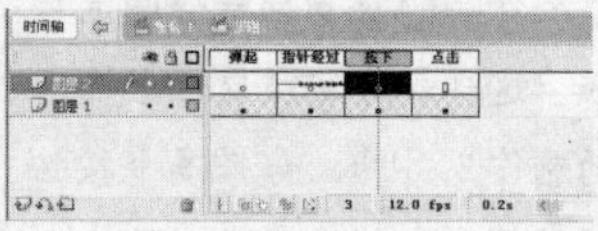

（5）选中“按下”帧，重复步骤 3 的操作，在此帧上添加新的声音文件，如下所示。

（6）重复步骤 4 的操作，在“点击”帧上按下 F7 键，插入一个空白关键帧，如下所示。

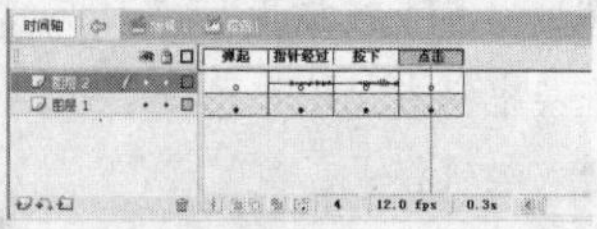

（7）此时即可得到在“指针经过”和“按下”帧上添加了声音的按钮效果了。

10 选中第 2 帧中的图像，在“属性”面板中将其尺寸调整为 260×220；然后依次调整第 3、4、5、6 帧的图像，将它们都调整为此大小，如图 10-103 所示。

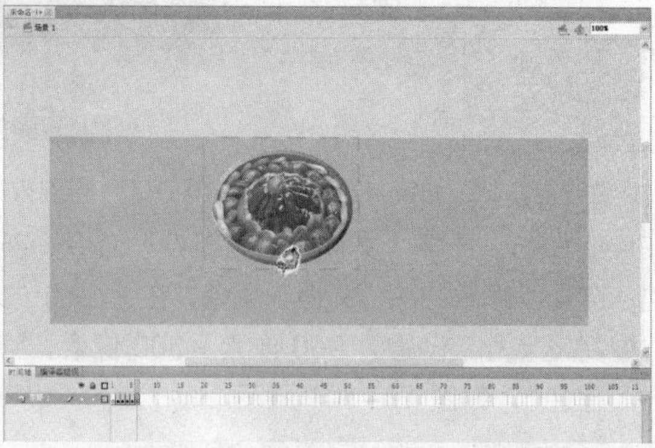

图 10-103　调整各帧中图片的大小

11 按 Ctrl+F8 组合键，打开“创建新元件”对话框，保持默认名称，然后在“类型”下拉列表框中选择“按钮”选项，如图 10-104 所示。

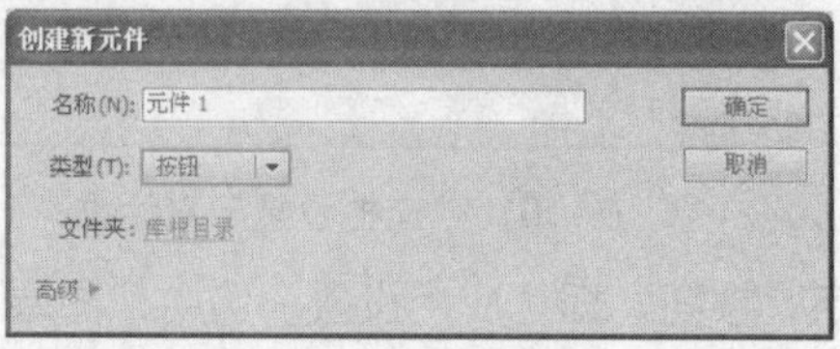

图 10-104　“创建新元件”对话框

12 单击“确定”按钮，进入按钮元件的编辑模式。选中“弹起”帧，按 F11 键，打开“库”面板，将其中第一幅导入的图像“21.gif”拖到舞台的中心，如图 10-105 所示。

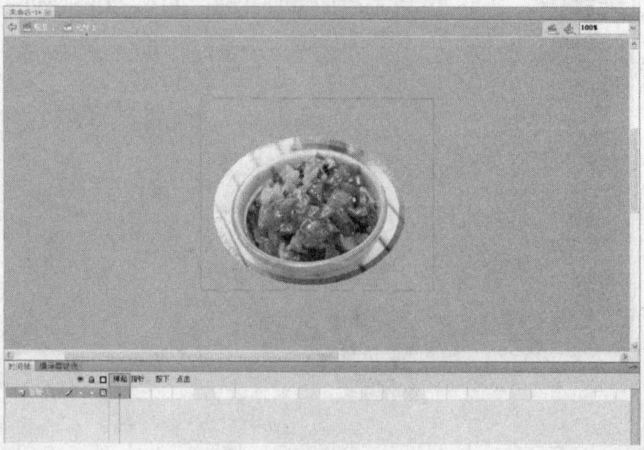

图 10-105　将第一幅导入的图像“21.gif”拖到舞台的中心

13 选择“窗口”→“变形”命令，在打开的“变形”面板中将“约束”设置为 ，然后将“缩放宽度”设置为 50%，如图 10-106 所示。

14 分别在“指针经过”、“按下”以及“点击”帧处按 F6 键，插入关键帧。选中“指针经过”帧中的图像，在“变形”面板中将其缩放宽度设置为 60%，即放大一定尺寸。使用相同的方法创建按钮元件 2、3、4、5，其对应的图像为 22.gif、23.gif、24.gif、25.gif。创建完成后，“库”面板如图 10-107 所示。

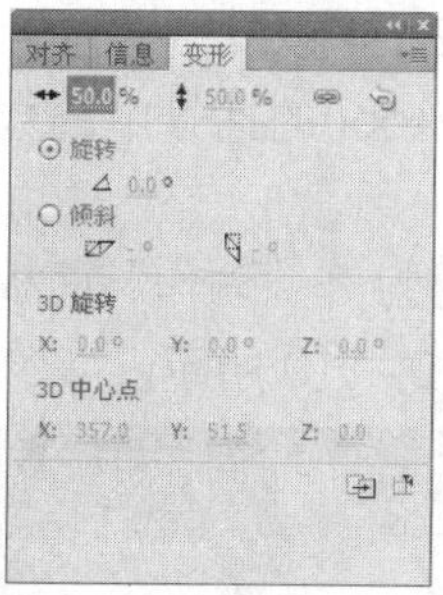

图 10-106　“变形”面板

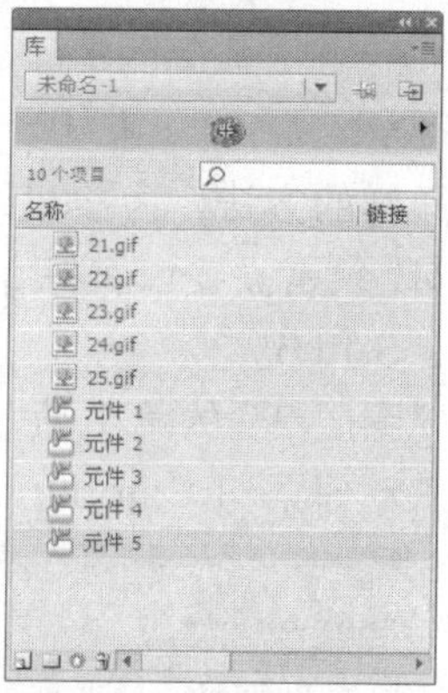

图 10-107　“库”面板

15 单击 场景 1 按钮，回到“场景 1”窗口中。单击“时间轴”面板中的“新建图层”按钮，新建一个“图层 2”，并将其放置到“图层 1”的下方。

16 选中“图层 2”的第 1 帧，将“库”面板中的按钮元件 1、2、3、4、5 依次拖到舞台中合适的位置，如图 10-108 所示。

图 10-108　将按钮元件依次拖到舞台中合适的位置

17 选中舞台中的按钮元件 1，按 F9 键，打开“动作”面板，在编辑区中输入以下动作语句，如图 10-109 所示。在 gotoAndStop()的括号中输入“2”，表示单击鼠标后跳转到第 2 帧并停止播放。

重点提示　**为影片添加声音包括哪些操作**

在 Flash 中，只能将声音元件添加到关键帧或空白关键帧中。为影片添加声音包括为声音创建单独的层、分配声音，以及在帧“属性”面板的“声音”栏中设置声音效果等操作。

操作技巧　**为影片添加声音**

为影片添加声音的操作步骤如下。

（1）单击“时间轴”面板左下角的“新建图层”按钮，为声音文件单独创建一个新图层，并将其重命名为“声音”，如下所示。

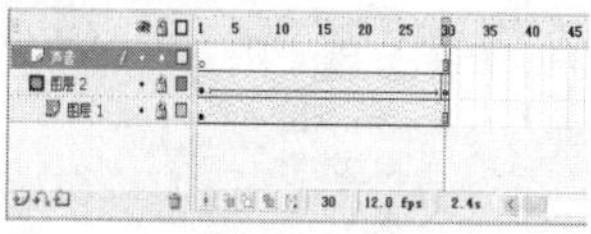

（2）选择“文件”→“导入”→“导入到库”命令，在打开的“导入”对话框中选择一个 MP3 格式的声音文件，单击“打开”按钮，即可将其导入到“库”面板中。

（3）如果需要动画开始时就播放声音，可选中“声音”图层的第 1 帧，然后按 F11 键，在打开的“库”面板中将导入的声音文件拖到当前的舞台中，声音文件就会自动地添加到此图层上，如下所示。

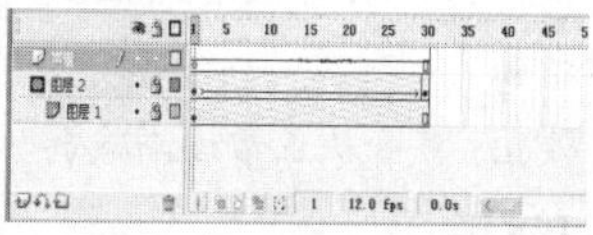

操作技巧　如何设置声音效果

设置声音效果是在选定帧的“属性”面板中进行的。在“声音”图层中选中一帧，即可打开其“属性”面板，如下所示。

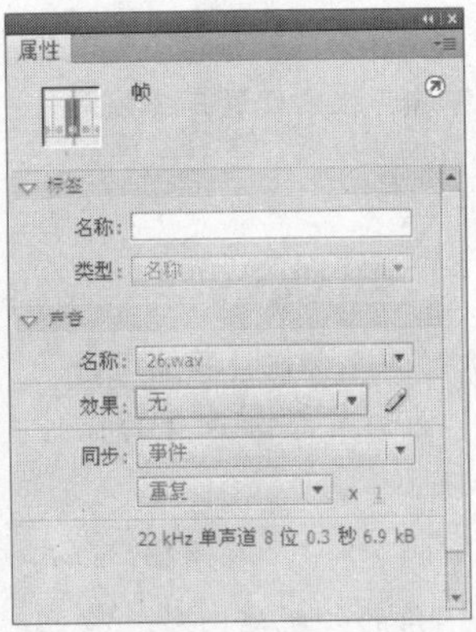

在“效果”下拉列表框中可以选择声音效果，如下所示。

其中各项含义介绍如下。

- 无：没有效果。
- 左声道：只有左声道有声音。
- 右声道：只有右声道有声音。
- 向右淡出：开始时只有左声道有声音，随后左声道的声音逐渐减弱，直至消失；同时右声道的声音逐渐增强，最后只有右声道有声音。
- 向左淡出：与向右淡出效果相反。
- 淡入：声音由没有到逐渐增强。
- 淡出：声音从正常逐渐减弱到无声。

```
on (release) {
 gotoAndStop(2);

}
```

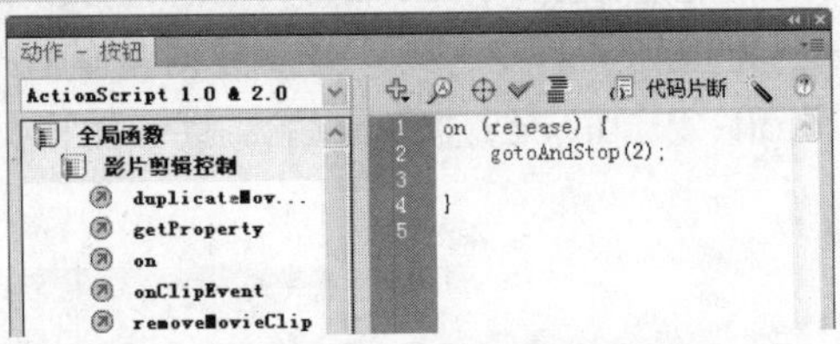

图 10–109 “动作”面板

18 使用同样的方法，为按钮元件 2、3、4 以及 5 添加一样的动作语句，只是需要依次将 gotoAndStop()的括号中的数字改为 3、4、5 和 6。

19 选中“图层 2”的第 1 帧，按 F9 键打开“动作”面板，在其中输入动作语句“stop();”，如图 10–110 所示。

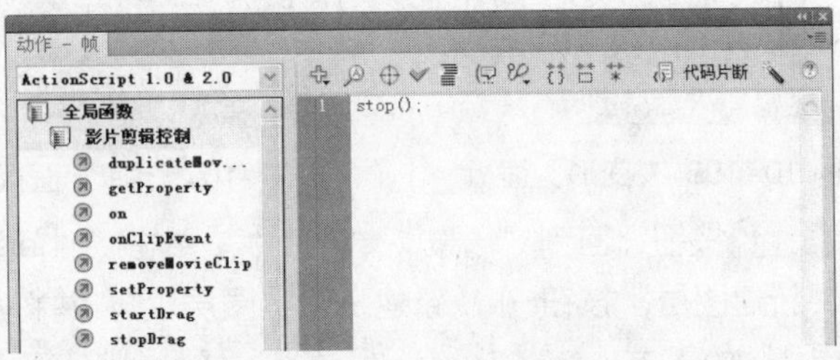

图 10–110 “动作”面板

20 此时按 Ctrl+Enter 组合键，在出现的测试窗口中单击任意一副图像，均可以将其弹出显示，但却无法恢复为原来的状态。这时就需要为每张放大后的图像添加一个按钮才行。

21 关闭测试窗口，选中“图层 1”第 2 帧中的图像，按 F8 键，在弹出的“转换为元件”对话框中将“名称”设置为 w1，在“类型”下拉列表框中选择“按钮”选项，如图 10–111 所示。

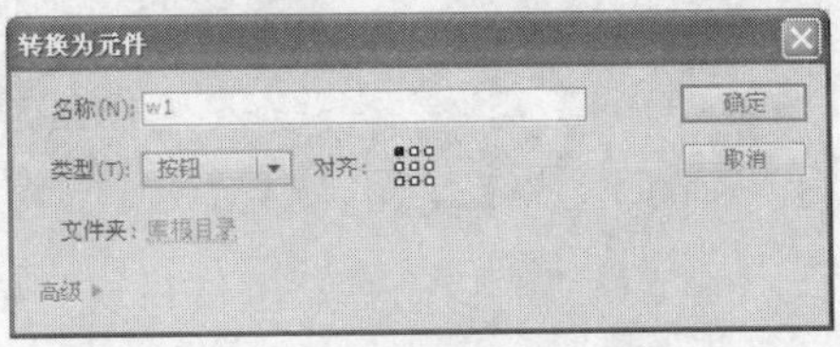

图 10–111 “转换为元件”对话框

22 单击“确定”按钮，即可将其转换为按钮元件。使用相同的方法将第 3、4、5、6、7 帧中的图像均转换为按钮元件，并分别命名为 w2、w3、w4 和 w5。

23 选中“图层 1”第 2 帧中的按钮元件，按 F9 键打开“动作”面板，在其中输入以下动作语句，如图 10–112 所示。在 gotoAndStop()的括号中输入“1”，表示单击鼠标后动画跳转到第 1 帧并停止。

```
on (release) {
    gotoAndStop(1);

}
```

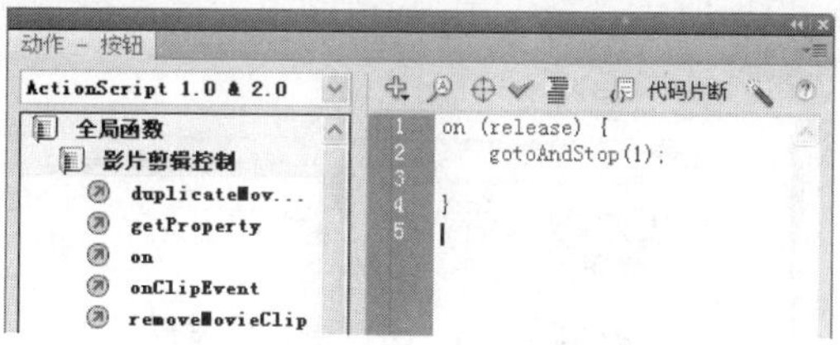

图 10-112　“动作”面板

24 依次选中“图层 1”的第 3、4、5、6 帧中的按钮元件，在其“动作”面板中复制为第 2 帧中的按钮元件添加的动作语句，然后粘贴到它们的编辑区中即可。

25 新建“图层 3”，然后选中第 1 帧，使用文本工具T在此帧中输入文字，如图 10-113 所示。

图 10-113　输入文字

26 下面为按钮元件 1、2、3、4 以及 5 添加音效。在“库”面板中双击“元件 1”，进入此元件的编辑模式。选择“文件”→“导入”→“导入到库”命令，打开“导入到库”对话框，在其中选择一个音效文件（光盘\素材与效果\myweb\image\10\26.wav），如图 10-114 所示。

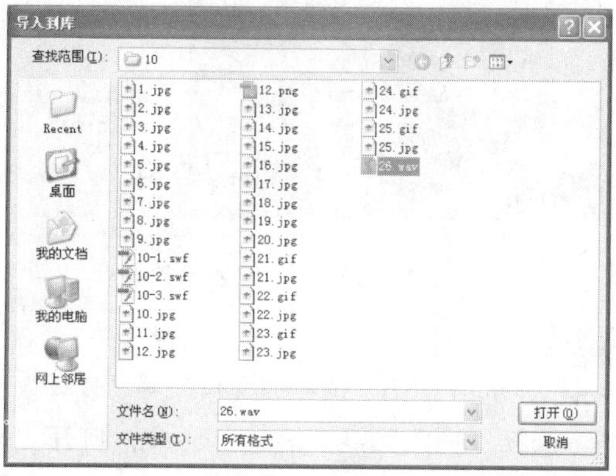

图 10-114　“导入到库”对话框

- 自定义：选择此项后，将弹出“编辑封套”对话框。

操作技巧　测试 Flash 时怎样使它不进行循环

可通过以下两种方法来解决。

- 方法一：选中动画的最后一帧，打开“动作”面板，然后在动作脚本框中输入“stop()”即可。
- 方法二：按 Ctrl+Enter 组合键播放动画，然后在“.swf”格式下，选择“控制”菜单下已经勾选了的“循环”命令，如下所示。

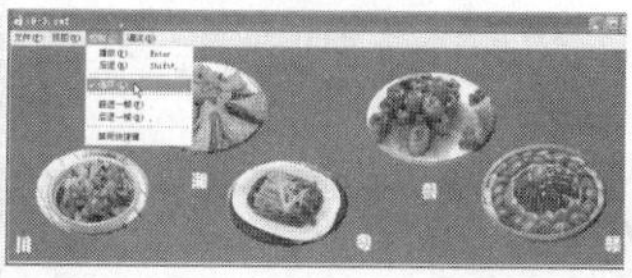

操作技巧　如何在 Flash 中控制音量

可使用以下两种方法在 Flash 中控制音量。

- 方法一：选定帧，在其“属性”面板的“声音”栏下打开“效果”下拉列表框，从中选择“淡入”或“淡出”效果，如下所示。

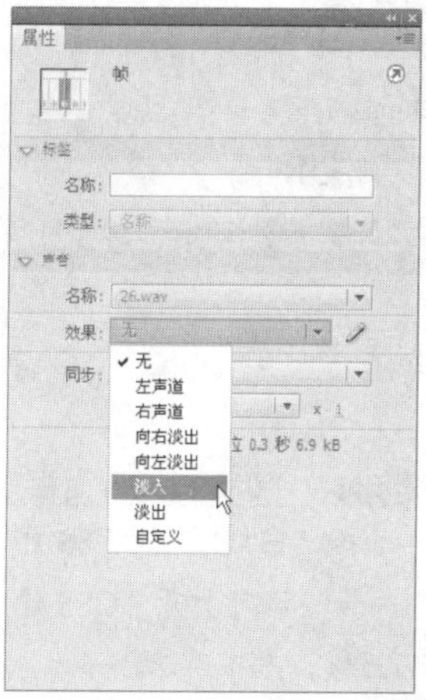

27 单击“确定”按钮，即可将此音效文件导入到库中。在时间轴上选中“指针经过”帧，按 F7 键，插入一个空白关键帧。选中空白关键帧，在“库”面板中将导入到库中的声音文件拖到舞台中。此时，可以看到，此帧上出现了声音的波形，如图 10–115 所示。按 Ctrl+Enter 组合键进行测试，当鼠标经过此图像时发出音效。

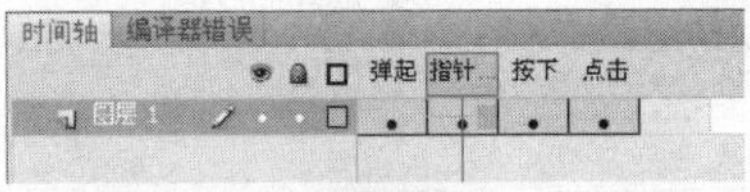

图 10–115　出现声音的波形

28 依次将元件 2、3、4 以及 5 进行同样的设置，为它们添加指针经过时的音效。至此，动画制作完毕。按 Ctrl+Enter 组合键，在弹出的测试窗口中，当鼠标经过图像时图像将放大一点显示；单击任意一张图片，可以将其弹出显示；再次单击，则可回到原来的状态。

实例 10-6 美食心情网站（三）

本实例将使用 Dreamweaver CS5 将上面制作的网页动画内容应用到网页中，其中还包括网页移动文字、网页公告等效果的制作以及应用 Fireworks CS5 制作网页特效字等操作，最后得到个性十足、丰富多彩的网页效果，如图 10–116 所示。

图 10–116　实例最终效果

操作步骤

1 打开 Dreamweaver CS5，选择“文件”→“新建”命令，新建一个文档。选择“插入”→“表格”命令，打开“表格”对话框，在其中将“行数”设置为 6，“列”设置为 2，“表格宽度”设置为 900 像素，其他选项保持默认设置，如图 10–117 所示。

- 方法二：在“效果”下拉列表框中选择“自定义”选项，打开“编辑封套”对话框，在其中可以通过拖动调节方块的控制柄来调节声音，如下所示。

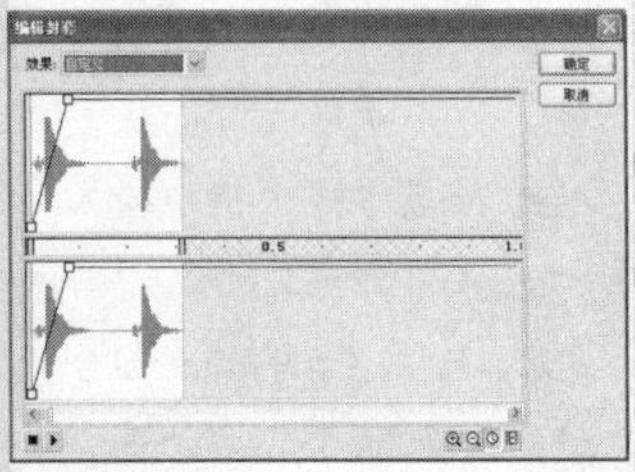

实例 10-6 说明

- 知识点：
  - 插入表格
  - 嵌套表格
  - HTML 语言的应用
  - CSS 样式的应用
- 视频教程：
  光盘\教学\第 10 章　网页制作综合实战演练
- 效果文件：
  光盘\素材与效果\myweb\html\10\10-2.html
- 实例演示：
  光盘\实例\第 10 章\美食心情网站（三）

相关知识　“CSS 样式”面板

选择“窗口”→“CSS 样式”命令，即可打开“CSS 样式”面板，如下所示。

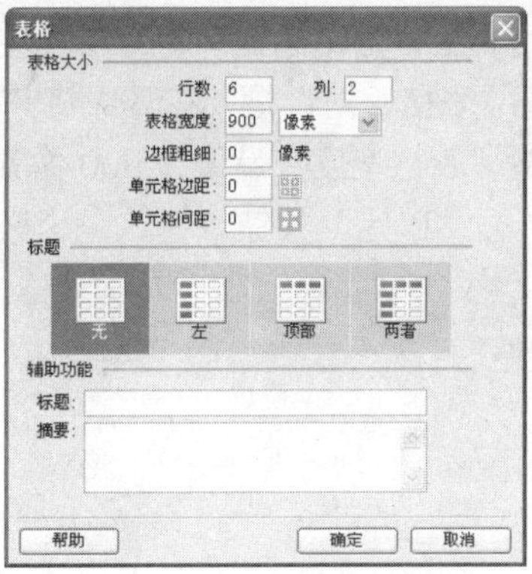

图 10-117 “表格”对话框

2 单击“确定”按钮，插入一个表格，并将其居中对齐，效果如图 10-118 所示。

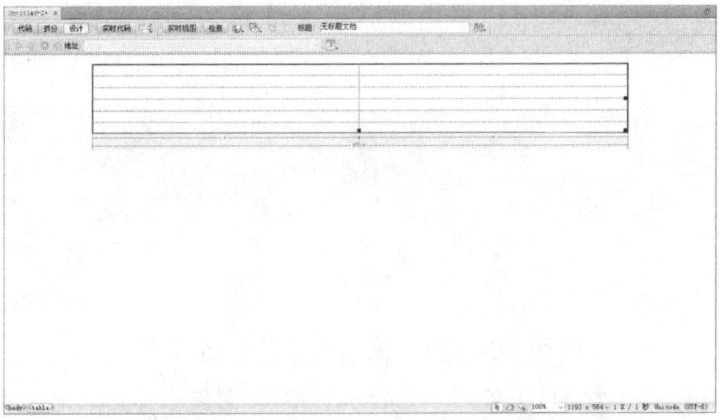

图 10-118 插入一个表格并居中对齐

3 选中表格第 1 行，在其上单击鼠标右键，在弹出的快捷菜单中选择“表格”→“合并单元格”命令，合并此行。将光标置于此行中，选择“插入”→“媒体”→“SWF”命令，打开“选择 SWF”对话框，在其中选择上面制作的动画文件（光盘\素材与效果\myweb\image\10\10-2.swf），单击“确定”按钮，将其插入此行中。选中此动画文件，单击“属性”面板中的“播放”按钮，效果如图 10-119 所示。

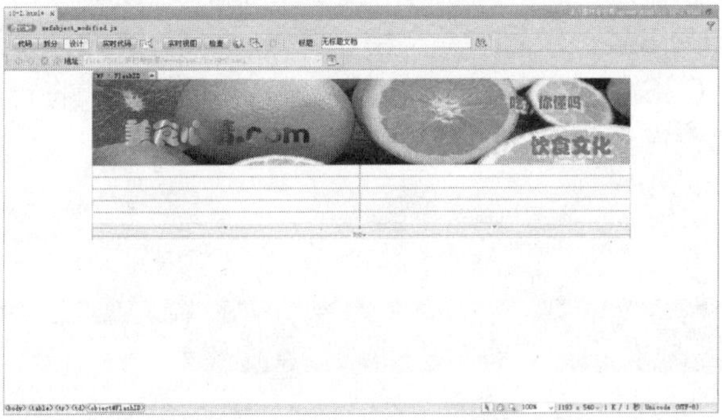

图 10-119 插入动画文件后的效果

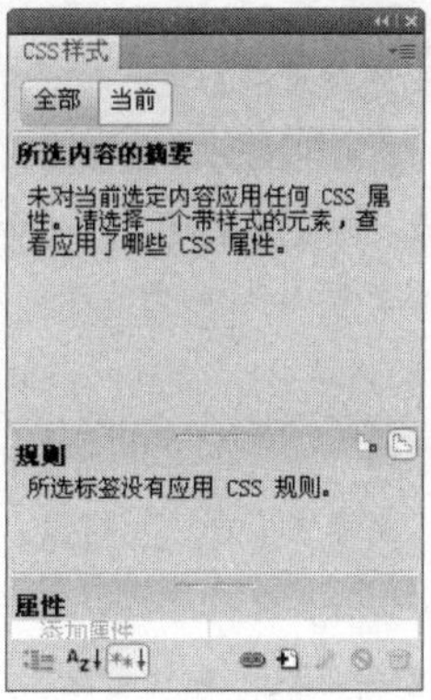

在“CSS 样式”面板中显示了当前页面元素的 CSS 属性和规则（“当前”模式），或影响整个文档的规则和属性（“全部”模式）。利用该面板上方的“全部”和“当前”按钮，可以在这两种模式之间进行切换。

相关知识 移动面板位置

用户可以根据需要随意移动面板的位置。操作方法如下。

- 如果要移动单个面板，拖动其标签即可。
- 如果要移动面板组，拖动其标题栏即可。
- 如果要将面板移到组中，可将面板标签拖到该组突出显示的放置区域中。
- 如果要重新排列组中的面板，可将面板标签拖移到组中新的位置。
- 如果要从组中移除面板使其自由浮动，可将此面板的标签拖移至面板组外部。

相关知识 显示/隐藏面板

在 Dreamweaver CS5 中，可以将一个或多个面板显示或隐藏起来，相当于开启或关闭面板。操作方法如下。

4 合并表格第 2 行，然后将光标置于此行中，选择“插入”→“表格”命令，打开“表格”对话框，在其中将“行数”设置为 1，“列”设置为 6，“表格宽度”设置为 900 像素，其选项保持默认设置，然后单击“确定”按钮，插入一个嵌套表格，效果如图 10-120 所示。

图 10-120　插入一个嵌套表格

5 在各列中输入文字，然后将文字全选，在其“属性”面板中将大小设置为 18。此时弹出“新建 CSS 规则”对话框，在其中将选择器名称设置为 gf，单击“确定”按钮。在“属性”面板中设置文字对齐方式为“居中对齐”，得到如图 10-121 所示的效果。

图 10-121　输入文字并设置样式

6 选中此行，在其“属性”面板中将文字颜色设置为“白色”，背景颜色设置为“#663300”，然后将此行的行高设置为 30，得到如图 10-122 所示的效果。

图 10-122　设置背景颜色后的效果

7 将光标置于表格第 3 行第 1 列中，将其背景颜色设置为“#515E84”；然后输入文字“美食厨房”，再将文字选中，将其 CSS 样式设置为 sf，并设置合适的属性，将行高设置为 60，得到如图 10-123 所示的效果。

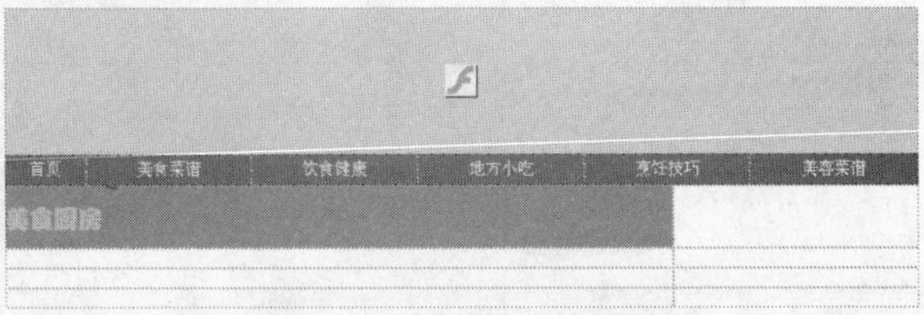

图 10-123　得到的效果

- 显示/隐藏单个面板：在“窗口”菜单下选择相应的面板名称，即可显示此面板；重复此操作，则可隐藏此面板。
- 显示/隐藏所有面板：选择“窗口”→“显示面板”命令，或按 F4 键，即可显示所有面板；选择“窗口”→“隐藏面板”命令，或按 F4 键，则可隐藏所有面板。

隐藏面板后的界面如下所示。

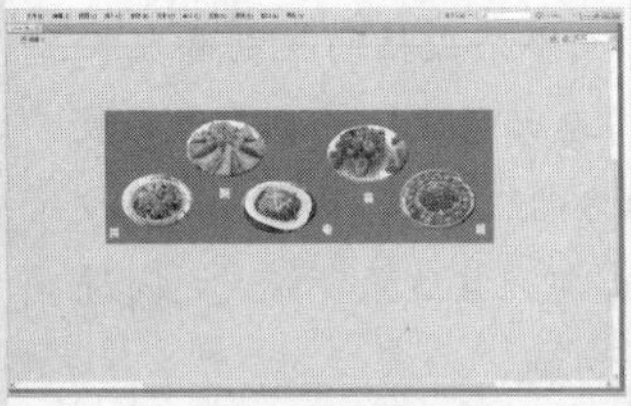

相关知识　站点的管理

利用 Dreamweaver CS5 中的“资源”面板，可以统一地管理整个站点中的所有资源，避免大量反复而没有目标的搜索，成倍地提高了效率。

选择“窗口”→“资源”命令，打开如下所示的“资源”面板。

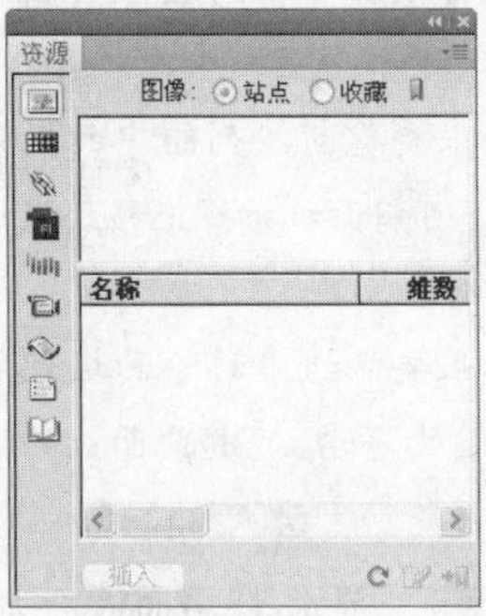

通过该面板，可以将站点中的所有图片、颜色、Flash 文件、影片、脚本语言、模板及库等资源一览无余。

8 单击文档窗口左上方的 代码 按钮，切换到代码视图。在输入的文字前添加如下代码：

```
<marquee style="color: #F90" scrollamount="2">
```

在输入的文字后添加如下代码：

```
</marquee>
```

9 按 F12 键，预览页面，可以看到文字从右向左缓缓移动，如图 10–124 所示。

图 10–124　文字从右向左缓缓移动

10 将光标置于第 4 行第 1 列中，单击鼠标右键，在弹出的快捷菜单中选择“表格”→“拆分单元格”命令，打开“拆分单元格”对话框，在“把单元格拆分”选项组中选中“行”单选按钮，将“行数”设置为 3，如图 10–125 所示。

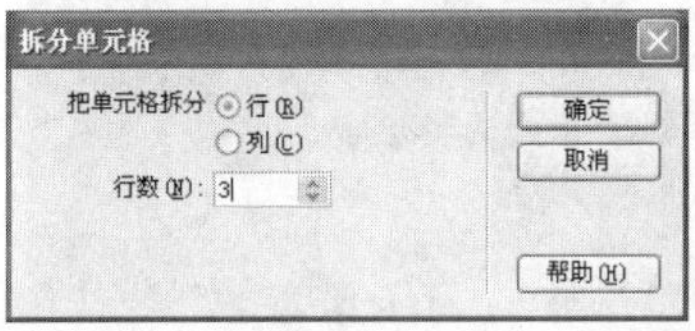

图 10–125　“拆分单元格”对话框

11 单击“确定”按钮，将此行拆分为 3 行。将光标分别置于拆分出的各行中，将其再分别拆分为 4 列。将光标分别置于拆分后的第 1 列和第 3 列单元格中，分别在其中插入一幅图像（光盘\素材与效果\myweb\image\10\27.jpg～32.jpg），得到如图 10–126 所示的效果。

图 10–126　插入图像

12 分别选中各列中的图像，在“属性”面板中将对齐方式设置为“左对齐”，然后将各行的行高均设置为 130。将拆分后的表格背景颜色设置为“#333333”，然后在第 1 行第 2 列中输入文字，并将 CSS 样式设置为 fz，得到如图 10–127 所示的效果。

- 左侧的按钮用于查看相关资源。选中对象后，可以将其直接插入所编辑网页的当前位置，或应用于当前文本。
- 右下角的 3 个按钮用于进行刷新、编辑或将其加入收藏夹中等操作。

相关知识　**站点的编辑**

如果对创建的站点不满意，可以随时进行编辑，如修改站点名称、更改站点位置等。编辑站点的具体操作步骤如下。

（1）选择“站点”→“管理站点”命令，打开如下所示的“管理站点”对话框。

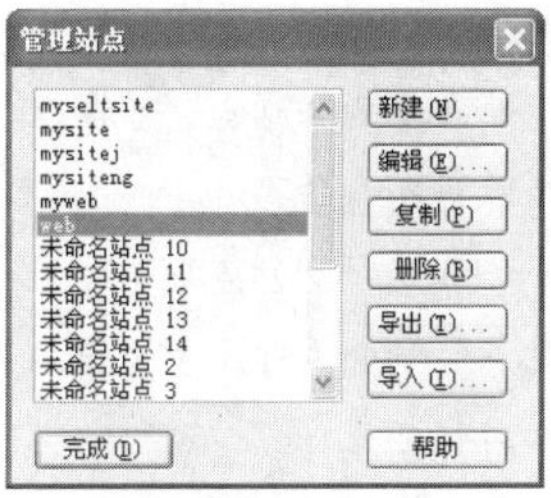

（2）在此对话框中选择要编辑的站点，然后单击“编辑”按钮，打开如下所示的“编辑站点”对话框。

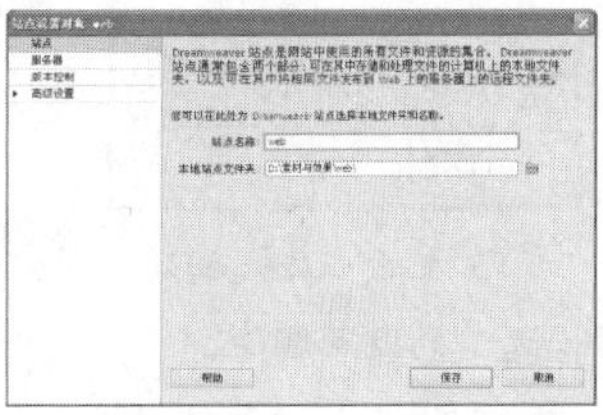

（3）接下来，就可以通过该对话框编辑站点。完成设置后，单击“保存”按钮即可。

相关知识　**如何复制站点**

在 Dreamweaver CS5 中，如果同一个站点需要两个或更多，无须重新创建站点，进行复制操作即可。具体操作步骤如下。

图 10-127　得到的效果

13 分别在第 2 列和第 4 列各个单元格中输入同样样式的文字，然后分别将各列文字全选，在“属性”面板中将对齐方式设置为“左对齐”，得到如图 10-128 所示的效果。

图 10-128　在第 2 列和第 4 列各个单元格中输入同样样式的文字

14 将光标置于整体表格的第 3 行第 2 列中，插入一幅图像（光盘\素材与效果\myweb\image\10\33.jpg）；然后在其右侧输入文字“美食资讯”，将文字应用“.sf”样式；将它们全选，在“属性”面板中将其对齐方式设置为“左对齐”，得到如图 10-129 所示的效果。

图 10-129　插入图像并输入文字

15 将光标置于整体表格的第 4 行第 2 列中，在“属性”面板的“目标规则”下拉列表框中选择“新 CSS 规则”选项，然后单击其下方的 编辑规则 按钮，打开“新建 CSS 规则”对话框。

16 在“选择器类型”下拉列表框中选择“类（可应用于任何 HTML 元素）”，在“选择器名称”下拉列表框中输入“bj”，在“规则定义”下拉列表框中选择“（仅限该文档）”项，如图 10-130 所示。

（1）选择“站点”→“管理站点”命令，打开“管理站点”对话框。

（2）选中需要复制的站点，单击“复制”按钮，即可复制一个站点，并在原名称的后面显示“复制”字样，如下所示。

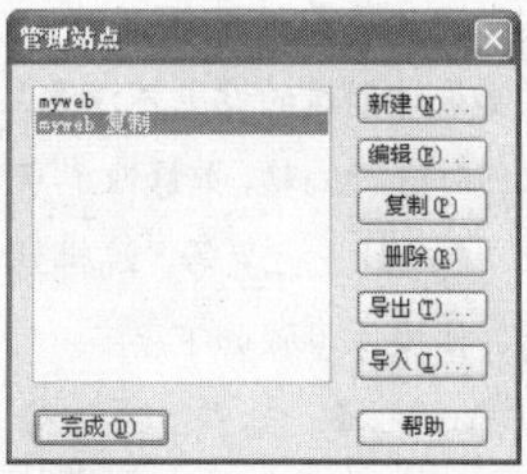

（3）单击“完成”按钮。

相关知识 如何删除站点

如果要删除站点，可按以下步骤进行操作。

（1）选择“站点”→“管理站点”命令，打开“管理站点”对话框。

（2）选择要删除的站点，单击“删除”按钮，弹出如下所示的提示对话框。

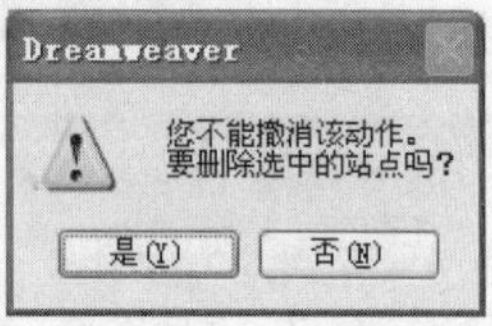

（3）单击“是”按钮，即可将选定的站点删除。

（4）返回至“管理站点”对话框，单击“完成”按钮，关闭“管理站点”对话框即可。

相关知识 创建站点文件和文件夹

完成本地站点的创建后，用户可以根据需要创建文件和文件夹，以方便管理和查找。具体操作步骤如下：

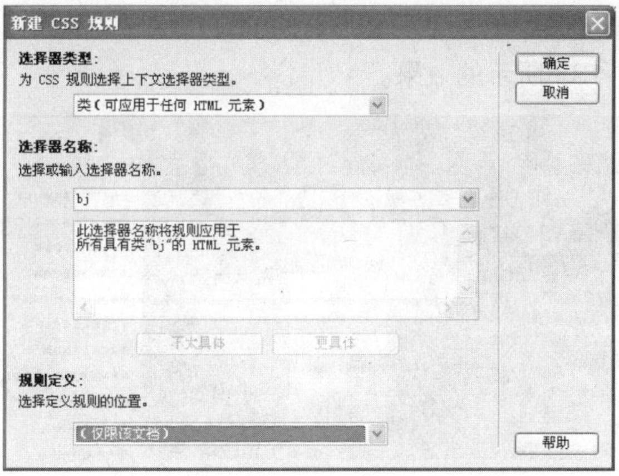

图 10-130　“新建 CSS 规则”对话框

17 单击“确定”按钮，打开“bj 的 CSS 规则定义”对话框，在“分类”列表框中选择“背景”选项，如图 10-131 所示。

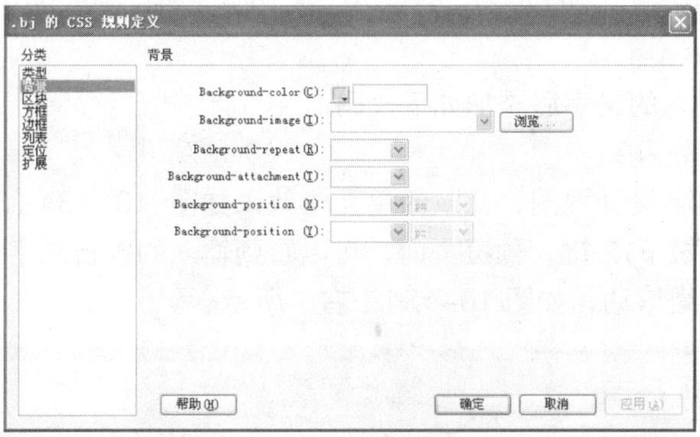

图 10-131　选择“背景”选项

18 单击 Background-image（背景图像）右侧的“浏览”按钮，在打开的“选择图像源文件”对话框中选择一副图像（光盘\素材与效果\myweb\image\10\34.jpg）作为单元格的背景图像，单击“确定”按钮，即可在整体表格第 4 行第 2 列中添加此背景图像，效果如图 10-132 所示。

图 10-132　添加背景图像后的效果

（1）选择“窗口”→“文件”命令，打开“文件”面板。

（2）在站点根目录上单击鼠标右键，在弹出的快捷菜单中选择“新建文件”命令，即可新建一个名为 untitled 的文件。若选择“新建文件夹”命令，即可新建一个名为 untitled 的文件夹，如下所示。

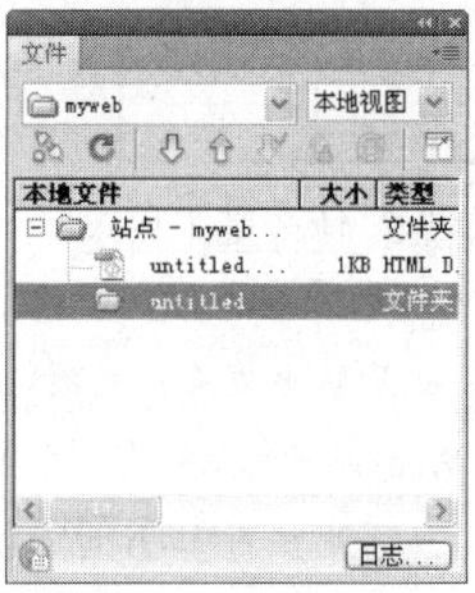

相关知识　**编辑站点文件**

编辑站点文件包括重命名文件或文件夹、删除文件或文件夹等操作。

1. 重命名文件或文件夹

在需要重命名的文件或文件夹上单击鼠标右键，在弹出的快捷菜单中选择“编辑”→“重命名”命令，如下所示。

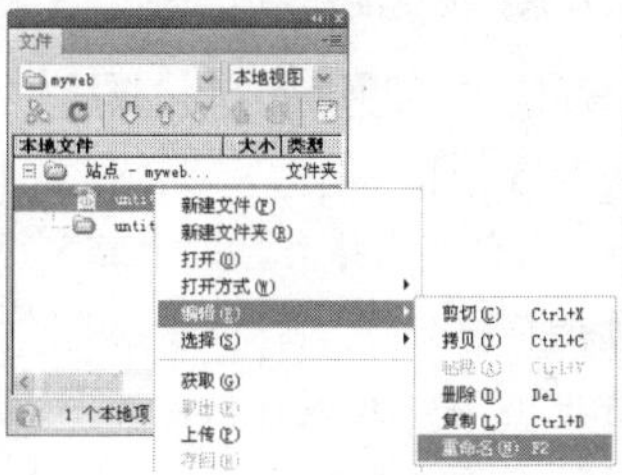

然后输入新的名称，按 Enter 键即可，如下所示。

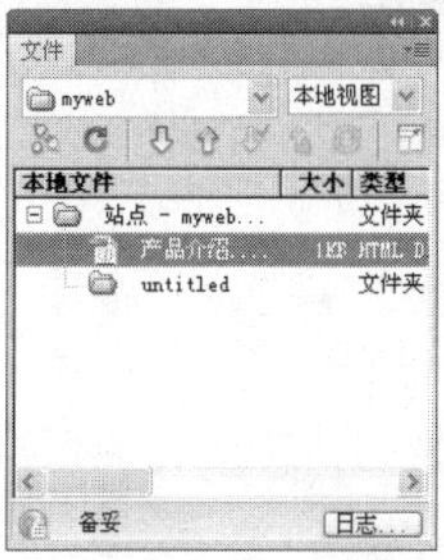

19 在此单元格中输入多行文字，将文字样式设置为 ft，得到如图 10-133 所示的效果。

图 10-133　输入多行文字

20 单击文档窗口左上方的 代码 按钮，切换到代码视图。在输入的文字前添加如下代码：

```
<marquee scrollAmount=2 scrollDelay=200 width=200 direction=up height=300>
```

在输入的文字后添加如下代码：

```
</marquee>
```

21 切换到设计视图，此时的单元格效果如图 10-134（左）所示。按 F12 键，预览页面，可以看到输入的多行文字从下向上缓缓滚动，如图 10-134（右）所示。

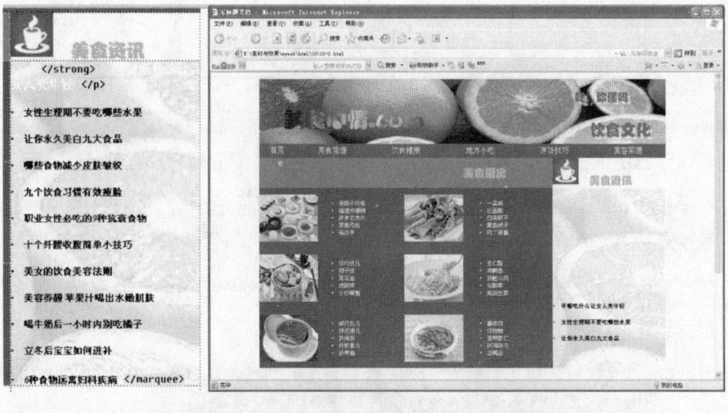

图 10-134　文档效果以及预览效果

22 在整体表格的第 5 行第 1 列中进行与第 3 行第 1 列同样的设置，即设置同样的背景颜色以及输入同样 CSS 样式的文字，这里输入的文字为“享受美食 享受心情 中国五大菜系”，效果如图 10-135 所示。

图 10-135　设置背景颜色并输入文字

2. 删除文件或文件夹

在需要删除的文件或文件夹上单击鼠标右键，在弹出的快捷菜单中选择“编辑”→“删除”命令，弹出如下所示的提示对话框，单击“是”按钮，即可将选中文件或文件夹删除。

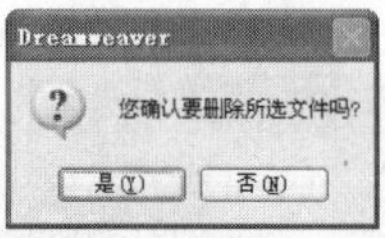

相关知识　什么是主目录

主目录是站点访问者的起始点，也是 Web 发布树的顶端。每个 Web 站点都必须有一个主目录。如果用户为 Web 站点创建了新的 HTML 文件，可能需要使用安装期间创建的默认主目录——C:\Inetpub\wwwroot。将 HTML 文件放到主目录中，或者放到此目录的子目录中，主目录以及子目录中的文件将自动用于站点访问者。如果所有需要发布的文件都保存在特定目录中，则可以将此目录作为默认主目录，不需要移动文件。

操作技巧　如何制作无边框线的表格

在创建表格时，在“表格”对话框中设置“边框粗细”值为 0 或不输入任何内容，即可创建无边框线的表格，如下所示。

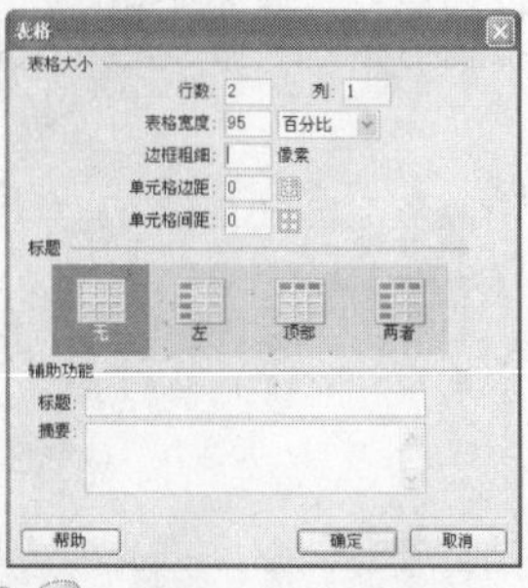

23 同样，在输入的文字前添加以下代码：

```
<marquee style="color: #F90" scrollamount="2">
```

在输入的文字后添加以下代码：

```
</marquee>
```

24 将光标置于整体表格的第 5 行第 2 列中，插入一幅图像（光盘\素材与效果\myweb\image\10\35.gif），如图 10-136 所示。

图 10-136　插入一幅图像

25 将表格第 6 行合并为一个单元格，然后将光标置于其中，选择“插入”→“媒体”→“SWF”命令，打开“选择 SWF”对话框，在其中选择上面制作的动画文件（光盘\素材与效果\myweb\image\10\10-3.swf），单击“确定”按钮，将其插入此行中。

26 选中此动画文件，单击“属性”面板中的“播放”按钮，可查看效果。单击其中的任意一副图像，可弹出略大些的图像效果；再次单击此图像，可恢复原效果，如图 10-137 所示。

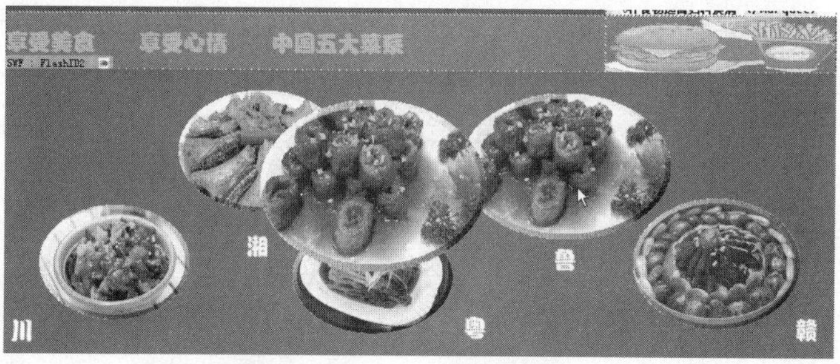

图 10-137　插入动画文件后的效果

27 将光标置于整体表格的下方，插入一个 3 行 3 列、同等宽度和边框粗细的表格，如图 10-138 所示。

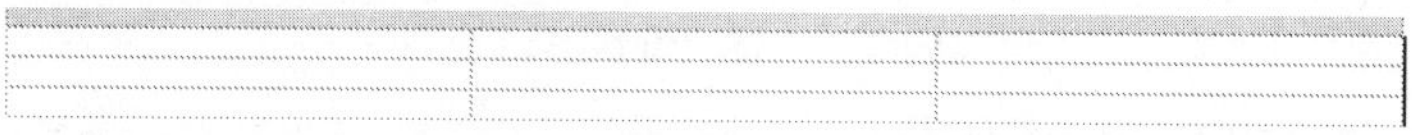

图 10-138　插入一个表格

28 下面利用 Fireworks CS5 制作网页特效字。打开 Fireworks CS5，选择“文件”→“新建”命令，打开“新建文档”对话框，在其中将“宽度”设置为 900 像素，“高度”设置为 60 像素，“画布颜色”自定义为“#515E84”，如图 10-139 所示。

29 单击“确定”按钮，得到一个新文档。在工具箱中选择文本工具 T，在其“属性”面板中按照图 10-140 所示进行设置（与“sf”CSS 样式一样）。

如果要将创建的表格的边框线去掉，可在“属性”面板的“边框”文本框中输入“0”，如下所示。

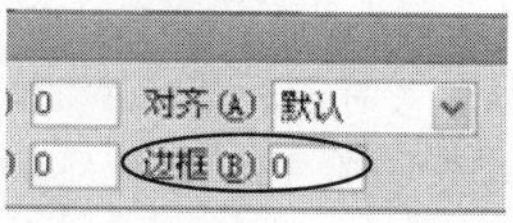

相关知识　**插入特殊字符**

在制作网页时，有时需要插入一些比较特殊的字符，如版权符号、注册商标符号、商标符号、英镑符号、日元符号、左引号、右引号、破折号等。

在网页中插入特殊字符的操作方法如下：

（1）将光标置于要插入特殊字符的位置。

（2）使用以下任一方法均可插入特殊字符：

- 选择“插入”→“HTML”→“特殊字符”命令，在弹出的子菜单中选择相应的命令，如下所示。

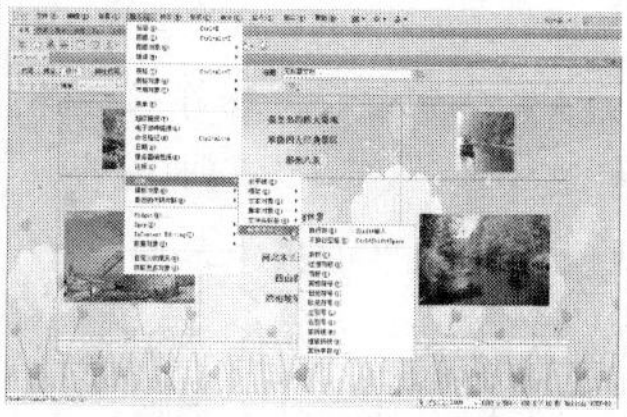

- 在“插入”面板中单击“文本”栏下的“字符：其他字符”按钮右侧的下拉按钮，在弹出的下拉菜单中选择要插入的特殊字符，如下所示。

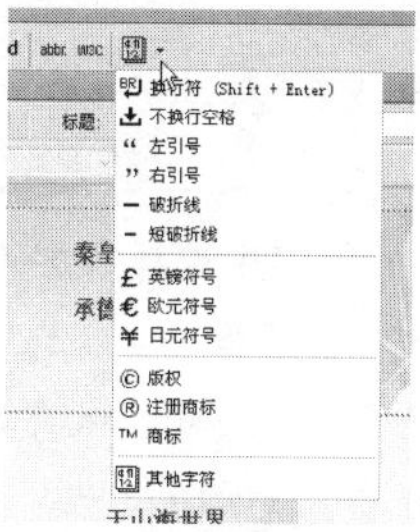

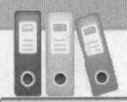

重点提示 插入其他字符

在“字符：其他字符”下拉菜单中，将常用的特殊字符分为了标点符号、货币符号、版权相关符号和其他字符四大类型。如果选择“其他符号”命令，则弹出如下所示的“插入其他字符”对话框。

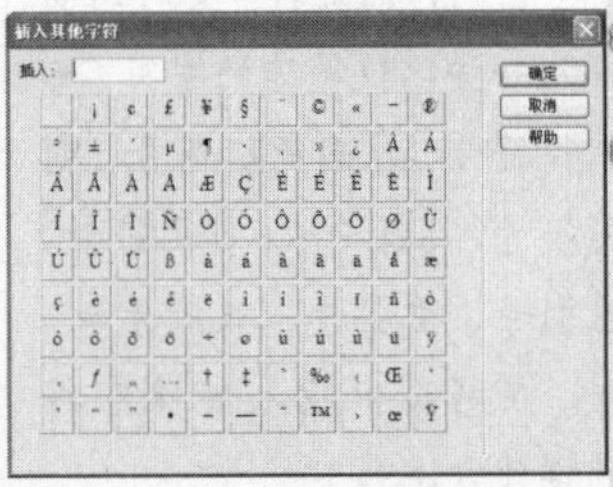

在其中选择需要的字符，然后单击“确定”按钮即可。

相关知识 插入日期

在 Dreamweaver CS5 中，可以直接在网页中插入当前时间和日期。操作方法如下。

（1）将光标置于要插入日期的位置。

（2）执行以下操作之一：

- 选择“插入”→“日期”命令。
- 在“插入”面板中单击“常用”栏下的“日期”按钮。

（3）弹出“插入日期”对话框，如下所示。

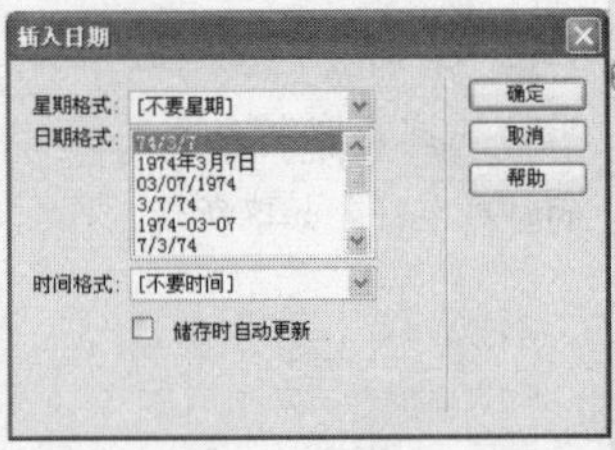

（4）在其中选择需要的日期格式，然后单击“确定”按钮，即可在网页中插入日期，如下所示。

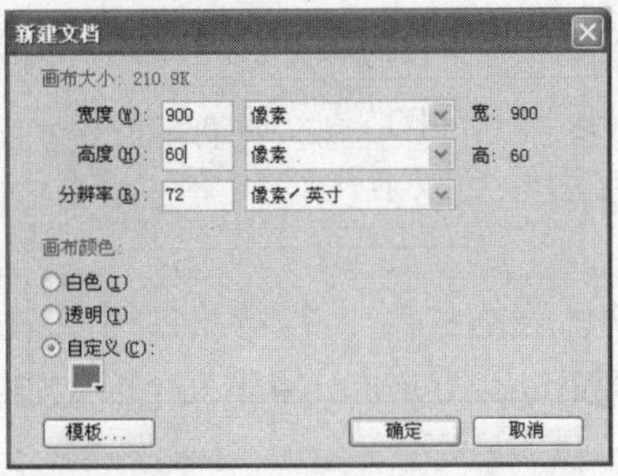

图 10-139 “新建文档”对话框

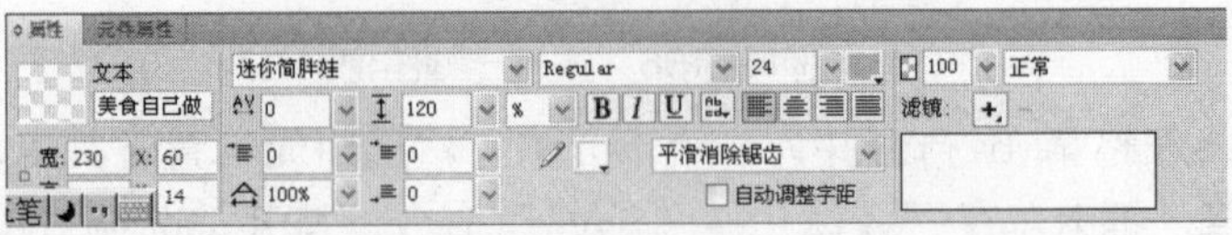

图 10-140 “属性”面板

30 在文档中输入文字“美食自己做 DIY”，然后使用指针工具将文字置于文档的左侧，如图 10-141 所示。

图 10-141 输入文字并调整位置

31 此时文字处于选中状态，在其“属性”面板中单击“边框颜色”按钮右侧的颜色块，在弹出的颜色面板中单击 笔触选项... 按钮，打开“笔触选项”面板。在其中打开“描边种类”下拉列表框，从中选择“蜡笔”选项，然后按照图 10-142 所示进行设置。

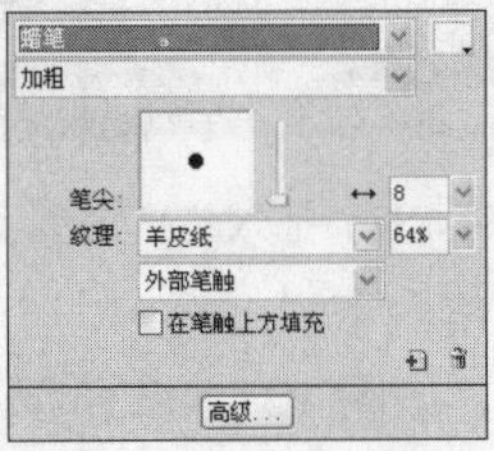

图 10-142 设置“蜡笔”

32 此时的文字效果如图 10-143 所示。

图 10-143 此时的文字效果

33 保存文档。打开 Dreamweaver CS5，将第 2 个表格的第 1 行全选，合并单元格。选择“插入”→“图像”命令，将刚才制作的描边字效果（光盘\素材与效果\myweb\image\10\36.png）插入此行中，得到如图 10-144 所示的效果。

图 10-144 将描边字效果插入第 1 行中

34 在表格 2 的第 2 行各个单元格中均插入一幅图像（光盘\素材与效果\myweb\image\10\37.jpg～39.jpg），并将其行高设置为 180，然后将图像全选，将对齐方式设置为“左对齐”，效果如图 10-145 所示。

图 10-145 插入图像

35 在表格 2 的第 3 行第 3 列中输入多行文字，将文字样式设置为 ft，得到如图 10-146 所示的效果。

图 10-146 输入多行文字

36 在第 3 行的第 1 列与第 2 列中均输入多行文字，并将文字应用 ft 样式，然后将文字全选，在“属性”面板中将对齐方式设置为“左对齐”，得到如图 10-147 所示的效果。

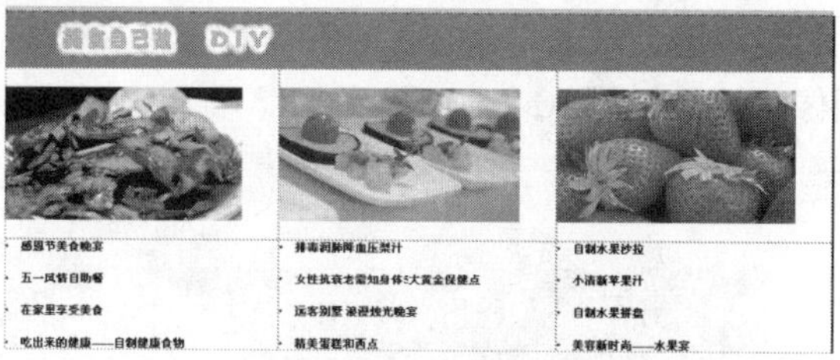

图 10-147 输入多行文字

37 将表格 2 的第 2 行和第 3 行全选，在“属性”面板中将背景颜色设置为“#333333”，然后将文字颜色设置为“白色”，得到如图 10-148 所示的效果。

38 将光标置于整个文档的下方，然后在“属性”面板中单击“居中对齐”按钮，使光标居中对齐。选择“窗口”→“资源”命令，在打开的“资源”面板中单击“库”按钮，打开“库”子面板，从中选择名为 10-1 的库项目，如图 10-149 所示。

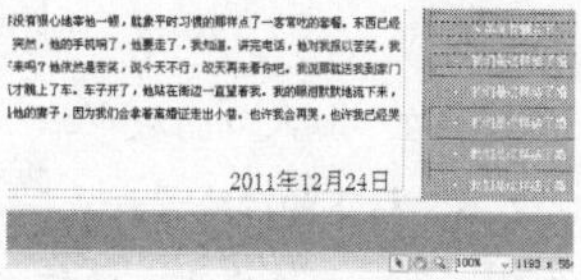

重点提示 **插入日期注意事项**

如果在“插入日期”对话框中选中“储存时自动更新”复选框，则在每次保存文档时，将自动更新时间。

相关知识 **插入文本列表**

在网页中插入文本列表，可以使网页内容更加清晰、直观。在 Dreamweaver CS5 中，文本列表分为项目列表和编号列表两种类型。

1. 插入项目列表

插入项目列表的操作步骤如下。

(1)选定要插入项目列表的内容，如下所示。

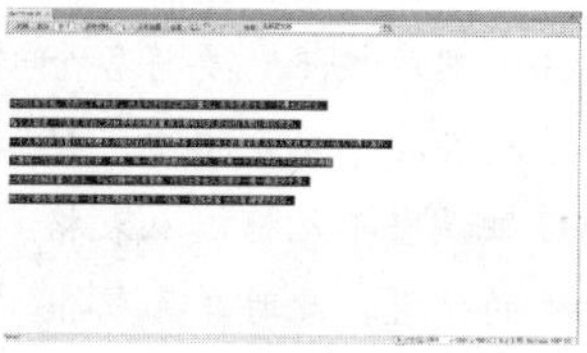

(2)在“插入”面板中单击“文本”栏下的“项目列表”按钮 ul，即可在选定的文本前面添加项目列表，如下所示。

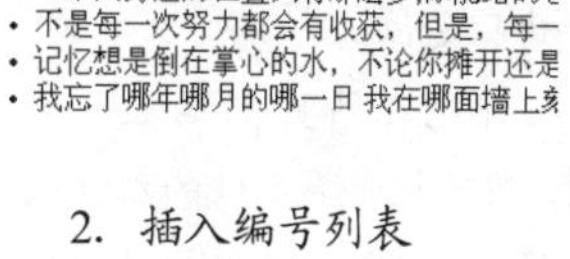
• 时间没有等我，是你忘了带我走，我左手
• 每个人都是一个国王,在自己的世界里纵村
• 一个人身边的位置只有那麽多,你能给的也
• 不是每一次努力都会有收获，但是，每一
• 记忆想是倒在掌心的水，不论你摊开还是
• 我忘了哪年哪月的哪一日 我在哪面墙上家

2. 插入编号列表

编号列表可以对内容进行有序的排列。插入编号列表的具体操作步骤如下：

（1）选定要插入编号列表的内容。

（2）在“插入”面板中单击“文本”栏下的“编号列表”按钮 ol，即可在选定文本的前面添加编号列表，如下图所示。

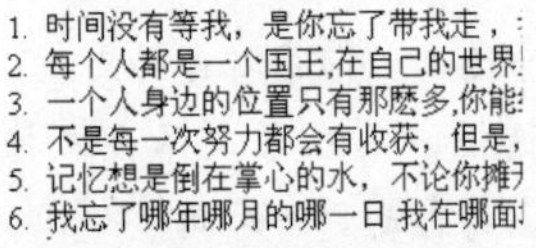
1. 时间没有等我，是你忘了带我走，
2. 每个人都是一个国王,在自己的世界
3. 一个人身边的位置只有那麽多,你能
4. 不是每一次努力都会有收获，但是,
5. 记忆想是倒在掌心的水，不论你摊
6. 我忘了哪年哪月的哪一日 我在哪面

重点提示 **如何准确定位网页中元素的位置**

主要有以下两种方法。

1. 使用表格定位元素

使用表格是目前比较常用的方法，几乎各个版本的浏览器都可支持表格。缺点是使用起来有些麻烦，需要仔细进行调整，而且定位不是十分精确。

首先在网页中创建一个表格，并将其边框宽度设置为 0；然后按照需要将各个元素放在各个单元格中；接着仔细调整单元格以及表格边框的位置，此时单元格中的元素也会随之移动位置，这样即可比较精确地定位网页中各个元素的位置了。

2. 使用层定位元素

因为层在网页中可以随意放置，所以可以使用层来进行精确定位。

首先在网页中插入一个层，然后把需要定位的元素放在层中，接着就可以把层放置到任何位置了。

此外，还可以使用标尺和网格对页面进行精确的定位。

图 10–148 设置背景颜色后的效果

图 10–149 “库”面板

39 单击“库”面板左下方的“插入”按钮，即可将此库项目插入到指定位置，如图 10–150 所示。

图 10–150 插入库项目

40 将光标置于所有表格之外，单击“属性”面板中的“页面属性”按钮，打开“页面属性”对话框。单击“背景图像”右侧的“浏览”按钮，打开“选择图像源文件”对话框。在其中选择一幅图像（光盘\素材与效果\myweb\image\10\40.jpg）作为文档的背景图像，单击“确定”按钮，即可为文档添加指定的背景图像，效果如图 10–151 所示。

图 10–151 为文档添加背景图像后的效果

41 至此，美食心情网站制作完成。按 F12 键，预览网页，得到最终效果。

实例 10-7　自潮一派购物网站（一）

本实例将使用 Flash CS5 制作自潮一派购物网站的首部效果，其中主要包括使用遮罩层功能制作遮罩文字以及制作浮雕文字效果等。最终效果如图 10-152 所示。

图 10-152　实例最终效果

操作步骤

1 选择“文件”→“新建”命令，新建一个空白文档。选择“修改”→“文档”命令，在弹出的“文档设置”对话框中将“尺寸”设置为 1000 像素 × 140 像素，“背景颜色”设置为“黑色”，如图 10-153 所示。

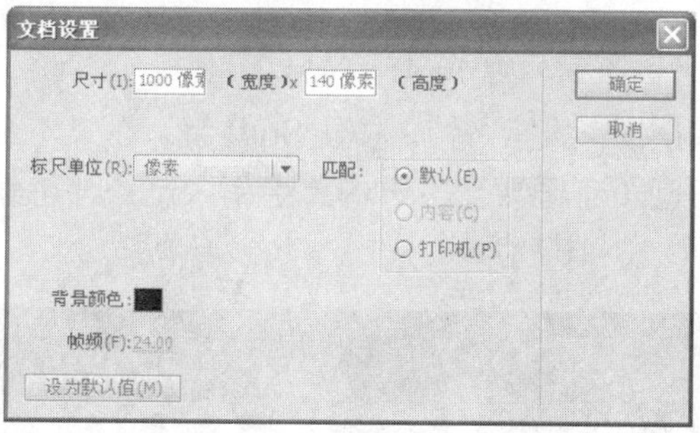

图 10-153　“文档设置”对话框

2 在工具箱中选择文本工具 T，在其“属性”面板中将“系列”设置为“迷你简胖娃”，“大小”设置为 32，“颜色”设置为“白色”，如图 10-154 所示。

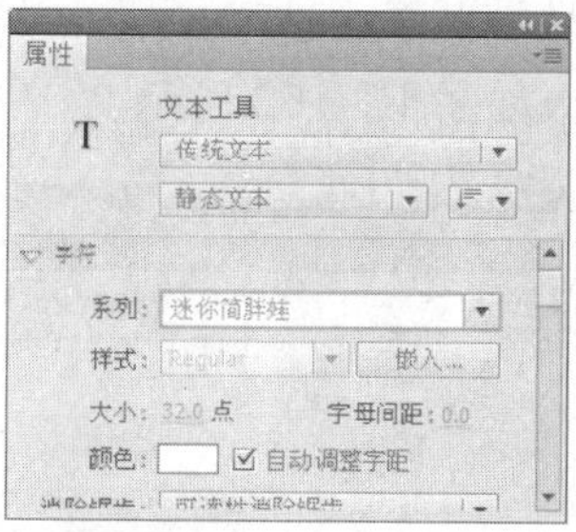

图 10-154　“属性”面板

实例 10-7 说明

知识点：

- 文本工具
- 椭圆工具
- 创建传统补间
- 遮罩层

视频教程：

光盘\教学\第 10 章　网页制作综合实战演练

效果文件：

光盘\素材与效果\myweb\image\10\10-4.swf

实例演示：

光盘\实例\第 10 章\自潮一派购物网站（一）

相关知识　如何压缩声音

将声音文件导入到“库”面板中后，可以通过双击“库”面板中的声音元件的图标，打开“声音属性”对话框，如下所示。

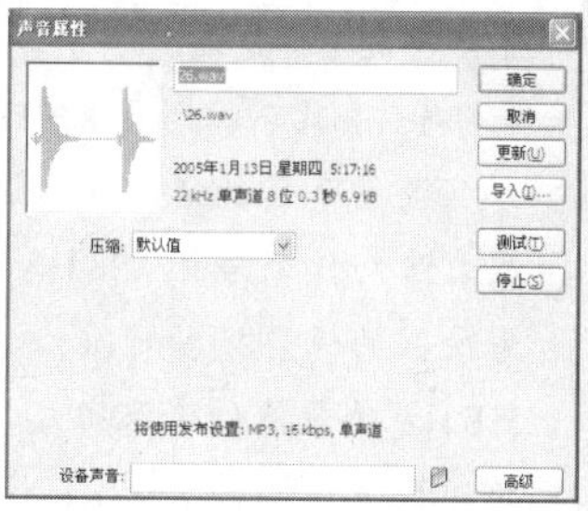

在该对话框的“压缩”下拉列表框中有 5 种音频压缩方式可供选择，如下所示。

这 5 种音频压缩方式的含义分别介绍如下。

1. 默认

选择此项，可以使用输出选项中设置的压缩参数。

2. ADPCM

此选项用来压缩 8 位或 16 位的声音数据。当输出短的“事件”声音时，最好选用此选项。选择此项后，“声音属性”对话框变为如下所示。

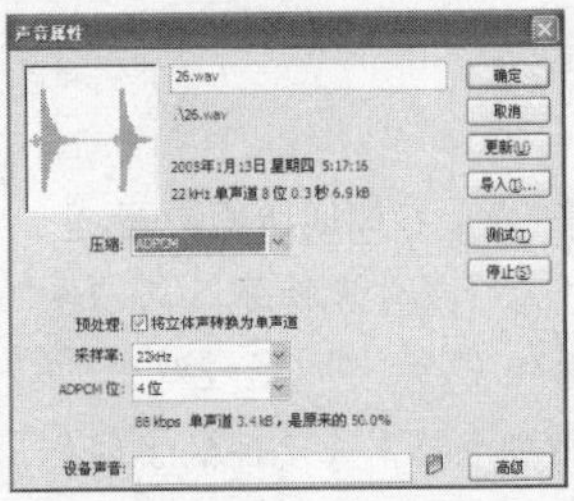

其中各项含义介绍如下。

- 预处理：选中“将立体声转换为单声道”复选框后，立体声将变为单声道。
- 采样率：在此下拉列表框中可以设置声音的保真度以及文件大小。其中，5KHz 为最低的语音接受标准；11KHz 为最低的音乐短片的建议声音品质；22KHz 适用于 Web 回放；44KHz 为标准的 CD 音频比率。

3 完成设置后，在舞台中输入文字“自潮一派.com”，如图 10-155 所示。

图 10-155　输入文字

4 单击“时间轴”面板左下角的“新建图层”按钮，新建“图层 2”。选中此图层，在工具箱中选择椭圆工具，在其“属性”面板中将笔触颜色设置为“无”，填充颜色设置为“深蓝色渐变”，如图 10-156 所示。

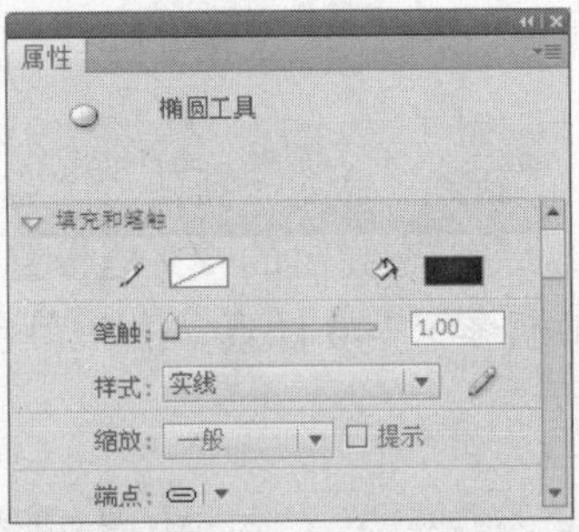

图 10-156　“属性”面板

5 选中“图层 2”的第 1 帧，按住 Shift 键，在第 1 个字上面绘制一个正圆（正圆要比下方的文字稍大一些，将其覆盖住即可），如图 10-157 所示。

图 10-157　绘制一个正圆

6 在“图层 1”的第 40 帧处单击鼠标右键，在弹出的快捷菜单中选择“插入帧”命令。在“图层 2”的第 40 帧处单击鼠标右键，在弹出的快捷菜单中选择“插入关键帧”命令。此时的“时间轴”面板如图 10-158 所示。

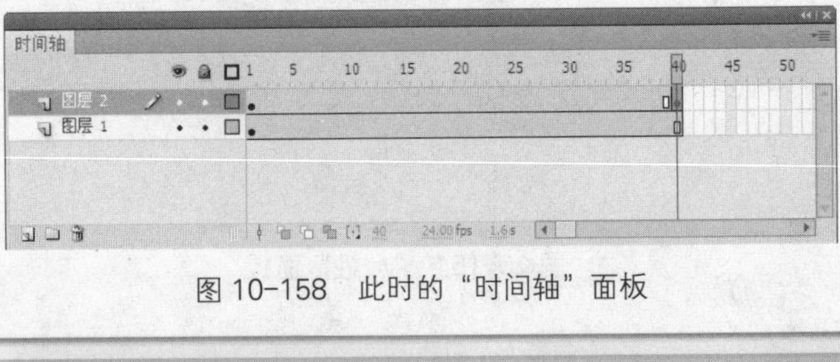

图 10-158　此时的“时间轴”面板

7 选中“图层 2”的第 40 帧，将正圆拖到最后一个文字上，如图 10-159 所示。

图 10-159　将正圆拖到最后一个文字上

8 在“图层 2”的第 1 帧上单击鼠标右键，在弹出的快捷菜单中选择“创建传统补间”命令，在第 1～40 帧间创建传统补间，如图 10-160 所示。

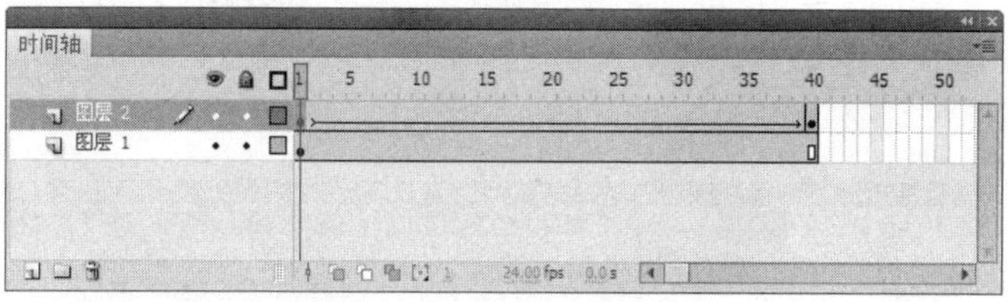

图 10-160　创建传统补间

9 新建“图层 3”，并将其置于“图层 1”的下方。选中此层的第 1 帧，选择“文件”→“导入”→“导入到舞台”命令，在弹出的“导入”对话框中选择一幅素材图像（光盘\素材与效果\myweb\ image\ 10\41.jpg），如图 10-161 所示。

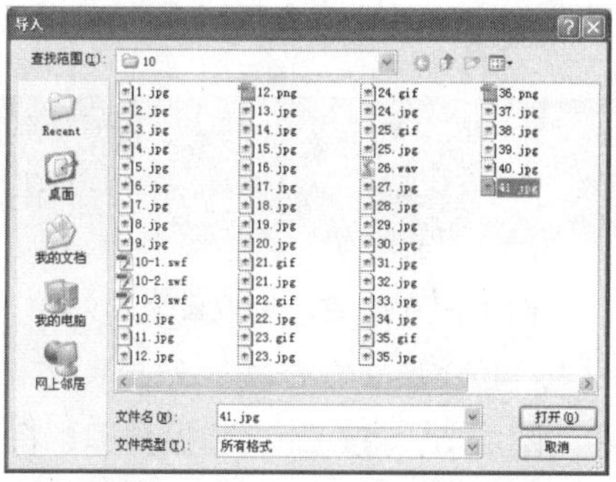

图 10-161　“导入”对话框

10 单击“打开”按钮，即可将此图像导入到舞台中。此时的“时间轴”面板如图 10-162 所示。

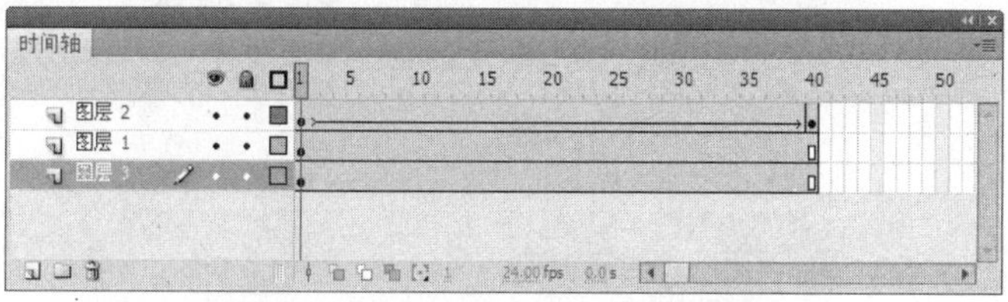

图 10-162　此时的“时间轴”面板

- ADPCM 位：在此下拉列表框中可以设置在 ADPCM 编码中使用的位数。取值范围为 2～5 位。压缩比越高，声音文件越小，音效越差。因此，选择 2 时，音效最差；选择 5 时，音效最好。

3. MP3

当输出较长的“流式”声音时，最好使用 MP3 压缩格式。选择此项后，“声音属性”对话框变为如下所示。

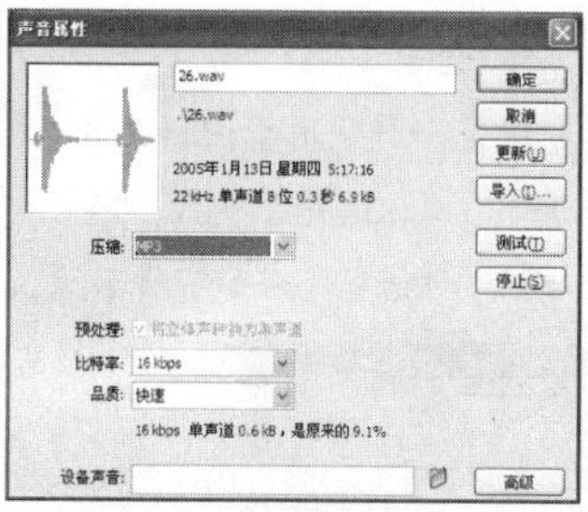

其中主要选项的含义介绍如下。

- 比特率：在此下拉列表框中可以设置导出声音文件中每秒播放的位数，即设置声音文件的传输速率，其取值范围是 8～160kbps。
- 品质：在此下拉列表框中可以设置压缩速度和声音的品质，用户可根据需要进行适当的选择。选择“快速”选项后，压缩速度较快，但得到的声音品质较低；选择“中”选项后，压缩速度较慢，但得到的声音品质较高；选择“最佳”选项后，压缩速度最慢，但得到的声音品质最高。

4. 原始

选择此项后，输出的声音

不进行压缩。选择此项后，“声音属性”对话框变为如下所示。

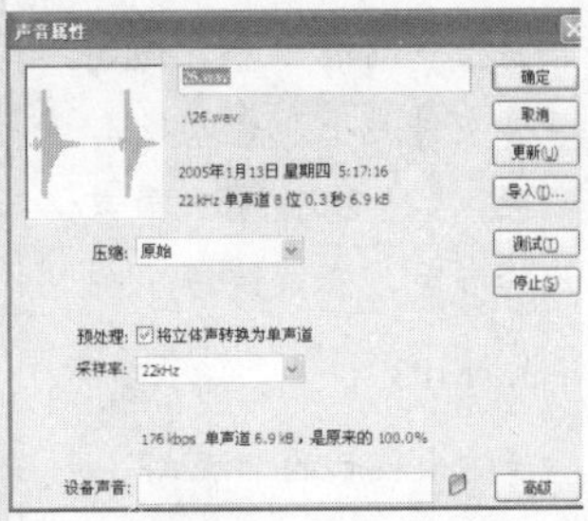

可以看到，在此对话框中只能设置“预处理”和“采样率”两个选项。

5. 语音

这是一种适用于讲话声音的压缩方式。选择此项后，“声音属性”对话框变为如下所示。

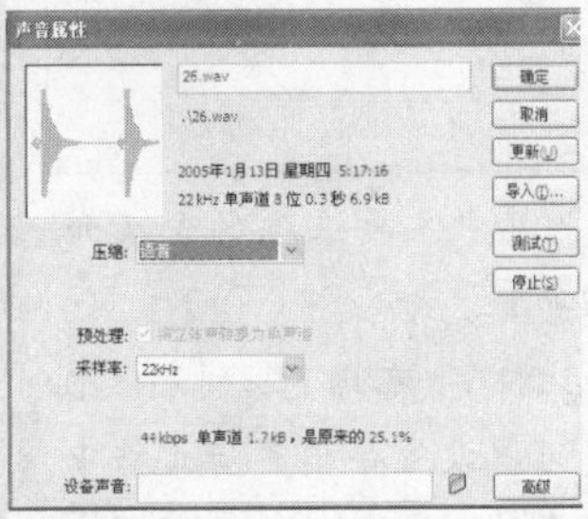

同样，在此对话框中只能设置“预处理”和“采样率”两个选项。

相关知识 **MP3 格式文件的优点是什么**

MP3 的最大特点是它能够以较小的比特率、较大的压缩比率达到近乎完美的CD音质效果。用户可以将 MAV 等格式的音乐文件用 MP3 格式进行压缩处理，这样不但可以减少数据量，还可以保证动画播放的效果。

11 在工具箱中选择文本工具T，然后在舞台中选取文字“潮”，在“属性”面板中将其字体设置为“迷你简方叠体”，大小设置为 52，颜色设置为“#336600”，得到如图 10-163 所示的效果。

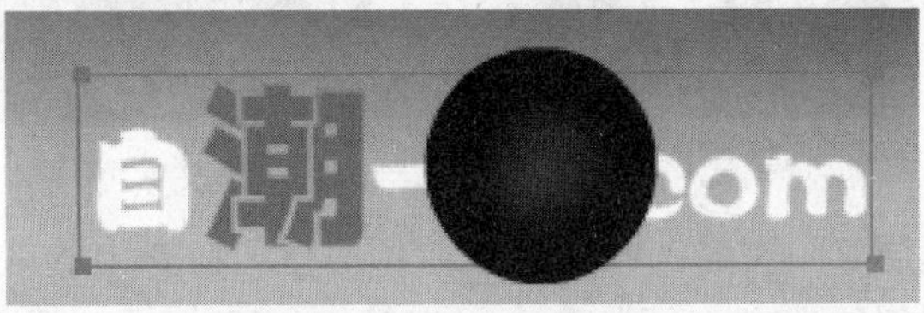

图 10-163 得到的“潮”字效果

12 在“图层”2 的名称上单击鼠标右键，在弹出的快捷菜单中选择“遮罩层”命令，即可将“图层”2 设置为遮罩层，“图层 1”则被设置为被遮罩层，如图 10-164 所示。

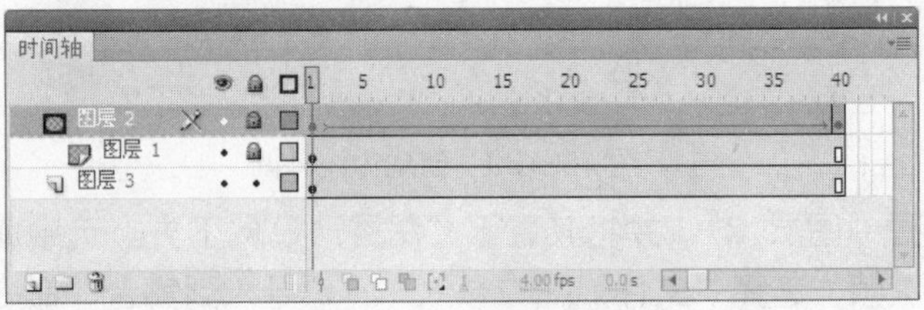

图 10-164 创建遮罩层

13 新建“图层 4”，并将其置于最上层。使用文本工具T在舞台中的不同位置输入文字“打造个性印象”，如图 10-165 所示。

图 10-165 在不同位置输入文字

14 选中“图层 4”，将这些文字全选，然后按 Ctrl+C 组合键将其复制。新建“图层 5”，按 Ctrl+V 组合键，将这些文字复制到此层中。选中这些文字，在其“属性”面板中将颜色设置为“白色”。此时的舞台和“时间轴”面板如图 10-166 所示。

图 10-166 此时的舞台和“时间轴”面板

15 将“图层 5”拖至“图层 4”的下方，选中这些文字，使用键盘上的方向键“←”将其移动到“图层 4”中文字的下方，然后按住 Ctrl 键对它们的位置进行微调，得到浮雕文字效果，如图 10-167 所示。

图 10-167　得到浮雕文字效果

16 在“时间轴”面板下方设置合适的帧速率，这里设置为 4.00fps。按 Ctrl+Enter 键，即可测试动画，得到最终效果。

实例 10-8 自潮一派购物网站（二）

本实例将使用 Flash CS5 制作网页中的炫动文字效果，为网页增加个性感。最终效果如图 10-168 所示。

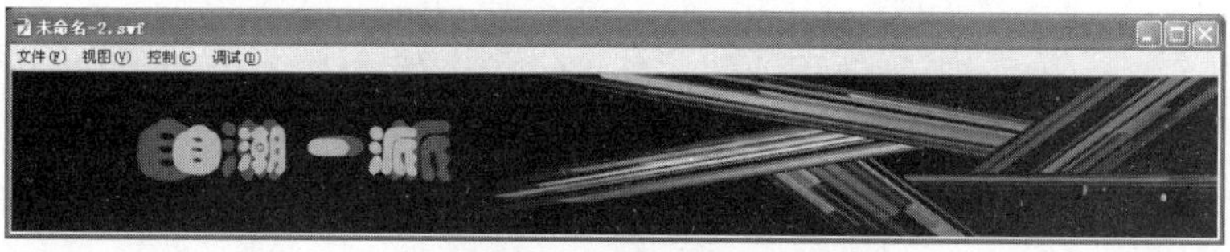

图 10-168　实例最终效果

操作步骤

1 选择“文件”→“新建”命令，创建一个新文档。选择“修改”→“文档”命令，在弹出的“文档设置”对话框中将“尺寸”设置为 1000 像素×130 像素，“背景颜色”设置为“黑色”，如图 10-169 所示。

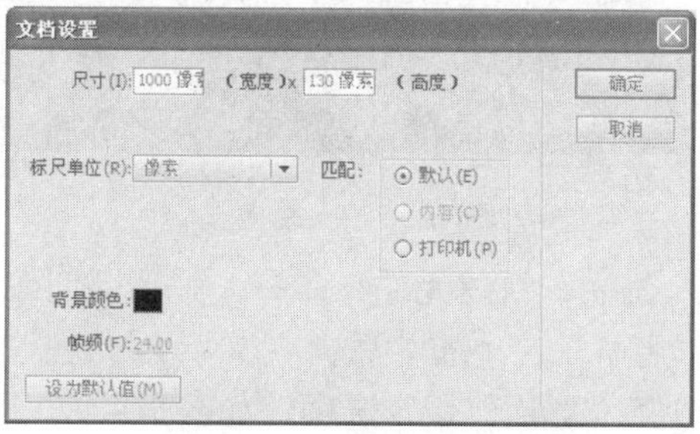

图 10-169　“文档设置”对话框

2 单击“确定”按钮，即可应用设置。选择“文件”→“导入”→“导入到舞台”命令，将一幅素材图像（光盘\素材与效果\myweb\image\10\42.jpg）导入到舞台中，然后在“属性”面板中将其尺寸设置为与舞台一样的大小，作为背景，如图 10-170 所示。

重点提示　动作脚本可以为哪几种对象添加语句

动作脚本可以为关键帧、影片剪辑元件和按钮元件添加脚本语句。

实例 10-8 说明

- 知识点：
  - 任意变形工具
  - 设置 Alpha 的值
  - 复制/粘贴帧
- 视频教程：
  光盘\教学\第 10 章　网页制作综合实战演练
- 效果文件：
  光盘\素材与效果\myweb\image\10\10-5.swf
- 实例演示：
  光盘\实例\第 10 章\自潮一派购物网站（二）

相关知识　可导入的视频文件格式

如果系统中安装了 QuickTime 4 或更高版本，Flash 可以导入以下几种格式的视频文件。

- Audio Video Interleaved：音频视频交叉存取，扩展名为.avi。
- Digital Video：数字视频，扩展名为.dv。
- Motion Picture Experts Group：移动图像专家组，扩展名为.mpg、.mpeg。
- QuickTime 电影：扩展名为.mov。

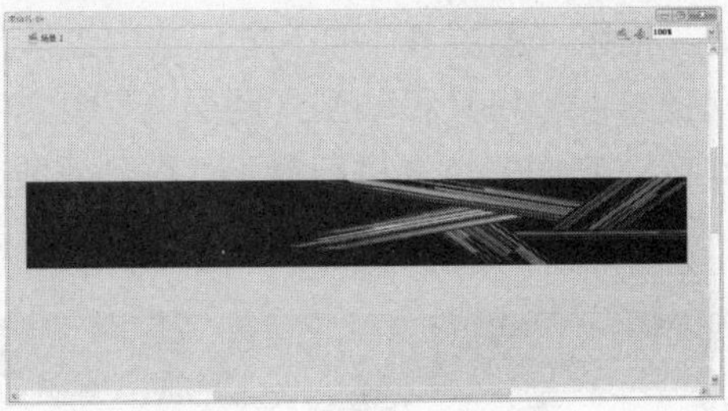

图 10-170　将一幅素材图像导入到舞台

3 选择“插入”→“新建元件”命令，弹出“创建新元件”对话框，在“名称”文本框中输入“文字 1”，在“类型”下拉列表框中选择“影片剪辑”选项，如图 10-171 所示。

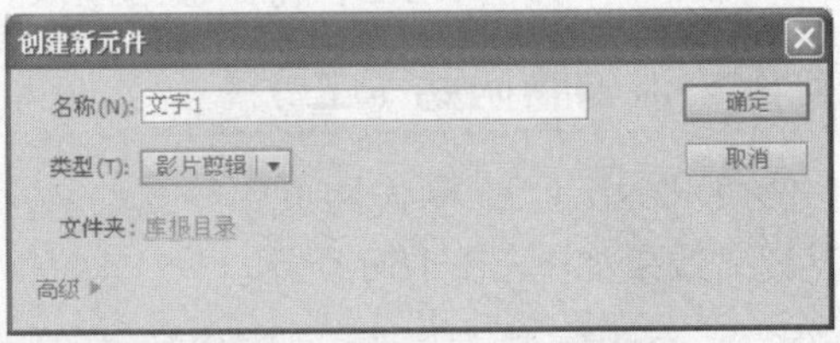

图 10-171　“创建新元件”对话框

4 单击“确定”按钮，进入影片剪辑元件的编辑模式。在工具箱中选择文本工具 A，在其“属性”面板中将“系列”设置为“迷你简胖鱼头”，“大小”设置为 42，“颜色”设置为“#FF9900”，然后在舞台中输入文字“自潮一派”，如图 10-172 所示。

图 10-172　输入文字

5 选择“插入”→“新建元件”命令，弹出“创建新元件”对话框，在“名称”文本框中输入“文字 2”，在“类型”下拉列表框中选择“影片剪辑”选项，如图 10-173 所示。

图 10-173　“创建新元件”对话框

如果系统中安装了 DirectX 7 或更高版本，Flash 可以导入以下几种格式的视频文件。

- Audio Video Interleaved：音频视频交叉存取，扩展名为.avi。
- Motion Picture Experts Group：移动图像专家组，扩展名为.mpg、.mpeg。
- Windows 媒体文件：扩展名为.wmf、.asf。

如果系统中安装了其他的视频编码/解码器，还可以在 Flash 中导入更多格式的视频文件。

重点提示　为何在 Flash 中无法导入视频

如果在 Flash 中无法导入视频（包括 AVI、MOV 等格式），这是由于没有安装 QuickTime 软件造成的。QuickTime Player 是一个免费的多媒体播放程序，可以通过它来观看多种文件，包括视频、音频、静止图像、图形和虚拟现实影片。

操作技巧　如何使元件淡化

要想使元件淡化，即变得更透明，可按照以下方法来操作。

（1）选中该元件，选择“窗口”→“属性”命令，打开“属性”面板。

6 单击“确定”按钮，进入影片剪辑元件的编辑模式。选中“图层 1”的第 1 帧，按 F11 键，在打开的“库”面板中将前面创建的“文字 1”影片剪辑元件拖到舞台中。选中“图层 1”的第 20 帧，按 F6 键，插入一个关键帧，然后利用任意变形工具将影片剪辑元件放大一定的尺寸，如图 10-174 所示。

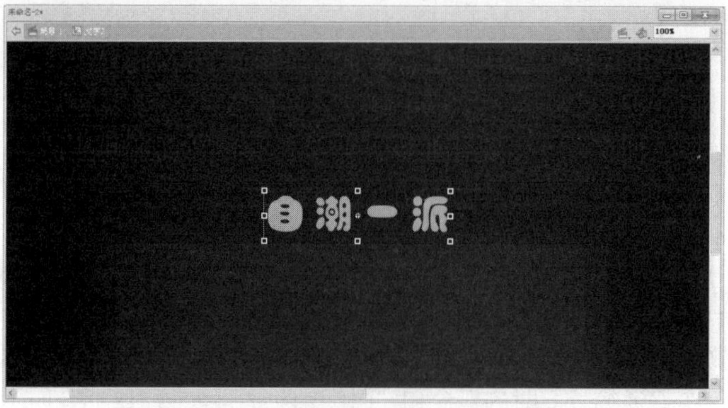

图 10-174　将影片剪辑元件放大一定的尺寸

7 选中第 20 帧中的元件，在其“属性”面板中将 Alpha（即透明度）的值设置为 0%，如图 10-175 所示。

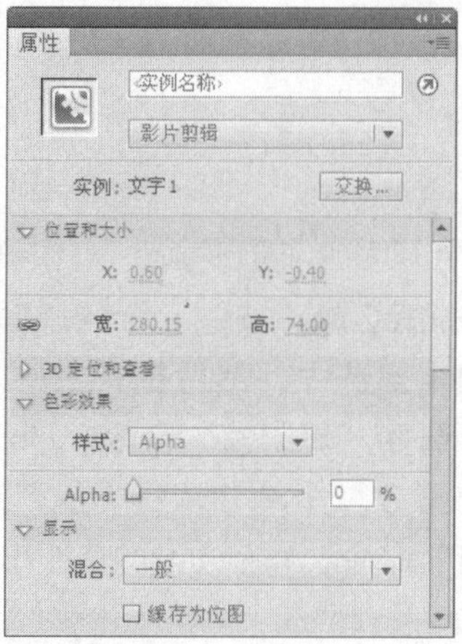

图 10-175　将 Alpha 的值设置为 0%

8 在第 1 帧上单击鼠标右键，在弹出的快捷菜单中选择“创建传统补间”命令，创建一个传统补间，如图 10-176 所示。

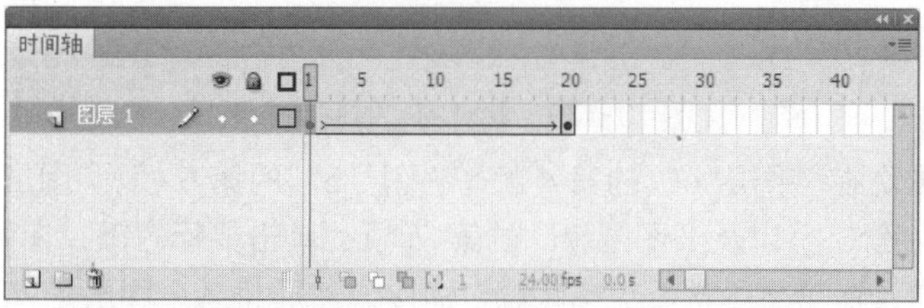

图 10-176　创建一个传统补间

（2）在“色彩效果”栏中打开“样式”下拉列表框，从中选择“Alpha”选项，如下所示。

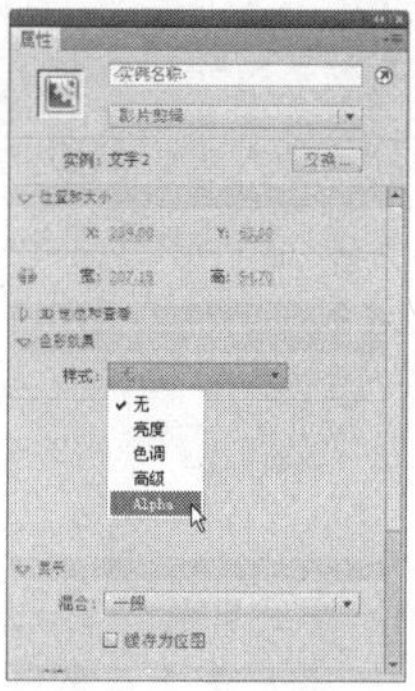

（3）此时显示出设置 Alpha 值的滑块和文本框，移动滑块或在文本框中输入数值，即可将元件效果淡化，如下所示。

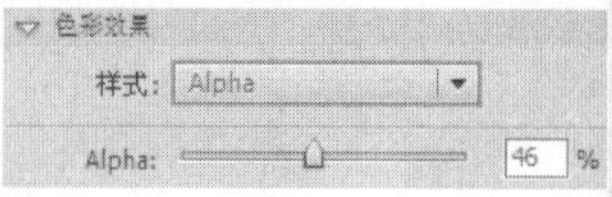

操作技巧　如何制作变形文字效果

可以按照以下的方法来制作变形文字。

（1）在工具箱中选择文本工具 T，在舞台上输入文字，如下所示。

（2）在工具箱中选择选择工具，选中要变形的文字，然后按 Ctrl+B 组合键两次，打散文字，效果如下所示。

9 单击 场景 1 按钮，返回到“场景 1”窗口中。单击 6 次“时间轴”面板中的“新建图层”按钮，新建“图层 2”、“图层 3”、“图层 4”、“图层 5”、“图层 6”以及“图层 7”，如图 10-177 所示。

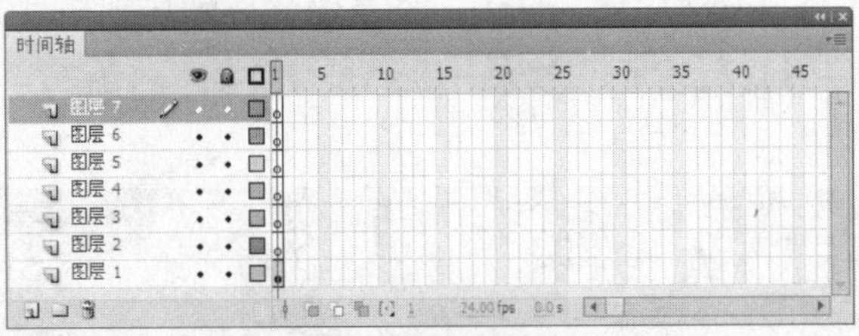

图 10-177 新建图层

10 选中“图层 1”中的第 40 帧，按 F5 键，插入一个普通帧，作为背景图像的延续帧。选中“图层 2”的第 2 帧，按 F6 键，插入一个关键帧。按 F11 键，打开“库”面板，将其中的“文字 2”影片剪辑元件拖到舞台的中心处。选中第 40 帧，按 F5 键，插入一个普通帧。此时的舞台和“时间轴”面板如图 10-178 所示。

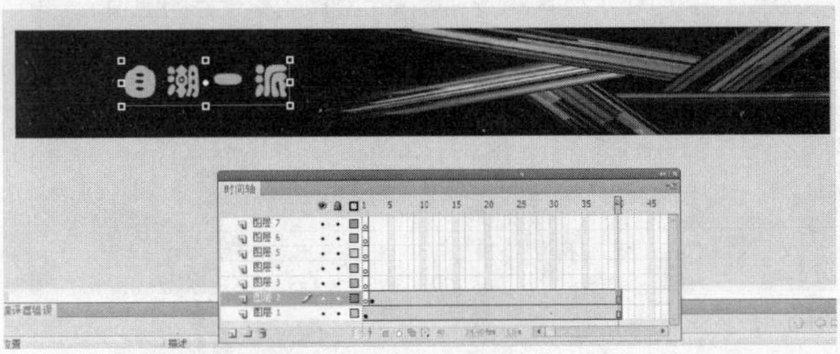

图 10-178 此时的舞台和“时间轴”面板

11 选中“图层 2”的第 2 帧，按住 Shift 键的同时单击第 40 帧，将它们之间的帧全部选中，然后在其上单击鼠标右键，在弹出的快捷菜单中选择“复制帧”命令。

12 在“图层 3”的第 3 帧上单击鼠标右键，在弹出的快捷菜单中选择“粘贴帧”命令，得到如图 10-179 所示的效果。

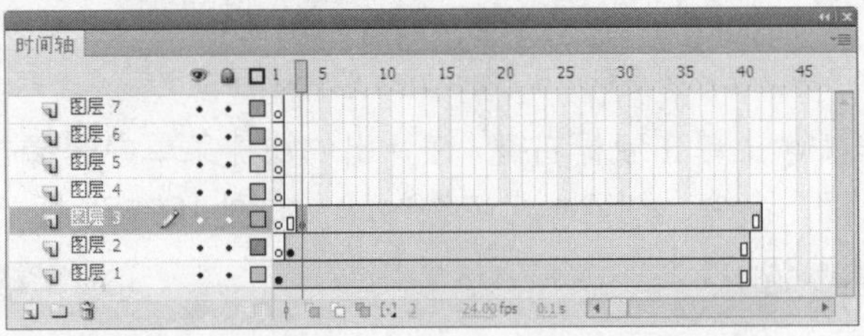

图 10-179 此时的“时间轴”面板

13 依次在“图层 4”的第 4 帧、“图层 5”的第 5 帧、“图层 6”的第 6 帧以及“图层 7”的第 7 帧上单击鼠标右键，在弹出的快捷菜单中选择“粘帧帧”命令，然后将各个图层第 40 帧以后的帧全部删除。此时的“时间轴”面板如图 10-180 所示。

(3) 选择第 40 帧（可以选择第 2 帧以后的任何帧，数值越大渐变效果越好），以相同的方法制作不同大小、颜色并且打散的文字，效果如下所示。

(4) 在其中的任意一帧上单击鼠标右键，在弹出的快捷菜单中选择“创建补间形状”命令，此时的“时间轴”面板如下所示。

(5) 按 Ctrl+Enter 组合键，测试动画，即可得到文字变形效果。

操作技巧 如何迅速地对齐元件

通过以下方法可以迅速地对齐元件。

(1) 将所有需要对齐的元件拖入舞台中，如下所示。

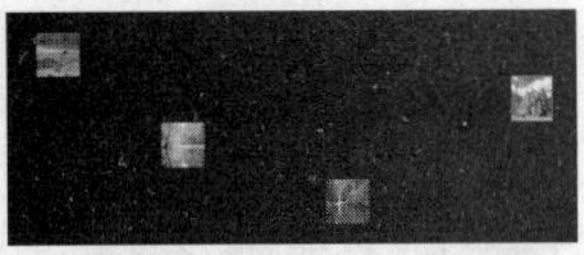

(2) 使用选择工具将它们全部选中，然后选择“窗口”→“对齐”命令，或者按 Ctrl+K 组合键，打开“对齐”面板，如下所示。

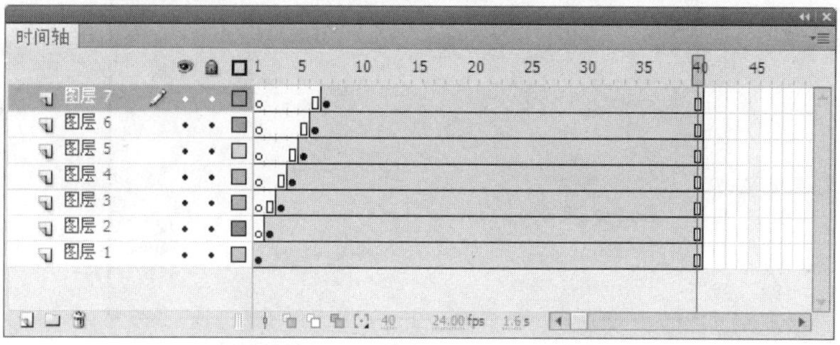

图 10-180　“时间轴”面板效果

14 在“时间轴”面板下方将帧速率设置为 4.00fps，完成炫动文字的制作。按 Ctrl+Enter 组合键测试动画，得到最终效果。

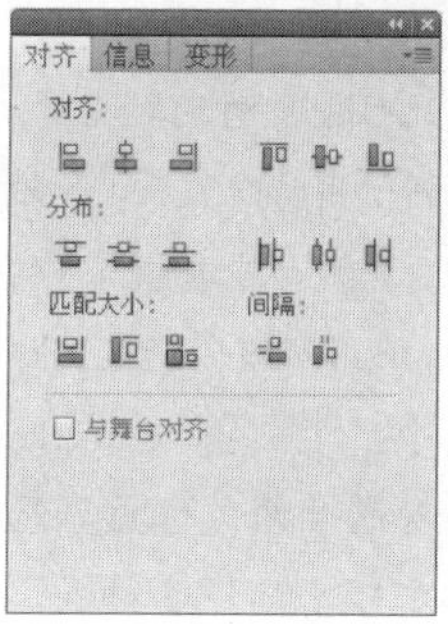

（3）根据需要选择“对齐”面板中的对齐选项。

实例 10-9　自潮一派购物网站（三）

本实例将使用 Flash CS5 制作一个模拟幻灯片效果的动画，运行后，单击图像上的按钮，将按序观赏图像。最终效果如图 10-181 所示。

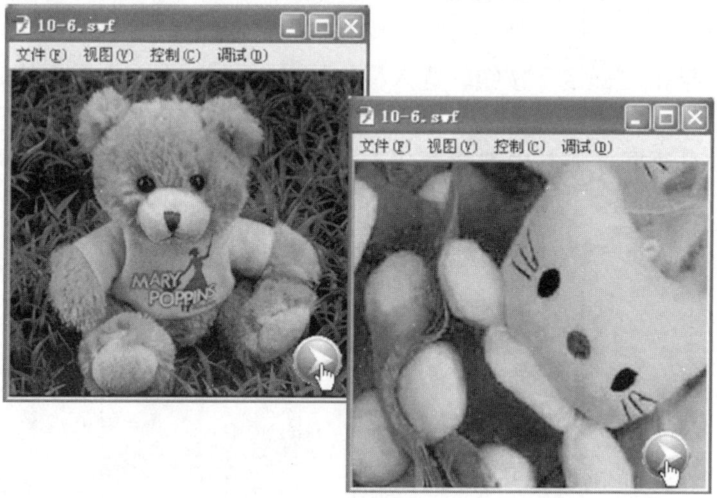

图 10-181　实例最终效果

操作步骤

1 选择“文件”→“新建”命令，新建一个文档。选择“修改”→“文档”命令，在弹出的“文档设置”对话框中将“尺寸”设置为 283 像素 × 255 像素，“背景颜色”设置为“黑色”，如图 10-182 所示。

实例 10-9 说明

- **知识点：**
  - 将图片导入库
  - 制作按钮元件
  - 动作脚本的应用
- **视频教程：**
  光盘\教学\第 10 章　网页制作综合实战演练
- **效果文件：**
  光盘\素材与效果\myweb\image\10\10-6.swf
- **实例演示：**
  光盘\实例\第 10 章\自潮一派购物网站（三）

相关知识　优化动画元素

优化动画中的元素时要注意以下几个问题。

- 应尽量使用矢量线代替矢量色块，因为前者的数据量比后者少，并尽量减少矢量图形的形状复杂程度。
- 避免过多地使用位图等外部导入对象，因为位图素材会迅速增加作品的体积。如果动画中有位图素材，在此素材的“属性”面板中设置较大的压缩比例，即可减少此位图素材的数据量。

- 限制使用特殊线条（如短划线、虚线和波浪线等）的数量，使用实线会使文件体积更小。
- 导入的音频文件最好选择体积较小的声音格式，如 MP3 格式。

相关知识 优化颜色

优化颜色时要注意以下几个问题。

- 在对 Flash 作品影响不是很大的前提下，应尽量减少渐变色的使用，而更多地使用纯色。
- 应多使用元件的颜色效果，得到同一元件不同颜色的实例，而不要创建各种颜色的元件。
- 应多使用 Web 安全色彩（能够被各种类型的浏览器正确显示的颜色）。
- 尽量少使用透明色，因为它会减慢 Flash 动画的播放速度。

相关知识 优化设计

优化设计要注意以下几个方面。

- 调整停顿帧中的内容。在设计过程中，应该尽量避免包含了音频引用对象或位图引用对象的关键帧出现在同一播放位置上（因为这两种关键帧的数据量很大），最好将它们分散到多个帧中。

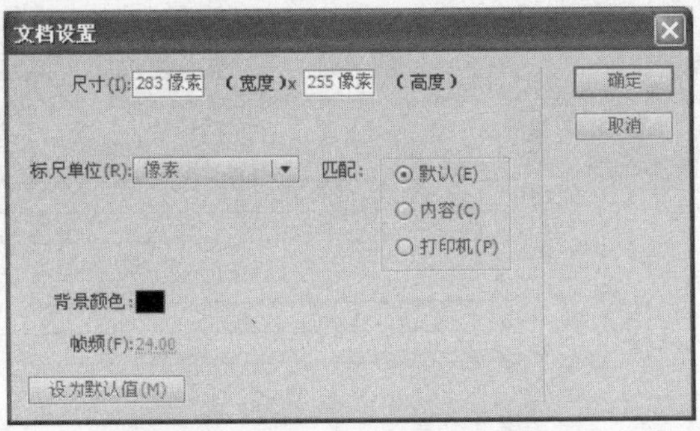

图 10-182 “文档设置”对话框

2 选择“插入”→“创建元件”命令，弹出“创建新元件”对话框，在“名称”文本框中输入“按钮”，在“类型”下拉列表框中选择“按钮”选项，如图 10-183 所示。

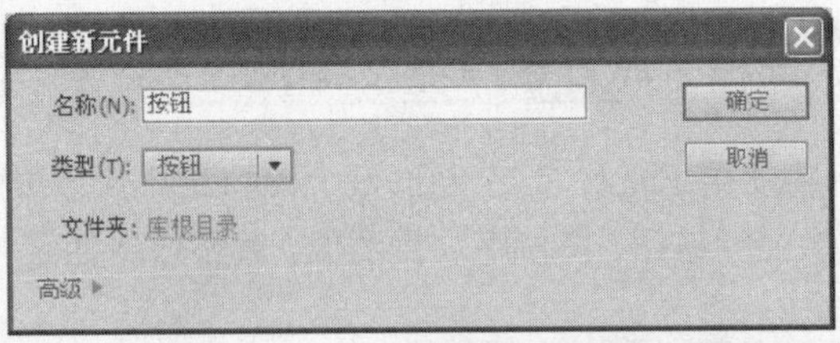

图 10-183 “创建新元件”对话框

3 单击“确定”按钮，进入按钮元件的编辑模式。选择“文件”→“导入”→“导入到库”命令，打开“导入到库”对话框，在其中选择两幅素材图像（光盘\素材与效果\myweb\ image\10\43.gif、44.gif），如图 10-184 所示。

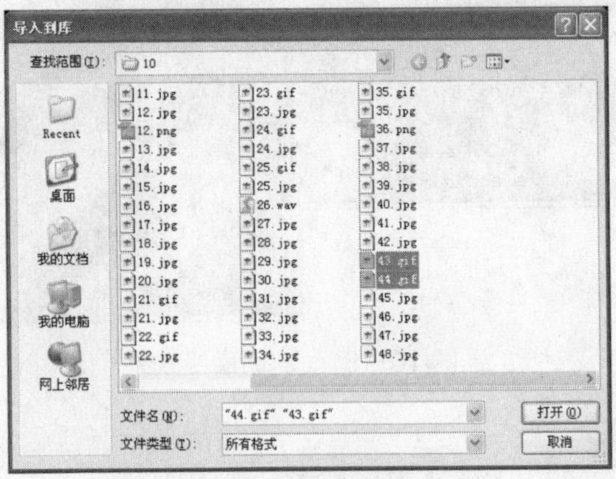

图 10-184 “导入到库”对话框

4 单击“打开”按钮，即可将它们导入到库中。选中“弹起”帧，将导入到库中的第一幅图像拖至舞台的中心位置。

5 选中“指针经过”帧，按 F6 键插入一个关键帧。将“弹起”帧中的图像删除，然后将导入到库中的第二幅图像拖至舞台的中心位置。此时的舞台和“时间轴”面板如图 10-185 所示。

6 选择“文件”→“导入”→“导入到库”命令，在弹出的“导入到库”对话框中按住 Shift 键选择需要的素材图像（光盘\素材与效果\myweb\image\10\45.jpg～48.jpg），单击“打开”按钮，即可将它们导入到“库”面板中。按 F11 键，即可快速将其打开。此时的“库”面板如图 10-186 所示。

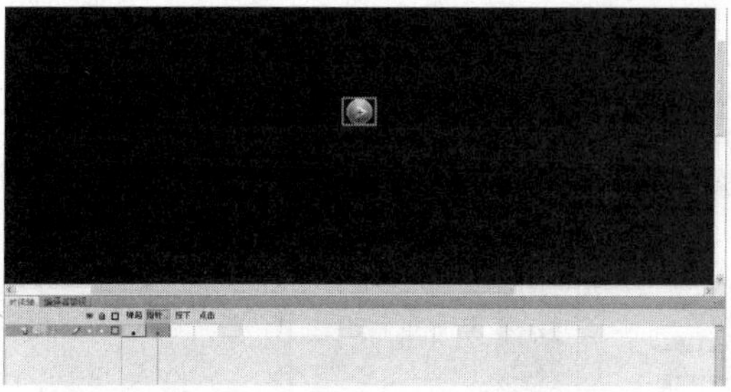

图 10-185　此时的舞台和“时间轴”面板

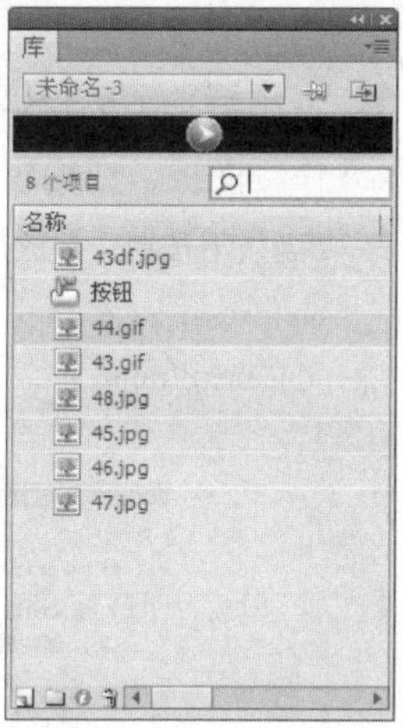

图 10-186　此时的“库”面板

7 单击 场景 1 按钮，回到场景编辑模式。单击“图层 1”中的第 1 帧，在“库”面板中选择需要第一个显示的图像，将其拖到舞台上并与舞台重合。

8 将“库”面板中的按钮元件“按钮”拖到舞台上，并置于图像的右下角。此时的舞台与“时间轴”面板如图 10-187 所示。

图 10-187　此时的舞台与“时间轴”面板

9 选中“图层 1”中的第 1 帧，按 F9 键，打开关于此帧的“动作”面板，在编辑区中输入如下动作语句，如图 10-188 所示。

```
//在当前帧停止
stop();
```

- 可在数据量大的关键帧前面设计一些数据量较小的帧序列，这样就可以在播放这些帧序列的同时，预先下载后面的大数据量内容。
- 在下载无法避免的大数据量关键帧时，可设计一些重复播放的动画内容，以免 Flash 动画作品出现播放停顿的问题。这是因为将已经下载的内容重复播放时，不会再重新下载其中的内容，所以当数据下载进度停止在某一个数据量较大的关键帧上时，使用已经下载的动画内容重复播放可以掩盖动画中的停顿。
- Flash 动画作品在刚调入本地时，一般存有较多的数据量，可能会造成作品播放时的停顿现象。要想避免这种现象的出现，应在作品的开始阶段尽可能少设置数据量较多的对象，而多设置一些数据量较少的对象，这样才更容易被接受。
- 如果是在最差的传输条件下测试 Flash 动画作品，则应将作品的绝大部分帧数据量控制在最高实时传输速度以下。

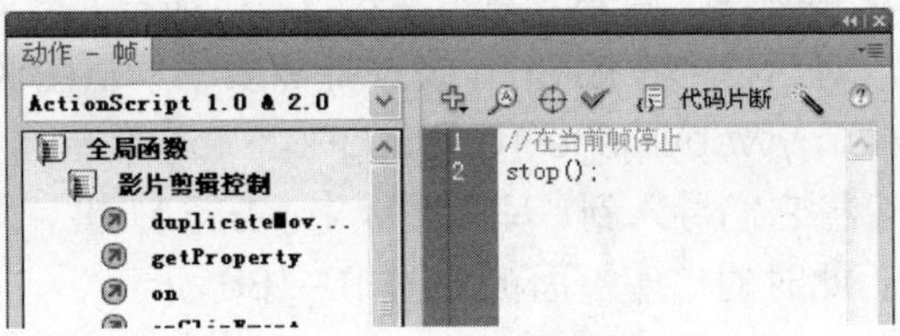

图 10-188 “动作”面板

10 选中舞台上的按钮元件实例，按 F9 键，打开关于此按钮的“动作”面板，在编辑区中输入以下动作语句如图 10-189 所示。

```
//当按下按钮，播放下一帧
on (press) {
 this.nextFrame();
}
```

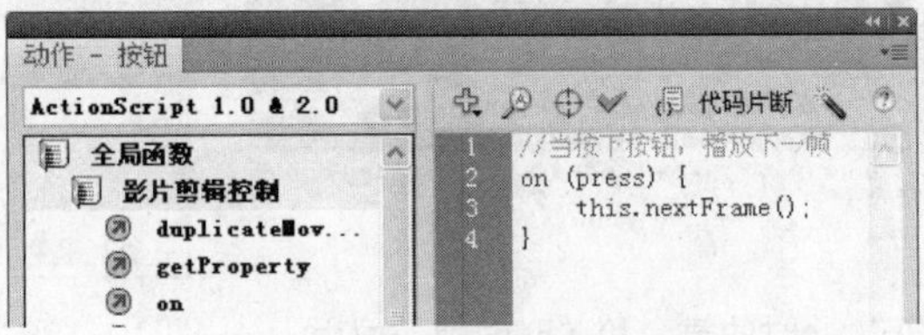

图 10-189 “动作”面板

11 多次单击“时间轴”面板左下角的“新建图层”按钮，分别新建“图层 2”～“图层 4”。选中“图层 2”中的第 2 帧，按 F6 键，插入一个关键帧。

12 重复步骤 7～10，依次将其他 3 幅图像放置在不同层的不同帧上，并在“图层 2”、“图层 3”的帧和按钮的“动作”面板中输入如上所示的动作语句，效果分别如图 10-190 所示。

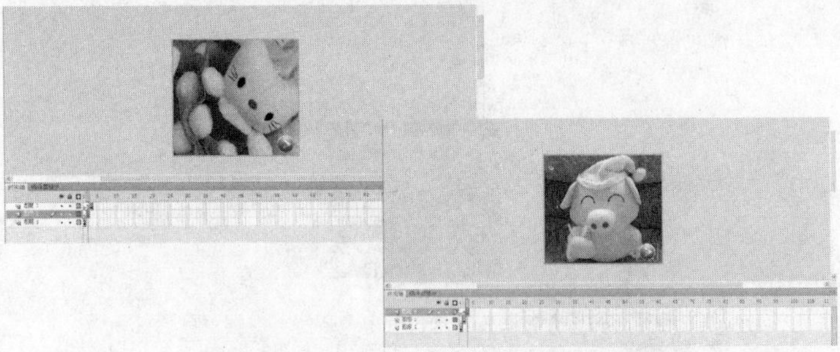

图层 2 中的第 2 帧　　图层 3 中的第 3 帧

图 10-190 在不同图层的不同帧上放置图像

13 对于“图层 4”，在其“动作-帧”面板中输入如上的动作语句；但对于此图层中的按钮，则需输入以下动作语句，如图 10-191 所示。

```
//当释放按钮时，动画跳转到第 1 帧并停止
```

相关知识 导出动画文件

导出动画文件的操作方法如下。

（1）打开要导出的动画文件。

（2）选择“文件”→“导出”→“导出影片”命令，弹出如下所示的“导出影片”对话框。

（3）在“文件名”下拉列表框中输入文件名称，然后从“保存类型”下拉列表框中选择一种输出文件类型，如选择.swf 文件类型，单击“保存”按钮，弹出如下所示的“导出 SWF 影片”进度对话框，稍后即可完成导出动画文件操作。

相关知识 Flash Player（.swf）

在 Flash CS5 中，可以导出多种格式的动画或图形文件。下面介绍一种比较常用的导出格式——Flash Player（.swf）。

Flash Player（.swf）是 Flash CS5 默认的作品导出格式，这种格式不仅可以播放所有在编辑时设计的动画效果和交互功能，还可以为文件设置保护。

```
on(press){
gotoAndStop(1);
}
```

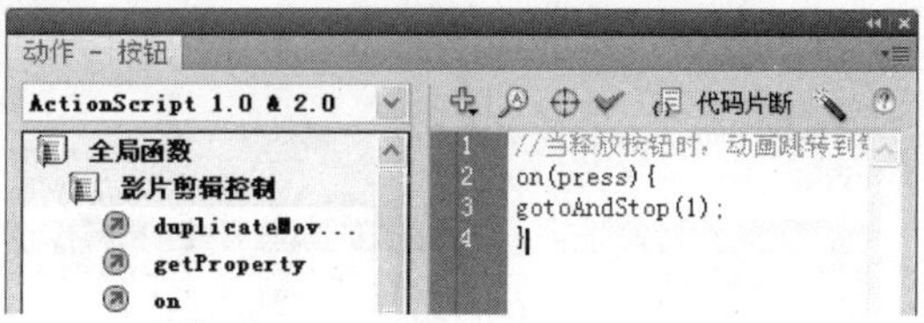

图 10-191　为按钮输入动作语句

14 此时的舞台与“时间轴”面板如图 10-192 所示。

图 10-192　此时的舞台与“时间轴”面板

15 按 Ctrl+Enter 组合键，测试动画，得到最终效果。

实例 10-10 自潮一派购物网站（四）

下面使用 Fireworks CS5 将打开的多个图像文件制作成图像欣赏动画，其中用到了“状态”面板。运行后，图像将依次展现，效果如图 10-193 所示。

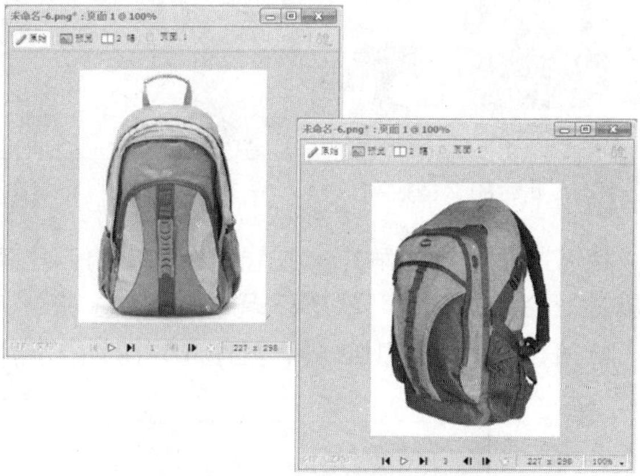

图 10-193　实例最终效果

在浏览网页时常见的具有交互功能的动画，采用的就是这种格式。这种以.swf 为后缀的文件，能保存源程序中的动画、声音等全部内容，但需要在浏览器中安装 Flash 播放器插件才能看到。

此格式根据执行命令的不同，所生成的作品内容也是不同的。如果选择“文件”→“导出”→“导出图像”命令，将会导出一个只包含当前帧内容的 Flash 动画作品；如果选择“文件”→“导出”→“导出影片”命令，则会生成一个完整的动画作品。

实例 10-10 说明

知识点：

- “状态”面板
- “状态延迟”面板
- 导出 GIF 动画

视频教程：

光盘\教学\第 10 章　网页制作综合实战演练

效果文件：

光盘\素材与效果\myweb\image\10\53.gif

实例演示：

光盘\实例\第 10 章\自潮一派购物网站（四）

操作技巧　如何对图像进行切片

对图像进行切片的操作方法如下。

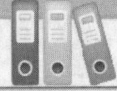

（1）选择“文件”→“打开”命令，打开一个图像文件，如下所示。

（2）在工具箱中选择文本工具T，在其“属性”面板中设置适当的文字属性，然后在图像上输入垂直排列的文字“保护地球行动”，如下所示。

（3）在工具箱中选择切片工具，在输入的文字区域拖曳，创建一个矩形切片。此时可以看到切片四周带有控制点，如下所示。

（4）将切片选中，选择“窗口”→URL 命令，打开如下所示的 URL 面板。

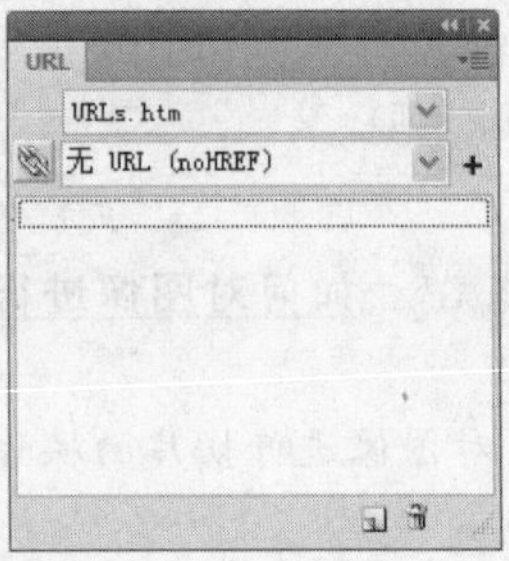

操作步骤

1 选择“文件”→“打开”命令，打开“打开”对话框，在其中选中 4 幅背包图像（光盘\素材与效果\myweb\image\10\49.jpg～52.jpg），并选中下方的“以动画打开”复选框，如图 10-194 所示。

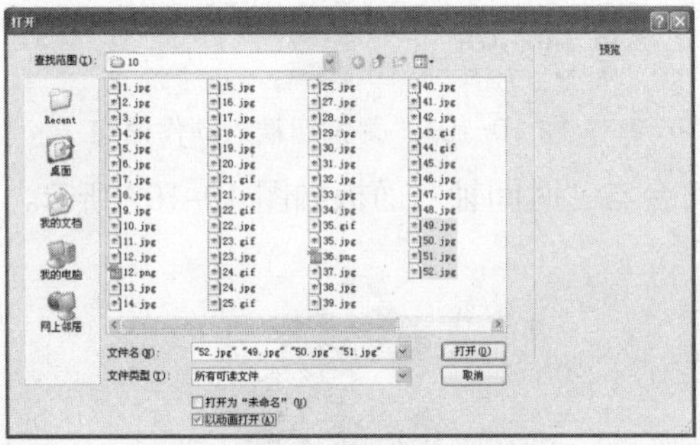

图 10-194 “打开”对话框

2 单击“打开”按钮，即可将所选图像在同一文档中打开，效果如图 10-195 所示。

3 选择“窗口”→“状态”命令，打开“状态”面板，按住 Shift 键不放，将其中的 4 个状态全部选中，如图 10-196 所示。

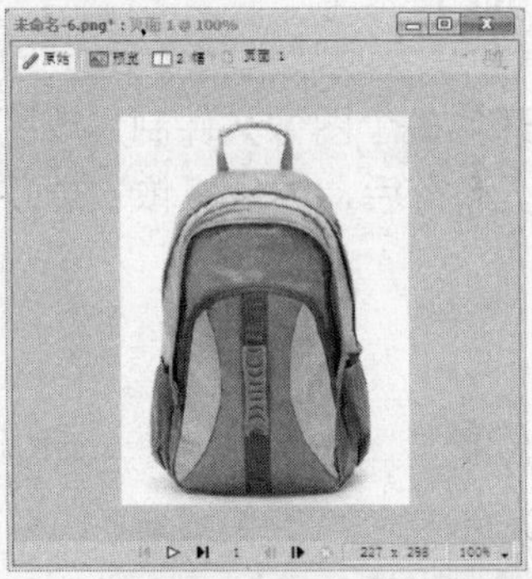

图 10-195 此时的文档效果

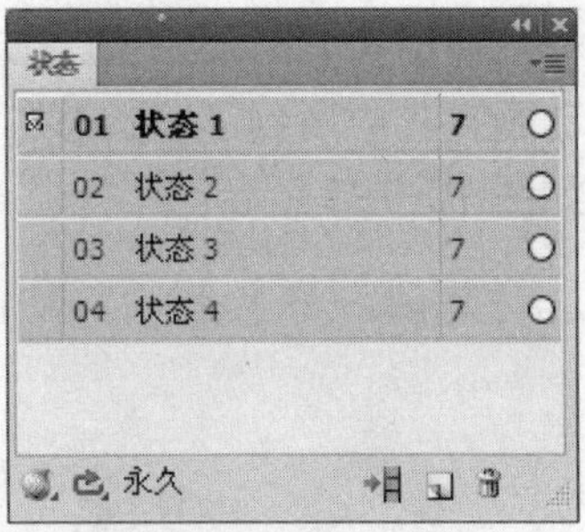

图 10-196 将状态全选

4 单击“状态”面板右上角的按钮，在弹出的下拉菜单中选择“属性”命令，打开“状态延迟”面板，在其中将“状态延迟”的值设置为 260/100 秒，如图 10-197 所示。

图 10-197 设置“状态延迟”

5 按 Enter 键，关闭此面板。此时的“状态”面板如图 10-198 所示。

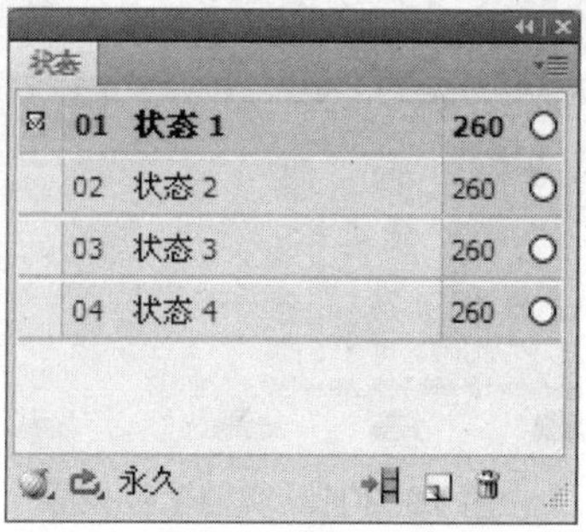

图 10-198　此时的“状态”面板

6 单击文档窗口右下角的“播放/停止”按钮 ▷，即可以动画的方式浏览打开的图像了，即得到最终效果。

7 因为要将上面制作的效果应用到网页中，所以要将 PNG 格式的文件导出为 GIF 格式的文件。选择“窗口”→“优化”命令，打开“优化”面板，在“导出文件格式”下拉列表框中选择“GIF 动画”选项，如图 10-199 所示。

8 选择“文件”→“导出”命令，打开“导出”对话框，在其中设置导出 GIF 文件的名称和保存位置，并在“导出”下拉列表框中选择“仅图像”选项，如图 10-200 所示。

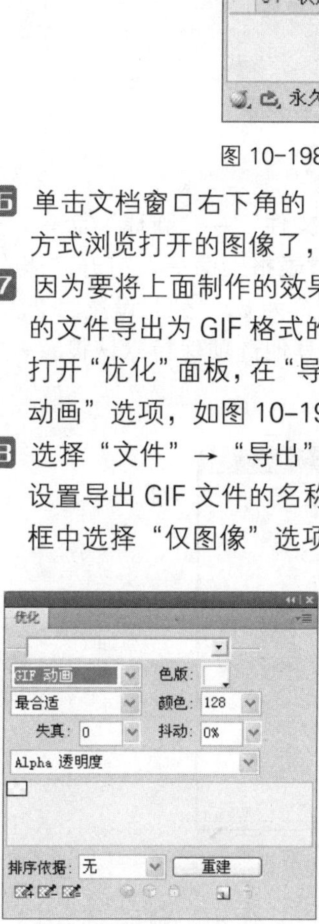

图 10-199　“优化”面板

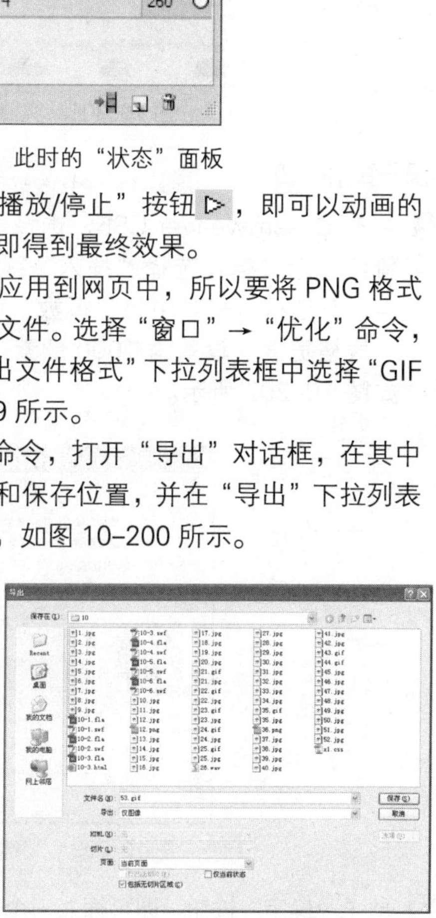

图 10-200　“导出”对话框

9 单击“保存”按钮，即可将此动画效果以 GIF 格式导出，以备制作网页时使用。

实例 10-11 自潮一派购物网站（五）

本实例将使用 Dreamweaver CS5 将上面制作的网页动画内容应用到网页中，其中还包括网页表单、隔距边框表格以及网页移动文字等效果的制作，最后得到时尚而清新的网页效果，如图 10-201 所示。

（5）在“当前 URL”下拉列表框中输入链接地址，也可以在“属性”面板的“链接”文本框中输入链接地址；在“替换”文本框中输入文字“单击了解详情”；在“目标”下拉列表框中选择-blank 选项，如下所示。

（6）按 F12 键，预览页面，将鼠标置于文字的上方，会显示出文字“单击了解详情”，如下所示。

（7）在切片上单击，可打开一个新的浏览窗口，即打开链接窗口，如下所示。

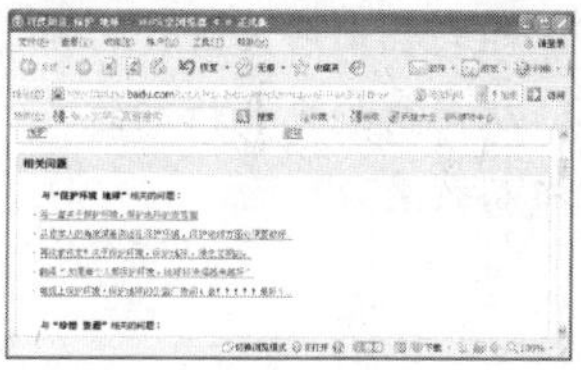

重点提示　关于切片

对于创建的切片，可以对其进行各种编辑操作，如复制、粘贴、剪切、缩放、变形、删除等。操作方法与其他对象相同。

实例 10-11 说明

知识点：

- 插入动画文件
- 插入表单元素
- 应用 CSS 样式
- 应用 HTML 语言

视频教程：

光盘\教学\第 10 章　网页制作综合实战演练

效果文件：

光盘\素材与效果\myweb\html\10\10-3.html

实例演示：

光盘\实例\第 10 章\自潮一派购物网站（五）

相关知识　什么是可视化助理功能

Dreamweaver CS5 提供了可视化助理功能，包括标尺、辅助线、布局网格等，可以起到辅助网页设计的作用，从而得到更加精准的网页布局效果。

相关知识　什么是标尺

在制作网页时，如果需要对网页元素的位置进行精确定义，就要用到标尺功能。标尺通常显示在页面的左边框和上边框上，以像素、英寸或厘米为单位，主要用来测量、组织和规划布局。

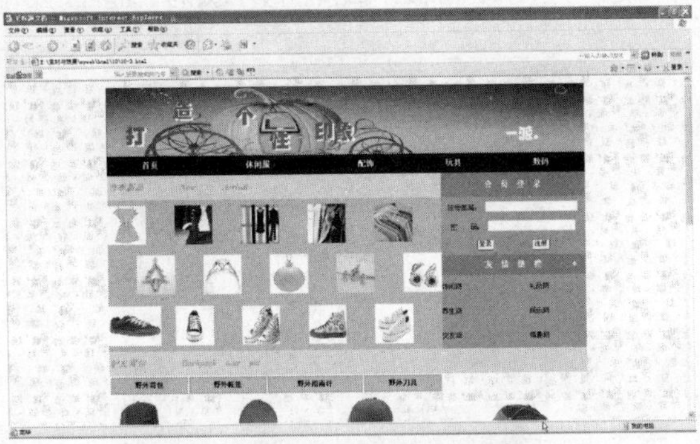

图 10-201　实例最终效果

操作步骤

1 打开 Dreamweaver CS5，选择“文件”→“新建”命令，新建一个文档。选择“插入”→“表格”命令，打开“表格”对话框，在其中将“行数”设置为 6，“列”设置为 2，“表格宽度”设置为 1000 像素，其他选项保持默认设置，如图 10-202 所示。

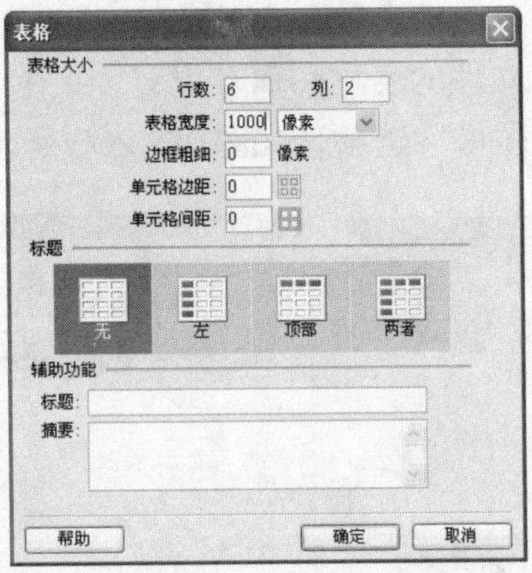

图 10-202　“表格”对话框

2 单击“确定”按钮，即可插入一个表格。在其“属性”面板中，将对齐方式设置为“居中对齐”，得到如图 10-203 所示的效果。

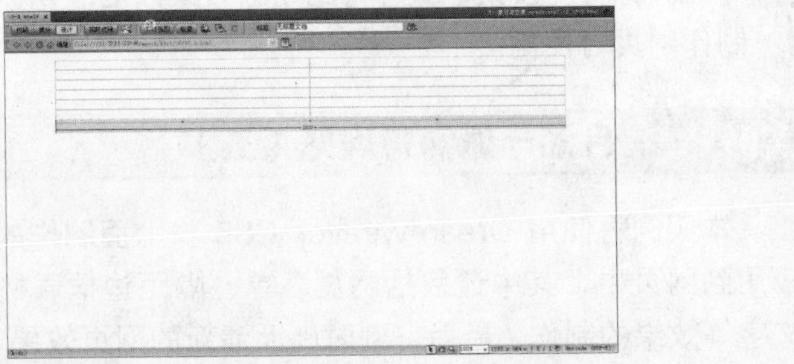

图 10-203　插入一个表格并设置其对齐方式

3 合并表格第 1 行，然后将光标置于此行中，选择“插入”→“媒体”→“SWF”命令，打开“选择 SWF”对话框，在其中选择前面制作的动画文件（光盘\素材与效果\myweb\image\10\10-4.swf），如图 10-204 所示。

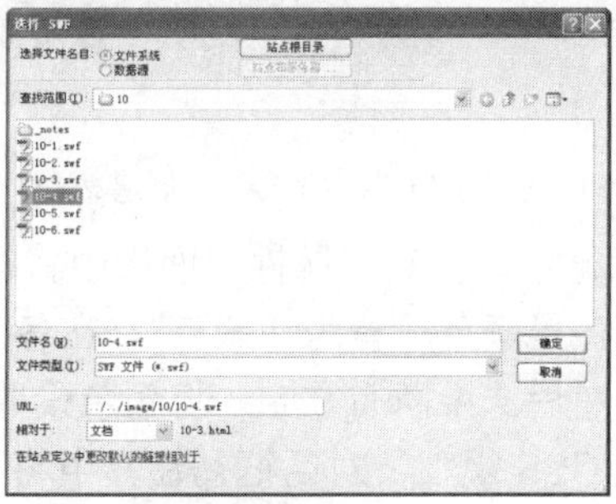

图 10-204 “选择 SWF”对话框

4 单击“确定”按钮，即可将此文件插入此行中。单击“属性”面板中的“播放”按钮，即可看到动画效果，如图 10-205 所示。

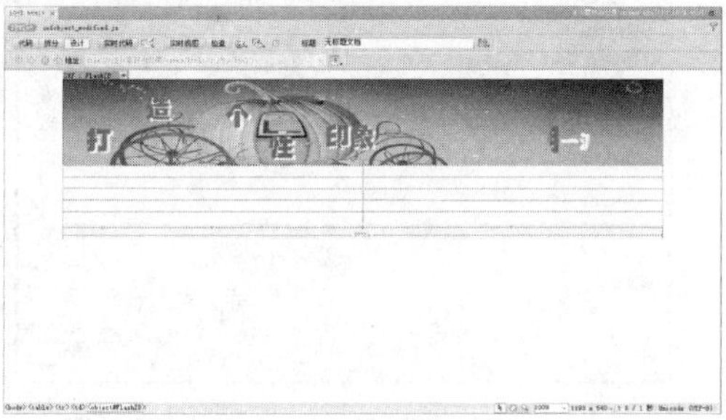

图 10-205 插入的动画文件效果

5 合并表格第 2 行，然后将光标置于此行中，选择“插入”→“表格”命令，打开“表格”对话框，在其中将“行数”设置为 1，“列”设置为 5，“表格宽度”设置为 1000 像素，其他保持默认设置，如图 10-206 所示。

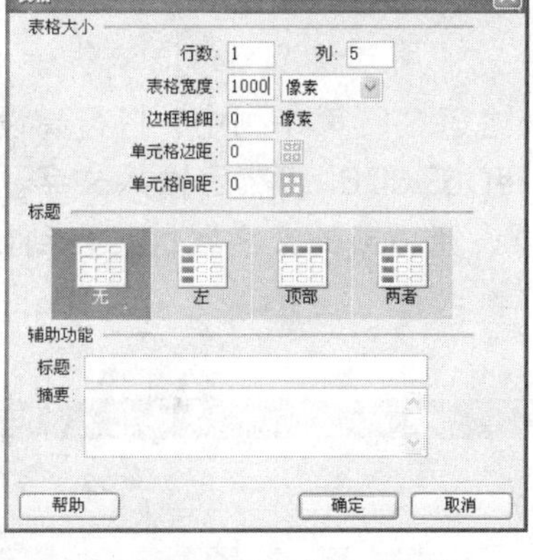

图 10-206 “表格”对话框

相关知识 如何使用标尺

选择“查看”→“标尺”→“显示”命令，即可在文档中显示出标尺，如下所示。

标尺的基本操作主要包括以下几种。

1. 设置标尺的原点

单击标尺左上角的原点图标，然后拖至页面上的任意位置，释放鼠标左键后，此位置即为新标尺原点。

2. 恢复标尺的初始位置

双击标尺左上角的原点图标，或者选择“查看”→“标尺”→“重设原点”命令，即可将标尺原点恢复到初始位置。

3. 更改度量单位

选择“查看”→“标尺”命令，在弹出的子菜单中可以选择度量单位，包括像素、英寸和厘米，如下所示。

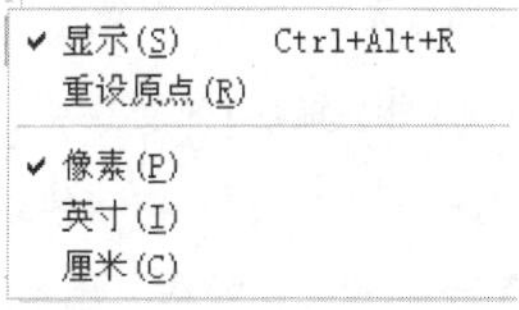

相关知识 什么是布局辅助线

利用布局辅助线可以更加准确地确定页面中元素的位置并将其对齐，还可以利用它测量页面元素的大小。

辅助线是从标尺拖动到页面上的线条。从相应的标尺处向页面中拖动，在合适的位置松开鼠标，即可创建水平辅助线和垂直辅助线，如下所示。

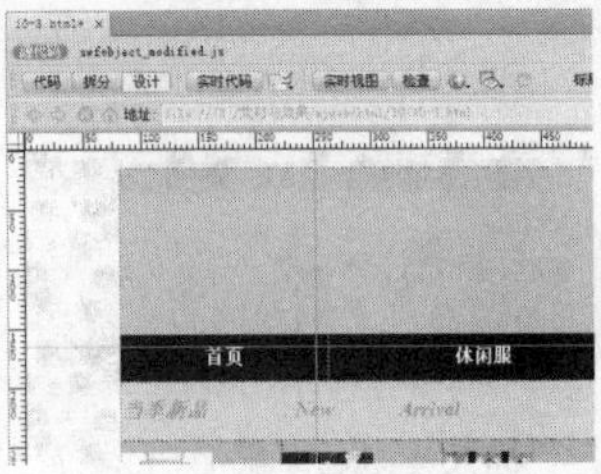

相关知识 如何使用布局辅助线

关于辅助线的使用，以下几个方面需要掌握。

1. 显示/隐藏辅助线

选择"查看"→"辅助线"→"显示辅助线"命令，即可显示辅助线。重复此命令，则又可隐藏辅助线。

2. 将页面元素靠齐辅助线

如果要将元素靠齐到辅助线，可选择"查看"→"辅助线"→"靠齐辅助线"命令。

如果要将辅助线靠齐元素，可选择"查看"→"辅助线"→"辅助线靠齐元素"命令。

3. 锁定/解锁辅助线

选择"查看"→"辅助线"→"锁定辅助线"命令，即可将辅助线设置为锁定状态。重复此命令，则解锁辅助线。

4. 精确设置辅助线位置

将鼠标指针置于辅助线上，可显示出它所处的位置。双击辅

6 单击"确定"按钮，插入一个嵌套表格（这里称之为"嵌套表格 1"），如图 10-207 所示。

图 10-207 插入一个嵌套表格

7 将光标置于此行中，在其"属性"面板中将行高设置为 40。选中此行，将背景颜色设置为"黑色"。在各个单元格中输入相应的文字，然后选中所有文字，将颜色设置为"白色"。此时弹出"新建 CSS 规则"对话框，在其中将"选择器名称"设置为 z1，其他选项保持默认设置，如图 10-208 所示。

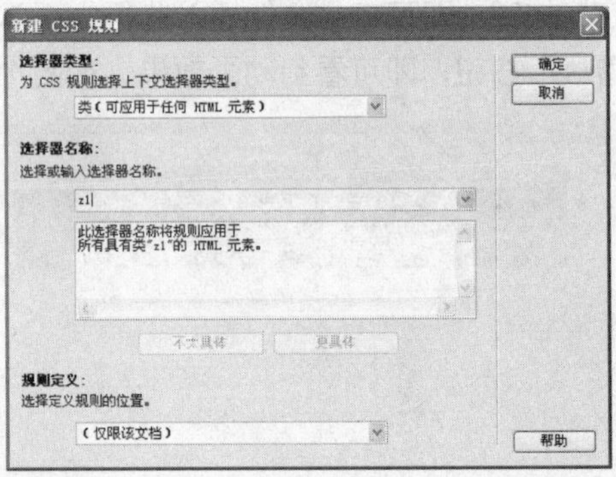

图 10-208 "新建 CSS 规则"对话框

8 单击"确定"按钮，即可得到白色的文字。设置文字的其他属性，然后居中对齐，得到如图 10-209 所示的效果。

图 10-209 得到的效果

9 将光标置于表格第 3 行第 1 列中，将行高设置为 50，背景颜色设置为"#D6D6D6"；然后输入文字，并将文字样式设置为 z2；再设置适当的文字属性，得到如图 10-210 所示的效果。

图 10-210 得到的效果

10 将光标置于表格第 4 行第 1 列中，将其拆分为 3 行，然后分别将每行拆分为 5 列，得到如图 10-211 所示的效果。

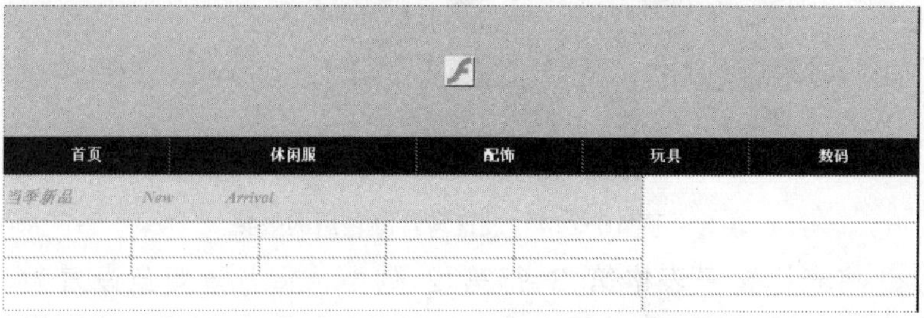

图 10-211　将第 4 行拆分后的效果

11 在拆分后的第 1 行各单元格中分别插入图像（光盘\素材与效果\myweb\image\10\54.jpg～58.jpg），然后将它们左对齐，得到如图 10-212 所示的效果。

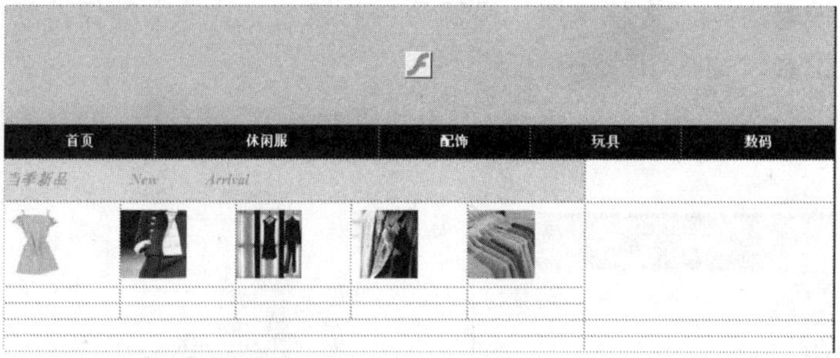

图 10-212　在拆分后的第 1 行各单元格中分别插入图像

12 按照同样的方法，在拆分后的第 2 行各单元格中插入图像（光盘\素材与效果\myweb\image\10\59.jpg～63.jpg），并将它们右对齐；在拆分后的第 3 行各单元格中插入图像（光盘\素材与效果\myweb\image\10\64.jpg～68.jpg），并将它们左对齐，效果如图 10-213 所示。

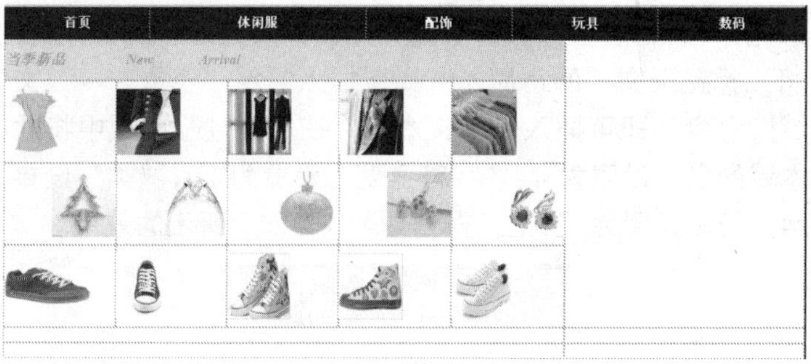

图 10-213　此时的文档效果

13 将第 4 行第 1 列全选，将其背景颜色设置为“#E8AB40”，得到如图 10-214 所示的效果。

助线，将打开如下所示的“移动辅助线”对话框。

在“位置”文本框中输入新的数值，单击“确定”按钮，即可将辅助线设置到新的位置。

5. 更改辅助线设置

选择“查看”→“辅助线”→“编辑辅助线”命令，打开如下所示的“辅助线”对话框。

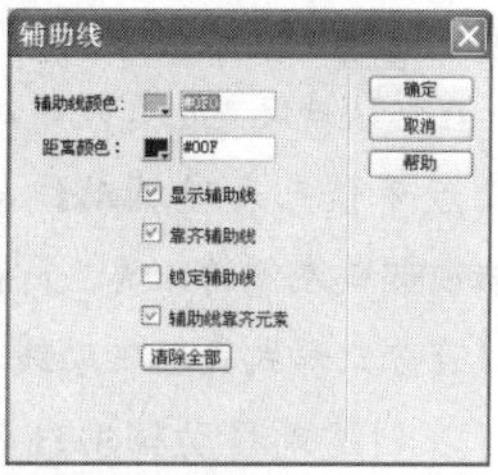

其中各项含义介绍如下。

- 辅助线颜色：用来设置辅助线的颜色。单击左侧的颜色框，在弹出的颜色列表中可以选择需要的颜色；也可在其右侧的文本框中输入颜色的十六进制值。
- 距离颜色：用来设置鼠标指针在辅助线之间时，作为距离指示器出现的线条的颜色。
- 显示辅助线：选中此复选框，可使辅助线在窗口中显示。
- 靠齐辅助线：选中此复选框，可使页面元素在页面中移动时靠齐辅助线。
- 锁定辅助线：选中此复选框，可使辅助线处于锁定状态。

- 辅助线靠齐元素：选中此复选框，可使辅助线在拖动时靠齐页面上的元素。
- 清除全部：单击此按钮，可将页面中的所有辅助线清除。

6. 删除辅助线

选择“查看”→“辅助线”→“清除辅助线”命令，可将所有辅助线清除；如果要删除指定的辅助线，将该辅助线直接从页面中拖离即可。

重点提示 **如何以百分比形式表现辅助线**

在默认情况下，是以绝对像素度量值来表现辅助线与文档顶部或左侧的距离，如果要以百分比形式表现辅助线，则可在创建或移动辅助线时按住 Shift 键。

相关知识 **什么是布局网格**

网格功能对于准确定位页面元素起到了非常重要的作用，可用来对齐页面中的元素。网格在窗口中显示为一系列的水平线和垂直线。

相关知识 **如何使用布局网格**

关于布局网格的使用，以下几个方面需要掌握。

1. 显示/隐藏网格

选择“查看”→“网格设置”→“显示网格”命令，即可在页面文档中显示出网格，如下所示。

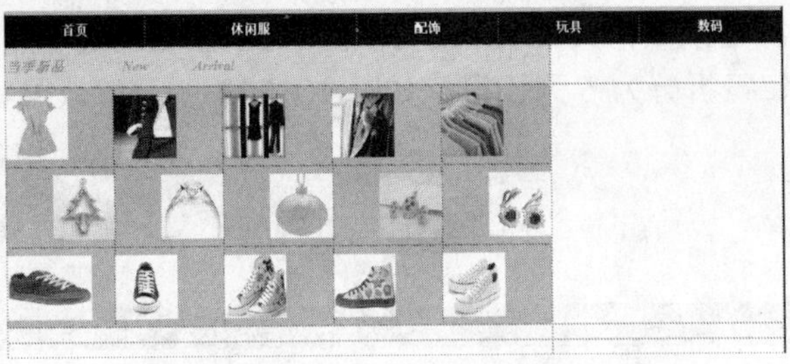

图 10-214　设置背景颜色后的效果

14 将光标置于表格第 3 行第 2 列中，将背景颜色设置为“#666666”。在此行中输入文字“会员登录”，设置文字样式为 z3。设置适当的文字属性，并居中对齐，得到如图 10-215 所示的效果。

15 将光标置于表格第 4 行第 2 列中，选择“插入”→“表格”命令，打开“表格”对话框，在其中将“行数”设置为 7，“列”设置为 1，“表格宽度”设置为 300 像素，其他选项保持默认设置，如图 10-216 所示。

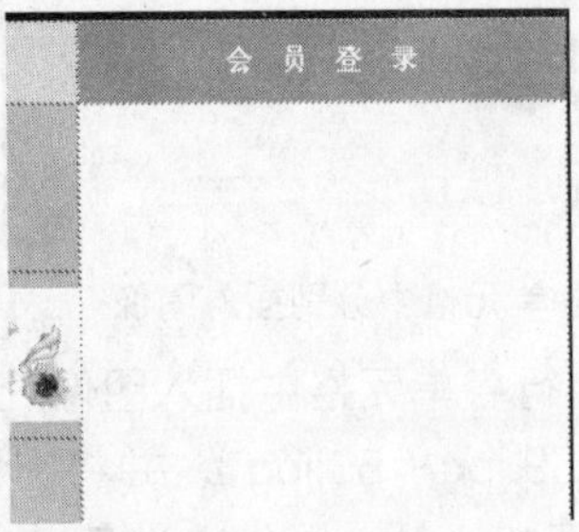

图 10-215　得到的效果

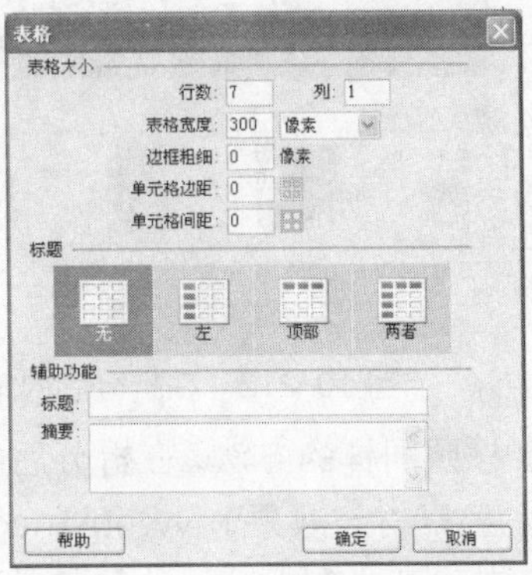

图 10-216　“表格”对话框

16 单击“确定”按钮，插入一个表格（在此称之为“嵌套表格 2”）。将光标置于嵌套表格 2 的第 1 行中，输入文字“注册邮箱:”，然后将文字样式设置为 z4，并设置适当的文字属性。

17 将光标置于文字的后面，选择“插入”→“表单”→“文本域”命令，即可插入一个文本域。在“属性”面板中将此文本域的名称设置为 1，“字符宽度”设置为 26，“类”设置为 z4，行高设置为“40”，得到如图 10-217 所示的效果。

图 10-217　插入一个文本域

18 将光标置于嵌套表格 2 的第 2 行中，输入文字“密码:”；使用同样的方法插入一个文本域，然后在“属性”面板中将此文本域的名称设置为 2，“字符宽度”设置为 26，“类型”设置为“密码”，“类”设置为 z4，行高设置为 40，得到如图 10-218 所示的效果。

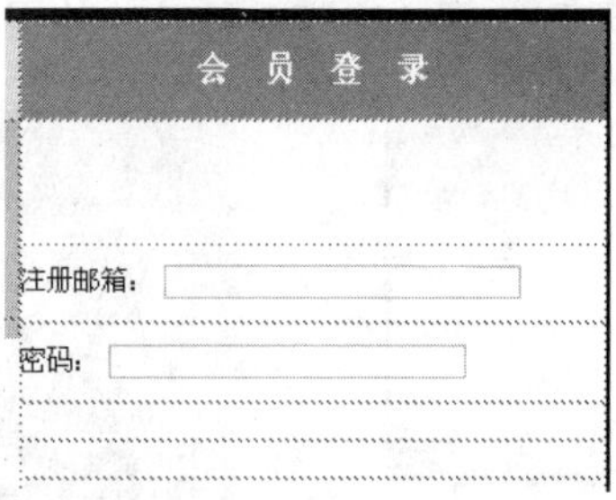

图 10-218　再插入一个文本域

19 将光标置于嵌套表格 2 的第 3 行中，选择“插入”→“表单”→“按钮”命令，插入一个按钮。在其“属性”面板中将“值”设置为“登录”，“动作”设置为“提交表单”，如图 10-219 所示。

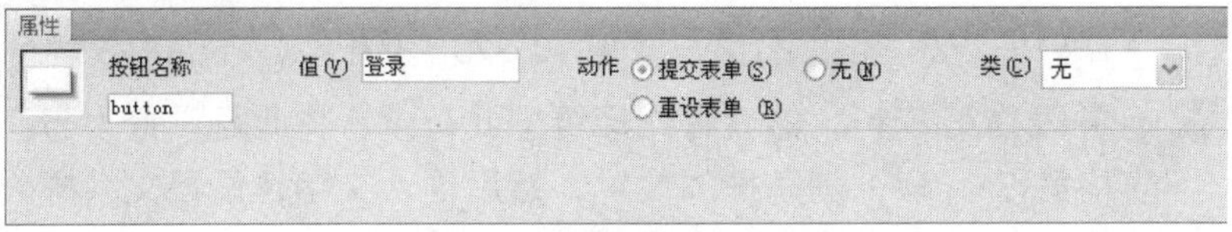

图 10-219　“属性”面板

20 此时即可插入一个显示为“登录”的按钮。使用同样的方法，再插入一个按钮。在其“属性”面板中将“值”设置为“注册”，“动作”设置为“提交表单”，行高设置为 40。然后设置这两个按钮的对齐方式为“居中对齐”，得到如图 10-220 所示的效果。

21 将光标置于嵌套表格 2 的第 4 行中，在其“属性”面板中将背景颜色设置为“#666666”，行高设置为 50，然后输入文字“友情链接”，设置文字样式为 z3，得到如图 10-221 所示的效果。

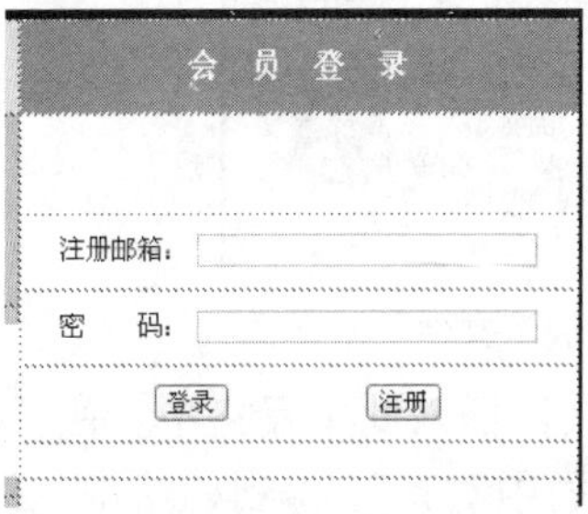

图 10-220　插入的两个按钮

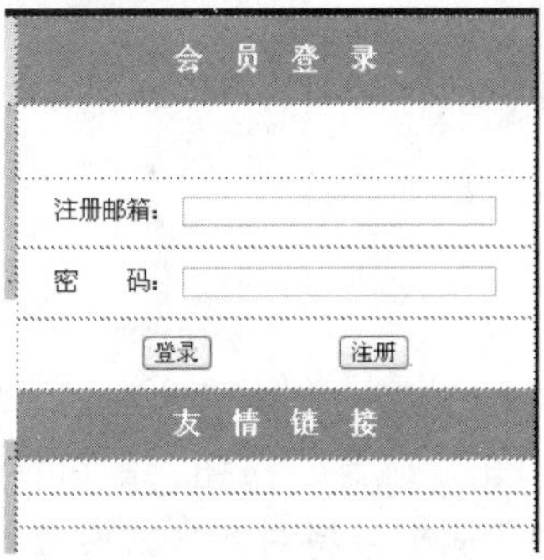

图 10-221　得到的效果

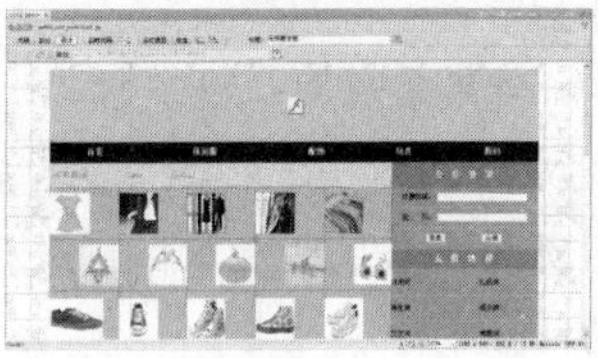

重复此操作，则可隐藏网格。

2. 更改网格设置

如果要更改网格的设置，可选择“查看”→“网格设置”→“网格设置”命令，打开如下所示的“网格设置”对话框。

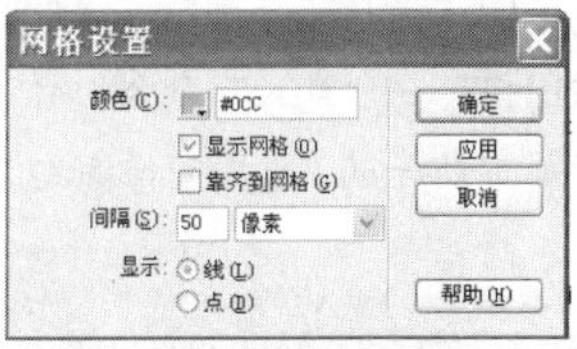

其中各项含义介绍如下。

- 颜色：用来设置网格线的颜色。单击右侧的颜色框，在弹出的颜色列表中可以选择需要的颜色；也可在其右侧的文本框中输入颜色的十六进制值。
- 显示网格：选中此复选框，可使网格在页面文档中显示。
- 靠齐到网格：选中此复选框，可使页面元素靠齐到网格线。
- 间距：用来设置网格线间的距离。单击其右侧的下拉按钮，在弹出的下拉列表框中可以选择单位，包括“像素”、“英寸”和“厘米”。
- 显示：用来设置网格线显示为线还是显示为点。

相关知识 什么是跟踪图像功能

使用跟踪图像功能可以载入某网页布局，然后根据此网页的布局来设定正在制作的网页布局。

相关知识 如何使用跟踪图像功能

关于跟踪图像功能的使用，以下几个方面需要掌握。

1. 将跟踪图像载入文档

（1）选择“查看”→“跟踪图像”→“载入”命令，打开如下所示的“选择图像源文件”对话框。

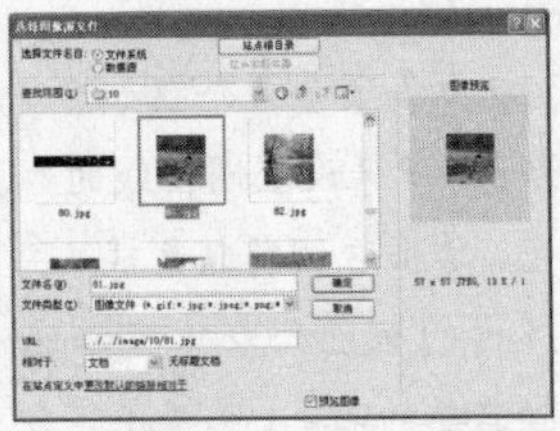

（2）在此对话框中选择要载入的图像文件，单击“确定”按钮，弹出“页面属性”对话框。在“分类”列表框中默认选中了“跟踪图像”选项，在右侧的“透明度”栏中可以设置跟踪图像的透明度值，如下所示。

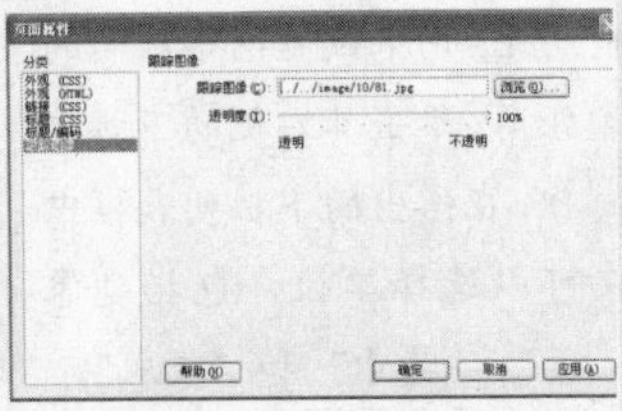

（3）完成设置后，单击“确定”按钮，即可将选定的图像载入到页面文档中，如下所示。

22 依次在嵌套表格 2 的第 5、6、7 行中输入文字，设置文字样式为 z4。选中这些文字，在“属性”面板中将对齐方式设置为“左对齐”。选中这 3 行，在“属性”面板中将行高设置为 50，得到如图 10-222 所示的效果。

23 将嵌套表格 2 中除第 4 行以外的行的背景颜色均设置为“#849564”，得到如图 10-223 所示的效果。

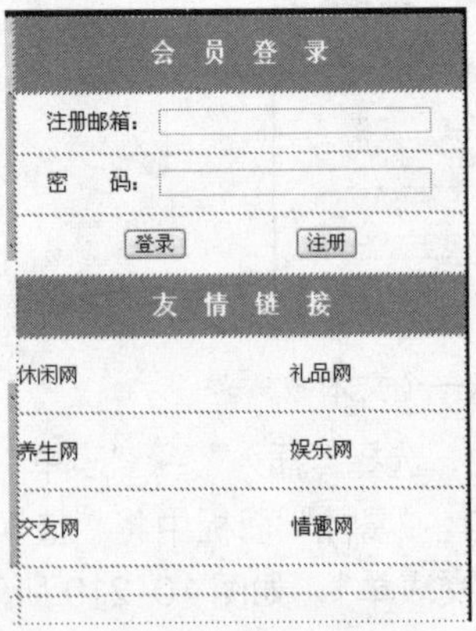

图 10-222 得到的效果

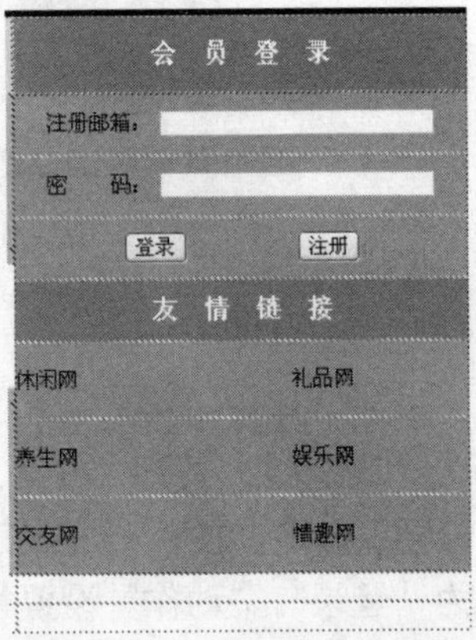

图 10-223 设置背景颜色后的效果

24 合并表格第 5 行，然后将光标置于此行中，将此行设置为与表格第 3 行第 1 列同样的效果，然后输入文字，设置文字样式为 z2，得到如图 10-224 所示的效果。

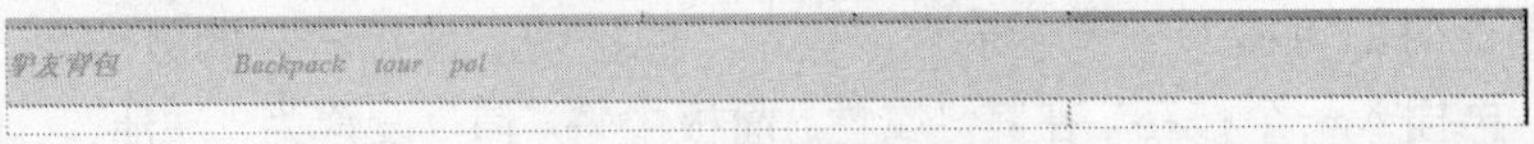

图 10-224 得到的效果

25 将光标置于表格第 6 行第 2 列中，选择“插入”→“图像”命令，在弹出的“选择图像源文件”对话框中选择前面制作的动画文件（光盘\素材与效果\myweb\image\10\53.gif），如图 10-225 所示。

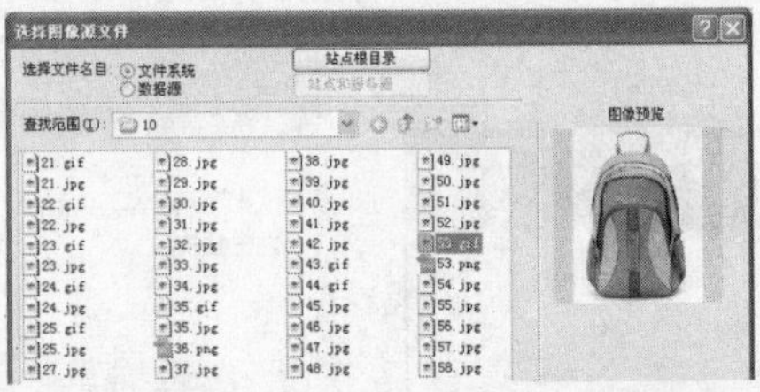

图 10-225 “选择图像源文件”对话框

26 单击“确定”按钮，即可将此文件插入此单元格中。在“属性”面板中将对齐方式设置为“居中对齐”，得到如图 10-226 所示的效果。

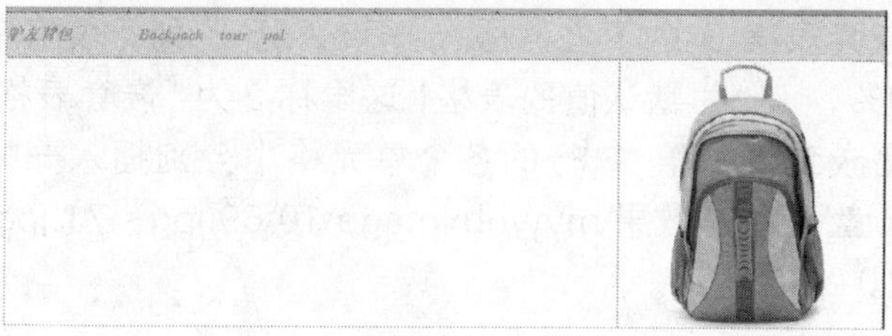

图 10-226 得到的效果

27 将光标置于表格第 6 行第 1 列中，插入一个 1 行 4 列、表格宽度为 700 像素的表格（这里称之为“嵌套表格 3”）。将行高设置为 30，背景颜色设置为“#849564”，填充设置为“2”，间距设置为 3，得到如图 10-227 所示的表格效果。

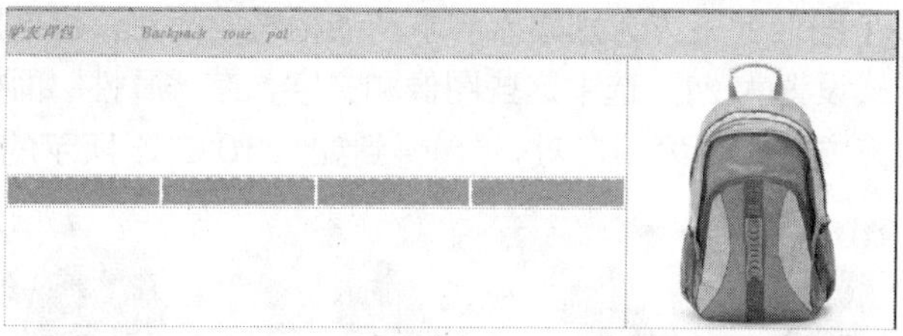

图 10-227 得到的表格效果

28 在嵌套表格 3 的各个单元格中分别插入一个 1 行 1 列的嵌套表格，将表格宽度设置为 100%，行高设置为 30，边框粗细、填充以及间距均设置为 0，背景颜色设置为“#E8AB40”，得到如图 10-228 所示的隔距边框表格效果。

图 10-228 得到隔距边框表格效果

29 在嵌套表格 3 的各个单元格中分别输入文字，将文字样式设置为 z5，然后将它们居中对齐，得到如图 10-229 所示的效果。

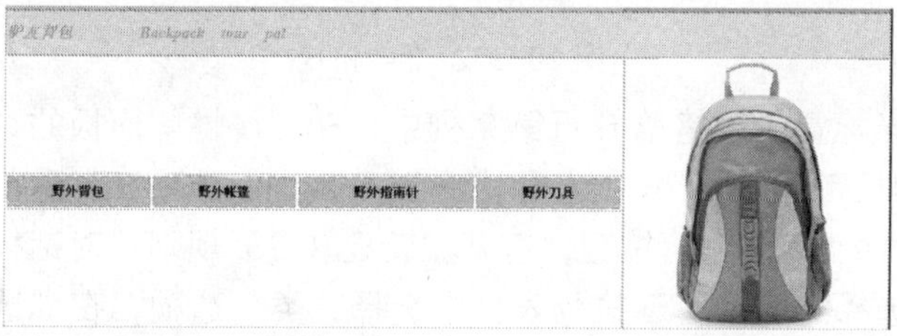

图 10-229 得到的效果

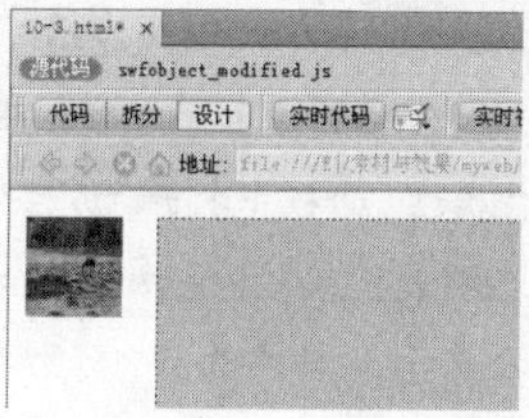

2. 显示/隐藏跟踪图像

选择“查看”→“跟踪图像”→“显示”命令，即可显示跟踪图像；重复此操作，则隐藏跟踪图像。

3. 将跟踪图像与所选元素对齐

在页面文档中选择一个元素，然后选择“查看”→“跟踪图像”→“对齐所选范围”命令，跟踪图像的左上角就会与所选元素的左上角对齐。

4. 调整跟踪图像的位置

选择“查看”→“跟踪图像”→“调整位置”命令，弹出如下所示的“调整跟踪图像位置”对话框。

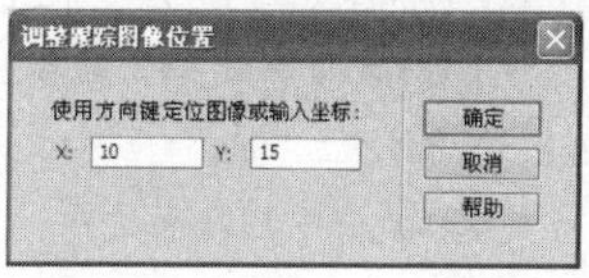

在 X 和 Y 文本框中输入新的坐标值，然后单击“确定”按钮，即可将跟踪图像调整到新的位置。

5. 重设跟踪图像位置

选择“查看”→“跟踪图像”→“重设位置”命令，可以将跟踪图像复位。

30 在嵌套表格 3 的下方再插入一个 2 行 3 列、表格宽度为 100%，其他为默认值的表格（这里称之为“嵌套表格 4”）。在此嵌套表格第 1 行的各个单元格中分别插入一幅图像（光盘\素材与效果\myweb\image\10\69.jpg～71.jpg），如图 10-230 所示。

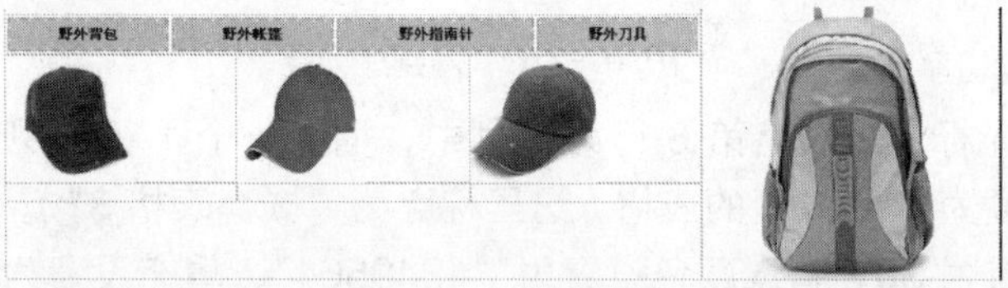

图 10-230　在第 1 行的各个单元格中分别插入一幅图像

31 在各个图像的下方分别输入与本产品相关的信息，将这些文字的样式设置为 z4。选中这些图像和文字，在“属性”面板中将其对齐方式设置为“左对齐”，得到如图 10-231 所示的效果。

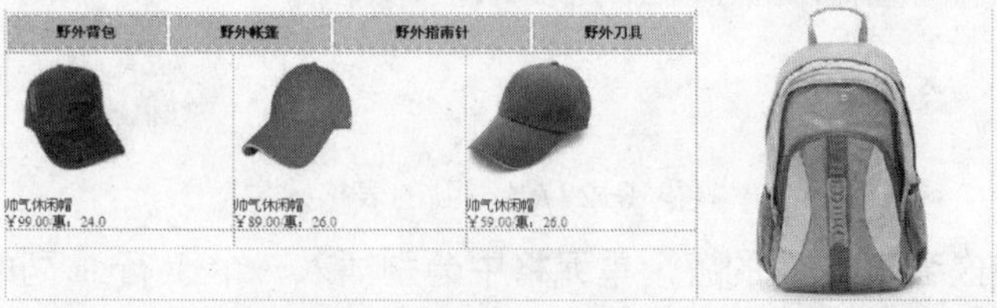

图 10-231　得到的效果

32 使用同样的方法，在嵌套表格 4 第 2 行的各个单元格中分别插入一幅图像（光盘\素材与效果\myweb\image\10\72.jpg～74.jpg），并在下方输入与本产品相关的信息，然后左对齐，得到如图 10-232 所示的效果。

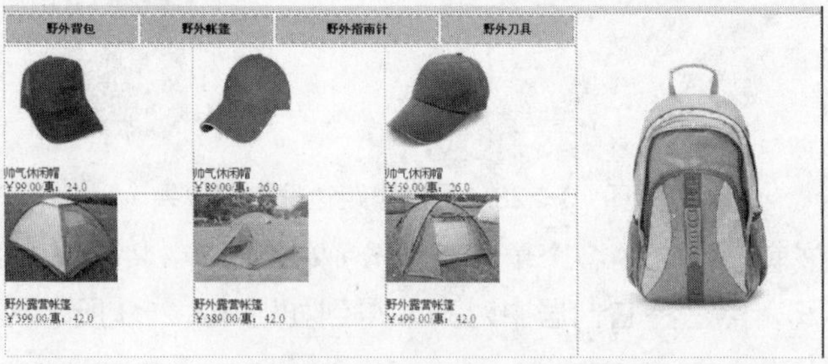

图 10-232　得到的效果

33 将光标置于表格第 6 行第 2 列中，在“属性”面板的“目标规则”下拉列表框中选择“新 CSS 规则”选项，然后单击其下方的 编辑规则 按钮，打开“新建 CSS 规则”对话框。在“选择器类型”下拉列表框中选择“类”选项，在“选择器名称”下拉列表框中输入“bj”，在“规则定义”下拉列表框中选择“(仅限该文档)”选项，如图 10-233 所示。

相关知识　表单的提交方法

将光标置于表单域中，在其“属性”面板中打开“方法”下拉列表框，从中选择表单的提交方法。

- GET：这种方法传送的速度快，但是能携带的数据量小。它将表单中的数据附在 Action 中指定的地址末尾传送出去（地址总长度不能超过 8192 个字符），因此所传送的数据会在浏览器的地址栏中显示出来。
- POST：这种方法可携带的数据量大，它是将表单中的数据作为一个文件（POSTDATA.ATT）提交的。
- 默认：选择此项，则数据提交方法由浏览器决定，通常为 GET。

相关知识　创建单选按钮

使用单选按钮可以在多个选项中选择一个，并且只能选择一个。

创建单选按钮的方法如下。

（1）将光标置于要创建单选按钮的位置。

（2）执行下列操作之一：

- 选择“插入”→“表单”→“单选按钮”命令。
- 在“插入”面板中单击“表单”栏下的“单选按钮”按钮。

这样就可以在光标处插入一个单选按钮，如下所示。

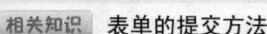

性别：○ 男　○ 女

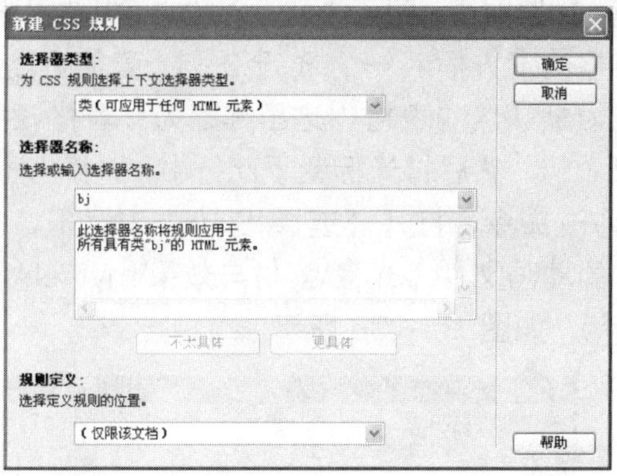

图 10-233 “新建 CSS 规则”对话框

34 单击“确定”按钮，打开对应的规则定义对话框。在“分类”列表框中选择“背景”选项，单击“背景图像”右侧的“浏览”按钮，在打开的“选择图像源文件”对话框中选择一幅图像（光盘\素材与效果\myweb\image\10\75.gif）作为单元格的背景图像，单击“确定”按钮，即可为此单元格添加指定的背景图像，效果如图 10-234 所示。

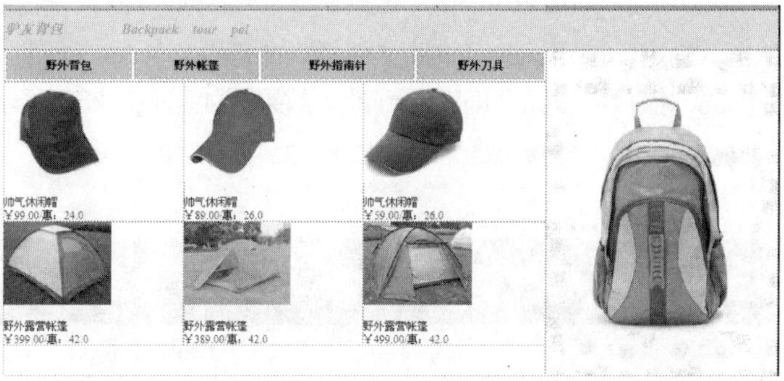

图 10-234 为单元格添加背景图像后的效果

35 将光标置于表格第 6 行第 1 列的下方部位，在“属性”面板的“目标规则”下拉列表框中选择“.bj”选项，即可为此单元格应用同样的背景图像。在其中输入文字，然后选中这些文字，并设置适当的文字属性，得到如图 10-235 所示的效果。

图 10-235 设置背景图像后输入文字

36 在输入文字的前面输入以下代码：

```
<marquee style="color: #60F " scrollamount="2">
```

在输入文字的后面输入以下代码：

```
</marquee>
```

相关知识 创建单选按钮组

使用单选按钮组是为了方便地插入一组单选按钮，以免在制作单选按钮时出现错误。

创建单选按钮组的方法如下。

（1）将光标置于要创建单选按钮组的位置，如下所示。

（2）执行下列操作之一：

- 选择“插入”→“表单”→“单选按钮组”命令。
- 在“插入”面板中单击“表单”栏下的“单选按钮组”按钮。

（3）打开“单选按钮组”对话框，如下所示。

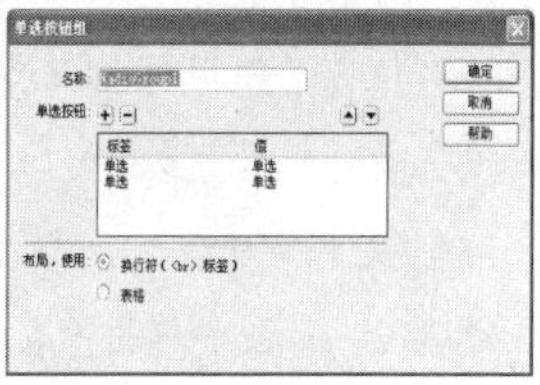

（4）在“名称”文本框中输入单选按钮组的名称。

（5）单击“标签”列的文字，使其变成可编辑状态，输入单选按钮旁的说明文字；单击“值”列的文字，输入选中单选按钮后提交的内容。

（6）在“布局，使用”栏中可以选择使用“换行符（
标签）”或“表格”来设置组中单选按钮的布局。如果选中“表格”单选按钮，则会创建一个单列的表格，并将单选按钮放到表格的左侧，将标签放在右侧。本例选中“换行符（
标签）”单选按钮。

（7）完成设置后，单击“确定按钮，即可在光标处创建单选按钮组，如下所示。

相关知识 <u>创建列表/菜单并设置属性</u>

列表/菜单是以并列表单的方式显示一组选项，根据不同的设置，可以在其中选择一项或多项。

创建列表/菜单的操作方法如下。

（1）将光标置于表单中要插入列表/菜单的位置。

（2）执行下列操作之一：

- 选择“插入”→“表单”→“列表/菜单”命令。
- 在“插入”面板中单击“表单”栏下的“选择（列表/菜单）”按钮。

这样就在光标处插入了一个列表/菜单，如下所示。

（3）在“属性”面板中可以设置如下属性。

“属性”面板（1）

“属性”面板（2）

37 按F12键，预览网页，即可看到输入的文字从右至左缓缓移动。

38 在整个表格的下方插入一个3行2列、表格宽度为1000像素，其他为默认值的表格（这里称之为“表格2”）。合并表格2的第1行，然后将光标置于此行中，选择“插入”→“媒体”→SWF命令，打开“选择SWF”对话框，在其中选择前面制作的动画文件（光盘\素材与效果\myweb\image\10\10-5.swf），如图10-236所示。

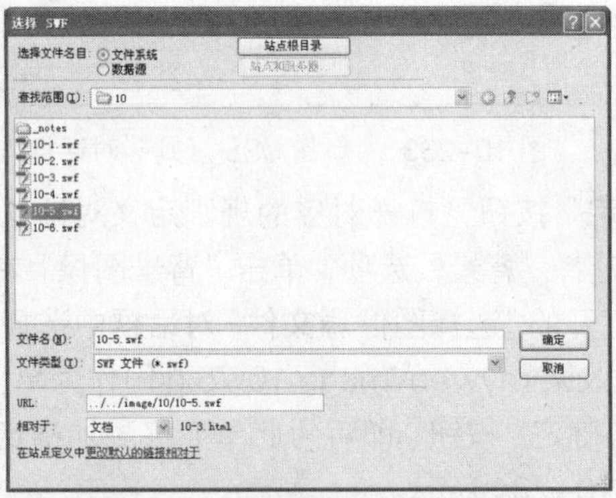

图10-236 “选择SWF”对话框

39 单击“确定”按钮，即可将此文件插入此行中。单击“属性”面板中的“播放”按钮，即可看到动画效果，如图10-237所示。

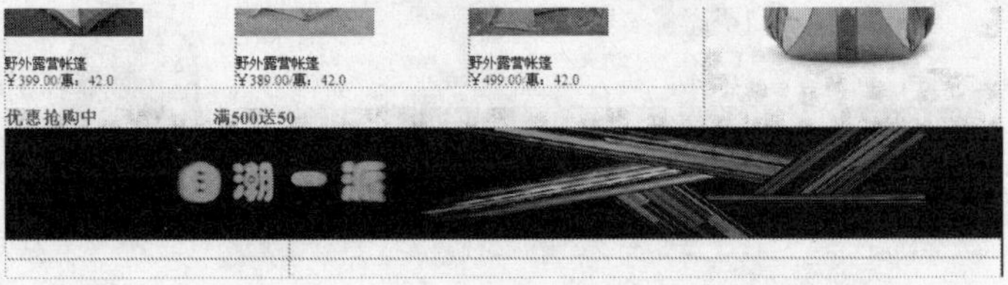

图10-237 插入动画后的效果

40 将光标置于表格2的第2行第1列中，将此单元格设置为与表格1的第3行第1列同样的效果，然后输入文字，并设置文字样式为z2，得到如图10-238所示的效果。

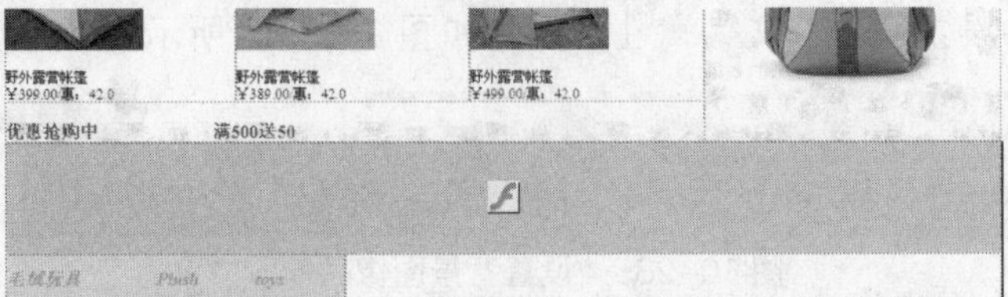

图10-238 得到的效果

41 将光标置于表格2的第3行第1列中，插入前面制作的动画文件（光盘\素材与效果\myweb\image\10\10-6.swf），效果如图10-239所示。

图 10-239　插入动画后的效果

42 将光标置于表格 2 的第 2 行第 2 列中，将其拆分为 2 列，设置背景颜色为"#333333"。分别在各列中插入图像（光盘\素材与效果\myweb\image\10\76.gif）并输入文字，设置文字样式为 z7，得到如图 10-240 所示的效果。

图 10-240　得到的效果

43 将光标置于表格 2 的第 3 行第 2 列中，插入一个 2 行 2 列、表格宽度为 100%，其他为默认值的表格（这里称之为"嵌套表格 5"）。将光标置于此嵌套表格第 1 行第 1 列中，将行高设置为 30，背景颜色设置为"#333333"，输入文字，并设置文字样式为 z8，得到如图 10-241 所示的效果。

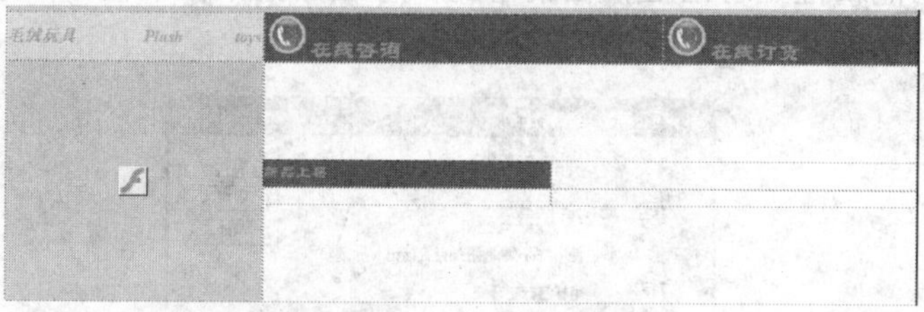

图 10-241　得到的效果

44 在嵌套表格 5 的第 2 行第 1、2 列中分别插入一幅图像（光盘\素材与效果\myweb\image\10\77.jpg～78.jpg），效果如图 10-242 所示。

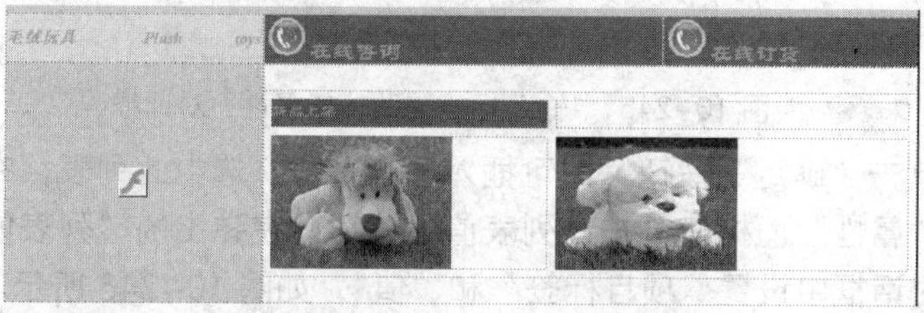

图 10-242　插入图像后的效果

- 选择：用来设置列表/菜单的名称。
- 类型：用于选择创建的对象是菜单还是列表。例如，选中"列表"单选按钮，并设置"高度"（即在列表不滚动的情况下所显示的选项数目）。如果选中"允许多选"复选框，则可以使用 Shift 键对列表中的选项进行多选，否则为单选，如下所示。

- 初始化时选定：指定列表/菜单在初始状态时默认选定的选项。
- 列表值：单击此按钮，打开如下所示的"列表值"对话框。

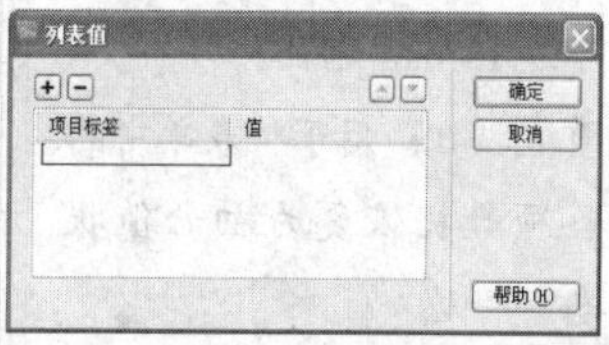

在"项目标签"下可输入列表/菜单内容；单击 + 按钮，可添加新内容；单击 − 按钮，则可删除内容。添加完成后，单击"确定"按钮，即可将内容添加到列表中。

例如，如下所示为创建的一个列表。

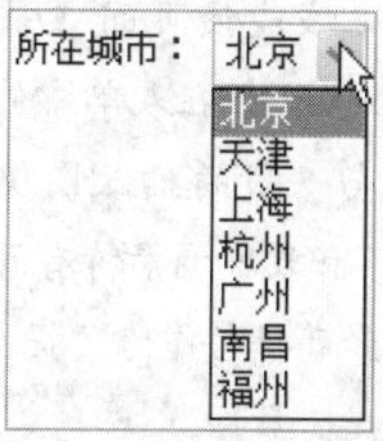

45 在插入图像的下方分别输入相关信息，将这些文字的样式设置为 z4。选中这些图像和文字，在“属性”面板中将其对齐方式设置为“居中对齐”，得到如图 10-243 所示的效果。

图 10-243　得到的效果

46 选中嵌套表格 5 的第 2 行，将其背景颜色设置为#E8AB40，得到如图 10-244 所示的效果。

图 10-244　设置背景颜色后的效果

47 将光标置于嵌套表格 5 的第 1 行第 2 列中，选择“插入”→“表单”→“选择（列表/菜单）”命令，打开“输入标签辅助功能属性”对话框，在其中的“标签”文本框中输入“选择宠物类型:”，如图 10-245 所示。

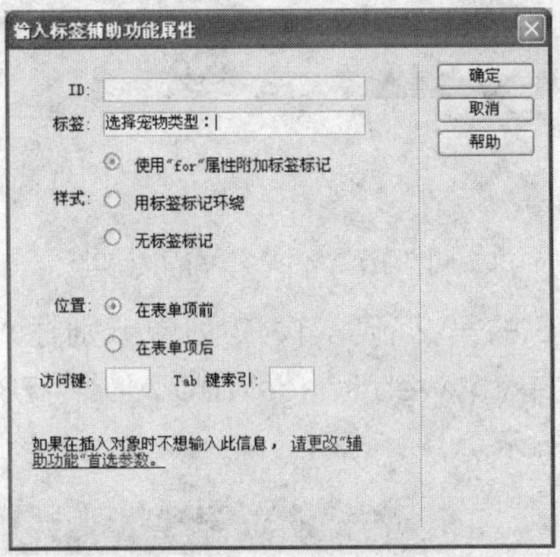

图 10-245　“输入标签辅助功能属性”对话框

48 单击“确定”按钮，即可插入一个列表。选中此列表，在其“属性”面板中单击“列表值”按钮，在弹出的“列表值”对话框中设置“项目标签”和“值”，如图 10-246 所示。

相关知识　什么是文件域

文件域由一个文本框和一个显示“浏览”字样的按钮组成，用来指定文件在本地的路径和名称。预览网页时，用户可以直接从文本框中输入文件的路径和名称，也可以单击“浏览”按钮，在弹出的对话框中选择文件。

创建文件域的方法与前面介绍的其他表单元素的方法基本相同，在此不再赘述。

相关知识　按钮的种类

按钮主要用于提交、重置表单，是一个很重要的表单元素。按钮主要分为以下 3 种：

- 提交按钮：用于将表单中的数据提交到表单域 Action 属性所指定的服务器端程序或 E-mail 地址。
- 重置按钮：用于将表单中的各项数据恢复为初始值状态。
- 命令按钮：需要编制相应的脚本程序链接到特定的函数。默认状态下添加的按钮提交类型的按钮。

创建按钮的方法与前面介绍的其他表单元素的方法基本相同，在此不再赘述。

相关知识　图像域的作用

图像域能使页面效果更加丰富、生动。在表单中创建图像域与一般的插入图像不同，它具有表单元素特有的属性，例如可将它作为“提交”按钮来提交数据。

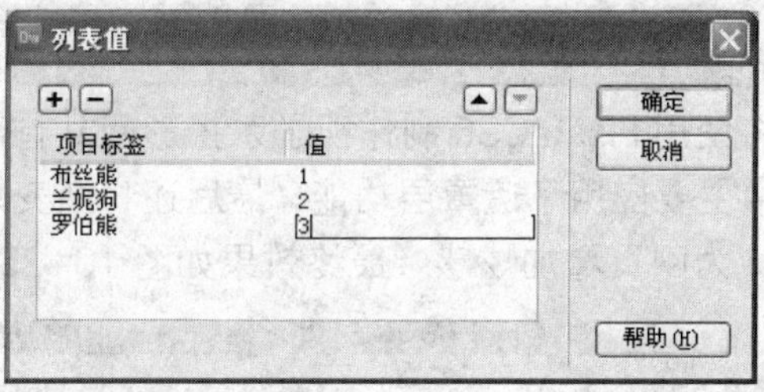

图 10-246　“列表值”对话框

49 完成设置后，单击“确定”按钮，得到如图 10-247 所示的列表效果。

图 10-247　插入一个列表

50 在此列表的右侧，按照同样的方法（只是在“标签”文本框中输入“选择颜色：”），再插入一个列表（其“列表值”对话框设置如图 10-248 所示）。

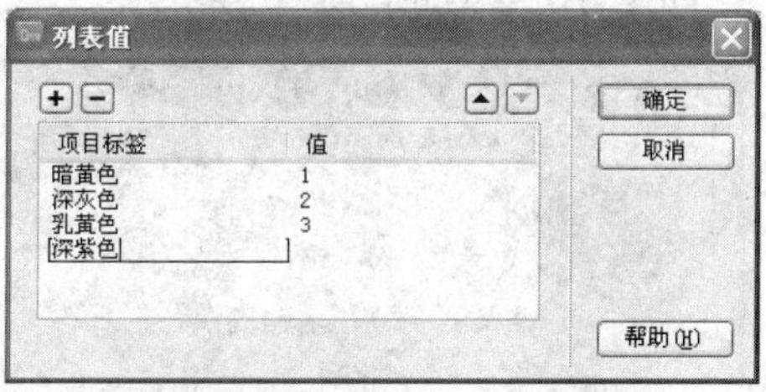

图 10-248　“列表值”对话框

51 单击“确定”按钮，得到如图 10-249 所示的列表效果。

图 10-249　得到的列表效果

52 将嵌套表格 5 的间距值设置为 9。将光标置于整个文档的下方，并居中对齐，将“库”面板中的 10-1 库项目插入此处。为文档设置适当的背景图像（光盘\素材与效果\myweb\image\10\75.gif），完成此网页的制作。按 F12 键，预览页面，得到最终效果。

相关知识　**如何创建图像域**

创建图像域的步骤如下。

（1）将光标置于表单中要插入图像域的位置。

（2）执行下列操作之一：

- 选择“插入”→“表单”→“图像域”命令。
- 在“插入”面板中单击“表单”栏下的“图像域”按钮。

（3）打开“选择图像源文件”对话框，如下所示。

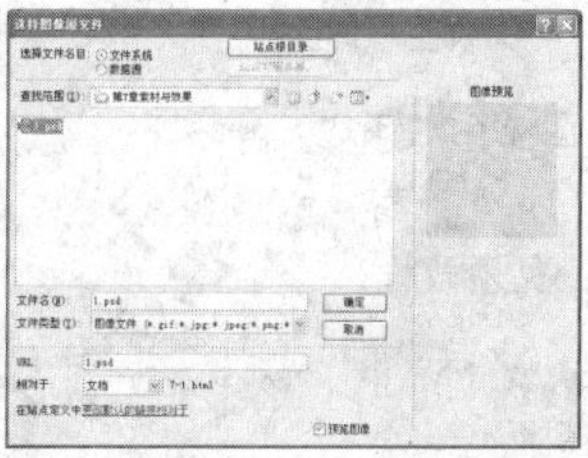

（4）在此对话框中选择一幅图像，单击“确定”按钮，即可将其插入到指定位置，如下所示。

相关知识　**设置图像域属性**

选定图像域，打开其“属性”面板。其中项含义介绍如下。

- 图像区域：设置图像域的名称。
- 源文件：在此处输入图像的 URL 地址，也可以单击右侧的按钮，在弹出的“选择图像源文件”对话框中选择 URL 地址。

- 替换：指定当图像还未显示时的文本；当浏览器不显示图像时，则会显示此处输入的替代文本，以便用户了解相应位置的内容。
- 对齐：设置图像的对齐方式。
- 编辑图像：单击此按钮，可以启动外部的图像编辑器编辑图像。

实例 10-12 说明

知识点：

- "颜色"面板
- 将文字打散
- 遮罩层

视频教程：

光盘\教学\第10章 网页制作综合实战演练

效果文件：

光盘\素材与效果\myweb\image\10\10-7.swf

实例演示：

光盘\实例\第 10 章\视学系摄影网站（一）

重点提示 在创建补间动画时为什么有时会出现虚线

在进行"动作"补间或者"形状"补间时，有时会出现无法形成动画的虚线，如下所示。

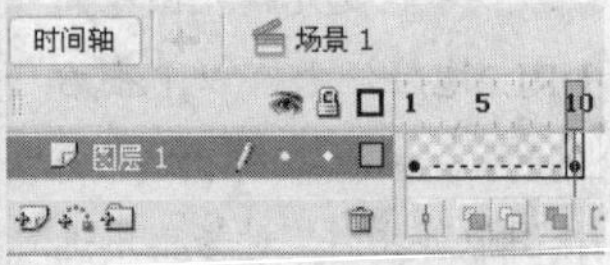

"动作"补间时出现虚线

实例 10-12 视学系摄影网站（一）

本实例将使用 Flash CS5 制作视学系摄影网站首部的渐显文字效果，其中主要应用了遮罩层功能，最后还将渐变效果更改为了彩虹渐变，为网页增加炫感。最终效果如图 10-250 所示。

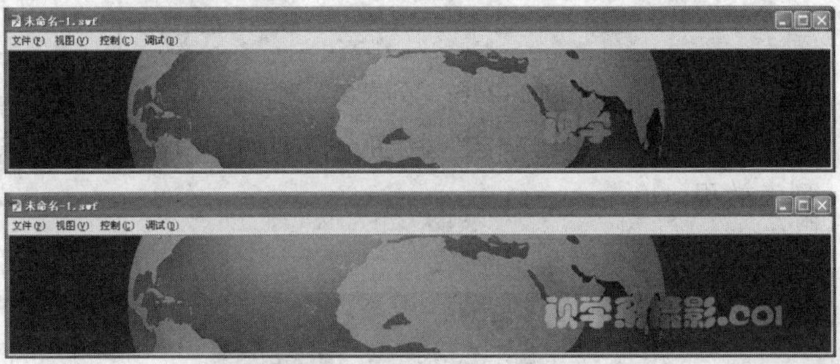

图 10-250 实例最终效果

操作步骤

1 选择"文件"→"新建"命令，新建一个空白文档。选择"修改"→"文档"命令，在弹出的"文档设置"对话框中将尺寸设置为 1000 像素 × 140 像素，"背景颜色"设置为"黑色"，如图 10-251 所示。

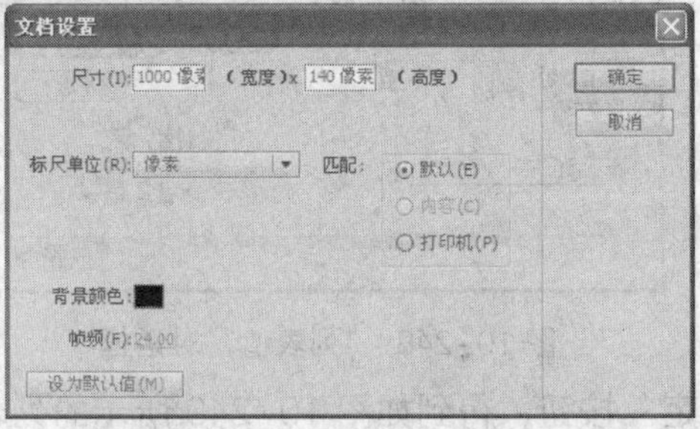

图 10-251 "文档设置"对话框

2 单击"确定"按钮，即可应用设置。选择"文件"→"导入"→"导入到舞台"命令，导入一幅背景素材图像（光盘\素材与效果\myweb\image\10\79.jpg），如图 10-252 所示。

图 10-252 导入一幅背景素材图像

3 单击“时间轴”面板左下角的“新建图层”按钮，新建“图层 2”，并将其重命名为“文字”。

4 选中“文字”图层，在工具箱中选择文本工具T，在其“属性”面板中将字体设置为“迷你简胖鱼头”，大小设置为“42”，颜色设置为“白色”，然后在背景图像的右下角输入文字“视学系摄影.com”，如图 10-253 所示。

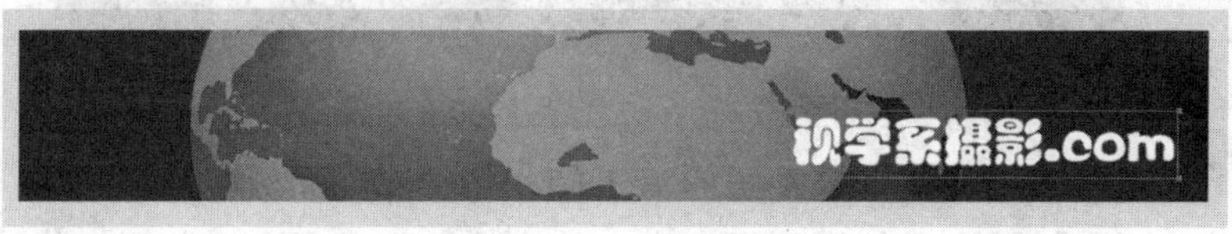

图 10-253　输入文字

5 按 Ctrl+F8 组合键，在弹出的“创建新元件”对话框中将“名称”设置为“渐变矩形”，在“类型”下拉列表框中选择“图形”选项，如图 10-254 所示。

6 单击“确定”按钮，进入图形元件的编辑模式。在工具箱中选择矩形工具，然后选择“窗口”→“颜色”命令，打开“颜色”面板，在渐变类型下拉列表框中选择“线性渐变”选项，将渐变色设置为“橙色-白色”渐变，如图 10-255 所示。

图 10-254　“创建新元件”对话框

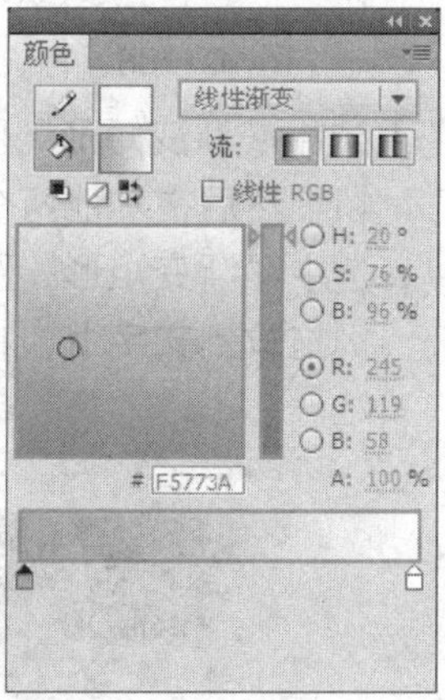

图 10-255　“颜色”面板

7 完成设置后，在图形元件编辑模式下绘制一个矩形，其大小要比文字区域稍大些，如图 10-256 所示。

图 10-256　绘制一个线性渐变矩形

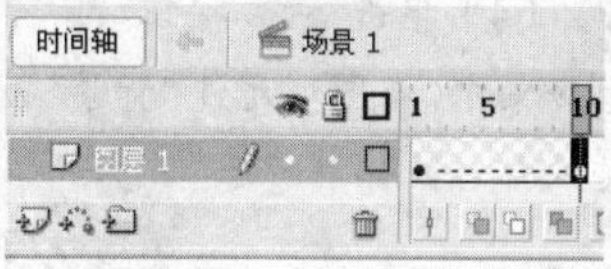

“形状”补间时出现虚线

出现这些虚线的原因分别如下。

- “动作”补间一般是由于前后元件的格式不一样，如元件已经被打散了或者元件变形了。
- “形状”补间一般是由于没有打散图形，如前面或者后面的位图没有打散，导致无法形成形状补间动画。

操作技巧　**如何制作透明背景**

可以按照以下方法制作透明效果的背景图像。

（1）新建一个 Flash 文档。

（2）选择“插入”→“新建元件”命令，打开“创建新元件”对话框，在“名称”文本框中输入“背景”，在“类型”下拉列表框中选择“图形”选项，如下所示。

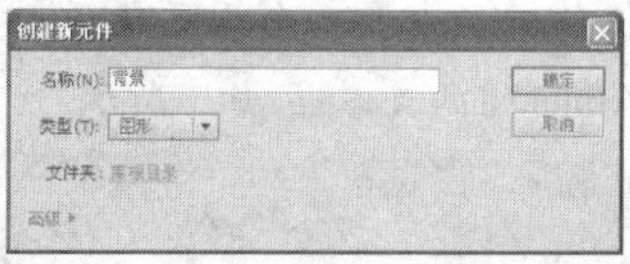

（3）单击“确定”按钮，进入图形元件“背景”的编辑模式。选择“文件”→“导入”→“导入到舞台”命令，导入一幅图像至舞台中，如下所示。

（4）单击场景 1按钮，回到场景中，将图形元件“背景”拖入舞台，如下所示。

（5）选中图形，选择“窗口”→“属性”命令，打开“属性”面板，在“样式”下拉列表框中选择Alpha选项，如下所示。

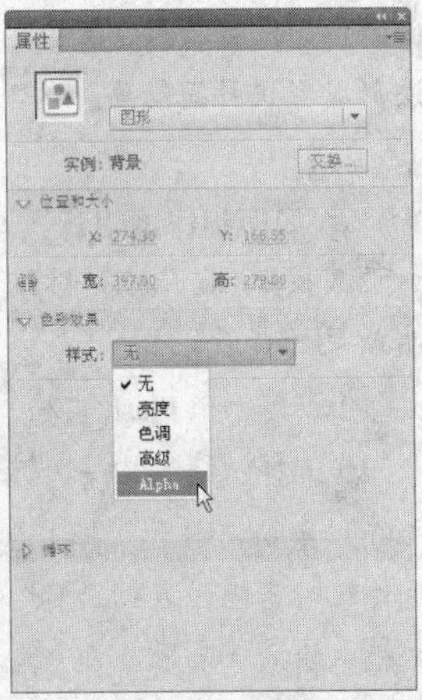

（6）此时会出现 Alpha 栏，其中包括一个调节 Alpha 值的滑动条和一个用于输入 Alpha 值的文本框，如下所示。

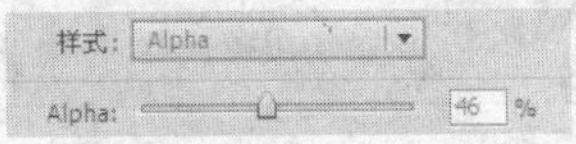

（7）可以在文本框中直接输入透明度的百分比，也可拖动滑块设置透明度的百分比。百分比值越大，表明显示的图像越清晰；相反，百分比值越小，表明显示的图像越透明。降低百分比值，即可得到透明效果的背景图像。例如设置为46%，得到如下所示的效果。

8 单击场景 1按钮，回到场景编辑模式。单击“新建图层”按钮，新建“图层 3”，并将其重命名为“渐变矩形”。

9 选中“文字”图层，按两次 Ctrl+B 组合键将文字打散，效果如图 10-257 所示。

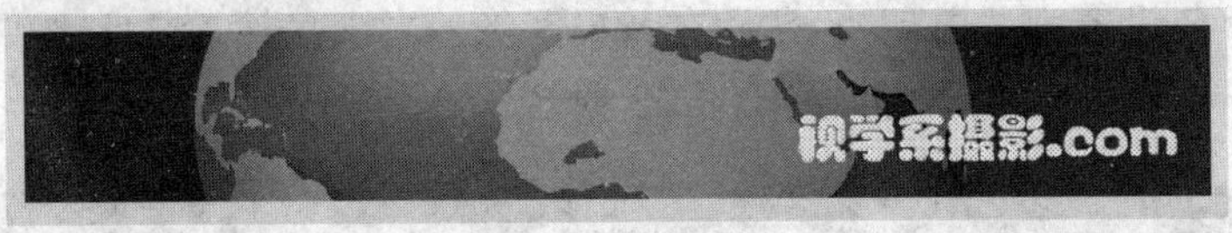

图 10-257 打散后的文字效果

10 选中“渐变矩形”图层的第 1 帧，将“库”面板中的“渐变矩形”图形元件拖到舞台中，并将其放置在文字的左侧，如图 10-258 所示。

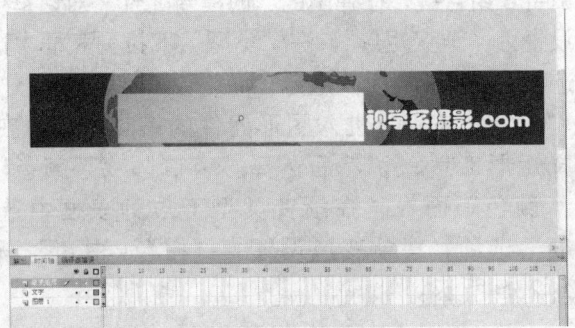

图 10-258 将“渐变矩形”图形元件拖到舞台中文字的左侧

11 选中“渐变矩形”图层的第 105 帧，按 F6 键插入一个关键帧，然后在其他两个图层的第 105 帧处按 F5 键插入普通帧。选中“渐变矩形”图层的第 105 帧，将渐变矩形图形元件实例拖放到文字上，将文字覆盖住，如图 10-259 所示。

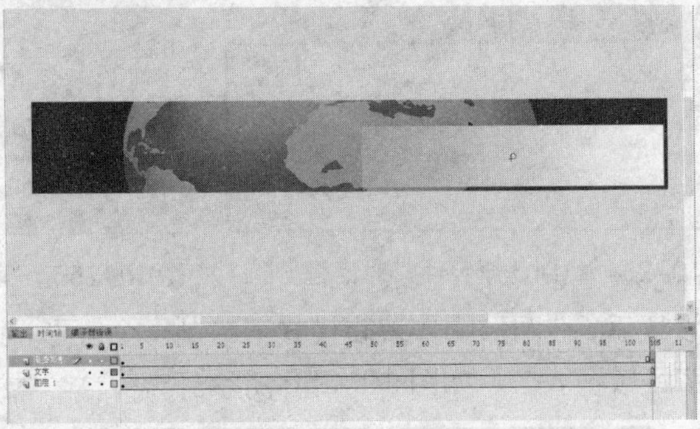

图 10-259 创建“渐变矩形”图层第 105 帧时的状态

12 在“渐变矩形”图层的第 1 帧上单击鼠标右键，在弹出的快捷菜单中选择“创建传统补间”命令，即可创建一个传统补间（动作渐变动画）。将“文字”图层拖到“渐变矩形”图层的上方，此时的“时间轴”面板如图 10-260 所示。

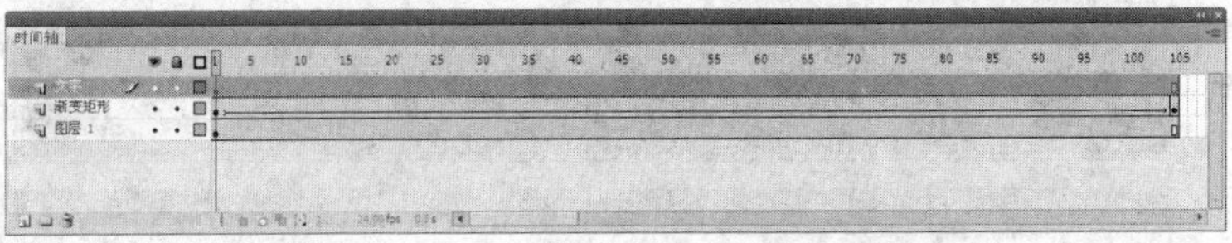

图 10-260　此时的“时间轴”面板

13 在“文字”图层上单击鼠标右键，在弹出的快捷菜单中选择“遮罩层”命令，即可创建遮罩层与被遮罩层。此时的“时间轴”面板如图 10-261 所示。

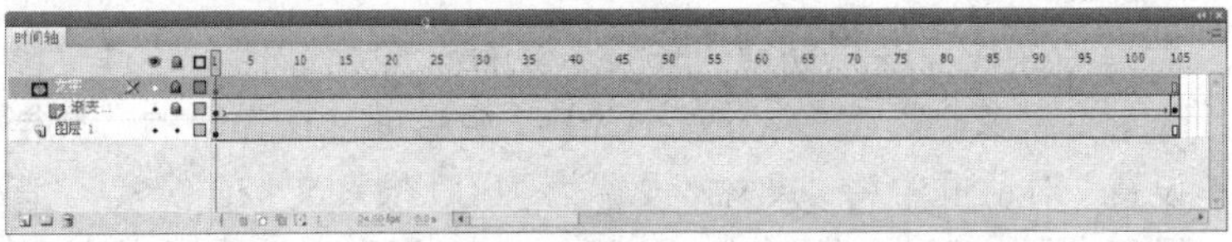

图 10-261　创建遮罩层与被遮罩层后的时间轴效果

14 此时渐显文字特效已经制作完毕，按 Ctrl+Enter 组合键即可测试效果。如果对渐变效果不太满意，可在“库”面板中双击“渐变矩形”图形元件图标，进入此图形元件编辑模式。选中此元件，在其“属性”面板中将填充更改为“彩虹渐变”，如图 10-262（左）所示。此时的元件效果如图 10-262（右）所示。

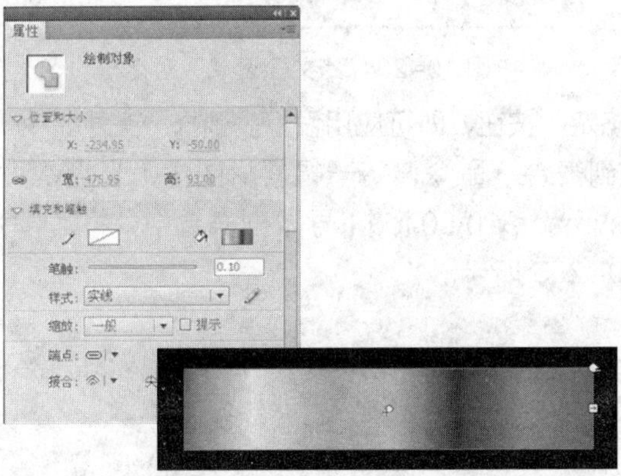

图 10-262　更改图形元件的填充颜色

15 设置合适的帧速率，此时再对此动画进行测试，即可看到彩虹渐变效果的文字了，即得到最终效果。

实例 10-13　视学系摄影网站（二）

本实例将使用 Flash CS5 制作旋转图片特效，其中主要用到了层、“变形”面板、旋转等功能。运行后，图像顺时针缓缓旋转，然后停止，显示出较大图像，如图 10-263 所示。

操作技巧　如何调整输出“.GIF”文件的大小

操作步骤如下。

（1）打开要导出的 Flash 文件。

（2）选择“文件”→“导出”→“导出图像”命令，打开如下所示的“导出图像”对话框。

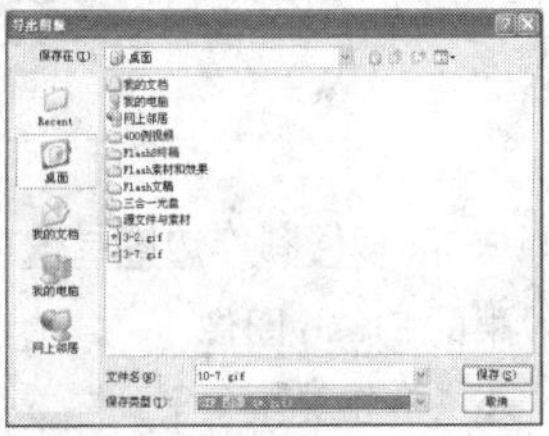

（3）在“保存在”下拉列表框中选择要导出的位置，在“文件名”下拉列表框中输入导出的文件名，在“保存类型”下拉列表框中选择“GIF 图像（*.gif）”选项。

（4）单击“保存”按钮，打开“导出 GIF”对话框，如下所示。

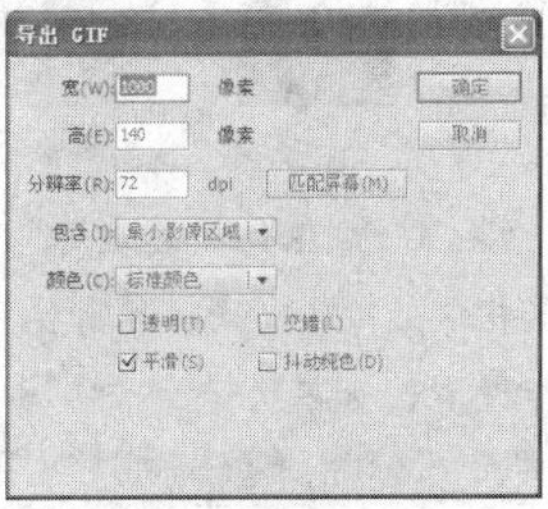

（5）在“宽”、“高”文本框中输入导出“.GIF”文件的尺寸，单击“确定”按钮，即可调整“.GIF”文件的尺寸。

实例 10-13 说明

知识点：

- “变形”面板
- “旋转”下拉列表
- 动作脚本的应用

视频教程：

光盘\教学\第 10 章　网页制作综合实战演练

效果文件：

光盘\素材与效果\myweb\image\10\10-8.swf

实例演示：

光盘\实例\第 10 章\视学系摄影网站（二）

操作技巧　如何制作边缘呈模糊效果的 Flash 图像

具体操作步骤如下。

（1）选择“文件”→“导入”→“导入到舞台”命令，将一幅图像导入舞台。

（2）选中此图像，按 Ctrl+B 组合键将其打散。

（3）选择“修改”→“形状”→“柔化填充边缘”命令，如下所示。

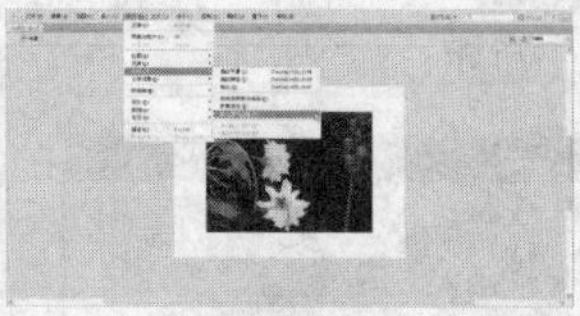

（4）打开“柔化填充边缘”对话框，在其中按照实际需要进行设置，如下所示。

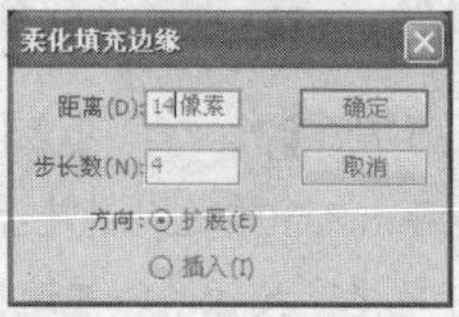

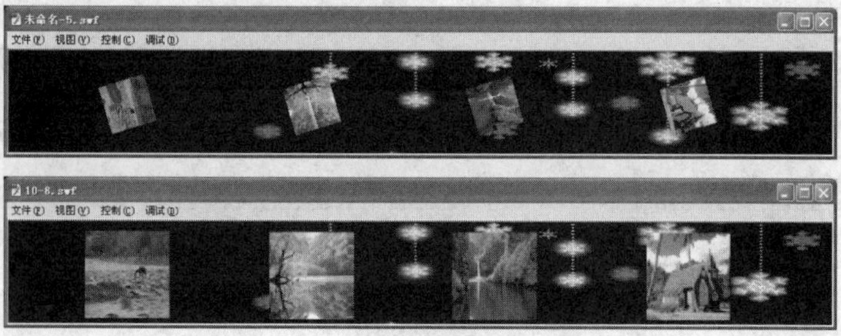

图 10-263　实例最终效果

操作步骤

1 选择“文件”→“新建”命令，创建一个新文档。选择“修改”→“文档”命令，或按 Ctrl+J 组合键，在弹出的“文档设置”对话框中将“尺寸”设置为 1000 像素 × 120 像素，“背景颜色”设置为“黑色”，如图 10-264 所示。

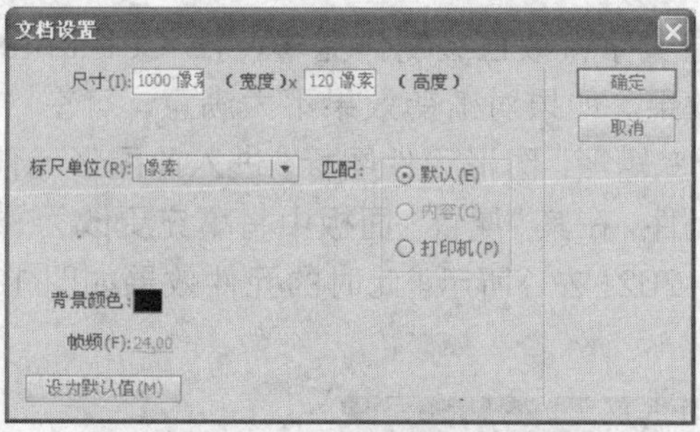

图 10-264　“文档设置”对话框

2 单击“确定”按钮，即可应用设置。选择“文件”→“导入”→“导入到舞台”命令，将一幅素材图像（光盘\素材与效果\myweb\image\10\80.jpg）导入到舞台中，将其作为背景图，如图 10-265 所示。

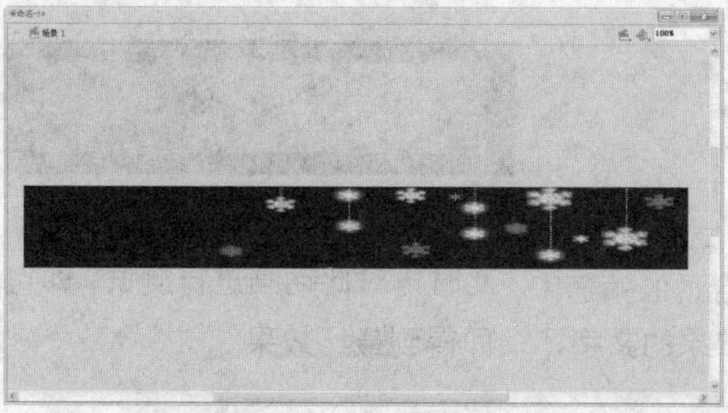

图 10-265　将一幅素材图像导入到舞台中

3 选择“插入”→“新建元件”命令，在打开的“创建新元件”对话框中将“名称”设置为“旋转图片”，在“类型”下拉列表框中选择“影片剪辑”选项，如图 10-266 所示。

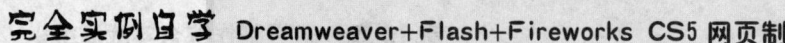

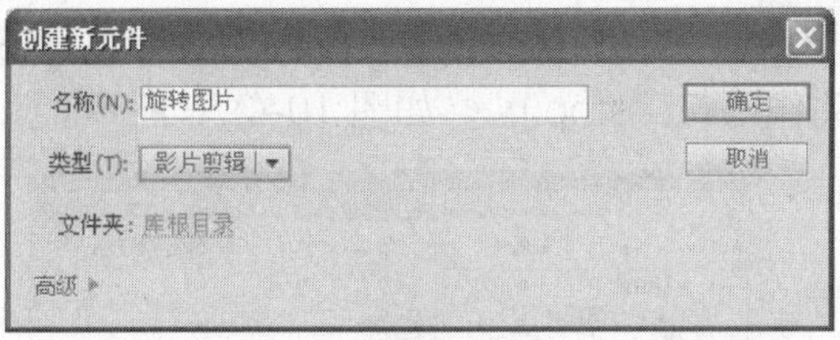

图 10-266 “创建新元件”对话框

4 单击“确定”按钮，即可进入“旋转图片”影片剪辑元件的编辑模式。选择“文件”→“导入”→“导入到库”命令，打开“导入到库”对话框，从中选择 4 幅图像（光盘\素材与效果\myweb\image\10\81.jpg～84.jpg），单击“打开”按钮，将它们导入到库中。将导入的第 1 幅图像拖到舞台的左侧，如图 10-267 所示。

图 10-267 将导入的第 1 幅图像拖到舞台的左侧

5 选中“图层 1”的第 60 帧，按 F6 键插入一个关键帧。选中该关键帧，选择“窗口”→“变形”命令，打开“变形”面板，在其中将缩放比例设置为 180%，如图 10-268 所示。

6 选中第 1 帧，在其上单击鼠标右键，在弹出的快捷菜单中选择“创建传统补间”命令，然后在“属性”面板的“旋转”下拉列表框中选择“顺时针”选项，在其右侧的文本框中输入“2”，表示顺时针旋转 2 次，如图 10-269 所示。

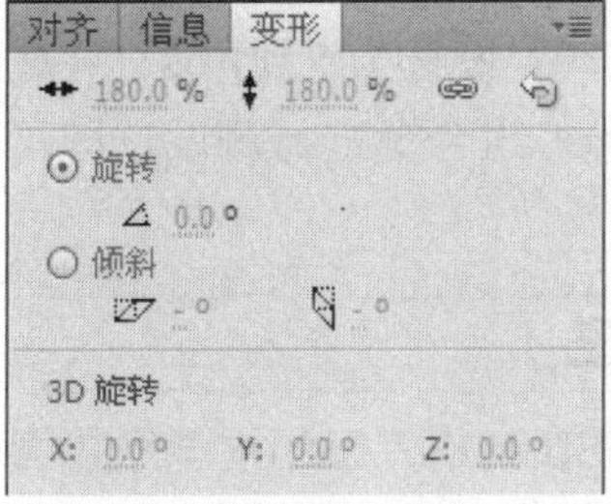

图 10-268 “变形”面板

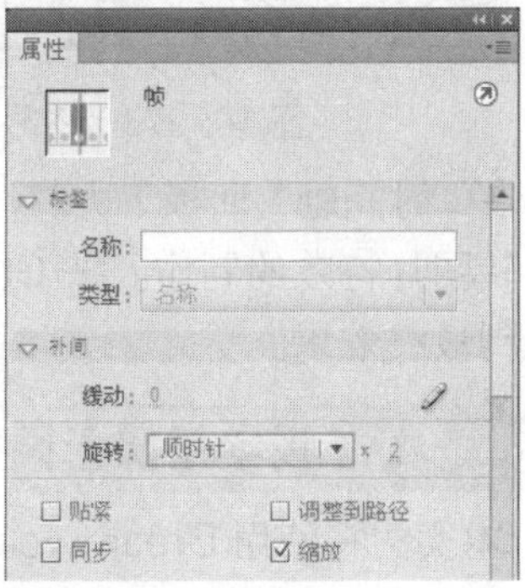

图 10-269 在“属性”面板中进行设置

（5）单击“确定”按钮，即可将图像的边缘柔化，得到一种模糊的效果，如下所示。

操作技巧 如何创建一个可编辑文本框

在 Flash 中输入文字时，有时需要创建一个可以编辑的文本框，以方便操作。可按以下方法创建。

（1）在工具箱中选择文本工具 T，在舞台上单击，即可形成一个文本框。

（2）选择“窗口”→“属性”命令，打开“属性”面板。在其中的输入形式下拉列表框中选择“输入文本”选项，如下所示。

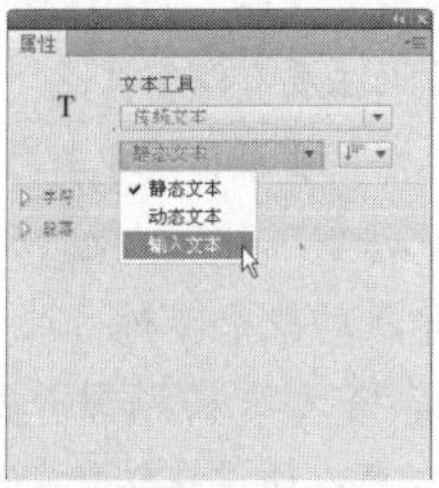

（3）此时即可在舞台上调整文本框的大小，如下所示。

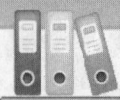

（4）如果文本框较大，可以将输入的文字设置为“多行”，如下所示。

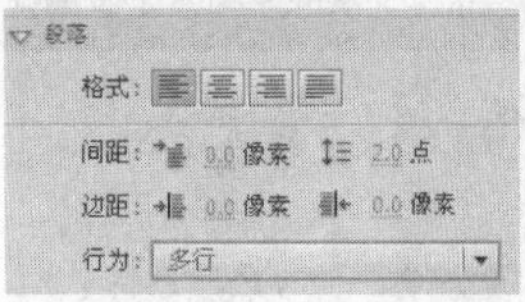

（5）如果在此面板中单击按钮，可以将文本呈现为 HTML 形式；如果单击按钮，可以在输入时显现黑色的文本框。

相关知识 引导层与被引导层之间的关系

引导层只对被引导层中吸附在引导线上的对象起到引导运动路线的作用，但是在最终效果上看不到引导层的存在。

重点提示 制作的引导层为什么无法实现引导功能

有时制作出的引导层不能实现引导功能，产生这种问题的原因主要有以下 4 点。

- 引导层的线条出现中断时，将无法实现引导功能。
- 引导层的线条转折角过小时，将无法实现引导功能。可以通过在转折角处添加关键帧来恢复引导层的功能。
- 引导层的线条呈交叉或重叠时，将无法实现引导功能。
- 被引导的元件没有吸附到引导层的线条上时，也无法实现引导功能。

7 选中第 60 帧，按 F9 键，打开“动作”面板，在右侧编辑区中输入动作语句“stop();”，如图 10-270 所示。

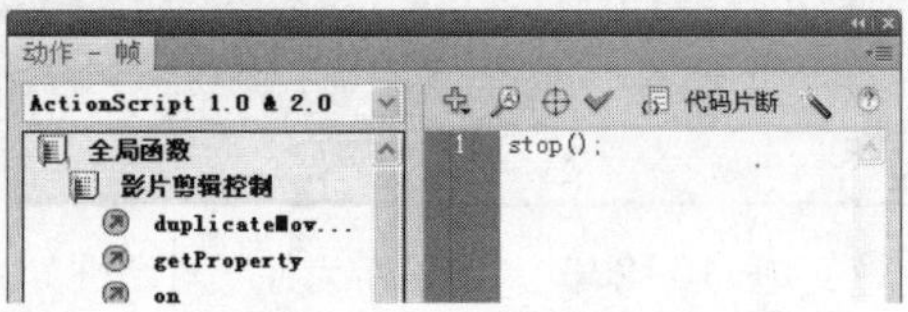

图 10-270 “动作”面板

8 按照同样的方法，分别新建“图层 2”、“图层 3”以及“图层 4”。在各层中分别拖入一幅库中的图像，然后将各层中的图像进行与“图层 1”中图像一样的设置。此时的舞台和时间轴效果如图 10-271 所示。

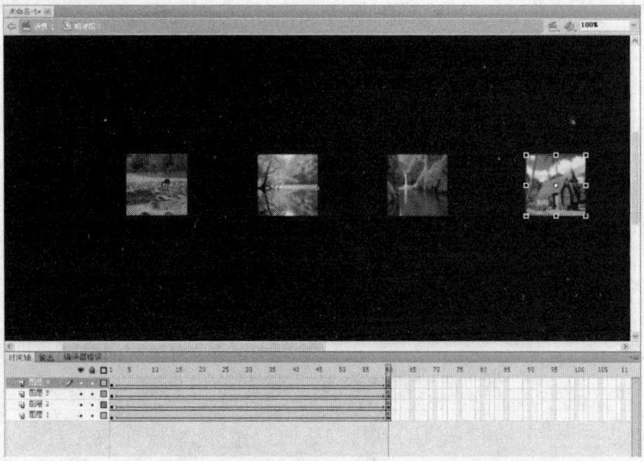

图 10-271 此时的舞台和时间轴效果

9 单击 场景 1 按钮，回到“场景 1”窗口。选中第 1 帧，将“库”面板中的“旋转图片”影片剪辑元件拖到舞台的正中央，如图 10-272 所示。

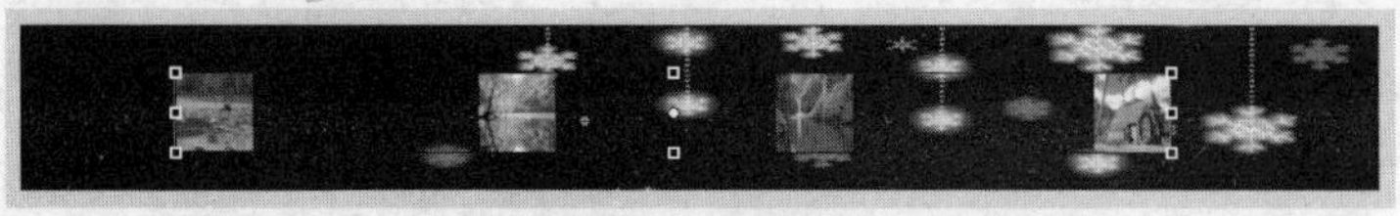

图 10-272 将影片剪辑元件拖到舞台正中央

10 在“时间轴”面板下方将“帧速率”设置为 2.00fps，完成旋转图片特效的制作。按 Ctrl+Enter 组合键进行测试，即可得到最终效果。

实例 10-14 视学系摄影网站（三）

本实例将使用 Dreamweaver CS5 制作完整的视学系摄影网站，其中包括插入动画、图像以及制作移动的网页图像等操作。最后得到动感的网页效果，如图 10-273 所示。

图 10-273　实例最终效果

操 作 步 骤

1 打开 Dreamweaver CS5，选择"文件"→"新建"命令，新建一个文档。选择"插入"→"表格"命令，打开"表格"对话框，在其中将"行数"设置为 6，"列"设置为 2，"表格宽度"设置为 1000 像素，其他选项保持默认设置，如图 10-274 所示。

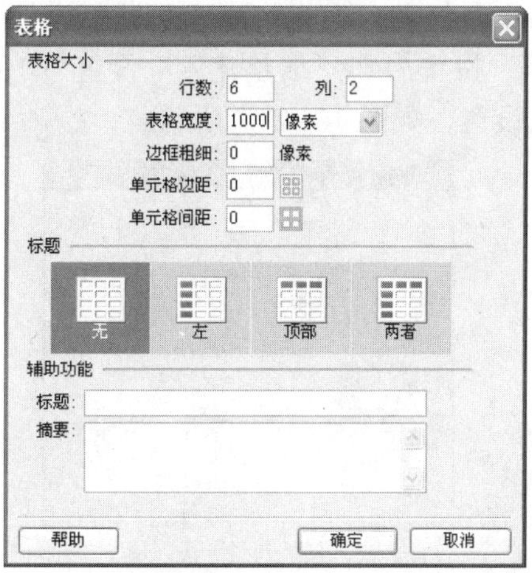

图 10-274　"表格"对话框

2 单击"确定"按钮，即可插入一个表格。在其"属性"面板中，将对齐方式设置为"居中对齐"。合并表格第 1 行，然后将光标置于此行中，选择"插入"→"媒体"→SWF 命令，打开"选择 SWF"对话框，在其中选择前面制作的动画文件（光盘\素材与效果\myweb\image\10\10-7.swf），如图 10-275 所示。

3 单击"确定"按钮，即可将此文件插入此行中。单击"属性"面板中的"播放"按钮，即可看到动画效果，如图 10-276 所示。

实例 10-14 说明

- 知识点：
  - 插入水平线
  - 设置"边框"的 CSS 样式
  - 应用 HTML 代码
- 视频教程：
  光盘\教学\第 10 章　网页制作综合实战演练
- 效果文件：
  光盘\素材与效果\myweb\html\10\10-4.html
- 实例演示：
  光盘\实例\第 10 章\视学系摄影网站（三）

相关知识 插入水平线

在制作网页时，如果页面上的元素较多，就可以使用水平线对信息进行组织。可以使用一条或多条水平线以可视方式分隔文本和对象。

插入水平线的步骤如下。

(1)将光标置于要插入水平线的位置，如下所示。

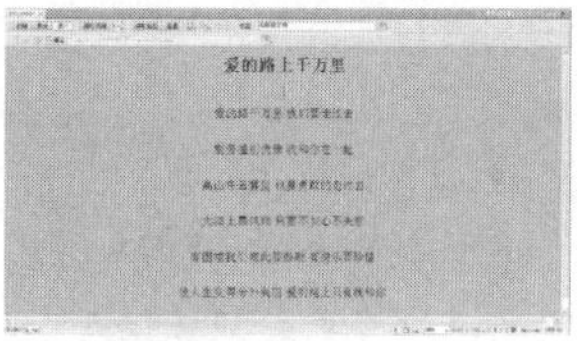

(2)选择"插入"→"HTML"→"水平线"命令，即可插入一条水平线，如下所示。

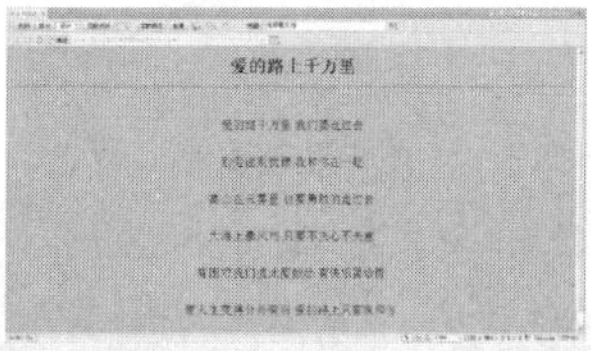

相关知识 设置水平线属性

将插入的水平线选中，其“属性”面板如下所示。

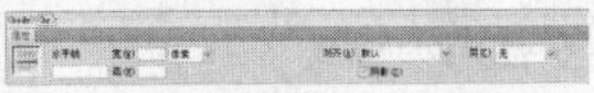

其中各项含义介绍如下。

- 宽：用于设置水平线的长度。在其右侧的下拉列表框中可以选择单位，默认单位为像素。
- 高：用于设置水平线的高度。
- 对齐：用于设置水平线的对齐方式。
- 阴影：指定绘制水平线时是否带阴影。选中该复选框，可以将原本实心的水平线变成立体的（即有阴影的）。

例如，将上面插入的水平线的“宽”设置为640，“高”设置为9，“对齐”设置为“居中对齐”，选中“阴影”复选框，“类”设置为“无”，得到如下所示的水平线效果。

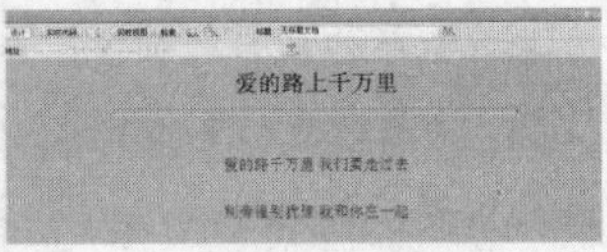

相关知识 创建锚点

下面制作一个“回到页首”的链接。先来创建锚点，操作步骤如下。

（1）打开一个网页，在其下方输入文字“【回到页首】”，如下所示。

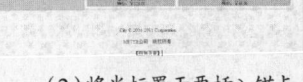

（2）将光标置于要插入锚点的位置，如文字“首页”的左侧，

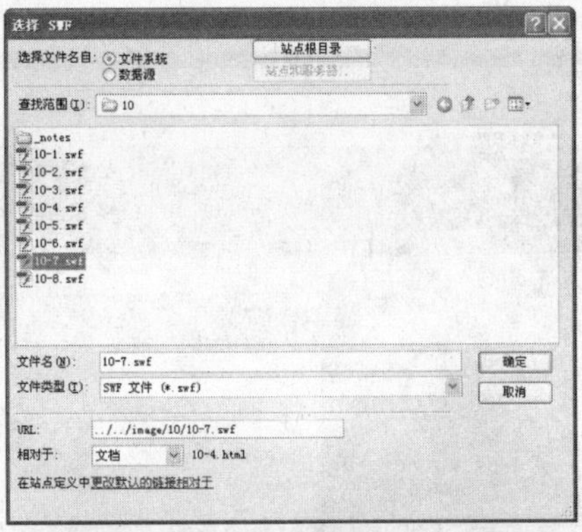

图 10-275 “选择 SWF”对话框

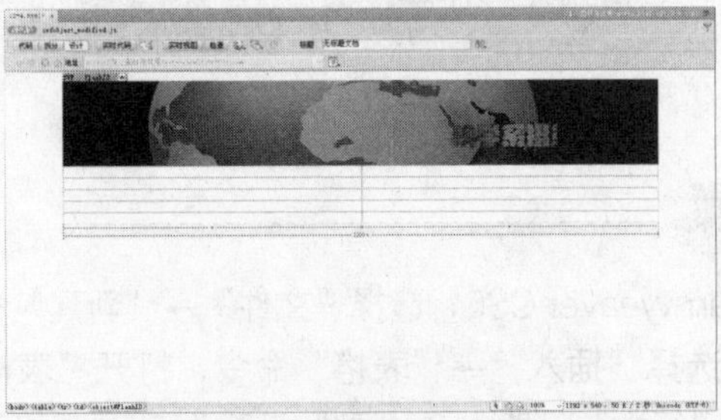

图 10-276 插入的动画文件效果

4 合并表格第 2 行，然后将光标置于此行中，选择“插入”→“表格”命令，打开“表格”对话框，在其中将“行数”设置为 1，“列”设置为 6，“表格宽度”设置为 100%，其他选项保持默认设置，如图 10-277 所示。

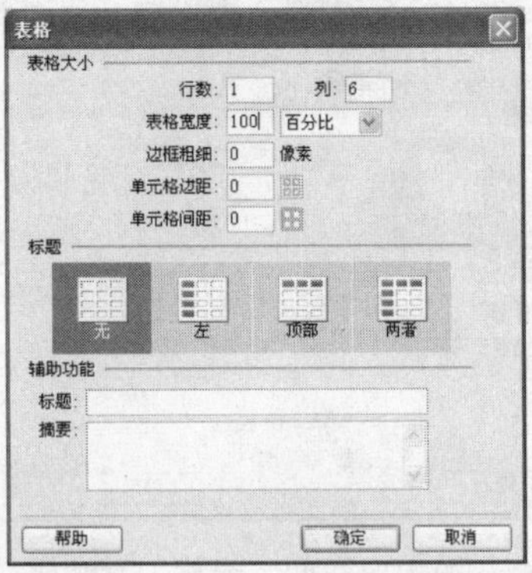

图 10-277 “表格”对话框

5 单击“确定”按钮，插入一个嵌套表格，这里称之为“嵌套表格 1”。将光标置于此表格的第 1 行第 1 列中，将行高设置为 30。将表格全选，在其“属性”面板中将背景颜色设置为“#8CCDD2”。在各个单元格中输入相应文字，然后选中文字，将颜色设置为“#00F”。此时弹出“新建 CSS 规则”对话框，在其中将“选择器名称”设置为 z1，其他选项保持默认设置，如图 10-278 所示。

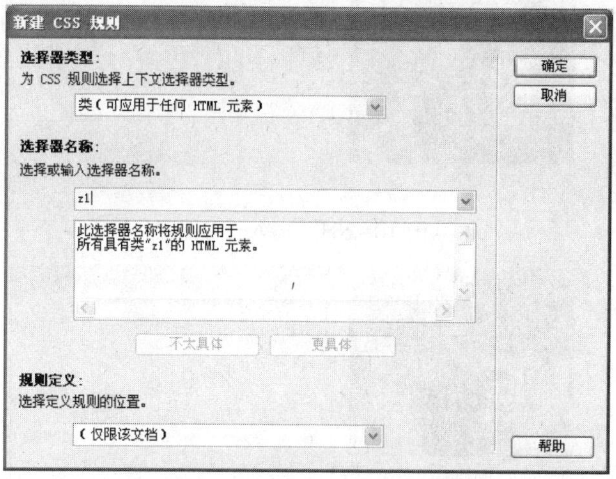

图 10-278　“新建 CSS 规则”对话框

6 单击“确定”按钮，即可得到设置的文字颜色。设置文字的其他属性，然后居中对齐，得到如图 10-279 所示的效果。

图 10-279　得到的效果

7 选中嵌套表格 1，在其“属性”面板中将间距设置为 3，得到如图 10-280 所示的效果。

图 10-280　得到的表格效果

8 将光标置于整体表格第 3 行第 1 列中，插入一幅图像（光盘\素材与效果\myweb\image\10\85.jpg），如图 10-281 所示。

9 将光标置于图像的下方，输入文字“用镜头抓住精彩瞬间”，然后分别设置文字样式为 z2 和 z3，得到如图 10-282 所示的效果。

如下所示。

（3）执行下列操作之一：

- 选择“插入”→“命名锚记”命令。
- 在“插入”面板中单击“常用”栏下的“命名锚记”按钮。

（4）打开“命名锚记”对话框，在“锚记名称”文本框中输入锚点的名称，这里输入“upper”，如下所示（名称最好使用英文形式）。

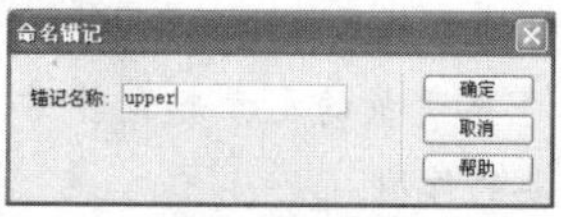

（5）单击“确定”按钮，即可在光标位置创建锚点，如下所示。

相关知识　创建锚点链接

创建锚点后，即可创建锚点链接。继续上面的操作。

（1）选中页面下方输入的文字“【回到页首】”，在其“属性”面板的“链接”下拉列表框中输入“#锚记名称”格式的内容，这里输入“#upper”，如下所示。

（2）按 F12 键，打开预览窗口，在其中单击“【回到页首】”，页面就会跳转到命名锚点的位置，即到了页面的顶部，如下所示。

单击“【回到页首】”

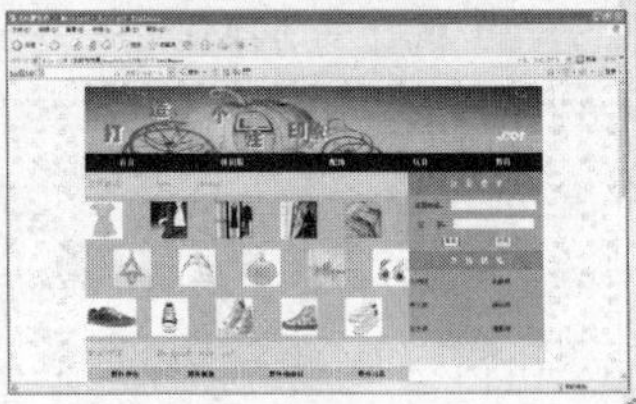

回到页面的顶部

相关知识 什么是隐藏域

隐藏域是表单元素中一个不可见的数据域，在浏览网页时不会显示此区域，但是在编制交互代码时，它对于传递不可见变量的元素起到非常重要的作用。

相关知识 创建隐藏域

创建隐藏域的步骤如下。

（1）将光标置于要插入隐藏域的位置。

（2）执行下列操作之一，即可插入一个隐藏域，如下所示。

- 选择“插入”→“表单”→“隐藏域”命令。
- 在“插入”面板中单击“表单”栏下的“隐藏域”按钮。

相关知识 设置隐藏域属性

选定隐藏域，其“属性”面板如下所示。

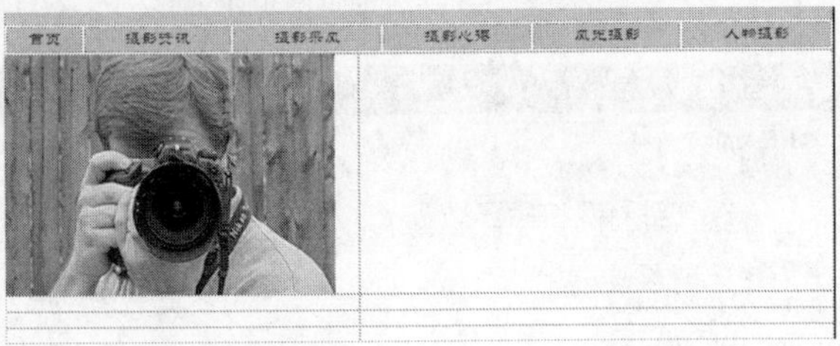

图 10-281　插入一幅图像

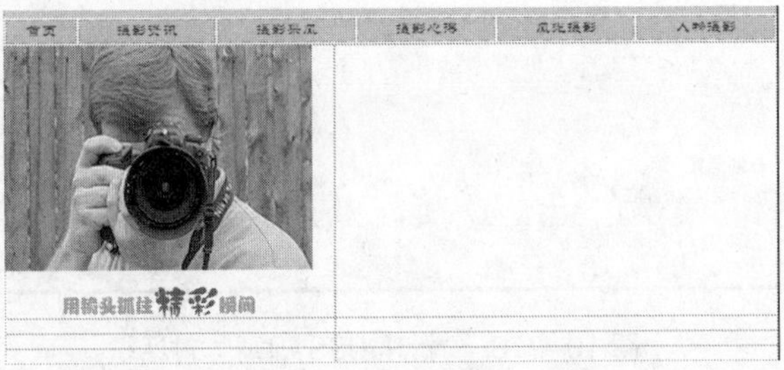

图 10-282　输入文字后的效果

10 将文字所在单元格的背景颜色设置为“#333333”，得到如图 10-283 所示的效果。

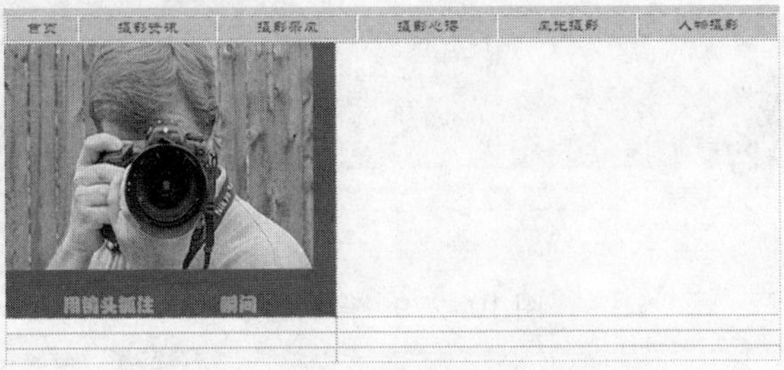

图 10-283　设置背景颜色后的效果

11 将光标置于表格第 3 行第 2 列中，插入一个 4 行 3 列、表格宽度为 100%的表格，这里称之为“嵌套表格 2”。合并此表格第 1 行，将行高设置为 40，背景颜色设置为“#333333”，输入文字“异域采风掠影”，将文字样式分别设置为 z4 和 z5，得到如图 10-284 所示的效果。

图 10-284　得到的文字效果

12 将光标置于文字的下方，选择“插入”→HTML→“水平线”命令，即可在此位置插入一条水平线。选中此水平线，在其“属性”面板中将“宽”设置为 240 像素，“对齐方式”设置为“左对齐”，“类”设置为“z5”。复制此水平线，将其粘贴到文字的下方，然后将复制得到水平线的宽设置为 160 像素，此时的效果如图 10–285 所示。

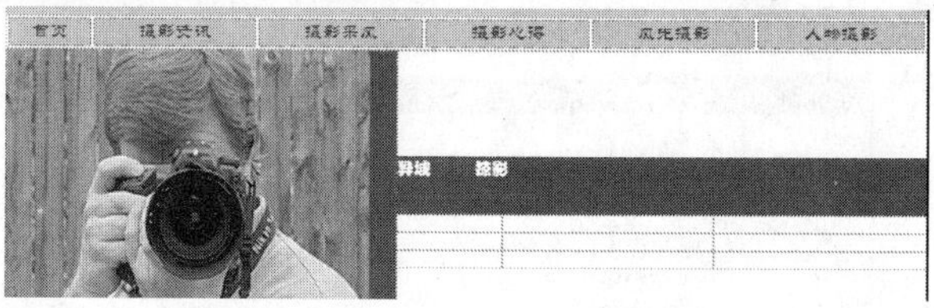

图 10–285　插入水平线后的效果

13 在嵌套表格 2 的其他单元格中均输入文字，将这些文字的样式设置为 z6。将文字全选，在其“属性”面板中将“对齐方式”设置为“左对齐”，得到如图 10–286 所示的效果。

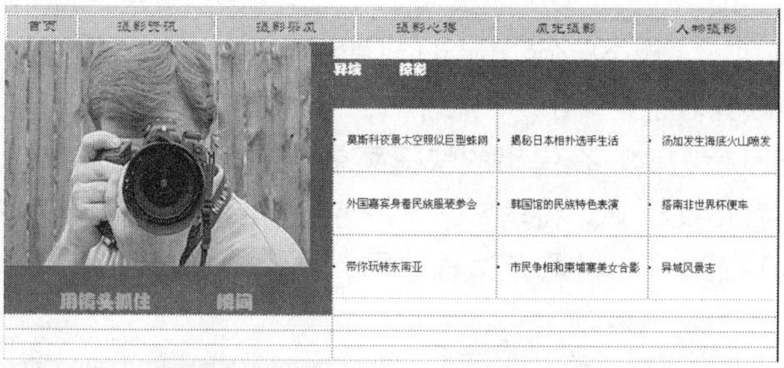

图 10–286　在其他单元格中均输入文字并进行设置

14 选择“窗口”→“CSS 样式”命令，打开“CSS 样式”面板。在其中单击“新建 CSS 规则”按钮，打开“新建 CSS 样式”对话框。在“选择器类型”下拉列表框中选择“类（可应用于任何 HTML 元素）”选项，在“名称”文本框中输入样式的名称，这里输入“bg”，在“规则定义”下拉列表框中选择“（新建样式表文件）”选项，如图 10–287 所示。

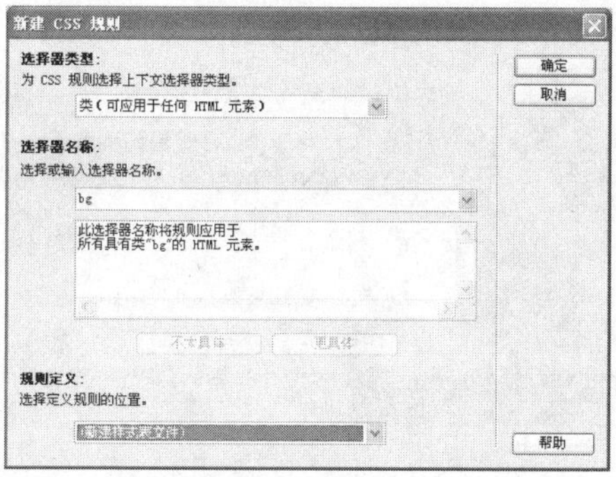

图 10–287　“新建 CSS 样式”对话框

其中只包括两项，其含义分别介绍如下。

- 隐藏区域：设置隐藏域的名称。
- 值：用来设置隐藏域的初始值。

相关知识　什么是跳转菜单

跳转菜单是一个下拉菜单，其中的每个选项都具有超链接的功能，但它比超链接可以节省更大的空间。

跳转菜单通常包含以下 3 部分。

- 菜单说明：说明跳转菜单中的选项属于哪类链接。
- 选项：选定其中的选项可以链接到相应的位置或文件。
- 跳转按钮。

相关知识　创建跳转菜单

创建跳转菜单的操作步骤如下。

（1）将光标置于要插入跳转菜单的位置。

（2）执行下列操作之一：

- 选择“插入”→“表单”→“跳转菜单”命令。
- 在“插入”面板中单击“表单”栏下的“跳转菜单”按钮。

（3）打开“插入跳转菜单”对话框，如下所示。

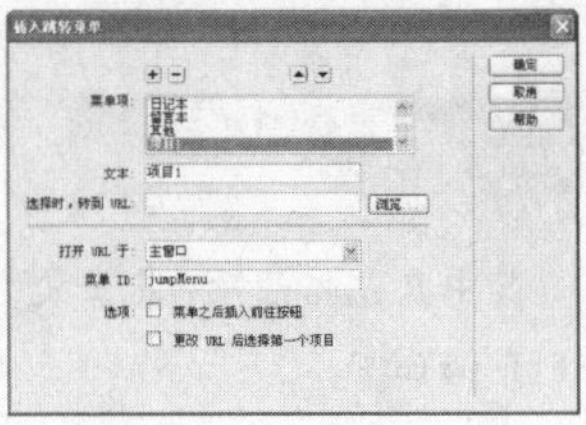

其中各项含义介绍如下。

- 菜单项：在此列表框中可以添加多个跳转菜单项。单击上方的⊞按钮，然后在“文本”文本框中输入名称，即可添加跳转菜单项；如果单击⊟按钮，则可删除菜单项。
- 文本：用于输入提示性文字。
- 选择时，转到 URL：输入跳转到该项时链接到的文件。
- 打开 URL 于：选择打开超链接的目标框架。
- 菜单 ID：输入跳转菜单的名称。
- 菜单之后插入前往按钮：选中此复选框，可添加“前往”按钮。
- 更改 URL 后选择第一个项目：指定在菜单中选择的菜单项发生改变后，是否自动选定第一个菜单项。

（4）添加多个跳转菜单项后，单击“确定”按钮，即可在文档的指定位置插入跳转菜单。按 F12 键，在预览窗口中单击跳转菜单右侧的下拉按钮，即可得到如下所示的效果。

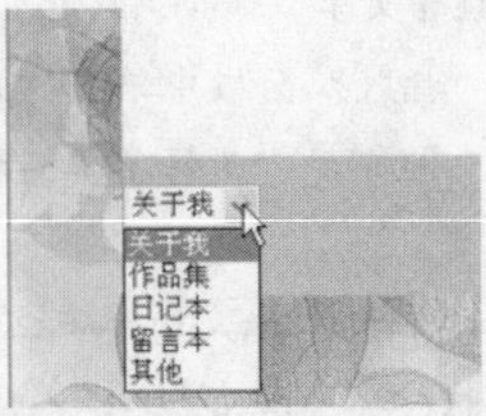

15 单击“确定”按钮，打开“将样式表文件另存为”对话框，在其中设置样式的保存位置以及名称，这里将名称设置为 bg。

16 完成设置后，单击“保存”按钮，打开“.bg 的 CSS 规则定义”对话框，在“分类”列表框中选择“边框”选项，然后按照图 10-288 所示进行设置（可以看到为表格的 4 条边框进行了不同的颜色设置）。

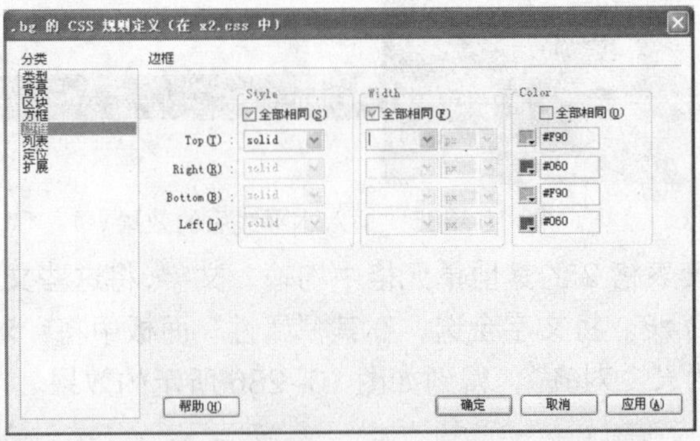

图 10-288 “.bg 的 CSS 规则定义”对话框

17 选中嵌套表格 2，在“CSS 样式”面板中新建的样式“.bg”上单击鼠标右键，在弹出的快捷菜单中选择“套用”命令，为此表格套用此样式。将输入文字的各行行高均设置为 80，得到如图 10-289 所示的彩色边框效果。

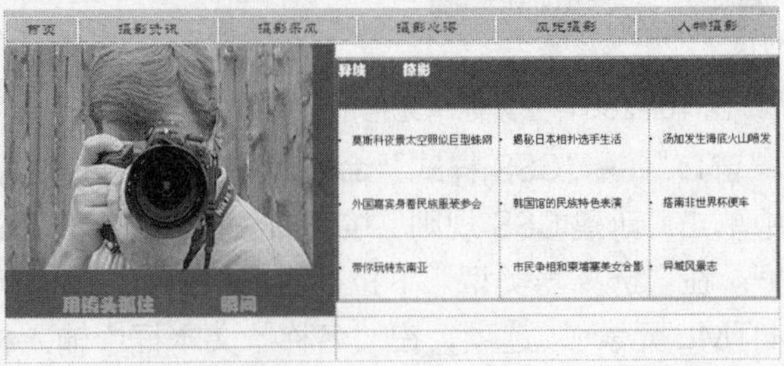

图 10-289 得到彩色边框效果

18 选中嵌套表格 2 的第 2、3、4 行，在其“属性”面板中将背景颜色设置为“#CCCCCC”，得到如图 10-290 所示的效果。

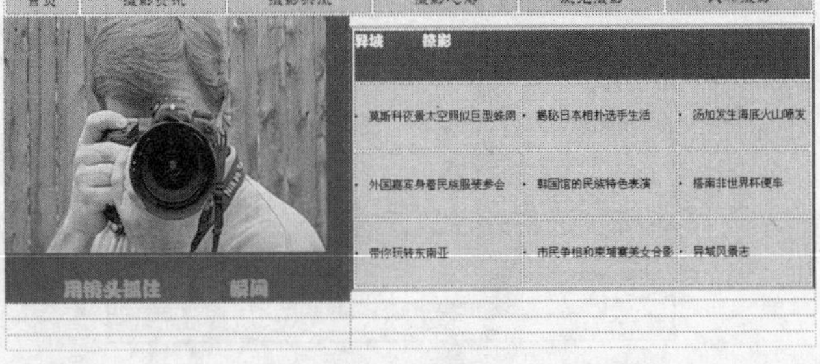

图 10-290 设置背景颜色后的效果

19 选中整个表格，在其“属性”面板中将间距设置为 3。合并整体表格第 4 行，将行高设置为 40，背景颜色设置为“#333333”。输入文字“异域风光”，设置文字样式为 z4。选中嵌套表格第 1 行中的两条水平线，将它们复制，然后粘贴到这些文字的下方，得到如图 10-291 所示的效果。

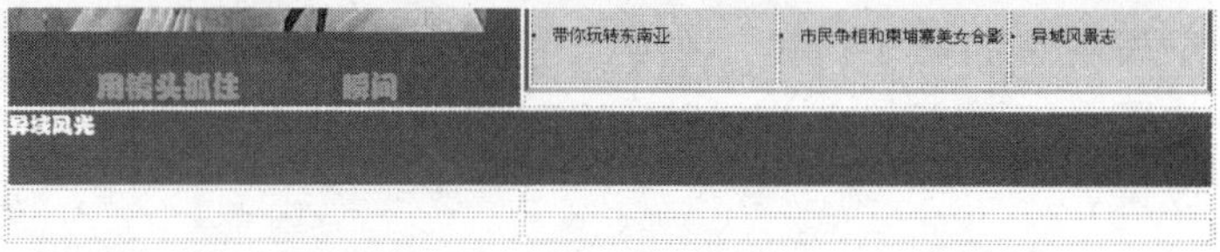

图 10-291　得到的效果

20 合并整体表格第 5 行，然后将光标置于此行中，插入一个 1 行 6 列、表格宽度为 100% 的表格，这里称之为“嵌套表格 3”。在各个单元格中均插入一幅图像（光盘\素材与效果\myweb\image\10\86.jpg～91.jpg），效果如图 10-292 所示。

图 10-292　在各个单元格中均插入一幅图像

21 选中嵌套表格 3，在其“属性”面板中将背景颜色设置为“#000000”，效果如图 10-293 所示。

图 10-293　设置背景颜色后的效果

22 选中嵌套表格 3，切换到代码视图。在此表格代码的前面输入以下代码：

```
<marquee scrollAmount=2.6 scrollDelay=20 direction="left">
```

在后面输入以下代码：

```
</marquee>
```

23 此时按 F12 键，预览网页，即可看到此表格中的图像缓缓从右向左滚动。

24 合并整体表格第 6 行，将行高设置为 40，背景颜色设置为“#333333”。输入文字“高端摄影”，将文字样式设置为 z4，选中嵌套表格第 1 行中的两条水平线，将它们复制，然后粘贴到这些文字的下方，得到如图 10-294 所示的效果。

相关知识　设置跳转菜单属性

选中跳转菜单，其“属性”面板如下所示。

其中各项含义介绍如下。

- 选择：用于设置跳转菜单的名称。
- 类型：用于选择创建的对象是菜单形式还是列表形式。
- 初始化时选定：用于指定跳转菜单在刚开始显示时定位的选项。
- 列表值：单击此按钮，打开“插入跳转菜单”对话框，在其中可添加或删除跳转菜单项。

重点提示　为什么要清理 HTML 代码

在制作文档的过程中，有时需要将其他编辑器中的文本复制到当前文档中。在这个复制的过程中，系统可能会产生一些多余代码或不能识别的错误代码。这就需要在文档中清除这些垃圾代码，以提高下载时间和浏览速度。

相关知识　如何清除多余的 HTML 代码

清除多余 HTML 代码的操作步骤如下。

（1）打开要删除 HTML 代码的文档。

（2）选择“命令”→“清理

HTML”命令，打开如下所示的“清理 HTML/XHTML”对话框。

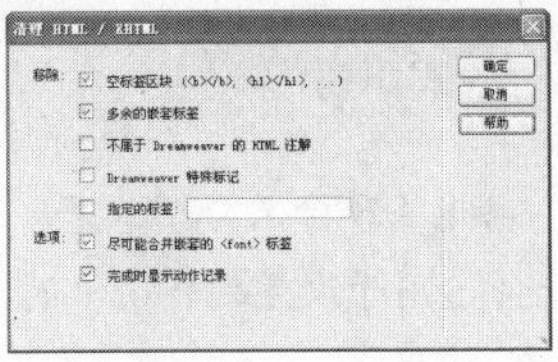

其中各项含义介绍如下。

- 空标签区块：选中该复选框，将删除没有内容的标签。
- 多余的嵌套标签：选中该复选框，将删除所有的多余标签。
- 不属于Dreamweaver的HTML注解：选中该复选框，将删除不是由 Dreamweaver 插入的批注。
- Dreamweaver 特殊标注：选中该复选框，将删除所有的 Dreamweaver 特殊标注。
- 指定的标签：选中该复选框，将删除在其右侧文本框中输入的标签。
- 尽可能合并嵌套的<font>标签：将两个或更多控制相同文本区域的标签组合在一起。
- 完成时显示动作记录：清理完后显示包含文档修改的详细资料。

（3）完成设置后，单击“确定”按钮，即可清除 HTML 代码。

相关知识 如何清除多余的 Word 代码

在 Dreamweaver 中导入 Word 文档后，系统会自动将其保

图 10-294　整体表格第 6 行的效果

25 将光标置于整体表格的下方，插入一个 2 行 3 列、表格宽度为 1000 像素的表格，这里称之为“表格 2”。将光标置于表格 2 的第 1 行第 1 列中，插入一幅图像（光盘\素材与效果\myweb\image\10\95.gif），得到如图 10-295 所示的效果。

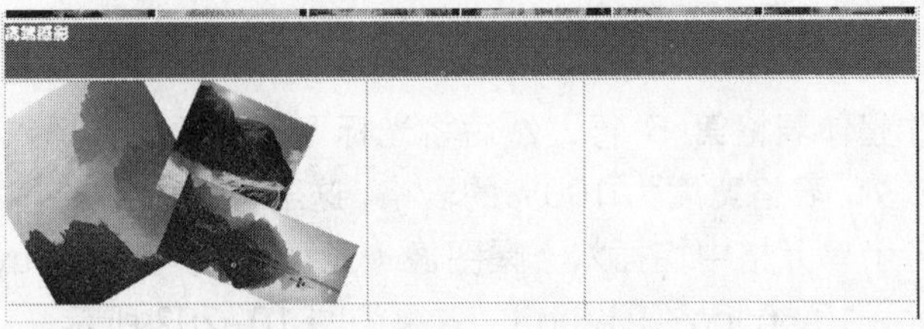

图 10-295　插入一幅图像

26 在表格 2 的第 1 行第 2 列中输入多行文字，将文字样式设置为 z6，得到如图 10-296 所示的效果。

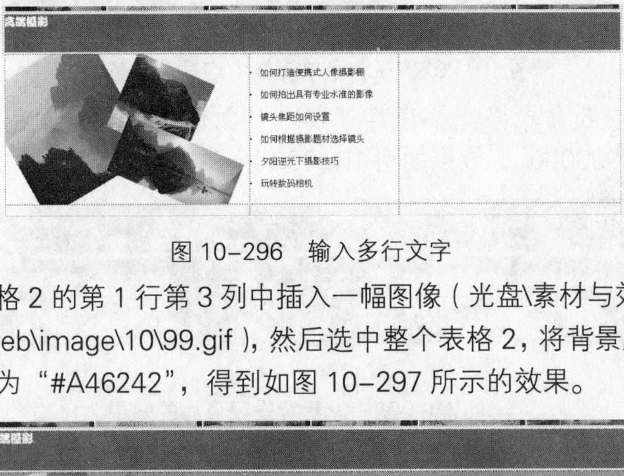

图 10-296　输入多行文字

27 在表格 2 的第 1 行第 3 列中插入一幅图像（光盘\素材与效果\myweb\image\10\99.gif），然后选中整个表格 2，将背景颜色设置为“#A46242”，得到如图 10-297 所示的效果。

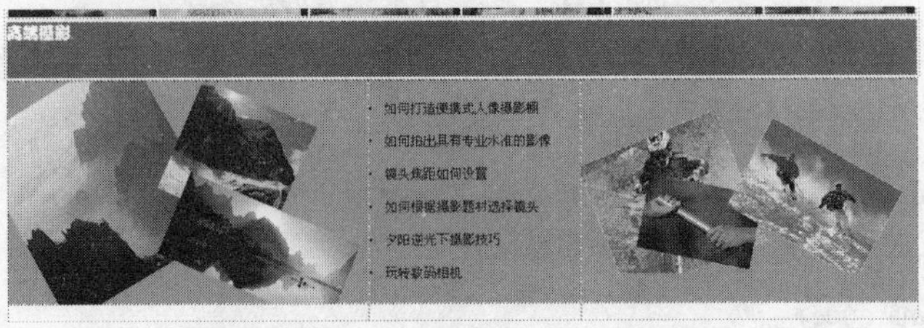

图 10-297　得到的效果

28 合并表格 2 的第 2 行，然后将光标置于此行中，选择“插入”→“媒体”→SWF 命令，打开“选择 SWF”对话框，在其中选择前面制作的动画文件（光盘\素材与效果\myweb\image\10\10-8.swf），如图 10-298 所示。

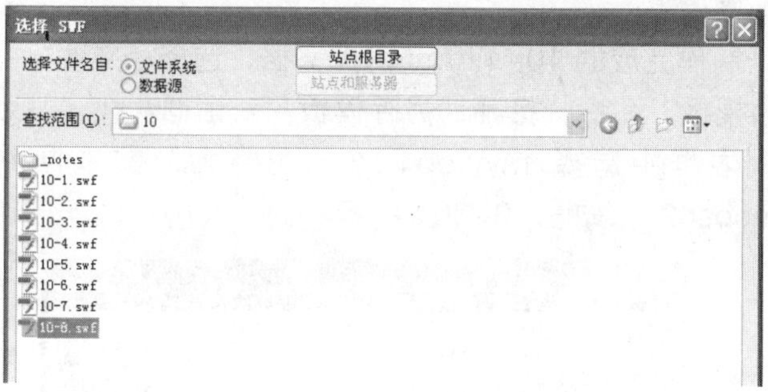

图 10-298 “选择 SWF”对话框

29 单击“确定”按钮，即可将其插入。单击“属性”面板中的“播放”按钮，得到如图 10-299 所示的效果。

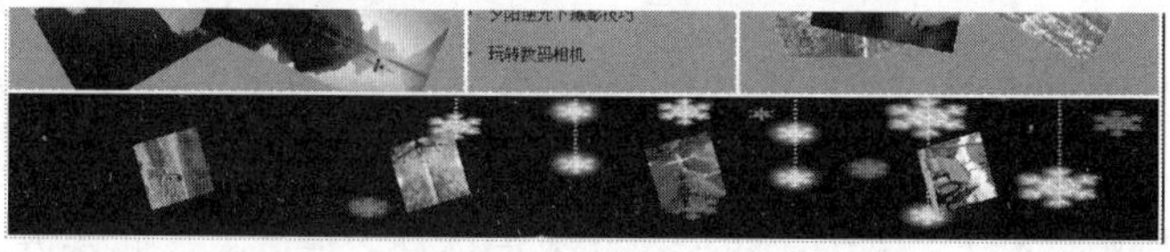

图 10-299 插入动画文件后的效果

30 将光标置于整个文档的下方，并居中对齐，将“库”面板中的 10-1 库项目插入此处。将文档的背景颜色设置为“#A0846C”，完成此网页的制作。将其保存，命名为 10-4.html。按 F12 键，预览页面，得到最终效果。

实例 10-15 视学系摄影网站（四）

本实例将上面制作的网页创建为模板页，并设置可编辑区域，然后利用此模板制作链接网页（页面制作完成后，还要为其创建链接，以得到整体效果）。最终效果如图 10-300 所示。

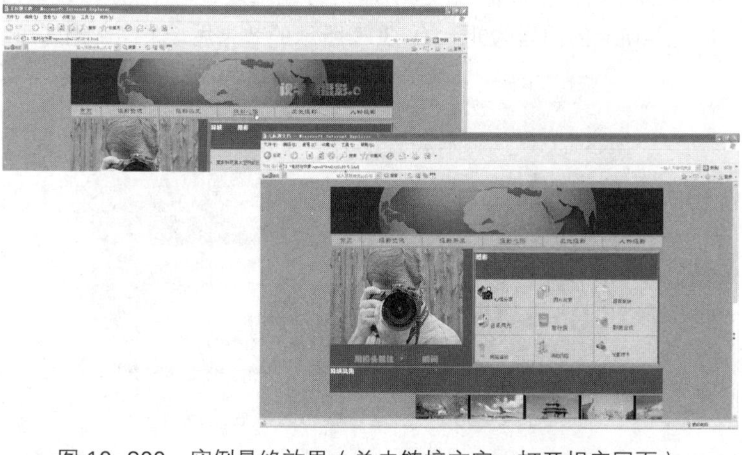

图 10-300 实例最终效果（单击链接文字，打开相应网页）

存为 HTML 格式，并生成 HTML 代码。不过，生成的 HTML 代码中往往包含多余的 Word 代码。要清除多余的 Word 代码，可按以下方法进行操作。

（1）首先打开一个导入了 Word 文档的网页文件。

（2）选择“命令”→“清理 Word 生成的 HTML”命令，打开如下所示的“清理 Word 生成的 HTML”对话框。

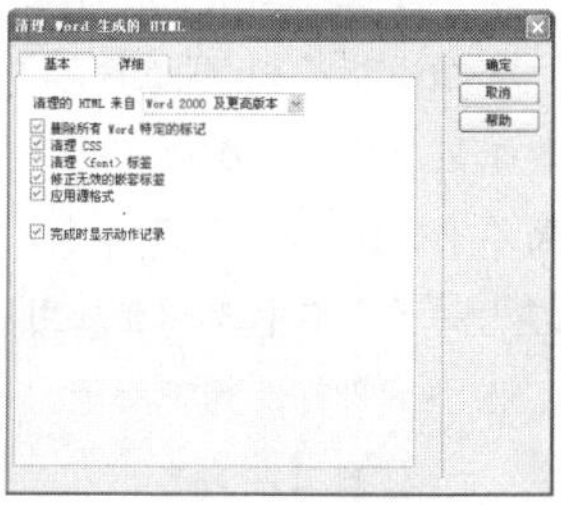

（3）完成设置后，单击“确定”按钮，即可清除多余的 Word 代码。

实例 10-15 说明

知识点：

- 另存为模板
- 创建可编辑区域
- 通过模板创建文档
- 创建网页链接

视频教程：

光盘\教学\第 10 章 网页制作综合实战演练

效果文件：

光盘\素材与效果\myweb\html\10\10-5.html

实例演示：

光盘\实例\第 10 章\视学系摄影网站（四）

操作技巧 应用 CSS 样式的多种方法

1. 在“属性”面板中应用 CSS 样式

打开“属性”面板，在“类”下拉列表框中选择要应用的样式即可，如下所示。

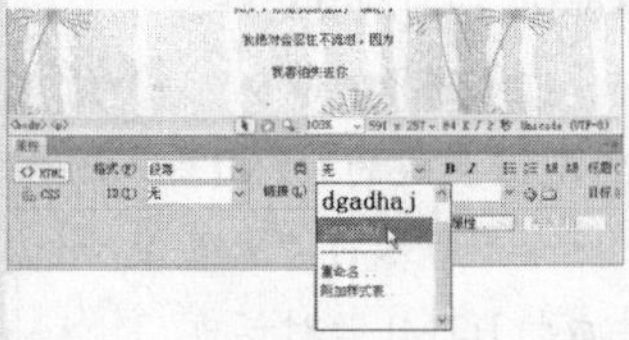

2. 在标签处应用 CSS 样式

在〈p〉标签（p 代表段落）上单击鼠标右键，在弹出的快捷菜单中选择“设置类”命令，在弹出的子菜单中选择要应用的 CSS 样式即可，如下所示。

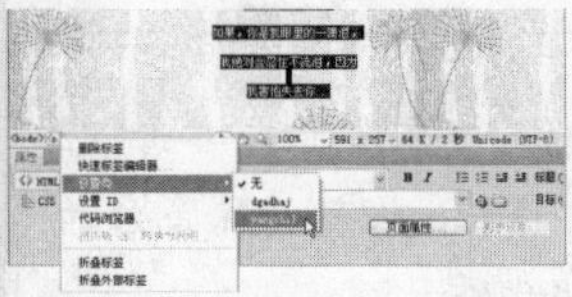

3. 通过“标签检查器”面板应用 CSS 样式

选择“窗口”→“标签检查器”命令，打开“标签检查器”面板，将其中的“CSS/辅助功能”栏展开，在 class 右侧的文本框中输入要应用的样式名称，如下所示。

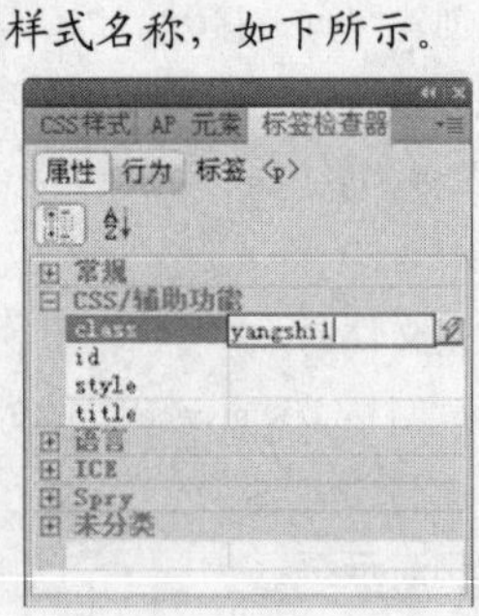

操作步骤

1 打开制作完成的 10-4.html 网页文档，选择“文件”→“另存为模板”命令，打开“另存模板”对话框。在“站点”下拉列表框中选择 myweb，在“另存为”文本框中输入“moban2”，如图 10-301 所示。

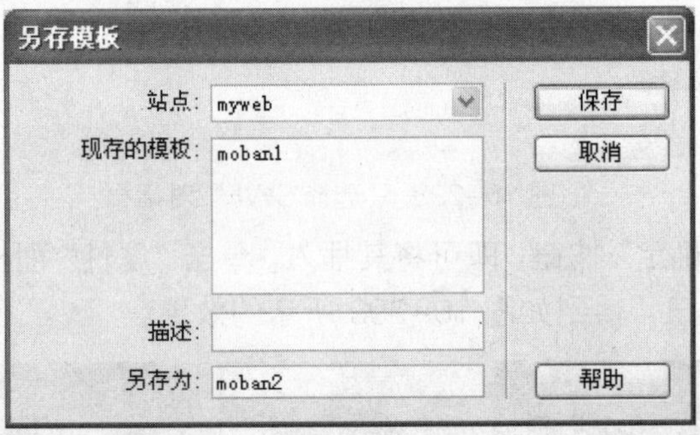

图 10-301 “另存模板”对话框

2 单击“保存”按钮，即可将此文档保存为模板。在此模板中选中表格 1 的第 3 行第 2 列，选择“插入”→“模板对象”→“可编辑区域”命令，打开“新建可编辑区域”对话框，在“名称”文本框中输入“EditRegion1”，如图 10-302 所示。

图 10-302 “新建可编辑区域”对话框

3 单击“确定”按钮，即可将此单元格创建为可编辑区域。按照同样的方法，将表格 2 也创建为可编辑区域，“名称”设置为 EditRegion2。得到如图 10-303 所示的效果后，保存文档即可。

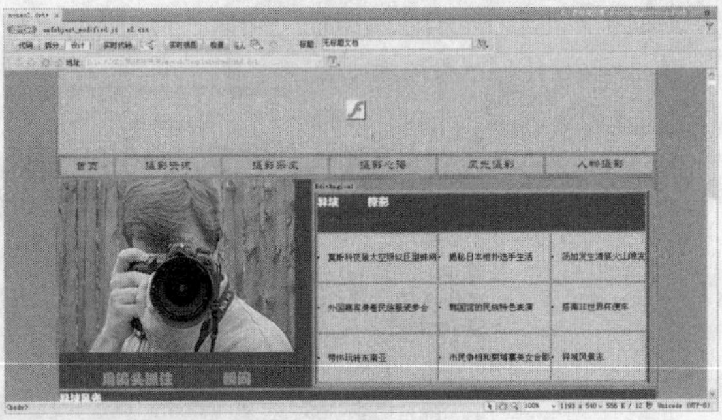

图 10-303 创建可编辑区域后的效果

4 选择“文件”→“新建”命令，打开“新建文档”对话框，在最左侧的列表框中选择“模板中的页”选项，在“站点”列表框中选择 myweb 选项，在“站点的模板”列表框中选择 moban2 选项，如图 10-304 所示。单击“创建”按钮，创建一个新文档。

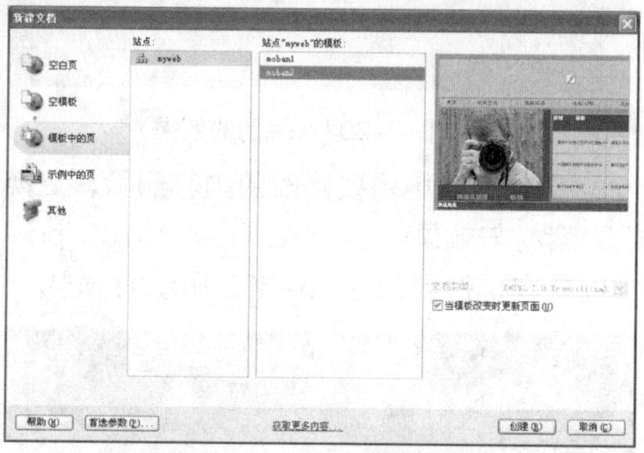

图 10-304　“新建文档”对话框

5 将第 1 个可编辑区域所在表格第 1 行中的文字删除，换为相应的文字，得到如图 10-303 所示的效果。

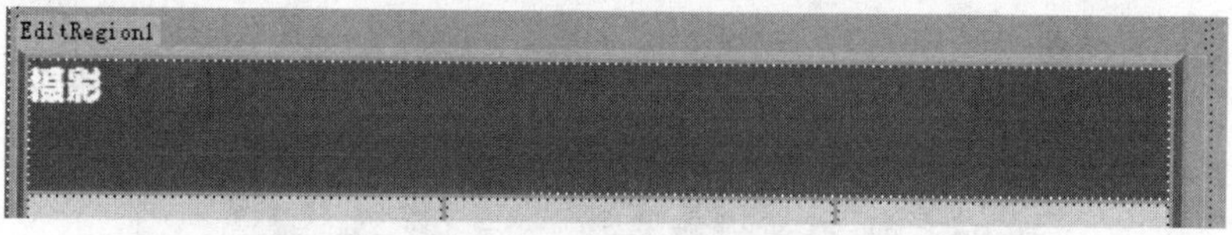

图 10-305　更换文字后的效果

6 将此表格第 2 行中各单元格中的内容删除，分别插入图像（光盘\素材与效果\myweb\image\10\100.gif～102.gif）并输入文字，文字样式设置为 z6，然后将这些内容全部左对齐，得到如图 10-306 所示的效果。

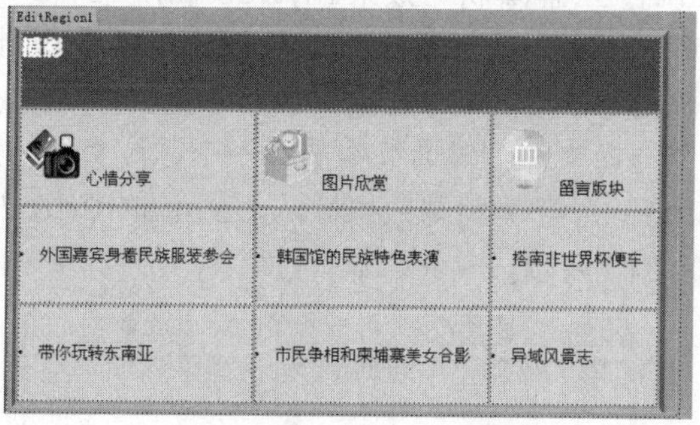

图 10-306　得到的效果

7 将此表格第 3 行和第 4 列各单元格中的内容均删除，分别插入图像（光盘\素材与效果\myweb\image\10\103.gif～108.gif）并输入文字，然后均左对齐，得到如图 10-307 所示的效果。

按 Enter 键，即可将此样式应用到指定文本。

4. 通过在文档上右击应用 CSS 样式

选中文档中要应用 CSS 样式的对象，单击鼠标右键，在弹出的快捷菜单中选择“CSS 样式”命令，在弹出的子菜单中选择需要的 CSS 样式即可，如下所示。

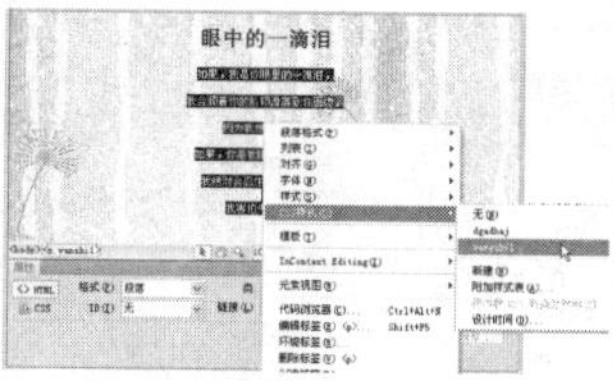

重点提示　<u>应用 CSS 样式注意事项</u>

应用 CSS 样式时，如果将光标定位在段落中，则样式将应用到整个段落；如果只是选中段落中的某一部分，则样式只能应用到被选中的文本上。

相关知识　<u>应用 CSS 外部样式</u>

CSS 样式可以创建为一种只限于当前网页的样式，也可以创建为一个样式表文件。在“新建 CSS 规则”对话框的“规则定义”下拉列表框中选择“新建样式表文件”选项，单击“确定”按钮，即可创建一种可应用于任何网页的 CSS 样式。

如果其他文档想应用此样式，可按以下方法进行操作。

（1）选择“窗口”→“CSS

样式”命令，打开“CSS 样式”面板。

（2）单击面板右上角的▼≡按钮，在弹出的下拉菜单中选择“附加样式表”命令（如下所示）或者单击面板下方的“附加样式表”按钮。

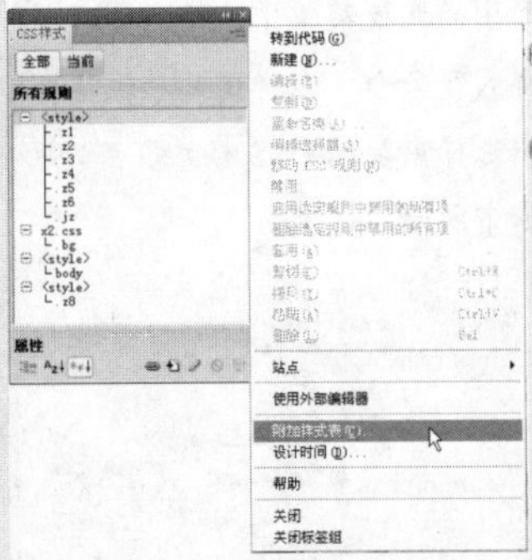

（3）打开“链接外部样式表”对话框，如下所示。

（4）在“文件/URL”下拉列表框中输入外部样式表的路径及名称，或单击“浏览”按钮，在弹出的“选择样式表文件”对话框中选择要应用的样式，如下所示。

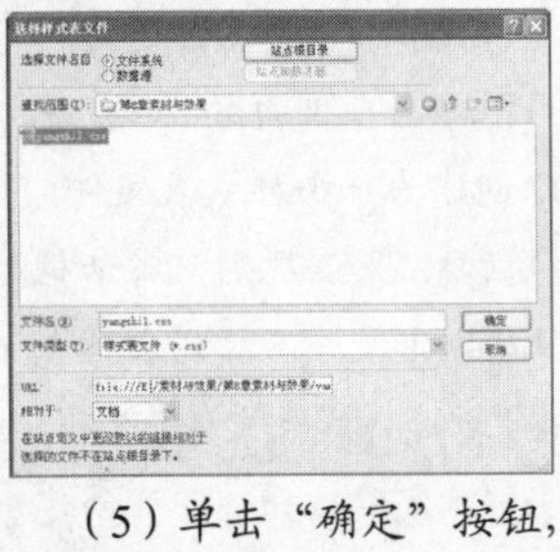

（5）单击“确定”按钮，返回至“链接外部样式表”对话框。在“添加为”选项组中选中“链接”或“导入”单选按钮，来指定添加外部样式表的标记。

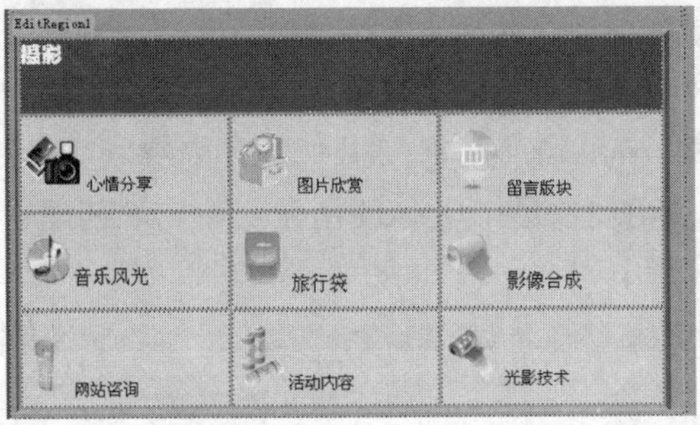

图 10-307　得到的效果

8 将第 2 个可编辑区域中需要修改的内容删除，更换为相应的图像（光盘\素材与效果\myweb\image\10\109.jpg～111.jpg）并输入相应内容，得到如图 10-308 所示的效果。

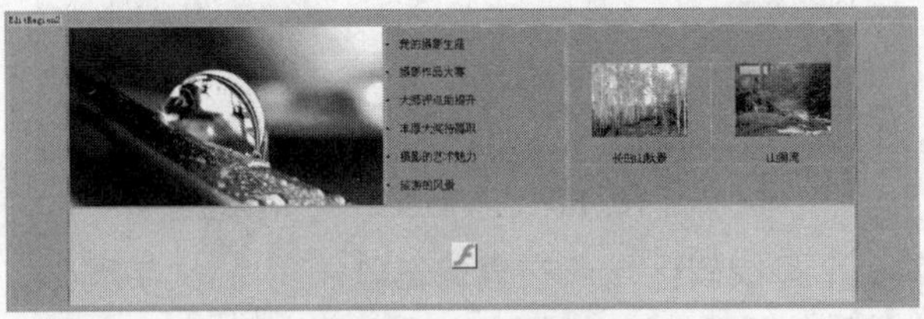

图 10-308　更换为相应内容

9 将背景颜色设置为“#788363”，得到如图 10-309 所示的效果。

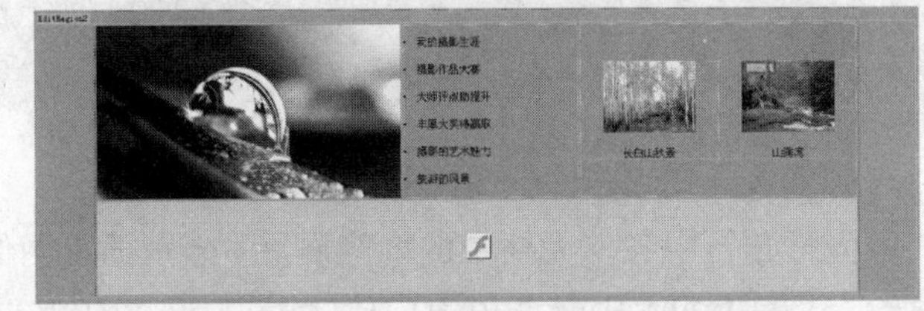

图 10-309　设置背景颜色后的效果

10 保存此网页，将其命名为 10-5.html。打开上面创建的网页 10-4.html（光盘\素材与效果\myweb\html\10\10-4.html），在其中选中表格 1 第 2 行中的文字“摄影心得”，在其“属性”面板中单击“链接”文本框右侧的“浏览文件”按钮，在打开的“选择文件”对话框中选择一个链接文件，这里选择 10-5.html（光盘\素材与效果\myweb\html\10\10-5.html），如图 10-310 所示。

图 10-310　“选择文件”对话框

11 单击“确定”按钮，即可创建链接。按 F12 键，预览页面。单击其中的文字“摄影心得”(如图 10-311 所示)，即可链接到上面制作的网页 10-5.html。

图 10-311　单击文字“摄影心得”

12 下面为模板创建链接。选择“窗口”→“资源”命令，打开“资源”面板。单击“模板”按钮，打开“模板”子面板，选择其中的 moban2，如图 10-312 所示。

图 10-312　“模板”子面板

13 单击“模板”子面板右下角的“编辑”按钮，将模板文件打开。选中其中的文字“摄影心得”，将其链接至网页文件 10-5.html。选中其中的文字“首页”，将其链接至网页文件 10-4.html。此时的文字效果如图 10-313 所示。

图 10-313　设置链接后的文字

14 按 Ctrl+S 组合键保存模板，弹出如图 10-314 所示的“更新模板文件”对话框。

(6) 单击“确定”按钮，外部样式将出现在“CSS 样式”面板中，如下所示。

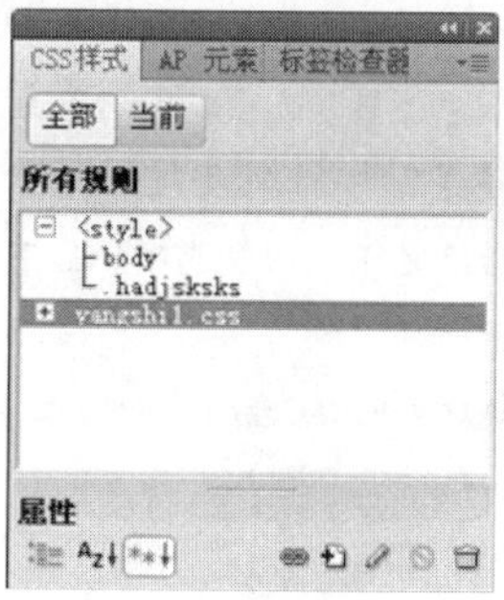

(7) 添加外部样式后，即可按照应用 CSS 样式的方法应用此外部样式。

相关知识　删除 CSS 样式

如果要删除已创建的 CSS 样式，可按以下方法进行操作。

(1) 打开“CSS 样式”面板，选择要删除的样式。

(2) 执行下列操作之一：

- 单击面板右上角的按钮，在弹出的下拉菜单中选择“删除”命令。
- 在样式表上单击鼠标右键，从弹出的快捷菜单中选择“删除”命令。
- 单击面板右下角的“删除 CSS 样式”按钮。

重点提示　如何将超链接的下划线去除

一般情况下，制作的超链接都会带有下划线。如果不需要此下划线，可通过以下方法去除。

选择“修改”→“页面属性”命令，打开“页面属性”对话框，在“分类”列表框中选择“链接”选项，在“下划线样式”下拉列表框中选择“始终无下划线”选项，如下所示。

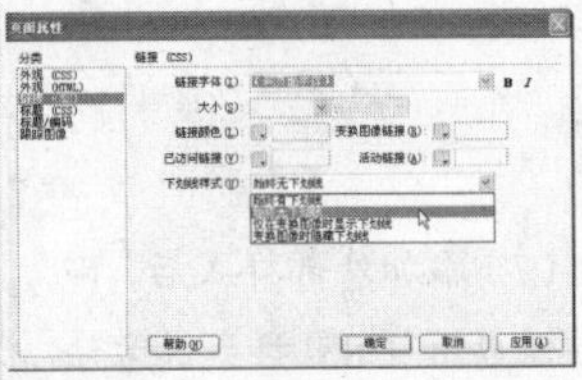

重点提示 如何取消插入图像时出现的“图像标签辅助功能属性”对话框

如果在插入图像时不想出现“图像标签辅助功能属性”对话框，可以选择“编辑”→“首选参数”命令，打开“首选参数”对话框，在“分类”列表框中选择“辅助功能”，然后取消选中“图像”复选框，如下所示。

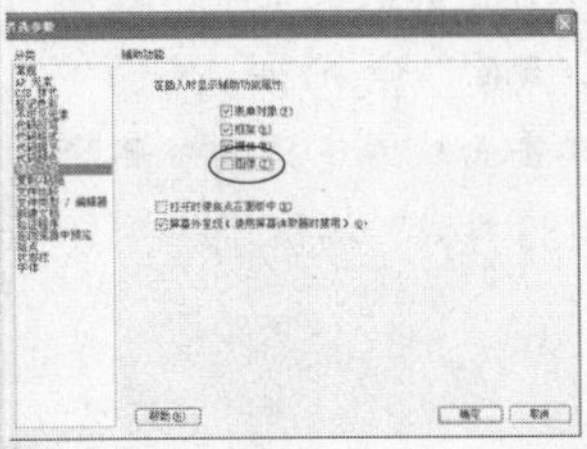

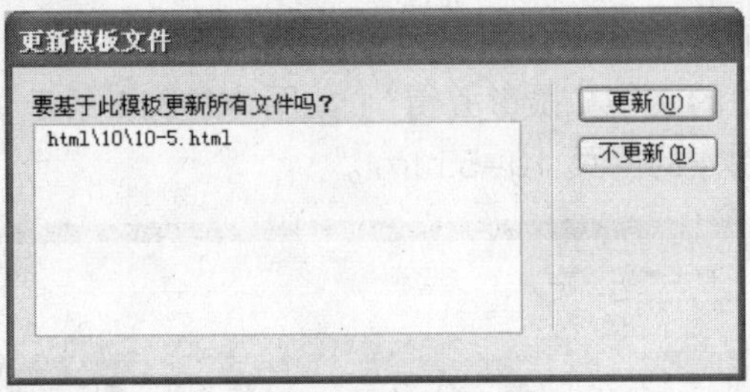

图 10-314 “更新模板文件”对话框

15 单击“更新”按钮，弹出如图 10-315 所示的“更新页面”对话框，单击“关闭”按钮，完成模板链接的创建。

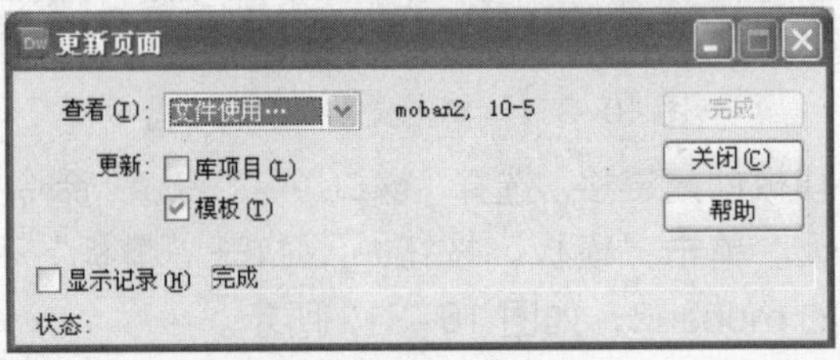

图 10-315 “更新页面”对话框

16 在网页 10-4.html 中选中文字“首页”，在“属性”面板中设置其链接为“#”，即设置为空链接。

17 至此，视学系摄影网站制作完成。按 F12 键，预览页面。在其中单击文字“摄影心得”，可链接至指定网页；在链接后的网页中单击文字“首页”，可返回至首页，即得到最终效果。